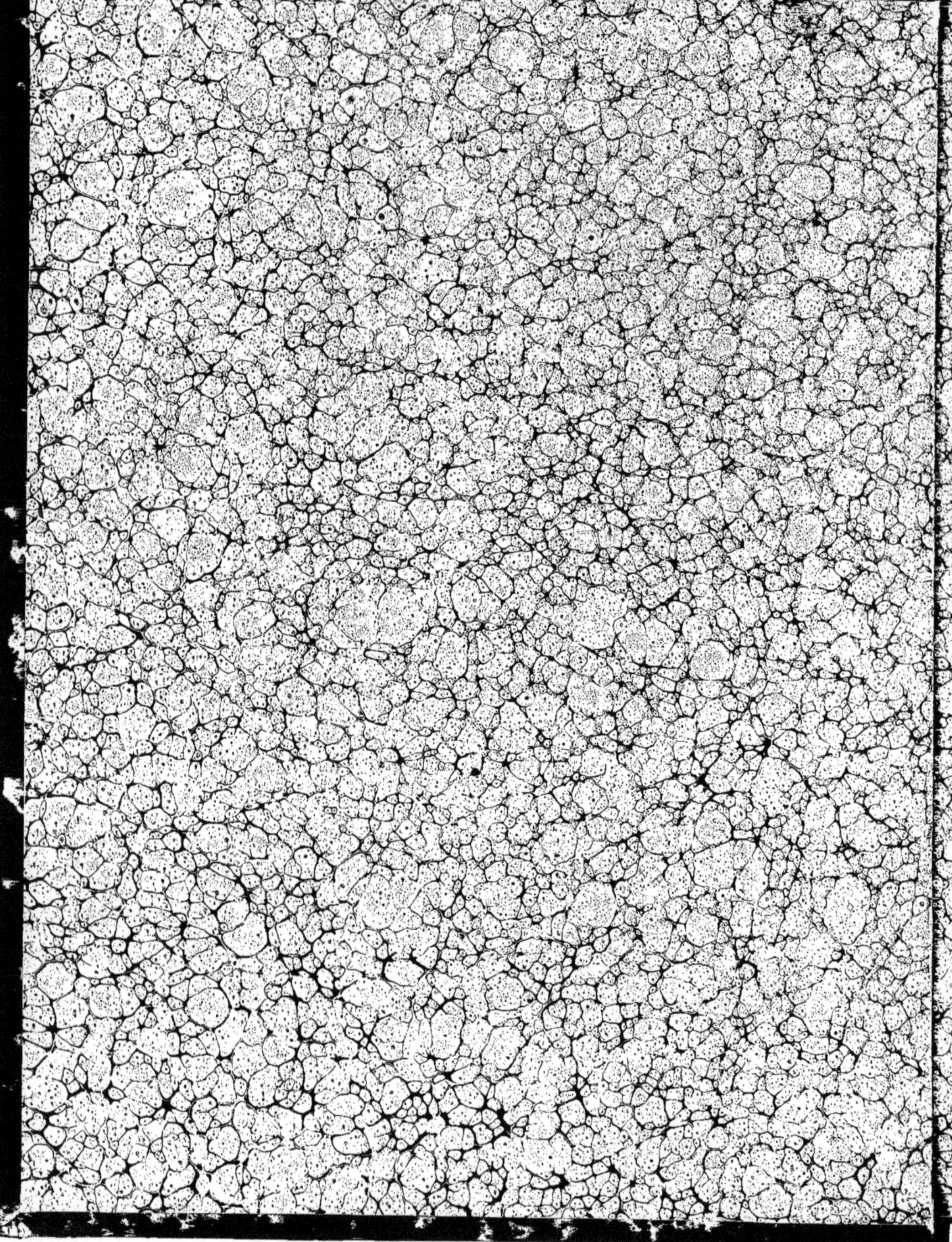

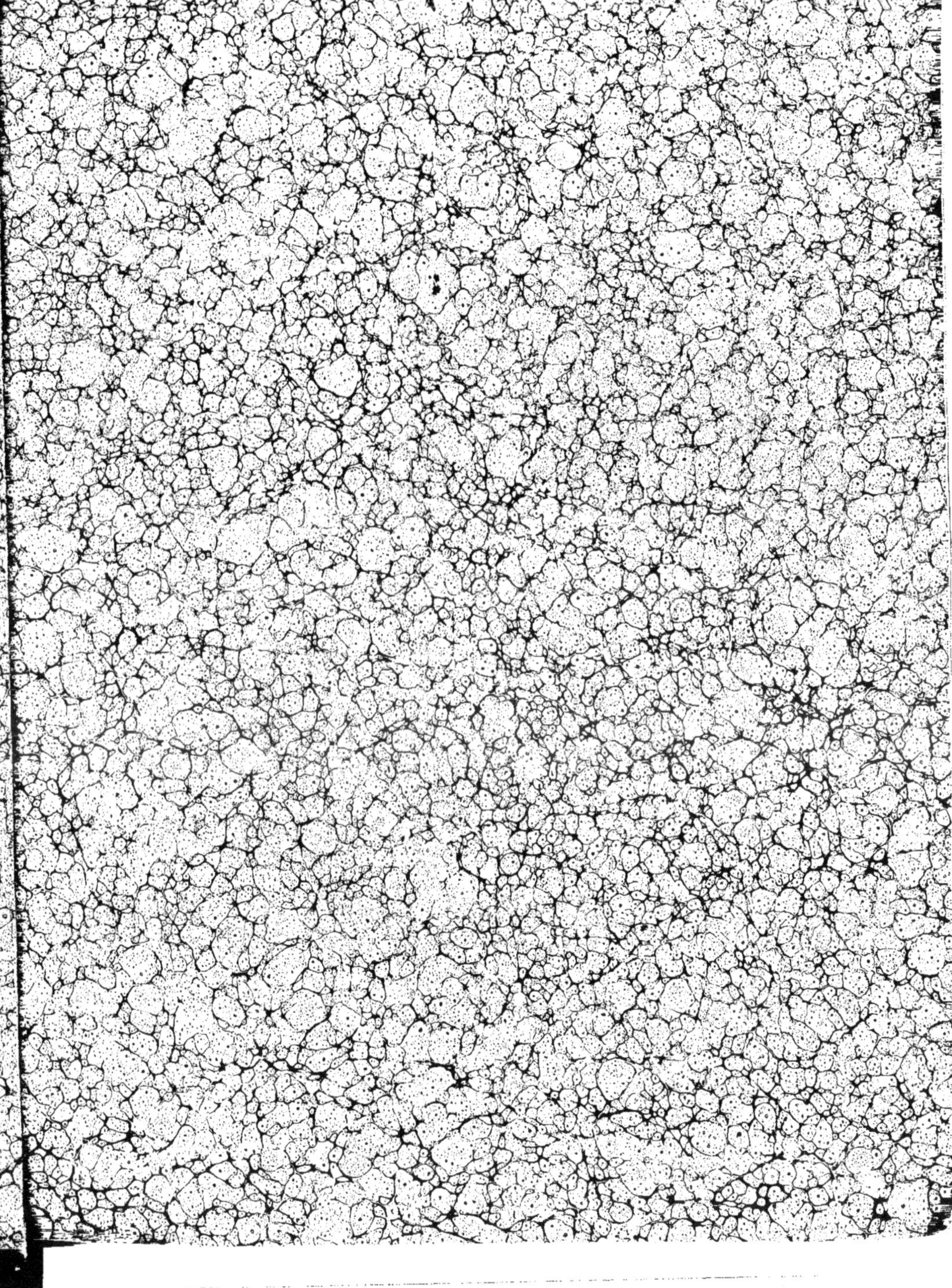

OSTÉOGRAPHIE
DES MAMMIFÈRES

II

SECUNDATÈS

L'**OSTÉOGRAPHIE** ou Description iconographique comparée du squelette et du système dentaire des Mammifères récents et fossiles, par **H. M. Ducrotay de Blainville**, forme 4 volumes in-4 de texte et 4 volumes in-folio de 323 planches. En voici les divisions :

PARIS. — IMPRIMÉ PAR E. THUNOT ET Cᵉ, 26, RUE RACINE.

OSTÉOGRAPHIE

OU

DESCRIPTION ICONOGRAPHIQUE

COMPARÉE

DU SQUELETTE ET DU SYSTÈME DENTAIRE

DES MAMMIFÈRES

RÉCENTS ET FOSSILES

POUR SERVIR DE BASE A LA ZOOLOGIE ET A LA GÉOLOGIE

PAR

H. M. DUCROTAY DE BLAINVILLE

MEMBRE DE L'INSTITUT (ACADÉMIE DES SCIENCES)
PROFESSEUR D'ANATOMIE COMPARÉE AU MUSÉUM D'HISTOIRE NATURELLE, ETC.

OUVRAGE ACCOMPAGNÉ DE 323 PLANCHES LITHOGRAPHIÉES SOUS SA DIRECTION

PAR M. J. C. WERNER

Peintre du Muséum d'Histoire naturelle de Paris,

PRÉCÉDÉ D'UNE ÉTUDE SUR LA VIE ET LES TRAVAUX DE M. DE BLAINVILLE,

PAR M. P. NICARD.

TOME DEUXIÈME

SECUNDATÈS

AVEC ATLAS DE 117 PLANCHES

PARIS

J. B. BAILLIÈRE ET FILS

LIBRAIRES DE L'ACADÉMIE IMPÉRIALE DE MÉDECINE

Rue Hautefeuille, 19.

LONDRES — HIPP. BAILLIÈRE, 219, Regent street.

NEW-YORK — BAILLIÈRE BROTHERS, 440, Broadway.

MADRID

BAILLY-BAILLIÈRE, Plaza del Principe-Alfonso, 16.

1839—1864

TABLE DES MATIÈRES

DU TOME DEUXIÈME.

FIN DE LA TABLE DU TOME DEUXIÈME.

OSTÉOGRAPHIE.

PARIS. — IMPRIMERIE DE FAIN ET THUNOT,
IMPRIMEURS DE L'UNIVERSITÉ ROYALE DE FRANCE,
Rue Racine, n° 28, près de l'Odéon.

OSTÉOGRAPHIE

OU

DESCRIPTION ICONOGRAPHIQUE

COMPARÉE

DU SQUELETTE ET DU SYSTÈME DENTAIRE

DES CINQ CLASSES D'ANIMAUX VERTÉBRÉS

RÉCENTS ET FOSSILES

POUR SERVIR DE BASE A LA ZOOLOGIE ET A LA GÉOLOGIE

PAR

M. H. M. DUCROTAY DE BLAINVILLE

MEMBRE DE L'INSTITUT (ACADÉMIE DES SCIENCES)
PROFESSEUR D'ANATOMIE COMPARÉE AU MUSÉUM D'HISTOIRE NATURELLE, ETC.

OUVRAGE ACCOMPAGNÉ DE PLANCHES LITHOGRAPHIÉES SOUS SA DIRECTION

PAR M. J. C. WERNER

Peintre du Muséum d'Histoire naturelle de Paris.

MAMMIFÈRES.

CARNASSIERS:

Vespertilio. Talpa. Sorex. Erinaceus. Phoca. Ursus. Subursus.

PARIS.

ARTHUS BERTRAND,

LIBRAIRE DE LA SOCIÉTÉ DE GÉOGRAPHIE DE PARIS ET DE LA SOCIÉTÉ ROYALE DES ANTIQUAIRES DU NORD,

RUE HAUTEFEUILLE, 23.

1841.

OSTÉOGRAPHIE
DES CARNASSIERS,

PRÉCÉDÉE DE CONSIDÉRATIONS

SUR L'HISTOIRE DE LA SCIENCE A LEUR ÉGARD, LES PRINCIPES DE LEUR CLASSIFICATION,

LEUR DISTRIBUTION GÉOGRAPHIQUE ACTUELLE,

ET SUIVIE DE RECHERCHES SUR LEUR ANCIENNETÉ A LA SURFACE DE LA TERRE.

OSTÉOGRAPHIE

DES CARNASSIERS.

L'importante et nombreuse famille des Carnassiers proprement dits, de ces dominateurs de la création par la force immédiate, comme l'homme par la force réfléchie; de ces animaux que l'ensemble de leur organisation et de leurs mœurs a toujours fait grouper à peu près de la même manière, va nous occuper bien plus longtemps que les précédentes, parce que c'est elle et celle des Pachydermes qui ont laissé le plus de traces matérielles de leur existence ancienne à la surface de la terre, ce qui peut tenir aussi bien à ce que notre sol nourrissait alors un beaucoup plus grand nombre d'animaux en général et de Carnassiers en particulier qu'il ne le fait aujourd'hui, qu'à ce que ceux-ci atteignent en général une assez grande taille, et que la nature solide et résistante de leurs ossements a pu en rendre la conservation plus facile, d'autant plus aisément qu'un certain nombre de ces animaux, parvenus à un grand âge, se retiraient sans doute dans des cavernes, comme ils le font encore de nos jours. Considérations générales sur les CARNASSIERS.

Nous allons, du reste, en traiter comme nous l'avons fait pour les groupes précédents, en passant successivement en revue l'histoire de la science à leur sujet, les principes de leur classification, leur distribution géographique actuelle; après quoi nous traiterons de l'ostéographie et de l'odontographie de chaque grand genre Linnéen; et nous finirons par étudier les traces qu'ils ont pu laisser à la surface de la terre, soit descriptives ou représentatives dans les œuvres de l'homme, soit positives ou réelles dans le sein de la terre. Ordre à suivre.

Énumération des genres compris sous ce nom.

Disons d'abord que nous entendons par Carnassiers, qui pour nous constituent la troisième famille ou sous-ordre des *Secundates*, les Ours proprement dits, et les Petits-Ours ou *Subursus*, que les zoologistes modernes ont successivement séparés du grand genre *Ursus* de Linné; puis les *Mustela, Viverra*, *Felis, Canis* et *Hyaena*, du *Systema naturæ*, et même les Phoques, qu'à son imitation et après beaucoup d'oscillations, on a fini par ranger dans le même ordre, en les mettant même à la tête; et par suite toutes les subdivisions plus ou moins importantes que les zoologistes ont successivement introduites dans ces grands genres Linnéens.

CHAPITRE PREMIER.

HISTOIRE DE LA PARTIE DE LA ZOOLOGIE QUI A TRAIT A LA CLASSIFICATION DES CARNASSIERS.

En général.

Les auteurs anciens, pour peu qu'ils se soient occupés d'histoire naturelle, ont tous fait mention des genres principaux de Carnassiers, tels que nous les circonscrivons aujourd'hui; mais, comme de coutume, sans s'occuper beaucoup de leur distinction spécifique et encore moins de leur distribution systématique ou sériale.

Chez les Anciens.

On voit cependant qu'ils les désignaient sous le nom commun de *Serridentes* ou de *Carcharodonta;* on trouve même dans Elien, liv. XI, ch. 37, ce passage : *Dentibus serratis prædita esse dicuntur*, *quæ dentes teretes et acutos habent*, *ut Lupus*, *Canis*, *Leo*, *Panthera; hæc eadem sunt carnivora;* qui montre que la définition du nom de *Carcharodonta* doit porter non sur la dent elle-même, mais sur la disposition des dents dont la série forme une sorte de scie.

Chez les Modernes.

On voit aussi par l'énumération des animaux que les anciens rangeaient sous ce titre, que les petits Carnassiers de nos méthodes actuelles n'y étaient pas compris non plus que les Ours ni les Phoques. En

En particulier.

sorte que n'y ayant rien de général sur la classification des Carnassiers à recueillir chez les anciens, nous allons de suite passer à l'examen de chacun des genres que Linné y a établis. dans les genres Linnéens.

Art. 1. — Des Phoques (G. *Phoca*, L.).

G. Phoca, L.

Les animaux de cette famille ou de ce grand genre Linnéen, quoique n'ayant jamais été réduits à l'état domestique, malgré l'histoire mythologique qui donne des troupeaux de Phoques à Protée et à Neptune, ont été parfaitement signalés par les anciens auteurs d'histoire naturelle, et entre autres par Aristote. Ce philosophe, ayant en effet principalement porté son attention sur le mode de locomotion et sur le séjour des animaux, pour les subdivisions du règne animal, a dû considérer les Phoques comme des Amphibies. Il a dit en effet (*Hist. Anim.*, lib. 2, cap. 1), que le Phoque a des pieds semblables aux mains, comme sont ceux des Ours, et comme quelques-uns de ces animaux existent dans la Méditerranée, et qu'ils offrent quelque chose d'assez singulier dans leurs mœurs et dans leurs habitudes; l'attention surprise a dû aisément en garder le souvenir. Chez les Anciens. Aristote.

Aussi Pline, Elien, Oppien et tous les auteurs anciens dont les écrits ont plus ou moins de rapports avec les productions naturelles, ont-ils parlé des Phoques sous une dénomination qui n'a jamais laissé la moindre équivoque, et qui se trouve en effet être la même en grec, en latin et en français, sauf la désinence. Pline. Élien. Oppien.

Cependant la singularité de l'organisation des Phoques, et la similitude de leurs habitudes principales, ont produit ici le même effet que dans toutes les autres parties de la zoologie, c'est-à-dire que ce n'est qu'assez tard que les zoologistes ont commencé à distinguer plusieurs espèces de Phoques.

En effet, quoiqu'il soit possible d'apercevoir déjà un pas vers cette distinction dans les dénominations différentes sous lesquelles Albert le Grand parle de ce genre d'animaux, puisque si les noms de Chiens marins, de Veaux marins, d'*Hilcus*, de Koki, doivent s'appliquer aux Phoques Chez les Modernes. — Albert le Grand.

communs, son *Foca* ou Bœuf marin indique sans doute une plus grande espèce, et sa Vache marine, quoiqu'il en dise fort peu de chose, est aussi très-probablement le Morse; mais ce n'est que trois cents ans plus tard que la distinction réelle de ces espèces a eu lieu.

Belon, 1655. 1655 Ainsi, après que Belon eut fait connaître le Phoque commun par une description et une figure au milieu de ses *Aquatilia*, et qu'en
Rondelet, 1658. 1658 Rondelet eut distingué le Phoque de la Méditerranée, qui a été appelé depuis *P. Monachus*, de celui de la mer Océane, en donnant des deux des figures assez reconnaissables, l'histoire systématique de ce genre d'animaux resta presque sans progrès, jusqu'aux mémoires que
Parsons, 1743 et 1751. Parsons publia dans les Transactions de la société royale de Londres, l'un en 1743, et l'autre, plus considérable, en 1751, et dans lequel aux deux espèces précédentes il en ajouta trois autres assez mal définies.

De Buffon, 1782. Il n'en fut pas de même de Buffon qui, en 1765, dans la dernière partie du XIIIe volume de son Histoire naturelle, vint porter dans l'histoire des Phoques cette netteté d'analyse, cette solidité et cette richesse de critique, qui caractérisent d'une manière si tranchée le grand et noble péristyle qu'il a élevé à la gloire de l'homme et de l'histoire naturelle; et quoiqu'il fût nécessairement entraîné à quelques erreurs, en réunissant, par exemple, dans le même groupe, les Phoques, les Lamantins et les Dugons, n'ayant presque aucun des objets dont il parla sous les yeux, il porta le nombre des espèces à cinq, en y comprenant le Morse.

Linné, 1766. Linné les adopta dans les éditions du S. N., subséquentes à 1765; mais dans la dernière il y joignit le résultat des travaux des naturalistes du nord, où les Phoques sont si nombreux en individus et en espèces,
Pennant, Erxleben, 1777. comme le firent plus tard, et encore mieux, Pennant et surtout Erxleben en 1777. En effet, celui-ci en désigna neuf espèces : *P. Ursina*, *Leonina*, *Jubata*, *Vitulina*, *Groenlandica*, *Hispida*, *Cristata*, *Barbata et Pusilla*, en employant les matériaux recueillis par Steller, dans son malheureux et utile voyage dans les mers du Kamschatka, par Muller, dans sa Faune Danoise, par Egede et Othon Fabricius, dans leur histoire naturelle du Groënland, et par quelques autres voyageurs,

comme Anson, ou par des baleiniers ; mais il les plaçait pêle-mêle et sans beaucoup de critique.

C'est ce que ne fit pas Buffon, revenant sur ce même sujet vingt ans après son premier travail, dans le volume de ses suppléments, publié en 1782. En effet, il ne se borna pas à discuter et à augmenter le nombre des espèces, mais il fut le premier qui les partagea en deux sections, d'après la considération de l'existence ou de l'absence de l'oreille externe. Buffon, 1782.

1789. Gmelin n'eut malheureusement pas l'idée d'accepter ce perfectionnement, et dans son édition du S. N., les espèces de Phoques restèrent comme elles étaient dans Erxleben et Schreber ; mais du moins il résista comme eux à l'innovation fâcheuse commencée par Pennant, et peut-être même un peu par Buffon, et qui consistait à sortir les Phoques de l'ordre des Carnassiers, pour en former un ordre à part sous le nom d'Amphibies ; ce qu'avait fait Blumenbach et ce que firent, à son imitation, Storr, Cuvier, etc. Gmelin, 1789.

Sauf cette dissidence entre les Linnéens et ceux qui prétendaient suivre la méthode naturelle, les choses en restèrent à peu près au même point jusqu'en 1804, où M. Desmarest, dans son tableau mammalogique du *Nouveau Dictionnaire d'Histoire naturelle*, ne porta encore le nombre des espèces de Phoques qu'à onze. Mais bientôt, par suite des voyages dans les mers du Sud, par les naturalistes de l'expédition de Lapeyrouse, de d'Entrecasteaux, de Baudin, le nombre des espèces de Phoques s'accrut, ou du moins parut s'accroître. Péron publia en effet un mémoire sur ce genre de Mammifères, d'abord dans les *Annales du Muséum d'histoire naturelle*, puis dans le tome II du *Voyage aux terres australes*, dans lequel, acceptant la division établie par Buffon, il l'éleva au rang de genre sous le nom d'*Otaria*. Desmarest, 1804. Péron, 1816.

Il en résulta que feu M. Desmarest, dans la seconde édition du *Nouveau dictionnaire d'Histoire naturelle*, en s'aidant d'un travail que j'avais entrepris sur les espèces de ce genre, au retour de mon premier voyage en Angleterre en 1814, porta le nombre des espèces sans oreilles Desmarest, 1817.

externes à quinze, et celui des espèces à oreilles à neuf, mais sans une critique bien rigoureuse.

H. de Blainville, 1820. Ce fut peu d'années après, c'est-à-dire en 1820, que je publiai moi-même mon travail dans le *Journal de physique*, tome XCI, p. 280, avec la figure de quelques crânes observés par moi dans la *Collection du collége des chirurgiens de Londres*. C'est dans ce mémoire que les espèces furent pour la première fois rangées et distribuées en petites sections sous-génériques, d'après la considération de la forme et du nombre des dents incisives et des dents molaires. Je ne fis cependant connaître qu'une espèce véritablement nouvelle sous le nom de *P. leptonyx*.

F. Cuvier, 1825. 1825. Peu de temps après, feu M. F. Cuvier, dans les principes qu'il avait adoptés sur l'emploi du système dentaire dans la distribution méthodique des mammifères, fut conduit, en l'appliquant aux espèces de Phoques, à considérer comme des genres distincts la plupart des subdivisions sous-génériques que j'avais établies, et à leur donner les noms de *Calocephalus*, *Stenorhynchus*, *Pelagius*, *Stemmatopus*, *Macrorhynus*, *Arctocephalus et Platyrhynchus*. Du reste, il n'augmenta le nombre des espèces connues ou mieux indiquées dans les catalogues, que d'une seule : le *P. discolor*, qui, suivant M. Nilsson, n'est qu'une variété du *P. vitulina*.

1826. Il n'en fut pas autrement dans l'article étendu que M. Fréd. Cuvier consacra à ce genre dans le t. XI du *Dictionnaire des Sciences naturelles* publié en 1826.

G. Cuvier, 1825. Cependant feu M. G. Cuvier, dans le chapitre où, avant de traiter des ossements fossiles attribués à tort ou à raison aux Phoques, il a parlé des espèces vivantes de ce genre, en restreint bien plus qu'il n'en augmente le nombre, puisqu'il le réduit à quatorze dont le *P. lagurus* serait seule nouvelle, quoique ce ne soit qu'un jeune âge du *P. groenlandica*, comme M. Nilsson s'en est assuré en visitant la collection du Muséum de Paris. Du reste, il n'a pas essayé de les grouper autrement que Buffon, n'adoptant pas ainsi les principes de leur distribution tels que je les avais établis et qu'ils avaient été acceptés par son frère, ce qu'il a pourtant fait dans la seconde édition de son *Règne animal*, publié en 1827. 1827.

Depuis lors, cependant, les espèces de Phoques de toutes les parties du monde ont pu être étudiées, et par conséquent définies avec plus de facilité et de rigueur. Ainsi MM. Gray, Harlan et surtout Nilsson ont pu en augmenter le nombre, ou rectifier la diagnose des espèces incomplétement connues; en sorte que, par la publication du grand travail de ce dernier, pour le perfectionnement duquel il paraît avoir visité les principales collections européennes, et entre autres la nôtre, ce genre sera sans doute incessamment un des mieux connus. M. Nilsson a cru même devoir former un genre nouveau sous le nom de *Halichœrus* pour le *Phoca gryphus*.

Art. 2. — Des Ours proprement dits (G. *Ursus*).

Les naturalistes anciens n'ont réellement connu qu'un assez petit nombre des animaux que les zoologistes récents rangent dans cette division des Carnassiers normaux, et encore le peu qu'ils en ont dit est-il assez insignifiant. G. Ursus. Chez les Anciens.

Aristote lui-même se borne à un petit nombre d'observations d'histoire naturelle, dont plusieurs même sont assez erronées, et la seule particularité d'organisation consiste à remarquer que l'Ours a le pied semblable à la main de l'homme, ce qui a été admis par Oppien dans son Poëme de la Chasse, liv. 3, vers 144, en ajoutant que, pendant l'hiver, cet animal, retiré dans sa bauge et sans nourriture, lèche ses pieds et ses mains, ce que Élien accepte en le rendant plus merveilleux encore par quelques particularités, comme dans la durée de son abstinence, fixée à 40 jours, et en ce qu'il ne lèche que sa main droite. Aristote. Oppien. Élien.

Les autres historiens naturalistes parlent encore moins des Ours, si ce n'est comme Pline, à l'occasion des animaux exposés à la curiosité des Romains dans les jeux que les consuls et les empereurs donnaient au peuple; il cite, par exemple, cent Ours de Numidie que Domitius Ahe- Pline.

nobardus, édile curule, l'an 693 de Rome, montra dans le cirque avec autant de chasseurs éthiopiens; aussi en est-il étonné, puisque, ajoute-t-il, il est certain que l'Afrique n'engendre pas d'Ours. (Lib. 8, cap. 36.)

Pausanias. Pausanias nous apprend qu'il existait des Ours dans la Thrace.

Athénée. Athénée (lib. V, p. 201, éd. 1597) assure que Ptolémée Philadelphe montra un Ours blanc en Égypte, et Aristote lui-même parle aussi d'un Ours blanc, mais comme d'une variété accidentelle et tenant à des causes particulières; d'où l'on peut conclure que ce n'était pas notre Ours toujours blanc, *U. maritimus*, cette espèce ne dépassant certainement pas l'Islande ou la Norwége, pays avec lesquels les Romains avaient sans doute fort peu de relations; mais probablement l'Ours de Syrie découvert dans ces derniers temps par M. Ehrenberg (1).

Chez les Modernes. Ainsi les anciens ne connaissaient sans doute qu'une espèce d'Ours, celle qui habite encore les montagnes élevées du périple de la Méditerranée. Mais dès que l'étude des sciences naturelles, comme l'ensemble de la civilisation, se fut portée plus au nord, et que les relations avec les habitants de cette partie du monde devinrent plus fréquentes et même habituelles, la connaissance de ces animaux se rectifia, s'agrandit ainsi que le nombre des espèces.

Albert le Grand. Albert le Grand, habitant un pays voisin des lieux où les Ours sont communs, fut aussi le premier des naturalistes du moyen âge, avant la renaissance, qui put augmenter le peu que nous avaient laissé les anciens sur ce genre d'animaux; il reconnut en effet qu'il y a en Europe des Ours noirs, des Ours bruns et des Ours blancs; mais en outre il fut le premier qui distingua le véritable Ours blanc, *U. maritimus*, des régions arctiques.

G. Agricola. G. Agricola, du même pays qu'Albert le Grand, portant son attention sur la taille, crut reconnaître deux races dans notre Ours d'Europe,

(1) M. G. Cuvier, dans son Discours préliminaire, p. 45, 1812, devenu le Discours sur les révolutions du globe en 1825, nous paraît donc avoir à tort regardé comme le véritable Ours blanc (*U. maritimus*, L.), l'animal de cette couleur que Ptolémée Philadelphe montra en Égypte.

les uns très-petits, qui grimpent plus facilement aux arbres, et les autres atteignant une très-grande taille.

C'est aussi ce que fit Gesner, habitant des Alpes suisses, en désignant C. Gesner. la petite race par le nom d'Ours des rochers, et la grande par celui d'Ours capital, manière de voir qu'il paraît avoir acceptée des chasseurs ses contemporains, et qui se retrouve aussi dans Pontopidan, ainsi que chez les Allemands et les Russes.

1645. Aldrovandi, habitant de Bologne en Italie, ne pouvait guère Aldrovandi, 1645. que copier Gesner, ce qu'il a fait, cependant en donnant une meilleure figure de l'espèce d'Europe.

1655. Mais il n'en fut pas de même de Worm, qui faisait à Copenhague Worm, 1645. la collection qu'il a décrite lui-même dans son *Museum*. En effet, outre la distinction d'Ours grands et petits, noirs et blancs, terrestres et maritimes admis avant lui, il ajoute que les Norwégiens en distinguent réellement trois espèces : une plus grande de couleur fauve, plus frugivore que les autres; une seconde noire, plus petite et plus carnassière; et une troisième encore plus petite, mais aussi malfaisante, et qu'à cause de son goût pour les fourmis on a nommée O. des fourmis; à quoi il ajoute que ces trois espèces produisent ensemble, en donnant lieu à des espèces intermédiaires, ce qui prouve que ce ne sont que des variétés.

Mais Worm distingue beaucoup mieux une quatrième espèce, l'Ours blanc maritime du Groënland, dont il donne une description courte, mais suffisante, d'après une peau qui lui avait été envoyée des parties les plus septentrionales d'Islande.

Un auteur moins connu que Worm, nommé Gadd, paraît aussi Gadd. avoir distingué trois variétés de notre Ours commun; l'une, la plus grande, noire et plus rare; un Ours des fourmis brun et le plus petit de tous; et enfin un troisième brunâtre, avec un collier blanc, ce qui l'a fait nommer Ours à collier, variété qui sera signalée plus tard, et qui n'est qu'une variété d'âge.

1693. Ray, qui fut assez malheureux pour comprendre les Ours avec J. Ray, 1693. les Chats, dans son *Genus felinum*, ne vit, du reste, dans toutes ces variétés, qu'une seule espèce, en y confondant même celle de la Nouvelle Zemble, ou l'O. blanc.

Linné, 1735. 1735. Dès la première édition du S. N., Linné établit le genre *Ursus;* mais sa note caractéristique principale portant sur le nombre des doigts, il y comprit tous les carnassiers de taille médiocre dont nous parlerons dans l'article suivant, sous le nom de Petits-Ours. Quant aux Ours proprement dits, il n'en admettait encore qu'une espèce.

Klein, 1751. 1751. Klein, qui n'adopta pas cette réunion, et qui sépara, comme nous le verrons plus loin, les Petits-Ours sous le nom générique de *Coati*, en mêlant cependant quelques espèces hétérogènes, me paraît être le premier qui ait distingué sous le nom spécifique d'*U. albus*, l'Ours polaire de l'Ours commun.

Brisson, 1756. 1756. C'est ce que fit aussi Brisson, quoique pour le reste il ait imité Linné dans la circonscription du genre *Ursus*, en augmentant déjà notablement le nombre des espèces.

Buffon et Daubenton, 1760. 1760. Mais c'est dans l'Histoire naturelle de Buffon et Daubenton que l'on commence à distinguer et à reconnaître, outre l'Ours brun et l'Ours noir d'Europe, un Ours noir et un Ours brun de la Nord-Amérique, différents de l'Ours blanc maritime; toutefois ils n'admirent que trois espèces réelles, un Ours brun d'Europe, un Ours noir d'Europe et d'Amérique et un Ours blanc maritime, mais sans caractéristique suffisante.
Linné, 1766. Aussi Linné, dans toutes les éditions du S. N., jusqu'à la douzième en 1766, confondait-il les deux espèces d'Europe et d'Amérique sous le nom commun de *U. arctos.*

Pennant, 1770. 1770. Cependant Pennant, dont le *Systema quadrupedum* n'avait réellement été entrepris que dans l'intention de systématiser l'Histoire naturelle de Buffon, commença à accepter nettement la distinction de ces
Erxleben, 1777. deux espèces, ce que fit également Erxleben en 1777 et probablement Schreber qui publiait alors son Histoire iconographique des mammifères, ainsi que Blumenbach, dans son Manuel d'Histoire naturelle.

Pallas, 1782. 1782. C'est aussi à la même époque que Pallas, reprenant en sous-œuvre les espèces de ce genre, plutôt soupçonnées que réellement définies, établit enfin d'une manière comparative les trois qui seules ont été longtemps connues, savoir l'*U. arctos*, ou O. d'Europe, l'*U. albus* ou *maritimus*, ou O. polaire, et l'*U. americanus*, ou Ours noir d'Amérique, en considérant les variétés noire, brune, blanche, comme appartenant à l'O. d'Europe.

1789. Ce qui fut avec juste raison complétement imité par Gmelin et par la plupart des zoologistes subséquents. Gmelin, 1789.

Cependant le besoin que l'on eut de connaître mieux les espèces animales vivantes pour les comparer avec les espèces fossiles, et par suite distinguer celles-ci, quand elles paraissaient en différer, sous des dénominations particulières, détermina les naturalistes à approfondir davantage les différences spécifiques. C'est ce que fit d'abord Blumenbach en Allemagne pour les Éléphants, les Rhinocéros et pour les Ours; en sorte qu'il fut conduit à établir, comme distinctes, deux espèces fossiles qu'il nomma *U. spelæus* et *U. arctoïdeus*.

Dans le même but, feu M. G. Cuvier, à l'imitation de Blumenbach, G. Cuvier, 1805. ayant à discuter sur ces mêmes espèces fossiles, commença par définir les espèces vivantes; et d'après la considération et la forme du crâne et surtout du front et des mâchoires, il crut pouvoir en distinguer quatre, savoir : l'Ours noir d'Europe, l'Ours brun d'Europe, l'Ours d'Amérique et l'Ours blanc ou maritime : leur comparant ensuite les fossiles, il fut conduit à admettre les deux espèces de Blumenbach.

Sur ces entrefaites plusieurs espèces vivantes bien distinctes furent successivement introduites dans le système mammalogique. D'abord une grande espèce connue dans les Indes Orientales, et qui, considérée pendant un assez long temps comme une espèce de Paresseux, par Shaw, et comme le type d'un genre nommé *Prochilus*, par Illiger, fut reconnue par moi comme appartenant au genre Ours et nommée *U. labiatus*, à cause de la grandeur de ses lèvres : puis deux autres de la même partie du monde, mais l'une de l'Archipel et l'autre du Thibet, furent envoyées par MM. Raffles et Alfred Duvaucel et acceptées par feu M. G. Cuvier, dans la seconde édition de ses Recherches sur les osse- 1823.

ments fossiles, sous les noms de *U. malaïanus* (Raffles) et de *U. thibetanus* (Fréd. Cuvier).

Les voyages dans l'Amérique méridionale en procurèrent une septième espèce des Cordillières qui fut nommée *U. ornatus*, par M. Frédéric Cuvier (1825).

Et enfin, les voyageurs de l'Amérique septentrionale, après avoir vaguement reconnu une très-grande espèce, outre l'Ours noir qui est le plus commun dans leurs pays, ont fini par en apporter des dépouilles sur lesquelles les naturalistes Nord-Américains ont établi l'Ours gris ou féroce, *U. cinereus* ou *ferox*, ou *horribilis*, espèce dont M. le capitaine du Petit-Thouars vient de rapporter un bel individu vivant et un magnifique squelette au Museum.

Gray, 1837. En sorte qu'aujourd'hui dans les ouvrages spéciaux de Mammalogie les zoologistes admettent, sans compter celles que les paléontologistes ont proposées à l'état fossile, huit espèces d'Ours, la plupart suffisamment définies, et que M. Gray a réparties dans quatre genres distincts du moins par le nom; l'un *Thalassarctos* pour l'*U. maritimus*; le second *Ursus*, pour les *U. arctos*, *niger* et *ferox* : le troisième *Helarctos* pour les *U. ornatus, Thibetanus* et *Malaïanus*; le quatrième *Prochilus* pour l'*U. labiatus*.

Art. 3. — Des Petits-Ours (G. *Subursus*) (1).

G. Subursus. Généralités. Les animaux dont il va être question dans cet article sont ceux que Linné réunissait à son genre *Ursus*, parce qu'ils sont plantigrades, ou parce qu'ils ont le tarse court, et surtout parce qu'ils sont pourvus de cinq doigts à tous les pieds, ces doigts étant presque de la même grandeur. Ce rapprochement au fond était fort naturel; cependant l'on conçoit

(1) Dans mon Système général du Règne animal, j'ai proposé de réunir sous un nom commun tous les animaux autres que les Ours proprement dits que Linné comprenait dans son *G. Ursus*, afin de ne pas perdre le point de vue Linnéen sous lequel seul les généralisations peuvent avoir lieu d'une manière véritablement utile.

que le nombre des espèces des différents pays venant à augmenter, on a pu non-seulement les séparer des Ours, mais encore les séparer elles-mêmes en un certain nombre de petites sections génériques.

Spécialités.

Aujourd'hui, dans l'état actuel de nos connaissances, on les répartit en sept genres nommés *Ailurus*, *Procyon*, *Nasua*, *Cercoleptes*, *Arctitis*, *Arctonyx* et *Meles*, dont un seul est de notre Europe et du périple de la Méditerranée, et par conséquent le seul connu des Anciens. Tous les autres sont en effet ou bien du Nouveau-Monde, ou bien des parties les plus méridionales de l'ancien.

BLAIREAU. Chez les Modernes. Aristote.

Les naturalistes grecs ne paraissent même pas avoir connu l'animal européen désigné aujourd'hui sous le nom de Blaireau. On suppose cependant que le *Trochus*, dont il est parlé par Aristote d'après Hérodote (*de Gen.*, lib. III, cap. 6), comme d'un animal qui aurait les deux sexes, ainsi que l'Hyène, pourrait bien être le Blaireau, sans doute à cause de la disposition particulière de la poche crypteuse anale, et assez semblable dans ces deux genres; mais c'est chez les auteurs latins, et dans l'ouvrage de Varron, sur l'agriculture, que se trouve pour la première fois le nom de *Meles*, que l'on applique généralement à notre Blaireau, et dont il ne dit absolument que deux mots, en le mettant avec les Chats (*Felis*), au nombre des animaux qu'il faut craindre dans les garennes.

Varron.

Galien.

On suppose aussi et avec plus de raison peut-être, que l'animal dont Galien a parlé (*de Alimentorum facultate*, 3, 1), comme habitant de la Lucanie, où on le mangeait, et comme intermédiaire à l'Ours et au Cochon, pourrait bien être le Blaireau. Il est encore plus clairement désigné par Isidore de Séville, sous le nom de *Melo*, à cause de sa forme et parce qu'il recherche beaucoup le miel.

On trouve enfin que plusieurs des interprètes de l'Ancien Testament ont traduit le mot hébreu *Taschach*, animal dont la peau était recherchée comme pelleterie ou comme cuir, par celui de *Taxus*, mais, à ce qu'il semble, sans raisons bien satisfaisantes.

C'est donc par des naturalistes d'avant la renaissance, Albert le

Chez les Modernes. Albert le Grand.

Grand, Agricola, Scaliger, etc., que cet animal fut observé soit sous son nom ancien de *Meles*, soit sous celui de *Daxus* ou *Taxus*, qui lui fut substitué par Albert le Grand, et dont notre vieux français avait fait le nom de *Tesson.*

Gesner.

Depuis lors tous les naturalistes de la renaissance en ont parlé plus ou moins longuement. Gesner en a même donné une assez bonne figure, sous le nom de *Meles.*

Linné.

Linné fut le premier qui proposa d'en former un genre distinct sous ce dernier nom, quoiqu'il le confondit plus tard parmi les *Ursus;* mais depuis il a été rétabli par la plupart des zoologistes.

Coatis et Raton.

Des autres Petits-Ours, les premiers découverts et signalés furent les Ratons et les Coatis, puisque presque tous les historiens du Nouveau-Monde, au moment de sa découverte, durent les rencontrer, tant ils sont fréquents dans bien des parties de l'Amérique, et même dans la Nord-Amérique. On les trouve déjà signalés et même très-bien

Hernandès.

figurés dans Hernandès, dans le muséum de Worm, dans Nieremberg, dans Gesner même qui représente le dernier sous le nom de *Mus indicus,*

Klein,

pag. 741, et depuis dans un très-grand nombre d'autres ouvrages; mais c'est Klein, qui en fit le premier le type d'un genre comprenant, il est

Storr, 1780.

vrai, tous les Petits-Ours; et Storr qui, en 1780, dans son *Prodrome d'une méthode naturelle des mammifères*, proposa de les retirer du genre des Viverras, où Linné les avait placés, pour en former autant de genres distincts voisins des Ours, sous les noms de *Procyon* et de *Nasua.*

Kinkajou.

Presqu'en même temps et dans les mêmes contrées fut encore découvert le Kiukajou, que Linné plaçait aussi, on ne sait pas trop pour-

De Lacépède, 1798.

quoi, parmi les Viverras, et dont M. de Lacépède, et depuis un grand nombre de zoologistes, ont fait un genre sous le nom de *Caudivolvulus*

Illiger, 1811.

changé en celui de *Cercoleptes* par Illiger en 1811.

Enfin, dans ces derniers temps on a découvert dans l'Inde deux mammifères de cette division; l'un dont Hardwick faisait une espèce de

Panda. Fréd. Cuvier,

Mangouste, et dont M. F. Cuvier a formé son genre *Aïlurus*, c'est le Panda; et l'autre qui est au contraire de toutes les grandes îles de l'archipel Indien, le Binturung découvert par Raffles, et dont M. Temminck a fait son genre *Arctitis;* en sorte qu'aujourd'hui le groupe des Petits-Ours (*Subursi*) contiendrait neuf ou dix espèces réparties en sept genres, d'après la considération presque exclusive du système dentaire et de la queue.

BINTURONG. Temminck.

Art. 4. — Des petites espèces de Carnassiers réunies par Linné sous le nom de Mustela (G. *Mustela* L.).

G. MUSTELA, L. Considérations générales.

Entre les Carnassiers de taille médiocre à cinq doigts subégaux, sur la même ligne, aux deux paires de membres, à tarses peu élevés ou plantigrades, et les autres Carnassiers également de taille médiocre, que Linné a désignés sous le nom de *Viverra*, se trouve un groupe de petites espèces à corps plus ou moins allongé, cylindrique, vermiforme, à tête plus ou moins étroite, deltoïdale, à museau fort court, ainsi que les mâchoires, à griffes semi-rétractiles, à poils doux et fins, de couleur uniforme, que Linné a groupés, avec sa sagacité accoutumée, sous la dénomination générique de *Mustela ;* c'est de cette division des Carnassiers qu'il va être question dans cet article.

Chez les Anciens. Aristote. *Gale.*

On admet assez généralement que les Grecs anciens, sous le nom de *Gale*, désignaient l'espèce principale de ce genre, c'est-à-dire la Marte, et peut-être mieux encore la Fouine, mais moins probablement la Belette, qu'ils connaissaient cependant indubitablement, puisqu'elle existe dans toute l'Europe. Ce qu'il y a de certain, c'est que sous ce nom ils ne désignaient pas le Chat, pour lequel ils avaient la dénomination d'*Ailuros*, comme on peut s'en assurer par certains passages d'Élien. M. Dureau de Lamalle (1) pense cependant que sous ce nom les anciens Grecs entendaient tantôt le Chat privé, tantôt la Fouine privée, et même quelquefois le Putois ou la Belette.

Ailuros.

(1) Sur les animaux connus des anciens sous les noms de *Gale* en grec, et de *Mustela* en latin (*Annales des Sc. nat.*, tom. XVII, p. 176. 1839).

Ictis. Aristote, en parlant des animaux qui ont la verge osseuse, cite le *Loup*, le *Renard*, l'*Ictis* et le *Gale*. Il décrit l'*Ictis*, *Hist. an.*, IX, 6, en disant qu'il est de la taille des petits chiens de Malte, qu'il est semblable au *Gale* pour l'épaisseur du poil et la blancheur de la partie inférieure; à quoi il ajoute qu'il devient très-privé, et qu'il mange les oiseaux comme les Chats (*Ailuros*); ainsi la taille et la couleur des parties inférieures portent à regarder l'Ictis comme la Fouine, ou le *Mustela foina* des zoologistes, à moins que ce ne soit plutôt le petit Carnassier que les habitants de la Sardaigne nomment *Bocca-Mele*, à cause de son avidité pour le miel (1).

Quant au *Gale* qu'Aristote se borne dans ce passage à comparer à l'Ictis pour l'épaisseur du poil et la blancheur de la partie inférieure, à quoi il ajoute, dans différents endroits, que les Gales des bois font la guerre aux Rats, qu'ils sont ennemis des Chats-Huants et des Serpents; qu'ils étranglent les oiseaux sans bruit, et qu'ils transportent leurs petits avec leur gueule, ce qui explique le préjugé populaire que ces animaux accouchent par la bouche; Gesner et, depuis, tous les zoologistes en ont fait la Marte proprement dite; mais dernièrement M. Dureau de Lamalle, pour appuyer l'opinion que c'était notre Putois (*M. Putorius*, L.), cite un passage d'Aristophane, où ce nom de Gale est employé pour désigner un animal auquel il veut comparer une vieille femme à laquelle la peur fait exhaler une mauvaise odeur; mais depuis, notre confrère a pensé que c'était plutôt la Belette, comme l'avait fait Camus.

Pline. Les naturalistes romains n'ont latinisé aucune de ces dénominations grecques, et se sont servis des noms de *Mustela*, de *Viverra*, de *Martes*

(1) Voici le passage d'Aristote d'après la traduction de Gaza : *Ictis genus mustelæ rusticæ, quod Viverram interpretor, magnitudine est, quàm melitensis Catellus minor, sed pilo, formâ, albedine partis inferioris et morum astutia mustelæ similis; mansuescit majorem in modum; officit alvearibus; mellis enim avida est; aves etiam petit. Ut felis genitale ejus osseum est, ut ante dixi, et medicamento urinæ stillationibus esse putatur; datur per ramenta ex vino.*

et de *Felis*, dont l'origine et l'étymologie sont à peu près inconnues, ou du moins bien obscures, et qui ont été acceptées par les naturalistes modernes.

Au lieu du mot *Gale* que l'on suppose être notre Putois ou notre Belette, Pline paraît avoir substitué celui de *Viverra*. En effet, dans le passage d'Aristote, cité plus haut, Pline dit : *genitalia ossea sunt Lupis, Vulpibus, Mustelis* et *Viverris ;* ce dernier mot étant évidemment à la place du *Gale* d'Aristote, et celui de *Mustela* remplaçant la dénomination d'*Ictis*. *Viverra.*

Dès lors le nom de *Mustela* appartiendrait à l'*Ictis* des Grecs ou à la Fouine (*M. Foina*); et en effet Pline le dit lui-même dans le passage où il distingue deux espèces de *Mustela*, différentes de grandeur, que les Grecs nomment *Ictidæ ;* l'une sauvage ou sylvestre, l'autre qui vit dans nos maisons, transportant et changeant de place chaque jour ses petits, et poursuivant les Serpents. *Mustela.*

D'après cet article, qui pourrait encore fort bien reposer sur différents passages d'Aristote, on voit que les Latins semblent avoir distingué une espèce de plus; et comme Pline compare ses deux espèces d'Ictides ou de Mustelas suivant que l'une habite les bois ou nos maisons, les zoologistes ont admis assez généralement que l'espèce des bois était notre Marte proprement dite, et que celle des maisons était notre Fouine, qui vit en effet constamment encore autour de nos habitations.

Cette opinion est d'ailleurs fortifiée par une observation de Palladius, qui, en parlant des moyens de détruire les Taupes, qui viennent s'établir au milieu des plants d'artichauts, dit que la plupart des horticulteurs se servent de Mustèles privées; et ces Mustèles paraissent à M. Dureau de Lamalle être plutôt la Fouine que la Marte, celle-là étant moins sauvage et vivant même dans nos habitations.

Le nom de *Martes*, dont nous avons tiré le nom que nous donnons à l'espèce sauvage, se trouve aussi chez les auteurs latins, dans ce vers de Martial, *Martes.*

Venator captâ Marte superbus adest,

mais seulement, suivant Gesner et M. Dureau de Lamalle dans cet auteur, et sans aucune description.

Si ces interprétations étaient hors de doute, les naturalistes grecs et latins n'auraient pas connu la Belette, et dans l'apologue d'Ésope, où il ne peut être bien évidemment question que de cet animal, Phèdre aurait employé le nom de *Mustela* par approximation. Cependant quelques auteurs, et entre autres Scaliger et Agricola, pensent que l'animal nommé *Mus ponticus-albus* par Aristote pourrait bien être l'Hermine; mais que peut-on dire sur la simple note (liv. VIII, ch. 17, et liv. IX, ch. 50) que cet animal se tient caché pendant quelque temps, comme le Loir, et qu'il rumine, quoiqu'il ait des dents également aux deux mâchoires, à moins que, comme l'a pensé Gesner, ce ne soit plutôt quelque espèce d'Ecureuil; ce qui a été assez généralement adopté.

M. Dureau de Lamalle rapporte à la Belette ce que dit Aristote de son *Gale*, qu'il est blanc dans les parties inférieures du corps, comme l'*Ictis*, caractère qui n'appartient en Europe qu'à la Belette et à la Fouine, or, celle-ci étant l'*Ictis;* donc, suivant lui, le *Gale* ne peut être que la Belette.

Furo. Nous devons encore faire observer que si l'on ne peut avoir de certitude sur la connaissance par les anciens de plusieurs des très-petites
Strabon. espèces de Mustèles actuelles, il n'en est pas de même pour le Furet; en effet, Strabon, qui écrivait dans le premier siècle de notre ère, en parlant des Lapins d'Espagne, et des animaux qui les chassent, comme importés d'Afrique, emploie l'expression de *Gales agrias*, mais sans prétendre que ce soit la même chose que l'animal nommé *Gale* par Aristote. Gesner pense avec raison que c'était au moins une espèce voisine : aussi quelques commentateurs ont-ils traduit *Gale* par *Furo*, et Pline le désigne par le nom de *Viverra,* que nous avons vu être certainement appliqué par lui au *Gale* d'Aristote; en sorte que, avec les renseignements que nous ont laissés les anciens sur les animaux du genre *Mustela*, il est bien difficile

d'assurer au juste quelles espèces ils ont connues (1). Il n'en est pas de même des premiers naturalistes du Nord; on voit en effet qu'Albert le Grand, Agricola, et surtout Gesner, ont parfaitement désigné et souvent décrit la Marte, la Fouine, le Putois, le Furet, le Perousasca ou Marte de Pologne, aussi bien que la Belette et l'Hermine. Albert le Grand avait même parfaitement connu le changement de couleur de ces deux dernières espèces pendant l'hiver.

Chez les Modernes. Albert le Grand. Agricola. Gesner.

Aldrovandi, et son commentateur et éditeur Ambrosini, n'eurent donc pas de peine à les distinguer chacun sous un nom propre, en y ajoutant la Marte de Sibérie ou la Zibeline que le commerce avait introduite en Europe, et qu'Agricola (*de Anim. subt.;* p. 40) semble avoir désigné le premier sous la dénomination de *Zobels*.

Aldrovandi, 1645.

Il fut donc très-facile à Ray, lorsqu'il chercha à introduire dans l'étude des corps naturels la marche systématique, d'établir son *Genus mustelium*, que Linné, trente ou quarante ans plus tard, nomma plus simplement *Mustela*, et dans lequel ont été successivement rapportées des espèces de contrées plus ou moins éloignées.

Ray.

Les premières furent les petits animaux Carnassiers du Nouveau-Monde que l'odeur extrêmement puante qu'ils exhalent en certaines occasions, a fait nommer Moufettes, signalées par les premiers voyageurs dans ces pays, et que Linné considérait comme appartenant à son *G. Vivorra*, ce qui fut imité par un assez grand nombre de zoologistes, jusqu'au moment où M. G. Cuvier crut devoir en constituer un genre distinct en 1817.

Vinrent ensuite ces grandes espèces de l'Amérique méridionale que Buffon nous fit connaître sous les noms de Tayra et de Grison, et qu'une certaine ressemblance avec une autre espèce encore plus forte de l'ancien continent, et plus anciennement connue, puisqu'elle est déjà parfaitement

Buffon.

(1) Voici cependant les conclusions des Mémoires de M. Dureau de Lamalle : *Gale* et *Mustela* signifient tantôt le Chat privé et tantôt la Fouine privée; avec l'épithète d'*Ictis*, *Sylvestris* ou *Martes*, la Fouine et la Marte sauvage; quelquefois le nom de *Gale* seul indique le Putois ou Belette. Tantôt avec l'épithète d'*Agria*, le Furet, et avec celle de Tartessia la Civette ou la *Megale*.

indiquée dans Olaus Magnus, fit réunir sous la dénomination générique de Glouton ou de *Gulo*. Mais depuis ce temps, les deux espèces d'Amérique ont été de nouveau séparées génériquement sous le nom de *Galictis*, par M. Bell, et de *Huro* par M. Isidore Geoffroy.

Sparmann. Les voyageurs au Cap de Bonne-Espérance rapportèrent aussi d'assez bonne heure les Mustelas de la Sud-Afrique, c'est-à-dire le Rattel décrit pour la première fois par Sparmann en 1777, et dont Storr a formé le genre *Mellivora*, auquel est venue se joindre une espèce de l'Inde, et la Zorille que Buffon considérait comme le représentant, dans l'ancien continent, des Moufettes du nouveau, mais qui, offrant quelques particularités des dents, a pu aussi être érigée en genre par des zoologistes qui ont également cru devoir séparer génériquement les Putois d'après la considération rigoureuse du système dentaire.

Plus tard, on connut des espèces de l'Amérique du Nord que Buffon, qui les détermina le premier, nomma *Vison*, *Pecan*, etc.; puis successivement on en découvrit dans l'Amérique moyenne, et enfin dans la Sud-Amérique; en sorte qu'aujourd'hui le nombre des espèces du genre Mustela de Linné peut aisément être porté à trente réparties dans les genres ou sous-genres nommés *Mellivora*, *Gulo*, *Zorilla*, *Huro*, *Putorius*, *Mustela* proprement dit, qui, ainsi réduit, ne contiendrait plus que cinq à six espèces suffisamment définies. Enfin, dans ces derniers temps, les recherches zoologiques faites dans les Indes Orientales ont amené la connaissance de la singulière espèce dont M. Isidore Geoffroi-Saint-Hilaire a fait son genre Melogale, indiquant les rapports de ce mammifère avec les Blaireaux d'une part, et avec les Mustèles de l'autre, tandis que l'Amérique fournissait à M. Lichtenstein un autre quadrupède américain qui, avec le système de coloration des Viverra, et même leur système dentaire, a cependant tous les caractères des Mustelas; c'est le Bassaris.

Isid. Geoffroy.

LOUTRES. Dans cette même division des carnassiers sont comprises, comme Linné l'a fait d'une manière plus ou moins complète, les Loutres; nous devons donc donner un aperçu historique des travaux des naturalistes sur ce genre d'animaux.

Chez les Anciens.

Les Grecs connaissaient certainement la Loutre ordinaire, qui se trouve en effet dans toutes les eaux douces d'Europe, et cela sous le nom d'*Enhydris;* mais ils jugèrent fort mal de ses rapports, comme cela se conçoit aisément, en pensant que la considération de première importance pour eux était le séjour; aussi l'ont-ils presque toujours rapprochée du Castor, et c'est même à ce rapprochement erroné qu'est due l'erreur d'attribuer à la Loutre le castoréum, employé depuis si longtemps comme hystérique, ainsi que nous l'apprend Hérodote. Du reste, Aristote n'en dit que fort peu de chose, et rien de son organisation : seulement son nom, sa place parmi les animaux aquatiques, et la force de sa morsure ne permettent pas de douter que c'est bien de notre Loutre qu'Aristote a parlé sous le nom d'*Enhydris;* mais il s'en faut beaucoup qu'il soit aussi assuré que le *Latax* soit également une espèce de ce genre, ou même un Phoque, comme le veut Buffon. En effet, l'habitude qu'Aristote attribue à son Latax de sortir la nuit, de couper avec ses dents les arbrisseaux qui viennent sur les bords des rivières, et les caractères d'avoir le corps plus large que la Loutre, la dent forte, et le poil ferme, tenant de celui du Phoque et du Cerf, indiquent plutôt un rongeur qu'un carnassier. Aristote.

Elien a aussi dit quelques mots des Loutres qu'il appelle *Chiens fluviatiles.* Élien.

Il est bien plus certain que l'animal dont parle Pline sous le nom de *Lutra*, *Lutris*, est notre Loutre; mais ce nom ne paraît nullement provenir de celui d'Enhydris employé par Aristote; et il est même à remarquer que dans ce que dit Pline de la Loutre, rien ne paraît avoir été extrait des écrits du philosophe grec, et qu'il a appliqué le mot d'*Enhydris* aux Serpents d'eau. Pline.

L'histoire de la Loutre commence donc encore, comme celle de tous les animaux du Nord de l'Europe, à ce qu'en ont dit Albert le Grand, Agricola, et surtout Belon, qui l'a passablement décrite et figurée. Albert le Grand. Belon.

Depuis lors, et surtout depuis l'anatomie qu'en ont donnée les membres de l'ancienne Académie des Sciences, la Loutre a été considérée

Ray. ou comme le type d'un genre distinct, par Ray, en 1693, ou comme une espèce du genre *Mustela*, ainsi que Linné l'a fait dans les dernières éditions du S. N. Seulement sa place a varié quand on l'a considérée comme genre distinct, suivant le système mammologique adopté.

Quoi qu'il en soit, le nombre des espèces s'est successivement accru, d'abord de la grande Loutre si commune au Brésil, par Ray, puis de l'espèce marine dont nous devons la connaissance à Steller; après lesquelles sont venues les L. de l'Amérique méridionale ou septentrionale, Fréd. Cuvier. savoir : les *L. lataxina*, *Canadensis*, *insularis*, *enudris* (Fréd. Cuvier, 1823), auxquelles on a ajouté depuis les *L. Californiæ* (Gray, 1827), *L. Chilensis* (Bennett, 1832), *L. Paroensis* (Rangger, 1832), *L. Sanbacchii*, de M. Gray, 1838, puis celles de l'Inde insulaire ou continentale, savoir : les L. Barang et *Leptonyx* de Raffles, *L. nair* de Raffles. Fréd. Cuvier, et depuis les *L. indica*, *chinensis* (Gray, 1837, et enfin les Gray. deux seules qui soient connues en Afrique, *L. inermis* (Fréd. Cuvier, 1823), *L. Poënsis* (Water-House, 1839), de Fernando Po.

Ogilby. M. Ogilby paraît même en avoir trouvé une espèce nouvelle en Irlande, *L. Roënsis*, en 1832.

Cet accroissement successif des espèces plus ou moins distinctes de Loutres a été nécessairement suivi de quelques essais de leur distribution en genres d'après la considération de certains caractères plus ou moins importants; ainsi, la *L. Marina* a été considérée comme genre par MM. Oken, Fleming et Goger, sous les noms de *Pusa*, d'*Enhydris* et de *Latax*, d'après la considération du nombre des incisives qui n'est que de $\frac{2}{2}$.

La *L. inunguis*, par M. Lesson, en 1827, sous celui d'*Aonyx*, à cause de la petitesse presque rudimentaire des ongles aux pieds de devant.

La *L. Sandbachii*, par M. Gray, sous la dénomination de *Pteronurus*, à cause de la forme de la queue.

Toutes les autres ont été conservées sous le nom de *Lutra*, sans qu'on ait cherché à leur donner un ordre véritablement systématique, ce qui était cependant facile par la considération de la dernière molaire, dont la grosseur s'accroît d'une manière graduelle, de la longueur proportionnelle du museau comparée à celle du crâne, et enfin, comme l'a fait M. E. Gray, de la nudité plus ou moins étendue du tarse.

Art. 5. — Des Carnassiers du G. *Viverra*, L.

Sous ce nom Linné avait réuni, mais sans peut-être la caractériser d'une manière suffisante, une partie de la série des carnassiers intermédiaires aux Mustèles, aux Chats et aux Chiens, c'est-à-dire à ceux qui nous sont le mieux connus. Ce groupe des *Viverra* comprenait les animaux que Buffon avait désignés sous les noms de Mangoustes, de Civettes et de Genettes, que plusieurs zoologistes modernes ont encore trouvé à subdiviser en plusieurs sections génériques, d'après la considération du système dentaire, et de quelques autres particularités. G. Viverra, L. En général.

Ce nom de *Viverra* a été tiré de Pline, qui s'en est servi pour traduire d'abord le mot *Gale* employé par Aristote pour désigner un animal qui, comme l'*Ictis*, le Loup et le Renard, ont un os dans la verge, et ensuite celui de *Gale agria* de Strabon, qui indique évidemment le Furet, etc. Nous ignorons son étymologie. Linné, sans considérer que les naturalistes de la renaissance l'avaient généralement employé pour désigner ce dernier animal, l'appliquant aux trois divisions des Ichneumons ou Mangoustes, des Civettes et des Genettes : nous allons passer en revue chacune de ces subdivisions. Chez les Anciens. Chez Linné. En particulier.

DES ICHNEUMONS.

Les anciens connaissaient sous cette dénomination qui lui a été continuée jusqu'à nous, l'animal qui sert de type à ce groupe, et qui, signalé de temps immémorial dans la Basse-Égypte, s'y trouve encore aujourd'hui abondamment, au point d'être souvent encore à l'état domestique, comme il l'était autrefois; bien plus, rangé par les anciens Égyptiens au Des Ichneumons. En général.

nombre des animaux sacrés, il se trouve encore aujourd'hui conservé à l'état de momie.

Chez les Anciens. Le nom d'Ichneumon que les Grecs ont donné à cet animal, et qui signifie *chercher*, a remplacé celui de Hnès, sous lequel il était anciennement connu à Héliopolis, et l'a été par la dénomination arabe de Nems, qui porte sur l'odeur que cet animal répand.

Malgré cela, ce que les anciens naturalistes nous ont laissé sur l'Ichneumon est fort peu de chose.

Aristote. Aristote, en effet, n'en parle guère qu'à l'occasion du nombre des petits, qu'il dit être le même que dans les chiens, et au sujet de la précaution singulière qu'il prend pour combattre l'aspic.

C'est aussi à quoi se sont également à peu près bornés Diodore de Sicile, Strabon, Élien et même Pline; mais ils y ont ajouté deux autres fables, l'une, sur la manière dont l'Ichneumon s'y prend pour détruire le Crocodile dont il était considéré comme l'ennemi, ce qui l'avait fait mettre, dit-on, au nombre des animaux sacrés; l'autre sur son prétendu hermaphrodisme, qui repose du moins sur une particularité d'organisation, l'espèce de poche ou de cloaque qui élargit la terminaison de l'intestin.

Chez les Modernes. P. Gilles. C'est donc des temps modernes que date une connaissance un peu complète de cet animal curieux, et c'est, à ce qu'il me semble, P. Gilles qui, à son retour d'un voyage en Orient, en donna la première description dans une de ses lettres au cardinal d'Armagnac, d'après un individu vivant dont il était accompagné à son passage du Caire à Alexandrie. P. Belon. Peu de temps après, Belon, qui faisait le même voyage par ordre du cardinal de Tournon, en publia une description plus complète, accompagnée d'une figure très-reconnaissable, p. 97 de ses Observations publiées en 1553, et dans son Histoire des Aquatiles, la même année.

Ces notions, recueillies par Gesner, Aldrovandi et Jonston, furent longtemps tout ce que la science posséda sur l'Ichneumon. Mais depuis le voyage d'Hasselquist, en 1750, qui l'a encore décrit sur les lieux, il a été introduit fréquemment dans nos ménageries, où il a pu être étudié dans son organisation comme dans ses mœurs et ses habitudes. (Hasselquist.)

Ray en faisait une espèce de *Mustela*, ainsi que Brisson ; mais Linné ayant formé avec un certain nombre d'espèces de ce genre sa division générique des *Viverras*, l'Ichneumon y a passé; ce qui a été imité par la très-grande partie des zoologistes jusqu'à M. de Lacépède, qui le premier en a formé une division générique sous le nom de *Mangusta*, changé en celui d'*Herpestes* par Illiger en 1811. De Lacépède. Illiger.

Mais dans cet intervalle de temps on distingua successivement, d'abord les V. *tetradactyla*, *Galera*, *Major*, *Mungo*, *Nems*, *ægyptiaca* et *fasciata* (Buffon et Daubenton) avant 1789; *javanica* (Etien. Geoffroy) 1805; *obscura* (Fréd. Cuvier) 1825; *Vaillantii* (Smith) 1829; *melanura* (Martin) 1836; *olivacea* et *elegans* (Isid. Geoffroy) 1839. Des Espèces.

Sans compter toutes celles que nous regardons pour la plupart comme doubles emplois de quelqu'une des précédentes, et qui ont été observées surtout par MM. Ehrenberg ou Ruppell, en Abyssinie; Smith, dans la Sud-Afrique; Ogilby, Waterhouse, dans l'Afrique Occidentale.

Toutes ces espèces ont été jusqu'ici rangées à peu près sans ordre, quoique plusieurs, d'après la considération de quelques différences peu importantes dans le système digital ou dans le système dentaire, aient été regardées comme des types génériques. C'est ainsi que le genre Surikate a été établi par M. Desmarest en 1804, avec le *M. tetradactyla* de Linné; le genre *Vansire* ou *Athylax*, par F. Cuvier en 1825, avec le *M. Galera;* le G. *Crossarchus* par le même avec le *M. obscura;* le *G. Euplère*, par M. Doyère, avec une espèce de Madagascar; le *G. Cynictis*, par M. Bennett, avec les *V. Vaillantii* et *melanura;* et, dans ces derniers temps, par M. Isidore Geoffroy-Saint-Hilaire, les G. *Ichneumia* avec les *M. albicauda*, *elegans* et *Galictis* avec le *M. fasciata.* Des Sous-Genres. Surikate. Vansire. Crossarque. Euplère. Cynictis. Ichneumie. Galictis.

DES CIVETTES OU VIVERRAS PROPREMENT DITS.

On admettait assez généralement, avant le mémoire de M. Dureau de Lamalle, que les anciens ne paraissaient avoir connu aucune des espèces de cette section des Viverras de Linné, et que c'étaient les Des Civettes. Chez les Anciens.

Arabes qui les premiers avaient signalé la Civette. Ainsi, P. Castelli, dans une dissertation *ad hoc*, pensait avoir prouvé que cet animal n'était ni la Panthère des anciens, ni le Chaus de Pline, ni la véritable Hyène. (Jonston. *Hist. nat. Quadruped. de Hyænâ odoriferâ*, *zibethum gignente*, *quod Civetta vulgò appellatur.*) Mais suivant M. Dureau de Hérodote. Lamalle, le *Galè* des champs de Silphium, ressemblant beaucoup à celui de Tartesse dont parle Hérodote dans son énumération des animaux qui se trouvent dans le pays des Libyens nomades (le royaume de Tunis Suidas. actuel), était une véritable Civette. En effet, Suidas, en parlant de la ville de Tartesse, la signale comme située sur l'Océan, hors des Colonnes d'Hercule, où naissent les plus grands Galès, et le scoliaste d'Aristophane, Heysichius. *Heysichius,* dit que les Galès de cette ville sont synonymes de grands Galès. Or, en remarquant que des trois parfums cités par Nicétas comme employés par les anciens, savoir : le *Manchon*, le *Zapetia* et l'*Anubar,* le second est nommé *Galaneum* par Acharius dans l'Onésicrite, et Chez les Arabes. Avicenne. que cet auteur désigne aussi par le nom de *Galè* l'animal qui fournit le musc, appelé par Avicenne *Galia,* ou *Algalia,* que le lexique grec-arabe explique aussi *Galia* par *Tapetes*, M. Dureau de Lamalle en conclut que le Galè de Tartesse, le plus grand des Galès, était celui qui fournissait le parfum nommé *Galeum*, ou la Civette, animal qui est certainement originaire d'Afrique, et qui était sans doute alors, comme il l'est aujourd'hui, élevé en beaucoup de lieux pour en obtenir le parfum.

D'après cela, il est à croire que la Civette n'a pas cessé d'être connue des Européens, qui font le commerce des parfums et des substances médicamenteuses depuis les temps les plus reculés.

Les médecins arabes paraissent en effet en avoir parlé d'une manière positive, et cependant il n'est pas certain que ce qu'ils nommaient *Zibethum* soit réellement la matière odorante de la Civette.

Chez les Modernes. Quoi qu'il en soit, les premiers indices de cette matière, et même de l'animal qui la fournit, dans un écrit moderne, se trouvent chez un Al. Benedicti, 1478. médecin célèbre alors (1478), nommé Alex. Benedicti, Véronais (*De curandis singillatim morbis*, 13, 26); il parle de l'animal comme appartenant au genre des Chats, quoique, suivant lui, il n'ait pas la langue rude, mais bien le poil court, une barbe (sans doute des moustaches) et les yeux brillants : à quoi il ajoute que le parfum, dont le prix était de huit pièces d'or l'once, étant situé entre les organes de la génération et l'anus, aussi bien dans la femelle que dans le mâle, se retirait avec une espèce de cure-oreille d'os.

Ruell, 1533.

Ruell (1539) nous apprend de plus que l'animal dont on tirait le zibethum, et qu'il compare au Felis qui habite les anciens édifices ruinés, était nommé *Zapetion* par les Grecs; mais n'y a-t-il pas là quelque confusion, puisque nous avons vu plus haut que, suivant Nicétas, c'était le nom d'un parfum.

Belon, 1553.

1553. Belon fut peut-être le premier naturaliste qui donna une fort bonne description de cet animal (1), d'après un individu vivant qu'il avait observé; mais il pensa que c'était l'Hyène des anciens; et en effet, il publia la figure d'une Hyène véritable pour un Loup marin dans son Traité des Aquatiles, p. 34. C'est dans cet auteur que se trouve pour la première fois le mot *Civetta*. Mais bientôt quelques-uns de ces animaux paraissent avoir été répandus dans diverses contrées de l'Europe, et surtout chez les gens riches qui en recherchaient le parfum : aussi Cay, en latin *Caius*, en envoya une bonne description et même une assez bonne figure à Gesner qui les inséra dans son Grand Dictionnaire, et cela d'après un individu venant d'Afrique et vivant à Londres. (Cay.)

Kentmond, 1545.

Kentmond, dans le même Gesner, cite un autre individu qui avait été acheté 70 thalers par l'Électeur de Saxe, Jean-Frédéric, en 1545.

Léon l'Africain.

Léon l'Africain avait dit que cet animal vit sauvage dans les bois de l'Éthiopie où les marchands vont acheter les petits qu'ils élèvent en domesticité pour en tirer le parfum.

Amatus Lusitanus.

D'un autre côté, on savait aussi par Amatus Lusitanus que les Portugais tiraient ce parfum et l'animal lui-même des Grandes Indes, en sorte que, dès la première moitié du seizième siècle, on avait réellement vu en

(1) Observations, chap. xx, p. 95.

Europe les deux espèces distinguées par Buffon, mais alors complétement confondues. Et en effet, ces animaux devinrent de plus en plus communs. Ainsi Scaliger, en critiquant ce que Cardan avait publié du Zibeth dans le livre X de son traité *De Subtilitate*, et en le critiquant même à tort sur ce que le premier il avait dit qu'on tirait cet animal d'Espagne, assure que la Genette est bien de ce pays, mais non la Civette que l'on y transporte d'Alexandrie ou des Indes Orientales : il ajoute qu'il en a vu quatre individus vivants, l'un à Mantoue, et les trois autres à Rome, chez le cardinal Galeoti, auquel, suivant lui, les parfums, les armes, les pelleteries, les chevaux et les chiens servaient de bibliothèque.

Scaliger.

Fab. Colunna, 1625.

Fabius Colunna, dans une lettre à Fabri, en date d'octobre 1625, ne se borna pas à sa simple citation, mais il donna une fort bonne description avec figures de deux individus, l'un mâle et l'autre femelle, qu'il put observer à Naples; en sorte que Fabri lui-même, en s'aidant d'autres observations que lui fournirent un sieur de Corduba et F. Georges de Bolivar, qui nourrissait de ces animaux à Naples, put, dans un chapitre de son exposition sur les animaux de la Nouvelle-Espagne, par Recchi, donner une histoire fort intéressante de la Civette, et montrer par le nombre et la forme des dents que c'était plutôt un *Canis* qu'un *Felis*.

Fabri.

P. Castelli.

Il fut alors aisé à P. Castelli d'écrire une assez longue dissertation citée plus haut sur le Zibeth, dans laquelle, recueillant avec sagacité tout ce qui avait été fait avant lui, mais pouvant surtout s'aider d'un animal mort, et même de son squelette, qu'il possédait, l'histoire de cet animal fut au moins extrêmement avancée.

Depuis lors, c'est-à-dire depuis 1651, il n'a jamais cessé d'être apporté en Europe, et surtout, à ce qu'il paraît, à Venise et à Amsterdam, pour en retirer la matière odorante, et dans les ménageries d'animaux vivants montrés à la curiosité publique. Aussi a-t-il été fréquemment observé, aussi bien par les anatomistes que par les zoologistes. Seulement il ne faut pas mettre de ce nombre, comme l'a fait d'abord M. G. Cuvier dans l'article de l'ouvrage intitulé : *Ménagerie du Museum*,

G. Cuvier.

qu'il a consacré à cet animal, le Musc de Laperonye; car, comme M. Cuvier l'a reconnu aisément depuis, ce Musc n'était autre chose que la Genette de l'Inde.

La manière de voir de Castelli, que la Civette était plutôt un Chien qu'un Chat, fut adoptée par les premiers zoologistes systématiques, ainsi par Ray et par Klein. Linné balança longtemps, et après en avoir fait une espèce de son genre *Meles*, ce qu'imita Brisson, il finit par créer le genre *Viverra* presque pour elle, dans la dixième édition du *S. N.*, qui parut en 1758; mais on peut dire que ce genre ne put être un peu convenablement circonscrit que depuis la publication du IXe volume de l'*Histoire naturelle* de Buffon et Daubenton, qui parut en 1761. C'est en effet là que fut mise hors de doute la distinction de la Civette d'Afrique de celle d'Asie, et l'absence complète d'espèces de ce genre dans le nouveau continent.

Linné.

Brisson.

Buffon et Daubenton.

DES GENETTES.

Un autre petit carnassier, demi-Chat, de cette division des Viverras, qui aurait pu être connu des anciens naturalistes, est la Genette, puisqu'elle se trouve au moins dans toute l'Europe méridionale, et fort communément en Espagne et même à Constantinople; et cependant on ne connaît rien dans leurs écrits qui puisse lui être rapporté, quoique quelques personnes aient voulu que ce fût la petite Panthère d'Oppien, dont elle a en effet assez bien la taille, la robe, les mœurs, et même l'odeur agréable, suivant Gesner. Il paraît que c'est dans un auteur espagnol du septième siècle, Isidore de Séville, que le nom de *Genestra*, dont on a fait *Genetta* ou Genette, se trouve pour la première fois, dans le traité *De Ordine creaturarum*. On ignore son étymologie; et l'on suppose que c'est un nom de pays qui indique la vitesse de l'animal. Depuis ce temps, Albert le Grand, Vincent de Beauvais, en ont donné une description qui ne laisse pas de doute. Et enfin Belon, en 1553, a joint à une description encore plus complète, d'après des individus vivants vus à Cons-

GENETTES.

En général.

Chez les Anciens.

Chez les Modernes. Isid. de Séville.

Belon.

tantinople, où ils étaient domestiques comme des Chats, une figure fort reconnaissable qui a été longtemps copiée par les zoologistes.

Gesner. Depuis Gesner, qui n'en connut et n'en figura que la peau, objet de commerce venant de Lyon, jusqu'à Buffon et Daubenton, qui donnèrent dans le volume IXe de leur *Histoire naturelle*, une description et une bonne figure, aucun naturaliste n'avait réellement revu la Genette en nature; mais depuis ce temps elle a été observée dans nos ménageries venant d'Europe, ou même d'Afrique, par plusieurs naturalistes et entre autres par M. Cuvier.

Buffon et Daubenton.

Longtemps ce joli animal a été considéré comme appartenant aux Mustelas, et ce n'est que depuis la dixième édition du *S. N.* qu'il a passé dans les Viverras.

Espèces. Autour de cette espèce sont venues successivement s'en grouper quelques autres, ainsi celle de Madagascar, ou la Fossane, par Buffon, en 1765. Le *V. tigrina*, Thumberg, 1775, la Genette de l'Inde, de Lapeyronnie, et plusieurs autres espèces nominales qui rentrent dans l'une ou l'autre des précédentes, que plusieurs zoologistes ont réunies, et entre autres M. G. Cuvier, sous le nom subgénérique de *Genetta*, d'après une considération erronée. En effet, la différence dans la poche, notée dans son article *Civette* de la Ménagerie, rectifiée en grande partie dans celui sur la *Genette* du même recueil, et cependant reproduite d'une manière plus tranchée que jamais dans son règne animal, n'existe pas. Les Genettes ont une poche tout aussi développée que les Civettes.

Buffon.

G. Cuvier.

Dans cette même division des Viverras de Linné, une espèce que Buffon avait parfaitement décrite, en 1782, dans ses Suppléments, vol. III, p. 236, pl. 47, comme un animal de l'Inde, mais que son graveur, par inadvertance, a intitulée *Genette de France*, et qui a été retrouvée fréquemment depuis ces vingt dernières années, et nommée *V. prehensilis* par les zoologistes anglais, est devenue le type d'une subdivision générique, nommée par M. F. Cuvier *Paradoxurus*, à cause de sa queue fort longue, subpréhensile, et caractérisée par ses tarses plus courts, presque nus, et enfin par un système dentaire moins carnassier.

Fréd. Cuvier.

Dans cette section se sont trouvées successivement inscrites un assez grand nombre d'espèces, ou bien nominales, comme me semblent être la plupart de celles que M. Gray croit avoir caractérisées dans un mémoire *ex professo*, publié il y a peu d'années, ou bien assez distinctes dans quelques particularités du système dentaire, pour qu'elles aient pu être considérées comme types de genres. C'est ainsi qu'ont été établis successivement les G. Cynogale, par M. E. Gray, en 1836, et Hémigale et Ambliodon, par M. Jourdan, en 1837.

E. Gray.

Jourdan.

Art. 6. — Des Carnassiers du G. *Felis*, L.

FELIS.

En général.

Si les naturalistes anciens paraissent n'avoir connu qu'un fort petit nombre d'espèces de carnassiers du genre Linnéen précédent, il n'en est pas de même pour celui que l'on avait désigné longtemps avant Linné sous le nom de *Felis*, donné par les Latins à notre Chat domestique, et dont l'étymologie est assez douteuse. En effet les anciens connaissaient, ou du moins avaient eu l'occasion de voir, surtout les Romains dans les jeux du Cirque, un certain nombre d'espèces de ce genre, savoir, en allant des plus petites espèces aux plus grandes : le Chat, le Lynx, le Léopard ou la Panthère, le Lion et le Tigre.

Des Espèces.

Chez les Anciens.

Les anciens Grecs, et Aristote à leur tête, paraissent avoir connu :

Aristote. Ailuros.

1° Le Chat proprement dit, qu'ils nommaient *Ailuros*, sauvage dans toutes les grandes forêts de l'Europe, et déjà domestique, quoique beaucoup moins qu'il ne l'a été depuis, et sur lequel ils ne nous ont laissé que fort peu de chose;

Pardalos.

2° La Panthère, qu'Aristote a nommée *Pardalos*, et qu'il assure n'exister qu'en Asie et nullement en Europe. Malheureusement le peu qu'il en dit ne peut suffire à déterminer positivement quel est cet animal, parmi ceux que nous connaissons aujourd'hui. On trouve en outre le mot de *Panther* employé par Aristote (*H. A.*, VI, 35), pour un animal dont les petits naissent aveugles comme ceux des Loups;

Panther.

Lynx. 3° Le Lynx, qui est à peine plus que nommé par Aristote, mais que les modernes ont considéré comme étant l'espèce de Felis d'Europe, que l'on connaît aujourd'hui sous ce nom, parce que Élien a dit qu'il avait des pinceaux de poils aux oreilles;

Lion. 4° Le Lion, dont le naturaliste grec a parlé longuement en différents endroits de ses ouvrages, aussi bien sous le rapport de son organisation extérieure et intérieure, que sous celui de ses mœurs et de ses habitudes. Il a même indiqué deux espèces : l'une plus courte, plus ramassée, avec la crinière plus crépue, et de nature plus timide; l'autre, plus allongée, à crinière plus lisse, et plus courageuse. Il paraît même avoir confirmé l'assertion d'Hérodote, que l'Europe nourrissait des Lions dans les parties montueuses et boisées de la Thrace et de la Macédoine.

Élien. A l'époque où Élien compila ses anecdotes sur les animaux, le nombre des espèces de Felis connues alors paraît n'avoir pas été augmenté. On commence cependant à trouver mieux désigné le Tigre, dont Aristote n'avait fait que prononcer le nom.

Pline. Il en est réellement à peu près de même de Pline, chez lequel on ne remarque guère qu'un peu plus de précision dans la distinction des espèces ci-dessus, mais sans augmentation dans le nombre. Ainsi outre le Chat, la Panthère, dont il décrit les taches, en disant qu'elles sont comme des yeux semés sur un fond blanc, et à laquelle il applique définitivement le nom de *Pardalos* d'Aristote, il parle du Lion, en admettant aussi les deux espèces, comme l'auteur grec qu'il traduit ici mot à mot, en ajoutant cependant plusieurs faits sur la nature de cet animal; et enfin du Tigre, qu'il cite pour sa grande vitesse.

M. Mongès, dans un mémoire fort intéressant sur les animaux montrés dans les jeux du Cirque chez les Romains, a émis l'opinion que la première espèce de Lion d'Aristote, plus petite et plus timide, pouvait être celle que Linné a nommée *F. jubata*. Mais malgré cette dénomination, il est bien connu que cette espèce de Chat, beaucoup plus petite que le Lion, n'a pas de crinière proprement dite, et sa bande de poils, un peu plus longs sur le dos du cou seulement, n'a certainement rien de crépu.

Je ne trouve pas que le nombre des espèces de ce genre se soit accru, dans le long intervalle qui sépare les naturalistes grecs et latins, de ceux de la renaissance des sciences et des lettres en Europe. Seulement on doit remarquer l'introduction du nom de *Leopardus* faite par J. Capitolinus et Ælius Spartianus, et appliqué à la Panthère de Pline. J. Capitolinus.

Les premiers naturalistes de la renaissance ne furent pas beaucoup plus loin non plus, quoiqu'ils commencèrent à mentionner sous la dénomination de Lions et de Tigres, tous les Felis de l'ancien monde. Chez les Modernes.

C'est encore ce qui eut lieu jusqu'à Ray lui-même, quoique les Felis du nouveau continent, mieux connus, surtout par les observations de Marcgrave, commençassent à être désignés sous le nom d'Onça, et principalement par des noms de pays, que Buffon, par la suite, abrégea considérablement, ce qui permit de les rendre vulgaires. Ray. Marcgrave.

C'est réellement à dater de la publication du IXe volume du grand ouvrage de Buffon et Daubenton en 1761, que le nombre des espèces de ce genre fut notablement augmenté. On trouve en effet, dans ce volume et dans le XIIIe, la description extérieure et souvent même intérieure de treize espèces au moins, que Linné, Pennant, Erxleben, Schreber et Gmelin introduisirent en bloc dans le *Systema naturæ*, sous des dénominations latines qui ont été adoptées par tous les zoologistes subséquents. Buffon et Daubenton. Linné.

Cependant Buffon et Daubenton, induits en erreur par des renseignements fautifs sur le Jaguar véritable, qu'ils eurent pourtant l'occasion d'observer vivant, appliquèrent ce nom à l'Ocelot ou à une espèce voisine, et ce ne fut qu'assez tard que cette erreur fut entièrement reconnue; au reste, cette erreur fut au fond très-peu importante, puisque cela n'empêcha pas les deux espèces Jaguar et Ocelot d'être parfaitement définies et distinguées par tous les auteurs systématiques, et entre autres par Linné.

Quoi qu'il en soit, à l'époque où Gmelin publia la dernière édition Gmelin.

du S. N., le nombre des espèces de Felis était de dix-neuf, c'est-à-dire n'était augmenté que de cinq nouvelles, dues principalement aux observateurs du nord de l'Asie et de l'Amérique, avec une seule erreur, consistant en ce que cet utile et laborieux compilateur regardait comme une espèce distincte du véritable Jaguar, le Jaguar noir, qui n'en est certainement qu'une simple variété.

Pendant assez longtemps, les choses en restèrent à peu près au même

D'Azzara. point; seulement d'Azzara, observateur fort exact, mais qui s'est presque toujours montré comme critique acharné de Buffon, et souvent fort injustement, rectifia tout à fait l'erreur de celui-ci au sujet du Jaguar et de l'Ocelot, et fit connaître quatre nouvelles espèces, savoir le Jaguarondi, le Negro, l'Erva et le Pajeros.

Molina. Avant lui Molina, dans son Histoire naturelle du Chili, en avait signalé deux autres, le Guigna et le Colo-Colo, mais sans les définir d'une manière suffisante.

Sparman. Sparman, Forster et Vosmaer en firent connaître une espèce nouvelle du Cap de Bonne-Espérance.

Shaw. Pennant, et surtout Shaw, qui fit paraître en 1790 sa Zoologie générale, ajoutèrent une espèce de l'Inde, qu'ils nommèrent *F. bengalensis*.

Péron. Les voyageurs Péron et Leschenault rapportèrent cette espèce et quelques autres de l'Inde, et entre autres une Panthère noire que le premier indiqua comme espèce nouvelle sous le nom de *F. melas*, et qui n'est évidemment qu'une variété de la Panthère ordinaire.

Ét. Geoffroy. En sorte que la ménagerie du Muséum ayant possédé successivement, et souvent même à la fois, plusieurs espèces de Felis, les erreurs légères qui pouvaient être encore restées furent aisément détruites. Ainsi un Jaguar vivant permit à M. E. Geoffroy Saint-Hilaire de confirmer la rectification faite par d'Azzara, et de définir le Jaguar comparativement avec la Panthère.

G. Cuvier. C'est alors que M. G. Cuvier, développant toute la synonymie des espèces de ce genre donnée par Buffon, Erxleben et Gmelin, rassembla toutes les données acquises dans l'article étendu qu'il consacra aux grandes espèces vivantes de Chats, préliminairement à son chapitre sur les Carnassiers fossiles, publié en 1809 dans les Annales du Muséum, sans apporter réellement rien de nouveau. On peut même dire qu'il ne fut pas heureux dans le peu d'innovations qu'il proposa. En effet, il crut devoir considérer l'Once de Buffon comme n'étant qu'une espèce nominale ou une simple variété de la Panthère d'Afrique, et cependant elle a été depuis démontrée comme distincte par Pallas et par les zoologistes anglais. Il pensa aussi avoir différencié d'une manière positive et tranchée la Panthère et le Léopard, la première d'Afrique, et le second de l'Inde, ce qui a été combattu par M. Temminck. Au reste, il ne fit connaître d'une manière suffisante aucune espèce nouvelle, en sorte que le sujet, comme monographie, restait encore à traiter.

Quoique la manière de voir de M. Cuvier au sujet de ces deux espèces de grands Chats fût répétée dans la publication de ses mémoires réunis en 1812, sans modifications; quoiqu'elle fût adoptée par les zoologistes qui eurent l'occasion d'écrire depuis sur les Mammifères, Pallas, dès 1811, S. Pallas.
dans sa *Zoographia Rosso-Asiatica*, avait déjà confirmé l'existence de l'Once de Buffon; cependant M. Cuvier ne changea encore rien dans la première édition de son règne animal qui parut en 1817.

Toutefois, dans la seconde édition de ses Recherches sur les osse- G. Cuvier, 1825.
ments fossiles, en 1825, le *F. leopardus* est reconnu comme ne pouvant plus être distingué du *F. pardus*, c'est-à-dire le Léopard de la Panthère, à moins que ce ne soit, ajoute-t-il, le grand Chat tacheté en rose des principales îles de la Sonde, opinion qui n'était, au fond, que celle de M. Temminck.

Quant à l'Once, M. Fischer de Waldheim ayant examiné la peau sur laquelle Pallas avait reconnu l'animal de Buffon, M. Cuvier ne crut pas d'abord devoir changer d'avis, et ce ne fut que dans le VIe volume du même ouvrage qu'il annonça que cette espèce venait d'être reconnue par M. Hamilton Smith dans une Panthère alors vivante à Londres, et venant, disait-on, de Perse.

Temminck, 1826.

Cette manière de voir ne fut cependant pas admise par M. Temminck dans sa Monographie du genre *Felis* qui parut en 1826; mais il crut au contraire reconnaître aussi deux espèces de grands Chats à robe tachetée en rose, l'une propre aux îles de la Sonde, et l'autre à l'Asie continentale aussi bien qu'à l'Afrique; mais il renversa les noms, appelant *F. leopardus* ou Léopard celle-ci, et *F. pardus* ou Panthère celle-là. Du reste M. Temminck, en reprenant le sujet, aidé qu'il était de la riche collection du Muséum des Pays-Bas, prit chacune des espèces à part, sans s'occuper le moins du monde de leurs rapports naturels, et en les distribuant d'après la patrie, il en porta le nombre à vingt-sept dont sept ou huit sont nouvelles suivant lui.

Depuis lors MM. Frédéric Cuvier, Isidore Geoffroy Saint-Hilaire et Gray en ont proposé quelques autres, mais assez peu distinctes à ce qu'il nous semble, quoiqu'elles aient été reprises dans le catalogue synonymique du patient et utile Jean-Baptiste Fischer.

Des Sous-Genres. Desmarest.

Les espèces du G. *Felis* offrent d'une manière si rigoureuse les mêmes caractères génériques, aussi bien dans le système dentaire que dans le système digital, qu'il a été assez difficile de trouver à y établir des divisions génériques ou même sub-génériques. Cependant la considération des pinceaux de poils par lesquels les oreilles sont terminées, a conduit M. Desmarest d'abord, et ensuite plusieurs autres mammalogistes, à proposer le genre *Lynx*, division qui depuis a été mieux appuyée sur l'absence de la première fausse molaire supérieure. M. Gray l'a adoptée. Wagler (1830) en a aussi proposé une autre pour les espèces dont les ongles sont demi-rétractiles, comme le *F. jubata*, et qui ont en même temps les membres plus élevés. Ce sont les *Cynailurus*.

E. Gray.

Art. 7. — Des Carnassiers du G. *Canis*, L.

G. Canis. En général.

L'histoire de la zoologie de ces espèces de Carnassiers, que de tout temps les naturalistes ont rapprochées sous le nom commun de *genus caninum* ou de *Canis*, à cause de leurs rapports évidents avec notre

Chien domestique, sera peut-être moins longue que celle des *Felis*, mais n'est cependant pas moins difficile, parce que plusieurs d'entre elles ayant été modifiées par une longue domesticité, il en est résulté des races assez fixes, assez différentes pour pouvoir être considérées comme de véritables espèces. Des Espèces.

Les historiens naturalistes anciens paraissent n'avoir remarqué que les quatre espèces de ce genre qui se trouvent communément dans la partie du monde qu'ils connaissaient le mieux, le périple de la Méditerranée, savoir : le Chien, le Loup, le Chacal et le Renard. Il ne peut y avoir de doutes que pour le Chacal; mais il me semble que, malgré quelques particularités qui ont semblé ne pas convenir à cet animal, dans le Thos d'Aristote, comme d'avoir les jambes basses et le corps allongé du côté de la queue et plus ramassé dans les parties de devant, il est impossible qu'un animal aussi commun que le Chacal, dans tous les pays les plus connus des anciens et même en Grèce, ait pu échapper à leurs observations. Il est même à remarquer qu'Aristote dit qu'on en distinguait deux ou trois espèces, d'après la couleur et la quantité des poils; et en effet c'est un animal qui offre un assez grand nombre de variétés sous ce rapport. Chez les Anciens. Aristote.

Il faut aussi faire observer qu'Aristote avait remarqué que le Loup et le Renard d'Égypte étaient plus petits qu'en Europe, ce qui a été confirmé, malgré l'opinion de Buffon qui voulait que le Renard d'Égypte d'Aristote fût le Putois.

Aristote attribuait cette différence de taille à la différence dans la quantité de la nourriture : opinion tout à fait physiologique.

Les naturalistes latins, à en juger du moins d'après Pline, ne connurent ou du moins ne distinguèrent dans ce genre que trois des espèces connues d'Aristote, et cela sous des dénominations, *Canis*, *Lupus* et *Vulpes*, toutes différentes de celles des Grecs, et dont l'étymologie n'est pas évidente. Pline.

Quant au Thos d'Aristote, Pline en fait décidément une espèce de Loup; mais ce qu'il en dit est évidemment copié de l'auteur grec, avec l'exagération de style qui lui est propre. En effet, dans le passage qu'il a consacré à l'histoire des animaux qui changent de couleur, il se borne à contracter dans une parenthèse ce qu'Aristote en avait dit de descriptif.

Solin. Depuis lors, ce que les auteurs anciens ont écrit sur un animal de ce nom, ne peut guère servir à le faire reconnaître, si ce n'est Solin qui dit que c'est un Loup d'Éthiopie, et qui ajoute qu'il est plus faible et moins courageux que le Loup ordinaire.

Peut-être aussi pourra-t-on trouver les indices de quelques-unes des espèces du genre *Canis* qui ont été distinguées depuis dans les quatre espèces de Loup dénommées, et même signalées par Oppien dans son poëme de la Chasse :

Oppien.

1° Le L. sagittaire (*L. toxytera*), ayant la tête proportionnellement longue par rapport au corps qui est court, le pelage fauve en dessus, et tout le ventre blanchâtre, étant d'un aspect féroce, vite à la course, et hurlant d'une manière effroyable.

2° Le *L. épervier* (*L. circus*), de taille plus grande, plus allongée, de couleur blanche sur les côtés et sur la queue, et l'emportant sur toutes les autres espèces en vitesse. Il vit dans les montagnes, si ce n'est dans l'hiver, où il en descend pour se rapprocher des lieux habités, et n'allant en quête de sa nourriture que dès l'aurore ou au crépuscule.

3° Le *L. doré* (*L. chryson*), nommé ainsi à cause de la couleur brillante de son pelage, qui le rend le plus beau de ce genre d'animaux. Il est, du reste, d'une taille bien supérieure à celle du Loup; il vit dans les montagnes de la Cilicie, sur les monts Taurus et Amanus; redoutant les chaleurs de la canicule, il se cache pendant toute sa durée dans une caverne. Il a la gueule si forte, si tenace, qu'il brise les pierres les plus dures, et même l'airain et le fer.

Oppien définit encore deux autres espèces de Loup sous le nom commun de *Acmonas*, ayant l'une et l'autre le cou court, le dos large, les jambes et les pieds très-poilus, le museau et les yeux petits, avec le pelage hérissé en forme de soies.

L'un a le dos et le ventre plus blanchâtres, le tour des yeux noirâtre; on le nomme quelquefois *Ictinon*.

L'autre, de taille plus petite, quoique aussi vigoureux, se distingue par sa couleur noirâtre.

Ils chassent principalement les lapins.

Quoique ces signalements soient insuffisants pour savoir s'ils indiquent des espèces véritablement distinctes, on peut cependant croire que la seconde est quelque chose de particulier qui ne peut être le Chacal, à cause de la grande différence de taille.

Quoi qu'il en soit, le nombre des espèces du genre *Cornis* resta longtemps borné à celles qui se trouvent communément en Europe. Chez les Modernes.

Comme pour le genre précédent, et sans doute pour la même raison, c'est-à-dire à cause de leur emploi dans le commerce des fourrures, les premières espèces nouvelles furent signalées par les naturalistes du Nord, Olaüs Magnus, Albert le Grand et Agricola. On trouve en effet indiqués dans leurs écrits les Renards que l'on a nommés depuis *C. V. isatis*, *decussatus*, etc. Albert le Grand. Olaüs. Scaliger.

En 1553, les voyageurs en Orient, et entre autres Bélon, nous firent enfin connaître d'une manière assez complète le Chacal si commun dans tout l'Orient, ou le *C. aureus*, et cet auteur fit de l'Hyène un Loup marin. Bélon, 1553.

Du reste les savants compilateurs et observateurs Gesner, Aldrovandi, n'ajoutèrent rien de bien nouveau à la liste des espèces connues. Nous voyons cependant que Jonston, admettant l'erreur de Bélon, considère comme espèce de ce genre l'Hyène, sous le nom de Loup marin, en émettant le doute, avec Gesner, que ce pourrait bien être la véritable Hyène. Aldrovandi. Gesner.

Jonston a cependant commencé à parler, d'après Nieremberg, des espèces de Renards de l'Amérique, tels que le R. du Mexique, figuré par ce dernier, et probablement le R. tricolore en confondant avec elles les Moufettes, les Zorilles ou *Vulpecula* des Espagnols. Nieremberg. Jonston.

Ces espèces ne furent cependant pas reprises par Ray, qui, du reste, dans l'établissement de son *Genus caninum*, fut plus malheureux que Ray.

pour la plupart des autres, au point que non-seulement les Loutres s'y trouvent avec les Coatis, les Blaireaux, mais encore les Phoques et même les Lamantins; et cependant, dans sa caractéristique, il avait assez convenablement insisté sur le nombre des dents molaires, qu'il porte à tort à six de chaque côté des deux mâchoires, sur l'absence de clavicules, et sur la présence d'un os dans la verge.

Linné. C'est donc encore à Linné que sont dues la réforme et la délinéation convenables de ce genre *Canis*, en en séparant même la Hyène, qu'il y comprit depuis, dans trois des éditions du S. N., et qui n'en fut définitivement retirée que par Brisson, en 1756.

Buffon et Daubenton. Toutefois, le nombre des espèces n'augmenta guère d'une manière un peu notable qu'après la publication des derniers volumes de l'Histoire naturelle de Buffon et de Daubenton, qui eut lieu en 1767. En effet, les zoologistes systématiques y trouvèrent la description et souvent la figure de plusieurs espèces de Renards, de Loups, de Chiens, et cependant, dans la dernière édition du S. N. qui suivit cette publication, le nombre des espèces ne fut porté qu'à huit, en y comprenant les Hyènes.

Pennant. Erxleben. Mais il n'en fut pas de même dans le Système des quadrupèdes de Pennant, et dans celui des Mammifères d'Erxleben, chez lequel le nombre total des *Canis* monte à quatorze, sans compter les deux espèces d'Hyène qu'il y range, contre la manière de voir de Pennant, ayant fait entrer les nouvelles espèces de l'Amérique du nord, de Sibérie, d'Afrique et même de l'Inde.

Gmelin. En 1789, époque de la publication de la 13e édition du S. N., par Gmelin, une quinzième espèce de plus seulement fut inscrite au delà de celles d'Erxleben.

Pallas. D'Azzara. Depuis ce temps, mais surtout depuis les travaux de Pallas en Asie, de Pennant sur la zoologie arctique et asiatique, de d'Azzara sur les quadrupèdes du Paraguay; depuis les voyages des naturalistes dans le sud et le sud-est de l'Afrique, dans le continent et dans l'archipel de l'Inde, dans la Nouvelle-Hollande, voyages nombreux et répétés, entrepris dans le but de rechercher les espèces animales, on a vu successivement s'accroître le nombre des espèces de *Canis* au point que, dans le catalogue de Jean-Baptiste Fischer, il serait de trente-deux sans les Hyènes; mais comme il y avait un assez bon nombre de doubles emplois, nous l'avons réduit à moins de vingt dans notre Système du règne animal, en comptant même encore plusieurs espèces incomplétement connues, et qui ne sont distinguées que par des noms. J.-B. Fischer.

Quoique Gmelin ait distribué les Canis dans un ordre qui ne paraît pas tout à fait arbitraire, ce n'est cependant que dans ces derniers temps que l'on a essayé d'y établir quelques divisions qui ont même été souvent considérées comme génériques.

La première a porté sur les Hyènes, qu'aucun zoologiste ne range plus aujourd'hui parmi les Chiens, à l'imitation de Linné d'abord, puis et surtout de Brisson. Divisions génériques. Hyæna.

Puis on a séparé les Renards d'après la considération de la pupille verticale dans sa contraction, et c'est à M. Desmarest que cette innovation est due. Renard.

Le même M. Desmarest, en ayant égard à la grandeur des oreilles et à l'acuité des ongles, a encore établi (1804) le genre Fennec, formé avec le *C. cerdo*. Fennec.

Ensuite sont venus successivement le genre *Cynohyæna*, établi avec une espèce de l'Inde qui a quatre doigts en avant comme en arrière; puis le *G. Megalotis* de M. Bennett, d'après la considération du système dentaire, qui est tout différent de ce qu'il est dans les autres espèces, pour un animal du Cap de Bonne-Espérance, dont nous avons le premier signalé cette singulière particularité, et qui, du reste, a tous les caractères extérieurs et ostéologiques des Canis. Cynohyène. Megalotes.

Enfin l'absence de la dernière arrière-molaire à la mâchoire inférieure, qui se remarque dans une espèce des sous-Himalayas, le *C. primævus* de M. Hogdson a servi à en former aussi une section distincte, comme M. Isidore Geoffroy Saint-Hilaire a cru devoir en former une sous la dénomination de *Protèles* avec la Civette hyénoïde de M. G. Cuvier, qui n'a réellement aucuns caractères de la Civette, et Protèles.

dont le système dentaire est si anomal dans la partie molaire, que ce dernier a pu dire que ce n'étaient que des dents de lait petites et usées, et qu'il ne doutait pas que dans leur état normal elles ne ressemblassent à celles des Civettes, présomption que l'observation n'a nullement vérifiée.

Quant à la position du genre *Canis* dans la série des Carnassiers, on peut concevoir combien elle a dû varier suivant que le principe de leur distribution était tiré du système dentaire ou du système digital.

Art. 8. — Des Carnassiers du G. *Hyæna* (Brisson).

En général.

Les Hyènes que nous venons de voir avoir été longtemps confondues dans le genre *Canis*, dont elles diffèrent cependant par un grand nombre de caractères tant extérieurs qu'intérieurs, et même par Linné, dans sa manière large de systématiser l'ensemble des êtres créés, sont des animaux dont l'histoire nous est parvenue, composée de beaucoup

En particulier.

plus de faussetés que de vérités, non-seulement dans leur histoire naturelle, mais encore dans celle de leur organisation, quoique la plupart de ces faits faux reposassent sur quelque chose de spécieux.

Chez les Anciens.

Chez les naturalistes anciens, qui ne connurent guère ce que plus tard on a nommé les rapports naturels des êtres et la partie systématique de la science, les Hyènes, dont le nom, grec d'origine et sans étymologie connue, nous est parvenu tel que les Latins l'avaient accepté, étaient considérées en elles-mêmes; et il paraît en outre qu'ils avaient distingué de bonne heure les deux espèces vivantes que nous

Aristote.

connaissons aujourd'hui. Seulement, quoique Aristote, dans sa manière sévère d'envisager la zoologie, ait rejeté l'opinion des deux sexes attribués à chacun de ces animaux, en montrant qu'elle n'est fondée que sur une apparence, il n'en dit que fort peu de chose; cependant ce qu'il en dit, la grandeur et la couleur du Loup, le poil plus épais et une crinière qui se prolonge dans toute la longueur du dos, ne permet pas de douter que l'animal auquel nous donnons le nom d'Hyène, ne soit bien le même qu'Aristote a nommé ainsi, et quelquefois *Glaucus*.

On doit tirer la même conclusion de ce qu'en a dit Pline, puisqu'il se borne, comme de coutume, à traduire à sa manière les passages d'Aristote, en y joignant, il est vrai, tous les faits apocryphes de l'histoire de cet animal, qu'Élien augmenta notablement; on peut même dire qu'ils existent encore pour la plupart aujourd'hui chez les Arabes, et dans l'Orient où ils sont nés peut-être, et d'où ils sont passés chez les médecins de cette nation, et par suite ne se sont pas amoindris en arrivant jusqu'à nous. Pline. Élien.

Oppien, comme le fait justement observer M. G. Cuvier, avait cependant ajouté ce dernier trait à la description d'Aristote, des lignes transverses noires; mais on ne pouvait encore discuter convenablement tous ces renseignements; aussi, dans les écrits des naturalistes d'avant la renaissance, époque à laquelle le merveilleux était justement ce que l'on recueillait et l'on admettait plus aisément, comme dans ceux d'Albert le Grand, de Vincent de Beauvais, de Thomas de Cantorbéry, l'on conçoit que ces fables, puisées dans les auteurs arabes, durent encore plutôt augmenter que diminuer, et c'est en effet ce qui eut lieu. Oppien.

Cependant Bélon, qui avait obtenu, sans dire par quelle voie, une description et une figure passables de l'Hyène rayée, d'après un animal qui avait sans doute vécu en Angleterre (car il dit dans sa description : *cicurem diù vixisse aiunt*, et plus haut, *in Oceani Britannici littore aliquandò conspectum*), ne la reconnut pas pour la véritable Hyène des anciens; il lui donna même le nom de *Lupus aquaticus*, en traita dans son *Livre des Aquatiles*, publié en 1553, et décrivit, sous le nom de Hyène des anciens, la Civette, comme nous l'avons vu plus haut, trompé par la poche au musc, qui comme dans l'Hyène se trouve dans les deux sexes, mais autrement placée, ainsi qu'il aurait pu le voir dans la description d'Aristote. Bélon, 1553.

Gesner lui-même, qui souvent a réussi à établir des rapprochements fort difficiles avec une rare sagacité, après avoir montré que la prétendue Hyène de Bélon n'était pas celle des anciens, mais bien la Civette, C. Gesner, 1560.

n'avait pas reconnu que le *Lupus aquaticus* de celui-ci, dont il se borne à copier la figure et la description, était la véritable Hyène, dont il donnait cependant lui-même une figure originale assez passable, tirée d'un manuscrit d'Oppien ; mais, il est vrai, de l'espèce à taches rondes et sans crinière. On doit même faire remarquer, avec Ray, que Gesner ayant introduit, on ne sait trop comment, la figure et la description d'un Papion à la fin de son article sur l'Hyène, est persuadé que celui-là est le même animal que celle-ci, parce que Léon l'Africain, dans sa *Description de l'Afrique*, Leyde, 1632, t. II, pag. 756, dit que les Arabes donnent le nom de Dabuh à ce Singe, et qu'Avicenne attribue à son Dabha tout ce que les anciens ont dit de l'Hyène ; mais en vérité, puisque Léon l'Africain dit expressément que son Dabuh a les pieds et les jambes comme l'homme, ce que la figure et la description qui avaient été envoyées d'Allemagne à Gesner montrent d'une manière évidente, il est étonnant que celui-ci n'en soit pas revenu à sa première idée, que c'était un Arctopithèque.

Bubesque, 1633. Bubesque, ambassadeur de l'empereur Maximilien auprès de Soliman II, empereur des Turcs, ayant également eu l'occasion d'observer une Hyène vivante dans ses voyages, en donna une description dans ses
Charleton. lettres publiées en 1633 ; cependant à peine si Charleton indiqua ce genre de quadrupèdes sous le nom de *Dabuh* des Arabes, en reconnaissant
Ray, 1693. avec Gesner que c'était probablement l'Hyène des anciens ; et Ray, à la fin du dix-septième siècle encore moins, puisqu'il n'osa pas l'introduire dans son *Synopsis quadrupedum*, se bornant à dire, p. 158, à l'article du *Papio*, que Gesner avait prétendu que c'était la Hyène des anciens, quadrupède sur lequel, ajoute-t-il, nous n'avons que des fables qui peuvent si peu convenir à un animal quelconque, que l'on pourrait croire que l'Hyène, telle que les anciens l'avaient décrite, n'existait pas *in naturâ rerum*, à moins que ce ne fût le Blaireau.

Kœmpfer. C'est peut-être cette dernière phrase de Ray qui aura porté Kœmpfer, dans ses *Amœnitates exoticæ*, à proposer en effet de faire de l'Hyène un Blaireau, sous le nom de *Taxus porcinus ;* toutefois, en la rapportant justement à l'Hyène des anciens, et même en la caractérisant fort bien d'après le nombre des doigts, également de quatre en avant comme en arrière.

Russell, dans son *Histoire naturelle d'Alep*, rectifia aussi plusieurs faits de l'histoire naturelle de l'Hyène, comme l'inflexibilité de son cou. Russel.

Cependant Linné n'adopta pas la manière de voir de Kœmpfer, et il fut plus heureux en en faisant une espèce de son genre *Canis*; rapprochement que Scaliger avait admis près de 200 ans auparavant, et qu'imita Hill, zoologiste anglais; mais Brisson le fut encore davantage en en formant un genre distinct dès 1756, quoique dans la synonymie il y ait à tort placé le Glouton, alors mal connu, dont l'histoire était encore très-fabuleuse, et qu'il l'ait caractérisé par 4-5 *digitis*, combinaison qui n'existe à ma connaissance dans aucun mammifère, si ce n'est chez quelques Primatès par anomalie. Linné. Brisson.

Enfin, quoique Linné, malgré l'excellente description donnée par Buffon et par Daubenton, ne crût pas devoir changer sa première manière de voir, Pennant, en 1772, confirma non-seulement ce genre tel qu'il a été adopté par tous les zoologistes, en le caractérisant exactement, mais en distinguant les deux seules espèces récentes qui le constituent. Buffon et Daubenton.

Depuis lors ce genre a été constamment admis, et d'autant plus aisément défini, que l'on a fait entrer dans sa caractéristique le nombre et la forme des dents molaires, qui sont en effet tout à fait propres à ce gronpe de Mammifères. Seulement les Méthodictes ont varié pour la position dans la série, suivant qu'ils donnaient la préférence à la considération du système dentaire ou à celle du système digital, et à l'élévation du tarse sur le sol.

CHAPITRE DEUXIÈME.

DES PRINCIPES DE CLASSIFICATION DES MAMMIFÈRES DU GROUPE DES CARNASSIERS.

Quoique presque de tout temps les Mammifères Carnassiers aient été rapprochés à peu près de la même manière, sauf pour la petite famille des Phoques, qui en était souvent éloignée, par suite de la considération du séjour ou des modifications de l'organisme qu'il détermine; cependant cette réunion a été plutôt déterminée par instinct que par suite de principes; aussi les zoologistes qui ont eu le plus de prétentions à la méthode naturelle se sont-ils fort peu occupés de l'ordre dans lequel ces genres et les espèces doivent être rangés.

Nous avons déjà fait remarquer comment ce groupe était formé dans la méthode de Storr, suivie par G. Cuvier, des Chéiroptères et des Insectivores, que l'on pourrait très-bien en séparer, comme l'ont fait plusieurs zoologistes : nous en avons donné la raison.

Quant aux Phoques, qui entraînent nécessairement avec eux les Morses ou *Trichechus*, réduits aux espèces de ce genre qui sont carnassières, Linné est peut-être le seul mammalogiste qui les ait constamment rangés dans ce groupe, depuis la première édition du S. N. en 1735, jusqu'à la dernière en 1766. Tous les autres zoologistes en ont fait un ordre distinct, qu'ils ont intercalé aux autres ordres, comme Brisson, ou qu'ils ont placés tout à la fin sous le nom d'Amphibies, supposant qu'ils formaient le passage aux Cétacés par lesquels tous finissaient, comme Pennant, Blumenbach, G. Cuvier dans ses premiers ouvrages.

Quant au reste des Carnassiers, Storr avait eu l'idée, assez heureuse du reste, avant la découverte des Viverras à plante courte et nue, de les partager nettement en deux familles, sous les noms de *Plantigrades* et de *Digitigrades,* qui ont été longtemps adoptées, entre autres par

G. Cuvier; mais depuis l'introduction, utile sous d'autres points, de la considération du système des dents molaires en rapport avec le degré de carnivorité, poussée à l'extrême par M. F. Cuvier, son frère a fini par bouleverser en grande partie ce qu'il avait fait d'abord. Ainsi tout en conservant la division des Plantigrades et des Digitigrades, parmi ceux-ci se trouvent les Paradoxures, qui sont aussi plantigrades au moins que les Coatis, avec les Loutres, qui ont les pieds palmigrades.

Quant à nous, nous avons toujours à nous occuper de la position du sous-ordre, de la disposition et de la distinction des espèces et de leur groupement en genres et sous-genres.

Prenant en première considération les extrémités, dans leur application sur le sol, ainsi que dans leur division en cinq doigts, dont le pouce est plus ou moins marqué, ce qui entraîne la forme des ongles plus ou moins en sabots, caractère qui, en se prononçant en moins, indique un éloignement plus grand de l'homme notre mesure, on peut voir pourquoi ce sous-ordre est après les Insectivores, en prenant le point de comparaison, comme cela doit être, avec les espèces normales qui sont encore claviculées, et comment il doit finir les Secundatès, puisque les dernières espèces n'ont que quatre doigts et sont essentiellement quadrupèdes digitigrades. D'après la considération des Doigts.

On peut aussi trouver un indice de disposition sériale des Carnassiers dans la longueur proportionnelle des oreilles, qui, sauf l'exception des Loutres, s'accroissent presque régulièrement des Ours aux Hyènes. des Oreilles.

Dès lors, on voit que l'ordre ou la disposition des espèces doit être de celles qui sont les plus palmi et plantigrades, les plus quinquedigitées à celles qui le sont moins, ce qui place les Phoques à la tête des Carnassiers; et, en effet, quoiqu'ils forment réellement un groupe anomal, pour chercher et poursuivre leur nourriture dans l'eau, ce qui est, au fond, assez peu important dans notre manière de voir, ce sont certainement les espèces les plus intelligentes, les plus élevées et aussi les plus essentiellement palmi et plantigrades. D'où la Disposition générale des Genres. 1° Phoques.

Viennent ensuite les Ours, dont les rapports avec les Phoques ont été 2° Ours.

sentis de tout temps, et même par Aristote, quand il a dit que les Phoques ont des pieds semblables à des mains, comme les Ours, et qui comme eux ont, en effet, la queue courte, la tête forte dans sa portion céphalique, les cinq doigts sub-égaux, les mains et les pieds largement et tout entiers appuyés sur le sol.

3° Petits-Ours. Les Petits-Ours, que l'on peut désigner sous le nom commun de *Subursus* afin d'abréger, et qui étaient en effet des Ours pour Linné, conservent encore une partie de ces caractères dans leur forme lourde, ramassée, dans leur marche plantigrade, le peu d'élévation et la nudité du tarse, la sub-égalité des cinq doigts aux deux pieds, et la grande facilité à s'engraisser et à s'engourdir pendant l'hiver, du moins pour les espèces un peu septentrionales.

4° Mustelas. Les mêmes raisons déterminent la place des Mustelas de Linné immédiatement après les Petits-Ours, puisque tous ont encore cinq doigts presque égaux, qu'ils sont au moins sub-plantigrades, du moins dans les premières espèces; que leur système de coloration est uniforme, ou au plus bicolore; que leur intestin est entièrement dépourvu de cœcum, et que l'humérus est percé d'un canal pour le passage du nerf médian.

5° Viverras. Après eux, les Viverras viennent nécessairement, quand on les considère dans la série entière qu'ils forment, et quoique les premières espèces soient encore plantigrades, parce que les dernières, deviennent en effet de plus en plus Felis à mesure que des Mangoustes, qui sont à la tête, on passe par des nuances presque insensibles jusqu'aux Genettes, qui sont presque des Chats.

Dans ce genre commence l'existence d'un cœcum qui deviendra de plus en plus développé à mesure que nous descendrons.

6° Felis. Le genre Felis se place ensuite par les mêmes raisons que nous venons de donner. En effet, dans ce genre, le tarse s'élève d'une manière déjà assez forte, et n'est jamais nu; le pouce ne manque pas en avant, mais il remonte et se rapetisse sensiblement, et il manque complétement en arrière; le cœcum est encore court, quoique bien marqué; il y a un canal au condyle interne de l'humérus. En outre, ce genre offre des caractères qui lui sont propres dans le système dentaire, dans la brièveté des mâchoires, et la disposition des phalanges onguéales.

7° Canis.

Les Canis deviennent encore plus digitigrades, le tarse s'élève encore plus, les ongles sont plus obtus, appuyant sur le sol; le cœcum est plus long; l'humérus n'a pas de canal au condyle interne de l'humérus; la poitrine est plus comprimée, et l'animal devient plus essentiellement quadrupède.

8° Hyènes.

Enfin, tous ces caractères se prononcent encore plus dans les Hyènes, par lesquelles se termine le sous-ordre, et qui n'ont plus en effet que quatre doigts aux quatre membres, le pouce ayant totalement disparu; dont les tarses sont encore plus élevés, les doigts proportionnellement plus courts, les ongles plus obtus, le cœcum plus long, et qui joignent à cela un assez bon nombre de caractères qui leur sont propres dans le système dentaire, dans l'appareil crypteux anal, ainsi que dans le nombre des vertèbres costales et des côtes.

La Disposition et la Distinction des Espèces.

La disposition et la distribution des espèces dans chacun de ces grands genres se déduisent absolument des mêmes principes; seulement, comme chacun d'eux en contient un nombre souvent très-différent, ces espèces pourront présenter des différences plus ou moins grandes, surtout dans la partie molaire du système dentaire, et c'est sur quoi reposent les subdivisions génériques qui ont été établies en assez grand nombre dans ces derniers temps. Voyons, pour chaque genre, sur quoi la classification des espèces et leur distinction doivent reposer.

1° Dans les Phoques.

D'après les particularités du Squelette.

Toutes les espèces de ce genre offrent une similitude parfaite dans le nombre des parties qui les constituent, soit à l'intérieur, soit à l'extérieur; ainsi le nombre des vertèbres troncales est de vingt, dont quinze costifères, et de neuf sternèbres, dont un manubrium très-long, aigu, et un appendice xiphoïde également long et largement spatulé.

de la Tête. Mais il n'en est pas tout à fait de même dans la forme des parties du squelette, et surtout de celles de la tête; les os du nez, les palatins antérieurs, et par conséquent la figure des orifices qu'ils contribuent à former, les os mastoïdiens peuvent fournir d'excellents caractères pour grouper les espèces de ce genre. Malheureusement ils sont anatomiques, et par conséquent d'un emploi assez difficile.

des Doigts. Le nombre des doigts étant toujours le même, cinq en avant comme en arrière, il faut avoir recours à la proportion qui varie un peu, mais qui ne peut guère être appréciée que dans le squelette.

des Dents. Il n'y a que pour les dents et même pour les incisives que le nombre varie, sans être jamais celui des véritables Carnassiers, c'est-à-dire trois paires en haut comme en bas. Elles varient également sous le rapport de la forme, ce qui est encore plus marqué pour les dents molaires; et c'est sur la considération de ces différences que j'ai le premier établi un certain nombre de sections parmi les espèces de Phoques, sections qui ont été considérées comme autant de genres par M. F. Cuvier, mais dont deux ou tout au plus trois, étant en rapport avec d'autres caractères, méritent d'être conservées; ce sont les Phoques à oreilles, ou Otiphoques, pourvus en effet de petites auricules extérieures, et les Phoques à défense (Oplophoques) ou Morses, qui diffèrent des autres Phoques sans oreilles par un système dentaire particulier, mais véritablement anomal.

La considération de ce système est donc très-importante.

Incisives : supérieures. Les incisives, au nombre de 1 — 2 — 3 paires en haut, peuvent être à pointe simple comme dans les Phoques sans oreilles, ou presque bifurquées transversalement pour l'appui des inférieures, comme chez les Phoques à oreilles.

inférieures. Les incisives inférieures varient également de 1 — 2 paires, et quelquefois même il n'y en a pas du tout comme dans le Morse à la mâchoire inférieure, du moins dans l'état adulte.

Canines. Les canines, toujours très-fortes et se croisant, comme à l'ordinaire, ne manquent jamais, si ce n'est les inférieures, chez le Morse, où les supérieures au contraire se développent en grandes défenses verticales.

Molaires.

Les molaires varient de nombre et de forme; elles sont cependant le plus souvent simples aussi bien dans leurs racines qu'à leurs couronnes; mais aussi il arrive que la racine se bifurque, et que la couronne, toujours aplatie, se trilobe : le lobe médian toujours plus grand que les latéraux.

des Membres.

La considération des membres est bien moins importante; cependant les Phoques à oreilles présentent, surtout aux pieds de derrière, une disposition singulière consistant en ce que les ongles, toujours fort petits, n'existent qu'aux trois doigts médians, et que les doigts sont plus ou moins dépassés par des lanières, prolongement des membranes interdigitales. Chez les Phoques ordinaires, la longueur et la proportion des ongles ne sont pas sans importance pour caractériser les espèces.

de l'Oreille externe.

Nous avons déjà fait remarquer que la considération de l'existence ou de l'absence d'oreilles marche très-bien avec des particularités concomitantes dans les nageoires postérieures et dans les dents incisives.

des Vibrissæ.

La forme des moustaches simples ou comme annelées n'est pas non plus à négliger.

Du Système de coloration.

Quant au système de coloration, il offre des variations sans nombre, suivant l'âge, le sexe et même la saison; en sorte qu'il faut s'en servir avec beaucoup de prudence dans la distinction des espèces de Phoques. En général l'animal a sa robe d'autant plus foncée qu'il est plus jeune; en effet, à l'état de fœtus il est souvent entièrement noir, tandis que vieux il est presque tout blanc.

Les variations du système dentaire, suivant l'âge, sont moins grandes même que chez les autres Carnassiers; cependant on remarque qu'il peut arriver, dans les Phoques à oreilles du moins, qu'une paire d'incisives de lait reste quelque temps avec celles de remplacement, de manière à fournir un caractère accidentel.

Ordre des Espèces.

Quant à l'ordre à donner à ces espèces, c'est celui dans lequel, commençant par les plus anomales, on finit par celles qui le sont le moins, ce qui place les Morses à la tête, et les Otiphoques à la fin; rangeant intermédiairement, et suivant l'augmentation des dents incisives, les Phoques qui en ont deux en haut et une en bas, comme le Phoque à trompe, puis ceux qui en ont deux en haut et en bas, tels que le *P. monachus*, et enfin ceux qui en ont trois en haut et deux en bas, tels que les *P. vitulina*, *barbata*, etc., nombre qui se retrouve aussi dans tous les Otiphoques qui terminent, et qui en effet ont reçu assez généralement le nom d'Ours marin.

2° Dans les Ours proprement dits.

En admettant la circonscription actuelle de ce genre, et non celle de Linné, on reconnaît aisément que les espèces assez peu nombreuses qui le constituent ayant absolument la même organisation dans les systèmes sensorial, locomoteur et viscéral, la distinction des espèces semble plus difficile, aussi bien que leur disposition sériale.

D'après la considération du Squelette.

On trouve en effet dans le squelette de toutes les espèces d'Ours, sauf une cependant, comme on le verra dans l'ostéographie de ce genre, absolument le même nombre de pièces ou d'os, semblablement disposées et avec une forme et des proportions fort semblables, à l'exception des différences qui peuvent dépendre de l'âge, du sexe, ou même être individuelles.

Des Parties externes.

A la Tête.

En examinant les parties externes de l'organisation des Ours, on trouve qu'ils ont tous le museau plus ou moins allongé, avec les narines terminales dans une sorte de mufle, comme les Chiens; que les yeux sont fort petits, les oreilles assez courtes, droites et arrondies; la gueule très-fendue; les moustaches ou *vibrissæ* peu prononcées, et, au contraire, le pelage touffu, plus ou moins hérissé, composé de poils longs, lanugineux à la base, plus ou moins lisses au sommet, devenant plus nombreux et plus hérissés en hiver, plus lisses et plus couchés en été.

Du Pelage.

De la Queue.

La queue des Ours est toujours très-courte et cachée dans les poils.

Les mains et les pieds sont constamment larges, entièrement nus et appliqués sur le sol.

Les doigts qui les terminent, toujours au nombre de cinq sur la même ligne, presque égaux, très-courts, sont au contraire terminés par des ongles fort longs, robustes, aigus, plus ou moins comprimés, toujours fouisseurs, mais à des degrés différents. Des Doigts. Des Ongles.

Les mamelles paraissent un peu varier en nombre, puisque dans certaines espèces elles sont au nombre de six en trois paires, deux thoraciques et une abdominale, tandis que dans la plupart il n'y en a que deux paires seulement et entièrement thoraciques, comme on dit que cela a lieu pour l'Ours blanc. Des Mamelles.

Le système de coloration étant toujours à peu près uniforme, on ne peut guère en tirer de caractères un peu importants. Je dois cependant faire observer que dans certaines espèces dans le jeune âge, et dans d'autres pendant toute la vie, on remarque que la partie inférieure du cou ou de la poitrine est blanche, ou du moins de couleur plus claire que le reste. Du Système de coloration.

Quant à la couleur elle-même, si certaines espèces sont communément noires, tandis que d'autres sont brunes, fauves ou blanches, il faut remarquer que, dans ce genre plus que dans tout autre, à cause de ses habitudes alpines, les poils qui sont brun foncé ou presque noirs dans l'âge de la force, et lorsqu'ils viennent d'être renouvelés, perdent peu à peu cette couleur foncée, pour roussir, jaunir et blanchir de plus en plus, à mesure que l'animal devient plus âgé, que le poil devient lui-même plus vieux, et que la saison hivernale est plus intense. De la Couleur.

La grandeur proportionnelle des parties, presque toujours la même, ne peut fournir de caractères spécifiques de quelque valeur.

La grandeur totale, ou la taille, en offre peut-être encore moins, quoique les paléontologistes aient fortement insisté sur ce point, dans le but de distinguer plusieurs espèces fossiles. En effet, on sait par les principes généraux de la physiologie, que les limites de variation en plus ou en moins chez les animaux sont assez considérables, suivant que les indi- De la Taille. Des Causes qui la font varier.

Nourriture. Repos.

vidus se sont trouvés dans des circonstances plus ou moins favorables, non-seulement de nourriture, mais encore de calme et de repos, qui leur ont permis de profiter de leur alimentation, et de pousser leur carrière plus ou moins loin. Et comme la continuité de circonstances favorables ou défavorables, après avoir commencé son action sur des individus, finit par la prolonger sur leur progéniture, on voit aisément, comment dans certains temps, dans certaines localités, telle ou telle modification obtenue pourra se perpétuer, tant que les circonstances resteront les mêmes; d'où résulteront des variétés constantes, ou des races qui n'arriveront cependant jamais à être des espèces, ces races étant susceptibles de remonter au type primitif, par le croisement avec des individus non modifiés, ou par la suppression ou le changement de telle ou telle des circonstances modificatrices.

D'où les Races.

Agissant :

Or, l'action de ces circonstances ne se borne pas au pelage plus ou moins abondant, plus ou moins laineux, plus ou moins coloré, mais porte aussi sur le système locomoteur et, par suite, sur ceux de la nutrition et de la génération.

sur le Squelette.

Les variations qui affectent les appareils de ces deux grandes fonctions ne devenant que très-difficilement appréciables et ne pouvant servir à caractériser les espèces, nous nous bornerons à parler de celles qui portent sur le squelette, parce qu'en effet ce sont les seules qui aient présenté des différences assez grandes pour qu'elles aient pu être regardées comme spécifiques.

par suite de l'Age.

Nous noterons d'abord les différences qui tiennent à l'âge et qui, quoique les plus faciles de toutes à apprécier, ne l'ont peut-être pas été tout à fait encore assez par les ostéographes.

Je ne parle pas seulement de la mollesse des os, de la séparation de leurs épiphyses, des sutures non effacées, du peu de saillie des apophyses, des crêtes, des rugosités d'insertion, et, au contraire, du peu d'enfoncement des impressions, des échancrures, des cavités, des fosses d'insertion, ou des gouttières ou trous de passage : tous les anatomistes savent en effet que, suivant l'âge, la différence peut être fort considérable sous tous ces rapports; mais il en existe aussi dans la proportion des os qui entrent dans la composition du squelette, et qui n'est certainement pas la même à tous les âges; en sorte que, de la mesure d'un os long pris dans le squelette d'un jeune animal, conclure à la grandeur totale du squelette ou à celle de quelques autres de ses parties, c'est risquer de donner une conclusion erronée. En effet, nous nous bornerons à faire remarquer que toutes les parties de la charpente osseuse ne se développent pas à la fois ni du même pas, et que toutes augmentent encore en épaisseur, lorsque l'augmentation en longueur est déjà terminée.

Ainsi dans chaque os, les apophyses deviennent plus longues, plus grosses et plus rugueuses; les crêtes plus élevées, plus étendues en longueur, proportionnellement à celle de l'os, descendant plus bas, remontant plus haut; les rugosités d'insertion plus prononcées, plus saillantes et plus inégales; les angles ou carènes plus aigus, d'où les os plus polygones et souvent même comme tordus et plus épais, ou proportionnellement plus courts.

Les variations dépendantes du sexe ne sont pas moins à prendre en considération, aussi bien dans les os des Ours que dans ceux des autres Carnassiers, et même que dans tous les Mammifères; et ces différences ne portent pas seulement sur la grandeur totale, sur plus de gracilité de toutes les pièces du squelette chez les femelles que chez les mâles, sur moins de développement des apophyses et des crêtes d'insertion, etc.; mais encore, et plus essentiellement, sur tout le bassin en totalité, dont les détroits sont proportionnellement plus larges et plus ouverts dans les femelles, sur le crâne considéré en totalité, et qui dans celles-ci est plus petit, plus allongé, plus étroit, moins renflé au front, moins élargi en arrière, avec les fosses temporales moins larges et moins profondes, les apophyses orbitaires frontales ou jugales moins saillantes, les arcades zygomatiques moins larges et moins arquées, la crête occipitale moins élevée et moins épaisse. du Sexe.

En sorte que joignant à ces nombreuses différences d'âge et de sexe celles qui sont individuelles, il est aisé de voir à quel degré elles peuvent de l'Individualité.

s'étendre, et par conséquent combien les mesures rigoureuses de longueur, de largeur, des angles interceptés par certains points, sont insignifiantes ou même décevantes, et peuvent conduire à l'erreur.

Mais ces mesures seraient encore bien plus fallacieuses, si l'on pouvait considérer comme spécifiques les différences individuelles. En effet, en prenant pour point de départ ce que nous apprend l'ostéologie de l'homme et celle des animaux dont nous pouvons avoir à la fois un grand nombre de squelettes à comparer, il sera aisé de s'assurer que pas deux individus d'une même race, c'est-à-dire d'une même espèce propagée depuis longtemps dans un ensemble de circonstances semblables, ne se ressemblent jamais assez, quoique de même âge et de même sexe, pour qu'on ne puisse trouver entre eux des différences fort saisissables et susceptibles d'être exprimées surtout par des mesures linéaires et angulaires.

Dès lors comment admettre que des différences de cette nature, tirées de l'ostéologie, puissent servir à l'établissement des espèces, quand les limites de variation n'ont pu être appréciées et ne sont pas connues?

sur le Système dentaire.

Les considérations tirées du système dentaire conduisent à des résultats tout différents, aussi bien dans les Ours que chez les autres Mammifères, à cause d'une grande fixité dans les particularités qu'il présente, fixité qui tient à ce qu'il appartient au système phanérique; aussi allons-nous trouver dans l'étude minutieuse de ce système, des moyens d'établir la distinction et la disposition sériale des espèces d'Ours.

Comme dans tous les Carnassiers, sauf les Phoques, les incisives sont au nombre de six en haut comme en bas et en trois paires; de celles d'en haut, la troisième étant caniniforme, et de celles d'en bas la moyenne étant sur un plan un peu plus interne, tendant ainsi à être repoussée en dedans, par suite de la pression que détermine le développement des canines.

Canines.

Les canines des Ours sont toujours normales, très-fortes, coniques, un peu courbes sans cannelures, mais avec une petite carène en avant comme en arrière.

Les molaires dans ce genre sont les plus importantes, au nombre de six en haut et de sept en bas, mais seulement pendant un temps fort court à la fois, deux des antérieures tombant de très-bonne heure et pouvant être regardées comme caduques. Molaires :

Des dents molaires supérieures trois peuvent être considérées comme fausses et trois comme vraies; ou mieux, suivant ma nouvelle notation, trois avant-molaires, une principale et deux arrière-molaires. supérieures.

Des avant-molaires, la première est toujours collée contre la canine, et les deux autres, plus petites, également espacées, occupent la barre. Avant-Molaires.

La principale est ici fort petite; aussi a-t-elle été considérée comme fausse molaire par les zoologistes : elle est subtriquètre, à deux racines et collée contre la première arrière-molaire. Principale.

Les deux dents de cette sorte sont plates et entièrement tuberculeuses; la première, plus petite, a quatre tubercules, deux externes et deux internes; et la dernière, toujours plus grande, est multituberculée, avec une sorte de talon ou de queue plus étroite en arrière. Arrière-Molaires comparées.

L'étendue, la disproportion des deux arrière-molaires, et, par conséquent, la grandeur de la dernière, peuvent parfaitement être employées pour disposer les espèces d'Ours dans une série des espèces les plus normales à celles qui se rapprochent davantage des autres Carnassiers.

Nous devons cependant faire l'observation importante que les deux sexes pourraient bien différer un peu sous ce rapport, la disproportion des deux dents arrière-molaires étant un peu moindre dans la femelle que dans le mâle.

A la mâchoire inférieure les avant-molaires sont au nombre de trois : la première accolée contre la canine, et les deux autres, plus petites, également distantes, remplissant la barre. inférieures. Avant-Molaires.

La principale est également assez petite; comme en haut, elle a également deux racines, et sa couronne comprimée est sub-trilobée. Principale.

Des trois arrière-molaires, la première, un peu plus longue, mais plus étroite que la seconde, est formée de deux lobes non bifides; la seconde, plus longue qu'épaisse, est composée à la couronne de deux Arrière-Molaires.

paires de mamelons obtus; et enfin la troisième ou dernière est la plus petite : sa couronne est ronde et presque plate.

Disposition des Espèces.

Ainsi, en faisant entrer comme élément de disposition sériale des espèces d'Ours, la considération de la longueur proportionnelle du pouce aux pieds de devant, du nombre des côtes, du trou au condyle interne de l'humérus, et de la proportion des deux arrière-molaires d'en haut, qui se retrouvera dans tous les Petits-ours, on voit que, commençant par l'Ours marin, on doit suivre par les Ours d'Europe, puis par l'Ours noir de la Nord-Amérique, par les Ours de l'archipel Indien, et finir par les Ours de la Sud-Amérique ou des Cordilières. C'est au reste ce que notre ostéographie et notre odontographie de ce genre de Carnassiers vont mettre hors de doute.

3° dans les Petits-ours.

Principes de leur classification.

Tirés :

Quoique nous ne connaissions malheureusement pas d'une manière suffisante toutes les espèces que l'on a rangées dans cette division des Carnassiers, dont une ou deux ne nous sont pas même connues sous le rapport du système dentaire, nous en savons cependant assez pour pouvoir établir sur des bases rationnelles leur distribution systématique, dont, jusqu'ici, les zoologistes se sont, du reste, assez peu occupés.

Du Squelette.

Le squelette des Petits-ours n'offre presque aucune différence dans le nombre des os qui le composent, et ne fournit au zoologiste aucun caractère un peu certain pour établir ou pour confirmer leurs rapports et la série; ainsi tous ont le tronc formé de vingt-trois vertèbres, dont quinze costifères, cinq lombaires, et de trois sacrées; mais il n'en est pas de même pour les vertèbres caudales, qui, au contraire, varient beaucoup par la grande différence de longueur de cet organe.

Du Nombre des Doigts.

Aucun Petit-ours n'a plus de clavicules qu'un autre, et tous ont l'humérus percé d'un canal au condyle interne pour le passage du nerf médian, ce qui n'existe au contraire jamais chez les Ours, si ce n'est dans la dernière espèce, l'Ours des Cordilières. Enfin tous ont cinq doigts bien complets aux pieds comme aux mains, le pouce sur le même rang et dans un même degré de développement que les autres doigts.

Du Canal intestinal.

Le canal intestinal scruté par l'anatomiste n'offre non plus rien d'assez différentiel pour aider le zoologiste. En effet, tous ces animaux ont une langue douce et aucun ne présente de cœcum même rudimentaire, l'intestin étant tout d'une venue, sans séparation ou distinction entre ses deux parties.

Du Cœcum.

Des Glandes anales.

Il n'en est pas de même des particularités de la terminaison du canal ou de l'anus; en effet, toutes les espèces, comme tous les Carnassiers, ont de chaque côté de l'anus une glande plus ou moins considérable, dont le canal excréteur s'ouvre à sa marge, que le rectum offre ou non une dilatation à sa terminaison; mais il est un certain nombre d'espèces chez lesquelles c'est hors de la cavité intestinale que cette terminaison a lieu, comme chez les véritables Blaireaux.

L'organisation profonde des Petits-ours n'offrant au zoologiste qu'assez peu de prise pour leur distribution systématique, voyons si l'extérieur n'en présentera pas davantage.

De la Forme générale.

D'abord la forme générale plus ou moins ramassée, ou au contraire plus ou moins allongée, ce qui est dans un rapport direct avec la longueur de la queue, indique évidemment l'éloignement des Ours et le rapprochement des Carnassiers vermiformes qui suivent.

de la Queue.

du Museau.

On peut en dire autant du museau ou de la longueur des mâchoires, qui, au contraire, assez longues dans les premières espèces, se raccourcissent dans les dernières, de manière à donner à la tête quelque ressemblance avec celle des Chats.

des Tarses.

La longueur, l'élévation et la pilosité des tarses, offrent aussi des caractères propres à indiquer la série que forment les Petits-ours; en effet, court, large, complétement nu dans certaines espèces, il s'élève, se rétrécit et se couvre en partie de poils chez d'autres.

des Ongles.

Les ongles offrent aussi quelques variations dans la forme, plus ou moins propres à fouir, comme dans les Blaireaux, ou plus ou moins grimpeurs et aigus, comme dans les Caudivolves, qui vivent dans les arbres.

Du Système dentaire.

Mais c'est surtout dans l'étude du système dentaire, que l'on peut plus aisément trouver des différences assez nombreuses, assez fixes, pour non-seulement distinguer les espèces d'une manière tranchée, mais les disposer en série, et même caractériser presque autant de genres qu'il y a de celles-ci, comme cela a été fait par les zoologistes qui, sous ce rapport, ont admis les principes de M. Fréd. Cuvier.

Incisives et Canines.

Ce n'est cependant ni dans les incisives, ni dans les canines, que l'on peut trouver ces différences; mais bien dans les molaires, et surtout dans la principale et les arrière-molaires.

D'abord dans le nombre total.

Molaires.

En effet, quelquefois de $\frac{6}{6}$ il peut descendre à $\frac{4}{5}$, puis dans celui des avant-molaires; car les arrière-molaires ne sont jamais au-dessus de deux; puis enfin, et surtout, dans la forme et dans la proportion de la principale et des arrière-molaires qui prennent plus ou moins le caractère omnivore ou carnassier suivant l'égalité ou l'inégalité du bord externe, simplement tuberculeux comme l'interne, dans le premier cas, et s'élevant et devenant tranchant dans le second.

D'où la Disposition des Espèces.

Toutefois, la considération unique de ce système dentaire empêcherait d'apercevoir réellement la série naturelle des animaux de ce genre, de quelque manière qu'on l'envisageât, tandis que la longueur proportionnelle de la queue nous semble indiquer ou traduire beaucoup mieux l'ordre passant des Ours aux Mustelas, qui doivent immédiatement suivre, d'après les raisons exposées plus haut.

Dès-lors, on voit comment cette division des Carnassiers, commençant par les Midans qui ont la queue très-courte, doit se continuer par les Blaireaux, comprenant les Arctonyx, par les Pandas ou *Ailurus*, les Ratons ou *Procyon*, les Coatis ou *Nasua*, et finir par les Kinkajous ou *Caudivolvulus* et les *Arctitis*, qui ont la queue très-longue et prenante.

4° dans les Mustelas.

Les principes de la distribution systématique des espèces de ce genre linnéen n'ont pas été beaucoup plus scrutés que pour les genres précédents; quoique les zoologistes aient cru devoir établir un assez grand nombre de coupes génériques, d'après la considération d'organes souvent peu importants, et surtout d'après celle du système dentaire. Principes de leur classification.

Leur organisation interne n'offre cependant pas de grandes différences, qu'on les compare entre elles, ou avec les autres Carnassiers. Tirés : à l'intérieur.

Le nombre des vertèbres de la partie troncale est toujours de vingt; mais le plus souvent formé de quatorze vertèbres costifères et de six lombaires; les Moufettes seulement, c'est-à-dire les Mustèles de la Sud-Amérique, ayant seules quinze vertèbres costifères et cinq lombaires. Du Squelette.

Il y a quelquefois un rudiment très-appréciable de clavicules, comme dans les Martes par exemple. Des Clavicules.

L'humérus est toujours percé d'un canal au condyle interne. De l'Humérus.

Il n'y a jamais de cœcum au point de jonction des deux parties de l'intestin qui est tout d'une venue; et l'anus est toujours pourvu à sa terminaison, d'un paire de glandes sébacées qui varient seulement dans le degré de leur développement, et surtout dans l'odeur de la matière qu'elles produisent. Du Cœcum. Des Glandes anales.

A l'extérieur, les Mustèles présentent peut-être encore moins de variations. à l'extérieur.

La forme du corps, toujours assez allongée, est cependant en général plus grêle, plus cylindrique, en un mot, plus vermiforme dans les espèces qui occupent le milieu de la série, comme les Putois, que dans celles qui sont au commencement, comme sont les Moufettes plus Petits-ours; ou, à la fin, comme les Martes proprement dites, évidemment plus Felis; et c'est ce qui est assez bien indiqué par la proportion de la queue. De la Forme du Corps.

La nature du pelage démontre également assez nettement cette gra- Du Pelage.

dation; en effet, assez grossier dans les premières espèces, il devient très-fin et très-doux dans les dernières.

Du Système de coloration.

Le système de coloration est généralement uniforme, ou mieux, bicolore; mais dans une espèce cependant, il commence à être varié ou annelé, du moins à la queue, comme dans les Viverras et les Felis.

Des Doigts.

Les doigts, toujours en même nombre, quelquefois libres, sont assez souvent réunis par une membrane intermédiaire plus ou moins étendue; et dans les dernières espèces le pouce commence à être sensiblement plus petit que les autres.

Du Tarse.

Les pieds, d'abord courts et avec le tarse nu, s'étendent de plus en plus et se couvrent de poils, comme dans les Martes; en sorte que la considération du degré de nudité du tarse a pu être employée avec avantage pour la distinction et pour la distribution des espèces, même dans le genre des Loutres.

Des Ongles.

Il en est de même des ongles qui, d'abord fossoyeurs et fixes, finissent par être courts, aigus, arqués et demi-rétractiles.

Des Dents.

Le système dentaire, quoique évidemment fort semblable dans tout le groupe, présente cependant des nuances différentielles qui indiquent fort bien le passage des Petits-ours aux Viverras.

Dans le Nombre total.

D'abord sous le rapport du nombre, du moins dans la partie molaire, il y a quelques différences; elles ne reposent cependant que sur une avant-molaire de plus aux deux mâchoires, ce qui porte le nombre minimum $\frac{4}{5}$ au maximum $\frac{5}{6}$, et même à $\frac{6}{6}$.

Dans leur Disposition.

Sous le rapport de la disposition des dents, c'est dans ce genre que la seconde incisive rentre davantage entre les deux autres, mais encore à des degrés très-différents.

Dans la Forme des Canines.

Quant à la forme, il faut noter que les canines des Mustelas, et surtout les inférieures, sont plus coudées que dans aucun autre genre de Carnassiers.

Des Molaires; et surtout de l'Arrière-Molaire supérieure.

Mais c'est surtout dans l'étude minutieuse de chaque molaire en particulier, considérée dans sa forme et dans sa proportion, que l'on peut trouver des caractères spécifiques plus certains. La proportion de l'arrière-molaire supérieure par rapport à celle qui la précède, et des deux parties qui la composent, est surtout d'une grande importance ; et c'est dans la considération de sa grosseur plus grande, et diminuant assez graduellement, que j'ai trouvé le meilleur signe de la disposition sériale naturelle des espèces de ce genre, en commençant par les Moufettes, les Ratels, les Gloutons, les Melogales, les Zorilles, les Grisons, les Putois, les Martes, les Loutres ou Martes aquatiques ; et enfin, en terminant, par les Bassaris, qui sont évidemment des Mustelas Viverrins, et dont en effet le système dentaire est Viverrin et le reste Mustela.

D'où la Disposition des Espèces.

5° DANS LES VIVERRAS.

Nous ne voyons pas que l'organisation de ces animaux offre assez de différences avec ce que nous venons de trouver dans les Mustelas ou Carnassiers vermiformes, pour que les principes de leur classification puissent être bien différents.

Principes de leur classification.

Tirés :

Le nombre des vertèbres du tronc est toujours de vingt, mais presque toujours de treize costifères et de sept lombaires, et fort rarement de quatorze pour les premières et de six seulement pour les secondes.

à l'intérieur. Du Squelette.

Il n'y a pas de traces de clavicules dans la division des Ichneumons, et seulement un noyau osseux dans les Viverras proprement dits.

Clavicule.

L'humérus est percé d'un trou au condyle interne, dans le groupe des Ichneumons, et ne l'est pas dans les deux autres.

Humérus.

Mais en quoi ce genre diffère des précédents, c'est que l'intestin présente à son point de partage en ses deux parties, un cœcum court, il est vrai, mais toujours bien évident dans toutes les espèces.

Du Cœcum.

Le système crypteux perianal offre des différences assez importantes pour qu'il suffise presque à lui seul pour caractériser les divisions subgénériques des Ichneumons, des Paradoxures et des Civettes.

Des Glandes anales.

Dans l'organisation extérieure les différences caractéristiques portent avec beaucoup d'avantages :

à l'extérieur.

De la Forme générale. 1° Sur la forme générale de moins en moins vermiforme, et sur celle de la queue conique ou cylindrique ;

Du Pelage. 2° Sur la nature du pelage plus ou moins dur et long, ou doux et court, ce qui indique un passage vers les Chats, et sur le système de coloration, qui, uniforme, piqueté ou tiqueté, par annelures des poils dans le premier groupe, devient ensuite orné de bandes ou de taches plus ou moins foncées, arrondies, avec la queue annelée dans le dernier, livrée qui devient presque caractéristique du genre Felis ;

Du Système de coloration.

Des Oreilles. 3° Sur la longueur des oreilles, qui, d'abord assez courtes pour être peu apparentes, deviennent au moins aussi grandes que dans les Chats ;

Des Moustaches. 4° Sur la longueur des moustaches qui deviennent de plus en plus prononcées ;

Du Tarse. 5° Sur la hauteur et la nudité du tarse, quelquefois entièrement plantigrade, autant que dans les Petits-ours, et d'autres fois aussi digitigrade que chez les Chats ;

Des Doigts ; 6° Sur le nombre et le plus ou moins d'inégalité des doigts qui, nominalement de cinq, le premier ou pouce étant plus court que les autres, finissent par n'être plus qu'au nombre de quatre, d'abord aux pieds de derrière, ensuite aux deux paires des membres ;

libres ou réunis. 7° Sur la liberté plus ou moins complète des doigts, quelquefois serrés et réunis jusqu'à la phalange onguéale, tandis que dans d'autres ils sont complétement libres dans toute leur étendue ;

Des Ongles. 8° Sur la forme des ongles d'abord assez fouisseurs et enfin aigus, arqués, comprimés et rétractiles;

Des Dents. 9° Et enfin sur la partie molaire du système dentaire, envisagé sous le rapport du nombre total, ou mieux sous celui des avant et des arrière-molaires, et sur la forme de chaque dent correspondante.

Molaires. Le nombre normal des dents molaires aux deux mâchoires est de six : dont trois avant-molaires, une principale et deux arrière-molaires; mais il arrive quelquefois que par manque d'une avant-molaire, soit en haut, soit en bas, soit enfin aux deux mâchoires, le nombre total soit réduit à $\frac{5}{6}$, à $\frac{6}{5}$, à $\frac{5}{5}$, et même, dans une espèce seulement, à $\frac{4}{5}$, par absence de la seconde arrière-molaire.

Quant à la forme et à la proportion de ces dents molaires, on peut assurer que pas deux espèces ne se ressemblent complétement; mais on trouve trois formes principales : celle des Mangoustes, chez lesquelles les arrière-molaires sont triquètres et insectivores par la manière dont leur couronne est hérissée de tubercules; celle des Viverras plantigrades ou Paradoxures, chez lesquels les mêmes dents et même les principales sont tuberculeuses et omnivores, au point de ressembler beaucoup à celles des Petits-ours, et enfin celles des Civettes ou Viverras muscifères dont les molaires reprennent le caractère insectivore et la forme triquètre, et où les avant-molaires sont denticulées au bord postérieur de la pointe principale qui les constitue; ce qui n'a jamais lieu, du moins au même degré, dans les deux autres sections.

Insectivores.

Omnivores.

Carnivores.

Par suite de ces considérations, la série s'établit en ayant égard à la nudité du tarse et au système de coloration, et surtout à la forme des ongles. Comme c'est le genre Felis qui doit suivre les Viverras, il est évident que les espèces qui doivent terminer ceux-ci doivent être celles qui s'en rapprochent le plus, ce qui détermine la place des Viverras porte-musc ou des Civettes et des Genettes à la fin; mais avant les Civettes doivent être nécessairement placés les Viverras plantigrades qui se nuancent d'une manière si insensible des espèces les plus omnivores à celles qui sont les plus carnassières; et dès lors les Mangoustes doivent commencer les Viverras, et en effet ce sont celles qui sont les plus vermiformes, les plus voisines des Mustelas.

D'où la Disposition des Espèces,

Quant à la disposition et à la distinction des espèces dans chacune de ces trois subdivisions intérieures, c'est encore à la considération du système dentaire qu'il faut avoir recours pour les déterminer, comme on le verra dans l'odontographie de ce genre.

et leur Distinction.

6° Dans les Felis.

Principes de leur classification.

Tirés :

Quoique ce grand et beau genre de Carnassiers renferme peut-être à lui seul plus d'espèces que les précédents réunis, cependant les nuances de dégradation ou de passage au genre suivant ou à celui des Canis sont beaucoup moins manifestes, même quand on les envisage sous le rapport du système dentaire, qui n'offre presque aucune différence dans le nombre, ni dans la forme ni dans la proportion des dents qui le constituent. On peut même dire avec Pallas, le créateur de l'anatomie zoologique, que ce groupe d'animaux doit être cité comme un type véritable de ce qu'on doit nommer genre en zoologie.

à l'intérieur.

Du Squelette.

En effet, toutes les espèces ont absolument le même nombre de vertèbres costifères et lombaires, ainsi que de sternèbres.

Clavicule.

Toutes ont un rudiment de clavicule plus prononcé que dans aucune espèce de cet ordre, et, sous ce rapport, sembleraient devoir être remontées dans la série, si les mains et les pieds n'étaient pas évidemment dégradées.

Humérus.

Toutes ont l'humérus percé d'un canal au condyle interne.

Phalanges onguéales.

Enfin toutes ont une modification particulière dans la seconde phalange digitale, comme excavée au côté interne pour donner à la phalange onguéale, de forme également assez particulière, la faculté d'être constamment relevée dans le repos.

Du Canal intestinal.

Des Glandes anales.

Le canal intestinal est pourvu d'un cœcum conique assez long au point de jonction des deux parties de l'intestin, et il y a à la marge de l'anus une paire de glandes sébacées.

A l'extérieur.

A l'extérieur, le genre Felis n'est pas moins uniforme dans ses caractères.

A la Tête.

Ainsi la tête est toujours large et arrondie, par la grande arqure des arcades zygomatiques; le museau est toujours fort court; les yeux très-grands, avec la pupille ronde ou verticale. Les oreilles courtes, arrondies, mais larges et très-ouvertes à leur base; la langue hérissée d'épines.

Du Corps.

Le corps, médiocrement allongé, est terminé par une queue très-variable en longueur, mais toujours cylindrique.

Des Membres. Des Doigts.

Les membres robustes, à carpe et à tarse assez élevés, constamment et entièrement velus, sont toujours terminés par des doigts raccourcis, dont le pouce, plus court que les autres en avant, manque constamment en arrière, et tous armés d'ongles ou griffes rétractiles, surtout en avant.

Du Pelage.

Le pelage, formé de poils doux, courts, annelés, est presque constamment orné de taches diversiformes de couleur plus foncée que le fond.

Des Dents. Nombre total.

Quant au système dentaire, nous avons déjà fait remarquer qu'il est peut-être encore plus uniforme que le reste, aussi bien pour le nombre des dents que pour leur forme et leur proportion. La seule différence observée dans le nombre des molaires, qui est normalement de

$$\frac{4}{3}, \quad \text{dont} \quad \frac{1}{1}+\frac{1}{1}+\frac{2}{1},$$

supérieures.

consiste en ce que, chez certaines espèces, l'avant-molaire supérieure manque constamment, et que, dans d'autres qui la possèdent, elle est pourvue de deux racines, au lieu d'une qu'elle a ordinairement. Du reste, dans tous les Felis, la principale supérieure est assez petite, triangulaire, comprimée à deux racines; la première arrière-molaire est bien plus grande, également triangulaire, avec un petit talon interne en avant; et la seconde arrière-molaire est très-petite et transverse.

inférieures.

A la mâchoire inférieure, l'avant-molaire est fort petite, la principale est un peu plus grande, triangulaire et comprimée avec une dentelure simple et rarement double au bord postérieur, et l'unique arrière-molaire est à deux lobes tranchants presque égaux.

D'où la Disposition des Espèces.

D'après ces observations et en remarquant que le genre qui va suivre est celui des Canis, dont le caractère essentiel sérial est d'être de plus en plus digitigrade, avec des ongles fixes fossoyeurs, on voit comment la disposition des espèces de Felis doit être telle que les espèces à ongles non rétractiles et moins aigus doivent être à la fin. Parmi celles qui ont les griffes aiguës et essentiellement rétractiles, et c'est le bien plus grand nombre, on peut avoir égard à l'absence ou à la présence de l'avant-molaire supérieure, et surtout au système de coloration uniforme, ou varié de bandes ou de taches rondes pleines ou ocellées; mais cette dernière considération n'a rien de véritablement sérial.

et leur Distinction.

Quant à la distinction des espèces elles-mêmes, il est à remarquer que celles dont la coloration est uniforme ont une livrée dans le jeune âge, c'est-à-dire sont tachetées, et que les sexes offrent quelquefois une différence dans le système pileux; et surtout que la saison même, dans les espèces boréales, y produit des changements considérables aussi bien que dans la couleur qui, de fauve plus ou moins roussâtre, peut descendre d'une part jusqu'au blanchâtre dans les pays froids, ou monter jusqu'au noir dans les contrées chaudes.

Pour le système dentaire dans le jeune âge, il y a comme dans tous les Carnassiers trois molaires à chaque côté des deux mâchoires, une avant-molaire, une principale et une arrière-molaire, différant un peu de celles qui les remplaceront, mais ayant avec elles une grande ressemblance.

7° Dans les Canis.

Principes de leur classification.

Tirés :

Nous avons déjà eu l'occasion de faire observer que la place de ce genre est assez difficile à déterminer, et qu'elle doit être très-différente, suivant qu'on a égard au système dentaire ou au système digital, et que dans le premier cas on envisage le nombre total des dents ou la forme de certaines de ces dents, par exemple de celle qu'on a nommée la carnassière, ou de la dernière tuberculeuse.

En effet, en prenant en première considération le système dentaire, le G. *Canis* doit suivre immédiatement les Civettes et les Paradoxures, comme ayant la dent carnassière, en haut comme en bas, méritant davantage cette dénomination qui s'accroîtra encore dans les Hyènes pour atteindre le summum dans les *Felis;* mais en mettant au contraire

Du Système digital.

en première ligne le système digital, comme nous le faisons d'après les principes que nous avons déjà exposés plusieurs fois, on voit qu'étant plus digitigrades, moins claviculés que les Chats, ils doivent passer après eux et précéder les Hyènes.

D'après cela, l'ordre dans lequel les espèces de ce genre doivent être rangées se déduisant du même principe, celles qui n'ont que quatre doigts en avant comme en arrière doivent être à la fin; et parmi les autres bien plus nombreuses qui en ont cinq en avant comme les *Felis*, celles qui ont la pupille verticale comme ceux-ci, c'est-à-dire les Renards, devront être à la tête. Toutefois, après le *C. Megalotis*, dont le système dentaire est si particulier, étant presque comme dans les Paradoxures les plus omnivores.

On pourra ensuite avoir égard au système dentaire et même à la longueur des oreilles, si l'on veut admettre les sections génériques proposées; mais il se pourrait que l'on rompît ainsi la série naturelle. Des Oreilles.

La distinction des espèces de ce genre ne laisse pas que d'être assez difficile quand on veut n'avoir égard qu'au système de coloration extrêmement variable non-seulement suivant l'âge et le sexe, mais surtout suivant la saison, chez les espèces septentrionales ou alpines, leur pelage devenant alors beaucoup plus touffu, plus long, et de couleur bien plus blanche. Du Système de coloration; variable suivant la saison,

Suivant les sexes, les différences sont à peu près comme dans les autres mammifères, c'est-à-dire que les femelles sont toujours plus petites, plus grêles dans la tête et les membres, et moins vivement colorées. suivant le sexe,

L'âge apporte aussi des différences analogues dans la taille et le pelage; mais surtout dans le système dentaire, qui passe par deux phases avant d'être parfait. Dans la première, le système dentaire est ainsi composé en totalité : l'âge. Du Système dentaire; variable suivant l'âge.

$$\frac{3}{3}+\frac{1}{1}+\frac{3}{3}, \quad \text{dont} \quad \frac{1}{1}+\frac{1}{1}+\frac{1}{1};$$

dans la seconde, il devient

$$\frac{3}{3}+\frac{1}{1}+\frac{4}{4}, \quad \text{dont} \quad \frac{2}{2}+\frac{1}{1}+\frac{1}{1};$$

enfin, dans l'état complet, il devient

$$\frac{3}{3}+\frac{1}{1}+\frac{6}{7}, \quad \text{dont} \quad \frac{3}{3}+\frac{1}{1}+\frac{2}{3}.$$

Des Caractères différents des Espèces. Tirés : De la Pupille.

Les véritables caractères différentiels des espèces portent, outre le nombre des doigts et celui des dents, et la forme de la pupille dont il a été déjà question, sur la taille en général;

De la Queue.

Sur la proportion de la queue et la manière dont elle est chargée de poils également dans toute sa circonférence, comme dans les Renards, ou bien plus en dessous qu'en dessus, comme dans les Loups;

Des Oreilles.

Sur la grandeur proportionnelle des oreilles et la forme de l'échancrure basilaire du bord externe;

De la Dernière Molaire supérieure.

Sur la forme et la proportion de la dernière arrière-molaire comparée à la précédente;

De l'Apophyse angulaire. De la Mandibule.

Et enfin sur la forme du crâne en général, et surtout sur celle de l'apophyse angulaire de la mâchoire inférieure, et peut-être sur celle de l'apophyse coronoïde. Malheureusement ce caractère est tout à fait anatomique; car c'est celui qui me paraît de beaucoup le plus constant de tous ceux que j'ai signalés jusqu'ici.

8° Dans les Hyènes.

Des Principes de leur classification. Tirés :

Ce que nous venons de dire tout à l'heure pour déterminer la place des Canis dans la série des Carnassiers, s'applique ici d'une manière rigoureuse, et montre comment les Hyènes ayant de tous le moindre nombre de doigts 4-4, et surtout offrant dans la grande élévation des membres, principalement des métacarpes et des métatarses, la disposition la plus quadrupède, doivent nécessairement occuper la fin de l'ordre des Carnassiers.

Le genre qu'elles forment est réellement distinct par la considération de toutes les parties de l'organisation.

à l'intérieur. Du Squelette.

En effet, à l'intérieur, on remarque une combinaison des vertèbres du tronc qui lui est particulière : seize costifères et quatre lombaires;

sternèbres; absence complète de clavicules, de canal au condyle interne de l'humérus; la langue douce; un cœcum assez considérable à l'intestin; les glandes anales versant dans une poche intermédiaire à la queue et à l'anus; point d'os dans la verge.

A l'extérieur des Oreilles.

Et à l'extérieur des oreilles encore plus grandes que dans les Chiens, et sans incision à la base de leur bord externe; un pelage grossier, touffu, hérissé, de couleur variée de bandes ou de taches plus foncées; un système digital et même un système dentaire qui sont propres à ce genre.

Ce système, intermédiaire à celui des Gloutons parmi les Mustelas, et à celui Felis, est formé de $\frac{5}{4}$ dents molaires, dont $\frac{3}{2}+\frac{1}{1}+\frac{1}{1}$.

Des Dents. Molaires.

Les avant-molaires à trois lobes, dont le médian beaucoup plus grand que les autres; les principales tranchantes et les arrière-molaires très-carnassières, surtout celle d'en bas, bilobée et tranchante comme dans les Chats.

Du reste, le nombre des espèces d'Hyènes est trop peu considérable pour qu'il soit besoin de principes pour les disposer et les distinguer.

D'où Distinction des Espèces.

Nous devons cependant faire observer que la coloration offre un trop grand nombre de variations d'âge, de sexe, et surtout individuelles, pour qu'on puisse appuyer sur sa considération la distinction des espèces; mais qu'il n'en est pas de même en recourant aux particularités du système dentaire. On trouve en effet dans l'existence ou l'absence d'un tubercule au côté interne antérieur de l'arrière-molaire inférieure, un caractère distinctif d'autant meilleur, qu'il est en même temps sérial sous le rapport de la carnivorité; mais comme il y a encore quelques variations assez étendues dans le talon de cette dent, la considération de la dent tuberculeuse ou de la dernière molaire de la mâchoire supérieure est d'un usage à la fois plus facile et plus certain.

Place du Genre.

Quant à la place de ce genre dans la série, on trouve ici la même difficulté que pour les deux autres grands genres de véritables Carnassiers, et par conséquent se présente de nouveau la question de savoir si la considération de la partie molaire du système dentaire doit l'emporter sur celle du système digital. Ayant déjà donné les raisons qui nous ont fait donner la préférence à celui-ci, nous n'avons pas besoin d'y revenir pour démontrer pourquoi nous avons dû placer les Hyènes à la fin des Carnassiers, par conséquent finir par elles l'ordre des *Secundatès*.

CHAPITRE TROISIÈME.

DE LA DISTRIBUTION GÉOGRAPHIQUE ACTUELLE DES CARNASSIERS.

Généralités. Quoique nous ne possédions pas encore tous les éléments nécessaires pour dessiner d'une manière complète la distribution actuelle des Carnassiers à la surface de la terre, il est cependant de la plus rigoureuse nécessité de traiter ce point important, si nous voulons donner aux conséquences que l'on pourrait tirer de l'étude des traces qu'ils ont pu laisser à l'état fossile, un appui de quelque valeur.

Influence. Parmi les conditions de l'existence des animaux, en tant qu'individus, celle qui comprend la nourriture étant évidemment la plus importante, et cette nourriture étant ici elle-même animale, on voit comment, pour les Carnassiers, la distribution géographique est déterminée par la co-existence d'autres animaux, soit de la même classe, soit de classes différentes, et beaucoup moins qu'on ne l'a cru par la température; aussi l'on peut dire d'une manière générale qu'aux lieux où se trouvent un grand nombre d'animaux herbivores, surtout où les Carnassiers pourront être à l'abri des poursuites de Carnassiers plus forts qu'eux, et surtout de celles de l'espèce humaine, qui seule a reçu de Dieu la haute prérogative de faire servir la nature entière à son usage, et de paraître l'opprimer, ils seront plus nombreux en espèces et même en individus, comme l'Afrique en est un exemple remarquable, surtout dans son intérieur, où la civilisation à peine a pénétré de nos jours. C'est là en effet que, sauf le Tigre, toutes les formes particulières de Carnassiers existent en grand nombre; parce que, outre la condition de température, se trouve la première bien plus importante, l'abondance de la nourriture fournie

(Marginal notes: D'autres Animaux. — Herbivores. — Carnassiers. — De l'Homme.)

par les Singes, par les Ruminants et autres animaux. Et comme parmi ceux-ci il s'en trouve de toute taille et de toute grandeur dans les eaux, et dans les airs comme sur la terre, on voit comment la forme carnassière s'est pour ainsi dire modifiée d'une manière si variée, pour atteindre à toutes ces nécessités d'harmonie générale, aussi bien dans la dimension que dans le mode et le degré de carnivorité.

On voit encore comment l'espèce humaine exerce une influence si grande sur les Carnassiers plus peut-être que sur la plupart des autres espèces de Mammifères.

Après ces quelques généralités sur la distribution géographique actuelle des Carnassiers à la surface de la terre, entrons dans plus de détails en prenant chaque grand genre en particulier. En particulier.

Des Phoques.

Les Phoques, par lesquels nous commençons, étant nécessairement littoraux des rivages de la mer, sont, sous le point de vue qui nous occupe, un peu comme les Oiseaux aquatiques et les Poissons avec lesquels ils vivent, ou mieux dont ils se nourrissent, c'est-à-dire que la circonscription de leur position géographique ou de leur habitat est beaucoup moins limitée que pour les autres Mammifères. En général.

On remarque cependant qu'en général ils sont beaucoup plus nombreux en espèces, et même en individus, dans les régions polaires que dans les régions tempérées, et surtout que dans les intertropicales. Dans les Régions polaires.

On a même fait l'observation que jusqu'ici on ne connaît pas encore de Phoque dans la mer des Indes. Dans la mer des Indes.

Spécifiant maintenant la répartition des différents groupes de Phoques, il est reconnu que les espèces sans oreilles sont bien plus abondantes et plus nombreuses dans les mers arctiques que dans les mers antarctiques. Il semble même qu'il n'y ait pas de Phoques de la division $\frac{3}{2}$ incisives, par conséquent du même groupe que le Phoque commun, En particulier. Pour les Phoques communs.

autre part que dans les mers du Nord, et cela est certain pour les Morses, que l'on n'a pas encore rencontrés ailleurs que dans ces mers.

Pour le Morse.

Le Phoque à Oreilles.

Au contraire, les Phoques à oreilles, ou Otiphoques, n'existent que dans les mers de l'hémisphère austral, du moins de la mer Atlantique, car dans la mer Pacifique américaine, on en connaît depuis le cap Horn, au sud, jusqu'au Kamstchatka, au nord.

Pour telle ou telle Espèce.

P. monachus.

P. leptonix.

P. vitulima.

Quant aux espèces suffisamment déterminées, il en est même un certain nombre qui paraissent, pour ainsi dire, limitées à des mers assez peu étendues. Ainsi le *P. monachus* n'a encore été trouvé que dans la mer Adriatique, et suivant M. de Nordman, dans la mer Noire, tandis qu'une espèce fort voisine, que j'ai nommée *P. leptonix* à cause de la petitesse de ses ongles, appartient exclusivement aux mers du Sud. Au contraire, le Phoque commun, le *P. vitulima*, L., n'a jamais été rencontré au delà de la partie la plus septentrionale de la Manche, en Europe, et du Groënland, sur les côtes de la Nord-Amérique, où il est excessivement commun et d'une très-grande importance pour les peuples de ces contrées.

On dit aussi que la mer Caspienne nourrit des Phoques, et, suivant M. de Nordman, d'une espèce particulière; mais elle n'a pas encore été caractérisée.

Des Ours.

Des Ours.

En général.

Les Ours étant, comme nous l'apprend leur histoire naturelle, des animaux qui habitent constamment des régions froides, l'on peut présumer que toutes les espèces doivent se trouver en plus grande abondance dans les régions polaires ou dans les montagnes élevées au voisinage des neiges perpétuelles; et en effet, c'est ce qui a lieu; tandis que l'on peut, au contraire, prévoir qu'il ne doit pas s'en trouver dans les pays de plaines et surtout dans les contrées équatoriales. Ce genre occupe donc les parties septentrionales du globe dans l'ancien comme dans le nouveau monde, et les chaînes de montagnes élevées dans les régions méridionales des deux continents. Ce n'est que dans la Nouvelle-Guinée et dans la Nouvelle-Hollande qu'il n'existe pas d'Ours, ou du moins qu'on n'en a pas encore trouvé. On en dit autant de toute l'Afrique, sauf le versant nord de l'Atlas, et encore il y a quelques doutes à ce sujet.

Mais si ce genre de Carnassiers se trouve à peu près répandu partout, les espèces qui le constituent sont plus ou moins limitées à certaines parties du monde. En particulier.

Ainsi l'Ours blanc maritime habite tous les rivages des îles et des continents compris entre le cercle polaire et le pôle Nord, aussi bien en Amérique qu'en Europe et en Asie; et s'il arrive quelquefois jusqu'en Islande et en Norwége, c'est qu'il y a été porté par quelque banc de glace, entraîné lui-même à l'époque du dégel annuel. Pour l'Ours blanc.

Les Ours proprement dits sont assez répandus dans toute l'Europe, et surtout au nord, en Norwége, en Russie, en Pologne, et aussi dans les Alpes, dans les Pyrénées et sur le versant septentrional des montagnes qui, en Europe, en Asie et en Afrique, ceignent le Périple de la Méditerranée. Forskall en cite, et M. Ruppell aussi, en Arabie. L'Ours commun.

Ils le sont également dans la Nord-Amérique, depuis une mer jusqu'à l'autre, et depuis le golfe du Mexique jusqu'au Canada; mais avec l'espèce d'Europe plus rare peut-être, il s'en trouve une ou deux autres qui sont particulières à la Nord-Amérique.

La partie méridionale de l'Afrique, ainsi que la grande île de Madagascar, paraissent ne nourrir aucune espèce d'Ours; tandis que dans le versant septentrional de l'Atlas se trouve l'Ours commun.

Il n'en est pas de même de l'Asie méridionale continentale, et même insulaire, qui possèdent, la première, l'Ours du Thibet, qui habite les parties les plus montueuses, et l'Ours à grandes lèvres (*U. labiatus*), qui paraît se trouver aussi dans l'archipel Indien. L'Ours du Thibet. L'Ours à grandes lèvres.

Cette partie du monde renferme, surtout dans les grandes îles qui la constituent, l'Ours malais (*U. Malayanus*), dont la forme de tête rappelle beaucoup l'espèce qui habite les Cordillières, dans la Sud-Amérique, dont ont parlé depuis longtemps les voyageurs, mais qui ne se L'Ours malais.

trouve dans nos collections que depuis un assez petit nombre d'années.

Sauf les grandes îles de l'Asie, on ne connaît d'Ours dans aucune autre, pas même dans les deux îles de l'Angleterre; ainsi la Sicile, la Sardaigne, la Corse ne nourrissent pas d'Ours.

Des Petits-ours.

En général.

Sauf l'Australie, la Sud-Afrique et Madagascar, on peut dire que ce genre a, dans toutes les parties du monde, quelque espèce qui le représente, et même le Blaireau, qui en est le type, est encore un animal qui se trouve dans toutes les parties septentrionales surtout de l'Europe, de l'Asie et de l'Amérique.

En particulier Pour le Blaireau.

Les Coatis. Les Ratons.

Quant aux Petits-ours à longue queue non prenante, les Coatis et les Ratons n'existent que dans le nouveau monde; mais ils sont représentés dans l'ancien, et seulement jusqu'ici dans l'Inde, par le Panda.

Le Kinkajou. L'Arctitis.

Les Petits-ours à queue longue et prenante, ou Caudivolves, existent aussi par le Kinkajou dans la Sud-Amérique, et par l'Arctitis en Asie.

Il n'y a que l'Afrique qui ne nous a encore offert aucune espèce de ce genre, du moins au delà de l'Atlas, car l'animal nommé quelquefois Blaireau du Cap n'appartient pas à ce genre, et le Blaireau proprement dit ne paraît exister que sur le versant septentrional de l'Atlas. Madagascar est dans le même cas, et toute l'Australie, c'est-à-dire l'archipel Indien et la Nouvelle-Hollande n'ont pas d'animaux de ce genre.

Des Mustelas.

En général.

Dans l'état de nos connaissances, au sujet de la distribution géographique actuelle des Mustelas à la surface de la terre, nous pouvons assurer que ce genre se trouve réparti dans tous les pays, sauf toujours la Nouvelle-Hollande et les îles de la mer du Sud.

On en connaît en effet aussi bien dans les pays chauds que dans les pays froids; dans les vallées et sur le bord des rivières aussi bien que dans les pays de montagnes jusque dans le voisinage des neiges perpétuelles.

Il y a cependant certains groupes d'espèces qui sont propres à des régions plus ou moins circonscrites.

C'est le nouveau continent qui me paraît réunir le plus de formes particulières de Mustelas, puisqu'il nourrit à la fois des Moufettes, des Putois, des Grisons, des Martes et des Loutres.

C'est au contraire la Nouvelle-Hollande qui en offre le moins, puisque aucune espèce ne s'y trouve.

En particulier. Pour les Moufettes.

Ainsi, il n'y a de véritables Moufettes ou de Putois plantigrades que dans l'Amérique, et cela sur les deux versants des Cordillières.

Les Gloutons.

Les Gloutons peuvent, jusqu'à un certain point, les représenter dans le nord de l'Europe, où ils existent seulement.

Les Ratels et Zorilles.

Les Ratels et les Zorilles sont de la Sud-Afrique la plus avancée.

Les Mélogales.

Les Mélogales, de l'Asie méridionale exclusivement.

Les Grisons.

Les Grisons, qui commencent les Martes proprement dites, sont exclusivement de l'Amérique méridionale.

Les Putois.

La subdivision des Putois présente des espèces de toutes les parties du monde, plus cependant des contrées chaudes que des contrées froides.

Les Martes.

Les Martes, qui sont aussi d'Europe, d'Afrique, d'Asie et d'Amérique, sont au contraire plutôt des régions froides; et l'on n'en connaît même pas encore de la Sud-Amérique. La collection d'anatomie comparée du Muséum possède cependant un crâne d'une espèce de ce genre envoyé par M. d'Orbigny, et probablement de l'Amérique méridionale.

Le Bassaris.

Le Bassaris, espèce de Marte viverroïde, appartient exclusivement au nouveau continent, au Mexique, et semble y représenter, quoique incomplétement, le genre des Viverras, qui manque entièrement en Amérique.

Les Loutres.

Quant aux Martes aquatiques ou Loutres, il s'en trouve également partout; seulement certaines espèces bien distinctes sont limitées à des pays circonscrits.

Ainsi la grande Loutre marine est bornée au Kamstchatka et sur les rivages de l'Asie et de l'Amérique qui s'éloignent peu du détroit de ce nom.

Les Loutres sans ongles sont de l'Afrique australe.

Quant aux autres espèces plus ou moins voisines de notre Loutre d'Europe, il y en a une, la plus grande de toutes, la Saricovienne, de l'Amérique méridionale, et peut-être au delà; deux autres de l'Asie continentale et insulaire.

Il n'y a toujours que la Nouvelle-Hollande et Madagascar qui ne nous aient pas encore fourni de Loutres.

Des Viverras.

En général. Toutes les espèces de ce groupe jusqu'ici connues appartiennent exclusivement à l'ancien continent, et, sauf une, des contrées chaudes de l'Europe, à l'Afrique et à l'Asie.

En particulier. C'est évidemment en Afrique que l'on a reconnu le plus de formes distinctes appartenant à ce genre.

Pour les Ichneumons. La division des Ichneumons est, par exemple, presque exclusivement propre à l'Afrique dans les formes que l'on a désignées sous les noms de Surikate, *Cynictis*, *Lasiopus*, *Athilax*, de Vansire et de Crossarque; quant aux Ichneumons proprement dits, ils sont également de l'Asie et de l'Afrique, et même septentrionale.

L'Euplère. Madagascar a fourni dans cette division le singulier animal nommé Euplère par M. Doyere, et qui rappelle réellement une forme d'Insectivore.

Les Paradoxures. Par contre, la division des Viverras plantigrades et à longue queue plus ou moins volubile, est peut-être entièrement asiatique, sous quelque forme dentaire qu'elle se présente; aussi les Paradoxures proprement dits et les sections nommées *Ambliodon*, *Payerna*, Hémigale, Cynogale, Prionodonte, sont toutes de l'Asie continentale ou insulaire.

Il n'y a peut-être que le singulier *Cryptoprocta* de Bennett qui soit d'Afrique ou mieux de Madagascar.

Les Civettes se retrouvent, une espèce en Afrique, une en Asie et une autre à Madagascar, et même cette dernière est-elle plutôt une Genette. Les Civettes.

Celles-ci sont dans le même cas, une en Asie et une en Afrique; mais celle-ci s'étend en Europe dans le périple de la Méditerranée, et un peu au delà, dans les provinces du sud-ouest de la France.

Des Felis.

Le genre des Felis, que l'on peut considérer comme le type le plus élevé du groupe des Carnassiers, celui dont l'action d'harmonie sur la création animale est la plus puissante, est aussi celui qui se trouve répandu de la manière la plus uniforme, ou mieux la moins inégale, à la surface de la terre; aussi trouve-t-on des espèces de ce genre dans toutes les parties du monde, si ce n'est à la Nouvelle-Hollande, dans tous les climats, à toutes les hauteurs; cependant en plus grand nombre dans la zone torride, mais dans les deux continents. En général.

Certains groupes d'espèces, comme celui des Lynx, paraissent cependant appartenir aux régions froides, soit par latitude, soit par altitude ou élévation au-dessus du niveau de la mer. En particulier.

L'Europe ne possède que le Chat sauvage et deux espèces ou variétés de Lynx. En Europe.

L'Afrique, beaucoup plus riche en espèces de ce genre, nourrit le Lion, la Panthère, le Serval, le Caracal, le Chat botté, le Chat ganté, qui se trouvent aussi dans l'Inde, et de plus, le Chat du cap de Bonne-Espérance, qui lui est propre. En Afrique.

L'Asie, outre les six ou sept espèces qui lui sont communes avec l'Afrique, possède en propre le Tigre, qui appartient à sa partie la plus élevée, ainsi que les *F. Javanensis* et les *R. viverriceps*. En Asie.

L'Amérique méridionale surtout présente huit espèces de ce genre, dont aucune ne peut être identique avec une espèce de l'ancien continent. Ce sont, parmi les espèces unicolores, les *F. concolor* ou Couguar et le En Sud-Amérique.

Jaguarondi ; parmi les espèces à taches ocellées, le *F. onça* ou Jaguar, qui représente très-bien la Panthère de l'ancien continent; parmi les plus petites espèces, les *F. pardalis*, *mitis* ou Chatï, le Margay, ou *F. tigrina*, le *F. pajeros*, et enfin, parmi les Lynx, le *F. canadensis*, et plusieurs autres espèces bien voisines et peut-être même nominales.

En sorte que l'assertion de Buffon, qu'aucune espèce de mammifère de l'ancien continent ne se trouve dans l'Amérique du sud, peut être, pour les Felis, étendue à toute l'Amérique; ce qui ne laisse pas que d'être un fait extrêmement remarquable.

Des Canis.

En général. La distribution géographique des espèces actuellement vivantes du genre *Canis* est bien plus difficile à apprécier d'une manière un peu satisfaisante, d'abord parce que la distinction des espèces est bien moins facile que dans le genre précédent, et surtout parce qu'une espèce au moins, et dont la souche sauvage n'est pas encore complétement assurée, s'est trouvée partout où l'homme existait, et dont elle semble être le parasite utile et d'association. En faisant cependant abstraction du Chien domestique; on sait que ce genre est véritablement ubiquiste, habitant les climats chauds comme les climats froids, mais surtout ceux-ci, dans les régions polaires les plus avancées aussi bien au nord qu'au sud; les pays de plaine, cependant, plus que les pays montueux, mais avec des degrés d'abondance ou de rareté pour lesquels l'espèce humaine n'a pas été sans influence très-appréciable.

En particulier. En Afrique. *Mégalotis.* Toutefois, il est encore digne de remarque que c'est l'Afrique qui possède le plus de formes particulières de Canis; ainsi le *C. megalotis*, dont le système dentaire est si singulier, qu'on a cru devoir en former un genre distinct sous ce dernier nom; l'espèce qui est dépourvue de pouce aux pieds de devant comme à ceux de derrière, ce qui l'a fait nommer *Cynohyæna;* cette autre, dont les oreilles sont si grandes et les ongles si aigus, le Fennec, se trouvent exclusivement en Afrique; et de plus, communément des Chacals, des Renards et même des Loups, qui semblent cependant rester plus septentrionaux.

L'Asie, avec des Renards, des Loups et des Chacals, possède quelques formes nouvelles, et entre autres celle qui n'a que six dents aux deux mâchoires, ou le *C. primævus* de M. Hogdson. En Asie.

L'Amérique, à ses deux extrémités septentrionale et méridionale, ne nourrit que des Loups et des Renards, au nombre desquels il faut compter très-probablement, du moins pour la Nord-Amérique, le Loup et le Renard ordinaires, mais en outre plusieurs espèces nouvelles, comme les *C. mexicanus*, *antarcticus*, *Azaræ* au sud, et le *Canis Lycaon*, *Virginianus*, *decussatus*, *nubilus*, *latrans*, au nord. En Amérique.

De toutes ces espèces l'Europe n'en a encore offert que trois ou quatre, le *C. Lupus*, *Vulpes*, *Melanogaster* (1), bien plus abondants au nord qu'au sud, au point que le loup manque en Sardaigne et le Chacal, *C. aureus*, dans la partie orientale et méridionale, seulement. En Europe.

Enfin la Nouvelle-Hollande n'a encore présenté aux voyageurs qui l'ont visitée, et même seulement à l'état domestique, qu'un Chien, que Blumenbach a nommé *C. Dingo*, et dont la souche pourrait bien habiter le versant méridional des Himalayas. En Nouvelle-Hollande.

Madagascar est encore une partie de la terre dans laquelle on n'a pas encore trouvé d'espèce de ce genre, du moins à l'état sauvage. Il semble même que les espèces de *Canis* sont en général plus continentales qu'insulaires, de même qu'elles sont plutôt polaires ou des contrées froides, qu'intertropicales ou des pays chauds. A Madagascar.

Quant aux espèces dont la patrie est évidemment le plus répandue, ce sont : le Loup, le Renard, à l'occident, et le Chacal, à l'orient.

Des Hyènes.

Les espèces du genre Hyène, il est vrai beaucoup moins nombreuses, En général.

(1) Il est douteux que cette espèce, établie par M. Charles Bonaparte, dans sa Faune d'Italie, diffère réellement du Renard commun.

qu'on y comprenne ou non ces fausses Hyènes que l'on a découvertes dans ces derniers temps, et qu'on a nommées H. Viverroïde et H. peinte, offrant encore des formes animales assez particulières pour qu'on en ait fait autant de genres distincts; toutes sont encore des productions de l'Afrique, et une seule, l'Hyène rayée, l'Hyène commune, se retrouve en Asie, mais seulement dans l'Asie continentale.

En particulier.

Ainsi les Hyènes sont aujourd'hui exclusivement des animaux de l'ancien continent, et dont on ne connaît pas même le moindre équivalent dans le nouveau.

D'Afrique.

d'Asie.

Il est aussi à remarquer que les deux ou trois espèces d'Hyènes connues, ne se trouvent que dans la partie continentale et centrale de l'ancien monde, que composent l'Afrique tout entière, l'Asie occidentale, jusque dans le Dekan, où M. Sikes nous apprend qu'on les apprivoise comme des Chiens. L'Europe orientale même, c'est-à-dire la Grèce, la Turquie d'Europe, ne paraissent pas nourrir d'Hyènes aujourd'hui, quoiqu'on y trouve encore le Chacal, qui semble l'accompagner partout.

Des Changements dans la distribution des Espèces.

En général.

En terminant ce chapitre sur la distribution actuelle des espèces de Carnassiers à la surface de la terre, nous devons faire l'observation importante que depuis les temps historiques nous connaissons des changements plus ou moins étendus que cette distribution a éprouvés, et qui sont le résultat d'une action plus ou moins immédiate de la part de l'espèce humaine; en effet, des animaux de cet ordre ont abandonné certains pays, soit que les conditions d'existence n'y existassent plus pour eux, soit parce qu'eux-mêmes ont été le sujet de chasses, de poursuites, qui ont fini par détruire certaines espèces, ou les refouler dans des contrées nouvelles, après avoir quitté celle qu'elles habitaient.

Pour les Phoques.

La science possède en effet des preuves que les Phoques, et surtout certaines espèces des mers du sud, non-seulement sont devenus beaucoup moins abondants depuis les expéditions nombreuses de pêche que les Nord-Américains, les Anglais et les Français ont envoyées dans ces parages, mais qu'ils ont abandonné certaines localités plus au nord, et où ils trouvaient les dispositions les plus favorables à leur existence, pour se retirer plus au sud. On doit peut-être en dire autant du Phoque commun en Europe, et du Phoque moine de la Méditerranée. Le premier s'est en effet de plus en plus retiré vers le nord, abandonnant nos rivages de la Manche et de l'Océan, tandis que le second n'existe plus que sur quelques points de l'Adriatique, et semble s'être réfugié dans la mer Noire.

Pour les Ours.

Il en est de même pour l'Ours commun d'Europe, qui, par suite des embûches continuelles auxquelles il est exposé, n'existe plus que dans les parties les plus inaccessibles de nos Alpes et de nos Pyrénées, et qui existait dans toutes nos montagnes européennes un peu élevées, et depuis les temps historiques, comme objet de chasse chez les Grecs, les Romains, et les peuples de l'Europe, jusque vers le XVe siècle.

Les petites espèces de Carnassiers, comme les Blaireaux, et surtout les Martes, les Fouines, les Belettes, les Putois et les Hermines, ayant pu échapper à l'action de l'homme par la facilité qu'ils ont de se cacher et de trouver aisément leur principale condition d'existence, étaient sans doute réparties à peu près comme elles l'ont toujours été. Mais il n'en est pas de même des grands Carnassiers des genres *Felis*, *Canis* et *Hyæna*.

Pour les Hyènes, nous n'avons pas de preuves historiques de leur ancienne extension au delà de ce qu'elles en ont aujourd'hui.

Pour les Lions et les Panthères.

Il n'en est pas de même des Lions et même des Panthères, sur lesquels les anciens auteurs grecs, poëtes, mythographes, historiens de l'homme ou de la nature, nous ont laissé des preuves indubitables de leur existence dans les parties orientales et méridionales d'Europe.

Pour les Loups.

Et même pour le Loup nous avons la date certaine de l'époque à laquelle il a disparu de l'Angleterre.

DES PHOQUES

(G. PHOCA, L.)

CHAPITRE PREMIER.

OSTÉOGRAPHIE.

En général.

Les Phoques, constituant un genre d'animaux dont plusieurs conditions biologiques demandent un séjour prolongé, quoique intermittent, dans l'eau, où ils doivent poursuivre, atteindre et même dévorer une proie vivante et exclusivement animale, tandis que toutes les autres, qui ont trait à la génération et au repos, ne peuvent avoir lieu qu'à terre, sur le rivage, leur ostéographie doit nécessairement nous dévoiler ce double caractère qui les a fait considérer comme amphibies, c'est-à-dire comme pouvant vivre alternativement sur terre et dans l'eau. En effet, cette partie de leur organisation est jusqu'à un certain point intermédiaire à ce qu'elle est chez les autres Carnassiers, et à ce que nous trouverons chez les Lamantins et les Cétacés, les Mammifères les plus profondément modifiés pour le séjour aquatique, et qui forment des groupes tout à fait à part; aussi les Phoques ne peuvent nullement leur être comparés, tandis que la comparaison peut fort bien s'établir, soit avec les Ours, soit avec les Loutres, comme cela a été senti de fort bonne heure, et comme nous aurons soin de le montrer lorsque l'occasion s'en présentera; en ce moment nous allons les envisager en eux-mêmes, d'une manière presque absolue, et, en suivant notre plan, décrire complétement le squelette d'une espèce choisie vers le milieu de la série que forment toutes celles dont le genre est composé, et nous lui comparerons les autres, soit en remontant, soit en descendant.

En particulier.

Le squelette du Phoque commun, que nous prenons pour type de

Chez le P. commun (*P. vitulina*). Structure.

l'ostéographie et de l'odontographie de ce genre d'animaux, est remarquable d'abord sous le rapport de la structure des os qui le constituent. En effet, dans les os longs eux-mêmes le diploé est fort abondant, au point que la cavité médullaire est réellement nulle, quoique les mailles ou lacunes diploïques du milieu de l'os soient notablement plus larges que dans le reste : cependant la partie éburnée est encore assez épaisse, surtout aux apophyses.

Nombre.

Le nombre des os du squelette du Phoque commun est du reste assez bien comme chez les premiers Carnassiers, puisque les membres sont composés, comme à l'ordinaire, de cinq doigts, tous complets, aussi bien en avant qu'en arrière; seulement le nombre des sésamoïdes, si on les comprend dans le squelette, est évidemment moins considérable.

Disposition.

La disposition des os des Phoques est aussi tout à fait comme chez les autres Carnassiers; seulement il faut remarquer que dans leur connexions entre elles les surfaces articulaires étant, en général, larges, arrondies, peu profondément sinueuses, ou enchevêtrées et les parties cartilagineuses intermédiaires aux articulations étant considérables, ce qui est en rapport avec le peu de resserrement des parties ligamenteuses, il en résulte que le squelette du Phoque permet des mouvements aussi étendus que faciles, et presque onduleux, dans toute l'étendue de la colonne vertébrale, comme dans les parties terminales des membres.

Connexions des Os.

C'est surtout dans les régions mobiles de la série des pièces vertébrales que cette disposition est plus manifeste; aussi toutes les courbures générales sont-elles bien plus marquées que dans les autres Carnassiers, et surtout que chez les Cétacés, dans toute l'étendue du cou, en dessus, ce qui relève la tête à angle droit, et dans toute la longueur du reste du tronc, et même au sacrum, en dessous.

Formant 1° la SÉRIE VERTÉBRALE. Des Vertèbres.

La série vertébrale, généralement assez courte, n'est en effet composée que d'un assez petit nombre de vertèbres : quarante-six, dont quatre céphaliques; sept cervicales; quinze dorsales; cinq lombaires; quatre sacrées et onze coccygiennes.

La tête osseuse du Phoque commun se présente sous une forme générale qui la distingue de celle de tous les Carnassiers, et même aussi de celle de la Loutre, par la minceur de ses os, la largeur, la dépression du crâne et la brièveté du museau. De la Tête.

La série des vertèbres céphaliques est en effet courte, large, déprimée, aussi bien dans la partie basilaire que dans la partie arquaire, et du reste absolument dans une seule ligne droite.

La vertèbre occipitale se distingue par la grande largeur de son corps, assez longtemps membraneux et percé au milieu, par l'écartement et la largeur des condyles, la grandeur du trou condyloïdien, par la verticalité de la partie postérieure de l'arc occipital, pourvu à l'intérieur d'une lame apophysaire considérable. Occipitale.

La sphénoïdale postérieure offre encore un corps aussi large que celui de l'occipitale, mais plus court; ses apophyses ptérygoïdes et ses ailes sont petites, celles-ci n'atteignant que par leur angle antérieur le pariétal. Pariétale.

Cet os est assez large, assez bombé, quoique surbaissé, échancré en arrière et en dedans pour la pénétration de l'occipital, et portant la trace d'insertion des muscles élévateurs de la tête.

La vertèbre sphéno-frontale se rétrécit presque subitement dans son corps; ses ailes arrondies sont cependant encore assez développées, mais son arc ou le frontal est surtout remarquable en ce qu'assez large d'abord pour s'articuler avec tout le bord antérieur du pariétal, il se rétrécit subitement entre les orbites, sans traces d'apophyse orbitaire, et en produisant une lame verticale fort large, constituant toute la paroi interne de la loge oculaire. Frontale.

La vertèbre nasale est constituée par un vomer assez court, mais peu surbaissé, et par des os du nez étroits, assez allongés, triangulaires, divisés à leur bord antérieur ou libre par une échancrure assez profonde, en deux pointes inégales, l'externe un peu plus longue que l'interne. Nasale.

Les appendices céphaliques sont courts, du moins dans leur partie dentaire, car la partie radiculaire est assez longue. Leurs Appendices ou Mâchoire supérieure. Ptérygoïdien interne. Palatin.

La mâchoire supérieure commence par un ptérygoïdien interne court, avec crochet peu marqué, mais assez épais; le palatin qui suit a ses deux branches également lamelleuses, la supérieure oblique peu élevée, l'antérieure horizontale s'avançant en s'arrondissant jusqu'au niveau de la dernière molaire.

Lacrymal.

On ne peut réellement distinguer d'os lacrymal, ni de trou ou canal de ce nom; mais bien un zygomatique, quoique assez petit, obliquement placé dans les second et troisième cinquièmes de l'arcade.

Maxillaire.

Le maxillaire est assez grand, un peu plus haut que long, s'articulant en haut et en arrière largement avec le frontal, et en dehors par une assez large apophyse, recourbée en dehors et percée d'un grand trou sous-orbitaire rond, avec le jugal.

Prémaxillaire.

Le prémaxillaire, continuant la forme un peu triangulaire du maxillaire, a sa branche horizontale assez étendue, au contraire de la verticale qui se prolonge en pointe le long du bord antérieur du maxillaire en atteignant la suture nasale.

Inférieure.

L'appendice maxillaire inférieur est en totalité encore plus long que le supérieur.

Rocher.

Le rocher, que nous comprenons dans sa racine temporale, est large, ovale, épais, sans angle solide intérieur, mais creusé à sa face crânienne de deux trous ou sinus arrondis considérables.

Osselets de l'Ouïe. Étrier. Lenticulaire. Enclume. Marteau.

Les osselets de l'ouïe sont formés par un étrier fort petit à peine percé, tant ses branches sont épaisses et rapprochées; d'un lenticulaire en tambour ovale assez élevé; d'une enclume renflée considérablement dans son corps, et dont les branches subégales sont très-courtes; et enfin d'un marteau assez mince dans son corps, et dont le manche est peu allongé.

Caisse. Mastoïdien.

La caisse qui contient ces osselets est très-large, renflée et séparée de la masse mastoïdienne en bourrelet allongé par un enfoncement transverse plissé ou ridé.

Temporal.

Le temporal proprement dit est médiocre; sa portion squammeuse arrondie, peu élevée, et son apophyse jugale fortement arquée en dehors et un peu en haut, de manière à contribuer à la formation d'une apophyse orbitaire externe assez large, avec une cavité glénoïde transverse assez profonde et bordée en arrière par une apophyse recourbée un peu saillante.

La mandibule convergente obliquement vers celle du côté opposé est presque entièrement horizontale, à peine convexe et concave sur ses deux bords; son condyle est transverse, un peu concave; l'apophyse coronoïde, obliquement inclinée en arrière, est assez pointue mais peu élevée, et l'apophyse angulaire arrondie peu marquée, légèrement recourbée en dedans, est comme bifide par une sinuosité étendue. Mandibule.

L'entrée du canal dentaire est du reste fort oblique, assez avancée et médiocre, tandis que les trous mentonniers sont au nombre de quatre, dont le second est le plus grand.

De la réunion sous un angle de 20° environ des appendices avec les vertèbres céphaliques il résulte une tête en général assez petite, subtriangulaire, fort déprimée, entièrement droite inférieurement, peu bombée et déclive dans la ligne du chanfrein, avec ses cavités, fosses, ouvertures, trous, en général assez grands. Angle facial. De la Tête en totalité. Ses Cavités, etc.

La cavité cérébrale, en totalité, est considérable, large et déprimée. Sa base est surtout extrêmement étalée par la largeur et le peu de profondeur de la fosse basilaire, de la fosse pituitaire, de la selle turcique, dépourvue d'apophyses clinoïdes, mais relevée en arrière en une sorte de voûte, des fosses criblées elles-mêmes très-relevées et séparées par une apophyse crista-galli fort longue et même assez saillante; les fosses latérales inférieures ou temporales sont aussi fort peu profondes, mais les occipitales supérieures sont séparées des inférieures cérébelleuses par une lame osseuse en toit fort avancée, pourvue d'une crête médiane assez élevée. Cérébrale et ses Fosses.

Les loges des sens sont aussi, en général, assez grandes. Loges des Sens.

Celle de l'ouïe l'est surtout de manière à ce que le rocher, le mastoïde et la caisse occupent une lacune considérable, située entre les parties latérales de l'arc des deux dernières vertèbres céphaliques et de leur corps, De l'Ouïe.

en laissant en arrière un grand trou déchiré postérieur, séparé en deux parties ovales par la conjonction de l'occipital latéral avec le mastoïdien. Son orifice ou canal auditif interne ovale fort grand est presque égal à l'externe.

De la Vision. La fosse orbitaire est encore plus grande, un peu oblique en dehors, fort rapprochée de celle du côté opposé, largement ouverte en arrière, malgré la largeur de l'apophyse orbitaire externe ou jugale. Le trou optique est cependant assez petit, et il n'y a pas de trou lacrymal, mais bien un canal sous-orbitaire en entonnoir, court, mais fort grand.

De l'Olfaction. La fosse nasale, d'abord extrêmement étroite, ou rétrécie verticalement dans sa partie inter-orbitaire, se dilate ensuite dans la partie maxillaire, qui renferme un cornet inférieur très-complexe et remplissant, par ses nombreuses lamelles, toute la cavité; il n'y a point de sinus frontaux, ni même de maxillaires, tant ces os sont minces.

Du Goût. La fosse linguale est médiocre et angulaire, tronquée en avant. Le palais est, du reste, plat ou même un peu convexe en arrière, sans trous palatins postérieurs, les antérieurs étant médiocres, ovales, un peu allongés.

Fosses d'insertion musculaire. Occipitale. Quant aux fosses d'insertion musculaire, elles sont aussi assez larges et assez profondes. L'occipitale, très-étendue, s'avance en dessus, avec l'os occipital supérieur, entre les pariétaux, et occupe latéralement tout l'os occipital latéral, et le mastoïdien jusqu'à la racine de l'arcade zygomatique.

Temporale. La fosse temporale est également fort étendue, quoique les os du crâne soient assez convexes, et elle se confond largement avec la fosse ptérygoïdienne externe.

Massetérienne. Enfin la fosse massetérienne de la mandibule est triangulaire et assez médiocrement excavée.

Trous et Ouvertures. Les trous et ouvertures de la tête du Phoque commun n'offrent rien de bien particulier que leur grandeur. Nous avons parlé, en traitant des cavités sensoriales, des trous nerveux qui s'y remarquent; il ne nous reste donc à décrire que les ouvertures proprement dites, qui sont toutes dans la même ligne, la médiane ou palatine, à égale distance des deux terminales.

L'antérieure de celles-ci ou nasale est médiocre, oblique, ovale et entièrement formée par les prémaxillaires et les os du nez en dessus. Antérieure ou Nasale.

La médiane ou palatine est transverse, fort déprimée, en ogive un peu échancrée dans son milieu. Médiane.

Enfin la postérieure ou occipitale est fort grande, ovale, arrondie, s'échancrant un peu à chaque extrémité, et dans un plan tout à fait vertical et terminal. Postérieure ou Occipitale.

La colonne vertébrale proprement dite, qui suit la portion céphalique, commence par sept vertèbres cervicales en général assez longues, du moins dans leur corps, mais fort étroites dans leur arc, de manière à laisser entre elles en dessus un espace vide considérable; du reste, elles sont assez fortes et même assez hérissées. Du Tronc. Cervicales, 7. En général. En particulier.

La première ou l'atlas est en soucoupe bien évasée, sans apophyse épineuse, en dessus comme en dessous, mais avec des ailes assez larges et obliques. Atlas.

L'axis a son corps long et subcaréné en dessous, son apophyse épineuse en fer de hache, assez élevée, versant obliquement en avant, et les apophyses transverses très-petites. Axis.

Les trois intermédiaires ont sensiblement une même forme, avec une légère différence d'accroissement de la première à la troisième. Leur corps est caréné; l'apophyse épineuse presque nulle, surtout aux deux premières, et le lobe inférieur de l'apophyse transverse, large et dilaté. Intermédiaires.

La sixième ne diffère de la cinquième que parce que ce même lobe inférieur est très-dilaté d'avant en arrière, quoique presque droit à son bord inférieur, et que l'apophyse épineuse est plus prononcée. Avant-dernière.

La septième a cette apophyse encore un peu plus forte, mais, au contraire, l'apophyse transverse a ses deux lobes peu distincts ou fort resserrés. Dernière et Septième.

Les quinze vertèbres dorsales ont aussi le corps assez long, croissant encore un peu vers les dernières, et en même temps plus large et Dorsales, 15.

caréné aux premières seulement; de plus, leur arc très-étroit, fort oblique en avant, se relevant aux dernières, produit des trous de conjugaison énormes et une cavité médullaire considérable; du reste, les tubercules supérieurs des apophyses articulaires sont très-prononcés, s'élargissant fortement en avant; et les apophyses épineuses, sub-égales en hauteur, un peu pointues aux premières, s'élargissent et s'arrondissent aux autres.

Lombaires, 5. Les cinq lombaires sont presque semblables aux trois dernières dorsales, avec cette différence qu'elles croissent insensiblement en longueur, que le corps devient de plus en plus caréné inférieurement, et que les apophyses articulaires et épineuse s'accroissent un peu, et surtout que les transverses, fort longues, très-obliquement antéro-verses, croissent aussi en longueur et en largeur de la première à la cinquième. Mais elles conservent toujours le caractère d'avoir le canal médullaire très-grand, le pédicule de l'arc étroit, fortement échancré, d'où résultent de très-grands trous de conjugaison.

Sacrées, 4. Les vertèbres sacrées sont au nombre de quatre; mais la première seule a ses apophyses transverses assez élargies pour s'articuler avec l'os iléon. Elle ressemble du reste à une lombaire par la forme de son arc, si ce n'est qu'il est plus petit. Les trois autres, dont les apophyses transverses sont élargies horizontalement et soudées, le sont aussi, en partie du moins, par leur arc très-surbaissé du reste, et imbriqué, comme les apophyses épineuses elles-mêmes.

Coccygiennes, 11. Après les deux premières vertèbres coccygiennes, qui ont la forme des dernières sacrées rapetissées, les neuf autres ne sont plus formées que par le corps déprimé d'abord, par l'élargissement des apophyses transverses, et devenant ensuite de plus en plus conique et cannelé, jusqu'à la dernière.

2° La Série sternale. La série des pièces sternales, chez les Phoques, offre tout à fait le caractère que nous retrouverons dans tous les Carnassiers, et surtout chez les vermiformes.

Hyoïde. Son Corps. L'hyoïde a son corps étroit en barre transverse, presque droit, un peu élargi à chaque extrémité pour l'articulation des cornes.

Les antérieures, assez peu allongées, ne sont formées que de trois articles, dont le second est le plus long, le dernier le plus court, et décroissant un peu en diamètre. Ses Cornes.

Les postérieures ne sont formées que d'un seul article, mais plus large et un peu arqué.

Le sternum, long et étroit, est composé de neuf sternèbres, dont les Sternum. intermédiaires croissent sensiblement de largeur et même d'épaisseur, Son Corps, 9. de la seconde à la huitième, la troisième étant à peine un peu plus longue que les autres.

Quant aux terminales, elles le sont notablement plus.

La première, ou manubrium, est longue et étroite, un peu plus large Manubrium. en avant, où elle se prolonge en une longue pointe cartilagineuse, s'avançant fortement sous le cou et servant à augmenter l'étendue du muscle grand pectoral.

La dernière, ou xiphoïde, est aussi fort longue, un peu plus large en Xiphoïde. avant qu'en arrière, où elle se termine en une partie cartilagineuse fortement élargie en spatule bilobée.

Les cornes sternales, au nombre de dix, sont remarquables par leur Ses Cornes, 10. longueur, leur gracilité, quoiqu'elles soient un peu renflées au milieu de leur longueur, croissant du reste assez régulièrement de la première à la dernière; celle-là s'articulant avec la partie antérieure élargie du manubrium, les sept suivantes dans l'intervalle des sept sternèbres intermédiaires, et enfin les deux dernières se joignant à la fois à la dernière de celle-ci.

Les côtes, au nombre de quinze, dont dix vraies ou sternales, et cinq Des Côtes, 15. fausses ou asternales, sont en général étroites, comprimées dans leur partie supérieure, et à peine élargies à leur terminaison; elles sont du reste courtes, assez peu arquées, si ce n'est dans le plan vertical. Elles croissent assez régulièrement et insensiblement en longueur, de la première à la neuvième, sans décroître ensuite à peine de celle-ci à la dernière.

La poitrine, qu'elles contribuent à former, est grande, large, conique, à peine un peu comprimée, et surtout fort mobile dans toutes ses parties.

3° LES MEMBRES. En général. Les membres du Phoque commun ont une disposition, une forme et des proportions qui indiquent parfaitement leur usage; les thoraciques étant très-avancés et les abdominaux très-reculés, de manière qu'il y a entre eux une distance considérable; mais du reste ils sont En particulier. complétement normaux dans leur composition.

Les M. ANTÉRIEURS. Les membres antérieurs sont d'abord aplatis et raccourcis en totalité, aussi bien que dans chacune des quatre parties qui les constituent, et qui sont du reste subégales entre elles.

L'Épaule. Omoplate. L'épaule n'offre aucune trace de clavicule, comme nous en trouverons encore chez quelques Carnassiers; mais l'omoplate est grande, sa forme est celle d'une large serpe ou couperet courbe, convexe en avant et en dessus, c'est-à-dire dans les bords antérieur et supérieur qui n'en forment qu'un, l'angle antérieur et supérieur étant complétement abattu et arrondi, et au contraire fortement excavée dans son bord postérieur ou axillaire, l'angle correspondant étant arrondi et un peu prolongé. Il n'y a aucune trace d'apophyse coracoïde, et l'acromion est à peine indiqué par une pointe mousse, peu saillante, qui s'élève aux deux tiers de la crête. Celle-ci est en outre fort peu élevée, et règne vers le milieu de la face externe de l'omoplate, de manière que les deux fosses sont subégales, tant l'antérieure est agrandie par la convexité du bord antérieur.

La cavité glénoïde est, du reste, médiocre et de forme ovalaire, plus large en haut qu'en bas.

Le Bras. Humérus. L'humérus, très-court, puisqu'il égale tout au plus l'omoplate en longueur, est dès lors très-robuste; son corps, de forme triquètre, n'étant, pour ainsi dire, que le point de jonction de ses deux extrémités élargies. Dans la supérieure, la tête, large et arrondie, semble n'être qu'une saillie Supérieurement. recourbée de son angle interne, sans cou distinct. Le trochanter interne, plus élevé que la tête, est épais, un peu courbé et plus saillant que l'externe; celui-ci se continue cependant en une crête deltoïdienne fort élevée, et assez pour doubler l'épaisseur du corps de l'os et pour former une bande obliquement descendante, dont les lèvres d'insertion deltoïdienne et pectoralienne sont très-marquées. L'extrémité inférieure de l'humérus, bien moins large que la supérieure, est cependant assez comprimée. La surface articulaire qui en occupe le milieu est en simple poulie peu profonde, sans excavation au-dessus en avant ni en arrière, et, des deux tubérosités sub-égales, l'interne est percée d'un canal oblique, et l'externe remonte en une crête assez marquée. Inférieurement.

Les deux os de l'avant-bras, à peu de chose près de la longueur de l'humérus, sont placés l'un à côté de l'autre, fort serrés entre eux, et généralement aplatis. L'Avant-Bras.

Le radius, un peu plus court, offre, supérieurement, une tête ovale transverse, occupant toute la largeur de la poulie humérale. Après une tubérosité bicipitale assez saillante, son corps s'élargit, s'aplatit en s'épaississant cependant, de manière à ressembler à une sorte de spatule épaisse, au tiers interne du bord terminal de laquelle est excavée une surface articulaire ovale, transverse, creusée, au dos, de sillons pour le passage des tendons. Radius. Supérieurement. Inférieurement.

Le cubitus est aussi comprimé, mais plus mince, et surtout à son bord postérieur et supérieur, où son apophyse olécrane est dilatée en fer de hache épaissi au tranchant recourbé. Inférieurement il se rétrécit, s'épaissit et se termine enfin par une apophyse odontoïde pourvue d'une facette articulaire sub-circulaire. Cubitus. Supérieurement. Inférieurement.

La main, en totalité, est à peine plus longue que chacune des trois autres parties du membre. La Main.

Le carpe est surtout fort court, quoique assez large, les os qui le constituent étant en général petits; ceux de la première rangée sont cependant encore assez gros. Ils ne sont, du reste, qu'au nombre de trois, comme chez tous les Carnassiers : 1° un scaphoïde épais, plus large en travers que long, et pourvu en dedans d'une apophyse arrondie très-marquée, simulant un sésamoïde soudé à son bord radial, avec une surface articulaire transverse, et une entaille anguleuse pour le trapézoïde; Os du Carpe. 1re rangée. Scaphoïde.

Triquètre. 2° un triquètre encore assez fort, subtrapézoïde transverse, offrant supérieurement deux facettes articulaires, l'une pour le cubitus, et l'autre

Pisiforme. pour un troisième os ou pisiforme épais, mais assez peu saillant.

2e rangée. La seconde rangée du carpe est formée de ses quatre os, mais dans des proportions bien différentes de ce qu'ils sont chez les autres Carnas-

Trapèze. siers : 1° un trapèze, le plus grand de tous, de forme cuboïde, s'articulant

Trapézoïde. plus avec le trapézoïde qu'avec le scaphoïde; 2° un trapézoïde bien plus

Grand Os. petit, intercalé entre le scaphoïde et le trapèze; 3° un grand os, le plus

Onciforme. petit de tous et presque pisiforme; et 4° enfin un onciforme, quinquangulaire, sub-arrondi, sans crochet, et donnant articulation aux trois derniers métacarpiens.

Du Métacarpe. La main est ostéologiquement composée de telle sorte, qu'elle forme une palme ou nageoire coupée obliquement du premier doigt, le plus long, au cinquième, qui est le plus petit. C'est ce que l'on peut voir aisément en examinant les os métacarpiens, qui décroissent rapidement du premier au dernier. Celui-là est non-seulement le plus long, mais encore le plus épais et un peu arqué. Le cinquième, ou le plus court, est cependant un peu plus épais que les trois intermédiaires; mais il est, du reste, comme eux, assez fortement étranglé dans son milieu.

Des Phalanges. Des phalanges, dont les poulies articulaires sont en général assez

Premières. creuses, les premières ne décroissent pas aussi rapidement pour les quatre derniers doigts, où elles sont presque sub-égales, mais celle du pouce est beaucoup plus longue, au point d'égaler presque la première et la seconde du doigt indicateur. Elle est aussi bien plus forte que les autres.

Secondes. Pour les quatre secondes phalanges, qui sont généralement courtes et à poulies articulaires assez marquées, c'est la seconde qui est la plus longue, et la dernière qui est la plus petite.

Troisièmes ou Onguéales. Quant aux phalanges onguéales, assez fortes et pourvues toutes à leur base d'une sorte d'étui coupé obliquement pour l'embasement de l'ongle, elles suivent l'ordre de décroissement de la première à la cinquième, et leur pointe est assez peu courbée.

4° Les M. POSTÉRIEURS. Les membres postérieurs sont, en totalité, notablement plus longs que les antérieurs; mais l'augmentation porte essentiellement sur la jambe et le pied. Par leur disposition, ils sont dirigés parallèlement au tronc, d'avant en arrière; aussi Steller les a-t-il comparés à ceux des plongeons de la classe des oiseaux.

Le bassin est bien complet, presque parallèle à l'axe vertébral et très-long; mais cet allongement ne porte pas sur l'iléon, qui est, au contraire, fort court, largement articulé à la vertèbre sacrée, épais et très-recourbé en dehors à son bord antérieur, avec des fosses très-petites à peine excavées. Du Bassin. Iléon.

Le pubis est au contraire très-long, pour aller rejoindre obliquement l'iskion, qui est lui-même fort allongé. Il en résulte un trou sous-pubien énorme, ovale, mais très-étendu; la symphyse pubienne est cependant fort courte, épaisse, au contraire de la tubérosité iskiatique, fort mince, et touchant presque l'apophyse transverse de la seconde coccygienne. Quant à la cavité cotyloïde, elle est grande, arrondie, assez profonde, à rebord égal, échancré inférieurement. Pubis. Iskion.

Le fémur du Phoque commun est remarquablement court; en effet, sa longueur égale à peine les trois quarts de celle de l'humérus; très-comprimé d'arrière en avant, son corps n'est, pour ainsi dire, qu'un col servant de jonction aux deux extrémités dilatées et bifurquées; la supérieure en dedans, par une tête arrondie, petite, sans col bien marqué, et surtout sans trou rond ni cavité digitale; et en dehors, par un grand trochanter fort épais, remonté, lui-même bifurqué, sans trace de petit trochanter en dedans; l'inférieure, par deux tubérosités sub-égales, l'externe cependant un peu plus épaisse, et séparées par une fosse rotulienne large et peu profonde. De la Cuisse. Fémur. Supérieurement. Inférieurement.

La jambe, deux fois et demie plus longue que la cuisse, est formée de ses deux os bien complets, quoique soudés au moins supérieurement, où ils constituent une large surface articulaire, presque convexe, surtout dans sa partie externe: De la Jambe.

Un tibia large, aminci supérieurement, arqué en deux sens dans son corps, et épaissi fortement, au point de devenir presque tétragone infé- Tibia.

rieurement. Sa tête fémorale est, du reste, fort large, et l'inférieure peu profondément excavée, ovale-arrondie, sans apophyse malléolaire saillante.

Péroné. Un péroné robuste, très-arqué en dehors, de manière à produire un espace interosseux considérable, et, du reste, aminci supérieurement par une crête externe, il devient triquètre et fort épais inférieurement, présentant deux facettes articulaires, l'une pour le tibia, l'autre pour l'astragale.

Du Pied. Le pied, en totalité, et surtout mesuré dans son plus long doigt, est encore plus long que la jambe.

Du Tarse. Le tarse est même assez développé pour contribuer à l'allongement total.

Astragale. L'astragale a une forme toute particulière et qui est propre à cet animal. Sa poulie, peu saillante, est en toit, le côté interne pour le tibia, et l'externe pour le péroné; mais surtout il devient bien plus long que large par l'addition en arrière d'une sorte d'apophyse qui se colle en dedans de la tubérosité du calcanéum, qu'elle dépasse même un peu.

Calcanéum. Le calcanéum est au contraire assez court et presque tout à fait latéral interne; sa tubérosité non renflée étant moins longue que sa partie antérieure, qui offre en outre ses facettes articulaires plutôt en dedans qu'en dessus.

Scaphoïde. Le scaphoïde reprend assez bien sa forme habituelle, mais plus crochue ou plus recourbée en dedans et en dessous.

Cunéiformes. Des trois os cunéiformes, le premier est notablement plus gros que les deux autres, le second étant le plus petit, et, du reste, assez bien avec leur forme ordinaire.

Cuboïde. Le cuboïde conserve sa prééminence et même sa forme générale; il est seulement comme bifurqué en avant par une échancrure profonde qui sépare la facette articulaire du quatrième métatarsien de celle du cinquième.

Du Métatarse. Les os métatarsiens sont en général longs et robustes, les terminaux bien plus que les intermédiaires, et, de ceux-là surtout, celui du pouce, qui atteint la moitié de la seconde phalange du second doigt. Des intermédiaires, le plus petit est le médian, et le plus long le second. Du reste, ils ont assez bien la forme ordinaire, quoiqu'en général peu rugueux et un peu arqués.

Les phalanges dont les poulies articulaires sont peu marquées sont, en général, longues et étroites, ou grêles, bien plus qu'aux mains, la première du pouce notablement plus forte et plus longue, et les autres dans les proportions à peu près des os métatarsiens. Des Phalanges. En général.

C'est ce que l'on peut également dire des phalanges onguéales; à quoi l'on peut ajouter que, à l'exception de celles du pouce, elles sont plus faibles et même moins arquées qu'à la main. Onguéales.

Les différences que le squelette des Phoques présente en l'examinant dans la série des espèces qui constituent ce genre, ne sont véritablement guère que spécielles, c'est-à-dire qu'elles ne s'élèvent jamais au-dessus de celles qu'indique la dégradation sériale; ce qui confirme que ce genre d'animaux constitue un groupe distinct, modifié pour un ensemble de particularités biologiques, comme nous en avons déjà eu un exemple pour les Chauves-Souris. Cependant, comme on peut voir dans les Otiphoques des espèces plus rapprochées des Ours que les autres Phoques, et considérer les Morses comme en étant les plus éloignés, nous allons suivre cette idée dans l'appréciation des différences ostéologiques des espèces de ce genre. Des Différences suivant les Espèces.

Au-dessus de la section des Phoques sans oreilles extérieures qui ont $\frac{3}{2}$ incisives, comme le Phoque commun, nous aurons à comparer les espèces qui n'en ont que $\frac{2}{2}$, puis $\frac{2}{1}$, puis enfin $\frac{1}{0}$ comme chez les Morses. En remontant la Série.

Nous ne connaissons pas le squelette entier d'autres espèces de la section du Phoque commun, mais seulement leur tête, et nous pouvons faire observer que les différences ne portent guère que sur la grandeur en général, peut-être sur le degré d'étranglement de ses deux parties, et surtout sur la forme des os du nez, et de l'ouverture nasale, sur celle de l'os palatin et de l'ouverture de ce nom, ainsi que sur la forme du rocher, de la caisse, de l'apophyse mastoïde, de l'occipital et des crêtes Chez les Espèces à $\frac{3}{2}$ incisives. En général.

de la partie postérieure de la tête; enfin on pourra trouver encore quelques différences dans la forme des apophyses coronoïde et angulaire de la mandibule.

En particulier. Chez le *P. hispida.*

Ainsi, dans la petite espèce nommée *P. hispida*, l'étranglement post-orbitaire est porté au summum, c'est presque une cloison; les os du nez sont plus effilés; les lobes de leur échancrure antérieure plus arrondis et plus égaux, et l'ouverture nasale est aussi plus étroite.

Le *P. groënlandica.*

Dans les espèces de Phoques de la même division, mais dont le bord palatin est en arc large et arrondi, comme dans les *P. groënlandica*, ou *oceanica*, le *P. barbata* et le *P. gryphus*, on trouve des différences qui porteront toujours sur l'un ou sur l'autre des points indiqués. Le premier, par exemple, a l'ouverture nasale plus grande, les os du nez un peu moins longs, le pédoncule médio-céphalique plus étendu.

Chez les Espèces à $\frac{2}{2}$ incisives.

Dans la division des Phoques à deux paires d'incisives en haut comme en bas, nous connaissons le squelette tout entier du *P. monachus* et la tête du *P. leptonyx.*

P. monachus.

Dans le premier, l'ensemble et le plus grand nombre des pièces du squelette sont presque tout à fait comme dans le Phoque commun. Cependant il faut dire que dans la série vertébrale les vertèbres cervicales ont le corps sensiblement plus court et moins longuement caréné, les apophyses épineuses plus marquées et les apophyses transverses plus obliques et plus épaisses à leur bord intérieur. Celles de l'atlas sont au contraire plus étroites. Le corps des dix premières dorsales redevient plus long et fortement caréné, et des quatre sacrées la dernière est à peine soudée; mais la seconde s'articule un peu avec l'iléon.

Dans la Série vertébrale.

Sternale.

Les pièces de la série sternébrale sont encore plus larges et plus canaliculées que dans le Phoque commun; mais la pointe cartilagineuse du manubrium est aussi moins longue. Quant aux côtes et aux cornes, elles sont aussi plus larges, mais dans les mêmes formes: celles-là, d'abord larges et comprimées, puis subtriquètres et ensuite déprimées; celles-ci longues et renflées vers leur milieu.

Dans les Membres.

La proportion des membres indique assez évidemment encore plus de disposition à la natation que dans le Phoque commun. Aux antérieurs l'omoplate est moins haute et plus large, moins arquée au bord axillaire, et au contraire plus élargie dans la fosse sus-scapulaire, en un mot plus flabelliforme. Antérieurs. Omoplate.

L'humérus a ses tubérosités supérieures au niveau de la tête, toutes les deux, un peu autrement conformées, la petite étant arrondie, la grosse étant comprimée et se continuant, en s'arrondissant dans la crête deltoïdale qui descend aussi plus bas; du reste, une autre différence importante, c'est que le condyle interne n'est pas percé et que la crête externe remonte bien moins haut. Humérus.

Le radius et le cubitus ne diffèrent presque que par la taille; l'olécrane de celui-ci est cependant un peu moins convexe dans son tranchant. Radius et Cubitus.

Les os du carpe sont aussi dans le même cas; le scaphoïde n'offre cependant pas une apophyse interne aussi prononcée; mais ceux du métacarpe, en général plus courts, sont aussi plus sensiblement étagés; celui du pouce bien plus long, même proportionnellement. Os du Carpe.

Quant aux phalanges, elles sont assez bien dans les mêmes proportions, mais elles sont bien plus plates, plus déprimées; celles du petit doigt les plus petites, et les onguéales ayant leur partie vaginale bien plus large, au contraire de la partie saillante, plus droite et plus grêle. Phalanges.

Les membres postérieurs me semblent aussi présenter quelques différences importantes: le bassin est en général plus court, le pubis et l'iskion étant moins allongés et formant ainsi un trou sous-pubien moins ovale, plus arrondi. Le fémur a sa tubérosité interne remontant en forme de crête dans les deux tiers de l'os. Les deux os de la jambe, proportionnellement un peu moins longs que dans le Phoque commun, au lieu d'être presque droits, sont ici assez fortement courbés en sens inverse. Du reste, l'extrémité articulaire supérieure du tibia est fort large et subconvexe, et l'inférieure concave est presque ronde et nullement en poulie. Les os du tarse n'offrent pas de différences bien importantes, l'astragale ayant aussi son apophyse postérieure; mais la proportion des os Aux Membres postérieurs. Bassin. Fémur. Tibia. Tarse. Métatarse.

métatarsiens est bien différente, en général plus courts, et surtout celui du doigt médian; quant aux phalanges généralement très-aplaties et plus courtes, surtout celles des trois doigts intérieurs, les onguéales sont surtout remarquables parce que la partie vaginale est dilatée en spatule bilobée au milieu de laquelle est à peine indiqué en relief le support de l'ongle.

Phalanges.

A la Tête.

La tête de cette espèce de Phoque a plus de ressemblance avec celle du *P. gryphus* qu'avec aucune autre, étant en général plus courte, plus ramassée et plus bombée au front, plus relevée à l'occiput; les os du nez sont aussi moins longs, à peine échancrés; l'apophyse lacrymale bien plus prononcée; le maxillaire court; la caisse est encore plus petite, quoique de même forme; le mastoïdien bien plus prononcé; l'angle de la mandibule assez marqué, épais, presque indivis, et son apophyse coronoïde large et arrondie; l'orifice nasal est plus large, mais plus court, et l'ouverture palatine, quoique arrondie, est échancrée dans son milieu.

P. leptonix.

La tête osseuse du *P. leptonyx*, seule partie que nous connaissions de son squelette, a aussi quelque ressemblance avec celle du *P. monachus*, mais aussi avec celle du *P. gryphus;* elle est seulement bien plus allongée, non-seulement dans sa partie intermédiaire ou frontale plutôt déprimée que relevée, mais même dans sa partie maxillaire. Les os du nez, soudés entre eux dans la plus grande partie de leur étendue, sont divisés en deux lobes sub-égaux. L'arcade zygomatique est remarquablement allongée et surbaissée; le prémaxillaire n'atteint pas l'os du nez; la mandibule est fort longue, son angle comme abattu; la voûte basilaire est assez allongée; celle du palais encore plus, assez excavée, et son bord échancré en trèfle peu profond.

Chez les Espèces à $\frac{2}{1}$ incisives.

P. cristata.

Nous ne connaissons non plus que la tête des espèces de la division des Phoques à trompe, c'est-à-dire des *P. cristata* et *leonina;* dans celui-là, elle reprend en général la forme de celle du Phoque commun, ou mieux encore du *P. barbata*, par la grande largeur et la brièveté des deux parties; seulement le pédicule intermédiaire est assez court, et surtout plus large et tout à fait plat en dessus. Le basilaire est épais et jamais membraneux; l'apophyse mastoïde de l'occipital latéral assez saillante et comprimée; les os du nez sont très-courts et indivis à leur bord; le palatin est fort étendu; le maxillaire fort court, et le prémaxillaire n'atteignant pas l'os du nez.

P. leonina.

La tête osseuse du *P. leonina* ressemble beaucoup à celle du *P. cristata;* seulement le front est plus bombé, les os du nez plus courts, plus remontés, et comme les prémaxillaires sont presque réduits à leur branche horizontale, il en résulte, surtout dans les individus mâles, une énorme ouverture nasale antérieure; quant à la postérieure, elle est assez rétrécie. L'angle de la mandibule est plus épais que dans l'espèce précédente, mais également abattu.

Chez les Morses.

A la Tête. En général.

Enfin, dans les Morses, dont nous possédons un beau squelette complet, et que nous considérons comme l'espèce la plus aquatique, les différences ne sont peut-être pas plus considérables que pour les espèces précédentes, si ce n'est pour la tête, qui est en effet modifiée par l'anomalie du système dentaire; elle est en outre fort petite proportionnellement avec le reste du tronc, et formée d'os très-épais; c'est avec celle du *P. cristata* qu'elle semble avoir le plus de rapports; elle est cependant assez singulière par la largeur et la brièveté du frontal joignant la face au crâne, et par l'élargissement presque égal de ces deux parties.

En particulier.

La Vertèbre occipitale.

La vertèbre occipitale, épaisse dans son corps subcaréné, comme dans son arc, est fortement aplatie et relevée verticalement à la partie postérieure, avec une crête médiane.

Pariétale.

La pariétale est courte dans son sphénoïde et fort large, échancrée dans chacun de ses pariétaux.

Frontale.

La frontale l'est encore davantage dans son corps; mais ses frontaux, de forme parallélogrammique, sont fort étendus, peu rétrécis dans l'orbite, et s'élargissant beaucoup à la partie antérieure de cette cavité.

Nasale.

Le vomer est nécessairement court comme la face, et cependant les os du nez, en quadrilatère régulier, à bords droits, sont plus grands que dans aucune autre espèce de Phoque.

De l'Appendice maxillaire supérieur.

Le ptérygoïdien interne constitue une apophyse épaisse, en crochet recourbé en dedans, se joignant intimement à un palatin assez large et à bord droit postérieurement; le lacrymal est toujours indistinct, mais le zygomatique, fort court, produit à lui seul une apophyse orbitaire externe assez élevée et obtuse; le maxillaire est également fort court, fort renflé, très-convexe, surtout par la grande saillie en dehors de l'alvéole de la canine; et le prémaxillaire, épais, remonte jusque entre le nasal et le maxillaire, de manière à circonscrire avec le premier l'orifice nasal, qui est assez petit et presque rond, à bords très-épais, et sans traces de trous incisifs.

Inférieur.

La série des os dont se compose l'appendice maxillaire inferieur commence par un mastoïdien énorme, soudé à un rocher médiocre, à une caisse petite, plate et non renflée, à un temporal dont la partie squammeuse est arrondie et médiocre, et dont l'apophyse zygomatique est courte et fort épaisse; quant au mandibulaire, ses deux branches sont dans la même ligne; le condyle épais et terminal; le coronoïde oblique et fort arrondi, et enfin l'angulaire obtus, à peine sensible; l'apophyse géni est du reste assez marquée, et la symphyse ovale est considérable.

Les différentes cavités et loges de la tête du Morse sont en général moins grandes que dans les autres espèces de Phoques; ainsi l'orbite est petit; il en est de même de la cavité nasale; le palais est assez étendu et excavé, sans trous palatins ni incisifs.

Au Tronc. Dans la Série vertébrale.

Le reste du squelette du Morse rentre bien mieux dans le type normal que la tête; ainsi c'est le même nombre de vertèbres, de sternèbres, de côtes et de cornes; seulement toutes ces parties sont beaucoup plus robustes.

Les vertèbres cervicales sont encore plus courtes que dans le *P. monachus*; les apophyses épineuses plus élevées, et les transverses plus obliques et plus épaisses: celle de la sixième même assez étroite. Les vertèbres dorsales et lombaires conservent aussi plus de brièveté, plus de rondeur dans leur corps, et leurs apophyses sont aussi généralement plus courtes.

Les vertèbres sacrées, également plus courtes, sont aussi plus serrées : aussi sont-elles soudées par leur apophyse épineuse.

La série sternale est de neuf sternèbres, dont la première est à peine prolongée en avant. Sternale.

Les côtes n'offrent guère de différence qu'en ce qu'elles sont beaucoup plus robustes; mais elles sont toujours peu arquées et même courtes, proportionnellement aux cornes sternales.

Les membres en général sont bien plus courts que dans les autres espèces de Phoque. Aux Membres.

L'omoplate rentre assez bien dans la forme normale. Plus allongée que large, le bord postérieur le plus long est tout à fait droit, la crête en occupant toute la longueur, et se terminant en un acromion qui atteint et descend presque jusqu'à l'angle glénoïdien. Antérieurs. Omoplate.

L'humérus, quoique fort robuste, est plus long proportionnellement que dans les autres espèces. La grosse tubérosité, assez fortement comprimée, dépasse la tête; et la petite, qui l'est moins, est plus basse. Du reste, la crête deltoïdale descend fort bas; il n'y a pas de trou au condyle interne comme dans le *P. monachus*. Humérus.

Les deux os de l'avant-bras sont assez bien comme dans cette espèce; seulement le cubitus, dont l'olécrane est plus épais, moins arqué, descend moins bas que le radius. Radius et Cubitus.

Le carpe est court mais fort large, et surtout le scaphoïde est énorme; le triquètre allonge le cubitus, et le pisiforme prend un peu la forme allongée de celui des véritables Carnassiers. Le trapézoïde est en coin à côté du trapèze et non presque au-dessus de lui comme dans le Phoque commun. Carpe.

Les doigts sont subégaux; aussi la proportion des métacarpiens est-elle plus normale que dans ce dernier, celui du pouce le plus long et le plus fort; mais ensuite le second, puis le cinquième, le troisième et le quatrième le plus petit. Métacarpe.

Les premières phalanges décroissent assez régulièrement de la première à la cinquième, du moins en longueur, car celle-ci est plus robuste Phalanges.

que les intermédiaires. Les secondes phalanges sont courtes, mais surtout la dernière qui est presque cubique; enfin, les onguéales, en houlette peu dilatée, sont très-courtes, subégales, sauf la première un peu plus longue.

Postérieurs. Bassin. Le bassin est assez bien comme dans le *P. monachus*, ainsi que le fémur et les os de la jambe; mais les os du tarse deviennent presque normaux; seulement l'astragale a sa poulie très-oblique en dedans, et la tubérosité du calcanéum est courte.

Tarse.

Métatarse. Les métatarsiens sont toujours anomaux de proportion, les extrêmes étant plus longs et plus forts que les internes; mais ceux-ci, presque égaux, approchent plus de la dimension des extrêmes.

Phalanges. Il en est de même des phalanges; seulement le doigt externe est un peu plus fort que l'interne, et les phalanges onguéales sont courtes et sub-égales, avec des pointes fort courtes.

2° En descendant la série. Chez les P. à Oreilles ou Otaries. Les différences que nous allons trouver en descendant la série, depuis le Phoque commun que nous avons pris pour type, c'est-à-dire chez les Phoques à oreilles ou Otaries, ne sont pas encore bien considérables; cependant elles sont évidemment dans la marche de dégradation vers les Ours, qui commencent la série des Carnassiers normaux ou terrestres.

Elles ne portent néanmoins pas sur la nature des os, non plus que sur leur disposition, ni même sur le nombre, qui sont presqu'absolument comme dans le Phoque commun; mais chaque partie, dans sa forme et même dans ses proportions, se laisse assez bien différencier.

A la Tête. En général. La tête, en général plus allongée, moins rétrécie dans le milieu de l'os frontal, plus courte encore peut-être, mais surtout moins large, moins aplatie dans sa partie vertébrale, est plus longue dans la portion radicale des appendices céphaliques, quoique bien plus courte dans la partie dentifère; les os du nez sont plus courts et surtout plus larges; l'apophyse orbitaire supérieure est plus ou moins élargie suivant l'espèce, mais constamment bien plus prononcée que dans aucun autre Phoque sans oreille externe; l'apophyse orbitaire jugale est formée seulement par cet os, et non conjointement avec le temporal; mais surtout le palatin, dans sa

En particulier. Dans la Forme des Os du Nez.

De l'Apophyse orbitaire supérieure. Inférieure.

Du Palatin.

partie horizontale, est bien plus large; de manière que la voûte palatine, bien plus excavée et extrêmement longue, se prolonge jusqu'aux apophyses ptérygoïdes du sphénoïde postérieur. Le grand développement du prémaxillaire dans ses deux branches, la petitesse du rocher, de la caisse, le peu d'écartement de l'apophyse zygomatique du temporal, me semblent encore caractéristiques d'une tête d'Otarie; du reste, tout indique, dans l'étendue de ses fosses temporale et massetérienne, dans l'épaisseur des apophyses ptérygoïdes, dans l'état rugueux et l'élévation des crêtes occipitale et sagittale, et en général de toute apophyse d'insertion, une grande intensité de puissance dans la préhension maxillaire.

Du Prémaxillaire.
De la Caisse.

Au Tronc.

Série vertébrale.

Le reste de la colonne vertébrale présente peut-être encore moins de différences. En effet, le nombre total et celui de chaque sorte sont absolument les mêmes. Seulement les apophyses épineuses des vertèbres cervicales sont encore plus prononcées que dans le *P. monachus*, au contraire de ce qui a lieu pour les dorsales et les lombaires : celles-ci ont surtout leurs apophyses transverses bien moins développées; et les vertèbres sacrées semblent constituer un sacrum plus étroit, mais dont deux sont articulées avec l'iléon, et les autres à peine soudées entre elles.

Sternale.

La série sternébrale diffère un peu davantage; d'abord en ce qu'elle n'est formée que de huit sternèbres, en général moins larges, moins déprimées; que le manubrium se prolonge osseux bien au delà de la première côte et sous une forme triquètre épaisse, et que le xyphoïde semble ne pas se dilater en spatule dans sa partie cartilagineuse. Quoique les côtes soient au nombre de quinze comme dans les Phoques communs, il n'y en a que neuf de sternales; du reste, elles sont plus longues que dans le Phoque commun. C'est le contraire pour les cornes sternales qui ne sont pas renflées vers leur milieu.

Aux Membres.
En général.

Les membres présentent des différences plus importantes, étant moins éloignés entre eux, et leur disproportion peut être aussi moins prononcée.

En particulier.
Aux Antérieurs.
Omoplate.

Les antérieurs, certainement plus libres dans l'état naturel, offrent une omoplate plus large encore que dans les autres Phoques; sa crête est plus prononcée, plus avancée en acromion vers la cavité glénoïde plus arrondie; mais elle est surtout bien plus reculée en arrière; en sorte que la fosse sous-scapulaire est beaucoup plus petite que la sur-scapulaire, qui est partagée en deux par une crête d'insertion assez prononcée.

Humérus. L'humérus, dont la grosse tubérosité dépasse sensiblement la tête au contraire de la petite, a sa crête deltoïdienne encore plus prononcée, plus descendante en longueur; mais il n'est nullement percé à son condyle interne.

Cubitus. Le cubitus a son olécrane en fer de hache plus arrondi et plus dilaté.

Carpe. Les os du carpe sont un peu autrement disposés; le trapèze s'articulant bien plus largement avec le scaphoïde, le trapézoïde en coin et le pisiforme plus développé.

Métacarpe. Phalanges. Les os de la main ont assez bien la même disposition proportionnelle dans les métacarpiens et les phalanges, à l'exception des onguéales, qui sont plus courtes, dilatées en petits sabots aplatis et élargis à l'extrémité.

Aux M. postérieurs. Les membres postérieurs prennent une proportion plus normale.

Bassin. Le bassin offre déjà un peu plus de longueur dans l'iléon et un peu plus de brièveté dans l'iskion; en sorte que la cavité cotyloïde est au milieu de la longueur totale, et que le trou sous-pubien est beaucoup moins allongé; la tubérosité iskiatique est aussi plus arrondie et moins relevée.

Fémur. Le fémur est également plus long proportionnellement, et par conséquent moins large.

Tibia et Péroné. Les os de la jambe sont au contraire plus courts, plus droits; mais l'articulation tarsienne est toujours fort large, anguleuse et sans malléoles.

Astragale. Des os du tarse, l'astragale reprend assez bien sa forme normale, quoique sa poulie soit toujours oblique; mais il n'a plus l'apophyse postérieure appliquée au dedans de la tubérosité du calcanéum qui, seule, déborde le pied en arrière. Les autres os du tarse ne présentent plus guère que des différences spécielles.

Mais il n'en est pas de même des os du métatarse et des phalanges. Métatarsiens.

Le premier métatarsien est toujours le plus long et le plus gros; mais les intermédiaires, égaux entre eux, sont à peine moins épais que le cinquième.

Des doigts, le pouce est toujours le plus gros, mais à peine le plus long; le cinquième l'est encore dans sa première phalange, mais les trois doigts intermédiaires ont la seconde phalange plus longue que dans celui-ci, en sorte que ces trois doigts sont plus longs que lui; ils rentrent ainsi dans la forme normale; aussi sont-ils seuls pourvus d'une phalange onguéale pointue, légèrement arquée, sub-ailée à la base, celle du pouce et du petit doigt étant comme à la main. En général, toutes les surfaces articulaires des os métatarsiens et phalangiens sont très-peu excavées. Phalanges.

Les espèces de Phoques à oreilles sont trop mal définies pour que nous puissions en mesurer les différences spécifiques; d'autant plus que nous ne possédons guère que des têtes de celles qui ont été désignées sous des noms particuliers par les voyageurs modernes. Suivant l'Espèce.

Sans nous arrêter sur les différences d'âge, qui sont aisées à reconnaître aussi bien pour la tête que pour le reste du squelette, nous dirons que nous croyons avoir remarqué quelques différences qui portent sur la forme de la voûte palatine plus ou moins reculée, plus ou moins terminée en ligne droite ou oblique; sur celle des os du nez, qui n'est pas toujours la même, et surtout sur la forme, la direction et le développement de l'apophyse orbitaire. On pourra distinguer du *P. jubata*, qui nous a servi de type, le *P. pusilla*, L., dont la voûte palatine, beaucoup moins excavée et bien moins longue, est échancrée assez profondément en formant une ouverture longue et étroite; le pédoncule frontal étant plus long, et l'apophyse frontale orbitaire plus étroite et plus oblique en arrière; le *P. australis* de MM. Quoy et Gaymard, qui se rapproche beaucoup du précédent, mais chez lequel l'échancrure palatine est également étroite et un peu en ogive; l'os du tympan carré ou arrondi sur les angles. *P. jubata.* *P. pusilla.* *P. australis.*

DES OS SÉSAMOÏDES.

En général.

Les efforts musculaires faits par les Phoques n'ayant que fort rarement lieu sur un sol résistant et solide, on voit comment les os de cette catégorie doivent être en général peu nombreux et peu développés dans ce genre d'animaux.

En particulier.

Aux Membres antérieurs.

Dans les différents squelettes de Phoques que possède notre collection, je n'en ai rencontré qu'un aux membres antérieurs; peut-être, il est vrai, à défaut de préparation suffisamment soignée; et que de très-petits, ovoïdes, au nombre de deux, sous chaque articulation métacarpo-phalangienne des trois doigts intérieurs du *P. monachus.* Je dois cependant dire que sur le Phoque commun dont j'ai fait faire plusieurs squelettes sous mes yeux, je n'en ai pas trouvé du tout.

Postérieurs.

Rotule.

Quant aux membres postérieurs, nous trouverons à décrire d'abord la rotule, qui est assez petite, arrondie, assez peu épaisse dans le Phoque commun, mais qui le devient bien davantage dans le Phoque à crinière, outre que sa forme est triangulaire.

Au pied je n'ai encore rencontré qu'un osselet ovale, allongé, qui est presque collé au bord interne du tarse, et articulé avec le scaphoïde et le premier cunéiforme.

Dans le *P. monachus* il est pisiforme articulé au côté interne du scaphoïde, et dans le *P. jubata* cet os plus considérable, est de forme ovale-allongée, et dans une disposition longitudinale.

DE L'OS PÉNIEN.

En général.

Cet os paraît se trouver dans toutes les espèces de Phoques, ou du moins nous le connaissons dans le P. commun, dans le Morse et dans les Phoques à oreilles. Seulement il diffère de forme et de proportion suivant les espèces.

En particulier.

Chez le P. commun.

Dans le Phoque commun, il est assez petit, droit, rétréci au milieu et renflé à ses extrémités; l'antérieure aplatie, un peu excavée, en forme de spatule, étroite, obtuse, et la postérieure radiculaire subtriquètre.

Dans le Morse cet os est bien plus considérable; il est également droit, mais longuement conique, plus large à sa base et tronqué au sommet un peu tubéreux. Chez le Morse.

Enfin, dans les Phoques à oreilles, à ce que je suppose du moins, l'os pénien est en forme de massue courbe, assez épaisse à sa base, un peu atténuée, comprimée et tronquée à son extrémité antérieure. Chez le P. à Oreilles.

Je ne le connais dans aucune autre espèce, et je ne sache pas que l'on ait signalé un os dans le cœur des Phoques.

DES DENTS.

Le système dentaire des Phoques ne peut pas encore être considéré comme tout à fait normal, quoiqu'il soit composé d'incisives, de canines et de molaires bien distinctes, disposées comme dans les Carnassiers; mais pour le nombre et la forme, les différences deviennent sensibles, et, sous ce rapport, on trouve chez eux des particularités distinctives qui forment de ce genre d'animaux un groupe bien circonscrit. En général.

Le nombre total des dents chez les Phoques n'est jamais au-dessus de dix en haut, et de huit en bas, ni au-dessous de cinq en haut et de quatre en bas, et même c'est dans le cas tout à fait anomal du Morse; car, le minimum normal est de huit en haut et de sept en bas, partagées en incisives, en canines, seules variables, et en molaires toujours au nombre de cinq et très-rarement de six. Nombre.

Ces dents, par leur disposition aux deux mâchoires, s'entre-croisent; celles d'en bas avant leur correspondante en haut, incisives, canines et molaires, mais en totalité et jamais les pointes de la couronne, quand il y en a, entre elles, comme cela a lieu chez les véritables Carnassiers. Disposition.

En particulier. Dans le *P. vitulina* comme type.

Dans le Phoque commun qui doit nous servir de type, les deux séries sont bien complètes :

$$\frac{3}{2}+\frac{1}{1}+\frac{5}{5}=\frac{9}{8} \text{ d'un côté, ou } \frac{18}{16} \text{ en totalité.}$$

En totalité. Étudiées dans leur Couronne.

C'est-à-dire trois incisives, en haut comme en bas; une canine en haut comme en bas, et cinq molaires en haut comme en bas, que l'on distinguerait difficilement en fausses et en vraies, et encore plus en principale, en avant et arrière-molaires.

Incisives supérieures, 3.

Les trois incisives supérieures sont coniques, assez pointues, assez arquées en crochet, toutes presque terminales, subégales, croissant cependant un peu de la première à la troisième, qui est notablement plus forte.

Inférieures, 2.

Les inférieures, au nombre de deux seulement, sont également terminales, coniques, subaiguës, mais plus droites et plus petites.

Canines.

Les canines sont, comme dans les véritables Carnassiers, coniques, robustes, pointues, assez cannelées à la partie postérieure, un peu arquées, surtout à la mâchoire inférieure, où elles sont en même temps un peu plus courtes.

Molaires : en haut, 5. en bas, 5.

Les molaires qui suivent immédiatement sans intervalle, surtout en haut, et qui sont cependant toujours en contact peu serré, prennent presque tout de suite le même caractère et la même forme générale, aussi bien à la mâchoire supérieure qu'à l'inférieure. Elles augmentent seulement un peu de la première à la troisième pour décroître ensuite, du moins en haut, car, en bas les quatre dernières sont sub-égales. Du reste, la couronne est presque tranchante ou comprimée, avec un simple épaississement plutôt qu'un véritable talon à la base; en haut, si ce n'est à la première qui est presque ronde et bien plus petite, son bord est assez peu profondément lobé par une pointe submédiane, accompagnée d'une seule pointe mousse en avant et de deux en arrière; mais en bas la lobure est plus profonde, ses denticules par conséquent plus distincts et autrement disposés, l'antérieur en ayant deux plus petits et décroissant en dedans, sauf à la première, plus petite, où le denticule antérieur est unique, et à la dernière où il est bifide et non rentré.

Le système dentaire des autres espèces de Phoques sans oreilles se simplifie d'une manière remarquable dans les espèces ascendantes, pour se compliquer ensuite jusqu'à un certain point chez les espèces à oreilles. Comparées.

Chez les Espèces ascendantes à $\frac{3}{2}$ incisives.

Parmi les premières, nous en voyons d'abord quelques-unes plus petites, peut-être peu distinctes, chez lesquelles les denticules des dents molaires sont, en général, un peu plus aigus et plus profonds et même un peu plus nombreux; ce qui tient peut-être à l'âge; aussi dans un très-petit Phoque d'un blanc laineux, rapporté d'Islande par M. Gaymard, et probablement le *P. lagurus* de M. G. Cuvier, la première molaire supérieure est trilobée comme l'inférieure, au lieu d'être bilobée seulement, comme dans le *P. vitulina* et dans le *P. hispida*, qui ne diffère, de celui-là qu'en ce que les denticules sont plus aigus. *P. lagurus.*

Le système dentaire du *P. barbata*, du moins dans la partie molaire, s'éloigne de notre type, en ce que les dents sont plus petites, plus espacées, moins obliques. Du reste, le lobe médian plus large, moins élevé, est encore accompagné d'un denticule en avant comme en arrière; si ce n'est à la première, bien plus petite que les autres. *P. barbata.*

Dans le *P. groënlandica*, les molaires sont également espacées, non obliques; mais le lobe médian devient plus antérieur, par l'absence presque complète du denticule d'avant, le postérieur étant simple. *P. groënlandica.*

Quoique le P. *gryphus* appartienne encore à la section des espèces à $\frac{3}{2}$ incisives, ses molaires se simplifient encore en ce que la couronne n'a plus, pour ainsi dire, qu'une assez grosse pointe mousse avec un simple arrêt à la partie antérieure, ce qui les fait un peu ressembler à celle des P. à oreilles, surtout en ce que la dernière supérieure est comme séparée des autres. *P. gryphus.*

Dans les espèces de Phoques qui sont au-dessus, nous trouvons d'abord que le nombre des incisives est diminué d'une à la mâchoire supérieure, cette diminution portant sur la seconde; l'externe est seulement encore plus caniniforme que dans le Phoque commun. Les canines deviennent à $\frac{2}{2}$ incisives.

aussi de plus en plus robustes; quant aux molaires, elles présentent une forme particulière à chacune des deux espèces que nous connaissons dans ce groupe.

P. leptonyx. Dans le P. *leptonyx*, toutes les dents molaires, assez espacées en haut comme en bas, sont grandes, trilobées et comme palmées; le lobe moyen le plus long et vers lequel convergent un peu les terminaux.

P. monachus. Dans le P. *monachus*, au contraire, les dents obliquement serrées, au point de s'imbriquer latéralement, sont fort basses, à peine tricuspides, la pointe médiane étant fort obtuse et comme striée. En haut c'est la troisième qui est la plus forte. En bas, où elles sont encore plus basses, la couronne n'est que bicuspide.

à $\frac{2}{1}$ incisives. *P. cristata.* *P. leonina.* Les Phoques sans oreilles dont la taille devient très-forte sont ceux chez lesquels le système dentaire atteint le plus grand degré de simplicité. D'abord les incisives ne sont plus qu'au nombre de deux en haut, l'externe robuste et caniniforme, et d'une en bas fort petite. Les canines sont au contraire des plus robustes et ressemblent un peu aux dents de certains dauphins passant aux cachalots, par la brièveté de la couronne comparée à la racine. Mais les molaires surtout sont réduites, en haut comme en bas, à un simple mamelon un peu comprimé et comme plissé avec le rudiment d'un tubercule postérieur dans le P. *cristata* jeune, ou même d'une trilobure dans le P. *leonina* également jeune; car, dans l'âge adulte, ces dents molaires ressemblent un peu à une papille sur un mamelon.

à $\frac{1}{0}$ ou Morse. Enfin le Morse offre, outre l'anomalie qui le caractérise, le maximum dans la simplicité du système dentaire chez les Phoques. D'abord il n'y

Incisives. a qu'une paire d'incisives, et encore à la mâchoire supérieure seulement; de plus, cette incisive rentrée, par suite du développement anomal de la canine, est presque molaire, aussi bien par sa position que par sa forme.

Canines. Il n'y a aussi dans le Morse qu'une seule paire de canines, et également à la mâchoire supérieure; mais cette canine est remarquable par sa forme plus ou moins arquée, comprimée, cannelée dans sa longueur, assez pointue, verticale, et surtout par son très-grand développement, qui fait qu'elle est toujours exserte.

Molaires.

Quant aux dents molaires, au nombre de trois seulement en haut et de quatre en bas, toutes très-espacées, ce ne sont plus, avant leur usure, que deux cônes obtus, opposés base à base, et dont le supérieur, formant la couronne, s'use d'une manière très-irrégulière.

Dans les Espèces descendantes. P. à Oreilles.

Dans la seconde division des Phoques, composée des P. à oreilles de Buffon, le système dentaire est beaucoup plus fixe, plus normal que dans la première, et ne descend jamais au même degré de simplicité.

Incisives.

D'abord les incisives sont toujours au nombre de trois en haut et de deux en bas, comme chez le Phoque commun ; mais elles sont moins terminales, étant disposées en arc de cercle, et surtout elles sont en général plus fortes, et plus utiles sans doute. Des trois supérieures, les deux premières subégales ont un caractère tout particulier en ce que leur couronne est comme fendue en travers, de manière à être bifide d'avant en arrière. Quant à la troisième, elle est tout à fait caniniforme et très-forte. A la mâchoire inférieure, la seconde dent est également caniniforme, mais plus courte, et la première est en palette épaisse légèrement bilobée ou même trilobéee à la tranche dans le jeune âge.

Supérieures, 3. Inférieures, 2.

Canines.

Les canines des Phoques à oreilles sont au moins aussi robustes que dans les dernières espèces de Phoques ordinaires, et peut-être aussi, proportionnellement, un peu plus longues.

Molaires. $\frac{5}{5}$

Quant aux molaires, plus ou moins serrées et obliques, suivant l'âge de l'animal, et souvent inclinées en sens inverse, celles d'en haut en avant, celles d'en bas en arrière, elles sont en général formées d'une grosse pointe conique, un peu comprimée, obtuse, substriée, avec une pointe basse en avant, et quelquefois une autre, mais moins marquée, en arrière, surtout aux trois postérieures les plus fortes.

Suivant les Espèces.

Je n'ai trouvé, parmi les crânes assez nombreux de Phoques à oreilles que j'ai examinés, d'autres différences dans le système dentaire complet, que suivant que les dents étaient plus ou moins usées, ce qui en change souvent considérablement la forme.

$\frac{6}{8}$ Je dois cependant noter ici que sur certains crânes, jeunes et vieux, j'ai quelquefois trouvé six dents molaires à la mâchoire supérieure, la dernière un peu plus petite que la précédente étant complétement hors la série d'entrecroisement, en sorte qu'il y en avait deux en arrière de la première d'en bas.

Je crois aussi que dans le *P. pusilla* les molaires sont plus aiguës, plus comprimées, même que dans le *P. australis* qui en est si voisin.

Dans les Racines. En général. Les racines des dents des Phoques ont cela de particulier que généralement elles ne sont pas en proportion avec la couronne, étant toujours plus fortes qu'elle.

Comme dans tous les Mammifères, du reste, celles des incisives et des canines sont toujours simples.

Quant aux racines des molaires, elles ne sont jamais au-dessus de deux dans le même plan, chacune d'elles correspondant à chaque côté de la couronne, par conséquent jamais à la pointe la plus saillante.

En particulier. Chez le P. commun les Espèces incisives. Dans le Phoque commun et dans les espèces qui lui ressemblent, toutes les molaires, en haut comme en bas, ont deux racines, sauf la première et quelquefois la seconde, qui n'en ont qu'une seulement; ces racines sont plus ou moins divergentes, elles le sont généralement d'autant moins que la couronne est moins multilobée; aussi, dans le *P. gryphus*, elles sont quelquefois assez connées pour paraître n'en former qu'une alors plus large qu'épaisse.

Chez les Espèces à $\frac{2}{2}$. Dans les deux espèces de Phoques à $\frac{2}{2}$ incisives, les racines des dents molaires sont encore comme dans les espèces précédentes à deux racines; seulement elles sont bien plus séparées dans le *P. leptonyx* que dans le *P. monachus* de la Méditerranée.

Chez les Espèces à $\frac{3}{1}$ et le Morse. Mais dans toutes les autres espèces qui n'ont plus que de $\frac{2}{1}$ incisives, ainsi que dans les Morses, les molaires, comme les incisives et les canines, n'ont plus qu'une seule racine plus ou moins conique.

Chez les P. à Oreilles. C'est ce qui se voit également dans les Phoques à oreilles pour toutes les molaires.

Dans les Alvéoles. De ce qui vient d'être dit des racines des dents chez les Phoques, il est aisé de voir que les alvéoles proportionnelles à celles-là ne formeront qu'une seule et unique série, depuis la première incisive jusqu'à la dernière molaire, et cela aux deux mâchoires; il n'y aura de différences que dans le nombre avant et après celle bien plus grande de la canine. En général.

Dans le Phoque commun et dans les espèces voisines, on trouvera avant l'alvéole de la canine trois trous en haut, deux seulement en bas, et après elle neuf alvéoles assez bien décroissantes, en haut comme en bas, une plus grosse pour la première molaire, et huit rapprochées deux à deux pour les quatre autres. En particulier. Chez le P. commun et Espèces voisines.

Chez les Phoques, où le nombre d'incisives est moindre, on pourra avoir avant celle de la canine deux alvéoles en haut comme en bas, et ensuite les mêmes neuf que dans le Phoque commun, ou bien deux alvéoles en haut et une en bas pour les incisives; mais dans ce dernier cas, il n'y a plus en arrière de l'alvéole de la canine que cinq trous subégaux et un peu ovalaires. Chez les Phoques à $\frac{2}{2}$ incisives.

Avec cette dernière particularité pour les alvéoles qui sont en arrière de celle de la canine, on peut encore rencontrer trois alvéoles en avant à la mâchoire supérieure et deux à l'inférieure; c'est le cas des Phoques à oreilles. Quelquefois cependant le nombre des alvéoles molaires de la mâchoire supérieure est de six, la dernière étant assez écartée de la précédente. Chez les P. à Oreilles.

La disposition alvéolaire chez le Morse est si particulière qu'il est impossible de la confondre avec celle d'aucune autre espèce de Phoque: cinq alvéoles à la mâchoire supérieure, dont la seconde, infiniment plus grande, en dehors et en arrière de la première, et trois postérieures plus rapprochées; et quatre correspondantes à la mâchoire inférieure, décroissant de la première à la dernière. Chez les Morses.

Les différences que présente le système dentaire des Phoques suivant l'âge et les sexes ne nous sont pas complétement connues. Différences.

Suivant les sexes, on sait seulement que les canines sont toujours bien Suivant les sexes.

plus prononcées dans les mâles que dans les femelles; cela est surtout évident chez le Morse.

L'âge. Très-jeune. Chez les Phoques ordinaires.

Suivant l'âge, il me semble d'abord que tous les Phoques sans oreilles n'ont pas de système dentaire de jeune âge; du moins je n'ai trouvé aucun individu de l'espèce commune dans nos mers, quoique assez jeune quelquefois, qui m'ait offert plus ou moins de neuf dents en haut et de huit en bas; et dans le Morse, dont M. Gaymard nous a rapporté des mâchoires d'individus très-jeunes, c'est le même nombre et la même forme que dans l'adulte; seulement la canine est évidemment plus grêle et plus droite, ce qui porte à penser qu'elle appartient à un premier système dentaire.

Chez les Morses.

Chez les P. à Oreilles.

Dans les Phoques à oreilles, j'ai pu au contraire m'assurer bien positivement que ce premier système dentaire a lieu pour les trois sortes de dents qui le composent; peut-être, il est vrai, pour les incisives et les molaires du moins à l'état presque fœtal.

Quoi qu'il en soit, je suis certain que dans ces Phoques il n'y a, pendant un certain temps de leur vie, que deux incisives en haut comme en bas, très-petites, coniques et très-espacées; une canine bien plus grêle et bien plus faible que celle d'adulte, et enfin trois molaires seulement en haut comme en bas, également petites et coniques, et fort distantes entre elles.

Les dents de remplacement commencent certainement par les incisives; viennent ensuite les trois premières molaires, qui poussent intermédiairement aux trois de lait; et enfin les canines ne sont remplacées que les dernières.

Avancé.

Quand une fois toutes les dents de seconde dentition ont remplacé celles de la première, les changements qu'elles éprouvent consistent un peu dans la disposition, en ce qu'elles s'écartent de plus en plus entre elles, surtout les molaires, et principalement dans l'usure qui agit aussi bien sur les incisives et les canines que sur les molaires, et qui finit par les rendre méconnaissables. Cet effet a lieu aussi bien dans les Phoques sans oreilles que dans les autres, et sans doute que son intensité et sa rapidité sont en rapport avec l'espèce de nourriture qui nous est en général assez peu connue.

CHAPITRE DEUXIÈME.

DE L'ANCIENNETÉ DES PHOQUES A LA SURFACE DE LA TERRE.

Après avoir, dans un premier chapitre général, défini ce que nous entendons par Carnassiers, et donné l'histoire de la zoologie qui les regarde, exposé les principes de leur distinction et de leur classification, et enfin montré comment ils sont aujourd'hui dispersés, répartis à la surface de la terre, nous avons traité à part de l'ostéographie des Phoques et des Morses : il nous reste maintenant à examiner leur ancienneté sur le globe, mais seulement à en juger d'après les traces médiates ou immédiates qu'ils y ont laissées; car nous admettons *à priori* que, partie essentielle du système harmonique de la création, ils ont dû paraître nécessairement avec elle.

Comme dans nos chapitres préliminaires et dans l'ostéographie, nous allons donc consacrer un article à chacun des grands genres de Carnassiers; mais dans nos conclusions, nous les envisagerons d'ensemble.

Dans les Œuvres littéraires.

Chez les Poëtes, mythographes et Historiens grecs.

Homère. Hérodote.

Les premières notions que la tradition nous a laissées des Phoques se trouvent dans les écrits des poëtes et des mythographes grecs, lorsqu'ils nous ont représenté, d'après Homère, le vieux Protée au service de Neptune, et gardant des troupeaux de Phoques, au milieu desquels il sortait sur le rivage pour se livrer au repos. Cette fable ou mythe, dont on voit l'origine dans les poésies orphiques, fut ensuite mêlée à l'histoire de la guerre de Troie par Hérodote, et même à celle d'Hercule, mais sans qu'on puisse y entrevoir rien autre chose que Protée était sans doute quelque chef de peuplade habitant des rivages de la mer assez tranquilles pour que les Phoques s'y retirassent en nombre considérable, comme c'est aujourd'hui dans les habitudes de ces animaux. En effet,

Pharos, que l'on dit le siége du royaume de Protée, était une île située vers l'embouchure du Nil, ou peut-être mieux encore dans la mer Adriatique, île nommée aujourd'hui Lyssa, l'une de celles où l'on trouve encore de nos jours la seule espèce de Phoque de la Méditerranée, le *P. monachus* d'Hermann.

Cette opinion ne pourrait-elle pas être jusqu'à un certain point corroborée par l'observation que la Phocide, d'où sortirent les deux colonies de Phocéens, l'une qui fonda la ville de Phocée, en Ionie, sur la côte de l'Asie Mineure, l'autre la ville de Marseille, dans les Gaules, s'étendait jusque sur les côtes de la mer, vers l'entrée du golfe Adriatique, et que ce rivage était peut-être fréquenté par les Phoques? Toutefois, il est juste d'avertir qu'aucune de ces villes, dont le nom tenait plus ou moins de celui de *Phoca*, n'a jamais représenté un de ces animaux sur ses médailles.

Chez les Naturalistes.

Quoi qu'il en soit de cette hypothèse, que le siége du royaume de Protée ou Pharos était plutôt dans la mer Adriatique qu'à l'embouchure du Nil, depuis ces premiers indices de la connaissance des Phoques par les poëtes, indications qui se sont propagées par leurs imitateurs, nous avons vu que les historiens de la nature, et Aristote à leur tête, les ayant observés, nous les ont réellement fait connaître de plus en plus, et presque sans interruption depuis ce temps jusqu'aujourd'hui. En sorte qu'il paraît bien certain que les Phoques des troupeaux de Protée étaient indubitablement les animaux que nous désignons aujourd'hui sous ce nom, et dont Pausanias, plus heureux même qu'Aristote, compare les pieds à ceux des Tortues de mer.

Aristote.

Pausanias.

Dans les Œuvres artistiques.

Statuaire.

Mosaïques.

Nous ne connaissons cependant dans les monuments des arts laissés par les anciens aucune délinéation ou peinture, aucun bas-relief, statue ou figurine, en quelque matière que ce soit, qui représente un animal de ce genre; et dans la mosaïque de Carthage, dont le sujet est cependant la mer et ses animaux, je n'y ai pas vu de Phoques. Mais M. J. de Xivrey, dans la description de celle qui fut découverte à Saint-Rustice, près de Toulouse, en 1832, par M. Jules Soulage, cite un chien de mer avec un dauphin (1).

Je ne sache pas non plus que les médailles des villes de la Phocide ou de toute autre aient jamais représenté une espèce de Phoque. Médailles.

On ne voit pas davantage que les Égyptiens aient employé la représentation de cet animal comme hiéroglyphe ; et, en effet, il y a longtemps que l'observation a été faite que ce peuple n'a jamais fait entrer dans cette sorte d'écriture la figure d'un animal marin, mais exclusivement celles d'animaux de l'Égypte supérieure. Hiéroglyphes.

On peut faire la même observation pour les momies. Aucun auteur n'a en effet signalé ce genre d'animaux au nombre de ceux qui étaient, à différents titres, considérés comme sacrés chez les Égyptiens. A l'État de momie.

Mais si la main de l'homme ne nous a pas conservé de preuves immédiates de l'existence des Phoques à cette époque reculée, il n'en a pas été de même de l'ensemble de ces circonstances fortuites, d'où résulte ce que l'on nomme des fossiles. En effet, nous allons voir qu'il existe réellement des ossements fossiles de Phoque, et même dans des terrains assez anciens. A l'État fossile.

Il y a déjà assez longtemps que les oryctographes, et même quelques paléontologistes, ont annoncé des os fossiles de Phoque, mais sans y attacher d'autre importance que de signaler des animaux marins, comme on le voit dans la célèbre Protogée de Leibnitz (*Protogæa*, cap. 33-34), où ce philosophe si justement célèbre attribuait au Morse des ossements de l'Éléphant de Sibérie. Supposés. Par Leibnitz.

Mais depuis même que des collections ostéologiques plus complètes ont pu rendre la comparaison plus facile, et par suite moins erronée, on trouve encore des os de Phoques signalés parmi des animaux évidemment terrestres. Ainsi, Esper lui-même, dans son histoire des zoolithes des cavernes de Gaylenreuth, a fait graver comme tels des os Esper. à Gaylenreuth.

(1) *Traditions tératologiques, de Monstris et Belluis,* liber, p. 179.

provenant de cette caverne, et qui certainement n'ont pas appartenu à un animal de ce genre.

Le même ostéographe dit également avoir trouvé des mâchoires d'espèces de Phoques dans un amas d'os d'Éléphants, d'Hyènes et d'au- à Kahlendorf. tres animaux à Kahlendorf, dans le pays d'Aischtedt, et qui n'étaient sans doute aussi que des pièces de squelette d'Ours, si communes dans ces cavernes.

Targioni Tozetti. à Pise.

Targioni Tozetti, en parlant des ossements des brèches osseuses de Pise, dans son *Voyage dans la Toscane*, X, p. 394, et XII, p. 200, pense aussi que ces os provenaient de Phoques qui auraient vécu dans les cavernes de ces rochers sur le bord de la mer; ce qui pouvait se concevoir sans doute; mais il ne donne aucune preuve que ces os étaient bien des os de Phoque.

Buffon. à Aix.

Buffon lui-même, en 1778, dans ses Époques de la nature (Supplém., V, in-4°, p. 491), regardait comme ayant probablement appartenu à des animaux du genre des Phoques ou à des Loutres marines, et à de grands Lions ou Ours marins, les ossements fossiles des environs d'Aix, ce qui était nécessairement une erreur, vu la nature même de ce terrain.

Monti. à Bologne.

Quant à la prétendue tête de *Phoca dentibus exsertis*, *Rosmari sive Odobeni*, dont Monti, dans une brochure expresse, publia la découverte au commencement du siècle dernier (1719), et comme ayant été trouvée aux environs de Bologne, M. G. Cuvier a reconnu aisément que ce n'était autre chose qu'une mâchoire inférieure de Rhinocéros.

G. Cuvier. à Angers. Et consistant en

Ainsi, jusqu'en 1806, époque de la première publication de son *Mémoire sur les ossements fossiles de Phoques*, M. G. Cuvier a pu dire qu'il n'avait pu obtenir d'ossements fossiles de Phoques bien constatés que des seuls environs d'Angers, d'où ils lui avaient été envoyés par M. Renou, alors professeur d'histoire naturelle à l'école centrale de cette ville. Ils consistaient en deux fragments plus ou moins roulés, définis ainsi par M. Cuvier :

1° Une partie supérieure d'humérus provenant d'un Phoque à peu près deux fois et demie aussi grand que le Phoque commun des côtes de France, et qui, malgré que la tête articulaire soit cassée, montre, dans les deux tubérosités et la crête deltoïdale qui sont entières, cette saillie extraordinaire qui fait un des caractères distinctifs de l'humérus du Phoque.

Deux Fragments d'Humérus.

2° Une partie inférieure d'un humérus provenant d'un Phoque un peu plus petit que le premier, et dans laquelle la forme de la poulie, son obliquité, le trou du condyle interne, sont les mêmes que dans les Phoques.

Mais, au fait, si tous les prétendus ossements fossiles de Phoques, donnés comme tels, sans discussion, sans comparaison, et le plus souvent seulement par induction géologique, par les auteurs du dernier siècle, ont été reconnus avec la plus grande facilité comme n'ayant jamais appartenu à des animaux de ce genre, par M. Cuvier, lors de la seconde édition de ses Recherches sur les ossements fossiles en 1825, il est réellement difficile de s'expliquer comment, avec tous les moyens de comparaison qu'il avait à sa disposition, M. Cuvier a pu tomber dans la même erreur au sujet des deux fragments d'humérus dont il vient d'être question. En effet, ce ne sont certainement pas des os de Phoques, mais bien de Lamantins, ou mieux encore de Dugongs.

Appartenant au même Os.

Ce fait m'était déjà démontré par le premier morceau, le plus important, lorsque M. de Christol me fit savoir par M. Coste qu'il était fort porté à croire que les deux pièces, regardées par M. Cuvier comme provenant de deux Phoques différents de taille, pouvaient bien avoir appartenu, non-seulement à un même individu, mais bien plus au même os, et provenir d'un Lamantin. Au premier aspect, cette idée, qui n'avait cependant été établie que sur l'examen des figures données par M. Cuvier, me parut plausible, et pour la démontrer, il me suffit de faire rapprocher ces deux pièces, en suppléant ce qui pouvait manquer entre elles; c'est ce que fit, avec beaucoup d'habileté, M. Merlieux, sculpteur du Muséum. Dès lors il a été possible de mouler l'os entier,

Comparés.

et par suite d'établir par comparaison que ce n'était pas un humérus de Phoque, comme nous allons le montrer aisément.

Le Fragment supérieur.

Avec les Phoques et avec les Lamantins et Dugongs.

Sur la partie supérieure du premier fragment, dont la tête articulaire est malheureusement cassée, M. Cuvier se borne à dire que les tubérosités et la crête deltoïdale sont entières, et qu'elles forment une saillie caractéristique de l'humérus des Phoques; mais poussant la comparaison plus loin, il aurait vu d'abord que cette saillie existe aussi chez les Lamantins et les Dugongs, et de plus, que la tête de l'os, dans les Phoques, est au niveau et même moins élevée que celle des tubérosités, surtout que l'interne, tandis que, dans le Dugong comme dans le fossile, elle en est notablement dépassée, surtout par la tubérosité externe. La forme même de ces tubérosités est sensiblement différente. Dans l'un comme dans l'autre genre, cependant, la grosse tubérosité se joint ou se continue en une crête deltoïdienne très-prononcée; mais la forme en est tout autre. Dans le fossile comme dans le Dugong, la masse soulevée est d'abord large, aplatie, dilatée; après quoi elle se prolonge inférieurement en forme de coin ou d'angle oblique, qui se recourbe fortement pour se joindre au corps de l'os, moins bas que dans le Phoque commun et surtout que dans le *P. monachus*, tandis que dans ceux-ci la tubérosité s'élargit d'abord, puis se rétrécit pour finir en ligne droite. La tubérosité interne est large, épaisse, ovoïde, dans le fossile comme dans le Dugong, au lieu d'être soulevée et plus ou moins en tête, comme dans le *P. vitulina* et même dans le *P. monachus.*

Le corps de l'os est aussi plus long et plus droit à son bord interne que dans ce genre d'animaux. La crête deltoïdienne descend moins bas et se porte, en se courbant beaucoup plus, dans une direction plus oblique, tombant vers l'extrémité interne de la trochlée.

Le Fragment inférieur.

Avec les Phoques.

Mais c'est surtout dans l'examen du fragment inférieur que l'on trouve la preuve immédiate que cet humérus provient d'un Lamantin et non d'un Phoque. S'il était vrai qu'il y eût un trou au condyle interne, comme le dit positivement M. G. Cuvier, la question serait résolue; car aucun Lamantin ou Dugong n'a ce trou à l'humérus, tandis que certaines espèces de Phoques, et entre autres le *P. vitulina*, le présentent; mais certainement le fossile n'en offre aucune trace, et il est étonnant que l'assertion du passage du texte ait passé dans la figure; il faut donc croire que c'est l'erreur de la figure qui a déterminé celle du texte. Quant à la poulie, que M. G. Cuvier déclare être comme dans le Phoque, c'est encore une assertion erronée : elle est bien plus oblique, bien plus portée en dehors, et surtout bien moins profondément creusée que dans le Phoque, et absolument comme dans le Dugong. Bien plus, l'excavation située au-dessus d'elle, en avant comme en arrière, est dans le fossile, comme dans ce dernier animal, assez prononcée, tandis qu'elle n'existe chez aucune espèce de Phoque.

Avec les Lamantins et Dugongs.

En sorte qu'en ajoutant que l'extrémité inférieure de cet os est bien plus large, plus obliquement coupée dans le fossile que dans le Phoque, et semblablement à ce qui existe dans le Dugong, et que la tubérosité interne est aussi, comme dans cet animal, bien plus prononcée ou saillante que l'externe, au contraire de ce qui a lieu chez le Phoque, on en peut conclure que, quoique différent par quelques particularités du Dugong des Indes, cet humérus peut encore bien moins être rapporté à un animal du genre des Phoques. Et comme M. Cuvier n'a indiqué de ce genre que ces deux fragments fossiles, on voit que, jusqu'en 1825, époque de la publication de la seconde édition des Ossements fossiles de M. Cuvier, on n'en connaissait pas encore un réellement appartenant à un animal de ce genre.

Considérés comme provenant d'un Dugong.

Mais depuis le temps où M. Cuvier a publié la seconde édition de ses Ossements fossiles, on en a recueilli qui ne peuvent être contestés comme de Phoques dans un bon nombre d'endroits plus ou moins éloignés en Europe, mais probablement toujours dans des terrains tertiaires et dans des versants en général assez peu éloignés des bords de la mer.

Incontestables de Phoques.

Ainsi, sur le versant dans la mer du Nord, nous indiquerons :

1° Des dents dont parle M. Boué (1), comme trouvées avec des dents de

(1) *Journ. de Géologie*, III, p. 31.

Squales dans des couches, probablement tertiaires, qui peuvent être comparées, dit cependant ce savant géologue, à la formation crayeuse de Maestricht;

En Westphalie. 2° Des dents, une vertèbre et un crâne de Phoque (*See hund*) trouvés en Westphalie, et que possède M. le comte de Munster dans sa riche collection, d'après M. Herman de Meyer, *Palæolog.*, p. 131;

A Aix-la-Chapelle. 3° Des dents, fort semblables à des dents de Phoques, et provenant, avec des dents de Squales, du Laxberg, près Aix-la-Chapelle, d'après M. Herman de Meyer, qui les a en sa possession, *Palæolog.*, p. 131.

M. Taylor est également cité par le même paléontologiste comme ayant parlé dans le Magasin anglais d'histoire naturelle, mars 1830, pag. 262, d'ossements fossiles de Phoques. Mais il ne nous dit pas en quoi ils consistent, ni dans quels terrains ils se trouvent. Enfin, dernièrement M. le docteur Eugène Robert a signalé un fragment de bassin composé de l'iléon et de la cavité cotyloïde trouvé dans un tuf coquillier d'Islande, avec des *Cyprina islandica* et autres coquilles récentes; ce qui fait présumer qu'il provient aussi d'une espèce actuelle de Phoque, de la taille du *P. barbata*.

En Islande.

En Autriche. Dans le versant de la mer Noire, je dois parler d'un pied de derrière existant dans le muséum de Pesth en Hongrie, et qui a été trouvé à Holich, à dix heures de Vienne, dans la vallée du Danube.

Nous possédons dans la collection paléontologique du Muséum un modèle en plâtre de ce pied, et il est évident que par sa grandeur et ses proportions il a les plus grands rapports avec celui du Phoque commun. En effet, en étudiant la proportion des métatarsiens et des phalanges, on trouve par la comparaison avec celui-ci que le rapprochement se fait mieux avec lui qu'avec aucune autre espèce; mais assurer d'après un plâtre incomplet qu'il y a identité, serait trop hardi.

Dans le versant de l'Océan, M. Desnoyers cite, dans son Mémoire sur un terrain supérieur au terrain tertiaire des environs de Paris, quelques localités où l'on a trouvé des ossements fossiles de Phoques, mais sans autres détails.

Enfin dans le versant de la Méditerranée, nous devons noter que M. Lefèvre vient de rapporter dans les collections du Muséum plusieurs fragments d'os de mammifères, qui ont sans doute appartenu à une espèce de Phoque, et qu'il a trouvés en Égypte dans un terrain qu'il rapporte à celui de craie, ce qui nous semble toutefois pouvoir être contesté. En Égypte.

Ces ossements consistent en une vertèbre assez complète, en apophyses épineuses de plusieurs autres, et quelques fragments de côtes, dont un assez considérable.

La vertèbre est malheureusement fort incomplète, écrasée et brisée dans la pierre. Son corps, qui paraît assez court, peut-être à cause de l'ablation des épiphyses, me semble devoir être rapporté à un Phoque plus qu'à un autre genre, à cause de la grandeur du canal vertébral, de l'ouverture de l'arc, de l'étroitesse de son pédoncule; mais il est assez difficile d'aller plus loin. Vertèbres.

Les fragments d'apophyses épineuses, dont une de vertèbre cervicale intermédiaire, une autre de première ou seconde dorsale, une troisième de dernière dorsale, et une quatrième de première lombaire, par leur épaisseur indiquant un animal marin d'une assez grande taille, ne sont peut-être pas encore assez caractéristiques pour décider la question d'espèce et même de genre.

Quant aux fragments de côtes, dont l'un est assez considérable, quoique indiquant des côtes assez épaisses, je suis encore porté à croire qu'elles proviennent d'une grande espèce de Phoques plutôt que d'un Lamantin, à cause de leur grande compression à leur extrémité supérieure. Côtes.

La science possède aussi quelques renseignements, malheureusement incomplets, sur des fragments de Morse qui ont été trouvés également dans des terrains tertiaires comme les précédents. De Morse.

Feu M. G. Cuvier paraît en avoir eu un fragment de côte et un corps de vertèbre trouvés avec les prétendus ossements de Phoques des environs d'Angers, et par conséquent dans le versant de l'Océan; et en effet, cette côte et cette vertèbre, qui existent dans la collection paléontologique du Muséum, ont tous les caractères d'une côte et d'une ver- Côte des environs d'Angers.

tèbre de Morse, et entre autres la taille et l'amincissement de la partie supérieure pour la côte.

Dent des environs de Dax.

Il en est de même du fragment de dent que le même zoologiste mentionne comme provenant de Dax dans les Landes.

Les fragments de cet animal, dont M. Jœger parle dans une lettre adressée en février 1830 à M. Herman de Meyer, comme trouvés dans la molasse du Wurtemberg, étaient ainsi à un grand éloignement du versant dans la mer Noire.

De Russie.

M. Georges doit aussi, d'après M. Herman de Meyer, avoir fait mention, dans son Histoire naturelle de Russie en allemand, tom. III, pag. 591, de quelques ossements fossiles de Morse; mais j'ignore dans quel terrain, dans quel versant, et en quoi ils consistent, ne connaissant pas l'ouvrage cité.

De Virginie.

Enfin Mitchill, *Annales du Lycée de New-York*, II, pag. 271, parle aussi de fragments de crânes et de dents ayant appartenu au Morse, et qui ont été trouvés dans un terrain tertiaire en Virginie, dans le comté d'Accomac, mais sans autres détails qui permettent d'aller plus loin.

De Phoques supposés. Par M. Agassis. D'après des Dents de Malte. Figurées par Scilla.

Je dois aussi mentionner comme ayant été rapporté à un Phoque, le fragment de mâchoire portant trois dents, figuré par Scilla en 1670, d'après un fossile provenant de l'île de Malte. Il y a bien longtemps que ce fragment avait fixé mon attention, sans qu'il me fût possible de dire positivement à quel genre, à quelle classe même d'animaux vertébrés il devait être rapporté, Scilla se bornant à le signaler comme *tufo di Malta, che contiene una parte di ganascia con tre denti incassati e petrificati.* Mais M. Agassis, qui a pu l'examiner en nature dans la collection de Cambridge, où il existe aujourd'hui, assure qu'il doit être regardé comme provenant d'une espèce de Phoque.

D'après la figure citée, les trois dents à peu près égales seraient formées d'une couronne triangulaire, comprimée, assez régulièrement dentelée sur les deux bords supérieurs, et pourvue au troisième, formant une base large, de deux racines écartées, longues, coniques, un peu courbées en dedans, subégales, et certainement entièrement et fortement saisies dans l'os de la mâchoire, dont on distingue très-bien les restes de la substance qui passe sur elles; mais Woodward ayant eu en sa possession ce fragment, le décrit (1) un peu autrement que Scilla ne le figure. Suivant lui, c'est une masse de pierre avec deux grandes dents, chacune s'élevant en une pointe obtuse d'une large base (*bottom*); elles sont dentelées sur les bords; mais les dentelures sont plus profondes et plus épaisses que dans les autres espèces de Squales. Ces deux dents sont placées de la même manière, dans le même plan, et il y a quelques restes d'une troisième à la même distance.

Décrites par Woodward.

Après avoir cité l'inscription et la figure de Scilla, Woodward ajoute : « Il y a une suture (*seam*) dans la pierre, que Scilla, à ce que je suppose, s'est imaginé être la mâchoire du poisson; mais il n'y a rien qui paraisse être une mâchoire; et au fait, les dents des espèces de Squale ne sont jamais fixées dans les mâchoires, n'étant seulement retenues que par les muscles, de sorte qu'elles sont mobiles. »

Différentes de celles des Phoques actuels.

Ainsi Woodward semble nier l'implantation des dents de ce fragment; mais il ne peut pas nier, ce me semble, les racines qui sont évidentes, à moins qu'il ne les ait regardées comme une exagération de ce qui se voit dans quelques grandes espèces de Squales, ce qui serait assez difficile. Toutefois, on ne peut se dissimuler que si la forme et l'étendue des racines de ces dents, ainsi que celles de la couronne, rappellent un peu ce qui a lieu dans certaines espèces de Phoques, c'est avec des différences bien plus grandes que celles qui se trouvent entre les espèces de ce genre les plus éloignées. En effet, je ne connais aucun Phoque dont la dent soit aussi large, aussi plate, autant symétrique, c'est-à-dire dont le sommet soit aussi médian, aussi arrondi, et dont les côtés soient aussi égaux, et garnis d'autant de denticules aussi courts et aussi obtus. Je n'en connais non plus aucune dont les racines soient aussi écartées et aussi égales; l'antérieure étant toujours plus forte que la postérieure. Si donc ce fossile provient d'un Phoque, il était au moins, sous le rapport

(1) *Catalogue of foreign fossils*, etc., part. II, page 25.

des dents, bien différent des espèces que nous connaissons aujourd'hui; aussi mérite-t-il bien le nom de *P. dubia melitensis*, sous lequel nous l'inscrirons provisoirement.

De Morse, supposé à tort. Par M. Duvernoy. D'après des Dents des environs d'Oran. Comparées

Nous avons des doutes encore bien plus fondés sur des dents trouvées en Algérie, dans une roche blanche crétacée de la partie supérieure du second étage du terrain tertiaire que M. Rozet a reconnu dans toute la plaine au sud et à l'est d'Oran. M. Duvernoy, dans un premier aperçu communiqué en juillet 1837 à la Société d'Histoire naturelle de Strasbourg, avait annoncé que ces dents étaient celles d'un Mammifère marin, selon toute apparence de la famille des Morses; et depuis, revenant sur ce sujet dans une note lue à l'Académie des sciences de Paris, en octobre 1837, il a présumé qu'elles devaient être plus rapprochées de celles des Phoques ou des Morses que d'aucun autre Mammifère récent ou fossile. M. le docteur Guyon, chirurgien en chef de l'armée d'Afrique, parmi beaucoup d'autres choses intéressantes qu'il a envoyées au Muséum, y a joint deux de ces singulières dents. Au premier aspect, elles ont quelque chose qui porte à les regarder comme des dents incisives de Ruminants, parce que leur couronne ou la partie émaillée est aplatie, convexe en dehors, concave en dedans ou en palette, un peu en biseau et à bord terminal droit, plutôt mousse que tranchant, et dont les angles, un peu relevés et plus épais, semblent légèrement entamés ou usés; mais on est bientôt obligé d'abandonner cette idée, non-seulement en étudiant plus attentivement cette couronne, dont la forme est, sous presque tous les points, fort différente de celle non usée des incisives des Ruminants, mais surtout en comparant la racine. En effet, cette racine, au lieu de diminuer de diamètre à partir du collet, qui même n'est réellement distinct que par la cessation de l'émail de la couronne, augmente surtout en épaisseur jusqu'au bord d'une cavité dentaire largement ouverte. Cette racine est, du reste, également un peu comprimée ou ovale transversalement, un peu striée dans sa longueur, de couleur blanc grisâtre, tranchante avec celle d'un bleu noirâtre de la couronne. En sorte que, malgré l'état incomplet de la racine qui a été cassée, on

Avec les Incisives des Ruminants.

peut assurer qu'elle ne devait en aucune manière avoir la forme comprimée en sens inverse de la couronne, et surtout très-appointie, que l'on remarque à la racine des incisives des Ruminants et même de tous les Mammifères.

Avec les Molaires, de Phoques, de Morses.

En effet, chez les Phoques eux-mêmes, aussi bien que chez les Morses, où les dents incisives et molaires, pour porter maintenant la comparaison sur ce genre de dents, se déforment quelquefois d'une manière si singulière, jamais on ne trouve rien de semblable; et la racine, quoique parfois d'un diamètre plus grand que la couronne, décroît toujours d'un point de sa longueur, un peu variable, jusqu'à son extrémité plus ou moins obtuse. Les dents les plus anomales du Morse n'échappent point à cette règle; d'ailleurs, en établissant la comparaison avec ce genre de Phoques, cela ne peut avoir lieu que pour les dents molaires, puisqu'il n'a pas d'incisives. Or, il ne peut être mis en doute que les dents fossiles d'Oran sont des dents terminales ou incisives, probablement même inférieures. Ainsi il ne peut s'établir aucun rapprochement, de quelque sorte que ce soit, entre ces dents et celles du Morse, qui n'a pas d'incisives proprement dites, d'un Phoque quelconque qui les a tout autrement conformées, ni même d'aucun mammifère récent ou fossile. Si j'avais même à émettre une opinion sur ce que sont ces dents, j'aimerais mieux y voir quelque incisive de gros poisson, comme toutes celles qui se trouvent dans la même roche, que toute autre chose. Au reste, comme nous avons fait figurer une de ces dents sur notre planche des *Phocæ antiquæ*, il sera au moins aisé de se convaincre qu'elle ne ressemble ni de près ni de loin à aucune de celles d'aucune espèce de Phoques ni du Morse.

Conclusions.

Ainsi, comme résultat de cet article sur l'ancienneté des Phoques à la surface de la terre, il nous semble indubitable :

1° Que les animaux que nous connaissons sous ce nom ont été signalés dans les écrits les plus anciens qui nous soient parvenus, quoique aucune œuvre artistique ne nous en ait transmis d'image;

2° Que l'on en trouve des restes fossiles en différents endroits de l'Europe, dans des terrains encore assez peu éloignés des bords de la mer, terrains tertiaires, peut-être même secondaires, dans les parties supérieures de la craie;

3° En sorte qu'en ne comptant pas le fossile problématique de Stonefield, il semblerait que les Phoques seraient les mammifères dont on connaîtrait des restes fossiles dans les terrains les plus anciens;

4° En acceptant comme prouvé, ce qui pour moi n'est pas douteux, que les deux fragments attribués par M. Cuvier à un Phoque ne doivent pas l'être, mais bien à un Dugong, on pourrait aussi tirer de cet article une preuve nouvelle qu'une facette, qu'un fragment d'os, qu'un os même tout entier, est bien loin de suffire pour reconnaître l'animal auquel il a appartenu, et *à fortiori* pour rétablir son squelette.

EXPLICATION DES PLANCHES.

PL. I. — LE MORSE. *Phoca rosmarus. Trichechus rosmarus*, L.

Réduit au sixième d'après un squelette de l'ancienne collection dont j'ai seulement fait changer les dispositions pour cet ouvrage.

Envoyé au Muséum par M. Buckland, et qui, si je ne me trompe, n'avait jamais été représenté, du moins en entier, car la tête l'a été souvent, entre autres par Daubenton.

Outre le squelette, j'ai fait représenter à part, dans une projection plus lisible, l'humérus et le fémur par devant, l'astragale et le calcanéum en dessus; au même degré de réduction que pour le squelette.

PL. II. — LE PHOQUE COMMUN ou VEAU MARIN. *P. vitulina*, L.

Réduit au quart d'après le squelette d'un animal qui a vécu quelque temps à la ménagerie du Muséum, et que j'ai fait faire sous mes yeux, et en le mettant dans sa position la plus ordinaire.

Le squelette de cette espèce est celui qui a été le plus souvent figuré en totalité ou partiellement, mais d'une manière peu satisfaisante.

PL. III. — LE P. LION MARIN. *P. jubata*. Espèce d'Otiphoque ou d'Otarie.

Au sixième de la grandeur naturelle d'après un squelette envoyé en pièces par M. A. d'Orbigny des côtes du Chili en 1831, et que j'ai fait remonter et disposer pour cet ouvrage.

Je ne le connais figuré dans aucun ouvrage, du moins en totalité, car la tête l'a été quelquefois.

PL. IV. — TÊTE DU MORSE. *Trichechus rosmarus*, Lin.

Réduite aux trois cinquièmes d'après un crâne d'un assez jeune individu qu'a bien voulu me donner mon parent et ami M. Nel de Bréauté, correspondant de l'Académie des Sciences.

De profil, en dessus, en dessous, en avant et en arrière.

La mâchoire inférieure, sans dents, a été représentée plus en arrière qu'elle ne doit être, pour que les canines n'en cachassent pas la partie antérieure.

J'ai, en outre, fait représenter la partie postérieure du crâne d'un individu fort adulte et dont toutes les sutures étaient entièrement effacées.

PL. V. — TÊTES.

1. Du *P. vitulina* en dessous et en dessus, avec la branche montante de la mandibule, réduite de moitié. Les osselets de l'ouïe de grandeur naturelle.
2. Du *P. groënlandica* de profil, et en dessous, en travers le bord palatin; réduite au tiers d'après un crâne envoyé à notre collection par M. le professeur Reinhart, de Copenhague.
3. Du *P. monachus* de la Méditerranée; de profil, d'après un individu de l'ancienne collection; le même dont M. G. Cuvier, dans ses *Ossements fossiles*, a figuré le squelette tout entier, malheureusement fort mal disposé.
4. Du *P. leptonyx*. De profil et au tiers de la grandeur naturelle; d'après un crâne de l'ancienne collection, que j'ai le premier décrit dans la collection de M. Hauville du Havre.
5. Du *P. leonina*, ou P. à trompe. De profil et en face; réduite au tiers, d'après un crâne bien complet de l'ancienne collection, provenant des îles Malouines.

PL. VI. — TÊTE DU LION OU OURS MARIN. *P. jubata*.

Réduite au tiers. De profil, en dessus, en dessous et en avant, d'après un beau crâne apporté nouvellement dans nos collections de la côte du Chili par M. Reboux, chirurgien-major de *la Vénus*, sous le commandement de M. du Petit-Thouars.

PL. VII. — PARTIES CARACTÉRISTIQUES DU TRONC.

D'après des pièces préparées sous mes yeux pour cet ouvrage.

Vertèbres : *Cervicales* { axis. atlas. intermédiaires. avant-dernière. proéminente.

Dorsales { première. dernière.

Lombaires { première. dernière.

Sacrées. Réunies en sacrum, en dessus et en dessous.

Coccygiennes.

1. Du *P. Monachus*. D'après le même squelette figuré par G. Cuvier.
2. Du *P.* (*Otiphaca*) *jubata*.

Sternèbres et cornes sternales en dessous.

1. Du *P. monachus*.
2. Du *P. jubata*.

Hyoïde. En dessous et de profil.

1. Du *P. vitulina*.
2. Du *P.* (*Trichechus*) *rosmarus*.

OS DU PÉNIS.

1. Du *P. vitulina*.
2. Du *P.* (*Trichechus*) *rosmarus*. De profil; dans une position renversée, le bas en haut.
3. Du *P. jubata*. Ce dont je ne suis pas absolument certain, de profil et également dans une position renversée, le bas en haut, par erreur.

PL. VIII. — PARTIES CARACTÉRISTIQUES DES MEMBRES.

1. Du *P. monachus*. D'après les pièces du squelette figuré par M. G. Cuvier.
2. Du *P. jubata*. D'après les pièces du squelette figuré Pl. III.

L'*Omoplate* vue à sa face externe et par son angle glénoïdien.

L'*Humérus*, vu sur trois faces, de profil, en avant et en arrière.

Le *Radius* et le *Cubitus* en connexion, et séparés à leur partie supérieure pour montrer les surfaces articulaires.

La *Main* tout entière.

Le *Demi-Bassin*, vu en dessous; la projection latérale étant aux squelettes.

Le *Fémur* vu en avant et en arrière.

La *Rotule* en avant.

Le *Tibia* et le *Péroné* en connexion, en devant et en arrière.

Le *Pied* en totalité, en dessus.

Le *Calcanéum* du *P. jubata* à part, en dessus.

PL. IX. — SYSTÈME DENTAIRE.

1. Dents incisives, supérieures et inférieures, vues de face et en place, dans les *P. monachus*, *leptonyx*, *leonina* et *jubata*.
2. Dent canine ou défense du Morse adulte mâle, et jeune probablement femelle.
3. Séries de molaires supérieures et inférieures, hors l'alvéole, et par conséquent montrant leurs racines, avec les canines et quelquefois même les incisives, dans les *P. lagurus*, *vitulina*, *groënlandica*, *gryphus*, *leptonyx*, *monachus*, *jubata*.
4. Série des dents incisives, canines et molaires, hors place, montrant la couronne et les racines, ainsi que les alvéoles à la mâchoire supérieure et inférieure dans les *P. vitulina* et *jubata*.
5. Système dentaire du jeune âge dans les *P. jubata*, *pusilla* et le Morse, vu en dessous, dans celui-ci, d'après un très-jeune individu rapporté par M. Gaimard, et qui certainement n'offrait aucune trace de la seconde paire d'incisives petites et pointues dont parle M. Cuvier; *Règne animal*, T. I, p. 171, 3e édit.

PL. X. — PHOCÆ ANTIQUÆ.

Comprenant les ossements fossiles attribués à tort ou à raison à des espèces de ce genre.

1. Pied droit du *P. Viennensis antiqua*, d'après un plâtre peint laissant beaucoup à désirer. Sans doute par rupture des os, mais peut-être aussi parce qu'ils n'avaient pas été suffisamment découverts ou débarrassés de la pierre avant le moulage, ce qui l'a sans doute empêché, le troisième cunéiforme est divisé en deux, ce qui ne peut être. Le scaphoïde et le cuboïde semblent aussi être divisés dans notre figure, mais c'est une suite de la projection sous laquelle le dessin a été fait.

2. Vertèbre dorsale écrasée, apophyses épineuse, cervicale, dorsale et lombaire, vues de profil et en arrière, fragment de côte d'un Mammifère marin que je rapporte, avec quelque doute cependant, à un Phoque plutôt qu'à un Lamantin, mais sans pouvoir assurer positivement que le rapprochement est légitime, parce qu'aucun des fragments n'est véritablement caractéristique. Aussi n'en ai-je fait mention qu'à cause de sa position géologique dans une roche calcaire blanche, tachante, de la rive gauche de la vallée du Nil, que M. Lefèvre, qui nous les a donnés, rapporte, sans doute à tort, à un terrain de craie. Elle semble en effet avoir bien plus de rapports avec la roche dont il va être question plus loin pour la dent d'Oran, et qui est indubitablement tertiaire.

3. Fragments d'humérus gauche. Un supérieur et l'autre inférieur; vus en avant et en arrière; provenant du même os, comme le prouve l'os restitué dessiné en dessous; la partie plus blanche indiquant ce qui est en plâtre. Regardés par M. G. Cuvier comme ayant appartenu à un Phoque de la section du *P. vitulina*, mais que nous croyons devoir plutôt être rapproché des Lamantins et surtout des Dugongs.

Pour éléments de comparaison, nous avons fait représenter rigoureusement dans la même projection, l'humérus du *P. vitulina*, en avant; l'extrémité inférieure de celui du *P. monachus*, vue en arrière; et l'humérus tout entier, vu en avant et en arrière, du Dugong.

4. *Phoca? melitensis antiqua* (1). Copié de Scilla, et représentant trois dents entières, encore en partie saisies dans un fragment de mâchoire; ce qui semble être erroné, si l'on s'en rapporte à la description de Woodward, citée dans mon texte.

5. *Dent d'Oran:* Sous ce nom j'ai fait figurer sous toutes les faces, et de grandeur naturelle, une de ces dents trouvées dans un calcaire tertiaire des environs d'Oran, en Algérie, envoyées au Muséum par M. le docteur Guyon, chirurgien-major de l'armée d'Afrique, et que M. Duvernoy, qui en a reçu de son côté, a cru pouvoir être rapportées à un Mammifère marin de la famille des Phoques ou des Morses.

(1) J'ai dit à tort, dans mon texte, page 44, que Scilla s'était borné à une simple explication de la planche XII au sujet de la portion de mâchoire avec trois dents rapportées, par M. Agassis, à un Phoque; en effet Scilla, dans son ouvrage *De corporibus*, etc., p. 64, voulant même se servir de cette pièce pour soutenir la manière de voir de Fabius Columna que les dents et les os fossiles ne sont pas des pierres figurées, mais bien des os et des dents véritables et pétrifiés, dit : « qu'il donne le dessin très-exact (*fidelissimum*) d'un fragment de pierre montrant une partie de mâchoire avec trois dents qui y sont fixées, » et à quoi il ajoute : « que ce morceau doit bien confirmer son opinion, puisqu'on peut y voir une, deux et trois dents avec leurs racines profondément implantées dans l'os maxillaire (marqué AA dans la figure) où, par suite d'une brisure accidentelle, on peut, dit-il, distinguer la partie médullaire un peu spongieuse, de la partie externe de l'os, au contraire plus solide et plus serrée. » D'où Scilla conclut que ces dents sont d'autant mieux de véritables dents qu'elles sont encore pourvues de l'os maxillaire dans lequel elles se sont développées.

En sorte qu'en joignant à cela l'observation de M. Agassis, bien en état, sans doute, de reconnaître si c'étaient ou non des dents de Squale, il paraît encore assez probable que ce sont des dents de Phoque.

Toutefois, une observation récente que je dois à deux de mes élèves, MM. Vanbeneden et P. Gervais, me reporte vers le doute, si, au lieu de provenir d'un Phoque, ce ne serait pas quelque chose d'analogue à la portion de mâchoire supérieure du terrain tertiaire des environs de Bordeaux, que M. le docteur Grateloup, qui l'a décrite et figurée, a rapportée à un genre de reptiles iguanoïdes, nommé par lui *Squalodon*. En effet, M. Vanbeneden, qui a examiné ce fossile à Bordeaux, assure que c'est un fragment de tête de Dauphin et non d'un reptile, à en juger par la disposition des intermaxillaires et par la forme prismatique des os palatins. Et comme les dents que porte ce fragment sont plates, triangulaires et fortement denticulées sur les deux bords, M. Gervais m'a suggéré l'idée qu'elles pourraient bien avoir des rapports avec celles figurées par Scilla. Mais les dents du Squalodon n'ont certainement qu'une racine, il est vrai, implantée et non appliquée comme dans les Iguanes, tandis que celles du fragment de Scilla en ont deux fort longues et fort distantes; en sorte que la certitude que le Squalodon serait un Dauphin n'entraînerait pas celle que les dents figurées par Scilla en seraient aussi, et qu'alors elles ne proviendraient certainement pas d'un Phoque.

DES OURS

(URSUS).

En général.

Dans nos généralités sur l'ordre des Carnassiers, et surtout dans le chapitre qui a trait à la distribution des nombreuses espèces de Mammifères qui le constituent, nous avons déjà prévenu que, pour nous, le nom générique d'*Ursus*, étendu par Linné à tous les Carnassiers qui n'ont que $\frac{5}{6}$ molaires, dont la première est contiguë à la canine, et dont le pénis n'est pas soutenu par un os, etc., est restreint, à l'imitation de Storr, aux seules espèces auxquelles on donne, dans le langage vulgaire, le nom d'Ours, et qui sont aisément caractérisées par une forme générale du corps trapu et presque dépourvu de queue, par un système de membres parfaitement et complétement plantigrades et quinquidigités, et surtout par un système de dents molaires qui leur est absolument propre. Ainsi, dans ce fascicule, entièrement consacré à la description et à l'iconographie des parties solides récentes et fossiles des Ours, nous ne comprenons aucune des petites espèces que nous avons réunies sous le nom commun de *Subursus*, pour rappeler que Linné les plaçait dans son genre *Ursus*, mais dont les zoologistes modernes font presque autant de genres que d'espèces.

En particulier. Chez l'Ours commun, *U. Arctos.*

Circonscrit ainsi, le genre des Ours va se montrer dans le cas de celui des Phoques, c'est-à-dire que nous allons trouver, même sous le rapport qui nous occupe, dans toutes les espèces qui le constituent, un plan, un degré d'organisation presque uniformes sans que la dégradation s'y fasse sentir d'une manière bien manifeste. Nous pourrons cependant la démontrer, après que préalablement nous aurons étudié et décrit comme type l'Ours commun d'Europe, en examinant comparativement les espèces qui doivent être placées avant et après celui-ci, qu'elles existent encore ou qu'elles aient disparu de la surface de la terre, ne se trouvant maintenant qu'à l'état fossile.

CHAPITRE PREMIER.

OSTÉOGRAPHIE.

Des Os. Envisagés dans leur

Le squelette de l'Ours d'Europe, de quelque variété qu'il provienne, indique, en l'envisageant sous le double rapport qui nous occupe, une force, une puissance d'action remarquables dans l'animal dont il constitue la charpente, surtout quand on l'étudie provenant d'un individu mâle et dans la force de l'âge.

Structure.

En effet, les os qui le composent montrent dans leur structure une consistance, une densité manifestes dans la grande épaisseur et la dureté des parties éburnées, l'étroitesse du canal médullaire des os longs, et l'état serré, condensé du diploë de leurs extrémités, et même du corps des os plats et courts.

Surface.

La surface extérieure de ces os est d'ailleurs presque partout fortement accidentée ou accentuée par les saillies, apophyses, crêtes et rugosités d'insertion musculaire.

Articulations.

Ils se touchent ou se correspondent en général par de larges surfaces articulaires, fortement sinueuses, et revêtues de cartilages épais; ils sont généralement assez courts, larges et robustes, et leurs proportions, du moins au tronc et aux membres, rappellent un peu ce qui se voit dans l'Homme, comme cela a été observé depuis longtemps; ce qui dénote dans l'Ours un assez grande facilité à se tenir debout sur les pieds de derrière, de s'asseoir sur les iskions et d'embrasser assez fortement son ennemi pour l'écraser entre ses bras.

Nombre.

Le nombre des os du squelette de l'Ours est aussi un peu moins considérable que dans les autres Carnassiers, surtout à cause de la brièveté de sa queue.

La colonne vertébrale de l'Ours, en y comprenant même la tête et la queue ou ses deux extrémités, est en général assez courte, large, épaisse, en totalité et dans chacune de ses parties; en même temps qu'elle est fort hérissée d'apophyses et très-serrée dans ses parties composantes.

formant la série vertébrale. considérées en général.

Son mode de courbure est assez bien comme dans les Phoques, quoique avec infiniment moins de mobilité; en effet, après la courbure assez peu prononcée de la région cervicale en dessus, ce qui porte la tête horizontalement, le reste du rachis n'offre plus qu'une seule courbure uniforme en dessous, depuis le commencement du dos jusqu'à l'extrémité de la queue.

Dans ses courbures.

Cette colonne vertébrale est du reste formée de quarante-quatre vertèbres, quatre céphaliques, sept cervicales, quatorze dorsales, cinq lombaires, cinq sacrées et neuf à dix coccygiennes.

Dans sa Composition.

Des Vertèbres.

Des vertèbres céphaliques en général longues, quoique peu étroites et un peu arquées horizontalement dans leur base, large du reste et plate, comme dans leur arc:

Céphaliques.

L'occipitale forme un anneau épais, n'occupant guère que la partie postérieure et verticale du crâne; son corps ou apophyse basilaire est assez court, large et légèrement excavé par le prolongement un peu apophysaire de ses côtés; ses parties latérales offrent une gouttière prononcée entre les apophyses condylienne et mastoïdienne, l'une et l'autre assez saillantes; celle-là cependant beaucoup moins que le mastoïdien du temporal; enfin, la partie supérieure est placée presqu'à pic, sub-triangulaire, avec une crête médiane assez saillante séparant des fosses occipitales bien marquées, et une crête occipitale plus ou moins prononcée suivant l'âge.

Occipitale.

La vertèbre sphéno-pariétale a son corps également assez large, sub-carré, un peu excavé; ses apophyses ptérygoïdes épaisses, mais peu élevées, dirigées en avant et percées de deux grands trous rapprochés; ses ailes assez petites, ovales, comme canaliculées par le trou rond,

Pariétale.

qui est assez petit, s'articulant assez peu largement et carrément avec l'angle antérieur et inférieur d'un pariétal parallélogrammique ou mieux lozangique assez oblique, surtout au bord postérieur se relevant sur la crête occipitale déversée en arrière.

Frontale. La sphéno-frontale est fort peu étendue dans le corps du moins, fort court et caniculé en dessous, et même dans ses ailes que l'on voit fort peu à l'extérieur dans l'orbite, où elles dépassent à peine le trou optique fort petit, quoiqu'à l'intérieur elles s'étalent latéralement jusqu'aux fosses cérébrales antérieures et en avant jusqu'aux fosses criblées de l'ethmoïde; mais cette vertèbre céphalique est au contraire fort développée dans son arc. En effet, le frontal est fort étendu en longueur et en hauteur, avec un indice assez marqué, surtout en épaisseur, de l'apophyse orbitaire.

Nasale. Le vomer qui constitue le corps de la vertèbre nasale est au contraire assez long d'avant en arrière, assez peu élevé, élargi fortement en arrière, et obliquement arqué à son bord inférieur; il devient profondément et largement canaliculé dans toute l'étendue du supérieur, pour loger la cloison cartilagineuse se continuant dans la lame verticale de de l'ethmoïde. Les os du nez qui portent sur cette lame sont également assez longs, sub-triangulaires, remontant assez haut dans une échancrure du frontal, et un peu excavés seulement à leur bord terminal.

De leurs Appendices. Les appendices qui se joignent aux vertèbres céphaliques pour constituer la tête de l'Ours, acquièrent un grand développement, plus peut-être que dans aucun autre genre de Carnassiers.

Mâchoire supérieure. Ptérygoïde. La mâchoire supérieure commence en effet par une apophyse ptérygoïde interne ou palatin postérieur fort large, mince, recourbé en demi-cornet, appliqué largement en dedans de l'apophyse ptérygoïde externe, et terminé à son bord postérieur par un crochet assez fortement recourbé en arrière et en dehors.

Palatin. Le palatin proprement dit est encore bien plus considérable, fort épais et fort étendu, aussi bien en arrière, où son tubercule est assez antérieur au crochet du précédent, que dans sa partie horizontale, qui s'avance en pointe très-avant dans le palais; sa lame verticale s'arrondit à peine en se portant en avant sans s'élever beaucoup dans la paroi orbitaire; elle est percée d'un trou spheno-palatin arrondi, assez grand, au-dessus d'un naso-palatin plus petit; le lacrymal est au contraire fort petit, irrégulièrement anguleux, n'entrant certainement pas dans la face, mais percé d'un assez grand trou lacrymal en entonnoir au-dessus d'un autre presque aussi grand. Quant au zygomatique, qui constitue la troisième racine de la mâchoire, il est ici fort large, fort arqué et même assez long, pourvu d'une apophyse orbitaire assez prononcée, et d'un prolongement sous-temporal considérable.

Lacrymal.

Zygomatique.

Le maxillaire qui lui donne appui par une apophyse malaire, large, oblique et assez saillante, est du reste assez peu considérable, surtout dans sa partie horizontale, assez étroite et plate; quant à la partie verticale, elle est bien plus développée, assez large, assez convexe, échancrant assez haut et un peu anguleusement le frontal, la corne interne de l'échancrure s'avançant jusqu'au prémaxillaire. Celui-ci est du reste assez considérable; large et arrondi dans sa branche horizontale, percée d'un énorme trou incisif ovale, sa branche verticale, fort longue et très-oblique, remonte en coin allongé, comme il vient d'être dit, jusqu'au frontal.

Maxillaire.

Prémaxillaire.

Le rocher, que nous comprenons artificiellement dans la mâchoire inférieure, est assez petit, subtriquètre, caréné à l'intérieur, fortement saisi, serré à sa place, et soudé en arrière à un mastoïdien fort épais, triangulaire, aplati en dehors et saillant inférieurement en une apophyse considérable, verticale, le long de laquelle se prolonge la crête occipitale.

Mâchoire inférieure.
Rocher.
Mastoïdien.

Les os de l'oreille, qui se joignent au rocher, commencent par un étrier de forme ovale, assez élevée, perforé d'un trou médiocre. Le lenticulaire, globuleux, est fort distinct. L'enclume, peu épaisse dans son corps, a ses deux branches fort inégales, l'inférieure longue et grêle; enfin le marteau, assez comprimé dans sa tête, se continue par un col très-large en une apophyse de Raw triangulaire assez courte, et par un manche de longueur médiocre.

Os de l'Oreille.
Étrier.
Lenticulaire.
Enclume.
Marteau.

Caisse. La caisse est du reste fort peu saillante, plate, de forme sub-carrée, extérieurement unie avec un cadre du tympan, peu saillant, incomplet, et formé par une simple apophyse en gouttière occupant la partie inférieure du canal auditif.

Cadre du tympan.

Squammeux. Le squammeux, qui en forme la moitié supérieure par sa racine partant de la crête occipitale, est peu étendu dans sa partie écailleuse, presque droite à son bord supérieur; mais, par contre, son apophyse jugale ou zygomatique est énorme, fortement excavée dans un sens supérieurement, en s'écartant en dehors, elle est creusée en dessous par une large fosse condyloïdienne ovale-transverse, avec un arrêt puissant et recourbé en arrière.

Mandibule. La mandibule suit dans son développement celui de l'arcade zygomatique : elle est en effet très-forte et très-épaisse, dans ses deux branches, qui s'unissent du reste sous un angle fort peu marqué; la verticale avec un condyle transverse fort large, arrondi et semi-cylindrique, un peu oblique de dehors en dedans, et à peine au-dessus du niveau de la ligne dentaire, une apophyse coronoïde très-élevée, arrondie, mince et également très-large et excavée en dehors, enfin, une apophyse angulaire, partagée en deux parties par une échancrure oblique, l'une, supérieure, plus longue et plus épaisse, l'autre en petit crochet court et rentré en dedans; l'horizontale, à bords sub-parallèles, épais, arrondis, un peu courbés en haut, avec une large symphyse ovalaire, sans apophyse géni un peu marquée, un canal dentaire médiocre commençant assez bas, et trois trous mentonniers, le postérieur à l'aplomb de la dernière petite dent molaire, les deux autres rapprochés sous la barre.

Branche verticale. Condyle. Coronoïde. Angulaire. Horizontale.

Angle facial. L'angle sous lequel les mâchoires de l'Ours se joignent au crâne ne surpasse guère quarante degrés, à moins que les bosses frontales ne soient très-saillantes; car alors il monte à quelques degrés de plus; dans tous les cas, le chanfrein de la tête de l'Ours brun est très-arqué, et bombé surtout au sinciput, d'où il descend rapidement aussi bien en avant qu'en arrière, où cependant l'apophyse sagitto-occipitale le relève assez fortement. Quant à la ligne basilo-palatine, elle est légèrement courbe d'un bout à l'autre.

Aires crânienne et faciale.

La proportion des aires crânienne et faciale est un peu en faveur de celle-là, ce qui est encore plus marqué à l'extérieur qu'à l'intérieur, à cause de la grande épaisseur des os, et de l'énorme développement des sinus frontaux et de l'origine des fosses nasales.

Cavités crâniennes. Cérébrale.

La cavité crânienne est ovale, arrondie et tout au moins médiocre; les fosses de la ligne médiane inférieure sont larges, mais très-peu profondes, même celle de la selle turcique, qui n'est limitée que par des apophyses clinoïdes fort petites, les antérieures spiniformes, les postérieures réunies en une lame oblique. Les fosses latérales le sont nécessairement davantage, et même la temporale est distincte de la frontale par un angle solide assez saillant; mais surtout les occipitales supérieures sont séparées des inférieures ou cérébelleuses par une crête ou voûte osseuse très-épaisse à sa base, et en outre fort large, s'avançant obliquement en avant du rocher jusqu'au bord postérieur du sphénoïde antérieur.

Sensoriales.

Les cavités sensoriales de la tête de l'Ours sont en général médiocrement développées, du moins celles de l'ouïe et de la vue.

Auditive.

Nous avons déjà fait observer que le rocher et la caisse forment une assez petite masse serrée fortement en dedans contre le corps de la première vertèbre céphalique: aussi les trous déchirés, médiocres du reste, sont-ils fort distants l'un de l'autre, chacun divisé en deux : le canal auditif interne est très-petit, avec un sinus arrondi un peu plus grand au-dessus de lui; et l'externe profond, presque transverse, et assez large à son origine, se rétrécit sensiblement au fond. Le sinus mastoïdien est nul, et le squammeux est très-étroit.

Oculaire.

L'orbite est peut-être encore plus petit que la cavité auditive, très-incomplet, même dans son cadre, dont un tiers est ouvert et tout à fait confondu en arrière avec les fosses temporale et ptérygoïdienne; le plan de son ouverture, de forme ovalaire, est fort oblique en dehors; il est du reste séparé de celui du côté opposé par un très-large intervalle losangique et subexcavé plutôt que bombé. Le trou optique est rond et singulièrement petit, seulement deux ou trois fois plus grand que le trou orbitaire interne; le canal lacrymal est au contraire assez grand, et surtout le canal sous-orbitaire ovale verticalement.

Olfactive. La cavité olfactive ou nasale est, au contraire des deux précédentes, extrêmement développée, non-seulement en elle-même, c'est-à-dire dans sa partie comprise entre le vomer, les os du nez et les os qui constituent la mâchoire supérieure, et surtout par la manière dont les palatins se prolongent en arrière, en formant une sorte de canal rétréci, mais encore dans les sinus qui l'environnent. Le sinus frontal est surtout remarquable dans le développement dont il est susceptible; de sorte qu'il peut non-seulement dédoubler tout le frontal, mais encore pénétrer dans le pariétal.

Sinus. Frontal.

Sphénoïdal. Maxillaire. Le sinus sphénoïdal antérieur peut aussi occuper le corps entier du sphénoïde, et le sinus maxillaire devient nul par sa grande extension, entièrement rempli qu'il est par le cornet inférieur.

Les os intérieurs des narines sont également en rapport de développement avec la cavité qui les renferme. La cloison ethmoïdale du vomer est fort mince, mais très-élevée, sans former d'apophyse crista-galli un peu prononcée : ses masses latérales ou cornets sont fort étendues et très-multipliées, de manière à entourer, en dessus comme en dessous, par un rang de lamelles serrées, toute la courbure de la lame criblée, leur face extérieure n'étant pas à découvert dans l'orbite, c'est-à-dire ne formant pas d'os *planum* (1), et leur lame criblée cérébrale, ovale, et médiocrement étendue. Enfin, les cornets inférieurs sont très-allongés, très-multipliés, et lamelliformes par suite de la dichotomie de la lame d'origine adhérente au maxillaire.

Cornets supérieurs.

inférieurs.

Gustative. palatine. La cavité gustative ou linguale suit le développement de la précédente; en effet, la voûte palatine est très-longue, de forme ovale

(1) Notre collection possède cependant un crâne d'Ours d'espèce et d'origine inconnues, qui, quoique assez grand et pourvu de toutes ses dents, montre, entre le frontal, le palatin et le maxillaire, un os *planum* assez considérable.

allongée, assez étroite, arrondie et plus large en avant, rétrécie en arrière et presque tout à fait plane; les canaux palatins antérieurs sont ovales et fort grands, au contraire des postérieurs, partagés en deux, l'antérieur très-avancé, le postérieur échancrant un peu l'intervalle qui sépare le maxillaire du palatin.

Linguale. L'intervalle intra-mandibulaire est aussi assez étendu, s'élargissant fortement en arrière, et se rétrécissant doucement en avant, en formant un angle assez aigu.

Fosses. Les fosses d'insertions musculaires de la tête de l'Ours brun indiquent par leur développement une grande puissance de mouvement. Ainsi en arrière, les fosses occipitales sont assez larges et assez profondes par la grande saillie de la crête, se prolongeant jusqu'au bas du mastoïdien. Il en est de même des fosses temporales, qui, commencées en arrière de l'apophyse orbitaire du frontal, se prolongent dans toute la longueur de la tête jusqu'à la crête occipitale, s'élargissant en haut par l'élévation de la crête sagittale, se portant plus ou moins en arrière, et en bas par l'écartement de l'apophyse jugale du squammeux. La fosse ptérygoïdienne est aussi fort large, arrondie, rugueuse et assez profonde; mais il n'en est pas de même des fosses sous-orbitaire et canine, qui sont tout à fait obsolètes. Les fosses massétérienne et ptérygoïdienne, en dehors et en dedans de la branche verticale de la mandibule, sont, au contraire, larges et même profondes, mais surtout fort rugueuses; il en est de même de celle du digastrique dans l'échancrure de l'apophyse angulaire.

(Marginal notes: Occipitales. — Temporales. — Ptérygoïdiennes. — Massétériennes.)

Ouvertures. Les trois ouvertures de la tête de l'Ours brun sont assez remarquables; l'intermédiaire ou palatine étant notablement plus distante de l'antérieure que de la postérieure.

Nasale. L'ouverture nasale, la plus grande des trois, est en effet assez large, sub-quadrilatère, à angles fort arrondis, un peu patulée, très-oblique, et formée entièrement par les prémaxillaires et les os du nez.

Palatine. L'ouverture palatine est au contraire assez étroite, prolongée en gouttière par la disposition des palatins, avec le bord du palais en arc serré, bifidé par une petite pointe médiane.

Vertébrale.

Enfin l'orifice vertébral est encore plus étroit, tout à fait terminal et sub-carré à côtés presque égaux ; son diamètre transverse étant à celui de la cavité cérébrale comme 25 : 80, ou un peu plus d'un tiers ; et il est pourvu à droite et à gauche d'un condyle large, ovale, très-saillant, peu oblique et dépassant notablement la face occipitale.

Vertèbres cervicales, 7.

En général.

Les vertèbres cervicales de l'Ours brun sont en général assez courtes, leur longueur totale égalant à peine le tiers de celle du tronc ; aussi ont-elles le corps large, plat et même légèrement canaliculé en dessous, coupé un peu obliquement à chaque extrémité, de manière à s'imbriquer un peu l'une l'autre ; et les apophyses sont en général assez marquées.

En particulier. Atlas.

L'atlas, médiocre dans son corps, sans apophyse épineuse en dessus comme en dessous, avec l'excavation articulaire postérieure égale à l'antérieure, est pourvu d'apophyses transverses longues, étroites, à bords presque parallèles, obliquement et fortement déjetées en arrière, assez bien comme dans les Phoques, au lieu d'être presque courtes, assez élargies et arrondies comme dans les Félis. Quant aux trous de l'artère vertébrale, celui d'entrée ou le postérieur est percé tout à fait à la racine du bord postérieur de l'apophyse transverse, tandis que ceux de sortie sont doubles, assez espacés, en dessus comme en dessous.

Axis.

L'axis fort long dans son corps excavé en dessus comme en dessous, où il est même un peu caréné, offre des apophyses transverses étroites et très-obliques en arrière, un arc naissant par des pédicules assez étroits, percés très-bas, mais ensuite s'élargissant et s'excavant postérieurement en forme de petit occipital dont la crête allongée se porte obliquement et un peu déclive en avant sans imbriquer cependant le corps de l'atlas.

Intermédiaires.

Les trois vertèbres cervicales intermédiaires sont subsemblables, courtes, celle du milieu un peu plus grosse que les autres. L'antérieure a son apophyse épineuse très-courte et large, les articulaires supérieures plus élevées. L'apophyse épineuse de l'antérieure est large et courte, plus mince que les apophyses articulaires supérieures, mais assez étroite, élevée, un peu inclinée en avant aux deux autres. Quant aux apophyses transverses, elles s'élargissent verticalement, et se bifurquent de plus en plus de l'antérieure à la postérieure.

La sixième a son apophyse épineuse étroite, élevée, mais moins que la septième, au contraire des apophyses transverses qui sont très-élargies et semi-lunaires à leur bifurcation. Pénultième.

La septième enfin ressemble beaucoup à la sixième; seulement son apophyse transverse n'est pas percée à la base, est peu dilatée et à peine bifurquée. Dernière et septième.

Les quatorze vertèbres dorsales sont en général plus courtes, plus ramassées, plus serrées dans toutes leurs parties; leur corps est court, arrondi en dessus, non caréné en dessous et subconvexe aux extrémités. Leur apophyse épineuse est toujours forte et épaisse, élargie et plus ou moins bifurquée à sa terminaison, de plus en plus inclinée en arrière, celle des dix premières s'élargissant un peu à mesure qu'elles s'abaissent davantage en arrière; la onzième subtriangulaire, et les trois dernières les plus courtes et les plus larges. Dorsales, 14.

Les six vertèbres lombaires, dont la dernière est complétement interiliaque, sont, comme les dorsales, généralement courtes, mais encore plus larges et plus robustes, un peu carénées à la partie inférieure de leur corps, croissant un peu de la première à la quatrième pour décroître ensuite. Leurs apophyses articulaires sont larges, et les postérieures assez profondément bifides pour recevoir les antérieures de la vertèbre suivante; les transverses médiocres, assez larges, la dernière plus étroite et comme coudée; l'épineuse subverticale et légèrement antéroverse; la dernière la plus courte et la plus aiguë. Lombaires, 6.

Les cinq (1) vertèbres sacrées sont courtes, soudées par leur apophyse Sacrées, 5.

(1) Le nombre des vertèbres soudées au sacrum paraît varier de cinq à six par la soudure de la première coccygienne; mais jamais je ne l'ai trouvé de sept, comme le dit M. G. Cuvier.

épineuse, basse et peu mince, et surtout par leurs apophyses transverses larges et épaisses, et dont les deux premières seules, plus étalées, sont articulées à l'iléon.

Sacrum. Le sacrum, qui résulte de la réunion de ces cinq vertèbres, est fort solide, assez plat, large, et percé de quatre trous ronds en dedans comme en dehors, et ses bords sont assez peu parallèles pour qu'il soit un peu cunéiforme, comme dans les premières espèces de Primatès.

Coccygiennes. Les neuf ou dix vertèbres coccygiennes sont fort petites, aplaties, du moins les deux premières, par la disposition un peu élargie de leurs apophyses transverses; car les autres deviennent subtétragonales, courtes, et décroissent peu rapidement jusqu'à la dernière. Aucune des dix n'a du reste ni arc ni apophyse épineuse, ni même d'os en V (1).

SÉRIE STERNÉBRALE. La série sternébrale est assez bien comme chez les autres genres de Carnassiers, seulement un peu plus courte.

Hyoïde. Ses cornes. L'hyoïde a son corps en petite barre transverse presque droite, ses cornes antérieures médiocres, formées de trois articles assez épais, croissant du premier au dernier, un peu claviforme, et les postérieurs simples et assez grêles.

Sternèbres, 9. Le sternum est composé de neuf sternèbres, comme dans tous les Carnassiers, mais en général assez courtes et robustes. Le manubrium est obtus, comme tronqué en avant sans prolongement cartilagineux. Les intermédiaires sont épaisses, assez comprimées latéralement, décroissant un peu en longueur pour augmenter en largeur de la première à la pénultième, la dernière étant fort courte, presque cubique.

Le xiphoïde est aussi assez court, étroit, conique, médiocrement dilaté ou spatulé à sa terminaison.

Côtes, 14. Les côtes, au nombre de quatorze, dont neuf vraies et cinq fausses,

(1) C'est à tort que M. G. Cuvier ne donne aux Ours ordinaires que six vertèbres coccygiennes, ne dépassant pas la symphyse pubienne; je n'en ai jamais trouvé moins de neuf, quand la queue était complète, ce qui est en effet assez rare, par défaut de préparation; et elle dépasse toujours le bord postérieur du bassin.

sont généralement longues, et bien plus que dans les autres grands Carnassiers. Elles croissent en longueur de la première à la neuvième pour décroître ensuite, cependant sans que la dernière soit aussi courte que la première. Toutes sont en général comprimées, surtout supérieurement, moins cependant que celles des Félis, leur bord antérieur s'avançant assez sur la gouttière de leur bord, et leur gracilité augmentant de la première à la dernière.

Les cornes ou cartilages sternaux, croissant assez régulièrement en longueur du premier au dernier ou dixième, sont du reste assez grêles, sauf le premier qui est notablement plus dilaté. Cornes, 9.

Le thorax de l'Ours est grand, assez large, c'est-à-dire moins comprimé que dans les autres Carnassiers, mais peut-être aussi moins allongé. Thorax.

Les membres en général sont robustes, assez courts, sub-égaux, ceux de devant cependant peut-être un peu plus longs, mais assez peu distants ou éloignés entre eux, et se fléchissant presqu'à angle droit au carpe et au tarse. Des Membres. En général.

Les antérieurs sont surtout remarquables par leur grande force. En particulier. antérieurs.

L'omoplate est en effet aisément caractérisée par son grand développement aussi bien en largeur qu'en hauteur, et par sa forme presque parallélogrammique. Le bord dorsal est en effet très-large, arrondi à ses deux angles, le bord céphalique est au moins aussi long, presque droit, s'arrondissant en se dilatant largement vers son extrémité humérale ; le postérieur le plus court, excavé dans sa moitié glénoïdale, élargi vers son angle dorsal par une sorte d'appendice quadrilatère assez saillant. La face scapulaire externe est complétement séparée par une crête oblique, prolongée en une apophyse acromion assez large, arrondie et dépassant de beaucoup l'angle articulaire, en deux fosses sub-égales et élargies, l'antérieure par l'arrondissement du bord céphalique, la postérieure par l'appendice de son angle dorsal, que limite une sous-crête marginale. Quant à la cavité glénoïde, elle est fort grande, ovale, allongée, sans apophyse coracoïde, ni rétrécissement colliforme un peu marqué. Omoplate.

Clavicule, 0. Il n'y a aucun rudiment de clavicule, pas même suspendue dans les chairs, comme nous en verrons cependant chez plusieurs genres de Carnassiers moins élevés.

Humérus. Supérieurement. L'humérus, gros et robuste, est assez court, car sa longueur ne dépasse pas celle des onze premières vertèbres dorsales; sa tête est fort large, arrondie, sub-sessile, ou sans col bien marqué, à l'extrémité de l'arqure du corps de l'os. Au même niveau qu'elle, sont les deux tubérosités fort épaisses, fort larges, surtout l'externe, arrondie à son bord supérieur, et séparées l'une de l'autre par une gouttière bicipitale large et profonde.

Le corps de l'os, assez arqué en avant, est sub-triquètre dans sa partie supérieure par la disposition d'une large surface plane, triangulaire, à bords saillants, occupant les deux tiers de sa longueur, et constituant une énorme empreinte deltoïdienne, dont la crête se prolonge bien au delà de la jonction des deux bords aux trois quarts de l'os.

Inférieurement. L'extrémité inférieure de l'humérus est assez large et même aplatie; sa tubérosité interne est très-épaisse, mais non percée (1); l'externe est assez remontante et élargie en une sorte de crête arrondie, recourbée en avant. La cavité olécranienne est oblique et rendue très-profonde par la saillie du bord postérieur de la tubérosité externe, et l'extrémité articulaire fort large présente une double poulie formée par trois saillies séparées par deux gorges ou cavités fort peu marquées, en sorte qu'on a pu dire que la poulie est presque unie en portion de cylindre.

Avant-bras. L'avant-bras n'est pas tout à fait aussi long que l'humérus, au contraire de ce qui a lieu chez les autres grands Carnassiers, outre qu'il est en général bien plus robuste que chez eux.

Radius. Supérieurement. Le radius est surtout épais et tourmenté. Sa tête est sub-arrondie, élargie en bilboquet à bords épais et ronds, avec une saillie remontante de son bord antérieur bien prononcée. De là le corps de l'os, après une surface étendue d'articulation avec le cubitus, se courbe un peu, s'é-

(1) M. G. Cuvier dit à tort que c'est pour le passage de l'artère radiale, t. II, p. 284; car c'est pour celui de l'artère brachiale et du nerf médian.

largit assez fortement devenant presque tranchant sur ses bords, et se termine par une surface articulaire ovale, limitée en dedans par une sorte de malléole élargie assez saillante, et en dehors par une surface de contact avec le cubitus de forme presque ronde. La face dorsale de l'os est en outre creusée de deux gouttières peu profondes, dont celle de l'extenseur commun est assez interne. Inférieurement.

Le cubitus est moins robuste proportionnellement que le radius. Son extrémité supérieure offre une apophyse olécrane oblique très-courte, quoique fort large et épaisse à son extrémité interne, un peu recourbée en dedans; une cavité articulaire humérale en ∞ de chiffre oblique fort étendue, et une cavité sigmoïde transverse presque externe. Le corps de l'os est du reste épais, un peu arqué, à peine légèrement excavé au bord postérieur, et la tête par laquelle il se termine inférieurement est prolongée en une apophyse odontoïde épaisse et arrondie. Cubitus. Supérieurement. Inférieurement.

La main, en totalité, est bien plus courte que l'avant-bras; mais elle est large et robuste. La Main en totalité.

Le carpe n'offre à la première rangée qu'un scaphoïde très-épais, large et arrondi en arrière, pourvu en dedans et en dessous d'une apophyse considérable, remplaçant probablement le sésamoïde du radial antérieur, et creusé en avant de trois échancrures articulaires profondes; un triquètre ou cunéiforme trapézoïde assez mince, ayant à son côté externe une large excavation pour contribuer à la formation de la cavité digitale articulaire du cubitus, complétée par un pisiforme considérable allongé et en forme de petit calcanéum. Os du Carpe. 1re rangée. Scaphoïde. Triquètre. Pisiforme.

La seconde rangée est complète. Le trapèze comprimé, multiangu-leux, un peu plus grand que le trapézoïde cunéiforme; celui-ci plus que le grand os triangulaire, très-comprimé, pourvu au côté interne de deux facettes à peine séparées pour l'articulation du métacarpien de l'index (1), 2e rangée. Trapèze. Trapézoïde. Grand os.

(1) Par inadvertance sans doute, M. G. Cuvier a commis ici une erreur analogue à celle qu'il avait relevée si justement dans Rosenmuller, c'est-à-dire qu'il a figuré Pl. XXVI, fig. 6 et 7, tom. VI, de ses *Ossements fossiles*, un grand os de Lion pour celui d'un Ours; et cela en indi-

et le plus petit de tous, du moins à la face dorsale, car à la face palmaire il est assez élargi, moins cependant que l'unciforme analogue du cuboïde au pied, également le plus considérable de la rangée, et offrant cinq larges facettes articulaires, mais sans apophyse inférieure.

Unciforme.

Os du Métacarpe. En général.

Les os du métacarpe, presque tout à fait droits, sont en général remarquables par leur force, leur longueur médiocre et subégale, l'étendue de leurs extrémités articulaires, plates, étroites et épaisses, avec le carpe, en tête arrondie et subcarinée en dessous avec les phalanges.

En particulier. Les extrêmes. Le premier. Le cinquième.

Les extrêmes dont le premier est le plus court et le plus grêle, tandis que le cinquième est presque le plus long et le plus épais, n'ont que deux facettes articulaires, l'une terminale, l'autre latérale bien plus petite, leur côté libre étant tubériforme, surtout et échancrée à l'externe.

Intermédiaires.

Quant aux trois intermédiaires dont celui du quatrième doigt est le plus long et le plus fort, celui du second doigt à peine plus petit que le médian, leur tête carpienne large et très-comprimée, est marquée d'au moins trois facettes d'articulation, les latérales étant souvent partagées en deux par une fosse d'insertion ligamenteuse, et les terminales obliques et un peu en gouttière.

Phalanges. premières. secondes.

Les phalanges sont encore proportionnellement plus courtes que les métacarpiens, les premières d'un tiers plus longues cependant que les secondes; du reste, les unes et les autres fort robustes, épaisses, avec leur engrènement articulaire très-prononcé; celles-ci bien plus subégales que les premières, aplaties et comme relevées en dessus, sont parfaitement symétriques dans leurs deux côtés : aussi, les troisièmes ou onguéales sont-elles assez peu comprimées à leur gaîne radiculaire assez épaisse et saillante au bord inférieur, au contraire du supérieur un peu abattu; de plus, leur pointe assez peu arquée, quoique assez comprimée, est bien plus longue que la gaîne.

troisièmes ou Onguéales.

quant cependant la particularité distinctive du grand os du Lion : une excavation arrondie pour la partie inférieure de la facette d'articulation avec le métacarpien de l'indicateur, séparée de la supérieure par une fosse ligamenteuse profonde.

Nous avons déjà fait l'observation que les membres postérieurs de l'Ours d'Europe sont peut-être un peu plus courts que les antérieurs; mais certainement ils sont plus grêles ou moins robustes. Des Membres postérieurs.

L'os innominé ou le demi-bassin est même fort remarquable sous ce rapport et en ce qu'il n'est pas tout à fait parallèle à l'axe vertébral. Os innominé.

L'iléon est assez court, mais large et épais, solidement articulé avec les deux premières vertèbres sacrées, ayant son épine antérieure et supérieure très-épaisse; aussi tout son bord évasé se déjette fortement en dehors, formant ainsi une fosse iliaque externe assez profonde. Le pubis est également remarquable par l'étendue et la largeur de sa symphyse et enfin l'iskion est assez court, mais fortement élargi en arrière, de manière à constituer avec le pubis un trou obturateur grand et arrondi. La tubérosité iskiatique est du reste large et assez épaisse. Iléon. Pubis. Iskion.

La cavité cotyloïde formée par la réunion de ces trois os est ronde, profonde, et largement échancrée postérieurement. Cavité cotyloïde.

Enfin le bassin lui-même considéré en totalité est large, grand et allongé; son détroit supérieur assez oblique; le détroit moyen également considérable, arrondi ainsi que le postérieur. Bassin.

Le fémur est le plus long de tous les os de l'Ours brun; notablement plus que l'humérus, mais également bien plus grêle; presque tout à fait droit dans son corps qui est en outre sensiblement comprimé, sa tête supérieure est bien arrondie, creusée d'une fossette d'attache du ligament rond, peu profonde, mais bien évidente (1), portée sur un col long et oblique; le trochanter externe est assez fort, mais moins élevé que la tête; l'interne au contraire très-petit; le premier marginal et contribuant ainsi à l'élargissement de l'os, fort notable en cet endroit. L'extrémité inférieure prend au contraire une épaisseur assez considérable, moindre cependant de moitié environ que la largeur; ses condyles assez inégaux, l'interne descendant beaucoup plus que l'externe, sont séparés Fémur. Supérieurement. Inférieurement.

(1) C'est donc à tort que M. G. Cuvier, dans son *Ostéographie des Carnassiers* (*Ossem. foss.*, p. 287), a dit que la tête du fémur de l'Ours n'a pas de fossette pour le ligament rond.

en arrière par une entaille carrée profonde et en avant par une fosse rotulienne assez large et excavée, obliquement remontante.

Os de la jambe. En général. Les os de la jambe, plus courts que le fémur de plus d'un quart et à peine plus longs que ceux de l'avant-bras, sont aussi assez robustes et plus que dans aucun autre grand carnassier.

En particulier. Tibia. Supérieurement. Inférieurement. Le tibia presque droit, triquètre dans son corps, est très-large à sa tête supérieure, avec une crête fort épaisse, fort saillante, descendant obliquement jusque vers la moitié de sa longueur. L'extrémité inférieure est également assez large, épaisse, pourvue d'une malléole assez saillante, d'un espace de connexion péronienne assez étendu et d'une large surface articulaire en contre-poulie assez oblique et peu profonde.

Péroné. Supérieurement. Inférieurement. Le péroné très-comprimé, au point d'être tranchant sur ses deux bords, est fortement élargi supérieurement et surtout inférieurement, où il constitue une malléole externe très-saillante.

Os du Pied. Le pied ressemble beaucoup à la main dans sa grandeur, les proportions de ses parties, et même assez bien dans leurs formes.

du Tarse. Astragale. Le tarse fort court est formé d'un astragale aussi large que long, sans l'apophyse calcanéenne, aplati et dont la poulie supérieure est assez profonde, oblique en dehors, et inégale, la gouttière au tiers interne; la face inférieure concave à ses deux facettes articulaires sub-égales, l'externe plus large et plus ovale, et l'apophyse antérieure en tête ovale, transverse, arrondie, portée sur un col fort court.

Calcanéum. Le calcanéum, également peu allongé, est au contraire robuste et épais, non-seulement dans son corps fortement élargi en dessus et en avant par deux auricules apophysaires, l'externe arrondie et plus large, l'interne plus saillante, et portant une facette articulaire pour l'astragale; mais même dans son apophyse épaisse en tous sens presque cubique et même peu ou point relevée à sa terminaison.

Scaphoïde. Le scaphoïde est assez étendu et triangulaire, mince et surtout peu élevé à son bord inférieur, et même assez semblable à celui de l'homme; les trois facettes de son extrémité antérieure étant larges et bien distinctes, surtout les deux externes.

Le cuboïde est dans le même cas, c'est-à-dire qu'il a quelque ressemblance avec celui de l'homme; il est cependant moins cubique, plus comprimé, et son bord externe présente une apophyse comprimée entre deux échancrures. Des trois cunéiformes le second est le plus petit ressemblant beaucoup au trapézoïde de la main, le premier le plus comprimé et le troisième est presque cubique, plus épais cependant que large. Cuboïde. Cunéiformes.

Les métatarsiens et même les phalanges du pied de l'Ours brun sont si semblables aux métacarpiens et aux phalanges des mains, qu'il est très-difficile autrement que par une iconographie détaillée d'en faire sentir la différence. On remarque cependant que les métatarsiens sont en général un peu plus grêles, plus longs et un peu plus arqués que les métacarpiens, qu'ils ont surtout leur tête tarsienne un peu plus comprimée ou plus épaisse de haut en bas, et principalement moins excavée en gouttière à leur surface articulaire tarsienne. Du Pied. Métatarsiens. En général.

Quant aux phalanges qui sont aussi proportionnellement un peu moins épaisses, les onguéales seules sont susceptibles d'être aisément distinguées de celles des mains, par plus de brièveté dans la pointe qui les termine. Phalanges.

Les différences que les espèces d'Ours présentent sous le rapport du squelette ne sont pas considérables et ne portent guère que sur des nuances de formes et très-rarement sur le nombre des os. Des différences sur les espèces.

Cela est du moins certain pour toutes les variétés ou espèces que plusieurs zoologistes ont cru devoir distinguer en Europe. Nous n'avons en effet trouvé dans les squelettes de l'Ours noir d'Europe, de l'Ours de Norwége, dans ceux de l'Ours de Pologne, des Alpes, des Pyrénées, des Asturies que nous avons examinés, aucunes différences qui puissent s'élever au-dessus de celles que peuvent présenter des individus de sexe ou d'âge différents, ou qui ont vécu dans des circonstances plus ou moins favorables. Dans l'Ours noir et l'Ours brun d'Europe. (*U. Arctos.*)

M. G. Cuvier, dans sa dissertation sur les Ours vivants (*Ossements fossiles*, t. IV, p. 315, 2e édition), donne cependant comme différences ostéologiques, entre l'Ours brun et l'Ours noir d'Europe, que dans le premier le front est bombé dans les deux sens longitudinal et transversal, tandis que dans le second il est aplati et même excavé transversalement; et que dans l'un la crête sagittale ne commence qu'auprès de la crête occipitale, tandis que dans l'autre elle commence beaucoup plus tôt par la réunion des arêtes limites des fosses temporales. Mais ces différences, quand même elles auraient été trouvées tranchées dans un assez grand nombre d'individus, ne peuvent certainement pas être considérées comme spécifiques. En sorte que, s'il est certain, comme le dit M. G. Cuvier, qu'il a observé le front arrondi chez des individus de sexe et d'âge différents de l'Ours brun, ce ne serait alors qu'une différence individuelle.

Chez l'Ours noir d'Amérique (*U. Americanus*).

L'Ours noir d'Amérique qui, de l'aveu de tous les zoologistes, est, depuis Pallas, considéré comme une espèce distincte, montre en effet plusieurs différences ostéologiques évidentes et assez faciles à reconnaître. Ce n'est cependant pas dans le nombre des os du squelette, car il est absolument le même, mais bien dans la forme et la proportion de certaines parties : ainsi la tête est en général plus petite et surtout plus courte par plus de brièveté de la face et des mâchoires; le front est bombé dans les deux sens (1), assez peu cependant en travers, si ce n'est dans la femelle et à un certain âge du mâle; le chanfrein s'arquant assez bien tout d'une venue de l'occiput vers le milieu des os nasaux, qui se relèvent un peu vers leur extrémité bilobée également, le lobe moyen arrondi et plus saillant. La crête sagittale s'avance assez loin pour atteindre les arêtes de limite des fosses temporales. L'arcade zygomatique est notablement moins arquée en haut et en dehors; mais ce qui me semble bien plus caractéristique, c'est la forme plus relevée et plus saillante

A la tête.

(1) Dans les neuf têtes de cette espèce que j'ai étudiées, et qui existent dans notre collection, j'ai cru remarquer, comme pour l'*U. Arctos*, que le mâle adulte a le front plus plat, et par conséquent moins bombé transversalement que la femelle et que le mâle jeune; et je n'ai pas besoin d'ajouter que cette différence tient principalement au moindre développement des crêtes temporales et de l'apophyse orbitaire.

de l'apophyse orbitaire, plus rapprochée de celle du jugal, également aussi un peu plus saillante, et encore mieux la forme plus arrondie, plus courte et plus portée sous le canal auditif externe de l'apophyse mastoïde. Le crochet de l'apophyse ptérygoïde interne est aussi plus vertical, triangulaire et non recourbé en arrière. Mais l'Ours polaire, blanc ou maritime, car on lui donne l'un ou l'autre de ces noms, présente des différences beaucoup plus sensibles et dans un bien plus grand nombre de parties du squelette, du moins en le comparant avec notre Ours d'Europe; car avec l'Ours noir d'Amérique, il y a plus de rapports surtout dans la tête.

Dans l'Ours blanc (*U. maritimus*).

A la tête.

Au nombre des caractères distinctifs que donne M. G. Cuvier (t. IV, p. 332), de la tête de l'Ours blanc polaire, je suis obligé d'en restreindre plusieurs. Bien certainement l'occiput est beaucoup plus large que haut de près de moitié, et la crête sagittale commence dans les animaux vigoureux et bien adultes à peu de distance des apophyses orbitaires, et, par conséquent, bien avant la jonction des frontaux et des pariétaux; enfin, le sillon longitudinal qui règne sur le milieu de la face, depuis l'entre-deux des tempes jusqu'au bout du museau, existe bien dans l'exemplaire, assez petit du reste, observé par M. Cuvier, mais ne se trouve dans aucun des autres crânes de la collection. Ce n'est donc qu'une particularité individuelle.

Cependant la tête, en totalité, est plus allongée, plus étroite, quoique le museau soit encore assez court. En effet, la distance du bord nasal au bord orbitaire est un peu plus du quart de la longueur totale jusqu'à la crête occipitale; tandis que dans l'Ours d'Europe, noir ou brun, elle est seulement du tiers; aussi l'arcade zygomatique est-elle plus longue et même un peu plus étroite et plus droite, en avant surtout, que dans l'Ours d'Europe. Les apophyses post-orbitaires du frontal sont peut-être un peu moins saillantes, mais certainement plus larges et plus arrondies. L'apophyse orbitaire du jugal est aussi plus large et comme bifide. L'ouverture naso-palatine est plus étroite que dans les autres espèces; mais, en outre, son bord est presqu'au milieu de la longueur basilaire de la tête, au lieu d'être bien au delà en arrière, comme dans les Ours d'Europe, noir ou brun; aussi le palais est-il notablement moins allongé. L'apophyse mastoïdienne est plus courte, mais plus épaisse, au contraire de celle de l'occipital latéral qui est même excavée pour le sinus veineux. Enfin, si dans certains individus la ligne médio-dorsale ou le chanfrein total de la tête est, en général, plus doucement arrondi que dans les autres espèces, cela est bien moins marqué, lorsque les crêtes sagittale et occipitale ont tout leur développement, et alors l'espace frontal inter-orbitaire est plus large peut-être et même plus excavé que dans le crâne de l'Ours noir d'Europe de Daubenton.

Parmi les six têtes d'Ours blanc que j'ai examinées, une seule nous est connue sous le rapport du sexe, qui est femelle. Aussi est-elle bien moins forte et moins accentuée que nos plus grandes que je suppose provenir d'individus mâles.

A la mâchoire inférieure.

Quant à la mandibule, quoique plus droite et plus étroite peut-être que dans les autres espèces, elle est réellement moins courte, proportionnellement à la longueur totale de la tête, puisqu'elle est dans la proportion de 1 : 2 $\frac{3}{4}$ au lieu de 1 : 3 comme dans l'Ours noir, et de 1 : 3 $\frac{1}{4}$ comme dans l'Ours brun de Pologne.

A l'os hyoïde.

L'os hyoïde est composé du même nombre de pièces que celui de l'Ours d'Europe; mais elles sont toutes plus larges et bien plus aplaties; des trois de la grande corne, la plus longue est celle du milieu, et la plus courte la seconde; et celle qui forme la corne postérieure égale la troisième de l'antérieure, mais elle est bien plus large.

Dans le reste du squelette. Au tronc.

Le reste du squelette de l'Ours blanc présente aussi quelques points différents. Ainsi le nombre total des vertèbres serait de quarante-sept; mais il n'y aurait que treize vertèbres dorsales et six lombaires. L'augmentation porterait principalement sur les sacrées, qui seraient de sept, suivant Cuvier, et sur les coccygiennes, au nombre de onze; mais je crois qu'il y a erreur pour ces deux derniers nombres. Le sacrum n'est certainement formé que de cinq vertèbres comme dans les autres espèces, et la queue de l'Ours d'Europe, complète dans l'individu provenant des Asturies, en a au moins neuf. Quant aux sternèbres, leur nombre et leur forme sont comme dans les Ours ordinaires.

Dans les membres, M. G. Cuvier admet que l'omoplate est moins large à proportion que dans les Ours bruns, et surtout que dans l'Ours noir; mais la différence est si faible, et le nombre des omoplates comparées si petit, que cette différence, si elle existe, pourrait bien n'être qu'individuelle. Aux Membres. Omoplate.

Le même raisonnement me semble applicable aux autres différences indiquées par le même M. Cuvier, à l'humérus plus large et plus aplati d'avant en arrière à son extrémité inférieure, au radius plus arrondi en avant, et plus plat inférieurement que dans les autres espèces, au bassin moins élargi et moins excavé, à la face externe; tout cela peut très-bien provenir de l'âge, du sexe et même de la force des individus observés. En effet, M. Cuvier qui, au sujet de la tête d'Ours blanc, n'avait à sa disposition qu'un squelette provenant de cet animal, a pu dire que dans cette espèce elle égalait tout au plus en grandeur celle de l'Ours noir; mais depuis ce temps nous avons pu nous en procurer qui la surpasse presque d'un cinquième, ce qui est en rapport avec ce que l'on savait de différence de grandeur des deux espèces vivantes. Humérus.

Mais si, même chez les Ours noir d'Amérique et blanc polaire, qui sont cependant des espèces bien distinctes, nous avons à peine pu trouver des différences ostéologiques assez marquées pour être exprimées d'une manière suffisante, autrement que par l'iconographie, il n'en est pas de même pour les espèces descendantes, faisant le passage vers les Petits-Ours.

Dans les deux espèces de l'Asie, du continent ou de l'archipel Indien, *U. labiatus* (1) et *U. malayanus*, les seules dont je connaisse le sque- Dans l'Ours à grandes lèvres. (*U. labiatus*).

(1) J'ai vu de cette espèce deux squelettes; l'un d'un individu mâle adulte, envoyé de l'Inde par M. Duvaucel, en 1825; et l'autre, d'un individu femelle, mort à la ménagerie en 1825; plus une tête très-jeune, rapportée par M. Leschenault, en 1822; une autre, moins jeune, envoyée par M. Duvaucel, et provenant du Thibet.

lette, ou du moins les crânes, nous allons cependant trouver quelque chose de plus que de simples modifications de forme et de proportions.

A la tête.

Dans le premier, par exemple, l'Ours à grandes lèvres ou paresseux, dont notre ménagerie doit plusieurs individus vivants à M. Dussumier, et dont nous avons un squelette et plusieurs crânes; nous devons signaler dans ceux-ci la forme du chanfrein très-élevé au haut du front qui, du reste, est assez convexe en travers, et assez rapidement déclive, plus en avant cependant qu'en arrière, et le plus grand élargissement du crâne au-dessus du conduit auditif externe, et non au front, du reste assez bombé en travers, mais presque sans apophyse orbitaire externe; la plus grande élévation des os du nez entre les frontaux; la forme arrondie des apophyses mastoïdes du temporal, à peine plus longues que celles de l'occipital; la brièveté et la forme un peu arrondie du crochet vertical de l'apophyse ptérygoïde interne, la grandeur de la lame horizontale de l'os palatin, assez excavée du reste et qui occupe autant d'espace dans le palais que le maxillaire, ainsi que la forme large, très-surbaissée et transverse de l'ouverture palatine; la forme peu arquée et même comme aplatie en avant de l'arcade zygomatique; la forme générale de la mandibule large, haute, fortement sinueuse à son bord inférieur, dont l'apophyse angulaire est très-élevée, et dont la symphyse, singulièrement longue et oblique, commence par une apophyse geni assez marquée.

A la mâchoire supérieure.

A la mâchoire inférieure.

Aux autres parties du Squelette. Au tronc.

Les autres parties du squelette de l'*U. labiatus* n'offrent pas autant de différences un peu importantes que la tête. Cependant le nombre des vertèbres dorsales est certainement de quinze, aussi n'y a-t-il que cinq lombaires, avec six sacrées et neuf coccygiennes fort effilées. Le nombre des sternèbres est cependant de neuf comme à l'ordinaire, dont la première sans prolongement cartilagineux, et la dernière fort longue avec appendice zyphoïde spatulé; mais les côtes sont au nombre de quinze, dont neuf sternales, et toutes en général bien plus épaisses et plus fortes que dans les autres espèces.

Vertèbres Sternèbres.

La proportion des membres et de leurs parties est aussi un peu différente. Mais c'est ce que l'Iconographie seule peut montrer.

Chez l'Ours malais (*U. malayanus*).

A la tête.

La forme générale de la tête, la seule partie que nous connaissions du squelette de l'Ours malais, est presque celle d'un Félis, tant elle est large et courte dans ses deux parties, mais surtout pour la face, dont la longueur est à la longueur totale comme 1 : 4 2/3; son chanfrein est aussi singulièrement bombé, arrondi d'une manière égale depuis la nuque jusqu'à l'extrémité des prémaxillaires; les os du nez assez larges, s'excavant d'abord pour se relever vers leur terminaison, plus largement que profondément échancrée; le front est en outre très-bombé transversalement, avec une dépression médiane et des apophyses orbitaires fort petites. La crête sagittale n'existe pas, et l'occipitale est fort peu prononcée, chez un individu, il est vrai, assez peu âgé, quoique bien pourvu de toutes ses dents. Les apophyses mastoïdiennes temporales et occipitales, assez courtes, sont presque égales en longueur, fort distantes, et l'une et l'autre fort obtuses; les ptérygoïdiens sont assez larges, mais très-surbaissés, le crochet fortement porté en arrière et droit; le palatin rentre assez bien dans la forme ordinaire, mais l'ouverture qu'il forme est moins serrée, et son bord fort peu échancré est presque exactement à égale distance des deux extrémités de la ligne basilaire; l'apophyse malaire du maxillaire est fort saillante; l'arcade zygomatique, très-étroite, est médiocrement arquée dans les deux sens; la branche montante du prémaxillaire atteint le frontal au dernier tiers de l'os du nez; la mandibule ne présente de particularités un peu différentielles que dans sa brièveté, dans son épaisseur, et dans la hauteur de sa symphyse, presque verticale, de forme ovale et très-large.

Aux Mâchoires.

Chez l'Ours des Cordillières. (*U. ornatus*).

Enfin, dans l'Ours des Cordillières, dont M. G. Cuvier mettait encore en doute l'existence dans la seconde édition de ses *Ossements fossiles*, en 1825, malgré ce qu'en avait dit La Condamine dans son *Voyage au Pérou*, et dont notre collection possède aujourd'hui un squelette et deux crânes, on peut observer des différences encore plus importantes, puisqu'elles portent sur le nombre des pièces aussi bien que sur la forme.

A la Tête. La forme de la tête, quoique plus petite, est si semblable à celle de l'Ours malais, qu'au premier aspect on pourrait croire qu'elle appartiendrait à la même espèce; mais en y regardant de très-près, on aperçoit bientôt quelques légères différences dans les parties les plus caractéristiques; ainsi les os du nez sont un peu plus larges proportionnellement; les apophyses mastoïdes sont un peu plus dissemblables et moins écartées; les ptérygoïdiens sont plus saillants, plus arrondis et plus recourbés en arrière; le bord palatin est échancré en trèfle peu profond; l'arcade zygomatique est plus large et plus arquée; l'os incisif ne remonte pas si haut et est plus large; mais surtout la mandibule est encore plus différente. En effet, l'apophyse coronoïde a la forme de l'extrémité d'une serpette, le tranchant excavé et recourbé en pointe aiguë en arrière, et le dos convexe en avant; le condyle est assez court; l'apophyse angulaire est assez épaisse, indivise et presque droite, et la fosse massétérienne, profonde, est séparée en deux par une crête élevée et subverticale.

Aux mâchoires. Supérieure. Inférieure.

Le reste du squelette présente des différences peut-être encore plus essentielles que celles signalées dans la tête.

A la série vertébrale. Dans la colonne vertébrale il a d'abord une vertèbre de moins au dos, c'est-à-dire qu'il n'y en a que treize au lieu de quatorze; mais aussi il y a une lombaire de plus, ce qui porte les vertèbres troncales au même nombre, en donnant au tronc quelque chose de plus élancé. Le nombre des sacrées n'est que de quatre, et celui des coccygiennes de huit. Il y a cependant toujours neuf sternèbres; mais le manubrium se prolonge en avant en une longue pointe cartilagineuse, et le xiphoïde, fort étendu dans son corps, se termine en spatule.

Côtes. Le nombre des côtes n'est que de treize, dont neuf vraies et quatre fausses; elles sont presque aussi étroites que dans les Félis.

Aux Membres. Les membres sont en général plus grêles et même un peu plus élevés que dans les autres espèces; ou mieux, peut-être, moins courts, et certainement moins robustes.

Antérieurs. Omoplate.

Aux antérieurs, l'omoplate est sensiblement moins large; son bord antérieur est aussi moins arrondi et moins avancé inférieurement.

Humérus.

L'humérus est surtout assez différent de celui des Ours; d'abord parce qu'il est plus long proportionnellement, moins courbé anguleusement en avant, et que l'empreinte deltoïdale descend beaucoup moins bas; mais surtout parce que le condyle interne est percé, comme dans toutes les espèces de Petits-Ours, et comme aucune autre espèce d'Ours proprement dite ne l'a montré jusqu'ici.

Les différences que présentent les autres parties du squelette rentrent dans celles que l'iconographie peut seule convenablement exprimer.

DES OS SÉSAMOÏDES.

En général.

Le nombre de ces os est assez considérable dans le squelette des Ours, comme dans celui de tous les grands Carnassiers, et généralement ils prennent un développement considérable.

En particulier. Aux Membres antérieurs.

Aux membres de devant je n'ai cependant jamais rencontré le sésamoïde du radial antérieur, qui semble être remplacé par un développement remarquable de l'apophyse carpienne inférieure du scaphoïde; aussi celle-là n'offre-t-elle pas la facette articulaire qu'elle présente chez le lion.

Je n'ai pas non plus rencontré le sésamoïde au côté externe de la main, et je ne connais aucun ostéographe qui en ait parlé.

Mais il n'en est pas de même de ceux qui sont sous l'articulation des métacarpiens avec les premières phalanges; ils sont comme de coutume au nombre de deux; leur forme est ovoïde, allongée, comprimée; moins développée cependant que chez les Félis.

Aux Membres postérieurs. Rotule.

Aux membres postérieurs, nous commençons toujours par la rotule, remarquable dans l'Ours d'Europe par sa forme large, arrondie, épaisse, assez régulière, et même un peu symétrique; en sorte qu'elle rappelle assez bien celle de l'homme.

Je ne connais pas de sésamoïdes des tendons d'origine du gastrocnémien, et encore moins du muscle poplité.

Au pied. Mais au pied j'en ai trouvé un assez petit, subcirculaire, en forme de petite calotte épaisse, appliqué par sa face concave articulaire contre le scaphoïde, à son côté interne.

Sous l'articulation métatarso-phalangienne se trouvent groupés, deux à deux, comme à la main, mais peut-être encore plus petits, les sésamoïdes de la gaîne des fléchisseurs des doigts.

DE L'OS DU PÉNIS.

Os du cœur. Il n'existe certainement pas d'os dans le cœur de l'Ours brun; mais

Os du pénis. celui de la verge est considérable, et forme en effet une grande partie de cet organe. Il est par conséquent assez long, subcylindrique, canaliculé à sa face supérieure, et terminé en avant, après s'être renflé un peu, par une pointe qui occupe la partie inférieure du renflement.

Je ne le connais dans aucune autre espèce.

DES DENTS.

En général. Le système dentaire de l'Ours brun, que nous continuons à prendre pour type, est parfaitement normal et prend le caractère que nous allons trouver chez tous les Carnassiers; c'est-à-dire que non-seulement les trois sortes de dents seront toujours parfaitement distinctes, mais de plus, qu'à une seule exception près, la Loutre marine, les deux premières sortes seront toujours en même nombre et ne manqueront jamais. Les différences porteront donc essentiellement sur les molaires, qui varieront non-seulement de nombre, mais aussi de proportions et

En particulier. de forme, ce qui déterminera assez bien le degré de carnivorité.

Dans l'Ours brun. Dans l'Ours brun, comme dans toutes les espèces d'Ours jusqu'ici connues, le nombre des dents en haut est de dix, et de onze en bas; savoir : trois paires d'incisives, une paire de canines, et six paires de molaires en haut et sept en bas, que l'on peut formuler ainsi : Nombre. Disposition.

$$\frac{3}{3}+\frac{1}{1}+\frac{6}{7} \text{ dont } \frac{3}{3}+\frac{1}{1}+\frac{2}{3}=\frac{10}{11}\times 2=\frac{20}{22} \text{ ou 42 en tout.}$$

mais dont quelques avant-molaires sont caduques de bonne heure; en sorte que les zoologistes en comptent une ou deux paires de moins à chaque mâchoire.

Les trois paires d'incisives sont en général fortes, et disposées un peu en arc plutôt qu'en ligne droite. Incisives.

Des supérieures, la première est un tant soit peu moins large que la seconde; mais elles ont assez bien la même forme à la couronne un peu pointue, avec un talon postérieur échancré en deux lobes; la troisième est notablement plus forte et un peu caniniforme, avec un assez large talon en dedans. Supérieures.

Les inférieures, tout à fait terminales; la première la plus petite, avec une seule échancrure vers le bord externe; la seconde assez rentrée, en forme de coin, est marquée en arrière de deux sillons qui aboutissent à autant de petites échancrures du bord de la couronne; enfin, la troisième, à laquelle la seconde commence à ressembler, est large, assez pointue, avec un lobe latéral bien séparé à sa face externe. Inférieures.

Les canines, chez l'Ours brun, sont coniques, arquées, mais certainement moins longues, moins effilées et moins aiguës que dans les Félis, avec deux arêtes plus ou moins prononcées séparant le tiers interne, aplati, de la circonférence, des deux tiers externes convexes. La supérieure a sa couronne un peu plus longue, moins aplatie au côté interne, et plus régulièrement arquée dans le même plan, tandis que l'inférieure, plus courte, plus plate en dedans, et aussi plus subitement crochue dans la partie émaillée, est comme courbée en dehors, la racine étant convexe en dedans. Canines. Supérieures. Inférieures.

Avant-Molaires.

Les avant-molaires de l'Ours brun sont remarquablement petites en haut comme en bas.

Supérieures.

Des trois supérieures, la première, souvent collée à la base de la canine, est un peu plus grande que la seconde, la plus petite, la plus caduque des trois, et à égale distance de celle-ci et de la troisième, qui, un peu plus petite que la première, est serrée contre la principale.

Inférieures.

Les trois avant-molaires inférieures sont presque absolument comme les supérieures, mais peut-être encore moins développées et plus caduques; la première assez large et assez plate, bien plus grosse que la seconde, excessivement petite et gemmiforme.

Principales.

Les principales, chez l'Ours, sont également fort singulières par leur peu de développement; toutefois en conservant assez bien leur caractère.

Supérieure.

Ainsi, celle d'en haut (1) est subtriquètre et par conséquent partagée en trois lobes, deux externes, dont l'antérieur plus large et subtranchant, et un interne, le plus petit des trois, formant avec le postérieur obtus de ceux-là une sorte de talon;

Inférieure.

la principale d'en bas (2), encore plus petite que celle d'en haut, est un peu comprimée, fort basse, avec une pointe unique assez saillante, oblique au milieu, accompagnée d'un talon fort petit en avant et d'un plus grand en arrière.

Arrière-Molaires.

En général.

Enfin, les arrière-molaires de l'Ours sont encore plus caractéristiques que les autres, par leur grosseur, leur peu d'élévation, et ensuite parce qu'entièrement plates et tuberculeuses, elles se correspondent exactement par la couronne, le bord externe étant à peine plus élevé que l'interne.

En particulier.

Supérieures.

Première.

Dernière.

Des deux d'en haut, la première (3), quoique forte, est cependant bien moins considérable que la seconde ou dernière; elle est à peu

(1) *Antépénultième* de M. Cuvier.

(2) *Antérieure* d'en bas de M. Cuvier.

(3) *Pénultième* de M. Cuvier.

près rectangulaire et hérissée de deux grosses éminences coniques avec une très-petite en avant et en arrière en dehors, et de trois bien moins marquées, l'intermédiaire moins que les autres, en dedans. Enfin, la dernière des molaires, de beaucoup la plus grande de toutes, est fort oblongue, plus large en avant, avec trois éminences dont l'antérieure est la plus grande au bord extérieur, l'interne n'étant presque que crénelé irrégulièrement, tant les trois lobes sont peu marqués, et se rétrécissant en arrière en une sorte de queue inégalement ridée, et à bords à peine saillants.

Les trois arrière-molaires inférieures sont moins dissemblables. Les deux premières (1) sont composées de deux parties presque égales; l'antérieure a trois pointes dont deux externes, la postérieure formant un large talon bicuspide; seulement, ce qui est fort distinct pour la première plus comprimée, l'est beaucoup moins pour la seconde de forme ovale, parallélogrammique. Enfin, la dernière, la plus petite, est ovale, arrondie à la couronne garnie de tubercules irréguliers formant cependant deux et quelquefois trois dentelures en dehors comme en dedans, mais souvent presque obsolètes.

Inférieures.

Les deux premières.

La dernière.

L'âge apporte au système dentaire de l'Ours des différences assez considérables.

Différences suivant l'âge.

Dans le premier, dans celui de livrée, il y a, comme chez tous les Carnassiers, un système dentaire de lait, composé de trois incisives à chaque mâchoire, d'une canine et de trois molaires seulement, dont deux avant-molaires et une principale; leur forme est seulement un peu différente de ce qu'elle est dans l'animal adulte. C'est cependant ce que je ne puis assurer que par analogie dans l'Ours d'Europe. En effet, dans les plus jeunes individus de cette espèce que j'ai pu examiner, et qui étaient à peine gros comme de petits chiens, j'ai trouvé le même système dentaire que dans l'adulte (ce qui montre que le changement se fait de très-bonne heure), avec ces différences que les ca-

Premier Système dentaire.

(1) *Antépénultième* et *pénultième* de M. Cuvier.

nines étaient plus droites dans la partie exserte, que les avant-molaires existaient toutes, quoique la première fût à peine sortie ainsi que la dernière arrière-molaire, et que toutes celles qui l'étaient offraient les pointes de leur couronne dans un état d'intégrité parfaite.

Dans l'O. paresseux.

Mais l'Ours paresseux (*U. labiatus*) m'a parfaitement montré le système dentaire de lait, sans aucun mélange de l'autre. J'ai donc pu voir que les

Incisives.

incisives, en haut comme en bas, sont espacées et bien plus petites, assez pointues, sans lobures, mais assez bien avec les mêmes proportions entre

Canines.

elles que celles de l'adulte. Les canines sont à peine proportionnellement

Molaires, 3.

plus grêles; et des trois molaires presque contiguës, la première, fort distante de la canine, est mousse et la plus petite, surtout en haut; la seconde, un peu plus forte, moins comprimée en haut qu'en bas, est encore unicuspide, mais avec un talon postérieur; et enfin la troisième a tout à fait la forme de la principale de l'adulte avec la différence de grandeur.

Deuxième Système dentaire. Ses changements.

Au-dessous de ce système dentaire de premier âge, on trouve le second dans un état plus ou moins avancé, en sorte qu'il est impossible d'admettre l'idée que M. G. Cuvier a émise, que les petites dents de l'Ours adulte pourraient bien être les dents de lait qui n'auraient pas été rejetées lors de l'éruption des dents persistantes. (*Ossem. foss.*, IV, p. 231.) Les deux dernières avant-molaires, et la principale de remplacement à la mâchoire inférieure, sont même justement au-dessous de celles qu'elles doivent remplacer, et dans l'intervalle vide après la canine de lait, on voit, sous la gencive, la première avant-molaire d'adulte, ce qui en fera trois dans la seconde dentition. Quant à la mâchoire supérieure, il y a une avant-molaire de remplacement de plus que de lait, c'est-à-dire trois.

Par usure.

Une fois le système dentaire de remplacement complétement développé, les modifications qu'il présente portent sur l'écartement des avant-molaires entre elles par l'allongement de la mâchoire, sur le reculement en dedans de l'incisive intermédiaire inférieure, reculement qui existe cependant dans le jeune âge, sur la chute successive, mais très-variable pour l'époque (1), de ces avant-molaires, d'abord de l'intermédiaire de très-bonne heure, puis de la première plus tard, et enfin de la troisième la dernière, et cela par la sortie des parties de plus en plus larges de la base des canines, et des arrière-molaires.

Après cela, les dents s'usent à leur pointe pour les incisives, à leur pointe et à leur côté de contact pour les canines, et enfin à la surface entière de la couronne premièrement, et surtout sur les bords, pour les molaires, en marchant de la première à la dernière. Résultat qui n'est pas rigoureusement en rapport avec l'âge, comme on le pense trop souvent, mais aussi avec la nourriture habituelle de l'animal.

Suivant le sexe.

Le sexe ne doit apporter, et n'apporte en effet de différences un peu notables dans le système dentaire de l'Ours d'Europe, que pour la grandeur, et surtout pour celle des canines, toujours un peu plus grêles dans les femelles; mais il n'en est pas de même des espèces. Le système dentaire, convenablement étudié, les différencie fort bien et mieux qu'aucune autre partie de l'organisation des Ours. Malheureusement ces différences sont plus faciles à sentir qu'à exprimer, même par l'iconographie.

En examinant attentivement toutes les parties du système dentaire chez les individus de l'Ours d'Europe que j'ai pu me procurer, et qui font partie de la collection du Muséum, je n'ai pu saisir aucune différence véritablement appréciable, et qui pût aller au delà de différences individuelles; telles sont celles, par exemple, qui tiennent à la grosseur de chaque dent. Il est tout simple qu'un individu petit comme notre Ours des Asturies, n'ait pas les dents aussi fortes, aussi grosses que notre Ours féroce de la Californie, qui le surpasse de près d'un cinquième en grandeur, quoique de même espèce.

(1) Ces variations dans la chute des avant-molaires paraissent avoir lieu dans d'autres espèces d'Ours que dans l'*U. Arctos*; en effet, MM. Cauteley et Falconer citent une tête osseuse de l'*U. Thibetanus* qui, malgré qu'elle provînt d'un vieil animal, avait ses trois fausses-molaires supérieures de chaque côté, tandis qu'un plus jeune n'en avait que deux; une autre qui n'en avait pas à gauche, tandis qu'il n'y en avait qu'une à droite, la mâchoire inférieure ayant ses trois fausses-molaires de chaque côté.

Suivant l'espèce.

Mais il n'en est pas de même aussitôt que l'on compare à notre Ours d'Europe une espèce réellement distincte; l'étude du système dentaire confirme très-bien la distinction. Ainsi, dans l'Ours noir d'Amérique, les deux premières paires d'incisives supérieures n'ont pas leur talon lobé, mais bien entièrement arrondi; la principale inférieure est bien moins forte; la dernière molaire supérieure a son talon proportionnellement moins long; enfin, la dernière inférieure est encore assez grosse et assez ovale.

Dans l'*U. Americanus.*

L'*U. maritimus.*

L'Ours blanc offre encore des différences plus évidentes et dans un plus grand nombre de points. D'abord toutes les dents sont en général plus petites, du moins pour les incisives et les molaires; car les canines sont évidemment plus robustes. Mais surtout la dernière molaire supérieure a encore sa partie postérieure bien plus courte et l'inférieure est plus ronde.

L'*U. labiatus.*

L'Ours à grandes lèvres est peut-être l'espèce qui s'éloigne le plus de toutes les autres sous le rapport du système dentaire; en effet, les incisives sont en général plus petites, plus espacées, plus pointues, et tout à fait lisses en avant comme en arrière, souvent même réduites à deux paires en haut; les canines, moins fortes, sont plus déclives; les trois avant-molaires sont plus espacées, moins inégales entre elles et moins caduques; les principales et les arrière-molaires sont proportionnellement plus petites; la dernière supérieure et l'inférieure presque rondes.

L'*U. ornatus.*

Les Ours des Cordillières et malais présentent encore un système dentaire fort reconnaissable, d'abord en ce qu'il forme des lignes bien plus serrées, et ensuite par des particularités de forme. Les incisives, très-contiguës, un peu comprimées, sont comme coudées verticalement à l'origine de leur couronne, dont le talon, en arrière, présente une disposition qui a quelque ressemblance avec la fourchette de la sole du pied du cheval; les canines, très-larges à la racine, ont leur pointe assez courte; les avant-molaires sont très-fortes, surtout la première, très-contiguës et comme pressées entre la principale et la canine; la principale inférieure est fort petite; les arrière-molaires sont en général raccourcies en haut, étroites en bas; la dernière supérieure, avec un talon médiocre, et l'inférieure presque ronde. Elle l'est davantage chez l'Ours malais, dont le système dentaire est en outre encore plus serré, plus robuste, formant une ligne plus courte que dans l'Ours des Cordillières.

L'*U. Malayanus.*

Ces différences dans la forme, dans la proportion, et même dans la disposition des dents chez les espèces d'Ours, sont, jusqu'à un certain point, traduites par les racines et par les alvéoles de ces dents.

Dans les racines. En général.

Chez l'Ours d'Europe, les incisives n'ont, comme dans la très-grande partie des Mammifères, qu'une seule racine longue, aiguë, un peu comprimée pour les deux premières, surtout en bas, et conique pour les externes.

Chez l'O. d'Europe. En particulier. Des Incisives.

La racine des canines de l'Ours est toujours conique, robuste, renflée à sa base, et plus considérable que la couronne.

Des Canines.

Les trois avant-molaires n'ont aussi qu'une racine, en général courte, épaisse et comprimée pour la première, conique pour la seconde, et encore un peu comprimée à la troisième.

Des Avant-Molaires.

La principale, en haut comme en bas, n'a que deux racines assez longues, subconiques et au moins divergentes; la dernière de la dent supérieure assez large.

De la Principale.

Les arrière-molaires supérieures ont constamment deux rangées longitudinales de racines, deux en dehors bien distinctes, dont l'antérieure est la plus petite, et une seule fort large en dedans pour la première; trois en dehors, dont les postérieures subconnées, et deux fort larges en dedans pour la dernière.

Des Arrière-Molaires supérieures.

Quant aux trois arrière-molaires inférieures, elles n'ont toujours que deux racines proportionnelles à la partie de la couronne qu'elles supportent, et par conséquent la postérieure la plus forte; mais à la dernière elles sont complétement connées, et ne forment ainsi qu'une large lame triangulaire amincie au milieu.

Inférieures.

Chez les autres espèces d'Ours la différence dans la force et dans la

Chez les autres espèces.

proportion de la couronne des dents entraîne nécessairement des différences concordantes dans les racines; mais elles ne vont jamais jusqu'à en diminuer le nombre.

Dans les Alvéoles.

Les alvéoles que présente le bord des mâchoires sont dans le même cas, c'est-à-dire n'offrent que des différences peu importantes avec ce qu'elles sont dans l'Ours d'Europe.

Chez l'O. d'Europe. A la Mâchoire supérieure.

Dans cette espèce, à la mâchoire supérieure, une série simple de trois trous assez ronds et serrés, dont le postérieur notablement plus que les autres, dans l'os prémaxillaire; puis un beaucoup plus grand, ovale, très-profond, suivi de trois autres très-petits, le premier un peu plus grand, ovale et serré contre l'alvéole de la canine; un second bien plus petit, arrondi, et enfin un troisième, un peu distant, serré contre les deux derniers, qui terminent la série simple, et qui sont fort rapprochés et médiocres. Au delà la série devient double, et formée en dehors de cinq trous, deux rapprochés en avant et trois en arrière, et, en dedans, de trois seulement, mais bien plus longs que larges.

Inférieure.

A la mâchoire inférieure, les alvéoles ne forment, comme de coutume, qu'une série simple commençant par trois trous plus ou moins serrés et arrondis, dont le second plus ou moins hors de rang en dedans, suivis d'un quatrième beaucoup plus grand; puis après trois beaucoup plus petits, souvent obsolètes, ce qui constitue alors une barre ou une interruption, viennent ceux des molaires, groupés deux à deux, au nombre de six, et enfin un dernier, large et arrondi, qui termine la série.

Des différences suivant l'âge. Adulte.

Les différences que présentent les alvéoles tiennent à l'âge et un peu à l'espèce; ainsi les avant-molaires tombant en général de bonne heure dans tous les Ours, et peut-être plus ou moins tôt suivant les espèces, et certainement d'une manière fort irrégulière, on voit comment il pourra y avoir, par absence d'alvéoles, une barre plus ou moins étendue entre la canine et la principale; je dis plus ou moins étendue, parce que c'est dans cette partie que les dents se serrent ou s'écartent plus ou moins suivant les espèces et même suivant l'âge.

Jeune.

Mais la différence la plus importante que l'âge apporte à la disposition alvéolaire du bord des mâchoires des Ours, est celle qui tient à la première dentition; en effet, à cette époque, on peut trouver trois petites alvéoles rondes espacées en haut comme en bas; puis une plus grande, et après un petit espace vide, deux petits trous ronds, puis plus rapprochés, trois en haut, dont deux postérieurs sur le même rang transversal et deux seulement en bas.

Il n'est pas besoin d'ajouter que l'on pourrait trouver un mélange d'alvéoles de première et de seconde dentition, ce qu'il serait aisé de reconnaître par la connaissance des deux systèmes dentaires et de leurs racines, tels qu'ils ont été décrits plus haut.

Suivant les Espèces.

Quant à la différentiation des espèces par les alvéoles, ce n'est encore que par la considération de celles des avant-molaires qu'elle pourrait avoir lieu; en effet les trois alvéoles, par exemple, également et assez distants dans l'Ours à grandes lèvres, se rapprochent au point de se toucher, et même de sortir de la ligne, chez les espèces à museau très-court, comme dans l'Ours malais. Mais il ne s'ensuit pas que l'absence de l'une ou de l'autre de ces alvéoles pourrait servir à la distinction des espèces, comme on a essayé de le faire en paléontologie. En effet, l'absence de ces alvéoles est une véritable disparition par suite de la chute prématurée de ces dents, qui pourrait elle-même tenir à un accroissement plus rapide dans le système osseux. Dès lors on voit comment, chez un animal vigoureux, libre et cependant abondamment nourri, la chute de ces dents, évidemment insignifiantes dans leurs usages, doit avoir lieu bien plus tôt que chez les individus gênés et appauvris par la domesticité, et presque tous les squelettes de nos collections proviennent d'individus élevés dans nos ménageries.

CHAPITRE DEUXIÈME.

DE L'ANCIENNETÉ DES ESPÈCES DU G. URSUS ET DES TRACES QU'ELLES ONT LAISSÉES DANS LE SEIN DE LA TERRE.

Dans les Œuvres littéraires. La Bible.

Les traces les plus anciennes de l'existence des Ours à la surface de la terre se trouvent dans nos livres sacrés et en plusieurs endroits. Ainsi David (*Livre des Rois*, t. I, p. 17) dit que lorsqu'il gardait les troupeaux de son père, si un Lion ou un Ours venait à enlever un mouton, il le poursuivait, lui arrachait sa proie et le mettait à mort, ce dont l'Ecclésiaste a également fait mention.

Nous trouvons aussi dans le IIe *Livre des Rois*, rapporté par le prophète Élisée, qui vivait environ neuf cents ans avant J.-C., que, non loin de Jérusalem, dans les montagnes de la Palestine près Bethléem, deux Ours se jetèrent sur une troupe d'enfants qui l'avaient insulté, et en dévorèrent quarante-deux.

Les Mythologistes grecs.

Nous voyons ensuite les poëtes, les mythologistes grecs, tirer, sous le nom d'*Arctos*, dont l'étymologie n'est nullement certaine, des comparaisons plus ou moins justes de ces animaux, ou bien les énumérer parmi ceux qu'Orphée charmait par la douceur de sa lyre, ou qui gémissaient de la mort de Daphnis, ou même comme objet de chasse de leurs héros.

Notre système de constellations dans l'hémisphère nord nous rappelle, même dans la dénomination que nous avons conservée aux deux plus septentrionales, un mythe célèbre, celui d'Arcas, fils de Jupiter, et de la nymphe Calisto, elle-même fille de Lycaon, roi d'Arcadie, changé en Loup pour avoir donné à manger les membres d'Arcas, lequel, ressuscité et devenu grand chasseur, ayant rencontré dans les forêts sa mère changée en Ourse, par la jalousie de Junon, et prêt à la tuer, en fut empêché par Jupiter, qui le changea lui-même en Ours et les plaça l'un et l'autre dans le ciel.

Or, ce mythe dans lequel le père, la mère et le fils sont métamorphosés en animaux carnassiers, nous montre qu'à l'époque sans doute fort reculée à laquelle il remonte, les forêts de l'Arcadie, dans le Péloponèse, actuellement la Morée, recelaient des Loups et des Ours en grand nombre, qu'on les mangeait sans doute, et peut-être que si l'on a mis la figure de l'Ours au nombre des constellations les plus septentrionales, c'est que l'on savait que le nord était le pays où il s'en trouve le plus, et d'où le commerce les apportait en Grèce; ce qui a encore lieu de nos jours. Il faut cependant faire observer que, dans la figure d'Ours, tel qu'on a été obligé de la construire pour y comprendre toutes les étoiles de la constellation, la queue est bien longue, et que le nom de chariot qu'on lui donnait anciennement suivant Homère (*Odyss.*, Liv. IV) lui convenait beaucoup mieux.

Depuis ce temps, le nom d'*Arctos*, dont l'étymologie est encore douteuse comme tant d'autres, est devenu en grec à la fois celui de l'animal et celui du pôle auprès duquel se trouve la constellation de l'Ours.

Les écrits des historiens naturalistes grecs, depuis Aristote, ne laissent aucun doute que c'est bien le même animal que les Latins ont nommé *Ursus*, et qu'ils ont si souvent caractérisé par son pelage hérissé, puisque Pline, en copiant les passages d'Aristote qui regardent cet animal, a remplacé *Arctos* par *Ursus*, que nous avons contracté dans le mot Ours.

Les historiens.

Aristote.

Pline.

Cet animal, dès l'origine des jeux du cirque à Rome, fut un de ceux qui y furent employés le plus souvent, comme nous l'apprend Tite-Live, que, dès l'an 685 de la fondation de Rome, les édiles P. Cornelius, Scipion Nasica et P. Lentulus firent paraître quarante Ours dans le cirque. Et, comme depuis ce temps, ils ont été si souvent montrés par des banquistes, aussi bien dans l'Inde qu'en Europe; de plus que certaines villes en ont nourri, par considération de leurs armoiries dans lesquelles ils les avaient fait entrer, qu'ils ont été le sujet de chasses continuelles, on peut dire que l'Ours est un des animaux le plus anciennement connus

Tite-Live.

Ours connus de toute antiquité.

et sans vacillation. Pausanias même nous apprend, Liv. VIII, chap. 17, que les Sangliers et les Ours blancs étaient si communs en Thrace, que des particuliers en nourrissaient chez eux, et, chap. 49, que l'un des plus doux passe-temps de Philopœmen était de tuer un Ours ou un Sanglier.

Mais non représentés.

Nous ne connaissons cependant aucun monument qui nous donne une représentation quelconque d'un véritable Ours.

Dans les Médailles grecques.

Millin, dans son *Mémoire sur les animaux représentés sur des médailles grecques*, ne mentionne pas l'Ours.

Dans les Mosaïques. De Carthage.

Dans les mosaïques découvertes tout dernièrement dans une ancienne Villa du territoire de Carthage, on cite au nombre des animaux représentés des Ours (*Écho du monde savant*, 1840, fin d'août); ce dont je doute cependant un peu.

De Palestrine.

On a pu croire que la Mosaïque de Palestrine, dont nous avons déjà eu occasion de parler à l'occasion des Primatès, contenait des figures que l'on pouvait rapporter à l'Ours, quoiqu'aucune ne porte le nom d'*Arctos*, sans doute parce que l'auteur, qui voulait caractériser l'Égypte par ses productions à la manière des géographes anciens, n'avait trouvé nulle part cet animal indiqué comme égyptien; toutefois on ne peut se dissimuler que son *Sphyngia*, que Barthélemy pense être un Chat-Tigre, ressemble plutôt à un Ours par la longueur et l'épaisseur de son museau, l'absence de queue apparente, les poils hérissés sur le col: à quoi il faut ajouter qu'il en représente la gueule ouverte comme lorsque l'Ours halète, et marchant à grands pas, ainsi que le fait cet animal; mais les tarses sont trop élevés pour un Plantigrade.

Sous le nom de *Sphyngia.*

Crocotta.

Dans la figure intitulée *Crocotta*, les tarses sont au contraire courts, ainsi que les oreilles; on a donc pu y voir un Ours, malgré la juste observation de Barthélemy qui, au sujet de cette figure, dit que ce nom était donné à un animal intermédiaire au Loup et au Chien, et qui paraît être l'Hyène comme l'ont pensé les zoologistes en nommant l'Hyène du Cap *H. Crocutta.* Toutefois, la figure citée ne peut convenir à cet animal et rappelle davantage un Lynx; mais c'est une nouvelle preuve que le dessinateur de la Mosaïque, sous des noms connus d'animaux égyptiens, représentait ceux-ci d'après son imagination plutôt que d'après la réalité.

Dans les Peintures.

Les peintures d'Herculanum, les vases étrusques, n'offrent aucune image que l'on puisse, de près ou de loin, rapporter à cet animal; et je ne connais non plus aucun bas-relief, de chasse ou autre, où il soit représenté.

Dans les Hiéroglyphes.

Je ne vois pas non plus qu'il ait été employé par les anciens Égyptiens comme signe hiéroglyphique de leurs écritures sacrées; mais Hérodote, liv. II, dans son énumération des animaux considérés comme sacrés, y range les Ours dans cette phrase : *Ursos qui sacri ut Lupos non multo vulpibus grandiores, Ægyptii ei loci sepeliunt ubi jacentes invenimus*, ce qui prouve que les Ours existaient autrefois sans doute dans la Haute-Égypte. Cependant jusqu'ici les nombreuses fouilles qui ont été faites dans les catacombes de Thèbes, n'ont encore mis à découvert aucune momie ou portion de momie que l'on pourrait attribuer à un Ours.

Dans les Monuments égyptiens.

M. de Paravès m'a cependant assuré que Champollion avait rapporté d'Égypte le calque d'une peinture dans laquelle sont représentés des Ours que des hommes font danser; mais ces animaux pouvaient avoir été tirés de la Syrie, où il en existe encore.

Toujours est-il que M. Rosellini ne fait aucune mention d'Ours dans son ouvrage sur les *Monuments civils des Égyptiens*.

Nous avons vu plus haut qu'aujourd'hui il n'existe certainement plus d'Ours en Angleterre; mais ne peut-on pas induire d'une coutume assez singulière, il est vrai, existante à Oxford, et qui consiste à promener processionnellement dans les rues, le jour de Noël, une tête d'Ours couronnée, que cet animal existait encore dans ce pays depuis l'époque de la création de l'Université d'Oxford? On attribue en effet cette coutume à ce qu'un professeur de l'Université, se promenant dans la forêt de Soltowher en lisant Aristote, fut attaqué par un Ours, et qu'il eut le courage de l'attendre de pied ferme et de lui enfoncer le volume dans la gueule en lui criant avec force : Mange, c'est du grec!

Mais fréquents à l'état fossile.

Mais si nous ne trouvons aucune trace immédiate d'un animal de ce genre dans l'histoire artistique de l'homme, il n'en est pas de même dans celle du globe que nous habitons. En effet, c'est indubitablement l'Ours, dont les ossements, considérés comme fossiles, ont été remarqués les premiers et en plus grande abondance dans toute l'Europe, et surtout en Allemagne, d'abord comme substance thérapeutique sous le nom de Licorne fossile, et ensuite comme os et pièces de squelette.

En Allemagne. Notés par

Nous trouvons en effet, non pas, il est vrai, dans des couches un peu anciennes, mais dans des terrains d'alluvion, et peut-être même dans le diluvium, une très-grande quantité d'ossements qui ont sans doute appartenu à des animaux de ce genre, et c'est surtout en Allemagne, dans les nombreuses grottes ou cavernes dont le calcaire jurassique de ce pays est creusé, que l'on a le plus recueilli de ces ossements.

J. Paterson Hayn, 1672.

1672. Le premier auteur qui en ait parlé paraît être J. Paterson Hayn, quoiqu'il ne les prît pas pour ce qu'ils étaient, et qu'il les ait signalés, suivant une tradition populaire, comme des os de Dragon. On reconnaît, en effet, ainsi qu'Esper l'a fait remarquer depuis longtemps, dans les pièces qu'il a décrites et figurées (Éphém. des Cur. de la nat., IIIe ann., observ. 139, p. 220, et obs. 194), un axis et deux autres vertèbres, une portion de crâne, une moitié de mâchoire inférieure, un humérus, une moitié de bassin, quelques os du métacarpe, un sacrum, un fémur et des dents, qui avaient été trouvés dans une des cavernes des monts Krapacks.

Vollgnad, 1673.

1673. Les mêmes ossements, augmentés d'une tête entière et même d'un squelette entier qui avait six aunes de long, ainsi que d'une mâchoire à laquelle on voyait encore un reste de la peau, également recueillis par Paterson Hayn, firent le sujet d'une autre notice insérée dans le même recueil, observ. 170, an. IV, p. 226, par Henri Vollgnad, mais toujours considérés comme des os de Dragons, ainsi que le faisaient les habitants des Karpathes à cette époque, et comme ayant brisé les grands os d'autres animaux qui leur avaient servi de nourriture.

1709. Mylius (*Memorabilia Saxoniæ subterraneæ*, pl. II, p. 73) donne la figure de différents autres morceaux tirés de la caverne de Schartzfels. Mylius, 1709.

1749. C'est ce que fit également Leibnitz dans la pl. II. de sa Protogée, mais sans désignation aucune des objets qu'il a figurés, et que Soemmering a spécifiés dans son mémoire sur les os fossiles gravés dans la Protogée de Leibnitz (Grosse. Magaz. pour l'Hist. nat. de l'homme, tom. 3, p. 60, en Allem.). Leibnitz, 1749.

1725—1732. Bruckman, dans sa description des cavernes de Hongrie, publiée d'abord dans les Mémoires de Breslau (*Bresl. Saml.*, p. 628), et ensuite dans son *Epistola itineraria*, p. 32, fit beaucoup mieux, non-seulement en faisant l'observation que les ossements de ces cavernes ne différaient pas de ceux des cavernes du Hartz, mais par la comparaison qu'il en fit avec ceux des Ours. Bruckman, 1725-1732.

Kundman et Walsh, l'un dans ses *Rariora naturæ et artis*, tab. 11, f. 1, 6, 7, 8; l'autre dans ses Commentaires sur les monuments du déluge de Knorr, II, 2, page 207, tab. 1, f. 1, 2, 3, en firent encore connaître quelques fragments, mais sans rapprochements heureux. Kundman. Walsh.

1774. C'est donc à Esper (1), dans sa Description des Ostéolithes des cavernes de Franconie, qu'est dû d'avoir essayé de rapporter à des espèces distinctes les nombreux ossements qu'il a trouvés et en partie figurés; et, ce qu'il y a de remarquable, c'est qu'il crut pouvoir porter le nombre des espèces dont ils provenaient à neuf. Malheureusement, à défaut d'objets de comparaison, il n'osa pas se décider formellement sur la nature de ces débris, qui sont évidemment d'Ours. Cependant on voit très-bien que, malgré ses incertitudes, c'est la grande différence de taille qui l'a empêché de se prononcer pour un rapprochement définitif avec ce genre; ainsi il dit, page 67 : « Le seul genre des Ours mérite d'être examiné plus près, » et, en effet, après une comparaison incomplète, Esper, 1774

(1) *Description détaillée de Zoolithes nouvellement découverts* (en allemand), Nuremberg, 1774, 69 pages; et *Soc. des Nat. de Berlin*, IX, p. 188.

il termine par cette phrase : « Si nos Ostéolithes n'ont pas appartenu à l'*U. arctos*, à cause de la différence de grandeur, n'ont-elles pas appartenu à une espèce perdue ou qui n'est pas assez connue; peut-être à l'Ours blanc? » Mais la difficulté de concevoir comment tant d'os de ces animaux avaient pu être accumulés dans les cavernes de Franconie, lui fit abandonner cette hypothèse; et cependant, page 74, il est encore obligé de convenir, avec plusieurs savants ses prédécesseurs, que les dents de l'animal inconnu fossile étaient ressemblantes à celles de l'Ours.

et 1784. 1784. Aussi cet auteur, s'étant procuré plus tard une tête osseuse d'Ours blanc, pensa en avoir reconnu l'identité avec celle de l'Ours des cavernes (Écrits par la Société des Naturalistes de Berlin, V, 1784); opinion que Fuchs adopta dans une note insérée dans le tome VI du même Recueil.

Camper, 1786. 1786. Ce rapprochement ne fut cependant pas admis par Camper, du moins à ce qu'en dit Merk, dans sa troisième Lettre géologique imprimée en 1786, et cela surtout à cause de l'absence de la première avant-molaire, existant toujours chez les Ours.

Rosenmuller, 1794 1794. Il fut encore repoussé bien davantage par Rosenmuller qui, ayant eu en sa possession une tête complète d'Ours fossile provenant de Gaylenreuth, et ayant pu en faire la comparaison avec celle d'un Ours brun, ainsi qu'avec celle d'un Ours blanc décrite par Pallas, conclut, d'abord dans une dissertation latine imprimée en 1794, puis dans un recueil allemand intitulé : *Matériaux pour servir à l'histoire et à la*
et 1795. *connaissance des os fossiles* (1795), que ces trois crânes provenaient de trois animaux différents.

J. Hunter, 1794. 1794. La chose n'était cependant pas tellement évidente que cette assertion ne pût être contestée, et c'est en effet ce que fit J. Hunter dans un mémoire inséré dans les Transactions philosophiques pour 1794, page 407, tab. 19-20, et où, après avoir donné deux excellentes figures des crânes fossiles qui lui avaient été envoyés par le prince margrave d'Anspach, il dit que les diverses têtes d'Ours des cavernes diffèrent autant entre elles qu'elles diffèrent de l'Ours blanc maritime, et que toutes ces différences ne surpassent pas celles que l'âge peut produire dans les animaux carnassiers; assertion que, malgré l'opinion de feu M. G. Cuvier qui la déclare vague et erronée, nous regardons comme en grande partie hors de doute.

1804. Aussi Rosenmuller (1), en revenant une troisième fois sur ce sujet dans sa Description des os fossiles de l'Ours des cavernes (Weimar, 1804), dans laquelle, outre le crâne qu'il avait figuré en 1795, il donne la figure d'un assez grand nombre d'autres os de grandeur naturelle, crut devoir attribuer au sexe les différences qu'il aperçut entre des crânes dont on a fait depuis des espèces distinctes. Rosenmuller, 1804.

On commençait en effet, à peu près à cette époque, à vouloir distinguer deux espèces d'Ours fossiles dans les cavernes d'Allemagne, comme on peut le déduire d'un passage de Camper cité par Merk dans sa troisième Lettre sur les fossiles, page 34, où il dit qu'outre les os de l'Ours inconnu, on trouve des restes de Lion, de Tigre, de vrai Ours et de Chien. Camper et Merk.

M. G. Cuvier cite aussi une lettre d'Adrien Camper, dans laquelle celui-ci lui faisait remarquer de grandes différences entre deux fémurs dont il lui envoyait les dessins. Adr. Camper.

Enfin M. Blumenbach, dans ses lettres à M. Cuvier, formulait nettement cette opinion de deux espèces distinctes d'Ours fossiles dans les cavernes d'Allemagne, en donnant à l'une, la plus anciennement connue, à front bombé, le nom d'*U. spelæus*, et à l'autre, celui d'*U. Arctoïdeus*, voulant indiquer par là ses rapports plus prochains avec l'Ours actuellement vivant en Europe, *U. Arctos*, L. Blumenbach.

Cependant Blumenbach, en revenant sur ce sujet (*I specim. Archæolog. telluris*, p. 13, 1803), ne donne pas les caractères propres à les distinguer. Il se borne en effet à dire qu'il y a eu discussion pour savoir si les ossements du genre des Ours, si communs dans les cavernes d'Alle-

(1) *Description des os fossiles de l'Ours des cavernes*, avec fig., Weimar, 1804, in-folio (en allemand).

magne, devaient être rapportés à une espèce vivante ou non; qu'ils l'ont été à l'Ours blanc, *U. maritimus*, celui dont ils s'éloignent le plus dans son opinion, plus convenablement à l'Ours commun *U. Arctos*, dont ils ne semblent différer que par la taille; mais qu'à en juger d'après trois crânes d'Ours commun et un d'Ours blanc qu'il a sous les yeux, ils s'éloignent de toutes les espèces à lui connues. A quoi il ajoute en note que M. Cuvier a aidé cette comparaison en lui communiquant, non-seulement la description et les mesures, mais encore des figures très-soignées, faites par lui-même, des espèces citées plus haut, ainsi que d'un crâne de la collection du Muséum, différant autant de l'Ours commun que de l'Ours blanc, mais dont on ignore la patrie.

Par M. G. Cuvier, en 1796, 1796. Tel était l'état des choses lorsque feu M. G. Cuvier publia sa première note sur les têtes d'Ours fossiles dans les cavernes de Gaylenreuth (*Bulletin des Sciences*, par la Société philomatique, n° 50), puis son
en 1806, travail tout entier dans un mémoire *ad hoc* en 1806, d'abord dans les
en 1812. *Annales du Muséum*, VII, p. 301, et ensuite dans le recueil de ses mémoires en 1812.

Ayant à sa disposition :

1° La notice la plus complète de tout ce qui avait été publié à ce sujet avant lui, notice qu'il devait à l'amitié d'Aatenrieth, comme il a soin d'en prévenir lui-même (1);

2° Les dessins des objets existants dans la collection de Camper, dans celles de la Société des naturalistes de Berlin, de Benzemberg, du landgrave de Hesse-Darmstadt, et de Blumenbach;

3° La collection très-considérable et en parfait état de conservation des ossements de Gaylenreuth, qui avait été donnée à Buffon par le dernier margrave d'Anspach quelques années avant qu'il n'en parlât dans son Supplément à la théorie de la terre, ou ses Époques de la nature (Supplément, V, p. 491, 1778), et en outre plusieurs morceaux de Schartzfels que M. de Jussieu lui donna, une tête et différents morceaux du tuf de

(1) *Recherches sur les ossements fossiles*, 1re édition, t. III et non dans la seconde.

Gaylenreuth, que lui donna également M. Félix de Rossy, et dont M. Cuvier put tirer beaucoup de petits os;

Il lui fut aisé de reprendre ce sujet avec toute l'étendue convenable, et d'autant mieux que, grâce à l'établissement d'une ménagerie d'animaux vivants au Jardin du Roi, devenu Muséum d'histoire naturelle, et à la prise, par suite de l'invasion des Français en Suisse, des Ours que Berne nourrissait dans ses fossés, il avait pu observer un plus grand nombre de ces animaux vivants, et surtout comparer à la fois un plus grand nombre de squelettes.

Aidé de ces nombreux secours, M. Cuvier, prenant le sujet pied à pied, en traitant successivement des crânes, des dents et de presque toutes les autres parties du squelette, arriva à la confirmation de ce que Blumenbach avait formulé par les noms d'*U. spelæus* et d'*U. Arctoïdeus*, savoir, que les crânes et quelques-uns des grands os trouvés dans les cavernes d'Allemagne présentent des différences telles, qu'on doit les regarder comme provenant d'espèces d'Ours différentes de celles que les naturalistes ont déjà décrites jusqu'ici.

Ses Conclusions.

1° Ces crânes et quelques-uns de ces grands os, les humérus et les fémurs, par exemple, diffèrent assez entre eux pour que l'on doive croire que les os de deux espèces d'Ours ont été ensevelis pêle-mêle.

2° Quelques-uns des os de l'une des deux étaient plus semblables à ceux des Ours d'aujourd'hui que ceux de l'autre. Il y en a même parmi ceux de l'une, comme l'humérus, etc., qu'on ne distinguerait point, *si on les voyait seuls*, de ceux des Ours vivants les plus communs. Il y en a d'autres qui paraissent être dans ce cas-là dans les deux espèces, comme ceux du carpe, etc.

3° Mais les crânes suffisent pour fournir des caractères qui ne laissent pas de doute raisonnable; et comme, parmi ceux-ci, les crânes fossiles qui ont le front bombé paraissent s'écarter de ceux de nos Ours plus que les crânes fossiles à front plat, il est naturel de rapporter aux premiers ceux des os des membres qui s'écartent dans le même degré de leurs analogues dans nos Ours communs, les os du corps ou des membres qui ressemblent davantage à ceux-ci seront alors donnés aux crânes à front plat dans la répartition que l'on fera.

Et quoique ce mode de raisonner ne fût pas à l'abri de fortes objections, et que M. Cuvier manquât d'un grand nombre de pièces pour compléter le squelette des deux espèces, il n'en établit pas moins comme résultat constant :

L'existence dans les cavernes des os de deux espèces d'Ours jusqu'ici inconnues parmi les Ours vivants, l'une à front bombé, et l'autre à front plat, auxquelles on pourra, dit-il, laisser les noms employés par M. Blumenbach.

Les procédés employés par M. Cuvier pour arriver à ce résultat étaient si spécieux, et en même temps si simples et si faciles, puisqu'il ne s'agissait presque que de prendre des mesures linéaires et angulaires, que cette manière de voir fut généralement adoptée, et, malheureusement aussi, cette manière de procéder, et l'on vit alors les paléontologistes devenir ostéologistes avec une facilité que je ne crains pas de taxer de déplorable, et dont nous ferons ressortir les fâcheux résultats sur la géologie rationnelle ou étiologique, lorsque nous aurons passé en revue les restes fossiles que la classe des Mammifères a laissés dans le sein de la terre.

Par M. Goldfuss, en 1810.

1810. Dans l'intervalle de temps qui sépare la première édition du Mémoire de M. Cuvier, de la seconde qui parut en 1823, nous n'avons à noter que le Mémoire de M. le professeur Goldfuss (1), dans lequel il crut devoir établir, d'après des ossements provenant des cavernes de Franconie comme les précédents, une troisième espèce d'Ours fossiles qu'il nomma *U. priscus.* Conséquent aux principes donnés par M. Cuvier, M. Goldfuss établit cette espèce d'après une tête osseuse complète offrant suivant lui des caractères qui la rapprochent à la fois de l'Ours brun, variété des Alpes, de l'Ours brun d'Europe, et de l'Ours d'Amé-

(1) *Nova Acta academ. cur. Nat.*, tom. X, ann. 1820, et *die Umgebrungen von Muggendorf*, von Dr G. A. Goldfuss. Erlangen, 1810, 273 p.

rique, pour l'éloigner des deux espèces jusque-là reconnues dans ces mêmes cavernes, et qui doivent la constituer comme distincte.

Quant aux nouvelles localités où l'on découvrit pendant le même intervalle des ossements d'Ours fossiles, elles se bornèrent :

Au Val d'Arno, où M. Nesti (1) trouva quelques morceaux de mâchoires armées de dents qui faisaient partie du cabinet de Targioni Tozzetti, et dont M. Cuvier a constitué par la suite une espèce nouvelle sous le nom de *U. Etruscus* ou *U. cultridens*; M. Nesti.

Aux environs de Plymouth, en Angleterre, dans la caverne d'Oreston, avec des os d'Éléphant et de Rhinocéros en très-grand nombre, comme nous l'apprend une note insérée par M. E. Home dans les Transactions de la Société royale de Londres pour 1821 ; mais dans laquelle il se borne à dire que l'on trouva dans cette caverne deux incisives, deux canines et des portions de deux tibias d'un Ours brun ou noir, avec une dent de Rhinocéros et d'une espèce de cerf; M. E. Home.

Dans la haute Autriche, aux environs de Krems-Münster dans une carrière de gravier consolidé d'après M. le professeur Buckland qui a publié à ce sujet une note sur quelques ossements d'Ours trouvés en Allemagne, page 49 de son grand travail sur la caverne de Kirkdale M. Buckland.

Malgré cette tendance des paléontologistes à suivre les errements de M. Cuvier sur la multiplication des espèces d'Ours fossiles; celui-ci, éclairé par un plus grand nombre de matériaux récents et fossiles, et entre autres par des ossements provenant des cavernes d'Adelberg, en Carinthie, envoyés par M. le prince Metternich, et par la vue à Brémen de l'immense collection qu'Ebel avait fait faire à Gaylenreuth pendant plusieurs années, mais surtout par un examen plus sévère du sujet, tendait au contraire à en restreindre le nombre, comme on peut s'en assurer en lisant attentivement, mais surtout comparativement avec la première, la seconde édition qu'il publia alors en 1823 de son Mémoire sur M. G. Cuvier en 1823.

(1) *Lettera terza di alcune Ossa fossili al signor Paolo*, in-4°.

les Ours fossiles, dans le tome IV de ses *Recherches sur les ossements fossiles.*

Quoique les procédés de comparaison ne soient pas améliorés, consistant toujours en différences de mesures linéaires poussées jusqu'aux millimètres, et sans avoir préalablement apprécié les limites de variations, suivant les sexes, les âges et les individus dans les espèces vivantes, on peut lire, p. 358, n° 5, après une comparaison des têtes et sous le titre de résumé :

Ses Conclusions.

Les circonstances qu'*il y a deux formes pour les autres os et que ces os diffèrent assez entre eux pour la grandeur, me porteraient à revenir de mes premières idées et à conjecturer que les deux grandes sortes de crânes qu'on a nommées U. spelæus et U. Arctoïdeus ne sont que des variétés de la même espèce* ; et cependant dans le résumé général, quelque modifié qu'il soit de ce qu'il était dans la première édition, par la suppression du cinquième alinéa, l'emploi d'expressions bien plus dubitatives, et même l'abandon de la supposition caractéristique que la première fausse molaire n'existait pas dans l'espèce fossile, au contraire des vivantes, etc., on trouve ce passage :

« Parmi les grands crânes, il en est de moins bombés qui pourraient » bien former une autre espèce que ceux qui le sont davantage. Appelant » ceux-ci *U. spelæus*, on laissera hypothétiquement le nom d'*U. Arctoïdeus* à ceux-là. Il en existe en outre de plus petits qui forment bien » certainement une espèce distincte des grands et très-voisine des Ours » d'aujourd'hui (*U. priscus*, Goldf.). Parmi les autres os, il s'en trouve » aussi au moins de deux espèces, dont quelques-uns étaient plus semblables à ceux des Ours d'aujourd'hui que les autres, et dont même » quelque fois l'humérus ne pouvait se distinguer de ceux des Ours » d'aujourd'hui.

» Les ossements fossiles d'Ours trouvés dans des couches meubles en » Toscane, appartiennent à une espèce qu'on pourrait nommer provisoirement *U. Etruscus*, et qui diffèrent de ceux des cavernes pour se » rapprocher encore plus des Ours bruns. »

Mais, tandis que M. Cuvier, qui avait établi d'abord les espèces d'Ours fossiles d'une manière si tranchée, devenait de moins en moins affirmatif à mesure que les matériaux devenaient plus abondants, quoique dans la dernière édition de son *Discours préliminaire*, éd. in-8°, 1830, p. 356, il donne de nouveau, comme espèces distinctes dans les cavernes, les *U. spelæus*, *Arctoïdeus* et *priscus*, l'impulsion qu'il avait malheureusement donnée se continuait et s'exagérait dans les mains de paléontologistes peu versés dans ces sortes de questions, et le nombre des espèces d'Ours fossiles allait toujours en augmentant.

1828. Nous en voyons plus ou moins la preuve :

Dans les *Recherches sur les Ossements fossiles du Puy-de-Dôme*, par MM. Bravard, Croizet et Jobert (1825-828) qui crurent devoir distinguer, d'après une canine seulement, un *U. cultridens* que M. Bravard rapportait au genre *Felis*; un *U. Arvernensis* d'après des mâchoires et un humérus caractérisé par un trou au-dessus du condyle interne; un *U. Neschersensis*, d'après une demi-mâchoire inférieure. Par MM. Bravard Croizet, Jobert, 1825-1828.

1830. Dans les *Recherches sur les ossements fossiles du midi de la France*, par M. Marcel de Serres (*Bulletin univ. des Sciences naturelles*, 1830, N° 19, p. 161-162, tom. XII), qui établit aussi deux autres espèces; l'une sous le nom d'*U. Pitorrii*, et l'autre sous celui de *U. Metoposcainus*. Marcel de Serres, 1830

1833. Dans les *Recherches sur les ossements fossiles dans les cavernes de la province de Liége*, par feu M. Schmerling peu d'années après, et qui, malgré qu'il eût relevé plusieurs erreurs échappées à M. Cuvier, fut aussi entraîné par son exemple à établir plusieurs espèces nouvelles, d'après des matériaux plus ou moins incomplets, mais certainement extrêmement nombreux, au point qu'il a pu retirer plus de deux cents demi-mâchoires d'une même localité. En sorte qu'il conclut que dans le pays de Liége, dont il a si bien exploré les cavernes, vivaient anciennement cinq espèces d'Ours et deux variétés, savoir : les *U. spelæus* et *Arctoïdeus* de Blumenbach, l'*U. priscus* de M. Goldfuss; et, comme nouvelles, les *U. giganteus* et *Leodiensis*. Schmerling. 1833.

Thirria. Depuis ce temps on a aussi trouvé des ossements d'Ours dans d'autres parties de l'Europe. Ainsi, les cavernes du Jura dans le département du Doubs, en ont fourni en grande quantité, qui ont été envoyés à notre Muséum par M. le préfet du Doubs et par M. Thiria, ingénieur des mines.

Lartet. M. Lartet nous a aussi adressé quelques dents canines et quelques métacarpiens provenant d'un calcaire tertiaire moyen de Sansans, près d'Auch; et enfin, nous avons trouvé, dans la collection de M. l'abbé Croizet, quelques fragments dont il a formé son *U. Neschersensis*.

On en a même signalé dans des pays extra-européens.

Weiss. Ainsi, dans la Sud-Amérique, M. Sellow a envoyé au Muséum de Berlin des dents d'Ours qui ont à peine une apparence fossile, trouvées dans la Bande orientale à l'extrémité méridionale de la chaîne du Brésil, et dont M. Weiss a donné la description avec celle d'autres ossements fossiles des mêmes pays dans les *Mémoires de l'Académie royale des sciences de Berlin pour* 1830.

Baker et Durand. Cauteley et Falconer. Dans ces dernières années, MM. Baker et Durand, d'une part (*Journ. of the Asiatic Soc. of Bengal.* 1836, p. 293), et, de l'autre, MM. Cauteley et Falconer, viennent de signaler une grande et nouvelle espèce fossile dans les monts Himalayas, à laquelle ils donnent le nom d'*U. Sivalensis*.

Milne Edwards. Enfin, M. Milne Edwards a signalé quelques fragments d'un animal de ce genre dans des brèches de l'Algérie. *Thèse de la Fac. des Sc*, 1837, prop. 21, et il a bien voulu en enrichir les collections du Muséum.

Tels sont jusqu'aujourd'hui les travaux qui ont eu pour objet les Ours fossiles, et d'après lesquels il résulterait qu'il aurait existé, outre celles vivantes de nos jours, dont il n'est fait nulle mention, les espèces suivantes :

En Europe.

1° 1797. *U. spelæus* (Blumembach).
2° 1797. *U. Arctoïdeus* (Blumembach).
3° 1810. *U. priscus* (Goldfuss).
4° 1825. *U. Etruscus* (Cuvier).

5° 1828. *U. Arvernensis* (Croizet et Jobert).
U. minimus (Devèze et Bouillet).
6° 1828. *U. cultridens* (Croizet et Jobert).
7° 1830. *U. Pitorrii* (Marcel de Serres).
8° 1830. *U. Metoposcainus* (Marcel de Serres).
9° 1833. *U. giganteus* (Schmerling).
10° 1833. *U. Leodiensis* (Schmerling).
11° 1839. *U. Neschersensis* (Croizet).
En Asie :
12° 1837. *U. Sivalensis* (Falconer et Cauteley).

Voyons maintenant sur quelles parties du squelette reposent les caractères à l'aide desquels ces espèces ont été établies, en nous servant, pour cet examen critique, des principes que l'histoire naturelle, la physiologie et l'anatomie comparée nous ont fournis, et qui ont été exposés plus haut avec détails dans l'ostéographie et l'odontographie.

1° De l'Ours des cavernes (*U. spelæus*).

Synonymie.

Cette espèce d'Ours fossile, à laquelle on donne quelquefois le nom d'Ours à front bombé (*U. fornicatus*), est bien évidemment celle dont on a recueilli le plus grand nombre d'ossements (au point qu'on a pu artificiellement en construire des squelettes entiers); et cela, dans toutes les parties de l'Europe centrale, mais surtout en Allemagne (1), à la fois entassés pêle-mêle, jamais rapprochés, jamais réunis (2), quoique contenus à des profondeurs différentes dans le sol argileux qui jonche le sol des cavernes creusées au pied des montagnes jurassiques ou même de transition.

Lieux où il se trouve.

(1) La quantité des ossements d'Ours était si considérable dans la caverne de Gaylenreuth, que M. Goldfuss a porté le nombre des individus dont il avait recueilli quelques parties à 800.

(2) M. Marcel de Serres dit cependant que dans une caverne à ossements nouvellement découverte à Caunes, département de l'Aude, les ouvriers lui ont assuré avoir trouvé un squelette presque entier; mais il ne paraît pas l'avoir vu.

Auteurs qui en ont parlé.

Un grand nombre d'auteurs en ont figuré des fragments plus ou moins considérables, et surtout des crânes, depuis Esper jusqu'à Schmerling, qui a donné les meilleures figures, surtout parce qu'elles sont de grandeur naturelle.

Ses Caractères. Tirés de la Taille.

Les ostéographes qui ont prétendu la mieux distinguer, non seulement des espèces vivantes actuellement en Europe, mais encore des autres espèces fossiles, surtout de l'*U. Arctoïdeus*, l'ont caractérisée :

1° Par sa taille, qu'ils évaluent d'après le crâne et les os longs qu'ils ont pu se procurer en assez grande abondance, à un cinquième au moins au-dessus de celle de nos plus grands Ours européens actuels, sous-entendu de ceux qu'ils ont vus élevés en domesticité; car je ne connais aucun squelette d'un individu sauvage dans nos collections.

de la Forme de la Tête.

2° Par la forme de la tête et surtout celle du front, qui, au point de jonction avec le chanfrein du nez, se renfle et se relève presqu'à angle droit en se partageant en deux bosses frontales considérables.

3° Par les crêtes temporales plus promptement rapprochées, formant par conséquent en arrière un angle plus obtus; ce qui a lieu même dans des crânes plus jeunes que ceux de l'espèce suivante, évidemment âgés.

4° Par moins d'étendue de la barre ou de la longueur entre la molaire principale et la base de la canine.

des Dents.

5° Par l'absence des fausses-molaires et même de la première, ainsi que de leurs alvéoles qui disparaissent beaucoup plus tôt que dans les espèces vivantes. Car, pour la forme et la proportion des dents entre elles, il faut qu'il y ait une bien grande similitude pour que M. G. Cuvier (p. 348) dise que, pour les incisives, les canines et les grandes mâchelières, il a pu s'en servir pour donner la caractéristique de tout le genre.

Exposés par Schmerling.

M. Schmerling, qui a eu l'occasion de recueillir, dans les cavernes de la province de Liége, un très-grand nombre de crânes fossiles, paraît en outre avoir confirmé l'observation d'Esper (*Soc. des natur. de Berlin*, IX, p. 188), qu'il y a dans ces cavernes des têtes très-petites en comparaison des autres, d'une forme arrondie, ayant des canines plus grosses que celles des plus grandes têtes, et ressemblant davantage aux têtes de Dogue.

M. Schmerling ajoute, qu'outre la grandeur, ces têtes, plus petites, s'éloignent de plus grandes par une plus grande élévation de la crête sagittale, qu'elles ont une forme arrondie, le museau plus court et plus relevé vers la racine du nez; les bosses frontales moins élevées; le front étant plus large en proportion, et moins enfoncé vers son milieu antérieur; les crêtes temporales se réunissant à peu près au milieu du crâne, interceptant par conséquent un espace libre plus grand; la crête sagittale formant une ligne plus courbe, ayant sa plus grande élévation dans le milieu; les arcades zygomatiques plus droites et les orbites plus grands.

Mais toutes ces différences, sur lesquelles repose la distinction faite dans l'Ours ordinaire des cavernes, de deux variétés, *U. fornicatus major* et *U. fornicatus minor*, par M. Schmerling, et qui semblent encore plus grandes par une exposition énumérative qu'elles ne sont réellement, tombent à l'aspect seul des figures sur lesquelles elles sont à peine saisissables, quoique celles-ci soient de grandeur naturelle; mais elles cessent surtout d'être spécielles lorsqu'on se rappelle combien sont étendues les limites de variations individuelles, et, par exemple, les caractères remarqués minutieusement dans la tête, la seule partie qu'on doive réellement envisager, puisque ce n'est que très-hypothétiquement qu'on lui rapporte les autres os, sont évidemment des différences d'âge et de sexe, qui, déjà sensibles d'assez bonne heure, se prononcent de plus en plus avec l'âge.

Appréciés pour la Taille.

D'abord la différence dans la taille étant comme 457 : 363, en comparant deux crânes de même âge à peu près, savoir : celui d'un vieux Ours noir d'Europe, laissé par Daubenton, et le plus grand de nos fossiles, montant à un cinquième ou même un quart en sus en faveur de celui-ci, n'a rien d'extraordinaire, quand on réfléchit que l'un, choisi parmi tous ceux que l'on connaît de plus grands, provenait d'un animal mort naturellement, et ayant joui pendant sa longue vie de toute sa liberté et de toutes les circonstances les plus favorables, à une époque où l'espèce humaine ne pénétrait que fort rarement dans les immenses forêts habitées par ces animaux, et qui était parvenu au maximum du développement dont il était susceptible; tandis que l'autre provenait d'un animal peut-être aussi âgé, mais vieilli dans les bornes étroites d'une loge ou tout au plus d'un fossé, dans une débilitante captivité, sans passion de rivalité, sans emploi de ses forces. Mais, bien plus, on trouve même chez les animaux sauvages des différences presque aussi considérables dans toutes les espèces animales, suivant que dans la zone qu'elles habitent elles se tiennent à des hauteurs notablement et constamment différentes.

pour les Bosses frontales.

Quant aux dissemblances dans le développement des bosses frontales, dans celui des fosses temporales, de la crête qu'elles forment à leur limite supérieure et de l'angle produit par leur rapprochement, dans la proportion de la face et du crâne, il n'est pas d'anatomiste un peu physiologiste qui ne sache combien il y a de différences sous tous ces rapports entre un jeune individu et un individu adulte, et surtout âgé; entre un individu mâle et un individu femelle; et, dans le même sexe, entre un individu hardi, courageux, vigoureux, et un autre de nature plus faible, plus pusillanime. Dans les uns, la succession des efforts prolongés pendant certains actes de locomotion, et surtout pendant ceux qui suspendent la respiration ou prolongent l'inspiration ; l'intensité même de l'acte respiratoire dans des lieux plus découverts, où l'air est plus vif, plus sec, plus frais, développe tous les sinus qui se trouvent sur le trajet de l'air, et, dès lors, les frontaux sont dans ce cas aussi bien que tous ceux qui entourent les fosses nasales; dès lors aussi, par l'écartement des deux lames de l'os, le gonflement des bosses frontales, indépendantes et séparées par un sillon.

pour les Fosses temporales.

Les différences observées dans le développement des surfaces d'insertion des muscles temporaux ou élévateurs de la mâchoire inférieure, sont absolument dans le même cas, c'est-à-dire tiennent à la différence de force et de vigueur, suivant le sexe, et surtout suivant l'âge. En effet, dans le très-jeune âge, les fosses temporales sont tellement peu profondes que leur limite est à peine marquée. Dans un âge un peu plus avancé, elles se creusent, elles s'élargissent de manière à intercepter entre elles un espace qui, d'abord à peu près parallélogrammique, forme bientôt, par la rencontre des deux lignes en arrière, un angle se raccourcissant de plus en plus, au point, dans un âge très-avancé, de dépasser à peine la ligne orbitaire postérieure. Mais, en même temps que la fosse temporale s'étend, son bord supérieur dépasse la ligne médiane, et, s'adossant contre celle du côté opposé, il en résulte une crête médiane, dont la force et l'étendue sont également en rapport direct avec la force et la vigueur dépendantes de l'âge et du sexe.

La Crête sagittale.

L'absence ou mieux la chute plus rapide des avant-molaires, et par suite la disparition de leurs alvéoles, sont également sans importance, parce que cela signifie seulement que les canines, en acquérant plus de développement, ont, par leur racine située au-dessous ou au-dessus d'elles, éteint de bonne heure la vitalité vasculaire et nerveuse de ces dents, ce qui en a déterminé la chute. Et d'ailleurs, un caractère établi sur une particularité variable ne peut jamais devenir spécifique.

Les Dents Avant-Molaires.

D'après ces différentes considérations, nous regardons comme presque hors de doute que les crânes de l'Ours fossile attribués à l'*U. spelæus* proviennent d'individus adultes du sexe mâle les plus vigoureux, et ne constituent nullement une espèce. Et en effet, toutes les parties caractéristiques que nous avons exposées dans notre Ostéographie et dans notre Odontographie, ne présentent rien de différent de ce que nous trouvons dans l'*U. Arctos*, et surtout dans l'*U. Arctos ferox* de l'ouest de l'Amérique septentrionale.

Conclusions.

2° De l'Ours arctoïde (*U. Arctoïdeus*).

Cette seconde espèce, souvent désignée, par opposition avec la précédente, sous le nom d'Ours fossile à front plat, à crâne moins bombé, ce que M. Oken a traduit en la nommant *U. planus*, se trouve com-

Sa Dénomination;

Lieux où elle se trouve. munément confondue avec elle dans les mêmes localités, mais bien plus rarement. En effet, M. Goldfuss, dans la caverne de Gaylenreuth, sur huit cent soixante-dix Ours, n'en compte que soixante de l'*U. Arctoïdeus* et le reste du *spelæus.*

Successivement admise avec plus ou moins de doutes par Camper, Esper, Rosenmuller, Blumenbach et Cuvier, elle a fini par être regardée comme non distincte par Hunter, Rosenmuller, et même par Cuvier lui-même qui ne la considérait plus que comme fort hypothétique.

Os sur lesquels elle repose. Elle repose, comme l'*U. spelæus,* sur un certain nombre d'ossements, et principalement sur plusieurs crânes en état plus ou moins parfait de conservation, et qui se trouvent absolument dans les mêmes circonstances et dans les mêmes localités que ceux sur lesquels on a établi l'Ours des cavernes.

Ses Caractères. Les caractères distinctifs qu'on lui assigne sont, comparativement avec la précédente, d'avoir :

Tirés du Crâne. 1° Le crâne et le front plus longs, plus étroits; les bosses frontales peu marquées, et par conséquent le front plus aplati, les crêtes temporales moins prononcées, moins tôt rapprochées, formant un angle moins ouvert, et la crête sagittale en portion de cercle.

de la Face. 2° Le museau également plus allongé, plus étroit, et par suite la barre maxillaire plus étendue.

3° Les arcades zygomatiques plus longues, plus arquées en dessus et plus minces dans toute leur longueur.

4° Les orbites plus longs.

de la Mandibule. 5° La mandibule plus étroite, plus droite à son bord inférieur, avec l'apophyse coronoïde plus aiguë et la fosse d'insertion du crotaphite plus unie et plus conchoïdale.

Comparée avec l'Ours d'Amérique, Comparé avec les espèces d'Ours vivantes, M. Cuvier avait d'abord pensé, dans la première édition de ses *Ossements fossiles,* que c'était de l'Ours noir d'Amérique que l'Ours arctoïde se rapprochait le plus; mais dans la seconde, c'est de l'Ours noir d'Europe, et plus tard nous avons déjà dit qu'il la regarde comme problématique. l'Ours d'Europe.

Toutefois M. Schmerling, quoique dans le très-grand nombre de crânes qu'il a trouvés dans les cavernes des environs de Liége, il n'en ait rencontré qu'un de cette forme, n'en conclut pas moins que les différences que nous venons d'énumérer d'après lui, indiquent à l'œil le moins exercé une espèce distincte.

Conclusions.

Cependant il suffit de comparer ces différences avec celles qui caractérisent l'*U. spelæus* pour voir qu'étant entièrement en opposition, elles indiquent le sexe femelle, dont celui-ci est le mâle, comme J. Hunter, anatomiste bien autrement profond que tous ceux qui se sont occupés de cette question, l'avait parfaitement reconnu.

En sorte que, puisque les crânes de l'*U. Arctoïdeus* ont été ainsi nommés justement à cause de leur grande ressemblance avec l'Ours d'Europe, on est forcé d'en conclure qu'il en doit être de même de l'*U. spelæus*.

3° De l'Ours antique (*U. priscus*).

Sa Dénomination.

C'est celui dont M. Cuvier a parlé sous le titre de *crâne plus petit et moins différent des Ours vivants que les deux précédents*.

Os sur lequel elle est établie. Crâne.

Il est établi d'abord sur la considération d'un seul (1) crâne incrusté de stalactites et trouvé dans les parties les plus profondes de la caverne de Gaylenreuth, décrit et figuré par M. Goldfuss, *Nouv. Act. des Cur. de la Nat.*, X, 2, p. 259, tab. 20, f. B. C., et depuis par M. Cuvier dans la pl. 27 *bis*, fig. 5-6 du tom. IV de la nouvelle édition de ses *Ossements fossiles*; ensuite sur quelques fragments de mâchoires supérieure et inférieure, des dents canines séparées, quelques os des extrémités trouvés dans les cavernes des environs de Liége par M. Schmer-

Autres Os.

(1) M. Goldfuss, dans les huit cent soixante-dix Ours qu'il a trouvés dans la caverne de Gaylenreuth, en admet cependant dix de son *U. priscus*.

ling, et décrits et figurés par lui dans ses *Recherches sur les Ossements fossiles des cavernes des environs de Liége*, tom. I, p. 110.

Ses Caractères. Tirés. Les caractères qu'on lui assigne comme espèce sont d'avoir :

1° Une taille un peu moindre que celle d'un grand Ours noir d'Europe, et d'être par conséquent bien plus petit que l'Ours des cavernes. Aussi, M Schmerling, dans sa méthode de procéder pour l'établissement de ses espèces d'Ours fossiles, lui rapportait-il les os qu'il trouvait les plus petits.

Du Front. 2° D'une grande ressemblance dans son profil avec l'Ours brun des Alpes, ayant le front plat dans tous les sens, sans concavité sensible, ce qui le rapproche, dit-on, plus des Ours noirs d'Europe que des Ours bruns.

Des Crêtes temporales. 3° Les crêtes temporales concaves en dehors et se rapprochant en se touchant de bonne heure en avant, de manière à former un triangle court, ce qui, suivant M. Cuvier, le fait ressembler davantage à l'Ours noir d'Amérique, dont il diffère du reste par plus de brièveté du museau.

Des Arcades zygomatiques. 4° Les arcades zygomatiques moins écartées que dans l'Ours noir d'Europe; le crâne plus large à l'occiput et aux tempes que dans l'Ours brun, et les apophyses postorbitaires du frontal allant un peu en descendant.

De la Barre. 5° La barre maxillaire un peu plus longue que dans cette espèce.

Des Fausses Molaires. 6° Et enfin, caractère sur lequel on insiste le plus, les alvéoles de la première et de la seconde avant-molaire en haut bien visibles, ce qui manque presque toujours dans les autres Ours des cavernes.

De la Dent principale. 7° A quoi M. Schmerling ajoute, p. 118, I, que la dent principale d'en bas n'a pas d'éminence interne, que l'éminence principale est placée plus au milieu, que le talon postérieur est divisé en deux; en un mot, que cette dent est plus simple que dans les autres Ours fossiles.

Conclusions. Tous ces caractères tirés d'un seul crâne, de quelques fragments que M. Schmerling rapporte à cette espèce par la seule considération de la taille, et des avant-molaires conservées sur de jeunes individus, et qui paraissent suffisants à MM. Cuvier et Schmerling pour en conclure que, malgré la ressemblance extrême qu'ils offrent avec les Ours brun et noir, ils n'en indiquent pas moins une espèce différente, aussi bien des *U. spelæus* et *Arctoïdeus* fossiles que des *U. niger* et *Arctos*, sont évidemment bien trop peu importants, pour dépasser les limites de variations individuelles, ou bien de sexe ou d'âge différents. En sorte que pour nous, ce crâne et ces ossements seraient un degré encore plus rapproché de l'Ours d'Europe.

4° De l'Ours d'Étrurie (*U. Etruscus*).

Synonymie.

Lieux où elle a été trouvée.

Ce nom a été provisoirement employé par M. Cuvier pour désigner une espèce d'Ours fossile, dont les fragments ont été trouvés dans les couches meubles qui remplissent le Val d'Arno, près de Florence (1).

Fragments sur lesquels elle est établie.

Ces fragments, décrits et figurés par M. Cuvier, *Ossements fossiles*, IV, p. 378, Pl. 27 *bis*, f. 8-9-10-11, consistent en trois morceaux de mâchoire supérieure. Les deux premiers montrent les alvéoles des trois premières fausses-molaires aussi bien conservées, dit M. Cuvier, que dans aucun Ours vivant d'Amérique ou de l'Inde, la principale et la première arrière-molaire plus ou moins usées. Les deux autres morceaux ne présentent au contraire que les trois molaires vraies dans les proportions ordinaires chez l'Ours d'Europe, et extrêmement usées.

Ses Caractères. Tirés

Sur ces fragments, M. Cuvier se borne à dire, ne les connaissant, si je ne me trompe, que d'après les dessins qui lui en ont été remis, que c'est à l'Ours brun qu'ils ressemblent le plus, mais qu'il n'y a pas, dans cette ressemblance, de motif suffisant pour établir l'identité d'espèce, conclusion tout à fait contraire aux principes que nous avons établis sur l'importance du système dentaire dans la distinction des espèces. Au reste, la ressemblance n'est peut-être pas tout à fait hors de doute, du moins pour le fragment de la figure 10, où la proportion des arrière-

(1) M. Hermann de Meyer cite aussi la caverne de Sandwich comme contenant quelques fragments de cette espèce; mais j'ignore quels fragments et d'après qui.

molaires rappelle un peu ce qui a lieu chez les Ours de la dernière division ou des Helarctos. Mais doit-on avoir une confiance absolue à ces figures? C'est ce dont je doute un peu. Cependant, ce qui pourrait faire penser que ces fragments fossiles d'Ours semblent indiquer une espèce distincte, c'est la note rapportée par M. Cuvier dans les additions à ce volume, p. 507, qu'une tête entière, découverte à Figlino, surpassait à peine en grandeur celle de l'Ours noir d'Amérique, et que, d'après M. Pentland, les trois avant-molaires remplissaient entièrement l'espace compris entre la canine et la principale.

des Avant-Molaires.

Canines attribuées à tort à cette espèce.

Cette espèce serait encore plus distincte de toutes celles que l'on connaît aussi bien à l'état vivant qu'à l'état fossile, s'il était certain qu'on dût lui rapporter des dents canines arquées, comprimées presqu'en couteau, et qui, trouvées d'abord à Darmstadt, se sont rencontrées depuis en Angleterre, en Auvergne et en Italie, dans le Val d'Arno, mais toujours absolument isolées, et dont on a fait un genre sous le nom de *Machaïrodus* d'abord, et ensuite sous celui de *Stenodon.*

Je sais bien que M. Cuvier dit dans le supplément de son dernier volume, d'après M. Pentland, que l'une de ces dents en couteau a été trouvée attachée à un morceau de mâchoire fossile dans le Val d'Arno, ce qui même a déterminé M. Cuvier à changer le nom provisoire d'*U. Etruscus* qu'il avait donné à cette espèce en celui d'*U. cultridens;* mais d'après ce que m'a assuré M. Mac-Enry, qui a visité la collection de Florence depuis M. Pentland, il est très-probable qu'il y a eu erreur de la part de celui-ci; en effet, il n'y a dans cette collection aucune de ces dents tranchantes qui soient adhérentes. Il faut en effet remarquer qu'en parlant de la tête trouvée entière à Foligno, M. Pentland n'a nullement fait mention de canines aussi singulières et qui l'auraient sans doute frappé.

Conclusions.

D'après ces observations, il serait encore fort possible que l'*U. Etruscus* ne fût aussi qu'une simple variété de taille de l'*U. Arctos* comme l'*U. priscus* de M. Goldfuss, vivant à une époque moins reculée que les variétés dites *U. spelæus* et *U. Arctoïdeus*, et par conséquent dans des circonstances de développement bien moins favorables. Cependant Nesti ayant pu juger par la forme des alvéoles d'un morceau observé par lui, que les dents canines devaient être comprimées, il se pourrait que ce fût une espèce distincte; peut-être la même que la suivante.

5° L'Ours d'Auvergne (*U. Arvernensis*).

Synonymie.

(*U. minimus*, Devèze et Bouillet. Montagne de Boulade, p. 75, tab. 13, f. 1-2.)

C'est sous ce nom tiré du lieu de l'observation que MM. l'abbé Croizet et Jobert (*Ossem. foss. du Puy-de-Dôme*, I, p. 188, pl. 1, f. 3-4) ont désigné une cinquième espèce d'Ours fossile.

Fragments sur lesquels elle est établie. Mâchoire supérieure.

Les fragments sur lesquels ils l'ont établie consistent en une grande partie de la face et de la mâchoire supérieure armée de ses dents, mais altérée évidemment par une compression assez forte, et ils lui rapportent, à cause d'une proportion convenable, une vertèbre atlas, un fragment d'omoplate, une grande partie d'humérus, et la partie supérieure d'un tibia, trouvés dans le même pays.

Depuis lors, M. l'abbé Croizet avait recueilli, dans la collection fort intéressante qu'il a bien voulu céder au Muséum, un autre fragment de tête et deux demi-mandibules presque entières, et du même individu.

Autre Mâchoire supérieure.

Le morceau de tête présente la première paire d'incisives et les alvéoles des deux autres paires; les alvéoles des canines qui d'après la coupe devaient être ovale-allongées d'avant en arrière; et, en effet, ces dents d'après un autre fragment faisant partie de la collection de M. de Laizer, sont très-aplaties, plus que dans toute autre espèce vivante ou fossile, moins pourtant que dans l'*U. cultridens*; les trois alvéoles des trois avant-molaires, toutes arrondies et également espacées; la principale bien entière, triquètre, à trois pointes mousses et nullement usées; les deux arrière-molaires dont la première plus petite et presque carrée et la seconde plus longue, mais avec une queue un peu moins forte peut-être que dans l'Ours d'Europe.

2 Mâchoires inférieures. Les deux demi-mandibules de la collection de M. l'abbé Croizet, maintenant dans celle du Muséum, ne sont presque formées que par la branche horizontale, sans apophyses coronoïde ni angulaire, et seulement sur l'une avec le condyle articulaire transverse et en portion de cylindre. Du reste, la forme de cette branche est assez étroite et proportionnellement assez allongée, presque tout à fait droite sur ses deux bords, et ressemble un peu à ce qu'elle est dans un Ours noir d'Amérique de petite taille.

Ses Caractères tirés des Dents. Le système dentaire qui se trouve sur ces deux fragments est presque complet, ce qui reste sur l'une étant justement ce qui manque sur l'autre; sauf pour les incisives, dont l'externe existe seule entière sur un des fragments. On peut cependant s'assurer sur ce même morceau qu'il y en avait deux autres et que la seconde était fortement rentrée comme à l'ordinaire. La canine droite est bien complète, sauf la dernière pointe qui est cassée. Elle a tout à fait la forme de celle des Ours ordinaires, forte, robuste et à peine comprimée, n'étant ovale qu'à la coupe de son collet. Mais les trois avant-molaires sont des deux côtés parfaitement conservées et semblables, assez également espacées entre elles, la première la plus forte, et la seconde à peine un peu plus petite que la troisième, assez éloignée de toucher la principale. Celle-ci est assez simple, quoique de forme accoutumée, ainsi que les trois arrière-molaires, dont la dernière est ovale-arrondie.

Comparaison. Comparée avec les espèces vivantes, MM. Croizet et Jobert concluent que leur Ours d'Auvergne ressemble à l'Ours brun d'Europe, parce que les dents occupent à peu près la même longueur; mais qu'il en diffère : 1° parce que la ligne du chanfrein est beaucoup plus droite; 2° le museau plus étroit au niveau des premières molaires, ce qui est évidemment dû à la compression que le morceau a éprouvée; 3° et qu'il est plus court et plus élevé.

Comparée avec les espèces fossiles, celle d'Auvergne est des deux cinquièmes plus petite que les *U. spelæus* et *U. Arctoïdeus;* la ligne dentaire formée par les molaires est d'un cinquième moins longue que dans l'*U. priscus;* la largeur du museau un tiers plus petite, au contraire de sa hauteur plus grande, et les trois dernières molaires occupent un espace beaucoup plus petit que dans l'*U. Etruscus*, auquel cependant l'*U. Arvernensis* ressemble d'ailleurs par la conservation plus prolongée des alvéoles des avant-molaires.

M. Bravard, dans son Mémoire sur deux espèces fossiles de *Felis*, p. 93, avait dit aussi que l'Ours fossile d'Auvergne devait avoir à peu près la taille de l'Ours brun, et qu'il en différait : 1° par la forme des canines légèrement comprimées et faiblement dentelées aux arêtes antérieure et postérieure; 2° par les trois fausses molaires qui existaient à tout âge; 3° enfin par l'humérus, qui est percé d'un trou au-dessus du condyle interne.

Ainsi cette espèce se distinguerait surtout d'une manière tranchée par la forme des canines, et cette distinction semblerait bien confirmée par le trou dont l'humérus est percé au condyle interne; mais est-il certain que cet humérus provienne du même animal que la tête, quoique trouvé dans le même terrain? Cela n'est peut-être pas hors de doute. Ne serait-ce pas celui d'un Amphicyon? Quoi qu'il en soit, on peut croire que l'Ours fossile en Auvergne constitue une espèce distincte, et même qu'elle indique une forme assez rapprochée des dernières espèces de ce genre; et comme dans l'Ours des Cordillières (*U. ornatus*) l'humérus est percé au condyle interne, on pourrait en inférer que le rapprochement fait par M. Bravard, et ensuite par MM. Croizet et Jobert, devrait être accepté comme légitime. Conclusions.

Mais alors, ne serait-ce pas la même espèce que l'*U. Etruscus* de M. Cuvier?

6° L'Ours de Pitore (*U. Pitorrii*).

C'est à M. Marcel de Serres qu'est due la proposition de cette espèce fossile, abondante dans les cavernes du midi de la France, et entre autres dans celles de Sallèles et de Fausan, établie d'abord (*Bulletin* Proposé par M. Marcel de Serres.

univ. des Sc. Nat. et de Géologie, 1830, Janv., p. 151-162, et *Journ. de Géologie*, III, p. 252) d'après un morceau de mâchoire inférieure, et sur la seule considération que la dent principale a deux racines, et par conséquent deux trous alvéolaires bien distincts, ce qu'il suppose n'être pas aussi prononcé dans les autres espèces; mais plus tard, dans la *Revue du Midi*, d'après l'examen d'un assez grand nombre de crânes provenant des cavernes des départements de l'Hérault et du Gard, dont Deluc avait, dès 1772, recueilli une demi-mâchoire inférieure trouvée dans un faubourg de Boutonnet.

Sur des fragments.

Des cavernes du Midi.

Comparé.

En les comparant minutieusement avec ceux des *U. spelæus* et *Arctoïdeus*, mais cependant sans mesures linéaires d'aucune sorte, et sans figures qui puissent y suppléer, M. Marcel de Serres trouve le front plus déprimé que dans le premier (1), quoique les bosses frontales soient bien plus saillantes que dans le second; la crête temporale très-marquée; la crête sagittale infiniment plus étendue et plus saillante; la fosse temporale plus grande proportionnellement; le museau plus aigu et plus effilé; la mandibule plus allongée, quoique moins large que dans l'*U. spelæus;* la symphyse moins longue, au contraire de la barre; la première molaire, sans doute la principale, moins longue d'avant en arrière que dans l'Ours des cavernes, et ses deux racines tellement rapprochées qu'elles se soudent et semblent n'en former qu'une seule.

Ce que M. Marcel de Serres résume en disant que son *U. Pitorrii*, d'une taille un peu supérieure à celle de l'*U. spelæus*, avait la tête plus allongée, le front plus déprimé, le museau plus aigu et plus effilé, et qu'il était intermédiaire aux *U. spelæus* et *Arctoïdeus*.

Conclusions.

Or, cette conclusion, ainsi que les notes différentielles, qui ne sont évidemment que des nuances individuelles, ne portant sur aucune considération importante, suffiraient seules pour montrer que c'est encore une espèce nominale. Mais c'est ce que nous avons pu confirmer en examinant plusieurs ossements et dents envoyés par M. de Christol au

(1) A ce sujet il reconnaît avoir supposé à tort qu'il était au contraire plus bombé.

Muséum, et surtout en comparant une belle tête presque complète que M. Larrey de l'Institut a rapportée de Nîmes, et qu'il a donnée à l'Académie des sciences, et ensuite au Muséum; c'est indubitablement un des exemplaires les plus complets, les plus manifestes de ce que l'on est convenu jusqu'ici de nommer *U. spelæus*, comme il sera possible de s'en convaincre dans notre iconographie, où elle est figurée.

Quant à l'*U. Metoposcairnus*, que je trouve également indiqué par le même M. Marcel de Serres, comme provenant d'une brèche diluvienne des environs de Perpignan dans les *Annales des sciences d'observations*, tom. I, p. 229, ann. 1830, il paraît l'avoir abandonné, ou du moins il n'en est plus question dans l'article de la *Revue du Midi* que nous venons de citer; ainsi tout se borne à savoir qu'il est extrêmement rapproché de l'Ours noir d'Europe, et de la taille de l'Ours des cavernes.

7° L'Ours de Liége (*U. Leodiensis*).

Nous avons vu plus haut, en parlant de l'*U. spelæus*, que M. Schmerling, dans son excellent travail sur les ossements fossiles des cavernes de la province de Liége, avait reconnu parmi les crânes à front bombé deux variétés, dont l'une d'une taille supérieure à l'autre, d'où ses *U. fornicatus major* et *U. fornicatus minor*. C'est ce qui a également eu lieu pour l'Ours à front plat. Il a rencontré dans une sorte de brèche osseuse, contenant trois portions de tête de l'Ours à front bombé et autres os, une petite tête de celui à front plat, et il en a donné une excellente figure de grandeur naturelle pl. 15 de son ouvrage. (Proposé par M. Schmerling. D'après un crâne. Des environs de Liége.)

Cette tête, évidemment adulte, est presque complète, sauf quelques dents qui manquent. En la comparant avec celle du grand Ours à front aplati, M. Schmerling dit: (Comparé.)

« Le museau est allongé, mais moins large; l'ouverture nasale plus » longue et d'une forme plus quadrangulaire; les os du nez plus courts » et un peu plus élevés; l'espace interorbitaire plus grand; les apophyses » postorbitaires du frontal plus proéminentes; l'espace intercepté par (Dans la tête.)

» les crêtes temporales beaucoup plus considérable; celles-ci réunies en » un angle très-aigu pour former une crête sagittale plus petite, et of- » frant au point de jonction de ces crêtes le culmen ou le point le plus » élevé du crâne; les orbites plus grands et moins obliquement disposés; » les arcades zygomatiques moins relevées en haut, et cependant plus » arrondies en dehors. »

Dans la mâchoire inférieure.

Quant à la mâchoire inférieure, M. Schmerling ayant rencontré un os mandibulaire qui lui paraissait s'éloigner notablement des autres, il l'a rapporté à son *U. Leodiensis* en lui assignant comme caractères d'être mince dans toute sa longueur, d'avoir le bord inférieur moins droit que dans le grand Ours à front plat, l'apophyse coronoïde très-large à sa base et en pointe plus aiguë au sommet.

Dans sa taille.

Enfin M. Schmerling donne à son Ours fossile de Liége une taille un peu moindre que celle de l'*U. Arctoïdeus*, la tête du premier n'ayant que 410 millimètres au lieu de 440 à 470 que peut avoir celle du second.

Mais toutes ces différences sont encore si légères, surtout quand on les étudie sur les figures excellentes et de grandeur naturelle données par Schmerling, que l'on ne peut y rien trouver de spécifique. En effet, en comparant la figure de l'*U. Leodiensis* avec celles données par M. Cuvier, il est impossible de ne pas reconnaître qu'il a les plus grands rapports avec le crâne figuré pl. 27 *bis*, f. 3 des *Recherches sur les Ossements fossiles*, comme l'*U. Arctoïdeus*, et dont le bombement du front est même assez prononcé pour avoir porté M. Cuvier à le regarder comme faisant le passage à l'*U. spelæus*.

Conclusions.

Je crois donc que le prétendu *U. Leodiensis*, établi sur un seul échantillon, n'est qu'un *U. Arctoïdeus*, ou un individu femelle âgé de l'espèce dont l'*U. spelæus* est le mâle, c'est-à-dire de notre Ours d'Europe actuel, grandement dégénéré, surtout dans nos individus de ménageries.

8° L'Ours sivalien (*U. Sivalensis*).

Signalé par MM. Cauteley et Hugh Falconer d'après des ossements trouvés dans les monts Sivaliens, versant méridional des Himalayas, et reposant sur une tête osseuse presque entière. Cette espèce diffère sans doute de tout ce que nous connaissons en Europe, pour ressembler plus ou moins aux Ours actuellement vivant dans l'Inde; mais c'est ce que nous ne pouvons assurer, le travail nécessairement fort intéressant des observateurs anglais ne nous étant pas connu.

Proposé par M. Cauteley d'après un crâne des monts Sivaliens.

9° L'Ours de Neschers (*U. Neschersensis*).

C'est à M. l'abbé Croizet que la proposition de cette espèce est due; en effet, nous en avons trouvé l'indication dans le manuscrit qu'il a fait parvenir à l'administration avec sa collection.

Proposé par M. Croizet.

Elle repose sur une mandibule du côté droit, à laquelle il ne manque que l'apophyse coronoïde et les dents incisives. J'ignore au juste sur quelles considérations différentielles M. Croizet établissait cette espèce. Ce que je puis assurer, c'est que cette mandibule a tous les caractères de celle de l'Ours des cavernes de la plus grande taille; en effet, elle surpasse celle figurée par M. Schmerling sous le nom d'*U. spelæus major* de près de 5 centimètres. Du reste elle a la même longueur, en sorte qu'elle semble avoir un peu plus d'étroitesse proportionnelle; le plus de longueur porte sur celle de la barre qui est sans traces de dents ni d'alvéoles, comme à l'ordinaire. Quant aux dents qui restent, c'est-à-dire, toutes les arrière-molaires et la racine de la principale, c'est la même forme et la même proportion que dans l'Ours des cavernes. Ainsi il nous semble que cet Ours de Neschers doit encore être rapporté à l'Ours d'Europe ancien.

D'après une mandibule d'Auvergne.

U. Neschersensis.

Quant aux dents canines d'Ours trouvées dans la Sud-Amérique par Sellow, et figurées, comme il a été dit plus haut, par M. Weiss, dans les Mémoires de Berlin, il est fort probable qu'elles proviennent de l'Ours actuellement vivant dans ces pays; mais c'est tout ce que nous pouvons en dire, ces canines n'étant pas de ces parties sur lesquelles il soit possible d'établir une caractéristique spécifique suffisante. Il me semble seu-

Des canines de l'Ours de la Sud-Amérique.

lement qu'elles indiquent un animal bien plus grand que les deux individus dont nous possédons le squelette, mais qui étaient évidemment assez jeunes et avaient été élevés en domesticité.

Des autres os fossiles d'Ours d'Europe.

Avec les crânes et les mandibules trouvés fossiles dans les cavernes de toute l'Europe, on a aussi recueilli un très-grand nombre d'autres pièces du squelette de ce genre d'animaux, au point qu'on a pu en rétablir un entier par approximation; mais il a été difficile, comme on le pense bien, de les rapporter d'une manière un peu satisfaisante aux têtes ou crânes sur lesquels on avait établi les espèces; cependant on l'a essayé, comme nous allons l'exposer, en suivant dans notre examen l'ordre que nous avons adopté dans notre Ostéographie.

Vertèbres.

Les vertèbres ont été trouvées en quantité considérable et presque toujours parfaitement conservées.

Atlas.

M. Schmerling cite cinquante atlas assez entiers dans la seule caverne de Goffontaine, et de dimensions assez différentes; un moins grand nombre d'axis, et également de deux grandeurs, et un nombre prodigieux d'autres vertèbres du col, du tronc, et même de la queue.

Axis.

Sacrées.

Notre collection possède deux sacrums entiers : l'un provenant de Gaylenreuth, figuré par M. G. Cuvier; l'autre provenant des Grottes d'Oselles, dans le Jura.

Sternèbres.

Parmi les autres pièces du tronc, M. Schmerling mentionne quelques sternèbres provenant d'un jeune animal, et il les figure pl. 33, f. 19, A B C; mais il paraît qu'elles sont rares dans les cavernes, sans doute à cause de leur nature plus spongieuse et plus périssable.

Côtes.

Il n'en est pas de même des côtes. M. Schmerling dit qu'elles y sont communes et qu'il en a retiré par centaines; mais qu'il est fort rare d'en trouver d'entières, à cause de la fragilité de ces os. Il en a cependant figuré trois des plus complètes, qui ressemblent parfaitement à leurs analogues dans le squelette d'un Ours d'Europe.

Omoplate.

L'omoplate, dont nous ne possédons qu'un fragment d'extrémité articulaire, provenant de Gaylenreuth, est rarement entière; M. Schmerling en a cependant recueilli plus de cinquante portions dans les cavernes de la province de Liége, et surtout dans celle de Goffontaine, le plus souvent d'adultes, quelquefois de jeunes, et de deux dimensions principales.

Comme à son ordinaire il donne les plus grandes à l'*U. spelæus* et les plus petites à l'*U. priscus.*

Humérus.

L'humérus paraît être assez commun dans les cavernes d'Europe, et en bon état de conservation; quelquefois cependant un peu fruste ou usé aux apophyses.

On peut dire qu'il y en a de dimensions très-différentes, d'épiphysés, et même de très-jeunes.

Percé au condyle interne.

M. G. Cuvier, sans autre raison que les os qui s'éloignent le plus de ceux de l'Ours vivant doivent être rapportés à la tête qui est dans le même cas, applique l'humérus unique percé au condyle interne aux crânes à front bombé, c'est-à-dire à l'*U. spelæus.* Mais M. Schmerling, qui a rencontré un nombre considérable de crânes à front bombé et pas un seul humérus percé (1), n'accepte pas cette distribution, avec juste raison. Pour lui c'est toujours la grandeur qui le dirige: et alors il en trouve pour toutes ses espèces et variétés, pour l'*U. giganteus*, pl. 23, f. 1; *U. spelæus major*, pl. 23, f. 2, AB; *U. spelæus minor*, pl. 24, f. 4; *U. Leodiensis*, pl. 24, f. 2; *U. priscus*, pl. 24, f. 3, sans avoir égard à d'autres caractères qu'à des mesures linéaires.

Radius.

Le radius est aussi assez commun en entier ou en fragments. Nous en possédons quelques-uns de diverses localités. M. Schmerling en avait recueilli plus de quatre-vingts bien entiers, sans compter tous ceux qui n'étaient indiqués que par des fragments.

M. Cuvier n'en avait eu à sa disposition qu'un seul des cavernes de Franconie; mais, en le comparant avec un autre plus court et presque aussi large représenté par Rosenmuller, et après avoir fait l'observation que dans les cavernes il y avait des radius de deux sortes, il ajoute: « Il serait

(1) Du moins au condyle interne; car il en a trouvé un seul qui l'était dans la fosse olécranienne, comme chez les Canis et les Hyènes; mais ce n'est ici qu'un résultat de l'exagération dans la profondeur des deux fosses.

» donc très-possible que l'un de ces deux radius eût appartenu au » deuxième des humérus décrits plus haut; mais il est difficile de savoir » précisément lequel. *A tout hasard* (ce qui est une assez singulière » manière d'agir en pareil cas), je crois qu'on peut attribuer le plus » grand des deux au grand humérus à condyle percé. »

M. Schmerling prend toujours ses dimensions minutieuses, et ainsi il répartit aisément ses radius à trois de ses espèces, les plus grands et les plus abondants à l'*U. spelœus;* les seconds, médiocres, à l'*U. Leodiensis;* et les plus petits à l'*U. priscus.*

Cubitus. Le cubitus est à peu près dans le même cas. M. Cuvier n'en possédait que deux fragments assez considérables. Mais M. Schmerling en a recueilli plus de cent, tant de l'extrémité supérieure que de l'inférieure, outre deux douzaines de parfaitement entiers et conservés. La collection du Muséum en possède aujourd'hui au moins une demi-douzaine, dont ceux figurés par M. G. Cuvier provenant des cavernes d'Allemagne, d'Adelsberg et du Jura.

Suivant M. Cuvier, les fragments qu'il possédait étaient tellement semblables à la même portion dans les Ours communs qu'on ne peut y voir de différences sensibles.

Je n'ai pas pu en apercevoir non plus que sous le rapport de la taille, dans tous ceux que j'ai examinés, et c'est cette seule considération qui a porté M. Schmerling à en admettre de quatre espèces parmi les siens : la première, la plus grande, qu'il attribue à son *U. giganteus;* la deuxième, plus large, mais presque aussi longue, à l'*U. spelœus major;* la troisième, plus courte, moins large et très-rare, à son *U. Leodiensis;* et enfin, comme à l'ordinaire, la quatrième, la plus petite, et dont il n'a recueilli qu'un seul échantillon, à l'*U. priscus* de M. Goldfuss.

Os du Carpe. Les os du carpe ont été, pour la plupart, en la possession de M. Cuvier. M. Schmerling s'est assuré qu'après les dents, ce sont les plus abondants et les mieux conservés dans les cavernes des environs de Liége. Notre collection en a aussi un assez bon nombre de celles d'Allemagne et de la Franche-Comté.

M. Cuvier n'a trouvé de différences, pour le scaphoïde, que des dimensions plus fortes d'un cinquième; pour le triquètre ou cunéiforme et le pisiforme, que d'être aussi un peu plus grands; pour le trapézoïde, d'être un peu plus large à proportion de sa longueur; pour l'unciforme, d'un cinquième plus grand Quant au grand os, M. Schmerling a mis hors de doute que l'os figuré sous ce nom par M. G. Cuvier provenait certainement d'un Lion et non d'un Ours; ce qu'au fait celui-ci soupçonnait lui-même un peu.

M. Schmerling, qui a eu en sa possession quelques douzaines de scaphoïdes, en a reconnu de quatre dimensions différentes; les plus grands, qu'il attribue à son *U. giganteus*, et les plus petits à son *U. priscus*, étant les plus rares; ceux de la seconde grandeur, étant les plus communs, sont appliqués à l'*U. spelæus;* et ceux de troisième, plus rares, à l'*U. Leodiensis* probablement. Le triquètre, recueilli égalcment en très-grand nombre, ne s'est présenté à lui que sous trois grandeurs assez différentes pour les rapporter à trois espèces, la plus petite certainement à l'*U. priscus*. Le pisiforme, dont il possédait plusieurs douzaines, est dans le même cas, c'est-à-dire qu'ils se distinguent entre eux par leur longueur. Quant au trapèze et au trapézoïde, M. Schmerling n'en a trouvé que fort peu; ce qui ne lui a pas permis de les répartir en espèces; mais ce qu'il a continué de faire pour le grand os et l'unciforme, très-communs dans les cavernes des environs de Liége, et que les différences de grandeur lui ont fait attribuer à trois espèces.

La collection du Muséum possède aujourd'hui un assez grand nombre des os du carpe trouvés dans les cavernes d'Allemagne et de France, ne différant en effet de leurs analogues chez l'Ours d'Europe que par la grandeur.

Les os métacarpiens en la possession de M. Cuvier n'étaient qu'au nombre de quatre sans celui du pouce (1); mais dans les cavernes des Os métacarpiens.

(1) Notre collection possède les quatre métacarpiens gauches signalés et figurés par M. Cuvier comme se convenant assez bien pour être considérés comme provenant du même individu;

environs de Liége, ils étaient en nombre si considérable, d'après M. Schmerling, que rien ne lui a été plus facile que d'en réunir les cinq qui ont formé les pieds de devant. Il paraît même qu'il a pu avoir à la fois les cinq os du métacarpe de la main gauche du même individu. Il en a trouvé d'épiphysés, et même d'assez petits pour être attribués à des fœtus.

J'ai observé dans nos collections, outre ceux décrits et figurés par M. Cuvier, un certain nombre de ces métacarpiens, qui, pour la plupart, sont plus gros et plus courts que dans les squelettes de nos collections; mais je ne crois cependant pas que cette différence, déjà moins sensible quand la comparaison porte sur notre squelette de l'Ours féroce, puisse être un caractère spécifique, la dimension d'épaisseur marchant plus vite que celle de longueur dans l'augmentation de la taille des animaux.

M. Schmerling, d'ailleurs, en a signalé de plus grands et de plus petits, mais sans les appliquer positivement à telle ou telle de ses espèces.

Phalanges. C'est ce qu'il aurait également pu faire pour les trois sortes de phalanges, que l'on trouve en très-grande quantité dans toutes les cavernes à ossements; mais ici la chose était bien autrement difficile, celles des mains n'étant pas même faciles à distinguer de celles des pieds, et encore plus celles de chaque doigt de la même extrémité, de l'aveu même de M. Cuvier. Je crois cependant la chose plus possible qu'il ne le croyait, en ayant égard à la symétrie de l'extrémité en contre-poulie de chaque phalange; en effet, celle du doigt médian est la plus régulière, la plus égale dans ses deux côtés; tandis qu'aux phalanges des doigts internes ou externes, c'est l'un ou l'autre côté qui prédomine sensiblement, moins cependant que pour les doigts extrêmes.

A ces observations, je dois ajouter que dans les ossements d'Ours des

mais cela me semble absolument impossible pour le dernier ou l'auriculaire; il est en effet beaucoup trop gros pour cela. Aussi ne ressemble-t-il nullement à cet os que nous possédons de la caverne d'Échoz. Je suis même porté à penser que ce n'est peut-être pas un métacarpien d'Ours.

cavernes les phalanges sont, comme les métacarpiens, proportionnellement plus courtes et plus larges que dans l'Ours vivant.

L'os innominé constituant les parties latérales du bassin, et le bassin lui-même, paraissent fort rares dans le sol diluvial des cavernes à ossements. Rosenmuller en a publié un assez complet, M. Cuvier un autre qui l'est moins, et M. Schmerling n'en a recueilli aussi qu'un seul, et encore d'un individu non adulte; mais, en outre, des fragments d'os innominé, dont un presque entier qu'il attribue, à cause de la taille, à l'*U. priscus*. Os innominé et Bassin.

Outre celui décrit et figuré par M. Cuvier, notre collection en possède un autre assez complet provenant des cavernes du Jura. On peut aisément reconnaître qu'il serait impossible de tirer quelques caractères spécifiques satisfaisants de la comparaison de cet os avec son analogue dans nos squelettes d'Ours vivants, et cela d'autant plus que M. G. Cuvier a fait la juste observation que les Ours diffèrent beaucoup entre eux par les proportions de leurs bassins (p. 366).

Le fémur est plus commun que l'os innominé, ordinairement assez complet, mais quelquefois aussi un peu mutilé à ses extrémités, adulte ou encore épiphysé. Fémur.

M. G. Cuvier en décrit et figure deux, l'un plus grand et plus svelte, l'autre plus gros et plus court, et il en avait encore deux autres, venant l'un d'Alstenstein, l'autre d'Adelsberg.

M. Schmerling en possédait aussi plusieurs bien entiers, quoiqu'il ne les ait pas trouvés très-communs dans les cavernes des environs de Liége, et de cinq sortes : le premier, plus grand et plus large que le plus grand de M. Cuvier; le second, de la même taille que ce plus grand de M. Cuvier; le troisième, plus svelte; un quatrième, plus court et plus gros en proportion, de mêmes dimensions que le second de M. Cuvier; enfin un cinquième plus petit et plus mince, représenté dans la planche 30, figure 4.

La collection du Muséum possède aujourd'hui, avec ceux indiqués par M. Cuvier, six fémurs d'Ours des cavernes, dont trois proviennent de celles du Jura. Certainement il n'y en a pas deux de rigoureusement semblables, ni pour la grandeur, ni pour les proportions : mais il est également certain qu'il serait impossible d'en tirer des caractères spécifiques.

Tibia. M. Cuvier n'a eu à sa disposition qu'un seul tibia d'Ours adulte des cavernes, semblable, dit-il, à celui qu'avait figuré Rosenmuller, et ne différant en rien, suivant lui, de celui de son squelette de l'Ours commun, si ce n'est qu'il est un peu plus gros à proportion.

M. Schmerling a été beaucoup plus heureux; il en a recueilli plus de quarante bien conservés, parmi lesquels, outre une extrémité supérieure de la plus grande dimension et qu'il rapporte à son *U. giganteus*, il en distingue trois autres sortes : la première et la plus commune, qu'il rapporte à l'*U. spelæus major;* la seconde, plus petite, au fémur de la seconde espèce; et la troisième, la plus petite, semblable au fémur figuré par M. Cuvier.

J'ai vu au moins quatre de ces os dans la collection du Muséum, se dégradant presque insensiblement du premier, qui a $0^{m},290$ de long, jusqu'au dernier, qui n'en a plus que $0^{m},260$; mais je ne vois pas comment on pourrait les regarder autrement que des os d'individus de taille et de sexe différents.

Péroné. Le péroné, comme os bien plus grêle que le tibia, s'est trouvé plus rarement entier que ce dernier. M. G. Cuvier n'en a eu qu'un incomplet, peu différent par sa forme, et même ses dimensions, de celui de l'Ours commun. M. Schmerling en a recueilli, outre une grande quantité d'extrémités supérieure et inférieure, plusieurs bien entiers, parmi lesquels il en signale un plus grand, un second un peu plus court avec la même largeur, et un troisième un peu plus petit de trois millimètres, qu'il répartit, suivant sa coutume, à trois de ses espèces d'Ours.

Os du Tarse. Les os du tarse, comme gros et courts, sont les plus communs dans les cavernes, mais surtout l'astragale, le calcanéum et le scaphoïde.

Astragale. M. G. Cuvier n'a eu que deux astragales, l'un un peu plus grand que l'autre, qui est plus entier; mais tous deux très-semblables à celui de l'Ours.

M. Schmerling a remarqué dans les astragales, qu'il avait en nombre considérable et d'une rare conservation, cinq grandeurs différentes, dont les plus grands surpassent beaucoup ceux que M. Cuvier donne comme les plus grands, et les plus petits n'en sont presque que la moitié ; aussi ce dernier est-il rapporté à l'*U. priscus.*

Nos collections en possèdent aussi un certain nombre de grandeurs assez différentes, et se nuançant de la première à la dernière ; aucun d'eux ne se ressemblant complétement.

Le calcanéum est absolument dans le même cas. M. Cuvier n'en a eu que deux, l'un un peu plus grand que l'autre; celui-ci ne différant pas sensiblement, même pour la taille, de celui du grand Ours brun de notre collection, et celui-là étant un peu plus grêle à proportion, avec l'apophyse latérale plus pointue. Calcanéum.

Dans les cavernes de la province de Liége, M. Schmerling a remarqué une différence notable dans la grandeur et les proportions relatives des calcanéums qu'il y a trouvés, de manière à pouvoir en signaler quatre sortes : une très-grande, une plus petite, une plus petite encore, et enfin une dont la taille est encore inférieure à celle-ci, et de près d'un tiers moins grande que la première.

J'ai trouvé dans nos collections des calcanéums retirés des cavernes, dont un était encore plus grand que le premier de M. Schmerling, et dont un autre est remarquable par sa grosseur proportionnelle.

Le scaphoïde n'a été signalé par M. G. Cuvier que d'après un seul échantillon qu'il dit de dimensions non supérieures à celui de son plus grand Ours vivant, et M. Schmerling en a eu de trois grandeurs différentes parmi les cent et plus qu'il a examinés, et dont aucun ne lui a donné une différence dans la forme. Le plus grand avait cinquante-trois millimètres de long, et le plus petit quarante millimètres, c'est-à-dire un quart de différence. Scaphoïde.

Les scaphoïdes que j'ai vus ne m'ont certainement rien offert de spécifiquement différentiel.

Le cuboïde, dont M. Cuvier n'a vu qu'un seul échantillon, qui lui a paru ressembler à celui de l'Ours vivant, excepté qu'il est un peu plus écrasé Cuboïde.

à proportion de sa largeur, a été trouvé très-abondamment dans les cavernes des environs de Liége, et M. Schmerling en a encore distingué de trois grandeurs; mais il n'en donne pas le chiffre.

Cunéiformes. Le premier cunéiforme, dont M. Cuvier n'a vu cependant qu'un seul échantillon, est regardé par lui comme différant de cet os dans le vivant, parce qu'il est un peu plus écrasé. M. Schmerling paraît aussi n'en avoir eu qu'un.

Il n'en est pas de même pour le second, que n'avait pas vu M. Cuvier, et encore moins pour le troisième, dont un seul échantillon avait été observé par lui; M. Schmerling représente deux grandeurs différentes du premier, et dit du second qu'il en a dans sa collection qui ont appartenu à des espèces de grandeurs très-différentes.

Des Métatarses. Quant aux métatarsiens, dont M. Cuvier n'avait pu réunir que quatre qu'il supposait dans leur ordre naturel du côté gauche, ils conservent, suivant lui, la même brièveté que les métacarpiens, d'un cinquième de moins que dans les Ours vivants, à grandeur égale, ce qui est confirmé par M. Schmerling qui a recueilli de ces os en abondance, de manière à en former assez aisément des métatarses entiers. D'après leur grandeur, il a également séparé ces os en ceux de l'*U. spelæus* et de l'*U. priscus*.

Phalanges. Les phalanges des trois sortes de pieds de derrière de l'Ours des cavernes ont été indiquées par M. Cuvier, et encore mieux par M. Schmerling. Les collections du Muséum en possèdent plusieurs; mais on n'a pas essayé de les répartir suivant les espèces supposées.

Os Sésamoïdes. Les os sésamoïdes d'Ours ne sont pas plus rares que les autres dans les cavernes à ossements. Rosenmuller dit cependant n'en avoir jamais trouvé; mais M. Cuvier en possédait plus de trente, et M. Schmerling en avait aussi recueilli un grand nombre de différentes grandeurs, même de jeunes animaux.

Du Genou ou Rotule. La rotule, dont Rosenmuller a décrit et figuré un échantillon, a été passée sous silence par M. G. Cuvier, quoiqu'il en existât dans les collections du Muséum à l'époque où il écrivait; mais M. Schmerling, qui en possédait plus de cent tirées des cavernes des environs de Liége, en a fait figurer de dimensions extrêmes.

Des doigts.

Quant aux os sésamoïdes des doigts, c'était de ceux-là que possédait M. Cuvier, et qui existent encore dans nos collections; je ne voudrais cependant pas assurer qu'ils ne proviendraient pas d'une grande espèce de Félis, tant ils sont robustes et arqués.

Os pénien.

M. G. Cuvier dit même avoir vu, dans la collection d'Ébel, à Brémen, un os du pénis, et M. Schmerling en cite aussi comme trouvés dans les cavernes de Liége; mais il n'en figure pas, et nous n'en possédons pas.

Quant aux clavicules d'Ours que ce dernier dit aussi conserver dans sa collection, I, p. 152, il y a probablement erreur. Car l'Ours n'en est certainement pas pourvu, pas même d'os claviculaires, comme les Félis; c'est même un des caractères ostéologiques les plus singuliers des Ours proprement dits.

État sous lequel se présentent les os d'Ours fossiles.

Nous devons faire remarquer, avant de passer à l'examen du système dentaire des Ours considérés comme fossiles, que dans le sol des cavernes qui renferme leurs os en si grande abondance, pêle-mêle, fracturés, brisés, on en trouve qui ont appartenu à des individus très-âgés, à des adultes bien formés, à des adultes jeunes, avec quelques os encore épiphysés, à de jeunes individus dont tous les os sont encore épiphysés et séparés de leurs épiphyses, et même, d'après M. Schmerling, à des individus à peine sortis, ou peut-être encore contenus dans le sein de leur mère.

Nous devons également assurer que la plupart de ces ossements présentent assez rarement des traces certaines d'avoir été roulés, mais surtout beaucoup moins encore d'avoir été attaqués, rongés, brisés par la dent d'un autre animal carnassier. M. Schmerling, qui en a tant extrait des cavernes des environs de Liége, est parfaitement d'accord sur ce dernier point; mais pour l'autre, il s'est au contraire convaincu que ces ossements, arrondis aux cassures, ont été plus ou moins roulés par les eaux.

Des Dents.

Les dents qui nous restent à examiner sont au nombre des restes d'Ours que l'on trouve en plus grande abondance dans les cavernes à ossements. Esper assure qu'on aurait pu en extraire par charretées de la caverne de

Leur abondance.

Gaylenreuth; M. Schmerling en dit à peu près autant de la quantité de dents qu'il a trouvées dans les cavernes des environs de Liége. Celles du Jura paraissent aussi en contenir en grand nombre de toutes les sortes et même de différentes grandeurs.

Comparées avec celles des Ours vivants par M. Cuvier.

Incisives.

Canines.

Molaires.

M. G. Cuvier, qui en avait plus de cent à sa disposition, commence par les regarder comme parfaitement semblables, pour les incisives, les canines et les grandes mâchelières, à celles de nos Ours du Nord, au point qu'il a cru pouvoir donner les figures de ces dents fossiles pour exprimer les caractères de tout le genre. Cependant, suivant lui, leur grandeur annonce déjà des espèces particulières, parce que les plus petites des fossiles sont tout au plus égales aux plus grandes dents vivantes qu'il avait sous les yeux, et les plus grandes en général d'un quart au-dessus. M. Cuvier ne se hasarde cependant pas à rapporter ces dents à telle ou telle des espèces qu'il admettait parmi les Ours fossiles, et il convient que ce sont les autres parties qui en ont rendu la distinction plus claire. Mais il devient plus hardi pour les petites dents nommées par lui fausses molaires, et que j'ai décrites dans l'Ostéographie sous la dénomination d'avant-molaires. Il assure, en effet, que la première de ces dents ne manque jamais aux Ours vivants, quel que soit leur âge, et que jusqu'à présent on ne l'a jamais vue aux fossiles de la grande espèce, ni jeunes ni vieux, ce qu'il affirme pour les huit ou dix crânes qu'il a examinés, mais exclusivement pour la mâchoire supérieure; car à l'inférieure, il l'a trouvée deux fois sur vingt. Quant à la dernière avant-molaire, il l'a également trouvée deux fois, ou mieux son alvéole dans des fragments provenant l'un de Gaylenreuth, l'autre de Sandwich.

Avant-molaires.

Toutefois, M. Cuvier ne trouvait encore dans ces différences qu'un caractère distinctif des grandes espèces fossiles avec les espèces vivantes, portant d'abord sur le nombre total des dents, mais ensuite et plus convenablement sur leur degré de caducité.

M. Schmerling.

M. Schmerling, qui a pu étudier plus de mille de ces dents d'Ours des cavernes, a été plus tranchant, et il est digne de remarque que, malgré qu'il ait déjà trouvé des différences assez notables dans la grandeur des incisives des deux côtés pour être certain qu'elles proviennent d'espèces très-distinctes, il ne veut cependant pas se prononcer sur de telles données, et il trouve des preuves plus positives dans les canines, la sorte de dents qui varient peut-être le plus dans le système dentaire des mammifères. Il en mesure et figure, en effet, cinq variétés dans celles d'en haut : une première des plus grandes et des plus communes, une seconde un peu moins longue et cependant proportionnellement plus large à la racine, une troisième plus longue que les précédentes et presque aussi large que la première, une quatrième plus petite et beaucoup plus mince, enfin une cinquième encore un peu plus courte et de même grosseur; et, comme on le pense bien, M. Schmerling trouve également cinq variétés de canines inférieures, correspondantes aux supérieures.

Canines.

La même manière d'argumenter est appliquée aux molaires persistantes, en annonçant qu'il en possédait de dimensions plus fortes que ne le sont les plus grandes mentionnées par M. Cuvier, aussi bien que de moindres que ses plus petites.

Molaires.

Quant aux avant-molaires, il en possédait aussi quelques-unes, et il s'était assuré que, dans les grandes espèces fossiles, elles se rencontrent quelquefois, comme cela avait déjà été indiqué par plusieurs observateurs et par M. Cuvier lui-même.

Avant-Molaires.

Depuis la publication de la seconde édition des *Recherches sur les Ossements fossiles* de M. Cuvier, en 1825, nos collections du Muséum ont reçu une assez grande augmentation sous le rapport des dents d'Ours des cavernes. J'ai donc pu les étudier d'une manière assez complète et je puis dire que, sauf les dimensions plus grandes et nécessairement en rapport avec la supériorité de taille, sauf l'accentuation plus marquée des tubercules des mamelons qui en hérissent la surface, plus peut-être à la principale inférieure qu'à aucune autre, ce qui indique en général une force plus sauvage, je n'ai pu trouver aucun caractère spécifique dans aucune de ces dents, comparées avec leur analogue dans notre Ours commun, et surtout avec celui de l'Amérique occidentale, connu sous le nom d'O. féroce

Par moi.

Et trouvées sous différents spécifiques.

ou d'O. gris, le seul dont nous ayons un squelette bien adulte et provenant d'un individu sauvage.

En général peu usées.

Sans doute les molaires sont en général parfaitement conservées, peu usées, quoiqu'on en trouve aussi qui le sont, comme l'a fait observer M. Schmerling, et comme nous en possédons dans la collection du Muséum, provenant des cavernes des environs de Besançon; mais en conclure que ces Ours étaient plus carnivores que les nôtres, parce qu'en effet dans les squelettes d'Ours provenant de nos ménageries, elles le sont toujours bien davantage; cela me paraît assez hasardé. Toutefois, il reste certain, comme fait géologique, que la très-grande partie des dents d'Ours que l'on trouve dans les cavernes ne sont pas usées, et indiquent que ce n'est probablement pas de vieillesse que ces animaux sont morts; d'autant plus, comme nous l'avons fait déjà observer, d'après M. Schmerling, que dans la même caverne on trouve des restes d'individus de tous les âges. Nous devons cependant faire remarquer que, d'après les observations de M. Marcel de Serres, les dents d'Ours trouvées dans les cavernes à ossements du midi de la France, et entre autres celles de Fausan, département de l'Hérault, et de Caunes, département de l'Aude, sont extrêmement usées; aussi en conclut-il que ces animaux se nourrisssaient sans doute principalement de substances ligneuses; ce qui est fort peu probable, aucun animal mammifère végétivore ne mangeant le bois quand il est un peu ancien, et l'Ours bien moins qu'un autre.

CONCLUSIONS.

Les animaux que nous désignons aujourd'hui sous le nom d'Ours, paraissent avoir été connus sans interruption depuis les temps historiques les plus reculés jusqu'à nous, sous le nom

De *Dob* chez les Hébreux, nom que lui donnent encore les Arabes modernes;

D'*Arctos* chez les Grecs;

D'*Ursus* chez les Latins, d'où ses dénominations dérivées dans toutes les langues néo-latines.

De *Beer* chez les nations germaniques.

Et sans que l'on ait trouvé encore une étymologie un peu satisfaisante d'aucune de ces dénominations (1).

Nous n'avons cependant encore trouvé aucun ouvrage d'art ancien, de quelque nature que ce soit, dans lequel un animal de ce genre soit représenté.

Nous n'en connaissons non plus aucune partie qui en ait été conservée ni dans les tombeaux, ni dans les nécropolis égyptiennes.

[Dans le passage où j'ai cité Hérodote pour avoir parlé des Ours comme d'animaux sacrés chez les Égyptiens, j'ai suivi la traduction donnée par Gesner (*Quadrup.*, p. 953 *ad fin.*). Mais je dois dire que cet auteur paraît avoir un peu modifié le passage d'Hérodote.

Voici en effet comment Larcher le traduit. Après avoir parlé des Chats, des Chiens, des Ichneumons, des Musaraignes, des Éperviers et des Ibis, qu'après les avoir embaumés on mettait dans des caisses sacrées pour les envoyer dans des villes déterminées, il ajoute : « Mais les Ours, qui sont rares en Égypte, et les Loups qui n'y sont guère plus grands que des Renards, on les enterre dans le lieu même où on les trouve morts; » par conséquent sans les embaumer. Ainsi il n'y a rien d'étonnant que leurs ossements ne soient pas parvenus jusqu'à nous. Mais il n'en résulte pas moins que les Ours existaient alors en Égypte, ce qui est confirmé par Prosper Alpin (*Hist. nat. Ægypt.*, lib. IV, cap. 9, p. 131), dans ce passage : «*Ursis, Lupis, Vulpibusque ea provincia non est destituta*,

(1) J'ai été curieux de savoir si la langue chinoise offrirait quelque chose de plus satisfaisant. M. de Paravès auquel je me suis adressé a eu la complaisance de faire presqu'extemporanément des recherches sur les noms que les Chinois donnent à l'Ours. Je ne puis malheureusement employer dans un ouvrage de la nature du mien, la note étendue et fort intéressante qu'il a bien voulu m'envoyer. Mais ce qu'il en résulte de plus général, c'est que d'après les noms inscrits dans les dictionnaires sous six clefs différentes, les Chinois distinguent plusieurs espèces d'Ours, d'après la couleur ou d'après la taille : une blanche, une jaune, et une très-grande ; et qu'ils connaissent en outre les principales particularités de mœurs et d'usages de ces animaux.

etiam hæc animalia non admodum ibi sint copiosa. Ursi ovibus nostratibus haud majores visuntur; omnesque ferè albicant et cicures nostratibus faciliùs redduntur minùsque feraciores sunt. Ainsi c'était probablement la même variété trouvée dernièrement en Syrie par M. Ehrenberg.]

Les Ours étaient cependant sans doute bien plus abondants qu'ils ne le sont aujourd'hui à la surface de la terre, et surtout dans notre Europe tempérée (1), à en juger par l'énorme quantité d'ossements qu'ils ont laissés dans des terrains de nature et d'ancienneté très-différentes.

On en a trouvé en effet :

1. Dans des terrains tertiaires et d'eau douce.

A Sansans, en très-petite quantité, il est vrai, avec des ossements d'animaux extrêmement variés, de différentes classes, de tous les ordres de Mammifères, et d'espèces pour la plupart éteintes.

A Gmünd, dans un calcaire également d'eau douce, que M. Herman de Meyer regarde aussi comme tertiaire, ce que ne contredit pas M. Boué (2).

A Mergel, entre Rosttock et Gorzke, d'après M. Kloden (*Beitrag. z. Mineral. u. Geogr. Kenntn. d. Mark Brandenburg.* III (1830), p. 23), cité par M. Herman de Meyer, *Palæontolog.*, p. 47.

2. Dans le diluvium ancien de l'Auvergne, dans la montagne de Périer, aux environs d'Issoire.

3. Dans le diluvium des brèches osseuses du Périple de la Méditerranée, assez rarement cependant, puisqu'on n'en cite qu'un ou deux fragments dans celle des environs de Pise, d'Oran ; et dans les mines de fer exploitées à Kropp en Carniole.

(1) Pennant nous apprend, en effet, que les Ours de la Calédonie, si recherchés à Rome à cause de leur férocité, ont continué d'exister en Écosse jusque vers 1057, et à peu près jusqu'à la même époque dans le pays de Galles, puisque les lois anciennes de l'Angleterre sur la chasse comprennent ces animaux comme gibier.

(2) MM. Owen et Lyell citent aussi (*Ann. of Nat. Hist.*, nov. 1839), comme trouvée dans le Crag de Suffolk, une couronne de dent molaire supérieure droite, plus petite que dans les deux grandes espèces des cavernes de l'Allemagne; indiquant un animal de la taille de l'Ours commun, mais non identique avec aucune des espèces fossiles.

4. Dans le diluvium des cavernes surtout, et en quantité extrêmement considérable, au point qu'on a désigné sous le nom d'Ours des cavernes, l'espèce dont ils proviennent.

Ces cavernes, creusées dans des formations calcaires depuis celui de transition jusqu'à la craie inclusivement, et même jusqu'au terrain tertiaire, suivant les uns, quaternaire, suivant les autres, du midi de la France.

A des hauteurs plus ou moins considérables au-dessus du niveau de la mer, depuis quelques pieds jusqu'à plusieurs centaines de toises.

Ouvertes à des expositions très-différentes, mais, ce me semble, en général, méridionales, et souvent plutôt artificiellement que naturellement; c'est-à-dire que l'ouverture actuelle n'est pas toujours celle par laquelle les os ou les animaux dont ils proviennent ont pénétré.

Sur le versant de régions plus ou moins élevées et couvertes de forêts vers les grandes vallées et leurs affluents.

En Hongrie, dans la basse Autriche, et surtout en Franconie, dans les petites vallées affluant plus ou moins directement vers la vallée du Danube.

En Hanovre, dans les monts et forêts du Hartz, vers l'Elbe et le Weser.

En Westphalie, vers le Rhin.

En Angleterre, à Kirckdale, à Preston, à Kent, etc., vers quelques petites vallées d'origine de dénudation, comme les désigne M. Buckland.

Dans les environs de Liége, à Chokier, Fonds de Forêt, Goffontaine, etc., vers la Meuse.

En France,

A Echotz, Fouvent, etc., versant des forêts et des pentes du Jura, vers le Doubs, c'est-à-dire à l'exposition méridionale.

A Lunel-Viel, Fausan, Mialet, Bize, Miremont, Pondres, Sallèles, Caunes, Villefranche, etc., c'est-à-dire dans toute l'étendue du versant des Pyrénées-Orientales et des Cévennes à la Méditerranée.

En Italie, dans le val d'Arno, versant aussi à la Méditerranée.

En Carniole, à Adelsberg, sur le versant méridional à l'Adriatique, en assez grande quantité.

5. Quant aux terrains de diluvium à découvert et d'alluvium proprement dit, je ne connais encore, du moins en Europe, aucun ossement d'Ours qui en ait été retiré.

L'état sous lequel on les trouve peut, sans doute, être plus ou moins altéré, suivant les circonstances qui les accompagnent; mais en général ils contiennent une proportion aussi considérable de gélatine que des os récents, et leur tissu n'est nullement altéré, ni même fendillé.

Patterson Hayn avait même trouvé une mâchoire d'Ours à laquelle tenait un morceau de peau, d'après Hogefland, qui cite ce fait. Je n'ai cependant jamais lu ni entendu dire que les extrémités des os longs de l'Ours des cavernes aient été trouvées encore encroûtées de leurs cartilages, comme on le dit positivement de ceux d'Éléphant dans le dépôt de Tiède.

Ces ossements sont très-rarement réunis en parties de squelette, et encore plus en squelette. M. Thirria en cite cependant un seul exemple. Ils sont au contraire presque toujours séparés, entassés pêle-mêle, brisés, fracturés, beaucoup moins cependant que ceux des brèches, dites osseuses, ce qui tient à ce qu'ils n'ont pas été exposés à l'air ni au soleil, comme le fait justement observer Hunter, quelquefois roulés, mais le plus ordinairement avec les angles des fractures parfaitement entiers et non émoussés.

Rarement à découvert, ils sont contenus ou enfouis à des profondeurs variables dans une argile plus ou moins rougeâtre, plus ou moins marneuse, formant quelquefois des espèces de couches, souvent même dans une croûte de stalagmite plus ou moins épaisse qui les entoure ou les agglutine avec des cailloux roulés ou non en plus ou moins grande abondance, provenant de roches voisines ou éloignées, et quelquefois aussi, mais rarement, avec des ossements d'autres mammifères d'espèces indigènes, et plus rarement encore avec des restes d'espèces exotiques.

Les ossements ou dents qui se trouvent mêlés avec ceux d'Ours, mais toujours ou presque toujours dans une proportion très-minime, proviennent exclusivement d'animaux terrestres, rarement d'espèces qui n'existent plus ou n'ont jamais existé en Europe, comme Lion, Hyène, Éléphant et Rhinocéros, bien plus souvent d'espèces indigènes, sauvages ou domestiques.

Il semble même hors de doute que dans plusieurs cavernes du midi de la France et des environs de Liége en Belgique, ils sont accompagnés d'os de l'espèce humaine ou de quelques produits de ses arts.

Ces ossements d'Ours des cavernes proviennent d'individus des deux sexes et de tout âge, depuis celui de fœtus jusqu'à celui de la vieillesse. Cependant on peut dire qu'en général ils ont appartenu à des animaux parvenus à tout leur développement, à en juger par l'état vigoureux des os et du système dentaire.

D'après la comparaison que nous avons pu faire à l'aide des éléments nombreux qui existent dans nos collections, aussi bien d'os d'Ours vivants que d'Ours des cavernes, de toutes les parties de l'Europe, nous pensons que ceux-ci proviennent d'une seule et unique espèce, la même qui vit encore aujourd'hui en Europe, mais atteignant une taille presque gigantesque, comparativement avec la race qui finit d'exister dans les parties les plus reculées des Alpes et des Pyrénées, et assez peu différente de celle de l'Ours du nord-ouest de l'Amérique.

Le mâle constituant les *U. giganteus*, *spelæus major*, *Pitorrii* et *Neschersensis;* et la femelle les *U. Arctoïdeus*, *Leodiensis*, dans la variété de première grandeur, comme dans celle de la seconde, le mâle est représenté par l'*U. spelæus minor*, et la femelle par l'*U. priscus.*

Mais outre cette espèce, il faut en reconnaître une autre plus petite, et bien distincte, qui semble représenter en Europe l'*U. ornatus* de la Sud-Amérique et l'*U. Malayanus* de la Sud-Asie, savoir : l'*U. Arvernensis*, le même, peut-être que l'*U. Etruscus*, et qui anciennement existante dans l'Europe méridionale, a laissé ses traces dans un diluvium libre, et peut-être plus ancien que celui des cavernes.

Quant à l'*U. Sivalensis* (Baker et Durand, *Journ. of the Asiat. soc.*

of Bengal), c'est probablement à l'*U. labiatus* qu'il faut le rapporter, comme à l'*U. ornatus*, les canines trouvées dans le Brésil (1), et à l'*U. Americanus* les ossements des cavernes de la Nord-Amérique orientale, ce qui est même certain pour ces derniers, d'après ce qu'en dit M. le docteur Harlan (2).

D'où il semblerait que parmi les ossements d'Ours conservés à la surface de la terre, et jusqu'ici recueillis, dans des conditions assez différentes, la très-grande partie aurait appartenu à l'espèce actuellement vivante dans le pays où ils ont été trouvés, et qu'une seule espèce de ce genre aurait cessé d'exister; espèce qui, en Europe, complétait le genre comme il l'est en Asie et en Amérique, espèce plus faible et habitant la partie de l'Europe la plus anciennement civilisée et en même temps peut-être la plus peuplée, ce qui a dû hâter sa disparition du nombre des êtres encore existants aujourd'hui.

En sorte que l'état des choses par rapport à ce genre ne demanderait aucun cataclysme, aucun changement dans les conditions actuelles d'existence de la terre; mais seulement des progrès incessants dans le développement de l'espèce humaine en Europe.

(1) Au moment où je termine l'impression de cette feuille, j'apprends de M. Claussen, actuellement à Paris, que parmi les ossements qu'il a découverts en si grande abondance dans les cavernes du Brésil, M. Lund en a reconnu qui viennent d'une espèce d'Ours, mais sans autres détails.

(2) A ce sujet je dois dire que les auteurs nord-américains qui ont parlé des os d'Ours dans les cavernes de l'ouest de la Virginie, se bornent à les citer comme provenant de l'espèce encore vivante dans le pays, et sans les énumérer ni les décrire; mais ce qui me porte à croire que leur assertion est vraie, c'est qu'ayant vu en la possession de M. Emmanuel Rousseau, mon aide-naturaliste au Muséum, qui l'avait reçu anciennement de M. le docteur Pascalis, des États-Unis, un cinquième métatarsien du côté droit; je l'ai trouvé parfaitement semblable à son analogue dans le squelette d'un Ours d'Amérique, d'assez grande taille; seulement il était un peu plus robuste. Cet os était du reste d'un noir d'ébène luisant et poli, comme le sont souvent ceux du dépôt de Big-Bone-Lick.

EXPLICATION DES PLANCHES.

PL. I. — L'OURS BLANC ou POLAIRE. *U. maritimus* (Lin. Gmel.).

Réduit au quart de la grandeur naturelle d'après le squelette fait sous mes yeux et pour cet ouvrage d'un individu femelle adulte qui a vécu quelques années dans la ménagerie du Muséum, en 1838.

Cet animal étant extrêmement gras, les os avaient pour ainsi dire pris part à cette polysarcie, et étaient généralement fort peu accentués.

PL. II. — L'OURS DE LA CALIFORNIE, ou FÉROCE ou GRIS des Nord-Américains. *U. ferox* de Richardson, mais qui ne diffère réellement pas de l'*U. Arctor* d'Europe.

Réduit au quart de la grandeur naturelle d'après un squelette monté dans nos laboratoires avec les os trouvés encore assemblés à Montrey, dans les forêts de la Californie, par M. Neboux, chirurgien-major de *la Vénus*, sous le commandement de M. le capitaine de vaisseau du Petit-Thouars, et provenant d'un individu probablement mâle et mort sans doute aussi naturellement à un âge avancé, et après avoir acquis toute la vigueur et la taille qu'il pouvait atteindre.

C'est peut-être le seul exemple que la science possède d'un squelette d'Ours et de grand carnassier parvenu à tout son développement à l'état sauvage. Malheureusement le sternum et ses cornes manquent entièrement, et l'on n'a pu, ne connaissant pas la longueur du corps de l'animal, placer entre les vertèbres des disques de cuir pour représenter les cartilages, ce qui donne au tronc un peu trop de brièveté.

Les dimensions de nos planches ont, en outre, forcé de plier les membres bien plus qu'ils ne le devraient être naturellement.

C'est ce qui nous a également forcé de placer au-dessous de la tête la figure des vertèbres du dos cachées par l'omoplate.

Jamais à notre connaissance le squelette de cet Ours n'avait été représenté.

PL. III. — L'OURS DES ASTURIES. *U. Arctos*. L. *U. Pyrenaicus* (Fréd. Cuv.).

Réduit au quart de la grandeur naturelle d'après un squelette de l'ancienne collection rétabli pour cet ouvrage, et provenant d'un individu femelle qui a vécu quelques années dans la ménagerie du Muséum, et dont M. Fréd. Cuvier a donné la figure dans son ouvrage sur les Mammifères.

Nous avons choisi ce squelette comme le plus petit, quoique adulte, de la collection d'Anatomie comparée, afin de montrer l'énorme différence de taille qui peut exister entre deux individus de même espèce, l'un mâle, et ayant vécu dans les conditions d'existence les plus favorables ; l'autre femelle, dans des circonstances toutes contraires.

Ce squelette n'a jamais été figuré ; mais celui de l'*U. Arctos*, en d'autres pays d'Europe, l'a été souvent.

PL. IV. — L'OURS DES CORDILLIÈRES. *U. ornatus* (Fréd. Cuv.).

Réduit au tiers de la grandeur naturelle d'après le squelette d'un individu femelle qui a vécu quelque temps dans la ménagerie du Muséum, et dont M. Fréd. Cuvier a donné la figure et la description dans ses Mammifères, in-fol., tome III, 1825.

Nous n'avons malheureusement pas fait changer la disposition de ce squelette, dont la colonne vertébrale est trop arquée, et les membres, surtout les postérieurs, beaucoup trop fléchis ; ce qui lui donne un aspect de Félis trop prononcé.

Il n'est encore, ce me semble, figuré dans aucun ouvrage.

PL. V. — TÊTE de l'OURS BLANC. *U. maritimus*.

Réduite aux deux cinquièmes, de profil, en dessus, en dessous, avec la mâchoire inférieure, de profil et en dehors seulement, d'après un crâne bien adulte appartenant à la Faculté des Sciences.

De l'OURS NOIR D'AMÉRIQUE. *U. Americanus* (Pallas). Réduite également aux deux cinquièmes, de profil, en dessus et en dessous, avec la mâchoire inférieure vue de profil en dehors et partiellement en dedans, d'après un crâne tiré d'un individu mâle bien adulte, et qui a vécu longtemps dans la ménagerie du Muséum, où il est mort en 1838.

Et d'un jeune individu de la même espèce, au même degré de réduction, avec les osselets de l'ouïe assemblés et de grandeur naturelle.

PL. VI. — TÊTE.

De l'OURS DE LA CALIFORNIE. *U. Arctos ferox.* Réduite au tiers.

Mâle adulte de profil, en dessus, en dessous et en arrière, avec la mâchoire inférieure, de profil en dehors et en partie en dedans, d'après celle du squelette, Pl. II.

Jeune et de sexe inconnu, de profil seulement, d'après un crâne retiré d'une peau rapportée de la Californie, par M. P. E. Botta, l'un de mes élèves lors de son voyage de circumnavigation sur *le Héros*.

De l'OURS D'EUROPE. *U. Arctos.* L.

Mâle adulte au même degré de réduction ; mais seulement de profil en dessus et en dessous.

En examinant les figures que nous avons consacrées à montrer la face inférieure du crâne des différentes espèces d'Ours, on aura la confirmation de ce que nous avons dit dans notre Ostéographie, p. 6, que la caisse du temporal est, dans ce genre d'animaux, fort plate et réellement bulleuse, point de ressemblance avec les Phoques. C'est donc par une pure inadvertance que M. G. Cuvier a pu dire, page 278 de son Ostéographie des Carnassiers, que dans l'Ours et dans le Chien *la caisse est saillante et vésiculeuse*. Ce qui est vrai pour celui-ci, mais nullement pour celui-là.

On pourra également relever une contradiction qui s'est glissée dans le même mémoire de M. Cuvier, disant, p. 274, que le tubercule de l'occipital qui, dans l'Ours, *se joint à l'apophyse mastoïde du temporal*, est, dans le Raton, séparé par une large échancrure ; et, page 278, que dans le Blaireau le tubercule de l'occipital est *séparé de l'apophyse mastoïde du temporal*, comme dans l'Ours et le Raton, et c'est cette dernière version qui est vraie.

PL. VII. — TÊTE et MACHOIRE INFÉRIEURE de plusieurs variétés de l'OURS COMMUN D'EUROPE. (*U. Arctos.* L.), malheureusement sans sexes connus, au même degré de réduction et dans les mêmes projections, afin de faciliter la comparaison.

a. De l'OURS BRUN DES ALPES.
b. De l'OURS BRUN DE NORWÉGE.
c. De l'OURS DES ASTURIES.
d. De l'OURS BRUN DE POLOGNE.
e. De l'OURS ÉLANCÉ DE POLOGNE.

Tous, sauf celui des Asturies, déjà figurés par M. G. Cuvier, Pl. XXII du tom. IV de la deuxième édition de ses Ossements fossiles, 1825.

PL. VIII. — TÊTE et MACHOIRE INFÉRIEURE.

De profil et en dessus, une seule fois en dessous pour la première ; de profil en dehors et en partie en dedans pour la seconde.

Au même degré de réduction pour rendre la comparaison plus facile.

a. De l'OURS A GRANDES LÈVRES (*U. labiatus*).
b. De l'OURS MALAIS (*U. Malayanus*, G. Cuvier).
c. DE l'OURS DES CORDILLIÈRES (*U. ornatus*, Fréd. Cuvier).

La seconde d'après un crâne déjà figuré par M. G. Cuvier ; la première et la troisième d'après des crânes nouvellement dans la collection, le dernier rapporté par M. A. d'Orbigny.

PL. IX. — PARTIES CARACTÉRISTIQUES DU TRONC.

Tirées principalement de l'Ours de la Californie (*U. Arctos ferox*), et montrant réduites au tiers :

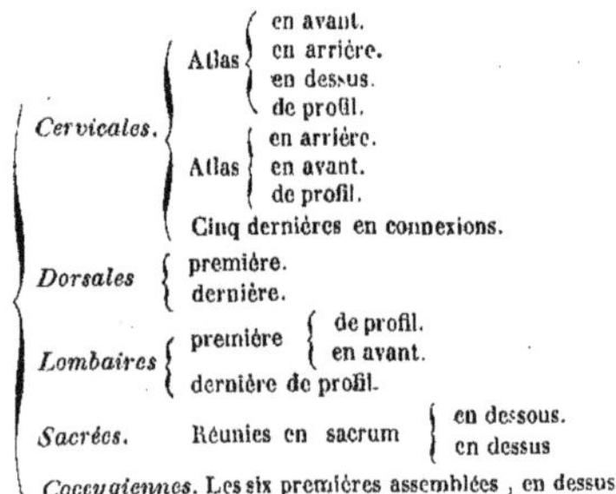

De l'OURS D'EUROPE (*U. Arctos*).

L'os hyoïde et ses cornes en dessous et de profil au tiers.
Le sternum et ses cornes en dessous et également au tiers.
L'os pénien de profil et au tiers.

De l'OURS BLANC (*U. maritimus*).

L'axis et la sixième vertèbre cervicale de profil et au tiers.

De l'OURS DES CORDILLIÈRES (*U. ornatus*).

Les mêmes vertèbres de grandeur naturelle, à cause de leurs petites dimensions.

PL. X. — PARTIES CARACTÉRISTIQUES DES MEMBRES.

Tirées exclusivement du côté droit de l'OURS DE LA CALIFORNIE (*U. Arctos ferox*), avec une réduction uniforme au tiers de la grandeur naturelle.

Aux membres antérieurs.

L'*Omoplate* vue à sa face externe et à son extrémité articulaire.
L'*Humérus* en avant et en arrière.
Le *Radius* et le *Cubitus* par la face externe en connexion, avec les surfaces articulaires qui les terminent supérieurement et inférieurement à part.
Les os du *Carpe*, du *Métacarpe* et des doigts en connexions ; le *Pisiforme* et une phalange onguéale à part.

Aux membres postérieurs.

L'*Os innominé* ou le *Demi-Bassin* vu en dessous ; avec la cavité cotyloïde en face à part.
Le *Fémur* vu en avant et en arrière, et à part ses deux extrémités articulaires.
Le *Tibia* et le *Péroné* en connexion, en avant et en arrière.
La *Rotule* en avant.
Les os du pied, c'est-à-dire du *Tarse*, du *Métatarse* et des *Doigts* articulés dans leurs connexions naturelles, et vus en dessus, avec et à part ; le *Calcanéum* vu en dessus, et l'*Astragale* vu en dessous.

PL. XI. — PARTIES CARACTÉRISTIQUES DES MEMBRES.

Toutes du côté droit réduites au tiers de la grandeur naturelle, et tirées surtout des espèces dont le squelette n'a pas été figuré.

De l'OURS D'AMÉRIQUE (*U. Americanus*).

L'*Omoplate* à la face externe et de profil.
L'*Humérus* par devant.
Le *Radius* à sa face antérieure.
Le *Cubitus* à la face externe.
Les *Os de la Main* en connexion, si ce n'est le *Scaphoïde* enlevé et figuré à part sur ses deux faces.
L'*Os innominé* ou *Demi-Bassin* à sa face externe.
L'*Humérus* à sa face postérieure.
La *Rotule* à sa face antérieure.
Le *Tibia*, face externe.
Le *Péroné* vu en dehors.
Les *Os du Pied* en connexion, sauf l'*Astragale* enlevé et figuré à part, en dessus et en dessous.

De l'OURS A GRANDES LÈVRES (*U. labiatus*).

D'après le squelette fait, sous mes yeux, d'un individu qui a vécu dans la ménagerie, donné par M. Dussumier.

L'*Omoplate* à sa face externe.
L'extrémité inférieure de l'*Humérus*.
Le *Radius*, face externe.
Le *Cubitus*, même face.
Les *Os de la Main* en face, sauf le *Scaphoïde* enlevé et représenté à part sur ses deux faces.
L'*Os innominé*, face externe.
Le *Fémur* en arrière.
La *Rotule* antérieurement.
Le *Tibia* et le *Péroné* soudés, vus à la face externe et à leur tête supérieure.
Les *Os du Pied* en place, sauf l'*Astragale* enlevé et figuré à part sur ses deux faces.

De l'OURS DES CORDILLIÈRES (*U. ornatus*).

L'*Humérus* au tiers et vu de face, pour montrer plus clairement que dans le squelette, pl. IV, le trou dont est percé le condyle interne.

PL. XII. — SYSTÈME DENTAIRE.

De grandeur naturelle dans toutes les figures.

De l'OURS D'AMÉRIQUE (*U. Americanus*), que nous avons été obligé de prendre ici pour type, quoique dans notre Odontographie ce soit l'Ours d'Europe qui en ait servi, parce que les tubercules des dents sont bien mieux conservés.

Toutes les dents incisives, canines, avant-molaires, principales, arrière molaires, supérieures et inférieures, avec leurs racines et leurs alvéoles.

La série verticale de gauche montre, par la couronne, les incisives et les molaires supérieures et inférieures.

De l'OURS BLANC (*U. maritimus*).

De l'OURS NOIR (*U. Americanus*).

Les incisives, les canines et les molaires, aux deux mâchoires.

De l'OURS des CORDILLIÈRES (*U. ornatus*).

De l'OURS MALAIS (*U. Malayanus*).

Les deux séries verticales de gauche sont employées à faire voir les variations d'âge qu'éprouve le système dentaire avant l'état adulte, en commençant par trois figures qui montrent aux deux mâchoires les dents de lait avec les germes de celles qui doivent les remplacer, et terminant par les figures qui ont trait au changement des avant-molaires, spécialement dans l'*U. Americanus.* Enfin elles offrent inférieurement la disposition et la forme des incisives, vues de face chez les *U. labiatus*, où par extraordinaire manque la première paire, *U. Malayanus* et *ornatus* seulement d'un côté.

PL. XIII. — TÊTES FOSSILES.

Réduites au tiers et dans les projections de profil et en dessus.

De l'OURS DES CAVERNES (*U. spelæus*).

De Gaylenreuth, d'après le même crâne figuré par M. Cuvier.
Des environs de Nîmes, d'après le crâne que la collection du Muséum doit à la générosité de M. Larrey, membre de l'Institut.

De l'OURS ARCTOÏDE (*U. Arctoïdeus*).

De Gaylenreuth, d'après le morceau figuré par M. Cuvier.

De l'OURS D'AUVERGNE (*U. Arvernensis*).

Vue en dessous et au trait de profil, copiée sur la figure donnée par M. l'abbé Croizet, d'après une pièce existante dans la collection de M. de Laizer.

PL. XIV. — TÊTES ET PORTIONS DE TÊTES FOSSILES.

De l'OURS DE LIÉGE (*U. Leodiensis*).

De profil et en dessus.
Réduite au tiers des figures de grandeur naturelle, données par M. Schmerling, Pl. XV et XVI.

De l'OURS ANCIEN (*U. priscus*).

De profil et en dessus, copiée des figures données par M. G. Cuvier, *Ossements fossiles*, IV, Pl. XXVII *bis*, fig. 6.

De l'OURS D'ÉTRURIE (*U. Etruscus*).

Copiées des figures peu terminées, placées par M. G. Cuvier, dans la Pl XXVII *bis* du tom IV, de ses *Ossements fossiles*.
En remarquant la grandeur et la forme de la dernière molaire supérieure dans la dernière figure de gauche, il paraît évident que ce fragment ne peut être rapporté à l'Ours d'Auvergne.
Les deux figures suivantes à droite, l'une représentant un fragment de mandibule gauche, portant les deux premières arrière-molaires ; et l'autre, un fragment de maxillaire supérieur portant la principale et la première arrière-molaire, confirment cette manière de voir.
Quant à la quatrième qui représente encore un fragment de mâchoire supérieure, c'est sans doute autre chose Peut-être même n'appartient-elle pas à un animal de ce genre ?

De l'Ours d'Auvergne (*U. Arvernensis*).

De profil et en dessous, réduite au tiers d'après un fragment très-intéressant de la collection de M. l'abbé Croizet, actuellement au Muséum, avec la dent molaire postérieure, droite, de grandeur naturelle à part.

De l'Ours ? des Brèches d'Oran.

Réduite au tiers d'après une simple calotte crânienne vue en dessus, rapportée d'Algérie par M. Milne-Edward, de l'Académie des Sciences, et dont il a bien voulu enrichir nos collections.

Enfin une dent canine copiée du mémoire de M. Weiss, et attribuée par lui à un Ours.

PL. XV. — Mandibules et dents fossiles.

De l'*U. giganteus*, réduite à moitié de la figure donnée par M. Schmerling, Pl. XVII, fig. 1.

De l'*U. spelæus* des cavernes du Gard, réduite au tiers d'après une pièce donnée au Muséum par M. Larrey.

De l'*U. spelæus* des cavernes de Franconie, d'après un os de la collection, et déjà figuré par M. G. Cuvier.

De l'*U. Arctoideus* des cavernes de Franconie, d'après un fragment de jeune animal également représenté par M. Cuvier.

De l'*U. Leodiensis*. Copiée et réduite au tiers d'après la figure donnée par M. Schmerling, Pl. XIX, fig. 2.

De l'*U. priscus*. Copiée de la figure donnée par M. G. Cuvier, Pl. XXVII *bis*, fig. 6.

De l'*U. Neschersensis*. Au tiers d'après une pièce de la collection du Muséum, provenant de celle de M. l'abbé Croizet.

De l'*U. Arvernensis*. Réduite au tiers d'un fragment de la collection du Muséum, et provenant également de celle de M. l'abbé Croizet.

L'une et l'autre n'ayant jamais été figurées.

Dans la série longitudinale inférieure sont représentées les dents incisives, canines et molaires, supérieures et inférieures, de grandeur naturelle, et sauf les canines, dans leur position relative ; mais ne provenant certainement pas du même animal.

La principale inférieure et la dernière molaire supérieure à part, pour montrer la face interne de la première et la face triturante de la seconde.

Enfin la dernière figure de cette série représente, réduite au tiers, une dent canine de l'*U. cultridens*, d'après un échantillon trouvé en Auvergne ; et dans un espace vide se trouve le trait d'une canine inférieure du côté droit, pour montrer sa double courbure.

PL. XVI. — Parties caractéristiques du tronc.

De l'Ours des cavernes, figurées au tiers de la grandeur naturelle d'après des parties de la collection du Muséum, provenant de différentes cavernes, et quelquefois avec leurs analogues dans l'*U. Arctos* vivant actuellement.

PL. XVII. — Parties caractéristiques des membres antérieurs.

D'après des ossements de la collection paléontologique du Muséum, venant de différentes cavernes d'Allemagne ou de France, et rarement copiées de M. Schmerling, en choisissant les extrêmes de grandeur.

En tête de la série des humérus se trouve celui dont le condyle interne est percé, figuré déjà par M. Cuvier, et qui était unique dans cette particularité, à l'époque où écrivait M. Schmerling, 1832, et qui l'est encore aujourd'hui.

A ce sujet, je rapporterai une observation de M. de Christol qui, dans un envoi fort intéressant qu'il faisait au Muséum, d'un grand nombre d'os fossiles de la France méridionale, il y a plusieurs années, ajoutait, dans une note attachée à un humérus, que parmi les quatre cents os de cette sorte qu'il avait trouvés dans la caverne d'Aldène, il n'en avait pas rencontré un seul qui fût ainsi percé ; d'où il concluait, avec raison, que cet humérus était une sorte d'anomalie ou de monstruosité.

PL. XVIII. — Parties caractéristiques des membres postérieurs.

Chez l'Ours des cavernes, d'après des pièces de la collection du Muséum, au même degré de réduction, et provenant de différentes localités.

Nous avons également choisi les extrêmes, du moins autant que cela était possible, et nous avons fait représenter la tête du fémur le plus grand, et de manière à montrer la fossette du ligament rond.

Sur ce point, je dirai encore que M. de Christol, dans une note attachée à un os de cette sorte, avait déjà relevé l'erreur échappée à M. G. Cuvier, sur l'absence dans les Ours de la fossette d'insertion du ligament rond à la tête du fémur, en assurant qu'il l'avait toujours remarquée dans les nombreux fémurs trouvés, par lui, dans la caverne d'Aldène.

PARIS. — IMPRIMERIE DE FAIN ET THUNOT,
Rue Racine, 28, près de l'Odéon.

DES PETITS-OURS

(G. *SUBURSUS*).

Nous avons déjà eu l'occasion, dans nos généralités sur les Carnassiers et surtout dans notre Ostéographie des Ours proprement dits, de définir ce que nous entendons par les Mammifères qui vont faire le sujet de ce mémoire, sous le titre de Petits-ours. Ce sont en général des animaux de taille médiocre que Linné comprenait, pour la plupart du moins, dans son genre *Ursus*, parce qu'en effet ils ont également le poil hérissé, qu'ils sont palmi et plantigrades, pourvus de cinq doigts aux deux paires de membres, que les carpes comme les tarses sont entièrement nus, larges et appliqués complétement sur le sol. Aussi tous ces animaux ont-ils une démarche et une allure qui ne peuvent être comparées à celles des Carnassiers, et surtout des Digitigrades, comme les Chiens, qui en terminent la série. Ce sont des animaux qui, comme les Ours, se nourrissent plus volontiers de substances végétales que d'animales, demi-nocturnes, dormeurs, quelquefois au point de s'engourdir complétement dans l'hiver, s'engraissant avec la plus grande facilité. Tous sont également dépourvus de clavicules, n'ayant pas même d'os claviculaires, de cœcum, le colon se continuant sans interruption avec le rectum. Mais ils en diffèrent parce que toutes les espèces de Petits-ours ont l'humérus percé au condyle interne, particularité qui n'existe peut-être que dans les deux dernières espèces d'Ours, et surtout par le système dentaire qui, différant constamment de celui de ces derniers animaux, présente une composition particulière, presque pour chaque espèce. C'est même ce qui a déterminé les zoologistes qui ont pris ce système comme base de l'établissement des genres, à en former un assez grand nombre, qu'ils ont confirmés plus ou moins heureusement par quelques légères particularités, et entre autres par la considération de la queue, qui, presque nulle dans les premières espèces, s'allonge de plus en plus au point de devenir prenante dans les dernières, ce qui leur donne quelque chose de certaines espèces de Singes, au point que M. Fréd. Cuvier a proposé de ranger les Kinkajous parmi les Primatès.

CHAPITRE PREMIER.

OSTÉOGRAPHIE.

Quoiqu'en général le squelette des Petits-ours offre un assez grand nombre de points de ressemblance dans ses parties essentielles, toutefois, comme la dégradation est assez manifeste des premières espèces les plus rapprochées des Ours, jusqu'aux dernières qui rappellent bien davantage les genres suivants, nous allons envisager à part chacun des petits groupes qui composent ce grand genre, en commençant par le Blaireau que nous prendrons pour type; surtout parce que cet animal est le plus commun, le plus facile à se procurer, se trouvant dans les parties septentrionales des quatre parties du Monde.

1° Du Blaireau (G. *Meles*).

L'ensemble du squelette du Blaireau aussi bien dans la nature que dans le nombre et la forme des os qui le composent; aussi bien dans les courbures que dans les proportions des régions de la colonne vertébrale et des parties des membres qui le soutiennent, explique fort bien comment Linné, et beaucoup d'autres zoologistes, ont pu comprendre cet animal dans le genre *Ursus*, sous le nom d'*U. Meles.*

En général. Le Blaireau a généralement les os de son squelette plus courts proportionnellement à leur longueur, et par conséquent plus robustes que les autres Petits-ours, et même que tous les autres Carnassiers, à l'exception de la Loutre.

La série vertébrale est également plus courte que dans aucune autre espèce à cause de la brièveté de la queue; aussi n'est-elle formée que de quarante-neuf vertèbres, quatre céphaliques, sept cervicales, quinze dorsales, cinq lombaires, trois sacrées et quinze ou seize coccygiennes, dont trois iskiatiques. En particulier. 1° Dans sa série vertébrale.

La partie crânienne de la tête est épaisse, robuste, arrondie, assez peu déprimée, encore assez large cependant, dans sa partie basilaire, et même dans son arc pariétal, mais notablement étranglée au milieu de la vertèbre sphéno-frontale. A la tête. V. céphaliques.

La partie appendiculaire est généralement courte; ainsi la mâchoire supérieure dont la racine ptérygoïdienne est fort reculée, le lacrymal ovalaire, assez grand, tout à fait orbitaire, le palatin fort allongé dans sa lame horizontale, est constituée par un maxillaire très-court, percé d'un énorme trou sous-orbitaire presque marginal, et terminée par un prémaxillaire médiocre, mais dont la branche supérieure ne remonte pas jusqu'au frontal comme dans les Ours. Et dans ses appendices: supérieur.

La mâchoire inférieure commence par un rocher assez petit, subarrondi, contre lequel s'appliquent, en arrière un mastoïdien comprimé, mais fort saillant, plus que l'apophyse mastoïdienne de l'occipital, antéroverse, comme dans les Ours, et en avant une caisse large, assez renflée, quoique un peu déprimée ou enfoncée en dessous. Des quatre osselets de l'ouïe qu'elle contient, inférieur. Rocher. Mastoïdien. Caisse. Osselets de l'ouïe.

L'étrier est petit, sa platine elliptique, allongée; ses branches larges, et par conséquent leur intervalle petit, circulaire. Étrier.

Le lenticulaire est évident, ovale et très-aplati. Lenticulaire.

L'enclume est médiocre; l'apophyse lenticulaire bien plus longue que l'autre. Enclume.

Et enfin, le marteau est considérable, surtout dans son corps ou tête, assez comprimée, car le manche est médiocre, un peu en cuiller à son extrémité; les deux apophyses de sa base sont cependant bien marquées. Marteau.

Comme dans les Ours, et peut-être même encore plus que dans ces animaux, le squammeux fort peu élevé dans sa partie écailleuse, a son Squammeux.

apophyse articulaire fort large, transverse, presque horizontale, avec une cavité glénoïde tellement serrée et étroite que le condyle de la mandibule en est saisi sans pouvoir quelquefois en être séparé, l'ouverture étant souvent plus étroite que le fond.

Cavité glénoïde.

Mandibule.

Branche horizontale. verticale.

La mandibule, du reste, est robuste, médiocrement allongée dans sa branche horizontale, presque droite sur ses deux bords, et courte dans sa branche verticale, profondément excavée en dehors et pourvue d'une apophyse coronoïde élevée, droite, arrondie; d'un condyle cylindrique, large, oblique en dedans, et d'un crochet épais et en cuiller, très-rapproché de lui, pour apophyse angulaire, presque nulle à sa place ordinaire.

Dans ses cavités, orifices.

Ouverture palatine.

Les cavités, loges, fosses et orifices de la tête du Blaireau sont assez bien encore comme dans les Ours, beaucoup plus que comme dans les Chiens. L'orifice palatin, par exemple, ovale, parallélogrammique, est au delà de la moitié de la longueur basilaire de la tête, bien en arrière de la dernière molaire.

Fosse temporale.

La fosse temporale est énorme, s'étalant sur toutes les parties latérales du crâne et débordant sur des crêtes sagittale et occipitale considérables, et surtout la première arrondie dans son bord supérieur.

Canal auditif.

Orbite.

Les loges sensoriales sont en général petites; le canal auditif externe arrondi, un peu infundibuliforme, est cependant assez ouvert; l'orbite est au contraire fort petit, avec ses apophyses frontale et zygomatique moins marquées encore que dans les Ours, au contraire de celle du lacrymal en forme d'épine.

Trous de sortie des nerfs. optique. sous-orbitaire.

Les trous de sortie des nerfs ou des vaisseaux sont aussi à peu près comme dans les Ours. Le trou optique est cependant bien plus petit encore, au contraire du sous-orbitaire, beaucoup plus grand et très-rapproché du bord orbitaire.

Au tronc. V. cervicales.

Les vertèbres cervicales du Blaireau constituent un col robuste, court, et fortement apophysé.

Atlas.

L'atlas, large dans son anneau, a beaucoup de ressemblance avec celui de l'Ours, aussi bien dans sa forme que dans les trous dont il est percé; mais ses apophyses transverses sont bien plus courtes et plus arrondies.

L'axis ressemble encore plus que l'atlas à celui de l'Ours; ainsi, son apophyse épineuse est également inclinée en avant. Axis.

La même ressemblance avec l'Ours se poursuit dans les cinq autres vertèbres du cou; seulement, dans le Blaireau, le tubercule supérieur de l'apophyse transverse est moins prononcé, surtout à la première, où il est même presque nul, ainsi qu'à la dernière.

Les vertèbres dorsales sont aussi à peu près dans le même cas; l'apophyse épineuse des onze premières fortement inclinée en arrière, celle de la douzième subverticale, celle des trois postérieures antéroverse, comme aux lombaires. V. dorsales, 15.

Ces dernières vertèbres sont larges dans leur corps, mais assez peu hérissées; la première seulement, et à peine la seconde, pourvue de l'épine styloïde inférieure à l'apophyse articulaire postérieure, et toutes ayant leurs apophyses transverses médiocres, dirigées en avant, l'épineuse également un peu dans le même sens, au lieu d'être verticale comme dans l'Ours. V. lombaires, 5.

Les vertèbres sacrées sont plus distinctes que dans cet animal, surtout par l'apophyse épineuse tout à fait verticale. Du reste, le sacrum qui en résulte est court, mais assez large, et un peu en coin. V. sacrées, 3.

Les trois premières vertèbres coccygiennes semblent pouvoir faire partie du sacrum, tant elles ressemblent à la dernière de celui-ci, en diminuant seulement d'étendue. Les autres, plus nombreuses que dans l'Ours, sont aussi plus grêles et décroissent plus rapidement, surtout en diamètre; en sorte, qu'augmentant au contraire en longueur, elles constituent une queue plus effilée. Aucune n'a cependant encore d'os en V. V. coccygiennes, 15 ou 16.

La série sternale est comme dans tous les Carnassiers. 2e Série sternale.

L'hyoïde, dont le corps en forme de barre transverse, assez allongée, un peu courbée, et élargie aux extrémités, porte en avant de grandes cornes assez courtes, formées de trois articles; le premier fort court; le second, le plus long et le plus grêle; le troisième, un peu plus Hyoïde. Son corps. Ses cornes antérieures.

postérieures. court, mais surtout mince et dilaté en spatule à l'extrémité; et de petites d'un seul article, également plus large qu'épais, et assez court.

Sternum, 9. Manubrium. Xyphoïde. Le sternum est composé de neuf sternèbres, en général moins larges et plus allongées que dans l'Ours. Le manubrium dilaté vers son milieu pour l'articulation de la première corne; la dernière des intermédiaires de forme parallélogrammique, et le xiphoïde assez long, mais peu dilaté à son extrémité.

Ses Appendices. Côtes, 15, dont 9 + 6. Les côtes, au nombre de quinze, dont neuf sont sternales et six asternales, sont encore assez robustes, mais plus courtes que dans les Ours. Elles sont même assez fortement comprimées d'avant en arrière, surtout supérieurement. La première est, du reste, à peine plus large que les autres.

Cornes. Les cornes sont proportionnellement plus longues que dans les Ours, et surtout la dixième, qui touche celle du côté opposé dans la ligne médiane.

Thorax. Il en résulte que le thorax du Blaireau est encore assez peu comprimé, comme dans les Ours; mais il est plus étendu, surtout dans les hypochondres, que dans ce genre d'animaux.

3° Aux Membres. Dès lors, les membres, dont la proportion est assez bien la même, et qui sont encore robustes et assez courts, sont un peu plus éloignés entre eux, le tronc étant sensiblement plus long.

— antérieurs. Aux antérieurs:

Omoplate. L'omoplate, qui a réellement beaucoup de rapports de forme avec celle de l'Ours, est cependant un peu moins large proportionnellement à sa longueur; aussi son bord antérieur est-il moins arrondi; l'appendice angulaire supérieur et postérieur est presque nul; mais la crête, prolongée dans toute la hauteur de l'os, anguleusement arrondi à son extrémité supérieure, se termine par un assez large acromion, sans trace d'apophyse coracoïde.

Clavicule, 0. La clavicule est aussi complétement nulle que dans les Ours.

Humérus. L'humérus est assez semblable à celui de l'Ours des Cordillières; d'abord parce qu'il est percé au condyle interne, ensuite par le prolongement de l'empreinte deltoïdienne qui descend bien au-dessous de la moitié de l'os. Seulement il est encore proportionnellement un peu plus long.

Radius.

Le radius, assez arqué et polygonal, est supérieurement presque aussi large qu'inférieurement, et la tête humérale ovale transverse est relevée à son bord antérieur par une saillie anguleuse arrondie, bien plus prononcée encore que dans l'Ours.

Cubitus.

Le cubitus est également plus large et plus comprimé, surtout en haut, où l'olécrâne, assez court, se recourbe fortement en dedans; en bas, il se prolonge en une apophyse styloïde assez large.

La main, composée des mêmes os que dans l'Ours, mais dans des proportions un peu différentes, considérée en totalité, est un peu plus longue et plus étroite, puisqu'elle égale presque la longueur de l'avant-bras.

Os du Carpe. Scaphoïde. Triquètre. Pisiforme. Trapèze. Trapézoïde. Grand Os. Unciforme.

Le carpe ne contient toujours que sept os, sans les sésamoïdes; trois à la première rangée et quatre à la seconde. Le scaphoïde a encore une apophyse interne très-prononcée; mais le triquètre est proportionnellement plus grand; le pisiforme ayant toujours l'aspect d'un petit calcanéum. Des quatre os de la seconde rangée, le premier, de forme triquètre, est plus petit que le second, qui est de forme trapèze. Le troisième est un plus grand que celui-ci, et enfin le quatrième ou unciforme est proportionnellement bien plus considérable que dans l'Ours.

Os du Métacarpe.

Les métacarpiens perdent cet aspect raccourci qu'ils ont dans ce dernier animal. Ils sont même assez allongés; le médian, le plus long, égalant le tiers du radius; mais le cinquième est encore le plus gros; le premier étant plus court et plus grêle que tous les autres.

Phalanges.

Les phalanges, sauf un peu plus de gracilité, ont beaucoup de ressemblance avec celles de l'Ours. Seulement celles du pouce suivent la proportion du premier métacarpien, c'est-à-dire qu'elles sont bien plus petites, et surtout plus grêles que les autres; ce qui indique la marche d'une dégradation évidente.

— postérieurs.

Les membres postérieurs s'éloignent encore un peu plus de ceux des

Ours que les membres antérieurs, et surtout dans les proportions des quatre parties qui les composent. La cuisse étant à peine plus longue que le pied, et la jambe étant plus haute qu'elle, ce qui indique évidemment un passage vers les Digitigrades.

Os innominé. Iléon. Pubis. L'os innominé, de la longueur du fémur, est encore assez large dans sa partie iliaque, de manière à former des fosses de ce nom assez considérables, surtout l'externe, son bord antérieur étant fortement évasé en dehors. La symphyse pubienne est aussi assez étendue; la tubérosité iskiatique peu épaisse et oblique en dehors; le trou sous-pubien presque arrondi et les détroits encore assez grands, l'antérieur étant très-oblique.

Fémur. Le fémur, un peu courbe dans sa longueur, est large et assez comprimé, surtout aux extrémités. Du reste, il ressemble assez bien à celui de l'Ours, sauf que sa longueur est proportionnellement moindre.

Tibia. Péroné. Le tibia et le péroné sont dans le cas contraire, c'est-à-dire, proportionnellement plus longs, et par conséquent notablement plus grêles. Aussi les surfaces articulaires terminales sont-elles moins larges. Du reste, ces deux os ont une forme ordinaire que l'iconographie seule peut indiquer.

Le pied en totalité offre encore plus que la main la tendance à s'allonger et à se rétrécir, et c'est surtout dans les os du tarse et du métatarse que cela est plus évident.

Astragale. L'astragale, encore fort plat dans son corps, et large dans sa poulie tibiale, s'avance un peu davantage dans son apophyse scaphoïdienne.

Calcanéum. Le calcanéum a son apophyse postérieure large, épaisse transversalement, un peu recourbée en bas, mais surtout fort excavée à son côté interne.

Scaphoïde. Cunéiformes. Cuboïde. Le scaphoïde est encore assez large transversalement, et portant en avant trois facettes, mais dont l'intérieure est notablement plus petite, du moins dans sa dimension transversale, que les deux autres; ce qui est en rapport avec la proportion des trois cunéiformes, dont le second est cependant encore le plus petit, et le premier pourvu en dedans d'un tubercule apophysaire assez saillant, au contraire du cuboïde, qui est légèrement excavé au bord externe.

Os du Métatarse.

Les métatarsiens ont pris le caractère allongé, que nous verrons se prononcer de plus en plus, à mesure que le Carnassier deviendra plus digitigrade; mais ces os sont encore assez épais. Le quatrième est avec le médian le plus long de tous, et celui du pouce le plus court, en même temps qu'il est le plus grêle (1). L'apophyse externe de la base du cinquième est arrondie et peu saillante.

Phalanges

Les phalanges ont au contraire assez bien conservé la brièveté qu'elles ont chez les Ours; seulement ce sont les deux médianes qui sont les plus larges.

Du Carcajou.

Nous ne connaissons aucune pièce du squelette du Blaireau de la Nord-Amérique ou du Carcajou de Buffon; mais il est à présumer qu'elles ne diffèrent pas de leurs correspondantes dans le Blaireau d'Europe.

De l'Arctonyx.

Nous ne connaissons pas davantage le squelette du Blaireau de l'Inde, dont M. Fréd. Cuvier, sur des renseignements incomplets, a fait un genre distinct sous le nom d'Arctonyx, dénomination qui indique qu'il avait fort bien jugé ses rapports naturels; mais nous savons, d'après M. Ogilby, qui paraît avoir eu des renseignements positifs à ce sujet, que l'animal observé par M. Duvancel n'était rien autre chose qu'un véritable Blaireau ordinaire, qui existe certainement dans les parties les moins méridionales de l'Inde continentale.

Nous allons passer maintenant à la comparaison des autres Petits-ours avec le Blaireau ordinaire.

2° Du Telagga ou Telagon (G. *Mydaus*).

Avant lui, c'est-à-dire plus rapproché des Ours, nous ne connaissons encore que l'animal dont M. Fréd. Cuvier a fait son genre *Mydaus*, et qu'il a figuré sous le nom de Telagon, qui, suivant M. Temminck,

(1) Je ne conçois pas comment Daubenton, qui a donné cinq ou six pages de mesures linéaires des os du squelette du Blaireau, a pu dire (VII, 129) que c'est le second os du métatarse qui est le plus long, et le cinquième qui est le plus court.

doit être écrit *Telagga*, comme celui de l'animal, dans le langage des natifs du pays qu'il habite.

En général. En particulier. 1° Dans la série vertébrale. Des Vertèbres.

L'ensemble du squelette du Mydaus indique fort bien sa place au commencement des Petits-ours; il est en effet plus robuste et plus court dans toutes ses parties que celui du Blaireau, le nombre des pièces qui constituent la série vertébrale est pourtant à peu près le même, quarante-quatre; quatre céphaliques, sept cervicales, quinze dorsales, cinq lombaires, trois sacrées et dix ou douze coccygiennes.

céphaliques. Crâne.

La tête a cependant quelque chose de celle des Insectivores par l'allongement des mâchoires. Le crâne proprement dit est assez large, ovale, un peu déprimé, peu rétréci en arrière des orbites, avec une crête sagittale peu élevée ou nulle, les deux fosses temporales étant alors assez loin de se toucher, mais avec une crête occipitale quelquefois assez saillante et à peine marquée sur le mastoïdien, dont l'apophyse est nulle, le tubercule occipital étant seul un peu indiqué. La caisse, arrondie, fort peu saillante, se continue par un canal auditif externe assez long, fort ouvert et dirigé obliquement en avant.

Appendices. supérieur.

Les ptérygoïdiens et les palatins sont à peine un peu moins prolongés en arrière que dans le Blaireau, mais surtout l'arcade zygomatique, loin d'être large, arquée et robuste comme dans cet animal, est au contraire très-grêle, horizontale, subcylindrique, et le trou sous-orbitaire, quoique encore assez grand, l'est beaucoup moins que dans le Blaireau.

inférieur.

Les apophyses orbitaires sont encore moins marquées. Nous avons déjà dit que la caisse est bien moins saillante que dans ce dernier. Cependant les osselets de l'ouïe me paraissent se ressembler beaucoup, comme on pourra en juger par la figure que nous en donnons.

Mandibule.

La mandibule est aussi plus allongée et surtout plus grêle que dans le Blaireau; l'apophyse coronoïde étant un peu inclinée en arrière, surtout dans son bord antérieur, et l'apophyse angulaire supérieure peu saillante, en biseau oblique et un peu rentrante.

Cervicales. Atlas.

Les vertèbres cervicales du Mydaus sont larges et courtes. Les apophyses transverses de l'atlas sont arrondies et fort peu saillantes; celles de l'axis réduites à un simple tubercule, et aux cinq autres elles sont à peine bifides à leur terminaison. Axis.

Les quinze vertèbres dorsales, fort imbriquées dans leur arc, ont leur apophyse épineuse large et très-inclinée en arrière, celle des quatre dernières un peu moins. Dorsales, 15.

Les vertèbres lombaires ont aussi leur arc imbriqué, mais leur apophyse épineuse, large, est presque droite ou verticale, les transverses sont fort courtes et les articulaires postérieures à peine échancrées en arrière. Lombaires, 5.

Les trois vertèbres sacrées constituent un bassin large et court, mais les vertèbres coccygiennes sont assez bien comme dans l'Ours, courtes et sans épines ou apophyses d'insertion musculaire. Sacrées, 3. Coccygiennes, 12.

La série sternale est peut-être encore plus courte que dans l'Ours. Les neuf sternèbres qui la forment sont aussi plus larges. Le manubrium n'a pas d'apophyse antérieure, mais il est bien plus large que les suivantes, qui décroissent jusqu'à la dernière. 2° Dans la série sternale. Sternèbres, 9.

Les côtes, au nombre de quinze, dont neuf vraies ou sternales, sont peu arquées et assez larges, mais surtout la première, qui l'est d'une manière remarquable, encore plus que dans les Ours. Les côtes, 15, dont 9 + 6.

Les cornes sternales sont aussi assez bien comme dans ces derniers animaux, c'est-à-dire proportionnellement assez courtes. Les cornes.

Les membres dans leurs proportions rappellent davantage l'Ours que le Blaireau. 3° Dans les Membres. — antérieurs.

L'omoplate, par exemple, a tout à fait la forme parallélogrammique de celle du premier de ces animaux par l'avance de son bord antérieur et par l'appendice ajouté à son angle postérieur et supérieur. Omoplate.

L'humérus est également large, court et robuste comme celui de l'Ours ; la crête ou empreinte deltoïdienne descend peut-être même plus bas; mais le condyle interne, encore plus avancé ou plus saillant, est percé comme dans l'Ours des Cordillières. Humérus.

Les os de l'avant-bras sont aussi assez courts et courbés; le radius surtout est fort élargi à sa tête supérieure, qui occupe les deux tiers de Radius.

Cubitus. l'articulation humérale. Le cubitus, par là plus repoussé en arrière, s'est notablement allongé supérieurement, tant son olécrâne, à peine recourbé en dedans à son extrémité, est saillant; mais inférieurement, à peine si l'apophyse styloïde dépasse la tête de l'os.

Os du Carpe. Le carpe est très-court, mais composé de sept os comme à l'ordinaire; le scaphoïde a son apophyse interne encore plus prononcée, et le pisiforme encore plus considérable que dans l'Ours, tandis que le triquètre est fort petit; les trois premiers os de la seconde rangée reprennent la proportion qu'ils avaient dans cet animal, le trapèze étant notablement plus grand que le trapézoïde, et surtout que le grand os, l'unciforme étant médiocre.

Du Métacarpe. Les métacarpiens offrent aussi plus de ressemblance avec ceux de l'Ours que ceux du Blaireau par la grosseur proportionnelle de celui du pouce. Ce n'est cependant pas celui du cinquième doigt qui est le plus gros, mais le troisième.

Des doigts. Les phalanges sont dans le même cas, larges et courtes.

-- postérieurs. Les membres postérieurs se rapprochent davantage de ce qu'ils sont dans le Blaireau pour la proportion des parties.

Os innominé. L'os innominé, large et aplati dans sa portion iliaque, s'articule cependant encore avec les trois vertèbres sacrées, et par conséquent plus largement même que dans les Ours; mais la symphyse pubienne est bien plus courte même que chez le Blaireau, et le détroit supérieur du bassin bien plus oblique, le trou sous-pubien étant aussi plus grand et plus triangulaire.

Symphyse sacrée, pubienne.

Fémur. Le fémur, seulement un peu plus long que l'humérus, est aussi droit que dans l'Ours, mais encore plus large, plus déprimé, plus aplati en arrière, le grand trochanter étant notablement moins élevé que la tête et les condyles fort élargis.

Les deux os de la jambe sont assez bien comme dans le Blaireau, de la longueur du fémur, et par conséquent bien plus grêles que dans l'Ours. Du reste le tibia et le péroné sont tout à fait droits, formant inférieurement une emboîture assez marquée et un peu oblique.

Tibia. Péroné.

Le pied en totalité égale la jambe en longueur, et par conséquent est déjà moins court que dans les Ours.

Le tarse est cependant encore assez peu allongé. L'astragale a sa poulie fort oblique, le calcanéum a son apophyse fort épaisse, mais courte et élargie en tête de clou à son extrémité. Le scaphoïde a ses trois facettes presque égales, le premier cunéiforme étant cependant plus large que les deux autres. Os du tarse. Astragale. Calcanéum. Scaphoïde.

Les métatarsiens sont toujours un peu plus longs que les métacarpiens, mais plus courts proportionnellement que dans le Blaireau, le premier le plus épais, quoiqu'un peu moins long que le cinquième, dont l'apophyse basilaire externe est assez peu proéminente. Os du Métatarse.

Quant aux phalanges, les secondes égalent presque les premières en longueur, au lieu d'être notablement plus courtes comme dans le Blaireau, ce qui indique la place du Mydaus avant lui. Os des doigts.

Les autres Petits-ours dont nous avons le squelette à comparer avec celui du Blaireau sont au contraire au-dessous de cet animal dans l'ordre sérial de dégradation.

3° Des Ratons (G. *Procyon*).

Le squelette du Raton crabier, qui la commence, indique évidemment un animal moins lourd, moins plantigrade, en un mot moins Ours, que le Mydaus, et même que le Blaireau, avec lequel Daubenton l'avait déjà comparé fort convenablement (H. N. VIII, p. 352); aussi son squelette s'allonge-t-il par l'augmentation de la partie caudale, et les membres sont-ils plus grêles et plus élevés, même dans les mains et dans les pieds. En général.

Le nombre des pièces de la série médiane supérieure ou des vertèbres, est en totalité de quarante-huit à cinquante, dont quatre céphaliques, sept cervicales, quatorze ou quinze dorsales, six ou cinq lombaires, trois sacrées et dix-huit coccygiennes. En particulier. 1° Dans la série vertébrale.

La tête du Raton crabier, quoiqu'un peu plus allongée que celle du V. céphaliques ou Tête.

Blaireau, lui ressemble cependant beaucoup dans sa forme générale et même dans un assez grand nombre de particularités. Seulement dans la partie crânienne, il y a un peu plus de largeur et d'étendue dans la boîte cérébrale, surtout dans le jeune âge; ses crêtes occipitale et sagittale bien moins prononcées, surtout celle-ci, qui manque souvent; la caisse, plus arrondie et plus bulleuse, contient des osselets de l'ouïe assez peu différents de ceux du Blaireau; l'étrier est cependant plus élevé, plus pyramidal; mais l'enclume et le marteau se ressemblent presque complétement. Les trous de sortie de nerfs dans les ailes des deux sphénoïdes sont plus ovales. Dans la partie faciale, il y a proportionnellement plus de longueur; les ptérygoïdiens sont plus robustes, surtout dans leur crochet moins recourbé; la voûte palatine, en arrière de la dernière dent, un peu moins étendue et son bord bilobé par une avance médiane, plus ou moins prononcée. L'orbite est notablement plus grand, et ses apophyses plus marquées; mais le canal sous-orbitaire beaucoup plus petit; l'arcade zygomatique plus faible et moins arquée; la mâchoire inférieure encore robuste, mais plus allongée, plus courbée en bateau dans sa branche horizontale, avec une apophyse coronoïde aussi élevée, mais arquée sur ses deux bords, et une apophyse angulaire supérieure encore plus robuste, en cuiller épaisse et fortement accentuée de rugosités d'insertion musculaire.

Ses Appendices supérieurs.

inférieurs.

V. cervicales. Les vertèbres cervicales ne présentent guère que des différences appréciables par l'iconographie; seulement l'apophyse épineuse de l'axis est encore plus allongée, ou mieux plus étroite et atténuée en arrière, et surtout les apophyses transverses sont plus larges, plus dilatées, plus aliformes.

V. dorsales, 14-15. V. lombaires, 5-6. Les vertèbres dorsales ont leur apophyse épineuse un peu plus élevée, mais certainement plus étroite et plus inclinée en arrière, du moins dans les deux premières; celle des autres et des lombaires s'élargit, mais pas autant que dans le Blaireau, et s'incline davantage en avant.

V. sacrées, 3. Les vertèbres sacrées n'offrent pas de ces différences que le discours seul puisse exprimer. Quant aux coccygiennes, non-seulement elles sont plus nombreuses, mais en outre les premières ont leurs apophyses transverses plus longues, et les autres s'allongent et s'effilent assez graduellement, sans cependant être de longueur très-inégale, si ce n'est pour les dernières.

V. coccygiennes, 18.

Deux ou trois des premières ont seules des os en V.

2° Série sternale.

Hyoïde.

L'os hyoïde du Raton crabier a le corps plus court, plus droit que celui du Blaireau; le premier article des grandes cornes peut-être un peu plus long et, surtout le dernier, dilaté en feuille d'olivier, du reste ne diffère que par des nuances que l'iconographie seule peut exprimer.

Sternum, 9.

Les pièces sternales ou sternèbres ne sont toujours qu'au nombre de neuf encore assez larges, surtout à la face interne; le manubrium dépassant peu en avant l'articulation de la première corne.

Côtes.

Les côtes et les cornes toujours au nombre de quatorze, dont neuf vraies, ou sternales, sont grêles et étroites, sauf la première notablement plus large.

3° Dans les Membres — antérieurs.

Les membres sont évidemment plus longs que dans le Blaireau, et surtout plus grêles.

Omoplate.

L'omoplate est encore assez élargie en avant, et l'appendice de l'angle assez marqué.

Humérus.

L'humérus, égalant en longueur les dix premières vertèbres dorsales, est sensiblement moins robuste que dans le Blaireau, surtout par plus de longueur proportionnelle. L'empreinte deltoïdale dépasse à peine la moitié de la longueur totale de l'os; le condyle interne est toujours percé d'un trou oblique (1).

Radius.

Le radius égale en longueur l'humérus; aussi est-il fort grêle, un peu arqué, un peu moins large à l'extrémité supérieure qu'à l'inférieure,

Cubitus.

et fort serré contre le cubitus, encore plus grêle, également un peu arqué, terminé supérieurement par un olécrâne court, assez rebroussé, et inférieurement par une apophyse styloïde longue et assez renflée.

(1) Ce squelette de Raton crabier bien adulte, m'a offert du côté droit un humérus percé, tandis que celui du côté gauche ne paraissait pas l'être, parce que le filet interne s'était brisé, sans doute à cause de sa grande gracilité.

La main est devenue plus longue et plus étroite en totalité et dans toutes ses parties.

Os du Carpe. Cette différence est sensible même dans le carpe dont le triquètre, au premier rang, s'intercale en partie entre le radius et le cubitus, et dont le trapèze, au second rang, est encore plus grand que le trapézoïde, et intercalé par son angle antérieur aux premier et second métacarpien.

Du Métacarpe. Les métacarpiens sont surtout notablement plus longs et plus grêles. En effet, le troisième, le plus long des cinq, égale le tiers du radius, tandis que dans le Blaireau il est évidemment un peu moindre. Du reste, le premier est bien plus court que le cinquième, et celui-ci est peut-être encore un peu plus épais que les deux plus longs, un peu moins cependant que le second.

Des Doigts. Les phalanges prennent leurs proportions accoutumées, les secondes près de moitié plus courtes que les premières.

— postérieurs. Les membres postérieurs, et surtout dans la troisième partie, sont encore plus allongés proportionnellement que les antérieurs.

Os innominé. L'os innominé est un peu moins long et même surtout un peu moins large dans l'iléon que chez le Blaireau, à celui duquel il ressemble du reste assez bien.

Fémur. Le fémur est, au contraire, plus long, puisqu'il égale les onze premières vertèbres dorsales; légèrement courbé dans sa partie inférieure, il est aussi un peu moins large et moins comprimé dans son milieu, car ses extrémités sont encore assez fortement élargies, la fossette rotulienne participant de cette forme.

Les os de la jambe sont de la longueur de celui de la cuisse, et proportionnellement encore un peu plus grêles. Le tibia est, en outre, assez fortement comprimé dans ses parties supérieures et médiocrement élargi à ses deux extrémités, et le péroné, plus large en bas qu'en haut, sans apophyse malléolaire un peu saillante, est fort grêle et même un peu arqué dans son corps.

Tibia.

Péroné.

Le pied n'est pas tout à fait aussi long que la jambe, d'un septième environ de moins.

Le tarse est évidemment plus étroit que dans le Blaireau, ce qu'indique assez bien chacun des os qui le composent; mais, du reste, leur forme et leur proportion entre eux sont assez bien les mêmes, comme le montreront nos figures plus aisément que des descriptions. Os du Tarse.

Nous devons cependant signaler l'échancrure plus étroite et plus prononcée du bord externe du cuboïde, ce qui produit une sorte de canal pour le passage du long péronier, à cause de la grande saillie de l'apophyse basilaire du cinquième métatarsien. Cuboïde.

Cet allongement, en général, et cette étroitesse sont encore plus manifestes dans les métatarsiens. Aussi le troisième, le plus long de tous, a-t-il plus du tiers de la longueur du tibia et surpasse-t-il de près d'un quart le plus long métacarpien. Du reste, la proportion relative de ces os entre eux est assez bien comme pour ceux du métacarpe, ce qu'on peut également dire des phalanges qui composent les cinq doigts. Os du Métatarse. Des Doigts.

Le squelette du Raton ordinaire (*P. lotor*) ne diffère guère de celui du Crabier que parce que les membres en général et les os qui les composent sont plus grêles et plus élevés, ce qui a sans doute porté Daubenton à établir la comparaison avec ceux du Chat (H. N. VIII, p. 353). Mais, du reste, ce sont les mêmes formes et les mêmes nombres dans toutes les parties. Sur deux squelettes que j'ai sous les yeux, le nombre des vertèbres dorsales est de quatorze et non de quinze, comme le dit Daubenton. La tête est seulement un peu plus étroite dans la partie cérébrale et plus allongée dans la partie faciale, quoique la voûte palatine au delà des dents soit un peu plus longue. Dans le Raton ordinaire (*P. lotor*).

Daubenton est le premier qui ait décrit le squelette du Coati avec quelques détails et de nombreuses mesures linéaires en le comparant avec celui du Raton (H. N. VIII, p. 370).

La dégradation ou la marche vers les Mustélas est peut-être encore plus évidente chez cet animal que dans le Raton ordinaire, et plus cependant peut-être dans le tronc que dans les membres, et cela à cause de la longueur de la queue notablement plus grande. En effet, le nombre total des vertèbres est de cinquante-six, dont quatre céphaliques, En général. En particulier. 1° Dans la série vertébrale.

sept cervicales, quinze ou quatorze dorsales, cinq ou six lombaires, trois sacrées et vingt-deux coccygiennes.

V. céphaliques ou Tête.

La tête est encore plus étroite et plus allongée, surtout dans la partie faciale un peu comprimée, que dans le Raton, au point que le milieu de la longueur, prise entre le bord postérieur basilaire et l'extrémité antérieure du prémaxillaire, se trouve peu en arrière du rebord orbitaire.

La voute crânienne est moins élargie en arrière, moins étranglée derrière les orbites; les os du nez plus longs, relevés et un peu élargis à leur extrémité antérieure; les apophyses occipitales et mastoïdiennes moins prononcées; la caisse plus bulleuse et plus arrondie; la voûte palatine un peu plus prolongée et plus transverse à son bord postérieur.

Ses Appendices. supérieurs.

L'arcade zygomatique est assez faible et moins arquée; le maxillaire, rebordé à son excavation orbitaire, est plus allongé, avec l'orifice sous-orbitaire ovale, serré verticalement, et la branche montante du prémaxillaire dépasse à peine le bord de l'orifice nasal en passant en dedans de la suture naso-maxillaire.

inférieurs.

La mandibule est aussi plus allongée, plus étroite, plus en bateau, avec la partie supérieure seulement de l'apophyse angulaire peu saillante, arrondie, aplatie et presque contiguë au condyle, ce qui la fait assez bien ressembler à une mandibule de Didelphe. L'apophyse coronoïde est aussi plus appointie, plus inclinée et peut-être plus arquée que dans le Raton.

V. cervicales.

Les vertèbres cervicales ressemblent presque tout à fait à celles du Blaireau; seulement elles sont non-seulement plus petites, mais plus tranchantes et plus aiguës dans leurs apophyses.

V. dorsales, 14-15.

On peut en dire autant des vertèbres dorsales; peut-être cependant leurs apophyses épineuses sont-elles plus grêles et plus pointues.

V. lombaires, 4-5.

Les vertèbres lombaires sont dans le même cas, avec la différence que les apophyses épineuses sont plus antéroverses; que les apophyses styloïdes infra-articulaires sont plus prononcées, au contraire des transverses, qui sont sensiblement moins longues.

V. sacrées, 3.

Les vertèbres sacrées ont leur apophyse épineuse plus courte et plus aiguë; la troisième ou dernière ayant ses apophyses transverses larges, mais entièrement libres.

Mais ce sont surtout les vertèbres coccygiennes qui diffèrent davantage ; les premières étant fortement apophysées et pourvues d'os en V, les autres s'allongeant, s'amincissant surtout assez rapidement, de manière à former une queue assez longue et fort aiguë. V. coccygiennes, 22.

L'os hyoïde du Coati ne diffère de celui du Raton que parce que le corps est un peu plus large et un peu plus courbé. Les autres parties sont au contraire plus grêles. 2° Dans la série sternale. Hyoïde.

Les sternèbres, au nombre de neuf, de la série sternale, sont encore plus étroites peut-être que dans les Ratons; le manubrium fort peu prolongé en avant. Sternèbres, 9.

Les côtes et les cornes deviennent grêles et étroites, sauf la première, bien plus large que les autres (1). Côtes.

Les membres, quoique tendant à prendre les proportions ordinaires dans les Carnassiers inférieurs, n'y sont peut-être pas encore arrivés autant que dans le Raton ordinaire, dont Daubenton avait déjà comparé les membres avec ceux du Chat. 3° Dans les Membres.

L'omoplate est, en effet, moins arrondie dans son bord antérieur, au contraire du supérieur, qui est en portion de cercle. Aussi la crête est-elle moins longue. antérieurs. Omoplate.

L'humérus, un peu plus robuste que dans le Raton ordinaire, ressemble davantage à celui du Crabier. La saillie du condyle interne est encore plus prononcée. Humérus.

Il en est de même du radius et du cubitus, qui sont proportionnellement plus courts et plus robustes; le cubitus est surtout remarquable par sa largeur et l'aplatissement de ses trois quarts supérieurs, l'olécrâne étant assez recourbé en dedans à son extrémité. Radius. Cubitus.

(1) Sur un squelette de la collection, les deux premières côtes sont soudées dans toute leur longueur, surtout du côté gauche.

Os de la Main. Les os de la main sont, du reste, sauf moins de grandeur, dans les mêmes formes et proportions que chez les Ratons.

Postérieurs. On peut dire la même chose de ceux des membres postérieurs, si ce n'est qu'ils sont un peu moins longs et moins grêles surtout que dans le Raton ordinaire.

Os innominé. Fémur. Tibia. Péroné. Os du Pied. L'os innominé est toujours assez large dans sa partie iliaque et dans la symphyse pubienne. Le fémur est moins étranglé dans son milieu que celui du Raton. Le tibia est plus large inférieurement, et le péroné est bien plus arqué en dehors, surtout dans sa partie supérieure. Le pied, évidemment un peu plus court et moins étroit, rappelle davantage celui du Crabier que celui du Raton ordinaire; mais les os qui le composent diffèrent trop peu, aussi bien dans les formes que dans les proportions, pour que le discours puisse faire apprécier les différences. Il faut donc recourir aux figures.

Dans le Coati roux. Nous avons étudié comparativement le squelette du Coati brun et celui du Coati roux, dont quelques zoologistes ont fait deux espèces distinctes, mais sans trouver aucun caractère qui pût motiver cette distinction.

Dans les Caudivolves. Le dernier groupe de Petits-ours dont il nous reste à comparer le squelette, est celui des Caudivolves, dont une espèce est américaine et l'autre de l'archipel Indien. Nous allons commencer par la première, ou Kinkajou, comme plus anciennement connue, du moins pour l'animal, car, pour le squelette, je ne le sais encore ni décrit ni figuré dans aucun ouvrage.

4° Du Kinkajou (G. *Caudivolvulus* ou *Cercoleptes*).

Les os du Kinkajou sont, comme ceux de tous les Petits-ours, fréquemment sujets à s'imprégner d'une grande quantité de graisse.

En général. Le squelette qu'ils forment diffère notablement de celui des premières espèces de ce groupe par une assez grande prédominance du tronc sur les membres, ce qui lui donne un aspect plus mustelin ou plus vermiforme. Toutefois, c'est exclusivement sur la queue que porte cette différence. En effet, le nombre total des vertèbres étant de soixante-quatre, quatre sont céphaliques, sept cervicales, quatorze dorsales, six lombaires, trois sacrées, et il y en a trente pour la queue. En particulier. 1° Dans la série vertébrale.

Les vertèbres céphaliques sont tellement courtes, aussi bien dans leur corps, du reste assez large, que dans leur arc, arrondi et voûté sans étranglement post-orbitaire, qu'il en résulte une tête qui a quelque ressemblance avec celle des Félis et des dernières espèces d'Ours, et cela d'autant plus que les mâchoires sont elles-mêmes encore beaucoup plus courtes; au point que la moitié de la ligne basilaire se trouve au delà du bord postérieur de l'orbite, au milieu de l'arcade zygomatique. La boîte céphalique est, du reste, remarquable par sa forme arrondie dans les deux sens de la voûte, sans crête sagittale, l'occipitale étant même peu marquée; par la grande saillie de l'apophyse orbitaire du frontal, presque épineuse; par la petitesse des os du nez, triangulaires et ressemblant à ceux de certains Singes; et par la position un peu avancée ou moins terminale du trou occipital. V. céphaliques ou Tête.

Les appendices céphaliques sont encore plus particuliers à cet animal, surtout par leur grande brièveté. Le ptérygoïdien interne est d'abord beaucoup moins reculé, le palatin bien moins allongé; en sorte que le bord de la voûte, de forme parabolique, est bien plus avancé ou antérieur, peu en arrière de la dernière dent. Le lacrymal, très-petit, est toujours complétement orbitaire; le maxillaire, extrêmement court, est percé d'un assez grand trou sous-orbitaire, presque marginal, et le prémaxillaire, proportionnellement fort développé, remonte s'articuler assez largement avec le frontal, comme dans les Ours. Leurs Appendices supérieurs. ptérygoïdien. Lacrymal. Maxillaire. Prémaxillaire.

La mâchoire inférieure commence par un rocher ovale, creusé à sa face postérieure par deux assez grands sinus arrondis, l'un pour l'entrée du nerf acoustique, l'autre pour loger un lobule cérébelleux. inférieurs. Rocher.

La caisse, assez petite dans sa partie vésicale, se prolongeant en un canal auditif assez long et fort ouvert, contient des osselets de l'ouïe fort grands; l'étrier est surtout remarquable par l'étendue de sa plaque et de ses bras séparés par un grand trou; l'enclume est au contraire très- Caisse. Étrier. Enclume.

petite, aussi bien dans son corps que dans ses bras peu inégaux; enfin, le marteau, médiocre dans sa tête, est surtout fort étroit dans le col de son manche.

Marteau.

Squammeux. Mandibule.

Le squammeux, fort bas, et très-étendu en longueur, a sa cavité glénoïde assez peu transversale. La mandibule, fort courte et large dans sa branche horizontale, dont la symphyse est haute et oblique, est coudée à angle droit dans sa branche verticale, de manière à ressembler un peu à celle des Primatès; seulement l'apophyse coronoïde est plus élevée, plus arquée; le condyle est plus large et plus transverse; et enfin, outre l'apophyse angulaire arrondie, il y en a une autre supérieure plus petite, presque contiguë au condyle.

V. cervicales, 7. Axis.

Les vertèbres cervicales du Kinkajou sont encore plus courtes que celles de tous les autres Petits-ours. L'apophyse épineuse de l'axis plus courte, plus arrondie et moins versante en avant, et les apophyses transverses peu dilatées, même celle de la sixième.

V. dorsales, 14.

Les dorsales sont aussi assez peu allongées dans leur corps; mais leur apophyse épineuse est assez élevée et assez large, et surbaissée; et cela, presque également aux dix premières vertèbres; car, aux quatre dernières, elle est bien plus courte, dépassant à peine les tubercules des apophyses articulaires antérieures, et un peu antéroverse.

V. lombaires, 6.

Les vertèbres lombaires s'allongent dans leur corps; leur apophyse épineuse est médiocre; la styloïde des articulaires est considérable, et les transverses élargies sont fortement dirigées en avant.

V. sacrées, 3.

Les vertèbres sacrées ne sont presque et réellement qu'au nombre de deux, dont la première seule est articulée avec l'iléon; encore sont-elles libres par l'apophyse épineuse; aussi n'y a-t-il qu'un trou sacré. La vertèbre qui suit pourrait cependant aussi être considérée comme sacrée, au moins d'un côté, où elle est jointe à la seconde du sacrum par son apophyse transverse.

V. coccygiennes, 14-15.

Les vingt-six ou vingt-sept suivantes sont coccygiennes, les cinq ou six premières complètes avec os en V, les suivantes s'allongeant peu à peu pour décroître ensuite, mais peu rapidement, et pourvues comme à l'ordinaire de six épines ou apophyses en avant, deux en haut, deux latéralement et deux en bas; et de trois seulement en arrière, une médio-supérieure et deux latérales.

Dans la série médio-infère, 2° Dans la série sternébrale.

L'hyoïde diffère plus de celui du Blaireau que dans les Petits-ours de l'Amérique méridionale. Le corps est d'abord plus court, et il est pourvu d'une paire d'apophyses inférieures très-prononcées; l'article basilaire des grandes cornes, encore plus court, n'est libre que dans son bord antérieur, et les deux autres articles sont au contraire bien plus grêles; mais une autre différence, c'est que les cornes postérieures sont coudées, comme si elles étaient formées de deux articles, et qu'elles s'articulent largement avec tout le bord postérieur du premier article des grandes. Hyoïde. Son corps. Ses cornes antérieures. postérieures.

Le sternum est certainement composé de dix sternèbres bien plus étroites que dans les espèces précédentes; le manubrium ayant une pointe assez obtuse en avant de son point fort élargi d'articulation avec la première corne; les intermédiaires assez courtes et comprimées, sauf les deux dernières subtétraèdres; le xiphoïde étroit et assez long. Sternum, 10.

Les côtes, au nombre de quatorze, dont neuf et peut-être dix vraies, et cinq ou quatre fausses, sont remarquables par leur longueur, leur peu d'arqure en dehors, et leur presque égalité de grosseur, sauf la dernière bien plus petite; les cornes sont au contraire fort courtes, d'où il résulte un thorax comprimé, fort étroit, surtout en avant. Côtes, 14 dont 9 + 5.

Les membres ont assez bien entre eux la proportion de ceux des Blaireaux, c'est-à-dire qu'ils sont moins disproportionnés et moins allongés que ceux des autres Petits-ours. 3° Dans les Membres antérieurs.

L'omoplate est en effet large et courte, fort arrondie dans ses deux bords antérieur et supérieur, n'en formant qu'un, avec l'appendice angulaire plus prononcé que dans aucune autre espèce de ces animaux. Sa crête est du reste simple à sa terminaison acromiale, obliquement portée en avant. Omoplate.

Clavicule, 0. Il n'y a pas plus de clavicule que dans aucune espèce de ce genre (1).

Humérus. L'humérus, de forme ordinaire chez les Petits-ours, est court, robuste, courbé en S, un peu plus même que dans le Blaireau, et presque comme dans le Mydaus, n'égalant en longueur que les neuf premières dorsales, la tubérosité interne plus saillante que l'externe qui l'est fort peu, l'empreinte deltoïdienne ne descendant pas au-dessous de la moitié; il est du reste percé au-dessus du condyle interne, comme à l'ordinaire.

Radius. Le radius, d'un cinquième au moins plus court que l'humérus, ce qui est encore comme dans le Mydaus et le Blaireau, a sa tête également plus ronde, et n'occupant qu'un peu plus de la moitié de l'articulation huméro-radio-cubitale.

Cubitus. Le cubitus ressemble aussi davantage à celui du Mydaus qu'à cet os dans aucune autre espèce de Petit-ours; en effet, il est très-comprimé, comme canaliculé dans sa longueur, pourvu en haut d'un olécrâne court, recourbé en dedans, et en bas d'une apophyse styloïde fort courte.

La main, en totalité, égale à peine le radius en longueur.

Scaphoïde. Le scaphoïde a toujours une apophyse inférieure considérable; le triquètre s'articule largement avec le cubitus qu'il semble continuer, et le pisiforme est médiocre.

Trapèze. A la seconde rangée, le trapèze est petit et triangulaire; le trapézoïde est plus grand, méritant mieux son nom, et le grand os est le plus petit, du moins à son extrémité supérieure.

Os du Métacarpe. Les métacarpiens sont courts, comme dans les Blaireaux; le cinquième étant même le plus gros, au moins proportionnellement, car il est de la même longueur et égale à peu près le second. Celui du pouce est le plus court et le plus grêle; le quatrième égalant le plus grand.

Des Doigts ou Phalanges. Les phalanges cependant sont bien plus grêles que dans les premières espèces de Petits-ours, et ressemblent davantage à celles des Coatis; ce qui a même lieu pour les onguéales minces et arquées.

(1) Je n'ai pu encore trouver sur quoi repose l'assertion de Fischer et de F. Cuvier, que cet animal est pourvu de clavicules.

Les membres postérieurs, avons-nous déjà fait remarquer plus haut, sont assez peu plus longs que les antérieurs. — postérieurs.

L'os innominé, à peine aussi long que le fémur et fortement excavé à la face externe de l'iléon, est remarquable par le peu d'étendue de son articulation avec le sacrum, et surtout par sa direction bien moins parallèle à la colonne vertébrale que dans les autres Petits-ours. La symphyse pubienne est toujours fort large. Os innominé. Symphyse. sacrée. pubienne.

Le fémur offre assez bien la forme et les proportions de celui du Blaireau, étant à peine plus long que l'humérus. Il est du reste à peu près droit, assez fortement élargi, surtout inférieurement. Fémur.

La jambe, qui ne surpasse la longueur de la cuisse que d'un dixième environ, est composée d'un tibia et d'un péroné, qui sont cependant plus grêles que dans le Blaireau. Tibia. Péroné.

Le pied conserve aussi à peu près les mêmes proportions; seulement il est un peu plus étroit.

Le tarse est surtout évidemment plus long, par plus de prolongement en avant de l'apophyse scaphoïdienne de l'astragale; mais l'apophyse postérieure du calcanéum n'est pas plus longue ni plus relevée que dans le Blaireau. Astragale. Calcanéum.

Les quatre os de la seconde rangée contribuent aussi à augmenter la longueur du tarse, par leur forme plus étroite et plus allongée; du reste le second cunéiforme est bien plus petit que le troisième et même que le premier. Cunéiformes.

Les métatarsiens sont surtout plus grêles et plus longs proportionnellement que dans le Blaireau. Le cinquième est pourvu d'une forte apophyse à sa base externe. Os du Métatarse.

Quant aux phalanges, elles sont assez bien comme à la main.

5° Du Binturong (G. *Arctitis*).

Le squelette du Caudivolve asiatique ou du Binturong (*Arctitis Bin-*

En général. *turong*) (1), quoique beaucoup plus grand que celui du Caudivolve américain, offre dans son ensemble, et même dans la proportion des parties qui le composent, les plus grands rapports avec lui.

En particulier.

1° Dans la série vertébrale.

Le nombre des vertèbres est presque le même, soixante-quatre en tout; quatre céphaliques, sept cervicales, treize dorsales, sept lombaires, deux sacrées et trente-deux coccygiennes.

V. céphaliques ou Tête.

La tête n'a cependant pas tout à fait la même forme que celle du Kinkajou, étant en général plus allongée, plus étroite dans sa partie vertébrale, et moins courte dans la partie faciale.

La boîte cérébrale, assez longue et étroite, un peu étranglée au milieu des fosses temporales, et par conséquent bien en arrière des orbites, est large et bombée entre ceux-ci avec des apophyses fronto-orbitaires très-marquées comme dans le Kinkajou, sans crête sagittale. L'occipitale fort médiocre est tranchante, et ses apophyses occipitales, assez développées en se joignant aux mastoïdiennes presque nulles, constituent une sorte de lame repoussée en arrière par des caisses bulleuses, ovales, assez considérables. Le canal auditif externe est cependant petit, elliptique et presque caché.

Ses Appendices. supérieur. Palatin. Maxillaire. Prémaxillaire.

L'apophyse ptérygoïde interne assez surbaissée se joint à un palatin fort grand, dont le bord postérieur presque transverse est toujours bien au delà de la dernière dent. Le maxillaire est cependant assez court; le trou sous-orbitaire rond et médiocre; le prémaxillaire petit, étroit, n'atteignant pas le frontal par sa branche montante, malgré sa finesse.

inférieur.

Caisse.

L'appendice maxillaire inférieur est surtout très-différent de ce qu'il est dans le Kinkajou; d'abord la caisse est bien plus renflée et plus bulleuse sans prolongement pour l'ouverture auditive externe qui est ainsi sessile. Les osselets de l'ouïe diffèrent aussi notablement pour ressembler davantage à ce qu'ils sont dans le Mydaus, et cela pour tous les quatre,

Osselets de l'ouïe.

(1) M. Temminck est le seul jusqu'ici, à ma connaissance du moins, qui ait dit quelque chose du squelette de cet animal, et montré ses rapports avec celui des Paradoxures, des Ratons et des Coatis (*Monogr. des Mamm.*, 1838).

comme on pourra s'en convaincre dans l'iconographie. La mandibule offre aussi des différences considérables. En effet, dans l'Arctitis, elle reprend la forme allongée, un peu courbée en bateau, que nous avons signalée dans les Ratons. Seulement elle est plus forte, et les deux parties de l'apophyse angulaire sont plus marquées, surtout la supérieure en crochet. La fosse massétérienne est aussi fortement excavée. Mandibule.

Les vertèbres cervicales sont, comme toutes les autres, proportionnellement plus longues, plus étroites que dans le Kinkajou. L'atlas a ses apophyses transverses plus étendues et moins larges; celles de l'axis sont longues et styliformes; l'épineuse bien plus prolongée en avant qu'en arrière. Quant à la sixième, elle est comme dans le Kinkajou. V. cervicales, 7. Atlas. Axis. Sixième.

Les vertèbres dorsales, qui ne sont certainement qu'au nombre de treize (1), ont, du moins les dix premières, l'apophyse épineuse médiocre, assez étroite, assez distante et inclinée également en arrière, au contraire des trois dernières qui l'ont en avant; en sorte que la dixième et la onzième se touchent presque par leur extrémité. V. dorsales, 14 ou 13.

Les sept vertèbres lombaires, assez longues et fortes, croissant de la première à la sixième, offrent aussi des apophyses généralement assez développées, surtout les styloïdes. Les transverses sont cependant médiocres. V. lombaires, 6 ou 7

Le sacrum n'est en apparence composé que de deux seules vertèbres, dont une seule articulée avec l'iléon; aussi n'y a-t-il qu'une seule paire de trous sacrés; mais une troisième doit être comptée dans la vertèbre suivante, dont les apophyses transverses sont bien plus étendues que dans celles de la queue. V. sacrées, 3.

Les vertèbres coccygiennes sont au nombre de trente-deux (2); les V. coccygiennes, 32.

(1) Dans le squelette que j'ai fait faire sous mes yeux, il n'y a certainement que treize vertèbres dorsales et sept lombaires; mais dans celui figuré par M. Temminck, il y en avait quatorze au dos et six seulement aux lombes; ce qui est sans doute le nombre normal, puisqu'il se trouve le même dans le Kinkajou, et que le squelette d'un jeune sujet de Binturong de notre collection a aussi quatorze dorsales.

(2) M. Temminck dit trente-deux à trente-quatre; ce qui prouve qu'il y a quelques variations.

deux ou trois premières tout à fait semblables à la dernière sacrée, les sept suivantes avec apophyses épineuses articulaires et des os en V; toutes les autres en général assez courtes pour leur grosseur, décroissant assez peu rapidement dans les deux dimensions, de manière à constituer une queue peu effilée et très-hérissée d'épines apophysaires.

2° Dans la série sternébrale. Hyoïde. La série sternébrale est encore plus courte que dans le Kinkajou.

Son corps. Ses cornes. antérieure. postérieure. L'hyoïde, toujours formé de ses neuf pièces, est assez différent de celui de cet animal. D'abord son corps est très-court, subcylindrique, un peu élargi à ses extrémités et portant des cornes antérieures de trois articles, dont le premier est encore le plus large et le plus court, mais dont le troisième, de beaucoup plus long, est arqué et élargi à sa terminaison arrondie. La corne postérieure est au contraire large et courte.

Sternèbres, 8. Manubrium. Xyphoïde. Le sternum n'est composé que de huit sternèbres, en général étroites comme dans les Carnassiers inférieurs. Le manubrium assez dilaté vers son milieu, mais avec un prolongement antérieur fort court et le xiphoïde peu dilaté.

Côtes, 14-12, dont 9 + 5 ou 4. Les côtes ne sont qu'au nombre de treize paires dans notre squelette adulte, et de quatorze dans le jeune, dont neuf sont sternales, la corne de la dernière étant collée contre la première asternale. Elles sont du reste, ainsi que les cornes, de mêmes forme et proportion que dans le Kinkajou.

3° Dans les Membres antérieurs. Les membres sont proportionnellement un peu plus longs que dans cet animal.

Omoplate. L'omoplate, fort large, flabelliforme, moins arrondie dans son bord antérieur, moins distinctement appendiculée à son angle postérieur et supérieur que dans celle du Kinkajou, a son apophyse acromion évidemment bifurquée.

Clavicule. Je me suis encore assuré moi-même, avant de donner le squelette à faire, qu'il n'y a pas plus de clavicule dans l'Arctitis que dans le Kinkajou, mais seulement une aponévrose ligamenteuse séparant le muscle trapèze du deltoïde.

L'humérus, proportionnellement plus long, puisqu'il est presque double de l'omoplate, tandis que dans le Kinkajou il s'en faut d'un cinquième, est aussi moins robuste, plus uni, moins accentué, plus droit; mais il est également percé au condyle interne. Humérus.

Il en est de même de l'avant-bras, également plus long et plus faible. Le radius a du reste sa tête supérieure ronde, et son extrémité inférieure creusée à sa face dorsale de gouttières profondes. Le cubitus, qui occupe près de moitié de la surface articulaire humérale, est en général étroit et son apophyse olécrâne est fort courte. Radius. Cubitus.

Les os du carpe sont davantage comme dans le Kinkajou, seulement de taille plus grande, et les légères différences que chacun d'eux présentent, ne peuvent guère être exprimées que par l'iconographie. Os du Carpe.

On peut justement en dire autant des métacarpiens et des os des doigts, seulement ils sont évidemment proportionnellement plus gros et plus courts; les premiers de grosseur presque égale. Os du Métacarpe.

Les phalanges onguéales paraissent cependant bien différentes, du moins à en juger d'après la figure donnée par M. Temminck, car notre squelette en est privé. Elles ressemblent en effet à un soc de charrue, tant elles sont comprimées et élevées à la base dorsale. Rien de semblable ne m'est connu dans aucun autre animal. Phalanges onguéales.

Les membres postérieurs de l'Arctitis sont, comme il a déjà été observé plus haut, plus longs que les antérieurs; ils sont cependant médiocres. — postérieurs.

L'os innominé est absolument comme dans le Kinkajou, sauf pour quelques particularités qu'une iconographie comparative peut seule faire ressortir. Os innominé.

Le fémur est proportionnellement un peu plus long, plus grêle; il est à peine légèrement courbé dans toute sa longueur qui dépasse d'un septième environ celle du tibia. Il est du reste toujours large et un peu aplati. Fémur.

Le tibia de l'Arctitis est plus court que le fémur, tandis que dans le Kinkajou il est d'un huitième plus long. Au reste, pour la forme, la Tibia.

Péroné. ressemblance est presque complète, et il en est de même pour le péroné, qui est également droit et fort grêle.

Os du Pied. Le pied est aussi à peu près dans les mêmes proportions, étant un peu plus long que le tibia. Les os qui le composent sont non-seulement les mêmes, mais encore leur forme et leurs proportions ont la plus grande ressemblance avec ce qu'ils sont dans le Kinkajou, à l'exception

Métatarsiens. des métatarsiens, proportionnellement un peu plus gros, surtout le

Phalanges onguéales. premier, et des phalanges onguéales, qui sont, absolument comme à la main, renflées en soc de charrue.

En sorte que, comme résultat général, le squelette du Caudivolve d'Asie rappelle dans presque toutes ses parties celui d'Amérique, si ce n'est pour la tête et les phalanges onguéales.

DES OS SÉSAMOÏDES.

En général. Ce genre d'os dans les Petits-ours est un peu plus nombreux en es-

En particulier. pèces que dans les véritables Ours.

Aux Membres antérieurs. En effet, aux membres antérieurs ce sont sans doute ces sésamoïdes, comptés par Daubenton, qui lui ont fait dire que dans le Raton il y a quatre os du carpe à la première rangée, et cinq à la seconde (1). Le

Du Carpe. carpe n'en offre cependant qu'un petit dans le tendon du long abducteur du pouce, collé entre l'apophyse interne du scaphoïde et le trapèze; et lorsque le squelette a été fait avec beaucoup de soin, ce qui est rare, on en trouve encore deux plus petits, l'un dans le tendon du court fléchisseur du pouce, et l'autre dans celui du petit doigt; l'un et l'autre globuleux et collés contre le métacarpien correspondant. Quant à un

(1) Suivant Daubenton, Hist. nat., VIII, p. 353, des quatre os de la première rangée, le premier se trouvait placé derrière le second, et le quatrième derrière le troisième. Des cinq de la seconde, le premier était au-dessus du premier métacarpien, le second en partie au-dessus de ce même os et en partie au-dessus du second, et les trois autres comme à l'ordinaire. En sorte qu'il faut croire que Daubenton a compté l'apophyse interne du scaphoïde comme un os distinct, ce qui n'est certainement pas, pour le premier de la première rangée, et que le premier de la seconde est le seul sésamoïde qu'il ait vu.

quatrième au côté externe dans le tendon du cubital antérieur, et collé contre le pisiforme, je ne l'ai vu dans aucun Petit-ours. Les sésamoïdes de l'articulation métacarpo-phalangienne sont en général trop peu ossifiés pour avoir été conservés sur les squelettes des espèces de ce groupe dont nous étudions l'ostéologie; mais quelquefois aussi ils l'ont été, et ce sont de très-petits osselets sigmoïdes. Métacarpe.

Les sésamoïdes des membres postérieurs sont : Aux Membres postérieurs.

La rotule, assez large encore et fort épaisse en haut dans le Blaireau et le Mydaus, un peu moins et plus allongée dans les Ratons et les Coatis, presque circulaire, mince et arquée dans le Kinkajou ainsi que dans l'Arctitis. Du Genou. Rotule.

De ceux de l'articulation fémoro-tibiale, j'ai trouvé celui du tendon d'origine du gastrocnémien externe avec sa forme ordinaire, dans le Blaireau, dans le Coati, le Raton, et même chez les Caudivolves de l'Inde; mais il paraît ne pas exister dans le Mydaus. Au Jarret.

Enfin, au pied, le sésamoïde du long péronier collé contre le cuboïde m'a semblé ne se trouver dans aucune des espèces que j'ai examinées ; mais il s'en trouve un assez petit à la partie interne du scaphoïde, provenant du tendon du tibial antérieur ; et les sésamoïdes des articulations métatarso-phalangiennes sont comme à la main, ceux du pouce les plus forts. Au Pied.

DE L'OS PÉNIEN.

Cet os, que nous avons vu encore assez médiocre dans les Ours, existe à un haut degré de développement chez tous les Petits-ours, Blaireaux, Ratons, Coatis, et probablement chez les Mydaus et les Pandas; mais certainement il n'y en a aucune trace dans les deux espèces de Caudivolves. En général.

L'os pénien du Blaireau est assez long, un peu courbé dans son corps, qui est triquètre, subcanaliculé en dessous et anguleux en dessus; un peu renflé en massue rugueuse à son extrémité postérieure, il est au En particulier. Chez le Blaireau.

contraire aplati, dilaté et comme bilobé en avant, les deux lobes s'étant réunis et ne laissant plus qu'un trou ovale médian, indice de leur ancienne séparation.

Le Raton.

Chez le Raton, cet os est proportionnellement bien plus considérable, et surtout beaucoup plus recourbé en ∽, principalement à la partie antérieure, qui est fortement arquée en dessus. Son corps est du reste aussi renflé en massue en arrière, subtriquètre, arrondi jusqu'en avant, où il se comprime et se termine par un petit renflement bifurqué par une gouttière.

Le Coati.

L'os pénien du Coati ressemble assez à celui du Raton; il est seulement un peu plus grêle, plus comprimé, et surtout beaucoup moins courbé à l'extrémité antérieure, terminée par une dilatation cordiforme.

Les Caudivolves.

Je ne connais pas cet os dans le Mydaus ni dans le Panda, où sans doute il existe; mais je me suis assuré qu'il n'y en a pas même de traces dans le Kinkajou ni dans le Binturong.

DES DENTS.

Du Système dentaire en général et adulte.

Si le squelette des animaux carnassiers que nous avons réunis sous le nom commun de Petits-ours ne nous a offert dans son ensemble, et même dans beaucoup de ses particularités, que des différences assez peu importantes, et qui se sont pour ainsi dire nuancées depuis les Mydaus, les plus Ours, jusqu'aux Caudivolves, les plus Mustelins, au point que la plupart ne sont saisissables que par l'iconographie, nous allons voir qu'il n'en est pas de même pour le système dentaire, qui varie d'une manière tout à fait singulière, aussi bien dans le nombre total des dents que dans la forme, mais seulement, comme chez tous les véritables Carnassiers, pour les molaires; les incisives étant toujours en même nombre, et les canines presque de même forme.

De l'ordre à suivre.

Pour l'ordre à suivre dans cette description du système dentaire des Petits-ours, quoiqu'il fût possible, et peut-être même plus rationnel aux yeux des personnes qui se sont laissé entraîner à ranger les Carnassiers d'après la considération unique du système dentaire, de faire nos descriptions dans l'ordre de son degré de complication, nous préférons suivre celui que nous avons adopté pour l'ostéographie, c'est-à-dire prendre un type et lui comparer les autres combinaisons.

De la Couronne.

En particulier Chez le Blaireau.

Chez les Blaireaux, que nous prenons pour type, comme nous l'avons fait pour le squelette, le nombre total des dents est au minimum de ce qu'il peut être dans tout le groupe; en effet, il n'est ordinairement que de neuf en haut comme en bas, dont voici la formule :

$$\frac{3}{3} + \frac{1}{1} + \frac{5}{5}, \quad \text{dont} \quad \frac{3}{2} + \frac{1}{1} + \frac{1}{2};$$

c'est-à-dire trois incisives, une canine en haut comme en bas, trois avant-molaires, une principale et une arrière-molaire en haut, deux avant-molaires, une principale et deux arrière-molaires en bas.

Incisives : supérieures. inférieures.

Les incisives disposées presque transversalement et terminales en haut comme en bas; la troisième supérieure plus grosse que les autres et subcaniniforme; la troisième inférieure élargie en palette, inégalement bilobée, et notablement plus forte que la seconde, plus rentrée que la première, la plus petite de toutes.

Canines :

Les canines sont robustes, mais courtes, coniques, assez arquées, surtout les inférieures, plus en crochet et moins carénées que les supérieures.

Avant-Molaires supérieures 3-2.

Des trois avant-molaires supérieures, la première, quand elle existe, est très-petite, simple, gemmiforme, un peu rentrée et caduque (1); la seconde et la troisième subsemblables, si ce n'est pour la grosseur, n'ont qu'une seule pointe subcomprimée, avec un rudiment de talon en arrière. Les deux seules (2) inférieures sont aussi subsemblables; la

inférieures, 2.

(1) Aussi ne se trouve-t-elle pas sur tous les individus.

(2) Il y a un moment où il en existe réellement trois, et alors la première est extrêmement petite.

postérieure étant cependant plus large, à son collet surtout, et toutes deux à une seule pointe mousse.

Principale : supérieure. La principale d'en haut est triquètre, avec le bord externe tranchant à deux pointes, l'antérieure bien plus saillante que la postérieure, et un assez large talon ayant à son bord postérieur un seul tubercule excavé ; inférieure. celle d'en bas plus petite, est presque semblable à la dernière avant-molaire, si ce n'est qu'elle est plus grosse. Aussi n'a-t-elle qu'une seule pointe à peine comprimée et médiane, avec deux arrêts basilaires plus marqués.

Arrière-Molaires : supérieure, 1. La seule arrière-molaire d'en haut, qu'on peut considérer ainsi que chez les Ours, comme représentant les deux des Coatis qui se seraient soudées, est remarquable par sa largeur, son étendue, son peu de hauteur, étant formée au bord externe par trois pointes basses décroissant de la première à la dernière, et par un large talon creusé de deux excavations sigmoïdes produites par le bord interne de la dent et par une saillie intérieure en croissant.

inférieures, 2. Des deux arrière-molaires d'en bas, la première est assez semblable à celle de l'Ours, étant assez étroite, allongée; mais sa moitié antérieure est plus régulièrement triquètre et a trois pointes, l'externe postérieure la plus forte et la plus élevée; tandis que la partie postérieure est, au contraire, plus large, plus arrondie, son bord élevé étant à deux pointes en dehors comme en dedans. Quant à la dernière arrière-molaire, elle est beaucoup plus petite, tout à fait ronde, en cupule, à bords relevés, l'externe subbifide.

Chez le Mydaus ou Télagon. Quoique le Mydaus ait les mâchoires plus allongées que le Blaireau, son système dentaire a les plus grands rapports avec celui de cet animal; d'abord c'est le même nombre et la même formule :

$$\frac{3}{3}+\frac{1}{1}+\frac{5}{5}, \quad \text{dont} \quad \frac{3}{2}+\frac{1}{1}+\frac{1}{2};$$

mais la ressemblance va encore plus loin.

Incisives : supérieures. inférieures. Les incisives supérieures sont cependant plus égales, un peu plus en cercle, et la seconde des inférieures est aussi moins rentrée.

La canine supérieure, plus longue que l'inférieure, est aussi notablement comprimée, comme cela a lieu dans la plupart des Petits-ours, tandis que l'inférieure, un peu déjetée en dehors, est assez courte et subconique ou peu comprimée. Canines : supérieure. inférieure.

Les avant-molaires supérieures sont plus inégales. Ainsi la première est presque rudimentaire et caduque de très-bonne heure, et la seconde est bien moins grande que la troisième, assez pointue; les inférieures offrent la même disproportion entre la première et la seconde (1). Avant-Molaires : supérieures, 3. inférieures, 2.

La principale supérieure est triquètre comme dans le Blaireau; seulement sa pointe antérieure est plus grande et moins médiane, ce qui donne au tubercule du talon plus de largeur. L'inférieure a aussi un peu le même caractère comparée à son analogue dans le Blaireau, c'est-à-dire que sa pointe est moins médiane. Principale supérieure. inférieure.

Mais l'arrière-molaire d'en haut est surtout bien moins considérable que dans cet animal; le bord externe n'ayant que deux dentelures subégales, et le talon étant beaucoup moins large avec deux dentelures marginales, l'antérieure plus élevée. Arrière-Molaires. supérieure, 1.

Quant aux deux arrière-molaires inférieures, elles ont la même forme, la même proportion que dans le Blaireau. Seulement la partie postérieure de la première est un peu moins étendue et n'a qu'une pointe en dehors comme en dedans à son rebord. La dernière est toujours en cupule ou salière. inférieures, 2.

Les espèces suivantes de Petits-ours qui constituent les genres Panda, Raton et Coati des zoologistes récents, rentrent davantage dans le système dentaire des Ours proprement dits, du moins sous le rapport du nombre. En effet, sa formule est presque constamment celle-ci :

$$\frac{3}{3}+\frac{1}{1}+\frac{6}{6}, \quad \text{dont} \quad \frac{3}{3}+\frac{1}{1}+\frac{2}{2}.$$

Dans le Panda, formant le G. *Ailurus*, le système dentaire est fort Chez le Panda.

(1) Comme dans ce petit Blaireau il y a une barre assez étendue, il est probable qu'à un certain âge on trouve la première avant-molaire caduque.

rapproché de ce qu'il est dans le Coati, quoique les mâchoires soient beaucoup plus courtes. On admet cependant qu'il y a une avant-molaire de moins à la mâchoire supérieure, ce qui donne la formule,

$$\frac{3}{3}+\frac{1}{1}+\frac{5}{6}, \text{ dont } \frac{2}{3}+\frac{1}{1}+\frac{2}{2},$$

Incisives : Les incisives, en haut comme en bas, sont très-petites, subégales, la troisième à peine plus longue que les autres, et toutes transversalement rangées presque en ligne droite.

Canines. Les canines sont verticales, coniques, cannelées, fort pointues, droites ou à peine subarquées, et égales aux deux mâchoires.

Avant-Molaires. supérieures, 2. Les avant-molaires sont remarquables en ce qu'elles sont moins simples que dans aucun autre carnassier; les supérieures, au nombre de deux seulement, par absence de la caduque, comme souvent dans le Mydaus; toutes deux larges, tranchantes à leur bord externe; la postérieure pourvue d'un large talon interne à deux pointes en dedans, et presque semblable à la principale.

inférieures, 3. Les avant-molaires de la mâchoire inférieure sont restées au nombre de trois; la première, simple, gemmiforme et fort petite, surtout proportionnellement aux deux autres, qui ont une assez grande ressemblance avec leurs correspondantes en haut; seulement la dernière, plus comprimée, n'a pas de talon interne.

Principale. La principale, en haut comme en bas, ressemble beaucoup à la dernière avant-molaire qui la précède, avec cette différence qu'elle est plus grande, et surtout bien plus épaisse; aussi celle d'en haut offre-t-elle la troisième pointe de son talon bien plus prononcée.

Arrière-Molaires : supérieures, 2. Les arrière-molaires sont encore bien plus épaisses, presque carrées en haut, parallélogrammiques en bas; la première, la supérieure, divisée en deux lobes triangulaires, subtranchants, ayant chacun un tubercule au bord externe, avec un très-large talon basilaire hérissé de deux pointes aplaties et bordé en dedans d'un bourrelet frangé; la seconde

inférieures, 2. un peu plus petite, mais, du reste, semblable à la précédente. La première d'en bas un peu plus longue que la seconde, mais présentant l'une et l'autre les deux bords égaux et partagés en denticules peu élevés, deux en dehors plus tranchants et trois en dedans obtus.

Chez les Coatis.

Dans les Coatis et les Ratons, la formule dentaire est constamment ainsi :

$$\frac{3}{3}+\frac{1}{1}+\frac{6}{6}, \quad \text{dont} \quad \frac{3}{3}+\frac{1}{1}+\frac{2}{2}.$$

Incisives : supérieures.

Les incisives supérieures du Coati sont moins terminales et plus en arc de cercle que dans les espèces précédentes; la première un peu plus grande que la seconde, et la troisième, assez distante de celle-ci, est fort pointue, un peu déjetée en dehors et tranchante.

inférieures.

Les inférieures sont plus terminales, fort petites, très-déclives ou presque dans la direction de la mandibule; la seconde non rentrée, et la troisième en pince oblique.

Canines :

Les canines prennent décidément la forme en couteau que nous allons trouver dans toutes les espèces suivantes, c'est-à-dire qu'elles sont comprimées, tranchantes, un peu déjetées en dehors à la manière des défenses de sangliers. Outre cela, elles sont séparées des autres dents, et surtout des molaires, par une sorte de barre assez étendue.

Avant-Molaires, 3. supérieures. inférieures.

Les avant-molaires, constamment au nombre de trois en haut comme en bas, croissent de la première à la troisième, celle-là étant cependant beaucoup plus petite; du reste, triangulaires, faiblement comprimées, avec le talon un peu en croissant en haut, et en bas un peu plus en crochet, avec le talon postérieur plus marqué.

Principale. supérieure. inférieure.

La principale supérieure est assez bien comme dans le Blaireau; mais ici il y a deux pointes externes bien marquées, la postérieure la plus haute, et l'inférieure, qui égale presque celle d'en haut, commence à avoir un second tubercule externe postérieur et un talon en fossette en dedans, de manière à être subtriquètre.

Arrière-Molaires : supérieures, 2.

Les deux arrière-molaires sont presque égales et presque semblables en haut comme en bas, c'est-à-dire carrées, à deux tubercules presque égaux en dehors comme en dedans; seulement la postérieure d'en haut, triquètre, n'a qu'un tubercule intérieur, et l'antérieure d'en bas a son tubercule antérieur interne bifide; ce qui rend la moitié antérieure de la couronne tricuspide comme d'ordinaire, et la distingue parfaitement de la postérieure, dont, en outre, les deux tubercules postérieurs sont obliques.

inférieure.

Chez les Ratons.

Le système dentaire des Ratons n'offre rien de bien différent de celui du Coati. En effet, le nombre, la disposition des dents sont absolument les mêmes, quoique les barres post-canines soient moins étendues et même presque nulles. Les incisives sont également petites, mais plus en ligne droite; les supérieures toutes contiguës, et les inférieures presque verticales. Les canines sont moins déjetées en dehors et moins tranchantes, surtout dans le Raton crabier. Les trois avant-molaires sont aussi plus coniques dans leur pointe, moins cependant chez le Raton ordinaire que dans ce dernier; la principale supérieure est surtout plus grosse et moins triquètre : aussi son bord externe a-t-il trois denticules, un médian plus grand au milieu de deux égaux, et son talon large et arrondi offre ses deux tubercules plus marqués. Quant aux deux arrière-molaires, c'est assez bien la même forme et la même proportion, du moins pour le Raton commun; car dans le Raton crabier la dernière molaire, aussi bien en haut qu'en bas, est, proportionnellement avec l'avant-dernière, bien plus petite, ce qui caractérise parfaitement les deux espèces, et ce qui confirme aussi que, dans la série, le Raton crabier doit suivre le Blaireau, puis le Raton ordinaire, avant le Coati.

Incisives : Canines : Avant-molaires. Principale. Arrière-molaires. Dans le R. laveur. Dans le R. crabier.

Chez les Petits-ours à queue volubile, le système dentaire présente des particularités qui le rapprochent davantage de celui des Ours en ce qu'il est entièrement tuberculeux dans sa partie molaire.

La formule dentaire est celle-ci :

$$\frac{3}{3}+\frac{1}{1}+\frac{5}{5}, \text{ dont } \frac{3}{2}+\frac{1}{1}+\frac{2}{2};$$

mais il y a quelques différences entre les deux espèces.

Dans le Kinkajou, dont les mâchoires sont très-courtes, les incisives sont proportionnellement fortes, terminales, mais un peu en cercle, tranchantes à la couronne verticale, bien rangées, de manière à ressembler un peu à celles de l'homme, du moins à la mâchoire supérieure. Chez le Kinkajou. Incisives.

Les canines sont assez courtes, subconiques, cannelées, assez peu arquées, un peu tranchantes en arrière. Canines.

Les avant-molaires sont assez caniniformes; la première un peu plus forte que la seconde; celles d'en haut un peu plus comprimées que celles d'en bas. Avant-molaires, $\frac{3}{2}$

La principale est assez peu triquètre, avec deux tubercules en dehors et un talon aplati et arrondi en dedans en haut et en arrière en bas. Principale.

Les deux arrière-molaires sont presque rondes, très-plates, la postérieure bien plus petite que la seconde, avec le bord externe à peine relevé, surtout en bas, où elles sont aussi plus parallélogrammiques, à angles arrondis. Arrière-molaires, 2. supérieures. inférieures.

Le Caudivolve d'Asie ou le Binturong offre dans son système dentaire les plus grands rapports avec ce que nous venons de décrire dans celui d'Amérique, quoiqu'il ait quelquefois une avant-molaire de plus à la mâchoire supérieure, ce qui lui donne pour formule : Chez le Binturong.

$$\frac{3}{3}+\frac{1}{1}+\frac{5-6}{5}, \quad \text{dont} \quad \frac{2-3}{2}+\frac{1}{1}+\frac{2}{2}.$$

Toutes les dents étant plus ou moins espacées.

Les incisives sont subterminales ou un peu en cercle, peu serrées ou non contiguës (1); la paire externe un peu plus forte que les autres, du moins à la mâchoire supérieure. Incisives.

Les canines sont longues, comprimées, tranchantes aussi bien en avant qu'en arrière; les inférieures plus courtes que les supérieures. Canines.

Les avant-molaires, proportionnellement assez fortes, sont au nombre Avant-molaires, $\frac{2-3}{2}$

(1) Comme le sujet de ma description avait les incisives usées presque jusqu'au collet, il en est résulté que ces dents étaient nécessairement plus distantes qu'elles ne le seraient sans doute avec la couronne.

supérieures, 3. de trois supérieurement, subégales, la postérieure cependant un peu plus
inférieures, 2. épaisse, et l'antérieure bien plus petite. Des deux inférieures, la première est un peu plus élevée que la seconde plus large (1).

Principale : supérieure. inférieure. Les principales sont, en général, petites; la supérieure, triquètre, a une seule pointe obtuse en dehors et un talon évident; l'inférieure, ovale-arrondie, a deux pointes mousses sur le même rang antérieur.

Arrière-molaires. supérieures, 2. inférieures, 2. Les arrière-molaires sont : en haut, une première subtriquètre, à peine bilobée au bord externe, avec un assez large talon en dedans, et une seconde beaucoup plus petite et tout à fait ronde; en bas, une première ovale, la plus grande de toutes, formée d'une partie à trois tubercules obsolètes en avant, et d'un large talon en arrière, et une seconde un peu moins petite que sa correspondante en haut.

DES RACINES. Les racines des dents chez les Petits-ours sont, comme à l'ordinaire, proportionnelles à la force et à la complication de leur couronne.

Incisives. Pour les incisives, elles sont toujours simples en haut comme en bas, coniques, aiguës, sans bourrelet à l'origine de la partie émaillée et plus longues qu'elle.

Canines : Pour les canines, la racine est également simple, conique ou comprimée, suivant la forme de la couronne, et généralement aussi au moins aussi longue qu'elle.

Avant-molaires : supérieures. Les avant-molaires d'en haut ont, comme dans tous les Carnassiers, deux racines coniques, bien distinctes, quand elles ne sont qu'au nombre de deux, comme dans le Panda et le Kinkajou; et quand il y en a trois, comme dans le Blaireau, le Mydaus, les Ratons, les Coatis et quelquefois dans le Binturong, la première n'a qu'une racine.

inférieures. En bas, lorsqu'il n'y a que deux avant-molaires, comme dans le

(1) Comme les six individus observés par M. Temminck, le sujet de notre observation n'offrait que cinq molaires inférieures; mais comme M. Raffles en compte six dans son Binturong, et qu'en effet il y a une barre assez large derrière la canine, il ne serait pas étonnant qu'à un certain âge il y eût en bas une première avant-molaire caduque, comme il y en a une en haut; et alors la mâchoire inférieure serait pourvue de trois avant-molaires, d'une principale et de deux arrière-molaires.

Blaireau, le Mydaus et les Caudivolves, la première, comme la seconde, en a deux; mais quand il y en a trois, toutes ont deux racines, si ce n'est quand le Blaireau a trois avant-molaires, la première n'a qu'une racine.

Principale. supérieure. inférieure.

La principale en haut a trois racines, deux en dehors et une en dedans, proportionnelle à l'épaisseur du talon, et elle n'en a jamais que deux en bas.

Arrière-molaires. Supérieures. Première.

La première arrière-molaire a ses racines plus compliquées dans le Blaireau, où la couronne est la plus étendue; il y en a, en effet, deux en dehors, une seule grande en dedans, suivant la sinuosité de la couronne, et une intermédiaire en arrière; mais toutes ces racines sont fort basses Elle est au contraire la plus simple dans le Kinkajou et le Binturong, où elle est presque unique, tant les trois radicules sont rapprochées. Intermédiairement se trouveront le Raton crabier, le Raton ordinaire et le Coati.

Seconde.

La seconde arrière-molaire d'en haut est dans le même cas, lorsqu'elle existe : ainsi, dans le Raton ordinaire, où elle atteint le plus grand développement, elle est pourvue de trois racines principales, deux en dehors et une en dedans, tandis que dans les Caudivolves, où elle est à son minimum, elle n'en a qu'une conique.

Inférieures. Première. Seconde.

Les racines des arrière-molaires inférieures sont toujours bien plus simples, puisqu'elles ne sont jamais au-dessus de deux principales; seulement, quand la première est très-étendue, comme dans le Blaireau, il y a quelques petites radicules intermédiaires; et, quand la seconde devient très-petite, comme dans le même animal, le Mydaus, et surtout dans les Caudivolves, elle n'a plus qu'une seule racine.

Des Alvéoles.

D'après cela, il est aisé de déterminer à priori le nombre et la disposition des alvéoles au bord des os qui constituent les mâchoires.

des Incisives.

A la supérieure comme à l'inférieure, il n'y a jamais que trois paires de trous simples pour les incisives, et dans la disposition et la proportion déterminées par leurs racines.

Des canines.

Après ces trois trous et un petit intervalle en haut, et presque nul en bas, vient une alvéole bien plus grande, ronde ou ovale, pour la canine.

Ensuite, et quelquefois aussi après une barre ou espace vide, vient la série des alvéoles des molaires.

Des Molaires.

En haut, la série est toujours double longitudinalement, du moins dans sa partie postérieure, car elle commence par être simple; tandis qu'en bas elle est toujours ainsi.

Chez le Blaireau. Supérieures.

Dans le Blaireau on remarque, en haut, une série externe de sept trous: un premier en trou de serrure, deux arrondis, plus petits et rapprochés; deux inégaux, le postérieur plus grand, et deux postérieurs, et une interne de trois, un solitaire et deux plus grands et rapprochés en arrière. En bas, une série de neuf trous (1): les deux premiers, les plus petits, fort rapprochés obliquement; les deux suivants à peine plus grands et se touchant presque, mais dans la même ligne, ainsi que les cinquième et sixième, augmentant graduellement de diamètre; vient ensuite une grande fosse, à chaque extrémité de laquelle est un trou conique, le postérieur bien plus grand que l'antérieur, et entre deux, deux très-petits trous sur le même rang; enfin une alvéole terminale assez grande, mais peu profonde.

Inférieures.

Chez le Mydaus.

Les alvéoles du bord des mâchoires du Mydaus sont, à peu de chose près, comme dans le Blaireau. Ainsi, à la mâchoire supérieure, après celle de la canine il n'y a que sept trous en dehors et deux seulement au second rang; tandis qu'à l'inférieure, après une petite barre, la série n'est que de huit, un solitaire, puis quatre rapprochés deux à deux, deux autres à l'extrémité d'une grande fosse, et enfin un dernier infundibuliforme.

Chez le Panda.

Nous ne connaissons pas complétement la disposition et la proportion des alvéoles dans le Panda, dont nous n'avons pu examiner que des bouts de mâchoires sans la dernière arrière-molaire. Avant elle nous avons reconnu en haut comme en bas, après la série simple formée par les alvéoles très-petites, très-serrées des incisives, celle arrondie et assez

Supérieurement.

(1) S'il y avait six dents, on trouverait derrière la canine un très-petit trou rond.

grande des canines; après quoi l'on trouve supérieurement une série externe de six trous rapprochés deux à deux, et une interne de deux beaucoup plus grands, répondant à l'intervalle des deux groupes postérieurs externes; inférieurement, après une très-petite alvéole ronde, presque ponctiforme, percée dans la marge de celle de la canine, s'ensuivent six en série longitudinale, rapprochées deux à deux et croissant de la première à la dernière. Inférieurement.

Chez les Ratons et les Coatis, les alvéoles sont absolument en même nombre, quoique dans des proportions un peu différentes, puisque c'est le même nombre de dents portant le même nombre de racines.

Chez le Raton. Dans le Raton, après celle de la canine et sans intervalle, se trouvent en haut une série externe de onze alvéoles, parce que la première avant-molaire n'a qu'une racine, doublée en arrière par une plus courte rangée interne de trois trous seulement, et un peu plus grands; et en bas, une rangée simple de onze trous, deux pour chaque dent, sauf la première qui n'en a qu'un. Inférieurement.

Chez le Coati. Dans le Coati, après un intervalle assez considérable derrière les canines, on compte un trou de plus à la série externe, en haut comme en bas, parce que la première avant-molaire a toujours deux racines.

Chez les Caudivolves. Dans les Caudivolves, les alvéoles sont plus simples par confusion que dans les espèces précédentes; mais c'est toujours à peu près la même chose.

Ses Changements suivant l'âge. Les changements dans le système dentaire des Petits-ours sont assez bien comme chez les Ours et chez tous les Carnassiers en général; c'est-à-dire qu'il commence par une première dentition qui paraît après la naissance, dure un temps assez peu long, et est remplacée par celle que nous avons décrite, qui persiste toute la durée de la vie de l'animal après une usure plus ou moins prononcée. Nous aurons peu de chose à dire sur ces changements du système dentaire adulte, mais nous devons décrire celui de jeune âge.

Nous ne le connaissons pas dans toutes les espèces; mais il est probable qu'il est le même chez toutes, si ce n'est sans doute pour quelques particularités de forme assez peu importantes.

1er degré. Sur un Raton.

Incisives. supérieures. inférieures.

Nous ne possédons, dans la collection, qu'une tête de Raton crabier qui soit assez jeune pour offrir le système dentaire de lait sans aucun mélange. Elle ne présente en apparence que deux paires d'incisives en haut; mais en y regardant de près, on voit que l'interne est double, c'est-à-dire formée de deux dents soudées, et dont la soudure est indiquée par un sillon longitudinal. En bas, les trois paires existent bien distinctes, fort petites, si ce n'est l'externe un peu plus forte et échancrée, et toutes convergentes vers la ligne moyenne.

Canines. Molaires, 3.

Les canines, beaucoup plus faibles que celles d'adulte, sont aussi moins comprimées. Quant aux molaires, elles sont comme dans les Ours et dans tous les Carnassiers, quel que soit leur nombre dans l'état adulte; c'est-à-dire qu'il n'y en a que trois en bas comme en haut, une avant-molaire, une principale, et une arrière-molaire, analogues, pour la forme et les proportions, à la troisième avant-molaire, à la principale et à la première arrière-molaire de l'adulte.

Sur un Arctictis.

Une jeune tête d'Arctictis, provenant d'un squelette que j'ai trouvé dans notre collection sous le nom de Pougouné, présente le même système dentaire; mais ici, les incisives sont aussi régulières et de même forme que dans l'adulte.

2e degré. Sur un Raton crabier.

Je trouve un second degré de combinaison dentaire dans celui qu'offre une autre tête de Raton crabier, sur laquelle on observe les trois paires d'incisives de lait écartées par le bord de la première d'adulte, alors régulièrement trilobée en haut, les canines et les trois molaires de lait augmentées de la première avant-molaire d'adulte; ce qui fait quatre molaires en action.

Sur un Coati.

On remarque ce même degré sur une tête de Coati, dans laquelle les incisives sont peu différentes, du moins à en juger par deux qui restent du côté droit.

3e degré. Sur un Kinkajou.

Nous signalerons encore une troisième combinaison que nous avons remarquée sur une tête de Kinkajou, sur laquelle les trois paires d'incisives adultes sont bien sorties avec les canines et les molaires de lait, plus la première avant-molaire d'adulte.

4e degré. Sur un Blaireau.

Enfin, je dois encore noter comme un quatrième degré, la disposition que je trouve dans une préparation du système dentaire du Blaireau, sur laquelle on voit les dents incisives d'adulte, la canine de lait que presse déjà fortement en avant celle de remplacement; l'avant-molaire et la principale de lait, bien soulevées par celles qui doivent leur succéder; et enfin la première avant-molaire et la première arrière-molaire de remplacement.

Et comme toutes ces dents de lait ont des racines aussi longues que celles de remplacement, on voit comment le bord des mâchoires peut présenter une disposition d'alvéoles plus simple dans le premier degré, et se compliquant à mesure du mélange des deux systèmes dentaires.

Suivant l'emploi.

Quant aux changements qu'éprouve le système dentaire d'adulte, je ne vois à noter que la chute plus ou moins rapide de la première avant-molaire en haut comme en bas, qui se remarque dans le Blaireau, le Mydaus peut-être, le Panda et le Binturong; car l'usure paraît n'avoir lieu que fort tard, peut-être davantage sur les arrière-molaires, et plus généralement dans les Caudivolves que dans les autres espèces, sans doute à cause de l'état habituel de la nourriture.

CHAPITRE DEUXIÈME.

DE L'ANCIENNETÉ DES ANIMAUX DE CE GENRE, ET DES TRACES QU'ILS ONT LAISSÉES, ET QUI, JUSQU'ICI, ONT ÉTÉ DÉCOUVERTES, A LA SURFACE DE LA TERRE.

Dans les Œuvres littéraires.

Les Petits-ours, de taille au plus médiocre, n'ayant rien de frappant, rien d'extraordinaire dans leur organisation, non plus que dans leurs mœurs et leurs habitudes, aucun d'eux n'a dû attirer l'attention des poëtes, des mythologistes, et des historiens de l'Homme; à peine si ceux de la nature ont fait mention du Blaireau, type européen de ce genre. En effet, il est à peine cité par Pline, et encore n'est-il pas absolument certain que le Meles de cet auteur soit le même animal que celui que nous connaissons aujourd'hui sous le nom de Blaireau.

artistiques.

Aucune des espèces de Petits-ours ne se trouvant en Égypte, on ne doit pas être étonné que les anciens habitants de ce pays n'en aient laissé aucunes traces dans leurs hiéroglyphes, dans les peintures de leurs tombeaux, ni dans leurs nécropoles. Aussi l'auteur de la célèbre mosaïque de Palestrine n'en donne aucune figure fantastique ou non, dans cet ouvrage intéressant et dont nous avons déjà eu l'occasion de parler assez longuement dans notre histoire des Primatès.

Dans les Nécropoles.

Dans les Couches de la Terre.

Nous sommes donc obligé de passer de suite à l'exposition des traces matérielles que des espèces de ce groupe, éteintes ou non, ont pu laisser dans les couches qui constituent l'écorce du globe terrestre, en suivant l'ordre que nous avons adopté pour l'ostéographie des espèces aujourd'hui encore existantes.

Art. 1. — Des ossements fossiles de Blaireau.

De Blaireau.

La première mention que j'ai trouvée d'ossements fossiles attribués au Blaireau, en passant sous silence le fait rapporté par Delamétherie (*Journal de Physique*, tom LXVIII, page 379) d'une tête trouvée à Sercelles, aux environs de Paris, au milieu d'une couche de sable blanc quartzeux, à 12 ou 15 pieds de profondeur, parce que c'était sans doute dans un terrier, existe dans un mémoire publié en 1829 dans le tom. XVIII des Mémoires du Muséum, p. 330, par MM. Jean-Jean Dubreuil et Marcel de Serres; il s'y agit de deux fragments figurés, *loc. cit.* pl. 16, f. 10-13, et qui ont été trouvés avec beaucoup d'autres ossements dans le diluvium de la caverne de Lunel-Viel, département de l'Hérault.

Dans le Diluvium des cavernes. De la France Méridionale.

Ces messieurs les ont rapportés sans balancer au Blaireau qui vit encore aujourd'hui dans toute l'Europe; et cette opinion ne peut être contestée.

On peut sans doute en dire autant des ossements du Blaireau qui ont été trouvés dans d'autres cavernes du Midi, par exemple, dans celles de Sallèles, de Pondres, etc., ainsi que d'une demi-mâchoire inférieure du côté droit, armée de toutes ses dents, dans la forme et les proportions ordinaires, citée par M. Mac-Enry, comme trouvée dans la caverne de Kent, comté de Devon en Angleterre. D'Angleterre.

J'ai observé moi-même dans les collections du Muséum une assez grande portion de mandibule du côté droit pourvue de son système dentaire, et qui indique un Blaireau d'assez petite taille, mais avec tous les caractères de l'espèce encore existante, quoique assez rarement, dans toutes les parties de l'Europe.

De Saint-Macaire.

Cette mandibule a été recueillie dans la grotte de l'Avison à Saint-Macaire, département de la Gironde, et M. Billaudel la mentionne avec des ossements de Taupes dont nous avons déjà parlé, et d'autres espèces dont nous parlerons plus tard.

D'Allemagne. De Belgique.

Je ne vois pas que les paléontologistes aient cité des ossements de Blaireau dans d'autres cavernes en Allemagne, (1) en Angleterre ou en Belgique dans celles des environs de Liége; cependant M. Morren paraît en avoir reconnu quelques-uns dans les terrains d'alluvion du Brabant; mais il se borne à cette assertion sans autres détails.

Art. 2. — Du Mydaus?

Du Mydaus? D'après une Dent.

Sans vouloir le moins du monde conclure d'une seule et unique dent qu'un animal voisin du Mydaus, habitant aujourd'hui exclusivement l'Inde, a existé dans nos pays, ce qui ne serait pourtant pas plus étonnant que d'y voir avec lui notre Blaireau qui s'y trouve certainement, je dois cependant enregistrer qu'une dent molaire à deux ra-

(1) Rosenmuller cite le Blaireau au nombre des animaux dont on a trouvé des ossements dans les cavernes des environs de Gaylenreuth, et suivant M. G. Cuvier, à la surface, avec ceux d'animaux d'espèces encore vivantes. On en cite aussi dans la caverne de Bronnenstein, également en Franconie.

Dans le terrain calcaire pisolithique à Meudon.

cines fort longues, inégales, serrées, portant une couronne étroite bien distincte à la base, armée d'une pointe épaisse, conique, un peu plus convexe en dehors qu'en dedans, et postérieurement d'un talon peu saillant, subbituberculé, après m'avoir rappelé, malgré ses dimensions beaucoup moindres, la principale gauche inférieure du prétendu Coati du gypse de Paris, m'a paru avoir encore plus de rapports avec cette même dent chez le Mydaus, à cause de l'absence complète de talon antérieur.

Cette dent a été trouvée dans le dépôt intéressant découvert à Meudon, par M. d'Orbigny, au-dessus de l'argile plastique.

Art. 3. — Du Ptérodon.

Du Ptérodon.

Quoique je sois assez éloigné de penser que le fragment fossile dont il va être question dans cet article appartienne aux Petits-ours, l'opinion que c'était un Dasyure et qu'il devait entraîner avec lui toutes les pièces sur lesquelles repose le prétendu Coati me force, avant de parler de celles-ci, de donner la description du Ptérodon, nom sous lequel je désignerai le prétendu Dasyure de M. G. Cuvier.

La pièce sur laquelle repose la proposition provisoire de cette coupe générique a été signalée pour la première fois par M. G. Cuvier en 1828, dans une note lue à l'Académie des sciences, et mentionnée dans un passage de la 3ᵉ édition de son Discours sur les révolutions du globe, in-8°, mais sans qu'il en donne de description. Elle consiste en un morceau assez peu considérable de palais vu en dessous et montrant la double série de dents molaires qui le bordent; plus complète cependant à gauche, où elle est de cinq, qu'à droite où il n'en reste que trois. Mais il faut ajouter que ces dents ne sont pas dans les alvéoles qui n'existent pas.

D'après une portion de palais garnie de ses dents molaires.

M. Cuvier paraît avoir considéré l'animal auquel cette mâchoire a appartenu comme devant être rapproché du Dasyure cynocéphale, animal, comme, toutes les espèces de ce genre, habitant exclusivement la Nouvelle-Hollande. Nous ignorons au juste sur quoi reposait cette opinion

Rapportés par M. G. Cuvier à un Dasyure.

de M. Cuvier, qui malheureusement n'a pas publié le volume de supplément qu'il promettait dans une note au bas du passage cité plus haut. Pour nous, nous ne croyons pas devoir l'adopter, et nous allons en dire les raisons, après que préalablement nous en aurons donné une description détaillée.

Le morceau fossile, complétement encore saisi par le gypse dans lequel il était entièrement immergé, n'offre malheureusement que des fragments peu étendus des os qui constituent la voûte palatine; en effet, tronqué aussi bien en avant qu'en arrière, de manière à ce qu'on n'aperçoive rien des trous incisifs, ni du rebord palatin, on peut seulement s'assurer par le peu qui en reste, que le palatin était large, assez court, assez brusquement triangulaire, et sans aucunes lacunes dans sa partie moyenne. On peut également présumer, d'une partie restée en dehors de la dernière molaire de droite, que l'os malaire s'écartait assez fortement en dehors, d'où l'on peut présumer que l'arcade zygomatique était fort arquée. Décrite dans sa partie osseuse.

Ce qui reste du système dentaire est heureusement beaucoup plus complet; aussi est-ce sur lui sans doute que repose le rapprochement fait par M. G. Cuvier.

D'après ce qui vient d'être dit de la troncature de la voûte palatine en avant, il n'est pas étonnant qu'il n'y ait aucune trace des dents incisives, ni même des canines, soit d'elles-mêmes, soit de leurs alvéoles.

Il n'y a donc que des dents molaires, cinq à gauche et trois à droite, toutes parfaitement entières, parfaitement en place, de manière qu'on a pu voir que les lignes qu'elles forment sont tout à fait droites, et convergentes sous un angle de 25 à 30 degrés, assez ouvert en arrière. Dans ses Dents.

La série de gauche la plus complète me semble formée de deux avant-molaires, d'une principale, et de deux arrière-molaires, ces cinq dents croissant assez graduellement de grosseur de la première, la plus petite, à la cinquième, la plus grosse.

Les deux avant-molaires ont assez bien la même forme, comprimée, triangulaire, large à la base, épaissie en dedans. Seulement la première, Avant-Molaires.

un peu plus petite et plus étroite que la seconde, est aussi moins équilatérale, le bord antérieur étant un peu plus convexe que le postérieur. Les talons ou arrêts de la base, et surtout l'antérieur, sont également moins prononcés. Du reste, toutes deux sont pourvues de racines écartées.

Principale.

La troisième, ou la principale dans ma manière de voir, est plus large, mais surtout plus haute que la dernière des précédentes. Sa forme est pour ainsi dire intermédiaire à celle des deux sortes de molaires, triquètre à la base, le côté externe le plus long, l'antérieur le plus court; elle offre en dehors une longue pointe épaisse assez obtuse, avec un arrêt postérieur assez marqué, presque lobiforme, et plus élevé que l'antérieur, cependant assez distinct, et en dedans un talon basilaire assez considérable, triangulaire, mais arrondi à son sommet.

Arrière-Molaires. Première.

La quatrième, ou première arrière-molaire, exagère la forme de la principale, quoique notablement plus basse qu'elle, en ce qu'elle est beaucoup plus comprimée, plus oblique à la base, et que sa couronne devient bien plus tranchante ou carnassière; l'arrêt antérieur est moins prononcé, ne formant que bourrelet, au contraire du postérieur, qui se dilate en un lobe tranchant, s'écartant fortement en arrière et en dehors, le lobe moyen étant du reste encore notablement le plus grand. Quant au talon interne, il est triangulaire, assez pointu, se portant obliquement en dedans et en avant, assez pour dépasser le tubercule antérieur du bord externe.

Seconde.

La cinquième, ou seconde arrière-molaire, encore plus grande que la quatrième, exagère encore sa forme lobée et comme ailée, quoiqu'elle reste encore un peu moins haute que la principale; le lobe antérieur de son bord externe, notablement plus saillant, se continue par un bourrelet étroit avec le talon interne qui, plus étendu, se porte aussi plus en avant et en dedans. Le lobe moyen est cependant toujours le plus grand; mais le postérieur, qui s'est accru au point de presque l'égaler, se porte obliquement en arrière en forme d'aile tranchante.

Comparée avec des espèces vivantes.

Voyons maintenant si ce nombre et cette forme de dents molaires peuvent réellement être assimilés à ce qu'ils sont dans les genres récents ou fossiles que nous connaissons aujourd'hui ; en admettant même qu'une certaine ressemblance dans les dents suffise pour identifier le genre.

En supposant d'abord que la ligne dentaire du fossile en question serait complète et formulée comme nous l'avons fait : 2 + 1 + 2, on voit que la comparaison ne pourrait porter qu'avec les Mustelas proprement dits et avec les Hyènes, dont la formule est aussi de cinq molaires seulement ; mais outre la différence dans le nombre des sortes de dents (3 + 1 + 1,) une avant-molaire de plus et une arrière-molaire de moins, on trouverait pour chaque dent, prise en particulier, une si grande dissemblance qu'aucun rapprochement ne pourrait être fait.

Dans une première supposition. Avec les Mustelas. Les Hyènes.

En reculant la principale sur la quatrième dent, la formule deviendrait identique pour le nombre total, comme pour celui des sortes de dents ; mais on aurait une première avant-molaire évidemment trop carnassière, et une troisième trop semblable à la principale, outre que l'arrière-molaire serait plus grande que la principale, et d'ailleurs la grande dissemblance entre chaque dent resterait la même.

Supposons donc, comme cela est plus probable, que la ligne dentaire est incomplète, d'abord en avant, où manquerait la première avant-molaire, ce qui donnerait, pour la formule, 3 + 1 + 2, ou six dents molaires en tout. Alors la comparaison pourrait porter sur les Coatis et les Ratons, sur les Viverras et les Canis, qui ont en effet le même nombre aussi bien en général qu'en particulier pour chaque sorte, et les avant-molaires pourront être considérées comme ayant une certaine ressemblance, surtout avec quelques espèces de Viverras plantigrades.

Dans une deuxième supposition. Avec les Coatis. Viverras. Canis.

La principale différerait cependant notablement, en ce qu'elle est beaucoup moins étendue que dans les deux derniers de ces genres, et surtout bien moins carnassière que chez eux.

Enfin les deux arrière-molaires différeraient encore bien plus, d'abord dans leur proportion entre elles, puisqu'elles augmentent de la première à la seconde, au contraire de ce qui a lieu dans ces trois genres ; et ensuite dans leur forme, qui, au lieu d'être tuberculeuse, comme dans ceux-ci, est la plus carnassière possible.

Maintenant voyons si cette forme de dents molaires peut être réellement comparée avec les Dasyures, ou avec quelques autres genres récents ou fossiles, et d'abord avec les premiers.

Les Dasyures.

Pour que la comparaison pût s'établir avec le Dasyure cynocéphale qui a sept dents molaires supérieures ainsi distribuées, trois avant-molaires, une principale et trois arrière-molaires, il faudrait supposer que dans la pièce fossile il manquerait une première avant-molaire et une troisième ou dernière arrière-molaire de forme transverse. Pour celle-là, cela se peut, puisque la première de celles qui restent a deux racines; aussi M. G. Cuvier l'a-t-il considérée comme une seconde. Mais pour la troisième arrière-molaire, cela est plus contestable; cependant en général la dernière molaire est plus petite que la pénultième.

Et d'abord avec le Dasyure cynocéphale.

En portant la comparaison sur le *D. Ursinus*, dont nous possédons aujourd'hui le squelette, il y aurait moins de difficultés, puisqu'il ne faudrait supposer dans le fossile que l'absence d'une arrière-molaire, cet animal n'ayant que deux avant-molaires.

Entrons donc dans la comparaison de chacune des cinq dents du fossile avec celles que l'on peut supposer leurs correspondantes chez les deux espèces de Dasyures que nous venons de citer.

Avec le Dasyure cynocéphale il n'y a réellement aucune comparaison à faire, aussi bien pour l'ensemble des cinq dents que pour chacune d'elles en particulier. Cependant la dernière, ou la cinquième du fossile a une certaine ressemblance avec la pénultième du Dasyure qui est la sixième, quoiqu'elle soit dans le fossile en général bien plus élargie et plus tranchante à la couronne, surtout dans le lobe externe postérieur.

On peut dire la même chose en comparant l'antépénultième du Dasyure avec la quatrième ou première avant-molaire du fossile.

Mais la principale diffère autant que possible, étant de même forme, quoique plus basse, que les arrière-molaires dans le Dasyure; tandis que, dans le fossile, elle est à peine bilobée inégalement et la plus haute de toutes.

La dernière avant-molaire n'a non plus aucune ressemblance.

Celle qui la précède en a un peu plus; mais encore est-elle très-différente, par la disposition tranchante du lobe postérieur et par l'absence presque complète de talon, du moins en arrière.

Entre cette dernière supposition et la suivante, on peut en trouver une intermédiaire, suivant laquelle il ne manquerait aussi qu'une dent et seulement en arrière, ce qui donnerait encore six dents, mais dont 2 + 1 + 3, comme dans le Dasyure Ourson; mais quoique dans cet animal les mâchoires plus courtes ont fait que les dents sont contiguës et serrées un peu comme dans le fossile, ce qui, avec la direction rectiligne et fort distante en arrière des séries dentaires, établit une certaine ressemblance, cependant chaque dent diffère notablement de son analogue. Les avant-molaires sont toutes différentes, coniques dans le Dasyure, tranchantes dans le fossile : la principale, dans le premier, ressemble tout à fait aux deux premières arrière-molaires, au contraire de ce qui a lieu dans le fossile : enfin ces dents sont, chez le Dasyure Ourson, encore moins ailées, moins tranchantes que dans le sujet de notre dernière comparaison.

Dans une troisième supposition. Avec le Dasyure Ourson.

Dans une quatrième supposition, qui paraît avoir été celle qui s'est présentée à M. G. Cuvier, on peut croire qu'il manque deux dents à la série, une première avant-molaire et une dernière arrière-molaire; et alors le nombre total serait de sept ainsi formulées, 3 + 1 + 3.

Dans une quatrième supposition.

Dans cette manière de voir, la comparaison ne pourrait avoir lieu qu'avec le *Canis megalotis* parmi les Monodelphes et avec le Dasyure cynocéphale parmi les Didelphes.

Avec le *Canis Megalotis*.

Avec le premier on trouverait à peu près les mêmes ressemblances et les mêmes dissemblances qu'avec les autres *Canis :* c'est-à-dire quelque analogie pour les avant-molaires, une ressemblance plus grande ou mieux une dissemblance moindre pour la principale, qui dans ce Canis, est bien moins carnassière que dans les autres espèces, n'ayant également en effet qu'une pointe en dehors; mais une dissemblance à peu près égale pour les arrière-molaires.

Avec le Dasyure cynocéphale, celui que M. G. Cuvier avait considéré comme entraînant le fossile dans ses rapports, il y a d'abord une certaine

Avec le Dasyure cynocéphale.

différence dans le rapprochement des avant-molaires entre elles, ce qui tenait sans doute à ce que l'animal fossile avait le museau bien plus court que le Dasyure cynocéphale, ce qui est peu important; mais les avant-molaires elles-mêmes sont bien plus en crochet dans celui-ci, tandis que dans le fossile elles sont plus larges, plus basses et plus équilatérales, le sommet étant à peu près médian. La principale diffère encore davantage, en considérant comme telle la troisième de la mâchoire fossile et la quatrième du Dasyure; en effet, dans la première, c'est la plus haute de toutes et n'ayant que fort peu de ressemblance avec les arrière-molaires; tandis que dans le second elle leur est tout à fait semblable, si ce n'est qu'elle est la plus basse.

La ressemblance pour les deux arrière-molaires est au contraire assez grande, surtout au premier aspect, d'abord parce que leur accroissement graduel est le même, et ensuite par une assez grande similitude de forme; mais les différences sont plus fortes que les ressemblances. Nous avons vu que dans le fossile le bord externe à peu près vertical n'est presque que bilobé, tant le lobe antérieur est petit, et que le lobe postérieur, dilaté en aile tranchante, n'est guère moins grand que le médian, ce qui en fait des dents très-carnassières. Dans le Dasyure au contraire, d'abord la face externe de ces dents est très-oblique ou rentrante, et son bord est nettement trilobé; le lobe antérieur, pointu, n'étant qu'un peu moins grand que le postérieur, seulement un peu plus large; quant au talon, il est aussi plus distinct, plus séparé, et nullement projeté en avant, ce qui laisse à la couronne une forme triquètre à peine oblique, au lieu de cette disposition aliforme tranchante, surtout de la dernière molaire dans le fossile, dont le système dentaire devient ainsi bien plus carnassier que dans l'animal vivant.

Pour faciliter le rapprochement de ces deux espèces, on pourrait encore admettre que la dent la plus saillante du fossile serait l'analogue de la troisième avant-molaire du Dasyure, qui est aussi la plus saillante de toutes; mais outre la grande différence qui existe entre ces deux dents et qui dénote très-bien leur caractère, il faudrait alors admettre que dans le fossile il manquerait deux arrière-molaires, ce qui est hors de toute vraisemblance, à en juger d'après ce qui reste de la racine de l'arcade zygomatique.

Conclusions.

Ainsi la comparaison de ce que nous avons du système dentaire du Ptérodon, même en supposant que la partie molaire de ce système serait suffisante pour se déterminer, nous permettrait difficilement d'accepter que ce mammifère ancien ait appartenu au genre des Dasyures. Malheureusement nous ne possédons aucune partie de la tête qui pourrait nous aider à résoudre le problème. Nous devons cependant faire observer que dans la portion du palais qui reste entre les arrière-molaires, il semble ne pas exister de ces lacunes caractéristiques du palais des espèces de Dasyures que nous connaissons.

Comparée avec des espèces fossiles.

Voyons si nous serons plus heureux en nous appuyant sur d'autres ossements fossiles, trouvés également épars dans le gypse des environs de Paris, et qui avaient d'abord été regardés comme provenant d'un genre voisin des Coatis et des Ratons, par M. G. Cuvier, mais qu'il paraît avoir fini par rapporter à son prétendu Dasyure, lors de la découverte du fragment dont il vient d'être question. En effet, nous les avons trouvés réunis dans la même boîte sous un titre commun dans la collection paléontologique du Muséum.

Art. 4. Du Taxotherium.

1° *D'une partie postérieure ou occipitale de crâne.*

1° Occiput. Des plâtres de Paris.

Nous parlerons d'abord d'un fragment de la partie postérieure de la tête d'un animal, prise dans la pierre à plâtre de manière à être vue en dessus, sans montrer, rien autre chose que le dessus de la boîte crânienne avec une bonne partie des fosses temporales et des arcades zygomatiques.

Signalé par M. G. Cuvier comme d'un genre de Coati (*Nasua parisiensis*.)

Cette pièce a été signalée par M. G. Cuvier dans la seconde édition de ses Recherches sur les ossements fossiles, publiée en 1825 (tome III, page 271), dans le second paragraphe, ayant pour titre : *Portions de tête et de mâchoires d'une grande espèce appartenant à un genre de la famille des Coatis, des Ratons*, et faisant partie du mémoire remanié sur les ossements de Carnassiers des plâtrières de Paris. Elle est assez bien figurée pl. LXIX, fig. 4, du volume cité. M. G. Cuvier, qui parle de ce fragment à la suite de la mâchoire dont il va être question dans l'article suivant, se borne à dire que cet occiput, avec les bases postérieures des arcades, lui paraît devoir être rapporté à la même espèce, parce qu'il correspond sensiblement en grandeur à cette pièce, montre ses crêtes et fait voir qu'elles saillent en arrière et en haut, et sont tellement aiguës, que l'on ne peut pas même leur comparer celles de l'Hyène et du Glouton, et qu'il n'est égalé sur ce point que par le Tigre royal.

Décrite. De fait, cette partie de crâne, dont les dimensions indiquent un animal de la grandeur d'un chien d'assez forte taille, présente une crête sagittale et une crête occipitale fort prononcées, comme dans beaucoup de Carnassiers omnivores ou non, par exemple, dans le Blaireau qui, sous ce rapport, me paraît assez bien ressembler au crâne fossile. On pourrait cependant aussi établir un certain rapprochement avec ce qui a lieu dans le Dasyure cynocéphale, si l'on ne faisait pas attention à la manière dont la crête occipitale se porte en avant dans la tête fossile, au lieu de tomber presque verticalement comme chez le Dasyure, ce qui tient à la grande différence dans la position du canal auditif externe. En effet, c'est un caractère fort remarquable chez tous les Didelphes que la petitesse du cerveau, ce qui fait que la cavité cérébrale, proportionnellement réduite, n'est plus recouverte que par les pariétaux; d'où il suit, d'abord que le rétrécissement qui la sépare de la cavité nasale est plus reculé au niveau
Comparée. de la suture frontale, tandis que dans les Monodelphes, il est sur le frontal lui-même en arrière des orbites; ensuite que le canal auditif externe, ainsi que la racine postérieure de l'arcade zygomatique, sont tout à fait en arrière, fort peu avant les condyles, tant le crâne est peu chargé postérieurement. Or, il n'en est pas ainsi dans la pièce fossile : on peut même aisément voir que dans cet animal les apophyses mastoïdiennes de l'occipital sont assez fortes, plus que celles du temporal, cependant fort distinctes;

que l'échancrure du conduit auditif est au moins aussi antérieure que dans le Blaireau; que les arcades zygomatiques, du reste fortement arquées et dilatées en dehors, sont également très-avancées dans leur racine; que la boîte cérébrale, bien plus étendue que dans les Dasyures, ne se termine en avant que presque immédiatement derrière les orbites, qui même étaient probablement assez petits, à en juger du moins d'après la forme et la saillie de l'apophyse orbitaire du jugal, lui-même assez grand; en sorte que, sans discuter la supposition que cette pièce fossile pourrait ou non avoir appartenu à la même espèce animale que la mâchoire du prétendu Dasyure, il me paraît au moins certain qu'on ne peut la considérer comme pouvant militer en faveur de la prétention que celle-ci provient d'un Dasyure; car il me semble à peu près hors de doute que la portion d'occiput dont il est ici question, a appartenu à un animal qui devait être voisin du Blaireau, avec la tête duquel elle a plus de rapports qu'avec celle d'aucun autre Mammifère.

Avec le Blaireau.

Avec les Dasyures.

Conclusions.

2° *D'une portion antérieure de tête pourvue d'un certain nombre de dents.*

Le fragment fossile dont il vient d'être question, en supposant qu'il aurait appartenu à la même espèce animale que le Ptérodon, aurait infirmé plutôt qu'appuyé l'opinion que celui-ci serait un Dasyure ou un Didelphe quelconque. Voyons si celui qui va faire le sujet de cet article nous éclairera davantage; ce qui se concevrait, parce qu'il consiste dans une assez grande partie de la tête faciale portant un certain nombre de dents.

2° Portion antérieure de Tête. Des plâtres de Paris.

Il en a encore été question pour la première fois dans la seconde édition des Recherches sur les ossements fossiles de M. G. Cuvier, tom. III, p. 269, et sous le même titre, comme appartenant à un genre de la famille des Coatis et des Ratons, avec une assez bonne figure, pl. LXIX, f. 2. Pour M. Cuvier, cette pièce provient d'un Carnassier différent de tous ceux que l'on connaît, s'appuyant sur la forme pointue et tranchante des premières molaires, et l'énorme saillie de l'arcade zygomatique, pour le premier point, et pour le second sur la comparaison des dents avec leurs

Signalée par M. G. Cuvier, en 1825.

analogues dans les genres connus; à quoi il ajoute, pour la caractéristique de cet animal, le prolongement extrême des palatins en arrière, et que l'ouverture postérieure des narines, quoique ses bords ne soient pas entiers, fait voir que les palatins ne devaient finir que vis-à-vis la facette glénoïde, et qu'il y avait de chaque côté du palais une crête devenant assez forte en avant.

Malheureusement, les dents que M. Cuvier regarde comme au nombre de six, trois fausses molaires, une carnassière et deux tuberculeuses, aussi bien que les particularités de la tête, indiquées par des lettres dans le texte, ne le sont pas dans les figures, en sorte qu'il est assez difficile de bien comprendre la description donnée par M. Cuvier. Nous allons tâcher d'y suppléer.

Décrite.

Dans la partie osseuse.

Cette pièce, encore retenue presque complétement dans un morceau de pierre à plâtre, est malheureusement assez informe, et par conséquent assez difficile à lire. On peut cependant assez bien assurer qu'elle est formée par une moitié gauche de tête sans partie occipitale, renversée, et par conséquent vue à sa partie inférieure; aussi peut-on aisément reconnaître la série dentaire du côté gauche, dents ou alvéoles, depuis la canine jusqu'à la dernière molaire, l'une et l'autre inclusivement, l'arcade zygomatique tout entière, la partie médiane basilaire ou palatine en place, et en avant, une partie dérangée hors de sa place, surtout si, comme cela me semble, c'était un fragment de l'os occipital.

Ce qui n'est pas douteux, c'est que la mâchoire supérieure devait être assez courte, à en juger du moins d'après la série dentaire; que l'arcade zygomatique était fort arquée et écartée en dehors, assez bien comme dans la pièce précédente, et que, comme chez elle, l'apophyse orbito-malaire était également assez marquée et arrondie. Quant à la partie médiane en place, et qui se joint à l'arcade zygomatique par une courbe plus serrée en avant qu'en arrière, M. Cuvier y voit, et la figure qu'il en donne l'indique assez bien, des os palatins assez étroits, allongés, portant dans leur longueur une crête oblique, et constituant en arrière un orifice palatin également assez étroit, mais qui serait surtout fort singulier, en ce qu'il serait reculé presque au niveau de la cavité glénoïde, ce que je ne connais dans aucun Mammifère.

La partie du système dentaire est peut-être plus claire que le reste. Nous avons déjà fait remarquer qu'elle est composée de six ou sept dents en série, à peine dérangées. La première est une canine brisée un peu en dehors de l'alvéole, mais qui paraît avoir été assez forte et conique. A la suite et après un assez court intervalle, viennent une première avant-molaire assez petite, un peu en crochet et à deux racines bien distinctes, mais rapprochées; une seconde avant-molaire de même forme, mais bien plus grande et en crochet recourbé en arrière et simple; ensuite une troisième qui doit encore être considérée comme une avant-molaire, mais dont la forme est différente, étant triangulaire presque équilatérale, à sommet médian avec un tubercule à la partie d'arrêt postérieure, la base large, bilobée et biradiculée. La quatrième molaire, que je regarde comme la principale, est plus élevée, mais moins large, quoique plus épaisse dans sa couronne. Son bord externe présente, en dehors, une pointe élevée, quoique mousse, avec un arrêt peu marqué en avant, et un autre bien plus distinct et moins bas en arrière, en dedans, un véritable talon arrondi et occupant la largeur de la couronne; ce qui porte à admettre que cette dent a trois racines, deux externes très-serrées et une interne. Enfin, la partie la plus large du bord dentaire présente trois ou quatre trous alvéolaires bouchés par des tronçons de racines, dont la disposition me fait supposer que cette dent était beaucoup plus grosse et d'une tout autre forme que les autres, peut-être comme dans les Ours, ou mieux encore comme dans les Blaireaux. Il est en effet beaucoup moins probable que ces alvéoles seraient l'indice de deux arrière-molaires tuberculeuses, la dernière beaucoup plus petite que l'antérieure.

Dans les Dents.

Canines.

Avant-Molaires.

Première.

Deuxième.

Troisième.

Principale.

Arrière-Molaires.

Quoique la signification de ces dents, telle qu'elle a été admise par M. Cuvier, diffère un peu de ce qui vient d'être exposé, puisqu'il décrit, outre les trois avant-molaires qui suivent la canine, les racines d'une carnassière qui ne serait autre chose que la quatrième dent que j'ai con-

Comparée.

sidérée comme telle, et qu'il paraît ne pas reconnaître, malgré le talon saillant qui est à sa base interne et qui pourrait le faire croire; et qu'en outre, il pense que les quatre alvéoles postérieures indiquent deux dents tuberculeuses, une plus grosse à trois racines et une plus petite à une seule, je ne crois cependant pas que ce fragment fossile puisse appuyer la thèse que le Ptérodon était un Dasyure. En effet, quelque supposition que l'on fasse sur l'état complet ou non de la série dentaire du Ptérodon, il me semble impossible de trouver une ressemblance un peu suffisante entre aucune des dents existantes sur les deux fragments fossiles; c'est ce que la simple inspection des figures démontrera mieux que les plus longues descriptions. Aussi conclurons-nous sans difficulté aucune que ce second fragment de Carnassier fossile de notre dépôt gypseux des environs de Paris indique une forme toute différente du Ptérodon; celui-ci, au summum de la disposition carnassière dans ses molaires, celui-là, au contraire, de la plus omnivore, plus voisine du Blaireau.

Avec le Ptérodon.

Conclusions.

3° *Fragment d'une portion antérieure de palais.*

3° Portion antérieure de Palais. Du plâtre de Paris. Signalée par M. G. Cuvier, en 1825.

Ce troisième fragment de Mammifère, trouvé dans le dépôt gypseux des environs de Paris, me paraît encore avoir été signalé pour la première fois par M. G. Cuvier, dans la seconde édition, en 1825, de ses *Recherches sur les ossements fossiles*, tome III, pag. 270, sous la désignation de morceau qui contient la portion antérieure du palais, mais dont la description est comprise dans l'article général où se trouvent décrites les deux pièces précédentes sous le titre de *Portions de tête et de mâchoires d'une grande espèce appartenant à un genre de la famille des Coatis et des Ratons.* Suivant lui, on y voit la seconde et la quatrième dent molaire en place avec fragment de la cinquième fort usé, et en avant, l'alvéole d'une canine et celle de six incisives avec l'empreinte des trous incisifs, le tout conformé comme dans les Carnassiers en général.

Décrite.

J'ai examiné ce fragment malheureusement dans un état trop brisé pour offrir rien de bien concluant dans une manière de voir quelconque. C'est évidemment le bord dentaire droit de la mâchoire supérieure d'un animal presque exactement de la taille de celui qui a fourni le fragment précédent ; aussi les dents et les alvéoles qu'il présente ont-elles pu être comparées avec quelque probabilité d'analogie. On voit aussi en dessus la lame palatine du maxillaire, avec l'empreinte du trou incisif, qui était assez grand, et les alvéoles des six incisives, comme M. Cuvier les a reconnues. L'alvéole de la canine indique que cette dent était forte et conique. Après un certain espace vide, toutefois trop petit pour pouvoir loger une première avant-molaire à deux racines, comme celle de la pièce n° 2, et dans lequel en effet, en fouillant, on n'en a pu découvrir qu'une seule, vient une assez forte avant-molaire que M. Cuvier note comme l'analogue de la seconde du fragment cité. Toutefois, il faut dire que plus forte elle n'en a pas la forme, n'étant nullement en crochet, mais équilatérale ; au delà est la place d'une autre dent à deux racines assez écartées, et qui pouvait par conséquent assez bien ressembler à la troisième avant-molaire du fragment précédent. La dent suivante a aussi quelque chose d'assez semblable à celle que nous avons considérée comme la principale dans ce même fragment ; seulement l'arrêt antérieur était sans doute moins marqué. Enfin, de la dernière il ne reste que les traces des deux racines externes, mais assez bien encore comme dans la pièce du n° 2.

Dans sa partie osseuse.

Dans ses Dents.

Conclusions.

D'après cela, comme ce sont assez bien les mêmes proportions, on peut accepter le rapprochement fait par M. G. Cuvier de ces deux pièces, comme provenant de la même espèce animale ; mais il est évident que ce ne serait pas en faveur de leur réunion au fragment du Ptérodon, et comme confirmant le rapprochement de celui-ci des Dasyures. En effet, le caractère le plus important du système dentaire de ce genre, c'est d'avoir huit incisives à la mâchoire supérieure avec des trous incisifs extrêmement petits, et M. Cuvier dit positivement que sur le fragment fossile il y a six alvéoles d'incisives et des trous incisifs comme dans les Carnassiers.

4° Partie de Mâchoire inférieure.

4° *D'un fragment de mâchoire inférieure* (1).

Cette pièce fossile est encore du nombre de ces ossements épars dans

(1) Il se pourrait qu'on dût rapporter au même animal une mandibule du côté gauche, figurée par Guettard dans son premier mémoire sur les os fossiles, planche I, comme provenant du

Du plâtre de Paris. Signalée par M. G. Cuvier, en 1825.

les carrières à plâtre des environs de Paris; aussi est-ce encore à M. G. Cuvier que nous en devons la première mention, en 1825, dans la seconde édition de ses *Recherches sur les ossements fossiles*, tome III, pag. 270, et aussi, comme les deux précédentes, dans l'art. II, sous le titre de *Portions de tête et de mâchoires d'une grande espèce appartenant à un genre de la famille des Coatis et des Ratons*, etc.

Fort bien représentée dans la planche LXIX, fig. 3, sa description est comprise sans hésitation comme de la même espèce, comme s'ils avaient été trouvés en connexion, que les deux fragments 2 et 3, mais sans donner les raisons qui ont porté à ce rapprochement. En effet, M. Cuvier se borne à en donner la description suivante : qu'en arrière de la canine, il y a trois fausses molaires, la seconde ayant déjà un lobe pointu en arrière et un obtus en avant, la troisième n'en ayant qu'en arrière; à quoi il ajoute qu'il y avait probablement une de ces fausses molaires immédiatement derrière la canine, ce qui en portait le nombre à quatre.

Décrite.

Cet os fossile, qui fait partie de la collection paléontologique du Muséum, consiste dans l'extrémité antérieure brisée, fracturée, écrasée, d'une mandibule du côté gauche, indiquant un animal de la taille d'une Panthère. Ce morceau fait présumer que la mandibule, dans sa partie horizontale, était courte, épaisse et robuste, comme dans les Blaireaux, les Gloutons, etc. Il n'offre qu'un seul trou mentonnier assez grand à l'aplomb de la dent avant-molaire la plus avancée. Quant aux dents dont il est armé, la série commence par une canine très-forte, arquée, conique, se projetant un peu en avant. Après une lacune ou barre assez étendue pour faire croire qu'il manque une première avant-molaire, comme l'a justement soupçonné M. Cuvier, en vient une seconde à deux racines serrées, à couronne épaisse, un peu en crochet mousse; puis une troisième notablement plus large, quoique de même hauteur à peu près,

Dans sa partie osseuse.

Dans ses Dents.

gypse d'Argenteuil, et comme ayant appartenu à un animal aquatique, pour lequel il emploie le nom général de Poisson, comme on le faisait encore souvent alors (1761) pour les Cétacés, et même pour les Phoques et les Morses.

et pourvue d'un petit lobe bien distinct en arrière ; enfin, la dernière dent, la troisième sur cette pièce, n'est pas encore une avant molaire comme le supposait M. Cuvier, mais plutôt, suivant moi, la principale, plus haute, plus forte, plus robuste que la précédente, et pourvue, sur deux grosses racines, d'un lobe antérieur fort considérable élevé, sans arrêt en avant, et d'un postérieur plus petit, mais bien prononcé. Ce qui me porte à croire que cette dent doit être considérée comme principale, c'est que, parmi les Carnassiers, je ne connais pas d'espèce qui soit pourvue de quatre avant-molaires, et qu'elle semble assez bien s'accorder, pour la forme et la grandeur, avec celle que j'ai désignée comme telle dans la mâchoire supérieure décrite sous le n° 2.

Conclusions.

D'après cela, j'accepterai volontiers l'opinion de M. Cuvier, en regardant, comme provenant de la même espèce animale, ces deux derniers fragments, et par suite les deux premiers ; mais alors le fragment dont il est question dans cet article ne pourra venir à l'appui que cette espèce serait de même genre que le Ptérodon, et que celui-ci serait un Dasyure ; car entre les dents qu'il a conservées et celles de ce prétendu Dasyure, non plus que celles d'un Didelphe quelconque, il n'y a aucun rapprochement à faire.

Des Os des Membres antérieurs.

5° *D'une tête inférieure d'humérus.*

Nous commençons ici l'examen des ossements fossiles qui nous semblent devoir être attribués à des Carnassiers du genre des Petits-ours, et qui proviennent d'autres parties que de la tête et du système dentaire ; mais en convenant d'avance que les difficultés de rapprochement, et surtout leur démonstration, sont bien autrement grandes que pour celles-ci.

Tête inférieure d'Humérus. Du plâtre de Paris. Signalée par M. G. Cuvier, en 1807.

Le fragment qui fait le sujet de cet article, trouvé libre en plein gypse à Montmartre, a été signalé depuis fort longtemps par M. G. Cuvier, dans son mémoire sur quelques ossements de Carnassiers épars dans les carrières à plâtre des environs de Paris, publié en 1807 dans les *Annales du Muséum*, tom. X, pag. 210. S'appuyant 1° sur l'absence d'une lacune au-dessus de la surface articulaire ; 2° sur la grande saillie du condyle interne; 3° sur le trou dont ce condyle est percé, M. Cuvier était, dit-il, conduit irrévocablement à choisir entre le genre des Martes et celui des Chats, à l'exclusion même des Mangoustes; mais le premier caractère le rapproche davantage des Martes. En sorte que pour lui, c'était une espèce de Marte de la taille du Chat domestique; à quoi il ajoutait, que s'il est de la même espèce qu'une mâchoire fossile, avec une dent molaire de Canis inconnu, ou d'un genre de Carnassiers intermédiaire aux Chiens et aux Mangoustes et Genettes, p. 4, ce fragment a dû être alors d'un genre tout particulier de Carnassiers.

en 1812. Cette manière de voir ne fut pas changée dans la publication des mémoires réunis sous le titre général de *Recherches sur les ossements fossiles*, en 1812, tom. III, IXe Mémoire.

en 1825. Comme d'une Civette. Mais dans la nouvelle édition, fortement remaniée en 1825, cette pièce est mentionnée sous le titre d'*Humérus d'une espèce particulière*, tom. III, pag. 280; en effet, après avoir balancé, non plus entre les Chats et les Martes, mais entre les Ratons et les Civettes, il ajoute que la vue d'un humérus entier au moins dans son empreinte, qu'il avait cependant reçu au moment de sa première publication, l'a déterminé en faveur des Civettes.

6° *D'un humérus tout entier en empreinte ou en nature.*

Fémur entier. Du plâtre de Paris. Il a déjà été question de cette pièce dans l'article précédent : elle est malheureusement tellement altérée, fendillée dans le morceau de plâtre qui la contient, que plusieurs fragments en ont été enlevés et n'ont plus laissé que leur empreinte. On a pu cependant comparer cet os d'une manière assez complète.

Signalé par M. G. Cuvier, en 1807. en 1825. M. G. Cuvier en avait déjà eu connaissance au moment de la première publication de son Mémoire sur les ossements de Carnassiers épars dans les plâtrières des environs de Paris, en 1807, et même de la seconde; mais il n'en a donné la figure que dans la seconde édition de ses *Recherches sur les ossements fossiles*, en 1825, Pl. LXX, fig. 9, du tom. III, pag. 280. C'est même cet humérus, qui, quoique plus grand que celui duquel provenait la tête du n° 5, et regardé comme de la même espèce, avait par sa forme achevé de le déterminer en faveur des Civettes; et comme il se trouvait de dimensions doubles de celles d'une Marte ou d'une Fouine, surpassant d'un tiers celles de la Mangouste d'Égypte, et même d'un dixième encore la grande Civette d'Afrique, il en concluait que, quoique du même genre que la tête de son § III, qu'il rapporte, avec raison, à une Genette, et ne pouvant être de même espèce, sans doute à cause de la taille, cet os devait indiquer un troisième Carnivore dans les carrières à plâtre de Paris. Comme d'une Civette.

En examinant ces deux pièces qui font partie de la Collection du Muséum, il m'a semblé, malgré la différence dans la grandeur, qu'elles pouvaient être rapportées à la même espèce animale, comme l'a fait M. Cuvier. On peut également reconnaître que l'humérus tout entier a les proportions et la taille de celui d'une assez grande Civette dont la tête a cinq pouces un quart de longueur totale; les proportions et la forme de la poulie articulaire sont assez bien les mêmes. Le trou du condyle interne est un peu plus petit, et la crête deltoïdienne dans sa partie saillante m'a paru plus anguleuse. On peut donc assurer qu'il provient d'un Mammifère carnassier; mais parmi eux, malgré ses grands rapports avec la Civette, je le croirais plutôt avoir appartenu à un animal fouisseur, voisin du Blaireau, surtout à cause du prolongement plus inférieur de la crête deltoïdienne. Il est seulement un peu plus long que dans cet animal; la largeur de la poulie articulaire étant cinq fois et demie dans la longueur totale au lieu de cinq fois seulement comme dans le Blaireau. Ajoutons que la forme de la tubérosité interne, et celle du trou dont elle est percée, sont aussi mieux comme dans ce dernier que comme dans la Civette, et nous serons autorisé à présumer que les deux fragments en question proviennent de la même espèce animale que les fragments de tête et de mâchoires, mais seulement d'individus plus petits. Décrite. Et rapportée, non à une Civette, mais à un Blaireau.

7° *D'un cubitus presque entier.* Cubitus.

Nous croyons devoir aussi rapporter au genre des Petits-ours que nous avons nommé Taxotherium, l'os fossile qui va faire le sujet de cet article, Des plâtres de Paris.

et qui provient encore du dépôt de gypse des environs de Paris.

Signalé par M. G. Cuvier, en 1807. M. Cuvier, auquel nous en devons la première connaissance, en a d'abord parlé en 1807 dans son Mémoire sur quelques ossements fossiles de Carnassiers épars dans les carrières à plâtre des environs de Paris (*Ann. du Mus.*, tom. X, p. 216, pl. 10, f. 6 et 7); puis, en 1812, dans le même mémoire entrant dans la composition du tom. III, n° 9, des *Recherches sur les Ossements fossiles*, pl. I, fig. 6 et 7. Il le considérait alors à part « comme provenant d'un animal voisin de la Mangouste, » qui la surpassait du double en grandeur, et qui surpassait même les » plus grandes Saricoviennes ou Loutres marines de la mer Pacifique, » et comme suffisant à lui seul pour ne pas hésiter à déclarer l'animal qui » le portait inconnu aux naturalistes. »

en 1812.

en 1825. Dans la seconde édition des Ossements fossiles, cet os est le sujet du n° 1 du § IV, consacré aux os des extrémités des Carnassiers des *Fossiles de Paris*, tom. III, p. 278, pl. LXX, fig. 6 et 7, où son appréciation est encore plus détaillée; « comme ayant tous les caractères d'un cubitus de » Carnassier dans son articulation humérale, et comme n'ayant pu appartenir qu'à une espèce à jambes courtes, telles que les Civettes et les » Mangoustes, et les Loutres, ce que prouvent la concavité dont il est » creusé sur la longueur, à toute la face interne, et la disposition presque à » angle droit du bord postérieur et supérieur de la facette sigmoïde, seulement il est plus gros et plus court à proportion, et deux fois et demie » plus long que celui de la Mangouste d'Égypte. » Ainsi c'était encore avec la Mangouste que le rapprochement était fait par M. Cuvier, et cependant cet os est intitulé, sans point de doute, *Cubitus de la tête du § II*, considérée comme d'un genre de la famille des Coatis et des Ratons, genres dont il n'est fait aucune mention dans le texte qui a trait au cubitus.

Comme d'une Mangouste.

Décrit. L'examen de cet os m'a montré que ce n'est certainement pas avec le cubitus de la Civette qu'il a le plus de rapports : il est en effet beaucoup plus robuste par son épaisseur comparée à sa longueur, et plus tourmenté par la saillie de ses crêtes, indiquant par là un animal fouisseur.

Je ne vois pas qu'il ait beaucoup plus de ressemblance avec le cubitus de la Mangouste, qui est peut-être encore plus grêle. Mais la ressemblance augmente à mesure qu'on le compare avec son analogue dans le Coati, dans le Blaireau, mais surtout dans le Mydaus, quoique le fossile soit bien plus grand et plus robuste; particularité qui concourt, ce me semble, assez bien avec la manière de voir qui rapporte ce cubitus à une même espèce que les fragments de tête décrits plus haut sous le titre général de Taxotherium.

Et rapproché du Blaireau. Du Mydaus.

8° *D'os de la main ou du pied de devant.*

Pied de devant.

Il s'agit dans cet article d'une partie de la main gauche, vue en dessous par le côté externe, c'est-à-dire montrant le cinquième, le quatrième, et partie du troisième os du métacarpe, avec deux ou trois os du carpe, le pisiforme, l'onciforme, et l'empreinte d'un ou deux autres os de la première rangée du carpe, le tout assez rapproché dans une masse de pierre à plâtre.

Du plâtre de Paris.

M. Cuvier en a fait mention pour la première fois, en 1812, dans un feuillet à part et non paginé : *Additions au mémoire sur quelques ossements de Carnassiers épars dans les carrières à plâtre des environs de Paris*, et sous ce titre : *portion d'un pied de devant appartenant probablement au même animal que le grand cubitus*, et figuré : supplém. pl. X, f. 9 à 12.

Signalée par M. G. Cuvier, en 1822.

En 1825, dans la seconde édition des Recherches sur les ossements fossiles, t. III, p. 281, pl. XLVIII, f. 9-10-11-12, cette pièce est intitulée : *Pied de devant qui paraît appartenir à la tête du § II* (genre de la famille des Coatis, des Ratons, etc.), et M. Cuvier, après avoir fait observer que les dessins qu'il en donne n'ont pas trop bien réussi, dit qu'une comparaison exacte lui a fait trouver que ces os ont des rapports avec leurs analogues dans le Blaireau, la Civette et la Loutre, sans ressembler parfaitement à ceux d'aucune des trois espèces; qu'étant gros et courts ils ressemblent assez à ceux de la Loutre, qu'ils surpassent de plus d'un tiers dans toutes leurs dimensions; mais qu'ils ressemblent peut-être encore davantage à ceux du Blaireau avec des dimensions doubles : et

en 1825.

Comme de Blaireau.

cependant c'est toujours à la tête, considérée comme provenant d'un genre de la famille des Coatis et des Ratons, qu'ils sont rapportés dans le titre comme paraissant appartenir.

Décrit.

En étudiant ce petit groupe d'ossements fossiles, il m'a paru évident que leur brièveté et leur force indiquent encore assez bien un animal de la famille des Plantigrades ursiformes, plus voisin, cependant, des Blaireaux que des Coatis et des Ratons. En effet, dans ces deux derniers, les os métacarpiens sont bien plus grêles et plus allongés proportionnellement à leur grosseur. La ressemblance avec le Mydaus se soutient encore mieux peut-être qu'avec le Blaireau, à cause d'une moins grande différence de grosseur entre le cinquième et le quatrième métacarpien, si marquée dans ce dernier animal, et beaucoup moins dans le Mydaus.

Comme plus voisin encore du Mydaus.

Conclusions.

Ainsi j'accepte le rapprochement fait par M. Cuvier de cette pièce avec les fragments de tête décrits plus haut, non pas cependant comme d'un genre voisin des Coatis et des Ratons, mais intermédiaire aux Mydaus et aux Blaireaux; toutefois, en faisant l'observation que ce pied, un peu petit proportionnellement pour la tête, provenait sans doute d'un individu de moindre grandeur.

8° Membres postérieurs. Péroné et Calcanéum. Du plâtre de Paris.

8° *D'un péroné et d'un calcanéum en connexions.*

Ces deux os ont de plus intéressant que la plupart de ceux dont nous avons parlé jusqu'ici, qu'ils ont été trouvés dans la masse de gypse assez près l'un de l'autre pour qu'on puisse les regarder comme provenant d'une même extrémité postérieure.

Signalés par M. G. Cuvier, en 1825.

M. Cuvier en a fait mention pour la première fois en 1825 dans le t. III, p. 283, de la seconde édition de ses Recherches sur les ossements fossiles sous le titre : *Péroné et calcanéum qui paraissent venir de la tête du § II* (d'un genre de la famille des Coatis et des Ratons, etc.), et ces os sont figurés sans lettres indicatives des parties, sans avoir été gravées au miroir, et même dans une projection assez peu favorable, Pl. LXIX, fig. 8.

Suivant M. Cuvier, ce calcanéum a la plupart des caractères de celui des Carnassiers; il a même des rapports sensibles avec ceux de la Civette et de la Loutre. La facette astragalienne est accompagnée à son bord externe d'une facette pour le péroné dont l'analogue est dans la Loutre, mais rejetée davantage en dehors. Entre cette facette et l'extrémité tarsienne, est au bord externe un tubercule distinct et saillant qui se retrouve plus ou moins dans plusieurs Carnassiers, mais qui n'approche de cette saillie que dans la Civette. Enfin, la facette cuboïdienne est en forme de rein comme dans un Chien de grande taille, au calcanéum duquel l'os fossile ressemble d'ailleurs par la coupe et par la grandeur; et quoique ces ressemblances avec la Loutre, la Civette et le Chien ne semblassent guère y conduire, M. Cuvier n'en ajoute pas moins qu'il n'hésite pas, d'après la forme et la grandeur, à regarder ces deux os comme de la même espèce que la tête du § *II*, et par conséquent d'un genre de la famille des Coatis et des Ratons.

Comme d'un Canis.

Le premier de ces deux os, ou le péroné, offre réellement quelque chose de particulier, et pour ainsi dire intermédiaire au Blaireau et à l'Ours, plus qu'au Mydaus et au Coati. Il conserve cependant encore un caractère qui lui est propre, étant beaucoup plus épais, par rapport à sa longueur, et plus robuste et plus arqué que dans aucune espèce du groupe des Petits-ours : et sous ce rapport peut-être y a-t-il quelque rapprochement à faire avec les Didelphes, quoiqu'en définitive la ressemblance soit encore plus marquée avec les Blaireaux.

Décrits. Le Péroné.

Le calcanéum, quoiqu'un peu tronqué en arrière, me semble aussi conduire à la même conclusion.

Le Calcanéum.

Quant à la présomption que ces deux pièces ont appartenu à la même espèce animale que les fragments de tête et de mâchoires attribués à un genre de la famille des Coatis et des Ratons, cela se conçoit, j'en conviens, à cause d'un certain rapport de proportions; mais c'est ce qui ne peut certainement être mis hors de doute, du moins en l'appuyant sur des raisons positives.

Conclusions.

9° *D'un astragale du pied gauche.*

Astragale.

Cette pièce, qui provient encore du dépôt gypseux des environs de Paris, n'existe dans la collection du Muséum d'histoire naturelle de Paris

Du plâtre de Paris.

que depuis 1828; aussi n'en est-il pas question dans l'ouvrage de M. Cuvier; elle est libre ou détachée de la pierre, mais malheureusement tronquée dans son apophyse scaphoïdienne. C'est un astragale du pied gauche dont la poulie est très-oblique; la gouttière qui sépare les deux facettes articulaires inférieures, large, profonde et oblique, et qui me paraît avoir une certaine ressemblance avec celui de la Loutre, et surtout avec l'astragale du Blaireau; aussi suis-je fort porté à le regarder, à cause de sa grandeur et de ses proportions, comme ayant appartenu à la même espèce animale que le péroné et le calcanéum dont il vient d'être parlé, et par conséquent à la tête du prétendu Coati.

Décrit.

Comme voisin de celui du Blaireau.

Conclusions générales.

Je termine ici l'examen des différents ossements trouvés jusqu'ici épars dans les plâtres des environs de Paris, et que je rapporte avec quelque probabilité à l'animal que j'ai nommé Taxotherium, pour indiquer ses rapports avec les Blaireaux proprement dits, et avec les Mydaus, qui en diffèrent si peu.

De l'Existence.

Je crois donc assez probable, sans vouloir cependant l'assurer, que les différents os fossiles dont il a été parlé dans cet article, savoir : les humérus et surtout le cubitus, les métacarpiens, le péroné, le calcanéum et l'astragale, ont appartenu, non pas au même individu, cela est certain, mais à la même espèce animale, que les portions de tête et de mâchoires, et que cette espèce animale, bien plus rapprochée des Blaireaux que de toute autre espèce de Petits-ours, constituait ce que les zoologistes modernes considèrent comme un genre, du moins d'après le système dentaire, dont la formule paraît être :

D'une espèce animale ancienne.

$$\frac{6}{6} \text{ molaires, dont } \frac{3}{3} + \frac{1}{1} + \frac{2}{2};$$

et comme, en définitive, ce n'était ni un Coati ni même un Raton, on pourra nommer ce Blaireau antique *Taxotherium parisiense*, en faisant allusion au pays dans lequel ses ossements ont été d'abord découverts, et non pas parce que cet animal vivait nécessairement aux environs. En effet, M. Constant Prevost a parfaitement prouvé, suivant moi, que le

Voisin du Blaireau.

sol de Paris supérieur à la craie s'est formé au fond d'un golfe où versaient les eaux provenant des montagnes de la Bourgogne, entraînant avec elles tous les corps qu'elles rencontraient sur leur passage, et par conséquent les ossements des animaux qui vivaient dans les forêts dont elles étaient couvertes.

Et distincte du Ptérodon.

Nous devons ajouter qu'aucun des ossements fossiles que nous avons rassemblés sous le nom de Taxotherium ne nous a paru venir à l'appui de l'hypothèse que les portions de tête et de mâchoires pouvaient provenir d'un Dasyure, comme on l'a supposé pour le fragment décrit plus haut sous le nom de Ptérodon, tout en convenant cependant que nous ne sommes pas assez hardi pour assurer qu'aucun de ces ossements ne provienne pas de ce dernier.

A laquelle on peut rapporter provisoirement trois os fossiles d'Auvergne.

C'est avec la même réserve que nous allons parler, sous le même titre de *Taxotherium*, de trois ossements trouvés dans les terrains tertiaires d'eau douce d'Auvergne, et qui faisaient partie de la collection de M. l'abbé Croizet.

Humérus.

1° *Humérus.* Une extrémité inférieure d'humérus indiquant un animal de la taille d'un chien médiocre par sa grandeur, supérieur d'un quart environ à celui d'un Blaireau, il est vrai, de petite taille, et sans doute du genre des Petits-ours, ce que l'on induira de sa force, de la largeur de son extrémité articulaire, percée d'un assez grand trou ovale au-dessus du condyle interne, du prolongement de la crête deltoïdale; on peut même trouver à ce fragment quelque ressemblance avec son analogue dans le Raton, par la compression, quoique moindre, du corps de l'os à sa partie inférieure, et par le peu de saillie de la crête externe: seulement il indique un animal bien plus fouisseur.

Métacarpiens.

2° *Un os métacarpien* du second doigt de la main gauche: indiquant un animal de la taille d'un très-grand Blaireau, à membres robustes, peut-être voisin de l'Arctictis, ou même de notre petit Amphicyon; mais qui me semble assez bien concorder de grandeur avec l'extrémité inférieure de l'humérus précédent; cet os est, du reste, gros et court comme dans la plupart des Petits-ours.

Métatarsien. 3° *Un os métatarsien, quatrième du côté droit*, plus grêle et plus long que le précédent, assez bien dans le même rapport que ces deux os dans l'Arctictis, indiquant un animal de la taille d'un chien médiocre, mais évidemment d'un Petit-ours, à cause de ses dimensions proportionnelles.

Art. 5. — Des Ratons et des Coatis proprement dits.

Du Coati proprement dit. Au Brésil. Jusqu'ici il ne paraît pas qu'on ait encore trouvé d'ossements fossiles qui aient réellement appartenu à une espèce de ces Petits-ours, soit dans les immenses alluvions de la Plata et de ses affluents, soit dans les nombreuses cavernes du Brésil, explorées dans ces dernières années d'une manière si intéressante par MM. Claussen et Lund; quoiqu'il soit fort probable que par la suite on pourra en découvrir (1).

En Europe. En sorte que, en admettant que j'aie prouvé que le prétendu Coati des plâtres de Paris ne doit pas être considéré comme tel, on pourra en conclure légitimement que ce genre doit être rayé du catalogue paléontologique actuel (2).

Dent incisive du calcaire pisolithique de Meudon. J'inscrirai cependant ici pour mémoire une dent qui m'a été remise avec cette étiquette : *Incisive latérale supérieure gauche d'un Carnassier voisin des Renards*, parce qu'elle me semble avoir plus de rapports

(1) Je trouve en effet sur le catalogue des ossements fossiles trouvés dans les cavernes du Brésil, l'indication d'une espèce de Coati; ce qui n'a rien d'étonnant, cet animal existant encore vivant dans le pays.

(2) J'ignore en effet où MM. Hermann de Meyer (*Palæontolog.*, p. 47) et Keferstein (*Naturgesch. Erdkorp.* II, p. 201) ont pris les éléments de leur *Coati* ou *Nasua niceensis*. Ils citent, il est vrai, Cuv., Ossem. foss., IV, et les brèches osseuses de Nice; mais certainement dans les deux éditions du Mémoire de M. G. Cuvier, sur les Brèches osseuses, il n'est pas question d'os attribués à un Coati. Toutefois, en remontant au petit Manuel des Pétrifications (en allem.) de M. Fréd. Moll, p. 31, on voit que cette espèce repose sur le Coati douteux de M. Cuvier, puisqu'il cite le vol. III, et les Pl. 68 et 69 de ses Ossements fossiles. Mais comme il ajoute que le crâne a été trouvé dans les brèches de Nice, au lieu du gypse de Paris, on voit comment MM. Hermann de Meyer et Keferstein ont distingué le Coati ou *Nasua parisiensis* et le *N. niciensis* sans s'apercevoir du double emploi.

avec son analogue dans le Coati, seul animal Carnassier à ma connaissance chez lequel cette dent est distante et un peu en lancette sans arrêt ni talon. La dent fossile se prolongeant en une longue racine assez pointue, comprimée, peu arquée, à peine plus convexe d'un côté que de l'autre, se termine par une couronne beaucoup plus courte, assez comprimée, tranchante en arrière et même en avant, à l'endroit de la jonction de la face externe, un peu plus bombée, avec l'interne. Elle n'est donc pas en crochet et n'a pas un rudiment de talon à sa base interne comme cela a lieu dans le Renard.

Elle a été trouvée à Meudon dans la couche intermédiaire au calcaire grossier et à l'argile plastique, nommée calcaire grossier pisolithique, par M. d'Orbigny, aide-naturaliste au Muséum.

Art. 5 *bis*. — Du Palæocyon.

Palæocyon.

En parlant des formes spécifiques particulières que présente encore à l'état récent le genre des Petits-ours, nous avons eu l'occasion de citer deux espèces de Caudivolves, remarquables par leur queue prenante, par la brièveté de leurs mâchoires, et dont une est exclusivement propre à l'Amérique, le Kinkajou; et l'autre à l'archipel Indien, le Binturong. Nous n'en connaissons encore aucun fragment fossile; mais nous croyons devoir en rapprocher un animal qui a vécu anciennement dans nos contrées, et dont nous possédons à l'état fossile, contenue dans un grès sans doute de la formation de la mollasse, une tête presque entière, sauf la mâchoire inférieure, et un assez bon nombre d'autres ossements, malheureusement le plus souvent à l'état de fragments, et que nous désignerons, pour être plus bref, par le nom de *Palæocyon*, ou mieux d'*Arctocyon*.

Nous les devons à M. le docteur Fromager, chirurgien en chef de l'hôpital militaire de Nancy, qui a bien voulu, à la sollicitation de M. F. Cuvier, en enrichir la belle collection paléontologique du Muséum.

Ils ont été trouvés tout près de La Fère, dans une carrière située au

Des environs de La Fère, dans la partie inférieure des terrains tertiaires.

dessous de la route à Charmes, avec des restes d'Émyde ou de Tortues d'eau douce (1), dans une sorte de grès assez peu dur, assez fin, micacé, faisant partie d'un terrain tertiaire, sans doute analogue à la mollasse.

1° Tête.

La forme générale de la tête est celle des Carnassiers aquatiques, c'est-à-dire des Phoques et des Loutres, le crâne étant large, assez déprimé, séparé, par un étranglement très-prononcé, de la face ou du museau, qui est fort court ; les fosses temporales sont très-grandes, augmentées qu'elles sont par une crête sagitto-occipitale très-prolongée en arrière, et par une arcade zygomatique très-arquée en dehors ; l'orbite, très-ouvert, n'est limité en arrière que par des apophyses frontale et malaire peu prononcées.

Le museau est, comme nous venons de le dire, fort court, large et comme tronqué en avant, mais peut-être par altération, avec un trou sous-orbitaire fort petit et contigu au rebord orbitaire. La voûte palatine est surtout remarquable par sa grande largeur.

2° Système dentaire.

Le système dentaire présente une combinaison toute particulière dans le nombre et la forme des dents.

Mâchoire supérieure. Incisives.

Les incisives manquent entièrement, ainsi que leurs alvéoles, dans la pièce recueillie.

Canines.

Les canines, brisées à leur base, sont médiocres, fort écartées, terminales et à coupe ovalaire, mais assez peu comprimées.

Molaires, 7.

Les molaires sont au nombre de sept : trois avant-molaires, une principale et trois arrière-molaires.

Avant-molaires. Première.

La première avant-molaire est simple, petite, un peu dirigée en avant, un peu plus distante de la seconde que de la canine, et à une seule racine.

Seconde.

La seconde, à en juger du moins d'après l'alvéole en trou de serrure,

(1) M. d'Archiac, dans son important travail sur la coordination des terrains tertiaires du nord de la France, de la Belgique et de l'Angleterre (*Bullet. de la Soc. Géolog. de France*, 15 avril 1839, p. 193), a donné la description de cette roche sous le nom de Glauconie inférieure, comme formant le premier étage des terrains tertiaires, reposant immédiatement sur la craie supérieure ou craie blanche, et comme parallèle au calcaire grossier pisolithique de Meudon.

est plus grosse, à deux racines serrées, et également distante de la précédente et de la suivante.

La troisième est la plus grosse, du moins d'après les deux racines inégales qu'elle a laissées dans l'alvéole; elle était sans doute comprimée et triangulaire avec un lobe postérieur; mais ce n'est qu'une supposition d'après la disposition et la proportion des deux trous de l'alvéole. Troisième.

La principale, contiguë à la précédente, est assez petite ou médiocre; sa forme est triquètre à son collet avec trois racines serrées, deux en dehors, ce qui fait supposer que son bord était aminci, à deux lobes, et une en dedans et en avant portant sans doute un talon. Principale.

Les arrière-molaires sont toutes les trois à peu près carrées, l'avant-dernière la plus grosse, et la dernière la plus petite. Arrière-Molaires.

La première est pourvue à la couronne de deux tubercules mamiformes en dehors, et d'un large talon en dedans se portant en avant. Première.

La seconde est absolument de même forme, mais beaucoup plus forte et plus carrée, à angles arrondis. Seconde.

La troisième beaucoup plus petite, quoique assez forte encore, est à peu près arrondie, bilobée, avec un lobe extérieur et un intérieur. Troisième.

Nous ne connaissons rien de la mâchoire inférieure de cette tête; mais, d'après l'analogie, nous devons supposer que le nombre des dents molaires était de huit, une de plus qu'en haut, comme dans le *C. megalotis*, ou au moins de sept; car, dans aucun cas, si ce n'est dans les Félis, nous ne trouvons un nombre de molaires en bas moindre qu'en haut. Mâchoire inférieure.

Des autres parties du squelette, nous ne connaissons qu'un assez petit nombre de pièces provenant des membres, et rarement complètes.

1° *D'un humérus du côté gauche.* 3° Humérus.

Cet os est très-remarquable par sa très-grande force, sa double courbure en *S* très-prononcée, la largeur et l'étendue de la crête deltoïdienne, qui descend en pointe au-dessous de la moitié de la longueur de l'os, remonte en s'épaississant beaucoup un peu au-dessus de la tête, elle-même fort épaisse; par la minceur de l'extrémité inférieure Décrit.

percée d'un trou au-dessus du condyle interne, et dilatée en aile mince à l'externe; par la forme de la poulie articulaire dont la partie externe, la seule existante, indique une articulation radiale assez large, et dont les fosses antérieure et postérieure sont peu profondes, surtout celle-ci.

Comparé. Comparé avec l'humérus des autres Carnassiers qui ont les mêmes caractères généraux, c'est évidemment avec celui du Blaireau qu'il a le plus de rapports, et peut-être aussi un peu avec celui de la Loutre; il indique un animal faisant de grands efforts avec ses membres antérieurs, soit pour fouiller la terre, soit pour nager, mais bien plus grand que le Blaireau dans la proportion de plus d'un quart.

Conclusions.

4° Radius. 2° *D'un radius du côté droit.*

Décrit. Cet os, que j'avais d'abord pris pour un tibia, parce que dans la pierre, à côté de son extrémité la plus large, était l'empreinte des condyles du fémur, s'est montré d'une manière évidente, quand il en a été extrait, un radius du côté droit, remarquable par sa force et son arqure, et sa forme triquètre, tranchante au bord postérieur, assez large et convexe en avant, et au contraire très-excavée à la face interne. L'extrémité supérieure, un peu endommagée, paraît avoir été assez large, ovale-transverse, et avoir occupé une assez grande étendue de l'articulation humérale; son col est également peu rétréci, et l'empreinte d'insertion bicipitale assez rentrée. Quant à l'extrémité inférieure, elle manque presque entièrement. On peut seulement juger, par la coupe triangulaire du fragment, qu'elle devait s'élargir assez fortement et prendre une grande part à l'articulation carpienne.

Conclusions. Ainsi cet os fait supposer, comme l'humérus, un animal bien plus fort que le Blaireau et dans la même proportion à peu près que l'humérus.

5° Cubitus. 3° *D'une moitié supérieure de cubitus du côté droit.*

Décrit. Ce fragment indique un cubitus remarquable par sa grande compression, sa minceur comparée à son épaisseur dans le sens d'avant en arrière, sa forte courbure en dedans, la direction sans courbure et le peu de développement de l'apophyse olécrâne, dont le bord postérieur épais se continue sans ressaut ou insensiblement avec celui du corps de l'os, plus large qu'elle vers le tiers probable de celui-ci, particularité que je ne vois dans aucun des cubitus que je lui compare ; par la grande étendue d'avant en arrière de la fosse articulaire, ce qui indique des mouvements lâches ou peu serrés, plus encore que dans la Loutre, mais réellement assez bien comme dans le Blaireau ; par la position presque antérieure de la fossette d'articulation avec le radius, notablement moins externe que dans cet animal, moins cependant que dans les Phoques, et surtout que dans les Chiens. Comparé.

Ainsi cet os indique un animal dont l'avant-bras était composé de deux os bien distincts, bien séparés, bien mobiles l'un sur l'autre, dont le cubitus, large et complet, était prolongé en un olécrâne assez long, mais moins apophysé que dans le Blaireau et la Loutre, peut-être, il est vrai, parce que ses bords ont été usés fortement. Conclusions.

4° *D'un fragment d'os innominé.* 6° Os innominé.

Ce fragment, qui ne consiste presque qu'en une portion d'os innominé du côté gauche, dans laquelle il n'y a de complet que la cavité cotyloïde, n'offre rien de bien caractéristique. On peut seulement déduire du diamètre de celle-ci, et d'une assez bonne partie restante de l'iléon, que c'était un animal robuste, presque de la grandeur d'un Ours de petite taille et de famille voisine. Conclusions.

5° *D'un fragment de fémur du côté droit.* 7° Fémur.

Quoique ce dernier fragment du Palæocyon soit assez incomplet dans ses deux extrémités, ce qui en reste, c'est-à-dire la plus grande partie du corps, n'est pas moins remarquable par son épaisseur proportionnelle, sa largeur et sa forme subtriquètre, de manière à être subtranchant en dehors et aplati en dedans. Nous avons pu en outre juger par des empreintes laissées dans la pierre, à défaut de l'os lui-même, que supérieurement la fosse digitale du grand trochanter était peu distincte au contraire du petit trochanter, contribuant ainsi à l'élargissement de l'os. L'empreinte de l'extrémité inférieure a pu également montrer qu'elle Décrit.

était assez large, et que des deux condyles écartés, l'externe descendait notablement plus bas que l'interne.

Comparé. Conclusions. En comparant ce fémur avec celui de tous les Carnassiers, c'est encore avec le fémur du Blaireau que nous avons trouvé le plus d'analogie; seulement il est d'un tiers plus grand que celui de notre plus grand squelette de cette espèce, provenant, il est vrai, d'un jeune individu.

Conclusions générales. En sorte qu'en rassemblant les éléments que nous ont fournis les différentes pièces dont nous venons de donner la description, on se trouve conduit à admettre : 1° qu'ils indiquent une forme animale différente de toutes celles que nous connaissons aujourd'hui à l'état récent, et même à l'état fossile, ce que prouve évidemment le système dentaire, qui a cependant quelque chose de celui du Mégalotis ou du Chien à dents tuberculeuses; 2° que cette forme animale appartient à la famille des Petits-ours, voisine des Blaireaux pour la brièveté et la force des membres, et des Caudivolves pour la forme de la tête, de la queue, et même un peu pour la disposition complétement tuberculeuse des dents; 3° et que peut-être cette espèce était-elle aquatique, comme nous verrons la Loutre parmi les Mustelas, et le Cynogale parmi les Viverras, et qu'ainsi elle vient combler une lacune dans la série des Mammifères.

Art. 6. — De l'Amphicyon.

Amphicyon. Genre nouveau. Les ossements fossiles dont nous allons parler sous ce titre vont encore constituer une autre forme animale de cette famille voisine des Binturongs ou Arctictis, mais avec une taille égale ou même supérieure à celle de l'Ours, et un système dentaire presque semblable à celui des Chiens ordinaires, ce qui lui a valu la dénomination que lui a donnée M. Lartet, et que nous sommes heureux de pouvoir conserver.

Établi par M. Lartet, d'après des Ossements trouvés à Sansans, dans un terrain tertiaire. C'est en effet aux investigations persévérantes et éclairées de M. Lartet dans ce célèbre dépôt de Sansans, contenant un grand nombre d'ossements de Quadrupèdes, d'Oiseaux, de Reptiles et d'Amphibiens, que nous devons la découverte de ce genre et toutes les pièces qui vont nous servir à le confirmer et à en déterminer les rapports. M. Lartet en a parlé à plusieurs reprises dans les comptes rendus des séances de l'Académie des Sciences et dans les bulletins de la Société de Géologie pour l'année 1836; mais de plus il a généreusement envoyé ces pièces dans les collections du Muséum.

Confondu avec les Canis par M. G. Cuvier.

Avant la découverte de M. Lartet, la science avait déjà quelques indices de cet animal, mais tellement faibles qu'il était presque impossible de s'en servir sans erreurs. Ainsi M. G. Cuvier (tom. IV, p. 466, Pl. XXXI, *fig.* 10 de la seconde édition de ses *Ossements fossiles*) avait rapporté à un Loup d'une taille gigantesque une première arrière-molaire supérieure gauche, trouvée dans le dépôt d'Avaray près de Beaugency, et qui doit évidemment être rapportée à l'Amphicyon. Je crois que cela est plus douteux pour la canine (loc. cit., *fig.* 21) qui serait bien plus grosse, sa largeur à la base étant, à un millimètre près, égale à celle de la molaire.

Rapproché du genre *Agnotherium* de M. Kaup.

M. Kaup avait aussi trouvé une dent qui semble être également d'Amphicyon, et il avait parfaitement reconnu qu'elle indiquait une forme animale particulière, pour laquelle il avait proposé le nom d'Agnotherium, qui devrait avoir la préférence, si l'identité du genre avait pu être établie sur ce seul fragment; comme cela était impossible, et même fort douteux, ainsi qu'il sera dit plus loin, nous préférons regarder le travail de M. Lartet comme la seule base du genre, et par conséquent conserver le nom qu'il lui a donné.

1° *Du système dentaire.*

Décrit. Dans le Système dentaire.

Comme c'est en général, et surtout en paléontologie, principalement sur la considération presque exclusive du système dentaire que l'on établit les coupes génériques, nous allons commencer par décrire ce que nous connaissons des dents de cette forme animale ancienne; après quoi nous passerons en revue toutes les pièces du squelette que nous avons pu examiner et comparer.

Dents. Supérieures.

Aucun des fragments de mâchoire supérieure jusqu'ici recueillis ne

Incisives. Première. nous a présenté de dents incisives. Nous ne pouvons cependant pas douter qu'elles ne fussent au nombre de trois paires, l'externe plus forte que les autres, et plus ou moins caniniforme. Nous possédons en effet, mais séparée, une de ces dents du côté gauche : elle est très-large et très-comprimée à la racine, subconique, un peu comprimée à la couronne, assez recourbée en forme de crochet, et ressemblant assez à celle de l'Ours et même du Chien. Une seconde incisive supérieure, également séparée et du côté gauche, semble, à cause de sa grande compression, avoir plus de rapports avec son analogue dans l'Hyène que dans le Chien, et même que dans l'Ours.

Seconde.

Canines. Les canines sont extrêmement fortes, robustes, assez comprimées, carénées et même tranchantes en arrière, un peu aplaties en dedans, plus convexes en dehors et fortement cannelées dans leur longueur, surtout en avant. Elles tombent presque verticalement sans se déjeter en dehors.

Molaires, 7. Les molaires sont au nombre de sept : trois avant-molaires, une principale et trois arrière-molaires, comme dans le Palæocyon, mais de toute autre forme et proportion.

Avant-Molaires. Première. La première avant-molaire, qui existe en nature sur la pièce principale, assez peu distante de la canine, est basse, assez comprimée, triangulaire, équilatérale, le sommet médian. Seconde. La seconde, indiquée par deux alvéoles, devait être assez large et comprimée, car celles-ci sont assez éloignées, Troisième. la postérieure plus grande et plus oblongue que l'antérieure. La troisième manque également et ne peut être appréciée que d'après ses deux alvéoles, qui indiquent qu'elle avait deux racines, que sa partie postérieure était beaucoup plus épaisse que l'antérieure, et qu'elle était, comme de coutume, en contact avec la principale.

Principale. Cette principale est très-forte et ressemble complétement à celle du Chien, ayant comme elle son bord externe tranchant partagé en deux lobes : l'antérieur oblique, plus saillant et plus aigu ; le postérieur plus large et plus tranchant ; le talon interne est du reste complétement antérieur.

Des trois arrière-molaires, la première est aussi presque semblable à sa correspondante chez le Chien, ayant comme elle deux denticules épais, subconiques au bord externe, et un large talon interne; seulement ici ce talon est proportionnellement plus fort (1). La seconde ressemble encore assez bien à celle du Chien; mais dans l'Amphicyon elle est beaucoup plus forte, toutes ses parties sont bien plus développées, et surtout le talon interne, qui est presque aussi large que le bord externe bidenticulé, et aussi plus arrondi, et plutôt dirigé en avant qu'en arrière. Enfin la troisième, qui n'existe pas dans le Chien, n'a laissé dans le fragment fossile que son alvéole qui est simple, ce qui prouve qu'elle n'avait qu'une racine et qu'elle devait être petite, arrondie et tuberculeuse.

Arrière-Molaires. Première.

Seconde.

Troisième.

Le système dentaire de l'Amphicyon à la mâchoire inférieure, nous est moins bien connu qu'à la supérieure, parce que la mandibule la plus complète que nous possédons ne présente que des alvéoles remplies par les racines brisées.

A la mâchoire inférieure.

Nous regardons comme appartenant à une troisième incisive du côté gauche une portion radicale remarquable par sa grande compression et sa grande taille; mais voilà tout ce que nous avons vu des incisives inférieures de l'Amphicyon.

Incisives, 3.

Nous ne connaissons des canines de la mandibule qu'un seul fragment d'une du côté droit, suffisant cependant pour montrer qu'elles étaient presque semblables à celles du Chien, les arêtes internes seulement plus marquées; en effet, le côté mandibulaire que nous possédons de plus complet ne porte que les alvéoles, remplies par les racines, des molaires. A en juger par elles, il nous semble qu'il devait y avoir le même nombre de ces dents, et probablement de forme à peu près semblable, sauf la proportion relative, que dans les Chiens. Ainsi, la principale à deux racines était plus petite que la première avant-molaire; mais celle-ci, ou la carnassière, devait être moins grande que dans les Chiens; et comme la

Canines.

Molaires.

D'après les Alvéoles.

(1) C'est à cette première arrière-molaire qu'appartient la dent trouvée à Avaray, près de Beaugency, et figurée par M. G. Cuvier, IV, pl. 31, fig. 20, comme provenant d'un animal du genre Canis, mais d'une taille gigantesque, p. 466.

seconde et la troisième arrière-molaires étaient au contraire proportionnellement plus fortes, et surtout la troisième, il en résulte que le système dentaire de l'Amphicyon devait être moins carnassier que celui du Chien.

Parmi les dents molaires inférieures séparées ou implantées qui peuvent être rapportées à notre animal, nous citerons:

Seconde avant-Molaire.

Une avant-molaire, probablement une seconde du côté gauche, assez large, à deux racines, à une seule pointe, un peu plus antérieure que postérieure, ayant un peu de la forme de sa correspondante chez le Chien.

Principale.

Une principale, du côté gauche, implantée dans un fragment de mandibule, et qui montre une coupe plus triquètre, plus allongée, plus inégale dans ses deux lobes que chez le Chien.

Arrière-Molaires. Première.

Une première arrière-molaire du côté droit, exactement de la dimension de l'alvéole correspondante sur un côté de mandibule dont il va être question, et qui est si semblable, quoiqu'un peu plus grande, à son analogue dans le Loup, que l'on pourrait aisément la considérer comme provenant de cet animal.

Seconde.

Une seconde arrière-molaire, également du côté droit, de la grandeur convenable pour l'alvéole correspondante de la mandibule citée, offre aussi une grande ressemblance avec son analogue dans le Loup; seulement, elle est notablement plus grande.

Troisième.

Enfin, je regarde comme la troisième arrière-molaire du même côté une dent dont la couronne, large, arrondie, est plate, multituberculée, pourvue d'une seule racine en pyramide tétraèdre, et qui est surtout remarquable par sa grande ressemblance avec celle de l'Ours. Aussi est-elle bien plus grosse que dans les Canis.

2° *Des os de la tête.*

Dans le système osseux.

Nous ne possédons encore de cette série d'os que des parties plus ou moins considérables des mâchoires, et rarement un peu caractéristiques.

1) Mâchoire supérieure.

De la mâchoire supérieure nous ne connaissons en effet ni les palatins postérieurs, ni le lacrymal, ni même le jugal; nous savons seulement qu'elle ressemble un peu à celle de l'Hyène par sa grande force, quoiqu'elle soit un peu plus longue, à cause d'un plus grand nombre de dents arrière-molaires et par la forme du chanfrein, et que le palais est percé d'un trou palatin antérieur très en arrière de l'incisif, et creusé en dedans de la dent principale d'une grande fosse pour loger la carnassière inférieure, disposition beaucoup moins prononcée dans les Chiens et dans les Hyènes. Nous ignorons si l'incisif remontait ou non jusqu'au frontal (1).

2) Mâchoire inférieure.

L'appendice céphalique inférieur nous est mieux connu par deux fragments assez complets de mandibule, et surtout par une demi-mâchoire inférieure du côté droit presque entière.

Décrite.

Cette mandibule est véritablement remarquable par sa taille supérieure à celle de nos plus grands Ours, et ayant dix pouces et demi dans une partie qui n'a que cinq pouces et demi chez un Loup; par sa forme allongée, qui rappelle celle du genre Canis plus que celle de tout autre Carnassier, ayant en effet le même mouvement en général et dans chacune de ses parties. Ainsi, les deux bords de la branche horizontale sont également un peu courbés dans le même sens, et sa face interne est aussi plate ou légèrement convexe; la fosse massetérienne de la branche verticale ne dépasse pas la dernière molaire; le canal dentaire interne est large, et du reste comme dans les Chiens; mais l'apophyse angulaire est plus large et moins saillante, moins détachée, moins en crochet. La face externe de la branche horizontale est bien plus plate ou moins convexe; les trous mentonniers sont bien plus près du bord supérieur, et du reste placés de même; enfin, le condyle transverse fort étendu, cylindrique, est beaucoup plus épais en dedans qu'en dehors, la surface articulaire s'étalant fortement en dehors de son extrémité interne.

Une autre portion de mandibule, mais du côté gauche (2), est évidem-

(1) Nous apprendrons, par un fragment de tête de l'*A. minor*, qu'il en était fort loin.
(2) Retournée au miroir dans la figure que nous en donnons, afin de faciliter la comparaison.

ment plus courbée et surtout plus large que la première, mais peut-être altérée par suite d'une forte pression.

3) Os temporal.

Nous devons aussi faire mention d'un fragment radical d'une arcade zygomatique du côté gauche, remarquable par son épaisseur, sa largeur, sa convexité; en un mot, par un état robuste bien supérieur à ce qui existe dans les Ours, les Chiens et même chez les Hyènes, quoique cette arcade se déjette moins en dehors que dans ces dernières : aussi y a-t-il plus d'analogie, surtout à cause du peu de profondeur de la cavité glénoïde, avec ce qui a lieu dans le Loup.

3° *Des vertèbres.*

4) Vertèbre Atlas.

De cette série d'os, et même de tous ceux du tronc, nous n'avons encore pu observer qu'une vertèbre atlas dont la forme générale rappelle parfaitement en grand celle du Blaireau, et n'en diffère guère que parce que le pédoncule de l'arc est notablement moins échancré au bord postérieur; deux corps de vertèbres cervicales démontrées telles par la coupe oblique de leur corps, la grandeur proportionnelle du canal médullaire, les indices du trou pour l'artère vertébrale, et qui, comparées avec celles des autres Carnassiers, dénotent un cou fort robuste, notablement plus long que dans le Blaireau, et presque autant que dans le Chien; deux vertèbres lombaires, dont une seconde et une dernière; celle-là ayant des rapports avec sa correspondante dans les Canis par la forme allongée et carénée du corps, au contraire de ce qui a lieu dans les Ours, par la proportion de la masse apophysaire, un peu moindre cependant que dans les Canis, un peu plus grande, mais avec la forme générale qu'elle a dans les Blaireaux, l'apophyse épineuse étant fort large, ainsi que les transverses. La dernière a au contraire son corps élargi, déprimé transversalement, la cavité médullaire petite et de même forme.

5) Vertèbres cervicales.

6) V. lombaires.

7) V. coccygiennes.

Nous savons, par un assez grand nombre de vertèbres coccygiennes, provenant, pour la plupart, d'un squelette presque complet, que l'Amphicyon était pourvu d'une queue très-longue et très-puissante, autant que dans les Tigres.

4° *Des membres antérieurs.*

Nous signalerons :

a) *Humérus.* 8) Humérus.

Une portion inférieure d'humérus du côté gauche, indiquant un animal de très-grande taille, supérieure à celle du plus grand Ours de nos collections, offrant, par la forme de la poulie articulaire, fort large et moins haute, plus de rapports avec l'Ours qu'avec aucun autre Carnassier, mais par celle de la crête externe, assez étroite et élevée, et surtout par le trou fort allongé dont le condyle interne est percé, beaucoup plus de ressemblance avec le Lion et le Tigre qu'avec l'Ours, et surtout qu'avec les Canis. Décrit. Comparé.

Un humérus tout entier du même côté gauche, mais un peu plus petit que le précédent, conservant pour les parties supérieures beaucoup plus de rapports avec celui de l'Ours qu'avec ceux du Lion et du Tigre, par la forme des tubérosités interne et externe, surtout par la courbure et l'arqure de son corps, et par la terminaison très-inférieure de l'empreinte deltoïdienne, tandis que le trou dont est percé le condyle interne semble le rapprocher des Felis. Autre Humérus. Comparé.

b) *Radius.* 9) Radius.

Plusieurs radius, entiers ou non, qui nous démontrent, surtout l'un des premiers du côté gauche trouvé avec les restes d'un squelette presque complet, et entre autres avec l'humérus dont il vient d'être parlé, que l'Amphicyon avait l'avant-bras plus court, plus ramassé, plus robuste même que l'Ours, chez lequel le radius est à l'humérus comme 12 : 11, tandis que, dans l'Amphicyon, la proportion de ces os est de 10 à 12 ou 13. Du reste, ce radius est assez arqué, beaucoup moins comprimé que dans le Lion, et sa tête supérieure, portée sur un col arrondi, est un peu plus qu'hémi-circulaire à sa face articulaire, et pourvu, vers le tiers interne de son bord antérieur, d'une éminence plus marquée encore que dans les Ours. Décrit. Comparé.

c) *Cubitus.*

D'après deux cubitus, l'un du côté droit et l'autre du côté gauche, 10) Cubitus.

Décrit et comparé.

provenant de l'individu trouvé presque entier, cet os conserve sa spécialité; moins grêle, moins comprimé dans sa partie supérieure que celui du Lion, il est aussi large que dans l'Ours. L'olécrâne épais se tord cependant un peu moins que dans celui-ci, mais beaucoup plus que dans le Lion. Inférieurement, notablement plus épais, moins triquètre, moins anguleux, il se termine par une apophyse styloïde fort grosse; en sorte que, comme le radius, cet os indique un animal dont l'avant-bras avait plus de mouvements que dans le Lion.

11) Scaphoïde.

d) *Scaphoïde.*

Comparé avec celui de l'Ours.

La forme de cet os nous est donnée par les deux scaphoïdes du squelette presque entier. Il est absolument de la même grandeur que celui d'un Ours médiocre, ayant même beaucoup de sa forme, seulement, il est peut-être un peu plus court transversalement, et par conséquent plus large, plus ovale. Quant à ses quatre facettes pour le trapèze, le trapézoïde, le grand os et l'onciforme, elles sont à peu près les mêmes que dans les grands Felis, avec lesquels j'établis la comparaison; en effet elle est un peu moins complète avec l'Ours. On peut donc assurer que l'Amphicyon avait cinq doigts aux membres de devant; à quoi on peut ajouter que probablement leurs mouvements étaient moins serrés que dans les Felis, parce que les crêtes des facettes articulaires sont plus arrondies et plus effacées.

Indiquant cinq doigts.

12) Pisiforme.

e) *Pisiforme.*

Cet os, qui nous est connu d'après un échantillon bien entier du côté droit, offre au contraire plus de ressemblance avec son analogue dans l'Ours que dans le Lion, mais encore plus robuste, c'est-à-dire plus épais, proportionnellement à sa longueur, que dans le premier de ces animaux. La facette articulaire pour le cubitus indique aussi une articulation plus pivotante et plus mobile que dans le Lion, et à peu près comme dans l'Ours.

13) Métacarpiens.

f) *Métacarpiens.*

Nous avons pu examiner plusieurs os du métacarpe, les uns du côté gauche, les autres du côté droit, et dont une partie proviennent du squelette presque entier. Leur grosseur, proportionnellement à leur longueur, et leur brièveté lèvent toute espèce de doute, s'il pouvait y en avoir encore, sur les affinités de l'Amphicyon. En effet, quoique ceux du squelette presque entier soient un peu plus courts et plus robustes que d'autres évidemment plus grêles, il n'en est aucun qui soit jamais dans des proportions assez allongées pour être comparé aux métacarpiens des Felis ou des Canis, et ce n'est qu'avec ceux des Ours et des Blaireaux que la comparaison peut s'établir. On peut même, à peu près, assurer que, comme dans ces animaux, c'était le cinquième qui était le plus gros, et le premier le plus petit.

Comparés avec ceux d'Ours.

g) *Phalanges.*

14) Phalanges.

Premières.

Nous possédons quatre ou cinq premières phalanges, dont trois bien entières, provenant, pour la plupart, du squelette presque entier; remarquables par leur brièveté, leur aplatissement en dessous, et une certaine arqure assez marquée, surtout dans les plus petites. Elles s'éloignent beaucoup de celles des Felis, moins de celles des Ours, et encore moins de celles du Blaireau, sauf la taille.

Secondes.

Nous n'avons vu que quatre secondes phalanges, dont trois provenant du squelette entier. Elles sont, comme les premières, fort courtes, tout à fait plates en dessous, et à peine convexes en dessus, ce qui leur donne une certaine ressemblance avec celles des Palæothériums. C'est cependant de l'Ours qu'elles se rapprochent le plus; aussi leur base, plus large que l'extrémité antérieure, est-elle pourvue au dos d'une apophyse d'insertion musculaire, comme cela se voit quelquefois chez ces animaux.

Deux de ces phalanges ont leur bord interne déclive un peu comme dans les Chats.

5° *Des membres postérieurs.*

Les collections du Muséum renferment aussi un assez bon nombre d'ossements provenant des membres postérieurs de l'Amphicyon.

a) *Os innominé.*

15) Os innominé.

Une portion antérieure de l'os des iles, bornée à la partie rétrécie avant la cavité cotyloïde, montrant une très-petite partie inférieure de cette cavité, mais avec tout le bord supérieur de la branche, et une partie même de l'articulation sacrée, indique un animal d'une taille au moins égale à celle d'un assez grand Ours, et ayant plus de rapports avec la partie correspondante dans cet animal que dans aucun autre, par la manière dont le bord inférieur s'élargit avant d'arriver à la cavité cotyloïde, et par le grand développement de la tubérosité d'insertion du muscle droit antérieur au-dessus de cette cavité. Il faut cependant observer que cette partie de l'iléon est plus courte et surtout plus robuste, et que la cavité cotyloïde est beaucoup moins étalée ou plus petite que dans l'Ours, ce qui est en rapport avec la forme de la tête du fémur.

Fémur. b) *Fémur.*

Décrit. Une partie supérieure (le tiers environ de l'os) du côté droit, malheureusement assez écrasée, offrant une tête arrondie, creusée d'une fossette assez considérable pour le ligament rond, portée sur un col assez oblique et comprimé; un grand trochanter arrondi à l'extrémité, ne s'élevant pas au niveau de la tête, avec une cavité digitale assez grande; un petit trochanter peu marqué et assez descendu.

Une autre partie de fémur, les deux tiers inférieurs, peut-être ce qui manque au premier fragment, et également du côté droit.

En supposant que les deux pièces proviendraient du même os, elles indiqueraient un fémur plus grêle, plus allongé que dans l'Ours et même que dans le Lion, plus comprimé latéralement, surtout inférieurement; aussi la tête inférieure est-elle beaucoup plus étroite, plus serrée que dans ces deux animaux; la poulie rotulienne étant peut-être encore plus étroite et un peu plus oblique, ce qui rend les condyles inégaux.

Comparé. Cependant le fragment supérieur offre plus de rapports avec le fémur de l'Ours qu'avec celui des Felis, par la forme du grand trochanter plus arrondie, plus descendue au-dessous du niveau de la tête; toutefois la fosse digitale est beaucoup moins étendue, et surtout moins profonde que dans cet animal et même que dans le Lion. La tête de l'os est également plus dégagée même que dans l'Ours; mais l'os lui-même offre à peu près le même degré de compression, étant bien moins épais que dans le Lion.

c) *Tibia.*

Tibia.

1° Un tibia gauche tout entier en parfait état de conservation, un peu plus long que celui d'un Ours d'assez grande taille, un peu plus petit que celui d'un Lion, et surtout remarquable par sa force et sa brièveté, indiquant un animal bas sur pattes, ayant quelque chose de celui du Blaireau, sauf la grandeur; ressemblant cependant assez par sa tête supérieure à celui de l'Ours, avec la crête tibiale encore plus prononcée, plus recourbée en dehors, la face externe plus excavée et le bord externe plus arqué. Le corps de l'os est au contraire bien plus fort que dans l'Ours, plus semblable à ce qu'il est dans le tibia du Lion. Il en est de même pour l'extrémité inférieure, la poulie articulaire étant plus oblique, plus serrée que dans l'Ours, et même un peu plus que chez le Lion. Aussi l'échancrure antérieure du bord interne de la poulie est plus étroite et plus profonde, tandis que toutes les apophyses sont plus aiguës et plus saillantes.

Gauche. Décrit. Comparé.

2° Un autre tibia du côté droit en deux morceaux, et un fragment supérieur mutilé de celui de gauche, provenant du squelette presque entier, est notablement plus petit que le précédent, quoique non épiphysé. Il a, du reste, les mêmes formes, si ce n'est que ses échancrures et saillies sont encore plus prononcées. C'est certainement avec le Blaireau que l'articulation tarsienne a le plus de ressemblance; ce tibia étant aussi un peu plus court que le fémur.

Droit.

d) *Péroné.*

Péroné.

Je ne connais cet os que par une petite partie de l'extrémité supérieure restée collée contre un fragment de tibia gauche, dont il vient d'être parlé. On peut cependant en déduire qu'il était assez ovalaire à sa tête, subtriquètre avec les angles arrondis au-dessous, ce qui n'offrirait aucune analogie avec ce qui a lieu dans l'Ours, dans le Lion, ni même chez le Blaireau.

Rotule.

e) *Rotule.*

Une Rotule bien entière, bien conservée, provenant encore du squelette presque entier, nous a offert la plus grande ressemblance avec celle de l'Ours, ayant en effet les mêmes proportions, et la même forme ovale-arrondie, quoiqu'un peu irrégulière.

Astragale.

f) *Astragale.*

Deux de ces os du tarse, l'un plus grand et un peu tronqué dans son apophyse scaphoïde et du côté droit, l'autre du côté opposé et un peu plus petit, provenant du squelette presque entier, nous ont permis de voir que l'astragale de l'Amphicyon était fort large, comme dans l'Ours; mais que sa poulie était plus profonde même que dans les grands Félis, et assez oblique. Quant à la tête scaphoïdienne, portée sur un col ou rétrécissement très-marqué, elle se dilate fortement en dedans, de manière que la surface articulaire est transverse-ovale, réniforme, ce qui dénote un scaphoïde fort large, et par suite trois cunéiformes et trois doigts internes, outre les deux externes, c'est-à-dire cinq doigts comme dans les Ours et les Blaireaux, avec l'astragale duquel celui du fossile offre toujours le plus de rapports.

Calcanéum.

g) *Calcanéum.*

Nous possédons aussi deux calcanéums d'Amphicyon, un bien plus grand du même côté et sans doute du même animal que le grand astragale dont il vient d'être parlé, et également dans un état parfait de conservation; l'autre plus petit et du squelette entier. Le premier indique un animal carnassier de grande taille, égalant celle de notre plus grand Tigre, ayant cependant plus de rapports par sa forme ramassée avec celui de l'Ours qu'avec celui d'aucun Félis, quoiqu'il soit un peu moins robuste que dans le premier de ces animaux. On peut aisément en juger par le rapport de longueur de la partie antérieure articulaire et de la partie postérieure apophysaire. Dans l'Amphicyon, il y a presque égalité, tandis que dans l'Ours la partie apophysaire est bien plus courte, au contraire de ce qui a lieu dans le Lion. En outre, les deux facettes articulaires avec l'astragale sont aussi plus larges, et celle du cuboïde plus arrondie; le calcanéum du Blaireau ressemble davantage à celui de l'Amphicyon.

h) *Métatarsiens.* Métatarsiens.

Nous n'avons pu examiner que deux os métatarsiens entiers, mais un plus grand nombre de fragments, savoir : un quatrième du côté droit, un troisième de gauche, les têtes postérieures de trois autres et une moitié antérieure d'un second doigt de gauche.

Ces os sont notablement plus grêles et plus allongés que les métacarpiens, comme cela a lieu chez tous les Mammifères ; mais ils le sont trop peu pour être comparés même avec les métacarpiens des Félis, du moins dans le Tigre et le Lion, et ils sont beaucoup trop grands pour une Panthère. Ils ne peuvent non plus être considérés comme des métacarpiens d'Ours, dont ils ont cependant assez bien la taille et les proportions ; en sorte que je suis porté à les attribuer à l'Amphicyon, par voie d'exclusion cependant plus que par démonstration directe.

Avant de passer à l'examen des ossements fossiles que nous allons rapporter au petit Amphicyon, je dois noter que parmi les fragments envoyés par M. Lartet à notre collection, se trouvent : une troisième incisive en crochet ; une canine inférieure tronquée aux deux extrémités ; une molaire principale, toutes les trois du côté droit, et enfin une première arrière-molaire supérieure du côté gauche, qui indiquent un individu de taille notablement moindre que celle du grand Amphicyon, peut-être même d'espèce différente, ce qu'il est impossible de décider.

Du petit Amphicyon de Sansans. *Amphicyon minor.*

Pour éviter d'introduire dans la paléontologie des assertions douteuses, en créant des genres non définis, tout en leur donnant des noms très-distinctifs, comme on l'a fait trop souvent avant moi, je parlerai, sous le nom d'Amphicyon, de quelques ossements fossiles de Sansans et d'Auvergne, qui me semblent bien appartenir à la famille des Petits-ours plus qu'à toute autre, mais qui peuvent bien aussi constituer une ou plusieurs formes animales distinctes, ce qu'à défaut d'éléments suffisants je ne puis affirmer.

Dents. *Système dentaire.*

Je suis loin pour cette espèce d'avoir un système dentaire aussi aisé à lire que pour le grand Amphicyon, n'ayant que des dents détachées, et même en assez petit nombre.

Canine. 1° *Une dent canine* que l'on pourrait, au premier aspect, regarder comme une incisive externe de quelque grand Carnassier, ce qui ne peut être à cause de sa symétrie presque complète, et qui me semble être en

Décrite. effet la canine gauche inférieure d'un Carnassier du genre des Petits-ours; elle est en général fort comprimée, aussi bien dans la racine qu'à la couronne, malheureusement tronquée à la pointe, mais qui devait être arquée en crochet et un peu carénée en arrière; sa racine est remarquablement forte et très-atténuée à sa pointe, ce qui prouve qu'elle est complétement adulte.

Molaire. 2° *Une molaire principale supérieure gauche*, ayant une certaine res-

Décrite. semblance avec son analogue dans le grand Amphicyon, mais en différant surtout parce que le talon ou lobe interne, au lieu d'être tout à fait en avant, comme dans cet animal et dans les Chiens, ou bien aux deux

Comparée. tiers, comme chez les Ours, est ici au milieu du corps de la couronne. Les deux lobes tranchants sont aussi moins dissemblables que dans les Canis. On peut dire que cette dent est quelque chose d'intermédiaire à l'Ours, au grand Amphicyon et aux Canis.

Je me suis assuré que ce ne peut être l'Agnotherium de M. Kaup.

Vertèbre. 3° *Une vertèbre avant-dernière lombaire*, beaucoup plus petite que celle du grand Amphicyon, indiquant un animal de la taille d'un grand Chien, un tiers plus grand que le Blaireau et un quart moins que la Panthère, mais dont la forme rappelle davantage ce qui a lieu dans le Blaireau que dans tout autre Carnassier par la brièveté et l'aplatissement, l'état caréné du corps et la largeur des apophyses.

Cubitus. 4° *Cubitus.* Je suppose que l'on peut rapporter à cette forme animale deux fragments de cubitus du côté gauche, provenant l'un et l'autre de Sansans, et surtout le dernier, le plus long, plus épais, plus étroit, plus courbé, plus convexe en dehors avec l'apophyse olécrâne élargie et très-tordue. Il me semble différer de celui du grand Amphicyon autrement que par la taille, et ressembler davantage au cubitus de l'Ours qu'à ceux des Viverras, des Félis et des Canis.

5° *Os métacarpiens.* Je rattache encore au petit Amphicyon, c'est-à-dire à un animal carnassier à doigts courts, du genre des Petits-ours, double du Blaireau et d'un tiers plus petit qu'un Ours ordinaire, quatre os métacarpiens provenant, comme les précédents, du dépôt de Sansans; un cinquième gauche, robuste, arqué, élargi à l'extrémité supérieure, et fortement crêté à l'inférieure, beaucoup plus que dans l'Ours; un second, remarquable par sa grande brièveté et sa ressemblance avec celui de l'Ours, quoique d'un tiers plus petit; une moitié inférieure d'un métacarpien du second doigt évidemment plus grêle; enfin la moitié supérieure d'un troisième métacarpien, mais proportionnellement plus grand. Métacarpiens.

6° *Rotule.* Une rotule du côté droit, bien plus large, plus courte, plus arrondie que dans le Blaireau, de forme subtriangulaire, très-rugueuse à l'extérieur, à carène intérieure très-surbaissée, et ayant évidemment beaucoup d'analogie avec celle de l'Ours, quoique moitié plus petite. Rotule.

7° *Tibia.* Quatre fragments inférieurs de tibias, deux du côté gauche et deux du côté droit, de dimensions un peu différentes, indiquant un animal un peu plus petit que la Panthère, mais pour la forme ayant plus de rapports avec son analogue dans le Blaireau, et mieux peut-être encore dans le Coati, à cause de l'aplatissement de la face interne de l'os, et la profondeur de la gouttière externe. Toutefois c'est encore avec le grand Amphicyon que le rapprochement est le plus complet. Tibia.

Mais je rapporte d'une manière plus certaine encore à une petite espèce d'Amphicyon une assez bonne partie de la moitié gauche d'une tête de Carnassier, trouvée à Digoin, département de Saône-et-Loire, et que nous devons à la générosité éclairée de M. Johannis, professeur à Valence. Portion de Tête. De Digoin.

Ce fragment nous donne assez bien la forme du museau comme ayant quelques rapports avec celui d'un Chien barbet, et même d'une Hyène,

Décrite. par sa grosseur, sa brièveté médiocre et sa coupe trapézoïdale; le petit côté parallèle très-plat avec sillon médian formé par des os du nez assez longs, s'élargissant un peu en avant, arrondis à l'angle externe de leur extrémité frontale, et en connexion immédiate avec le maxillaire dans la très-grande partie de leur étendue, et les deux non parallèles ou déclives par les maxillaires.

Os du Nez.

Frontal. Il nous montre aussi que le frontal se relevait assez fortement à la racine du nez, et qu'il était assez profondément échancré par le nasal : au delà il est malheureusement brisé.

Mais ce que ce fragment nous apprend beaucoup mieux que tout ce que nous possédons du grand Amphicyon, c'est la forme de la mâchoire supérieure et de la racine de l'inférieure.

Mâchoire supérieure. Palatin. La partie antérieure du palatin est large et s'avance dans le palais jusque et presque au niveau antérieur de la dent principale, un peu comme dans les Canis, et elle est percée d'un trou unique, arrondi, encore plus grand que dans le Loup. En arrière cet os est brisé.

Maxillaire. Le maxillaire est beaucoup plus entier; sa branche verticale, presque complète, est fort large, aplatie, montant assez obliquement vers les os du nez, et percée fort bas et à l'aplomb de l'intervalle de la dernière avant-molaire et de la principale, par un trou sous-orbitaire vertical, assez grand, mais étroit, étant bien plus haut que large, à peu près encore comme dans les Canis. Le prémaxillaire est brisé; mais il est certain qu'il était loin de remonter jusqu'au frontal par son apophyse montante.

Prémaxillaire.

Jugal. Une partie de l'os jugal, quoique séparée et un peu hors de place, indique que l'arcade zygomatique était large, arquée dans les deux sens, plus que dans le Loup, moins que dans l'Hyène : ce qui est pleinement confirmé par l'apophyse jugale du temporal plus large peut-être encore que dans les Panthères; aussi la cavité glénoïde est-elle grande, profonde, peu serrée cependant, et limitée postérieurement par une lame recourbée considérable, percée en arrière d'un trou glénoïdien comme dans les Felis. De cette disposition dans la racine jugale du squammeux, il résulte que la fosse temporale était large et profonde.

Dents.

Ce qui reste du système dentaire sur ce fragment n'est pas considérable, puisqu'il n'y a que trois dents, et encore sont-elles cassées au collet, avec un intervalle alvéolaire entre la principale et la seconde arrière-molaire. Mais elles suffisent pour montrer qu'il provient d'une espèce d'Amphicyon distincte non-seulement par la taille, d'un tiers au moins plus petite, mais encore pour la proportion relative des dents; en effet, dans ce petit Amphicyon, la seconde arrière-molaire est, par rapport à la principale, comme 1:3; tandis que dans le grand, ces deux dents sont comme 1 : 2, en les mesurant au point de jonction de la racine au collet de la couronne; les deux premières arrière-molaires paraissent en outre avoir été plus triquètres.

J'ignore au juste dans quel terrain, géologiquement parlant, ce fossile a été trouvé; mais il me semble, à la nature de la roche, que c'est dans un terrain tertiaire; car celle-ci semble être ce que l'on a nommé calcaire moellon dans le midi de la France.

Conclusions sur le G. Amphicyon et ses Caractères.

Tirés des Dents.

Incisives.

Canines.

Molaires.

De tout ce que nous venons de dire des parties du système dentaire et du squelette, que l'on peut avec certitude, ou avec une assez grande vraisemblance, attribuer à l'Amphicyon, ce genre de Carnassiers peut être caractérisé par un système dentaire particulier, aussi bien dans le nombre que dans la forme des dents, sinon pour les incisives, que nous ne connaissons qu'assez incomplétement, mais déjà par la forme très-comprimée et carénée des canines, et surtout par les molaires, au nombre de sept en haut comme en bas : trois avant-molaires, une principale, et trois arrière-molaires; combinaison que nous ne connaissons chez aucun Carnassier monodelphe actuellement vivant. En effet, chez les Carnassiers qui ont même nombre des trois sortes de molaires aux deux mâchoires, ce nombre ne dépasse jamais six, dont 3+1+2, et lorsque le nombre des arrière-molaires s'élève à trois comme dans les Canis à la mâchoire inférieure, le nombre total monte à sept; mais en haut il reste à six : s'il augmente encore d'une inférieurement, c'est-à-dire s'il est de huit, comme nous en avons un exemple dans le Chien à grandes oreilles du Cap, il n'est que de sept en haut. On ne connaît même ce nombre de sept molaires aux deux mâchoires que dans la plupart des Carnassiers didelphes : ce qui n'est cependant nullement une raison pour que l'Amphicyon ait appartenu à cette sous-classe.

Des Doigts.

Ce genre, du reste, était indubitablement pourvu de cinq doigts courts et sub-égaux, comme les Petits-ours, ce qui est indubitable pour les pieds de devant, dont nous possédons le scaphoïde pourvu de ses trois facettes antérieures, et très-probable pour ceux de derrière, à en juger par le peu de saillie de la tubérosité du calcanéum, ce qui indique que cet animal était plantigrade, et jusqu'ici nous ne connaissons pas un Carnassier plantigrade qui ait moins de cinq doigts, même les Paradoxures; mais ces animaux n'ont pas l'humérus percé au condyle interne, et celui de l'Amphicyon l'est comme dans tous les Petits-ours.

Jugeant ensuite par la brièveté et la force des os des membres antérieurs et postérieurs, et par la forme de presque toutes leurs parties, on peut aisément voir que la comparaison s'établit avec une espèce du genre des Petits-ours, mieux qu'avec aucune autre espèce, et moins avec les Canis et les Hyènes qu'avec tout autre carnassier ; en sorte qu'en joignant à cette considération l'observation que l'Amphicyon était pourvu d'une queue longue et robuste, on est pour ainsi dire conduit à cette conclusion, que c'était une forme animale du groupe des Petits-ours à longue queue, rappelant en Europe les espèces qui existent encore en Amérique et en Asie, mais bien plus carnassière et surtout bien plus grande qu'elle, du moins pour une espèce dont la taille égalait celle de nos grands Ours d'Europe.

Art. 7. — Du Sivalours.

De l'Amphiarctos (*Ursus sivalensis*), établi sur des fragments trouvés dans le dépôt tertiaire des Sous-Himalayas.

MM. Cauteley et Hugh Falconer, auxquels la paléontologie doit des découvertes si nombreuses et si intéressantes faites dans les monts Sivaliens ou Sous-Himalayas, ont décrit, p. 193 du tom. IX des *Asiatic Researches* pour 1836, sous le nom d'*Ursus sivalensis*, un crâne presque entier et un grand fragment de mandibule du côté droit, trouvés fossiles avec un nombre considérable d'ossements d'autres Mammifères, de Crocodiles, de Tortues et même d'Oiseaux. Quoique ces messieurs n'aient malheureusement pas joint de figures à leur mémoire, leur description étant détaillée, et souvent même comparative, il nous a été possible d'apercevoir dans cette tête une forme animale inconnue aujourd'hui à l'état vivant, c'est ce qui nous a déterminé à en parler, quoique nous ne puissions pas en donner de figures n'en possédant qu'un modèle construit sous nos yeux par M. Merlieux, sculpteur attaché au Muséum, à l'aide des mesures fournies par MM. Cauteley et Hugh Falconer.

La forme générale de la tête ne semble pouvoir être comparée à celle d'aucune espèce d'Ours, si ce n'est peut-être, suivant ces messieurs, un peu à celle de l'Ours polaire, sans doute parce qu'il n'y a pas de bosses frontales, malgré la largeur du coronal, et que la ligne du chanfrein est presque entièrement rectiligne tout le long des os du nez, jusque vers les apophyses post-orbitaires, et ne se courbe légèrement qu'au delà ou en arrière. Le crâne, qui est pourvu d'une crête sagittale fort élevée, commençant de bonne heure par la réunion des crêtes temporales, paraît être fort étroit; aussi les fosses temporales sont-elles larges et profondes, ce qui fait présumer que les arcades zygomatiques, malheureusement détruites, avaient un développement proportionnel.

Une Tête presque entière.

Décrite.

Crâne.

Le museau large, obtus et même court, puisqu'il n'était que le quart de la longueur totale de la tête, est un peu plus étroit que la largeur du front, ce qui, suivant MM. Cauteley et Falconer, établit un rapport avec l'Ours à grandes lèvres.

Museau.

Les orbites sont cependant très-grands, très-obliques, le bord antérieur ne s'avançant que jusqu'au niveau de la dernière molaire; et le canal sous-orbitaire se termine très en avant du rebord orbitaire au-dessus de la carnassière, par trois trous fort rapprochés, l'un au-dessus de l'autre, particularité qui a paru si singulière à ces messieurs, qu'ils se sont demandé si elle ne serait pas individuelle; et en effet je ne la connais dans aucune espèce de Carnassiers.

Orbites.

Le palais était fortement arqué dans les deux sens; la partie horizontale

Palais.

de l'os palatin ne s'étendant qu'à peine au delà de la dernière molaire, tandis que dans une tête d'Ours à grandes lèvres, avec laquelle la comparaison était établie par nos observateurs, elle s'étendait à deux pouces, quoique cette tête n'eût que 12 pouces de long. Le sinus palatin était aussi proportionnellement étroit pour la grandeur de la tête.

Une Mandibule.

Quant à la mandibule, elle était tronquée en avant et en arrière; aussi MM. Cauteley et Falconer se bornent-ils à dire que son bord inférieur était très-courbé en arrière et que sa face externe était profondément excavée (*indented*) par un enfoncement musculaire vers son angle.

Système dentaire.

Le système dentaire était au contraire presque complet et a été décrit d'une manière étendue.

Supérieurement. Incisives.

Les incisives cependant manquaient toutes; mais on a pu juger par les alvéoles qu'elles étaient au nombre de six aux deux mâchoires, et que de celles d'en haut, les deux externes étaient bien plus fortes que les autres.

Canines.

Les canines, du moins les supérieures, étaient presque complètes et d'une grande dimension, ovales plutôt que comprimées.

Avant-Molaires.

Les avant-molaires occupant un espace très-court et fort resserré entre la canine et la principale, étaient au nombre de deux en haut et de trois en bas. Les supérieures, du moins à en juger par les alvéoles, avaient chacune deux racines. Les deux premières inférieures manquaient également, mais la troisième, grande, comparativement à ce qu'elle est dans l'Ours, était distinctement trilobée; le lobe médian plus développé que les deux autres plus petits, ce qui, suivant MM. Cauteley et Falconer, continue l'analogie avec l'Hyène déjà montrée par la carnassière.

Carnassière.

Cette dent à la mâchoire supérieure était de très-grande taille, excédant un peu celle des deux arrière-molaires; elle avait trois lobes, l'antérieur étant très-développé comme chez les Carnassiers les plus élevés, et le tubercule intérieur correspondant au lobe médian, au lieu d'être en arrière comme dans les Ours; ce qui offre beaucoup d'analogie avec ce qui a lieu dans la dent correspondante de l'Hyène, suivant les observateurs cités.

Arrière-Molaires.

Des deux arrière-molaires supérieures, la première, un peu plus

Première.

grande que la seconde, et carrée, c'est-à-dire aussi épaisse que large, était au côté externe, comme dans les autres espèces d'Ours, pourvue de deux tubercules; le côté interne un peu plus court, ayant l'apparence de n'en avoir qu'un gros, tant le sillon qui le partage en deux était peu marqué.

Dernière.

Quant à la seconde ou dernière, MM. Cauteley et Falconer, qui voient déjà dans la première une analogie éloignée avec ce qui existe dans les Chiens, et une déviation du type ordinaire des Ours, y trouvent encore une plus grande différence avec ce qui a lieu dans ces animaux; en effet, sa couronne, plus petite qu'à la première, était encore carrée, bituberculée au bord externe, et à peine trisillonnée irrégulièrement à l'interne, sans talons, mais pourvue en dedans d'un disque aplati, alternant avec le tubercule postérieur externe et en partie opposé à sa portion postérieure; tandis que, comme le font justement observer ces messieurs, aucune espèce d'Ours n'a cette dent carrée, et sans l'addition d'un talon crénelé sur les bords.

Inférieurement.
Principale.

A la mâchoire inférieure, la principale, qu'ils nomment antépénultième, était tellement mal conservée, qu'on n'a pu en tirer que la mesure de sa longueur.

Arrière-Molaires.

Des deux arrière-molaires, la première, oblongue, était cependant plus large pour sa longueur que cela n'a généralement lieu dans les Ours; sa couronne était aussi moins compliquée de tubercules. Quant à la dernière, elle n'existait pas; mais son alvéole, située très-obliquement sur la racine du bord antérieur de la branche montante de la mâchoire, a montré que comparativement elle devait être peu considérable.

Conclusions.

Ce ne peut être parmi les Animaux récents une espèce d'Ours.

Quoique les auteurs de cette description ne nous aient pas donné, sans doute à cause de l'état incomplet de la pièce, tous les éléments nécessaires pour résoudre complétement le problème, on peut cependant assurer que l'animal duquel elle provient ne peut être regardé comme une espèce d'Ours proprement dit, en s'appuyant aussi bien sur les particularités de la tête que sur celles du système dentaire (1).

(1) C'est donc à tort que dans mon mémoire sur les Ours fossiles j'ai dit que l'*U. sivalensis* de MM. Cauteley et Falconer devait probablement être rapproché de l'*U. labiatus.* J'avais négligé en effet de consulter le mémoire de ces messieurs, et surtout de le lire avec assez d'attention.

En effet, pour la première, la forme du crâne, celle de la crête sagittale, des fosses temporales, des os du nez, du chanfrein, et surtout le peu d'étendue de la voûte palatine en arrière; la position même, sans compter sa division, du trou sous-orbitaire, la grandeur de l'orbite, éloignent cette tête de tout ce qui appartient au genre des Ours.

Le système dentaire est encore plus concluant, du moins pour sa partie molaire, comme l'ont reconnu MM. Cauteley et Falconer eux-mêmes, et cela pour les trois sortes que ces messieurs, sans hésitation, portent à cinq dents en haut et six en bas. Je ne vois pas même qu'on puisse y apercevoir d'une manière bien évidente la marche de la dégradation que nous avons si nettement reconnue parmi les espèces de ce genre, et qui consiste dans les avant-molaires plus persistantes, plus fortes, plus serrées, les principales plus développées, les arrière-molaires plus carrées, surtout la postérieure d'en haut moins prolongée en arrière.

Mais alors, en supposant toujours la description des dents complète, à quel genre peut-on rapporter cette tête?

a) Parmi les genres connus à l'état récent.

Ce ne peut être aux Felis ni aux Mustelas: cela est indubitable.

Ce ne peut être aux Hyènes: cela ne l'est guère moins.

Ce ne peut non plus être à un Canis : le nombre, la forme, la proportion, s'y opposent presque également.

De Mustela. Ce ne peut être aux Mustelas, qui n'ont que fort rarement $\frac{5}{6}$ molaires comme le Glouton, parce que si la formule est la même que dans le fossile, $\frac{3}{3}+\frac{1}{1}+\frac{2}{2}$, la forme et la proportion de ces dents sont toutes différentes.

De Viverra. Ainsi, il nous reste à opter entre les Viverras et les Petits-ours, chez lesquels, quoique la formule ordinaire du système molaire soit $\frac{3}{3}+\frac{1}{1}+\frac{2}{2}$, c'est-à-dire six molaires en haut comme en bas, il arrive aussi qu'elle soit réduite à $\frac{5}{6}$ par la chute de la première avant-molaire d'en haut, comme cela paraît être le cas dans le fossile de MM. Cauteley et Falconer, puisque les deux avant-molaires d'en haut, fort serrées, avaient deux racines.

Mais un Petit-ours.

Maintenant, en ayant égard à la forme carrée, et même à la proportion des arrière-molaires, il me paraît que l'on se rapproche davantage des Viverras plantigrades que des Petits-ours ou *Subursus*, qui le sont toujours. Puis, en considérant la position avancée du trou sous-orbitaire et le peu d'étendue en arrière de la lame palatine, il semble qu'on s'éloigne davantage des Petits-ours pour se rapprocher des Paradoxures. Toutefois, comme les dernières espèces d'Ours à humérus percé, les Hélarctos, ont cette lame palatine fort courte, on peut encore admettre provisoirement que l'*Ursus sivalensis* est un passage, une nuance encore plus marquée que les Hélarctos des Ours proprement dits aux Petits-ours. Il faut cependant convenir que cette dénomination ne conviendra pas trop à l'animal dont les restes sont fossiles dans les sous-Himalayas, puisque le crâne qu'on en possède devait avoir entier environ un pied et demi de long, et être par conséquent presque aussi grand que celui du grand Ours fossile des cavernes.

Parmi les Fossiles.

b) Parmi les espèces fossiles ou déjà éteintes.

Ce ne peut être un Taxotherium.

Ce ne peut être un *Taxotherium* des plâtrières de Paris; la forme prolongée de la voûte palatine, si remarquable dans cette ancienne espèce, et celle du système dentaire, empêchent d'établir aucun rapport avec le fossile des sous-Himalayas.

Un Palæocyon.

On ne peut pas en trouver davantage avec notre fossile des environs de La Fère, tant le système dentaire est différent.

Un Amphycion.

Il semblerait, au premier aspect, qu'il y aurait plus de rapprochement à faire avec l'Amphicyon, dont la taille approchait de celle de l'Ours prétendu de Sivala, et dont le système dentaire semble aussi avoir quelque ressemblance; mais le nombre des molaires en général et celui des arrière-molaires en particulier, ainsi que la disposition des avant-molaires, suffisent pour montrer que c'était autre chose, quoique probablement d'un genre voisin.

On pourra donc encore et provisoirement distinguer comme type

Mais une forme particulière.

d'une forme animale particulière le fossile des monts Sivaliens, sous le nom provisoire d'*Amphiarctos sivalensis ;* car je ne puis supposer que ce puisse être quelque chose de voisin de l'*U. Thibetanus*, qui habite cependant les régions moyennes de l'Himalaya, et dont la tête osseuse n'est pas connue, les auteurs qui en ont parlé jusqu'ici s'étant bornés à nous apprendre que cette espèce est intermédiaire pour la taille à l'Ours à grandes lèvres et à l'Ours malais.

Art. 8. — De l'Hyœnodon ?

De l'Hyœnodon de MM. de Laizer et de Parieu.

Cette dénomination a été employée pour la première fois par MM. de Laizer et de Parieu, pour désigner une espèce animale dont ils ne connaissaient qu'une mâchoire inférieure garnie de ses dents, et véritablement remarquable par son bel état de conservation et par un système dentaire tout particulier. Nous remettons à la décrire et à la figurer, lorsque nous serons arrivés à l'histoire de l'ancienneté des animaux du genre Canis à la surface de la terre, parce que nous pensons que c'est à un animal de ce grand genre linnéen qu'elle appartient. En ce moment, nous n'avons donné le titre d'Hyœnodon à cet article, que parce que M. Félix Dujardin a considéré comme appartenant à la même espèce animale une tête de Carnassier, trouvée sur les bords du Tarn, auprès de Rabesteins, dans une marne sablonneuse et micacée d'un gris verdâtre, faisant partie du terrain tertiaire moyen. Cette tête, à peu près complète quoique écrasée, était, à ce qu'ont dit les ouvriers, accompagnée d'un squelette presque entier, qui a malheureusement été détruit et perdu. Elle a été décrite par M. Dujardin, dans les comptes rendus des séances de l'Académie des sciences de Paris, janvier 1840, pag. 134, et jusqu'ici non figurée; en sorte que ce que nous allons en dire ne repose que sur cette description de M. Dujardin. Je lui avais fait écrire par un ami commun, M. de Roissy, pour le prier de me confier cette pièce intéressante, mais il n'a pu le faire, la pièce étant restée à Toulouse, dans la collection de la Faculté des sciences, à laquelle elle

De M. Félix Dujardin. D'après une tête trouvée à Rabesteins dans un terrain tertiaire.

Décrite.

appartient, et qui, malgré les plus vives instances de ma part, n'a pas cru devoir s'en dessaisir, ni même m'en procurer un moule.

La forme générale de la tête n'est pas indiquée dans la note citée : je sais seulement, d'après ce que m'en a dit M. de Roissy, qui l'a vue, qu'elle était fortement étranglée en arrière des orbites; mais dans ses particularités, M. Dujardin nous fournit les suivantes : les pariétaux, de forme triangulaire, ont leurs bords antérieurs se portant très-obliquement en arrière vers la cavité glénoïde; les frontaux sont séparés par une gouttière profonde entre des crêtes temporales très-saillantes qui, vers le milieu de l'os, se constituent en une crête sagittale s'avançant ainsi jusqu'aux orbites. Les os du nez, très-développés, s'articulent largement avec les frontaux par une longue suture à angle droit, et se rétrécissent un peu en se portant en avant.

Dans sa forme générale et dans ses particularités.

Pariétaux.

Frontaux.

Os du Nez.

A la mâchoire supérieure, les palatins se prolongent en arrière au moins jusqu'aux fosses glénoïdes, en formant un canal aussi haut que large. Le lacrymal très-développé dans la joue y produit une large échancrure. Le maxillaire est percé d'un trou sous-orbitaire semblable à celui du Chien, mais placé plus en avant au-dessus de la troisième molaire. Enfin le prémaxillaire, dans sa branche verticale, est fort éloigné de s'élever jusqu'au frontal.

Palatin.

Lacrymal.

Maxillaire.

Prémaxillaire.

A la mâchoire inférieure, le squammeux s'élève beaucoup en arrière ; et la mandibule, dont les condyles et les apophyses angulaires étaient malheureusement brisés, était, du reste, d'après l'observation de M. Dujardin, dont je continue à copier la description, entièrement semblable à celle qu'ont figurée MM. de Laizer et de Parieu. Seulement il paraît qu'elle était notablement plus courte.

Squammeux.

Mandibule.

Le système dentaire de l'Hyœnodon de M. Dujardin est cependant comparé par lui à celui du prétendu Coati de M. G. Cuvier, tel que ce dernier l'a représenté dans ses Pl. LXVIII, *fig.* 3, et LXIX, *fig.* 4. Au reste, voici comme il le décrit :

Système dentaire.

Supérieurement.

Les incisives, au nombre de six (en trois paires) en haut comme en bas, sont verticalement implantées, de manière à se rencontrer et à s'user

Incisives.

presque horizontalement au bord de leurs couronnes plus fortes supérieurement qu'inférieurement; elles sont en forme de cylindre latéralement comprimé, les inférieures plus serrées que les supérieures.

Canines. Les canines sont très-développées.

Molaires supérieures, 6. Les molaires supérieures sont au nombre de six; et quoique réduites pour la plupart à la racine, ce qui en reste suffit pour montrer, suivant M. Dujardin, leur parfaite ressemblance avec celles figurées par M. Cuvier dans les planches citées plus haut. Les trois premières n'ont que deux racines; la quatrième ou la première des deux suivantes, qui en ont trois, montre un tubercule mousse correspondant à la troisième racine en dedans; la cinquième, qui frottait sur la carnassière ou dernière molaire d'en bas, paraît n'avoir pas eu de tubercule. M. Dujardin ne parle malheureusement pas de la sixième, la plus importante, ce qui fait supposer qu'elle n'existait pas, mais seulement sa racine ou son alvéole.

(Les trois premières. — La quatrième. — La cinquième. — La sixième inconnue.)

Inférieurement. Incisives. A la mâchoire inférieure, les incisives étaient fortement serrées par le grand développement des canines. Quant aux molaires, M. Dujardin se borne à dire qu'elles étaient au nombre de sept, et que la carnassière avait 20 millimètres sans doute de large, mais sans indiquer sa position. Cependant, dans un autre passage, dans lequel M. Dujardin compare la mâchoire de son Hyœnodon avec celle décrite et figurée par MM. de Laizer et de Parieu sous ce nom, il la rapporte à la même espèce. Seulement il ajoute, que les dents étaient toutes un peu plus fortes et plus saillantes.

(Molaires, 7.)

Observations et Conclusions. N'ayant pas vu la pièce intéressante dont M. Dujardin était en possession, et ne la connaissant que par une description sans doute abrégée et sans figures, je ne puis même agiter la question, si elle doit être rapportée ou non à l'*Hyœnodon leptorhynchus*, dont la mâchoire inférieure, la seule qu'on connaisse, est tout à fait remarquable par sa longueur et son étroitesse, et par un système dentaire presque insolite. Il me semble, cependant, véritablement difficile d'admettre qu'elle puisse en même temps être rapportée à cette mandibule et aux parties de mâchoires attribuées par M. G.

Cuvier à une espèce de Coati ou de Raton, et qui sont, en effet, plutôt courtes que longues; aussi celui-ci en a-t-il rapproché un bout de mandibule armée de trois dents, qui ne ressemble certainement en rien à la partie correspondante dans la mandibule de l'Hyœnodon à museau grêle. On conçoit en outre, avec quelque difficulté, que M. Dujardin ait pu dire des dents molaires supérieures de son fossile, *que quoique réduites pour la plupart à la racine, ce qui en reste suffit pour montrer leur parfaite ressemblance avec celles figurées par M. Cuvier;* aussi M. Laurillard, garde du Cabinet d'anatomie du Muséum, pense-t-il, après avoir vu la pièce fossile de M. Dujardin, qu'elle ne peut réellement être rapportée ni au Coati douteux des plâtres de Paris, ni à l'Hyœnodon de MM. de Laizer et de Parieu, les mâchoires étant beaucoup trop courtes. Il est donc probable que cette tête fossile indique encore une forme animale distincte de l'ordre des Carnassiers monodelphes, du genre des Subursus ou des Canis, ce que nous ne pouvons décider.

Ne serait-ce pas le *Gulo diaphorus* de M. Kaup?

Ne serait-ce pas le *Gulo diaphorus* de M. Kaup, qui n'est certainement pas un *Gulo*, et qui me semble, d'après la figure du moins, avoir dans son système dentaire la plus grande ressemblance avec celui de l'Amphicyon, en admettant qu'il manquerait la petite tuberculeuse postérieure? En effet, la forme et la proportion des deux dernières dents de ce fragment, sont absolument comme dans un morceau de mandibule de l'Amphicyon de Lartet; ce serait seulement une espèce plus petite et à museau plus court, et dont la principale serait un peu plus carnassière (1).

Ou son *Agnotherium*?

Je pourrais aussi parler, dans ce chapitre, de l'Agnotherium de M. Kaup (Ossements fossiles du cabinet de Darmstadt, cah. II, chap. V, pag. 28), établi sur la considération de deux dents, l'une canine et l'autre molaire, trouvées séparées dans le célèbre dépôt d'Eppelsheim, regardé comme appartenant au terrain tertiaire; mais la forme de cette mo-

(1) M. Kaup rapporte aussi à son *Gulo diaphorus* une grande partie de cubitus du côté gauche, et qui, quoique de taille un peu petite pour le fragment de mandibule sur lequel l'espèce est établie, indique aussi quelques rapports avec les Petits-ours; mais il faudrait voir la pièce pour se décider.

laire nous paraissant beaucoup plus carnassière que dans aucune espèce de Subursus, nous croyons devoir en renvoyer la description au chapitre consacré au genre Hyène, dont elle indique une espèce plus voisine des Canis que toutes celles que nous connaissons.

CONCLUSIONS.

1° SUR LA DISTRIBUTION MÉTHODIQUE DES ESPÈCES.

Histoire zooclassique.

Le groupe de mammifères carnassiers auquel nous donnons le nom de *Subursus* ou de Petits-ours, à peine connu des anciens naturalistes (1), a longtemps été confondu avec les Ours, tant qu'on n'a eu égard qu'au nombre des incisives dans le système dentaire, et à celui des doigts ainsi qu'à la forme du tarse dans le système locomoteur; mais aussitôt qu'on a fait entrer, comme élément mammalogique, le nombre, la disposition et la forme des dents molaires, ainsi que quelques autres particularités tirées principalement des organes des sens, on est arrivé à former dans ce groupe presque autant de genres que d'espèces, comme le prouve le tableau suivant :

Meles. Par Linné, 1748; pour une espèce.
Procyon. Par Storr, 1780; pour deux espèces.
Nasua. Par Storr, 1780; pour une espèce.
Caudivolvulus. Par M. de Lacépède, 1798; pour une espèce.
Mydaus. Par M. Fréd. Cuvier, 1825; pour une espèce.
Arctonyx (2). Par M. Fréd. Cuvier, 1826; pour une espèce.
Ailurus. Par M. Fréd. Cuvier, 1825; pour une espèce.
Arctictis. Par M. Temminck, 1820; pour une espèce.

Toutefois les zoologistes ont séparé ces différents genres de celui des

(1) Pline n'emploie en effet le mot de *Meles* qu'en un seul endroit, lib. VIII, parag. 58, pour désigner un animal terrestre qui gonfle sa peau pour se défendre contre les coups de l'homme et les morsures des animaux.

(2) Il est aujourd'hui bien prouvé par M. Ogilby que ce genre n'avait pour type qu'une mauvaise figure du Blaireau ordinaire, qui existe dans les parties septentrionales de l'Inde.

Ours, du moins ils les en ont presque constamment rapprochés, quoique presque toujours ils les aient mal disposés entre eux en prenant en considération exclusivement le système dentaire, quelquefois même mal interprété.

Principes de zooclassie.

Le principe de la classification des Petits-ours doit en effet reposer non sur le système dentaire, mais sur le degré de rapprochement ou d'éloignement des Ours qui les précèdent dans la série, ou des Mustelas qui les suivent, ce que la proportion des doigts et des tarses, ainsi que la queue, indiquent bien mieux que le système dentaire. En effet, le degré de carnivorité ou d'omnivorité au minimum dans les uns, peut atteindre presque le maximum dans les autres, comme la disposition locomotrice être terrestre ou aquatique, sans marcher nécessairement parallèlement avec la dégradation sériale, qui dispose les espèces en trois sections : 1° Les Meles, comprenant le Teleggo et le Blaireau ; 2° les Procyons, comprenant le Panda, les Ratons et le Coati ; 3° les Caudivolves, renfermant le Kinkajou et le Binturong.

2° SUR LE SYSTÈME DENTAIRE.

Incisives.

Dans le système dentaire, le nombre des incisives ne varie jamais, six en trois paires en haut comme en bas, circulairement rangées.

Canines.

Les canines sont souvent tranchantes et comprimées.

Molaires.

Les molaires varient de $\frac{4}{5}$ à $\frac{6}{6}$, et la variation porte principalement sur le nombre des molaires postérieures plus que sur les antérieures.

Avant-Molaires.

Les avant-molaires ne sont jamais au-dessus de trois et ne descendent pas au-dessous de deux, et encore par la caducité précoce de la première.

Principale.

La principale est rarement carnassière ou la plus forte des molaires ; sa forme étant presque toujours triquètre.

Arrière-Molaires.

Les arrière-molaires, toujours plus ou moins tuberculeuses, varient en nombre d'une à deux, et même à trois, du moins en haut, car en bas elles ne sont jamais au-dessous de deux.

La distinction des espèces est parfaitement établie par la proportion de la dernière molaire et surtout de la supérieure.

3° SUR L'OSTÉOLOGIE.

Vertèbres. Dans l'appareil locomoteur, qui renferme nécessairement le système digital, le nombre des vertèbres ne varie que fort peu, si ce n'est à la queue, nullement dans les vertèbres céphaliques et cervicales; d'une à peine dans le tronc, étant toujours en somme de vingt avec une simple variation d'une en plus ou en moins dans la région dorsale, compensée dans la région lombaire. Au sacrum, le nombre est constamment de trois, dont quelquefois cependant une seule articulaire; mais à la queue il varie de dix à plus de vingt, ou du simple au double, en suivant une gradation dans l'ordre sérial.

Sternèbres. La série sternale ne varie guère dans le nombre des sternèbres, qui est presque constamment de neuf, y compris le manubrium et le xiphoïde, mais un peu plus larges dans les espèces supérieures que dans les inférieures.

Appendices céphaliques. Les appendices céphaliques n'offrent rien qui soit absolument propre aux Petits-ours, dans leur partie radiculaire pas plus que dans leur partie terminale. En effet, fort courts chez les Caudivolves d'Amérique, ils deviennent assez allongés chez les Coatis. On peut cependant donner comme plus général dans ce genre que dans les autres Carnassiers le prolongement des palatins en arrière, et celui du prémaxillaire en haut, vers le frontal.

Thoraciques. Les côtes, en général assez étroites, moins cependant que dans les véritables Carnassiers, ne varient guère que de quatorze à quinze, dont six sont sternales et quatre ou cinq asternales, et constituent une poitrine assez peu comprimée.

Membres antérieurs. Les membres antérieurs, généralement courts, sont constamment dépourvus de clavicules dans tous les Petits-ours; elles n'y sont pas même

à l'état rudimentaire (1). L'omoplate est en général assez large, l'humérus Omoplate.
assez raccourci et robuste, pourvu d'une crête deltoïdale descendant Clavicule. Humérus.
fort bas, et toujours percé d'un trou au condyle interne. Les os de l'avant-bras sont constamment distincts et bien mobiles l'un sur l'autre. Le radius avec la tête assez arrondie, le cubitus pourvu d'un olécrâne Radius.
robuste, tordu, et s'articulant assez largement avec le carpe. Cubitus.

Cette partie de la main est large, courte, formée constamment de Carpe.
trois os à la première rangée, et de quatre à la seconde, le trapèze existant toujours, et même assez développé.

Les doigts, constamment au nombre de cinq, sont en général courts, Métacarpiens.
robustes dans les os métacarpiens et dans les phalanges qui les constituent. Cette brièveté est même un caractère assez distinct de ces os chez les Petits-ours, le cinquième métacarpien et ses phalanges ayant une Phalanges.
tendance à égaler ou même à surpasser les autres en épaisseur; et le pouce, quoique évidemment plus petit, conservant une proportion relative assez forte. Les phalanges onguéales ont aussi une longueur onguéales.
proportionnellement plus grande que les autres, étant en général droites ou peu courbées.

Les membres postérieurs offrent aussi l'aspect raccourci des antérieurs, — postérieurs.
et surtout dans la jambe et le pied.

La ceinture osseuse est robuste, l'os des iles étant encore assez large Os des iles.
dans ses fosses.

Le fémur, large et comprimé, est en général droit ou peu courbé, mais Fémur.

(1) Je dois d'autant plus insister sur ce fait de l'absence complète de clavicules et d'os claviculaire dans tous les Petits-ours, que si M. G. Cuvier (*Anatom. comp.*, I, *p.* 264) a admis une clavicule rudimentaire chez l'Ours, le Raton et le Coati, M. F. Cuvier a généralisé cette erreur à tous les Carnassiers plantigrades (*Essai sur les nouveaux caractères pour les genres de mammifères*, *Annal. du Mus.* X, *p.* 11), et qu'il en a attribué une parfaite au Kinkajou. Ainsi non-seulement cette assertion erronée s'est propagée; mais plus malheureusement elle a servi à appuyer le rapprochement de ce dernier animal des Quadrumanes et à expliquer le plus grand degré de préhension admis peut-être à tort chez les Carnassiers plantigrades, comme l'a fait par exemple M. de Hauch, p. 163, de sa dissertation: *Annotationes ad motum arbitrarium cum organis ad motum pertinentibus comparatum in animalibus vertebris instructis.*

toujours plus court que la jambe, au contraire de ce qui a lieu chez les Ours.

Os de la Jambe. Les deux os de la jambe sont bien distincts, bien complets et souvent même encore assez courts, si ce n'est dans les Ratons et les Coatis, où ils se rapprochent davantage de ce qu'ils sont chez les Felis et les Canis.

Os du Pied. Astragale. Calcanéum. Scaphoïde. Mais ce sont surtout les pieds et les os qui les constituent qui sont caractéristiques de ce genre. D'abord, dans l'astragale, dont la poulie est assez basse et l'apophyse scaphoïdienne large et peu saillante, ensuite dans le calcanéum, dont l'apophyse épaisse, robuste, est moins longue que la partie articulaire antérieure, contrairement à ce qui existe dans les Carnassiers digitigrades; enfin dans le scaphoïde, dont la facette articulaire interne est presque aussi grande que les deux autres, ce qui indique un premier cunéiforme et par conséquent un pouce fort développé.

Métatarsiens. Phalanges. Les doigts étant du reste assez bien comme à la main, les métatarsiens et les phalanges sont aussi généralement courts et épais, moins cependant que leurs correspondants aux membres antérieurs; aussi sont-ils reconnaissables par plus de gracilité et un peu plus d'arqure en dessous.

4° SUR LA DISTRIBUTION GÉOGRAPHIQUE DES ESPÈCES VIVANTES.

La distribution géographique des Petits-ours encore existants à la surface de la terre est assez remarquable.

Blaireau. L'Europe entière et les contrées septentrionales des autres parties du monde possèdent le Blaireau, qui n'existe dans aucun point de l'hémisphère austral, pas plus en Afrique qu'en Amérique, en Asie et en Australasie.

Panda. L'Inde septentrionale, dans la région des neiges, nourrit de plus le Panda ou Ailurus qui lui est particulier et qui représente les Coatis du Nouveau-Monde, comme M. Hardwick l'a parfaitement reconnu.

Les parties plus méridionales dans l'archipel de l'Inde n'ont que le Mydaus ou Teleggo, vivant dans les montagnes les plus élevées de Java et de Sumatra. Mydaus.

L'Amérique seule, en effet, et exclusivement l'Amérique méridionale, possède les Coatis et une des deux espèces de Ratons; l'autre s'étendant jusqu'au Canada. Coatis et Ratons.

Enfin elle nourrit aussi, mais dans ses parties les plus chaudes et centrales, sur le versant oriental, une des espèces de Caudivolves, le Kinkajou, que le Binturong ou l'Arctictis représente dans l'archipel Indien. Kinkajou. Binturong.

Ainsi l'Europe et l'Afrique n'ont aujourd'hui de cette forme animale qu'une seule espèce, le Blaireau. Pour l'Afrique, cela n'est pas absolument certain, et l'on peut même regarder comme fort probable que les voyageurs finiront par découvrir quelque espèce nouvelle de ce genre, peut-être de forme aquatique, dans ses vastes parties centrales encore si peu connues; mais pour l'Europe, on peut à peu près assurer que le Blaireau est le seul Petit-ours qu'elle possède, le Glouton étant du genre Mustela. Il est même possible d'en trouver une preuve indirecte dans les restes fossiles que des espèces de ce groupe ont laissés dans les couches tertiaires de notre Europe, et qui prouve qu'il y était complétement représenté anciennement.

5° SUR LES ESPÈCES FOSSILES.

Nous avons en effet reconnu dans les différents ossements trouvés épars dans le terrain de gypse des environs de Paris, et que M. G. Cuvier, après un certain nombre de vacillations, avait réunis sous le titre d'animal carnassier d'un genre voisin des Coatis, Raton, etc., et définitivement inscrits sous le nom de Coati parisien, *Nasua Parisiensis*, par les paléontologistes, une forme animale intermédiaire au Blaireau et au Mydaus, que nous avons nommée *Taxotherium*, et qui nous semble a) Taxotherium.

ne pouvoir être rapportée au prétendu Dasyure de M. G. Cuvier, désigné par nous sous le nom de *Pterodon.*

b) Palæocyon ou Arctocyon.

Nous avons considéré de plus comme appartenant à la forme aquatique de ce genre, analogue à celle des Loutres parmi les Mustelas, et à celle des Cynogales parmi les Viverras plantigrades, des ossements fossiles trouvés aux environs de La Fère par M. Fremanger, et dont nous avons formé un sous-genre sous le nom de *Palæocyon* ou d'*Arctocyon*, sous-genre caractérisé par le nombre et la forme des dents de la mâchoire supérieure, la seule que nous connaissions.

c) Amphicyon.

Enfin, nous pensons avoir reconnu une forme voisine des Caudivolves ou des Petits-ours à queue fort longue et peut-être prenante dans le grand Carnassier dont M. Lartet a découvert un grand nombre d'ossements dans le dépôt célèbre de Sansans, et qu'il a fait connaître à l'Académie, il y a quelques années, sous le nom d'Amphicyon ou de Chien douteux.

En sorte que sans compter les autres formes que l'on pourrait déduire des ossements fossiles que nous avons rattachés provisoirement à l'Amphicyon sous le nom de *A. Minor*, et même de cette tête d'Ours prétendue des monts Sivaliens, on peut voir que le groupe des Petits-ours, tel qu'il a été produit par la puissance créatrice, était composé ainsi qu'il suit (1) :

(1) Ce tableau rectifie ce qui a été dit de ce genre dans les généralités sur les Carnassiers, d'abord en ce qu'il signale le *Mydaus* comme distinct des *Meles*, et ensuite parce qu'il supprime l'*Arctonyx*, qui est certainement un Blaireau ordinaire.

	EUROPE.	NORD-AFRIQUE.	ASIE.	SUD-AMÉRIQUE.	NORD-AMÉRIQUE.
			Sivalarctos.		
I. MELES.	*Meles.*	*Meles.*	*Meles.* . . .	0.	*Meles.*
	Taxotherium.	0.	*Mydaus.* .	0.	0.
	Palæocyon. .	0.	0.	0.	0.
II. PROCYON. . . .	0.	0.	*Ailurus.* . .	0.	0.
	0.	0.	0.	*Procyon.* . . .	*P. lotor.*
	0.	0.	0.	*Nasua.*	0.
III. CAUDIVOLVULUS.	0.	0.	*Arctictis.* .	0.	0.
	0.	0.	0.	*Cercoleptes.* .	0.
	Amphicyon. .	0.	0.	0.	0.

Et en comparant la taille de ces espèces fossiles à celle à peine médiocre des trois groupes dont nous les rapprochons, on voit qu'elle était notablement plus grande, le Taxotherium bien plus que le Mydaus; le Palæocyon que le Coati; et l'Amphicyon, la grande espèce bien plus que l'Arctictis, et la petite que le Kinkajou.

Considérés ensuite dans leur rapport avec les terrains dans lesquels les ossements fossiles de ces espèces ont été trouvés, nous avons vu que ç'a presque toujours été dans les terrains tertiaires et rarement dans le diluvium. Leur Distribution géologique.

Le Palæocyon, à La Fère, dans un grès que M. d'Archiac regarde comme le membre ou la couche la plus inférieure du terrain tertiaire, immédiatement en contact avec la craie blanche ou supérieure, avec des ossements d'Emydes ou de tortues d'eau douce, des Cyrènes, etc. Terrain tertiaire inférieur. La Fère. Palæocyon.

L'*Amphicyon major.*

Dans le terrain tertiaire moyen d'eau douce des environs d'Auch à Sansans, département du Gers, avec des ossements de Singes, de Chauves-Souris, de Taupes, de Desmans, de Musaraignes, de Mustelas, de Viverras, de Felis, de Canis, d'Hyènes, de différents Rongeurs, de Mastodontes, de Dinotheriums, de Chevaux, de Cerfs, d'Antilopes, parmi les Mammifères; d'Oiseaux, de Reptiles, d'Amphibiens, avec des coquilles Terrain tertiaire moyen. A Sansans. Amphycion. Major. Minor.

d'Hélices, de Bulimes, etc. Dans un terrain diluvien? à Avaray, près de Beaugency, département de Loir-et-Cher, avec des ossements de Mastodontes, de Rhinocéros, de Paléotheriums, de Ruminants, de Trionyx, et de Dinotherium, que M. G. Cuvier a regardé à tort comme un Tapir gigantesque.

L'*Amphicyon minor* (1).

à Eppelsheim. A. minor. Dans les sables d'Eppelsheim, faisant partie du terrain tertiaire moyen, avec des ossements de Mammifères, de Felis, d'Hyènes, de Mastodontes, de Dinotherium, de Tapirs, d'Anoplotheriums, de Chevaux, de Cerfs, etc.

à Digoing. A. minor. A Digoin, département de Saône-et-Loire, dans un calcaire marneux qui paraît d'eau douce et également de formation tertiaire; nous ignorons si ce dépôt contenait d'autres corps organisés fossiles.

A Sansans, dans le même lieu et avec les mêmes ossements fossiles que l'*Amphicyon major*.

en Auvergne. A. minor. En Auvergne, aux environs d'Issoire, dans une sorte de conglomérat d'eau douce, regardé par les géologues comme appartenant aux terrains tertiaires, avec des ossements d'Insectivores, Chauves-Souris, Taupes, Musaraignes, Hérissons, Ours, Mustelas, Viverras, Felis, Canis, Hyènes; de divers genres de Rongeurs, d'Anthracotheriums, de Chevaux, de Cerfs, de Bœufs, etc.

Dans l'Inde. Sous-Hymalayas. Nous pouvons encore rapporter probablement à ce groupe le singulier fossile que MM. Cauteley et Falconer ont décrit sous le nom d'*Ursus Sivalensis*, qui n'appartient certainement pas à ce genre et que *Sivalarctos.* nous avons désigné provisoirement sous le nom d'*Amphiarctos*, et dont les ossements ont été trouvés dans cet immense dépôt tertiaire de conglomérat, qui remplit toutes les pentes et les excavations des monts Sivaliens ou Sous-Himalayas.

à Meudon. Palæocyon. Et enfin, l'espèce animale dont deux dents ont été recueillies dans le calcaire pisolithique de Meudon, intermédiaire à la craie et à l'argile

(1) *Gulo diaphorus* (Kaup).

plastique, doit probablement aussi être rapportée à ce genre et peut-être même au Palœocyon de La Fère, trouvé dans un terrain de même époque d'après M. d'Archiac.

Dans le diluvium des cavernes, nous ne connaissons encore que des fragments d'os d'un Blaireau semblable comme espèce à celui qui existe aujourd'hui dans nos contrées, trouvés avec des ossements d'Ours, d'Hyènes.

Quant à celui des plaines, nous ne pouvons y rapporter que les deux dents d'*Amphicyon major* trouvées à Avaray, près de Beaugency, en France; mais ce dépôt dans lequel on a aussi rencontré des dents de Mastodonte, de Dinotherium était-il bien dans le diluvium?

Enfin dans l'alluvium, nous ne pouvons citer que le fragment de jeune Procyon de l'immense alluvion de la Plata dans l'Amérique méridionale.

Ces ossements étaient fort rarement réunis, un des *Amphicyon major* de Sansans, et le Palœocyon de La Fère exceptés; jamais roulés, mais toujours plus ou moins brisés ou fracturés. Sur leur état.

Ils existaient, comme on vient de le voir pour chaque localité, confusément épars et dans le même état que ceux d'autres Mammifères, de presque tous les genres de Carnassiers, Rongeurs, Pachydermes et Ruminants, comme cela a lieu encore aujourd'hui pour les espèces vivantes, et toutes terrestres ou aquatiques d'eau douce.

D'où l'on peut conclure, comme nous avons déjà eu l'occasion de le faire dans nos précédents mémoires, qu'à l'époque où se formaient nos terrains tertiaires continentaux ou intérieurs les plus anciens, soit dans un golfe, soit dans un lac, la surface de la terre qui était couverte de forêts, nourrissait des Mammifères nombreux dans la même harmonie qu'aujourd'hui; Conclusions géologiques.

Que leurs ossements pouvaient être entraînés, soit réunis, soit séparés, et souvent déjà brisés, avec les matières de diverse nature que roulaient les eaux atmosphériques dans le lieu de dépôt où nous en trouvons aujourd'hui quelques-uns par hasard, sans qu'il y ait eu besoin de catastrophe, ni de changement dans les milieux ambiants pour en déterminer la destruction.

Que ces Mammifères appartenant aux mêmes ordres, aux mêmes familles et aux mêmes genres linnéens, que ceux qui vivent encore aujourd'hui sur notre sol, ne sont cependant pas toujours d'espèces semblables; mais qu'ils viennent remplir d'une manière admirable les lacunes qu'offre aujourd'hui la série animale vivante; et que comme espèces les plus grandes, ce sont elles qui ont disparu les premières, ainsi que cela est en train d'avoir lieu sous nos yeux pour les espèces encore existantes à la surface de la terre.

EXPLICATION DES PLANCHES.

PL. I. — Le TELEGGO ou TELAGON (*Mydaus Javanicus*).

De grandeur naturelle et de profil rigoureux, d'après le squelette d'un individu dont le sexe n'est pas connu, et qui existe dans les collections du Muséum depuis 1825.

Je ne connais aucun ouvrage dans lequel le squelette de cet animal ait encore été figuré.

PL. II. — Le BLAIREAU d'EUROPE (*Meles taxus*).

Réduit dans la proportion des sept huitièmes, d'après un individu adulte du sexe mâle, de taille médiocre, qui a vécu quelque temps dans la ménagerie du Muséum.

Le squelette de cet animal a été fréquemment figuré d'une manière plus ou moins convenable, depuis Daubenton jusqu'à M. d'Alton, mais non par M. G. Cuvier.

PL. III. — Le RATON LAVEUR (*Procyon lotor*).

Réduit dans la proportion des trois cinquièmes, d'après le squelette d'un individu de sexe inconnu, de taille médiocre, qui a vécu quelque temps dans la ménagerie du Muséum.

C'est encore un squelette assez fréquemment reproduit et entre autres par Daubenton, mais non par M. G. Cuvier.

PL. IV. — Le BINTURONG (*Arctictis Binturong*).

Réduit dans la proportion des sept onzièmes, d'après le squelette, malheureusement fort gras, d'un bel individu mâle envoyé dans nos collections par M. Diéard, en 1825, et fait sous mes yeux, il y a deux ou trois ans, pour cet ouvrage.

Les phalanges onguéales d'après le squelette figuré pour la première fois en 1839 par M. Temminck, et la queue un peu trop enroulée, surtout à sa base, par défaut de place.

PL. V. — Le KINKAJOU (*Caudivolvulus* ou *Cercoleptes Kinkajou*).

Réduit aux trois cinquièmes d'après le squelette d'un individu femelle qui a vécu à la ménagerie du Muséum fait sous mes yeux pour cet ouvrage, et qui n'avait à ma connaissance encore été représenté par aucun iconographe.

PL. VI. — TÊTE.

Du BLAIREAU ORDINAIRE (*Meles taxus*).

De grandeur naturelle, de profil, en dessus, en dessous et en arrière, avec la mandibule hors place, vue en dehors et en partie à la face interne de la branche montante, et les osselets de l'ouïe en connexion, et grossis, d'après un animal adulte de taille médiocre et du sexe mâle.

Du TELEGGO ou TELAGON (*Mydaus Javanensis* ou *Meliceps*).

De grandeur naturelle, de profil rigoureux, avec les osselets de l'ouïe en connexion et la mandibule hors place vue en dehors et en partie en dedans.

Du RATON CRABIER (*Procyon cancrivorus*).

De grandeur naturelle, de profil et en dessus, avec les osselets de l'ouïe en connexion, grossis, et la mandibule de profil en dehors et partie en dedans.

D'après un crâne d'individu non adulte de sexe inconnu.

PL. VII. — TÊTE.

Du PANDA (*Ailurus fulgens*). Malheureusement incomplète et ne présentant guère que les mâchoires presque entières tirées d'une peau bourrée de la collection de zoologie, et que je dois à la complaisance éclairée de notre confrère M. Isodore Geoffroy Saint-Hilaire.

Pour rendre ces fragments plus intéressants, on les a compris dans une délinéation générale de la peau de la tête.

Du KINKAJOU (*Cercoleptes caudivolvulus*).

De grandeur naturelle, de profil, en dessus, en dessous, la mandibule hors de place.

D'après un crâne anciennement dans la collection.

Os du CARPE ou du TARSE. Tirés de la même peau que le fragment de tête cité plus haut.

Aucune collection ne paraît encore posséder le squelette de cet animal, pas même la Société zoologique de Londres à laquelle je me suis adressé et qui m'a répondu avec sa bienveillance accoutumée en m'envoyant une belle figure de la tête du Mydaus, que par erreur j'avais demandée avec celle du Panda.

Du BINTURONG (*Arctictis Binturong*).

De grandeur naturelle, de profil, en dessus, en dessous, la mandibule hors de place.
D'après le crâne du squelette figuré dans la planche IV.

PL. VIII. — PARTIES CARACTÉRISTIQUES DU TRONC.

VERTÈBRES
- *Cervicales*
  - Atlas: en dessus. / en dessous.
  - Axis: de profil. / en dessous.
  - Sixième de profil.
- *Lombaire* dernière en dessus.
  1. Du BLAIREAU (*Meles taxus*).
  2. Du COATI (*Nasua Coati*).
  3. Du BINTURONG (*Arctictis Binturong*).
  4. Du KINKAJOU (*Cercoleptes caudivolvulus*).
- *Sacrées* en dessus et en dessous du BLAIREAU.
- *Coccygiennes*. Les trois premières du BLAIREAU.

STERNÈBRES
- *Hyoïdienne* et ses cornes. De profil et en dessous. De grandeur naturelle.
  1. Du BLAIREAU.
  2. Du COATI.
  3. Du RATON LAVEUR (*Procyon lotor*).
  4. Du BINTURONG
  5. Du KINKAJOU.
- *Thoraciques* sans cornes, en dessus.
  1. Du TELEGGO (*Mydaus Javanensis*).
  2. Du BLAIREAU.
  3. Du BINTURONG.
  4. Du COATI.
  5. Du KINKAJOU.

Os PÉNIEN de profil et en dessous, de grandeur naturelle.

1. Du BLAIREAU.
2. Du COATI.
3. Du BINTURONG.

PL. IX. — PARTIES CARACTÉRISTIQUES DES MEMBRES ANTÉRIEURS.

Toutes de grandeur naturelle et d'après des pièces préparées sous mes yeux pour cet ouvrage.

Omoplate. Vue à la face externe.

1. Du TELEGGO (*Mydaus Javanensis*).
2. Du BLAIREAU (*Meles taxus*).
3. Du COATI (*Nasua Coati*).
4. Du BINTURONG (*Arctictis Binturong*).
5. Du KINKAJOU (*Cercoleptes caudivolvulus*).

Humérus entier. A sa face antérieure et à la face postérieure de l'extrémité inférieure.

1. Du TELEGGO.
2. Du BLAIREAU.
3. Du COATI.
4. Du BINTURONG.
5. Du KINKAJOU.

Radius entier à sa face antérieure et à sa surface articulaire supérieure, et
Cubitus entier à sa face externe.

1. Du BLAIREAU.
2. Du COATI.

3. Du BINTURONG.
4. Du KINKAJOU.

Carpe, *Métacarpe* et *Phalanges* en connexion, vus en dessus, avec le *scaphoïde* hors place, montrant ses faces radiale et carpienne.

1. Du TELEGGO.
2. Du BLAIREAU.
3. Du COATI.
4. Du BINTURONG.
5. Du KINKAJOU.

Outre la face interne des os du carpe chez le RATON CRABIER, pour montrer les sésamoïdes.

PL. X. — PARTIES CARACTÉRISTIQUES DES MEMBRES POSTÉRIEURS.

Toutes de grandeur naturelle, et d'après des pièces préparées sous mes yeux pour cet ouvrage.

Os innominé, composé de l'*Iléon*, du *Pubis* et de l'*Iskion* en connexion, et vu à la face externe.

1. Du TELEGGO (*Mydaus Javanensis*).
2. Du BLAIREAU (*Meles taxus*).
3. Du COATI (*Nasua Coati*).
4. Du BINTURONG (*Arctictis Binturong*).
5. Du KINKAJOU (*Cercoleptes caudivolvulus*).

Fémur entier, vu à sa face antérieure.

1. Du BLAIREAU.
2. Du COATI.
3. Du BINTURONG.
4. Du KINKAJOU.

Rotule. A sa face antérieure.

1. Du BLAIREAU.
2. Du COATI.
3. Du BINTURONG.
4. Du KINKAJOU.

Tibia entier, vu à sa face antérieure, et

Péroné, à la face interne ou articulaire avec le tibia.

1. Du BLAIREAU.
2. Du COATI.
3. Du BINTURONG.
4. Du KINKAJOU.

Tarse, *Métatarse* et *Phalanges* en connexion, constituant le pied vu en dessus.

1. Du TELEGGO.
2. Du BLAIREAU.
3. Du COATI.
4. Du BINTURONG.
5. Du KINKAJOU.

Et hors de place, l'*Astragale* en dessous, le *Calcanéum* en dessus chez les mêmes espèces, et une phalange onguéale du Binturong de grandeur naturelle, d'après une pièce retirée de la peau bourrée de la collection de zoologie, grâce à la complaisance de M. Isidore Geoffroy, notre confrère.

PL. XI. — SYSTÈME DENTAIRE.

De grandeur naturelle dans toutes les figures, et toutes, sauf une, d'après des pièces préparées pour cet ouvrage.

a) *Adulte*.

En suivant l'ordre sérial de droite à gauche.

1. Du TELAGGO (*Mydaus Javanensis*).

Les incisives, les canines, les molaires, vues en place et par la couronne dans les deux figures terminales, extraites, et avec les racines dans les deux intermédiaires, à la mâchoire supérieure et à la mâchoire inférieure.

2. Du BLAIREAU (*Meles taxus*).

Les incisives, les canines et les molaires, vues aux deux mâchoires, par la couronne et de côté avec les racines, comme dans l'espèce précédente, et de plus avec les alvéoles correspondantes.

3. Du PANDA (*Ailurus fulgens*).

Les incisives, les canines et les molaires, sauf la dernière aux deux mâchoires, vues par la couronne et de côté, avec les racines seulement indiquées, parce que dans les fragments de mâchoires que possède notre collection, il a été impossible d'extraire les dents, à cause de la solidité de leur implantation.

La dernière molaire n'a été également qu'indiquée et copiée d'après la figure donnée par M. Hardwick (*Trans. Lin. soc.*, XV, part. 1, tab. 2, 1826), les fragments de mâchoires que nous possédons en étant dépourvus. C'est même ce qui explique le contraste qui existe entre cette dent copiée fort usée, et celles faites d'après nature, qui étaient bien entières.

4. Du RATON LAVEUR (*Procyon lotor*).

Les incisives, canines et molaires, vues seulement par la couronne et à la mâchoire supérieure.

5. Du RATON CRABIER (*Procyon cancrivorus*).

Les deux arrière-molaires supérieures seulement, pour montrer la différence de forme et de proportion comparées avec celles du Raton laveur.

6. Du COATI (*Nasua Coati*).

Les incisives, les canines et les trois sortes de molaires, en place et extraites avec les racines et les alvéoles.

7. Du BINTURONG (*Arctictis Binturong*).

Dans les mêmes conditions, sauf les alvéoles, que le défaut de place a empêché de représenter.

8. Du KINKAJOU (*Cercoleptes caudivolvulus*).

Les incisives, les canines et les molaires, en place et extraites avec les racines et les alvéoles.

b) *Non adulte.*

1. Du premier degré.

Chez le RATON CRABIER.

Les incisives, canines et molaires, en haut et en bas, vues par la couronne avec les incisives, et les canines en face.

Chez le BINTURONG.

Dans les mêmes conditions.

2. Du second degré.

Chez le RATON CRABIER.

Dans les mêmes conditions, avec une première incisive et une première avant-molaire d'adulte.

Chez le COATI.

Dans le même état et projection.

3. Du troisième degré.

Chez un KINKAJOU.

4. Du quatrième degré.

Chez un Blaireau, montrant comment les dents de remplacement poussent celles de lait, lorsque déjà les incisives et deux des molaires étaient remplacées.

PL. XII. — SUBURSI ANTIQUI fossiles.

MELES TAXUS.

D'après une moitié antérieure de mandibule du côté droit, portant la canine et les molaires, provenant de la grotte de l'Avison.

TAXOTHERIUM PARISIENSE. *Coati* ou *Nasua Parisiensis* (G. Cuv.), etc.

D'après :

1. Un fragment d'occiput vu en dessus et de profil.
2. Un fragment de mâchoire supérieure vu en dessus.
3. Un fragment de palais vu en dessus et de profil.
4. Une moitié antérieure de mandibule du côté droit, garnie de sa canine et de trois molaires.

5. Un humérus, vu de profil entier et par sa face antérieure à son extrémité inférieure.
6. Un fragment d'extrémité inférieure d'humérus plus petit, vu en avant et en arrière.
7. Deux ou trois os du carpe et du métacarpe, vus en dessus et en place.
8. Une moitié inférieure de péroné vue à sa face interne.
9. Un astragale tronqué dans son apophyse scaphoïdienne, vu en dessus et en dessous.
10. Un calcanéum vu en dessus et figuré pour la première fois.

Entre les fragments provenant de la tête et ceux des membres qui se trouvaient représentés.

PTERODON PARISIENSIS.

D'après une portion de palais garnie d'un certain nombre de ses dents molaires, vues par la couronne et de profil, attribuée à une espèce de Dasyure par M. G. Cuvier, et que j'ai désignée sous le nom de Pterodon; et à côté de sa correspondante la première arrière-molaire de la Civette d'Afrique (*Viverra Civetta*); et au-dessous la série des molaires du Dasyure cynocéphale, afin de faciliter la comparaison, avec le Taxotherium.

PROCYON CANCRIVORUS.

D'après un fragment de mandibule portant deux dents de jeune âge.

PL. XIII. — SUBURSI ANTIQUI fossiles.

PALÆOCYON PRIMÆVUS.

D'après un certain nombre de fragments trouvés ensemble aux environs de La Fère, donnés à notre collection par M. le docteur Frémanger (1), dégagés de la gangue et réparés habilement sous nos yeux par M. Merlieux, sculpteur du Muséum, et représentés de grandeur naturelle; savoir :

1. Un grand fragment de tête armé de presque toutes ses dents, sauf les canines, vu en dessus, en dessous et de profil.
2. Une très-petite portion antérieure de mandibule portant la canine et les deux premières avant-molaires du côté droit, vue de profil et en avant pour montrer les trois alvéoles des incisives de ce côté.
3. Un humérus entier, seulement un peu mutilé inférieurement, mais montrant évidemment les restes du trou dont le condyle interne était percé, représenté de face et de profil.
4. Un radius tronqué à la partie inférieure, et assez fendillé à la supérieure, mais sans avoir perdu beaucoup de sa forme; représenté en arrière et en avant.
5. Un fragment supérieur de cubitus un peu frustré, représenté en avant sur la tranche et en dehors.
6. Un fragment d'os innominé autour de la cavité cotyloïde, vu à sa face externe.
7. Une grande portion de fémur vue à sa partie postérieure : l'extrémité supérieure moulée en plâtre dans le creux laissé par l'os dans la roche.

PL. XIV. — SUBURSI ANTIQUI fossiles.

AMPHICYON MAJOR.

D'après un assez grand nombre d'ossements fossiles de couleur jaunâtre, en partie pétrifiés, fracturés en différents endroits, presque tous découverts par M. Lartet à Sansans, auprès d'Auch, dans un terrain tertiaire moyen d'eau douce, et représentés de grandeur naturelle; savoir :

1. Une portion de mâchoire supérieure portant la série des dents ou des alvéoles depuis la canine jusqu'à la dernière arrière-molaire, représentée de profil, et au-dessous la série dentaire et alvéolaire en place.
2. Une grande portion de mandibule du côté droit vue par le côté externe, et au-dessus en partie par la tranche pour montrer la disposition des alvéoles.
3. Une autre portion de mandibule du côté gauche, tronquée en arrière, représentée au miroir, contenant avec la principale et une première arrière-molaire les alvéoles des autres.
4. Un troisième fragment de mandibule armée de dents, copie de M. Kaup. (*Ossem. fossiles du grand-duché de Hesse. Carnassiers, Pl. I. fig.* 1 à 16) et rapporté par lui a une espèce de *Gulo* qu'il nomme *Diaphorus*, et qui me semble plutôt être une petite espèce d'Amphicyon.

(1) Et non pas *Fromager*, comme il est imprimé par inadvertance dans le texte, p. 73.

5. Une première arrière-molaire d'en haut du côté droit, et une base de grande canine provenant d'Avaray, copiés de la Pl. XXXI, fig. 20 à 21 du t. IV des Recherches sur les ossements fossiles, par M. G. Cuvier, qui les rapportait à un Chien gigantesque.

6. J'ai fait en outre représenter sur cette planche plusieurs dents détachées trouvées aussi à Sansans, et que je regarde comme provenant d'un Amphicyon de plus petite taille : des incisives, des canines et des molaires. Il suffira de les voir pour les reconnaître.

PL. XV. — Subursi antiqui fossiles.

Amphicyon major.

D'après un nombre encore assez considérable d'os en bon état de conservation, plus ou moins fragmentés, dont plusieurs appartenaient évidemment au même squelette; représentés au tiers de leur grandeur naturelle, savoir :

1. Une vertèbre Axis figurée de profil et en avant.
2. Une vertèbre dorsale figurée de profil et en avant.
3. Plusieurs vertèbres de la queue, dont une assez antérieure et une autre presque terminale.
4. Un humérus bien entier, si ce n'est que le bord interne du trou du condyle interne est cassé; vu par derrière en totalité et par devant à son extrémité inférieure.
5. Un radius parfaitement complet, vu par devant et à chacune de ses surfaces terminales.
6. Un cubitus également fort entier, vu sur sa tranche antérieure et à sa face externe.
7. Un pisiforme représenté de profil et au côté externe.
8. Quatre os du métacarpe dont un seul est tronqué.
9. Trois phalanges dont deux premières et une seconde.
10. Une portion d'os innominé au-dessus de la cavité cotyloïde, par inadvertance représentée dans une direction trop horizontale, en contact avec une tête de fémur.
11. Une autre portion supérieure de fémur vue à sa face postérieure et montrant la fosse digitale.
12. Un autre fragment de fémur appartenant probablement au même os que la tête du n° 10, et vu à sa face antérieure.
13. Une rotule vue à sa face externe ou antérieure.
14. Un tibia bien complet, vu par sa face antérieure.
15. L'extrémité supérieure du péroné de ce même tibia.
16. Un astragale tronqué à son apophyse scaphoïdienne et vu en dessus.
17. Un calcanéum complet et vu en dessus.
18. Trois os métatarsiens dont un seul complet; le second tronqué dans sa moitié supérieure et le troisième dans son tiers inférieur.

PL. XVI. — Subursi antiqui fossiles.

Amphicyon ? minor.

D'après un assez grand nombre de pièces fossiles d'endroits très-différents de France, représentées de grandeur naturelle et indiquant très-probablement plus d'une espèce; savoir :

a) Des environs de Digoin, par M. Johannis :

1. Une portion de tête et de mâchoire supérieure, armée de quelques restes de dents, dégagée avec beaucoup de précautions de sa gangue et disposée sous nos yeux par M. Merlieux, sculpteur du Muséum et représentée de profil en dessous.

b) De Sansans, envoyés par M. Lartet :

2. Une dent canine inférieure et une principale supérieure du côté droit, vue de profil et par la couronne.
3. Une vertèbre lombaire, vue de profil et en dessus.
4. Une assez grande portion supérieure de cubitus, vue en avant ou sur la tranche, et à la face externe.
5. Un autre fragment de cubitus indiquant un os bien plus comprimé, bien plus canaliculé que le précédent, et sans doute une autre forme animale; représenté en avant et en dehors.
6. Quatre os métacarpiens dont deux complets et les deux autres réduits à la moitié supérieure pour l'un et inférieure pour l'autre; tous les quatre vus en avant.

7. Une partie inférieure de tibia droit, vue en arrière sur la tranche de sa surface articulaire.

8. Une portion bien plus courte d'un autre tibia du côté gauche, vue en avant et en arrière, et par la tranche articulaire.

9. Une rotule vue par sa face antérieure.

c) D'Auvergne, provenant de la collection de M. l'abbé Croizet:

10. Une partie inférieure d'humérus vue à ses faces antérieure et postérieure.

11. Un os métacarpien en dessus et de profil.

12. Un calcanéum vu également en dessus.

13. Un os métatarsien en dessus.

14. Un os métacarpien et une phalange remarquables par leur grande épaisseur et indiquant un animal encore plus grand que l'*Amphicyon major* et peut-être encore plus voisin des véritables Ours.

Ils sont représentés en dessus et de grandeur naturelle.

d) De Meudon.

1. Une dent molaire principale inférieure gauche, provenant sans doute d'un animal voisin du *Taxotherium Parisiense*.

2. Une incisive externe supérieure peut-être de la même espèce animale, et ayant quelque ressemblance avec sa correspondante chez le Coati.

Les démarches multipliées que j'ai dû faire, les lettres qu'il a fallu écrire à des distances assez considérables, afin d'obtenir de M. Félix Dujardin d'abord, et ensuite de MM. les professeurs de la Faculté des sciences de Toulouse, la faveur de faire figurer dans mon ouvrage la pièce décrite par le premier et dont j'ai parlé sous le titre de : *Hyœnodon*, p. 102, ont retardé la publication de ce Mémoire depuis près de deux mois; mais enfin mon confrère, M. Auguste de Saint-Hilaire, qui a bien voulu m'aider de son influence réelle dans cette petite affaire, ce dont je lui fais mes sincères remercîments, vient de m'annoncer que le fossile va m'être envoyé très-incessamment. Toutefois, pour ne pas encore augmenter le retard où je suis, je crois devoir en remettre la publication avec celle du Mémoire consacré au G. Mustela, qui aura lieu avant peu et sous le n° XVII des planches du fascicule actuel des *Subursus*.

PARIS. — IMPRIMERIE DE FAIN ET THUNOT,
IMPRIMEURS DE L'UNIVERSITÉ ROYALE DE FRANCE,
Rue Racine, 28, près de l'Odéon.

DES MUSTELAS

(G. *MUSTELA*, L.).

Le genre Mustela, qui va faire le sujet de ce mémoire, est sans nul doute moins important et surtout moins varié que celui des Petits-ours, qui a été l'objet du précédent; en effet, les Carnassiers qu'il renferme sont non pas moins nombreux en espèces, ni même moins répandus à la surface de la terre, mais ils sont presque tous bien plus petits, et surtout ils offrent bien moins de différence entre eux, aussi bien sous le rapport ostéologique que sous celui du système dentaire. Toutefois, ce genre d'animaux n'est pas sans intérêt, d'abord à cause du nombre assez grand d'espèces que nous connaissons à l'état vivant, et dont plusieurs habitent nos climats; ensuite parce que chez eux se remarquent les plus petits Carnassiers, et peut-être le minimum de dents molaires dans ce groupe; et enfin, parce qu'un certain nombre ont été déjà rencontrés à l'état fossile, et qu'ils constituent un chaînon nécessaire entre les Petits-ours et les Viverras.

Nous avons déjà prévenu, dans nos généralités sur le sous-ordre des Carnassiers, que nous comprenions avec Linné, sous la dénomination générale de Mustela, tous les Carnassiers de petite taille, à corps allongé, plus ou moins vermiforme, à membres ordinairement peu élevés, assez distants, plantigrades ou subdigitigrades, et dont les pieds sont pourvus de cinq doigts à tous les membres, le pouce évidemment plus petit que les autres, avec des ongles de moins en moins fouisseurs, devenant quelquefois demi-rétractiles; dont les oreilles sont courtes et arrondies; dont la tête, brève à la face, est plus ou moins allongée, et surtout déprimée au crâne; dont le système dentaire commence à être ordinairement plus carnassier que celui des Petits-ours en général, par un moins grand nombre de dents tuberculeuses; dont le canal intestinal, pourvu d'une paire de glandes odoriférantes à sa terminaison, est au contraire entièrement privé de cœcum; dont le squelette offre à peine des rudiments de clavicules, mais constamment un os du pénis considérable; et dont l'humérus est presque toujours percé d'un trou au condyle interne; à quoi il faut ajouter que le système de coloration est constamment uniforme, quoique souvent de couleurs différentes et tranchées en dessus et en dessous, où il est souvent plus foncé, et que les moustaches sont encore assez peu développées.

Nous avons également prévenu, dans nos généralités sur la classification des espèces de ce genre, quelles sont celles que nous y comprenons, en les rangeant dans l'ordre sérial suivant : les Mouffettes, les Ratels, les Gloutons, les Mélogales, les Zorilles, les Grisons, les Putois, les Martres, les Loutres et les Bassaris.

C'est en effet dans cet ordre que nous allons décrire le système osseux et le système dentaire des Mustelas, après, toutefois, que, suivant notre plan, nous les aurons étudiés dans une espèce que nous aurons prise comme type.

Ce type étant nécessairement la Martre ou la Fouine, c'est cette dernière que nous avons choisie, parce qu'étant plus commune, elle est aussi celle qu'il est plus facile de se procurer. C'est donc elle que nous allons envisager comme mesure à laquelle nous comparerons en remontant les espèces qui s'en éloignent pour ressembler davantage aux Subursus, et en descendant, celles qui se rapprochent davantage des Viverras, genre qui doit suivre dans l'ordre sérial des Carnassiers établi d'après l'ensemble de l'organisation, surtout d'après le système digital, et non d'après le système dentaire.

Nous chercherons ensuite quelles sont les traces que des espèces de ce genre ont laissées dans l'histoire de l'homme et dans les couches de la terre, afin d'en apprécier l'ancienneté, et nous en tirerons les conséquences que la zooclassie ou la classification des animaux et la géologie étiologique peuvent en induire légitimement dans l'état actuel de nos connaissances à ce sujet. Nous devons en effet rappeler que très-probablement nous sommes encore fort loin de connaître toutes les espèces vivantes de Mustelas, plus encore que dans tout autre genre de Carnassiers, à cause de leur petitesse, de leurs habitudes nocturnes, et encore plus loin, sans doute, de connaître celles qui ont existé anciennement, et dont quelques indices ont pu être conservés dans le sein de la terre.

CHAPITRE PREMIER.

OSTÉOGRAPHIE.

1. De la Fouine (*M. Foina*).

Un assez grand nombre d'auteurs ont donné la description plus ou moins complète du squelette de la Fouine, et entre autres Daubenton (Buffon, VII, p. 178), qui y a joint la figure du squelette, malheureusement assez mauvaise, outre qu'elle est considérablement réduite.

J'ai eu à ma disposition trois ou quatre squelettes de Fouines et un plus grand nombre de têtes osseuses.

Le squelette de la Fouine, dans sa nature anatomique, a quelque chose de plus cassant, de plus sec, de plus dur, en un mot de plus approchant de celle des Felis, que celui des Petits-ours; aussi est-il moins imprégné de graisse, plus blanc, et plus facile ou moins long à blanchir par la macération. En général. Dans sa nature.

Le mode d'assemblage ou de connexion des os qui le constituent est aussi un peu plus serré, les saillies et les cavités d'articulations étant plus prononcées, plus accusées, du moins en général. Dans son mode d'assemblage.

Le nombre total de ces os est cependant à fort peu de chose près le même que dans les Carnassiers dont nous avons parlé dans les mémoires précédents, et que chez ceux dont nous parlerons dans les suivants; et la variation, s'il y en a, ne porte guère que sur celui des os de la queue. Dans le nombre des os.

La colonne vertébrale est en effet composée de cinquante-deux vertèbres: quatre céphaliques, sept cervicales, quatorze dorsales, six lom- Vertèbres baires, trois sacrées et dix-huit coccygiennes, se disposant de manière à produire une arqure très-prononcée, en dessus, au cou, en dessous, au dos et surtout aux lombes.

céphaliques : Les vertèbres céphaliques commencent par une occipitale dont le corps ou basilaire est large, plat, assez allongé cependant, avec une carène médiane assez prononcée. Les occipitaux latéraux sont pourvus de condyles très-écartés, séparés par un trou ovale bordé par un occipital supérieur et presque complétement vertical et assez resserré.

Sphéno-pariétale. La vertèbre sphéno-pariétale, en général assez déprimée dans son arc pariétal subparallélogrammique, est encore assez large dans son corps, creusé un peu en gouttière, en dessous, par la disposition et l'étendue des apophyses ptérygoïdes.

Sphéno-frontale. La vertèbre sphéno-frontale est encore plus longue, d'abord dans son corps, qui est même assez large, aussi bien que dans ses ailes, qui sont cependant assez surbaissées, mais surtout dans le frontal un peu plus étendu en arrière de l'apophyse orbitaire qu'en avant, où le bord de l'orbite est excavé.

Voméro-nasale. Quant à la vertèbre nasale, elle est assez courte, même dans son corps fort peu considérable, et surtout dans les os du nez de forme parallélogrammique, un peu rétrécis dans le milieu de leur longueur et subcanaliculés vers la ligne médiane.

Des Appendices maxillaires: Les appendices maxillaires qui se joignent à ces vertèbres sont en général courts et dans une direction tout à fait longitudinale.

supérieur : Le supérieur, dont les parties se soudent de bonne heure, commence en dessous et en arrière par un ptérygoïdien extrêmement petit, peu distinct, si ce n'est dans son crochet continu avec l'apophyse ptérygoïde interne; en dessus, par un lacrymal également fort petit, intra-orbitaire et cependant entrant un peu dans la face, quoique le trou lacrymal de forme ovalaire soit tout à fait interne.

Ptérygoïde. Lacrymal.

Palatin. L'os palatin, assez étendu en avant où il est arrondi, se prolonge davantage en arrière, en se rétrécissant un peu jusqu'au bord de l'ouverture palatine en fer à cheval un peu serré.

Le maxillaire qui les précède est médiocre, peu élevé dans sa branche verticale de forme arrondie, et assez élargie à son extrémité postérieure. Maxillaire.

Enfin le prémaxillaire est encore fort petit, arrondi à son bord alvéolaire, et assez éloigné, par sa branche verticale en stylet, d'atteindre le frontal. Prémaxillaire.

L'appendice maxillaire inférieur, plus étendu que le supérieur, commence par un squammeux remarquable par la petitesse et le peu d'élévation de la partie cérébrale; quant à son apophyse jugale, elle est assez fortement arquée en dehors et en haut, s'élargissant et se canaliculant transversalement en dessous pour former une gouttière glénoïdale assez profonde. Inférieur : Squammeux.

En dedans de ce squammeux, qui se termine en arrière par un mastoïdien triangulaire assez marqué, se voit le rocher qui s'y soude de bonne heure et dont la forme est ovale triquètre; mais il ne montre à l'intérieur que sa face postérieure creusée de deux trous profonds dont le supérieur, cérébelleux, est plus large et plus arrondi que l'inférieur auditif. Mastoïdien. Rocher.

Les osselets de l'ouïe ne diffèrent que fort peu de ceux des Subursus. Os de l'Ouïe :

L'étrier, de forme ordinaire, a ses deux branches différentes de largeur. Étrier.

L'enclume est petite dans son corps, mais surtout dans ses deux bras très-courts et peu inégaux. Enclume.

Le marteau est également court, même dans son manche et dans son apophyse de Raw. Marteau.

La caisse, qui les cache complétement, assez étendue, ovalaire d'arrière en avant et de dehors en dedans, se prolonge en dehors en un canal auditif large, dirigé en avant, et presque complet. Caisse.

La mandibule qui suit est assez étendue comparativement au maxillaire supérieur; les trois apophyses de sa branche montante sont bien marquées : le condyle transverse, en portion de cylindre; la coronoïde fort élevée, verticale et assez large; l'angulaire peu saillante, obtuse. Quant à la branche horizontale, elle est médiocrement large, assez Mandibule. Apophyse condyloïdienne. coronoïde. angulaire.

épaisse, peu courbée, réunie à celle du côté opposé par une symphyse ovale assez grande.

De la Tête. En général. Angle facial. De la réunion des vertèbres céphaliques et de leurs appendices sous un angle d'environ 20°, il résulte une tête ovale presque droite en dessous et assez doucement et régulièrement arquée en dessus, le point culminant ou le plus bombé étant dans l'espace interorbitaire, un peu en gouttière en avant de ce point, et au contraire pourvue d'une crête sagittale peu élevée en arrière; ayant ses orifices terminaux assez grands; l'antérieur ou nasal un peu oblique et bordé seulement par les prémaxillaires et les nasaux; le médian ou palatin assez petit et à peu près au milieu du diamètre longitudinal; le postérieur plus grand, ovale, subtransverse et échancrant un peu le basilaire.

Orifices : antérieur. médian. postérieur.

Ses Cavités. Cérébrales. La cavité cérébrale est assez considérable, de forme ovale, subcirculaire, partagée en deux par une lame osseuse occipitale complète, mais étroite. Les fosses médianes qui s'y remarquent sont assez peu distinctes, par absence complète des apophyses clinoïdes et des latérales, la fosse temporale est poussée en dehors, et la fosse pituitaire, qui est fort grande, fort profonde, semi-circulaire, est séparée en deux par une barre oblique, et de celle du côté opposé par une apophyse *crista-galli* peu prononcée.

Ses Loges. Sensoriales. Les cavités ou loges sensoriales sont médiocres. Celle de l'ouïe est peut-être la plus grande, en y comprenant, comme cela doit être, le labyrinthe, la caisse, et le canal auditif externe. Le premier est en effet au moins médiocre, la seconde est grande et le troisième est aussi long, cylindrique et dirigé en avant.

auditive.

oculaire. La loge orbitaire est encore assez grande proportionnellement, dirigée obliquement en dehors et très-incomplète dans son cadre et dans ses parois, entièrement ouverte dans son tiers externe.

olfactive. La loge olfactive, fort petite dans sa partie antérieure ou maxillaire, est au contraire assez étendue en arrière par un long canal palatin.

Ses Cornets. Les cornets qu'elle contient sont fort nombreux, fort multipliés et très-serrés.

supérieurs. Les supérieurs ethmoïdaux sont au nombre de trois, le supérieur plus grand que le moyen et se prolongeant sous le front, mais moins que l'inférieur ou palatin, partagé en trois ou quatre lobes subverticaux.

Les inférieurs maxillaires sont extrêmement multipliés, mais de la forme ordinaire chez les Carnassiers. inférieurs.

Enfin la cavité gustative ou linguale, assez large, courte et subtriangulaire en avant, prolongée en arrière au palais, est triangulaire, serrée et étroite entre les mandibules convergentes, et se touchant dans une symphyse de médiocre étendue. Gustative.

Les fosses ou cavités superficielles sont en général peu marquées chez la Fouine; les occipitales cependant sont assez profondes, plus que les temporales qui le sont fort peu, à cause de la grande saillie des circonvolutions cérébrales qui se lisent quelquefois à la surface du pariétal fort mince dans ces fosses. Les ptérygoïdiennes sont à peine indiquées, encore moins celles de la face; mais il n'en est pas de même des fosses massétériennes de la branche montante de la mandibule; elles sont en effet profondes, obliques et anguleuses en avant. Ses Fosses. occipitales. temporales. ptérygoïdiennes. massétériennes.

Quant aux trous nerveux ou vasculaires : Ses Trous.

Le trou vertébral est assez grand; son diamètre transverse étant à celui de la cavité cérébrale dans le rapport de un à trois. vertébral.

Les trous condyloïdiens sont ovales, très-grands, et remplacent les trous déchirés devenus presque nuls, par la manière extrêmement serrée avec laquelle la caisse est intercalée aux os environnants. condyloïdien.

Les trous auditifs internes sont ronds et médiocres. auditif interne.

Les trous rond et ovale sont assez petits, mais bien séparés, subégaux et de forme ronde oblique. rond et ovale.

Les trous optiques sont ovales, transverses, médiocres et bien séparés de la fente sphénoïdale, convertie en trou presque rond. optique.

Le canal sous-orbitaire est extrêmement court, et s'ouvre à l'intérieur par un orifice unique, assez grand, rond, presque margino-orbitaire. sous-orbitaire.

Le trou incisif est ovale, assez grand, séparé de celui du côté opposé par une cloison percée d'un très-petit trou rond. incisif.

Le canal dentaire de la mandibule commence en arrière par un orifice dentaire.

interne. très-oblique, reculé et presque au niveau du condyle, et se termine en avant par deux trous mentonniers subégaux, distants, arrondis; le postérieur à l'aplomb du sommet de la seconde dent avant-molaire et l'antérieur de la troisième.

externe ou mentonnier.

Des autres Vertèbres. Le reste de la colonne vertébrale est fort semblable à ce qu'il est dans les autres Carnassiers, seulement avec des courbures plus douces et plus étendues.

Cervicales, 7. Les sept vertèbres cervicales forment un cou assez allongé. L'axis a son apophyse épineuse large, s'avançant presque autant en avant qu'en arrière, un peu concave à son bord supérieur, et du reste assez peu élevé; et la lame inférieure de la sixième a son apophyse transverse assez large, mais seulement un peu plus que les deux précédentes.

Seconde ou Axis.

Sixième.

Dorsales, 14. Les quatorze vertèbres dorsales ont en général le corps large, cylindrique, non caréné et presque de même diamètre, et leur apophyse épineuse médiocre, avec une sorte d'arrêt à leur bord postérieur, inclinée en avant aux dix premières et en arrière aux quatre autres.

Lombaires, 6. Les six lombaires sont en général peu allongées, épaisses et assez fortement hérissées par leurs apophyses.

Sacrées, 3. Les trois sacrées, dont la première seule et la moitié de la seconde donnent articulation au bassin, sont petites et distinctes, au moins dans leur apophyse épineuse.

Coccygiennes, 18. Enfin les vertèbres coccygiennes, surtout les dix ou douze dernières, sont grêles, assez longues, et décroissent assez rapidement.

Des Sternèbres. La série sternale n'offre pas non plus de grandes différences avec ce qu'elle est dans les autres Carnassiers.

Hyoïde et ses Cornes. Aussi l'hyoïde a son corps assez court et aplati, à peine arqué, ses grandes cornes de trois articles croissant du premier au dernier: celui-ci un peu dilaté et aminci à son extrémité; les petites d'un seul article aplati, coudé dans son milieu et articulé aussi bien avec la base de la grande corne qu'avec le corps de l'os.

Sternum, 10. Le sternum est formé de dix sternèbres, toutes en général très-étroites, comprimées latéralement et élargies également à leurs extrémités articulaires, la première ou manubrium plus large, prolongée en avant en une apophyse obtuse assez courte, et la dernière xiphoïde entièrement cartilagineuse.

Les côtes sont au nombre de quatorze, dont dix sternales et quatre asternales. Elles sont en général grêles, très-comprimées et croissant régulièrement de la première à la dixième, et les quatre autres décroissant fort peu. Leurs cartilages sont également grêles et presque aussi longs qu'elles. Côtes, 10+4.

Il en résulte un thorax de médiocre longueur, mais un peu en baril, dont les éléments sont fort écartés, et par conséquent très-compressibles. Thorax.

Les membres peuvent être considérés comme assez petits par rapport à la longueur du tronc, et assez espacés; ils sont du reste subégaux. Des Membres. En général.

Les antérieurs, un peu plus petits cependant que les postérieurs, sont pourvus d'une clavicule rudimentaire suspendue dans les chairs et à peine osseuse; d'une omoplate assez étroite, subtriangulaire, avec le bord antérieur plus arrondi, le postérieur presque droit, et la crête un peu dilatée par une apophyse large et courte avant sa terminaison en acromion, sans traces de coracoïde; d'un humérus de longueur médiocre en forme de clavicule humaine peu courbée, percé fort bas au-dessus du condyle interne, l'externe avec une crête longue et comme coupée en ligne droite à son bord libre; d'un radius grêle, asez arqué, assez peu polygonal, à tête supérieure transverse, avec le tubercule d'insertion du muscle biceps très-prononcé, élargi fortement et presque subitement à l'extrémité carpienne par la dilatation formée pour le support des sillons du tendon des muscles extenseurs; d'un cubitus un peu plus fort, comprimé, arqué en dedans, avec un olécrâne court, élargi un peu en cuiller, et une apophyse odontoïde large et forte; d'un carpe assez court formé de sept os sans les sésamoïdes (1), comme dans tous les antérieurs. Clavicule, 0. Omoplate. Humérus. Radius. Supérieurement. Inférieurement. Cubitus. Supérieurement. Inférieurement. Carpe, 7 os.

(1) C'est en effet en comptant comme os du carpe le sésamoïde du long abducteur du pouce, que Daubenton et plusieurs autres anatomistes ont admis huit os au carpe de la Martre.

Carnassiers, et dont le pisiforme assez grand forme au moins la moitié de l'articulation cubitale, le trapèze étant encore plus grand que le trapé-

Métacarpien. zoïde, et le grand os le plus petit de tous; d'un métacarpe formé d'os assez grêles, le premier sensiblement plus court que le cinquième, et le quatrième un peu plus que le troisième, ce qui a également lieu pour

Phalanges. la première phalange du même doigt; de phalanges enfin également assez grêles, les premières un peu arquées en dessous, au contraire des secondes, qui, parfaitement symétriques, le sont un peu en dessus, et

Onguéales. dont les dernières ou onguéales sont comprimées, aiguës, élevées en coutre de charrue et même un peu arquées.

Des Membres postérieurs. Les membres postérieurs de la Fouine sont un peu plus longs que les antérieurs, surtout dans la jambe et le pied.

Os innominé ou la Hanche. L'os innominé par lequel ils se joignent au sacrum est assez robuste, un peu courbé dans son bord supérieur; la partie iliaque notablement plus longue que l'iskiatique; celle-là, du reste, assez large, fortement excavée en dehors, subconvexe en dedans; l'iskion assez peu dilaté à sa tubérosité, et cependant formant avec le pubis un énorme trou sous-pubien et une symphyse assez large.

Fémur. Le fémur assez long, un peu courbé en S, a sa tête subovale peu oblique, assez détachée du grand trochanter, moins élevé qu'elle, le petit étant peu prononcé et ses condyles subégaux, assez comprimés, et très-séparés par une fosse un peu en mortaise.

Tibia. Le tibia, plus long que le fémur, est en effet assez grêle, droit, subtriquètre, si ce n'est inférieurement où il s'élargit un peu, offrant en dedans une malléole interne assez saillante, et en dehors une large surface

Péroné. rugueuse pour son articulation avec un péroné très-grêle, parfaitement droit, sans arêtes un peu prononcées.

Tarse, 7. Le pied, un peu plus long que la jambe, est composé d'un tarse proportionnellement assez court, dont l'astragale, élevé dans sa poulie, a

Calcanéum. sa tête portée sur un col assez long; le calcanéum, de forme compri-

Cuboïde. mée, est canaliculé à l'intérieur de sa tubérosité, et le cuboïde est échancré à sa face externe par une gouttière profonde et serrée pour le passage du tendon du long péronier; d'un métatarse fort long, assez étroit, formé de cinq os grêles, serrés, celui du pouce un peu moins long que le cinquième, et le quatrième un peu plus que le troisième; de phalanges grêles, assez peu allongées, moins étroites cependant qu'aux mains, et dont les onguéales sont un peu moins élevées qu'en avant.

Métatarsien.

Phalanges.

Onguéales.

La Martre proprement dite, *M. Martes*, dont nous n'avons cependant pu examiner que deux squelettes assez incomplets et trois ou quatre têtes osseuses sans désignation de sexes assurés, ne diffère en rien de la Fouine sous le rapport ostéologique, ni dans le nombre, ni dans la proportion des os, comme Daubenton l'a reconnu depuis longtemps. Il donne cependant comme différences que l'apophyse épineuse de l'axis est plus excavée à son bord supérieur, et que l'apophyse transverse de la sixième cervicale est comme fourchue; ce que je n'ai pas trop remarqué dans les squelettes que nous possédons.

Différences dans la Martre ordinaire.

Le crâne de la Zibeline que j'ai observé ne m'a non plus offert aucune différence exprimable avec celui de la Martre ordinaire, dont elle n'est sans doute qu'une variété, et par conséquent avec celui de la Fouine.

La Zibeline.

Il en est sans doute de même de la Martre de Pologne, *M. Sarmatica*, et des autres véritables espèces de cette division du Genre *Mustela*.

2. Du Putois (*M. Putorius*).

On peut en dire à peu près autant du Putois et des espèces qui entrent dans la division des Mustelas qui n'ont que $\frac{4}{5}$ molaires.

Daubenton décrit fort brièvement le squelette du Putois sauvage et du Putois domestique ou Furet, et il en donne des figures assez mauvaises dans le tome VII, p. 231, de l'Histoire naturelle de Buffon.

Nous avons pu observer dans la collection du Muséum trois squelettes de Putois et autant de Furets, avec environ six ou sept têtes osseuses du premier, et quatre du second; mais malheureusement sans sexes déterminés.

En général. Le squelette du Putois considéré en totalité est en général plus allongé dans le tronc et ses parties, et au contraire dans les membres, qui sont évidemment plus courts et plus distants.

En particulier. Colonne vertébrale. Le nombre des os de la colonne vertébrale est en totalité de cinquante-trois, et par conséquent le même, répartis de la même manière : quatre vertèbres à la tête, sept au cou, quatorze au dos, six aux lombes, trois au sacrum et dix-neuf à la queue.

Des Vertèbres céphaliques. La forme de la tête est presque la même; la seule différence appréciable, outre celle de taille, porte sur ce que la face est encore plus courte, au contraire de la partie céphalique qui est en outre plus élargie postérieurement.

cervicales. dorsales. lombaires. Les vertèbres du cou, du dos, et surtout celles des lombes, sont évidemment moins épaisses ou plus grêles dans leur corps; leurs apophyses sont en général plus étroites et moins marquées, surtout aux vertèbres lombaires, où les épineuses existent à peine.

Sacrées. Coccygiennes. Les sacrées et les coccygiennes sont au contraire un peu plus courtes proportionnellement, et leur diamètre décroît plus rapidement, ce qui rend la queue plus effilée.

La série sternale, c'est-à-dire l'hyoïde et le sternum lui-même, et les côtes ne m'ont offert aucunes différences notables, si ce n'est peut-être un peu plus de gracilité, et par conséquent de rapprochement avec les Belettes.

Les Membres. Les membres, comme il vient d'être dit, sont assez courts, égaux et fort distants.

antérieurs. Omoplate. Humérus. Radius et Cubitus. Les antérieurs ont une clavicule rudimentaire, l'omoplate assez large, rendue ovalaire par la convexité de ses deux bords avec une crête très-élevée et pourvue avant sa terminaison d'une large apophyse subrécurrente; l'humérus court et fort arqué en S, le radius et le cubitus fort semblables à ceux de la Fouine pour la forme, mais remarquablement courts; le premier plus que l'humérus.

postérieurs. Les postérieurs, généralement encore plus courts, m'ont offert un os innominé plus étroit dans la partie antérieure, et même dans sa partie postérieure : ce qui produit un trou sous-pubien notablement moins large, un fémur de même forme, mais proportionnellement plus court; le tibia et le péroné dans le même cas, et aussi moins droits ou plus arqués; un pied au contraire proportionnellement plus long dans toutes ses parties, et du reste de même forme.

Fémur.

Tibia et Péroné.

Des différences dans le Furet.

Le Furet, que plusieurs zoologistes regardent comme un Putois domestique, ne m'a offert, sur trois ou quatre squelettes que j'ai pu étudier, qu'une différence dans la taille généralement plus petite; mais, du reste, c'est absolument le même nombre d'os et dans les mêmes proportions et avec la même forme. Je dois cependant faire observer que Daubenton, qui, dans son ouvrage, compare le Putois et le Furet, dit positivement que le squelette de celui-ci avait quinze côtes, que le sternum était formé de onze pièces, c'est-à-dire une de plus que dans le Putois. A quoi il ajoute que dans le Furet la face était proportionnellement moins large, que les pariétaux avaient moins de convexité, et enfin que l'os des hanches ou innominé était plus court, et le trou sous-pubien plus petit.

Le Vison.

Le Vison, *M. Viso*, dont j'ai pu étudier un squelette complet, tiré d'un animal envoyé de la Louisiane par M. Tainturier, et quatre têtes(1), ressemble presque tout à fait, sous le rapport ostéologique, au Putois; je n'ai pu même apercevoir de différences exprimables que dans la tête en général, un peu plus étroite, et dans les apophyses épineuses des vertèbres lombaires plus prononcées.

La Belette. L'Hermine.

La Belette, *M. vulgaris*, et l'Hermine, *M. erminea*, étant des animaux beaucoup plus petits que le Putois, leur squelette présente d'abord en général, et dans toutes leurs parties, de grandes différences de taille; mais, en outre, la tête et le tronc sont plus allongés, celle-là étant plus chargée en arrière du canal auditif externe avec le trou sous-orbi-

(1) Cependant une de ces têtes, envoyée de la Caroline du Sud par M. Lherminier, est au moins d'un quart plus grande que les autres.

taire plus grand, et celui-ci étant surtout plus cylindrique par la disposition des côtes plus grêles et plus égales. Les membres sont aussi proportionnellement plus courts, moins inégaux, plus distants, l'humérus égalant à peine les cinq premières vertèbres dorsales, et le tibia n'étant pas plus long que le fémur; aussi Daubenton, qui a fait figurer les squelettes de la Belette et de l'Hermine en pelage d'été, ou du Roselet, le compare-t-il à celui du Putois. Le nombre des vertèbres caudales est cependant un peu moindre, ne montant qu'à quinze au lieu de dix-neuf. L'Hermine n'en a que deux de moins : aussi son squelette, quoique offrant plus de gracilité dans toutes ses parties, a-t-il plus de ressemblance avec celui du Putois qu'avec celui de la Belette.

La Bocca-Mela. La *M. Bocca-Mela* dont M. le professeur Géné, de Turin, vient de m'envoyer fort gracieusement deux individus provenant de Sardaigne, ne m'a paru qu'une variété de taille de la Belette; en effet, son crâne et le nombre des vertèbres du corps ne m'ont offert aucune différence.

3. Du Taïra et du Grison.

Les deux grandes espèces de Mustelas de l'Amérique méridionale que Buffon et Daubenton ont décrites sous les noms de Grison et de Taïra, *M. vittata*, et *M. barbara* ou *barbata*, ne leur étaient connues qu'en peau, et par conséquent ce dernier n'a pu rien dire de leur squelette. M. Cuvier n'a guère été plus heureux : aussi n'en a-t-il dit que fort peu de choses, surtout sous le rapport qui nous occupe.

Les collections du Muséum possèdent aujourd'hui un beau squelette de Taïra, quelques parties d'un autre venant du Brésil et plusieurs crânes du Taïra et de Grison, qui vont servir de base à ce que je vais en décrire.

En général. D'abord, comme ce sont des animaux notablement plus grands que la Fouine et la Martre, le squelette et les os qui le composent sont de dimensions plus fortes.

Le Taïra. Colonne vertébrale. La colonne vertébrale du Taïra est formée de même de quatre vertèbres céphaliques, sept cervicales, quatorze dorsales et six lombaires;

mais les sacrées ne sont qu'au nombre de deux, et les coccygiennes de vingt-trois ou de vingt-quatre.

La tête rappelle celle du Putois, plus que celle de la Martre, par la brièveté du museau et même par la forme de toutes les parties; seulement l'étranglement post-orbitaire est plus prononcé et le trou sous-orbitaire est plus petit, en sorte qu'il y a peut-être plus de rapprochement à faire avec le Zorille. Les vertèbres cervicales sont comme dans la Fouine par la forme de leurs apophyses transverses et épineuse, celle-ci étant cependant moins ensellée à l'axis. Cette même apophyse, inclinée en arrière aux onze premières seulement, n'offre pas à son bord postérieur le crochet que nous avons remarqué aux vertèbres dorsales de la Fouine; le sacrum n'est véritablement formé que de deux vertèbres; mais la suivante, quoique libre dans tous ses points, doit être regardée comme sacrée, par la forme plus longue de ses apophyses transverses; les coccygiennes sont nombreuses, mais en général peu allongées.

Tête.

Vertèbres cervicales.

Dorsales, 14.

Sacrées, 2 3.

Coccygiennes.

L'omoplate, l'humérus et les deux os de l'avant-bras sont, quoique plus forts, absolument comme dans les Martres; mais la main est en général plus courte, ses os plus robustes, quoique les phalanges onguéales soient de même forme.

Des Membres : Antérieurs.

L'os de la hanche, le fémur, le tibia et le péroné sont encore fort semblables à ceux de la Fouine; cependant ces derniers ne sont pas plus longs que le fémur. Quant au pied, il est comme la main plus court en général comme dans toutes ses parties; aussi l'animal est-il plus plantigrade.

Postérieurs.

Je ne connais du Grison que la tête; mais elle ressemble tellement à celle du Taïra, que l'on pouvait en induire, avec une grande probabilité, qu'il devait en être de même pour les autres parties du squelette.

Différences dans les Grisons.

Et cependant, sur un individu conservé dans l'esprit-de-vin, j'ai pu m'assurer que le nombre des vertèbres du Grison est de seize dorsales et quatre lombaires, ce qui entraîne seize paires de côtes.

4. Du Mélogale.

Le Mélogale que Hardwicke a désigné sous le nom de *Gulo orientalis* ne m'est non plus connu que dans une assez petite partie de son squelette, une tête de jeune âge, avec les pieds et les mains, et, de plus, une partie antérieure de tête adulte du *M. personata.*

Tête. Ce que j'ai vu de la tête de cet animal rappelle mieux les Martres à museau un peu allongé, comme le Pékan et le Vison, que les Face. Putois et les Mouffettes; la face est en effet assez étroite, subcanaliculée dans la ligne médiane, et non tronquée comme chez ces derniers; Crâne. la partie céphalique, à en juger par le peu qui en reste, devait offrir au chanfrein une bande plate entre les deux rebords épaissis et presque parallèles des fosses temporales, particularité que nous retrouverons dans quelques espèces de Renards; de plus, les apophyses orbitaires sont presque nulles, un peu comme dans les Mouffettes; le palais, peu prolongé en arrière, est assez largement ouvert; l'arcade zygomatique est assez forte pour le genre, mais aussi peu arquée en dessus; le trou Mandibule. sous-orbitaire est rond et grand. La mandibule est assez forte et courbée sur ses deux bords, avec une apophyse coronoïde large, arrondie au sommet, un peu rétroverse; le condyle élevé un peu au-dessus de la série dentaire, et l'angulaire courte, épaisse, en crochet triangulaire.

Les mains et les pieds, les seules parties du reste du squelette que j'ai pu examiner, avec quelques os longs, les deux os de l'avant-bras et le tibia, sont en général larges et courts, plus peut-être que dans les Mouffettes.

Radius. Le radius est court, plat, fortement élargi inférieurement, et rappelle en très-petit la forme de celui de l'Ours.

Cubitus. Le cubitus est aussi assez robuste, mais surtout large et fort comprimé; il est pourvu d'un olécrâne épais, large et recourbé.

Carpe. Les os du carpe, au nombre de sept, sont de proportion, et même de forme assez bien comme dans les autres Mustelas. Les métacarpiens sont courts et proportionnellement assez gros, et surtout le cinquième, tandis que les phalanges conservent assez bien les mêmes proportions; les onguéales étant en soc de charrue non recourbé.

Le seul os long de l'extrémité inférieure que je connaisse de ce petit animal n'est pas plus long que le cubitus : il est par conséquent assez court et fortement élargi à ses deux extrémités, l'apophyse malléolaire étant très-saillante. Tibia.

Le tarse est proportionnellement assez long, puisqu'il est le tiers de toute la longueur du pied, et cependant l'apophyse du calcanéum, excavée à son extrémité, est large et courte; mais le cuboïde et les trois autres os de la première rangée sont assez longs : les métatarsiens, quoique plus longs que les métacarpiens, sont encore peu grêles. Les phalanges sont dans le même cas. Tarse.

5 Du Zorille.

Le Zorille ou Mouffette du Cap, *M. Zorilla*, ne s'éloigne pas encore beaucoup de la Fouine, sous le rapport qui nous occupe.

Daubenton n'a rien dit du squelette de cet animal, dont il n'a décrit qu'une peau bourrée (Buffon, *Hist. nat.*, *XIII*, p. 302); M. Cuvier n'en pas dit beaucoup davantage; mais M. Lichtenstein a donné une bonne figure de la tête osseuse.

J'ai eu à ma disposition trois squelettes rapportés du Cap par Delalande, et un assez bon nombre de crânes, dont un provenant d'un individu du Sennaar et que je dois à M. P.-E. Botta.

Le nombre des vertèbres est toujours à peu près le même, cinquante-six à cinquante-sept, dont vingt et une à vingt-trois à la queue; mais celles du tronc sont un peu différemment réparties : quinze au dos et cinq aux lombes. Vertèbres.

C'est cependant avec le Putois qu'il y a le plus de ressemblance, aussi bien pour le squelette que pour la tête; toutefois la partie postérieure de celle-ci est encore un peu moins longue proportionnellement; la céphaliques.

caisse est plus plate, plus pointue en avant; le museau est moins court; les os du nez sont quadrilatères, au lieu d'être triangulaires; les apophyses orbitaires sont plus prononcées, et le trou sous-orbitaire est plus petit.

cervicales. Aux vertèbres cervicales nous avons observé que l'apophyse épineuse de l'axis se projette entièrement en avant, n'étant nullement ensellée, et que les autres en sont entièrement dépourvues, et s'imbriquent par leurs lames. Les apophyses transverses sont aussi moins prononcées, surtout celles de la sixième, dont la lame interne est beaucoup plus petite.

dorsales. L'apophyse épineuse des vertèbres dorsales est courte, au contraire de celle des lombaires, qui est assez large et élevée, arrondie, et courbée en avant à l'extrémité.

sacrées. Sur un squelette, je n'ai trouvé que deux vertèbres sacrées soudées entre elles et à l'iléon; mais sur deux autres il y en avait trois réunies, comme à l'ordinaire.

coccygiennes. Les vertèbres coccygiennes assez nombreuses, comme il a été dit plus haut, diminuent assez graduellement, et sont en général médiocrement allongées.

Sternèbres. La série sternale est formée de onze sternèbres, en comptant le manubrium et le xiphoïde, en général larges et courtes, plus que dans les Fouines.

Côtes. Les côtes sont au nombre de quinze, dont onze vraies et quatre fausses, et généralement aussi un peu plus fortes.

Membres antérieurs. Humérus. Radius. Cubitus. Les membres antérieurs sont formés comme dans toutes les espèces de ce genre : d'une clavicule rudimentaire, cartilagineuse; d'une omoplate assez semblable à celle de la Fouine; d'un humérus assez court et percé au condyle interne; d'un radius court, dont la saillie du bord antérieur de la tête est bien prononcée; d'un cubitus fortement canaliculé à la face externe; d'une main forte, surtout en largeur : aussi les os qui la composent sont-ils plus courts, bien plus robustes que dans les Martres;

ceux du cinquième doigt plus que les autres, et les phalanges onguéales plus longues que les secondes. Phalanges onguéales.

Les membres postérieurs ressemblent davantage à ceux du Putois dans la proportion des parties. En effet, les pieds sont bien plus allongés, bien plus grêles que les mains, et surtout dans les os du métatarse; car les doigts sont courts, les phalanges onguéales toujours plus longues que les secondes. postérieurs.

6. Des Mouffettes.

Les Mouffettes véritables, exclusivement américaines, et qui, pour la taille du moins, rappellent assez bien les Mouffettes africaines, s'en rapprochent aussi assez sous le rapport du squelette.

Le premier auteur qui ait écrit et figuré une partie du squelette des Mouffettes est sans doute M. Lichtenstein. En effet, Daubenton n'a pu dire quelque chose que de leur système dentaire, et M. Cuvier s'est borné à quelques mots sur un petit nombre de parties du squelette sans rien figurer.

J'ai pu étudier, dans la collection du Muséum, un squelette de Mouffette des États-Unis et un assez bon nombre de crânes de sexe généralement inconnu.

L'ensemble du squelette de la Mouffette, *M. chinga*, a évidemment encore beaucoup de rapports avec celui de la Fouine, quoique évidemment un peu plus plantigrade. En général.

Le nombre total des vertèbres est de cinquante-cinq, dont quinze au dos, cinq aux lombes et vingt et une à la queue, absolument comme dans le Zorille. Vertèbres.

La forme générale de la tête est celle du type; la face est seulement peut-être un peu plus longue; mais en outre les apophyses orbitaires sont presque effacées; la caisse est fort petite et très-peu saillante; les osselets de l'ouïe plus ramassés, et surtout le marteau plus court dans son col; la voûte palatine, très-peu prolongée, dépasse à peine la ligne dentaire; l'ar- céphaliques.

cade zygomatique est très-faible, et l'apophyse angulaire de la mandibule plus courte et plus obtuse.

cervicales. Dans les vertèbres cervicales l'apophyse épineuse de l'axis est convexe dans tout son bord supérieur, et les apophyses transverses des quatrième, cinquième et sixième, et surtout dans cette dernière, sont plus étroites.

dorsales. lombaires. Aux vertèbres dorsales et lombaires, au contraire, l'apophyse épineuse est bien plus large, ce qui tient à plus de force dans la queue.

coccygiennes. Cette partie est en effet plus longue par l'augmentation de quelques vertèbres et surtout par plus de longueur de celles-ci.

Sternèbres. La série sternale, aussi bien dans l'hyoïde que dans le sternum, ne m'a présenté que de trop légères différences pour pouvoir être décrites; mais les côtes sont bien plus fortes, de manière à être plus rapprochées et à former un thorax beaucoup plus résistant que chez les Fouines et surtout que dans les Belettes.

Membres antérieurs. Quant aux os des membres, les différences deviennent à peine susceptibles d'être exprimées autrement que par l'iconographie.

Clavicule. Quoique la clavicule soit encore très-petite, cartilagineuse et prise dans l'extrémité scapulaire de l'aponévrose des muscles de l'épaule comme

Omoplate. dans la Fouine, l'omoplate est cependant généralement plus large par

Humérus. plus d'épanchement de ses deux bords; l'humérus, plus robuste, plus arqué, se distingue surtout de celui de tous les Mustelas parce qu'il n'est

Radius. Cubitus. pas percé au-dessus du condyle interne; le radius et le cubitus sont aussi plus accentués dans leurs lignes d'insertion musculaire; mais l'apophyse odontoïde de ce dernier est beaucoup moins large; les os des mains

Phalanges onguéales. sont en général plus courts et les phalanges onguéales un peu moins arquées, et surtout plus longues.

postérieurs. Les mêmes différences générales se remarquent dans les os des mem-

Os innominé. bres postérieurs. L'os innominé est plus fort, un peu moins parallèle à la colonne vertébrale, et la symphyse pubienne bien plus rejetée en

Fémur. arrière; le fémur est court, large et aplati dans toute son étendue,

Tibia. Péroné. plus en haut qu'en bas; le tibia un peu plus long que lui, et le péroné

Pied. droit et très-grêle; quant au pied, on peut se borner à dire qu'il est peut-être un peu plus court, surtout dans les métatarsiens: en effet il n'égale pas le tibia en longueur.

Les deux dernières espèces de Mustelas dont il nous reste à examiner le squelette, en suivant l'ordre qui monte du Putois aux Petits-ours, sont de taille bien supérieure à celle des autres espèces ascendantes et complétement plantigrades : aussi ont-elles été souvent rangées dans la division des Subursus, ce qui n'était pas convenable par l'ensemble des caractères; ce sont le Glouton et le Ratel : le premier, du nord de l'Europe, de l'Amérique et de l'Asie; le second, du sud de l'Afrique et de l'Inde.

7. Du Glouton.

Le Glouton, *M. Gulo*, dont nous parlerons d'abord, comme moins Ours, n'a pas même été décrit en peau par Daubenton; et en effet Buffon, qui n'en a parlé que d'après les autres, tome XIII, p. 278, paraît n'avoir pu se procurer cet animal que vers 1777, époque à laquelle il s'était séparé de son collaborateur anatomiste; aussi sa description ne s'étend-elle que jusqu'au système dentaire, et est-elle due à son dessinateur, de Sève. Il obtint sans doute, cependant, le squelette de l'individu qui lui avait été envoyé vivant, à Paris, de Saint-Pétersbourg; car la collection du Muséum en possède un qui doit lui être attribué, cet animal, fort rare dans nos collections, n'ayant jamais été vu vivant dans la ménagerie du Muséum depuis sa fondation, en 1792.

Quoi qu'il en soit, c'est ce squelette dont M. Cuvier s'est servi pour en figurer les os séparés à moitié grandeur dans la Pl. 38 du tome IV de ses *Recherches sur les ossements fossiles des quadrupèdes*, avec une description très-abrégée, et celui que MM. Pauder et d'Alton ont figuré Pl. V de leurs *Squelettes des Carnassiers*, et c'est aussi ce même squelette dont je me suis servi après l'avoir fait réparer et disposer convenablement.

Considéré en général, le Glouton semble, sous ce rapport, se rapprocher plus d'un Subursus que d'un Mustela, à cause de la brièveté de la En général.

queue et de la force des os; mais la considération du système dentaire et même du système digital détruit bientôt ce rapprochement.

Vertèbres. En général.

La colonne vertébrale du Glouton est composée de quarante-huit à cinquante vertèbres, parce qu'il n'y en a que quatorze à quinze à la queue, mais du reste elles sont réparties comme dans les Mouffettes et les Zorilles, quinze dorsales, cinq lombaires, et trois sacrées (1).

céphaliques.

La tête, bien plus robuste que celle des Fouines, est plus étroite, moins déprimée dans sa partie cérébrale; aussi ses crêtes sagittale et occipitale, et surtout la première, sont-elles bien plus prononcées: la face est aussi un peu plus longue, l'orbite plus grande, l'arcade zygomatique plus épaisse, plus large, et la mandibule un peu plus courbée.

Os de l'Ouïe.

Dans les osselets de l'ouïe la différence est peut-être plus considérable en ce que les branches de l'étrier sont plus serrées, et surtout parce que le col du manche du marteau est largement perforé à l'endroit de la naissance de l'apophyse de Raw.

Toutes les autres vertèbres sont assez bien comme dans la Fouine, seulement en général plus épaisses et plus accentuées, surtout dans les apophyses dont elles sont hérissées.

Sternèbres, 10.

La série sternale est composée de dix sternèbres au thorax, dont un manubrium court et arrondi dans son avance trachélienne, et un xiphoïde cartilagineux et assez pointu.

Côtes, 15.

Les côtes, au nombre de quinze, dont dix vraies et cinq fausses, quoique moins grêles que dans la Fouine, sont encore assez comprimées, et par conséquent moins robustes, moins épaisses, que dans le Ratel. Les postérieures sont plus fortes que les moyennes.

Membres antérieurs.

Omoplate.

Les membres, et surtout les antérieurs, sont, proportionnellement au tronc, plus longs que dans les espèces précédentes. Les clavicules sont complétement nulles; l'omoplate, de forme trapézoïdale, est assez dilatée dans son bord antérieur, presque droit; mais l'apophyse récurrente de

(1) M. G. Cuvier dit, IV, p. 479, cinq sacrées, mais évidemment à tort; car le sacrum n'est composé que de trois vertèbres.

sa crête est beaucoup moins prononcée; l'humérus, presque égal aux neuf premières vertèbres dorsales, est aussi long que le fémur; il est percé au condyle interne, mais nullement au-dessus de la poulie; le radius et le cubitus sont assez fortement arqués dans le même sens, en dedans, et celui-ci peu épais et subtranchant à son bord externe, au contraire de l'interne, a un olécrâne fort court; la main est, en totalité, presque aussi longue que le cubitus; le carpe est cependant fort court, et par conséquent ses sept os petits, quoique dans les proportions ordinaires; mais, par contre, les métacarpiens et les phalanges sont au moins aussi longs que dans le Putois; seulement ces os sont bien plus forts, et les onguéales sont à peine plus longues que les secondes, quoique encore assez courbées.

Humérus. Radius. Cubitus. Carpe. Métacarpiens. Phalanges.

Les membres postérieurs sont encore un peu plus longs dans toutes leurs parties. L'os innominé est cependant, peut-être, un peu plus court, un peu plus égal dans ses deux moitiés, l'iléon étant plus large, plus excavé et plus arrondi à son bord antérieur; le fémur est long et assez grêle; le tibia et le péroné sont encore un peu plus courts que lui, avec la forme de ces os comme dans le Putois. Comme chez ce dernier, le pied est notablement plus long que la jambe, plus même que le fémur; cette grande longueur ne porte cependant pas sur le tarse, dont le calcanéum est encore assez grêle, mais bien sur les os métatarsiens, et sur les deux premières sortes de phalanges. Quant aux onguéales, elles sont assez bien comme à la main, presque droites ou bien moins arquées que dans la Fouine.

Membres postérieurs. Os innominé. Fémur. Tibia. Péroné. Pied. Phalanges onguéales.

8. Du Ratel.

Le Ratel, *M. Mellivora*, que Daubenton n'a connu sous aucun rapport, et sur quelques os duquel M. Cuvier n'a dit que fort peu de chose, sans en rien figurer, ne m'est connu que d'après deux squelettes, l'un adulte, l'autre fort jeune, de l'espèce du Cap de Bonne-Espérance, et quatre têtes de celle de l'Inde.

Os et Vertèbres. En général. Les os sont encore plus forts, plus robustes, que ceux du Glouton, et par conséquent plus rapprochés de ceux des Ours et des Petits-ours. Le nombre des vertèbres est cependant presque rigoureusement le même, à une de plus au dos, une de moins aux lombes, et à une ou deux terminales de plus dans la queue.

céphaliques. La tête est du reste assez semblable à celle du Putois, sauf la différence de taille; la face est cependant un peu plus longue; les apophyses postorbitaires moins marquées, effacées comme dans la Loutre commune.

Os de l'Ouïe. Dans les osselets de l'ouïe, je dois noter que le marteau, fort coudé dans son manche, est terminé en cure-oreille, et que sa tête est fortement excavée à sa face non articulaire.

Colonne vertébrale. Dans le reste de la colonne vertébrale, on peut remarquer plus de brièveté et de force dans le corps des vertèbres, principalement au cou, plus de saillie et surtout de largeur dans leurs apophyses.

Sternèbres. Le sternum est composé de neuf sternèbres, en général courtes et subégales, du moins les intermédiaires; le manubrium s'avançant fort peu sous le cou et le xiphoïde assez petit et cartilagineux.

Côtes, 15. Les côtes, au nombre de quinze, dont dix sternales, sont encore plus épaisses, plus larges et plus arrondies que celles du Glouton.

Membres antérieurs. Les membres antérieurs, évidemment plus robustes que les postérieurs, quoique assez bien de la même longueur, sont dépourvus de clavicules; l'omoplate, autant et peut-être plus large que celle de l'Ours, en a du reste assez bien la forme; elle a pourtant un indice de l'apophyse récurrente vers la terminaison de sa crête très-épaisse dans sa moitié supérieure. L'humérus est non-seulement plus grand, mais encore plus robuste que dans aucune espèce de Mustelas, et son empreinte deltoïdienne descend un peu au delà de la moitié de l'os; il est du reste toujours percé au condyle interne, et de plus au-dessus de la poulie, comme dans les Canis. Les deux os de l'avant-bras ont encore quelque ressemblance avec ce qu'ils sont dans l'Ours, le radius s'élargissant fortement inférieurement, et le cubitus presque droit, épais et arrondi

Clavicule. Omoplate. Humérus. Radius. Cubitus.

dans son bord postérieur, subcanaliculé à sa face externe, ayant un olécrâne assez allongé et fortement recourbé en dedans, avec une profonde gouttière en dehors. Les mains sont courtes et larges : aussi les métacarpiens et les phalanges se rapprochent-ils, pour leur forme générale, de ce qu'ils sont dans le Blaireau, le cinquième métacarpien étant le plus large de tous, quoiqu'à peine plus long que le premier; les phalanges onguéales sont aussi bien plus longues que les deux autres, pourvues d'un fourreau basilaire fort large et presque droites dans leur pointe. Métacarpiens. Phalanges.

Les membres postérieurs offrent un os innominé de forme triangulaire, la base en arrière fort large, percée d'un très-grand trou sous-pubien presque rond, compris entre une tubérosité iskiatique peu épaisse et une symphyse pubienne très-reculée, et le sommet tronqué à la hanche en avant formée par un iléon peu dilaté; un fémur assez long, droit, comprimé avec un grand trochanter médiocre ne dépassant pas la tête de l'os; un tibia court et droit assez fort, surtout comparativement avec le péroné, droit et grêle; un pied dépassant à peine la longueur de la main, large et épais, comprenant un calcanéum assez court dans sa tubérosité, un peu recourbé en bas, et surtout en dedans, un astragale également court, large et surbaissé, un premier cunéiforme trapézoïde et sensiblement plus fort que le second; des os métatarsiens un peu plus longs et plus grêles que les métacarpiens et assez bien dans la même proportion, le cinquième étant presque aussi gros que les autres; enfin des phalanges également plus grêles; et surtout les onguéales bien plus courtes que les antérieures, et en effet à peine aussi longues que les premières phalanges. Membres postérieurs. Os innominé. Fémur. Tibia. Péroné. Calcanéum. Astragale. Cunéiforme. Métatarsiens. Phalanges.

Après le Ratel, qui, sous le rapport du squelette, constitue parmi les Mustelas le degré le plus élevé, et par conséquent le plus rapproché des Petits-ours, nous avons à décrire le squelette des espèces descendantes, c'est-à-dire de celles qui, de notre type, la Fouine, vont au contraire vers les Viverras. Ici les différences sont bien plus grandes, parce que, de ces espèces, les unes ont été modifiées pour chercher leur nourriture dans l'eau, ce sont les Loutres, et les autres constituent véritablement une sorte de genre intermédiaire aux Mustelas et aux Viverras, ce sont les Bassaris.

9. Des Loutres.

En général.

Les Loutres, chez lesquelles nous pourrions même indiquer des différences spécifiques dans quelques parties du squelette, s'éloignent des véritables Martres ou Fouines, non-seulement par les modifications que les pièces qui le constituent ont éprouvées pour une locomotion aquatique, mais encore par quelques points indiquant une véritable dégradation.

Un assez grand nombre d'auteurs se sont occupés de l'ostéographie de la Loutre commune, et entre autres Daubenton, qui, dans les tome VII, page 150 de l'*Histoire naturelle* de Buffon, a donné la description et la figure du squelette d'une jeune Loutre femelle.

M. G. Cuvier n'en a dit que quelques mots en passant, sans en rien figurer.

Steller, anciennement, et depuis Everard Home et M. Martin, ont décrit le squelette de la Loutre du Kamtschatka, dont les collections du Muséum ne possèdent pas même encore une peau bourrée complète.

Je n'ai eu à ma disposition que les squelettes de la Loutre commune, de la Saricovienne, de la Loutre sans ongles du Cap, de celle de la côte de Malabar et d'une petite espèce du Chili, ainsi que la tête osseuse de plusieurs autres espèces moins distinctes.

En particulier. Dans la Loutre commune,

Le squelette de la Loutre de notre Europe, *L. Vulgaris*, considéré dans son ensemble, est remarquable par le grand allongement de la colonne vertébrale et surtout par la brièveté proportionnelle des membres en général et dans toutes leurs parties.

Vertèbres.

Toutefois le nombre des vertèbres de cet animal est le même que dans les Fouines, quatre céphaliques, sept cervicales, quatorze dorsales, six lombaires, trois sacrées, et la différence ne porte que sur les coccygiennes au nombre de vingt-six, dans un squelette fait sous mes yeux pour cet ouvrage, et bien complet.

La tête osseuse de la Loutre se distingue aisément de celle des autres espèces de Mustelas par la largeur et la grande dépression de la boîte cérébrale, la minceur de ses os, et par l'extrême brièveté de la face séparée de celle-là par un étranglement post-orbitaire très-prononcé. On peut aussi remarquer la force de la crête occipitale, la nullité de la sagittale, le développement peu marqué des apophyses orbitaires, la grandeur du trou sous-orbitaire et son grand rapprochement du bord de l'orbite. Céphaliques.

Quant aux osselets de l'ouïe, que j'ai pu observer dans la Loutre commune et dans celle du Cap, je les ai trouvés semblables à ceux de la Fouine, à la grandeur près. L'apophyse articulaire avec l'enclume de l'étrier est seulement plus forte, et surtout proportionnellement avec l'autre réduite à l'état de mamelon. Os de l'ouïe.

Les vertèbres cervicales sont en général courtes, plus que dans la Fouine, et du reste assez semblables d'apophyses, si ce n'est que l'épineuse de l'axis est convexe, quoique surbaissée, et que la transverse de la septième est bien plus pointue. Cervicales, 7.

Celles du dos n'offrent rien qui leur soit particulier que leur grande laxité, ce qu'indiquent aussi l'étroitesse et la distance de leurs apophyses épineuses, ainsi que la grande saillie du tubercule des apophyses transverses. Dorsales, 14.

Les lombaires sont courtes dans leur corps et hérissées de larges apophyses, toutes dirigées en avant; les transverses surtout croissant rapidement de la première à la dernière bien plus large que les autres. Lombaires, 6.

Les trois sacrées sont distinctes dans leurs apophyses épineuses, qui sont également assez larges; mais la dernière n'est pas soudée aux autres et semble une première coccygienne. Sacrées, 3.

Quant aux coccygiennes, elles sont en général courtes, plus que dans la Fouine, décroissant moins rapidement, beaucoup plus épaisses ou Coccygiennes, 26.

robustes, avec les apophyses et les crêtes d'insertion musculaire mieux marquées, surtout les transverses des premières.

Sternèbres. Os hyoïde. L'os hyoïde par lequel commence la série sternale a son corps large et plat, ses cornes antérieures formées de trois articles également comprimés et croissant en longueur du premier au dernier, et en sens inverse en largeur, avec ses cornes postérieures presque droites.

Sternum, 10. Le sternum n'est formé que de dix sternèbres, dont la dernière est longtemps cartilagineuse et les intermédiaires courtes, subégales; le manubrium médiocrement prolongé en avant.

Côtes, 14. Les côtes, au nombre de dix sternales et de quatre asternales, sont grêles, très-espacées, presque contournées en S fort allongées, ou mieux comme tordues, très-plates inférieurement, et pourvues, surtout les dernières, de cartilages fort longs et larges, ce qui donne à la poitrine, et surtout aux hypochondres, une étendue considérable.

Membres: Les membres sont courts et distants, encore plus que ceux du Putois, avec lesquels ils ont une certaine ressemblance, et les os longs qui entrent dans leur composition ont une cavité médullaire aussi développée que ceux des Martres.

antérieurs. Clavicule. Omoplate. Humérus. Radius. Cubitus. Les antérieurs sont pourvus d'un os claviculaire très-grêle, presque aciculaire, très-court, à peine un peu courbé, mais bien osseux; d'une omoplate courte, large, flabelliforme, comme celle du Putois, fort étendue dans son bord supérieur, mais avec l'apophyse récurrente de la crête moins prononcée, quoique plus large; d'un humérus robuste, court, égalant à peine les six premières vertèbres dorsales, fortement courbé en deux sens contraires, avec l'empreinte deltoïdienne descendant en crête aiguë jusqu'au delà de la moitié de sa longueur, un trou au condyle interne, et l'externe élargi par une forte crête; d'un radius et d'un cubitus également fort courts, robustes, tourmentés, accentués par des crêtes d'insertion musculaire très-prononcées, le dernier surtout remarquable par l'épaisseur et la largeur en cuiller de l'olécrâne, et le premier par son arqure et par une presque égalité dans la largeur de ses deux têtes; d'une main égale en longueur à l'humérus et dans laquelle on doit remarquer la brièveté du carpe, déterminée par la petitesse de ses os, et surtout celle du pisiforme ou calcanéum antérieur; le peu de longueur même des métacarpiens et des phalanges moindre que dans les Martres et même que dans les Putois, à l'exception des onguéales plus petites que les secondes, et surtout bien moins hautes dans la griffe. Carpe. Pisiforme. Phalanges onguéales.

Les membres postérieurs, plus longs que les antérieurs, du moins dans les deux dernières parties, sont aussi assez robustes. L'os innominé est cependant médiocre, et ses deux parties presque égales; le fémur, à peine un peu plus long que l'humérus, est à la fois court et large à ses deux extrémités, l'inférieure beaucoup plus épaisse; le tibia est notablement plus long, très-épais, triquètre et comme un peu tordu; le péroné est au contraire grêle, et terminé en spatule presque également à ses deux extrémités, l'inférieure cependant bien plus épaisse; enfin le pied, plus long d'un quart que la main, est large et épais, surtout le tarse. Du reste, il ressemble assez bien à ce qu'il est dans le Putois, si ce n'est cependant que ses différents os sont plus gros proportionnellement à leur longueur, ce qui les rend plus courts, et que les phalanges onguéales sont beaucoup plus petites et bien moins hautes dans la partie terminale. Membres postérieurs. Os innominé. Fémur. Tibia. Péroné. Pied.

Parmi les autres espèces de Loutres dont j'ai pu étudier le squelette en tout ou en partie, je n'ai guère remarqué que les différences suivantes. Différences chez les espèces de Loutres.

D'abord à la tête, dont la forme générale est assez bien la même, si ce n'est que le crâne est plus déprimé, plus large, plus longuement étranglé dans la Loutre à petits ongles et dans celle de mer, ce qui le fait ressembler davantage à celui des Phoques, la face présente quelquefois encore plus de brièveté que dans la Loutre commune, par exemple dans la *L. lataxina*, et, en outre, une sorte d'augmentation graduelle dans les apophyses orbitaires. En effet, presque nulles dans la Loutre sans ongles, elles s'accroissent peu à peu dans les Loutres commune, Enhydre, de la Guyane, de Bahia, du Pérou, de Rio-Grande, et deviennent assez grandes dans la Loutre nommée Lataxine par M. Fréd. Cuvier. Dans la tête. la face,

Le nombre des vertèbres.

Dans le nombre des vertèbres dorsales et dans celui des côtes, on peut aussi noter quelques différences importantes. Aussi, suivant M. Martin, qui relève à ce sujet une erreur de Home, les vertèbres dorsales ne seraient qu'au nombre de treize dans la Loutre marine, et non de quatorze comme celui-ci l'a dit; dès lors le nombre des côtes n'est que de treize, dont douze seraient sternales, puisque M. Martin dit que la dernière étant fausse, est attachée par un très-long cartilage à ceux des côtes vraies; et cependant les vertèbres lombaires ne sont qu'au nombre de six, comme dans la Loutre commune; d'où il résulterait que celle de mer n'aurait que dix-neuf vertèbres troncales.

Loutre de mer.

Deux autres espèces en ont vingt, comme la Loutre d'Europe; mais elles sont autrement distribuées, quinze au dos, cinq aux lombes. Ce sont les Loutres sans ongles et du Brésil, qui ont par conséquent quinze paires de côtes.

Loutre du Brésil.

Je dois ajouter que dans cette dernière espèce surtout, les vertèbres en général, et principalement celles de la queue, sont bien plus courtes et bien plus larges dans leur corps et leurs apophyses transverses; ce qui doit sans doute être encore plus marqué chez la Loutre marine, dont la queue n'est que de 10 pouces sur une longueur totale de 3 pieds 2 pouces anglais; et enfin que les os longs qui entrent dans la composition des membres, et principalement l'humérus et le fémur, sont quelquefois remarquablement courts, larges et déprimés, surtout dans les Loutres du Brésil et du Kamtschatka; mais aussi dans la Loutre sans ongles du Cap.

Le trou rond du fémur.

Un autre fait que j'emprunte à M. Martin, c'est que chez la Loutre de mer, la tête du fémur est, comme dans celui des Phoques, dépourvue de la fossette d'insertion du ligament rond, et que la main est remarquable par sa petitesse; au contraire du pied (1), dont les doigts vont en croissant assez rapidement du premier, ou pouce, au cinquième, le plus long de tous.

(1) C'est sans doute par erreur que M. G. Cuvier a dit, dans les deux éditions de son *Règne animal*, que les pieds de derrière sont très-courts; ce sont plutôt les antérieurs.

Enfin le Bassaris, par lequel nous terminons la petite famille des Mustelas, comme nous aurions pu commencer par lui celle des Viverras, offre en effet dans l'examen de son squelette des particularités qui indiquent une sorte d'intermédiaire à ces deux genres. Bassaris.

M. Lichtenstein est, à ma connaissance, le seul auteur qui ait dit quelque chose du squelette de cet animal, dont il a même fait figurer la tête osseuse dans la Pl. 43 de ses *Saugethiere*. Depuis lors nous l'avons fait représenter en entier dans la partie zoologique du Voyage de circumnavigation de *la Bonite*, d'après un exemplaire monté et retiré sous nos yeux d'un animal rapporté dans l'esprit de vin par M. Eydoux, chirurgien de l'expédition. C'est celui qui va encore nous servir ici.

Par sa forme générale, il ressemble davantage au squelette d'un Viverra qu'à celui d'un Mustela, et cela à cause de la longueur de la tête et de la queue. En général.

Le nombre total des vertèbres n'est cependant que de cinquante-quatre : quatre céphaliques, sept cervicales, treize dorsales, six lombaires, trois sacrées, et vingt-deux coccygiennes, combinaison que nous n'avions pas encore remarquée dans ce genre. En particulier. Vertèbres :

Les quatre vertèbres céphaliques et leurs appendices constituent une tête assez longue, assez étroite, moins large dans la partie cérébro-temporale, et au contraire plus étroite, plus effilée, moins obtuse dans la partie faciale que dans les Martres ordinaires. Du reste, l'orbite est assez grand et pourvu d'une apophyse orbitaire bien marquée. La caisse est plus étroite; le canal auditif plus court, mais plus ouvert; le palais plus étroit, moins prolongé, dépassant à peine la dernière molaire; la mandibule est surtout plus longue, plus étroite, plus courbée avec son apophyse angulaire plus prononcée, plus en crochet, et il n'y a qu'un seul trou mentonnier à l'aplomb de la seconde avant-molaire. céphaliques.

Les vertèbres cervicales, plus allongées, et constituant par conséquent un cou plus long, ont en général leurs apophyses plus étroites; l'épineuse de l'axis est tout à fait arrondie à son bord supérieur; et les transverses des intermédiaires sont longues et imbriquées. cervicales, 7.

dorsales, 13. Les vertèbres dorsales, au nombre de treize seulement, constituent en effet un dos court; l'apophyse épineuse des dix premières est dirigée en arrière, et celle des deux dernières seulement l'est en avant.

lombaires, 6. Les six vertèbres lombaires sont au contraire assez longues, ce qui donne aux lombes une étendue considérable; elles sont en outre hérissées d'apophyses très-prononcées et fortement inclinées en avant; les transverses, et surtout la dernière, remarquables par leur largeur.

sacrées, 3. Les trois sacrées sont courtes et étroites, fort distinctes par leur apophyse épineuse, assez grêle du reste, et antéroverses.

coccygiennes, 22. Quant aux vertèbres coccygiennes, après les cinq ou six premières, les autres sont longues et effilées, décroissant graduellement de manière à constituer une queue longue, grêle et fort pointue.

Sternèbres. Hyoïde. La série des os médians inférieurs commence par un hyoïde dont le corps et les cornes sont assez bien comme dans les autres espèces de ce genre, seulement le corps courtest proportionnellement large et les grandes cornes ont les deux derniers articles longs et fort grêles.

Sternum. Elle se continue en un sternum court, composé de neuf sternèbres, dont le manubrium est en forme de poignard, et le xiphoïde assez long et spatulé; les intermédiaires étant assez courtes et plates en dessus.

Côtes. Les côtes, au nombre de treize, dont neuf sternales, sont au moins aussi grêles, aussi étroites que dans la Fouine, peut-être même encore plus courtes, proportionnellement aux cartilages; la dernière est surtout remarquable par sa grande brièveté et son peu de courbure.

Thorax. Le thorax, qui résulte de ces treize vertèbres, de ces sternèbres et de ces côtes, se distingue de celui des Mustelas par moins de longueur et par sa forme conique.

Membres: antérieurs. Les membres sont assez bien dans les proportions ordinaires.

Les antérieurs sont dépourvus de clavicules, du moins osseuses;

Omoplate. l'omoplate triangulaire, médiocrement large, et cependant assez arrondi à son bord antérieur, n'a qu'un rudiment de l'apophyse récurrente de la crête, et ce rudiment est tout près de la terminaison de l'apophyse acromion; l'humérus, assez long, puisqu'il égale les huit premières vertèbres dorsales, médiocrement courbé, est percé au condyle interne par un trou ou canal très-oblique et très-étroit; le radius et le cubitus sont faibles, peu arqués, serrés et assez longs, l'olécrâne de celui-ci étant court et fortement recourbé; la main est plus courte que le radius, et surtout par la brièveté de la seconde rangée des os du carpe et celle des métacarpiens, dont le troisième et le quatrième sont subégaux; car les phalanges, et surtout les premières, sont proportionnellement plus longues; les onguéales sont cependant petites et remarquables par leur forme amincie, courte, à peine arquée, et presque dépourvue de gaînes à la base (1). Humérus. Radius. Cubitus. Carpe. Phalanges.

Aux membres postérieurs, l'os innominé ressemble presque complétement à celui de la Fouine; le fémur est dans le même cas, quoique proportionnellement aussi plus court, étant à peine plus long que l'humérus. Les deux os de la jambe sont un peu plus arqués que dans la Fouine; le pied est, comme la main, un peu plus court que dans cet animal, n'excédant que de peu la longueur du tibia; il est du reste assez étroit et le moins de longueur ne s'observe guère que dans le tarse et le métatarse; car les phalanges sont, comme à la main, assez longues, sauf les dernières qui sont encore plus courtes et plus droites. Postérieurs : Os innominé. Fémur. Pied. Phalanges.

DES OS SÉSAMOÏDES.

Dans le genre des Mustelas, les os sésamoïdes sont en même nombre que dans la plupart des autres Carnassiers; mais comme la plupart des espèces sont de petite taille et fort légères, on conçoit qu'ils sont souvent restés cartilagineux ou trop petits pour avoir été conservés dans nos squelettes. En général.

Aux membres antérieurs, nous n'avons jamais rencontré au carpe que En particulier. Aux membres antérieurs.

(1) Dans le squelette des Bassaris, représenté dans l'Atlas du voyage de *la Bonite*, on a figuré les phalanges onguéales tout à fait de fantaisie.

le sésamoïde du long adducteur du pouce, ou mieux du ligament annulaire du carpe, placé comme de coutume entre l'apophyse inférieure du scaphoïde et le trapèze. De forme arrondie chez les Fouines, les Martres et le Mélogale; médiocre dans celles-là, et fort petit dans celui-ci, il est singulièrement allongé dans le Glouton et dans le Ratel, de manière à ressembler à un stylet rentré en dedans.

Les sésamoïdes de l'articulation des métacarpiens avec les phalanges ne me sont pas connus.

Postérieurs : Rotule chez la Fouine et la Martre.

Aux membres postérieurs, la rotule, qui est toujours le principal des os sésamoïdes, est en général assez mince et assez étroite dans les espèces de Mustelas; dans la Fouine et la Martre, cet os est de forme ovalaire-arrondie, assez mince, mais plus épaisse supérieurement, convexe et presque unie en dehors, et comme à l'ordinaire, lisse en dedans avec la ligne médiane fort peu saillante.

Le Putois.

Dans le Putois, elle est plus étroite et plus allongée, un peu plus oblique, et du reste de même forme.

Le Taïra.

Chez le Taïra, la rotule est plus large proportionnellement, et plus courte, plutôt mince qu'épaisse, subparallélogramique, légèrement excavée sur les bords latéraux; le supérieur droit et oblique.

Le Ratel.

Dans le Ratel, elle est ovale, arrondie, raccourcie, convexe en dehors, fort épaisse dans toute son étendue, un peu plus cependant supérieurement, et assez arquée à sa base articulaire.

Dans la Loutre ordinaire, cet os a assez bien la forme de celui de la Fouine, seulement plus rectangulaire par le parallélisme des bords latéraux; mais dans la Loutre sans ongles, sa forme est plus étroite, plus longue, plus étranglée au milieu de ces deux bords, et en forme de coin par la grande épaisseur de l'extrémité supérieure.

Le Bassaris.

Dans le Bassaris, la rotule est ovale, mince, courbée et presque symétrique.

DE L'OS PÉNIEN.

Cet os, qui existe dans toutes les espèces de ce genre, si ce n'est chez les Mouffettes, où je n'ai pu en trouver aucune trace, est véritablement remarquable par sa grandeur proportionnelle, en quoi ce genre diffère des Viverras, dont l'os pénien est toujours fort court. En général.

Dans la Fouine et la Martre, cet os a absolument la même forme allongée, est un peu élargi à la base, subtriquètre dans les deux tiers postérieurs, se relevant et se tordant un peu vers sa terminaison, où il s'épate et est percé, comme la tête d'une aiguille, d'un trou subovale. En particulier. Dans la Fouine. La Martre.

Dans le Putois et le Furet, où il est encore parfaitement semblable, cet os, un peu plus irrégulier, un peu plus triquètre dans sa coupe, est plus élargi, plus spatulé à sa base, plus canaliculé en dessous, et son extrémité antérieure, plus en crochet, est pliée en gouttière, mais non percée. Le Putois. Le Furet.

L'os pénien du Vison a sensiblement la même forme que celui du Putois, sauf à la base, qui est disposée en tenon de menuisier, avec un arrêt rebroussé. Le Vison.

Dans l'Hermine, il est peut-être encore plus semblable de forme, mais plus grêle, plus petit et moins accentué. L'Hermine.

L'os du pénis de la Belette est encore fort ressemblant à celui du Putois; seulement la base est comme dans le Vison. La Belette.

Chez le Grison, cet os est bien plus grêle proportionnellement que dans les autres espèces, beaucoup plus droit, plus régulièrement triquètre, peu ou point canaliculé en dessous et dilaté en spatule oblique à son extrémité antérieure. Le Grison.

Celui du Zorille ressemble assez au précédent, quoique beaucoup plus fort et plus courbé, et un peu plus canaliculé en dessous; mais son épatement terminal est plus en tête de clou canaliculée transversalement. Le Zorille.

Dans la Loutre, l'os pénien offre assez bien la même forme générale La Loutre mâle, que dans les autres Mustelas; mais il est beaucoup plus court, plus gros proportionnellement et bien moins courbé, ce qui le fait ressembler un peu à celui des Phoques à oreilles. Daubenton, qui a depuis longtemps donné la figure de cet os dans la Loutre mâle, y a joint celle de l'os du clitoris de la femelle.

Femelle.

La Loutre de mer. M. Martin dit que celui de la Loutre de mer est un os robuste de trois pouces un quart anglais de long.

Le Bassaris. Enfin, chez le Bassaris, il est encore plus long peut-être que dans les Martres. Courbé dans deux sens opposés et élargi fortement à sa base, il se rétrécit graduellement jusqu'à sa terminaison, qui est élargie et comme tronquée. Aussi il ne ressemble à rien de ce que nous verrons dans le genre des Viverras, où cet os est toujours fort raccourci.

CHAPITRE DEUXIÈME.

ODONTOGRAPHIE,

OU

DU SYSTÈME DENTAIRE.

En général. Le système dentaire des Mustelas, du moins sous le rapport du nombre et de la forme des dents molaires, présente une bonne partie des combinaisons que nous avons signalées dans les Petits-ours; cependant il n'est jamais complet ou au maximum de nombre, pas plus qu'il n'est au minimum de nombre, trois en haut comme en bas, ni au maximum de disposition carnassière, ce que nous ne trouverons que dans quelques Félis.

En particulier

Dans la Martre. Incisives : supérieures. inférieures. Dans les véritables Martres (*M. Foina*), les incisives, en même nombre que dans tous les Carnassiers, sont en général terminales ou disposées en ligne transversale, les supérieures en crochet comprimé assez pointu et croissantes de la première à la troisième, les inférieures en palette subbilobée à la couronne, croissantes également de la première à la troisième, mais entassées de telle sorte, que la seconde ou intermédiaire est toujours plus ou moins rentrée et hors de rang.

Canines.

Les canines sont longues, pointues : la supérieure, verticale, assez courbée, presque régulièrement conique, cependant un peu aplatie en dedans; l'inférieure, en crochet plus marqué et cannelée à sa face externe.

Molaires, $\frac{5}{6}$

Les molaires sont au nombre de cinq en haut et de six en bas, dont trois avant-molaires et une principale aux deux mâchoires, avec une arrière-molaire en haut et deux en bas.

Avant-molaires.

Des trois avant-molaires, la première est beaucoup plus petite, subgemmiforme, plus pointue en haut qu'en bas, et les deux suivantes subégales, à une seule pointe assez aiguë, plus médiane et moins comprimée supérieurement qu'inférieurement, avec indice de talon à la base, et surtout à la troisième d'en haut.

Principale : supérieure,

La principale diffère beaucoup aux deux mâchoires. En haut, où elle est la plus grande de toutes, elle est triquètre; le côté externe, le plus long, tranchant, avec une pointe submédiane; l'antérieur, le plus petit, pourvu en dedans d'une pointe en mamelon ou talon interne au niveau de l'extrémité du bord externe. En bas, elle est à peine plus grosse que la troisième avant-molaire, de forme triangulaire, avec le sommet aigu submédian et crénelée de deux denticules à son bord postérieur.

inférieure,

Arrière-molaires : supérieure,

L'unique arrière-molaire d'en haut est une dent entièrement tuberculeuse, transverse, étroite, formée de deux parties : une externe plus petite, oblique, à deux pointes fort basses, l'antérieure moins que la postérieure; l'autre interne dilaté en un talon large, arrondi, plat, relevé d'un petit tubercule un peu en arrière du milieu de son bord antérieur.

inférieures,

Enfin les deux arrière-molaires d'en bas sont fort dissemblables. La première, qui joue à la fois avec la principale d'en haut et son arrière-molaire, est formée de deux parties : l'une, antérieure, à trois pointes, deux externes inégales, subtranchantes, la troisième interne à peine marquée; et l'autre, postérieure, en talon large et relevé en une pointe marginale.

premières

seconde.

La seconde arrière-molaire est une très-petite dent ronde, basse, dont le bord est relevé en une petite pointe aussi bien en dehors qu'en dedans.

La Martre. La Zibeline. Ce système dentaire de la Fouine, qui se retrouve dans un assez bon nombre d'espèces de ce genre, savoir, dans la Martre, dans la Zibeline, Le Pékan. dans le Pékan, et même dans le Glouton, n'offre de différences que dans la forme et la proportion de l'arrière-molaire supérieure, qui reste toujours caractéristique des espèces. Ainsi, il y a plus d'égalité entre ses deux parties dans le Pékan, et même dans le Glouton.

Le Glouton. Mais en outre, dans ce dernier, la première arrière-molaire d'en bas est un peu plus carnassière, en ce que le talon postérieur est plus court, et que l'interne est entièrement effacé, comme dans le Putois. La principale est également dépourvue de denticules au bord postérieur (1).

Molaires, $\frac{5}{5}$ Une combinaison de molaires moins fréquente que la précédente est celle où elles ne sont qu'au nombre de cinq en bas comme en haut, par l'absence de la première avant-molaire aux deux mâchoires. A cette combinaison appartiennent le Mélogale et la Loutre.

Dans Le Mélogale. Le Mélogale, outre cette particularité d'avoir un système dentaire intermédiaire à celui des Martres et à celui des Putois, présente quelques autres différences spécifiques : ainsi, supérieurement, la principale a son talon interne beaucoup plus large, profondément biscupide, et l'arrière-molaire, de forme trapézoïdale, est pourvue de trois denticules décroissant au bord extérieur, tandis que la partie ou talon interne, à peine plus large que l'externe, est relevée à son bord, avec une pointe en virgule au côté antérieur. Inférieurement, la première arrière-molaire a les trois pointes de sa partie antérieure plus égales, avec le talon plus court, et la seconde ou dernière est toute ronde et beaucoup plus petite.

La Loutre commune. Chez la Loutre commune, la principale d'en haut est moins étendue dans sa partie tranchante, et au contraire son talon interne est encore plus large que dans le Mélogale; mais il est indivis et l'arrière-molaire

(1) Il n'est donc pas tout à fait exact de dire, avec M. G. Cuvier, que les dents du Glouton sont les mêmes que celles des Martres, et qu'à peine peut-on remarquer la légère différence qu'offrirait une dernière tuberculeuse un peu plus étroite.

de la même mâchoire est plus grosse, plus oblique, ressemblant encore à son analogue dans le même animal; mais il faut ajouter que cette dent varie assez dans ses dimensions proportionnelles chez les espèces de cette division des Mustelas, pour que ces différences deviennent spécifiques. Ainsi sous le rapport de la largeur proportionnelle de cette dent, on trouve que, plus large dans la Loutre du Cap et dans celle du Kamtschatka, elle décroît successivement un peu, en passant de la Loutre du Brésil à l'Enhydris, au Lataxina, au Nair, et enfin aux espèces du Rio-Grande, au Brésil, du Pérou et du Chili, qui sous ce rapport ne diffèrent pas de la Loutre commune.

Celles du Cap, du Kamtschatka et autres.

A la mâchoire inférieure, la principale n'a pas de denticules au bord postérieur; la première arrière-molaire a les deux lobes externes de sa partie antérieure subégaux et plus petits, la pointe interne plus prononcée, et la postérieure ou talon plus étendue, plus relevée au bord externe; enfin la seconde est plus ovale transversalement.

Loutre du Chili.

Dans les espèces de Loutres dont j'ai pu observer le système dentaire, je n'ai trouvé de différence pour le nombre que dans une espèce du Chili, rapportée par M. Dumoutier, et dont le crâne ne m'a offert que quatre molaires à la mâchoire supérieure, par l'absence de la première avant-molaire.

Loutre de mer. $\frac{4}{5}$

Cette anomalie, qui dépend peut-être de l'âge, paraît se reproduire constamment dans la Loutre de mer; en effet, Steller, Home, et MM. Lichtenstein et Martin, observateurs *de visu*, sont d'accord à ce sujet, et ne donnent que quatre molaires supérieures à cette Loutre (1); mais il arrive aussi qu'il s'en trouve une de moins à la mâchoire inférieure, puisque M. Lichtenstein dit positivement, dans sa description d'un crâne de Loutre marine, que les molaires ne sont qu'au nombre de quatre de chaque côté, en haut comme en bas; mais cette même espèce offre une anomalie encore bien plus grande dans l'absence de la première

(1) M. G. Cuvier a donc eu tort de dire, dans la seconde édition de son *Règne animal*, que dans cette espèce, les dents molaires sont comme dans la Loutre commune.

incisive d'en bas (1), ce qui en réduit le nombre à quatre en deux paires, particularité qui ne se trouve que chez les Phoques, parmi les Carnassiers, et qui a servi à fortifier le rapport qu'il y a entre ces deux genres d'animaux.

Dans le Putois, le Furet, la Belette, l'Hermine, le *M. nudipes*, le Bocca-Méla, etc.

Dans le Putois, ainsi que dans le Furet, la Belette et l'Hermine, le *M. nudipes* de Java, qui est une véritable Belette, seulement plus grosse que la nôtre, ainsi que dans le Bocca-Méla de Sardaigne, qui semble ne pas différer de la Belette, la seconde fausse molaire manque aux deux mâchoires, ce qui réduit le nombre de ces dents à $\frac{4}{5}$, dont $\frac{2}{2}+\frac{1}{1}+\frac{1}{2}$. Il y a en outre quelques différences dans plusieurs de ces dents, mais elles sont à peu près toutes spécifiques. Nous devons cependant signaler comme une particularité propre à toutes les espèces de cette section, que le tubercule de la partie interne de l'arrière-molaire d'en haut est régulièrement conique et médian, et qu'en bas la dernière arrière-molaire, très-petite et ronde, est aussi, dans son milieu, relevée d'une pointe conique et mousse.

Le Vison.

Le Vison du Canada offre un système dentaire si complétement semblable à celui de notre Putois d'Europe, qu'il semblerait être de la même espèce; cependant il faut remarquer que sa première avant-molaire a toujours deux racines.

Le Taïra.

Le Taïra a tout à fait le système dentaire du Putois; mais le Grison un peu moins, en ce que l'arrière-molaire d'en haut est sensiblement plus grosse, et que le talon de la principale supérieure est un peu plus large et en godet.

Le Zorille.

Le Zorille offre encore une arrière-molaire supérieure un peu plus large, ou mieux plus ovale-transverse; la partie externe avec trois pointes

(1) C'est à tort que M. Desmarest, dans le *Nouveau dictionnaire d'Histoire naturelle*, a étendu cette anomalie à la mâchoire supérieure, en disant qu'elle n'est pourvue que de quatre incisives. Le fait est que la formule exacte des dents de cette espèce est :

$$\frac{3}{2}+\frac{1}{1}+\frac{2}{2}+\frac{1}{1}+\frac{1}{2}.$$

basses, et l'interne deux marginales: la principale inférieure a un double denticule à son bord postérieur; la première arrière-molaire la pointe interne très-prononcée, le talon un peu plus large, ainsi que la seconde arrière-molaire, pourvue d'une pointe interne comme dans les Mouffettes.

Les Mouffettes.

Enfin, les Mouffettes, qui appartiennent aussi à cette division sous le rapport du nombre des dents molaires, diffèrent du Putois, parce que, supérieurement, la principale est beaucoup plus petite, avec le tubercule interne élargi et reculé au milieu de la dent, et que l'arrière-molaire, presque aussi grosse, ou même plus grosse, a ses deux lobes presque égaux, peu distincts, l'externe à deux pointes tranchantes, et l'interne très-large avec un tubercule obsolète antérieur. Inférieurement nous devons aussi noter quelques différences, surtout dans les arrière-molaires, dont la première a la pointe interne de la partie antérieure bien plus marquée, et le talon ou partie postérieure proportionnellement bien plus large, et dont la seconde, évidemment plus grosse, est excavée à la couronne avec le bord interne relevé en une pointe aiguë.

$\frac{3}{5}$ La Mouffette du Paraguay.

Une espèce de Mouffette du Paraguay, qui paraît être le *M. Humboltii* de M. Gray, m'a offert une particularité dentaire que je n'ai encore rencontrée dans aucune autre variété, en ce qu'elle n'a que trois molaires à la mâchoire supérieure, par absence de la première avant-molaire. Dans les autres Mouffettes, du reste, je ne vois aucune différence bien évidente dans les dents, si ce n'est peut-être un peu dans la forme et dans la proportion de l'arrière-molaire d'en haut.

$\frac{4}{4}$ Le Ratel.

Le Ratel est jusqu'ici le seul animal de ce genre dont les molaires soient réduites à n'être qu'au nombre de quatre aux deux mâchoires par l'absence de la première fausse molaire en haut, et de la dernière arrière-molaire en bas, ce qui donne pour la formule dentaire de cet animal:

$$\frac{3}{3}+\frac{1}{1}+\frac{2}{2}+\frac{1}{1}+\frac{1}{1}.$$

Quant aux dents qui restent, elles rappellent assez bien ce qu'elles sont

$\frac{3}{3}$ dans le Glouton, un peu moins carnassières cependant, et la principale inférieure avec denticule au bord postérieur.

Dans le Putois du Chili. Enfin je dois encore signaler ici une espèce de ce genre dans laquelle le nombre des dents molaires n'est que de trois en haut ainsi qu'en bas, comme dans le premier système dentaire de tous les Carnassiers, une avant-molaire, une principale et une arrière-molaire. C'est sur une tête bien adulte cependant, rapportée de l'Amérique du Sud par M. d'Orbigny, et dont je ne connais pas l'animal, que j'ai rencontré cette singulière particularité. Les trois dents ressemblent du reste à leurs correspondantes dans les Putois, l'arrière-molaire supérieure étant très-petite et transverse.

Dans le Bassaris. Dans cet exemple nous sommes descendus au minimum de dents chez les Mustelas; en remontant nous ne trouvons qu'une espèce qui offre une molaire de plus que la Fouine, et c'est le Bassaris, dont la formule dentaire est alors :

$$\frac{3}{3}+\frac{1}{1}+\frac{3}{3}+\frac{1}{1}+\frac{2}{2},$$

c'est-à-dire une arrière-molaire de plus à la mâchoire supérieure, comme dans la plupart des Viverras, desquels il se rapproche aussi un peu par la forme des dents.

Incisives, $\frac{3}{3}$ Les incisives sont toujours dans une disposition parfaitement transversale, en haut comme en bas, la seconde de celles-ci étant un peu plus rentrée que les autres.

Canines, $\frac{1}{1}$ Les canines sont en général plus grêles et plus aiguës que dans les autres Mustelas.

Avant-molaires, $\frac{3}{3}$ Les avant-molaires ne diffèrent guère que par un peu plus d'acuité à celles d'en haut et de crénelure au bord postérieur à celles d'en bas.

Principales, $\frac{1}{1}$ La principale supérieure est moins inéquilatéralement triquètre et moins carnassière à son bord externe que dans la Fouine; aussi son talon interne est-il bien plus large, sub-bilobé, et l'inférieure est encore presque semblable à la troisième avant-molaire qui la précède, sauf la taille plus grande.

Arrière-molaires, $\frac{2}{2}$

Les deux arrière-molaires supérieures offrent le caractère de leurs analogues dans les Viverras, étant l'une et l'autre de forme triquètre, la base du triangle bidenticulée en dehors, et le sommet ou talon en dedans. La postérieure est seulement beaucoup plus petite que l'antérieure.

Inférieure.

Les deux arrière-molaires d'en bas sont aussi plus insectivores que dans les Mustelas; en effet, la première a sa partie antérieure soulevée à trois pointes, l'interne à peine plus petite que la postérieure des externes, avec la postérieure ou talon presque aussi large qu'elle; et la seconde plus petite, mais assez bien de même forme, la partie antérieure transverse a deux pointes seulement, au lieu d'être bien plus petite et arrondie, comme dans tous les Mustelas.

Des changements par l'âge.

Les changements que l'âge apporte au système dentaire des animaux de ce genre sont à peu près les mêmes que dans les autres Carnassiers.

1er degré.

Dans le jeune âge, dont la durée ne nous est pas suffisamment connue, il y a toujours trois incisives en haut comme en bas, une canine et trois molaires, dont une avant-molaire, une principale et une arrière-molaire.

Il est assez rare de trouver dans nos collections ce degré du système dentaire.

Dans le Ratel du Cap.

Je ne l'ai rencontré d'une manière nette, et sans mélange d'aucune dent de seconde dentition, que dans un Ratel du Cap.

Incisives.

Les incisives très-petites, distantes, transverses, partagées de celles du côté opposé par un intervalle médian assez considérable; les deux internes supérieures un peu obtuses, courbées, subégales, mais bien plus petites que l'externe; les inférieures croissant de la première à la troisième, plus grosse et sub-bilobée à la couronne.

Canines.

Les canines supérieure et inférieure, subégales en crochet et pourvues à la base postérieure d'un petit denticule bien marqué, qui l'élargit.

Molaires. Supérieures.

Des molaires supérieures, la première, la plus petite, un peu comprimée et en crochet, dans sa pointe médiane, avec un talon basilaire en avant comme en arrière, la seconde ou principale, assez semblable à celle de l'adulte, mais plus tranchante, avec son talon interne plus reculé, presque médian, au lieu d'être antérieur comme dans la dent d'adulte; enfin la troisième ou arrière-molaire de forme triquètre, à côtés subégaux, la base au bord externe, avec une pointe médiane tranchante, au milieu de deux tubercules gemmiformes, et le sommet interne arrondi en talon; de manière qu'elle n'a aucune ressemblance avec son analogue dans l'âge adulte.

Inférieures. A la mâchoire inférieure l'avant-molaire est assez semblable à celle d'en haut, mais un peu plus en crochet; la principale bien plus grande, mais assez bien de même forme et à deux racines; enfin l'arrière-molaire de forme carnassière, avec deux seuls lobes tranchants extérieurs, le postérieur bien plus grand, et un très-petit talon, est beaucoup plus carnassière que sa correspondante dans l'âge adulte.

Dans le Taïra. Un jeune Taïra au premier âge m'a présenté, sans mélange et complet, un système dentaire qui ressemble presque entièrement à celui que je viens de décrire dans le Ratel; les canines étaient seulement un peu plus fortes et le crochet basilaire moins prononcé.

2e degré. J'ai observé un second degré de développement du système dentaire, c'est-à-dire un mélange de beaucoup du premier et d'un peu du second,

Dans la Loutre commune. dans la tête d'une jeune Loutre commune. Les incisives d'en haut étaient

Incisives. déjà remplacées (1), et de celles d'en bas il ne restait que la première

Canines. paire convergente et bilobée à la tranche; les canines supérieures avaient été cassées à la racine, et les inférieures, très-grêles, s'avançaient en ha-

Molaires. meçons; les trois molaires supérieures existaient : la première, fort petite, à deux racines, à couronne pointue, subtranchante; la seconde, tranchante au bord externe sub-bilobé, sans talon postérieur, mais en ayant un interne assez marqué, porté sur une racine; et enfin la troisième triquètre, le côté externe tranchant, à deux lobes, avec un talon interne. Des trois molaires inférieures, la première était très-petite et fort oblique, la seconde également assez petite, en crochet, avec talon

(1) Je n'ai pu voir les incisives de lait dans la Loutre qu'à un âge où le reste du système dentaire n'existait pas encore hors des mâchoires. Elles sont très-petites, en crochet dirigé en arrière, distantes entre elles et croissant de la première à la troisième.

à sa base ; enfin l'arrière-molaire était assez semblable à celle de l'adulte.

La Loutre marine.

A en juger d'après la tête de jeune Loutre marine figurée par M. Lichtenstein, les dents molaires de jeune âge de cette espèce seraient très-différentes de ce qu'elles sont dans la Loutre ordinaire, en ce que, en haut, ce n'est pas la principale ou seconde qui est la plus grosse, mais l'arrière-molaire de forme triquètre, le petit côté du triangle en dehors, et qu'en bas l'arrière-molaire est énorme, avec un large talon un peu excavé en arrière.

Le Zorille.

C'est ce degré que nous avons signalé dans un Zorille où les deux canines existaient à la fois; celle de lait, bien plus grêle, en arrière de l'autre, et les deux principales d'en haut, celle du premier âge, plus carnassière que celle de remplacement par l'absence du talon interne.

3e degré.

Enfin, il en est un autre dans lequel se trouvent à la fois toutes les dents incisives, la première avant-molaire, et la première arrière-molaire de remplacement, avec les principales et les canines seules de lait; mais le dernier est toujours celui dans lequel il ne reste que les canines de première dentition, toutes les autres dents étant de remplacement. Nous n'en possédons pas d'exemples dans les Mustelas de la Collection. 4e degré.

5e degré.

Dans la disposition.

Avec l'âge et par suite de la sortie complète de la canine, les avant-molaires se serrent, se placent plus ou moins obliquement, de sorte que la première avant-molaire s'avance en dedans de la racine des canines, de manière à pouvoir tomber tout à fait (1).

Par la même raison de la sortie des canines, les dents incisives se serrent aussi, s'entassent, et surtout celles d'en bas, de manière que l'intermédiaire est fortement repoussée en dedans au point de pouvoir disparaître ou de faire disparaître la première. C'est peut-être le cas de la Loutre du Kamtschatka.

Par l'usage.

Enfin, nous devons aussi noter que l'emploi des dents chez les Mustelas, comme dans les autres Carnassiers, finit par les user, les incisives quelquefois jusqu'à la racine, les canines à leur pointe, et même les ar-

(1) C'est peut-être le cas observé sur la Mouffette de Humbolt, citée plus haut.

rière-molaires d'en haut, du moins dans les Mouffettes, à la couronne.

Des racines. Les alvéoles et les racines des dents chez les animaux de ce genre, sont absolument comme dans les Petits-ours et dans les Carnassiers en

Dans la Fouine. général. Ainsi, dans la Fouine, type du genre, les incisives n'ont tou-

Incisives. jours qu'une racine médiocrement longue et moins comprimée à celles

Canines. d'en haut qu'à celles d'en bas. Les canines n'en ont également qu'une très-forte, un peu comprimée, et d'autant plus fistuleuse qu'elle est plus

Molaires. jeune. Pour les molaires, la première avant-molaire, en haut comme en bas, quand elle existe, n'en a jamais qu'une, fort petite, conique, un peu sinueuse. Les deux autres, aux deux mâchoires, ont toujours deux racines, la postérieure un peu plus forte et plus divergente à la der-

Principale. nière. La principale d'en haut en a au moins trois et quelquefois quatre, la postérieure, celle du talon de la couronne la plus forte; tandis que celle d'en bas n'en a que deux, la postérieure la plus grosse. Enfin pour les

Arrière-molaires. arrière-molaires, la supérieure a deux racines transverses subégales et fort courtes; la première d'en bas en a deux subégales, divergentes, et la seconde n'en a qu'une seule.

Des alvéoles. Du nombre et de la disposition de ces racines, il résulte pour leurs alvéo-

Supérieurement. les, à la mâchoire supérieure, une série de douze trous: trois dans l'os incisif, et subterminaux, dont le troisième est le plus grand; puis dans le maxillaire, un quatrième encore plus grand, et après lui une rangée externe de huit autres, dont le premier touche le précédent, et le dernier l'extrémité de l'os, avec une rangée interne de deux seulement plus grands et plus distants, l'un vis-à-vis le sixième externe, et l'autre tout à fait postérieur en regard du dernier.

Inférieurement. A la mâchoire inférieure, la série alvéolaire est de quatorze trous, généralement un peu plus en entonnoir, trois antérieurs presque confondus tant ils sont serrés, puis un quatrième bien plus grand, et après lui dix autres, pour les molaires, le premier et le dernier isolés, et celui-ci à peine sur l'origine du bord incliné de l'apophyse coronoïde. Les intermédiaires conjugués deux à deux, le postérieur un peu plus grand que l'antérieur et proportionnellement aux racines.

Les différences que présentent, sous le rapport des racines et des alvéoles, les espèces de Mustelas, sont faciles à prévoir, et par conséquent à reconnaître, puisqu'elles portent nécessairement sur le nombre des dents, sur la proportion de la couronne et des parties de chacune d'elles, et enfin sur ce qu'elles étaient plus ou moins serrées obliquement, ce qui a dérangé la régularité sériale des alvéoles. Différences.

Pour les incisives et les canines, la différence ne peut consister que dans la grandeur, le nombre étant toujours le même. Il faut cependant se rappeler que l'alvéole de la seconde incisive inférieure est souvent fort reculée, et que dans la Loutre du Kamtschatka, la première dent n'existe pas; dès lors il n'y a que deux alvéoles avant celle de la canine à la mâchoire inférieure. Pour les incisives et les canines.

Pour les molaires, quand elles sont $\frac{5}{6}$ comme dans la Fouine, notre type, il ne peut y avoir de différence de nombre, mais seulement de proportion, surtout pour les talons qui s'ajoutent à la couronne. Pour les molaires.

Quand le nombre de ces dents est réduit à $\frac{5}{5}$, il n'y a plus que neuf trous en bas, après celui de la canine, et huit en haut (1). Réduit à $\frac{5}{5}$.

Quand il est descendu à $\frac{4}{5}$, ce nombre est de six marginaux en haut et de huit en bas; mais en outre on peut remarquer des différences assez grandes, suivant la proportion des racines. Ainsi, dans les Mouffettes et dans les Loutres, il y a un trou de plus dans la série marginale, parce que l'arrière-molaire a trois racines, deux externes et une interne plus grosse; ce qui en fait sept en haut et huit en bas. $\frac{4}{5}$

Lorsque les molaires ne sont plus qu'au nombre de quatre à chaque mâchoire, comme dans le Ratel, il manque une première alvéole en haut, et les deux terminales d'en bas; dès lors, le nombre des trous, après celui de la canine, est réduit à sept en haut comme en bas. $\frac{4}{4}$

Enfin, lorsque le système dentaire est au minimum, c'est-à-dire réduit à n'être plus que de trois aux deux mâchoires, il manque les trois trous antérieurs en haut, et trois en avant et un en arrière en bas; dès $\frac{3}{3}$

(1) C'est à tort que M. Fréd. Cuvier (*Ossements fossiles*, IV, p. 342) donne deux racines aux trois premières molaires de la Loutre; la première n'en a certainement qu'une.

lors, les trous alvéolaires au delà de celui de la canine, ne sont plus que de cinq supérieurement et de six inférieurement, groupés deux à deux.

$\frac{6}{6}$ Quand, au contraire, le nombre des molaires est au maximum de ce qu'il peut être dans ce genre, comme dans le Bassaris, c'est-à-dire de six en haut comme en bas, dès lors le nombre des trous à la mâchoire supérieure est augmenté de deux dans la série externe, et d'un pour l'interne, à cause d'une arrière-molaire à trois racines de plus; celui de la mâchoire inférieure n'étant accru que d'un pour la seconde racine de la dernière arrière-molaire, ce qui donne une série marginale externe de onze trous, sans compter les trois internes, à la mâchoire supérieure, et de même à l'inférieure.

Il n'est pas besoin d'ajouter que dans le cas où le système dentaire sera de jeune âge, ou le résultat d'un certain mélange de ce système et de celui d'adulte, les alvéoles devront offrir, dans leur nombre et dans leurs proportions, des combinaisons différentes, mais qu'il sera aisé de prévoir et d'apprécier.

CHAPITRE TROISIÈME.

PALÉONTOLOGIE.

DE L'ANCIENNETÉ DES ANIMAUX DU G. MUSTELA, ET DES TRACES QU'ILS ONT LAISSÉES DANS LE SEIN DE LA TERRE.

Quoique les Grecs et les Latins aient connu la plupart des espèces européennes de ce genre, comme l'a démontré M. Dureau de la Malle, dans un mémoire que nous avons déjà eu l'occasion de citer, et qu'en effet la Fouine paraisse avoir été domestique chez eux, comme les Chats le sont aujourd'hui chez nous, cependant on ne voit pas qu'il ait été fait mention de quelques-uns de ces animaux, si ce n'est dans un petit nombre de passages de leurs écrits, malgré que le nom de *Galé* ait été assez fréquemment employé par les Grecs, et celui de *Mustela* par les Latins.

Dans le Lévitique. On trouve dans le Lévitique, XI, 29, au nombre des animaux déclarés impurs par Moïse, et accolés à la Souris et au Crocodile, un animal nommé *Choleb*, et ce nom a été rendu diversement par les traducteurs de la Bible (1), les uns pensant que c'était le *Galé* des Grecs ou le *Mustela-Foina*, et d'autres que c'était la Taupe. Bochart a employé un chapitre tout entier de son savant ouvrage sur les animaux de la Bible, *Hieroz*, II, *cap.* 35, p. 435, pour démontrer cette dernière opinion, tout en avouant que les Thalmudistes l'ont employé aussi quelquefois pour le *Mustela*. Il montre en effet par des passages choisis chez les meilleurs auteurs que ces mots *chuldo* en syrien, *chuld* ou *chold* en arabe, s'appliquent rigoureusement à la Taupe. Quant à la preuve qu'il tire de ce que le Choleb, dans le Lévitique, est mis à la tête des animaux qui semblent ramper à cause de la brièveté des pieds, il me semble que cet argument est plutôt contre que pour sa thèse; en effet il est impossible de le dire de la Taupe, quoique ses membres soient en effet fort courts, et cela est assez juste pour les Mustelas. Quant à l'autre étymologie tirée du grand nombre de petits, les Mustelas valent bien la Taupe sous ce rapport. Bochart.

Une autre objection à cette manière de voir de Bochart, et qu'il a parfaitement sentie, c'est que dans le verset suivant du même livre du Lévitique, Moïse place avec la Musaraigne, le Caméléon, le Stellion, le Lézard, un animal qu'il nomme *Thinsemeth* et que tous les interprètes ont considéré comme la Taupe, *Talpa*. Aussi cherche-t-il à montrer que cette interprétation n'est pas juste; mais sans le prouver, ce me semble, par des raisons convaincantes; aussi suis-je porté à penser que ce nom de *Choleb* ne s'applique pas à un Mustela proprement dit, mais que, ce qui paraît plus probable, ce devra être au *Felis* domestique, comme le pensait Kirsch, pour le *Cacaustha* des Syriens.

Au reste, s'il n'est pas absolument prouvé que la Bible nous ait laissé des preuves de la connaissance alors de quelque espèce de ce groupe de

(1) Les Septantes, *Galé*.
S. Jérôme, *Mustela*.
Le Syriaque, *Cacaustha*.

Dans les auteurs grecs : Aristote.

Carnassiers ; nous avons vu, dans le chapitre que nous avons consacré plus haut à l'histoire zoologique de ce genre d'animaux, que certainement les anciens naturalistes grecs, Aristote par exemple, connaissaient les Martres et les Putois, c'est-à-dire les espèces les plus communes en Europe, les unes sous le nom d'*Ictides*, et les autres sous celui de *Galé*; mais avant eux je ne connais qu'un petit nombre d'écrivains qui en aient parlé.

Ésope.

Ésope le Phrygien, que l'on suppose avoir vécu 6 ou 700 ans avant Jésus-Christ, et avoir pris le sujet de ses fables dans l'Indien Pilpay, a certainement mis en scène la Belette, sous le nom de *Galé*, traduit chez Phèdre par *Mustela*; en effet le sujet de la fable demande un Carnassier assez petit, assez grêle, pour pénétrer dans les trous de rats et de souris; mais je ne connais guère que cet auteur où il soit parlé de Mustela.

Hérodote.

Hérodote, cependant, avait aussi employé le nom de *Galé* pour indiquer un animal d'Afrique semblable à un Mustela de Tartessia, mais nous avons vu plus haut, dans notre article général sur les Carnassiers, p. 18, qu'il s'agissait sans doute de quelque *Viverra*, et peut-être de la Civette.

Les auteurs latins. Ovide.

La fable d'une certaine Galanthis ou Galanthia, servante d'Alcmène, et que Junon métamorphosa en Belette, pour l'avoir trompée au sujet de l'accouchement d'Alcmène, par suite de la jalousie de cette déesse contre celle-ci, paraît n'avoir rien d'assez ancien pour que nous puissions en déduire quelque chose de propre à éclairer l'histoire des Mustelas, si ce n'est que le préjugé combattu par Aristote, que ces animaux accouchaient par la bouche, existait alors dans sa plénitude, puisque Ovide, dans l'histoire de cette métamorphose, ajoute que Junon infligea cette punition à Galanthis, afin qu'elle fût punie par la partie d'où était sorti le mensonge.

Columelle.

Chez les Latins, nous trouvons le *Mustela* bien distingué des *Felis* ou des Chats, par exemple, dans Columelle, qui, dans l'article qu'il a consacré aux soins qu'il faut prendre pour élever les Oies, signale parmi les animaux à craindre pour elles, les *Mustelas* et les *Felis*, et probablement que ces Mustelas n'étaient autre chose que la Fouine qui, encore de nos jours, est le plus à redouter dans nos basses-cours.

Nous avons également vu plus haut que Pline, dans l'ouvrage duquel a été recueilli à peu près tout ce que l'on avait dit avant lui de vrai et de faux sur les animaux, paraissait avoir distingué les deux espèces de Martres : l'une sauvage et l'autre domestique, c'est-à-dire la Martre et la Fouine, sous le nom commun d'*Ictidoe*, et que, du temps de Palladius, on se servait, pour détruire les Taupes dans les jardins, de Mustelas privés, que M. Dureau de Lamalle pense être le Putois.

Pline.

Palladius.

Enfin nous avons rappelé dans le même article que Strabon avait mentionné, d'une manière certaine, le Furet, comme importé d'Afrique, avec le Lapin qu'il chasse, sous le nom de *Gale agria.*

En sorte qu'il est fort probable que les anciens Grecs et Latins connaissaient, ou au moins avaient distingué, les espèces de Mustelas qui vivent encore aujourd'hui dans les parties méridionales de l'Europe, savoir : la Martre, la Fouine, le Putois, le Furet et la Belette; bien plus, que deux espèces étaient à l'état domestique, la Fouine et le Furet.

Dans les monuments d'art.

Un monument, il est vrai, assez peu ancien, puisqu'il ne peut pas remonter au delà du temps d'Adrien, et qu'en effet il représente évidemment son voyage dans la haute Égypte, donne la figure de deux Loutres parfaitement reconnaissables, tenant un poisson à la gueule, et avec le nom d'*Enhydris*, écrit au-dessous. C'est la fameuse mosaïque de Palestrine, dont nous avons déjà eu l'occasion de parler, et sur laquelle l'abbé Barthélemy nous a laissé un si bon commentaire. Par là nous voyons que les anciens connaissaient cette espèce de Mustela, dejà indiquée par Pline sous le nom de *Lutra*, que nous lui avons conservé, et qu'Aristote avait, bien avant lui, désignée par la dénomination d'Enhydris.

Mosaïque de Palestrine.

A l'état de momie.

Comme il paraît n'exister en Égypte aucune espèce de *Mustela* véritable, mais seulement des Viverras, des Felis, des Canis, et des Hyènes, il n'y a rien d'étonnant que ses anciens habitants n'aient tiré de ces animaux aucun signe hiéroglyphique, et qu'on n'ait rien trouvé de leurs dépouilles dans les catacombes.

Je ne connais non plus aucun monument d'art (1), de quelque nation que ce soit, qui nous ait fourni une preuve matérielle que les anciens aient connu les animaux que les naturalistes renferment aujourd'hui dans ce genre, à l'exception de la Loutre dont nous venons de parler, et nous avons vu, dans notre histoire de la zoologie des Mustelas, que ce n'est que sur des conjectures seulement plausibles, que l'on rattache aux observations des modernes à leur sujet ce que les anciens nous ont laissé sur la Martre, la Fouine, le Putois, le Furet et la Belette, en supposant que les premières espèces étaient domestiques, comme le sont les Chats aujourd'hui, et pour le même usage.

Dans les couches de la terre.

Mais s'il était possible de conserver quelques doutes sur l'existence de ces animaux à la surface de la terre, à l'époque historique de l'Homme, leurs restes fossiles sont là pour nous convaincre aisément que, comme partie de la création, ils ont continué d'exister alors, comme ils existent encore aujourd'hui.

A l'état d'Empreintes.

On n'a cependant pas encore attribué à aucun de ces petits Carnassiers ces sortes de traces ou d'empreintes à la surface de quelques roches anciennes, comme nous verrons qu'on l'a fait pour l'Homme et pour les Singes. Mais il en est tout autrement pour les ossements fossiles, quoique l'on n'en cite encore qu'en Europe, si je ne me trompe, et même en assez petit nombre; ce qui peut tenir à ce qu'en général fort petits, ils ont pu être conservés et même découverts plus difficilement.

A l'état fossile.

Quoi qu'il en soit, nous allons, dans l'examen de ce petit nombre d'ossements ou de dents de Mustelas, trouvés jusqu'ici à l'état fossile et dans des conditions géologiques un peu différentes, suivre l'ordre dans lequel nous avons rangé les espèces.

(1) Pendant un voyage que je viens de faire en Italie, dans le but de rendre mes Mémoires moins incomplets, en visitant les collections artistiques, si riches en ce pays, je n'ai en effet trouvé ni dans les peintures de Pompeïa, qui représentent cependant un grand nombre d'animaux domestiques ou sauvages, ni dans les statuettes en marbre ou en bronze, grecques, étrusques ou romaines, aucune représentation d'une espèce de Mustela, quoique j'aie vu, dans le musée du Vatican, un rat fort bien représenté.

Nous ne connaissons aucun paléontologiste qui, à tort ou à raison, ait attribué un os ou une dent fossile au Ratel ou à une espèce voisine. Le Ratel.

Je ne trouve non plus cité dans aucun auteur de paléontologie, que l'on ait rencontré, en Europe, quelque fragment attribué à des Mouffettes, animaux exclusivement d'Amérique, si ce n'est dans la liste des fossiles des cavernes du Brésil, donnée par MM. Lund et Claussen. Il y est en effet question d'os d'une espèce de Mouffette. La Mouffette.

Il n'en est pas de même du Glouton, et c'est encore dans des cavernes que des restes fossiles de cette grande espèce de Mustela ont été trouvés, mais dans le nord de l'Europe, en Allemagne, où cet animal existe encore vivant. Le Glouton.

M. le professeur Goldfuss est le premier qui en ait obtenu une mâchoire inférieure, qu'il décrivit et figura d'abord sous le nom générique de *Viverra*, dans sa description des environs de Muggendorff, Pl. V, fig. 3. (1810.) Dans les cavernes des environs de Muggendorff. Mandibule.

Depuis lors, s'en étant procuré un crâne ou une tête tout entière, provenant des mêmes lieux, il en fit le sujet d'un mémoire, accompagné d'une excellente figure de grandeur naturelle, inséré dans les *Nova Acta* des curieux de la Nature, tom. IX, p. 311, Pl. 8, fig. 1. 2, et dans lequel il crut devoir en constituer une espèce distincte, sous le nom de *Gulo spelæus*. Crâne.

Enfin, M. Goldfuss avait pu encore observer un troisième fragment de cet animal, trouvé dans la grotte de Sundwig, lorsque M. Cuvier reçut une quatrième tête de Glouton, provenant de la caverne de Gaylenreuth, et que M. Soëmmering voulait bien lui envoyer en communication; c'est d'elle, en effet, qu'il a donné une figure réduite, tom. IV, Pl. 31 (1), fig. 22, 23, 24 de la seconde édition de ses Recherches sur les ossements fossiles de quadrupèdes, publiée en 1825. De Sundwig. Un second. Un troisième.

(1) M. Cuvier, dans son texte, cite la fig. 1 et 2, de la planche 38, comme représentant la tête fossile que lui avait communiquée M. Soëmmering; mais par erreur, la figure qu'il cite est celle de la tête du squelette du Glouton vivant; et la tête fossile a été figurée dans la planche 31, du même volume, avec des ossements d'Hyène.

De Gaylenreuth. Un quatrième.

Nos collections ne possèdent aucun os fossile appartenant à cet animal; mais seulement le moule en plâtre d'une tête assez complète, qu'a bien voulu nous envoyer M. le comte de Munster, celui d'une mâchoire inférieure, et de plusieurs os longs que le Muséum doit à lord Cole, qui possède les originaux.

Quelques os.

D'après ces moules, qui paraissent avoir été faits avec soin, il ne m'est resté aucun doute sur l'identité de l'espèce dont proviennent ces os fossiles avec le Glouton vivant de nos jours. Seulement, le crâne de la collection de M. de Munster est d'un cinquième environ plus grand que celui de notre squelette ; ce qui est également vrai pour la portion de mandibule et les fragments d'os longs de la collection de lord Cole.

Par M. G. Cuvier.

M. G. Cuvier était arrivé au même résultat, en examinant le crâne à lui confié par M. Soëmmering, puisqu'il dit, p. 482, qu'elle ressemble à un point étonnant à celle du Glouton du Nord, excepté que la tête fossile est un peu plus grande; les seules différences qu'il signale, savoir : des arcades zygomatiques plus écartées, un museau un peu plus court relativement au crâne, une mâchoire inférieure moins haute à proportion de sa longueur, et la position un peu plus avancée des trous mentonniers, étant évidemment si faibles et si bien en rapport avec un peu plus de force dans toute la tête, que c'est à peine, dit M. Cuvier, si j'y vois une différence qui puisse n'être pas individuelle. En effet, il est aisé de voir qu'un cinquième de plus environ dans la grandeur de la tête entraînait nécessairement ces légères différences, et quant à la position un peu moins reculée des trous mentonniers, elle est déjà sensiblement moindre dans le crâne de la collection de M. de Munster.

Mélogale. Zorille. Suivant M. Cuvier.

Je n'ai, non plus que pour les espèces qui précèdent le Glouton, remarqué aucun auteur qui ait rapporté aux Mélogales, aux Zorilles, aux Taïras ni aux Grisons, aucun os fossile trouvé dans notre Europe. Je dois seulement faire observer que M. G. Cuvier avait un moment rapproché du Zorille des ossements qu'il a ensuite regardés comme de

Taïra.

Putois, et que MM. Lund et Claussen en indiquent comme d'un Taïra, dans les cavernes du Brésil, sous le n° 45 de leur catalogue. L'espèce de ces ossements n'est pas indiquée; mais il n'y a rien d'étonnant, cet animal étant du pays où l'on a recueilli les ossements qu'on lui attribue. Suivant M. Lund.

Nous allons, au contraire, signaler des ossements fossiles de presque toutes les espèces de Mustelas qui vivent encore aujourd'hui dans notre Europe.

Fouine. Suivant M. Schmerling.

La Martre Fouine, *M. Foina*, a été rencontrée dans le diluvium des cavernes des environs de Liége, à Fonds de forêt, par M. Schmerling: en effet, il en a décrit et fait figurer une fort belle tête, bien entière, avec la mâchoire inférieure et toutes ses dents, p. 11, Pl. I, fig. 7 de son ouvrage; et quoique cette tête lui ait paru plus longue et plus large, c'est-à-dire dans des proportions, en général, plus fortes, avec le museau un peu plus allongé, la crête sagittale plus élevée, dans sa partie postérieure surtout, et les dents généralement plus fortes que dans les individus de notre Fouine qu'il avait sous les yeux, il est impossible d'élever le moindre doute sur l'identité d'espèce avec la Fouine actuellement vivante dans nos contrées.

M. Bravard.

M. Bravard, dans son *Tableau des Mammifères fossiles dans le département du Puy-de-Dôme*, cite une Fouine dans les brèches osseuses du département de l'Hérault, mais sans autres détails, et sans nous dire sur quel caractère il a distingué les os de la Fouine de ceux de la Martre. Peut-être en effet cette assertion repose-t-elle sur les mêmes fragments que MM. Marcel de Serres et de Christel ont attribués au Putois.

M. Goldfuss.

Avant MM. Schmerling et Bravard, M. Goldfuss, suivant le premier, avait aussi reconnu la Fouine comme fossile dans les cavernes d'Allemagne, et cela d'après une demi-mandibule portant les dents molaires, sauf la première, et dont la longueur était de trois pouces un huitième de long. Mais cette pièce qui est figurée Pl. V, fig. 3, de son ouvrage sur les environs de Muggendorf, était donnée par lui comme une espèce de Viverra que depuis il a reconnu être le Glouton.

M. Tournal.

M. Tournal fils en fait également mention dans son tableau, *Annales de Chimie et de Physique*, 1832, mais sans preuves, à ce qu'il me semble.

Martre (*M. Martes*). D'après M. Keferstein.

Quelques ouvrages qui renferment des Catalogues paléontologiques ont aussi rangé la Martre (*M. Martes* L.) parmi les espèces dont on avait trouvé des ossements à l'état fossile, mais jusqu'ici à tort, du moins, à ce qu'il me semble. Ainsi M. Keferstein dans son *Naturgeschichte des Erdkorpers II*, p. 221, inscrit le *M. Martes fossilis*, et il cite à l'appui 1° G. Cuv. IV, p. 475; t. 31, fig. 23-24. Or le texte a rapport à deux dents de la caverne de Kirkdale que M. Buckland et M. Cuvier donnent comme d'une Belette et les figures citées représentent la tête fossile du Glouton de la collection de M. Soëmmering; 2° Goldfuss, *Description de la caverne de Muggendorf*, tab. 6, fig. 3, qu'il avait citée déjà à l'article de la Fouine et qui est du Glouton comme il vient d'être dit plus haut; 3° Buckland, *Reliq. diluvianæ*, tab. 23, fig. 11-13, qu'il avait aussi déjà cité pour le *M. Putorius fossilis*.

Ainsi, dans l'état actuel de la science, nous ne pouvons invoquer, comme preuve de l'existence de la Martre à l'état fossile, que le catalogue déjà cité de M. Tournal, indiquant des os de cette espèce, sans dire lesquels, dans les brèches osseuses du département de l'Hérault.

Le Putois (*M. Putorius*). M. G. Cuvier.

Pour le Putois (*M. Putorius*), nous sommes plus heureux.

La première mention que je trouve d'ossements considérés comme fossiles, et attribués à cet animal, existe dans le mémoire de M. Cuvier, intitulé : *Sur les ossements de Carnassiers mêlés à ceux d'Ours en Hongrie et en Allemagne*, publié d'abord dans les *Annales du Muséum*, tome IX, p. 437, année 1807, et qui depuis a reparu sans changement dans le recueil de ses mémoires, sous le titre de *Recherches sur les ossements fossiles de Quadrupèdes*, en 1812, et enfin dans une seconde édition, en 1825, tome IV, p. 46-67. Il y est en effet question de quelques vertèbres, dont une avant-dernière dorsale, et deux caudales, d'une portion de bassin, comprenant le pubis et l'ischion du côté gauche, deux

D'après quelques os de Gaylenreuth.

os métacarpiens, le quatrième et le cinquième (1); une phalange et une côte qui ont été trouvés pétries avec des os de Renard dans un bloc de tuf de la caverne de Gailenreuth, et ont été figurés dans l'ouvrage cité, Pl. 34, fig. 11-17, de la première édition, et pl. 37, fig. 11-17, de la seconde.

J'ai pu les examiner dans la collection paléontologique du Muséum, dont ils font partie, et en les comparant avec leurs analogues dans le squelette du Putois, je me suis assuré que plusieurs pouvaient en effet être rapportés à un individu de cette espèce, mais d'une taille un peu supérieure à celle de notre Putois ordinaire. M. Cuvier ayant observé que la vertèbre dorsale était un peu plus courte et plus grosse que dans le Putois, et qu'elle ressemblait davantage à celle du Zorille, crut un moment que ces ossements pouvaient avoir appartenu à un animal de cette espèce; mais le fragment de bassin le ramena au Putois d'Europe, et, suivant nous, avec raison.

Le fait est que la vertèbre dorsale, la dernière, provient très-probablement d'une Fouine plutôt que d'un Putois, et qu'il en est de même de la côte, et probablement aussi des deux os métacarpiens. Quant à la portion de bassin et à la vertèbre caudale, elles ont la forme et la grandeur de leurs analogues dans le Putois.

Suivant M. Kruger.

C'est très-probablement à cette espèce qu'il faut aussi rapporter des ossements de Mustelas des mêmes cavernes de Gailenreuth, et dont M. Kruger a parlé dans son *Histoire de l'Ancien-Monde*, en allemand, 2e partie, p. 851; mais c'est ce que je n'ose assurer, l'auteur ne disant pas sur quoi repose son assertion. Je suppose cependant que c'est sur les ossements observés par M. Cuvier, et dont il vient d'être question. Quant à une autre localité qu'il cite aussi comme ayant offert des os de Putois, le schiste d'Œningen, j'ignore entièrement où il a puisé ce fait et sur quoi il repose; il se pourrait cependant que ce fût sur une observation

(1) M. Cuvier dit : Les deux os les plus éloignés du métatarse; mais je crois que c'est à tort, et que ce sont des métacarpiens toujours plus courts et plus gros proportionnellement, et surtout plus courbés en dessous.

de Karg, insérée dans un Recueil des naturalistes de Souabe que je ne connais pas.

M. Buckland.

M. Buckland, dans ses *Reliq. diluvianæ*, p. 15, tab. 6, fig. 28, et tab. 23, fig. 11-13, est cité par M. Keferstein, *loc. cit.*, comme ayant parlé de quelques ossements fossiles trouvés dans la caverne de Kirkdale, et qui appartiendraient à cette espèce; mais n'y a-t-il pas quelque confusion ou double emploi ?

MM. Marcel de Serres et Dubreuil ont parlé dans les *Mémoires du Muséum*, tome XVIII, p. 334, de deux fragments figurés Pl. XVII, fig. 14-15, trouvés dans les cavernes du département de l'Hérault, et qu'ils rapportent aussi à notre Putois. Ce sont deux morceaux de cubitus auxquels il faut joindre une mâchoire supérieure, un humérus et un tibia du même animal, recueillis par M. de Christel, dans les cavernes de Lunel-Vieil.

M. Schmerling.

Enfin, M. Schmerling, dans l'ouvrage que nous avons déjà cité sur les cavernes des environs de Liége, a décrit et figuré, p. 9, Pl. I, fig. 1, une tête entière, avec quatre demi-mandibules, qui sont évidemment de Putois de taille ordinaire.

La Belette (*M. vulgaris*).

La Belette, *Mustela vulgaris*, L., paraît aussi avoir laissé des traces de son existence ancienne dans le sol des cavernes.

Suivant M. Buckland.

M. Buckland en a d'abord trouvé dans la caverne de Kirkdale quelques traces, qui consistent seulement en deux dents qu'il a figurées, *Reliq. diluv.*, Pl. XX, fig. 28-29, et M. Cuvier, qui en a parlé, tome IV, p. 475, assure que ces dents, la carnassière et la tuberculeuse d'en haut, c'est-à-dire la principale et l'arrière-molaire, sont exactement semblables à leurs correspondantes dans la Belette commune.

M. Schmerling.

Ensuite, comme pour les espèces précédentes, M. Schmerling a recueilli des ossements, provenant indubitablement de cette espèce, dans les cavernes des environs de Liége : l'un de ces fragments, os maxillaire gauche, portant toutes ses dents, Pl. I, fig. 3, indique un animal un peu plus fort que la Belette, peut-être l'Hermine; et l'autre, constituant une tête tout entière, avec sa mandibule, ibid., fig. 4-5-6, a paru beaucoup plus petite à M. Schmerling, au point que, suivant sa coutume, il a proposé de la rapporter à une espèce distincte. Le fait est que nous possédons, dans nos collections, des têtes de Belettes qui sont aussi petites.

M. Mac-Enry a aussi découvert, en Angleterre, dans la caverne de Kent, près de Torbay, une tête presque entière de Belette, qu'il a fait figurer, Pl. IV, fig. 17, de sa Description de cette caverne. Il ne peut y avoir de doute sur la justesse du rapprochement. M. Mac-Enry.

La dernière division des Mustelas, dont on a encore annoncé quelques ossements à l'état fossile, est celle des Loutres ; mais il me semble que les auteurs qui l'ont fait se sont, pour la plupart, bornés à une simple assertion. LOUTRE (*M. vulgaris*).

Ce sont, si je ne me trompe, MM. Marcel de Serres, Dubreuil et Jeanjean, qui ont parlé les premiers d'ossements d'un animal de ce genre trouvés dans la caverne de Lunel-Vieil, département de l'Hérault, dans un mémoire inséré dans ceux du Muséum, tome XVIII, p. 334. Le fragment trouvé consiste en une branche horizontale de mandibule du côté droit, et il faut qu'ils aient remarqué quelques différences avec son analogue dans la Loutre commune, puisqu'ils ont cru devoir le considérer comme indiquant une espèce distincte qu'ils ont nommée *L. antiqua*. D'après M. de Serres.

Ces différences ne consistent cependant, suivant eux-mêmes, qu'en ce que les fausses molaires, et surtout la troisième, sont plus inclinées, et que le fragment de mandibule indique des dimensions plus fortes.

Je dois aussi noter ici que MM. Croizet et Jobert, dans l'énumération générale des ossements fossiles trouvés par eux dans l'alluvium d'Auvergne, énumération qui fait partie du discours préliminaire de leur ouvrage sur les ossements fossiles du Puy-de-Dôme, citent une Loutre ; mais ils n'en ont rien dit dans le corps de l'ouvrage, qui, malheureusement, n'a pas été terminé. MM. Croizet et Jobert.

La même annonce prématurée existe dans le rapport verbal que M. G. Cuvier fit à l'Académie des Sciences sur les ossements fossiles du

Puy-de-Dôme, où des ossements de Loutre sont encore cités comme se trouvant dans les carrières de la montagne de Perrier; et, en effet, M. Bravard, dans sa description de deux Félis fossiles, p. 11, la répète, mais sans dire encore sur quoi elle s'appuie.

L. d'Auvergne. Il est cependant fort probable que ces assertions reposent sur une dent molaire qui fait partie de la collection de M. l'abbé Croizet, cédée par lui au Muséum, et qui était inscrite dans son catalogue sous le n° 135 et le nom de *L. Clermontensis.* Cette dent est en effet une arrière-molaire supérieure gauche, un peu usée, d'une Loutre très-voisine, si elle en diffère, de la Loutre commune, à laquelle je pense qu'elle doit être rapportée, ainsi peut-être que l'espèce établie par M. E. Geoffroy-Saint-Hilaire, sous le nom de *L. Valletonii*, sur quelques ossements plus importants trouvés dans un calcaire d'eau douce de Saint-Gérand, département de l'Allier; quoiqu'il ait supposé que ce pouvait être l'indice d'un genre distinct, qu'il a nommé *Potamotherium*, mais sans le caractériser.

De Meudon. On trouve encore indiquée, dans l'énumération des restes fossiles trouvés par M. d'Orbigny, dans la couche inférieure de l'argile plastique de Meudon, près de Paris, une dent molaire de Loutre; mais nous pensons que c'est à tort; cette dent, qui est une molaire, nous paraissant plutôt devoir être rapportée à un Carnassier dont nous parlerons, sous le nom de *Canis Viverroïdes*, et qui est établi sur un fragment décrit depuis longtemps par M. Cuvier.

Tels sont les seuls renseignements donnés avant nous sur l'existence à l'état fossile de quelques fragments ayant appartenu à une espèce du genre Mustela de Linné. Voyons maintenant à passer en revue les matériaux qui ont été découverts depuis, et que nous avons à notre disposition.

De la MARTRE. *M. Martes.* Comme provenant de la Martre proprement dite, nous citerons d'abord une dernière vertèbre lombaire, un radius, un cubitus, faisant partie du même avant-bras du côté gauche; un os innominé presque complet du même côté, et un fémur droit, qui ont appartenu à une Martre plutôt qu'à une Fouine, à cause de plus de gracilité dans les os longs, et de courbure en dessus dans l'os innominé, et à une Martre d'assez petite taille.

Ces os, qui sont teints en jaune rougeâtre, ont été envoyés par M. l'abbé Croizet, d'Auvergne, et sans doute trouvés dans une argile du diluvium de ce pays. d'Auvergne.

Je crois devoir rapporter à la même espèce animale ou à la Fouine un fragment de mandibule du côté droit, tronqué en avant, et surtout en arrière, et portant les cinq molaires antérieures. Les proportions de ce fragment, et surtout la forme de chacune des cinq dents qui le garnissent, ne peuvent laisser aucun doute qu'il provient d'une Martre ou d'une Fouine tout à fait semblable à celle qui vit aujourd'hui dans nos contrées.

Ce fragment a été envoyé au Muséum, comme provenant des brèches osseuses de Baillargues. de Baillargues.

Nous rapportons à une espèce de cette division deux fragments de mandibule du côté droit, que notre collection doit aux heureuses recherches de M. Lartet, et qui ont été trouvés à Sansans, près d'Auch, département du Gers. d'une espèce de Sansans. *M. Genettoïdes.*

Le premier fragment consiste dans la moitié postérieure de la branche horizontale, avec une partie de la fosse massétérienne d'une mandibule gauche; elle est étroite, assez épaisse, bombée en dehors, très-plate en dedans, et creusée en dessus de quatre alvéoles; l'une antérieure pour la racine postérieure de la principale; les deux suivantes plus grandes, surtout la postérieure, pour les deux racines de la première arrière-molaire ou carnassière; et enfin, la quatrième et dernière, plus petite que la première, est tout à fait ronde, et indique une arrière-molaire à une seule racine et conique.

Le second fragment, de même hauteur, mais un peu plus mince et moins convexe en dehors, appartient en effet à une partie plus antérieure de la mandibule : il porte deux dents bien complètes, qui sont les seconde et troisième avant-molaires; en avant de celle-là, une très-petite alvéole ronde, et en arrière de celle-ci, deux alvéoles inégales, encore remplies des deux racines de la principale : les deux dents existantes ont, quoiqu'un peu plus grandes, la forme de leurs analogues dans la Fouine; mais elles sont plus espacées, moins serrées, d'où les trous mentonniers plus écartés, ce qui rappelle quelque chose de Viverroïde.

C'est ce qui m'a déterminé à donner le nom de *Mustela genettoïdes* à l'animal ancien auquel ces deux fragments ont appartenu.

Ils proviennent du terrain tertiaire moyen d'eau douce de Sansans, où ils ont été trouvés avec des fragments d'os de Singe, de Taupe, de Desman, d'Ours, de Petits-ours, d'Amphicyon, etc.

une seconde espèce d'Auvergne. *M. Plesictis.*

Une autre espèce de cette même division des Mustelas a été découverte en Auvergne, par M. de Laizer d'un côté, et M. l'abbé Croizet de l'autre; mais celui-là paraît l'avoir fait connaître le premier dans un mémoire fait en commun avec M. de Parieu, communiqué à l'Académie des Sciences en 1837, et publié dans le Magasin de Zoologie pour l'année 1839. En réunissant à ce que ces messieurs nous ont appris du crâne de cette espèce fossile ce que M. Croizet en avait recueilli de son côté, et qui se trouve aujourd'hui dans les collections du Muséum, il va nous être possible d'ajouter quelque chose à ce que MM. de Laizer et de Parieu nous en ont dit.

Système dentaire.

Je commencerai par le système dentaire, parce que c'est lui qui a servi à montrer que cet animal était une espèce de Mustela, et que, d'ailleurs, il est plus complétement connu que le squelette.

De la Mâchoire supérieure : Incisives.

Les incisives, sur le crâne de la collection de M. de Laizer, étaient sans doute au nombre de trois de chaque côté; mais une seule, l'externe, existait, et comme à l'ordinaire, elle était un peu cunéiforme et plus forte que la seconde, et celle-ci sans doute un peu plus que la première; mais elle ne se trouvait pas dans la pièce fossile.

Je connais encore moins les incisives de la mâchoire inférieure.

Canines.

La canine supérieure, à en juger par celle de droite, qui était conservée en partie, avec la pointe cassée, a semblé avoir été forte et dirigée verticalement; quant à l'inférieure, qui existe dans un fragment de mandibule droite de la collection Croizet, elle est bien en crochet, un peu aplatie en dedans comme dans la Fouine, mais plus petite.

J'ai trouvé dans la même collection, sous le n° 135 du Catalogue, avec le nom de *Lutra Clermontensis*, une canine supérieure droite, beaucoup trop petite pour avoir appartenu à une Loutre; elle est assez comprimée, assez en crochet, conique, peu allongée, un peu plus plate en dedans qu'en dehors, et pourvue d'une racine au moins aussi forte que la couronne.

Avant-Molaires.

Les avant-molaires, qui existent bien complètes sur le crâne de la collection de M. de Laizer, sont au nombre de trois en haut, toutes triangulaires, un peu comprimées, surtout la seconde et la troisième, croissant de la première à la dernière, assez espacées ou non contiguës, et, du reste, ayant la même disposition, les mêmes proportions, et presque la même forme que dans la Martre, et encore mieux que dans le Mélogale. Inférieurement elles ne sont pas connues.

Principale.

La principale d'en haut est dans le même cas, c'est-à-dire, que de forme triquètre assez mince, le côté le plus court en avant, les deux autres subégaux, son bord externe est rendu tranchant par une pointe entre deux talons subégaux, et que son talon ou tubercule interne est petit et presque tout à fait antérieur; elle est aussi assez oblique.

Je ne connais pas la principale d'en bas, ou du moins, je ne la connais que dans la base de sa couronne, qui montre qu'elle était large, mais fort comprimée.

Arrière-Molaires.

Il n'y a en haut qu'une seule arrière-molaire transverse, assez basse, triquètre, et presque aussi forte que la principale; son côté externe, fort oblique de dehors en dedans, est divisé en deux pointes mousses subégales, assez élevées, et à son angle interne est un talon beaucoup plus petit. Aussi, cette dent ne ressemble presqu'en rien à son analogue dans la Martre, pas beaucoup plus à ce qu'elle est dans le Mélogale, mais davantage à celle du Bassaris.

A la Mâchoire inférieure.

A la mâchoire inférieure, la première avant-molaire est aussi assez large, mais surtout assez comprimée; sa partie antérieure n'est divisée

Première Arrière-Molaire. qu'en deux pointes, dont la postérieure, la seule qui soit entière, est élevée, conique et non tranchante. A en juger par la racine, l'antérieure ne devait être qu'un peu plus petite que celle-là : quant à l'autre partie de la dent, elle forme un talon simple et assez petit.

Seconde Arrière-Molaire. La seconde arrière-molaire est petite, assez ronde, presque comme dans notre Fouine, et non comme dans le Putois.

En sorte que, d'après ce que nous en connaissons, on peut assurer que cet animal avait le système dentaire des Martres, cinq molaires en haut et six en bas, dont trois avant-molaires, une principale aux deux mâchoires, avec une arrière-molaire en haut et deux en bas; mais dont la forme se rapprochait un peu de ce qui a lieu dans le Bassaris, moins la seconde arrière-molaire.

Crâne. En combinant ce que nous apprend le fragment de la collection de M. de Laizer et un crâne parfaitement conservé, sans aucune compression, de celle de M. Croizet, nous voyons que la tête, en général, était plus étroite, plus allongée proportionnellement; le crâne n'étant point déprimé ni élargi au-dessus du conduit auditif externe, et la face étant un peu plus étroite et plus effilée, et cependant assez courte; mais ce que le crâne offre de plus remarquable, c'est non-seulement l'élévation de la crête occipitale et son partage en deux espèces d'ailes, mais la manière dont elle s'interrompt au haut de l'occiput pour se continuer de chaque côté en un bourrelet assez saillant, qui limite les fosses temporales, ce qui produit au chanfrein une large bande jusqu'aux apophyses orbitaires. Cette particularité, signalée par MM. de Laizer et de Parieu, et comparée avec raison avec ce qui existe dans le Renard argenté, est encore plus semblable à ce qui est dans le Mélogale, du moins à en juger d'après la partie antérieure du crâne, la seule que nous connaissons de la tête de ce dernier animal, et comme nous venons de voir que le système dentaire du fossile se rapproche un peu de celui du Mélogale, on voit que la ressemblance devient assez marquée. Dans le fossile, en outre, on remarque que la caisse est un peu plus arrondie, plus bulleuse que dans les Martres; le canal auditif externe plus court et plus droit, le rétrécissement post-orbitaire plus prononcé; l'arcade zygomatique un peu plus large, et peut-être aussi l'orbite et le trou sous-orbitaire.

Mandibule.

Je trouve aussi, par l'examen de deux fragments de mandibule que nous possédons, et que nous croyons devoir rapporter à cette espèce, que la mâchoire inférieure était un peu plus mince et plus étroite, plus allongée, un peu comme dans le Mélogale; mais que la fosse massétérienne était plus profonde que dans ce dernier.

C'est cette particularité qui me porte à regarder comme ayant appartenu à la même espèce animale, un autre fragment de mandibule provenant de la collection de M. le comte de Laizer, et qui comprend toute la branche montante. La fosse massétérienne est en effet remarquable par sa grande profondeur; du reste, les trois apophyses sont parfaitement entières; celle du condyle est transverse, mais subarrondie et subtriangulaire, au niveau de la ligne dentaire; la coronoïde est médiocrement élevée, courte et peu arquée; au contraire, l'angulaire est assez prononcée en crochet arrondi. De cette branche montante part, justement dans la direction du condyle, une branche horizontale étroite, au bord supérieur de laquelle on voit, à la racine de l'apophyse coronoïde, une petite alvéole ronde, remplie de la racine de la dent; puis, à une petite distance, deux autres racines cassées, plus serrées, l'antérieure un peu plus petite que la postérieure.

Humérus.

Du reste du squelette, je ne puis guère rapporter à cette Martre des bois de l'antique Auvergne qu'une moitié inférieure d'humérus, dont la taille et la forme rappellent fort bien ce qui existe dans les Martres et les Fouines. On voit, en effet, qu'il était fort droit dans son corps, percé au condyle interne d'un trou oblique assez grand, et que la crête externe était longue, mais peu large et à bord presque droit.

Maxillaire gauche.

Je crois cependant qu'on peut aussi regarder comme appartenant au *M. plesictis* de MM. de Laizer et de Parieu une extrémité de mâchoire supérieure du côté gauche de la collection du premier, provenant aussi d'Auvergne, et qui porte une canine assez longue, mais grêle, courbée, et deux avant-molaires : la première beaucoup plus petite, assez mousse, à une ou deux racines connées, et une seconde plus grande, plus évidemment en crochet et à deux racines distinctes.

Du bassin de l'Allier.

Toutes ces différentes pièces sont d'une couleur brune assez foncée, et étaient contenues dans une sorte de marne argileuse qui les a pénétrées; et cette marne est considérée par les géologues de l'Auvergne comme faisant partie d'un terrain d'eau douce de la Limagne, dans le bassin tertiaire des bords de l'Allier.

Du *Gulo diaphorus*.

Enfin, je termine ce que je trouve à dire en ce moment sur les ossements fossiles, attribués à tort ou à raison à un animal du genre des Mustelas, par la description du beau fragment de mandibule décrit et figuré sous le nom de *Gulo diaphorus*, par M. Kaup, dans ses Ossements fossiles du duché de Darmstadt, et que j'ai cru devoir rapporter au genre Amphicyon.

Mandibule.

Ce fragment, fâcheusement fracturé aux deux extrémités, comme cela arrive souvent, s'est trouvé heureusement pourvu de toutes ses dents molaires, et appartient au côté droit de la mandibule. M. Kaup, qui en a fait le sujet d'un article intéressant de son travail, où il est figuré de grandeur naturelle, Pl. 1, fig. 26, l'a rapporté à un animal qu'il a d'abord nommé *Gulo antediluvianus* et ensuite *G. diaphorus*.

C'est, en effet, une forme qui a un certain nombre de rapports avec le Glouton; cependant il est évident que ce fragment indique une mandibule moins oblique, moins haute, plus droite, plus longue, plus étroite, ce qui fait supposer un plus grand nombre de dents. Les trous mentonniers sont aussi moins reculés et plus espacés; mais c'est surtout en comparant le nombre et chacune des dents que l'on trouve plus de différences.

Dents. Avant-Molaires.

Il y a cependant trois avant-molaires comme dans le Glouton, et quoiqu'un peu moins entassées peut-être, la forme et la proportion sont assez

Principale.

semblables. Il n'en est pas tout à fait de même pour la principale, qui, dans le fossile, est plus large, plus comprimée, et qui est presque trilobée, tant les deux talons qui accompagnent la pointe médiane sont prononcés.

Arrière-Molaires. Première.

La première arrière-molaire diffère encore bien davantage,

comme l'a reconnu aisément M. Kaup; en effet, plus large, plus comprimée dans sa partie antérieure ou carnassière, presque partagée en trois lobes, tant la pointe postérieure et interne, nulle dans le Glouton, est ici distincte et s'est placée sur le rang des deux externes, elle est cependant pourvue d'un talon plus large et plus plat que dans cet animal. Mais c'est surtout la dernière du fragment qui ne permet presque aucune comparaison avec la dernière molaire du Glouton, ici beaucoup plus petite, égalant à peine le quart de la précédente, à couronne ronde et uniradiculaire, et dans le fossile, moitié aussi grande que celle qui précède, et formée à la couronne de deux parties, une antérieure relevée en pointe à ses deux bords, et une postérieure élargie en talon arrondi, le tout porté sur deux racines presque égales; en sorte qu'en s'appuyant sur ce qui existe dans le système dentaire de l'Amphicyon, où chacune des dents molaires ressemble exactement à sa correspondante dans le *Gulo diaphorus*, on peut en conclure que la dernière dent du fragment sur lequel il est établi n'était pas véritablement terminale, et qu'il y en avait une autre après elle; ce qui est corroboré par sa grosseur, sa position très-reculée du bord antérieur de la fosse massétérienne, et l'absence de tout mouvement ascensionnel du bord mandibulaire qui la dépasse dans le fragment. Dès lors il y avait donc trois arrière-molaires dans ce fossile, caractère qui se trouve dans l'Amphicyon, et qui doit forcer de rapporter celui-là à une espèce de ce genre, comme nous avons proposé de le faire dans notre mémoire sur les Petits-ours ou *Subursus*.

Dernière.

Conclusions.

RÉSUMÉ.

1° *Sur la distribution méthodique des espèces.*

Histoire zooclassique.

Le petit nombre d'espèces de Mustelas, à peine connues des anciens, devait nécessairement être réuni sous un nom commun aussitôt que ce nombre serait notablement augmenté; c'est, en effet, ce qui eut lieu par suite des travaux des naturalistes du Nord : aussi fut-ce Ray qui, le premier, réunit toutes les espèces en un genre distinct, sous le nom de *Genus mustelinum*, que bientôt après Linné changea en celui de *Mustela.* Mais depuis lors les zoologistes, en ayant égard à quelques particularités assez peu importantes, et surtout au nombre et à la forme des dents molaires, en ont partagé les espèces, qui montent à peine à une trentaine, en vingt genres au moins, que nous allons énumérer par ordre de date :

Mustela. Par Linné, en 1735, pour neuf espèces, y compris deux Viverras.

Lutra. Par Linné, en 1748, pour deux espèces (1), *L. Vulgaris* et *Brasiliensis.*

Gulo. Par Klein, en 1751, pour une espèce, *M. Gulo* (Erxleb.).

Mellivora. Par Storr, en 1781, pour une espèce, *M. Capensis* (Schreb.).

Mephitis. Par Buffon, en 1765, et par MM. G. Cuvier et Geoffroy, en 1795, pour trois espèces confondues avec le *M. Putorius.*

Putorius. Par M. G. Cuvier, en 1815, pour neuf espèces connues, *M. Putorius* et autres.

Pusa. Par M. Oken, en 1814, pour une espèce de Loutre (*M. Lutris*).

Latax. Par M. Gloger, en 1817, pour la même espèce.

Enhydris. Par M. Fleming, en 1828, pour la même espèce de Loutre.

Aonyx. Par M. Lesson, en 1827, pour une nouvelle espèce de Loutre, *L. Capensis* ou *Inunguis.*

Bassaris. Par M. Lichtenstein, en 1827, pour une espèce nouvelle.

Melogale. Par M. Isid. Geoffroy-Saint-Hilaire, en 1829, pour une espèce très-voisine du *Gulo Orientalis* d'Horsfield.

Helictis. Par M. Gray, en 1831, pour la même espèce.

(1) Pour Ray, les deux espèces de *Lutra* sont, avec beaucoup d'autres Carnassiers, renfermées dans le *Genus caninum.*

Galictis. Par M. Bell, en 1837, pour deux espèces anciennement connues, *M. Barbara* et *M. Galera*.

Rhabdogale. Par M. Muller, en 1838, pour une espèce anciennement connue, *M. Zorilla* (Schreb.).

Pteronura. Par M. Gray, en 1837, pour une espèce de Loutre déjà connue? *L. Sandbachii.*

Huro. Par M. Isid. Geoffroy, en 1835, pour deux espèces anciennement connues, type du *G. Galictis* de M. Bell.

Ursitaxus. Par M. Hogdson, en 1835, pour une espèce particulière de Ratel, de l'Inde.

Ratelus. Par Bennet, en 1836, pour le Ratel du Cap.

Conepatus. Gray, en 1837, Loudon's Mag., pour le *Meph. conepalt*, Desm.; *C. Humboltii*, Gray, du détroit de Magellan.

Marputius. Gray, en 1837, *ibid.* pour le *Meph. Chilensis.*

Eirara, en 1841, par M. Lund, pour deux espèces anciennement connues, *M Galera* et *Barbara.*

2° *Sous le rapport odontologique.*

Les espèces de Mustelas diffèrent peut-être moins encore que celles des Subursus.

Les incisives, toujours terminales et disposées transversalement, sont : les supérieures constamment au nombre de trois paires; les inférieures, en même nombre, si ce n'est dans la Loutre de mer, qui n'en a que deux paires par manque de la première, toujours plus petite dans tous les autres Mustelas, qui ont aussi la seconde plus rentrée. Incisives. Supérieures. Inférieures.

Les canines sont en général courtes, robustes, coniques, et plus ou moins en crochet, jamais carénées. Canines.

Les molaires, sous le rapport du nombre de trois en haut comme en bas de chaque côté qui est le minimum, savoir : une avant-molaire, une principale et une arrière molaire, peuvent monter jusqu'à six en bas, mais point Molaires. En général.

au delà; trois avant-molaires, une principale et deux arrière-molaires; mais tous les degrés intermédiaires, $\frac{3}{4}$, $\frac{4}{4}$, $\frac{4}{5}$, $\frac{5}{5}$, existent dans certaines espèces.

Avant-molaires, Les avant-molaires sont au nombre de trois, quand elles sont complètes; mais quand il n'y en a qu'une, c'est l'analogue de la troisième, et quand elles sont réduites à deux, ce peut être la première et la troisième, et plus souvent la seconde et la troisième, et cela aussi bien en haut qu'en bas.

Principale. Supérieure. La principale d'en haut est toujours carnassière et la plus forte de la série, mais jamais complétement, parce qu'elle est constamment pourvue d'un tubercule interne, plus ou moins large, et plus ou moins avancée, et surtout d'un talon en arrière.

Inférieure. Celle d'en bas ressemble plus ou moins à la troisième avant-molaire qui la précède; elle est toujours simple, quoiqu'à deux racines, mais quelquefois pourvue à son bord postérieur d'un double denticule.

Arrière-molaires. Supérieure. Dans toutes les espèces, une seule exceptée, il n'y a à la mâchoire supérieure qu'une arrière-molaire transverse ou ronde, et, dans ce cas, quelquefois fort grande; c'est sur les particularités de forme et de proportions de cette dent que repose la distinction des espèces.

Inférieures. Quand il y a deux arrière-molaires, elles sont toutes deux triquètres, la dernière étant la plus petite, et elles ont trois racines et trois alvéoles.

Première. La première (fort rarement la seule) arrière-molaire d'en bas, est toujours carnassière, mais à des degrés fort différents, pouvant en effet n'être composée que de deux pointes externes plus ou moins tranchantes, sans pointe interne ni talon postérieur, ou bien être pourvue de celle-là d'une manière plus ou moins prononcée, et même de celui-ci, formant une partie notable de la dent alors devenue à moitié tuberculeuse.

Dernière. Quant à la dernière, presque toujours beaucoup plus petite, ronde et uniradiculée, elle est complétement plate ou à peine tuberculeuse à la couronne. Dans le Bassaris seul, elle a une forme triquètre comme celle qui la précède.

Le système dentaire de jeune âge est de même nombre que dans l'adulte pour les incisives et les canines, seulement bien plus grêles et plus espacées; mais pour les molaires, le nombre est toujours réduit à trois : une avant-molaire, petite ou uniradiculée; une principale carnassière en haut, simple en bas, et une arrière-molaire triquètre en haut, et fort carnassière en bas.

Système dentaire de jeune âge.

3° *Sous le rapport ostéologique.*

Le nombre des vertèbres ne varie guère plus dans les espèces de ce genre que dans les Subursus, et les différences un peu notables ne portent également que sur la queue.

Vertèbres :

Les vertèbres céphaliques et cervicales sont toujours en même nombre comme dans tous les Mammifères, pour les premières, et dans presque tous pour les secondes.

Céphaliques et Cervicales.

Les vertèbres troncales, c'est-à-dire dorsales et lombaires, sont, à la seule exception près du Bassaris, qui n'en a que dix-neuf, treize au dos et six aux lombes, au nombre de vingt, mais un peu différemment réparties.

Dorsales et Lombaires.

Dans les Martres, les Fouines, les Putois, les Belettes, les Taïras et les Loutres ordinaires, il y en a quatorze dorsales et six lombaires; mais dans les Zorilles, les Mouffettes, les Gloutons, les Ratels et certaines Loutres, comme la Saricovienne et celle du Cap, il y en a quinze au dos et cinq seulement aux lombes, et enfin, dans le Grison, il y en a seize au dos et quatre seulement aux lombes, comme dans l'Hyène.

Quant aux sacrées, elles ne sont jamais au dessus de trois, ni même au-dessous, quoique dans certaines espèces la troisième ne se soude que fort tard aux deux autres. Mais les coccygiennes varient de quinze à vingt-six.

Sacrées.

Coccygiennes.

Dans la tête, en totalité, on peut remarquer la brièveté du museau, la forme allongée et déprimée du crâne, et surtout sa grande saillie en arrière, au delà du canal auditif externe, et son élargissement au-des-

Tête et Appendices céphaliques.

sus de ce canal; enfin, dans les appendices, l'étroitesse de la cavité glénoïde à son entrée par la saillie recourbée de ses bords.

Sternèbres.

La série des os inférieurs au canal intestinal n'offre rien de bien caractéristique dans l'hyoïde; mais les sternèbres, dont le nombre ne dépasse pas dix, en y comprenant le xiphoïde entièrement cartilagineux, sont en général fort grêles et allongées.

Côtes.

Les côtes, variables pour le nombre, puisqu'elles peuvent être de :
treize dans le Bassaris seulement;
quatorze dans toutes les Martres, les Putois, les Belettes, les Taïras;
quinze dans les Zorilles, les Mouffettes, les Gloutons, les Ratels;
seize dans le Grison;
sont, en général, fort grêles et surtout dans leur partie cartilagineuse.

Membres: antérieurs.

Dans les membres antérieurs :

Clavicule.

La clavicule n'existe osseuse que dans les Loutres, et encore est-elle extrêmement rudimentaire.

Omoplate.

L'omoplate, qui n'a jamais de traces d'apophyse coracoïde, est constamment pourvue d'une sorte d'apophyse récurrente avant la terminaison de l'acromion.

Humérus.

L'humérus, généralement court, ou tout au plus médiocrement allongé, est toujours percé au condyle interne d'un trou oblique, si ce n'est dans les Mouffettes, et jamais au-dessus de la poulie articulaire, si ce n'est dans le Ratel et un peu dans le Glouton. L'olécrâne du cubitus est presque toujours large, court et recourbé en dedans en une sorte de cuiller, et son apophyse odontoïde est également large et forte.

Cubitus.

Carpe.

Il n'y a jamais ni plus ni moins que sept os au carpe; trois à la première rangée, et quatre à la seconde, mais sans compter le sésamoïde du long adducteur du pouce. On ne connaît encore dans ce genre aucune exception pour le nombre des doigts, qui est toujours de cinq, mais le premier notablement plus court, même que le cinquième; et les phalanges onguéales longues, droites, assez peu arquées dans les premières espèces, deviennent plus courtes, plus comprimées, plus éle-

Doigts.

Phalanges onguéales.

vées dans les dernières, à l'exception des Loutres qui les ont fort petites.

Aux membres postérieurs : Membres postérieurs.

L'os des hanches, articulé avec une ou deux des trois vertèbres sacrées, est encore assez large dans l'iléon, mais surtout dans le trou sous-pubien. Os innominé.

Le fémur ne manque de la fossette pour le ligament rond que dans la Loutre du Kamtschatka, et il est toujours droit et un peu déprimé dans son corps. Fémur.

Le tibia et le péroné, bien complets, forment inférieurement une cavité malléolaire assez profonde et serrée. Tibia. Péroné.

Le tarse est médiocre, pourvu d'un astragale un peu élevé dans sa poulie, et assez avancé dans sa tête, d'un calcanéum, dont l'apophyse est en général courte et épaisse, et d'un premier cunéiforme encore assez étendu. Tarse.

Les cinq os du métatarse ne sont encore que médiocrement allongés; le premier plus petit même que le cinquième, et les phalanges sont assez courtes.

Parmi les os qui n'appartiennent pas au squelette, la rotule est, en général, ovale et assez mince. Rotule.

L'os pénien, sauf dans les Mouffettes, où il n'existe pas, est toujours fort développé, surtout en longueur. Os pénien.

4° *Sur la distribution géographique actuelle.*

On trouve quelques espèces de ce genre dans toutes les parties du monde, à l'exception de la Nouvelle-Hollande et de toutes les îles de la mer du Sud.

Les espèces les plus répandues sont celles de la division des Loutres, dont quelqu'une se trouve dans les climats les plus chauds comme dans les plus froids, dans l'Ancien comme dans le Nouveau-Monde, en Europe, en Afrique, dans l'Asie continentale et insulaire, dans l'Amérique du Sud comme dans celle du Nord, à l'est comme à l'ouest de la chaîne de montagnes qui la traverse d'une extrémité à l'autre. Loutres.

Martres. Putois. Belettes. La division des Martres, et surtout celle des Putois et des Belettes, est à peu près dans le même cas; mais les espèces, et surtout les individus de ces espèces, sont plus nombreuses au nord de l'ancien et du nouveau continent qu'au sud; aussi, l'Afrique en nourrit-elle beaucoup moins que les trois autres parties du monde.

Glouton. Le Glouton vient ensuite, puisqu'il se trouve aussi bien dans le nord de l'Europe que dans celui de l'Asie et de l'Amérique.

Mouffettes. Zorille. Ratel. Bassaris. Les espèces des autres divisions sont beaucoup plus circonscrites : les Mouffettes, exclusivement en Amérique; les Zorilles, en Afrique; le Ratel, également en Afrique, mais aussi dans l'Inde; et enfin les Bassaris, en Amérique, au Mexique seulement.

En Amérique. Ainsi, la partie du monde qui renferme le plus d'espèces de ce genre est l'Amérique, et de toutes les divisions, à l'exception de celles des Mélogales, des Zorilles et des Ratels.

En Asie. L'Asie vient au second rang, comme offrant des espèces de Loutres, de Martres, de Putois, de Belettes, ainsi qu'une espèce de Mélogale et de Ratel.

En Afrique. L'Afrique nourrit aussi des Loutres, une espèce de Putois au moins, et de plus des Zorilles, et une espèce de Ratel, qui sont ici, jusqu'à un certain point, les analogues des Mouffettes et du Grison de l'Amérique.

En Europe. Enfin l'Europe ne possède aujourd'hui que des Martres, des Putois, des Belettes et des Loutres, c'est-à-dire des espèces de trois sections seulement.

5° *Sur l'ancienneté des espèces à la surface de la terre.*

Les anciens ne nous ayant laissé que des renseignements fort incomplets sur les espèces de Mustelas qu'ils connaissaient, il est impossible de résoudre *à posteriori*, et d'une manière positive, la question de savoir si celles qui existent de nos jours étaient celles qui vivaient de leur temps. Seulement la Mosaïque de Palestrine semble nous indiquer que du temps d'Adrien, les bords du Nil nourrissaient des Loutres qu'on n'y trouve plus aujourd'hui. L'étude des ossements fossiles nous a conduit à un résultat plus satisfaisant.

On a trouvé des preuves matérielles de l'ancienneté des espèces actuelles dans le diluvium des cavernes, en Allemagne, en Angleterre, en Belgique, ainsi qu'en France, et même dans la Sud-Amérique; les espèces dont provenaient ces os étant celles qui habitent encore aujourd'hui le pays où leurs ossements ont été trouvés fossiles : Dans le Diluvium des cavernes.

Les Mouffettes et les Taïras dans les cavernes du Brésil; Mouffettes, Taïras, au Brésil.

Le Glouton, dans celles de Bauman, de Gaylenreuth, de Sundwich, en Allemagne (1); Glouton en Allemagne.

La Martre, dans les cavernes des environs de Liége, ainsi qu'en Auvergne; Martre.

La Fouine, également dans celles de Liége et dans les brèches de Baillargues, où M. de Christol a trouvé un squelette presque entier; Fouine.

Le Putois, dans les cavernes de Gaylenreuth et de Kœstritz, en Allemagne; de Liége, en Belgique; de Burrington, en Angleterre; de Lunel-Vieil, dans le midi de la France; Putois.

La Belette encore dans les grottes des environs de Liége, de Kirkdale, en Angleterre; Belette.

(1) M. Schmerling cite un os innominé et un fémur de Glouton trouvés par lui dans la caverne de Chokier aux environs de Liége; mais quoiqu'il soit possible qu'anciennement le Glouton ait habité la forêt des Ardennes, je n'ose assurer que ces os soient bien des os de Glouton. Il est en effet bien difficile de distinguer des os séparés de Glouton de ceux de Blaireau adulte et de bonne taille. Or M. Schmerling n'avait probablement à sa disposition ni pareil squelette de Blaireau ni squelette de Glouton.

M. Marcel de Serres, dans son *Énumération des ossements fossiles trouvés dans la caverne de Joyeuse*, département de l'Ardèche cite bien aussi le Glouton, d'après une simple assertion de M. de Malbos; mais sur quel os et quelles preuves?

Le même M. Marcel de Serres fait plus, car il cite comme trouvés dans la caverne de Chokier auprès de Liége, deux os de *Grison*, au lieu de *Glouton*, sans doute par une erreur involontaire, mais fort grave, parce que si celui-ci habite encore le nord de l'Europe, celui-là est un animal de Cayenne, de l'Amérique méridionale.

Loutre.

Enfin, des restes fossiles de Loutre commune dans la caverne de Lunel-Vieil, et dans les tourbes de la Belgique.

On a également découvert, en Europe, des traces d'espèces de Mustelas, qui n'existent plus aujourd'hui dans nos contrées, et qui peut-être même ont disparu tout à fait du nombre des êtres vivants; mais alors elles ont été trouvées dans des terrains plus anciens et constamment d'eau douce.

M. Genettoïdes de Sansans.

Dans le célèbre dépôt de Sansans, quelques fragments d'une espèce de Mustela, se rapprochant probablement un peu des Viverras, et que nous avons nommée, à cause de cela, *M. Genettoïdes.*

M. Plesictis.

Dans celui non moins célèbre de l'Auvergne, dans le bassin de l'Allier, des os plus nombreux d'une autre espèce, ayant également quelque chose des Viverras pour le système dentaire, et des Mélogales pour la forme singulière de la tête, nommée par MM. de Laizer et de Parieu *M. plesictis.*

L. Clermontensis.

Enfin, dans ces mêmes terrains, nous avons constaté l'existence ancienne d'espèces de Loutre; l'une, désignée par M. l'abbé Croizet sous le nom de *L. Clermontensis*, et l'autre du dépôt de Sansans, *L. dubia.*

On a encore cité des traces de Loutre dans un terrain plus ancien, par exemple, dans cette formation de Meudon, touchant à la craie et désignée sous le nom de calcaire pisolithique; mais nous pensons que la dent considérée comme d'une Loutre, doit plutôt être rapportée à un genre de Viverra, que nous désignerons par le nom de *Palæonictis.*

Conclusions.

Ainsi nous arrivons à une conclusion générale analogue à celle qui termine la plupart de nos mémoires précédents, c'est-à-dire que dans le genre des Mustelas, il y a des espèces fossiles dans des terrains diluviens qui ne diffèrent en aucune manière de celles qui vivent aujourd'hui dans les lieux où elles ont été trouvées; mais qu'il en existe d'autres dans des terrains plus anciens qui semblent avoir disparu de la nature vivante, et qui viennent combler les lacunes que nous remarquons dans la série de l'ordre des Carnassiers, sans cependant y former aucune coupe, même sous-générique, nouvelle. Du reste, ces espèces perdues, si elles le sont réellement, existaient comme aujourd'hui avec des animaux de différents genres et de différentes classes : des Singes, des Insectivores aériens et terrestres, des Ours, des Petits-ours, des Félis, des Canis, des Viverras, des Rongeurs, des Pachydermes, des Ruminants à bois et à cornes, des Oiseaux, des Tortues, des Lézards, des Serpents, des Crustacés, des Mollusques terrestres et d'eau douce, c'est-à-dire dans une harmonie un peu différente, sans doute, et surtout plus complète, mais bien voisine de ce qui existe aujourd'hui dans nos climats.

EXPLICATION DES PLANCHES.

SQUELETTES de profil rigoureux avec les premières vertèbres dorsales à part.

PL. I. — De la MOUFFETTE DES ÉTATS-UNIS (*Mephitis Chinga*).

De grandeur naturelle, d'après le squelette d'un animal envoyé par M. Milbert et refait sous mes yeux pour cet ouvrage.

Je n'en connais encore aucun où ait été figuré le squelette entier d'une espèce de ce genre. M. Lichtenstein a représenté la tête seulement et le système dentaire dans les planches de ses *Saugethiere*.

PL. II. — Du RATEL DU CAP (*Mellivora capensis*).

Réduit dans la proportion des trois cinquièmes, d'après un squelette rapporté du Cap de Bonne-Espérance, par Delalande, envoyé au Cap par l'administration du Muséum pour y faire des collections zoologiques, en 1825.

Personne encore n'avait publié ce squelette entier, ni même la tête.

PL. III — Du GLOUTON D'EUROPE (*Gulo luscus*).

Réduit aux trois cinquièmes, d'après un squelette faisant partie des collections depuis 1777, c'est-à-dire depuis Buffon, et provenant d'un animal qui lui avait été envoyé vivant de Saint-Pétersbourg.

MM. Pander et d'Alton ont publié la figure de ce squelette entier à un degré de réduction qu'ils n'indiquent pas, dans leurs *Skelette der Raubthiere*, Pl. 5, et M. G. Cuvier celle des os séparés, dans la Pl. 38 du tome IV de ses *Recherches sur les ossements fossiles de quadrupèdes*, 2e édit. de 1825.

PL. IV. — De la FOUINE (*Mustela Foina*) et du PUTOIS (*Mustela Putorius*).

Réduits l'un et l'autre aux deux tiers, d'après des squelettes de l'ancienne collection, tirés d'individus dont les sexes n'ont pas été indiqués.

Le squelette de ces espèces a dû être souvent représenté, et l'est en effet par Daubenton et Buffon, *Histoire naturelle*, t. VII, pl. 21 et 24 de l'édition in-4o.

PL. V. — De la LOUTRE COMMUNE (*Lutra vulgaris*).

Réduit aux trois cinquièmes d'après le squelette fait sous mes yeux et tiré d'un individu mâle, conservé dans l'alcool.

C'est encore un squelette qui a été représenté plusieurs fois, et entre autres par Daubenton, Buffon, *Histoire naturelle*, t. VII, pl. 17 de l'édition in-4°.

PL. V *bis*.— Du BASSARIS (mâle) *M. astuta*.

Réduit aux trois cinquièmes, d'après un squelette fait sous mes yeux, et tiré d'un individu rapporté dans l'alcool par M. Eydoux, chirurgien-major de *la Bonite*.

PL. VI. — TÊTES.

De la MOUFFETTE (*M. Chinga*).

De grandeur naturelle, de profil, en dessus et en dessous, la mandibule hors de place, et le système dentaire complet.

D'après la tête du squelette ci-dessus.

Du RATEL DU CAP (*M. Capensis*).

De grandeur naturelle, de profil, avec la mandibule hors place en dessus, et en dessous.

D'après un crâne bien adulte, de sexe présumé mâle, rapporté du Cap par Delalande, en 1825, et un peu mutilé dans ses parties postérieures.

Du RATEL DE L'INDE (*M. Indica*).

De grandeur naturelle, de profil avec la mâchoire hors de place.

D'après un crâne plus qu'adulte, dont les dents sont fort usées; probablement femelle, envoyé de l'Inde et acheté en 1837.

Ces deux crânes n'avaient jamais été figurés; ou seulement fort incomplétement.

PL. VII. — TÊTES.

De grandeur naturelle, de profil, avec la mâchoire hors place, en dessus et en dessous.

De FOUINE (*M. Foina*).

D'après un crâne provenant d'un individu mâle des environs de Paris; 1838.

De ZIBELINE (*M. Zibellina*).

D'après le crâne d'un individu mâle qui a vécu à Paris, en 1838.

Du GLOUTON (*Gulo luscus*).

D'après un crâne de sexe et d'origine inconnus, mais probablement mâle d'Europe, acheté à Paris, en 1837.

De BELETTE (*M. vulgaris*).

De grandeur naturelle et de profil seulement.

D'après le crâne d'un individu mâle des environs de Paris.

PL. VIII. — TÊTES.

De la LOUTRE VULGAIRE (*Lutra vulgaris*).

De grandeur naturelle, de profil, avec la mandibule hors de place, en dessus et en dessous.

D'après le crâne de l'individu de sexe mâle dont nous avons représenté le squelette, pl. V.

De la LOUTRE SANS ONGLES (*Lutra inunguis*).

De grandeur naturelle et de profil, avec la mandibule hors de place et en arrière.

D'après un crâne de sexe inconnu, rapporté du Cap et acheté en 1837.

De la LOUTRE MARINE ou du KAMTSCHATKA (*L. marina*).

Copiée de M. Lichtenstein, tab. 49 et 50 de ses *Saugethiere*. Berlin, 1825.

En dessous, d'après un individu adulte de sexe non indiqué.

En dessus, en avant, et la mandibule en dessus, d'après un individu jeune, de sexe également non indiqué, et qui n'avait encore changé que ses dents incisives.

Meunzies et Everard Home avaient déjà donné la figure de la tête de cette espèce, de grandeur naturelle, dans les Transactions de la Société royale de Londres, pour l'année 1792.

PL. IX. — PARTIES CARACTÉRISTIQUES DU TRONC. (Série supérieure ou VERTÈBRES.)

De la FOUINE (*M. Foina*).

Cervicales........ { Atlas, en dessus, en dessous et de profil. Axis, de profil et en dessous. Troisième, quatrième, cinquième, sixième et septième articulées

Dorsales. .... { Première. Dernière.

Lombaires. ...... { Première. Dernière.

De la MOUFFETTE DES ÉTATS-UNIS.

Cervicales. .... . { Atlas en dessus. Axis { de profil. en dessous. Sixième de profil.

Dorsales......... Première.

Lombaires.

Du GLOUTON.

Sacrées. .... En dessus et en dessous.

Cervicales....... { Atlas en dessus. Axis { de profil. en dessous. Sixième.

Dorsales......... Première.

Lombaires. ...... Dernière. { de profil. en dessous.

Sacrées. .... { En dessus. En dessous.

Du RATEL DU CAP.

Coccygiennes...... Les quatre premières en dessus.

Sacrées. .... En dessous.

Coccygiennes..... Les quatre premières en dessus.

De la LOUTRE SANS ONGLES.

Cervicales....... { Atlas en dessus. Axis { de profil. en dessous. Sixième.

Dorsales. .... Première.

Lombaires. ...... { Première. Dernière en dessus.

De la LOUTRE COMMUNE.

Cervicales........ { Atlas en dessus. / Axis { de profil. / en dessous. / Sixième de profil. }

Dorsales. .... Première de profil.

Lombaires. ...... Dernière { de profil. / en dessus.

Coccygiennes...... { La huitième. / La douzième. / La dix-huitième. }

PL. X. — PARTIES CARACTÉRISTIQUES DU TRONC. (Série inférieure ou STERNÈBRES.)

De grandeur naturelle.

Os hyoïde et ses cornes. En dessous et de profil. { De la MOUFFETTE. / Du GRISON. / Du PUTOIS. / Du ZORILLE. / Du TAÏRA. / De la FOUINE. / De la LOUTRE VULGAIRE. }

Sternum et ses cornes.. En dessus. { De la MOUFFETTE. / Du GLOUTON. / Du TAÏRA. / De la FOUINE. / De la LOUTRE. / Du BASSARIS. }

Os pénien. ...... De grandeur naturelle et de profil à gauche. { Du GRISON. / Du PUTOIS. / Du FURET. / De la BELETTE. / De l'HERMINE. / De la ZORILLE. / De la MARTRE. / De la FOUINE { de profil. / en dessus. } / De la LOUTRE { mâle. / femelle. } / Du BASSARIS. }

PL. XI. — PARTIES CARACTÉRISTIQUES DES MEMBRES ANTÉRIEURS.

Clavicule. .... De la LOUTRE COMMUNE.

Omoplate........ { De la MOUFFETTE. / Du TAÏRA. / De la BELETTE. / De la FOUINE. / Du GLOUTON. / De la LOUTRE COMMUNE. }

Humérus. .... { De la MOUFFETTE. / Du RATEL. / Du TAÏRA. / De la BELETTE. / Du PUTOIS. / De la FOUINE. / Du GLOUTON. / De la LOUTRE COMMUNE. }

Radius et Cubitus . . . — Du Ratel. Du Mélogale. Du Taïra. De la Belette. Du Putois. De la Fouine. Du Glouton. De la Loutre commune.

Carpe. . . . . . / *Métacarpe*. . . / *Phalanges*. . . — Du Ratel. Du Taïra. De la Belette. Du Putois. De la Fouine. Du Glouton. De la Loutre commune.

Pl. XII. — Parties caractéristiques des membres postérieurs.

Os innominé ou *de la Hanche*. . . . . . . — De la Mouffette. Du Ratel. De la Belette. De la Fouine. Du Glouton.

Fémur et *Rotule*. . . . — De la Mouffette. Du Ratel. Du Taïra. Du Putois. De la Belette. De la Fouine. Du Glouton. De la Loutre commune.

Tibia et *Péroné*. . . . — Du Ratel. Du Taïra. De la Belette. De la Fouine. Du Glouton. De la Loutre commune.

Tarse. . . . . / *Métatarse*. . . . . / *Phalanges*. . . . . . . — Du Ratel. Du Taïra. De la Belette. De la Fouine. Du Glouton. De la Loutre commune.

Pl. XIII. — Système dentaire.

1) Adulte.

De grandeur naturelle, vu par la face triturante, à la mâchoire supérieure et inférieure, quelquefois de profil. Les dents montrant leurs racines, avec les alvéoles correspondantes des deux mâchoires :

De la Mouffette des États-Unis.
De la Mouffette de Humboldt.
Du Taïra.
Du Ratel du Cap.
Du Ratel de l'Inde. Les deux dernières molaires supérieures seulement.
Du Mélogale.
Du Putois d'Europe.
Du Putois du Paraguay.
Du Zorille.
Du Vison.
De la *M. Nudipes*.

De la Belette Bocca-Mela.
De la Belette commune.
De la Fouine.
Du Pékan (*M. Canadensis*).
Du Glouton.
De la Loutre commune.
Du Bassaris.

2) De jeune âge et de profil seulement.

Du Ratel du Cap.
Du Mélogale.
De la Loutre commune.
Du Taïra.
Du Zorille.
Du Vison.
De la Loutre de la Guiane.

PL. XIV. — Mustelæ antiquæ.

Tête et os.

Tête du *Glouton des cavernes* (*Gulo luscus*), avec la mandibule hors de place, de grandeur naturelle, d'après un beau moule en plâtre envoyé à notre collection par M. le comte de Munster.

Une grande partie d'humérus droit et un quatrième os métacarpien, du même animal. D'après des moules donnés par lord Cole.

De la Fouine (*Mustela Foina*). Avec la mandibule hors de place, de grandeur naturelle, copiée de Schmerling, Pl. I, fig. 7-10.

D'une des cavernes des environs de Liége.

A côté, un fragment de mandibule droite, de grandeur naturelle, et provenant des brèches osseuses de Baillargues.

De la Martre (*M. Martes*), une vertèbre lombaire, un radius, un cubitus, un os innominé et un fémur, du même individu.

D'Auvergne, par M. l'abbé Croizet.

Du Putois (*M. Putorius*). Avec un côté de mandibule hors de place, de grandeur naturelle, copiée de Schmerling, Pl. I, fig. 1-2.

Des mêmes cavernes des environs de Liége.

De plus, une vertèbre dorsale, deux coccygiennes, un fragment de côtes, une partie postérieure d'os innominé gauche, deux os métacarpiens et une phalange.

Des cavernes de Gaylenreuth.

De la Belette (*M. vulgaris*). De profil et en dessus, avec la mandibule hors de place, de grandeur naturelle.

Copiée de Schmerling, Pl. I, fig. 4, 5 et 6, et regardée par lui comme formant une espèce nouvelle, à cause de sa petitesse.

Des cavernes des environs de Liége.

Du M. Viverroïdes.

Deux fragments de mandibule du même côté droit, mais provenant d'individus différents.

Du dépôt tertiaire d'eau douce de Sansans, aux environs d'Auch.

De M. Plesictis.

Une tête entière, mais écrasée, en dessous et de profil, de grandeur naturelle, copiée du Mémoire de MM. de Laizer et de Parieu, *Magasin de Zoologie*, t. I, pl. V, fig. 1-5, avec quelques rectifications d'après mes propres dessins, et de plus une branche montante de mandibule gauche et une extrémité antérieure du même côté.

D'Auvergne et de la collection de M. le comte de Laizer.

Un crâne ou partie postérieure de tête du même animal, de grandeur naturelle, de profil en dessus et en dessous.

Deux fragments de mandibule portant quelques dents, l'une de jeune âge, l'autre d'adulte, de grandeur naturelle.

Une dent canine supérieure droite.

Une moitié inférieure d'humérus gauche.

D'Auvergne et de la collection cédée au Muséum par M. l'abbé Croizet.

De LOUTRES.

La dent arrière-molaire supérieure gauche.

Un fémur gauche presque entier. Un radius entier du côté gauche de la *L Clermontensis*

D'Auvergne, par M. Croizet.

Une portion de mandibule droite, de profil et de grandeur naturelle, *L. Dubia.*

De Sansans, par M. Lartet.

Un cubitus de *Mustela* des plâtres de Paris.

PARIS. — IMPRIMERIE DE FAIN ET THUNOT,
IMPRIMEURS DE L'UNIVERSITÉ ROYALE DE FRANCE,
Rue Racine, 28, près de l'Odéon.

DES VIVERRAS.

Le genre des Viverras, qui suit immédiatement celui des Mustelas, dans toutes les méthodes véritablement naturelles de mammalogie, où le système dentaire seul n'a pas été pris en principale considération, comprend un assez grand nombre d'espèces de Carnassiers, en général de plus grande taille, quoique encore assez médiocre, dont le corps en totalité est plus allongé, non pas dans le tronc lui-même, mais essentiellement dans la tête, et surtout dans la partie coccygienne ou caudale, qui est toujours fort longue; dont les membres sont un peu plus élevés, moins distants, les tarses plus étroits, plus longs, moins nus, si ce n'est dans les Paradoxures presque complétement plantigrades, et dont les doigts en général plus courts sont encore au nombre de cinq à chaque extrémité, excepté une ou deux anomalies; mais dont le pouce est souvent assez court pour disparaître entièrement dans une ou deux espèces, et dont les ongles aigus, arqués, sont encore plus semi-rétractiles que dans les Mustelas; dont le système de coloration fort rarement uniforme, toujours plus clair en dessous qu'en dessus, finit par être annelé et tacheté comme dans la plupart des Felis, qui constituent le genre suivant; dont enfin le système dentaire est presque toujours plus complet, c'est-à-dire qu'outre les trois incisives et les canines comme dans tous les Carnassiers, si ce n'est que la seconde incisive d'en bas est bien bien moins rentrée que dans les Mustelas, les molaires sont presque toujours, si ce n'est dans quelques espèces, au nombre de six en haut comme en bas, savoir : trois avant-molaires, une principale et deux arrière-molaires. Je n'ajouterai pas qu'elles sont en général plus insectivores, moins carnassières que dans les Mustelas, parce qu'en effet plusieurs espèces de la section des Paradoxures plantigrades ont les dents molaires

Définis.

Dans leurs caractères extérieurs.

Tirés du Corps, des Membres,

des Doigts.

des Ongles.

du Système de coloration.

du Système dentaire.

presque aussi tuberculeuses que les Subursus ; au point que sous ce dernier rapport on pourrait très-bien rapprocher ces animaux.

intérieurs.

On peut ajouter à ces caractères généraux que les Viverras n'ont guère plus de clavicules que les Mustelas, que l'humérus, presque toujours percé au condyle interne, l'est quelquefois aussi au-dessus de la trochlée; que le canal intestinal est toujours pourvu d'un cœcum fort court au point de jonction de ses deux parties principales, et qu'à sa terminaison il y a constamment des glandes odoriférantes un peu diversiformes et souvent fort considérables.

Des Mœurs.

Quant aux mœurs et aux habitudes des animaux de ce genre, elles sont assez bien intermédiaires à celles des Mustelas et des Felis, ne s'engourdissant pas pendant l'hiver, marchant moins en rampant, montant ou grimpant aux arbres pour prendre les petits oiseaux, et surtout leurs œufs, dont ils sont en général très-friands.

Comparés au type le *V. Civetta*.

Suivant notre plan, nous allons prendre pour type la Civette proprement dite (*V. Civetta* de Linné) comme étant à la fois la plus commune et la plus complétement connue. Nous lui comparerons ensuite les espèces que nous groupons autour d'elle, dans l'ordre zoologique exposé dans nos généralités sur les Carnassiers, c'est-à-dire en montant des Paradoxures ou Martres des palmiers jusqu'aux Mangoustes que nous mettons à la tête, et en descendant jusqu'aux Genettes placées à la fin comme les plus voisines des Felis.

Suivant l'ordre des Mangoustes aux Genettes,

D'après cela, il est évident que l'ordre suivant lequel notre comparaison sera établi, ou l'ordre sérial, sera déduit principalement de la considération du système de coloration qui d'uniforme devient de plus en plus varié et finit par être tacheté et annelé comme dans les Felis; mais on pourrait aussi avoir égard au nombre des dents, et par suite à la longueur des mâchoires, ce qui entraîne une certaine forme de la tête en général plus ou moins brève, ou plus ou moins allongée; considération assez bien concurrente avec l'état plus ou moins complet du cadre de l'orbite, qui se remarque chez les Felis. Peut-être même marche-t-elle aussi assez parallèlement avec la diminution dans le nom-

et non des Paradoxures aux Mangoustes.

bre des doigts, la proportion du pouce, et même le degré de plantigradie.

En adoptant ce point de vue, la série s'établirait des Paradoxures en tête, aux Genettes, aux Civettes, et elle se terminerait par les Mangoustes, et celles-ci par les Surikates, qui cependant sont évidemment moins Felis que les Genettes, de l'aveu de tous les méthodistes : aussi avons-nous admis l'ordre des Mangoustes aux Genettes.

CHAPITRE PREMIER.

DE L'OSTÉOGRAPHIE DES VIVERRAS.

Histoire.

L'Ostéographie des animaux de ce genre a été commencée par Daubenton dans l'*Histoire naturelle* de Buffon. On trouve en effet dans le tome IX, p. 340, une description fort incomplète du squelette d'une Civette femelle, figure, pl. 35, avec lequel est comparé plus loin celui de Zibeth, mais sans détails un peu suffisants. M. G. Cuvier n'en a jamais parlé qu'en passant d'une manière fort incomplète. Pander et d'Alton n'ont consacré à ce genre qu'une seule planche, la pl. IV des Carnassiers représentant le squelette de la Civette, et sans description autre que ce qu'ils en ont dit dans leur article général sur le squelette des Carnassiers.

Art. 1er. — De la Civette (*V. Civetta*).

Considéré comme type, et comparé à la Fouine.

La nature, la disposition et presque le nombre des os qui constituent le squelette de la Civette sont comme dans la Fouine qui nous a servi de type pour le genre Mustela; aussi les différences ne portent guère que sur quelques particularités de proportion ou de forme.

I. Série supérieure ou Vertèbres. En général. Nombre.

Ainsi le nombre total des vertèbres est de cinquante-trois, dont quatre céphaliques, sept cervicales, quatorze dorsales, six lombaires, trois sacrées, et dix-neuf coccygiennes, disposées de manière à former les courbures normales; seulement la série du sacrum est plus horizontale, ainsi que les premières coccygiennes, ce qui donne à la queue une première courbure supérieure plus marquée.

En particulier. V. céphaliques, occipitale,

Les vertèbres céphaliques sont en général plus longues, plus étroites, moins élargies, moins déprimées que dans les Mustelas. L'occipitale est cependant encore large et quadrilatère dans son corps; ses apophyses mastoïdiennes bien plus prononcées, élargies, verticales, se collant en se recourbant un peu sur la caisse; mais surtout son arc est fortement élargi par une crête occipitale élevée et obliquement dirigée en arrière: il n'est cependant pas renflé dans son milieu, par la saillie du corps vermiforme du cervelet, comme dans les Mustelas.

sphéno-pariétale,

La vertèbre sphéno-pariétale est encore peu longue dans son corps, moins canaliculé; mais celui-ci est fort élargi en arrière et un peu échancré à son angle par l'avance de la caisse; l'apophyse ptérygoïde est large et avancée, mais l'aile sphénoïdale est médiocre et peu dilatée à son extrémité, s'articulant anguleusement entre le frontal et le pariétal. Celui-ci est du reste grand, parallélogrammique et pourvu d'une crête médiocre assez élevée.

sphéno-frontale,

La vertèbre sphéno-frontale est peut-être encore plus longue, mais certainement bien plus étroite, bien plus étranglée dans le milieu de sa longueur. Son corps à peine visible dans la gouttière basilaire est long et étroit: ses ailes sont fort petites, triangulaires, au contraire de son arc frontal qui est très-étendu, surtout dans sa partie verticale ou orbitaire, se prolongeant arrondi en arrière entre les pariétaux et en pointe en avant entre le nasal et le maxillaire. L'espace inter-orbitaire est du reste petit, quadrilatère, fort étranglé et même un peu pédiculé en arrière avec une apophyse orbitaire externe assez prononcée.

voméro-nasale.

Enfin la vertèbre terminale ou voméro-nasale est encore plus étroite, quoique moins longue, le vomer étant très-surbaissé, et les os du nez en forme de triangle scalène, s'enfonçant par leur angle un peu arrondi entre les frontaux, et se terminant par un bord très-inégalement bilobé à sa base.

Les appendices céphaliques suivent nécessairement l'allongement des vertèbres de la tête.

Des Appendices céphaliques,

Le supérieur ou antérieur commence en dessous par un ptérygoïdien interne non distinct, fort petit, arrondi, sans crochet recourbé et fort oblique en arrière.

Supérieur. Ptérygoïdien.

Le palatin qui le suit est au contraire très-étendu d'arrière en avant, mais très-surbaissé dans sa hauteur. La partie postérieure de la branche horizontale étant médiocre, tandis que l'antérieure ou palatine s'avance en s'arrondissant jusqu'au niveau du bord postérieur de la dent principale.

Palatin.

Des deux autres racines du maxillaire, le lacrymal entièrement orbitaire de forme ovale transverse, est percé d'un trou rond, suboval par le canal lacrymal; du reste, il est comme à l'ordinaire intercalé au frontal, au palatin, au maxillaire et au jugal, sans os planum. Quant au jugal, c'est un os transverse en losange fort étiré, un peu plus excavé à son bord supérieur orbitaire qu'à l'inférieur, avec son angle orbitaire large, arrondi, mais peu élevé.

Lacrymal.

Jugal.

Le maxillaire est médiocrement allongé, quoique bien plus que dans la Fouine. Sa branche montante est large, assez fortement excavée au-devant de l'orbite et percée d'un grand trou sous-orbitaire, à la racine de son apophyse jugale assez étendue; sa lame horizontale, percée à son bord par la série des alvéoles, s'élargit assez fortement en arrière et transversalement de manière à former une saillie sous l'orbite, bien plus prononcée que dans les Mustelas, ce qui tient à l'existence d'une arrière-molaire de plus.

Maxillaire.

Quant au prémaxillaire, quoique notablement plus allongé que dans la Fouine, il est encore assez faible, sa branche verticale remontant en pointe jusqu'à la moitié des os du nez, et l'horizontale étant partagée en deux par un trou incisif, ovale, allongé, un peu courbé, forme une gouttière prononcée en-dessus.

Prémaxillaire, ou Incisif.

L'appendice maxillaire inférieur est encore bien plus long que le supé-

Inférieur.

rieur, surtout quand on y comprend, comme nous le faisons et par les raisons que nous en avons données, le rocher.

Rocher. Cet os est cependant fort petit, subglobuleux, très-serré dans sa circonscription, percé d'un seul grand trou en dedans avec un promontoire très-saillant en dehors, éloignant ainsi beaucoup la fenêtre ovale antérieure de la fenêtre ronde postérieure et très-grande.

Mastoïdien. L'os mastoïdien du temporal est presque nul.

Les osselets de l'ouïe ne diffèrent que fort peu de ce qu'ils sont dans les Mustelas.

Étrier. L'étrier, de forme triangulaire assez étroite, a sa platine ovale, un peu allongée, rebordée, et ses deux branches larges et canaliculées en dedans.

Lenticulaire. Le lenticulaire fort petit, ovale et plus étroit que l'extrémité de l'étrier sur laquelle il est posé.

Enclume. L'enclume a ses deux branches courtes et très-divergentes.

Marteau. Enfin le marteau, dont la tête est peu renflée et comme incisée, se termine par un manche recourbé et assez long.

Caisse. La caisse est au contraire en général plus grande, plus bulleuse, un peu plus comprimée, mais surtout plus repoussée en arrière, de manière à s'appliquer d'une manière fort serrée à la face antérieure de l'apophyse mastoïdienne de l'occipital.

Cadre. Le cadre du tympan est presque séparé de la caisse et tout à fait antérieur, du reste large et ayant ses branches s'avançant assez l'une vers l'autre pour compléter une ouverture médiocre, ovale, oblique et enfoncée.

Squammeux. Le squammeux très surbaissé, mais fortement étendu d'avant en arrière, donne naissance à une apophyse jugale assez large, tranchante à son bord supérieur, s'écartant assez fortement en dehors, un peu en haut, et s'avançant plus qu'à moitié de la longueur de l'arcade zygomatique.

Mandibule. Sa branche verticale. La mandibule elle-même est longue, étroite, et cependant assez robuste; elle commence en arrière par une branche montante fort inclinée, profondément excavée en dehors et pourvue d'un condyle transverse peu oblique et à peine au-dessus du niveau de la ligne dentaire, d'une apophyse coronoïde peu inclinée, assez étroite et arrondie à son sommet, et enfin d'une apophyse angulaire, forte, un peu aplatie et recourbée en cuiller, son extrémité dépassant assez le condyle. La branche horizontale, dont le bord inférieur presque droit est séparé de celui de la verticale par une sorte de crochet, est également à peu près droite à son bord dentaire; mais la symphyse ovale, allongée, monte assez rapidement pour le joindre.

Condyle. Coronoïde. Angulaire. Horizontale.

D'après l'allongement des vertèbres céphaliques et celui de leurs appendices, il suit que l'angle facial est moins ouvert que dans les Mustelas, cet angle ne dépassant guère quinze à seize degrés, tandis que dans la Fouine il est de dix-huit à vingt. En outre, la tête est étroite, allongée, un peu arquée dans la ligne sincipitale, quelquefois avec une sinuosité assez marquée, suivant que le front a été soulevé par l'agrandissement des fosses nasales, et que la crête sagittale a été plus développée, presque droite, mais assez canaliculée dans la ligne basilaire avec ses trois orifices assez bien comme dans les Mustelas; l'antérieur ou prénasal un peu plus oblique, le postnasal encore plus submédian, et le postérieur tout à fait terminal.

Réunion des V. céphaliques et des Appendices. Angle facial. Forme générale extérieurement.

La cavité cérébrale, comparée à ce qu'elle est dans les Mustelas, est en général d'un ovale plus allongé, et surtout notablement moins élargie au-dessus du canal auditif. Sa division en loge cérébrale et cérébelleuse est encore plus prononcée par plus d'étendue ou de largeur de la lame osseuse formant la tente du cervelet; mais la fosse olfactive est surtout un peu plus rétrécie, ainsi que toutes les fosses médianes du reste assez marquées, quoique les apophyses clinoïdes soient à peu près nulles.

intérieurement. Cavité cérébrale.

Les loges sensoriales sont aussi dans des proportions un peu différentes de ce qu'elles sont dans les Fouines; d'abord pour celle de l'ouïe, qui, outre sa position plus reculée proportionnellement, est plus petite dans sa partie principale ou profonde, plus grande au contraire dans

Ses Loges sensoriales, auditive,

sa partie bulleuse, et même dans son ouverture plus avancée et bien moins tubiforme.

oculaire ou Orbite, La loge orbitaire est peut-être aussi plus petite, mais certainement encore plus incomplète dans son cadre par diminution sensible des apophyses orbitaires plus éloignées entre elles.

olfactive ou nasale, La loge nasale est au contraire assez notablement plus grande et surtout plus allongée. Elle s'étend aussi dans des sinus frontaux plus considérables : du reste les cornets sont au même degré de complication, quoique un peu plus longs.

gustative ou buccale. La loge gustative est dans le même cas que la précédente et par les mêmes raisons; c'est-à-dire qu'elle est notablement plus longue et plus large, même dans la partie palatine dont le bord libre est un peu moins reculé et moins arrondi; mais surtout dans la partie intra-mandibulaire qui forme en avant un angle assez aigu à la symphyse, elle-même assez allongée.

Ses Fosses superficielles, Les fosses superficielles sont certainement aussi plus prononcées et plus étendues dans la Civette que dans la Fouine.

occipitales, Ainsi, en les passant en revue d'arrière en avant, les fosses occipitales sont bien plus profondes, ce qui est dû à l'élévation de la crête de temporales, l'occiput formant une sorte d'aile recourbée jusque vers le canal auditif; les temporales, par la même raison, sont aussi plus étendues, puisqu'elles remontent de chaque côté d'une crête sagittale élevée, et que ptéry-goïdiennes, la boîte crânienne est plus petite, moins élargie sur les côtés; les ptérygoïdiennes sont assez bien comme dans les Mustelas, mais un peu plus canines, larges. Mais surtout la fosse canine remontée et occupant toute l'extrézygomatique, mité de la branche montante du maxillaire et la fosse zygomatique sont masse-tériennes. bien plus prononcées, ce qui a également lieu pour les fosses massétérienne et mentonnière de la mandibule.

Ses Trous : condyloïdien, Il y a beaucoup plus de ressemblance dans la forme et la proportion des trous nerveux et vasculaires. Ainsi, le trou condyloïdien est assez déchiré, avancé, unique et de forme ovalaire; le déchiré postérieur est également ovale, médiocre et très-éloigné de l'antérieur, qui est rond et un peu irrégulier. Le trou rond reculé, se continuant par uncanal d'abord interrompu, vient s'ouvrir dans la fosse ptérygoïdienne par un orifice fort grand, un peu moins cependant que celui du trou ovale presque rond, mais bien plus que le trou optique. Ces trois trous sont fort rapprochés et sur la même ligne droite. Le trou orbitaire interne est double. Il en est de même du sphéno-palatin. Le lacrymal antérieur est bien distinct du sous-orbitaire, plus ovale et plus comprimé que dans les Mustelas. Quant aux palatins, le postérieur subdivisé s'avance presque jusqu'à la moitié du palais, et l'antérieur est bien plus grand, plus allongé que dans les Mustelas; mais, du reste, assez bien de même forme.

rond, optique. lacrymal. sous-orbitaire. palatins.

A la mandibule, l'orifice interne du canal dentaire est comme de coutume fort reculé, mais assez grand, et sa terminaison externe est divisée en deux trous, l'antérieur à l'aplomb de la première avant-molaire, et le second sous la racine antérieure de la troisième.

Canal dentaire. mentonnier.

Le reste de la colonne vertébrale est encore plus que la tête comme dans la Fouine, seulement avec des dimensions un peu plus fortes et surtout dans les apophyses.

Aux vertèbres cervicales, par exemple, les apophyses transverses de l'atlas sont proportionnellement plus étendues, plus arquées à leur bord antérieur, en un mot plus aliformes et plus couchées en arrière. L'épineuse de l'axis est convexe en couperet, et bien plus avancée sur l'atlas que sur la troisième; enfin, cette même apophyse épineuse est aussi généralement plus large aux cinq autres, et surtout à la première qui en manque dans la Fouine.

V. cervicales, 7. Atlas. Axis.

L'apophyse épineuse de toutes les vertèbres dorsales, sauf la dernière, est inclinée en arrière; elle est aussi proportionnellement plus haute et surtout plus large; les dix premières décroissantes de la première la plus haute à la dixième la plus courte; les trois autres plus larges et croissantes en sens inverse.

V. dorsales, 14.

Les six lombaires, augmentant peu rapidement de la première à la dernière, ressemblent, sauf la grandeur, à ce qu'elles sont dans les

V. lombaires, 6.

Mustelas. Seulement les apophyses transverses et épineuses sont proportionnellement un peu plus larges, plus longues, surtout celles-ci, et avec quelques différences de forme que l'iconographie peut montrer beaucoup mieux que la description la plus longue.

V. sacrées, 3. Les trois vertèbres qui constituent le sacrum sont dans le même cas; leur apophyse épineuse est bien plus élevée.

V. coccygiennes, 32. Les quatre premières vertèbres coccygiennes inter-ischiales sont seules pourvues d'apophyse épineuse; aux trois suivantes elle se confond avec la racine de l'apophyse transverse; enfin toutes les autres, médiocrement allongées, deviennent sexangulaires comme à l'ordinaire.

II. SÉRIE INFÉRIEURE. La série sternébrale est dans ses deux parties presque absolument comme dans les Mustelas.

Hyoïde. Son Corps. Ses Cornes. L'hyoïde, formé d'un corps transverse étroit, peu ou point arqué, est pourvu d'une paire de cornes antérieures composées de trois articles, croissant du premier au dernier, celui-ci dilaté à sa terminaison, et de postérieures assez courtes et un peu courbes.

Sternèbres, 8. Le sternum, assez robuste, est formé de huit sternèbres médiocrement allongées, à coupe tétragonale, la première ne dépassant guère l'articulation de la première côte, et à peine plus longue que les autres qui décroissent jusqu'à la septième; et la huitième longue et étroite terminée en spatule cartilagineuse.

Ses Appendices. Côtes, 14. 9—5. Les côtes vertébrales sont au nombre de quatorze paires, dont neuf sont asternales, en général assez fortes, moins comprimées que dans les Mustelas, un peu plus larges, moins tordues; la première est la plus courte, mais à peine plus large que les autres, qui croissent en longueur jusqu'à la neuvième, pour décroître ensuite; la dernière assez subitement plus grêle et plus courte.

Cornes. Les cornes ou cartilages sont proportionnellement moins longs et plus grêles.

Considéré en totalité. Le thorax, qui résulte de la réunion des quatorze vertèbres dorsales, des quatorze paires de côtes et des huit sternèbres, est plus comprimé peut-être, mais moins rétréci, plus ouvert en arrière, et par conséquent moins vermiforme.

III. DES MEMBRES. En général.

C'est ce que démontre également la proportion des membres qui, quoique assez courts encore, le sont évidemment moins, et surtout sont plus robustes que dans les Mustelas.

En particulier. A. Antérieurs. Omoplate.

L'omoplate, plus longue, plus étroite, puisqu'elle égale en longueur l'humérus et le corps des sept premières vertèbres dorsales, est proportionnellement moins large que dans les Mustelas, par l'abaissement de son angle antérieur. Aussi son côté supérieur ou vertébral est-il bien plus petit que les deux autres. La crête est aussi moins élevée; mais elle se termine par un acromion élargi, recourbé en forme de lame, n'atteignant pas du reste le niveau de la cavité glénoïde.

Clavicule.

La clavicule existe, mais si faible, si rudimentaire, qu'il faut la plus grande attention pour ne pas la perdre dans les chairs. C'est un simple filet cartilagineux.

Humérus. En général.

L'humérus est proportionnellement assez court, plus même que dans les Mustelas, n'égalant en longueur que le corps des sept premières vertèbres dorsales, à peine plus long que l'omoplate; tandis que dans la Fouine, par exemple, il surpasse de moitié la longueur de cet os. Du reste, c'est assez bien la même forme, avec cette différence que la grosse tubérosité supérieure est plus élevée, plus élargie, au contraire de la crête du condyle externe. Il faut ajouter qu'outre le trou dont est percé le condyle interne, comme dans les Mustelas et beaucoup d'autres Carnassiers, il y en a un autre au-dessus de la poulie articulaire comme dans les Canis (1).

En particulier. Supérieurement. Inférieurement.

Radius.

L'avant-bras est au contraire proportionnellement plus long que dans les Mustelas; en effet, le radius égale presque l'humérus en longueur, tandis que dans la Fouine il est d'un cinquième plus court. Il est aussi

(1) Ainsi il ne faut pas prendre d'une manière trop rigoureuse l'assertion de M. Cuvier, page 284, que ce trou, qui existe dans toutes les espèces de Canis et d'Hyæna, ne se retrouve ensuite que dans certains Rongeurs, comme les Lièvres; nous verrons en effet d'autres Carnassiers qui l'offrent encore.

plus arqué, un peu plus large, surtout à ses deux extrémités, l'inférieure offrant en outre ses gouttières de coulisse plus profondes. Le cubitus est aussi plus arqué, plus rapproché, plus parallèle au radius. Son olécrâne est court, quadrilatère, recourbé et plus accentué dans ses apophyses. Du reste il est plus grêle, et son apophyse odontoïde dépasse à peine le radius.

Cubitus.

Carpe. 7 { 3/4

Le carpe de la Civette est encore plus semblable à celui de la Martre que l'avant-bras; étant formé du même nombre d'os, trois à la première rangée et quatre à la seconde; le grand os étant plus grand que le trapèze.

Métacarpiens. Phalanges : du Pouce.

Les os du métacarpe, et même ceux des premières et secondes phalanges, sont aussi dans les mêmes proportions. Le premier doigt ou pouce en totalité et dans chacune de ses parties est cependant notablement plus petit, plus grêle et plus court.

Onguéales.

Quant aux phalanges onguéales, elles sont toutes plus petites, moins comprimées, plus droites et moins aiguës à leur pointe.

B. Membres postérieurs. En général. En particulier.

Les membres postérieurs de la Civette sont, comme les antérieurs, plus voisins de ce qu'ils sont chez les Canis, aussi bien dans leur forme générale que dans la proportion des parties, que de ceux des Mustelas.

Os innominé.

Le bassin, ou mieux l'os innominé, considéré en totalité, paraît cependant plus court, puisqu'en effet sa longueur totale, de l'épine antérieure et supérieure à l'extrémité de la tubérosité iskiatique, dépasse à peine celle de l'omoplate, tandis que dans la Fouine elle la surpasse d'un tiers; la partie antérieure ou iliaque étant un peu plus longue que la postérieure. La fosse iliaque externe est du reste assez large, assez excavée; la branche iskiatique supérieure est fortement échancrée pour le passage du tendon de l'obturateur interne; la tubérosité iskiatique est épaisse et triquètre; le trou sous-pubien, presque rond, est fort étendu, ainsi que la symphyse pubienne.

Iléon. Iskion. Pubis.

Fémur. En général. En particulier. Supérieurement.

Le fémur, d'un quart plus long que l'humérus, et d'un sixième plus que l'os innominé, est tout à fait droit et presque cylindrique dans son corps, assez peu élargi supérieurement par un grand trochanter moins prononcé que son analogue à l'humérus, quoique le petit soit assez saillant; il s'épaissit notablement sans s'élargir dans la même proportion inférieurement; aussi la gouttière rotulienne assez étroite et profonde offre-t-elle une étendue considérable. Inférieurement

Le tibia et le péroné ressemblent davantage à ce qu'ils sont dans les Mustelas; ils sont cependant à peine plus longs que le fémur; mais l'un et l'autre sont parfaitement droits; le tibia un peu comprimé dans sa partie supérieure et le péroné fort grêle, plus mince proportionnellement que dans la Martre. Les malléoles sont encore assez peu saillantes. Tibia. Péroné.

Mais c'est surtout dans la proportion des os du pied que la dégradation devient plus susceptible d'être mieux démontrée. En effet, le tarse est aussi long que le métatarse, et celui-ci l'est bien plus que les phalanges, de manière à ressembler assez bien à ce qu'il est dans les derniers Carnassiers. Du Pied. En général. En particulier.

L'astragale a du reste sa poulie fort relevée, assez profonde et plus que semi-circulaire; le calcanéum a son apophyse très-comprimée et plus prolongée en arrière; le cuboïde et les trois os cunéiformes sont plus étroits et plus allongés, et le premier de ces derniers est surtout notablement amoindri, quoiqu'il soit encore plus gros que le second. Astragale. Calcanéum. Cuboïde. Cunéiformes.

Les os métatarsiens se distinguent encore mieux par une longueur proportionnelle plus grande, par plus d'arqûre, plus de compression latérale, et surtout parce que le premier, et les deux phalanges qu'il porte, est bien plus grêle et bien plus court que les autres, ce doigt dépassant à peine l'articulation du second avec son métatarsien. Métatarsiens.

Quant aux phalanges en général, elles sont un peu plus courtes que dans les Mustelas, les premières plus longues que les secondes, et celles-ci plus que les troisièmes, un peu moins comprimées encore qu'aux membres antérieurs, et toujours un peu plus grêles et plus droites. Phalanges.

En remontant maintenant de la Civette, considérée comme type des Viverras, aux espèces qui nous semblent devoir la précéder immédiatement dans la série, nous en trouvons d'abord quelques-unes semi-digitigrades, et que les zoologistes modernes ont regardées comme formant autant de genres, sous les noms de Cynogale et de Cryptoprocta. Comparé avec les Espèces ascendantes.

Malheureusement je ne connais le squelette complet que de la première, le Cynogale de Bennett, animal de Malacca, de Sumatra et de Bornéo.

Avec le *C. Bennettii.*

2. — Du Cynogale de Bennett.

Vertèbres en général, 52. La colonne vertébrale n'est formée que de cinquante-deux vertèbres, distribuées absolument comme dans la Civette.

Céphaliques. La tête ne diffère réellement de celle de cet animal que dans des particularités à peine exprimables.

On peut cependant aisément remarquer sa grande étroitesse dans toutes ses parties, et surtout dans l'espace inter-orbitaire, la presque nullité des apophyses orbitaires, la longueur du museau, la largeur du trou sous-orbitaire et celle de l'arcade zygomatique.

Cervicales. On pourra voir dans nos planches iconographiques qu'il en est à peu près de même pour les trois vertèbres cervicales caractéristiques.

Parmi les autres vertèbres, nous nous bornerons à faire remarquer

Coccygiennes. les coccygiennes, en général fort petites, et surtout très-déliées, et décroissant rapidement de manière à constituer une queue fort aiguë.

Côtes. Les côtes sont grêles et fort comprimées, un peu comme dans les Martres, décroissantes de largeur de la première à la dernière.

Omoplate. L'omoplate présente des différences plus marquées dans la forme moins avancée, moins dilatée de son bord antérieur, qui est presque droit et plus brusquement auriculé à sa terminaison.

Humérus. L'humérus, qui au premier aspect paraît moins dissemblable, quoiqu'il soit proportionnellement un peu plus court, diffère beaucoup de celui de toutes les espèces de Viverras, en ce qu'étant percé au-dessus de la poulie, il ne l'est pas au condyle interne, double caractère qui le rapproche de celui des Canis et des Hyæna et même du Zibeth.

Radius. Des deux os de l'avant-bras, la tête seule du radius diffère assez sensiblement parce qu'elle est un peu plus transverse que dans la Civette.

Cubitus. L'olécrâne du cubitus est aussi plus cubique, plus épais, mais moins large.

La main est également dans toutes ses parties, et surtout dans les os du métacarpe, proportionnellement moins longue, mais un peu plus cependant que dans les Viverras plantigrades qui vont suivre; aussi les premières phalanges sont-elles moins courbées, un peu moins dilatées, et au contraire les secondes sont-elles un peu plus courtes et plus larges que dans ces derniers. Les phalanges onguéales sont aussi un peu moins hautes et moins arquées.

Métacarpe.

phalanges.

Le fémur est également un peu plus cylindrique ou moins déprimé, moins large dans son corps.

Fémur.

Le tibia et le péroné sont presque absolument comme dans les Paradoxures, et de la même longueur. Le tibia est cependant un peu plus large à son extrémité inférieure.

Tibia.
Péroné.

Les os des trois parties du pied sont dans le même cas : seulement ils sont en général moins grêles, plus larges, surtout pour les phalanges, dont les secondes sont tout à fait droites et non arquées, comme dans le Paradoxure type. Les phalanges onguéales sont aussi moins courbées.

Pied.

3.— Du Cryptoprocta ferox.

De la singulière espèce de Viverra Madécasse à longue queue cylindrique et à oreilles assez grandes, que M. Bennett a nommée *Cryptoprocta*, à cause d'une particularité de l'appareil crypteux de l'anus, je n'ai vu qu'un beau dessin de la tête osseuse, dessin que je dois comme plusieurs autres à la générosité de la Société zoologique de Londres, et dont je lui fais de nouveau mes sincères remercîments. Malheureusement le sujet n'était pas adulte, comme on le verra plus loin dans l'odontographie des Viverras, où son système dentaire sera décrit. On peut cependant reconnaître que cette tête, par la courbure de son chanfrein, a les plus grands rapports avec celle des Felis à museau un peu allongé, plus qu'avec celle des Viverras ordinaires, chez lesquels il est toujours assez long, plus même qu'avec celle des espèces de la division des Mangoustes qui l'ont plus court; la partie céphalique est assez large, arron-

Avec
le *C. ferox*.

Tête.
Comparée dans

sa partie
céphalique,

die, un peu déprimée, surtout au sinciput, avec un bourrelet occipital arrondi, indice que la crête de ce nom aurait été assez prononcée dans l'adulte, et n'offre qu'un rétrécissement post-orbitaire assez peu marqué.

faciale. La face est également assez large dans sa partie inter-orbitaire, mais courte et comme tronquée au museau, avec un trou sous-orbitaire médiocre; l'orbite rond et largement ouvert par la presque nullité de l'apophyse jugale et la petitesse de celle du frontal; le palais large, terminé en arrière par un canal palatin en arc comprimé, dont le bord antérieur est assez au delà de la dernière molaire, et qui se prolonge entre des apophyses ptérygoïdes courtes et épaisses. Les trous incisifs sont du reste assez étroits et virguliformes.

Mandibulaire. En portant l'examen sur l'appendice de la mâchoire inférieure, on pourra remarquer que la caisse, assez saillante, est moins arrondie que dans les Felis, et que sa forme ovalaire rappelle un peu celle des Civettes; que l'arcade zygomatique est assez faible et presque horizontale; et que la mandibule, légèrement courbée dans toute la longueur de sa branche horizontale, percée de deux trous mentonniers subégaux et distants, est pourvue à sa branche verticale d'une assez large apophyse coronoïde arrondie à son sommet, d'un condyle fort peu saillant et d'une apophyse angulaire en crochet épais et arrondi.

Mais il faut avoir soin de se rappeler que cette tête osseuse provient d'un individu jeune, et même assez éloigné de l'âge adulte, puisque le système dentaire dont elle est armée est un mélange des dents de lait et de deux molaires d'adulte.

Conclusions. Cependant, en comparant cette tête et ce système dentaire avec ce qu'ils sont chez un Viverra des trois sections au même degré de développement, on ne peut s'empêcher de reconnaître que le *Cryptoprocta* s'en éloigne assez pour se rapprocher des Felis, ce que confirment tous les caractères extérieurs assignés à ce genre.

Art. 4. — Des Viverras plantigrades ou Paradoxures.

Après l'examen de ces deux espèces, dont l'une devra sans doute être placée après les derniers Viverras digitigrades de la section des Genettes, et l'autre avant la première, nous avons à faire porter la comparaison sur un petit groupe de Mammifères carnassiers de l'Inde qui se rapprochent plus ou moins de la Martre des palmiers de Buffon, et qui, en effet, cherchant et atteignant pour leur nourriture les oiseaux dans les arbres, ont éprouvé une modification remarquable dans la disposition des pieds devenus propres à marcher sur les branches. Avec les Paradoxures.

C'est à ce groupe que M. F. Cuvier a donné le nom générique de Paradoxure, tiré de la considération d'un degré fort exagéré de préhensibilité ou de volubilité dans la queue, et qu'un caractère bien plus important a fait désigner sous la dénomination de Viverras plantigrades.

Nous allons signaler les principales particularités du squelette dans l'animal qui a été considéré comme type de ce genre, et qui en a reçu son nom, *P. typus*. et surtout le *P. typus*.

L'ensemble du squelette indique en effet un animal plus allongé, plus vermiforme que la Civette, et surtout par la longueur de la queue; aussi le nombre total des vertèbres monte-t-il jusqu'à soixante-six : quatre céphaliques, sept cervicales, treize dorsales, sept lombaires, trois sacrées et trente-deux coccygiennes. Squelette en général. Vertèbres, 66.

Les vertèbres céphaliques, dans leur ensemble et presque dans toutes leurs particularités, n'offrent réellement guère que des différences spécielles, si ce n'est peut-être un étranglement post-orbitaire plus prononcé, un front un peu plus large, des apophyses post-orbitaires plus saillantes, ce qui rend le cadre de l'orbite un peu moins incomplet et bien plus d'inégalité dans les deux branches de l'échancrure du bord antérieur des os du nez en général plus courts. Céphaliques, 4.

Dans les appendices, je ne trouve non plus à faire observer que la forme un peu plus en crochet de l'apophyse ptérygoïde interne, plus Leurs Appendices.

Supérieurement. Inférieurement. d'élévation et de rapprochement de la partie postérieure des os palatins, avec plus d'étroitesse et de profondeur dans le canal formé par ces os; enfin, dans la mandibule, plus d'élévation dans l'apophyse coronoïde, et plus d'épaisseur et de brièveté dans le crochet angulaire.

V. cervicales, 7. Les vertèbres cervicales offrent plus de dissemblances que celles de la tête, du moins sous le rapport des apophyses épineuses des quatre dernières, qui sont assez élevées, bien plus que dans la Civette et que dans la Fouine, mais grêles, pointues et spiniformes, la dernière inclinée en avant et bien plus longue.

Atlas. Axis. L'atlas a, au contraire, ses apophyses transverses plus courtes, plus arrondies, et l'axis son épineuse moins saillante en avant.

V. dorsales, 13. Les treize vertèbres dorsales ont aussi leur apophyse épineuse assez élevée, du moins les neuf premières, où elles sont minces, mais bien plus étroites que dans la Civette; quant aux quatre autres elles tendent, comme à l'ordinaire, surtout les deux dernières, à ressembler aux lombaires.

V. lombaires, 7. Celles-ci, au nombre de sept, et dont la dernière est fortement inter-iliaque, sont assez bien comme dans notre type des Viverras, du moins pour l'apophyse épineuse, large, quoique distante et coupée carrément au sommet, et même pour les apophyses transverses croissant en longueur de la première, très-petite, à la septième, et fortement recourbées en avant; mais la dernière de celles-ci est grêle et étroite.

V. sacrées, 3. Le sacrum a sa dernière vertèbre à peine soudée aux autres, et la première seule articulée au bassin.

Coccygiennes, 32. Des trente-deux coccygiennes, les six premières seulement ont des apophyses transverses; au delà elles croissent d'abord et décroissent ensuite très-lentement, ce qui est un caractère de préhensibilité, les dernières devenant cependant d'une assez grande ténuité.

Sternèbres. Hyoïde. Thoraciques, 8. La série sternale, dans l'os hyoïde, ainsi que dans le sternum, est comme dans la Civette; seulement, toutes les pièces de l'hyoïde sont proportionnellement bien plus grêles, et le dernier article des grandes cornes est fortement coudée dans le milieu de sa longueur. Il n'y a de même que huit sternèbres de forme et de proportions semblables à ce qu'elles sont dans cet animal.

Les côtes, quoiqu'il y en ait une paire de moins dans les asternales, sont dans le même cas que les sternèbres, et assez subégales. Côtes.

Les membres présentent évidemment moins de ressemblance pour se rapprocher davantage de ce qu'ils sont dans les Petits-ours. Membres antérieurs.

Aux antérieurs l'omoplate est au moins aussi large que chez eux, et par conséquent plus que dans les Mustelas, et surtout bien plus que dans la Civette. Sa forme rappelle un peu celle de l'Ours par la grandeur, la largeur de la fosse sus-épineuse, l'arrondissement considérable de son bord antérieur. Son bord postérieur est cependant presque tout droit, et sa crête est pourvue, vers sa terminaison, d'un petit appendice récurrent, comme dans les Mustelas. Omoplate.

Nous n'avons trouvé aucune trace de clavicule. Clavicule.

L'humérus est fort semblable à celui de la Civette, sauf moins de longueur proportionnelle. Cependant la tubérosité externe supérieure est beaucoup moins large, bien moins élevée; l'empreinte deltoïdienne est, au contraire, plus étalée, quoiqu'elle descende à peine plus bas. Du reste il n'y a de trou qu'au condyle interne, et la crête externe est bien faible. Humérus. Supérieurement. Inférieurement.

Les os de l'avant-bras sont assez semblables à ce qu'ils sont dans la Civette, sauf encore la taille qui est moindre, et surtout qu'ils sont proportionnellement bien plus courts; le radius étant d'un quart moins long que l'humérus, au lieu de lui être presque égal, comme dans la Civette. L'olécrâne du cubitus est peut-être aussi moins large, le bord postérieur bien plus convexe; en sorte que la ressemblance est évidemment plus marquée avec le Cynogale, sauf la longueur moindre. Radius. Cubitus.

Mais c'est surtout dans les os de la main que se remarquent les plus grandes différences par suite de la brièveté des os qui la composent, et surtout de celle des métacarpiens.

Pour les trois os de la première rangée du carpe, je ne vois guère à noter que la petitesse du triquètre ou pyramidal et la grande com- Os du Carpe.

pression et la brièveté du pisiforme; et dans les quatre de la seconde, que leur proportion subégale, le trapèze un peu plus petit cependant que l'unciforme, mais un peu plus grand que le grand os et même que le trapézoïde.

Métacarpiens. Les métacarpiens sont d'une brièveté proportionnelle remarquable et fort renflés à leur extrémité; celui du pouce seulement un peu plus que le cinquième et le second étant le plus gros.

Phalanges, premières. Les premières phalanges ne sont que d'un quart plus courtes que les métacarpiens; elles sont assez arquées et élargies vers leur tiers externe. secondes. Les secondes sont, au contraire, fort droites, moins courtes proportionnellement que dans les Civettes, mais un peu plus excavées troisièmes. en dehors qu'en dedans; et les troisièmes, plus comprimées, plus hautes, en un mot plus en griffes.

Membres postérieurs. Les membres postérieurs du Paradoxure type suivent, comme il était aisé de le concevoir, la disposition des antérieurs, et sont en effet presque complétement plantigrades.

Os innominé. L'os innominé est court, fortement élargi en arrière, et du reste assez bien dans les mêmes proportions que dans la Civette. Seulement, l'échancrure de réflexion de l'obturateur interne est moins nettement circonscrite, et la tubérosité iskiatique bien moins épaisse. Outre cela, la facette d'articulation avec le sacrum est moins large, et l'angle que fait l'axe de l'os avec la colonne vertébrale est peut-être un peu moins ouvert.

Fémur. Le fémur ressemble aussi beaucoup à celui de la Civette. Il est cependant proportionnellement un peu moins long, plus déprimé dans son corps, et même dans son extrémité tibiale. La poulie rotulienne est plus étalée et moins haute.

Tibia. Péroné. Il y a encore plus de ressemblance pour le tibia et le péroné. Le tibia est seulement moins comprimé dans sa partie supérieure, plus également triquètre, et son articulation tarsienne est bien plus oblique, ce qui dénote la marche dans les arbres.

Le pied, quoiqu'à peine plus court que le tibia, est assez élargi par la disposition des os du métatarse. Tarse.

La poulie tibiale de l'astragale est large, surbaissée et fort oblique de dehors en dedans. Astragale.

Le calcanéum a son apophyse élargie à son extrémité en tête de clou arrondie, et son corps très-comprimé, puis très-déprimé, dilaté au bord externe par une apophyse très-saillante. Calcanéum.

Quant au cuboïde, il est également court, ramassé, ainsi que les trois cunéiformes, dont le premier est notablement plus fort que les deux autres, et surtout que le second. Cuboïde.

Les os métatarsiens sont grêles, mais peu longs; le troisième, le plus de tous, n'égalant cependant pas la longueur du tarse, mais, comme à la main, le premier n'étant que d'un cinquième moins long que le dernier, dont l'apophyse basilaire externe est très-développée. Métatarse.

Quant aux phalanges elles-mêmes, elles ressemblent beaucoup à celles de la main; seulement chaque sorte, et même les troisièmes, sont un peu plus longues; et celles-ci, plus élevées, plus minces, plus rétractiles, ont déterminé une excavation plus prononcée au côté interne des secondes, un peu comme dans les Felis. Phalanges. troisièmes. secondes.

Je n'ai vu du squelette des espèces assez nombreuses que les zoologistes indiquent aujourd'hui dans cette section que ceux complets du *P. musanga* et du *P. Derbyanus* ou *Zebra,* type du genre *Hemigalea*, avec la tête osseuse du *P. Bondar* et du *P. leucomystax*, proposé comme genre sous le nom d'*Ambliodon.* Ces genres ne portant que sur une nuance de plus ou de moins dans le degré de disposition carnassière du système dentaire, les différences dans les crânes ne vont pas au delà de celles que peuvent exiger des espèces distinctes. L'iconographie suffira donc pour montrer que, dans l'Ambliodon, l'étranglement et les apophyses post-orbitaires sont moins prononcés que dans le Paradoxure type, et qu'au contraire ils le sont davantage dans l'Hémigale zébré, bien plus encore dans le P. Bondar, beaucoup plus surtout dans le Cynogale, dont il a été parlé plus haut, et dont le museau est aussi Différences dans les autres Espèces. *P. leucomistax* (Ambliodon). *P. Derbyanus* (Hemigalea). *P. Bondar.*

plus long et plus effilé, ce qui tient à la forme singulièrement élargie des avant-molaires.

P. musanga. Quant au squelette du *P. musanga*, il est en tout semblable à celui du *P. typus*.

P. Derbyanus. Celui du *P. Derbyanus* diffère un peu davantage, d'abord dans le nombre des vertèbres caudales, qui n'est que de vingt-six, et ensuite parce qu'il est en général un peu plus grêle dans toutes ses parties et surtout dans les os longs des membres un peu plus élevés. Je ferai en outre remarquer moins d'elévation dans l'apophyse épineuse des vertèbres cervicales; plus de largeur et moins d'enfoncement inter-iliaque dans les apophyses transverses de la septième lombaire; moins d'élargissement dans le bord antérieur de l'omoplate, par là plus étroite, et enfin une disposition plus rétractile dans les phalanges onguéales, plus hautes, plus comprimées, et dans les secondes phalanges, plus excavées au bord externe, surtout aux membres antérieurs.

5. — Des Mangoustes (*Viv. Ichneumon*).

Dans les Mangoustes en général. Au-dessus encore de la section des Viverras plantigrades ou Paradoxures se trouve un groupe d'espèces assez nombreuses, se rangeant autour de l'Ichneumon d'Égypte, et qui en a pris son nom générique, traduit en latin par ceux de *Mangusta* ou d'*Herpestes*. Ici nous connaissons heureusement le squelette de presque toutes celles qui, par quelques particularités de digitation ou de dentition, ont été considérées comme genres par les zoologistes les plus récents.

Dans la M. d'Égypte en particulier. Le squelette de la Mangouste d'Égypte, que nous prendrons pour type, est évidemment plus vermiforme que celui de la Civette; mais cette disposition tient surtout à une assez grande augmentation dans le nombre des vertèbres de la queue, qui est de trente et une, car pour les

I. Vertèbres. autres c'est le même nombre, quatre céphaliques, sept cervicales, quatorze dorsales, six lombaires et trois sacrées.

V. céphaliques ou Tête. La tête de la Mangouste est évidemment moins allongée que celle de la Civette; mais ce n'est pas dans les vertèbres proprement dites ou dans le crâne lui-même que se remarque cette différence; on peut même voir aisément qu'il est peut-être encore plus étroit, moins élargi au-dessus du conduit auditif; mais ce sont surtout les vertèbres frontale et nasale qui sont bien plus courtes, plus bombées dans leur chanfrein, ce qui rend les appendices maxillaires comme tronqués. L'orbite est aussi plus petit, plus circulaire, mais surtout presque complet dans son cadre par l'allongement au contact des apophyses post-orbitaires du frontal et du jugal. L'arcade zygomatique est aussi plus large, mais surtout plus courte, parce qu'elle naît assez en avant du canal auditif externe, dont l'orifice est lui-même bien plus petit, arrondi, avec un trou à sa base inférieure qui semble partager la caisse en deux parties inégales.

Orbite.

Arcade zygomatique.

Canal auditif externe.

On peut aussi remarquer que le palatin est plus étroit, plus long dans sa partie horizontale postérieure, ce qui rétrécit le canal naso-palatin et porte son ouverture bien plus en arrière que dans la Civette, les apophyses ptérygoïdes étant couchées presque horizontalement.

Palatin.

Quant au maxillaire et au prémaxillaire ils sont extrêmement courts; celui-ci est surtout très-faible, et il en résulte que le trou incisif est presque rond et fort petit.

Maxillaire.

Le mandibulaire, qui a suivi nécessairement le raccourcissement de la face, est encore plus robuste et courbé sur les deux bords de la branche horizontale, en même temps que l'apophyse coronoïde s'est raccourcie et élargie. Du reste, l'iconographie montrera mieux ces différences que les descriptions les plus minutieuses, et l'on pourra se convaincre que la tête des Mangoustes est, pour ainsi dire, Mustela par la face et Viverra par le crâne.

Mandibule.

Les vertèbres cervicales sont aussi assez bien comme dans la Fouine, seulement les apophyses épineuses sont en général plus saillantes; les transverses de l'atlas peu arrondies, et même coupées presque carrément en arrière; l'épineuse de l'axis subconvexe au dos et débordant autant en avant qu'en arrière, mais plus pointue de ce côté que de l'autre, comme dans les Martres.

V. cervicales, 7.

Atlas.

Axis.

V. dorsales, 14. Les quatorze vertèbres dorsales ont aussi leur apophyse épineuse haute et assez fortement inclinée en arrière, du moins pour les dix antérieures, et comme coudée pour les sept premières.

V. lombaires, 6. Les six lombaires ont leurs apophyses transverses croissant assez peu rapidement de la première à la dernière, mais toutes fort développées, et leur apophyse épineuse étroite, médiocrement élevée et assez fortement antéroverse.

V. sacrées, 3. Les trois sacrées sont dans le même cas; mais il n'en est pas de même

V. Coccygiennes, 31. des premières coccygiennes, dont l'épineuse est fort petite, au contraire des transverses assez larges presque pour se toucher aux trois premières, et pourvues d'os en V très-complets à la 5e, 6e, 7e et 8e; quant aux autres, elles sont assez courtes, très-hérissées d'apophyses d'abord, et ensuite décroissant graduellement jusqu'à la dernière, de manière à constituer une queue très-longue et très-fine.

II. Sternèbres. La série médio-infère n'offre guère de différences que de celles que l'iconographie seule peut rendre convenablement.

Hyoïde. L'hyoïde est peut-être cependant plus robuste et plus raccourci dans

Ses Cornes. son corps et dans ses grandes cornes antérieures, surtout dans la pièce terminale non dilatée à son extrémité. Les petites cornes semblent au contraire plus longues et plus costiformes.

Sternum, 8. Le sternum est toujours formé de huit sternèbres assez allongées, surtout les deux terminales, et à coupe tétragonale.

Côtes, 14. 9 + 5. Les côtes, au nombre de quatorze paires, dont neuf sternales et cinq asternales, sont en général grêles, subégales, avec leurs cartilages fort longs, assez bien comme dans les Fouines.

Thorax. Le thorax est cependant plus pyramidal que dans cet animal, et évidemment plus semblable à celui de la Civette.

III. Membres. M. antérieurs. Les membres ont assez bien la proportion de ceux des Mustelas, cependant avec une nuance de plus dans la disposition digitigrade.

Omoplate. L'omoplate est toutefois plus grande, plus large, surtout dans son bord antérieur, qui, au lieu d'être droit, se dilate dans sa moitié inférieure en une sorte de lobe arrondi, ce qui lui donne une forme parallélogrammique. La crête et son apophyse récurrente sont aussi fort prononcées.

Certainement cet animal n'a aucun rudiment de clavicule, même cartilagineuse (1). Clavicule.

L'humérus est plus court, plus robuste, plus arqué en S, même que dans la Civette ; aussi n'égale-t-il que les sept premières dorsales. La crête externe de son extrémité inférieure remonte plus haut, et outre un grand trou au condyle interne, il y en a un bien marqué au-dessus de la poulie ou trochlée, comme dans la Civette. Humérus. Inférieurement.

Les deux os de l'avant-bras sont assez fortement arqués, serrés et tourmentés. Le cubitus, de la longueur de l'humérus, présente un olécrâne carré, court, mais large et courbé en dedans. Cubitus.

La main égale le radius en longueur. Carpe.

Le trapèze, ou le premier os de la première rangée, est plus petit que le second. Aussi le pouce, dans les trois os qui le composent, est-il bien plus petit que les autres doigts; son extrémité dépassant à peine la base de la première phalange du second. Les quatre autres os métacarpiens sont du reste assez peu grêles et dans la proportion ordinaire. Trapèze. Pouce. Métatarsiens.

Quant aux phalanges des autres doigts que le pouce, elles sont en général, proportionnellement aux métacarpiens, un peu plus longues que dans la Civette ; mais c'est surtout pour les premières que cette observation est vraie : car les secondes sont au contraire plus courtes, plus même que les troisièmes, qui sont allongées, comprimées, assez aiguës, mais peu courbées. Phalanges. premières. secondes. troisièmes.

Les membres postérieurs sont assez bien dans les mêmes proportions que dans la Martre, pourtant avec un peu plus de longueur dans le métatarse, et par suite un peu plus de digitigradie. M. postérieurs.

L'os innominé est un peu plus long et plus étroit que dans la Civette, et même que dans la Martre, il égale en effet le fémur en longueur : Os innominé.

(1) C'est donc à tort que M. de Hauch, page 164, lui en accorde une rudimentaire parce qu'il grimpe aux arbres.

du reste l'iléon est aussi étroit que dans la Martre; mais son articulation avec le sacrum est bien plus oblique.

Fémur.

Le fémur ressemble beaucoup à celui de la Civette, cependant il est plus court et plus comprimé dans son corps, presque tranchant au bord externe. Son extrémité inférieure est du reste peu large, mais très-épaisse, ce qui produit une poulie rotulienne étroite et haute.

Tibia.

Péroné.

Le tibia et le péroné sont aussi comme dans la Civette, ils égalent le fémur en longueur; le tibia, large et comprimé dans sa partie supérieure, et le péroné très-grêle et très-écarté, surtout en haut.

Tarse.

Le pied est d'un cinquième plus long que le tibia.

Les os du tarse ne diffèrent cependant guère que par des nuances que l'iconographie peut seule exprimer. Le premier cunéiforme devient tout à fait latéral.

Métatarse.

Les os du métatarse sont plus longs, plus grêles, plus serrés; celui du pouce, avec ses deux phalanges, étant assez loin d'atteindre l'extrémité du second métatarsien.

Phalanges.

Du reste, les phalanges sont assez bien comme à la main pour les proportions; seulement elles sont en général plus fortes, sauf pour les onguéales, peut-être même un peu plus petites, moins comprimées et plus droites.

Différences selon les Espèces.

Autour de la Mangouste d'Égypte se groupent un certain nombre d'espèces qui s'en éloignent plus ou moins sous le double rapport du système dentaire et du système digital, en sorte que la plus éloignée aura à la fois le minimum de doigts et le minimum de dents molaires; quatre doigts en avant comme en arrière, et quatre molaires en haut et cinq en bas.

VANSIRE (*M. Galera*) (G. Athilax).

Le Vansire de Buffon (*M. Galera*) m'a offert le même nombre d'os dans la composition de son squelette que l'Ichneumon : seulement il n'y a que vingt-cinq vertèbres à la queue, au lieu de vingt-huit.

Tête.

La tête est peut-être un peu plus robuste, moins allongée dans sa partie cérébrale; les crêtes, les fosses plus marquées; le front plus plat, plus large; l'orbite plus ovale et un peu moins complet dans son cadre;

l'arcade zygomatique moins large, aussi bien que l'apophyse coronoïde, mais du reste parfaitement semblable.

Vertèbres.

Les vertèbres offrent quelques différences un peu plus marquées, qui ne portent cependant pas sur la forme ni sur les proportions de leurs corps, mais seulement sur celles de chaque apophyse, en général plus larges, surtout l'épineuse des dorsales, ou proportionnellement moins longues que dans l'Ichneumon.

Sternèbres.

Les sternèbres sont aussi généralement un peu plus épaisses proportionnellement; il en est de même des côtes, qui sont un peu plus robustes à leur racine.

Membres antérieurs.

Je n'ai pu remarquer dans les os des membres d'autres différences que des particularités spécifiques; ainsi l'omoplate a son bord antérieur moins sinueux; mais elle est toujours fort large et quadrilatère. L'humérus est percé au condyle interne et au-dessus de la poulie; et le pouce est dans les mêmes proportions que dans la Mangouste d'Égypte.

postérieurs.

Aux membres postérieurs, je ne puis guère signaler d'autres différences que plus de force et plus d'épaisseur proportionnelles, ce qui tient à ce que l'animal dont ils proviennent était bien adulte. Le pouce est cependant un peu moins grêle et un peu plus long, aussi bien que le métatarse, en général plus étroit.

Mangue (*M. obscura*) (*G. Crossarchus*).

L'espèce (*M. Obscura*) que M. F. Cuvier a nommée la Mangue, et dont il a fait un genre sous la dénomination de *Crossarchus*, n'offre dans son squelette rien qui puisse le moins du monde le distinguer de celui des deux espèces précédentes. C'est toujours à peu près le même nombre d'os au tronc comme aux membres, sauf à la queue, où il n'y a que vingt-deux vertèbres. Seulement chacun de ces os est en général plus ramassé ou plus court proportionnellement, même que dans le Vansire, ce qui rend les apophyses épineuses des vertèbres plus serrées. Les pouces sont peut-être aussi un peu plus développés, et surtout les phalanges onguéales, aux deux pieds; les autres différences ne peuvent guère être rendues que par l'iconographie.

Le Surikate ou la Mangouste tétradactyle présente encore, dans la

SURIKATE (*M. tetradactylus*). (G. Surikata). I. OS DU TRONC.

partie troncale de son squelette, le même nombre d'os que la Mangouste ichneumon, sauf peut-être à la queue, dont les vertèbres ne sont, comme dans la Mangue, qu'au nombre de vingt-deux; mais aux deux paires de membres le pouce manque presque complétement. Un autre caractère du squelette de ce petit animal, c'est que ses membres, bien plus grêles, deviennent aussi bien plus digitigrades.

Tête.

La tête osseuse du Surikate diffère aussi évidemment, non pas de celle de toutes les espèces de ce genre, mais surtout de celle que nous avons prise pour type, et cela par une sorte de brièveté générale qui rappelle ce qui a lieu chez les Felis, et parce que le cadre de l'orbite est complet (1).

Orbite.

II. MEMBRES. Antérieurs. Humérus.

Aux membres antérieurs l'omoplate, bien moins élargie dans son bord antérieur, ressemble davantage à celle de la Fouine; l'humérus, à peu près dans les mêmes proportions que celui de cet animal, n'est terminé inférieurement que par une poulie simple avec un seul trou au condyle interne. Les deux os de l'avant-bras sont bien plus longs, bien plus serrés et plus grêles que dans les Viverras, et même que dans les Mustelas; la tête supérieure du radius est transverse, occupant toute la largeur de l'articulation humérale, le cubitus étant complétement rejeté en arrière et offrant ainsi tout à fait en avant sa facette sigmoïde fort large transversalement.

Radius. Cubitus.

Carpe. Trapèze.

Quant à la main, les os carpiens de la première rangée sont assez bien comme dans l'Ichneumon; mais à ceux de la seconde, où l'absence de pouce pourrait faire supposer celle du trapèze, on trouve au contraire que cet os est assez gros, un peu calcanéiforme et tout à fait rentré en dedans du poignet, pour donner sans doute attache au ligament annulaire du carpe.

(1) Il ne faut cependant pas croire qu'il y ait là rien de comparable à ce qui a lieu dans les Quadrumanes, comme le dit à tort M. Cuvier. En effet, dans le Surikate, c'est par la réunion des deux apophyses qui se sont avancées presque également l'une vers l'autre, tandis que dans les Quadrumanes c'est la branche montante du jugal qui seule va chercher le frontal.

Il n'y a cependant que quatre os métacarpiens médiocrement allongés et dans les proportions ordinaires. Métacarpiens, 4.

Les phalanges sont aussi assez courtes, sauf les dernières, qui sont les plus longues, aiguës, subarquées et fort comprimées. Phalanges.

Les membres postérieurs ne m'ont présenté de remarquable que la brièveté et la grosseur proportionnelle du fémur, à peine plus long que l'humérus, au contraire du tibia et du péroné, qui sont au moins d'un huitième plus longs. III. MEMBRES. Postérieurs. Fémur. Tibia.

Le pied est aussi long que le tibia; l'allongement portant essentiellement sur les métatarsiens, qui ne sont qu'au nombre de quatre et subégaux. Les phalanges qui suivent sont assez bien comme à la main, seulement plus comprimées, plus grêles, et l'onguéale plus courte et plus étroite. Métatarsiens. Phalanges.

Quant au pouce ou premier doigt, quoique le premier cunéiforme existe bien complet et même encore assez fort, il ne porte qu'un rudiment sésamoïde du premier métatarsien, mais sans trace de phalange. Pouce.

La Mangouste des marais (*Mangusta urinatrix* ou *paludinosa*) rentre bien plus que le Surikate, et même que la Mangue et le Vansire, dans la forme générale du squelette, et même dans la proportion des os qui le constituent, que nous avons observées dans la Mangouste d'Égypte; mais le nombre des vertèbres dorsales et des côtes est de quinze au lieu de quatorze, ce qui réduit les vertèbres lombaires à cinq, celui des sacrées restant à trois et les caudales montant à vingt-cinq ou vingt-six seulement. *M. urinatrix.* I. OS DU TRONC.

Du reste la tête ressemble beaucoup à celle de la Mangouste d'Égypte par sa forme allongée, comme l'iconographie le montre aisément; seulement l'orbite est plus ovale verticalement et moins fermé dans son cadre, et l'apophyse coronoïde est plus élevée, plus étroite et un peu plus arquée. Tête.

Il en est de même de l'omoplate, de l'humérus également percé au-dessus de la poulie, ainsi qu'au condyle interne, des os de l'avant-bras II. DES MEMBRES. M. antérieurs. Humérus.

et de ceux de la main, et même des phalanges onguéales, quoique le pouce soit encore assez long.

M. postérieurs. Quant aux membres postérieurs, l'os innominé, le fémur, le tibia et le péroné sont assez bien comme dans l'Ichneumon d'Égypte, seulement avec des proportions un peu plus élevées; mais pour le pied, les os qui le composent, et surtout les phalanges onguéales, presque aussi grandes qu'à la main, lui donnent un peu plus de longueur totale. Le pouce est cependant complet, et même assez long, puisqu'il dépasse un peu le second os métatarsien.

M. penecillata (G. *Cynictis* ou *Cynopus*). Enfin, une autre espèce de ce genre qui se distingue du type en sens inverse de la Mangouste des marais, c'est-à-dire parce qu'elle a une vertèbre dorsale et une paire de côtes de moins, treize au lieu de quatorze, et par conséquent une lombaire de plus, sept au lieu de six, est la M. pénicillée, dont on a formé le genre *Cynictis* ou *Cynopus*.

Tête. La tête est du reste encore assez voisine, pour la forme générale, de celle du Surikate, quoiqu'un peu plus allongée dans la partie céphalique; mais les vertèbres lombaires sont remarquables par la longueur de leurs apophyses transverses; les trois sacrées, parce que la première est seule articulaire avec l'iléon, et surtout parce que la dernière est si petite qu'elle est assez difficile à distinguer nettement; et les vingt-huit ou vingt-neuf coccygiennes, par leur gracilité.

Sternèbres, 8. Les sternèbres, au nombre de huit, comme à l'ordinaire, sont plus courtes et plus larges que dans le type, et cependant les côtes sont plus grêles.

Omoplate. L'omoplate rappelle assez la forme de celle de l'Ichneumon d'Égypte, la crête étant fort élevée dans son milieu, et pourvue d'une apophyse récurrente considérable.

Humérus. L'humérus est assez grêle, et surtout les deux os de l'avant-bras qui sont comme dans le Surikate.

Métacarpiens. La main est aussi un peu comme dans cet animal, mais plus longue, plus grêle dans les quatre os métacarpiens externes; mais la première phalange bien plus longue que la seconde, au contraire de ce qui a lieu dans le Surikate, où elles sont subégales : ici, cependant, le pouce existe, mais petit, comme dans la plupart des Mangoustes.

Les membres postérieurs du Cynictis sont grêles et allongés, au moins autant que dans le Surikate. M. postérieurs.

L'os innominé, assez long, s'étale en se tordant vers sa terminaison iskiatique, d'une manière singulière que je n'ai remarquée jusqu'ici chez aucun autre mammifère. Os innominé.

Le fémur est de longueur médiocre, mais assez grêle; et le tibia paraît au contraire être assez robuste proportionnellement avec la gracilité remarquable du péroné. Fémur. Tibia.

Enfin le pied, bien plus long que la main dans une disproportion encore plus grande que dans le Surikate, et quoiqu'il ne soit aussi terminé que par quatre doigts, présente cependant aussi un premier cunéiforme assez développé, et portant un métatarsien réduit à un tubercule. Cunéiforme.

Les quatre métatarsiens sont d'une longueur et d'une gracilité remarquables; ce qui est également vrai pour les phalanges, dont les premières sont bien plus longues que les secondes. Métatarsiens, 4.

C'est aussi à ce groupe des Mangoustes que nous croyons devoir rapporter le singulier petit animal de Madagascar que M. Doyère a nommé Euplère, et dont nous avons déjà dit quelques mots dans notre Ostéographie des Insectivores. En ayant égard à des considérations d'une autre nature que celles qui nous guident, les zoologistes avaient en effet regardé ce petit Carnassier comme devant être placé dans la famille que nous venons de citer; nous pensons que c'était à tort, c'est le moment de le démontrer : malheureusement les parties du squelette que nous possédons et que nous devons à la complaisance éclairée de M. Isidore Geoffroy Saint-Hilaire, proviennent d'un individu qui n'était pas adulte, et encore se bornent-elles à une tête complète et aux membres antérieurs et postérieurs. Euplère. En général.

La tête osseuse de l'Euplère est remarquable par sa forme ovale, et même allongée, arrondie et un peu renflée en arrière au crâne, atté- En particulier. Sa Tête.

nuée et presque pointue en avant, sans rétrécissement post-orbitaire fortement indiqué, surtout par l'absence presque complète d'apophyse de ce nom au frontal comme au jugal; du reste le chanfrein de cette tête est assez fortement arqué, sans traces d'aucune crête, sans doute à cause de l'âge, mais avec une saillie vermiforme considérable, au milieu de l'occipital postérieur.

Appendices maxillaires Supérieur. Lacrymal.

Les appendices maxillaires sont surtout remarquables à cause de leur étroitesse et de leur forme pointue, atténuée en avant. Le supérieur commence par un ptérygoïdien très-surbaissé; par un lacrymal petit, mais entrant un peu dans la face, avec une apophyse lacrymale proportionnellement assez saillante; et par un jugal assez grand formant les deux tiers au moins de l'arcade zygomatique, assez faible du reste. Le palatin, fort peu élevé, s'avance assez dans le palais, et le maxillaire qui le prolonge s'avance en se rétrécissant rapidement: ce qui est continué par un prémaxillaire à branches assez grêles, formant un trou incisif long et étroit, et un orifice nasal subovale et fort petit.

Palatin. Maxillaire. Prémaxillaire.

Inférieur.

L'appendice maxillaire inférieur commence par une caisse médiocre et comprimée, se joignant à un cadre du tympan assez distinct, et formant un canal auditif externe ovale, grand et sessile. Le squammeux, extrêmement petit, fournit une apophyse jugale très-courte, faible, un peu arquée, mais se portant presque en dedans et ne formant à sa base qu'une très-petite et peu profonde fosse glénoïdale; c'est avec elle que s'articule une mandibule longue, étroite, sinueuse dans sa branche horizontale, convergente à une symphyse presque linéaire en avant, et se dilatant en arrière dans les trois apophyses de sa branche verticale; une coronoïde assez inclinée et arrondie au sommet, un condyle ovale-globuleux, assez élevé, et un crochet angulaire assez marqué et dépassant le condyle en arrière.

Squammeux. Mandibule.

Des Membres. Antérieurs.

Des membres antérieurs je ne possède pas même l'omoplate, qui, par sa forme, aurait été si importante à connaître, non-seulement en elle-même, mais pour décider si elle était ou non accompagnée d'une clavicule; car dans ce cas il n'y aurait pas eu de doute sur la place de l'Euplère dans la série.

Toutefois l'humérus, par sa brièveté et sa grosseur proportionnelle, me semble avoir des rapports avec celui des Mangoustes à jambes courtes, et particulièrement avec la Mangue. Aussi est-il percé non-seulement au condyle interne, mais encore au-dessus de la poulie, comme dans la plupart des Viverras; et quoique ce double caractère se retrouve jusqu'à un certain point dans l'humérus du Tupaya, il est évident que la forme et les proportions sont toutes différentes. Humérus. Inférieurement.

Les deux os de l'avant-bras sont également courts, un peu plus même que l'humérus, ce qui est encore assez bien comme dans la Mangue; et, de plus, le radius, placé complétement en avant du cubitus, a sa tête assez élargie transversalement pour occuper presque toute la largeur de l'articulation humérale; d'où il résulte qu'il est collé dans toute son étendue et serré fortement contre le cubitus, dont l'olécrâne est court et épais, autant qu'on en peut juger du moins à l'état d'épiphyse. Du reste, ces deux os me semblent avoir encore assez de rapports avec ceux de la Mangue. Dans le Tupaya ils sont bien plus grêles et proportionnellement plus longs. Os de l'avant-bras. Radius. Cubitus.

On peut en dire à peu près autant des os de la main, quoique le premier doigt et les os qui le composent soient proportionnellement un peu plus forts, et qu'en général il en soit de même des autres os du métacarpe, et même des phalanges, ce qu'on peut cependant attribuer en partie à l'état de jeune âge; quant aux phalanges onguéales, elles sont également minces, tranchantes, assez arquées et fort pointues. Les os qui composent la main des Tupayas sont bien plus grêles et proportionnellement plus longs. Os de la main.

Les proportions entre les parties des membres postérieurs de l'Euplère et celles de ceux de la Mangue se conservent assez bien les mêmes qu'aux membres antérieurs, et elles indiquent également un animal bas sur pattes et fouisseur. Le fémur, court et gros, est cependant un peu moins élargi à son bord externe, peut-être par défaut d'âge; mais il n'offre II. M. POSTÉRIEURS. Fémur.

aucun indice de l'espèce de troisième trochanter qui caractérise le fémur du Tupaya, d'ailleurs bien plus long. Le tibia et le péroné sont, par la même raison sans doute, moins anguleux. Quant au pied, l'astragale a sa poulie large, quoique assez profonde, et le calcanéum peu prolongé dans son apophyse. Le reste du pied, c'est-à-dire le métatarse et les phalanges rappellent assez ce que leurs analogues sont à la main, avec un peu plus de longueur. Le pouce est cependant un peu plus grêle proportionnellement. Or toutes ces formes et proportions ne peuvent guère se retrouver dans les membres postérieurs des Glisorex ou Tupayas, qui sont des espèces de Musaraignes d'arbres, et dont tous les os sont fort longs et fort grêles.

Tibia. Péroné. Astragale.

Pouce.

6. — Des Viverras proprement dits.

Après avoir terminé la comparaison avec notre type des espèces qui s'en éloignent le plus dans la direction ascendante, nous devons maintenant la porter sur celles, bien moins nombreuses, qui se trouvent descendre vers les Felis.

Du Zibeth.

Parlons d'abord de la Civette de l'Inde, distinguée pour la première fois par Buffon sous le nom de Zibeth, et dont le squelette a été décrit par Daubenton, H. N., IV, page 238.

Sa Tête.

La tête osseuse du Zibeth ne diffère de celle de la Civette qu'en ce qu'elle est en général plus étroite, plus grêle dans toutes ses parties, mais surtout dans l'étranglement post-orbitaire et dans le canal rétro-palatin. L'arcade zygomatique est peut-être un tant soit peu plus large; toutefois la différence principale existe dans le bord terminal de l'os du nez, dont le lobe externe de l'échancrure est notablement plus grand que l'interne.

Le reste du Squelette.

Dans le reste du squelette, composé du même nombre d'os que celui de la Civette, je ne trouve d'un peu digne de remarque que le fait singulier de l'absence de trou au condyle interne de l'humérus, tandis qu'il ne manque jamais dans la véritable Civette.

7. — Des Genettes.

Les Genettes, qui par le système de coloration, et même aussi par la forme des doigts et des ongles, passent évidemment aux Felis, ne présentent pourtant pas de bien grandes différences, sous le rapport du squelette, comparé avec celui de la Civette. De la Genette.

La totalité du tronc est cependant en général plus allongée par la distribution des vingt vertèbres troncales, treize au dos et sept aux lombes, et par la forme des vingt-cinq vertèbres caudales. I Tronc. Série supérieure.

La tête participe de cet allongement général aussi bien au crâne qu'à la face. Tête.

Je n'ai trouvé à noter de différentiel au reste de la série vertébrale: aux vertèbres cervicales, que moins de saillie et plus d'étroitesse dans les apophyses; aux vertèbres dorsales, plus d'étroitesse et un peu moins de coudure aux apophyses épineuses; aux lombaires, un peu plus de longueur dans le corps, avec absence presque complète d'apophyses transverses à la première, celles des autres croissant ensuite d'avant en arrière, la septième étant par conséquent la plus large et la plus longue, tandis qu'elle est étroite dans la Civette; aux vertèbres sacrées, leur subégalité, une seule étant articulée avec l'iléon; aux vingt-cinq coccygiennes, leur longueur et leur gracilité proportionnellement plus grandes. Vertèbres: cervicales. dorsales. lombaires. Sacrées. Coccygiennes.

Les pièces de l'hyoïde sont en même nombre et assez bien dans les mêmes proportions entre elles, mais en général plus longues et plus grêles. Série inférieure. Hyoïde.

La série sternale, formée de huit sternèbres assez étroites, donnant articulation à treize paires de côtes remarquables par leur gracilité, sauf la troisième, la quatrième et la cinquième, et dont quatre seulement sont asternales. Sternèbres.

L'omoplate, assez large et même un peu plus que dans la Civette, est plus parallélogrammique; son bord antérieur moins avancé, moins II. M. antérieurs. Omoplate.

Clavicule. arrondi, mais avec une échancrure inférieure plus circonscrite, surtout dans la Genette de l'Inde.

Dans les Genettes il y a une clavicule osseuse, et qui, quoique petite est plus évidente que dans les espèces précédentes, puisqu'elle a 0m,016 de long.

Humérus. L'humérus évidemment plus long et plus grêle, mais toujours percé au condyle interne et au-dessus de la poulie.

Radius. Cubitus. Os de la Main. Le radius et le cubitus sont également assez longs, puisque celui-ci égale l'humérus. Quant à leur forme et à celle des os de la main, chacun d'eux a la plus grande ressemblance avec son correspondant chez la Civette, à la grandeur près; on peut cependant noter plus de gracilité, et même plus de longueur, dans les secondes phalanges, par exemple.

III. M. POSTÉRIEURS. Iléon. Fémur. Tibia. Péroné. Os métatarsiens. On trouve la même ressemblance pour les membres postérieurs. Le bassin, et surtout l'iléon, est cependant un peu plus étroit; le trou sous-pubien plus petit et plus arrondi, moins triangulaire; le fémur un tant soit peu plus arqué, au contraire du tibia et du péroné, qui est aussi moins grêle. Quant au pied, il est encore de la longueur du tibia; ses os métatarsiens sont fort serrés et fort grêles; et comme à la main, les phalanges sont peut-être un peu plus longues proportionnellement que dans la Civette.

Comparés aussi avec les squelettes : de la G. commune des Pyrénées. du Sénégal. A ce squelette de la Genette de l'Inde, j'ai pu comparer deux squelettes de la Genette commune, l'un des Pyrénées, l'autre du Sénégal, et comme ils provenaient d'individus femelles, les différences principales que j'ai pu observer portaient essentiellement sur la taille et sur la gracilité des os.

du Cap. J'ai pu aussi comparer la tête osseuse d'une Genette du Cap (1), et je n'ai pu y remarquer que des dimensions un peu plus fortes, un peu plus robustes, un peu plus raccourcies, ce qui indique un individu vigoureux du sexe mâle.

(1) M. Cuvier, *Ossements fossiles*, III, page 277, n'a pu non plus distinguer cette Genette du Cap de la Genette commune.

Une tête de Genette du Sennaar, rapportée par M. P.-E. Botta, quoique pourvue de toutes ses dents nouvellement sorties, était d'un tiers plus petite que les autres, et cependant elle ne m'a offert aucune autre différence appréciable. C'était sans doute la tête d'un assez jeune animal du sexe femelle. Mais un crâne d'adulte envoyé du même pays par MM. Petit et Dillon m'a donné lieu de faire la même observation. du Sennaar.

La tête de la Genette de l'Inde, à laquelle je rapporte la V. Raase d'Horsfield, ne diffère de celle de la Genette commune que par un peu plus d'étroitesse proportionnelle, et surtout parce que le canal naso-palatin est plus étroit, plus prolongé en arrière au delà de la dernière dent molaire; que l'arcade zygomatique est un peu plus large, et enfin que l'apophyse angulaire de la mandibule est plus triquètre et plus courte. J'ai rapporté à cette espèce un crâne venant de la Cochinchine, envoyé par M. Diard; un autre, bien plus petit et plus grêle, venant de Manille, et rapporté par le capitaine Philibert; et enfin quatre autres inscrits sous le nom de V. Raase, provenant de Java. la G. Raase.

Enfin la dernière espèce que nous rapportions aux Viverras est la Fossane, espèce signalée pour la première fois par Buffon, et dont nous ne possédons encore dans nos collections ostéologiques que la portion de tête sur laquelle Daubenton avait observé les dents. En examinant cette tête, à laquelle manque l'occipital tout entier, il est évident qu'elle a plus de rapports par la forme de la partie postérieure du palais avec celle de la Genette commune, qu'avec celle de l'Inde, et même aussi pour la terminaison des os du nez. Toutefois, l'arcade zygomatique est peut-être un peu plus grêle, moins arquée, et le chanfrein nasal plus canaliculé; mais ajoutons que ces caractères distinctifs ne portant que sur l'examen d'un seul crâne provenant probablement d'un individu femelle, ne peuvent être regardés que comme provisoires, ou du moins comme n'étant pas suffisamment hors de doute. la Fossane (*V. fossana*, L.)

DES OS SÉSAMOÏDES.

En général.
En particulier.

Ce genre d'os ne diffère presque en rien, dans les Viverras, de ce que nous l'avons vu dans les Mustelas.

Au carpe.

Aux membres antérieurs, je n'ai trouvé constamment que celui que j'ai regardé comme développé dans le tendon du muscle long abducteur du pouce; mais qui appartient aussi un peu à la racine interne du ligament annulaire du carpe. Comme de coutume, il est fortement serré dans l'intervalle du scaphoïde de la première rangée et du trapèze de la seconde.

Chez la Civette.
Le Paradoxure type.
L'Hémigale.
L'Euplère.

Je l'ai trouvé extrêmement petit et lentilliforme dans la Civette et dans la Mangouste d'Égypte; bien plus gros et prolongé en dessous dans le Paradoxure type; médiocre, triquètre et arrondi dans le Cynogale, et nul dans l'Hémigale, où il semble remplacé par une saillie du scaphoïde. Il me semble également ne pas exister dans le Surikate aussi bien que dans le Cynictis. Dans l'Euplère, il est au contraire presque aussi fort que le triquètre.

Quant aux sésamoïdes doubles de l'articulation métacarpo-phalangienne, ils tendent aussi toujours à exister, mais d'autant plus prononcés, d'autant plus osseux, que le Viverra est de taille plus forte et plus adulte.

Aux membres postérieurs, je n'ai également observé que les sésamoïdes ordinaires.

Au genou.
La rotule.

La rotule, de force médiocre, un peu plus étroite et plus épaisse dans la Civette que dans les autres espèces; du reste, dans toutes celles où j'ai pu l'observer, la différence ne porte guère que sur la proportion des deux diamètres, ce qui la rend un peu plus ou un peu moins ronde ou ovale, ou même épaisse.

Au tarse.

Le sésamoïde externe du tarse appartenant au tendon du muscle long péronier, au point de sa réflexion sur le bord externe du pied, existe sans doute dans toutes les espèces de Viverras; mais il n'a pas été conservé dans tous nos squelettes. Dans la Civette il est triangulaire; quant aux sésamoïdes de l'articulation métatarso-phalangienne, ils ne sont pas plus marqués qu'à la main.

DE L'OS PÉNIEN.

Cet os, qui jusqu'ici nous a offert tant de particularités distinctives des espèces, est peut-être encore plus remarquable dans ce groupe de Carnassiers que dans tout autre; il n'est cependant jamais aussi développé que dans les Mustelas. En général.

Quoique nos collections ne m'aient pas offert la facilité d'observer cet os dans toutes les espèces, j'ai pu cependant en voir un assez grand nombre pour assurer qu'il est réellement différent pour chacune d'elles. Mais comme ces différences ne peuvent guère être exprimées par le discours, nous renverrons à la planche de l'iconographie qui les représente sous deux faces, et nous nous bornerons à faire les observations suivantes : En particulier.

Dans la Civette, l'os pénien, assez court et assez gros, ressemble à une petite phalange obtuse et comme fendue transversalement à l'extrémité postérieure, élargie et bicorne à l'autre. Chez la Civette.

En remontant dans la série, je me suis assuré qu'il n'y en a aucune trace ni dans le Cynogale de Bennett, ni dans le Paradoxure type. Le Cynogale. Le Paradoxure type.

Mais il n'en est pas de même dans les Mangoustes; il y est même assez développé et notablement différent dans chaque espèce où j'ai pu l'observer.

Dans la Mangouste de Malacca, il ressemble assez à un sabot à enrayer les voitures, étroit, comprimé et un peu relevé en arrière, dilaté en gouttière avec une pointe en dessous en avant. La Mangouste de Malacca.

Dans la Mangouste du Cap (*M. Cafra*), cet os est encore assez bien en sabot, mais le manche plus court est canaliculé comme la partie dilatée, et il n'y a pas de pointe sous celle-ci. Du Cap.

C'est le contraire dans la *M. paludinosa;* c'est-à-dire que le manche Des Marais.

est long, grêle et courbé, avec la partie dilatée creusée en gouttière et courte, de manière qu'il ressemble à une sorte de cuiller.

Le Vansire. L'os pénien du Vansire ressemble assez à ce dernier, mais il est plus court dans son manche et plus long dans sa cuiller, ce qui rend ces deux parties subégales.

La Mangue. Dans la Mangue, *M. obscura*, il est assez comme dans le *V. Cafra*, mais le manche est encore plus court par rapport à la cuiller qui est également pourvue en dessous d'une petite pointe.

La Mangouste d'Égypte. Enfin, dans la Mangouste d'Égypte, l'os pénien ressemble beaucoup à celui de la M. de Malacca; seulement le manche est un peu plus long, et la cuiller plus courte est plus large, plus auriculée, mais toujours avec un rebord inférieur.

Le Zibeth. En descendant l'ordre des espèces, j'ai encore trouvé un os pénien dans le Zibeth, où il ressemble beaucoup à celui de la Civette, mais son extrémité antérieure est trilobée.

Les Genettes. Mais dans les deux espèces de Genettes que j'ai pu examiner sous ce rapport, c'est-à-dire, dans le *V. genetta* et dans le *V. indica*, il a été impossible d'apercevoir aucune trace d'os pénien.

L'Euplère. Je ne puis malheureusement rien dire de l'Euplère dont nous ne connaissons encore que deux peaux bourrées; la forme de cet os aurait suffi pour assurer la place de cet animal dans la série.

CHAPITRE DEUXIÈME.

ODONTOGRAPHIE.

Du système dentaire. Le système dentaire des Viverras, considéré d'une manière générale, se distingue au premier aspect de celui des Mustelas, non-seulement parce qu'il est plus complet, étant rarement, et presque par anomalie, au-dessous de six molaires en haut comme en bas, au lieu de $\frac{5}{6}$ au plus chez ces derniers; mais encore par une particularité de forme dans les arrière-molaires. En effet, la première arrière-molaire inférieure est, dans ce genre de carnassiers, toujours plus ou moins soulevée dans sa partie antérieure en une couronne à trois pointes, et la dernière arrière-molaire supérieure est presque constamment triquètre ou cunéiforme à la couronne; mais c'est ce qu'il sera facile de montrer après que préalablement nous aurons décrit d'une manière complète le système dentaire adulte de l'espèce que nous avons prise pour type, c'est-à-dire, de la Civette ordinaire (*V. Civetta.* L.).

En particulier.

De la Civette (*V. Civetta*).

Du nombre des Dents.

Dans cet animal le système dentaire est formé de trois paires d'incisives, d'une paire de canines et de six paires de molaires à chaque mâchoire, ce qui constitue un total de quarante-deux dents dont la formule est la suivante :

Incisives.	Canines.	Molaires.		Avant-Molaires.	Principales.	Arrière-Molaires.
$\frac{3}{3}$	$\frac{1}{1}$	$\frac{6}{6}$	dont	$\frac{3}{3}$	$\frac{1}{1}$	$\frac{2}{2}$

De leur agencement.

dont l'agencement des inférieures avec les supérieures est tel que les incisives se croisent un peu d'avant en arrière pour les deux premières paires, la troisième, les canines et même les fausses molaires, l'inférieure avant la supérieure, tandis que les principales et la première arrière-molaire supérieures sont croisées en partie par leur bord externe, les dernières se correspondant en totalité par la couronne.

Des Incisives.

Les incisives ne présentent que d'assez légères différences avec ce qu'elles sont chez les autres Carnassiers. On peut dire cependant qu'elles sont en général moins transversalement terminales que dans les Mustelas et plus que dans les Canis; qu'elles sont moins lobées à leur tranchant que chez ceux-ci, et que la seconde inférieure est moins rentrée que dans ceux-là. Du reste la troisième est toujours un peu plus forte que les deux autres, plus caniniforne et plus déjetée en dehors.

Des Canines.

Les canines sont aussi un peu plus grêles, moins robustes, moins en crochet que dans les Canis et même que dans les Mustelas. Elles sont aussi à peu près lisses.

Des Avant-Molaires. Supérieurement. La première.

Les avant-molaires de la mâchoire supérieure rappellent fort bien, pour la forme et même pour la proportion entre elles, celles des Mustelas : cependant elles sont moins serrées, plus distantes l'une de l'autre et de la canine, et peut-être aussi un peu moins comprimées. Mais la première est encore bien plus petite que les deux autres qui sont subégales.

Inférieurement. La première. La troisième.

A la mâchoire inférieure, les avant-molaires ressemblent aussi beaucoup à leurs correspondantes chez la Fouine, et même peut-être avec moins de différences encore. La première est pourtant un peu moins gemmiforme, et la troisième offre à son bord postérieur un denticule qui n'existe pas à celle de cet animal.

Des principales. Supérieurement. Inférieurement.

La principale d'en haut est aussi un peu moins carnassière, par plus d'épaisseur du talon interne antérieur, et par moins de largeur du lobe postérieur; mais celle d'en bas est encore plus semblable à son analogue chez la Fouine.

Mais c'est dans le reste du système dentaire que la ressemblance cesse aussi bien pour le nombre que pour la forme.

Des Arrière-Molaires. Supérieurement. La première. La seconde.

Des deux arrière-molaires d'en haut, la première, bien plus grosse que l'autre, a sa couronne assez excavée au milieu et de forme triangulaire, la base oblique bituberculée en dehors, et le sommet arrondi, portant un tubercule trièdre, fort bas en dedans, comme serti par un rebord, ce qui n'a lieu ni dans les Genettes, ni dans les Mangoustes. Quant à la seconde arrière-molaire, elle est ovale-transverse, coupée obliquement, sub-tuberculée en dehors, arrondie avec trois tubercules obsolètes et bordée d'un collet étroit en dedans.

Inférieurement. La première.

Les deux arrière-molaires d'en bas sont aussi assez peu semblables à celles de la Fouine. Il y a en effet bien moins de disproportion entre elles, et ensuite la première, bien moins comprimée, moins tranchante dans sa partie antérieure, armée de trois pointes subégales, est aussi bien plus large dans son talon, qui est arrondi et relevé en pointe en dehors, en dedans et même en arrière. La seconde est proportionnellement plus grosse; sa couronne, plus ovale et creusée au milieu, est relevée de quatre pointes en croix, ce qui la fait ressembler à celles des Sapajous. On peut encore mieux peut-être comparer cette seconde arrière-molaire à la première, dont la pointe antérieure serait supprimée, ce qui réduirait le groupe à deux, l'une externe et l'autre interne, et dont le talon serait quadrilobulé à son bord saillant. La seconde.

Quelle que soit la signification que l'on croie devoir préférer, on peut, en résumé, dire que le système dentaire de la Civette est moins carnassier que celui des Mustelas, moins même que celui des Canis, quoiqu'il y ait beaucoup de rapports avec celui-ci pour les dents supérieures, les inférieures devenant plus insectivores. Aussi les différences que nous allons signaler dans les espèces de Viverras que nous connaissons vont-elles porter essentiellement sur cette particularité. Comparaison avec les Mustelas. Les Canis.

Examinons d'abord les Viverras les plus plantigrades, et qui, par une disposition remarquable, sont aussi les moins carnassiers, les plus omnivores sous le rapport du système dentaire.

Dans le Paradoxure type, le nombre total des dents, et celui de chaque sorte en particulier, sont absolument les mêmes, ce qui donne une formule tout à fait semblable. Dans le Paradoxure type.

Les incisives sont cependant un peu plus terminales en ligne droite. Incisives.

Les canines sont certainement plus comprimées, plus carénées ou moins arrondies, et même plus sensiblement striées, ce qui est assez bien comme dans plusieurs espèces de Subursus. Canines.

Les trois avant-molaires d'en haut comme d'en bas sont un peu plus serrées, et surtout plus larges à la base, plus comprimées, plus tranchantes, avec le tubercule du bord postérieur de la troisième à peine indiqué. Avant-Molaires.

La principale d'en haut est de même forme que dans la Civette, mais un peu plus petite proportionnellement dans sa partie externe, au contraire du talon interne, plus large et relevé d'un mamelon. Celle d'en bas est au contraire moins comprimée, moins simple; elle est en effet composée d'une partie antérieure à trois pointes, l'externe postérieure la plus haute, et d'un talon relevé au bord externe et à l'interne d'un Principale. Supérieurement. Inférieurement.

denticule, en sorte qu'elle ressemble un peu à une carnassière inférieure de Canis.

Arrière-Molaires supérieures.

Les deux arrière-molaires supérieures sont en général plus rondes, plus disproportionnées entre elles. La première, de beaucoup la plus grosse, est ovale, ou mieux subparallélogrammique à la couronne, en biseau bidenté au bord externe, et en talon arrondi, un peu relevé sur son bord, à l'interne. La seconde, très-petite, presque ronde, relevée d'un denticule à la partie antérieure du bord externe.

Inférieures.

Quant aux deux arrière-molaires inférieures, elles sont presque tout à fait comme dans la Civette, seulement avec les pointes moins élevées, surtout les trois antérieures de la première.

Conclusion.

Ainsi, dans cette espèce, le système dentaire est plus carnassier dans les avant-molaires et même dans les principales, il l'est moins dans les arrière-molaires. Toutefois, il l'est encore plus que dans les Petits-ours, dont toutes les dents molaires sont constamment plus épaisses, surtout la principale, aussi bien en haut qu'en bas.

Des différences dans les autres espèces.

Toutes les véritables espèces de cette section des Viverras offrent quelques nuances différentielles dans le degré d'élévation ou d'abaissement des tubercules, et c'est là-dessus, ainsi que sur des degrés dans la nudité du tarse, que reposent plusieurs des genres établis dans ces derniers temps par les zoologistes; aussi ne renferment-ils guère qu'une espèce.

Le Cynogale. Supérieurement. Pour les Avant-Molaires. La Principale.

Dans le Cynogale, les différences portent essentiellement : à la mâchoire supérieure, sur le grand développement et la forme large, comprimée, triangulaire, élevée, un peu courbée à la pointe des trois avant-molaires, par conséquent plus carnassières, au contraire de la principale, qui, rétrécie dans sa lame externe, est élargie dans son talon interne arrondi et denticulé sur ses bords, et même des deux arrière-molaires, dont la première est plus arrondie, plus plate à la couronne, et la seconde plus large : à la mâchoire inférieure, sur la même exagération carnassière des trois avant-molaires comprimées et aussi développées en hauteur qu'en largeur, et surtout sur la forme de la principale,

Inférieurement. Avant-Molaires. Principale.

très-mince et très-denticulée sur ses bords, de manière à ressembler un peu à une dent de Requin; quant aux arrière-molaires, elles sont seulement encore plus plates et de proportions moins différentes entre elles.

Arrière-Molaires.

Ainsi cette espèce, qui semble la plus carnassière pour les avant-molaires, le serait au contraire le moins pour les postérieures.

Conclusion.

Le Paradoxure brun doré, dont on a fait le genre Ambliodon, est peut-être au minimum de disposition carnassière sous le rapport qui nous occupe; c'est-à-dire que ses dents sont plus omnivores que celles du Paradoxure type. Les incisives et les canines présentent cependant la plus grande ressemblance, celles-ci étant également comprimées et tranchantes; mais les avant-molaires sont déjà un peu moins comprimées, aussi bien que les principales; surtout celles d'en bas qui sont bien plus épaisses. Quant aux arrière-molaires, la disproportion entre celles d'en haut est assez la même; mais la première est plus triquètre, le talon interne étant notablement plus petit que le bord externe; et pour les deux d'en bas, elles sont encore plus semblables dans la forme et les proportions, seulement les tubercules, plus abaissés, semblent un peu plus mamelonnés.

Dans le *P. auratus*, ou *leucomystax*.

Incisives.

Canines.

Avant-Molaires.

Arrière-Molaires.

Le Paradoxure zèbre, type du genre Hémigale, ayant ses mâchoires plus grêles, le système dentaire qui les arme est plus aigu, et pour ainsi dire intermédiaire à celui du Paradoxure type et du Cynogale; les avant-molaires sont en effet un peu plus comprimées, plus lancettiformes que dans le premier; mais la principale d'en haut et les deux arrière-molaires sont un peu comme dans le second, un peu moins larges cependant, surtout au côté interne. On peut à peu près dire la même chose de ces mêmes dents à la mâchoire inférieure. La principale est cependant évidemment un peu plus épaisse et moins denticulée sur ses bords. Quant aux deux arrière-molaires, elles sont comme chez le Cynogale.

Dans le *P. Derbyanus*.

Supérieurement.

Avant-Molaires.

Principale.

Inférieurement.

Principale.

Arrière-Molaires.

Le Paradoxure Bondar, si voisin du Paradoxure type, qu'on n'a pas encore trouvé à en former un genre distinct, me paraît cependant offrir une nuance vers le *P. auratus*, Ambliodon, par plus de brièveté et d'a-

Dans le *P. Bondar*.

baissement des tubercules, dont les arrière-molaires sont hérissées, et par la petitesse des dents en général.

Dans le *P. leucogena*.

Le Paradoxure à joues blanches (*P. leucogena*) est encore plus voisin du Paradoxure type pour le système dentaire; on peut cependant encore reconnaître quelques différences, d'abord dans la deuxième avant-molaire d'en haut, plus triquètre par plus de séparation du talon, qui dans les autres espèces est toujours moins large, et surtout dans la dernière arrière-molaire, proportionnellement un peu plus grosse, ce qui a également lieu à la mâchoire inférieure. Les autres dents sont plus semblables, mais un peu plus comprimées.

Dans le *P. Hamiltonii*.

Enfin, dans le Paradoxure d'Hamilton, animal d'Afrique, les différences sont réellement plus considérables, d'abord dans le nombre des dents, s'il était certain qu'il n'y eût que cinq molaires à la mâchoire supérieure par manque de la seconde arrière-molaire, ce qui donnerait une formule dentaire semblable à celle des Martres; mais nous allons voir qu'il n'en est pas ainsi.

Incisives.

Quoi qu'il en soit, les incisives de ce petit Carnassier sont subégales et fort petites en haut comme en bas.

Canines.

Les canines sont également fort grêles, un peu comprimées, mais non carénées.

Avant-Molaires. Supérieurement. Inférieurement.

Les trois avant-molaires d'en haut sont biradiculées, triangulaires, assez tranchantes, avec un denticule au milieu du bord postérieur des deux dernières. Celles d'en bas également larges et tranchantes au talon postérieur, peu marqué, mais sans denticules.

Les principales Supérieure. Inférieure.

La principale supérieure n'est pas très-carnassière, quoiqu'elle manque presque du tubercule interne; l'inférieure l'est davantage, avec talon en avant comme en arrière, mais sans denticule.

Les Arrière-Molaires. Supérieurement. Inférieurement.

Des deux arrière-molaires, la première d'en haut est triquètre, à bord externe tranchant, très-oblique, très-bas, avec son talon arrondi; tandis que la seconde est excessivement petite et ronde; en bas, la dernière a aussi la même forme, mais elle est bien moins petite, et la première est également fort peu carnassière, très-épaisse, quoique son talon soit fort court.

En résumé, le système dentaire de cette espèce se rapproche plus de celui des Civettes que des Paradoxures; et quoi qu'on en ait dit d'abord, le nombre des molaires est également de six aux deux mâchoires. Conclusion.

Il n'en est pas de même de toutes les espèces de la division des Mangoustes; en effet, si dans le plus grand nombre il est encore ainsi, nous allons voir que le système dentaire peut être réduit à quatre en haut et à cinq en bas. Mais voyons d'abord ce qu'il est en général et en particulier dans la Mangouste d'Égypte, type de cette division. Dans les Mangoustes. La Mangouste d'Égypte, type.

Dans cet animal, le nombre des dents et leur disposition générale sont absolument comme dans la Civette, mais avec un degré de plus de disposition insectivore par l'élévation des pointes dont les molaires sont armées.

Les incisives, plus en ligne droite même que dans les Paradoxures, ressemblent tout à fait à ce qu'elles sont chez les Mustelas, et de même, la seconde inférieure est assez fortement rentrée. Incisives.

La même ressemblance existe pour les canines qui ne sont nullement carénées, et dont l'inférieure est en crochet. Canines.

Les trois avant-molaires sont dans le même cas, un peu moins comprimées cependant. Avant-Molaires.

C'est ce qu'on peut également dire des principales. Seulement, la supérieure est un peu moins carnassière, par suite d'une diminution du tranchant postérieur, et de l'augmentation du talon interne antérieur. Principales.

Mais les différences deviennent très-sensibles quand on vient à examiner les arrière-molaires. En haut, la première est triquètre et encore plus serrée, encore plus oblique que dans la Civette, et la seconde, très-petite, transverse, est formée de deux lobes subégaux, l'externe oblique subtrilobé à son bord; en bas, la dissemblance avec la Civette est moindre. Cependant les trois pointes de la partie antérieure de la première arrière-molaire sont plus soulevées et le talon est bien plus petit. Quant à la postérieure, sa forme est également subtriquètre; mais elle n'a que trois pointes à la couronne : une en arrière formant Arrière-Molaires. première. dernière.

talon et deux seulement en avant, la première des trois antérieures de la précédente étant obsolète (1).

Dans les autres Espèces.

Les espèces de Mangouste sont assez bien, sous le rapport du système dentaire, ce que nous avons vu être les espèces de Paradoxures, c'est-à-dire que presque toutes offrent quelques nuances différentielles, surtout dans la proportion des arrière-molaires et dans l'élévation de leur partie insectivore; mais, comme ici les variations portent aussi quelquefois sur le nombre total des molaires, on voit comment les zoologistes récents ont pu être conduits à l'établissement d'un assez bon nombre de genres un peu plus admissibles, lorsque, surtout, ces différences concordent avec celles tirées du nombre des doigts. Nous allons les suivre dans la dégradation de nombre.

Parmi les espèces où il est le même que dans la Mangouste d'Égypte, on ne peut guère apercevoir de différences un peu exprimables que dans la proportion et dans la forme de la seconde et dernière arrière-molaire.

V. (*M.*) *vitticollis.*

Ainsi, dans le *M. vitticollis*, dont je dois encore un beau dessin à la générosité de la Société zoologique de Londres, je ne vois de différences qu'en ce que les arrière-molaires sont proportionnellement plus épaisses et un peu plus arrondies à leurs angles; mais je dois faire observer que la figure a été faite d'après le crâne d'un individu fort âgé, et dont les dents étaient extrêmement usées (2).

V. (*M.*) *albicauda.*

On peut aussi s'assurer, en jetant un coup d'œil sur la planche consacrée au système dentaire des Viverras, que, dans la *M. albicauda*, les différences portent encore principalement sur les arrière-molaires, dont la dernière est bien moins dissemblable de grandeur et même de forme, comparée à la première.

(1) M. F. Cuvier, Ossem. foss., V, p. 250, dit donc à tort, suivant moi, que cette dent a la même forme que celle qui la précède, et qu'elle est rudimentaire

(2) Il en est résulté que la couronne de la première arrière-molaire d'en bas ayant entièrement disparu, il n'est resté que les deux chicots de sa racine bien séparés, ce qui a fait croire que cette espèce avait sept molaires à la mâchoire inférieure, ce qui n'est certainement pas.

Un très-vieil individu du *M. galera*, type du genre *Athilax*, ne m'a offert de particularités différentielles, dans son système dentaire, que plus d'épaisseur, plus de force dans chacune des dents qui le constituent, de manière à ressembler beaucoup à ce que nous allons décrire dans la Mangouste des marais; seulement, dans le Vansire, il y a encore une très-petite avant-molaire à chaque mâchoire. *V. (M.) galera (G. Athilax).*

Dans la *M. penicillata*, type du genre *Cynictis*, et dont les mâchoires sont fortement raccourcies, on trouve encore le système dentaire de la Mangouste d'Égypte, et même avec une grande ressemblance de forme et de proportion; toutefois, la partie antérieure de la première arrière-molaire d'en bas est bien plus soulevée et plus insectivore. *V. (M.) penicillata (G. Cynictis).*

Un certain nombre d'espèces de Mangoustes paraissent n'avoir jamais que cinq molaires à chaque côté des deux mâchoires, par absence de la première avant-molaire. Mais chacune de celles qui restent sont comme dans la Mangouste type, avec des nuances différentielles de même étendue que dans les espèces qui se groupent autour de celle-ci.

Dans un crâne fort adulte, il est vrai, de la Mangouste des marais, *M. urinatrix* ou *paludinosa*, toutes les dents sont en général fort épaisses, très-robustes; les avant-molaires supérieures sont plus triquètres au collet de la couronne; la principale est moins ailée ou moins longue dans la partie postérieure de son bord externe, et les deux arrière-molaires plus arrondies à leur angle interne; la postérieure est proportionnellement plus épaisse. C'est ce qu'on peut presque répéter pour chaque dent de la mâchoire inférieure. *V. (M.) paludinosa.*

La Mangue (*M. obscura*), type du genre *Crossarchus*, est tout à fait dans le même cas que la Mangouste des marais pour le nombre, la forme et la proportion des molaires. *V. (M.) obscura (G. Crossarchus).*

La Mangouste élégante, type du genre *Galidia*, a encore le même nombre de dents molaires que les deux précédentes, mais leur forme et leurs proportions rappellent davantage ce qui existe dans la Mangouste d'Égypte. Les deux arrière-molaires supérieures sont cependant *V. (M.) elegans (G. Galidia).*

peut-être un peu plus dissemblables et un peu plus serrées, ce qu'on peut également dire pour les deux inférieures.

V. (M.) striata (G. Galictis). La Mangouste striée, type du genre *Galictis*, est encore, pour le système dentaire, fort voisine de la précédente, plus cependant pour les dents de la mâchoire supérieure que pour celles de l'inférieure, qui se rapprochent au contraire davantage de ce qu'elles sont dans la Mangouste des marais pour la proportion des arrière-molaires.

V. (M.) Mungoz. La Mangouste Mungoz n'a aussi que cinq molaires à chaque mâchoire; mais la principale est encore plus étroite que dans la Mangouste élégante. Ce sont, du reste, assez bien les mêmes proportions.

V. (M.) tetradactyla (G. Surikata). Enfin, dans le Surikate (*M. tetradactyla*) le nombre des molaires est quelquefois réduit à quatre en haut et à cinq en bas par l'absence de la première avant-molaire aux deux mâchoires et de la dernière avant-molaire d'en haut. Mais le plus ordinairement celle-ci existe comme dans le Mungoz. Les principales sont en outre bien plus raccourcies, au point que la supérieure ressemble presque tout à fait à la première arrière-molaire de cette mâchoire, et que l'inférieure diffère à peine des deux arrière-molaires, elles-mêmes presque semblables.

Si, après avoir ainsi poursuivi le système dentaire des Viverras, à partir de ce qu'il est dans l'espèce type, en remontant jusqu'aux espèces qui s'en éloignent davantage en avançant dans la série, nous l'étudions dans les espèces descendantes, nous allons remarquer des différences bien moins importantes; aussi deviennent-elles absolument spécifiques.

V. Zibetta. Dans le Zibeth, par exemple, qui suit immédiatement la Civette, on ne peut guère signaler qu'un peu moins de grandeur pour chaque dent en particulier, puis une différence dans la proportion de la principale dont le côté externe est le plus long, comparée avec les arrière-molaires évidemment plus petites, plus étroites, aux deux mâchoires, et dont la dernière d'en bas est plus ronde et plus régulièrement à quatre cornes.

Je n'ose pas dire que j'aie pu trouver une différence certaine entre le système dentaire du Zibeth du continent et de celui de l'archipel Indien, cependant il m'a semblé que la dernière arrière-molaire dans l'un est un peu plus forte que dans l'autre.

V. Genetta

Dans les Genettes mêmes, en prenant notre exemple dans celle d'Europe et d'Afrique, on ne peut trouver qu'un peu plus de carnivorité, les dents et leurs pointes étant en général un peu plus comprimées et plus tranchantes. C'est ce qui est surtout évident pour la première avant-molaire triangulaire et tranchante en arrière, surtout celle d'en haut, et encore plus pour la première arrière-molaire d'en bas, qui est assez semblable à son analogue dans les Canis; la pointe interne de la partie antérieure est cependant plus distincte. Ajoutons à cela que les avant-molaires et la principale inférieure ont leur talon d'arrêt antérieur et postérieur ainsi que leurs denticules bien plus marqués, et enfin que les deux arrière-molaires supérieures sont très-étroites, de forme triquètre, avec les deux côtés postérieurs subégaux dans la dernière.

Sur des crânes de Genette commune provenant de la France, d'Alger, du Sénégal, d'Abyssinie et même du Cap, je n'ai trouvé d'autre différence que de grandeur.

V. Indica.

Il n'en a pas été de même dans la Genette de l'Inde; j'ai pu m'assurer, en l'étudiant sur huit ou dix crânes, que dans cette espèce les trois dernières molaires supérieures sont un peu moins étroites ou un peu plus arrondies à leur angle interne, et surtout que la dernière est plus courte et presque ronde. A la mâchoire inférieure, les différences sont beaucoup moins grandes et ne portent guère que sur ce que les denticules des dents sont plus marqués, surtout au talon de la première arrière-molaire et au bord interne de la postérieure, ce qui la rend bicuspidée.

V. Fossa.

Enfin, dans la Fossane, dont je n'ai vu, il est vrai, qu'un seul crâne incomplet, on pourra voir par l'iconographie que les différences sont encore un peu plus considérables, quoiqu'elles ne portent toujours cependant que sur les mêmes points, les deux arrière-molaires supérieures étant moins inégales et la dernière à peu près ronde.

V. Linsang. (G. PRIONODON.)

Quoique je ne connaisse le système dentaire du *V. Linsang*, type du genre *Prionodon*, que par la figure que M. Horsfield en a publiée, je crois cependant pouvoir assurer qu'il est absolument semblable à celui des Genettes, en supposant cependant, ce qui est indubitable pour moi, qu'il y a une erreur dans le dessin cité. En effet, d'après la fig. D de ce dessin, on pourrait croire qu'il n'y aurait que cinq molaires à la mâchoire supérieure, mais c'est que le dessinateur, ou peut-être même le graveur, a confondu en une seule dent les deux arrière-molaires, d'où il est résulté que cette dent montre quatre denticules en dehors (1). Quant aux dents de la mâchoire inférieure, la ressemblance est presque complète avec celles des Genettes, quoique le talon de la première arrière-molaire soit un peu moindre, ce qui la rend plus carnassière.

Des Racines des Dents. En général. En particulier. Aux Incisives. Canines.

Les racines des dents chez les Viverras sont, comme à l'ordinaire, en rapport de grosseur, de forme et de position avec les particularités de la couronne; c'est-à-dire que lorsque celle-ci est simple, celle-là l'est aussi, et au contraire, lorsqu'elle est compliquée. D'après cela, on voit comment les incisives, les canines, et même souvent la première avant-molaire en haut, comme en bas, n'ont qu'une seule racine plus ou moins allongée et plus ou moins droite et conique.

Avant-Molaires.

La première avant-molaire quelquefois, mais constamment les seconde et troisième d'en bas, en ont deux, souvent assez serrées, dont la postérieure un peu plus forte, et cela aux deux mâchoires; mais au delà, les dents supérieures et inférieures cessent de se ressembler aussi bien pour le nombre que pour la forme. Ainsi supérieurement, la troisième avant-molaire a trois racines comme la principale, et la première arrière-molaire, deux en dehors et une en dedans; mais la dernière n'en a que deux en travers. Les dents d'en bas n'en ont également que deux, mais l'une après l'autre, la plus forte en arrière; la dernière seule n'en a qu'une.

Principale. Arrière-Molaires.

(1) M. Horsfield, dans la caractéristique de son G. Prionodon, lui donne cinq molaires en haut et six en bas; mais sans doute parce que son dessinateur n'ayant pas eu la tête osseuse de cet animal à la main, mais bien contenue dans la peau montée la gueule ouverte, n'a pu dessiner les deux arrière-molaires autrement qu'en perspective. Aussi dans la description qu'il donne de sa cinquième dent supérieure, se borne-t-il à ces mots : *quintus tuberculatus, triturius.*

Il n'est pas besoin d'ajouter que ces racines sont proportionnelles aux lobes ou saillies de la couronne et à sa grandeur.

Des ALVÉOLES. En général. En particulier. Supérieurement.

Les alvéoles, dont est creusé le bord libre des mâchoires, traduisent, comme de coutume, fort exactement le nombre, la forme et la disposition des racines dont les dents sont pourvues. A la mâchoire supérieure, d'abord, on voit en dehors un rang fort serré de quinze trous, trois en avant de celui de la canine le plus grand, et douze en arrière, puis en dedans une rangée de quatre seulement, commençant entre le huitième et le neuvième extérieurs, les trois premiers intermédiaires à deux externes, et le quatrième vis-à-vis le dernier de ceux-ci. A la mâchoire inférieure, les alvéoles ne forment toujours qu'une seule série de quatorze trous, en général fort serrés, trois avant celui de la canine, et onze après; ces derniers groupés deux à deux, sauf le premier et le dernier, et tous croissant assez régulièrement d'avant en arrière.

Inférieurement.

Il serait à peu près inutile de faire observer que, suivant le nombre des dents et suivant leurs proportions et celles de leurs racines, on pourra trouver quelques différences dans le nombre, la succession et la proportion des alvéoles, ce qu'au reste un simple coup d'œil sur nos planches démontrera mieux et plus vite que le discours.

Des différences par l'âge.

L'âge apporte au système dentaire des Viverras les mêmes changements que chez la plupart des autres carnassiers.

1er degré. De lait.

Le système dentaire de lait est toujours composé de trois paires d'incisives en haut comme en bas, d'une paire de canines et de trois paires de molaires, une avant et une après la principale.

Genette commune. *V. Genetta.*

Je n'ai pas observé ce premier degré dans notre espèce type, mais seulement dans une Genette, dont le système dentaire de lait m'a paru avoir les plus grands rapports avec celui d'adulte. La principale supérieure est cependant toujours plus carnassière par moins de développement et d'avance du talon interne, au contraire de celui de l'arrière-molaire qui est plus large, formant à lui seul presque toute la dent. A la mâchoire inférieure, les trois molaires sont en général beaucoup plus larges et moins hautes; la principale a trois lobes tranchants et un petit talon en arrière, et l'arrière-molaire ayant aussi trois lobes, dont un interne dans sa partie antérieure, est pourvue en arrière d'un large talon relevé en deux pointes, une externe et l'autre interne, ce qui lui donne plus d'étendue que dans sa correspondante adulte.

V. (Paradoxure) *typus*.

Dans un Paradoxure type j'ai trouvé à peu près les mêmes observations à faire : les incisives bien rangées, à couronne en feuille d'olivier tranchante en haut; et de celles d'en bas, la première bilobée, la seconde et la troisième encore plus en carreau; les canines fort courtes, comprimées, et assez larges; enfin en haut, la première molaire plus comprimée, plus tranchante; la principale plus étroite dans son talon, ce qui est encore plus marqué pour l'arrière-molaire; et en bas encore plus de ressemblance avec l'âge adulte, si ce n'est que la principale est plus mince ou plus comprimée.

V. (*M.*) *albicauda*.

Un individu de la Mangouste à queue blanche m'a paru être peut-être encore mieux dans le même cas. Les incisives aussi serrées, et de même forme que dans l'adulte; les canines plus grêles et plus courtes, ou mieux en général plus petites; l'avant-molaire en haut comme en bas à deux racines bien distinctes et rappelant la seconde d'adulte; la principale supérieurement aussi bien qu'inférieurement un peu plus carnassière par moins de développement du tubercule interne, et l'arrière-molaire si semblable à celle d'adulte qu'on pourrait aisément les confondre.

V. (*Galidia*) *elegans*. *V.* (*Mustela*) *striata*. *V.* (*Surik.*) *tetradactyla*.

J'ai pu faire les mêmes observations sur de jeunes sujets du *V.* (*Galidia*) *elegans* et du *V.* (*Mustela*) *striata*, et même du Surikate (*V. tetradactyla* L.), c'est-à-dire trouver une grande ressemblance avec l'âge adulte, sauf un peu plus de disposition carnassière dans les molaires

EUPLÈRE.

L'Euplère, dont on ne connaît pas encore le système dentaire adulte, rappelle pour celui de second âge ce que nous venons de décrire dans les trois sections des Viverras, mais avec des différences bien plus grandes que celles que nous avons signalées.

2e degré. Supérieurement. Incisives.

Supérieurement, les incisives, au nombre de trois paires comme à l'ordinaire, sont disposées en cercle, non contiguës, équidistantes, subégales et pointues, ce que nous n'avons vu chez aucune espèce de

Viverras. Quant aux canines, elles sont fort petites, en crochet, un peu comprimées et d'une forme également assez particulière; les trois molaires sont larges, l'antérieure triangulaire, mince, à une seule pointe et cependant à deux larges racines; la principale un peu plus large, mais presque de même forme, tranchante au bord externe, unicuspide avec un très-petit talon interne submédian; enfin l'arrière-molaire, triquètre à la base, est relevée en dehors par un tranchant oblique divisé en deux pointes subégales et pourvue en dedans d'un talon subantérieur. Canines. Avant-Molaires. Principale. Arrière-Molaires.

A la mâchoire inférieure, les incisives sont petites, égales, disposées en cercle; l'externe seule bilobée à la tranche. Les canines sont encore plus petites qu'en haut, en crochet aigu, avec un petit talon en avant et même aussi en arrière. Les trois molaires sont assez bien comme en haut, en général fort reculées; la première, plus petite que la supérieure, est aussi plus en crochet à la pointe, avec un talon assez marqué; la seconde ou principale est très-mince, formée d'un seul lobe très-pointu, un peu courbé en arrière, avec un petit talon en avant et un plus large, mais moins marqué en arrière. Enfin, la troisième ou arrière-molaire est encore plus large, mais assez bien de même forme; seulement la pointe médiane est accompagnée d'une pointe antérieure et d'une petite interne, de manière à former une moitié antérieure comme dans les Ichneumons de jeune âge, avec un talon postérieur assez large. Inférieurement. Incisives. Canines. Molaires. Avant-Molaire. Principale. Arrière-Molaires.

Mais, outre ces trois molaires que je regarde comme de jeune âge, on remarque sur la tête que j'ai sous les yeux et telle que nous l'avons fait figurer, quelques dents qui sont évidemment d'adulte. 2e degré.

A la mâchoire supérieure, je regarde comme telle une première avant-molaire un peu plus petite, mais en crochet comme la canine de lait, et une arrière-molaire tout à fait semblable à celle de jeune âge, mais un peu plus grosse et avec un talon bien plus large et plus arrondi. Supérieurement. Avant-Molaire. Arrière-Molaire.

A la mâchoire inférieure, je range aussi au nombre des dents d'adulte une première avant-molaire en crochet aigu collée contre la canine; une première arrière-molaire en train de sortir, plus large que son analogue dans le système de lait, mais de même forme, et seulement avec la pointe Inférieurement. Avant-Molaire. Arrière-Molaire interne de la partie antérieure plus élevée et le talon plus large ; et, comme en arrière de cette dent il existe une alvéole, et même assez grande, on peut en conclure que dans l'Euplère il y avait deux arrière-molaires, une principale et trois avant-molaires, ou six en tout, comme dans les Viverras.

Conclusion.

Je n'ose assurer qu'il en fût de même pour la mâchoire supérieure, mais cela est extrêmement probable ; et même, à en juger d'après la première arrière-molaire et le reste du bord maxillaire, la seconde avant-molaire devait être extrêmement petite, peut-être comme dans le Paradoxure d'Hamilton.

2e degré.

Nous avons observé le second degré de développement du système dentaire, c'est-à-dire celui dans lequel il y a un mélange de quelques dents d'adulte avec celles de jeune âge dans plusieurs espèces, et alors il y a quatre molaires à la mâchoire supérieure seulement, comme dans un Paradoxure doré que j'ai sous les yeux, ou aux deux mâchoires à la fois, comme dans plusieurs exemples qu'offrira l'iconographie, par addition de la première avant-molaire qui est toujours uniradiculée.

Dans un Paradoxure doré.

Cynogale.

Nous possédons, par exemple, un bel exemplaire de crâne de Cynogale, dans lequel toutes les dents incisives, canines et molaires de lait existent avec la forme légèrement modifiée de ce qu'elles seront dans l'âge adulte, et où se trouve la première avant-molaire d'adulte en haut comme en bas.

Une Genette de l'Inde.

Nous avons aussi fait figurer la même combinaison d'après un crâne de Genette de l'Inde, *V. indica*.

Le *Cryptoprocta ferox* Système dentaire de lait.

Elle se trouve également sur l'individu de *Cryptoprocta ferox*, qui a servi à l'établissement du genre par M. Bennett. Le système dentaire de lait se compose, comme à l'ordinaire, de trois dents : une avant-molaire en haut comme en bas, petite, à deux racines, avec une seule pointe mousse et un petit talon postérieur ; une principale, la supérieure mince, tranchante, sans talon interne, à trois lobes, le médian plus long et pointu, l'antérieur le plus petit, en mamelon, le postérieur en talon tranchant ; et l'inférieure à couronne comprimée, triangulaire, avec un

Avant-Molaires. Principale. supérieure. inférieure.

denticule en avant comme en arrière et un petit talon à la base de celui-ci; une arrière-molaire, la supérieure plate et triquètre à la couronne, relevée de deux pointes obsolètes au bord externe, avec un talon arrondi en dedans, et l'inférieure comprimée, tranchante, bilobée dans ses deux tiers antérieurs, et pourvue d'un talon assez marqué en arrière.

Arrière-Molaires. supérieure. inférieure.

Quant à la première avant-molaire de remplacement, elle est en haut comme en bas plus petite que celle qu'elle doit remplacer, à peu près de même forme, mais à une seule racine.

De remplacement.

Ainsi, quoique nous ne connaissions de ce singulier animal que ce second degré du système dentaire, il suffit pour assurer que ce ne peut être un Felis, genre chez lequel le système dentaire de jeune âge est tout différent. En portant la comparaison avec les Canis et les Viverras, c'est évidemment avec ceux-ci, et surtout avec les espèces de la section des Mangoustes, que l'on peut trouver un plus grand nombre de rapports. Toutefois, comme le système digital, les oreilles, les moustaches, les ongles, la queue sont davantage comme dans les Civettes, le Cryptoprocta me semble devoir être placé à la fin des Viverras, passant aux Felis, malgré l'uniformité de sa coloration.

Conclusions.

Une troisième combinaison, qui pourra aussi se rencontrer parmi les Viverras comme chez tous les Carnassiers en général, est celle dans laquelle le mélange des deux systèmes dentaires est encore plus à l'avantage de celui de remplacement. Dans ce cas, il m'a paru que ce sont les arrière-molaires d'adultes qui s'ajoutent, avant même que les incisives et les canines de lait soient tombées. C'est ce dont nous avons rencontré un exemple dans une Genette de l'Inde. On pourra en voir, dans l'Iconographie, une représentation où se trouvent, avec les trois molaires de jeune âge, la première avant-molaire d'adulte bien sortie et les deux arrière-molaires en voie de sortir en haut et en bas; l'arrière-molaire de lait en place avec celle d'adulte montrant seulement sa couronne toute semblable à la sienne.

3ᵉ degré.

Dans une Genette de l'Inde.

Dans un autre individu de la même espèce, cette même dent est complétement sortie, quoique les incisives et les canines ne soient pas encore

Sur une autre.

changées, et que la première et la seconde avant-molaire d'adulte soient poussées. La principale et l'arrière-molaire de lait existent encore; celle-ci, pressée par la principale d'adulte, derrière laquelle est déjà sortie la première arrière-molaire et la seconde près de l'être; en bas les deux premières arrière-molaires se trouvent à la fois.

Toutes ces nuances et bien d'autres encore se conçoivent aisément; mais il était nécessaire, en paléontologie, d'en signaler les principales d'une manière tranchée, afin d'éviter des assertions erronées.

Des changements par usure.

Le système dentaire des Viverras, lorsqu'il est adulte, est sans doute susceptible de quelques variations d'usure et de caducité; mais je n'ai rien trouvé qui leur soit particulier; il faut, il est vrai, avouer que nous avons fort rarement le crâne et les dents de ces animaux parvenus à un grand âge. Sur un très-vieux Vansire, mort à la ménagerie, nous avons cependant observé que les arrière-molaires étaient tombées les premières.

Je n'ai trouvé, non plus, dans aucune des têtes de ce genre observées par moi dans nos collections aucune anomalie dans tout ou partie du système dentaire.

CHAPITRE TROISIÈME.

PALÉONTOLOGIE.

DE L'ANCIENNETÉ DES ANIMAUX DU G. VIVERRA, ET DES TRACES QU'ILS ONT LAISSÉES DANS LE SEIN DE LA TERRE.

Quoique, de nos jours encore, plusieurs espèces de ce genre puissent être considérées comme à peu près domestiques dans quelques pays de l'Orient, nous avons cependant eu l'occasion de faire remarquer, dans notre avant-propos sur les Carnassiers en général, combien les anciens nous ont réellement laissé peu de choses sur ce genre d'animaux. En effet, malgré ce que nous a raconté Pline des secours immenses en hommes et en argent mis à la disposition d'Aristote par son élève Alexandre, celui-là même ne nous a donné qu'un très-petit nombre de détails sur les espèces que nous rangeons aujourd'hui dans le genre des Viverras, et si peu, que les noms de *Gale*, d'*Ictis* et d'*Ailuros*, ne sont qu'assez difficilement rapportés à des espèces déterminées, comme M. Dureau de la Malle, notre confrère de l'Académie des inscriptions, l'a montré dans son mémoire sur ce sujet.

Nous savons seulement par Hérodote que l'Ichneumon était considéré comme sacré ou mis au nombre des animaux sacrés, dans certains nomes d'Égypte, parce qu'il devait contribuer à la destruction du Crocodile, par la recherche qu'il faisait continuellement des œufs de cet animal. En effet, Strabon et Élien nous apprennent que la ville d'Héraclée était consacrée au culte de l'Ichneumon. Des Viverras.

Toutefois, je ne crois pas que jusqu'ici on ait encore trouvé de momie de cet animal ou de quelque autre espèce de son genre. Ce qu'il y a de certain, c'est que la collection de M. Passalaqua, maintenant à Berlin, n'en possède pas, non plus que le Musée égyptien de Paris, ce dont j'ai pu m'assurer, grâce à la complaisance de M. Dubois. A l'état de Momie.

Il n'en est pas de même de figurines. Le Musée égyptien du Louvre possède certainement plusieurs statuettes en bronze, qu'il est impossible de ne pas rapporter à un Ichneumon par la forme générale du corps, et même par celle des membres, quoique ces figurines soient loin de pouvoir être considérées comme bonnes et même comme médiocres. De Figurines.

Tochon d'Annecy a figuré une médaille portant une image de cet animal, et qui a été frappée du temps d'Adrien, à l'usage du nome Latopolitain.

Aucune image entaillée n'a cependant encore été trouvée dans les hiéroglyphes, quoique Horus Apollo en fasse mention au nombre de ces signes. D'Hiéroglyphes.

Toutefois, Toclkem nous assure que dans le temple Om-Beda, *Ammonii candidi*, Oasis Sirven, existe peinte une figure de cet animal. De Peinture.

M. Rosellini nous dit, Monum. égypt. I, part. II, pag. 212, qu'un Dans les Tombeaux.

Viverra zibeth est représentée dans la fig. 5 de sa planche M.C. XX, courant sur les plantes de papyrus; mais il paraît que cette figure est sans incription. Elle est prise d'un des tableaux du tombeau de *Roti* à *Beni-Hassan*, et c'est évidemment une Genette commune.

Dans les Temples

Gruse, dans les figures ajoutées au voyage de Meun de Minutoli, a dessiné, Tab. 9, pag. 953, parmi les peintures qui ornent ce temple, deux figures d'animaux; l'une de Crocodile, l'autre, à laquelle il assigne le nom d'Ichneumon; mais M. Ehrenberg, qui a vu ces dessins de Gruze avant qu'ils eussent été retouchés en Italie pour leur publication, assure qu'il était très-difficile de juger le véritable caractère de ces dessins. Cependant il ajoute qu'il est très-facile de prendre l'un pour un Crocodile, et qu'il se pourrait que l'autre fût aussi un Ichneumon.

Nous sommes toutefois obligés de convenir que dans les listes d'animaux assez nombreux publiées par M. Rosellini, il n'est nullement question de l'Ichneumon, non plus que d'un autre animal de ce genre.

Dans la Mosaïque de Palestrine.

La mosaïque de Palestrine ne m'a non plus offert aucune figure que l'on puisse rapporter d'une manière un peu certaine à une espèce de Viverra, et personne de ceux qui se sont occupés de ce monument célèbre n'a pensé qu'il y en eut de représenté.

Toutefois en étudiant les dessins de grandeur naturelle que Millin fit faire sous ses yeux de la Mosaïque de Palestrine, lors de son voyage en Italie, il m'a semblé que l'animal figuré entre un nom que l'abbé Barthélemy n'a pu lire ni interpréter, et celui d'*Ephalos* ou *Ephados*, qui répond à une figure d'Ane, était un Ichneumon parfaitement reconnaissable à la forme de sa queue très-longue, très-épaisse à sa base et pointue à son extrémité. Barthélemy pense cependant que c'est un Lézard, et qu'il faut lui rapporter le nom *Cayoc* qu'il lit *Sauros*, et qui est placé auprès de la Lionne.

A l'état Fossile.

Nous allons être plus heureux pour les restes fossiles laissés par les Viverras dans les couches de la terre, et même dans des couches un peu anciennes; car il est digne d'attention qu'on n'en a encore rencontré aucune trace dans aucun diluvium, ni même dans aucun alluvium, du moins jusqu'ici, dans nos pays, et que tout ce qu'on en connaît a été trouvé dans des dépôts évidemment tertiaires.

C'est encore à M. Cuvier, Ann. du Mus. X, ann. 1807, si je ne me trompe, qu'est due la première indication d'ossements fossiles attribués à une espèce de Viverra, et trouvés dans la partie gypseuse du terrain tertiaire des environs de Paris.

Depuis lors, d'autres fragments ont été rencontrés dans la même localité. M. Lartet en a découvert dans le dépôt si riche de Sansans, et M. l'abbé Croizet en a aussi trouvé dans les dépôts d'Auvergne; enfin nous possédons des fragments d'une espèce de ce genre provenant des argiles des environs de Soissons.

A. De la formation d'eau douce des environs de Paris.

1° *D'un Astragale* ou os articulaire du pied avec la jambe.

Aux environs de Paris. *Vir. parisiensis.*

M. G. Cuvier a parlé de cet os :

a) Dans son troisième Mémoire sur les ossements fossiles des environs de Paris, art. 8, d'une section ayant pour titre : Restitution des différents pieds de derrière des Paléothériums et des Anoplothériums, article ayant pour inscription : Indices d'un pied de Carnassier, regardant cet os comme d'un tiers trop petit pour avoir appartenu à la mâchoire qu'il avait signalée dans son deuxième mémoire, art. 3, parag. 1, comme provenant d'une espèce de Canis; mais avec cette observation : *Mais ses différences étant assez grandes pour être spécifiques, par rapport à une mâchoire évidemment de ce genre, ne paraissent pas assez importantes pour être génériques.* Ainsi, c'était alors pour M. Cuvier l'astragale d'une espèce de Canis.

Considéré par M. Cuvier comme d'un Canis.

b) Dans son mémoire sur quelques ossements de Carnassiers épars dans les carrières à plâtre de Paris, Ann. du Mus., ann. 1807, tom. III, d'abord p. 1, cet os est regardé comme d'un animal carnassier beaucoup plus petit que celui auquel appartenait la mâchoire de Chien citée plus haut; puis, p. 7 du même Mémoire, comme ressemblant *presque*

D'une Mangouste ou d'un Chat.

complétement à celui de la Mangouste d'Égypte, qui ressemble, il est vrai, prodigieusement à celui du Chat pour la taille et la configuration, et qui pourrait bien être du même animal que la tête inférieure d'humérus dont nous avons déjà parlé.

Je ne vois pas qu'il soit rien changé sur cet os dans l'arrangement des mémoires de M. Cuvier réunis en volumes sous le titre de *Recherches sur les ossements fossiles de quadrupèdes vivipares*, sous la date de 1812.

Mais en 1825, dans la seconde et dernière édition des *Recherches sur les ossements fossiles de Quadrupèdes*, tom. III, pag. 283, pl. 15, f. 5-6, chap. 3, *sur les autres animaux dont les ossements accompagnent dans les carrières à plâtre des environs de Paris ceux des Paléothériums et Anoplothériums.*—Art. 2. *De quelques espèces de Carnivores;* — § 4. *Os des extrémités*, n° 7, il est question de cet astragale sans aucun rappel

D'une Genette.

aux deux articles des mémoires précédents, et sous le titre d'*Astragale, qui pourrait bien venir de cette espèce*, c'est-à-dire de celle à laquelle appartient la tête n° 3, ou de celle de la Genette dont il va être parlé; et cependant M. Cuvier ajoute : semblable pour la forme aux astragales de la Civette et de la Genette; il est plus grand qu'il ne faudrait pour celle-ci, plus petit que pour celle-là, et égale celui de la Mangouste; aussi termine-t-il par ces mots : *Peut-être vient-il d'une huitième espèce.*

Ainsi, d'une espèce particulière de Canis cet os est venu à un Ichneumon ou à un Chat, et enfin à une Genette, pour retomber enfin dans le doute, variations que l'on peut très-bien concevoir lorsqu'on sait combien l'astragale se ressemble dans un grand nombre de genres de mammifères assez différents sous d'autres rapports, et que je ne signale ici qu'afin de montrer combien la possibilité de reconstruire le squelette d'un animal avec un seul os, et encore plus avec une seule facette, est véritablement illusoire.

Décrit.
Comparé avec celui

J'ai observé cet os que possède la collection paléontologique du Muséum; ses dimensions indiquent certainement quelque animal intermédiaire à la Civette et à la Genette, assez bien de la taille du Zibeth; mais la forme me paraît rappeler davantage la Genette et peut-être la grande espèce du dépôt de Sansans. Sa poulie, médiocrement élevée, est très-profonde, assez peu oblique, à peine convexe au bord externe, un peu concave à l'interne; aussi la tête de l'os, portée sur un col très-peu oblique, de médiocre longueur, est transverse et horizontale.

D'un Canis.

En comparant cet os avec celui d'une espèce de Canis de taille proportionnelle, on trouve que la poulie est moins serrée, moins profonde, plus plate, et que la surface articulaire avec le scaphoïde est bien plus horizontale que dans le Chien lévrier, où il est absolument de même taille.

D'un Félis.

En portant la comparaison avec une espèce de Felis également proportionnelle, on est conduit, à peu de chose près, au même résultat, quoique à un degré un peu moins rapproché, surtout pour l'horizontalité de la surface articulaire de la tête scaphoïdienne.

D'une Mangouste.

Avec la Mangouste d'Égypte, dont la taille est assez en rapport, la ressemblance est un peu plus marquée, la poulie de l'astragale de cet animal étant un peu plus large; mais la tête scaphoïdienne, quoique un peu plus horizontale que dans les Canis et les Felis, est aussi plus globuleuse, et surtout bien plus que dans l'os fossile, où elle est horizontale.

D'un Cynogale.

Avec les Viverras plantigrades, on trouve évidemment plus de rapports; cependant on peut très-bien apercevoir, par exemple dans l'astragale du Cynogale, exactement de la même taille que le fossile, un aplatissement, une dépression générale un peu plus considérable, surtout dans la tête scaphoïdienne.

De la Civette.
De la Genette.

Restent donc les Civettes et les Genettes avec lesquelles la comparaison peut se faire avec plus de succès; cependant, non-seulement il est d'une bien moindre taille que celui de la Civette, mais en outre il est proportionnellement plus étroit, moins oblique dans sa poulie; sa tête, également moins projetée en avant, l'est plus obliquement en dedans; et enfin son bord externe est droit et ne se relève pas en une sorte de crochet comme cela a lieu dans l'astragale de la Civette. Sous ce dernier rapport, il y aurait plus de ressemblance avec la Genette; mais la différence de grandeur est encore bien plus considérable, puisqu'elle est de près d'un tiers, et en outre la tête est portée sur un col bien plus long et dirigé plus obliquement en dedans.

Le Zibeth. Avec le Zibeth, il y a peut-être plus de ressemblance pour la grandeur; mais la tête astragalienne est un peu moins horizontale et surtout plus globuleuse et plus étroite que dans le fossile.

Conclusions. Ainsi, en définitive, cet os semble indiquer une espèce intermédiaire au Zibeth, et au Paradoxure cynogale, et probablement sub-plantigrade.

2° *D'une Tête de Genette.*

2° Tête. Une seconde pièce beaucoup plus intéressante, parce qu'elle est bien plus caractéristique, et qui vient également des carrières à plâtre des environs de Paris, est constituée par une tête assez complète, vue à sa face inférieure et montrant, sinon toutes les dents, au moins leurs alvéoles, de manière qu'il a été facile, à la première inspection, de reconnaître que c'était une espèce de Viverra voisine des Genettes.

Observée et figurée par M. Cuvier. M. Cuvier en a parlé pour la première fois en 1825, dans la seconde édition de ses Recherches sur les ossements fossiles de quadrupèdes vivipares, tome III, p. 276, et il en a donné des figures exactes, Pl. 69, fig. 5, 6, 7; en la considérant comme provenant d'une espèce de Genette.

Possédant cette belle pièce dans la collection du Muséum, et de plus, celle des têtes osseuses du Cabinet d'anatomie comparée étant bien autrement riche que du temps de M. Cuvier, aussi bien en espèces qu'en individus, il m'a été facile d'en faire un examen scrupuleux.

Décrite. Dans son état. La tête, comme je l'ai dit plus haut, était prise dans le plâtre de manière à ne montrer guère que la face inférieure ou palatine; mais, avec de grandes précautions, on est parvenu à en découvrir la face supérieure, ce qui a permis de voir que, presque entière, sauf la mâchoire inférieure, elle a été fortement comprimée par la pression des matières successivement accumulées sur elle; aussi les parois du crâne sont-elles fendillées en tous sens d'une manière remarquable.

La forme générale de la tête a certainement beaucoup de rapports avec celle de la Genette ordinaire; peut-être, cependant, est-elle un peu plus longue proportionnellement et s'approchant un peu de la tête du Paradoxure type, ce que semble confirmer la proportion des arrière-molaires. Le sillon médio-naso-frontal est aussi fortement prononcé que dans ce dernier, et par conséquent bien plus que chez les Genettes. Sa Forme générale.

Quoique cette tête ne soit pas complète dans sa partie basilaire, par manque du corps des sphénoïdes et de l'occipital, on voit cependant que la crête de cet os fait une saillie considérable et oblique en arrière comme dans la Genette, et que la crête sagittale était peu élevée; mais, ce qui me semble particulier à cette espèce, c'est que le rétrécissement post-orbitaire est assez peu marqué, et surtout fort peu pédonculé; mais surtout que la ligne du chanfrein est creusée d'un sillon commençant à la crête sagittale et se prolongeant en s'élargissant au front, jusqu'à l'extrémité des os du nez. Ces os sont du reste fort étroits, en triangle scalène, s'enfonçant par leur angle aigu entre les frontaux et se terminant par une base très-inégalement bilobée. Ses Particularités. Crête occipitale. sagittale. frontale. Os du Nez.

L'arcade zygomatique est médiocre quoique assez forte; j'ignore comment les apophyses orbitaires étaient formées, mais celles du jugal sont très-faibles. Zygomatique.

Le canal palatin postérieur paraît assez profond, mais le palais s'avance fort peu au delà de la ligne dentaire; son échancrure est médiocrement arrondie et à double arqûre avec pointe médiane, et cette pointe médiane n'existe pas dans la Genette, mais bien dans les Paradoxures. Canal palatin.

Le palais, assez rétréci en avant, offre, à droite et à gauche de sa partie élargie, un enfoncement considérable pour les carnassières inférieures. Quant aux trous palatins antérieurs, ils sont assez longs et étroits. Palais.

Le système dentaire de cette espèce fossile est assez facile à lire, quoique incomplet, à l'aide des alvéoles en assez bon état de conservation. Dans le Système dentaire.

Incisives. Il n'y a, par exemple, aucune des incisives; mais par la coupe de leurs racines qui sont restées en place, on voit aisément que la paire externe était bien plus grande que les deux autres et que toutes les trois étaient fort serrées.

Canines. Les canines, à en juger par celle de gauche en bon état de conservation, étaient peu arquées, un peu comprimées, et même un peu carénées en arrière.

Molaires. Il y avait certainement six molaires, trois avant la principale et deux après; malheureusement elles ne sont représentées, pour la plupart, que par leurs alvéoles.

Avant-Molaires. première. Des trois avant-molaires, la première, presque contiguë à la canine, est la plus petite, quoique encore assez forte, un peu en crochet, avec un arrêt marqué en arrière de sa base; elle n'a qu'une seule racine. La seconde. seconde, un peu distante de la première, en a deux; aussi est-elle bien plus large, triangulaire, assez comprimée, avec un talon assez prononcé troisième. en arrière. Enfin la troisième dent devait sans doute avoir à peu près la même forme et être seulement un peu plus grande, mais on n'en voit que la pointe à peine sortie, le reste étant encore dans l'alvéole. On trouve en effet à gauche un reste (le talon interne) de la principale de lait.

Principale. La principale d'adulte était cependant parfaitement sortie des deux côtés, mais il n'en reste que les trois alvéoles remplies par les racines; elles suffisent pour montrer que cette dent avait la forme ordinaire dans les Genettes, le côté externe ou tranchant fort étendu, et le talon interne fort avancé.

Arrière-Molaires. Les deux arrière-molaires, dont il n'existe aussi que les alvéoles, devaient être proportionnellement assez grosses, et avoir assez bien la même forme, c'est-à-dire être triquètres, la base à deux racines en dehors et le sommet à une seule en dedans et formant sans doute un talon assez arrondi, surtout pour la postérieure. M. G. Cuvier décrit cette dent comme petite et à peu près carrée, ce que je crois peu exact: elle était au contraire barlongue, transverse, le côté externe oblique, un peu plus grand que l'interne arrondi.

M. Cuvier, dans l'article qu'il a consacré à la description de ce beau fragment fossile, le rapproche avec beaucoup de raison des Genettes, et surtout de celle que Buffon a décrite sous le nom de Fossane, à cause du peu de prolongement du palais en arrière de la ligne dentaire et du peu de saillie des apophyses orbitaires, parce que c'est dans cette espèce que les apophyses post-orbitaires sont au minimum de développement, et que c'est chez elle aussi que le sillon fronto-nasal est le plus prononcé; à quoi l'on peut ajouter que c'est aussi dans la Fossane que la seconde arrière-molaire se rapproche davantage dans la forme et dans la proportion de ce qui existe dans la tête fossile. Comparé et rapproché de la Fossane,

On peut cependant reconnaître encore avec M. Cuvier que cette ancienne Genette n'était pas la Fossane, parce que les os du nez de celle-ci sont arrondis à leur origine frontale, tandis qu'ils sont atténués et pointus dans le fossile assez bien comme dans la Genette ordinaire; que l'étranglement post-orbitaire du frontal est moins considérable, ce qui cependant me semble moins évident, aussi bien que l'étendue plus grande de la principale ou carnassière, et celle de la fosse palatine qui la sépare de la première arrière-molaire. En effet, ces deux particularités peuvent très-bien tenir à ce que le crâne fossile est de dimension sensiblement plus grande que le seul crâne incomplet de Fossane que possède notre collection, et qui a servi à la comparaison faite par M. Cuvier et par nous. mais différente.

Pour moi, en définitive, cette portion de crâne des carrières à plâtre de Montmartre me semble être intermédiaire aux Genettes et aux Paradoxures : elle est inscrite dans les catalogues de paléontologie sous le nom de *Viverra Parisiensis*. Conclusions.

3° *D'un os innominé.*

Je trouve encore noté dans les collections paléontologiques du Mu- 3° Os innominé.

séum, comme provenant d'un animal du genre des Genettes, un os innominé du côté gauche, presque entier, contenu dans un morceau de plâtre des environs de Paris. Je ne le crois ni décrit, ni figuré dans l'ouvrage de M. Cuvier.

décrit.

Cet os, qui est à peu près complet dans sa partie postérieure, quoique assez fruste aux angles de terminaison, me semble remarquable, peut-être, par sa brièveté en général, mais surtout par le grand élargissement et la forme triangulaire du trou sous-pubien, par le peu d'étendue de la symphyse pubienne qui paraît n'occuper que l'angle arrondi du cadre du trou sous-pubien, et par l'obliquité en arrière de la branche du pubis.

comparé.

Il indique un animal de la taille des espèces moyennes de Viverras; mais pour la forme, il me semble ne pouvoir être rapproché d'aucune de celles dont nous possédons le squelette, un peu plus, peut-être, des Paradoxures et surtout du Cynogale que d'autres, mais sans qu'on puisse en déduire qu'il provient d'une espèce de ce genre. En effet, en le comparant avec la partie correspondante de cet os chez le Glouton, on trouve aussi quelques rapports pour la grandeur, et même un peu dans la forme triangulaire du trou sous-pubien, la brièveté des branches qui la circonscrivent; mais, dans cet animal, elles sont bien plus robustes, plus épaisses que dans le fossile, et d'ailleurs, dans celui-ci, la branche pubienne est évidemment plus oblique, et la symphyse, repoussée en arrière, bien plus courte.

Avec les Paradoxures.

Le Glouton.

Conclusions.

On pourrait donc supposer que ce fragment indique un animal carnassier plus ou moins aquatique, et se servant fortement de ses membres postérieurs pour nager; peut-être aussi appartient-il à notre Taxotherium du genre des Subursus.

4° *D'un cubitus du côté droit*

4° Cubitus.

Un autre fragment fossile, dans les plâtres de Paris, et qui désigne évidemment un Carnassier plus petit que celui auquel ont pu appartenir les trois pièces précédentes, consiste en un cubitus du côté droit, auquel manque seulement un quart environ de l'extrémité inférieure. M. Cuvier, qui l'a figuré dans la planche 68, f. 4 du troisième volume de ses Ossements fossiles, s'est borné à dire, pag. 283, qu'il est entièrement semblable à celui de la Genette, si ce n'est qu'il est un peu plus rétréci à l'endroit de l'articulation radiale supérieure, et qu'il se rapporte à la tête du paragraphe 3, considérée comme une Genette, et que nous venons de décrire sous le nom de *V. Parisiensis*. Le fait est que ce cubitus a les plus grands rapports avec celui d'une petite Genette, mais il n'en a pas moins avec celui d'une Fouine de petite taille; en sorte que je n'oserais pas prononcer même sur le genre, ce qui m'a déterminé à faire figurer cette pièce sur la planche des Mustelas fossiles ainsi que sur celle des Viverras. Je doute également que l'on puisse rapporter cet os à la tête du *Viverra parisiensis*, à cause de sa petitesse. Dans un squelette de Genette, dont la tête avait 36 lignes de long, les deux tiers du cubitus en avaient 29, tandis que les deux pièces fossiles sont dans le rapport de 43 à 32; ce qui donne une différence de onze. Toutefois, rien n'empêche que le cubitus en question n'ait appartenu à un individu de la même espèce, mais plus petit et probablement femelle.

Comparé à celui de la Genette. De la Fouine.

Conclusion.

B. Du terrain tertiaire d'eau douce d'Auvergne.

D'Auvergne.

Parmi les ossements fossiles des terrains tertiaires d'Auvergne, que l'on peut rapporter à ce genre, nous trouvons un certain nombre de fragments que nous devons aux recherches incessantes de M. l'abbé Croizet, curé de Neschers.

1° *Portion de mâchoire supérieure de Saint-Gérand* (V. antiqua).

Viv. antiqua. 1° Mâchoire supérieure.

Une portion postérieure de la mâchoire supérieure droite d'un animal carnassier provenant de la montagne de Saint-Gérand, inscrite dans la collection de M. l'abbé Croizet sous le nom de Viverra ou de Mangouste avec assez de raison, comme une courte description, et surtout un coup d'œil sur la figure que nous en donnons, le montreront aisément.

Comparée. Ce fragment indique un animal de la taille du Zibeth ou d'une grande Genette commune, avec laquelle la partie conservée du système dentaire offre un certain nombre de rapports, moins cependant qu'avec celui de la Genette de l'Inde, à cause de la forme plus arrondie de la dernière arrière-molaire.

Pour les Dents. Ce morceau de mâchoire ne porte que les quatre dernières dents molaires, mais qui sont véritablement les plus importantes, la dernière avant-molaire, la principale, et les deux arrière-molaires, formant une étendue totale de même grandeur que dans un Zibeth d'assez forte taille.

Avant-Molaires. L'avant-molaire, assez étendue et subtriquètre à sa base par un petit talon médio-interne, est sans doute pourvue de trois racines; sa pointe est du reste assez saillante.

Principale. La principale est assez bien comme dans la Genette, mais aussi grosse que dans le Zibeth; elle est cependant un peu plus oblique, plus mince, plus tranchante que son analogue dans celui-ci, surtout dans la partie ailée de son bord postérieur, et son talon interne est encore plus antérieur.

Arrière-Molaires. première. La première avant-molaire offre assez bien la forme d'un triangle rectangle à la couronne, la base en avant et l'angle un peu plus que droit en arrière, ce qui est assez bien comme dans la Genette; mais dans le fossile, le bord externe est plus long et égale le bord interne. Elle est encore à peu près de même longueur transverse que dans le Zibeth, mais bien plus mince.

seconde. Enfin, la seconde arrière-molaire est aussi triquètre, arrondie aux angles, surtout à l'interne, le bord externe à peine plus court que les deux autres. Elle est donc bien moins étroite que son analogue dans la Genette commune, et ressemble davantage à ce qu'elle est dans celle de l'Inde. Elle est cependant un peu moins ronde que dans cette espèce, et comme elle est proportionnellement notablement moins forte que dans la Fossane, il en faut conclure que ce fragment indique une espèce distincte de Viverra intermédiaire à la Genette de l'Inde et à la Fossane, et qui ne peut cependant être considérée comme de la même espèce que celle dont les restes fossiles ont été trouvés dans les plâtres des environs de Paris, et dont nous avons parlé plus haut.

Somme toute, la grandeur, la forme et la proportion des quatre dents molaires de ce fragment le rapprochent pour la taille du Zibeth ou de la Civette de l'Inde, et pour la forme et la proportion, de la Genette de ce même pays; en sorte qu'à ne porter son jugement que d'après cette pièce, ce serait une espèce distincte et intermédiaire. Conclusions.

2° *Portion de mandibule du côté droit de Saint-Gérand* (V. antiqua).

Une autre pièce, qui provient également d'Auvergne, dans les environs de Saint-Gérand, et qui était inscrite dans la collection de M. l'abbé Croizet, sous le n° 47, consiste en un morceau assez considérable de la branche horizontale d'une mandibule du côté droit. Malheureusement, elle ne porte aucune dent, quoique le bord alvéolaire offre la série complète des alvéoles. 2° Mandibule postérieure.

La grandeur et les proportions de ce fragment indiquent un animal de la taille d'une Civette ou mieux peut-être d'un Zibeth, surtout à cause de son étroitesse et d'un léger mouvement d'ondulation de son bord inférieur. Ce bord est parfaitement arrondi et sans aucun indice de l'espèce d'apophyse qui se remarque à l'angle de la mandibule dans la Civette et dans la plupart des Canis, mais avec une indication que l'apophyse angulaire était un peu comme dans ces derniers animaux, peut-être, ainsi que la fosse massétérienne, un peu plus profonde que dans les Viverras. Décrite en elle-même.

Le bord supérieur alvéolaire, suivant assez bien le mouvement de l'inférieur auquel il est parallèle, présente la série non interrompue des alvéoles de toutes les dents molaires, dont il ne reste même qu'assez rare- Dans ses Alvéoles.

Nombre. Proportion D'où

ment les racines. Le nombre de ces alvéoles, qui est de onze, leur disposition et leur proportion indiquent d'une manière certaine qu'il y avait six molaires distribuées en trois avant-molaires, une principale et deux arrière-molaires, toutes à deux racines, sauf la première des avant-molaires. A en juger par la proportion des alvéoles, qui sont subégales pour la seconde et la troisième avant-molaire, ainsi que pour la principale, on peut inférer que ces dents étaient assez régulièrement triangulaires, sans arrêt ni talon, et que la principale ne différait pas beaucoup même en grandeur de la dernière avant-molaire.

Avant-Molaires.

Principale.

Arrière-Molaires. première.

On peut également présumer que la première arrière-molaire, notablement plus grosse que les autres, était pourvue d'un talon plus épais que sa partie antérieure carnassière, parce que sa racine postérieure était bien plus grosse que l'antérieure, ce que désigne évidemment la proportion des alvéoles.

seconde.

Enfin on doit aussi rigoureusement déduire de l'existence de deux alvéoles bien séparées, bien distinctes et subégales, qui existent au delà de la plus grande de la première arrière-molaire, que la seconde de ces dents avait non-seulement deux racines, mais était sans doute assez grosse, et bien plus même que dans les Viverras plantigrades où elle l'est le plus.

Comparées avec les Canis.

Dans un Canis, la série des sept premières alvéoles est assez bien comme dans la mandibule fossile, mais les deux suivantes, c'est-à-dire celles de la première arrière-molaire, sont dans une proportion inverse, l'antérieure étant plus forte que la postérieure ; et au delà il y en a trois au lieu de deux seulement; mais n'y aurait-il pas une espèce de Canis qui n'aurait eu que six dents molaires à la mâchoire inférieure?

Conclusions.

Quoi qu'il en soit de l'existence de cette pièce fossile, on peut conclure que, dans l'ancienne Auvergne, il existait un animal carnassier, très-probablement du genre des Viverras plantigrades, ou assez voisin des Cynogales, mais qui en différait surtout en ce que la dernière arrière-molaire d'en bas était encore plus large proportionnellement que dans cet animal, puisqu'elle avait deux racines.

Mais ce fragment ne pourrait-il pas être rapporté à la même espèce animale que le précédent? C'est ce qu'on peut facilement concevoir d'après la grandeur proportionnelle de chacun d'eux; pourtant c'est ce que nous ne voudrions pas assurer positivement, quoique la proportion entre l'espace occupé par les quatre molaires supérieures et les trois dernières inférieures soit la même dans un Zibeth que dans les deux pièces fossiles.

Rapporté à l'Espèce précédente.

S'il en était ainsi, il est évident que l'espèce que représentent ces restes était bien différente du Zibeth et offrait quelque chose d'intermédiaire aux Civettes et aux Cynogales, mais plus voisine cependant des premières.

C. Dépôt tertiaire d'eau douce de Sansans.

Le célèbre dépôt de Sansans, exploré d'une manière si intéressante par M. Lartet, a fourni aussi à la paléontologie un certain nombre de fragments qui ont appartenu à des espèces du genre des Viverras, du moins à ce qu'il me semble, et comme M. Lartet l'avait présumé dans ses annonces sur la découverte de ce riche dépôt.

De Sansans.

1° *Mandibule du côté gauche* (V. exilis).

Je commencerai par une mandibule du côté gauche, presque complète, appliquée et fortement adhérente à la surface d'une roche calcio-siliceuse, de manière à ne pouvoir montrer que la face externe. Elle est remarquable par sa petitesse, puisqu'elle n'a pas plus de douze à treize lignes de long sur une et demie de large, la gracilité, la courbure légère et dans le même sens des deux bords de la branche horizontale, et par la manière dont la branche verticale s'épate ou s'élargit en se divisant à sa circonférence en trois lobes formant, le supérieur une apophyse coronoïde peu considérable, arrondie et un peu rétroverse; le moyen, un condyle se portant obliquement en arrière et fort élevé au-dessus de la ligne dentaire; et l'inférieur, une apophyse angulaire en

Viv. exilis. D'après une Mandibule décrite en elle-même.

crochet assez marqué, et un peu descendant, mais bien éloigné de dépasser l'aplomb du condyle.

Dans son Système dentaire.

Le système dentaire de cette mandibule est malheureusement fort incomplet.

Incisives.

Des incisives, on ne peut voir aucun fragment, ni même quelque trace de leurs alvéoles.

Canines.

La canine, qui existe en partie, est évidemment assez forte proportionnellement et recourbée en crochet sans stries ni carène.

Avant-Molaires.

Après une barre ou intervalle vide trop considérable pour ne pas croire qu'il y avait une première avant-molaire uniradiculée, qui a disparu, on voit une seconde avant-molaire à deux racines subégales, la première correspondant à une pointe assez élevée, et la seconde à un talon oblique bien marqué; entre cette dent et la seule autre qui existe, se trouve encore un intervalle qui me porte à penser que la troisième avant-molaire manque; et, en effet, on voit au bord externe du plan de la mandibule les deux petits demi-cercles indices de deux alvéoles fort serrées. Dès lors, celle qui est encore en place serait la principale; elle est cependant assez simple quoique biradiculée, n'étant formée que par une pointe médiane triangulaire assez pointue et assez élevée entre deux petits talons dont le postérieur est le plus marqué.

Principale.

Arrière-Molaires.

Au delà, il n'y a plus de dents, mais des alvéoles mal conservées, même dans le bord externe, et dont la largeur semble indiquer une première arrière-molaire considérable, sans doute carnassière, et une seconde et dernière plus petite, mais dans une proportion dont il est bien difficile de juger. Je supposerais cependant volontiers que cette arrière-molaire était notablement plus grosse que dans la Genette ordinaire, comme cela a lieu dans la Fossane.

Conclusions. Espèce de Genette.

Malgré cette incertitude, il nous semble véritablement difficile de ne pas rapporter cette mandibule fossile à une espèce de Genette, en prenant en considération le rétrécissement qui existe au point de jonction de ses deux parties ou branches, la forme de la fosse massétérienne, celle de l'apophyse angulaire, de l'apophyse coronoïde, et même du condyle, quoique son aplomb se prolonge en arrière bien au delà de l'apophyse angulaire, ce qui n'a lieu dans aucune espèce connue de Viverras

Distincte.

Toutefois, si c'était une espèce de ce genre, elle était bien différente de celles qui existent aujourd'hui, du moins dans l'état de nos connaissances, d'abord par une taille moitié moindre que la plus petite Genette que notre collection possède, et ensuite par une gracilité bien plus grande dans les mâchoires, et probablement dans le reste du squelette; au point que j'ai pensé un moment que le fragment fossile dont il est ici question pouvait avoir appartenu à une espèce d'insectivore terrestre.

On pourra nommer provisoirement l'espèce dont provient ce fragment *V. exilis* ou *gracilis*, pour indiquer sa petitesse, qui, d'après la grandeur de la mandibule, ne devait pas dépasser quinze pouces de longueur totale.

2° *Fragments de mandibule droite* (V. Zibethoïdes).

Viv. Zibethoïdes. D'après des fragments de Mandibule gauche.

Je crois devoir encore rapporter à une espèce de Viverra, de la taille à peu près d'un grand Zibeth, deux petits fragments de mandibule du côté gauche, portant, l'un, la principale et la première arrière-molaire, et l'autre, cette même dent avec l'alvéole de la seconde. Aucun de ces fragments ne peut me donner les dimensions de la mandibule, mais on peut cependant présumer qu'elle était plus haute et un peu moins épaisse que dans le Zibeth. Quant aux dents qui les arment, elles sont au contraire presque semblables à leurs analogues dans cet animal. Ainsi, la principale a tout à fait la même forme et les mêmes proportions. La première arrière-molaire est dans le même cas; peut-être cependant un peu plus carnassière par plus de compression. Enfin, l'alvéole postérieure du second fragment, un peu ovale, indique une seconde arrière-molaire dans la même forme et la même proportion.

Des Dents.

Principale.

Avant-Molaires.

Arrière-Molaires.

On peut présumer, d'après un troisième fragment venant du même dépôt, que la troisième avant-molaire était fort comprimée et presque aussi grande que la principale, et même qu'elle était pourvue d'un petit arrêt ou talon à la partie postérieure de sa base. En effet, les deux racines de cette dent qui manque de sa couronne occupent un espace presque égal à celui que remplit la principale existante, et la postérieure est un peu plus ovale dans sa coupe que l'antérieure.

Une Dent séparée.

Je rapporterai aussi à cette espèce une couronne de dent principale ou troisième avant-molaire inférieure gauche que je trouve séparée au nombre des pièces recueillies avec tant de persévérance par M. Lartet.

Un autre fragment d'Auvergne.

J'en ferai autant, du moins provisoirement, pour un fragment de mandibule gauche portant une première arrière-molaire ou carnassière complète avec les deux racines de la principale, et une de la deuxième arrière-molaire, fragment qui vient d'Auvergne. En effet, quoique sensiblement plus petite, la dent citée a la même forme que dans le *V. Zibethoïdes.*

Conclusion.

Conclure de l'examen de ces trois fragments que le Zibeth a existé anciennement dans nos contrées serait peut-être trop hardi, quoiqu'il n'y ait là rien d'impossible; que c'était une espèce intermédiaire à la Civette et au Zibeth, ne me paraît pas non plus hors de doute; j'indiquerai cependant cette ancienne espèce sous la dénomination provisoire de *V. Zibethoïdes.*

D. Dépôt tertiaire d'eau douce de Soissons.

1° *D'une mandibule du côté droit* (V. gigantea).

De Soissons. *V. gigantea.* D'après

Enfin, le dernier dépôt où l'on a découvert des fragments de Mammifères carnassiers qui me semblent devoir être rapportés au genre linnéen des Viverras, est celui de Soissons, dans l'argile bleue pyritifère, qui constitue une grande partie du sol des environs de cette ville.

Deux côtés de la même Mandibule.

Je parlerai d'abord d'une mandibule ou mâchoire inférieure formée de ses deux côtés séparés, et plus ou moins incomplets, surtout celui de droite, celui de gauche étant presque entier dans la branche horizontale, mais malheureusement tronqué en avant seulement dans la partie incisive, et en arrière, dans toute la branche montante.

Cette mandibule provient des lignites de Mirencourt, à deux lieues de Noyon, dans le Soissonnais, et nous la devons à M. Le Grand des Cloiseaux, qui a bien voulu la donner à notre Muséum, grâces à l'intervention de M. Becquerel, notre confrère. Montrant les trois dents molaires postérieures, et les alvéoles des autres derrière celle de la canine, elle indique un animal de la taille d'une Hyène d'assez grande taille. Elle est surtout remarquable par sa grande hauteur à la fin de la ligne dentaire, sa convexité en dehors, son aplatissement en dedans, et par la manière dont le bord inférieur, fort convexe, s'excave légèrement en s'approchant de la symphyse. Elle est, du reste, médiocrement allongée, assez peu courbe dans son bord supérieur ou alvéolaire, et n'offre qu'un seul trou dentaire externe à l'aplomb de la pointe de la troisième avant-molaire.

Décrite en elle-même.

Le système dentaire est encore plus particulier que la mandibule dans laquelle il est implanté; malheureusement il est incomplet dans sa partie antérieure, et ne peut être jugé que d'après les alvéoles.

Dans ses Dents.

Le morceau tronqué en avant ne nous montre cependant ni les alvéoles, ni les dents incisives.

Incisives.

L'alvéole de la canine, par sa grandeur et sa forme circulaire, nous apprend que cette dent était forte et conique, nullement comprimée.

Canines.

En arrière et jusqu'à la première dent existante, qui est la principale, se trouvent cinq trous alvéolaires fort serrés et occupant un espace total presque moitié moindre de celui que remplissent les trois autres molaires : le premier très-petit et arrondi, les deux suivants ovales, subégaux et encore assez petits; et enfin, les deux derniers bien plus grands, l'antérieur ovale, le postérieur plus grand et arrondi, indiquant trois avant-molaires très-serrées : la première, presque rudimentaire, à une seule racine; la seconde, bien plus forte, triangulaire, à deux racines, et la troisième encore plus, et sans doute pourvue à la partie postérieure de

Avant-Molaires. Par les Alvéoles.

première.

seconde.

troisième.

la base de sa couronne, également triangulaire, d'un petit talon ; ce que l'on peut induire du plus de grandeur dans le trou postérieur de l'alvéole.

Principale.

La dent principale existe en nature, mais un peu usée ou brisée à la couronne, remarquable par sa grandeur presque égale à celle des arrière-molaires ; on voit que, portée par deux fortes racines, la postérieure plus que l'antérieure, la couronne était formée d'une partie antérieure, soulevée probablement en pointe avec un arrêt en avant, et peut-être un denticule en arrière d'une partie postérieure disposée en un large talon.

Arrière-Molaires. première. seconde.

Des deux arrière-molaires, la première, en partie brisée, était un peu plus grande que la seconde, mais sans doute de forme semblable et pourvue comme elle de deux racines. Quant à la seconde, sa couronne, bien entière, est formée d'une partie antérieure soulevée à trois pointes, et d'une postérieure en talon crénelé sur ses bords relevés, surtout en arrière. C'est ce que j'ai pu confirmer sur un autre fragment de mandibule du même côté que le précédent, et que je dois à la générosité de M. Graves, bien connu des géologues et des archéologues par ses travaux approfondis sur la statistique du département de l'Oise. Cette pièce présente en effet en place, et sans altération, les quatre dernières molaires, savoir : la troisième avant-molaire, la principale et les deux arrière-molaires. Seulement elle indique un animal plus petit que celui dont provenait le premier fragment, et quoique parfaitement adulte. Peut-être était-ce une femelle, comme plus d'étroitesse et de gracilité dans la mandibule semble l'indiquer.

Confirmée d'après un autre côté de Mandibule.

Comparée avec

Ainsi, l'animal antique auquel a appartenu cette mandibule avait six molaires à la mâchoire inférieure, trois avant-molaires, une principale et deux arrière-molaires, nombre général et particulier qui existe presque généralement dans les Viverras, mais qui se trouve aussi dans plusieurs Subursus. Il faut donc, pour déterminer auquel de ces deux genres le fossile doit être rapporté, avoir égard à la proportion et à la forme de ces dents. Or, chez les Subursus à six molaires inférieures, la principale

les Subursus.

est toujours bien plus petite que les arrière-molaires, sans compter que celles-ci sont simplement tuberculeuses, tandis que dans le fossile elles sont évidemment ce qu'on nomme insectivores; c'est donc parmi les Viverras qu'il faut chercher l'animal auprès duquel il doit être rangé. Dès lors, après avoir éliminé les Paradoxures, les Civettes, dont le système dentaire est ou plus omnivore ou plus carnassier, on trouve que c'est plutôt parmi les Mangoustes, de la division des Cynictis. En effet, chez cet animal la forme assez raccourcie et assez convexe de la mandibule, la position du trou mentonnier, la disposition et même aussi la forme et la proportion des dents molaires, sont assez bien comme dans le fossile. Seulement, dans le Cynictis, la principale est proportionnellement un peu moins forte, et la seconde arrière-molaire un peu plus petite que la première, ce qui est un peu moins marqué dans le fossile. En sorte que l'on peut, sans inconvénient, regarder l'animal dont il provient comme une espèce presque gigantesque de Cynictis, c'est-à-dire d'Ichneumon ou de Mangouste, genre qui se trouve en plus grande abondance dans l'ancien continent, au sud de la Méditerranée.

Les Paradoxures, les Civettes, les Mangoustes.

Conclusion.

On pourra donc le nommer *Cynictis* ou *Mangusta gigas*, ou en faire, dans le système zoologique suivi de nos jours, une division sous-générique sous la dénomination de *Palæonictis.*

Nous ne possédons malheureusement aucun autre ossement que nous puissions rapporter avec quelque certitude à cette espèce animale.

Des Ossements fossiles considérés alors comme des Viverras; fragment de Mandibule. *Canis viverroïdes.*

La forme de la dent existante sur un fragment de mandibule trouvé dans les carrières à plâtre de Paris, et rapporté par M. Cuvier, qui en a parlé le premier, à une espèce de Viverra (*Recherches sur les ossements fossiles de quadrupèdes,* t. III, p. 227), pourrait faire penser à un certain rapprochement avec notre fossile; mais ce serait à tort, parce que derrière la dent indiquée, et qui est une principale, il existe trois trous alvéolaires, ce qui indique deux arrière-molaires, la première à deux racines et la dernière à une seule, absolument comme dans les Canis; aussi mentionnerons-nous ce fragment dans notre mémoire sur l'ostéologie des animaux de ce genre sous le nom de *Canis viverroïdes.*

Dent Molaire de Meudon. *Canis viverroïdes.*

Nous lui rapporterons aussi une partie antérieure de première arrière-molaire gauche, qui a été trouvée dans l'argile plastique des environs de Paris, à Meudon, et que M. d'Orbigny a considérée, dans son mémoire sur ce terrain, comme une portion de dent molaire inférieure carnassière d'une Loutre; la partie correspondante de la dent analogue dans les Loutres est toujours bien moins soulevée et les trois pointes bien moins aiguës, surtout l'interne. Il eût été plus vraisemblable de l'attribuer à une Civette ou à une Mangouste; mais sa très-grande ressemblance avec son analogue dans le fragment attribué par M. Cuvier à une Mangouste, me porte à l'attribuer à mon *Canis viverroïdes*.

Outre ces deux fragments, que nous croyons ne pas devoir rapporter à des Viverras, nous pensons qu'il faut encore retrancher de ce genre les ossements suivants:

Tête inférieure d'Humérus et Humérus. *Taxotherium.*

1° Une tête inférieure d'humérus, et même l'humérus tout entier, que M. Cuvier a indiqués d'abord comme provenant d'un Felis de la grandeur d'un Chat domestique, puis, plus tard, comme ayant plutôt appartenu à une Civette, et qui sont figurés par lui, Pl. 70, fig. 1, 2, 3, pour la tête inférieure d'humérus, du tome III de la seconde édition de ses *Recherches sur les ossements fossiles de quadrupèdes*, parce que je les ai rapportés à l'espèce que j'ai nommée *Taxotherium* dans le genre des Subursus.

Cubitus. *Taxotherium.*

2° Un cubitus presque entier, lequel, reconnu d'abord comme d'un Carnassier en général, en 1807 et 1812, par M. G. Cuvier, dans son mémoire sur les Carnassiers des carrières à plâtre des environs de Paris, a été considéré en 1825, dans la seconde édition de ses Recherches, comme ayant appartenu à un Carnassier à jambes courtes tel que les Civettes, les Loutres, la Mangouste, et surtout à celle-ci, et cependant rapporté à la tête du paragraphe II, intitulé: *D'un genre de la famille des Ratons et des Coatis*, animaux dont le cubitus est remarquablement grêle.

Nous avons en effet rapporté ce cubitus à la tête dont parle M. Cuvier, mais en la considérant comme d'un genre voisin des Blaireaux, sous le nom de *Taxotherium*.

3° Un péroné et un calcanéum trouvés ensemble et considérés d'abord par M. Cuvier (Tom. III, p. 283, Pl. 69, fig. 8) comme ayant des rapports sensibles avec leurs correspondants chez la Civette et la Loutre, et cependant rapportés depuis sans hésitation à la tête du prétendu Coati; ce que j'ai établi par des raisonnements positifs dans mon mémoire sur les *Subursus*, en regardant cet os comme du genre Taxotherium. Péroné. Calcanéum. Taxotherium.

4° Un os métacarpien du doigt médian, suivant M. Cuvier, et dont il a parlé Tome III, p. 282, en le regardant comme n'étant pas sans rapport avec celui de la Civette, mais qui le dépasse d'un tiers, et qu'il figure Pl. 70, fig. 4, 5, 10 et 11. Il a été question pour la première fois de cette pièce, dans le mémoire de M. Cuvier sur les Carnassiers de Montmartre, pag. 8, Pl. unique, fig. 4, 5, 10, 11, comme d'un os métacarpien du troisième doigt, qui n'est pas sans rapport avec celui de la Civette, mais qui le dépasse d'un tiers. Os Métacarpien. Par M. Cuvier. De Civette.

Dans la réunion des mémoires, en 1812, il n'y a encore rien de changé ni d'ajouté, Tome III, p. 8, Pl. unique, fig. 4, 5, 10, 11; disant qu'on peut *sans crainte rapporter cet os à la même espèce que le cubitus presque entier*, que depuis il a attribué à un Coati, et nous à notre Taxotherium. De Coati.

Enfin, dans la seconde édition, Tome III, p. 282, cet os est le sujet d'un article particulier sous ce titre: *Os métacarpien d'une espèce particulière*, os qui n'est pas sans rapport avec celui de la Civette, mais qui le surpasse d'un tiers; qu'il est bien difficile de rapporter à la tête du n° 11 (prétendu Coati), ou au cubitus n° 1 (auquel cependant il le rapportait d'abord sans crainte dans son premier mémoire) mais alors indiquant une espèce nouvelle.

C'est cependant cet os qui est la base du *V. zibetha* indiqué comme fossile dans un terrain tertiaire d'Europe, par Fréd. Moll, dans son *Manuel des pétrifications*, en allemand, page 35. De Zibeth. Fr. Moll.

Ayant examiné attentivement cet os, qui fait partie des collections du Muséum, je pense d'abord que c'est plutôt un quatrième métacarpien De Félis. Suivant moi.

qu'un troisième, et qu'il doit être rapporté à une espèce de Felis de la taille d'une Panthère, et non pas à un *Viverra* pas plus qu'à un *Subursus*. Nous en donnerons les raisons dans le mémoire sur les Felis qui suivra celui-ci.

Des Os fossiles de Viverra insuffisamment indiqués.

Je dois encore faire mention de quelques ossements fossiles qu'on a rapportés à ce genre et dont je trouve la citation dans les recueils de paléontologie.

Par M. Jaeger. En Allemagne.

En Europe: M. Herman de Meyer cite aussi, p. 48 de son ouvrage, deux espèces de Viverras, comme observées par M. Jaeger dans un terrain tertiaire; mais il n'indique ni les ossements sur lesquels repose cette assertion, ni la localité où ils ont été trouvés. Aussi M. de Keferstein range-t-il ces Viverras parmi les espèces douteuses.

Par M. Cuvier. En Auvergne.

M. Cuvier, dans un rapport verbal à l'Académie des sciences, au sujet des ossements fossiles de la montagne de Perier, compte deux ou trois espèces de Viverras, mais sans dire sur quoi repose cette présomption; non plus que M. Bravard, qui, dans sa Monographie de deux Felis du Puy-de-Dôme, en parlant de cette annonce de M. Cuvier, se borne à dire que celui-ci a en effet sous les yeux des ossements de ce genre, mais qu'ils proviennent de terrains plus anciens. Il est alors fort probable qu'il est question ici de quelques ossements signalés plus haut et provenant de la collection de M. l'abbé Croizet.

Par M. Brown. En Allemagne.

M. Brown, dans sa *Lethaea*, p. 832, cite dans son tableau des Mammifères fossiles, une espèce de *Mangusta* ou *Herpestes* pour lui, sous le nom de *H. ferreo-jurassica*, une espèce de Genette qu'il nomme aussi *G. ferreo-jurassica*, et même une espèce de *Mephytis* faisant partie d'un genre qu'il désigne par le nom de *Palæoméphytis*, mais sans nous apprendre rien autre chose que le terrain et le lieu de leur position; ce qui conduit nécessairement à considérer ces assertions à peu près comme non avenues, du moins provisoirement.

Par M. Pentland. En Asie.

En Asie : M. Pentland a figuré dans la Pl. 43, sous le n° 6, de la deuxième partie du Tome II de la nouvelle série des transactions de la Société géologique de Londres, une dent molaire trouvée dans un terrain tertiaire du Bengale, et qu'il rapporte au genre des Viverras; mais sans en donner ni description, ni signification, ni même aucune raison, ce qui était cependant chose essentielle en pareille matière. Le fait est, à en juger du moins par la figure que je crois de grandeur naturelle, que c'est une arrière-molaire probablement inférieure, à deux racines connées ou réunies avec une couronne obronde ou subcirculaire, denticulée presque également dans toute sa circonférence. Or, cette disposition, qui n'existe pas dans les Viverras proprement dits, approche davantage de ce qui est dans les Paradoxures; encore suis-je assez loin d'assurer que cette dent ait certainement appartenu à une espèce de cette section des Viverras.

Suivant M. Pentland, cette dent a été trouvée avec des ossements d'Anthracotherium, de Moschus, et d'un petit pachyderme, dans un terrain tertiaire des confins du N.-E. du Bengale, et découverte par M. Colebrooke.

Il est à observer que M. Brown, dans sa Lethaea, p. 65, a rapporté à cette espèce d'Ava, déjà assez douteuse, celle que M. Clift avait d'abord annoncée comme des carrières à ossements de la Nouvelle-Hollande, et qui ne repose que sur des ossements de Dasyure.

Par M. Lund. En Sud-Amérique.

En Amérique : M. Lund a aussi fait mention d'os fossiles de Viverras; mais il est évident que c'est du *Viverra vittata*, qui n'est autre chose qu'un Grison faisant partie du *G. Mustela.* Nous ne connaissons en effet aujourd'hui en Amérique que le Bassaris qu'il soit possible de rapporter aux Viverras, en n'envisageant, il est vrai, que le système dentaire.

Par M. Clift. Nouvelle-Hollande.

Enfin, on trouve même inscrits dans les catalogues paléontologiques, par exemple dans celui de M. Herman de Mayer, p. 48, des ossements fossiles de Viverras, comme ayant été trouvés dans les brèches osseuses de la Nouvelle-Hollande. Mais depuis, M. Clift, qui paraît avoir fait cette annonce à la Société géologique de Londres, en 1827, s'est aisément assuré que ce prétendu Viverra n'était autre chose qu'un Dasyure, c'est-à-dire un Carnassier didelphe d'un genre bien éloigné des Viverras.

RÉSUMÉ.

1° *Sur la disposition méthodique des espèces.*

A peine connus des anciens dans deux ou trois espèces seulement qui se trouvent encore aujourd'hui, dans le périple de la Méditerranée, à l'état sauvage ou domestique, le nombre des animaux de ce genre s'est successivement accru d'abord par les travaux de Buffon et de Daubenton dans le dernier siècle, et dans celui-ci, à la suite des voyages exécutés en Afrique et en Asie, par ceux de MM. Frédéric Cuvier, Horsfield, Gray, Smith, etc., au point qu'aujourd'hui j'ai pu, dans mon système des Animaux mammifères, porter le nombre des espèces de cette division des Carnassiers à quarante; mais, je dois en convenir, sans les avoir toutes suffisamment étudiées, à défaut d'examen antoptique.

Par suite des différences que ces espèces présentent sous le rapport du nombre, surtout dans le système dentaire et dans le système digital, les zoologistes récents les ont réparties dans vingt genres ou sous-genres au moins auxquels ils ont donné les dénominations particulières suivantes que nous allons énumérer dans l'ordre de date de leur proposition, en y joignant la citation de l'ouvrage où ils se trouvent proposés par leurs auteurs :

1758. Viverra (Lin.).

(*System. nat.* X.)

Pour cinq espèces, parmi lesquelles deux ont été reportées, l'une dans les Subursus et l'autre dans les Mustelas, mais qui ont été successivement portées à dix par Schreber et Erxleben en 1772, et à treize dans Gmelin en 1789, en ne comptant pas celles qui, en même nombre, ne sont pas de ce genre.

1761-1776. Mangoustes, Civettes, Genettes (Buffon et Daubenton).

(*Hist. nat. des Quadrup.*, t. IX à t. III, Supplément.)

Pour neuf espèces, dont quatre de la première section, deux de la seconde, deux de la troisième, et de plus, une de la division des V. Plantigrades ou Paradoxures, sous le titre de Genette de pays inconnu dans le texte, et de G. de France sur la planche.

17??. Mangusta (Olivier).

J'ignore dans quel ouvrage?

Pour une espèce connue avant Linné, *V. Ichneumon.*

1756. Galera (Brown).

(Jamaic. hist. nat., p. 485.)

Pour une espèce connue depuis Buffon sous le nom de Vansire. *M. galera* (Erxleb.).

1795. Mungos (G. Cuv. et E. Geoffroy).

(Method. mam., Mag. enc. II, p. 187.)

Pour les mêmes espèces que Buffon.

1795. Civetta (G. Cuv. et E. Geoffroy).

(*Method. mam.*, Mag. enc. II, p. 187.)

Pour les espèces de Civettes et de Genettes anciennement connues.

1798. Ichneumon (Lacépède).

(*Systèm. de mam.*, p. 7.)

Pour les Mangoustes.

1804. Surikata (A. Desmarest).

(*N. dict. d'hist. nat.*, t. XXIV, p. 16 des Tableaux méthodiques.)

Pour une espèce déjà connue, V. *tetradactyla* (Schreb.).

1812. Ryzœna (Illiger).

(*Prodrom. Syst. mam.*, p. 134.)

Pour la même espèce.

1812. Herpestes (Illiger).

(*Prodrom. Syst. mam.*, p. 134.)

Pour les espèces de *Mangusta.*

1816. Zibetta (Oken).

(*Zoolog.*, p. 1007.)

Pour les espèces connues de véritables Civettes.

1816. Genetta (Oken).

(*Zoolog.*, p. 1110.)

Pour les espèces alors connues de Viverras à taches rondes.

1821. Prionodon (Horsfield).

(*Zoolog.*, *Research. in Java.*)

Pour une espèce nouvellement connue, *Viv. linsang* d'Hardwick.

1821. Paradoxurus (Fréd. Cuvier).

(*Mamm.* in-folio, t. II.)

Pour une espèce anciennement connue, la Martre de pays inconnu de Buffon, *Viverra Hermaphrodita* de Pallas.

1825. Crossarchus (Fréd. Cuv.).

(*Mammifères*, in fol., t. III.)

Pour une nouvelle Mangouste de Madagascar.

1826. Athylax (Fréd. Cuvier).

(*Mammifères*, in fol., t. III)

Pour une espèce de Mangouste anciennement connue. *M. Galera* (Schreb.).

1830. Martes (*Wagler*).

(*System. mamm.*, p. 29.)

Pour les espèces de Mangustas.

1831. Paguma (Gray).

(*Zool. miscellan.*, p. 9.)

Pour une espèce déjà connue de la division des V. Plantigrades ou Paradoxures, *Gulo larvatus* de Griffith.

1832. Cryptoprocta (Bennett).

(*Proced. zool. soc.*, p. 46.)

Pour une nouvelle espèce de Madagascar.

1833. **Cynictis** (Ogilby).
(*Trans. zool. soc.*, t. I, p. 29.)
Pour une espèce déjà connue, l'*Herpestes penicillatus* (G. Cuv.)

1835. **Platyschista** (Otto.)
Nov. Acta Acad. Cæs., Leopold, XVII, p. 1090.
Pour une espèce déjà connue, *V. hermaphrodita*, de Pallas.

1835. **Eupleres** (Doyère).
(*Ann. des sc. nat.*, 3ᵉ série, t. IV, p. 370.)
Pour une espèce nouvelle de Madagascar (*E. Goudotii*).

1835. **Cynopus** (Isid. Geoffroy S.-H.).
(*Cours d'Hist. nat. des mam.*, p. 57.)
Pour une espèce connue, la *M. penicillata.*

1835. **Lasiopus** (Isid. Geoffroy S.-H.).
(*Cour d'Hist. nat. des mam.*, p. 57.)
Pour une espèce également connue, la *M. albicauda.*

1837. **Ichneumia** (Isid. Geoffroy S.-H.).
(*Compte rendu des séances de l'Acad des sciences Par.*, p. 582.)
Pour trois espèces de Mangoustes africaines, déjà connues, dont celle type du G. *Lasiopus.*

1837. **Galidia** (Isid. Geoffroy S.-H.).
(*Compte rendu. Ac. sc. Par.*, 2ᵉ sem., p. 580.)
Pour trois nouvelles espèces de Madagascar.

1837. **Galidictis** (Isid. Geoffroy S.-H.).
(*Compte rendu. Ac. sc. Par.*, p. 580.)
Pour une espèce anciennement connue. *Mustela striata*, Gmel.

1837. **Ambliodon** (Jourdan).
(*Compte rendu. Ac. sc. Par.*).
Pour une espèce déjà connue de la division des V. plantigrades ou Paradoxures.

1837. **Hemigalea** (Jourdan).
(*Compte rendu. Acad. sc. Par.*)

Pour une espèce déjà connue de la division des Paradoxures.

1837. Mungoz (Ogilby).

(*Proc. zool. soc.*, p. 103.)

Pour une espèce nouvelle de Mangouste (*V. vitticollis.*)

1837. Cynogale (Gray).

(*Magaz. of nat. hist.*, 2ᵉ série, p.577.)

Pour une nouvelle espèce (*C. Bennettii*).

1837. Lamictis (Blainv.)

(*Compte rendu. Acad. sc. Par.*, 2ᵉ sem., p. 56.)

Pour une espèce de la division des Paradoxures, reconnue plus tard pour la même que le type du G. Cynogale.

1839. Potamophilus (Salom. Muller).

(*Faun. archip. Ind. Introd.*, p. 103.)

Pour la même espèce.

2° *Sous le rapport odontographique.*

Dans aucune espèce de ce genre le système dentaire n'est jamais complet, c'est-à-dire qu'il ne monte pas au maximum de nombre à aucune des mâchoires.

Jamais non plus il ne présente d'anomalie véritable, comme nous avons pu en voir dans les Primatès et même dans les premiers grands genres des Secundatès.

Comme dans tous les véritables Carnassiers, le nombre des incisives est constamment de six en trois paires aux deux mâchoires, l'externe un peu plus forte que les autres, et en disposition terminale plus ou moins transverse, l'Euplère excepté.

Canines. Les canines médiocres, ordinairement coniques et peu ou point cannelées, sont au contraire rarement comprimées, ainsi qu'elles le sont souvent chez les Subursus.

Molaires. En général. Quant aux molaires, elles diffèrent un peu de nombre total et même de forme.

Pour le nombre, elles ne vont jamais, de chaque côté, au-dessus de $\frac{6}{6}$, dont $\frac{3}{3}$ avant-molaires, $\frac{1}{1}$ principale et $\frac{2}{2}$ arrière-molaires, et jamais elles ne descendent au-dessous de $\frac{4}{5}$, dont $\frac{2}{3}$ avant-molaires, $\frac{1}{1}$ principale et $\frac{1}{2}$ arrière-molaires, la diminution portant sur la première avant-molaire d'abord, et sur la dernière arrière-molaire ensuite, et encore je n'ai trouvé qu'une fois sur un individu de Surikate l'absence de cette dent. Nombre.

Pour la forme, les avant-molaires varient un peu par plus ou moins de largeur, de compression, et aussi parce que la première est à une ou plus souvent à deux racines. En particulier. Avant-Molaires.

Les variations de la principale sont beaucoup moindres et ne portent guère que sur un degré de plus ou de moins dans le développement du talon postérieur de celle d'en bas. Principale.

Les arrière-molaires varient davantage d'abord dans leurs proportions entre elles, et ensuite dans leur disposition plus ou moins tuberculeuse ou plus ou moins insectivore, déterminée surtout par l'élévation ou l'abaissement de la partie antérieure de la première d'en bas. Arrière-Molaires.

Le système dentaire du jeune âge est toujours à peu près le même, et les molaires au nombre de trois comme dans tous les Carnassiers, sauf les Felis, une avant-molaire, une principale et une arrière-molaire. Système dentaire du jeune âge.

3° *Sous le rapport ostéologique.*

La série vertébrale, toujours assez allongée et généralement atténuée à ses deux extrémités, ne varie pas dans le nombre des vertèbres céphaliques, cervicales et troncales, qui forment constamment un total de trente et une, quatre à la tête, sept au cou et vingt au tronc, celles-ci diversement réparties au dos et aux lombes, 13, 14, 15 à celui-là, et par conséquent 7, 6, ou 5 aux lombes; mais au sacrum, et surtout à la queue, le nombre peut varier de 2 à 3 pour l'un, et de 18 à 32 pour l'autre. Vertèbres : En général. En particulier. céphaliques. cervicales. troncales. lombaires. sacrées. coccygiennes.

La tête des Viverras est toujours assez étroite et allongée dans sa Tête.

Face. partie céphalique; mais il n'en est pas de même de sa partie faciale et appendiculaire, qui est quelquefois assez courte, jamais cependant peut-être autant que dans les Mustelas et surtout que dans les Felis.

Côtes. Les côtes varient un peu de nombre total, puisque, normalement de quatorze, elles peuvent descendre à treize ou monter à quinze; mais cette différence ne porte que sur les fausses côtes, les vraies étant toujours de neuf.

Hyoïde. Dans la série inférieure ou sternale, l'hyoïde est comme dans tous les Carnassiers, formé de neuf pièces, dont le corps transverse est fort étroit, et les différences sont purement spécifiques.

Sternum. Il en est de même du sternum, qui n'est jamais formé de plus de huit sternèbres et de neuf cornes ou cartilages.

Thorax. Le thorax est un peu plus pyramidal que dans les Mustelas.

Membres : Les membres sont aussi proportionnellement plus élevés, plus rapprochés; cependant ils varient en ce que, digitigrades dans le plus grand nombre, ils arrivent quelquefois à être complétement plantigrades.

antérieurs. Aux membres antérieurs :

Omoplate. L'omoplate n'offre rien qui soit propre aux Viverras.

Clavicule. La clavicule, nulle ou en filet cartilagineux dans la plupart, est rarement tout à fait osseuse et bien visible.

Humérus. L'humérus offre les trois conditions : rarement de n'être nullement percé à sa partie inférieure, plus souvent de ne l'être qu'au-dessus du condyle interne, et quelquefois de l'être en outre au-dessus de la poulie.

Radius. Cubitus. Les deux os de l'avant-bras peuvent aussi offrir trois conditions : 1° d'être assez mobiles, le radius sur le cubitus, la tête de celui-ci étant subarrondie; 2° de l'être sensiblement moins, et alors la tête du radius plus ovale; et enfin de l'être fort peu, le cubitus tout à fait en arrière du radius, dont la tête occupe alors toute la largeur de l'articulation humérale.

Carpe. Le carpe n'est jamais formé de moins de sept os.

Métacarpe. Le métacarpe ne l'est jamais de moins de cinq, plus ou moins serrés et élevés, suivant le degré de digitigradie; mais il arrive que le métacarpien du pouce soit fort petit, rudimentaire et confondu avec le trapézoïde.

Les doigts sont toujours courts, le pouce bien plus que les autres, et pouvant même ne pas exister. Les phalanges onguéales en griffes, quelquefois assez pour déterminer un défaut de symétrie bien marqué dans les secondes phalanges, caractère des Felis. Doigts.

Aux membres postérieurs : M. postérieurs.

Je ne vois rien qui soit particulier à ce genre de Carnassiers dans l'os innominé, le fémur, le tibia, ni le péroné.

Les proportions du pied par rapport à la jambe, celles du métatarse par rapport aux doigts, varient un peu, suivant que l'espèce est plus ou moins digitigrade ou plantigrade. Il en est de même de l'étroitesse, du rapprochement des métatarsiens, et surtout du développement du pouce, qui peut être réduit à un simple rudiment de métatarsien soudé avec le premier cunéiforme. Pied.

Les phalanges du pied peuvent donner lieu aux mêmes observations qu'à la main. Phalanges.

Quant aux os sésamoïdes, aucune différence importante avec ce qu'ils sont dans les Mustelas et les autres Carnassiers. Sésamoïdes.

C'est ce qui ne peut être dit de l'os pénien; en effet, nul dans un assez bon nombre d'espèces, il devient évident chez d'autres; mais, outre la différence de forme, il n'arrive jamais au développement qu'il a chez le plus grand nombre d'espèces de Mustelas. Os Pénien

4° *Sous le rapport de la distribution géographique actuelle.*

Le genre des Viverras est assez remarquable.

L'Europe n'en possède aujourd'hui qu'une seule espèce déjà fort rare et limitée à ses parties les plus méridionales et occidentales, en Espagne et en France, la Genette. En Europe.

L'Afrique en possède des trois divisions, mais surtout de celle des Mangoustes, des Civettes et des Genettes, réparties dans toute sa surface et s'étendant même jusqu'à Madagascar. En Afrique.

En Asie. L'Asie est dans le même cas; c'est-à-dire qu'elle nourrit des Mangoustes en petit nombre, des Civettes et des Genettes; mais surtout des espèces plantigrades ou Paradoxures en grand nombre, aussi bien sur le continent que dans l'archipel.

En Australasie. Au delà, il n'en existe plus aucune dans l'Australasie comme dans l'Océanie.

En Amérique. Enfin, et ce qui est digne de remarque, on n'a pas encore rencontré une espèce de ce genre dans aucune partie du nouveau continent.

Genettes. Le groupe le plus répandu est celui des Genettes, puisqu'il s'en trouve dans les trois anciennes parties du monde, et que l'espèce commune remontant jusqu'en Europe, s'étend en Afrique, de la Barbarie au Cap, et du Sénégal à l'Abyssinie.

Civettes. Celui des Civettes vient ensuite, quoique non européen; en effet, la Civette commune se trouve dans une grande partie de l'Afrique et jusque dans l'île de Socotora, où elle est certainement sauvage, et le seul animal carnassier; et l'Asie nourrit le Zibeth, peut-être même de deux espèces, comme le suppose M. Gray.

Mangoustes. Les Mangoustes ne sont pas dans le même cas que les Civettes, assez également réparties; en effet, il y en a dans toute l'Afrique, et même un assez grand nombre d'espèces différentes, tandis qu'en Asie il n'y en a peut-être qu'une.

Paradoxures. Les Paradoxures sont au contraire presque exclusivement asiatiques, continentaux et insulaires, et forment aussi plusieurs espèces. Toutefois, il paraît que l'Afrique et Madagascar nourrissent des Viverras qui en approchent beaucoup, du moins sous le rapport de la plantigradie.

5° *Sous le rapport paléontologique, ou de l'ancienneté des espèces de ce genre à la surface de la terre.*

Nous avons donné des preuves que les trois espèces de ce genre, existant encore en quelques endroits du périple de la Méditerranée, ont été connues des écrivains grecs les plus anciens.

Nous avons également montré, d'après des indications consignées dans les monuments des anciens Égyptiens, que l'Ichneumon, la Genette et probablement la Civette, leur étaient parfaitement connus.

Espèces fossiles.

En paléontologie, nous avons encore été plus heureux en montrant que notre France, et sans doute l'Europe méridionale, a nourri plusieurs espèces de ce genre.

Nous avons, en effet, rapporté avec quelque probabilité :

Aux environs de Paris. *V. Parisiensis.*

1° A une espèce de Viverra plantigrade, le *V. Parisiensis* de M. G. Cuvier, d'après l'examen d'une tête presque entière, d'un cubitus, d'une portion de bassin et d'un astragale trouvés dans les plâtres des environs de Paris ;

D'Auvergne. *V. antiqua.*

2° A une espèce de Civette proprement dite que nous avons nommée *V. antiqua*, des fragments de mâchoire et de mandibule recueillis par M. l'abbé Croizet en Auvergne ;

De Sansans. *V. zibethoïdes.*

3° A une espèce de Zibeth, sous la dénomination de *V. zibethoïdes*, un fragment de mandibule du côté droit venant de la localité célèbre de Sansans, et que nous devons à M. Lartet ;

V. exilis.

4° A une espèce de Genette bien plus petite que la nôtre, et qu'à cause de cela nous avons nommée *V. exilis*, un côté gauche de mandibule recueilli également à Sansans par M. Lartet ;

De Soissons. *V. gigantea.*

5° Enfin, à une grande espèce de Viverras de la division des Mangoustes, désignée par nous sous le nom de *V. gigantea*, deux fragments considérables de mandibules trouvés aux environs de Soissons, et que nos collections doivent au zèle éclairé de M. Graves, secrétaire de la préfecture de l'Oise, pour l'un, et de M. Becquerel, membre de l'Institut, pour l'autre.

Les Os à l'état de fragments non roulés.

Dans un terrain tertiaire d'eau douce.

Ces pièces fossiles ont été trouvées à l'état fragmentaire, mais anguleuses et nullement roulées, entièrement empâtées et enveloppées dans une roche de gypse tertiaire des environs de Paris, pour les ossements du *V. Parisiensis ;* dans un dépôt également tertiaire et d'eau douce d'Auvergne pour le *V. antiqua*, ou de Gascogne pour les *V. zibethoïdes* et *exilis* des environs de Sansans ; et enfin, dans les argiles pyriteuses, considérées aussi comme tertiaires, pour le *V. gigantea* des environs de Soissons.

Associés avec des os d'Animaux de différentes classes.

Ces ossements fossiles se sont trouvés associés à Paris avec des os de Chauves-Souris, de Subursus, de Martres, de Canis, de Pachydermes, ou d'ongulés des genres perdus, Anoplothérium, Paléothérium et autres voisins, de Didelphes, d'Oiseaux, de Tortues et de Poissons d'eau douce; en Auvergne, avec des restes d'animaux encore bien plus nombreux appartenant à toutes les classes et à un grand nombre de familles et de genres encore existants ou perdus; à Soissons, à des fragments d'un bien plus petit nombre d'espèces de Mammifères et de Poissons, sans doute plus par défaut de recherches suffisantes que pour toute autre cause.

Conclusions.

Nous pouvons donc conclure qu'avant l'époque à laquelle se sont formés les terrains tertiaires moyens de nature gypseuse, calcaire, arénacée ou argileuse, qui se trouvent répandus méditerranéens à la surface de notre sol, existaient dans les forêts et les bois qui en garnissaient la plus grande partie plusieurs espèces de Viverras, très-probablement des trois ou quatre sections qui le constituent aujourd'hui, et qui en ce moment ne se trouvent à la fois qu'en Asie, espèces qui ont disparu comme nous voyons aujourd'hui disparaître peu à peu la Genette, et même la Civette et l'Ichneumon, quoiqu'à moitié domestiques. Ainsi, autour de nos lagunes et de nos golfes qui nourrissaient alors des Crocodiles, habitaient aussi des Ichneumons, comme cela a encore lieu dans quelques points déjà rares de l'Égypte.

EXPLICATION DES PLANCHES.

SQUELETTES.

De profil rigoureux. Les premières vertèbres dorsales et sternèbres à part, pour montrer l'apophyse épineuse des premières, et les deux premières côtes en connexion avec les dernières.

PL. I. — De la MANGOUSTE (*Viv.* (Mang.) *Ichneumon*).

Réduit aux trois cinquièmes d'après le squelette, fait sous mes yeux, d'un individu femelle provenant de l'Algérie, qui a vécu à la Ménagerie du Muséum depuis 1834.

Je ne crois pas qu'il ait été encore figuré.

PL. II. — Du PARADOXURE TYPE (*V.* (Paradox.) *Hermaphrodita*, Pallas).

Réduit aux trois cinquièmes d'après un squelette, fait sous mes yeux, d'un individu femelle envoyé de l'Inde, par M. Leschenault, à la Ménagerie du Muséum, et qui a été figuré par M. Frédéric Cuvier, dans la 66ᵉ livraison de ses Mammifères, in-folio, sous le nom de Martre des Palmiers, *Paradoxurus typus*.

C'est par une anomalie monstrueuse que cet animal, de son vivant, avait la queue tortillée si singulièrement, que M. F. Cuvier en a tiré le nom de Paradoxure, qu'il a donné aux Viverras plantigrades, et c'est par une exagération très-grande, déterminée par la place, que la figure de notre planche représente les vertèbres caudales enroulées comme dans les Kinkajous et l'Arctictis. Aucune espèce de cette division des Viverras n'a, en effet, comme l'a fait observer déjà M. Temminck, la queue le moins du monde préhensile ni volubile.

Le squelette de cette espèce n'avait jamais été figuré; M. Temminck a représenté celui du *P. trivirgatus* aux deux tiers de la grandeur naturelle, *Monographie des Mammifères*, pl. 63, fig. 1. La figure paraît fort bonne, mais l'humérus est singulièrement long.

PL. III. — DU CYNOGALE DE BENNETT (*V.* (Cynogale) *Bennettii*).

Réduit aux trois cinquièmes d'après le squelette, fait pour cet ouvrage, d'un animal envoyé conservé dans l'alcool, mais sans peau, par M. Diard.

Publié pour la première fois.

PL. IV. — De la CIVETTE (*V. Civetta*).

Réduit à moitié d'après le squelette d'un individu femelle, provenant de Nubie, et donné à la Ménagerie, en 1830, par M. Cochelet, consul général de France à Alexandrie.

Daubenton en avait donné une figure considérablement réduite, d'après un squelette fort mal monté, et par conséquent fort mauvaise.

MM. Pander et d'Alton en ont donné une très-bonne, dans des proportions qu'ils n'ont pas indiquées.

PL. V. — TÊTES.

De grandeur naturelle.

Du BASSARIS RUSÉ (*B. astuta*).

De profil, avec la mandibule hors de place en dessus et en partie en dessous, pour montrer le bord palatin.

D'après l'individu qui a servi à représenter le squelette figuré Pl. V *bis* des Mustelas, et rapporté par M. Eydoux.

La tête osseuse de cette espèce avait été figurée par M. Lichtenstein; *Saugeth.*, tab. 45.

Du VANSIRE (*V.* (Mang.) *galera*).

De profil, la mandibule hors de place.

D'après le crâne d'un individu mâle, figuré par M. F. Cuvier, Mammifères, in-folio, t. III, 1826, comme type de son genre Athylax, et qui a vécu longtemps à la Ménagerie. Aussi était-il fort vieux, ce qu'indique l'absence des arrière-molaires, en haut comme en bas.

De SURIKATE (*V.* (Mang.) *tetradactyla*).

De profil, la mandibule hors de place et en arrière, au trait.

D'après un squelette anciennement dans la collection, et dont M. F. Cuvier avait déjà figuré le système dentaire.

De la MANGOUSTE STRIÉE (*V.* (Mang.) *striata*), type du G. *Galidictis.*

De profil, la mandibule hors de place, en dehors et en partie dedans, en dessus et en dessous au trait.

D'après le crâne d'un individu, rapporté en 1834, de Madagascar, par M. Goudot, et déjà figuré par M. Isidore Geoffroy Saint-Hilaire.

De la MANGOUSTE PÉNICILLÉE (*V.* (Mang.) *penicillata*), type du G. *Cynictis.*

De profil, la mandibule hors de place, en dessus, et partie en dessous, au trait.

D'après le crâne d'un squelette rapporté du Cap par Delalande, et étiqueté Mangouste du Cap.

De la MANGOUSTE DES MARAIS (*V.* (Mang.) *paludinosa*).

De profil, avec la mandibule hors de place, et les osselets de l'ouïe grossis.

D'après la tête d'un squelette rapporté du Cap, par Delalande, en 1825.

PL. VI. — TÊTES.

Du PARADOXURE? D'HAMILTON (*V.* (Paradox.) *Hamiltonii*).

De profil, la mandibule hors de place, en arrière, en dessous et en dessus.

D'après le crâne d'un individu assez jeune, venant de l'Afrique orientale, et nouvellement dans la collection du Muséum.

De la MANGOUSTE COU-BARRÉ (*V.* (Mang.) *vitticollis*).

De profil, la mandibule en place, en dessous et en dessus.

D'après un beau dessin fait par M. Scharf, et que je dois à la générosité de la Société zoologique de Londres.

De la MANGOUSTE QUEUE-COURTE (*V.* (Mang.) *brachyura*).

La mandibule seulement de profil, un peu oblique pour montrer les dents, en dehors et en dedans.

Du CRYPTOPROCTA FÉROCE (*V.* (Crypto.) *ferox*).

De profil, en dessous et en dessus.

D'après un dessin de M. Scharf, qu'a bien voulu m'envoyer la Société zoologique de Londres, mais qui a été fait d'après une tête non adulte, et dont, par conséquent, le système dentaire est incomplet.

De la MANGOUSTE ÉLÉGANTE (*V.* (Mang.) *elegans*), type du G. *Galidia.*

De profil, la mandibule hors de place et en dessus.

D'après un crâne appartenant au Musée de Lyon, et qu'a bien voulu nous confier M. Jourdan, son directeur.

PL. VII. — TÊTES.

Du PARADOXURE BRUN-DORÉ (*V.* (Paradox.) *aurata*), type du G. *Ambliodon*, Le *P. leucomysiax*, Gray.

De profil, la mandibule hors de place, en dessus, et partie en dessous et en avant, au trait.

D'après un crâne, incomplet en arrière, appartenant au Musée de Lyon, et que M. Jourdan avait déjà fait figurer, mais non publié, après l'avoir fait retirer d'une peau bourrée.

Suivant M. Ogilby, cité par M. Temminck, *Monogr.*, t. XI, p. 339, cette espèce, qu'il désigne sous le nom de *Parad. philippensis*, et M. Gray sous celui de *P. Jourdanii*, habiterait l'île de Luçon.

Du PARADOXURE TYPE (*V.* (Paradox.) *hermaphrodita*).

De profil, la mandibule hors de place, en dessus, et partie en avant, au trait.

D'après la tête du squelette représenté dans la Pl. II.

Du PARADOXURE DE DERBY (*V.* (Paradox.) *Derbyana*).

De profil, la mandibule hors de place, en dessus, et partie en dessous, en arrière, en avant, au trait.

D'après la tête d'un squelette préparé, sous mes yeux, en 1838, et provenant d'un animal adulte femelle, envoyé de l'Inde sans sa peau, par M. Diard, et qui n'est autre chose que l'*Hémigale zébré* de M. Jourdan, que M. Salomon Muller a figuré, tab. 18, sous le nom de *V. Boccei*, et qui se trouve à Bornéo et à Malacca.

Du CYNOGALE DE BENNETT (*V. Bennettii*).

De profil, la mandibule hors de place.

D'après la tête du squelette figuré Pl. III.

Je l'avais déjà figurée en 1837, dans les *Annales des sciences naturelles*, t. VIII, 2e série, p. 279, Pl. VIII, sous le nom de *V Carcharias*. M. S. Muller en a donné depuis une excellente figure, tab. 17, sous le nom de *Potamophilus barbatus*.

PL. VIII. — TÊTES.

De la CIVETTE (*V. Civetta*).

De profil, avec la mandibule et les osselets de l'ouïe hors de place, en dessus et en dessous.

D'après un crâne d'individu mâle adulte, mort à la Ménagerie en 1824, et figuré par M. Frédéric Cuvier, Mammifères, in-folio, t. III.

De l'EUPLÈRE DE GOUDOT (*Eupleres Goudotii*).

De profil, en dessus et en dessous, avec la mandibule hors de place, de profil et en dessous.

D'après une tête non adulte, retirée d'une peau rapportée de Madagascar par M. Goudot, alors voyageur du Muséum, et qui avait déjà été figurée par M. Doyère.

Du ZIBETH (*V. Zibetha*).

De profil avec la mandibule et les osselets de l'ouïe hors de place.

De la GENETTE (*V. Genetta*).

De profil, la mandibule hors de place, en dessus et en dessous.

D'après le crâne du squelette d'un individu femelle venant de Barbarie, qui a vécu à la Ménagerie, et qui a été figuré par M. Fréd. Cuvier, Mammifères, in-folio, t. III, 1825, sous le nom de *Genetta Afra*.

PL. IX. — PARTIES CARACTÉRISTIQUES DU TRONC.

Série vertébrale.

V. cervicales. { Atlas. En dessus et en dessous. — Du *Bassaris astuta*. Du *Mang. Ichneumon*.
Axis. De profil et en dessous. — Du *Parad. typus*. Du *Cynog. Bennettii*.
Sixième de profil. — Du *V. Genetta*.

V. dorsale. . Première. . . . . Des mêmes.

V. lombaire. Dernière. . . . . Du *V. Genetta*.

V. sacrées. . . . . { Du *V. Ichneumon*. Du *C. Bennettii*. Du *V. Genetta*. }

V. coccygiennes. . . . . { Du *V. astuta*. Du *V. Ichneumon*. Du *C. Bennettii*. Du *V. Genetta*. }

Série sternale.

Hyoïde. . . { En dessous. . . . . De profil. . . . . } { Du *V. Civetta*. Du *Cynog. Bennettii*. Du *Parad. typus*. Du *Mang. Ichneumon*. }

Sternum, en dessus. . . . . { Du *V. Ichneumon*. Du *Cynog. Bennettii*. Du *V. Genetta*. }

Os pénien, en dessus et de profil. . . . Grossi trois fois. { Du *V. Ichneumon*. Du *V.* (Mang.) *cafra*. Du *V.* (Mang.) *paludinosa*. Du *V.* (Mang.) *galera*. Du *V.* (Mang.) *malaccensis*. Du *V.* (Mang.) *obscura*. Du *V. Civetta*. Du *V. Zibetha*. }

PL. X. — PARTIES CARACTÉRISTIQUES DES MEMBRES ANTÉRIEURS.

Omoplate, face externe. . . . . { Du *Bassaris astuta*. Du *Mang. penicillata*. Du *Parad. typus*. Du *Cynogale Bennettii*. Du *V. Genetta*. }

Humérus, en avant	Du *Bassaris astuta.* Du *Mang. galera.* Du *Mang. Ichneumon.* Du *Parad. typus.* Du *Cynogale Bennettii.* Du *V. Zibetha*, partie inférieure. Du *V. Genetta*, de profil.
Radius, en avant	Du *Bassaris astuta.* Du *Mang. Ichneumon.* Du *Parad. typus*, et de profil. Du *Cynogale Bennettii.* Du *V. Genetta.*
Cubitus, en dehors	Du *Bassaris astuta*, et en avant. Du *Mang. Ichneumon.* Du *Parad. typus*, et partie en avant. Du *V. Genetta.*
Os de la main, avec le scaphoïde hors de place, et quelquefois une phalange onguéale de profil	Du *Bassaris astuta.* Du *Mang. Ichneumon.* Du *Mang. penicillata.* Du *Mang. tetradactyla.* Du *Parad. typus.* De l'*Eupleres Goudotii* (Jun.). Du *Cynogale Bennettii.* Du *V. Genetta.*

PL. XI. — Parties caractéristiques des membres postérieurs.

Os innominé, en dehors	Du *Bassaris astuta.* Du *Mang. Ichneumon.* Du *Parad. typus.* Du *Cynogale Bennettii.* Du *V. Genetta.*
Fémur vu en avant	Du *Bassaris astuta.* De l'*Eupleres Goudotii* (Jun.). Du *Mang. Ichneumon.* Du *Mang. penicillata.* Du *Parad. typus.* Du *Cynogale Bennettii.* Du *V. Genetta.*
Rotule, en avant. *Tibia*, en avant. *Péroné*, en dedans.	Du *Bassaris astuta.* De l'*Eupleres Goudotii.* (Jun.) Du *Mang. Ichneumon.* Du *Parad. typus*, et en dedans. Du *Cynogale Bennettii.* Du *V. Genetta.*
Os du pied, en dessus, quelquefois avec le calcanéum et la phalange onguéale à part	Du *Bassaris astuta.* De l'*Eupleres Goudotii.* Du *Mang. Ichneumon.* Du *Mang. penicillata.* Du *Mang. tetradactyla.* Du *Parad. typus.* Du *Cynog. Bennettii.* Du *V. Genetta.* Du *Parad. Derbyanus.*

PL. XII. — Système dentaire.

1). Adulte.

Supérieur et inférieur, par la couronne seulement.

Du *Bassaris astuta.*

Avec le profil des avant-molaires.

Du *Mang. tetradactyla.*
Du *Mang. penicillata.*
Du *Mang. paludinosa.*
Du *Mang. Ichneumon.*
Du *Mang.* (Galidictis) *striata.*
Du *Mang.* (Crossarchus) *obscura.*
Du *Mang. vitticollis.*
Très-usé.
Du *Parad. auratus* (*Ambliodon.*)
Du *Parad. Hamiltonii.*
Du *Parad. typus.*
Avec les racines et les alvéoles.
Du *Parad Derbyanus.*
Du *Viv. Linsang.*
Copiée de M. Horsfield (1), de profil, en dehors et en dedans.
Du *Cynogale Bennettii.*
Avec les avant-molaires en connexion.
Du *Viverra Indica.*
Avec les racines et les alvéoles et comparativement les trois dernières molaires des *Viv. fossa* et *Afra*, pour montrer la différence de la seconde arrière-molaire.
Du *V. Zibetha.*
Avec les deux arrière-molaires du *V. Civetta* et d'un autre *V. Zibetha*, pour montrer la différence de forme de la seconde arrière-molaire supérieure.
2). Non adulte.
1er degré.
Du *Mang. striata.*
Avec les incisives de face.
Du *Mang. tetradactyla.*
Du *Parad. aureus.*
Du *Mang. albicauda.*
2e degré.
Du *Cynogale Bennettii.*
Du *Viv. Indica.*
Du *Cryptoprocta ferox.*
Au trait.
De l'*Eupleres Goudotii.*
3e degré.
Du *V. Indica.*
Du *Mang. tetradactyla.*
Du *Viv. Indica.*
Encore plus avancé.

PL. XIII. — VIVERRÆ ANTIQUÆ.
A. Figurées.
V. Genetta.
Copié de Rosellini et représenté courant sur des fleurs de lotus.
La forme des taches et la couleur blanchâtre du fond indique la variété de Genette commune que M. Ehrenberg a nommée *V. Dongalana*, et M. Ruppell *V. Abyssinica* Les oreilles un peu exagérées de hauteur.
V. Ichneumon.
1). Figure originale d'après une statuette en bronze, assez grossière, qui fait partie du Musée égyptien au Louvre, et que M. Dubois, conservateur de ce Musée, a bien voulu me communiquer.
2). Médaille d'Adrien, de la collection du cabinet des antiques de la Bibliothèque royale, et sur laquelle on peut assez bien reconnaître, avec Tochon d'Annecy, la figure d'un Ichneumon d'Égypte, dont la queue aurait été recourbée et raccourcie, sans doute pour pouvoir tenir dans le champ de la médaille.
J'en dois la communication à M. Mionnet, de l'Académie des Inscriptions.

(1) C'est d'après cette figure que j'ai supposé que l'arrière-molaire supérieure était composée de deux dents confondues à tort en une seule.

B. Fossiles.

1). Des environs de Paris.

V. Parisiensis.

a). Tête un peu écrasée, saisie dans le gypse, représentée de grandeur naturelle, de profil, en dessus et en dessous, d'après une pièce qui fait partie des collections du Muséum, figurée déjà par M. G. Cuvier.

b). Portion d'os innominé du côté gauche, en nature dans la partie postérieure, en empreinte pour l'antérieure, dans une masse de gypse des environs de Paris, faisant partie depuis assez longtemps de la collection du Muséum, mais qui n'a point été figurée ni même indiquée par M. G. Cuvier.

V. Genettoïdes.

Partie supérieure (deux tiers) d'un cubitus du côté gauche, provenant encore du gypse des environs de Paris, faisant partie de la collection du Muséum, et qui a déjà été indiquée et figurée par M. G. Cuvier.

C'est la même pièce que j'ai moi-même déjà figurée, Pl. XIV des *Mustelæ antiquæ*, comme pouvant provenir d'une espèce de ce genre.

Canis Viverroïdes.

a). Portion de mandibule portant une partie de la première arrière-molaire, dans un morceau de gypse des environs de Paris, déjà figurée par M. G. Cuvier, comme d'un animal du genre des Genettes, et que nous rapportons à une espèce du G. *Canis*, pour des raisons que nous exposerons à l'article des *Canes antiqui.*

b). Partie antérieure et première arrière-molaire, de l'argile plastique des environs de Paris, et que je rapporte aussi au *C. viverroïdes.*

Felis.

Os métacarpien, troisième, des plâtres de Paris, regardé comme n'étant pas sans rapport avec celui de la Civette, par M. G. Cuvier, et que je pense provenir d'une espèce de Felis.

2). D'Auvergne.

V. antiqua.

a). Portion de mâchoire gauche portant les quatre dernières molaires, vue de profil et en dessous, avec les quatre mêmes dents du *V. Indica* et du *V. Fossa*, pour faciliter la comparaison.

b). Portion de mandibule du côté droit, de profil et par la tranche alvéolaire, pour montrer la série des alvéoles.

c). Fragment de mandibule portant une dent molaire et quelques rudiments d'autres, vu à la face interne.

Ces trois fragments faisaient partie de la collection de M. l'abbé Croizet, acquise par le Muséum.

3). De Sansans, près d'Auch.

V. exilis.

Mandibule du côté gauche, presque entière, portant quelques dents, et fortement adhérente à la surface d'un calcaire compacte d'eau douce, et pour faciliter la comparaison, mandibule de *V. Indica* et de Tupaya (*Glisorex ferrugineus*), représentées au-dessous.

V. zibethoïdes.

Trois fragments de mandibules portant une ou deux dents molaires, représentés en dehors et en dedans, avec la figure de la partie dentifère d'une mandibule de Civette pour montrer les rapports.

4). Des environs de Soissons.

V. gigantea.

Trois fragments de mandibule portant des dents molaires.

a). Le premier du côté gauche, le plus considérable, montrant la série complète des alvéoles ou des dents molaires.

b). Le second du côté droit, et provenant de la même mandibule, mais vu en dedans et montrant l'épaisseur de la symphyse.

c). Le troisième, enfin, plus petit, portant les quatre dernières dents molaires, vu en dehors et en dedans, et que nous devons à la générosité de M. Graves.

5). De l'Inde.

Une dent molaire copiée de celle donnée par M. Pentland, dans les Transactions de la Société géologique de Londres, comme d'un Viverra.

PARIS. — IMPRIMERIE DE FAIN ET THUNOT (JUIN 1842),
IMPRIMEURS DE L'UNIVERSITÉ ROYALE DE FRANCE,
Rue Racine, 28, près de l'Odéon.

DES FELIS.

Le genre des Felis auquel nous sommes enfin parvenus, après une longue suite de nuances, pour ainsi dire, insensibles et graduelles, sauf quelques anomalies, depuis le premier des Singes jusqu'au Lion, que nous allons prendre pour type dans ce mémoire, est certainement l'un de ceux qui offrent le plus d'intérêt et sous le plus de rapports importants; en effet, on peut d'abord, et avec grande raison, considérer ce genre d'animaux comme constituant cette juste part de la création chargée, dans l'harmonie universelle des êtres, de maintenir à la surface de la terre l'équilibre dans le monde animal, et d'empêcher les races herbivores de s'étendre et de pulluler outre mesure, ainsi qu'elles y sont naturellement portées par suite de l'état abondant et immobile de la nourriture qui leur suffit (1); mais, en outre, on peut le considérer comme le groupe terme, pour ainsi dire, des mammifères onguiculés, puisque c'est là où se trouve l'animal qui, de tous les temps et chez tous les peuples, a été regardé comme le type de la beauté physique, c'est-à-dire d'une harmonie parfaite entre les formes, les organes ou les instruments et les actes qu'ils doivent exécuter. Jusqu'au Lion, en effet, tous les mammifères que nous avons étudiés n'ont, pour ainsi dire, présenté que des nuances de dégradation depuis l'homme type jusqu'au point auquel nous sommes arrivés, et il en sera presque de même depuis le Lion jusqu'au Cheval et au Cerf, animaux parvenus au summum de la beauté, de l'élégance de la forme essentiellement quadrupède et reposant sur l'extrémité des doigts, enveloppée de sabots.

Généralités.

Intérêt de ce genre. Sous le rapport de l'harmonie de Règne animal.

De l'harmonie de ses formes, qui en fait le terme des Mammifères onguiculés.

(1) François-Lopez-Rodrique Bastide dit que dans l'île de Saint-Domingue, où n'existaient que des chiens, des lapins et des serpents inoffensifs, une seule vache avait produit, en 26 ans, huit cents individus de son espèce. (Cardan, *De rerum var.* VII, cap. 27, p. 283).

Entre l'Homme et le Lion, les animaux intermédiaires se sont dégradés jusqu'à ce qu'ils aient atteint ce terme de la disposition digitigrade et carnivore le plus parfait, le plus complet. Le squelette et le système dentaire des Felis sont donc les parties sur lesquelles nous devrons nous arrêter plus longtemps, parce que si l'un est au maximun sous le rapport de la nature solide et de l'accentuation des os, de leurs articulations, des ligaments qui les réunissent, l'autre est également au maximum de carnivorité par le minimum de nombre et de forme tuberculeuse dans ses parties.

et des Animaux carnassiers.

Mais un troisième point de vue, sous lequel le genre Felis n'est pas moins intéressant à envisager, est celui de la zoologie ou mieux de la zooclassie. En effet, comme l'a depuis longtemps fait observer le célèbre Pallas, qui, s'il fut malheureusement assez envieux du mérite de ses contemporains, racheta bien ce grand défaut par des travaux de premier ordre dans les parties les plus variées de l'histoire naturelle, on peut citer victorieusement à tous ceux qui ont eu le malheur avec Buffon de ne pas sentir la haute portée de la nomenclature de Linné, l'exemple des Felis, comme formant un genre très-naturel quoique composé d'un grand nombre d'espèces. De quelque manière qu'on l'envisage, en effet, on peut y voir un degré particulier d'organisation bien déterminé, aussi parfait dans son ensemble que dans chacune de ses parties, et cependant trouver dans les espèces qui le constituent, non plus des degrés, des nuances d'organisation, mais des degrés d'intensité de force proportionnelle à celle des animaux qui doivent leur servir de proie. De l'étude des Felis de toutes les tailles, depuis celle du Lion et du Tigre qui peuvent attaquer avec avantage un Bœuf et même un Éléphant, jusqu'au petit Chat de Java, et au Margay, pour lesquels une souris est presque déjà trop grosse, il résulte la conception d'un véritable genre et d'espèces non moins évidentes, susceptibles d'être aussi nettement définis l'un que les autres, le premier par des caractères fondamentaux et tranchés, les secondes par des particularités de robe et de taille, et cependant également fixes.

Sous le rapport zooclassique. Offrant l'idée qu'on doit se former d'un genre véritablement naturel, et d'Espèces sans dégradation.

Sous le rapport Paléontologique.

Enfin, une quatrième considération à laquelle on est conduit en étudiant le genre des Felis, est celle de leur ancienneté à la surface de la terre et de leur disposition par ordre de taille, au fur et à mesure que les animaux qui devaient leur servir de pâture ont eux-mêmes diminué dans telle ou telle contrée, et que l'espèce humaine, s'étant répandue et surtout accumulée en plus ou moins grand nombre dans des lieux déterminés, a pu ainsi centupler ses forces par l'association. C'est, en effet, sur ces espèces, pour ainsi dire rivales de l'Homme, surtout à l'égard des animaux domestiques, que devait porter l'action destructive de ce maître de la nature. Aussi, le nombre des espèces fossiles de Felis, depuis la taille du Tigre, et peut-être même au delà, jusqu'à celle du Chat domestique et au-dessous, est-il extrêmement considérable, et cela dans tous les terrains terrestres ou continentaux, comme nous le verrons plus loin.

Le nombre des Espèces fossiles étant considérable,

D'après ces diverses considérations, il est aisé de voir que si l'étude des parties solides de ce genre d'animaux doit nous occuper moins peut-être, sous le double rapport des os du squelette et des dents, que dans les genres précédents, puisque le type une fois établi, nous n'aurons plus ensuite à signaler que des différences de proportions et de formes, et presque jamais de nombre; il en sera tout autrement pour les fossiles de ce genre, aussi bien en eux-mêmes que dans les circonstances qui les ont accompagnés. Ce point de l'histoire des Felis nous arrêtera assez longtemps et demandera un assez bon nombre de figures, pour ne pas abandonner notre plan; mais, avant de choisir et de décrire *in extenso* le type de ce beau genre, disons ce qu'on doit entendre sous la dénomination de Felis en général.

aussi devons-nous arrêter plus longtemps à l'étude des Felis fossiles.

Avec Linné, dont le génie nous sert toujours de guide dans sa grande délinéation de la série animale, nous comprenons sous le nom de Felis, des animaux dont le corps est en général médiocrement allongé, quoique la queue le soit souvent assez, et cela surtout à cause de la brièveté du museau et même de la tête généralement large et globuleuse, pourvue d'oreilles arrondies, assez courtes, mais toujours largement

Caractères du G. Felis. Tirés de la Tête, des Oreilles,

des Yeux, des Moustaches, des Membres, des Doigts, des Ongles, des Dents molaires.

ouvertes, ainsi que les yeux, et de vibrisses ou moustaches très-longues; dont les membres très-souples dans toutes leurs articulations, sont terminés par des paumes et surtout des plantes élevées, ne touchant pas à terre, entièrement velues, par des doigts courts, cinq en avant, quatre en arrière, armés de griffes rétractiles fort aiguës, décroissantes du premier au dernier; dont les dents molaires au minimum de nombre, quatre en haut et trois en bas, sont au contraire au maximum de carnivorité par la diminution de la partie tuberculeuse interne et postérieure, et par l'augmentation de la partie tranchante et marginale; et dont enfin le pelage, en général fort doux et serré, est ordinairement d'un roux fauve, quelquefois uniforme, et plus souvent grisâtre ou roussâtre, tacheté de brun-noir, avec des barres ou des traits plus ou moins prononcés sur les membres, à la face et sur la queue, où elles tendent à former des anneaux.

Du Pelage, du Système de coloration.

Du Squelette. Clavicule. Humérus. Des Phalanges De la Langue. Du Cœcum. Des Glandes anales.

Quant aux parties intérieures, nous nous bornerons à dire, d'abord pour le squelette, que la clavicule, toujours osseuse, est cependant rudimentaire, non articulée et presque sésamoïde; que l'humérus est constamment percé au-dessus du condyle interne, et que les phalanges secondes et troisièmes ont la disposition rétractile la plus prononcée; ensuite pour l'intestin, que la langue est hérissée de papilles cornées et pointues, qu'il existe un cœcum assez prononcé entre les deux parties du canal alimentaire, et enfin que l'anus est pourvu d'une paire de glandes odoriférantes à sa marge interne : le pénis à peine soutenu par un os rudimentaire, étant hérissé de crochets à son renflement antérieur.

Des Mœurs et Habitudes.

Les mœurs et habitudes des Felis ne sont pas moins caractéristiques que leur organisation. Ce sont en effet des animaux plus ou moins nocturnes, rusés, hardis, avides de sang; marchant avec précaution, souples et rampants, lorsqu'il s'agit d'arriver à portée de la proie, puis, après avoir tendu tous leurs ressorts, en les ramassant, les débandant subitement et s'élançant d'un seul bond sur elle, en étalant dessus, pour la retenir, les mains et la gueule, armées de leurs ongles et de leurs dents acérés.

Tels sont les caractères particuliers de ce grand genre, pour type duquel nous avons choisi le Lion, non pas seulement à cause de sa grande taille, mais parce que les pièces solides qui entrent dans son organisation offrent dans leurs articulations, comme dans leurs apophyses et leurs rugosités d'insertion, une accentuation bien plus prononcée, et par conséquent d'une plus grande facilité à lire que dans notre chat domestique, tous les jours sous notre main, et aussi parce que c'est celui pour lequel la Paléontologie éprouve le plus de difficultés, à cause de la taille, semblable à celle de l'Ours.

Type à choisir. Le Lion.

Pourquoi?

Quant à l'ordre suivant lequel nous présenterons, pour ainsi dire, chacune des espèces à cette mesure, malgré la grande ressemblance de celles-ci, nous verrons qu'il ne sera cependant pas arbitraire, et qu'en ayant égard à quelques particularités, assez minimes il est vrai, nous n'en indiquerons pas moins une véritable dégradation passant au genre Canis, qui doit suivre comme plus digitigrade encore que celui des Felis. Ainsi, du Lion nous remonterons au petit nombre d'espèces qui ont la première avant-molaire supérieure la plus complète, parfois même à deux racines, et nous descendrons ensuite beaucoup plus longuement, il est vrai, jusqu'à celles qui en sont dépourvues, comme les Lynx, et dont les membres deviennent de plus en plus élevés, et les ongles, de moins en moins rétractiles, comme les Guépards.

De l'ordre

Serial.

Peu marqué.

Établi sur le système dentaire

Sur les Ongles moins rétractiles.

CHAPITRE PREMIER.

OSTÉOGRAPHIE.

En entrant dans l'étude du squelette des Felis, nous nous trouvons, pour ainsi dire, parvenus à l'état parfait du grand genre des Carnassiers; c'est-à-dire, que toutes les particularités qui devaient les constituer tels, sont arrivées à leur apogée, et surtout dans le Lion qui va nous servir de type, par les raisons que nous avons exposées plus haut.

Histoire.

Un assez grand nombre d'auteurs ont donné une description plus ou moins détaillée du squelette du Lion, le plus souvent cependant d'une manière plus comparative qu'absolue.

R. Columbo, 1559. M. A Severino, 1645. Scaliger, 1592.

De très-bonne heure, R. Columbo (*Anatom.*, lib. I, cap. 14, p. 62) (1559), et M. A. Severino (*Zootom. Dém.*, p. 138 et 388) (1645), et même avant ce dernier, Scaliger (*Exercitat.*, 208, ann. 1592), avaient relevé, comme erronée, l'assertion d'Aristote, que les os du Lion, pleins ou sans cavité médullaire, étaient assez durs pour faire feu avec le briquet, et que son cou n'était formé que d'un seul os; ce que réfuta aussi aisément Th. Bartholin, par l'anatomie du Lion qu'il fit à Stockholm en 1656; et les anatomistes de l'ancienne Académie des sciences de Paris en 1667. Mais ceux-ci firent plus, ils démontrèrent dans la structure des deux dernières phalanges la disposition propre à loger celle qui porte l'ongle en dehors de celle avec laquelle elle s'articule.

Th. Bartholin, 1656. Académie de Paris, 1667.

L. Volfstinegel, 1670.

Peu d'années après, Laurent Volfstinegel, dans son *Anatom. Leonis splanchnicè, myologicè et osteologicè*, Vienne, 1670, reprit le sujet d'une manière plus complète : aussi fit-il connaître la clavicule, le trou dont le condyle interne de l'humérus est percé, et même les os sésamoïdes qui existent dans les tendons d'origine des gastrocnémiens.

Daubenton, 1761.

Depuis lors, l'occasion de disséquer le Lion s'étant présentée, on eut la possibilité d'y faire connaître un plus grand nombre de particularités du squelette de cet animal : c'est ce dont on peut trouver un bel exemple dans l'article que Daubenton a consacré à ce sujet dans la grande et magnifique Histoire naturelle du Lion que nous devons à Buffon, t. IX, p. 26. Daubenton y donne en effet une description du squelette du Lion, comparativement avec celui du Chat, et dans laquelle il a touché aux particularités les plus essentielles dans la forme de la tête, par exemple, en donnant, suivant sa coutume, cinq pages de mesures linéaires prises sur un individu mâle, d'après un Lion d'Afrique de la collection du Muséum, sans oublier même l'os du pénis; de plus, il a donné, pl. VIII, p. 48, une figure de ce squelette qui n'est pas mauvaise, sauf la position de l'omoplate. Je ne voudrais cependant pas garantir que les phalanges onguéales sont bien placées.

Depuis ce temps, les auteurs d'ouvrages généraux d'anatomie comparée, comme G. Cuvier, Meckel, etc., ou bien les paléontologistes, et surtout le premier des anatomistes que je viens de citer, ont insisté sur quelques particularités importantes à leur sujet, mais sans le compléter, même en iconographie. MM. Pander et d'Alton ont cependant représenté un squelette de Lion d'une manière fort satisfaisante dans leurs *Raubethiere*, pl. I; mais leur description n'a rien d'absolu. Pander et d'Alton, 1822.

La nature du système osseux du Lion est extrêmement solide, comme éburné dans une grande partie des os qui le constituent, au point que les anciens, Aristote à la tête, et même quelques modernes, sans l'avoir vu sans doute, ont admis que ses os longs faisaient feu avec le briquet, et même qu'ils n'avaient pas de cavité médullaire, assertions qui ne sont pas plus vraies l'une que l'autre, comme cela a été reconnu depuis longtemps. Mais ce qui l'est davantage, c'est que le tissu osseux est assez dense, assez serré, pour que la graisse n'y pénètre et ne s'y dépose qu'avec difficulté; en sorte que ces os, aussitôt qu'ils sont dépouillés de leurs chairs, et presque sans macération, par la seule dessiccation à l'air, deviennent remarquablement blancs. Nature des Os. Fort dense. Fort blanche.

Les extrémités articulaires des os du squelette du Lion et des Felis, en général, offrent aussi, plus que dans aucun autre genre de Carnassiers, les saillies et enfoncements ou anfractuosités par lesquelles elles se correspondent plus dégagées, plus étroites et peut-être même plus profondes; en sorte que, le système ligamentaire aidant, le jeu des pièces doit être plus limité dans les directions déterminées de flexion et d'extension. Je n'ai pas besoin d'ajouter que les apophyses, les tubérosités, les crètes, les lignes d'insertion, sont aussi plus saillantes, plus prononcées, et que les fibro-cartilages sont d'un tissu plus dense, plus serré, plus élastique peut-être que dans les autres Carnassiers. Leurs articulations profondes, serrées. Leurs saillies fortement accusées.

Le nombre total des os qui entrent dans la composition du squelette Leur nombre total.

du Lion, ne diffère cependant presqu'en rien de ce que nous l'avons vu dans la plupart des espèces de Viverras.

Étudiées dans la série vertébrale. La série vertébrale présente aussi les mêmes courbures, mais plus prononcées; plus courte dans la partie cervicale, plus longue et plus coudée dans la partie lombaire, et peut-être aussi dans chacune des vertèbres coccygiennes ou caudales; toutes les apophyses d'insertion musculaire étant, en général, plus prononcées, plus saillantes proportionnellement, ce qui tient aux circonstances biologiques; en avant, de l'emploi de la pince maxillaire, et, en arrière, de l'acte physionomique de la queue.

Ses courbures.

Dans leur nombre régionnaire. Le nombre total des vertèbres est le même que dans la Civette, et réparti de la même manière; seulement il n'y a que treize vertèbres dorsales, et dès lors sept lombaires, ce qui donne à la région de ce nom plus de longueur que dans la Civette (1).

A la Tête. Dans ses parties. La tête du Lion est tout à fait caractéristique et ne peut être que fort difficilement assimilée à celle d'un autre carnassier, surtout à cause de la brièveté et de la largeur de la face; mais aussi par suite de celle de la boîte cranienne et de l'élargissement de l'arcade qui joint ces deux parties en dehors.

Vertèbres : Occipitale. Les vertèbres céphaliques suivent nécessairement cette forme générale; ainsi l'occipitale se fait remarquer par la largeur de son apophyse basilaire, la saillie et l'évasement en dehors de ses condyles, la petitesse de son apophyse mastoïde, moindre que celle du temporal, et surtout par l'élévation et la forme triquètre de l'occipital supérieur se projetant obliquement en arrière et constituant presque entièrement l'apophyse occipitale, avec un interpariétal plus ou moins prononcé dans le jeune âge, mais toujours en avant du tubercule de jonction des deux crêtes.

Os interpariétal.

Pariétale. Sphéno-postérieur. La vertèbre pariétale plus courte dans son corps que le basilaire, et même que la frontale, s'élargit à droite et à gauche en des apophyses ptéry-

(1) C'est donc à tort que M. G. Cuvier d'abord, et ensuite MM. Pander et d'Alton, (*Raubthiere*, p. 12), donnent treize vertèbres dorsales et six lombaires au Lion comme à la Civette.

goïdes largement canaliculées, et remonte en formant des ailes larges et assez élevées, jusqu'à l'angle tronqué d'un pariétal presque quadrilatère, et se portant en arrière pour joindre l'interpariétal et l'occiput. La vertèbre sphéno-frontale étroite, mais assez longue dans son corps basilaire, caché qu'il est par les ptérygoïdiens, se dilate au delà en ailes assez considérables qui, vers le milieu de la fosse et en s'avançant fort peu dans l'orbite, se joignent assez largement au frontal. Celui-ci, séparé dans sa longueur, en deux parties presque égales, par une apophyse frontale assez saillante, n'est guère plus rétréci en arrière de celle-ci qu'échancré en avant par le rebord de l'orbite assez avancé. Enfin, la vertèbre voméro-nasale, courte, mais large, dans son corps vomérien, est close en dessus par deux os du nez triangulaires, assez courts, fortement courbés dans leur largeur et se terminant largement en avant par un bord légèrement et fort inégalement échancré.

Pariétal. Sphéno-frontale. Sphéno antérieur. Frontal. Voméro-nasale. Vomer. Os du Nez.

La mâchoire supérieure se joint d'une manière aussi large que solide à la tête : le palatin postérieur, en lame triangulaire, se soudant de très-bonne heure et se portant fortement et obliquement en arrière en un crochet assez aigu ; le palatin antérieur fort grand et comme ployé à angle droit et arrondi pour former ses deux parties subégales, l'horizontale égalant la longueur du maxillaire ; en haut, le lacrymal presque quadrangulaire, irrégulier, un peu facial dans son bord antérieur, peu relevé en crochet et percé, en bas, d'un trou rond pour le canal lacrymal ; et de chaque côté par un large zygomatique de forme losangique ; le côté antérieur le plus droit appliqué, le supérieur fortement échancré par le rebord orbitaire, se relevant en une épine assez saillante en arrière, le postérieur le plus long et le plus oblique se glissant longuement sous l'apophyse jugale du temporal, et enfin l'inférieur taillé en biseau presque tranchant, rentré et peu arqué. Le maxillaire ainsi fortement appuyé sur ses trois racines, est remarquablement court, triangulaire dans sa partie externe ou verticale et remontant fortement par son angle supérieur dans une échancrure assez profonde du frontal et quadrilatère assez voûtée pour l'horizontale : quant à l'os incisif, il

Mâchoire supérieure. Palatin postérieur, antérieur. Lacrymal. Zygomatique. Maxillaire. Incisif.

est au contraire proportionnellement assez grand, ses deux branches formant un angle assez aigu, la supérieure s'avançant en pointe très-fine entre la base du nasal (1) et le maxillaire, et l'inférieure échancrée fortement à son bord postérieur par un très-grand trou palatin, se continuant en une large gouttière antérieure.

Mâchoire inférieure.

L'appendice de la mâchoire inférieure commence aussi à la tête par une masse temporale très-solidement intercalée aux vertèbres occipitale et pariétale.

Rocher.

Le rocher qui saille à peine en avant de la caisse, est fort petit, triquètre, fortement retenu, n'offrant à sa seule face crânienne qu'un petit canal auditif interne.

Mastoïdien.

Le mastoïdien, épais, triquètre, est terminé inférieurement par une partie arrondie assez petite, intercalée à l'apophyse mastoïde de l'occipital latéral, et à une plus épaisse et excavée inférieurement du squammeux, comme tronquée à l'extrémité.

Osselets de l'Ouïe. Étrier. Lenticulaire. Enclume. Marteau.

Les osselets de l'ouïe ne présentent rien de remarquable que leur grandeur. L'étrier a la forme pyramidale tronquée assez élevée, avec la platine ovale allongée; le lenticulaire est bien distinct, assez long; l'enclume, fort épaisse à sa tête, est pourvue de deux bras courts, subégaux et assez divergents; enfin, le marteau, très-étendu par la longueur de son col fort large, offre des apophyses bien prononcées, et un manche de longueur médiocre et spatulé à son extrémité.

Caisse.

La caisse qui les contient est très-considérable, bulleuse, ovale, arrondie, occupant toute la longueur du rocher : elle est fortement confondue avec le cercle du tympan plissé, rugueux et subsessile.

Squammeux.

Le squammeux, assez étendu et bombé dans la partie qui lui a mérité ce nom, donne naissance, à son extrémité antérieure et externe, à une énorme apophyse zygomatique commençant en dehors et en arrière par une crête prolongée de celle de l'occipital, se recourbe un peu sur le canal auditif, se continue en dedans par une large barre transverse,

(1) M. Cuvier dit, à tort, à moitié des os du nez (IV, p. 275).

creusée en gouttière entre deux lames recourbées, surtout la postérieure, en crochet, d'où sort, en se portant fortement en dehors et en dessus, la moitié postérieure de l'arcade zygomatique.

La mandibule, qui s'articule avec la cavité glénoïde étroite et transverse du squammeux, est aisément caractérisée par sa force, son épaisseur, la direction presque droite ou fort peu courbée, si ce n'est en avant, de toute la branche horizontale, sans apophyse géni, et parce que la branche verticale fort dilatée, s'étendant sans se relever, offre une apophyse angulaire obtuse, épaisse, assez recourbée en dedans, descendant un peu au-dessous du bord, un condyle sessile transverse, bien plus épais en dedans qu'en dehors, s'élevant à peine au-dessus du niveau de la série alvéolaire, et une apophyse coronoïde assez large et assez recourbée sur ses deux bords, et surtout fortement excavée à sa face externe.

Mandibule. Sa branche horizontale. verticale. angulaire. Condyle. Coronoïde.

En considérant maintenant la tête entière du Lion, on peut s'assurer que l'angle facial, par suite de la brièveté de ses mâchoires, est assez considérable, puisqu'il s'élève à quarante-cinq degrés, peut-être au delà; que la série basilaire des vertèbres céphaliques est à peine arquée inférieurement, tandis que le chanfrein, produit par la succession de leurs arcs, est au contraire assez fortement mais régulièrement convexe, malgré l'espèce d'interruption que forme en arrière la grande saillie de la crête occipitale, le culmen étant à peu près au bord postérieur des orbites, avec un aplatissement presque concave du front.

En totalité. Extérieurement. Angle facial, 45°. Courbure. Inférieurement. Supérieurement.

La cavité cérébrale du Lion est au plus médiocre, à peu près arrondie, ou ovale peu allongé, partagée par une cloison osseuse fort étendue, très-épaisse en arrière dans l'occipital supérieur, s'amincissant et se portant fort obliquement jusque sur les parties latérales de la selle turcique, en ses trois cavités cérébrale, cérébelleuse et basilaire. La première peu allongée, et par conséquent très-serrée dans la selle turcique fort oblique et creusée entre des apophyses clinoïdes assez prononcées, surtout les postérieures, dans sa surface du chiasma presque plane, et même dans sa cavité olfactive ovale verticalement, assez mé-

Intérieurement. Cavités : cérébrale. Selle turcique. Sinus olfactif.

diocrement perforée dans ses parois, et sans apophyse crista-galli bien marquée, si ce n'est en arrière. Les loges frontales, et surtout les temporales inférieures, sont du reste assez prononcées et fortement anfractueuses, comme le reste des parois de la cavité cérébrale.

cérébelleuse. La cavité cérébelleuse doit être considérée comme assez petite, du moins dans ses parties latérales et même supérieures; mais il n'en est pas de même de la partie basilaire fort large, quoique assez peu profondément canaliculée. — basilaire.

des Loges sensoriales, Les loges sensoriales participent assez à cette médiocrité de la cavité cérébrale.

auditive. La partie fondamentale de l'auditive est même remarquablement petite dans chacune de ses trois divisions. Il n'en est pas de même de la caisse qui forme une énorme bulle arrondie, à parois fort minces, comme soufflée, à la partie inférieure du crâne, et dont l'orifice externe ovale très-reculé, est au fond d'une enfoncement étroitement resserré entre l'apophyse mastoïde et le bord postérieur de l'apophyse zygomatique.

oculaire. L'orbite est notablement plus grand, entièrement ouvert dans toute sa partie postérieure, mais aux trois quarts au moins fermé dans son cadre, du reste de forme ovale et très-obliquement dirigé en avant et fort peu en dehors.

olfactive. La cavité olfactive est courte, mais fort large dans toute son étendue: en dessus elle s'ouvre dans des sinus frontaux considérables, occupant tout le frontal et la moitié du pariétal, se poursuivant en deux ou trois cellules, et en demi-canaux, dans et sous les os du nez, sans pénétrer ordinairement dans le sphénoïde, mais en occupant tout le corps du maxillaire largement ouvert à la face interne. — Ses Sinus.

Ses Cornets : inférieur. Les cornets qui remplissent cette cavité sont assez larges, mais peu nombreux, du moins pour l'inférieur, qui ne se dichotomise guère que deux fois, et encore seulement dans la branche inférieure; mais il n'en est pas de même du cornet moyen dont toute la masse fort — moyen.

considérable, occupant tout le sinus maxillaire, est composé d'une multitude de replis longitudinaux extrêmement serrés.

Quant aux orifices de cette cavité sensoriale, nous avons déjà vu dans le crâne que la lame criblée était médiocrement étendue; mais il n'en est pas de même des deux autres, l'antérieur est véritablement fort grand, en forme de cœur renversé et très-oblique, et le postérieur également fort large, prolongé assez au delà de la dernière molaire, et échancré en trèfle fort surbaissé dans le milieu du bord palatin. *Ses Orifices : supérieur. antérieur. postérieur.*

La loge gustative du Lion est remarquable par sa largeur et sa brièveté; la voûte palatine, tronquée carrément en avant, étant en outre assez excavée et subcanaliculée de chaque côté, outre un enfoncement arrrondi tout à fait en arrière du bord alvéolaire pour loger le lobe postérieur de la dernière dent molaire d'en bas. Quant à la mâchoire inférieure, les deux côtés qui la constituent forment un angle de 45°, et se touchent par une symphyse large, ovale et assez étendue. *Loge gustative.*

Les crêtes, les apophyses, d'où résultent les loges superficielles de la tête du Lion, sont plus marquées que dans tout autre genre de Carnassiers, la Hyène exceptée; ainsi, de la grande saillie de la crête occipitale, il est résulté que les fosses postérieures de ce nom sont très-profondes, fort obliques, et comme serties par un rebord sinueux et saillant; l'arqûre si prononcée, surtout en dehors de l'arcade zygomatique, a déterminé des fosses temporales occupant, outre le squammeux, le pariétal et partie du frontal; la fosse ptérygoïde externe est elle-même large et fort étendue; la fosse canine occupe toute l'apophyse montante du maxillaire; enfin, presque toute la branche montante de la mandibule est profondément creusée en dehors par une excavation triangulaire qui n'avance cependant pas au delà du bord postérieur de la dernière dent molaire. *Des Cavités superficielles. occipitale. temporales. ptérygoïdienne. canine. massetérienne.*

Les trous nerveux et vasculaires de la tête du Lion sont, comme on le pense bien, nettement formulés. Il n'y a qu'un seul trou condyloïdien rond, assez grand, et fort rapproché du trou déchiré postérieur, qui mérite assez peu ce nom, tant il est régulièrement circonscrit, et du reste *Des Trous nerveux et vasculaires. condyloïde. déchiré postérieur.*

fort grand. En arrière et en dehors de la caisse, sous l'apophyse mastoïdienne, sont deux autres trous : le postérieur est rond, plus petit
de la Corde du tympan. pour le nerf de la corde du tympan; l'antérieur, infundibulaire pour une veine péricrânienne. En avant de l'ouverture de la trompe est un
Carotidien. trou ovale assez petit, carotidien, et séparés de lui par un support sphé-
rond. ovale. optique. noïdal de l'apophyse jugale, les trous rond et ovale très-rapprochés et sur la même ligne que le trou optique, le trou ovale bien plus petit que ce dernier. Plus en avant est le fronto-nasal, assez grand, beaucoup moins
sphéno-palatin. cependant qu'un premier et énorme sphéno-palatin circulaire qui perce dans les arrière-narines, et à peu près égal à un second dont l'orifice au
Lacrymal. palais est unique et fort oblique. Au bord inférieur du lacrymal sont deux petits trous rapprochés, géminés, sans doute vasculaires, et au-
Sous-orbitaire. dessus d'eux l'orifice du canal lacrymal rond et assez grand. Le canal sous-orbitaire, fort court, s'ouvre en arrière en entonnoir fort large et se termine en avant assez près du rebord orbitaire par un énorme trou de forme subcirculaire.

Incisif. Nous avons déjà fait remarquer l'étendue et la forme ovale semi-canaliculée de l'incisif, il ne nous reste donc plus qu'à noter la grandeur
dentaire inférieur. de l'orifice, presque rond, d'entrée du nerf dentaire inférieur, et sa sortie
Mentonnier. mentonnière par un groupe de trois trous très-dissemblables sous la barre, en avant de la première molaire, et par un autre trou oblique sous la seconde incisive.

Des Condyles du trou vertébral. La tête du Lion se joint au reste de la colonne vertébrale par des condyles presque pédiculés, s'écartant ou divergeant en V, et interceptant un orifice ovale, transverse ou déprimé, dont le diamètre intérieur est à celui de la cavité cérébrale dans sa partie la plus large, comme 0,025 : 0,088; tandis que dans un Ours de même taille à peu près que le squelette du Lion qui sert à notre description, nous avons trouvé ce rapport de 0,025 à 0,076.

Du reste de la colonne vertébrale. Le reste de la colonne vertébrale du Lion va nous offrir des différences assez bien de même sorte dans la dimension du calibre de la cavité médullaire et dans l'augmentation des apophyses dont leur arc est hérissé.

V. cervicales, 7.

Les vertèbres cervicales sont proportionnellement plus courtes que dans la Civette, mais aussi plus larges et plus imbriquées; elles le sont même plus que dans l'Ours, dont le col est évidemment plus long.

Atlas.

L'atlas, fort large, bien moins cependant dans son corps que dans son arc, est pourvu d'apophyses transverses, dilatées en ailes largement arrondies, mais peu recourbées en arrière, avec l'échancrure de la base du bord antérieur profonde, bien plus que dans l'Ours, par exemple, et le trou d'entrée de l'artère vertébrale bien au-dessus du bord postérieur, ce qui n'existe dans aucun des genres précédents, encore moins dans l'Ours, où il est tout à fait au bord, et un seul trou de sortie à la face supérieure.

Axis.

L'axis est encore plus considérable que dans les Viverras. Son apophyse épineuse est cependant un peu moins voûtée à son bord supérieur; mais elle est au contraire bien plus épaisse et plus triquètre à son extrémité postérieure pour l'attache du ligament jaune, en s'avançant beaucoup plus sur la troisième cervicale.

Intermédiaires.

Des trois vertèbres intermédiaires, l'apophyse épineuse est presque nulle, tant elle est courte à la première, mais large, distante et élevée aux deux autres; les apophyses transverses étant assez bien comme dans la Civette.

sixième.

septième.

La sixième est remarquable par son apophyse transverse, large, linguiforme, se portant fortement en arrière dans son lobe postérieur, et la septième a cette même apophyse en tête de clou, simple et assez semblable à la partie supérieure de la précédente. Ces deux vertèbres ont le corps tout à fait plat et lisse, mais coupé fort obliquement.

V. dorsales, 13.

Apophyse épineuse.

Celui des treize dorsales est arrondi, d'abord d'égale longueur, puis croissant jusqu'à la dernière, avec l'apophyse épineuse large et haute, très-inclinée sur les dix premières, fort petite et pointue sur la onzième, plus haute et antéroverse aux deux dernières, qui comme d'ordinaire prennent le caractère des lombaires.

V. lombaires, 7. Les sept lombaires subcarénées et assez longues au corps croissent jusqu'à la septième, qui égale la quatrième en longueur. Toutes sont pourvues d'une apophyse épineuse, large, distante, assez élevée, dirigée en avant, cette direction diminuant de la première à la dernière presque complétement inter-iliaque, et d'apophyses transverses augmentant assez rapidement de la première fort petite à la septième très-longue et très-large, fortement recourbée en sabre en avant, de manière à atteindre presque la précédente. Les apophyses surarticulaires sont aussi fort prononcées et élevées un peu en forme de couteau.

Apophyses : épineuse, transverses, articulaires.

V. sacrées, 3. Les trois vertèbres sacrées sont au contraire petites, un peu en coin; les deux premières seules iliaques avec apophyse épineuse assez saillante, et la troisième, encore plus petite, avec apophyses transverses libres, assez longues et dirigées en arrière.

V. coccygiennes, 25. Des vingt-cinq coccygiennes (1), les six premières sont complètes, c'est-à-dire avec arc articulé, apophyses transverses médiocres et os en V prononcé; mais sans apophyse épineuse. Au delà, elles s'allongent graduellement jusqu'à ce qu'elles décroissent peu à peu et finissent par ne plus offrir que cinq tubercules à la base antérieure, et quatre postérieurs, dont un médio-infère; tubercules qui se prononcent de plus en plus proportionnellement au diamètre de la vertèbre.

Des Côtes vertébrales, 13, dont 9 sternales. Les côtes qui se joignent comme appendices aux vertèbres dorsales, ne sont comme celles-ci qu'au nombre de treize, dont neuf seulement sont sternales; quant à leur forme, elles sont assez bien comme dans les Civettes, larges à leur articulation supérieure, d'autant plus qu'elles sont plus antérieures, puis fortement comprimées d'arrière en avant, et enfin élargies de nouveau, mais en sens inverse, et en même temps épaissies à leur extrémité sternale. Du reste, elles diminuent assez régulièrement de force de la première à la dernière, les neuf postérieures étant subégales en longueur et arquées presque dans un seul sens.

(1) Le nombre des vertèbres coccygiennes varie un peu chez les auteurs, ainsi Daubenton et G. Cuvier n'en comptent que vingt-trois : mais, dans ce cas, la queue était-elle complète?

La série sternébrale du squelette du Lion ne diffère non plus qu'assez peu de ce qu'elle est chez les Viverras, si ce n'est en grandeur. II. Dans la série sternébrale :

L'os hyoïde n'est cependant pas formé de ses neuf pièces habituelles, mais seulement de sept par absence de deux aux grandes cornes. On y trouve en effet un corps transverse étroit et peu mince, une paire de cornes antérieures composées des deux articles terminaux ordinaires, fort inégaux, l'un basilaire très-court et conique, l'autre céphalique bien plus long, large et spatulé à sa terminaison cartilagineuse, séparés par une sorte de ligament membraneux, mais sans traces de la pièce intermédiaire. Quant aux cornes postérieures, elles sont, comme de coutume, d'un seul article, considérable et un peu arqué. Hyoïde. Corps. Cornes antérieures. postérieures.

Les sternèbres proprement dites, en même nombre aussi que dans les Viverras, sont seulement plus courtes proportionnellement ou plus épaisses, subtétragonales, plus arrondies en dessous qu'en dessus, et assez également élargies à leurs extrémités. Le manubrium est aussi fort court et obtus dans sa partie antérieure, et le xiphoïde, au contraire, assez long dans sa partie osseuse, se dilatant vers sa terminaison pour se joindre à la partie cartilagineuse spatuliforme. Sternèbres, 8. Manubrium. Xiphoïde.

Les cornes ou cartilages des côtes sternales, au nombre de neuf, sont médiocrement longues, assez fortes et, comme à l'ordinaire, dilatées en sens opposé à leurs extrémités. Cornes, 9.

Quant au thorax, qui résulte de la réunion des treize vertèbres dorsales, des huit sternèbres et des treize côtes sternales et asternales, sa forme est plus conique, plus pyramidale que dans les Viverras, encore un peu comprimée en avant, et ouverte assez largement en arrière vers les hypocondres. Thorax.

Les membres du Lion sont encore assez bien comme dans la Civette, dans les mêmes rapports entre eux, toutefois évidemment proportionnellement plus élevés, et cela dans toutes leurs parties. III. Dans les Membres:

Aux membres antérieurs : antérieurs.

L'omoplate est grande, c'est-à-dire développée dans les deux sens et comme rectangulaire, fort arrondie et étendue dans tout son bord anté- Omoplate.

Ses Fosses. rieur, de manière à former une fosse supérieure plus grande que l'inférieure ; le bord postérieur étant en effet presque droit, avec une légère gouttière vers son angle assez prononcé, et non une sorte de lobe comme dans les Ours. Sa crête est du reste complète, fort élevée, recourbée en arrière et terminée en avant par un acromion assez peu épais, pourvu à son bord postérieur d'une apophyse récurrente triangulaire, recourbée en crochet. La cavité glénoïde est également un peu arquée et du reste de forme ovale, assez large, et peu profonde, avec un rudiment plus ou moins marqué d'apophyse coracoïde à son côté interne.

Sa Crête.

Cavité glénoïde,

coracoïde.

Clavicule. La clavicule est manifeste, quoique assez loin d'être complète et articulée, elle est fortement comprimée, courbée sur son plat, et dilatée à son extrémité scapulaire (1).

Humérus. Supérieurement. L'humérus, fort et robuste, égale en longueur celle du corps des huit ou neuf vertèbres dorsales. Assez droit ou fort peu arqué, il est très-large et très-comprimé supérieurement, et au contraire déprimé et peu élargi inférieurement. Sa tête, presque sessile et comme recourbée, porte en dedans une petite tubérosité, réniforme, fort remontée et en avant, peut-être un peu plus haut qu'elle, une grosse tubérosité fort large, sinueuse, formant la base d'une empreinte deltoïdienne triangulaire, ne dépassant pas les deux cinquièmes de la longueur totale de l'os. L'extrémité inférieure, épaisse et à peine aussi large que la supérieure par le peu d'étendue du bord externe, qui est en ligne droite et même comme rebroussée, est percée au-dessus du condyle interne, saillant, en forme d'apophyse obtuse, particularités différentielles de cet humérus avec celui de l'Ours. Quant à la surface articulaire, elle est assez large, en gorge de poulie, presque simple, à côtés subégaux, avec une très-profonde excavation oblique en arrière seulement, un peu recouverte par l'avance d'une lame partant du condyle externe.

Sa tête.

Tubérosité.

Inférieurement.

Condyle externe. interne.

Articulation.

(1) C'est donc à tort que MM. Pander et d'Alton disent que les Carnassiers sont privés de clavicules. Nous devons cependant faire observer que ces os dans les Felis, ainsi que dans les autres espèces où ils sont rudimentaires, n'existent sur les squelettes de la collection du Muséum que depuis notre professorat.

L'avant-bras du Lion, dans sa partie inter-articulaire, est un peu plus court que le bras, comme le montre le radius. Avant-bras.

Cet os, un peu arqué dans son corps, est surtout remarquable par sa forme large et aplatie dans toute son étendue. Sa tête supérieure elle-même, ovale, transverse, un peu semi-circulaire, relevée au bord antérieur de sa cavité, par une avance arrondie qui en occupe le tiers interne, est portée sur un col fort peu rétréci, mais pourvue d'une tubérosité saillante pour l'insertion du biceps. L'extrémité inférieure du radius est surtout fort élargie, creusée à sa face dorsale par une double gouttière profonde, bien plus que dans l'Ours, et à son extrémité par une fosse scaphoïdienne grande, transverse, limitée en dedans par une apophyse malléolaire considérable. Radius Supérieurement. Inférieurement.

Le cubitus, dont la forme générale rappelle assez bien celle d'un bâton d'éventail, légèrement courbe, aplati en haut, presque triquètre en bas, offre supérieurement un olécrâne plus long que dans l'Ours, et du reste large, comprimé, si ce n'est à son extrémité, dont le bord se rebrousse un peu en dedans, en se bicornant en dessus; inférieurement cet os se bifurque aussi, mais très-inégalement, par une échancrure profonde. La corne la plus courte est comme tronquée par une surface articulaire plate; la plus longue forme une apophyse odontoïde épaisse, arrondie et considérable, correspondant à une excavation fort peu marquée, formée à la réunion du triquètre et du pisiforme. Cubitus, Sa forme: Supérieurement. Inférieurement.

La main du Lion est notablement plus courte que l'avant-bras, quoiqu'elle soit encore assez large et assez puissante. La main.

Le carpe, formé, comme dans tous les Carnassiers, de sept os, offre comme particularité remarquable que le scaphoïde, très-large, est pourvu à sa partie inférieure d'une apophyse fort saillante, et comme tronquée à son extrémité par une surface articulaire arrondie, pour le sésamoïde du long adducteur. Carpe: scaphoïde.

Le trapézoïde me semble aussi assez caractéristique, d'abord parce qu'il est assez fort, plus même que le grand os, le plus petit de tous est dessus; qu'il est creusé d'un enfoncement très-marqué pour la pénétration Trapézoïde. Grand Os.

de la tubérosité de la tête du second métacarpien, et que sa facette articulaire est oblique interne, au lieu d'être antérieure. Le pisiforme est aussi de forme triangulaire, plus large à la base et moins au sommet, et en tout plus grêle que dans l'Ours.

Pisiforme.

Métacarpiens : du pouce.

Les os du métacarpe ont assez bien, sauf la grandeur, les proportions que nous avons remarquées dans la Civette. Celui du pouce est cependant bien plus court, et surtout bien autrement figuré. En effet, sa forme est presque irrégulière, un peu arquée et coupée obliquement et parallèlement à ses deux extrémités, l'antérieure étant en portion de cylindre.

des 4 autres doigts.

Des quatre autres métacarpiens, fort serrés à leur articulation carpienne, et en général assez arqués, le premier est remarquable par un sillon en gouttière qui le traverse obliquement à sa base. Du reste, aucun ne peut être confondu avec son analogue dans l'Ours, ni pour la forme ni pour les proportions, qui sont bien plus grêles.

Phalanges : premières.

Les phalanges de la main du Lion sont en général courtes et épaisses, et celles des trois sortes sont fort dissemblables. Les premières, un peu plus longues que les secondes, sont fort régulières, du moins les quatre externes, un peu arquées, convexes en dessus, plates en dessous, renflées et excavées obliquement un peu en sabot bilobé à l'extrémité métacarpienne, et en poulie assez profonde se prolongeant beaucoup en dessous à l'autre. Au pouce, cette phalange est bien plus courte, mais plus large, coupée en biseau obliquement en arrière et à peine excavée en poulie en avant.

secondes.

Les secondes phalanges présentent à un haut point le caractère distinctif de toutes les espèces du genre. De forme, en général, assez grêle, surtout en dessus, leur corps étant triquètre, l'angle solide supérieur et la base inférieure, le côté externe bien plus excavé que l'interne (1);

(1) C'est à tort, et probablement parce qu'il observait un squelette mal monté, que M. G. Cuvier dit que c'est au côté interne, ou du côté qui regarde le pouce, que la face latérale des phalangines de Felis présente une sorte de torsion. Pinel, qui a parfaitement décrit le mécanisme de la rétractilité des ongles de la Panthère (*Décade philosophique*, 20 vend., an IX), n'avait pas commis cette erreur.

leur tête postérieure est elle-même triangulaire, avec une contre-poulie assez profonde, mais l'antérieure est encore plus renflée, surtout en dehors, en forme de poulie fort peu profonde.

Les cinq phalanges onguéales, croissant graduellement de la première à la cinquième, sont remarquables par leur force et par leur forme; elles sont en effet bien plus hautes qu'épaisses et même que longues, étant pourvues inférieurement d'une sorte de talon, qui s'abaisse en s'élargissant pour soutenir la pelote de chaque doigt, tandis que supérieurement elles sont arrondies à leur angle; du reste, elles sont très-minces, arquées, coupantes et presque entièrement cachées en forme de languette dans une large excavation formée par une sorte de capuchon basilaire, prenant naissance de chaque côté de la partie inférieure. C'est cette espèce de capuchon qui sert de gaîne à la base de l'ongle recouvrant la languette, et qui donne à celui-ci la possibilité d'être renversé en dehors de la seconde phalange, la pointe en l'air, dans l'état de repos. troisièmes ou onguéales.

Les membres postérieurs du Lion sont, en général, plus longs dans les os qui les composent, que les antérieurs dans les os correspondants, ce qui paraît peu dans l'état de vie à cause des angles assez prononcés qu'ils font entre eux dans la station ordinaire. Membres postérieurs

L'os innominé participe déjà un peu à cette longueur; en effet, en totalité, il égale celle du corps des neuf premières vertèbres dorsales ou celle de l'humérus; la partie iliaque, encore assez large, bien moins cependant que dans l'Ours, ovale-allongée, à bords presque parallèles, un peu excavée dans la fosse externe, et étant notablement plus longue que la partie iskiatique; celle-ci est du reste fort large dans sa tubérosité, et étalée presque horizontalement dans ses deux branches; la symphyse pubienne étant remarquablement longue, ce qui donne peu d'obliquité au bord pubien et une assez grande étendue au trou de ce nom. Quant à la cavité cotyloïde, elle est presque parfaitement circulaire et assez médiocre. Os innominé. Iléon. Ischion. Symphyse pubienne. Cavité cotyloïde.

Le fémur du Lion est assez facile à reconnaître par sa brièveté, qui Fémur.

dépasse à peine d'un cinquième celle de l'humérus, sa très-légère courbure, son aplatissement oblique, surtout supérieurement, où il est élargi et tranchant à partir du bord externe du grand trochanter. Toute l'extrémité supérieure participe à ce grand aplatissement, la tête, assez petite, se portant proportionnellement obliquement un peu en haut (1), et le grand trochanter fort épais et polygonal en dehors, à peu près à son niveau, peut-être même un peu plus haut, est profondément excavé dans toute sa partie interne par une énorme fosse digitale. Le petit trochanter est au contraire fort peu saillant et entièrement postérieur. L'extrémité inférieure du fémur est assez large, quoique moins que dans l'Ours, et surtout très-épaisse, les condyles subégaux fort saillants étant profondément séparés en arrière par une mortaise subsymétrique, et en avant par une large et haute gouttière rotulienne. Un peu au-dessus de l'externe est une tubérosité d'insertion musculaire très-prononcée, et tout contre l'interne une fossette moins marquée.

Supérieurement. Tête. Grand Trochanter. Fosse digitale. Inférieurement.

La jambe du Lion est d'un sixième environ moins longue que la cuisse et à peu près de la longueur du pied : aussi le tibia, à cause de son épaisseur, paraît-il court, quoique bien moins que dans l'Ours. Sa forme est du reste, comme d'ordinaire, triquètre, surtout supérieurement, où la surface articulaire est fort large, un peu oblique dans ses deux parties, et la crête bicipitale assez peu saillante, presque droite, à peine un peu courbée, mais fort épaisse. L'extrémité inférieure de cet os, également assez large et assez épaisse, est creusée d'une contre-poulie fort oblique, très-fortement sinueuse dans son bord antérieur, terminée en dedans par une malléole large, fort descendante, et très-oblique, légèrement sinueuse au bord postérieur, et profondément creusée de deux gouttières presque verticales.

Jambe. Tibia. Supérieurement. Inférieurement.

Le péroné est tout à fait droit, mince, tranchant, presque lamelleux dans la plus grande partie de son bord interne, et dilaté presque

Péroné.

(1) Je ne conçois pas trop comment M. G. Cuvier peut dire que le col du fémur du Lion est presque nul et non oblique (IV, p. 270).

également à ses deux extrémités; la supérieure plus épaisse que l'autre, et toutes deux subtrilobées; le crochet de réflexion du long péronier étant très-prononcé à l'inférieure.

Le pied, comme nous l'avons déjà fait remarquer, est en totalité au moins aussi long que la jambe, et ce grand allongement est dû surtout à celui des métatarsiens; aussi est-il peu étalé et plus serré, dans son articulation péronéo-tibiale. Pied.

L'astragale, assez semblable à celui de l'Ours au premier aspect, s'en distingue cependant aisément, d'abord par un peu plus d'étroitesse, d'obliquité et d'inégalité des deux côtés de la poulie; mais surtout parce que la tête scaphoïdienne est portée sur un col plus allongé, plus rétréci, et que la tête elle-même est moins arrondie et plus oblique sur le plan de position. Astragale. Sa tête.

Le calcanéum du Lion est encore plus aisé à distinguer de celui de l'Ours que l'astragale, et cela dans presque tous les points, mais surtout dans la forme générale bien plus allongée, plus comprimée de l'apophyse, dont la tubérosité est fort oblique, et au contraire dans une largeur et une étendue proportionnelle de la partie articulaire, évidemment moindres. La surface articulaire scaphoïdienne est aussi plus avancée et bien plus réniforme dans le Lion que chez l'Ours. Calcanéum.

Quoiqu'il y ait plus de ressemblance entre les scaphoïdes de ces deux animaux, on doit cependant faire observer que, dans le Lion, la partie supérieure ou dorsale de la circonférence est à peine égale à l'inférieure, ce qui donne à l'os une figure presque carrée; il est aussi plus épais; et les facettes des trois cunéiformes sont d'une tout autre figure et proportions, comme l'Iconographie le montrera plus aisément que le plus long discours. Scaphoïde.

Les cunéiformes étant en rapport principal avec ces facettes, il est aisé d'en conclure une certaine différence pour chacun d'eux, et surtout pour le premier, qui, dans le Lion, est fort comprimé, plat d'un côté, convexe de l'autre, et surtout bien plus long d'avant en arrière que Cunéiformes: premier.

haut, ce qui est justement le contraire dans l'Ours. Il y a beaucoup plus de ressemblance pour le second et moins pour le troisième. Seulement celui-ci chez le Lion est d'abord proportionnellement beaucoup plus gros, plus régulièrement carré; et ensuite il est pourvu inférieurement d'une forte apophyse dont il n'existe pas de traces chez l'Ours.

Second.

Cuboïde.

Enfin le cuboïde, dont la proportion est encore assez bien la même, mérite mieux son nom dans le Lion que dans l'Ours, sa face postérieure étant plus droite et moins oblique; il en résulte que le bord externe étant plus long, la gouttière péronière est bien plus prononcée, et même convertie en trou par un crochet externe allant toucher la tubérosité du cinquième métatarsien. Toutefois la facette articulaire pour ce dernier est notablement plus petite.

Au bord externe.

Métatarsiens, 4.

Les métatarsiens du Lion ne peuvent être confondus avec ceux d'aucun animal mammifère d'un autre genre que de celui des Felis; en effet, outre qu'ils ne sont qu'au nombre de quatre, du moins complets, dans une proportion assez différente, croissant de l'indicateur au médius, et décroissant de celui-ci à l'auriculaire, ils ont pour caractères communs de tendre à s'imbriquer à l'extrémité métatarsienne de dedans en dehors, ce qui n'a jamais lieu dans les Ours; d'être longs et assez arqués, arrondis dans leurs corps, et enfin d'avoir leur tête antérieure plus étranglée, plus profondément séparée de l'élargissement bicorne du corps, et peut-être aussi la carène inférieure plus prononcée. Quant aux différences particulières à chacun de ces os, l'indicateur, très-plat en dehors, verse fortement en dedans et même en se courbant un peu dans ce sens, avec une facette interne pour l'articulation de rudiment du pouce; le médian verse aussi, mais fort peu, dans le même sens, mais il est, en outre, plus fort et plus long : l'annulaire, un peu plus fort que l'indicateur, se courbe et verse un peu en dehors; enfin l'auriculaire, le plus grêle et le moins long de tous, suit encore davantage le même mouvement, fortement imbriqué par le précédent vers le tarse, et sans tubérosité basilaire externe bien prononcée.

Leurs caractères communs.

Différences.

Indicateur.

Médian.

Annulaire.

Auriculaire.

Métatarsien du gros Orteil.

Quant au métatarsien du gros orteil, il est, dans le Lion, représenté par un petit os ovale, comprimé, un peu onguiforme, tranchant au dos, et canaliculé en dessous, articulé à sa base avec le premier cunéiforme.

Les phalanges des trois sortes sont bien plus semblables à leurs analogues à la main que les métatarsiens aux métacarpiens, au point que je n'oserais assurer d'une manière positive leurs différences, du moins pour les phalanges et les phalangines. Il me semble cependant que les premières sont un peu plus grosses et un peu moins longues que leurs correspondantes en avant; il en est à peu près de même des secondes, également tant soit peu plus courtes. C'est ce qui est encore plus évident pour les phalanges onguéales, certainement plus petites qu'à la main, avec la gaîne basilaire laissant saillir davantage la pointe de la phalange. La plus forte ou celle du second orteil égale la cinquième des antérieures; les autres décroissent suivant la même progression qu'à la main. Phalanges;

Avec un Ours de même taille que le Lion qui nous sert de type, il ne peut y avoir de doutes que pour les premières phalanges, tant les deux autres sortes sont différentes; quant aux premières, on peut encore assez bien les distinguer, en voyant que chez celui-là elles sont toujours proportionnellement plus courtes, plus déprimées et moins arquées. comparées avec celles de l'Ours.

Passant maintenant aux différences que les espèces de Felis peuvent présenter dans leur squelette, nous ferons de nouveau observer que le nombre des os étant toujours rigoureusement le même, la dissemblance ne pourra porter que sur les proportions des parties et un peu sur la forme. Dès lors, puisque la dégradation est à peine manifeste dans ce genre, nous allons, dans notre comparaison, suivre l'ordre de grandeur, ce qui rendra notre travail plus facile. Des Différences

Continuant l'espèce du Lion qui nous a servi de type, nous dirons ce que nous croyons avoir remarqué, suivant le sexe, l'âge et même la patrie, lorsque nous avons eu des renseignements suffisants, ce qui est généralement assez rare. individuelles du Lion.

Les collections du Muséum possèdent aujourd'hui huit squelettes de Lions et huit crânes séparés d'animaux de même espèce. Quatre squelettes ou crânes sont connus pour provenir d'individus mâles et sept de femelles. Un seul est de l'Inde, et tous les autres d'Afrique. Presque tous les exemplaires qui s'y trouvaient avant notre époque sont sans indication de sexe, et même de patrie, en sorte qu'il est assez difficile de déduire de leur examen quelque chose d'un peu concluant.

Sur la patrie. Afrique.

Ayant pu examiner un certain nombre de crânes d'individus africains provenant de Barbarie et du Sénégal, du Cap et de la Haute-Nubie, et par conséquent les comparer sous tous les points de vue que je regarde comme spécifiques, la forme de l'extrémité des os du nez, celle du bord palatin, des apophyses ptérygoïdes, et même sous ceux qu'on est, à tort ou à raison, habitué à considérer comme tels, la forme et le développement de la caisse, la forme des trous incisifs, celle et la proportion des trous sous-orbitaires, des apophyses orbitaires, des apophyses coronoïde et angulaire de la mandibule, sans oublier les crêtes pariétale et occipitale, et même l'arcade zygomatique, évidemment variables avec l'âge et la force individuelle, je n'ai pu, dans les légères différences que ces parties m'ont présentées, trouver rien d'assez fixe, d'assez lisible pour devenir spécifique, ni même pour indiquer de véritables races.

Sur le sexe.

Femelles en général.

Il n'en a pas été tout à fait de même lorsque j'ai eu égard aux sexes : il m'a semblé, en effet, que les femelles ont la tête en totalité plus courte dans ses deux parties, d'où résulte que la courbure du chanfrein, et même de la ligne palato-basilaire, est plus marquée, surtout parce que l'apophyse occipitale, moins forte, s'élève moins et se prolonge moins en arrière. L'arcade zygomatique est aussi plus courte, plus arquée. Au contraire, l'enfoncement, la dépression orbito-frontale est plus prononcée à l'origine de la crête sagittale, par suite du soulèvement plus marqué des apophyses orbitaires, et les trous sous-orbitaires sont plus rétrécis.

Mâles.

Parmi les individus mâles, les crânes de Lion qui m'ont paru s'éloigner davantage du type commun, sont celui du Cap et celui de Nubie. Toutefois, nous devons faire observer que le premier provient d'un individu encore jeune, quoique adulte : dès lors, chez lui, l'arcade zygomatique est plus arrondie, ou s'écarte moins à angle droit à sa racine ; le front est moins excavé, l'apophyse frontale moins prolongée, caractères qui tous indiquent le jeune âge, et par conséquent se rapprochent de ceux de la femelle en général. Quant au crâne de Nubie, il est évidemment plus court, plus semblable encore à celui d'une Lionne, et surtout de la Lionne de l'Inde ; du moins à en juger d'après un seul crâne que nous possédons de l'un et de l'autre.

Femelles de différents pays d'Afrique; de l'Inde

Parmi les crânes d'individus femelles, ceux de Barbarie et du Sénégal ne m'ont offert aucune différence exprimable. Dans celui de l'Inde, je crois, au contraire, avoir remarqué une crête occipitale plus large ou moins étroite, celles de l'orbite également plus larges et plus arrondies, l'espace inter-orbitaire plus enfoncé avec le pli d'origine de la crête sagittale plus prononcé, le trou sous-orbitaire bien plus étroit et vertical (1), ce qui tient peut-être à ce que l'animal étant plus âgé, il y avait déjà diminution dans le système nerveux qui se rend aux moustaches. Au reste, je m'empresse de répéter que je n'ai vu que cet individu de la Lionne de l'Inde, et que, par conséquent, ces différences peuvent être individuelles. Ce qui le prouve, suivant moi, c'est qu'aussitôt qu'on porte la comparaison sur les véritables espèces de ce genre, on trouve des particularités différentielles aussi évidentes que saisissables.

spécielles.

Dans le Tigre. (*F. Tigris.*)

Commençons par le Tigre, dont la taille, à l'état sauvage, paraît certainement surpasser celle du Lion, ce qui n'est jamais dans nos ménageries. Nous possédons aujourd'hui dans les collections du Muséum quatre squelettes et dix têtes osseuses séparées de cette espèce, malheureusement le plus souvent sans renseignements sur le sexe et sur le lieu d'où ils proviennent.

Le squelette du Tigre ne diffère pas de celui du Lion et des Felis en général, sous le rapport du nombre des os, ni même sous celui de la

(1) Il n'y a toutefois à ce crâne qu'un seul trou sous-orbitaire de chaque côté comme dans ceux d'Afrique, vus par moi. Sur quatre crânes de Lions indiens signalés par M. R. Owen (*Procced. Zool. Soc. Lond.*, 1834, pag. 2), dans une note sur le crâne du Lion comparé à celui du Tigre, le trou sous-orbitaire était séparé en deux sur l'un des deux côtés au moins.

forme générale; et ce n'est que dans les proportions que l'on peut y reconnaître quelque différence appréciable.

à la tête. Dans la tête, par exemple, il faut noter comme différences, d'abord plus d'étroitesse dans toute la partie vertébrale, et par suite dans la crête occipitale se prolongeant davantage en arrière, ainsi que plus de détachement des condyles; puis une sorte de soulèvement du chanfrein entre les orbites, et par suite la convexité du front dans les deux sens et la déclivité des os du nez, qui sont aussi plus étroits, plus allongés, plus parallélogrammiques, le lobe inférieur de leur bord libre étant plus prolongé et plus détaché; d'où suit une ouverture nasale plus petite et plus étroite, en rapport avec une sorte de pincement ou de subcanalisation de la branche montante du maxillaire. Le trou sous-orbitaire est aussi un peu moins grand; les apophyses orbito-frontales plus courtes, plus déclives, les inférieures ou jugales étant au contraire plus aiguës. Mais un caractère qui m'a paru encore plus tranché, c'est la forme du bord palatin, qui est en pointe médiane sans échancrure, avec les apophyses ptérygoïdes moins grêles. On pourra aussi observer que l'arcade zygomatique a toujours plus de tendance à s'écarter davantage à angle droit, même dans le jeune âge, et que l'apophyse coronoïde de la mandibule s'abaisse plus en arrière. L'angulaire tend ainsi à s'écarter davantage de la ligne plus droite du bord inférieur de la mandibule, qui lui-même se dessine cependant davantage en apophyse géni dans sa partie antérieure.

Crête occipitale. Chanfrein. Os du Nez. Trou sous-orbitaire. Bord palatin. Apophyse coronoïde. Apophyse géni.

au reste du Squelette. Les autres os du squelette du Tigre présentent aussi quelques différences exprimables.

Atlas. L'atlas offre l'orifice d'entrée du canal carotidien bien plus marginal que dans le Lion.

Sixième cervicale. L'apophyse transverse de la sixième cervicale diffère beaucoup moins; elle est cependant moins profondément bilobée.

V. dorsales. L'apophyse épineuse des vertèbres dorsales est évidemment plus étroite et proportionnellement plus élevée; ce qui est encore plus marqué pour les vertèbres lombaires, dont les apophyses sont bien plus larges dans le Lion ; au point que ce seul caractère suffirait pour faire distinguer une vertèbre lombaire de l'une ou l'autre de ces deux espèces ; à quoi il faut ajouter que l'apophyse épineuse de la onzième dorsale est assez marquée, et pointue assez bien comme dans le Lion (1).

V. coccygiennes. Aux vertèbres coccygiennes, au nombre de 22 (2), les apophyses transverses et les articulaires sont aussi plus prononcées dans le Tigre que dans le Lion. En effet, il y en a huit avec canal supérieur dans celui-là, et six seulement dans celui-ci.

Hyoïde. Dans la série sternale, il faut encore observer que l'Hyoïde est, comme dans le Lion, interrompu dans sa grande corne par un hiatus membrano-ligamenteux considérable, qui remplace l'article intermédiaire ; le basilaire étant cependant moins court, en spatule, et le terminal mince et recourbé presque à angle droit dans sa partie cartilagineuse.

MEMBRES. *M. antérieurs.* Les membres antérieurs du Tigre sont, en général, plus courts, plus robustes dans toutes leurs parties.

Omoplate. L'omoplate est un peu plus large proportionnellement et plus arrondie dans la moitié de son bord antérieur, plus rectiligne dans le reste, ce qui lui donne une forme générale plus parallélogrammique. Son tubercule coracoïde est, en outre, notablement plus prononcé.

Humérus. L'humérus a sa poulie articulaire, ainsi que toute l'extrémité inférieure, évidemment plus large proportionnellement.

Radius. Le radius est plus court, et surtout plus large, et même a sa tête supérieure, qui laisse ainsi moins d'espace dans l'articulation humérale, au cubitus. Il en est de même de son extrémité inférieure.

Carpe. Il s'ensuit que le scaphoïde est proportionnellement et notablement plus large. Au reste, aucun des autres os du carpe n'est réellement sem-

(1) Daubenton, *Buffon*, IX, p. 45, dit, à tort, ce me semble, que, dans le Tigre, l'apophyse épineuse des 4e, 5e et 6e vertèbres cervicales est beaucoup plus courtes, et que les apophyses accessoires des vertèbres lombaires ont moins de longueur et sont moins recourbées en dedans, dans le Tigre que dans le Lion.

(2) M. Cuvier dit dix-neuf seulement et quatre sacrées, mais à tort, ce me semble.

blable dans les deux espèces, quoique moins différents que le scaphoïde.

Métacarpe. Les métacarpiens du Tigre sont encore sensiblement plus robustes: un médian, par exemple, mesuré dans son milieu, surpasse en largeur de deux ou de quatre millimètres celui de même longueur d'un Lion de même sexe. Aussi, dans la largeur totale des quatre os du métacarpe, prise sur le Lion et sur le Tigre, y a-t-il une différence de plus d'un centimètre.

Phalanges. Les premières phalanges sont également plus fortes dans ce dernier, mais aussi plus longues, et cela d'une quantité notable.

Les secondes sont dans le même cas; bien plus fortes, mais moins excavées au côté externe.

M. postérieurs. Os innominé. L'os innominé est, en général, plus court, mais surtout dans sa partie antérieure ou iliaque; en effet, il y a égalité entre les deux parties mesurées du bord antérieur de la cavité cotyloïde, tandis que, dans le Lion, il y a un septième de plus pour la première.

Fémur. Le fémur diffère beaucoup moins. L'extrémité inférieure est cependant plus épaisse dans le Tigre.

Tibia et Péroné. On trouve un résultat assez semblable pour le tibia et le péroné.

Les surfaces articulaires sont toujours proportionnellement un peu plus larges dans le Tigre que dans le Lion. La forme même du péroné est assez différente, mais c'est à peine si l'Iconographie peut le faire voir nettement.

Pied. Le pied du Tigre, mesuré de l'extrémité postérieure du calcanéum à l'antérieure du plus long doigt, est de près de 0,030 plus grand dans le Tigre que dans le Lion, et cette différence se répartit dans le calcanéum, dans les trois os externes de la seconde rangée du tarse, ainsi que dans ceux du métatarse et des doigts à peu près comme à la main.

Limites de variations. Les différences proportionnelles, que nous venons de signaler, quoique nos mesures aient été prises sur deux squelettes de même grandeur générale, et de même sexe, sont indubitablement susceptibles de quelques variations en plus ou en moins, mais il restera cependant hors de doute que ces deux espèces diffèrent notablement dans les proportions de tous les os qui constituent leur squelette, comme au reste Daubenton l'avait parfaitement reconnu (Buffon, IX, p. 146), surtout pour les membres.

Le Jaguar, sous ce rapport, est l'espèce qui se rapproche le plus du Tigre. JAGUAR. (*F. Onça.*)

La tête, par exemple, présente encore une sorte d'arqûre plus prononcée dans son chanfrein; mais le culmen ou le point le plus saillant de la courbe est plus reculé que dans le Tigre, en sorte que la déclivité du front et du nez est encore plus prononcée, plus rapide, plus étendue, et que le crâne est plus court. Toutes les autres particularités différentielles sont, pour ainsi dire, intermédiaires à ce qu'elles sont dans le Tigre et dans la Panthère. En effet, en portant la comparaison avec celle-ci, on trouve la tête en général plus courte, la crête occipitale plus étroite, le front plus bombé dans les deux sens, avec les cavités ethmoïdales plus renflées, et les apophyses post-orbitaires plus petites et plus aiguës, les os du nez plus relevés, un peu plus courts, coupés plus obliquement et plus étroitement échancrés à leur terminaison, les apophyses ptérygoïdes plus courtes, l'apophyse lacrymale plus large et plus saillante, le bord palatin échancré étroitement dans son milieu, la caisse plus ronde, plus dilatée ou moins ovale, comprimée, les arcades zygomatiques plus brusquement écartées à angles droit, l'apophyse coronoïde de la mandibule moins droite et l'angulaire moins saillante (1). Tête. Comparé au Tigre et à la Panthère. Crête occipitale. Os du nez. Palatin. Mandibule.

Le reste du squelette complète un certain degré de rapprochement avec le Tigre. Squelette.

Le trou d'entrée de l'artère vertébrale dans l'axis, est cependant tout à fait marginal comme dans la Panthère. Axis.

L'apophyse transverse de la sixième cervicale est à peine bifide, au lieu de l'être profondément comme dans celle-ci, et l'apophyse épineuse Sixième cervicale.

(1) Ce sont toutes ces particularités différentielles qui me portent à considérer la tête de grand Felis figurée par Spix (*Céphalogénésie*, tab. I et II, fig. 3) sous le nom de *F. Leo*, non pas comme de Tigre, ainsi que l'a proposé M. Cuvier, mais comme de Jaguar.

V dorsales. Onzième. des vertèbres dorsales et lombaires est comme dans le Tigre. Il faut cependant faire observer que la onzième dorsale est entièrement dépourvue d'épine. Mais ce sont surtout les membres et leurs os longs qui offrent plus d'analogie, à cause de leur brièveté, avec ce qu'ils sont dans ce dernier.

Hyoïde. L'os hyoïde est complet, c'est-à-dire que ses grandes cornes sont formées, comme dans toutes les moyennes et petites espèces de Felis, de trois pièces, en connexion immédiate, ce qui est tout différent dans la Panthère.

M. antérieurs: Omoplate. L'omoplate égale le radius en longueur; ce qui n'est pas encore tout à fait dans le Tigre, mais ce qui est très-différent dans la Panthère, où la différence est d'un cinquième en faveur du radius. Du reste, elle est plus large dans le Jaguar que dans toute autre espèce de Felis.

Humérus. L'humérus, un peu plus long que le radius, est remarquablement court; son empreinte deltoïdienne descend au tiers environ de sa longueur.

Radius Le radius participe à cette grande brièveté aussi bien dans son corps que dans ses extrémités. L'inférieure, par exemple, égale en largeur le quart de la longueur totale; dans un Lion, elle n'en est que le sixième.

Main. Le carpe, le métacarpe, et les phalanges continuent cette brièveté et cet élargissement, comme le montre l'Iconographie.

M. postérieurs: Os innominé. Fémur. Tibia. Pied. Les os des membres postérieurs sont à peu près dans la même proportion entre eux que ceux des antérieurs; ainsi, l'os inominé très-large, très-fort, n'est que d'un cinquième plus court que le fémur, qui, lui-même, n'est que d'un sixième plus long que l'humérus. Il est du reste épais et large, surtout à ses deux extrémités. Le tibia, qui participe nécessairement à cette largeur, surtout en haut, est d'un cinquième plus court que le fémur. Les os du tarse et du métatarse, et les phalanges, sont aussi plus courts et plus épais, même que dans le Tigre; le métatarsien du médius égalant cependant deux fois un tiers le tibia, comme dans cet animal.

PANTHÈRE (*F. Pardus*). Le squelette de la Panthère est, en général, inférieur de taille à celui du Jaguar; mais si cela n'a pas lieu pour tous les individus, du moins il est toujours plus grêle, plus allongé dans toutes ses parties (1).

On reconnaît assez bien la tête de la Panthère par la forme du chanfrein qui est assez peu et assez doucement arqué, avec l'espace fronto-orbitaire aplati transversalement ou fort peu convexe. Les apophyses post-orbitaires sont médiocres et assez arquées; les os du nez assez étroits et peu profondément échancrés à leur terminaison; le bord palatin est relevé en pointe dans son milieu, et les apophyses ptérygoïdes sont longues et fort grêles. Crâne.

Les os de l'oreille m'ont paru être tout à fait comme dans le Lion. Os de l'oreille.

Le nombre des vertèbres est du reste le même, si ce n'est à la queue où il est en général plus considérable, mais variable de vingt-deux à vingt-cinq. V. caudales, 22.

Parmi les vertèbres, je ne trouve guère à noter, comme différence un peu saisissable, que la profonde bifurcation de la lame inférieure de l'apophyse transverse de la sixième cervicale; la gracilité et l'acuïté de l'apophyse épineuse des dorsales en général, et son existence, quoique petite, à la onzième; et l'étroitesse des épineuses et transverses des lombaires. Sixième cervicale. Onzième dorsale.

L'os hyoïde de la Panthère manque, comme celui du Lion et du Tigre, de la pièce intermédiaire des grandes cornes, remplacée par un ligament étroit, dans lequel on trouve quelquefois un petit rudiment, plutôt cartilagineux qu'osseux, de cette pièce. Daubenton décrit cet os autrement; mais c'est une nouvelle preuve que l'espèce dont il a étudié le squelette sous le nom de Panthère était un Jaguar. Hyoïde.

Je dois, en outre, faire observer que, dans la Panthère noire de Java, j'ai trouvé le rudiment de la pièce intermédiaire de la grande corne plus normalement développé que dans la Panthère ordinaire. Hyoïde de la *P. noire*.

Aux membres antérieurs, l'omoplate est proportionnellement plus petite, surtout par comparaison avec l'humérus, qui est d'un tiers plus Omoplate.

(1) Si l'on trouve une assertion contraire dans Daubenton (*Buffon*, IX, p. 187), lorsqu'il dit que les os du bras, de l'avant-bras et de la jambe sont beaucoup plus courts que ceux du Tigre, c'est que Daubenton avait sous les yeux un squelette de Jaguar et non celui d'une Panthère.

Radius. long. Le radius lui-même est assez grêle, et même assez long, pour n'être surpassé que d'un cinquième par l'humérus. Cubitus. Le cubitus suit la gracilité du radius, du reste avec la forme ordinaire. Métacarpe. Phalanges. La même gracilité, et même plus de longueur, se remarquent dans les os du métacarpe et dans les phalanges, de manière à ce qu'aucun de ces os ne puisse être confondu avec son analogue dans un Jaguar de même taille.

Os innominé. Fémur. Aux membres postérieurs, la même prédominance des os longs qui les constituent se manifeste; ainsi l'os innominé diffère en longueur d'un quart seulement, au lieu d'un cinq ou sixième, du fémur qui est aussi bien plus grêle et moins déprimé que dans le Jaguar.

Tibia. Le tibia est presque aussi long que le fémur, et surtout bien moins large à son extrémité supérieure.

Métatarse. La longueur proportionnelle des os du métatarse, leur gracilité augmentent encore, ce qui a également lieu pour les phalanges; en sorte qu'il serait assez facile de distinguer un os de Panthère de son analogue dans un Jaguar.

J'ai pu examiner un assez bon nombre de squelettes, surtout de têtes osseuses de Panthères d'Afrique (de la Barbarie, du Sénégal et du Cap); d'autres de l'Inde, et surtout de Java, sans pouvoir y trouver de différences évidentes, que dans la taille, qui est quelquefois de près d'un quart en plus ou en moins, lorsqu'on compare surtout des individus de sexes différents.

Léopard de M. Temminck. Je dois même dire que sur des crânes notés d'après M. Temminck lui-même, si je ne me trompe, comme de son Léopard, je n'ai trouvé aucune différence appréciable en les comparant avec ceux de sa Panthère. Vraie Panthère? J'ai cependant observé deux ou trois crânes de Panthères, l'une du Cap, les autres de Barbarie, et chez lesquels le bord palatin était évidemment échancré dans son milieu, au lieu d'être relevé en pointe.

Espèces de taille moyenne ou petite. Après cet examen des espèces de Felis les plus rapprochées de notre type sous le rapport de la grandeur, nous devons maintenant, pour terminer notre comparaison, passer en revue les espèces de moyenne et, plus souvent encore, de petite taille, en remontant vers celles qui sont plus viverroïdes, et en descendant vers celles qui sont plus caninoïdes

Espèces ascendantes des FELIS VIVERROÏDES.

Dans le premier sens, nous ne connaissons encore que trois ou quatre petites espèces à tête longue et à queue médiocre, appartenant exclusivement à l'Asie continentale et insulaire.

L'espèce dans laquelle la forme de la tête s'éloigne le plus de celle des Felis ordinaires, est le *F. Planiceps* ou *Viverriceps;* j'ai pu en examiner, dans nos collections, trois crânes plus ou moins complets, et un squelette envoyé de l'Inde par M. Diard.

F. Planiceps.

Outre l'allongement de la tête dans ses deux parties, qui rappelle fort bien celle d'une Genette, on doit remarquer l'aplatissement du front, de forme losangique régulière, déterminée par l'origine des crêtes temporales; l'apophyse orbito-frontale large, subcanaliculée, et assez longue pour atteindre celle correspondante de l'os jugal, et complétant ainsi le cadre de l'orbite; le nez assez pincé et les naseaux fort étranglés dans leur milieu, et en général très-petits, et terminés par deux lobes subégaux; le trou sous-orbitaire rond et assez petit; et, enfin, le canal palatin étroit et échancré au milieu de son bord.

F. Javanensis.

La tête osseuse du *F. Javanensis* est également assez allongée, mais sensiblement moins; d'ailleurs le cadre de l'orbite est moins complet, et le bord palatin est pourvu d'une petite pointe médiane, au lieu d'être échancré.

F. Sumatrana.

Le *F. Sumatrana* se rapproche encore moins du *F. Planiceps*, et rentre davantage, par sa tête, dans la forme des Chats ordinaires. Elle est cependant encore un peu allongée, arquée; mais le front est plus convexe dans les deux sens; l'orbite est encore moins complet, quoiqu'il puisse l'être encore quelquefois; l'orbite lui-même est énorme; les os du nez sont en général plus larges, et surtout moins étroits au milieu.

F. Rubiginosa.

Le *F. Rubiginosa* a plus de rapports avec le *F. Javanensis*, par le rétrécissement de l'espace inter-orbitaire, par la grande largeur et le rapprochement des apophyses orbitaires; cependant on conçoit qu'il forme une espèce distincte par un certain nombre de particularités plus faciles à voir qu'à exprimer.

Je ne connais, de ces espèces viverroïdes, le reste du squelette, que

Squelette des espèces viverroïdes. Vertèbres dorsales.

dans le *F. Planiceps* et le *F. Sumatrana*. Le premier est remarquable par sa petitesse et la gracilité des os qui le constituent. Je ne vois, du reste, guère à signaler que la nullité presque complète de l'apophyse épineuse de la dixième dorsale, et la petitesse, en général, de celle de toutes les suivantes, et des transverses des lombaires ; ce qui est en rapport avec le peu de développement de la queue, formée de dix-huit vertèbres fort petites. Les os des membres sont au contraire, en général, proportionnellement longs et grêles.

V. coccygiennes. Membres.

Le squelette du *F. Sumatrana* rentre davantage dans la forme et les proportions de celui du Chat d'Europe, quoique sa queue, formée de dix-neuf vertèbres, soit encore assez petite ; la dixième dorsale a, du reste, son apophyse épineuse assez marquée, ainsi que la onzième, assez bien comme dans le *F. Catus*.

Espèces descendantes :

Les autres espèces de Felis de la partie descendante du genre sont beaucoup plus nombreuses et susceptibles d'être partagées en un certain nombre de petits groupes.

Servaloïdes :

Le premier est celui qui comprend le Serval, avec une nouvelle espèce découverte récemment dans l'Himalaya, et qui se distingue par une queue assez courte.

Serval (*F. Serval*).

Nous possédons deux squelettes entiers du Serval et plusieurs crânes, tous d'Afrique. Au premier aspect, c'est de celui du Lynx qu'il se rapproche davantage ; seulement la tête est en général un peu plus allongée, le chanfrein moins bombé, la crête sagittale courte et l'occipitale plus étroite, avec les apophyses orbitaires plus larges, l'espace frontal plus plat, l'os mandibulaire plus en bateau ou moins droit à son bord inférieur, et l'apophyse angulaire un peu plus longue. Du reste, le bord palatin, assez large, est quelquefois anguleux, et d'autres fois un peu échancré dans son milieu ; ce qui tient peut-être au degré d'ossification.

Crâne.

Vertèbres.

Les autres parties du squelette indiquent aussi une espèce un peu lyncoïde, par la brièveté de la queue, formée de dix-huit vertèbres seulement, et par la forme un peu élancée des membres. On peut y remarquer, de plus, l'allongement fort surbaissé de l'apophyse épineuse de l'atlas, l'apophyse transverse de la sixième vertèbre cervicale peu bifide, l'épineuse de la dixième dorsale fort petite et presque cachée; les transverses des lombaires très-obliques, longues et subégales; les sternèbres, et surtout le manubrium, fort comprimées; le prolongement marqué de l'apophyse coracoïde; l'humérus très-droit et de près d'un tiers plus long que l'omoplate, autant proportionnellement que dans un Lynx; l'avant-bras peut-être encore plus serré dans ses deux os, également plus arqués, avec un sillon prononcé à la partie supérieure du radius, et le cubitus presque tranchant à son bord postérieur; la main longue et étroite, surtout dans les métacarpiens, plus proportionnellement peut-être que dans le Lynx, ce qu'on peut dire d'une manière générale de toutes les parties des membres postérieurs, et surtout pour les os du métatarse, plus grêles et même plus longs.

Sternèbres.

Membres.

Quant au *F. Viverrina* ou *Himalayana*, sa tête me semble avoir de grands rapports avec celle du Serval, même dans la forme des crêtes sagitto-occipitales; seulement elle est encore plus allongée. Le nez est bien plus pincé, et par conséquent les os du nez bien plus étroits; les apophyses orbitaires sont aussi moins larges, mais plus longues, au point de compléter le cercle orbitaire. Le bord palatin est un peu échancré dans son milieu.

F. Viverrina.

Crâne.

La queue, dans cette espèce, a dix-neuf vertèbres.

V. cocc. des Felis ocelOïdes.

C'est évidemment avec la tête du Serval que celle de l'Ocelot a le plus de rapports, pour la forme du moins, car pour la grandeur elle égale au moins celle d'un grand Lynx, au point qu'il serait assez difficile de les distinguer par la taille et même par la forme. C'est, en effet, assez bien la même arqûre du chanfrein; le front est cependant plus bombé dans les deux sens, et non canaliculé à l'origine du nez. L'apophyse sous-orbitaire est plus longue, plus étroite, plus dirigée en arrière. Le nez est toujours assez pincé à sa racine entre les maxillaires; aussi les os du nez sont-ils plus étroits, plus dilatés subitement à la base, le lobe externe de celle-ci étant proportionnellement plus prolongé. L'ouverture naso-palatine est

Ocelot (*F. Pardalis*).

Crâne.

également moins transverse et plus en ogive. Enfin, le côté antérieur de l'apophyse coronoïde est plus rectiligne, plus oblique, et toute l'apophyse moins arquée et plus verticale.

J'ai pu comparer à la fois sept crânes d'Ocelot, dont le sexe n'était certain que pour deux, l'un mâle et l'autre femelle, et il m'a semblé que celui-ci était plus court, plus ramassé; mais je ne voudrais pas assurer qu'il en soit toujours ainsi.

CHATI (*F. Mitis*).

J'ai pu comparer à ces têtes d'Ocelot deux crânes de l'espèce désignée par M. F. Cuvier sous le nom de Chati (*F. Mitis*), et l'individu même qui a servi à son établissement; en portant la comparaison sur un individu de même sexe femelle de l'Ocelot, je n'ai pu trouver aucune différence véritablement appréciable, que dans la taille, en général moindre. J'ai cru cependant que la tête du Chati avait encore plus de ressemblance avec celle du Serval, par une excavation plus marquée du front.

MARGAY *F. Tigrina*.

Je n'ai eu à ma disposition qu'un seul crâne de Margay (*F. Tigrina*) adulte, et il m'a semblé que ce n'était encore qu'un crâne d'Ocelot, plus petit, plus raccourci, avec le front bombé dans les deux sens, l'apophyse fronto-orbitaire plus courte, plus aiguë, le nez un peu moins pincé, et ses os un peu plus courts et plus larges.

F. Elegans.

J'ai pu m'assurer que le Felis désigné dans ces derniers temps sous le nom de *F. Elegans*, n'était qu'un véritable Margay, de taille encore plus petite. Du moins le crâne d'un Chat du Pérou, ayant tous les caractères assignés à cette espèce, ne m'a offert aucune différence appréciable, comparé à celui d'un *F. Tigrina*.

Autre espèce du même groupe.

On pourrait assez bien en dire autant d'un autre Felis oceloïde rapporté de Buénos-Ayres par M. d'Orbigny, et qui paraît être de la taille d'un Chati. Sa tête osseuse, la seule partie du squelette que j'aie vue, m'a paru en effet indiquer quelque chose d'intermédiaire au Chati et au Margay, plus rapprochée de celui-ci que de celui-là.

Squelette des Felis oceloïdes.

Outre la tête de ces quatre espèces ou variétés d'Ocelot, j'ai pu observer deux squelettes d'Ocelot proprement dit, deux de Chati, un de Margay et un du F. élégant, et la ressemblance m'a paru très-grande, même dans les proportions des membres, qui sont dans les Ocelots toujours moins élevés que dans le Serval, et les différences ne porter guère que sur la taille. On peut cependant remarquer plus de force proportionnelle dans le squelette de l'Ocelot, l'apophyse épineuse des vertèbres dorsales étant plus large, plus dilatée vers la base, et par conséquent bien moins grêle, ce qui a également lieu pour les apophyses transverses des vertèbres lombaires. Le nombre de vertèbres caudales est aussi de vingt-deux au lieu de vingt. De plus, le bord postérieur du cubitus de l'Ocelot est large et épais, au lieu d'être mince et presque tranchant, comme dans le Chati et l'Élégant. Du reste, dans ces quatre squelettes l'apophyse épineuse de la onzième dorsale est également spiniforme.

F. Pardalis.

F. Mitis et *Tigrina.*

Des FELIS AMÉRICAINS UNICOLORES.

Avant de passer au petit groupe qui renferme notre Chat d'Europe, nous devons dire quelque chose de deux espèces remarquables par la même particularité de robe qui distingue le Lion, c'est-à-dire par l'uniformité de coloration du corps et du dos des oreilles, du moins dans l'âge adulte. Ces deux espèces sont le Cougouar (1) et le Jaguarundi. Nous connaissons du premier huit crânes de taille très-différente, ainsi que deux ou trois squelettes. Du second, nous ne possédons que deux têtes tronquées à l'occiput, sans sexes déterminés.

COUGOUAR (*F. Concolor*).

Son Crâne.

La tête osseuse du Cougouar, quoiqu'en général plus ramassée, peut être assez bien comparée à celle de la Panthère. Elle montre, pour différences principales, un front moins large, mais plus soulevé, plus convexe; un museau plus court et plus rapidement déclive, et par conséquent des os du nez moins allongés, et la branche montante du maxillaire plus large et plus courte. Il en est de même de l'os mandibulaire qui est moins étroit dans toutes ses parties et surtout dans son apophyse angulaire. Les caisses sont aussi plus globuleuses, et le bord palatin est légèrement excavé vers son milieu.

(1) Daubenton en donnant une description différentielle du squelette de cette espèce (*Buffon*, IX, p. 228), avait parfaitement noté la grande convexité du front, l'échancrure profonde de l'apophyse transverse inférieure de la grande cervicale, et la longueur proportionnelle plus grande du radius, comparativement avec le Jaguar (son Léopard).

La même ressemblance se poursuit encore mieux dans le reste du squelette, avec les différences suivantes : l'apophyse transverse de l'atlas est moins développée; l'inférieure de la sixième est assez birfurquée, moins cependant que dans la Panthère; l'épineuse de la dixième est assez élevée et pointue, au lieu d'être presque nulle; les transverses des lombaires sont plus étroites et plus longues, surtout aux premières; les vertèbres de la queue sont aussi proportionnellement plus longues, quoiqu'en même nombre, 23.

Atlas. Dixième dorsale. V. lombaires. V. coccygiennes.

L'os hyoïde est, suivant Daubenton (*Buffon*, IX, pag. 262), formé de neuf pièces, comme celui de sa Panthère (1); mais il en diffère en ce que les secondes sont plus longues proportionnellement de la longueur des troisièmes, et que les premières sont aplaties sur les côtés. Le fait est que les trois pièces des grandes cornes croissent assez rapidement de la première à la troisième, et sont assez grêles. L'omoplate est un peu plus étroite; l'humérus un peu plus court, et, du reste, de proportions assez semblables; mais il n'en est pas tout à fait de même aux membres postérieurs qui sont notablement plus longs, du moins pour le pied, d'un cinquième en sus, et notablement aussi pour l'os innominé et le tibia. Le fémur est au contraire un peu plus court et plus robuste.

Hyoïde. Membres antérieurs, postérieurs.

La tête du Jaguarundi est d'abord d'une taille bien moindre que celle du Cougouar, puisqu'elle ne surpasse qu'un peu celle du Chati, avec laquelle on peut la comparer, en outre, par la forme arrondie de son chanfrein, et surtout de son front; mais elle en diffère par sa forme un peu plus allongée, par l'acuïté des apophyses orbitaires fort rapprochées, et surtout parce que le nez est encore plus pincé, ses os étant extrêmement étroits, surtout plus courts; par une moindre grandeur du canal sous-orbitaire, et parce que le bord palatin est assez profondément échancré dans son milieu, l'échancrure étant arrondie au lieu d'être en ogive, et, enfin, que l'apophyse angulaire de la mandibule est plus étroite et plus longue.

F. Jaguarundi. Crâne.

(1) La Panthère de Daubenton est un Jaguar.

Les Chats proprement dits, reconnaissables à la couleur grise et uniforme du dos des oreilles, à la verticalité de la pupille, à l'existence de deux traits aux joues, et de deux barres internes aux membres antérieurs, m'ont offert des différences plus grandes entre les espèces qui les constituent, du moins dans la proportion des os des membres, que les Océloïdes. Des CHATS PROPREMENT DITS.

Pour la tête, en prenant pour terme de comparaison notre Chat d'Europe (1), dont j'ai pu étudier plusieurs crânes d'individus sauvages et domestiques qui m'ont offert constamment les mêmes caractères, j'ai pu remarquer la forme, bombée dans les deux sens et arquée, de toute la tête (2) et du front en particulier; les os du nez assez arrondis en spatule à leur origine, et formant cependant un nez assez pincé; des orbites presque orbiculaires, avec les apophyses de leur cadre assez rapprochées; le bord palatin large, avec apophyse médiane peu prononcée. J'ai aussi trouvé que, parmi les osselets de l'ouïe, le marteau est comme tordu et rétréci dans son col, au lieu d'être large et presque membraneux comme chez les autres Felis que j'ai pu examiner. Crâne. CHAT D'EUROPE *F. Catus.* Osselets de l'Ouïe.

Le Chat du Bengale (*F. Bengalensis*), dont j'ai observé un crâne d'individu adulte, probablement femelle, offre tout à fait les mêmes caractères qu'un crâne de *F. Caligata*, ou à oreilles rousses. Il est seulement un peu plus petit et un peu plus allongé, surtout au canal palatin. *F. Bengalensis*.

Le crâne de l'espèce figurée par M. F. Cuvier, sous le nom de *F. Torquata*, offre aussi les mêmes particularités caractéristiques; seulement il est un peu plus court, plus ramassé, ce qui semble indiquer un individn mâle. *F. Torquata.*

Le Chat sauvage du Cap (*F. Cafra*), dont j'ai vu trois crânes et un *F. Cafra.*

(1) Daubenton a donné une fort bonne description du squelette du Chat (*Buffon*, VI, p. 38, 1756), comparé avec celui du Chien, et sept pages des mesures linéaires.

(2) Daubenton (*Buffon*, VI, p. 38), dit que les os du nez, les frontaux, les pariétaux et les occipitaux forment une courbe presque aussi régulière qu'un demi-cercle dont le centre serait sur le plan horizontal à égale distance des deux extrémités de la tête.

squelette, ressemble peut-être davantage au Margay et aux Ocelots qu'à notre Chat sauvage, du moins sous le rapport de la tête, à cause de la courbure et de la largeur du chanfrein; le pincement du nez étant, cependant, encore plus marqué, les orbites plus grands, moins distants; mais surtout le bord palatin est beaucoup plus transverse, avec une pointe médiane comme dans les Chats d'Europe.

Hyoïde du *F. Catus*.

L'os hyoïde de notre Chat domestique a ses neuf pièces complètes et assez dans les proportions ordinaires, mais, en général, peu aplaties. Je ne le connais pas dans d'autre espèces de cette section (1).

Squelette.

F. Cafra.

Membres: antérieurs.

Quant au reste du squelette de ces trois espèces, ceux du Chat d'Europe et de l'Inde sont tout à fait dans la proportion ordinaire; mais il n'en est pas de même de celui du *F. Cafra*, dont les membres sont beaucoup plus grêles et plus élancés dans toutes leurs parties. Ainsi, l'omoplate étant de la longueur de celle du Chat ordinaire, avec le bord antérieur droit, l'humérus est d'un quart plus long, le radius égale l'humérus, et le métatarsien du médius égale le tiers de la longueur du radius.

postérieurs.

Les membres postérieurs sont assez bien dans les mêmes proportions; l'os innominé est à peine plus long que l'omoplate; le fémur un peu arqué le surpasse d'un tiers, le tibia et le péroné fort grêle égalent celui-ci, et le métatarsien du grand doigt surpasse assez la moitié des os de la jambe, ce qui donne au pied une élévation remarquable, proportionnellement égale à ce qui a lieu dans les Lynx et les Guépards.

Des Cato-Lynx.

Leurs espèces.

Le petit groupe des Chats-Bottés, ou mieux des Cato-Lynx, pour employer une expression de Pallas, offre encore de très-grandes ressemblances, sous le rapport du squelette, avec notre Chat d'Europe, et surtout le *F. Maniculata* qui en a la taille; car le *F. Caligata* et le *F. Chaus* surtout, étant beaucoup plus grands, les différences paraissent bien plus considérables.

(1) Quant au prétendu ver de la langue du Chat, ce n'est réellement qu'un très-petit corps cartilagineux assez mou, occupant la ligne medio-basilaire de cet organe, sans connexion avec l'hyoïde et qui ne peut être compté en Ostéographie.

J'ai vu du Chat-Botté (*F. Caligata* ou *Bubastes*), trois crânes et deux squelettes, malheureusement tous provenant de l'Inde. *F. Caligata.*

Du *F. Maniculata*, qui est plus petit que le précédent, j'ai pu observer trois crânes sans squelette, rapportés du Sennaar, par M. P. E. Botta, deux provenant d'individus sauvages; le troisième d'un animal domesque; un squelette entier provenant d'un Chat d'Égypte, qui a vécu à la Ménagerie. *F. Maniculata.*

Enfin, du *F. Chaus*, je n'ai vu qu'un crâne presque entier, rapporté d'Égypte par M. Étienne Geoffroy-Saint-Hilaire. *F. Chaus.*

Et sauf la taille fort différente, quoique diminuant presque graduellement depuis le *F. Chaus*, de la grandeur d'un petit Lynx, jusqu'au *F. Maniculata*, quelquefois plus petit que notre Chat d'Europe, je n'ai guère pu trouver, entre les crânes de ces trois espèces, de différences que dans la grandeur et un peu dans la force.

Ainsi, pour la tête, le crâne est toujours assez courbé au front, assez pincé au nez; les orbites sont grands, obliques et ovales; les apophyses orbitaires sont assez rapprochées, et même assez courbées; l'ouverture palatine est large, transverse, avec pointe médiane courte; enfin, l'apophyse angulaire de la mandibule est également large et courte. Leur Crâne.

Pour le squelette, en comparant celui du Chat à oreilles rousses du Bengale, et celui du Chat d'Égypte, il m'a semblé que la similitude était complète, sauf la grandeur. J'ai cependant noté deux ou trois vertèbres caudales de plus dans le premier que dans le second, l'un en ayant vingt-trois, et l'autre vingt seulement, avec une différence de même sorte dans leur longueur. Ainsi, la queue, qui dans l'un égale en longueur les vertèbres sacrées, lombaires, dorsales, et les trois dernières cervicales, ne dépasse pas la cinquième dorsale dans l'autre. Leur Squelette. Vertèbres coccygiennes.

Le bord antérieur de l'omoplate est aussi bien plus droit dans le Chat d'Égypte que dans le Chat-Botté des Indes.

Le Caracal qui commence la division des Lynx, et dont nous avons pu étudier quatre crânes bien adultes, dont un mâle certain, et trois squelettes souvent avec sexes déterminés, se distingue parce que la partie Des Espèces de LYNX. Crâne. CARACAL (*F. Caracal*).

vertébrale de la tête est fortement arquée au chanfrein, le culmen étant interorbitaire. Il en résulte que le nez est fort déclive et assez rapidement, ce qui concorde avec la grande brièveté de la face, qui est du reste assez étroite et assez pincée entre les orbites. Les os du nez sont d'une forme assez particulière; les apophyses orbitaires médiocres; les ptérygoïdes assez courtes, et le bord palatin quelquefois un peu échancré au milieu; le trou sous-orbitaire est encore médiocre.

Des vrais Lynx, j'ai pu étudier un assez bon nombre de crânes, et un ou deux squelettes, rarement avec des indications certaines de sexe et même d'origine.

F. Lynx. Son Crâne. Sur trois crânes que nous supposons venir du nord de l'Europe, à cause des différences qu'ils présentent avec le Lynx du Canada, on peut remarquer une courbure plus uniforme dans toute l'étendue du chanfrein, depuis l'occiput jusqu'à l'extrémité des os du nez; ceux-ci, plus larges et plus triangulaires, moins étranglés dans le milieu. Les orbites sont aussi proportionnellement plus grands, plus complets dans leur cadre, à cause d'une plus grande saillie des apophyses orbitaires. Le bord palatin est assez constamment échancré dans son milieu. Du reste, sauf un peu plus de grandeur, les autres points caractéristiques ont la plus grande ressemblance. Toutefois, sur l'un de ces crânes que je crois provenir d'un individu femelle, la tête, outre qu'elle est un peu plus petite, est aussi plus étroite, surtout dans la région ptérygo-palatine, et il en est de même des ouvertures nasales antérieures.

F. Rufa. Du Lynx du Canada (*F. Rufa*), j'ai eu l'avantage de pouvoir examiner cinq ou six têtes de dimensions un peu différentes, mais, malheureusement, rarement avec sexe déterminé. Les différences principales que

Crâne. je pense avoir reconnues dans cette espèce, comparée avec la précédente, sont : un peu moins d'arqûre du chanfrein, ce qui donne à la tête un aspect plus allongé et un peu plus étroit, étroitesse qui est plus marquée entre les orbites et dans le reste de la face, dont le nez est en effet plus pincé; l'orbite, plus petit, est peut-être aussi un peu plus complet dans son cadre; les apophyses ptérygoïdes sont plus courtes; le bord palatin est droit et même avec un indice de pointe médiane; le bord du trou sous-orbitaire se déverse un peu davantage sur ce trou qui est assez petit.

Je pense que le crâne du *Felis Montana*, envoyé sous ce nom par M. Lecomte, de la Georgie, dans la Nord-Amérique, n'est qu'un individu mâle adulte du *F. Rufa*, ce que nous avons pu confirmer sur le crâne d'un jeune individu de cette dernière espèce. Du *F. Montana*.

Par l'examen du seul individu que nous possédons du *F. Pajeros*, rapporté du Chili par M. Eydoux, il nous a été facile de reconnaître que c'est une espèce distincte par tous les points caractéristiques. En effet, outre sa grande différence de taille, la tête du Pajeros est subtriangulaire, c'est-à-dire large en arrière et fort atténuée en avant, le crâne proprement dit assez renflé, fort peu ou même à peine rétréci derrière les orbites; l'espace interorbitaire très-large, avec des apophyses orbito-frontales très-courtes; la racine du nez presque carénée, tant elle est pincée par suite de la grande étroitesse de ses os; le museau excessivement court; l'ouverture nasale peu oblique et presque terminale; le bord palatin à peine échancré; et les caisses extrêmement développées, distinguent aisément la tête osseuse de cette petite espèce de Felis du Chili. *F. Pajeros*. Son Crâne.

Le reste du squelette des Lynx ne nous est connu que par celui d'un individu provenant du Canada, et d'un autre dont le sexe ni la patrie ne sont indiqués. Ce qui le distingne au premier coup d'œil, c'est outre la brièveté et la gracilité de la queue, qui n'est composée que de 15 vertèbres décroissantes fort rapidement, la grande élévation et gracilité de ses membres et, par conséquent, des os longs qui les constituent, ce qu'on supposerait difficilement en voyant l'animal couvert de sa peau. Du Squelette des Lynx. Dans le *F. rufa*. Vertèbres coccygiennes.

Dans les vertèbres caractéristiques, on doit faire observer que la lame inférieure de la sixième cervicale est assez étroite, plus que dans le Serval de même forme; la onzième dorsale a une fort petite apophyse épineuse, et les apophyses transverses de la septième lombaire sont en lame de sabre assez large et excavée. Sixième cervicale. Onzième dorsale. Septième lombaire.

Quant à l'hyoïde, nous apprenons encore de Daubenton (*Buffon*, IX, Hyoïde.

p. 261), que cette partie du squelette, chez le Lynx, ressemble davantage à celle du Cougouar qu'à celle du Jaguar ; mais que les pièces intermédiaires des grandes cornes sont proportionnellement plus courtes, ce qui est parfaitement vrai, la pièce basilaire étant presque aussi longue que celles-ci, à peu près comme dans le Caracal, dont l'hyoïde ressemble beaucoup à celui du Lynx.

Humérus. Radius. Main. L'humérus est d'un tiers plus long que l'omoplate, un peu moins rectiligne à son bord postérieur que dans le Serval ; le radius est à peine moins long que l'humérus et très-comprimé, tout à fait plane à sa face postérieure ; la main est du reste assez bien comme dans le Serval, cependant avec les os bien moins grêles et les phalangettes plus normales.

Fémur. Tibia. Aux membres postérieurs le fémur est d'un tiers au moins plus long que l'os innominé, qui, lui-même, est court. Le tibia égale presque le fémur en longueur, et le pied, de l'extrémité du calcanéum à celle des secondes phalanges médianes, est aussi long que le tibia. Du reste, ses os sont assez comme dans le Serval, sauf un peu plus de grosseur proportionnelle.

Dans le F. Lynx. Sa gracilité. Ce que je viens de dire du squelette du Lynx repose sur l'examen d'un individu provenant du Canada (*F. rufa*) ; mais en le comparant avec celui d'un Lynx, qui est très-probablement de l'Europe septentrionale, je trouve que celui-ci est non-seulement bien plus grand, mais encore bien plus grêle dans toutes ses parties, ce qui se lit même dans les apophyses épineuses et transverses des vertèbres et surtout aux os longs des membres, la proportion différentielle augmentant assez régulièrement de l'omoplate ou de l'os innominé à l'humérus, ou au fémur, au radius ou au tibia, et au métacarpien ou au métatarsien médians ; et comme le diamètre ne suit pas la même loi, les os des membres semblent encore plus longs et plus grêles. Les côtes elles-mêmes sont d'une gracilité remarquable.

Du *F. Caracal*. Quant au squelette du Caracal, c'est avec les Lynx qu'il a le plus de rapports, quoique le nombre des vertèbres caudales soit de vingt et une ; mais on peut trouver, dans la forme des apophyses transverses des vertèbres lombaires, plus de ressemblance avec ce qu'elles sont dans le Guépard.

Le Pajeros nous a offert, dans son squelette, outre quelques particularités de proportion qui l'éloignent assez des véritables Lynx, celle d'avoir l'humérus percé, non-seulement au condyle interne comme chez tous les Felis, mais encore au-dessus de la cavité olécrânienne; ce que je ne connais encore dans aucune autre espèce de même genre. Je ferai aussi remarquer, dans le rudiment du premier métatarsien, une proportion un peu plus grande et même une forme plus phalangifère, quoiqu'il n'y ait pas encore de phalanges polliciales.

Du *F. Pajeros*.

Son Trou olécrânien.

Nous devons dire ici quelques mots du squelette d'une petite espèce de Felis que nous ne connaissons que, sous ce rapport, et que l'absence de la première avant-molaire supérieure nous a fait ranger avec les Lynx; la tête, en effet, avec la forme raccourcie de Chat, a cependant le front et même le nez des Lynx; mais ce en quoi cet animal en diffère, c'est qu'il est pourvu d'une queue remarquable par sa longueur. Elle est, en effet, composée de vingt-sept vertèbres, elles-mêmes fort longues, en sorte qu'elle surpasse le tronc et la tête de quelques centimètres.

Du *Felis longicaudata*.

En comparant ce squelette avec celui du *F. Sumatrana*, de même taille à peu près, on trouve assez de ressemblance. Je noterai cependant que les apophyses transverses des vertèbres cervicales sont plus étroites et plus allongées, de sorte que celle de la sixième est, comme dans le Lynx, échancrée à son bord antérieur. La onzième dorsale n'a aucune trace d'apophyse épineuse. Les lombaires ont aussi leurs apophyses transverses en sabre excavé, recourbées en avant.

Comparé au *F. Sumatra*.

Je dois aussi noter que dans cette espèce seulement j'ai encore trouvé une particularité qui n'existe dans aucune autre connue jusqu'ici; c'est qu'elle a quatorze paires de côtes, la dernière, il est vrai, fort petite, ce qui partage les vingt vertèbres troncales en quatorze dorsales et six lombaires, au lieu de treize dorsales et sept lombaires.

Vertèbres dorsales, 14.

Lombaires, 6.

Aux membres antérieurs, l'omoplate a son bord antérieur fortement arrondi, l'humérus notablement plus long que l'omoplate et que le

Membres antérieurs.

radius, qui est large et robuste ainsi que le cubitus. La main et ses os conservent ce caractère et sont de même longueur que dans le *F. Sumatrana* avec lequel je continue la comparaison et dont les os longs sont au contraire évidemment plus courts : du reste, ses phalanges secondes sont assez peu modifiées.

postérieurs.

Les membres postérieurs offrent aussi à peu près les mêmes disproportions, c'est-à-dire que le fémur et le tibia étant sensiblement plus longs que dans le *F. Sumatrana*, les os du métatarse sont de même longueur, mais, comme les autres os, plus épais ou plus robustes. Les phalanges deviennent au contraire plus longues, et les secondes un peu moins modifiées.

GUÉPARD (*F. Jubata*), dernière espèce des *Felis*.

Enfin le Guépard, espèce par laquelle nous terminerons la série des Felis, se distingue en effet de toutes les autres par plusieurs caractères importants de son squelette qui indiquent évidemment un passage vers les Canis.

Nombre des os.

Ce n'est cependant pas dans le nombre des os, qui est tout à fait le même que dans les autres Felis. On peut noter comme particularités différentielles, d'abord, la forme arquée et raccourcie de toute la tête, puis le singulier soulèvement de l'espace front-orbitaire et la déclivité du chanfrein en arrière sans crêtes sagittale et occipitale bien prononcées; en avant un nez large, peu pincé et assez canaliculé au dos; le bord palatin large et échancré au milieu; les apophyses ptérygoïdes petites, en crochet; les caisses fort petites quoique les os de l'oreille soient assez bien comme dans le Chat; ainsi que le trou sous-orbitaire souvent divisé en deux ou en trois et toujours fort petit.

Particularités du crâne.

De la colonne vertébrale.

Ensuite, dans le reste de la colonne vertébrale : la longueur du corps des vertèbres en général et surtout aux lombes; au col, l'atlas ayant son trou pour l'artère vertébrale au-dessus du bord; les apophyses transverses des vertèbres cervicales courtes et ramassées, surtout la sixième; l'apophyse épineuse de la dixième dorsale très-inclinée, bifurquée à sa pointe, et touchant presque celle fort courte de la onzième; enfin les vertèbres lombaires remarquables par la longueur et la forme étroite de leurs apophyses transverses, l'antérieure plus grande et la postérieure plus petite que dans les autres espèces. Le nombre de vertèbres caudales est d'au moins vingt-six. V. coccygiennes 26.

Il faut aussi noter que les côtes sont assez élargies et que les sternèbres sont fort comprimés, un peu comme dans le Serval. Côtes et Sternèbres.

Quant à l'hyoïde, il est composé de ses neuf pièces comme dans le plus grand nombre des espèces de Felis, et elles sont en général assez robustes, c'est-à-dire proportionnellement larges pour leur longueur. Hyoïde.

Aux membres antérieurs, l'omoplate a une forme particulière, ovale par l'arrondissement du bord postérieur et l'abaissement de l'antérieur avec une crête très-élevée; l'humérus très-comprimé et arqué dans sa partie supérieure, est remarquable par l'étroitesse de l'inférieure; aussi la poulie, également fort étroite, est-elle presque entièrement occupée par la tête à la fois large d'un radius arqué et presque de même largeur en haut qu'en bas et fortement rapproché contre un cubitus très-grêle et très-mince également arqué; du reste les os de la main sont assez bien comme dans les Lynx, un peu plus serrés peut-être dans les métacarpiens, les secondes phalanges plus courtes, et les troisièmes surtout moins hautes dans leur pointe, bien moins cachée en outre par la gaîne de la base. Membres antérieurs. Omoplate. Humérus. Radius. Cubitus. Main. Phalanges.

Les membres postérieurs ont encore peut-être plus d'élévation que les antérieurs. L'os innominé est assez court, mais le fémur et le tibia surtout sont notablement plus longs que lui. Le fémur, un peu courbé, n'est plus comprimé comme dans les autres Felis. Le tibia n'offre rien de bien particulier, mais il n'en est pas de même du péroné, qui est extrêmement grêle, presque filiforme et appliqué dans une grande partie de son étendue sur le tibia. Les os du pied sont aussi plus longs, plus serrés, surtout dans les métatarsiens, qui sont aussi plus courbés dans un sens, plus droits et aplatis dans un autre que chez les autres espèces de ce genre. Les phalanges sont du reste assez bien comme à la main. postérieurs. Os innominé. Fémur. Tibia. Péroné. Pied. Phalanges.

J'ai pu étudier de cette espèce un squelette du Bengale et un autre du Sénégal sans y remarquer aucune dissemblance importante.

DES OS SÉSAMOÏDES.

En général. Ce genre d'os étant nécessairement en rapport avec la solidité et l'usage des tendons dans lesquels ils se développent, il n'y a rien d'étonnant qu'on les trouve chez les Felis plus nettement circonscrits, plus solides même que dans les autres genres de carnassiers; mais du reste ils n'y sont pas plus nombreux.

En particulier.

Au Carpe. Ainsi, aux membres antérieurs on ne trouve toujours que celui du long abducteur du pouce qui est ici semi-globuleux et largement articulé à l'extrémité inférieure de l'apophyse palmaire du scaphoïde (1), et les deux sous-posés à l'articulation de chaque os du métacarpe avec la première phalange. Ces os ont la forme d'une sorte de grosse graine plus épaisse en arrière qu'en avant, et échancrés ou excavés à leur bord supérieur.

Au Métacarpe.

Chez le Guépard. Dans le Guépard, l'os sésamoïde du carpe n'a pas la forme de celui du Tigre ou du Lion. En effet, il est oblong, et en outre il s'articule avec les trois os voisins, le scaphoïde, le trapèze et l'os radiculaire du pouce, comme dans les Canis.

Aux membres postérieurs nous n'avons encore à signaler que les suivants :

Au Genou. La Rotule. La rotule, de forme presque symétrique, ovale, aplatie, plus large et arrondie supérieurement, atténuée et même assez pointue inférieurement, et par conséquent très-différente de celle de l'Ours, dans le Lion et le Tigre qui peuvent assez bien atteindre la même taille que celui-ci.

Au Jarret. A l'articulation du jarret, les sésamoïdes des tendons d'attache des

(1) Ainsi Meckel a admis à tort que cet os n'existant pas dans les Felis, il fallait supposer que l'apophyse carpienne du scaphoïde en tenait lieu. Ce qui l'a même conduit à admettre que cet os sésamoïde ou surnuméraire du carpe, comme il le nomme, n'est qu'une division du scaphoïde

muscles gastrocnémiens sont presque globuleux, tronqués dans un segment qui s'applique sur le fémur, ou bien tout à fait pisiformes. Le sésamoïde du muscle poplité à son attache au condyle externe est assez bien de la même forme, mais un peu plus fort.

Au pied il n'existe aucun os sésamoïde dans le tendon du long péronier, et qui s'articulerait au bord externe du cuboïde. Au Tarse.

Enfin il y a au pied comme à la main, les os sésamoïdes de la gaîne des tendons des fléchisseurs des orteils, et qui ont absolument la même forme et la même position. Au Métatarse.

Nous n'avons pas besoin de faire observer que ces os sésamoïdes ne diffèrent guère que pour la grandeur dans les espèces de Felis. La rotule cependant diffère assez notablement de forme dans plusieurs espèces, comme l'Iconographie le montrerait plus aisément que les plus longues descriptions. Variations spécifiques.

DE L'OS DU PÉNIS.

Cet os est toujours fort petit dans les espèces chez lesquelles il existe, tout à fait limité au renflement pénien ; mais il paraît qu'il n'existe pas dans toutes : aussi nous n'avons pu en trouver de traces dans l'Ocelot non plus que dans un Lynx du Piémont et dans un Pajeros du Chili. En général. Manque chez quelques espèces. Existe chez les *F. Jubata*.

Dans le Guépard il est réduit à un petit osselet sésamoïde fort petit, en partie cartilagineux.

Mais il existe complet et osseux dans les espèces suivantes :

Dans le Lion, comme Daubenton l'avait signalé depuis longtemps, il n'a que sept millimètres de long sur deux tout au plus d'épaisseur dans son milieu. Il est en effet grêle, allongé, renflé en masse aplatie à son extrémité postérieure. *F. Leo.*

L'os pénien du Tigre est bien plus large, de forme triangulaire, élargi et coupé carrément en arrière et peu pointu en avant. *F. Tigris.*

Celui du Jaguar a beaucoup de ressemblance avec celui du Tigre ; seulement il est proportionnellement un peu plus grêle. *F. Onça.*

F. Pardus. Dans une Panthère dont nous ignorons l'origine, il était également triangulaire, et même triquètre, mais plus allongé, subarrondi et un peu renflé obliquement en tête de clou en arrière.

F. Pardus Melas. Dans la Panthère noire de Java, il nous a paru fort différent, d'abord plus petit, et ensuite plus ovale, un peu déprimé, plus en forme de grain de blé aplati, un peu comme dans le Guépard.

F. Concolor. Celui du Cougouar est encore très-différent : en effet, il ressemble à un petit sabot ou à un ongle prolongé en pointe, fort aigu en avant, et creusé obliquement à sa base; il était aussi comme translucide.

F. Maniculata. Dans le Chat d'Égypte que j'ai examiné, il était au contraire bien osseux et comme trilobé à sa partie élargie, comprimé en sens inverse, grêle, arqué, et en forme d'ongle appointi à l'autre; tandis que dans *F. Catus domestica.* notre Chat d'Europe domestique, je l'ai trouvé ayant encore une certaine ressemblance de forme, mais bien moins grêle, moins aigu, bien moins élargi à sa base, et tout à fait droit.

F. Viverrina. Le Chat viverrin nous en a présenté un dont la longueur égale 0.006. Sa base est en spatule épaissie, et sa pointe droite, grêle et spadiforme.

Espèces à étudier. Je n'ai pas eu l'occasion de l'examiner dans les autres espèces de ce genre; mais ce que je viens de dire pour celles où je l'ai vu montre que c'est à tort que M. G. Cuvier a dit (V. p. 74 de ses Leçons d'anatomie comparée), que l'os pénien existe dans tous les digitigrades, l'Hyène N'est pas propre à tous les carnassiers. exceptée. En effet, outre les Felis qui en manquent, nous avons déjà vu que plusieurs espèces des genres précédents en sont également dépourvues, et entre autres les Mouffettes, les Paradoxures et même les Genettes.

CHAPITRE DEUXIÈME.

ODONTOGRAPHIE.

L'étude du système dentaire des Felis a été le sujet de descriptions et même de figures assez complètes; mais ce n'est guère que dans ces derniers temps que l'on en a senti l'importance d'une manière un peu absolue. En effet, Daubenton, Schreber, etc., n'en avaient guère donné que le nombre; le premier ayant cependant signalé l'absence de la première molaire d'en haut chez le Lynx; mais ce sont les paléontologistes, et surtout M. G. Cuvier, qui ont le plus insisté sur leurs formes et leurs proportions, en y joignant de bonnes figures : ce qu'a fait également M. F. Cuvier, son frère, d'une manière encore plus détaillée, par suite de ses principes sur la classification des Mammifères; d'abord dans un mémoire particulier, *Annales du Museum*, tome X, p. 117, avec figures seulement de la couronne; puis, en 1825, dans son ouvrage spécial sur les dents des Mammifères, en un volume, avec des figures lithographiées; et ce que j'avais fait moi-même dans le grand article sur les Dents, qui fait partie de la seconde édition du nouveau Dictionnaire d'histoire naturelle, en 1817.

Du Système dentaire.

Historiquement.

Nombré.

Figuré.

C'est également M. G. Cuvier qui a commencé à montrer les différences que le système dentaire des Felis présente dans le premier âge et celles qu'offrent certaines espèces, et entre autres le Guépard; mais ni lui, ni son frère, n'ont encore envisagé le sujet d'une manière complète en portant une attention suffisante sur la signification même des dents, sur les racines et sur les nuances différentielles de la tuberculeuse supérieure, et encore moins sur les limites de variations dont chacune de ces dents est susceptible, point important cependant, puisque la plupart des paléontologistes ont appuyé la distinction des espèces fossiles qu'ils ont établies presque exclusivement sur la grandeur de chacune de ces dents, comme nous le verrons plus loin.

Comparé.

Appliqué à la Paléontologie.

En général. Nous avons déjà eu l'occasion de faire observer que dans le genre Felis le système dentaire est parvenu au summum de la disposition carnassière, aussi bien dans la forme que dans le nombre, même dans la disposition particulière et réciproque des dents qui le constituent.

En particulier. Incisives. Leur disposition. Sous ce dernier rapport, les incisives sont disposées de la manière la plus serrée et la plus rectiligne possible ; et comme, en outre, elles sont toujours fort petites, au contraire des canines, il en résulte que ces animaux peuvent difficilement se servir des incisives pour ronger un os à la manière des Chiens.

Leur nombre. Leur nombre est, du reste, le même que dans tous les Carnassiers, normaux : six en trois paires parfaitement rangées en haut comme en bas : l'externe toujours un peu plus forte que les deux autres, dont l'interne est la plus petite, avec le bord tranchant de la couronne indivis et pourvu en arrière d'un talon d'arrêt supérieurement et inégalement bilobé inférieurement.

Du Lion, *F. Leo*, pris comme type. Telle est en particulier la configuration des incisives dans le Lion que nous décrivons d'abord comme étant l'animal qui nous a servi de type.

Canines. Inférieures. Les canines du Lion sont, au contraire, remarquables par leur force et leur forme : celles d'en bas croisant d'une manière très-serrée celles d'en haut, et leur racine étant au moins aussi longue que leur couronne, qui est toujours un peu plus plate dans leur tiers interne qu'aux deux externes, avec une carène plus ou moins marquée, surtout en arrière, séparant ces deux parties creusées l'une et l'autre de deux cannelures verticales plus profondes en dehors qu'en dedans. Supérieures. La supérieure, du reste, diffère toujours de l'inférieure, parce qu'elle est en général un peu plus comprimée, un peu plus longue, plus régulièrement arquée que l'inférieure, au contraire un peu plus courte, plus conique, plus en crochet, et souvent unisillonnée au côté externe.

Molaires. Leur nombre. Leur agencement. Les molaires, qui ne sont qu'au nombre de quatre en haut et de trois en bas, ce qui est le minimum dans les Mammifères carnassiers, un seul *Mustela* excepté, sont disposées de manière que toutes se croisent, les postérieures ou mieux les carnassières, surtout, de dehors en dedans, l'inférieure se plaçant en dedans de la supérieure, et alors étant entièrement cachée par elle. Quant à la dernière molaire supérieure, elle est tout à fait transverse et vide, ou ne correspond à rien, la dernière molaire d'en bas n'ayant pas de talon. Des quatre molaires supérieures il y a une avant-molaire, une principale et deux arrière-molaires.

Molaires supérieures.

L'avant-molaire, fort petite proportionnellement, à une seule racine, à couronne simple, presque mousse, occupe environ le milieu de l'espace qui sépare la canine de la principale ou seconde molaire.

Avant-Molaire.

Celle-ci, bien plus grande et de forme triangulaire et subtriquètre à sa couronne, avec le sommet submédian et peu pointu, est pourvue en avant et un peu en dedans d'un tubercule basilaire peu marqué, et de deux en arrière, dont l'un, le postérieur, est une sorte de talon.

Principale.

La troisième molaire supérieure du Lion, comme chez tous les autres Felis, est de beaucoup plus grosse et tout à fait caractéristique. On trouve en effet qu'elle est formée d'une pointe submédiane tranchante, ayant à sa base antérieure un lobe conique renforcé en dedans par un talon tout à fait antérieur et bien détaché, quoique arrondi et lié par une carène obtuse au lobe médian, et en arrière, un lobe bien plus étendu, tranchant et subbilobé, s'écartant en une sorte d'aile postérieure.

Première Arrière-Molaire (Carnassière supérieure).

Enfin la quatrième, la plus petite des quatre, est entièrement tuberculeuse ou plate, disposée transversalement et faisant ainsi un angle droit avec la précédente, par laquelle elle est plus ou moins cachée. Sa couronne est du reste subbilobée, le lobe externe un peu plus large que l'interne.

Seconde Arrière-Molaire, ou transverse.

Les trois dents de la mâchoire inférieure sont une principale et deux arrière-molaires.

Molaires inférieures.

La principale, qui suivrait la troisième avant-molaire des Carnassiers qui en ont trois, mais qui, ici, est immédiatement après une barre assez marquée, est un peu, comme celle d'en haut, triangulaire, comprimée, avec un talon basilaire en avant comme en arrière de sa partie moyenne,

Principale.

assez élevée, le postérieur un peu plus grand et avec tendance à se bilober.

Première Arrière-Molaire.

La première arrière-molaire a absolument la même forme; seulement elle est plus grande, et la division du talon postérieur est plus prononcée.

Seconde Arrière-Molaire (Carnassière inférieure).

La seconde arrière-molaire est, comme la première d'en haut, caractéristique du genre Felis; elle est très-comprimée ou très-mince, assez élevée et formée presque exclusivement de deux lobes tranchants, nettement séparés par une échancrure plus ou moins profonde; le postérieur un peu plus large que l'antérieur, sans presque aucune trace de talon ou d'arrêt à son bord postérieur. Cette dent est toujours fort serrée contre la précédente, au point quelquefois de la dépasser en dedans d'une manière assez marquée.

Des diverses races de Lions.

Je n'ai pu, à défaut de renseignements suffisants sur le sexe et l'origine des individus dont nous possédons la tête, rattacher les différences que j'ai pu reconnaître dans le système dentaire du Lion, à quelque particularité de race ou d'autre sorte; mais, comme on pourra le voir dans le tableau, elles se sont cependant montrées assez considérables, dans le diamètre de chaque dent, en rapport avec la longueur totale de la tête, mesurée du bord postérieur du basilaire occipital au bord antérieur du prémaxillaire, pour mériter d'être mentionnées.

Limites de Variation.

D'après l'examen de dix têtes osseuses pourvues de leurs dents molaires, les seules importantes à considérer, et qui m'ont offert une différence de 0,085 ou de près d'un quart, j'ai trouvé comme résultats :

		MINIMUM.	MAXIMUM.	DIFFÉRENCE.
Supérieurement.	1re.	0,008	0,010	0,002
	2e.	0,021	0,025 1/2	0,004 1/2
	3e.	0,031	0,036	0,005 1/2
Inférieurement.	1re.	0,012	0,018	0,006
	2e.	0,022	0,026	0,004
	3e.	0,022 1/2	0,027	0,004 1/2

Limites de variations qui vont quelquefois à près d'un tiers, et qui ne descendent jamais au-dessous d'un sixième.

Valeur de ces variations.

Les différences spécifiques que présente le système dentaire des Felis ne sont pas toujours aussi considérables que celles que nous venons de signaler chez les individus de Lion, en sorte que si l'on n'avait que le système dentaire tout entier, et *à fortiori* une seule partie de ce système, il serait impossible d'assurer l'espèce.

Anomalies constantes :

Lynx.

Exceptions à cet égard.

Les différences ne portent jamais sur le nombre qui est toujours rigoureusement le même, à moins d'anomalies ou de monstruosités. Nous signalerons cependant que tous les véritables Lynx ou Felis à queue en général courte et à pinceaux de poils aux oreilles, manquent toujours, du moins à l'état adulte, de la première avant-molaire supérieure. Je n'ose assurer qu'il en soit de même à tout âge, n'ayant dans notre collection aucune tête de jeune Lynx ; mais ce qui me porte à penser qu'elle existe alors, c'est qu'on en trouve quelquefois des rudiments sur des individus de Lynx adulte. Je puis citer un individu venant des Alpes du Piémont, à ce qu'on m'a assuré, et celui que M. Marcel de Serres et ses collaborateurs ont figuré, Pl. VI, fig. 2 de leurs Recherches sur la caverne de Lunel-Viel. On peut même y ajouter le Lynx dont il est parlé dans les quadrupèdes d'Aldrovandi, et dont le système dentaire, pour le dire en passant, est parfaitement décrit.

Anomalies individuelles de Nombre.

F. Pardalis à $\frac{2}{3}$ incisives.

F. Pardus et *Lynx* à $\frac{4}{4}$ incisives.

On doit considérer comme bien plus monstrueuse l'absence d'une première incisive supérieure, dont nous avons trouvé un exemple dans un crâne d'Ocelot, parfaitement normal du reste.

Si, dans ce genre, il existe quelques espèces qui pèchent par défaut, je n'en connais réellement aucune encore qui le fasse par excès. Je dois cependant citer une mandibule de Panthère du Cap qui m'a offert une alvéole simple, conique en arrière de la dernière molaire du côté droit ; et une autre de Lynx du Canada, sur laquelle, à la même place, existe réellement une très-petite molaire ronde tuberculeuse, comme nous en avons vu une dans quelques Mustelas, et comme nous en retrouverons dans les Canis. Quant à une avant-molaire à la mandibule, je n'en connais d'exemple que dans une espèce fossile dont il sera question plus loin.

Dans la Forme: Arrière Molaire inférieure d'un *Lion de Nubie*.

Le *F. Leo Nubicus*, dont nous n'avons malheureusement encore qu'un seul crâne, présente une forme singulière de la seule première molaire inférieure qui lui restait. Cette dent, que nous avons fait figurer comparativement avec sa correspondante dans le Lion de Barbarie, est en mamelon circulaire.

Caractères spécifiques tirés de la Forme des Molaires.

La forme de chacune des dents des espèces de Felis varie peut-être encore moins que leur nombre; je ne puis même en signaler d'exemple évident que dans le Guépard (*F. Jubata*), chez lequel la principale, en haut et en bas, est pourvue à son bord postérieur d'un double denticule, ce qui provient du grand développement du talon basilaire, et fait que cette dent semble quadrilobée en palmette.

Des Cannelures des Canines

De l'Arrière-Molaire supérieure.

De la Tuberculeuse supérieure;

De la Carnassière inférieure;

De la grandeur des Dents.

On peut encore apercevoir quelques nuances différentielles dans le nombre et la profondeur des cannelures dont les canines sont sillonnées (1), ainsi que dans la proportion de l'avant-molaire supérieure et surtout dans le nombre de ses racines, qui est de deux dans le seul *F. Planiceps*; dans la forme et la proportion de la dent tuberculeuse d'en haut, malheureusement fort difficile à exprimer autrement que par de bonnes figures; et enfin dans la proportion du rudiment de talon qui existe quelquefois au bord postérieur de la carnassière d'en bas. En effet, dans le Tigre par exemple, on doit remarquer au-dessus du rudiment presque effacé du talon, une petite échancrure au-dessous de laquelle le bord de la dent se dilate en un petit lobe fort mince. Quant à la proportion de la place que chacune de ces dents occupe dans la ligne dentaire, j'ai préféré la faire connaître par des tableaux faits avec soin, plutôt que dans des descriptions particulières.

(1) M. G. Cuvier, IV, p. 444, se borne à dire que les Lions, les Tigres, les Panthères, les Léopards, le *F. Melas* et toutes les petites espèces ont ces sillons ou cannelures fort marquées; mais que, parmi les grandes, les Cougouars, les Jaguars et les Guépards les ont presque effacées; ce qui a besoin d'une explication que nous donnerons plus loin

Prenant maintenant chaque groupe zoologique en particulier, nous nous bornerons aux observations suivantes. Étude des Espèces.

Dans le groupe des Viverroïdes, nous n'avons de particularités différentielles à signaler que la grandeur proportionnelle et la double racine de la seule avant-molaire supérieure, dans le *F. Planiceps*, au contraire de ce qui a lieu dans les *F. Sumatrana*, *Rubiginosa*, *Javanensis*, etc., où elle est toujours fort petite, à racine simple. COURONNE dans les Felis viverroïdes : Leur Avant-Molaire supérieure.

Dans le Tigre je n'ai trouvé rien à noter de particulier que la petite échancrure du bord postérieur de la troisième molaire d'en bas, dont il vient d'être parlé. Dans le *F. Tigris*.

Dans le Jaguar j'ai remarqué sur les dix ou douze crânes que nous possédons de cette espèce, que les canines sont presque lisses de bonne heure; que la première molaire est ovale obtuse, et que la postérieure est en général épaisse et semi-lunaire. Dans le *F. Onca*.

Dans l'Ocelot et les espèces qui s'en rapprochent, le Chati, le Margay, etc., on peut donner comme caractère différentiel dans le système dentaire, que l'avant-molaire supérieure est plus triquètre et en effet pourvue, dans certains cas, de trois racines, deux en dehors et une en dedans. Dans les Felis ocelоïdes. Leur Avant-Molaire supérieure.

Quant à la dernière arrière-molaire, fort étroite, un peu plus en dehors qu'en dedans, il est assez difficile, autrement que par la grandeur, de s'en servir pour distinguer le Chati de l'Ocelot, ou le *F. Elegans* du *F. Tigrina*. Leur Molaire transverse.

Je dois cependant faire observer que, dans un Ocelot gris de la Louisiane, j'ai trouvé cette dent presque ronde et bien différente de ce qu'elle est dans ceux de la Sud-Amérique et même de Carthagène.

Dans le Serval les cannelures des canines sont en général peu marquées extérieurement, au nombre de deux en haut et d'une seulement en bas, en dehors, mais nulles en dedans. L'avant-molaire est tranchante, et la postérieure ovale sub-arrondie. Dans les Servals : (*F. Serval*).

Dans un Serval du Cap les cannelures des canines sont plus marquées, mais en dehors seulement, deux en haut, une en bas, et la première mo- Serval du Cap.

laire est excessivement petite, équidistante de la canine et de la principale.

F. Viverrina. Le *F. Himalyana* ou *Viverrina* est tout à fait dans le même cas, sous le rapport des cannelures des canines; l'avant-molaire est également fort petite, ainsi que la postérieure courte, ovale, presque également arrondie aux deux extrémités.

Dans le *F. Leo.* Dans le Lion on trouve que les cannelures des canines sont toujours très-marquées, au nombre de deux, assez rapprochées en dedans et en dehors, aussi bien en haut qu'en bas.

F. Concolor. Dans le Cougouar, au contraire, elles sont peu profondes et presque effacées, tout à fait nulles en dedans, et réduites en dehors à deux en haut et une en bas. L'avant-molaire d'en haut est fort serrée entre la canine et la seconde molaire; la postérieure ovale, également arrondie aux deux extrémités, et la principale notablement épaisse à son bord postérieur.

F. Jaguarondi. Le Jaguarondi a ses canines supérieures presque droites, presque comprimées, et également peu cannelées. La première molaire est aussi fort serrée, et la dernière de forme ovale, mais un peu plus pincée extérieurement.

Dans le *F. Pardus.* Dans la Panthère je n'ai non plus rien trouvé de particulier, c'est-à-dire qui s'éloigne de ce que nous avons observé dans l'espèce type. La première molaire d'en haut, qui est d'ailleurs équidistante, m'a paru cependant pourvue d'un petit talon en arrière; et la postérieure, un peu variable, est en général de forme triquètre assez étroite, plus mince en dedans qu'en dehors.

Certaines Panthères, celles de Java surtout, ont deux avant-molaires supérieures, l'une et l'autre petite, et dont l'antérieure, habituellement usée, est sans doute celle de lait qui a persisté.

Dans les Felis proprement dits. Le groupe des Chats proprement dits ne m'a non plus rien offert de bien caractéristique; les canines sont assez médiocrement cannelées; l'avant-molaire petite, équidistante, et la transverse toujours aussi fort petite, mais très-grêle dans le Chat d'Europe, et presque réniforme dans ceux du Bengale et du Cap.

Dans les Chats-Lynx, les cannelures des canines m'ont paru fort prononcées, deux en dehors et deux en dedans, moins cependant chez le Chat d'Égypte que chez le Chat et le Bubastes. Dans tous les trois, la première molaire est très-petite, mais la postérieure est notablement plus forte dans le *F. maniculata*. Dans les Cato-Lynx.

Dans les Caracals, je n'ai trouvé de digne d'être signalé, que dans une tête provenant d'un individu de l'Inde : il y a une troisième racine médio-interne à la seconde molaire, ce qui n'existe pas dans le Caracal de Barbarie, non plus que dans celui du Sénégal, mais sur le Caracal indien, comme sur celui d'Afrique, la canine d'en haut a deux cannelures en dehors et deux en dedans, tandis que l'inférieure n'en a qu'une en dehors. Dans les Lynx. *F. Caracal.* Indien. Africain.

Dans les Lynx, les canines sont encore généralement plus fortement cannelées (1), moins cependant chez les Lynx du Canada et d'Europe, mais dans le Pajeros elles le sont pour ainsi dire au maximum. En effet, il y en a cinq à celles d'en haut, trois en dehors et deux en dedans, et à celles d'en bas deux en dehors et trois en dedans. *F. Lynx.* Leurs cannelures. *F. Pajeros.*

Dans un Lynx d'Europe qu'on m'a assuré venir de Turin, il y a une très-petite avant-molaire de chaque côté, et la postérieure est plus grosse que dans aucune autre espèce de ce genre, et d'une forme assez particulière. Lynx de Turin.

Enfin, c'est dans le Guépard que le système dentaire offre le plus de différence aux deux mâchoires, en ce que les dents molaires sont en général plus larges, plus minces, et que les tubercules ou lobes étant plus prononcés, plus détachés, il semble qu'il y en a un de plus au Dans le *F. Jubata.* Molaires.

(1) MM. Marcel de Serres, Dubreuil et Jean-Jean, donnaient d'abord comme caractère distinctif des canines du Lynx, de n'être point cannelées; mais la figure consacrée à la tête du Lynx, Pl. VI de leur ouvrage, en montre de plus prononcées peut-être que pour les autres espèces représentées dans la même planche; et ils ont eux-mêmes rectifié leur erreur dans un autre passage du même livre.

bord postérieur des principales, et que la dernière d'en bas est pourvue d'un talon. Les canines sont du reste presque entièrement lisses; la première molaire est très-petite, et la dernière triquètre, assez épaisse, quelquefois presque ronde.

Canines.

Des Racines des Dents.

Nous avons insisté jusqu'ici principalement sur la couronne du système dentaire des Felis, nous avons maintenant à ajouter quelque chose sur la partie radiculaire et sur les alvéoles dont est creusé le bord des mâchoires.

Aux Incisives.

Les incisives n'offrent rien de particulier dans l'unique racine dont chacune est pourvue.

Aux Canines.

On peut en dire autant des canines. Seulement leurs proportions, ou mieux leur longueur, est peut-être plus grande, comparée à leur couronne, que dans les autres Carnassiers.

Aux Molaires.

Pour les molaires, il y a au contraire dans leurs racines quelque chose qui est particulier à ce genre.

Supérieurement :

A la mâchoire supérieure :

Avant Molaire à une racine,

à deux racines.

à trois racines.

L'avant-molaire du Lion n'a jamais qu'une racine, et c'est le cas du très-grand nombre des espèces, la proportion de cette racine étant en rapport avec la couronne; mais dans les *F. Planiceps*, il y a deux racines bien distinctes et plus ou moins connées dans les espèces voisines, *F. Javanensis, Sumatrana* et *Rubiginosa*, tandis que dans le groupe des Oceloïdes, en y comprenant le Margay, cette même dent en a véritablement trois, deux en dehors et une en dedans, il est vrai plus ou moins rapprochées. Je les ai surtout observées d'une manière tout à fait manifeste dans un petit Chat voisin du Margay, dont je n'ai eu à ma disposition qu'une partie de la tête revêtue de peau.

Principale.

La principale n'a que deux racines, la postérieure plus grosse que l'antérieure, et en outre épaissie à son côté interne par la connexion intime de la racine interne, d'où il résulte que celle-ci n'existe pas.

Arrière-Molaires : Première

La première arrière-molaire, ou carnassière, est la seule qui ait ses trois racines bien distinctes: deux externes, la postérieure bien plus grosse, et surtout plus large que l'antérieure, et une interne, la plus petite des trois, et tout à fait antérieure, sous le talon.

Enfin, la seconde et dernière, ou la tuberculeuse, n'a qu'une seule racine transverse comme la couronne dans le Lion, mais quelquefois partagée en deux chicots divergents au sommet. seconde.

A la mâchoire inférieure : Inférieurement :

Les trois molaires ont, comme à l'ordinaire, deux seules racines, subégales à la première, la postérieure un peu plus forte à la seconde, et l'antérieure beaucoup plus que la postérieure à la troisième; caractère particulier à cette dent chez les Felis et les Hyènes seulement. La disproportion étant assez bien en rapport avec le développement du talon, il arrive aussi quelquefois, par exemple dans le Tigre, que les deux racines de la carnassière inférieure se réunissent complétement, de manière à n'en plus former qu'une fort large. Avant-Molaire. Principale. Arrière Molaire

Les alvéoles étant nécessairement en rapport de nombre, de grandeur et de proportion avec les racines qui portent la couronne, on voit comment c'est dans le Lion et dans toutes les espèces de ce genre que l'on doit en trouver le moins grand nombre sur le bord des mâchoires. Ainsi, supérieurement, après les trois trous ovales, serrés en ligne droite, creusés dans l'incisif, l'externe bien moins petit et plus rond que les deux internes, et celui beaucoup plus grand et subcirculaire de la canine, percé entre deux intervalles pleins plus ou moins serrés, on voit une série externe de cinq trous qui vont en croissant d'avant en arrière; puis en dedans une autre série de deux, fort éloignés, un vers le milieu de la ligne dentaire, et un terminal, transverse ou arrondi, souvent bilobé en trou de serrure. DES ALVÉOLES : sont en petit nombre. Supérieurement.

A la mâchoire inférieure, les alvéoles sont, comme à l'ordinaire, beaucoup plus simples, puisque après les trois premières petites, étroites, serrées sur le même rang, que suit immédiatement celle de la canine, puis une barre assez considérable, viennent six trous groupés deux à deux, le dernier bien plus petit que l'avant-dernier. Inférieurement. Pour les Incisives. Canine. Molaires.

Il n'est sans doute pas besoin d'ajouter que, s'il existe quelques diffé- Rapport avec la Couronne.

rences appréciables dans la couronne des dents des Felis, ces différences porteront sur les racines, et celles-ci sur les alvéoles. En général, elles ne sont que de grandeur.

DES DIFFÉRENCES PAR L'AGE. 1er *degré*, de lait.

L'âge apporte cependant des changements assez considérables au système dentaire du Lion et des autres Felis, et ce genre est aussi bien caractérisé par son système dentaire de second âge, que par celui d'adulte que nous avons décrit jusqu'ici.

F. Leo.

Dans un Lion de trois mois, le système dentaire de lait est complétement sorti, sans mélange d'aucune dent de remplacement.

Supérieurement.

A la mâchoire supérieure :

Incisives.

Les incisives, disposées en cercle, et de proportion assez semblable à ce qu'elles sont dans l'adulte, sont complétement unilobées à la tranche.

Canines.

Les canines, plus comprimées, plus courtes, plus en crochet, n'ont aucune trace de cannelures.

Molaires, 3.

Il y a trois molaires seulement, comme dans tous les Mammifères carnassiers: une avant-molaire, une principale et une arrière-molaire; la première fort petite, à couronne épaisse et mousse; la seconde, soutenue par deux racines divergentes dont la postérieure, la plus grosse, est fort large, tranchante, pouvue à son bord d'une pointe médiane entre deux lobes subégaux, l'antérieur plus épais et bilobé, le postérieur tranchant, sinueux, mais moins tranchant que dans la dent correspondante de l'adulte, et à sa face interne d'un talon en contre-fort médian porté sur une racine particulière; enfin, la troisième, plus grosse que sa correspondante dans l'adulte, est transverse, arrondie, aplatie à la couronne, et portée par deux racines obliques dont l'externe est la plus grosse.

(Avant-Molaire. Principale. Arrière-Molaire.)

Inférieurement.

A la mâchoire inférieure :

Incisives.

Les incisives, disposées subtransversalement, ne sont pas plus lobées que celles d'en haut.

Canine.

La canine, plus large, plus plate qu'en haut, surtout à la racine, est lisse à la couronne, avec un petit crochet d'arrêt au côté interne du collet.

Molaires, 2.

Mais en quoi le Lion, et tout le genre dont il est le type, diffère de tous les autres Carnassiers connus jusqu'ici, c'est qu'il n'a que deux dents molaires de lait : une principale et une arrière-molaire, sans avant-molaire, comme dans l'adulte. La première a deux racines assez inégales, la postérieure, la plus grande, portant une couronne presque de même forme que dans l'adulte, c'est-à-dire avec une pointe médiane entre un lobe pointu en avant et un bilobé en arrière. Quant à la seconde, ou carnassière, elle est aussi assez bien formée, comme son analogue dans l'adulte, de deux lobes tranchants, dont le postérieur est le plus grand, portés sur deux racines dont l'antérieure beaucoup plus forte; mais le talon postérieur est bien plus prononcé, et même formé d'une pointe courte au-dessus d'un arrêt peu marqué.

Principale.

Arrière-Molaire.

Un second degré de développement du système dentaire du Lion est celui dans lequel les incisives d'adulte ont remplacé complétement celles de lait; où les canines d'adulte ont poussé, en partie du moins, en avant de celles-là, en haut, et en dedans, en bas, de manière que pendant un temps ces animaux les ont doubles à la fois en action; où l'avant-molaire d'en haut est remplacée, ainsi que la postérieure; où la carnassière, en haut comme en bas, est presque entièrement sortie, et où cependant existent encore bien caractérisées, supérieurement la carnassière, et en bas les deux molaires de lait, qui seront bientôt chassées, l'une par l'avant-molaire, et l'autre par la principale d'adulte.

2e *Degré.*

Incisives.

Canines.

Molaires.

Avant-Molaires.

Je n'oserais assurer que l'on pût distinguer les espèces de Felis par le système dentaire de lait, ou même aussi bien que par celui d'adulte, parce que je suis assez loin de le connaître dans toutes les espèces. Il m'a cependant semblé qu'en général la forme de la tuberculeuse postérieure est spécifiquement assez différente ; mais les différences sont souvent assez difficiles à rendre par des paroles.

Caractères tirés des dents de lait.

Je dois toutefois faire observer que dans le *F. Maniculata*, la première molaire inférieure de lait est pourvue, sans doute à cause de son épaisseur, d'une troisième racine interne médiane qui n'existe pas dans la dent correspondante du Chat d'Europe, sauvage et domestique, ce qui confirme la distinction de ces deux espèces, et par conséquent dé-

F. Maniculata.

Différence avec le Chat d'Europe.

montre que notre Chat domestique n'a pas pour souche sauvage le Chat d'Égypte, comme l'a pensé M. Temminck.

Autres combinaisons.

Je n'ai pas besoin d'ajouter que l'on pourra encore rencontrer plusieurs combinaisons de système dentaire de jeune âge et d'adulte, par exemple celui dans lequel les carnassières des deux âges existeront à la fois en haut et en bas, ou seulement à l'une et l'autre mâchoire, parce qu'il sera fort aisé de s'en assurer, chacune de ces dents ayant son caractère propre qu'il est impossible de méconnaître.

Des changements par l'usure.

L'emploi des dents, et par conséquent l'âge, ont une certaine influence sur le système dentaire des Felis; en effet, elles s'usent et tombent, comme dans tous les mammifères; mais l'usure, causée par leur agencement réciproque, n'a cependant pas lieu sur le tranchant de la couronne, si ce n'est pour la tuberculeuse; mais à la face par laquelle elles se touchent en agissant, ce qui est bien plus marqué pour les carnassières et les canines que pour toute autre; et alors les premières se modifient à leur bord tranchant proportionnellement à leur degré d'usure.

Chute des Dents.

Quant à la chute, suite de l'âge, je ne pense pas l'avoir remarquée pour d'autres dents que pour l'avant et l'arrière-molaire supérieures, qui sont pour ainsi dire inutiles chez ces animaux. Aussi peut-on concevoir que l'absence de la première molaire d'en haut, dans les Lynx, soit un effet de l'âge, comme le pensait M. G. Cuvier.

CHAPITRE TROISIÈME.

PALÉONTOLOGIE.

DE L'ANCIENNETÉ DES ANIMAUX DU GENRE FELIS.

Des Félis comme type des Carnassiers.

Les animaux dont nous allons étudier l'ancienneté dans ce chapitre sont réellement, avec les Canis et les Hyènes, les véritables Carnassiers, ceux qui, étant le plus communément autour de l'espèce humaine, et atteignant la plus grande taille, ont de tout temps attiré davantage son attention ; aussi sont-ils devenus les types de la famille, ceux qui se présentent les premiers à la pensée, lorsqu'il est question de mammifères se nourrissant de chair; et sont-ils connus de toute antiquité, aussi bien chez les historiens que chez les poëtes, auxquels ces animaux ont souvent fourni les comparaisons et les exagérations les plus brillantes.

Connus des anciens.

Les anciens connaissaient et avaient occasion de voir, soit dans l'état de nature, soit dans les jeux du cirque, un certain nombre d'espèces de ce genre; mais il faut convenir qu'il est fort difficile de rattacher d'une manière un peu certaine les noms qu'ils ont employés pour les désigner, à des espèces actuellement bien définies.

Dans les Œuvres littéraires chez les Hébreux.

Le Lion.

Ainsi, d'après les rapprochements souvent fort ingénieux que Bochart fait des noms d'animaux féroces cités dans nos livres sacrés, malheureusement plutôt pour des comparaisons que par des descriptions, il semblerait que le peuple de Dieu connaissait le Lion assez complétement pour avoir des dénominations particulières désignant les variétés d'âge, de sexe et même de couleur, particularité qui existe encore aujourd'hui chez les Arabes, d'après ce que m'a appris M. P.-E. Botta (1). Aussi est-il souvent fait allusion à cet animal dans l'Écriture-Sainte.

La Panthère.

Il est également probable qu'ils avaient encore distingué la Panthère, ou du moins une espèce de grand Chat à robe tachetée, que, dans leur style par comparaison, les prophètes montrent guettant sa proie sur les grands chemins; et il fallait même que cette espèce de bête féroce fût commune dans certains lieux, puisque ceux-ci en avaient pris leur dénomination; et qu'une montagne du Liban était nommée la demeure, la maison des Panthères; comme l'est encore aujourd'hui une montagne à deux lieues de Tripoli (2).

(1) Le jeune Lion s'appelle en hébreu *Gur*, en arabe *Garou*; ce nom s'appliquant aussi aux petits d'autres animaux carnassiers. L'animal adulte se dit *Laïs*, et en arabe *Laïth*; il se dit encore *Azï*, nom qui n'a pas d'analogue en arabe. La Lionne est appelée *Labi* en hébreu, et *Laba* en arabe (P.-E. Botta).

(2) La Panthère se dit en hébreu *Nemr* comme en arabe; mais ce nom comprend toutes les espèces du genre Chat qui sont tachetées; car il est dérivé d'un mot qui veut dire *tache*.

Étymologie de son nom grec.

Bochart va même jusqu'à supposer que le mot *Pardalos* des Grecs, *Pardus* des Latins, et, par conséquent, notre mot *Pard* qui entre dans la composition des noms léopard et guépard, provient du mot hébreu *Pardes* qui signifie *hortus* ou jardin.

Auteurs antérieurs à Aristote.

Nous voyons également qu'avant Aristote, les poëtes, les historiens et les mythographes grecs avaient connaissance de plusieurs de ces animaux, puisqu'ils en tirent souvent des comparaisons, ou, ce qui est plus rare, en signalent quelques particularités, ou les mettent en scène avec leurs héros.

Homère.

Homère, par exemple, parlant du bouclier d'Hector, nous apprend qu'il portait la figure d'un Lion.

Dans la Batrachomyomachie.

Si ce prince des poëtes est réellement l'auteur du badinage sur la guerre des grenouilles, Homère aurait aussi parlé du Chat domestique, en supposant du moins avec M. Dureau de Lamalle que le nom de *galé* le désigne; ce qui n'est peut-être pas tout à fait hors de doute.

Felis cité chez les Prophètes.

Nos livres sacrés font aussi mention du Chat, en adoptant l'opinion que l'animal dont parlent Osée, Isaïe et Jérémie dans leurs prophéties, sous le nom de *Tsijim*, est un animal du genre Felis, ce que pense Bochart; mais cela n'est nullement certain d'après M. P.-E. Botta, mon élève et mon ami. Voici en effet la note qu'il m'a remise à ce sujet.

Le Chat proprement dit.

Le Chat, *Tsy* en hébreu, et au pluriel *Tsyim*, d'après Bochart; mais cela ne repose que sur l'analogie de ce mot avec un des noms arabes du Chat. Il n'en est fait mention qu'une fois dans la Bible, lorsqu'un des prophètes parle des animaux qui viendront crier la nuit parmi les ruines de Babylone. Il associe les Tsyim avec les Chacals. Nulle part dans la Bible il n'est fait mention du Chat comme animal domestique.

Connaissance du Lion chez les Grecs.

Hésiode nous confirme que les Grecs ont eu connaissance de bonne heure du Lion, puisque dans le mythe de la Chimère de Bellérophon

et il est impossible de dire de quelle espèce en particulier il est question dans la Bible (P.-E. Botta).

elle est décrite comme un monstre à trois têtes dont l'une de Lion avec l'encolure de cet animal, et que dans l'histoire mythologique d'Hercule et de ses travaux, l'un de ceux-ci consiste dans la victoire qu'il remporta sur le lion de Némée, auquel Junon avait assigné pour demeure l'étroit défilé du mont Néméen, et qui ravageait le pays; et ce qui semble prouver que ce Lion n'était pas supposé tombé de la lune, comme le dit Apollodore, c'est qu'Hercule tua un autre Lion qui dévorait les troupeaux d'Amphytrion au pied du mont Cythéron, et qu'il en prit la peau pour lui servir de bouclier.

Chimère de Bellérophon ; travaux d'Hercule.

Ces particularités de l'histoire d'Hercule, c'est-à-dire d'un homme aussi courageux que robuste, dont la vie, que l'on peut faire remonter, sans bases bien solides peut-être, comme dans beaucoup de ces questions, à cent ans avant la guerre de Troie, ou à douze ou treize siècles avant l'ère vulgaire, fut entièrement employée à des travaux héroïques alors (1), c'est-à-dire à purger le pays, sans doute fort sauvage dans le commencement de l'arrivée des Grecs, des bêtes féroces et même des brigands qui l'infestaient, se trouvent confirmées, du moins pour le sujet qui nous occupe, par un récit du plus ancien historien grec qui nous soit parvenu.

Leur époque.

On lit, en effet, dans Hérodote, Lib. VII, cap. 125, que lorsque l'armée de Xerxès, dans sa retraite si honorable pour les Grecs, vint traverser la Péonie, faisant partie de la Macédoine, les Chameaux nombreux qui l'accompagnaient pour porter les bagages attirèrent les bêtes féroces, et que les Lions, descendus des montagnes pendant la nuit,

Documents historiques.

Époque de Xercès.

(1) A ce sujet on peut citer encore l'exemple des Croisés, dont les chefs, à leur arrivée dans l'Asie Mineure ou dans la Syrie, se trouvèrent quelquefois obligés de se défendre contre des Lions ou d'autres bêtes féroces. Ainsi l'historien des Croisades rapporte que Godefroy lui-même fut grièvement blessé en combattant un Ours qui avait attaqué un soldat, et qu'un chevalier nommé Grucher s'était rendu célèbre pour avoir attaqué et vaincu un Lion. Il cite aussi, d'après un auteur ancien, le fait d'un Lion qui, délivré par un autre chevalier, Geoffroy de la Tour, des étreintes vigoureuses d'un serpent, s'attacha par reconnaissance à son libérateur, le suivant partout comme un Lièvre, allant à la chasse à son profit, et qui se noya en voulant le rejoindre sur le vaisseau qui l'emmenait lors de son retour en Europe, après la reprise de Jérusalem.

attaquèrent les Chameaux seuls, sans toucher ni aux autres bêtes de somme ni aux hommes. Hérodote, à ce sujet, fait observer (Cap. 127) que les pays montueux compris entre le Nessus en Thrace, et l'Achéloüs en Acarnanie, nourrissaient un grand nombre de Lions.

d'Aristote.

C'est au reste ce qui se trouve de nouveau confirmé par Aristote, qui, en parlant du Lion en différents endroits de ses ouvrages, et surtout dans son *Traité de la physionomie*, où il en donne une si belle description, dit expressément qu'en Europe on ne trouve de Lions que dans les pays situés entre le Nessus ou Nestus, et l'Achéloüs, c'est-à-dire dans une partie de la Thrace et de la Macédoine. Et cependant on lui fait dire, dans un autre endroit, que c'est en Europe qu'il se trouve le plus de Lions, et ces Lions étaient plus forts que ceux que nourrissent l'Afrique et l'Asie.

de Pausanias.

Pausanias donne encore plus de détails qu'Hérodote et Aristote sur l'existence du Lion en Europe dans les anciens temps, Lib. VI, Élide, III, pag. 23. En effet, non-seulement il rapporte l'histoire des Chameaux de l'armée de Xerxès poursuivis et dévorés par les Lions nombreux dans les parties montagneuses de la Thrace, qu'enferme le fleuve Nessus dans le pays des Abdérites; mais il ajoute qu'ils infestaient plus particulièrement la plaine qui est au pied du mont Olympe, et que ce fut sur cette montagne, qui touche d'un bout à la Macédoine, et de l'autre à la Thessalie et au fleuve Pénée, que Polydamas, sans secours d'aucune sorte d'armes, tua un Lion des plus furieux et des plus grands, s'exposant à ce péril pour imiter Hercule, qui abattit à ses pieds le Lion de la forêt de Némée. Ce fut aussi des forêts qui couvraient le mont Olympe que sortit le Lion dont parle Pausanias dans un autre endroit (Bœot., Lib. IX), et qui renversa un trophée élevé par un roi de Macédoine.

dans la Thrace.

la Macédoine.

la Thessalie.

Le même auteur (Lib. I, Attiq., I. p. 268), en parlant d'un temple de Diane, rapporte que les Mégariens disent qu'il fut consacré par Alcathoüs, après qu'il eut tué, sur le mont Cythéron, où Hercule en avait déjà tué un, un Lion qui faisait beaucoup de ravages dans la contrée, et qui, entre autres, avait déchiré le jeune Évippus, fils du roi Mégarus, ce qui lui avait fait promettre sa fille en mariage à celui qui délivrerait le pays de ce terrible animal.

On trouve encore raconté par Pausanias (Lib. II, p. 312, Corinth.) que dans de vieilles poésies nommées *Naupactiènes* par les Grecs, il est dit que Jason, après la mort de Pélias, quitta Colchos pour aller s'établir à Corcyre, et que là il perdit Mermérus, son fils aîné, qui fut déchiré par une Lionne en prenant le divertissement de la chasse dans cette partie du continent qui est vis-à-vis de la ville ; ce qui semble démontrer que les Lions habitaient alors tout le versant méridional de la fin du continent européen, entre la mer Noire et la mer Adriatique. l'Épire.

On pourrait même admettre qu'il existait des Lions en Sicile du temps d'Homère, si l'on voulait accepter l'explication de Servius, qui, dans son commentaire sur le vers 288 du 6ᵉ livre de l'Énéide, veut que la Chimère n'ait été en réalité qu'un volcan en action, au sommet duquel vivaient des Lions, au milieu des troupeaux de Chèvres, et au pied des Serpents en grand nombre ; ce qu'exprimait le vers d'Homère sur la chimère : la Sicile.

Ante Leo, retròque Draco, mediumque Capella est.

On pourrait aussi admettre que la Thrace, outre des Lions, renfermait également des Panthères, de ce que, dans l'énumération des animaux féroces que les chants d'Orphée attiraient autour de lui, les mythographes citent les Panthères.

Mais ce Lion de Némée, ce Lion d'Europe, était-il de la même espèce que le Lion que nous connaissons aujourd'hui, ou bien appartenait-il à l'une des races que l'on a essayé de distinguer de nos jours ? C'est ce qu'il est bien difficile, pour ne pas dire impossible, de décider avec le peu d'éléments que nous possédons. Toutefois, M. E. Geoffroy Saint-Hilaire, dans un mémoire inséré dans la partie zoologique de l'expédition de Morée, III, page 28, traitant des morceaux frustes d'un bas-relief qu'il regarde à tort comme provenant du fronton du temple de Jupiter Olympien, représentant les travaux d'Hercule, émet l'opinion que ce

Lion de Némée était de la même race que celui que l'on trouve aujourd'hui en Syrie, mais sans l'appuyer sur aucun fait de démonstration.

du Chat d'après Hérodote.

Hérodote ne se borne pas à parler du Lion, il cite aussi le Panther en disant qu'il se trouve avec le Thos chez les peuples pasteurs d'Afrique, et il donne des détails plus circonstanciés sur le Chat, qu'il désigne sous le nom d'*Ailuros*, à l'occasion des honneurs que l'on rendait à ces animaux en Égypte.

Aristote.

Diodore de Sicile.

Aristote, en employant le même nom d'*Ailuros*, est cependant beaucoup moins explicite; mais il n'en est pas de même de Diodore de Sicile (XX, 58), puisqu'en parlant des conquêtes d'Agathocle de Numidie, il dit qu'il fit passer son armée à travers des montagnes élevées, habitées par un si grand nombre de Chats, qu'aucun oiseau n'y fait son nid.

Outre le Lion, Aristote parle, quoique moins longuement sans doute, de plusieurs autres espèces de Felis.

du Pardalos.

D'abord du *Pardalos,* dont il dit cependant fort peu de chose, encore une partie n'est-elle pas vraie, comme l'odeur que cet animal répand et qui attire les autres animaux; et, dans ce cas, n'y aurait-il pas quelque confusion avec la Civette ou les Genettes?

Quoi qu'il en soit, il dit qu'il n'y en a pas en Europe. Liv. VIII, ch. 28.

du Panther.

Puis du *Panther,* sur lequel il se borne à faire remarquer qu'il produit ses petits aveugles, comme le Loup, sans faire mention d'Hérodote, qui (Lib. IV, cap. 192) énumère les Panthers avec les Thos au nombre de ceux qui se trouvent chez les Africains nomades.

du Lynx.

Aristote dit encore quelque chose du Lynx, mais seulement assez pour montrer que ce doit être d'un Felis qu'il voulait parler, le mâle urinant en arrière comme toutes les espèces de ce genre.

de l'Ailuros.

De l'*Ailuros*, qui paraît bien être notre Chat d'Europe, dont il décrit les particularités de l'accouplement, les cris de la femelle, le nombre des petits.

du Tigre.

Il prononce aussi en deux endroits le nom du Tigre, mais seulement pour rapporter une fable puisée dans les historiens de l'Inde, sur le prétendu accouplement du mâle de cette espèce avec la Chienne employée à la chasse par les Indiens, histoire qu'Élien a exposée dans toute son intégrité.

D'après Xénophon.

Quoique Xénophon se fût assez avancé dans la célèbre expédition qui donna lieu à la retraite des Dix mille, il ne parle pas du Tigre parmi les animaux féroces qui doivent être le sujet de la chasse, et il se borne à citer les Lions, les Pardalos, les Onces, les Lynx, les Panthers et les Ours, mais sans en rien dire qui puisse servir à les caractériser. Seulement on voit, par l'énumération qu'il fait des lieux où ces bêtes féroces existaient, et même des hommes habitués à en nourrir, qu'il s'en trouvait dans toute la partie orientale du périple de la Méditerranée, aussi bien en Europe qu'en Asie. En effet, il cite le mont Pangée et le Cittus au nord de la Macédoine.

D'après les historiens d'Alexandre.

Cependant les récits plus ou moins exagérés auxquels avait donné lieu la célèbre expédition d'Alexandre dans l'Inde, et entre autres les histoires données par Onésicrite, Agatharchides et par Néarque qui, d'après le récit d'Arrien, vit une peau de Tigre de la taille du plus grand cheval, s'étant nécessairement répandus chez les nations alors civilisées, et surtout chez les Romains; en outre, le goût passionné de ce peuple pour les jeux du Cirque ayant déterminé les ambitieux qui voulaient le dominer à chercher à le satisfaire, on vit, dans le siècle qui précéda l'ère chrétienne, s'augmenter le nombre des bêtes féroces connues et leurs dénominations devenir plus arrêtées pour chaque espèce.

Varron.

Panthera.

Ainsi Varron, dans son Traité de la langue latine, nous montre qu'elle avait déjà accepté les noms de *Leo*, de *Tigris*, et même peut-être celui de *Panthera*, de la langue grecque; car dans l'étymologie du mot *Camelopardalis*, nom par lequel il désigne la Giraffe, animal que les anciens Grecs ne connaissaient pas, il dit qu'il a été ainsi nommé, parce que, avec le port du Chameau, sa robe est tachetée comme celle de la Panthère; dès lors on voit comment ce nom a pu être plus tard substitué à celui de Pardalos.

Tigris.

C'est aussi à Varron que nous devons l'étymologie du mot Tigris, qu'il dit arménien et signifier une flèche ou un fleuve très-impétueux, et ayant été appliqué au Tigre à cause de sa grande vélocité.

Virgile. Panthères. Lynx.

Cependant les grands poëtes qui illustrèrent le siècle d'Auguste, décrivant constamment des Panthères ou des Lynx (1) attelés au char de Bacchus, auquel on attribuait la conquête des Indes longtemps avant Alexandre, on dut être porté à croire que ces animaux habitaient cette partie du monde, et l'histoire plus ou moins apocryphe du Lynx s'ajouta à celle des autres Felis : Tigres, Lions, Panthères, que l'on voyait,

Cicéron.

surtout les deux derniers, dans les amphithéâtres. Les lettres de Cicéron offrent, en effet, plusieurs passages qui montrent combien ce célèbre orateur attachait d'importance à se procurer des Panthères pour illustrer ses magistratures.

C'est vers cette époque que les sciences naturelles commencent aussi à se montrer dans le centre de l'Empire romain, soit en langue grecque, soit en langue latine; mais ayant commencé, comme cela se devait, par la description de la terre, ce sont les géographes Pomponius Mela et Strabon qui se présentent d'abord.

Pomponius Mela.

Le premier n'ayant donné qu'un abrégé, n'a pu s'arrêter à désigner en passant les animaux caractéristiques des parties de la terre; mais il

Strabon.

n'en est pas de même du second. En effet, Strabon, en parlant du Tigre, a déjà remarqué sa grande taille, double, suivant lui, de celle du Lion.

Élien.

A l'époque peu certaine (2) où Élien compila ses anecdotes sur les animaux, et à Rome certainement, quoiqu'il ait écrit en grec, le nombre des espèces de Felis connues n'était pas augmenté; mais les observations

Tigre.

étaient plus complètes. En effet, il parle du Tigre comme d'un animal

(1) Ce qui semble prouver que les poëtes latins ont employé indifféremment les mots de *Pardus* et de *Lynx*, pour indiquer les Felis à peau tachetée, c'est, ce me semble, le vers de Virgile (Lib. I, v. 327), où, parlant de Didon partant pour la chasse, il la décrit

Succinctam pharetrâ et maculosæ tegmine Lyncis.

Or, sans doute qu'à Carthage on employait la peau du Serval, qui est fort commun sur toute la côte d'Afrique, plutôt que celle du Lynx, en supposant même qu'il y existe.

(2) M. Mongez le regarde comme postérieur à Pline.

de l'Inde, susceptible d'être apprivoisé par les Indiens, et même comme pouvant, dans certaines circonstances, s'accoupler avec les Chiennes de chasse domestiques qu'il rencontre; histoire qu'Aristote avait déjà abrégée, comme nous l'avons déjà fait remarquer plus haut.

Lion.

Il rapporte une foule d'histoires plus ou moins apocryphes sur le Lion, pour lequel les Grecs avaient alors un nom désignant la femelle et le jeune âge.

Pardalos.

Quant au Pardalos ou notre Panthère actuelle, il en parle de même dans un assez grand nombre d'endroits, le caractérisant par le nombre des doigts, cinq en avant, quatre en arrière, par le museau plus long que chez les Lynx; à quoi il ajoute d'assez nombreux détails sur la manière dont les *Pardalos* s'y prennent, en Arménie, pour attraper les animaux qu'a attirés l'odeur agréable qu'ils répandent, ou, en Mauritanie, les Singes qui sont réfugiés dans les arbres.

Il décrit aussi le procédé employé par les Maures pour avoir de ces animaux vivants, en faisant remarquer que les Indiens savent très-bien les apprivoiser, en les élevant tout jeunes; il cite même une histoire intéressante suivant laquelle un de ces animaux ne voulut pas manger un Chevreau vivant qu'on lui avait donné cependant pour nourriture dans un moment où il était rassasié, s'étant ensuite habitué avec lui; tandis que pressé par la faim il en mangea très-bien un autre qui lui fut offert.

Panther.

Élien, du reste, ne parle plus en aucun endroit du *Panther* d'Aristote; mais il n'en est pas de même du Lion, sur lequel, avec un grand nombre de choses plus ou moins apocryphes, il rapporte plusieurs faits de son histoire naturelle.

Lynx.

C'est aussi dans Élien que l'on trouve la première preuve vraiment caractéristique que le Lynx des anciens était le Felis que nous nommons ainsi (1), puisque d'abord il fait l'observation que le jeune animal avait

(1) M. G. Cuvier, argumentant sur ce qu'Ovide, dans un passage, a dit que l'Inde a donné les Lynx à Bacchus, et qu'Élien a décrit le Lynx comme ayant des pinceaux de poils aux oreilles, en conclut que le premier Lynx des anciens était le Caracal; mais est-il certain que ce soit le seul Lynx qui existe en Afrique et en Asie non septentrionale?

le même nom de *Skinnos* que pour les Thos et les Tigres, et surtout en disant qu'il a le museau plus court que le *Pardalos*, et que ses oreilles sont terminées par un pinceau de poils.

Du reste, c'est aussi chez Élien que se trouve rapporté pour la première fois, si je ne me trompe, que le Lynx se cache pour uriner, ce qui a lieu chez toutes les espèces de Felis; et que son urine se convertit en pierre susceptible d'être taillée, d'où est venue la pierre de Lynx, le *Lyncurium*.

Ailuros ou Chat domestique. Nous devons également à Élien la preuve que l'*Ailuros* des anciens Grecs était bien notre Chat domestique, en comptant cet animal avec l'Ichneumon au nombre de ceux que l'on peut apprivoiser par l'appât d'une bonne nourriture et des caresses, et en indiquant comment les Singes pour leur échapper se réfugient à l'extrémité des branches, et en les notant comme les ennemis du *Vulpanser*, et au contraire redoutant la présence du Lion.

D'après Pline. Comme Pline ne cite jamais Élien, et que d'ailleurs son éloquente compilation renferme encore un bien plus grand nombre de faits, apocryphes ou non, que celle de l'auteur grec, on est obligé de croire qu'il lui est postérieur. En effet, sous le rapport des Carnassiers, le nombre des espèces indiquées et nommées est notablement accru.

Lion. L'histoire du Lion n'a gagné aucun fait un peu important ni caractéristique, ni de distribution géographique. Seulement Pline fait l'observation qu'il ne se trouve de Lion noir qu'en Syrie, fait que je ne trouve confirmé nulle part, et il traduit exactement le passage d'Aristote au sujet des Lions d'Europe, comme bien plus forts que ceux d'Afrique et de Syrie. Il en est de même pour le Tigre qu'il dit habiter l'Inde et l'Hyrcanie.

Pardalis. Quant au *Pardalis*, il est aisé de voir par la comparaison des passages dans lesquels il en parle, évidemment d'après Aristote, qu'il a accepté l'interprétation de Varron, c'est-à-dire qu'il nomme Panthera le *Pardalos* d'Aristote et d'Elien. Je trouve cependant que Pline, dans un seul

Pardus. passage il est vrai, énumère à la fois les *Pardi*, mot évidemment dérivé de *Pardalos* (1), et les *Pantheræ*. C'est celui où il décrit la disposition particulière des ongles de ces animaux, qui les met à l'abri dans un étui et les empêche de s'user.

Variæ.

Pour Pline, qui me semble le premier avoir employé ce nom comme naturaliste, les *Pardi* ne seraient que les mâles des *Variæ* (2), dénomination qu'il paraît appliquer comme générique à tous les Chats tachetés, et qui ne diffèrent, suivant lui, des *Pantheræ* que par la blancheur, ajoutant qu'il ne leur a pas trouvé d'autres différences, ce qui prouve que quelquefois Pline parle *de visu*. Il n'y a donc rien d'étonnant que Pline, dans quelques autres endroits où il est parlé des *Pardi*, leur donne la langue, les ongles, les taches et les mœurs de ses *Pantheræ*.

Quant à celles-ci en général, il en a facilité la caractéristique en disant que leur robe est parsemée de taches formant comme des yeux sur un fond blanc, ce qui indique très-bien ce que nous nommons des taches en rose.

Lynx.

Du Lynx, Pline ne rapporte presque que des fables; ce qui prouve qu'il ne connaissait pas l'ouvrage d'Élien ou que celui-ci lui est postérieur. Cependant il dit qu'il s'en trouve en Éthiopie avec les Sphinx, qui sont évidemment des Cynocéphales, d'après le nombre et la position des mamelles qu'il leur attribue.

Felis.

Pour le Chat, l'Ailuros d'Aristote, qu'il nomme *Felis*, nom dont l'origine et l'étymologie sont au moins douteuses, et que l'on trouve déjà employé dans Columelle pour indiquer un animal à redouter, ainsi que la Fouine ou Marte (*Mustela*), pour les jeunes Oies, on reconnaît aisément que c'est bien de notre Chat domestique que Pline a voulu parler en faisant remarquer son adresse à guetter les Oiseaux et les Souris.

(1) Il paraît que c'est Lucain (*Pharsale*, lib. VI, v. 180) qui a le premier employé le mot *Pardus* dans une comparaison de l'impétuosité de César avec cet animal, et peut-être par nécessité du mètre.

(2) M. Ehrenberg dit que ce mot *Variæ* n'est que celui de *Nèmr* arabe retourné; ajoutant que la variété fauve, plus rare, fut considérée par eux comme le mâle, et la variété blanche, comme la femelle ou la Panthère.

Chaus.

Mais c'est dans Pline qu'il est question pour la première fois du *Chaus*, animal que Pompée montra le premier dans le Cirque, et qui probablement provenait d'Europe, puisqu'il ajoute que les Gaulois le nommaient *Caphus*; et comme il le caractérise en disant qu'avec l'aspect du Loup il a les taches des *Pardi*, il est fort probable que cet animal ne diffère pas de celui (1) que le même Pline, lib. VIII, cap. 136, *ad fin.*, a désigné par la dénomination de *Lupus Cervarius*, dont il cite la grande voracité; et, en effet, il rappelle qu'il venait également des Gaules, et que c'était Pompée qui l'avait donné en spectacle dans le Cirque.

Lupus Cervarius.

Nous devons aussi faire observer que c'est d'une histoire rapportée dans Pline, et puisée dans Aristote, Hist. anim., l. VIII, ch. 28., au sujet du produit de l'accouplement de la Lionne avec le *Pardalos* qu'il traduit quelquefois par *Pardus*, que naîtra le nom de *Leopardus* que nous verrons plus tard remplacer celui de *Panthera*.

D'après Oppien.

Quoique les zoologistes modernes aient cru reconnaître dans Oppien des éléments de distinction de plus d'espèces de Felis que chez ses prédécesseurs, je ne vois véritablement pas qu'ils soient suffisants pour cela : ce poëte, n'ayant certainement employé que ce qu'il a trouvé chez Élien et Pline, n'a réellement ajouté rien de bien important à ce que l'on savait sur les animaux de ce genre. Cependant on suppose qu'il a distingué une espèce particulière de Panthère d'après la longueur de la queue; et peut-être même était-ce une nouvelle espèce suivant M. Ehrenberg, ce qu'adopte M. Wiegmann en admettant que le grand *Pardalos* d'Oppien est le *F. Pardus* de Linné et de M. G. Cuvier, et que son petit *Pardalos* est le *F. Leopardus* de M. G. Cuvier, le *F. Pardus* de M. Temminck.

Deux espèces de Panthères.

De Lynx.

Ce qu'Oppien nous apprend de ses deux Panthères sert du moins à montrer qu'alors on en distinguait nettement deux espèces ne différant que par la grandeur et la couleur, aussi bien que des Lynx, qu'il signale

(1) M. G. Cuvier, note sur Pline, liv. VIII, page 454, pense que le Lycaon de l'Inde, dont on a dit que la nuque est garnie d'une crinière, est le Guépard, *F. Jubata*, L.; mais ce qu'en dit Solin, que sa couleur est si variée que l'on ne peut pas dire qu'aucune couleur lui manque, n'indique-t-il pas plutôt le *Canis variegatus*?

par l'épithète d'illustres, sans doute à cause des fables dont ils étaient le sujet.

Il faut dire aussi que Némésien, qui vivait vers le milieu du troisième siècle, n'a rien dit de nouveau sur les Felis. Nous devons cependant noter qu'il compte le Chat au nombre des animaux que l'on pouvait chasser, ce que ne fait pas Oppien, à moins que sa petite espèce de Lynx ne soit un Chat sauvage.

D'après Némésien. Chat sauvage.

Avant d'aller plus loin, dans le doute où l'on est aujourd'hui sur l'époque véritable à laquelle ont écrit les auteurs indiens et chinois les plus anciens, nous nous bornerons à dire ici que chez les fabulistes, et entre autres dans Itobades, regardé comme l'original des fables de Pilpai, et par conséquent dans celui-ci, ainsi que dans Ésope, qui semble en être le traducteur, et dans Phèdre, qui a joué le même rôle par rapport à celui-ci, il est souvent question du Lion, et même du Chat; car Itobades le désigne par le nom de Mangeur de souris, d'après une observation communiquée par feu M. de Chezy à M. Dureau de La Malle.

D'après les auteurs indiens,

Un passage de l'*Encyclopédie japonaise*, traduit par M. A. Remusat, et communiqué par lui à ce dernier, prouve aussi que le Chat existe depuis longtemps en domesticité à la Chine; et ici la description, dans laquelle est signalée la verticalité de la pupille, ne peut laisser aucun doute.

chinois.

Dans le long intervalle de temps qui sépare les historiens naturalistes, grecs et latins, de ceux de la première renaissance ou du moyen âge, on ne trouve rien à bien remarquer, dans le sujet qui nous occupe, que l'introduction du nom de *Leopardus* faite par T. Capitolin et Elius Spartien, appliqué à la Panthère de Pline, et la caractéristique du Tigre varié de barres ou de bandes, au lieu de taches, comme les Léopards.

D'après T. Capitolin et E. Spartien. Leopardus.

On trouve aussi que le nom de *Cattus* ou *Catus* est introduit pour la première fois par Palladius (1) dans son ouvrage sur l'agriculture, écrit,

D'après Martial et Palladius. Cattus.

(1) Ce mot est cependant déjà employé par Martial sous Domitien (Epigram., lib. XIII-LIX; lorsqu'il dit : *Pannonicas nobis nunquam dedit Umbria Cattas*; mais est-ce bien du Chat d'Europe qu'il est question ?

il est vrai, dans la décadence de l'empire, pour désigner un animal utile dans les greniers pour la destruction des Souris, et probablement celui auquel nous donnons le nom de Chat, et qui représente le *Felis* des Latins et l'*Ailuros* des Grecs. Il semblerait donc que c'est vers cette époque que le Chat est devenu domestique, puisqu'il paraît certain qu'il ne l'était pas si anciennement chez les Grecs, ni même chez les Romains, quoiqu'il le fût chez les Égyptiens.

Conclusions.

Des détails dans lesquels nous venons d'entrer, il sera aisé de voir que les principaux animaux de ce genre ont laissé des preuves de leur existence chez les peuples les plus anciennement civilisés, et que les noms sous lesquels nous les connaissons remontent pour la plupart, aux Grecs, dont les écrits sont de plus de trois siècles avant l'ère chrétienne.

Des Espèces de Felis représentées dans les monuments iconographiques.

Venons maintenant à examiner les monuments qui nous en ont transmis l'image.

On trouve des espèces de Felis figurées dans tous les genres de l'art iconographique.

Du Lion.

Le Lion est certainement celui qui a été le plus souvent représenté dans les monuments d'art, aussi bien chez les Juifs que chez les Égyptiens, les Persans, les Indiens, les Grecs et les Romains, depuis les temps de la plus haute antiquité, dans le moyen âge, et jusqu'à nous; ce qui tient sans doute à ce que cet animal, habitant la plus grande partie du monde connu des anciens, a été considéré non-seulement en lui-même comme sujet de chasse des héros et des rois, mais encore comme emblème astrologique et ensuite astronomique, ce qui l'a fait entrer d'abord dans les thèmes astrologiques, puis dans les constellations du zodiaque, et dans nos temps modernes, dans nos allégories, comme indice de certaines qualités morales.

Chez les Égyptiens.

Le Lion, comme constellation, n'existe pas dans le zodiaque des Égyptiens, chez lesquels cet animal était considéré, suivant Horus Apollo, comme symbole de l'eau, et par suite comme celui du Nil C'est ainsi que l'on entrevoit l'explication des statues dans lesquelles un corps de femme, avec les mamelles pleines de lait, est terminé par une tête de Lion. Le corps de femme est le symbole de la terre, que féconde le Nil ou l'eau, et alors on peut rapporter au même symbole la Cybèle des Grecs, ou mieux peut-être celle des Romains, chez lesquels elle est représentée dans un char traîné par des Lions.

On explique également ainsi un tableau du tombeau d'Osymandias, dans lequel un homme est représenté combattant contre un Lion. Zoëga y voit, en effet, une allégorie de ce roi combattant les eaux du Nil par des digues et des canaux. En Peinture.

Sans cette idée, il serait assez difficile d'expliquer comment le Lion était un objet de culte dans les villes de Léontopolis et de Maréotis, qui sont dans le milieu du Delta, et qui le représentent en effet sur leurs médailles.

Le Lion entre aussi fréquemment entier, ou sa tête seulement, dans les hiéroglyphes des Égyptiens; mais sans qu'on sache encore au juste sa signification.

En voyant que l'eau ou le Nil, à l'époque de la plus grande élévation de ce fleuve, avait pour symbole le Lion, et que cette plus grande élévation a lieu à l'époque de la position du soleil au zénith, on entrevoit la raison pour laquelle les Grecs ont fait entrer la représentation de cet animal dans leur zodiaque. Mais chez les Grecs, cet animal a été de bonne heure représenté pour lui-même. Chez les Grecs.

En sculpture pleine, les archéologues citent, outre les peaux de Lion jetées sur les épaules des statues d'Hercule, et même quelquefois de celles de Thésée et de Jason, les Lions de Venise venant du Pyrée à Athènes. En Sculpture. Les Lions du Pyrée.

Des Lions taillés dans le rocher à Céos (Brocaster, Voyage, pl. 17). De Ceos.

Un Lion colossal à Chéronée (Dupuis, Voyage, pl. 17). De Chéronée.

J'ai vu moi-même, dans le Muséum du Vatican, plusieurs statues de Lion, une assez médiocre, une seconde beaucoup plus belle, dont le système dentaire et même le système digital, en avant comme en arrière, sont assez exacts; une troisième représentant un Lion projeté sur un cheval abattu, avec ses griffes, cinq en avant, quatre en arrière, étendues sur Du Muséum du Vatican.

le mufle du cheval d'une manière parfaitement exacte; et enfin une quatrième en marbre noir, tenant une tête de bœuf à petites cornes, d'un grand style, mais dont le système dentaire est fort inexactement rendu. J'ignore si toutes ces statues de Lion sont bien véritablement antiques; mais ce qui me paraît hors de doute, c'est qu'elles sont loin d'égaler les deux Lions du tombeau de Pie VII, dans Saint-Pierre de Rome, par Canova.

L'anecdote rapportée par Pline (Lib. XXXVI, cap. 12) au sujet d'un célèbre sculpteur grec, Pasitèle, qui manqua d'être dévoré par une Panthère sortie de sa loge pendant qu'il était occupé à faire une étude d'après un Lion renfermé dans une autre, montre que les anciens artistes travaillaient réellement d'après nature; mais c'était à l'époque où, tous les jours, on voyait des vaisseaux venant d'Afrique débarquer, sur le port de Rome, de ces animaux féroces devenus presque nécessaires aux spectacles du peuple romain.

En bas-relief. Du temple de Jupiter.

En sculpture de plate-bosse, les anciens ont encore bien plus fréquemment figuré le Lion; par exemple, dans les bas-reliefs qui ornaient le temple de Jupiter à Olympie, et qui représentaient les travaux d'Hercule. Le Lion de Némée était en effet représenté sur les portes d'airain de ce temple, comme nous l'apprend la description de Pausanias. A ce sujet, nous devons relever une erreur échappée à M. E. Geoffroy-Saint-Hilaire, qui, dans une dissertation insérée dans le tome III, pag. 34, de l'Histoire de l'expédition de Morée, rapporte à un fronton de ce temple des fragments de bas-reliefs représentant le Taureau de Calydon, l'Hydre de Lerne et le Lion de Némée, et les attribue au ciseau d'Alcmène. Le fait est que, d'après Pausanias, dont M. E. Geoffroy invoque cependant le témoignage, les deux frontons, dont un seul était d'Alcmène, représentaient toute autre chose.

On trouve aussi fréquemment des figures de Lion sur des tombeaux de héros, et entre autres sur celui d'Hector, dans la Table Iliaque, de Léonidas aux Thermopyles.

Panthères

Les Panthères ont été sans doute aussi représentées, sans qu'il soit facile d'en trouver la raison, plusieurs fois dans les statues de Bacchus donnant une grappe de raisin à un de ces animaux, et surtout dans les bas-reliefs qui exposaient les triomphes de ce dieu dans l'Inde; mais je me bornerai à citer le beau plat d'or de la Bibliothèque royale, sur lequel on voit le combat d'Hercule et de Bacchus dans l'art de boire, et où celui-ci, dans sa marche triomphale, est tranquillement assis dans un char traîné par des Panthères, tandis qu'Hercule, vaincu par l'ivresse, a besoin, pour se soutenir lui et sa massue, d'employer le secours des suivants de son heureux rival. En bas-relief.

J'ai vu, dans le Muséum du Vatican, une Panthère en marbre dans l'action de manger une chèvre, et une autre, beaucoup plus belle, en albâtre avec des taches noires, quelquefois ocellées, celle-ci ayant son système dentaire incisif assez exact; mais sont-elles véritablement antiques? Question que l'on peut faire également au sujet d'une statue en marbre de Lynx à queue courte, à oreilles terminées par un pinceau de poils, qui se voit dans le même Musée. En ronde bosse. Lynx.

On trouve plus fréquemment des médailles où quelques têtes sont représentées; mais il me semble que ce ne sont encore que les Lions et les Panthères. Millin cite le Lion comme se trouvant souvent sur les médailles de plusieurs villes, et entre autres sur celles des successeurs d'Alexandre. Sur les Médailles. Lion.

Le même archéologue cite également une Panthère montée par Bacchus comme très-mal figurée sur une médaille frappée dans la ville de Sybritie en Crète. Panthère.

On trouve ces médailles, qui faisaient partie de la collection du célèbre anatomiste Guillaume Hunter, figurées dans la description qu'en a donnée Charles Combes, à Londres, en 1782.

J'ai fait figurer dans la Pl. XIX, intitulée *Feles antiquæ*, un certain nombre de médailles qui m'ont été indiquées et confiées à cet effet avec la plus gracieuse obligeance par M. Le Normant, conservateur du cabinet des antiques à la Bibliothèque royale.

La première, la plus ancienne, puisqu'on la regarde comme du VIIe siè-

Lion. de Samos. cle avant J.-C., en or, de Samos, représente un Lion combattant un taureau.

de Macédoine. La seconde, plus intéressante, en argent, d'Amyntas II, roi de Macédoine, offre en effet d'un côté un cavalier armé d'un javelot, et de l'autre un Lion qui brise un trait avec ses dents, et comme cette figure, assez bonne du reste, ne présente, non plus que celles des médailles et autres monuments grecs, aucune trace du bouquet de poils inguinal qui caractérise de nos jours le Lion de Nubie; on peut admettre avec quelque vraisemblance que la médaille d'Amyntas reproduit une chasse du Lion en Macédoine où nous savons que cette espèce animale existait autrefois.

de la Grande-Grèce. La troisième, en argent, de Velia, dans la Grande-Grèce, 300 ans avant J.-C., figure encore un Lion mâle orné d'une très-belle crinière et fort bien dessiné, également sans bouquet de poils inguinal.

On connaît encore des médailles de Magès, roi de la Bactriane, de Juba, roi de la Mauritanie, et même d'un prince indo-scythique, le roi Azès, qui représente un Lion (celle-ci a été inscrite par M. Mionet sous le titre de *Leo sine juba*); mais il serait trop hardi d'en conclure que cette race de Lions manquait de crinière, comme cela se voit assez souvent aujourd'hui chez le Lion du Sénégal, et que ce n'est pas une Lionne que le graveur a voulu représenter.

Panthère de Sicile. La quatrième médaille que nous avons fait figurer est de bronze et vient de Centuripée, en Sicile, où elle a été frappée un siècle avant l'ère chrétienne. Le Felis qu'elle représente dans une attitude d'effroi, est assez remarquable par la gracilité de toutes ses parties, au point qu'on pourrait y voir un Guépard.

de Vespasien. La cinquième et dernière est également de bronze, mais du temps de Vespasien et frappée à Nicée en Bithynie. La figure de Panthère qu'elle offre est représentée les pattes de devant appuyées sur un vase où elle va boire, avec les mamelles gonflées comme dans la Louve de Romulus, particularité qui se remarque souvent sur les Panthères du mythe de Bacchus.

Tigre. J'ai fait aussi représenter sur la même planche une statuette en bronze de Tigre, dont les barres des flancs sont indiquées avec de l'or ; elle est d'époque et d'origine inconnues, mais probablement grecque ; et l'on voit, dans le même cabinet des antiques à la Bibliothèque royale, des statuettes de Panthères en bronze dans lesquelles les taches ocellées ont été faites avec de l'argent.

Enfin grâce à la complaisance habituelle, à mon égard, de M. Dubois, conservateur du Muséum égyptien au Louvre, j'ai pu faire dessiner de grandeur naturelle trois statuettes égyptiennes, en bronze, représentant deux espèces de Felis, anciennement domestiques en Egypte (*F. maniculata et F. Bubastes*) dans leur pose habituelle de repos. Chats d'Égypte.

Sans doute que les peintres anciens ont dû représenter également, et peut-être assez souvent, des Lions et des Panthères, lorsqu'ils avaient à reproduire les travaux d'Hercule ou ceux de Bacchus ; mais il ne nous en est parvenu aucune trace. Pausanias dit en effet, dans sa description de la statue de Jupiter Olympien, que sur la seconde balustre qui en défendait l'approche, on avait peint Hercule combattant le Lion de Némée. En Peinture.

Il n'en est pas de même dans les peintures sur vase, ou en mosaïque.

On trouve, en effet, représentés sur les vases dits étrusques des sujets nombreux, dans lesquels le Lion et les Panthères sont mis en scène ; le Lion, souvent monté et conduit par un Amour ; les Panthères, dans l'histoire de Bacchus, ou bien des combats de Lions et de Panthères (Laborde, Vases, II, 22). Sur les Vases étrusques. *Lion. Panthères.*

J'ai vu, en outre, sur un beau vase du Musée Bourbon, à Naples, l'Amour dans un char traîné par deux Felis, qu'à la longueur de leurs pattes, il est impossible de ne pas reconnaître pour des Guépards (*F. Jubata*). Guépard

Mais je ne me rappelle pas avoir trouvé le Chat domestique au nombre des animaux sauvages ou non, que les anciens faisaient entrer dans la décoration de leurs salles à manger ; par exemple, à Pompéia, où j'ai, au contraire, souvent remarqué des peintures qui représentaient un Lion chassant un Chevreuil ou bien une Panthère en repos.

Dans les Hiéroglyphes.

Les Égyptiens faisaient entrer au nombre des caractères hiéroglyphiques la partie antérieure du Lion ; ce qui prouve qu'ils connaissaient cet animal qui habitait, comme aujourd'hui, la Haute-Égypte, d'où ils sont descendus.

Dans les Hypogées.

Lion.

Mais, de plus, cet animal est aussi représenté dans les peintures qui ornent les hypogées. Rosellini donne en effet, M. C., n° XXII, sous le chiffre 1, la figure d'un Lion dans le tombeau de Roti à Beni-Hassan; mais sans nom, qu'il dit cependant avoir été *Mui*, comme dans le copte actuel.

Guépard

Le même auteur représente, sous le n° 9, un animal qui ressemble au Tigre chasseur, ou Guépard (*F. Jubata*); puis, sous le n° 4, un Éthiopien qui conduit une petite espèce de Tigre, comme provenant d'un tombeau de Thèbes.

Chats

Enfin, il cite les deux espèces de Chats d'Égypte comme représentés dans les peintures du tombeau de Beni-Hassan, la plus petite avec un Rat, copiée sous les n°s 4 et 5, et la grande sous le n° 8 de la Pl. XXII des *Mon. civ.* Or, ce tombeau remonte au XXIIe siècle avant notre ère, suivant M. Rosellini.

Dans les Mosaïques.

Mais c'est surtout dans les mosaïques que l'on en rencontre encore plus souvent et même un plus grand nombre d'espèces; et en effet, les mosaïques que nous connaissons sont, pour la plupart, beaucoup moins anciennes que les autres ouvrages d'art dont nous avons parlé jusqu'ici, puisque Pline dit expressément (liv. 36, ch. 25, Ed. Hard.) que les pavés, qu'il nomme *Lithostrata*, ne furent en usage à Rome que sous Sylla, c'est-à-dire cent ans avant l'ère vulgaire.

de Tauroentum.

Dans une mosaïque décrite ou au moins citée par Millin, Voyage dans les

(1) En lisant la description détaillée que M. Rosellini a donnée de la grande chasse aux Quadrupèdes représentée dans le tombeau du militaire Roti, à Beni-Hassan, il m'a semblé que la partie supérieure de la mosaïque de Palestrine n'en était pour ainsi dire qu'une copie, tant il y a de ressemblance dans les particularités de la chasse que celle-ci représente.

départements du Midi, tome III, page 370, et qui fut découverte pendant son séjour sur les lieux, en 1805, à *Tarento*, où l'on suppose qu'était la ville ancienne de *Tauroentum*, le Lion et les autres animaux qui y sont figurés, à ce qu'il paraît, dans une chasse, sont plus grands que nature. Lion.

Millin suppose que le lieu où cette mosaïque se trouvait était une grande villa située sur le bord de la mer, construite dans le IVe siècle de notre ère.

La célèbre mosaïque de Palestrine, sur laquelle Barthélemy a donné un mémoire si intéressant, et qu'il regarde avec juste raison comme représentant le voyage d'Adrien dans la Haute-Égypte, montre aussi un Lion assez exactement figuré pour pouvoir être aisément reconnu. Il fait cependant remarquer que cette figure offre une crinière, il est vrai, assez peu fournie, quoique ce soit un individu femelle allaitant un Lionceau; aussi porte-t-elle le nom de *Laena*. Et comme nous ne connaissons aucune variété de Lion dont la femelle soit pourvue d'une crinière, il en faut conclure que cette figure est, comme la très-grande partie des animaux représentés dans cette grande page de mosaïque, un résultat de l'imagination de l'artiste. Le moindre coup d'œil sur ces figures suffit en effet pour être étonné que l'on ait pu s'en servir pour soutenir la thèse que les espèces qu'elles sont censées représenter ont existé réellement, et ont disparu en Afrique depuis le règne d'Adrien. de Palestrine. Lionne.

La Panthère est encore plus souvent peut-être figurée dans les mosaïques, et surtout, comme on le pense bien, dans celles qui représentent une chasse. Panthère.

Ainsi, la mosaïque de Palestrine que je viens de citer représente deux Felis qui sont sans doute des Panthères, quoique l'on trouve au-dessous inscrit le nom de *Tigris* : ce qui prouve en passant que ce nom a été de bonne heure détourné de sa véritable application, comme il l'est encore dans le langage vulgaire. En effet, il est bien certain que cette mosaïque ne représente que des animaux du pays, et le Tigre proprement dit n'existe pas en Afrique.

Parmi les animaux de la mosaïque de Tauroentum se remarque aussi la Panthère, suivant Millin, dans l'ouvrage cité plus haut.

Tigre. Le véritable Tigre ne pouvait se trouver dans la mosaïque de Palestrine; mais M. G. Cuvier (Discours prélimin., page 45, 1re édit.) nous apprend que pendant son séjour à Rome, dans l'hiver de 1809-1810, on découvrit dans un jardin, du côté de l'arc de Galien, un pavé en mosaïque de pierres naturelles assorties à la manière de Florence, offrant quatre Tigres du Bengale supérieurement représentés, mangeant des têtes de bœufs. Je n'ai malheureusement pas pu apprécier ce fait par moi-même; ce que je puis assurer, c'est que je n'ai vu aucune représentation antique de cet animal dans aucun des Musées d'Italie que j'ai visités l'année dernière, à Naples, à Rome et à Florence.

Lynx. La mosaïque de Palestrine représente aussi un animal sous le nom de Lynx; mais il est fort douteux que ce soit le Felis qui, avant son exécution, avait été nettement caractérisé par Elien; je suis plutôt porté à penser que c'est quelque animal fabuleux à figure humaine. On supposerait plus volontiers que ce pourrait être l'animal figuré sous le nom de Crocotta à cause de sa forme générale, de la brièveté de la queue et des oreilles. Je crois cependant que l'artiste a pu vouloir représenter un Ours; d'autant plus, qu'un animal de cette espèce se trouve figuré, de manière à ne laisser aucun doute, au nombre de ceux qui sont apportés comme présents à un personnage dans une peinture qui ornait le tombeau de Beni-Hassan, d'après les dessins qu'en a donnés M. Rosellini.

Des traces que les espèces de Felis ont laissées en nature.

Ces traces sont de deux sortes : les unes sont encore dues à l'espèce humaine, c'est-à-dire qu'elles ont été conservées par un effet de sa volonté; tandis que les autres en ont été complétement indépendantes.

A l'état de Momie. Dans la première catégorie, je ne trouve guère à citer que les restes momifiés et ceux qui ont été mis ou recueillis dans les tumulus de peuples anciens.

Les Égyptiens, comme nous l'apprenons d'Hérodote, comptaient au nombre des animaux sacrés les Chats (Ailuros), qu'ils nommaient, à ce qu'il paraît, *Bubastis*, peut-être à cause de la ville qui était consacrée à ce genre d'animaux.

C'est un fait complétement mis hors de doute par la succession des historiens qui ont anciennement parlé des Égyptiens, soit avant la conquête de l'Égypte par Alexandre, soit après elle, sous les Ptolémées, soit depuis sa conquête par les Romains.

On ignore au juste la raison pour laquelle les Chats étaient sacrés chez cet ancien peuple; mais il est à peu près certain qu'ils étaient domestiques, ainsi que les Ichneumons.

Dans les Hypogées d'Égypte.

Il y a déjà longtemps que la profanation des hypogées de l'Égypte a mis à découvert des momies de Chats, et que l'on en a extrait des enveloppes qui les cachaient. Mais c'est, si je ne me trompe, M. E. Geoffroy qui, le premier, a figuré (1) le squelette complet d'un Chat retiré d'une momie, squelette qui existe dans les collections du Muséum, et dans lequel il a reconnu, ainsi que M. G. Cuvier, un animal ne différant en aucune manière de notre Chat domestique en Europe, ce qui n'est cependant pas exactement vrai.

F. Maniculata.

Depuis lors, M. Ehrenberg, qui a eu également l'occasion de voir de ces momies de Chats, s'est assuré qu'elles provenaient d'une espèce encore actuellement sauvage et également domestique en Abyssinie, pour laquelle il avait proposé le nom de *F. Dongalana*, avant de connaître celui de *F. maniculata*, que lui avait donné M. Cretzschmar.

J'ai eu l'avantage de confirmer ces rapprochements en pouvant comparer à la fois le crâne momifié rapporté par M. Geoffroy avec des crânes de *F. maniculata* sauvages et domestiques, que je dois à M. P.-E. Botta, pendant plusieurs années l'un de mes aides et voyageur du Muséum. L'identité est parfaite.

Mais outre cette espèce, les Égyptiens nous en ont encore légué une

(1) *Égypte antique*, II, pl. V, fig. 7, provenant des catacombes de Memphis, de Saggarah.

F. Bubastes ou *Caligata.* autre plus grosse à l'état de momie, et qui, d'après l'examen comparatif que j'ai pu en faire avec le *F. Bubastes* des zoologistes modernes, me paraît être de la même espèce, qui se trouve encore aujourd'hui vivante dans la Haute-Égypte, et qui même est domestique dans la Basse, d'après un passage d'Hasselquist. Je dois de plus à M. Desnoyers, bibliothécaire de notre Muséum, les moyens d'assurer que les Égyptiens connaissaient aussi la plus grande espèce de ces Chats demi-Lynx ou le *F. Chaus*. Il nous a en effet donné une tête de *F. Chaus.* momie encore couverte de sa peau, et dont la grandeur et les proportions conviennent tout à fait à la tête de *F. Chaus* rapportée d'Égypte par M. Geoffroy le père. On peut donc assurer que les anciens Égyptiens possédaient trois espèces ou variétés de Chats que les modernes connaissent encore aujourd'hui, en Afrique, à l'état sauvage aussi bien qu'à l'état domestique.

Or, les hypogées de Thèbes remontent au moins à deux mille cinq cents ans, d'où l'on peut conclure que depuis ce long laps de temps les espèces animales n'ont éprouvé aucun changement appréciable, du moins en elles-mêmes; car il ne peut en être ainsi dans leurs rapports avec le sol, c'est-à-dire que le nombre a dû diminuer.

Dans les Tumulus. Les tumulus qui ont été fouillés en Europe ou dans l'Asie boréale, parties du monde où l'on en a découvert en plus ou moins grande quantité, n'ont jamais présenté, à ce qu'il me semble, aucuns restes qui aient appartenu à un animal de cette famille, ce qui prouve, sans doute, que le Chat n'était pas encore un animal domestique chez les peuples scytho-celtiques. En effet, parmi les ossements que j'ai vus, et que l'on m'a donnés comme extraits de tumulus, je n'ai trouvé que des restes de Bœuf, de Cerf, de Mouton, de Cochon et de Chien, mais jamais de Chat.

DES FELIS A L'ÉTAT FOSSILE.

Quoiqu'il soit à peu près indubitable qu'il existe des ossements de plusieurs espèces de Felis à l'état fossile, ou quoique l'on regarde généralement aujourd'hui comme véritablement fossiles un assez grand nombre d'ossements de ce genre, il ne sera cependant pas inutile de montrer en quel nombre immense le faste toujours croissant des Romains avait fait transporter à Rome, et peut-être dans d'autres lieux, siége de leurs principales colonies, les Lions et les Panthères. Il est en effet concevable que quelques-uns de ces ossements ont pu se conserver dans certaines circonstances. L'énumération que nous allons donner est extraite d'un mémoire extrêmement curieux, que la science doit à l'érudition aussi éclairée que persévérante de M. Mongès, membre de l'Institut, et qui fait partie des mémoires de l'Académie des inscriptions et belles-lettres, tome X, page 360, 1833.

Énumération des Espèces de Felis montrés en spectacle chez les Romains.

PANTHÈRES.

Par M. Fulvius.

L'an 176 avant J.-C., M. Fulvius fit voir une chasse de Panthères et de Lions, mais le nombre n'est pas déterminé.

P. C. Scipion.

En 169, P. C. Scipion Nasica et P. Lentulus firent combattre soixante-trois Panthères africaines (Tite-Live, lib. XLIV, cap. 18); ci. . . . 63

Æ. Scaurus.

En 58, Æmilius Scaurus, dans les jeux pour son édilité, en montra cent-cinquante, *Varias centum quinquaginta universas* (Pline, lib. VIII, cap. 17); ci. 150

Pompée.

En 50, Pompée, pour la célèbre consécration de son théâtre, au nombre des animaux qui furent exposés dans le Cirque, présenta quatre cent dix Panthères (*Variæ*) (Pline, lib. VIII, cap. 27); ci. 410

C. S. Curion.

En 53 avant J.-C., le tribun C. Sempronius Curion, aux jeux funèbres célébrés à la mort de son père, et si remarquables par la disposition singulière de l'amphithéâtre, en montra dix qui lui avaient été fournis par Patiscus, célèbre chasseur; ci. 10

Auguste.

Auguste, 11 ans avant J.-C., à la dédicace du temple qu'il érigea à Marcellus, fit combattre et tuer six cents Panthères, toutes d'Afrique (1); ci. 600

(1) D'après Dion, qui emploie les mots de *Theria Libyca*, lib. LIII, cap. 27, que M. Mongès, suivant ici Reimar, traduit avec raison par le mot générique de Tigre de notre langage vulgaire.

Le même empereur, plus tard, en 29', dans les jeux donnés à l'occasion de ses trois triomphes consécutifs, en exposa quatre cent vingt; ci. 420

Caligula. En 37 après J.-C., Caligula, pour la dédicace d'un temple à Auguste, en fit périr quatre cents (1); ci. 400

Claude. En 44, Claude, à l'occasion d'une nouvelle consécration du théâtre de Pompée, réédifié après avoir été détruit par un incendie, en fit combattre trois cents (2); ci. 300

Héliogabale. En 208, aux spectacles donnés pour le mariage d'Héliogabale, on fit mourir dans le Cirque, et toutes à la fois, cinquante Panthères (Dion, LXXIX, cap. 19); ci. 50

Gordien I. En 238, Gordien I ou l'Ancien en exposa, d'après Capitolin, cent; ci 100

Gordien III En 243 Gordien III envoya trente Léopards apprivoisés, qu'il avait préparés pour son triomphe sur les Persans; ci. 30

Probus. En 280, Probus, à l'occasion de son triomphe sur les Germains, fit planter dans le Cirque une forêt dans laquelle on mit en liberté un nombre presque incroyable d'animaux de toutes sortes, qui furent tués à coups de flèches par le peuple romain, et parmi lesquels on compte cent Panthères de Libye ou d'Afrique, et cent autres de Syrie (*in Flav. Vopisci Probi imp. vitâ*, p. 700. *Hist. Aug.*, Vol. III.); ci. 200

Constantin. Enfin, on rapporte encore que, malgré le célèbre édit de Constantin, porté en 325, et qui défendait les combats sanglants dans l'arène, les empereurs n'en célébrèrent pas moins des jeux dans lesquels l'exposition, et peut-être même les combats d'animaux féroces, continuèrent à avoir lieu.

Justinien. On raconte en effet que Justinien, à l'occasion des jeux brillants donnés en 342 pour son consulat, à Constantinople, fit combattre encore trente Panthères dans le Cirque; ci. 30

(1) Dion, lib. LIX, cap. 7.
(2) Dion, lib. LX, cap. 7.

En sorte qu'en ne portant pas en compte les individus nombreux qui ont été compris sous l'expression générale d'animaux féroces, et dont nous parlerons plus tard, on voit, dans un espace de 500 ans environ, que le nombre des Panthères qui ont été apportées à Rome monte à près de trois mille, toutes provenant presque indubitablement du périple de la Méditerranée. Conclusion.

Nous allons arriver à peu près aux mêmes résultats pour les Lions. LIONS.

Nous commencerons, comme pour les Panthères, par les Lions qui, d'après le témoignage de Tite-Live, firent partie de la chasse que M. Fulvius montra dans le Cirque l'an 568 de Rome, ou 176 ans avant J.-C., auxquels il faut joindre ceux que Q. Scævola fit combattre dans les jeux qu'il donna pour son édilité, en 659 de Rome. Nous en ignorons le nombre. Il n'en est pas de même pour les exemples suivants. Par M. Fulvius. Scævola.

En 601 de Rome, 93 ans avant J.-C., Sylla fit combattre cent Lions tous mâles, *Leones Jubati*, qui lui avaient été envoyés par le roi de Mauritanie, Bocchus; et quant à ce qu'ajoute Pline, que ce furent les premiers, c'est qu'il ne se souvenait pas de ce qu'avait rapporté Tite-Live de Q. Scævola. Par Sylla.

Mais Pompée, à l'occasion de la dédicace de son théâtre, qui eut lieu en l'an 50 avant J.-C., fut beaucoup plus loin, soit que le nombre des Lions qu'il fit combattre fût de cinq cents seulement, comme le rapportent Dion et Plutarque, ou qu'il se montât à six cents environ, dont trois cent quinze à crinière ou mâles, comme le dit expressément Pline, lib. VIII, cap. 19. Et si Pompée, à son tour, fut encore surpassé par son heureux rival, J. César, dans les cinq jours de jeux et de chasse qu'il donna au peuple romain, à l'occasion de son retour à Rome en l'an 46 avant J.-C., ce ne fut pas sous le rapport du nombre des Lions, que Pline ne porte en effet qu'à quatre cents (*loc. cit.*) (1). Pompée. J. César.

(1) M. Mongès, en rapportant le passage de Pline, où ces deux faits sont relatés, dit que ces quatre cents Lions exposés par César étaient de la variété la plus forte, et tous à crinière lisse, ce qui ne me semble pas être réellement dans le texte : « Post eum (Syllam) Pompeius magnus in Circo D.C. in iis jubatorum CCCXV; Cæsar dictator, CCCC. »

C'est aussi dans ce siècle, déjà si remarquable par la rivalité de César et de Pompée, que Rome, après la bataille de Pharsale en l'an 48, vit pour la première fois des Lions attelés à un char, et c'était à celui de l'infame M. Antoine, accompagné de la comédienne Cytheris (Pline, lib. VIII, cap. 16).

M. Antoine.

Auguste.

Dans une fête publique, donnée par Auguste en 29 avant J.-C., lors de ses trois triomphes, le nombre des Lions tués dans le Cirque fut, suivant Dion, de deux cent soixante. En 765 de Rome et 90 ans après J.-C. Germanicus en fit combattre deux cents, d'après le même historien.

Adrien.

S'il fallait en croire Spartien, Adrien, dans l'un de ses anniversaires, aurait exposé dans le Cirque jusqu'à mille Lions; mais Dion, historien plus rapproché d'une centaine d'années du règne de cet empereur, n'en fait monter le nombre qu'à deux cents.

Antonin le Pieux.

M. Aurèle.

Commode.

Suivant J. Capitolin, Antonin le Pieux, quoiqu'il eût refusé de faire combattre des hommes contre des animaux féroces, ne fit pas moins massacrer cent Lions lâchés à la fois dans une fête, et Marc-Aurèle autant et à coup de flèches, d'après le même historien, à l'époque de son triomphe sur les Marcomans. L'empereur Commode, qui eut, comme on sait, beaucoup moins de scrupules, fit introduire un à un ce même nombre de Lions dans l'arène et les tua lui-même, du moins d'après le récit de Dion, confirmé par Hérodien, tous deux témoins oculaires.

Gordien I.

Au premier millénaire de la fondation de Rome, l'an 248 de notre ère, Gordien l'Ancien en fit massacrer cinquante seulement, d'après Ammien.

Gordien II.

Gordien II n'en exposa plus que onze.

Gordien III.

Probus.

Gordien III en produisit soixante (1) apprivoisés, et qui avec un grand nombre d'autres animaux curieux, envoyés à Rome par ce jeune prince, servirent aux jeux séculaires, donnés par Philippe Ier, son assassin et son successeur. Mais Probus, à l'occasion de son célèbre triomphe sur les

(1) M. G. Cuvier dit soixante-dix, le texte est : *Leones mansueti sexaginta*.

Germains, put encore exposer cent Lions à crinière et cent Lionnes, d'après le récit de Vopiscus.

Depuis lors, soit que, dans les animaux exposés dans le Cirque, le nombre des Lions fût réellement diminué; soit que les historiens aient négligé de descendre à des détails de nombre, on ne trouve plus cités que les vingt Lions montrés par Justinien, dans les jeux donnés pour son consulat à Constantinople, en l'an 342, et cent autres qu'il montra une autre fois dans l'amphithéâtre. Justinien.

Malgré cela, nous voyons, comme résultat de ces faits, que dans un laps de six cents années, le nombre des Lions et des Lionnes apportés à Rome se monte à un total de deux mille deux cents. Conclusion.

Le véritable Tigre ne se trouvant pas dans le périple de la Méditerranée, et étant presque relégué dans des contrées avec lesquelles les Romains avaient peu ou point de communications, et surtout dans l'Hyrcanie, il n'est pas étonnant qu'il se soit trouvé bien plus rarement au nombre des animaux exposés dans le Cirque; bien mieux, il n'est pas certain que tous les animaux comptés comme des Tigres par les historiens, en fussent réellement. Varron (*de Ling. Lat.*, lib. IV., cap. 20) nous apprend que jusqu'alors on n'avait pas encore pu prendre un Tigre vivant; mais en l'an 741 de Rome, 11e année avant J.-C., Auguste en montra un apprivoisé dans une cage, à l'époque de la dédicace du théâtre de Marcellus, d'après Suétone (Vit. August., cap. 43) et Pline (VIII, 25). TIGRE. Par Auguste.

L'empereur Claude, vers l'an 50 après J.-C., en posséda quatre à la fois (Pline, VIII, 17), et l'on suppose que ce sont ceux qui ont été représentés dans la mosaïque dont il a été parlé plus haut. Claude.

Domitien, vers l'an 80 de J.-C., parmi le grand nombre d'animaux curieux qu'il donna en spectacle au peuple romain, et qui font le sujet d'un livre tout entier des Épigrammes de Martial, son vil flatteur, outre celui qu'il montra dans un combat contre un Lion qui fut vaincu, en fit paraître d'attelés à un char; car il est difficile de ne pas entendre Domitien.

ainsi le troisième vers de la cent cinquième épigramme du premier livre, où il dit :

Improbæque Tigres indulgent patientiam flagello ;

surtout après ces premiers :

Picto quod juga delicata collo
Pardus sustinet.

Antonin le Pieux. Antonin le Pieux, vers l'an 150, en donna aussi en spectacle, s'il faut en croire Julius Capitolinus, dans la vie de cet empereur.

Aurélien. Aurélien, en l'an 274, dans son triomphe sur Zénobie et Tetricus, produisit quatre Tigres avec des Girafes et des Buffles *(Vopiscus in Aurel.)*.

Gordien III. Gordien le Jeune fut plus heureux, s'il est vrai qu'il en réunit dix à la fois à Rome, vers l'an 240, et alors il faudrait croire que cela tint à ce que la guerre le rapprocha du pays où se trouvait cette grande espèce de Felis.

Lynx. Par Pompée. Des autres espèces de ce genre, je ne trouve que le Loup-Cervier, aujourd'hui nommé Lynx, qui ait été montré une seule fois par Pompée dans le Cirque de Rome, vers l'an 50 avant J.-C., comme nous l'apprenons de Pline, lib. VIII, cap. 19 ; et je ne vois pas qu'aucun passage puisse autoriser à penser avec notre savant guide dans cet article, M. Mongès, que jamais le Caracal ait fait partie des animaux carnassiers exposés à la curiosité des Romains, pas plus que le *F. Chaus* des zoologistes modernes, quoique Pline ait employé ce mot (1).

(1) « Pompei magni primum ludi ostenderunt *Chama* ou *Chaus*, quem Galli *Rufium* vocabant, effigie Lupi Pardorum maculis » (lib. VIII, cap. 19), et par ce signalement, on voit que cet animal est le même qu'il nomme Loup Cervier, dans ce passage : « Sunt in eo genere (Luporum) qui Cervarii vocantur, qualem a Gallia in Pompei magni arena spectatum diximus (lib. VIII, cap. 22).

Quant au Caracal, M. Mongès lui rapporte le Lynx dont Pline parle en deux endroits ; dans le premier, en le mettant au nombre des monstres, avec les Sphinx ; le second, comme produisant par son urine putréfiée le *Lapis Lyncurius*, autre fable ; mais ce rapprochement est-il légitime?

Mais cette exposition numérique ne serait pas encore suffisante pour faire apprécier l'effet produit par cette passion du peuple romain pour les spectacles en général, et surtout pour les spectacles sanglants, sur l'amoindrissement de certaines races animales; si nous n'y joignions pas les nombres en bloc, c'est-à-dire ceux dans lesquels les animaux féroces (1) sont tous compris sans distinction.

Bêtes féroces en masse.

Ainsi aux jeux donnés par Scaurus, cent cinquante bêtes féroces furent montrées.

Par Scaurus.

S'il faut ajouter une foi absolue à la célèbre inscription d'Ancyre (2), regardée comme une copie du testament d'Auguste, cet empereur aurait, depuis son usurpation, fait tuer dans le Cirque trois mille cinq cents bêtes féroces, et suivant Gronow, trois cent mille cinq cents, différence qui tient au manuscrit consulté.

Auguste.

En l'an 80, Titus, lors de la dédicace de ses Thermes et de son amphithéâtre, en exposa cinq mille de féroces et neuf mille en tout (3).

Titus.

En l'an 105 depuis J.-C., Trajan, dans les cent vingt-trois jours que durèrent les jeux donnés à l'occasion de sa victoire sur le roi des Daces, alla jusqu'au nombre presque incroyable de onze mille animaux, mais en y comprenant à la fois les espèces sauvages et domestiques (4).

Trajan.

Adrien, à l'époque d'un de ses anniversaires à Rome, fit tuer mille bêtes féroces, d'après Spartien, et dans une autre occasion à Athènes, d'après le même, il en exposa mille toutes également féroces.

Adrien.

Sévère, au mariage de son fils Caracalla, donna, pendant sept jours, des jeux où sept cents bêtes féroces, renfermées dans une vaste cage en forme de navire, furent lâchées à la fois et ensuite massacrées.

Sévère.

Mais ce besoin d'animaux féroces eut nécessairement pour résultats de créer des industries, non-seulement de chasseurs de bêtes féroces et en général de bêtes sauvages, comme était ce Patiscus, dont il est ques-

(1) En supposant, il est vrai, que par *feræ* il ne faille pas entendre bêtes sauvages.

(2) *Monum Ancyr. de Augusto, apud Sueton.*

(3) Dion, lib. VII, cap. 25.

(4) Dion, lib. LVIII, cap. 15.

tion dans les lettres de Cicéron, auquel un de ses amis, Cœlius, demandait en grâce de lui procurer des Panthères, et auquel il répondait en riant que ces pauvres animaux, demandant pourquoi on s'adressait à eux seuls, avaient abandonné la Pamphylie, sa province, pour se retirer en Carie; mais encore d'éducateurs d'animaux, de *Mansuetarii*, dont l'état était de les élever, de les instruire, ce à quoi ils étaient surtout aptes, s'ils étaient nés dans le signe du Lion, d'après Manilius.

Résultat. Animaux sauvages non carnassiers.

Un autre résultat qui nous intéresse davantage dans le genre de recherches auxquelles nous nous livrons en ce moment, c'est que le nombre des animaux féroces, Lions, Panthères et Ours, étant nécessairement diminué, surtout en Afrique, d'où l'on en tirait un si grand nombre, que les Panthères étaient aussi bien désignées par l'épithète de *Libycæ*, *Africanæ*, que par celle de *Variæ*, on fut obligé de faire entrer dans les jeux un plus grand nombre d'animaux sauvages, mais non carnassiers; en effet, dans l'énumération que donne Vopiscus, des animaux montrés par Probus, le nombre de ceux-ci l'emporte beaucoup sur celui de ceux-là.

Par Probus.

Sénatus-consulte qui défend l'introduction des Bêtes féroces en Italie.

On ne peut pas cependant supposer que le célèbre sénatus-consulte cité par Pline (lib. VIII, cap. 24), qui ne fut abrogé qu'en l'an 84 avant J.-C., et qui défendait l'introduction en Italie de tant de bêtes féroces d'Afrique, eût pour intention de parer à cet inconvénient; mais on peut croire qu'il avait existé un décret qui limitait l'autorisation de faire combattre ces animaux aux empereurs et aux grands dignitaires, puisque les empereurs, Honorius et Théodose, en 417, portèrent une ordonnance qui donnait à tout le monde le pouvoir de faire tuer des Lions, mais qui en même temps défendait que les animaux destinés pour la cour fussent retenus plus de sept jours dans une ville, et qui infligeait une amende de cinq livres d'or à quiconque les maltraiterait.

Décret qui le permet.

L'auteur grec du petit traité *de Belluis*, que M. S. de Xivrey fait vivre vers la première moitié du Ve siècle, nous apprend que de son temps un roi des Indes avait envoyé à l'empereur Anastase deux jeunes ou petites Panthères (*Parduli*), l'une sur un chameau et l'autre sur un éléphant.

Lions et Léopards. Au siége de Constantinople.

Enfin, ce qui prouve que les empereurs de Constantinople entretenaient des animaux dans des ménageries, c'est le fait rapporté par les historiens de la IIe croisade, qu'à l'attaque de la première enceinte de Constantinople par les croisés lombards en 1104, ils se virent assaillis par des Lions et des Léopards que l'empereur Alexis avait fait déchaîner et lâcher contre eux : tous les Lions, et même l'un d'eux, apprivoisé, et qui était fort aimé dans le palais, furent tués; mais les Léopards s'enfuirent vers la ville en grimpant comme des chats sur les remparts.

Conclusions.

D'où l'on voit que la poursuite des animaux carnassiers du genre Felis s'est continuée fort longtemps, ce qui a pu contribuer à la diminution des espèces dans les pays qu'ils habitaient, et transporter leurs ossements dans des lieux, siége de la civilisation, où ils n'auraient pas existé sans cela.

Dents de Lion retrouvés dans les ruines de Mons-Seleucus

Nous devons même placer ici une observation curieuse, qui fut faite lors de la découverte de l'ancienne ville nommée *Mons Seleucus*, à peu de distance de Gap; c'est que, dans une maison qui fut regardée comme une sorte de magasin d'histoire naturelle, on trouva avec des minéraux divers, des coquilles marines de parages éloignés, des dépouilles d'animaux terrestres, surtout du genre Felis, beaucoup de dents de Lion, une statuette de Panthère en bronze doré, et un très-grand nombre de médailles celtiques et romaines. Il paraît certain que cette ville a été détruite, peut-être par une inondation, comme le pense M. Héricard de Thury, avant l'invasion des barbares.

(Voy. Millin, *Voyage dans le midi de la France*, IV, p. 189), qui lui-même cite :

Rapport fait à l'Institut sur les antiquités de Mons Seleucus, par M. de la Doucette. *Mag. enc.*, 1805. Tome II, p. 18, et *Rapport de l'Institut*, à la suite;

Archéologie de Mons Seleucus. in-4°, Gap, 1806.

Enfin, nous devons terminer cette espèce de digression sur les causes qui ont pu amener dans nos pays des ossements de Felis de contrées étrangères, en disant que, presque de tous les temps, les principaux potentats de l'Europe ont eu la curiosité d'entretenir dans le lieu de leur principale résidence des Lions, peut-être même des Tigres, mais surtout des Panthères, et qu'à des époques assez peu reculées, ces animaux à leur mort étaient enterrés tout entiers, les os n'étant que fort rarement conservés par les curieux, si ce n'est peut-être la tête. A l'appui de cette observation, je me bornerai à rapporter le fait de deux Lions qu'avait possédés un roi de Navarre, sans doute Henri IV, à Nérac, et que Scaliger (*Exercit. CCVIII*) dit avoir fait déterrer pour s'assurer si le cou était formé d'un seul os, comme l'avait écrit Aristote. Or, c'était vers 1592 que Scaliger écrivait, c'est-à-dire il y a deux cent cinquante ans seulement. Ainsi l'on conçoit que l'on puisse rencontrer quelquefois des ossements et surtout des dents de grandes espèces de Felis dans des terrains d'alluvium et même de diluvium découvert ou entré dans les cavernes, sans qu'on doive les regarder comme véritablement fossiles; mais il n'en est pas de même de ceux qu'on a trouvés dans des terrains plus anciens, et c'est certainement la plus grande partie.

Lions enterrés à Nérac.

Felis fossiles en général.

Il y a déjà près de deux cents ans que l'on a recueilli en Europe des ossements appartenant à une grande espèce de Felis, sans cependant qu'on les ait reconnus comme tels. C'était d'abord dans les cavernes d'Allemagne, et jusqu'en 1825, époque de la publication de la seconde édition des Recherches sur les ossements fossiles de quadrupèdes, par M. G. Cuvier, on n'était guère allé au delà de la confirmation de ce fait; mais depuis lors, on en a trouvé dans un grand nombre d'endroits d'Europe, dans des terrains fort différents, et de toute taille, en sorte qu'aujourd'hui, si l'on acceptait comme démontrées les espèces de Felis fossiles proposées par les paléontologistes, il en aurait existé plus de vingt dans l'Europe ancienne. Pour mettre le lecteur en état de se décider à ce sujet avec connaissance de cause, nous allons successivement les passer en revue, en suivant l'ordre de grandeur, le seul possible ici, après quoi nous les répartirons par terrains.

1° *F. Spelæa.*

Goldfuss, *N. Academ. cur. nat.*, X, pl. 45. Pander et d'Alton *Skelett.* tab. 8, f. *a.* Schmerling. *Ossem. des Cavern. de Liége*, p. 72, pl. 14, 15, 16 et 17. Marcel de Serres, Dubreuil et Jean-Jean. *Cavern.* de *Lunel-Viel.* Pl.

Cette espèce, dont on a trouvé des ossements épars en beaucoup de lieux de l'Europe, d'abord en Allemagne, puis successivement en Angleterre, en Belgique, dans la France septentrionale et méridionale, presque toujours dans le diluvium des cavernes, n'a pas été de suite admise comme distincte. Historique.

Ainsi, quoique reconnus comme d'un Lion par Esper, et bien plus, annoncés comme ressemblant entièrement à un Lion de moyenne taille par Sœmmering, dans son examen de la portion de crâne figurée par Leibnitz dans sa *Protogoea*, pl. XI, fig. 1, et même par M. G. Cuvier, qui, dans l'*Extrait d'un ouvrage sur les ossements quadrupèdes*, dit, p. 7, que les morceaux qu'il en a vus ne lui ont presque point présenté de différences avec les analogues du Tigre ou du Lion, Rosenmuller avait déjà reconnu que ces os ne sont pas exactement semblables à ceux du Lion actuel, et il se proposait sans doute de le montrer dans un ouvrage qui devait contenir la description des os d'un animal inconnu de la famille des Lions, et qu'il annonce dans son ouvrage sur l'Ours des cavernes, p. 11. Esper. Leibnitz. G. Cuvier, 1802. Rosenmuller.

Cependant, M. Cuvier, dans son mémoire sur les carnassiers des cavernes, publié en 1806, dans les Annales du Muséum d'histoire naturelle, et reproduit en 1812 dans ses Mémoires réunis, était conduit à un résultat tout différent de ce qu'il avait dit en 1802. En effet, après cette observation préalable, que, lorsqu'il s'agit de déterminer de quelle espèce des Felis une demi-mâchoire, qu'il figure, se rapproche le plus, la chose n'est pas si aisée, et qu'il ose dire qu'elle serait impossible sans les moyens nombreux de comparaison qu'il a eu le bonheur de réunir, il ajoute : G. Cuvier, 1806 1812.

« Or, ces moyens m'ont démontré et démontreront de même à ceux » qui voudront les employer, que ce morceau ne vient ni du Lion ni » de la Lionne, ni du Tigre, encore moins du Léopard et de la petite » Panthère des montreurs d'animaux; mais que si l'on voulait le rap- » porter à une espèce vivante, ce serait au seul *Jaguar* ou *grande* » *Panthère œillée de l'Amérique méridionale*, qu'il ressemblerait le » plus, surtout par la courbure de son bord inférieur. »

Malgré une manière de voir aussi positive, et que M. Cuvier annonçait lui-même devoir inspirer quelques doutes, à cause des idées peu exactes que l'on a sur les diverses espèces de grands Felis, M. Goldfuss, ayant eu l'avantage de rencontrer une tête presque entière du grand Felis des cavernes, crâne sur lequel il donna d'abord une notice et une petite figure dans ses *Environs de Muggendorf*, en allemand, puis une de grandeur naturelle avec une description comparative sous le nom de *F. Spelæa*, dans le tome X, part. II, des *Nov. Act. Academ. Natur. Cur.*, tab. 45, M. Cuvier adopta ce nom et cette distinction dans la nouvelle édition de ses Ossements fossiles, en 1825, ce qui a été adopté depuis par tous les paléontologistes. Bien mieux, dans plusieurs passages de son article sur les Felis fossiles, et entre autres, p. 455, on voit qu'il ne s'était pas encore complétement décidé si c'était un Lion ou un Tigre, ce qui tenait sans doute à ce qu'il n'avait pu établir sa comparaison *de visu*.

Goldfuss.

G. Cuvier, 1825.

Quoi qu'il en soit, les ossements attribués à cette espèce sont assez nombreux, beaucoup plus que pour toute autre, quoique partout on les ait rencontrés isolés et pêle-mêle avec ceux d'Ours, d'Hyènes et d'autres animaux carnassiers ou non. Nous allons les énumérer par localité.

Ossements trouvés

en Allemagne.

I. D'Allemagne, dans les cavernes de Gaylenreuth, de Scharfield :

Une tête entière avec la mâchoire inférieure (Goldfuss, *loc. cit.*), et malheureusement dans une fausse projection, ce qui ne permet pas d'en bien juger les caractères.

Une tête entière avec toutes ses dents, représentée par MM. Pander et D'Alton. *Raubthiere*, VIII, fig. *a*, *b*, *c*, *d*.

Un crâne entier sans mâchoire inférieure, dans la collection de M. le comte de Munster et dont il nous a envoyé un moule en plâtre.

Un fragment de crâne figuré par Leibnitz, et reproduit par Sœmmering, dans le mémoire cité plus haut.

Un fragment de mâchoire supérieure, figurée par Esper, qui l'avait très-bien reconnu comme d'un Lion.

Une mandibule figurée d'après un dessin de Camper, par M. G. Cuvier (*Ossem. fossil.*, IV., pl. XXXII, fig. 7).

Une mandibule de la collection d'Ebel, figurée par M. Cuvier, *loc. cit.*, Pl. XXXVI, f. 1.

Une mandibule de la collection de lord Cole, et envoyée par lui, moulée en plâtre, au Muséum.

Une mandibule de la collection de Blumenbach, figurée par M. Cuvier, Pl. XXXVI, f. 2. D'Allemagne.

Une mandibule de jeune âge, de la collection d'Ebel. Cuv., IV., Pl. XXXVI, fig. 3.

Des dents séparées, une seconde et une troisième molaire supérieures de Gaylenreuth. Cuv., IV, Pl. XXXII, fig. 3 et 4. Caverne de Gaylenreuth.

Une troisième molaire supérieure de la caverne d'Altenstein. *Ibid.*, f. 6. d'Altenstein.

Des vertèbres.

Un atlas dans la collection de lord Cole.

Deuxième dorsale; première, cinquième et sixième lombaire, sixième et septième coccygienne, de la collection ancienne de Buffon, en nature au Muséum.

Sept autres vertèbres de la collection de lord Cole.

Les deux tiers supérieurs d'un humérus du côté droit de la même collection.

Un radius bien entier de la collection laissée par Buffon au Muséum.

Un fémur.

Une rotule.

Un tibia du cabinet de lord Cole.

Un astragale, un calcanéum, un troisième cunéiforme, de la même collection.

Plusieurs os métatarsiens dans le même cas, ainsi que quelques phalanges, dont une onguéale du pouce de devant.

D'Angleterre.

D'ANGLETERRE, et également des cavernes :

Caverne de Kirkdale.

M. Cuvier dit n'avoir vu qu'une canine et une troisième molaire d'en bas, un os métatarsien provenant de la caverne de Kirkdale (Cuv., IV, 455).

M. Buckland cite quatre canines, dont une supérieure (*Reliq. diluv.*, tab. VI, fig. 6), de la caverne de Kirkdale, et une autre inférieure, de la caverne d'Oreston, près de Plimouth, *ibid.*, tab. XXII, fig. 6.

d'Oreston.

de Kent.

Une troisième molaire supérieure de celle de Kent, figurée par le révérend Mac Enry.

De Belgique.

De BELGIQUE, dans les cavernes des environs de Liége, d'après M. Schmerling :

Caverne de Goffontaine.

Plusieurs fragments d'une même tête, de la caverne de Goffontaine.

Trois mâchoires inférieures, dont une presque entière.

Quatre sacrums bien entiers, de Goffontaine.

Une portion d'omoplate.

Un humérus presque entier.

Deux radius, de Goffontaine.

Des portions de bassin tirées de trois cavernes différentes, et une entière de Goffontaine.

Un fémur.

Une rotule.

Une grande partie de péroné.

Presque tous les os du pied, un astragale, un calcanéum, un scaphoïde, un cuboïde, un premier cunéiforme, un grand os du métatarse et quelques phalanges.

De France :

Deux dents canines trouvées à Paris même dans le sol d'alluvium ; l'une, anciennement, rue Hauteville, et dont a parlé M. G. Cuvier (IV, p. 456); l'autre, nouvellement, par M. Duval, pharmacien, à la la barrière Fontainebleau, avec des ossements de Blaireau, de Sanglier, etc. De France. Alluvion de la Seine, à Paris.

Une autre dent canine trouvée dans l'alluvion de la Somme. de la Somme.

Et enfin, dans la caverne de Lunel-Viel, MM. Marcel de Serres, Dubreuil et Jean-Jean rapportent à cette espèce : Cavernes de Lunel-Viel.

Un côté presque entier de maxillaire supérieur et une canine à part, un assez bon nombre de vertèbres, une troisième cervicale, quatre dorsales, cinq lombaires en série.

Un sacrum presque complet.

Sept vertèbres coccygiennes qui se suivent de la seconde à la huitième, une côte entière.

Deux humérus, l'un droit et l'autre gauche.

Un cubitus s'articulant avec un radius, à l'état de fragment.

Six métacarpiens, dont quatre, les premier, troisième, quatrième et cinquième, de la même main du même individu.

Des phalanges, dont les cinq premières du même individu.

Un fragment d'os innominé.

Un calcanéum.

Enfin, je puis ajouter à ces différents ossements appartenant très-probablement à un seul individu : un fragment de mâchoire supérieure, portant les molaires principales, et qui, provenu de Lunel-Viel, a passé de la collection de M. l'abbé Croizet dans celle du Muséum.

Les caractères distinctifs que M. Goldfuss assigne à cette espèce, et que M. Cuvier paraît avoir acceptés, sont : Caractères de cette Espèce.

1° Une taille que l'on regarde comme supérieure à celle de nos plus grands lions; Par M. Goldfuss.

2° Le profil supérieur du crâne courbé d'une manière douce et uniforme;

3° Le front large et plat, avec le culmen ou point le plus élevé du crâne dans la moitié antérieure de la tête;

4° La crête sagittale courte;

G. Cuvier. 5° Le crâne proportionnellement plus large vers les apophyses post-orbitaires et plus étroit vers les os des tempes; à quoi M. Cuvier ajoute, d'après la figure donnée par M. Goldfuss, et la mandibule dessinée par lui chez Ebel:

6° La hauteur plus grande de la branche horizontale de la mandibule, surtout sous la dernière molaire;

7° L'inclinaison plus grande de l'apophyse coronoïde;

8° Le trou sous-orbitaire, plus petit et beaucoup plus éloigné du rebord de l'orbite que dans le Lion et le Tigre;

9° L'arcade zygomatique, beaucoup plus haute;

10° L'absence de la première avant-molaire supérieure,

Schmerling. Ce que contredit M. Schmerling, en y joignant comme caractère plus important un degré plus grand dans l'inclinaison de l'apophyse coronoïde; caractères, et surtout la courbure uniforme du chanfrein, qui, suivant M. Cuvier, semblent davantage rapprocher cette espèce de la Panthère, mais qui en diffère tellement par la grandeur, qu'il est impossible de penser à l'identité d'espèce.

Pour les autres os qu'il a observés, M. Cuvier lui-même paraît y reconnaître un cinquième environ de longueur de plus que dans le Lion, mais en outre avec un peu plus d'épaisseur proportionnelle.

Analyses. Je suis assez loin d'avoir pu examiner en nature tous les os attribués à cette grande espèce de Felis; car sauf ceux que le margrave d'Anspach avait envoyés à Buffon, et que M. Cuvier a fait figurer, je ne connais les ossements des cavernes d'Angleterre, de Belgique, et la plupart de ceux de Lunel-Viel, que d'après les figures qui en ont été données. Cependant les modèles en plâtre que notre collection doit à lord Cole, et surtout celui d'un crâne entier envoyé par M. le comte de Munster, m'ont permis de me faire une idée de cette espèce de fossile et de rectifier un peu ce qui en a été dit.

Absence de la première molaire supérieure supposée à tort.

D'abord, quant à l'absence de la première molaire supérieure, point sur lequel ont tant insisté MM. Goldfuss et Cuvier, M. Schmerling a montré que, si les crânes trouvés jusque-là en Allemagne en sont dépourvus, c'est sans doute une suite de l'âge, car un fragment de mâchoire qu'il a observé en montrait l'alvéole parfaitement conservée (Pl. 14, fig. 10); on peut même supposer, d'après la grandeur de celle-ci, que cette dent était proportionnellement assez forte; ce qui est rendu certain par sa représentation dans la figure d'une autre tête donnée par MM. Pander et d'Alton. *Raubthiere*, Pl. VIII, f. *a*, *c*, *d*, du *F. spelæa* (1).

Proportion des Molaires.

Le reste du système dentaire paraît n'avoir rien présenté de particulier qu'un peu plus de grandeur, et encore cela est-il absolument certain?

en haut.

En haut, dans l'exemplaire de M. Schmerling, la première n'existait pas, la seconde avait 0,029, et la troisième 0,042; et dans celui de M. de Munster, j'ai trouvé 0,027 et 0,040 pour les deux dernières.

en bas.

En bas, d'après la mandibule figurée par M. Goldfuss, on trouve pour la première 0,019, pour la seconde 0,029, et pour la troisième 0,033.

M. Cuvier a compté sur celle qu'il a observée dans la collection d'Ebel, 0,018—0,028—0,030.

M. Schmerling, 0,019—0,030—0,031.

M. Marcel de Serres, 0,000—0,030—0,042.

Et enfin, le modèle en plâtre envoyé à notre collection par lord Cole, m'a donné 0,019—0,028—0,029.

Comparaison du Crâne.

Or, notre plus grand Lion ne m'a offert que 0,011 — 0,025 — 0,036 supérieurement, et 0,018 — 0,026 — 0,027 inférieurement, et notre plus grand Tigre 0,008 — 0,023 — 0,035 en haut, et 0,017 — 0,024 —

(1) Au sujet de l'absence de cette première molaire supérieure dans le *Felis spelæa*, je dois noter comme une sorte de rapprochement avec le Tigre, que, sur quatre têtes de cette dernière espèce, dans notre collection, j'ai trouvé que cette dent manquait également soit des deux côtés, soit d'un seulement, particularité qu'aucune des quinze têtes de Lion que nous possédons ne m'a montrée.

Dans sa Taille. 0,026 en bas ; ce qui n'est cependant pas aussi différent qu'on le croirait, d'après les os du squelette.

Toutefois le crâne, d'après celui figuré par M. Goldfuss, ne différerait pas beaucoup ; en effet, d'après lui, il aurait de longueur basilaire, c'est-à-dire du bord antérieur incisif au bord antérieur du canal vertébral, 0,330, tandis que, sur un Lion, le plus grand, il est vrai, de notre cabinet, il n'est que de 0,320, ce qui ne fait que 0,010 de plus pour le fossile, différence que nous voyons souvent bien plus grande entre les individus d'une même espèce.

Le modèle en plâtre du crâne du Lion des cavernes de la collection de M. de Munster lui donne, de longueur totale, 0,340, ce qui ne fait qu'une différence de 0,020 avec notre plus grand Lion, dont le crâne a 0,320.

Dans sa Forme. Caractères qui le distinguent.

Quant à la forme indiquée comme fort différente, nous n'avons pas trop reconnu que les différences qu'on lui assigne soient bien réelles, et surtout bien caractéristiques. Mais nous croyons en avoir remarqué de plus importantes, savoir : l'arqure plus marquée de tout le chanfrein, depuis le bord supérieur du trou occipital jusqu'au bord nasal, la grande saillie et l'étroitesse de l'apophyse occipitale, la disposition plus détachée, plus pédiculée, pour ainsi dire, des condyles, la moindre saillie de l'apophyse orbito-frontale, la grandeur moindre du canal sous-orbitaire, la forme plus large et surtout plus écartée, à angle droit, de l'apophyse zygomatique du temporal à sa racine; l'inclinaison plus grande et la forme de l'apophyse coronoïde de la mandibule, avec son bord inférieur droit (1), et même se recourbant un peu en bas à la symphyse, commençant par une sorte d'apophyse géni; caractères qui rapprochent évidemment le fossile plus du Tigre que du Lion ; mais ce qui agit en sens contraire, c'est que l'espace frontal interorbitaire est large et assez enfoncé ; que les os du nez sont également larges et triangulaires, s'écartant un peu à leur

En le rapprochant du Tigre.

(1) Le renflement sous la dernière molaire est quelquefois dû à l'état moins soulevé de cette dent.

angle externe de l'incisif, et que la branche montante des maxillaires est peu étroite et peu excavée; en sorte que le museau est large et court, un peu comme dans le Lion, et non rétréci et comme pincé au dos, ainsi que cela a lieu dans le Tigre.

Conclusions.

Il semble donc que cette tête qui tient du Tigre dans ses parties postérieures et dans la mandibule, et même un peu du Jaguar dans sa brièveté, est au contraire plus léonine dans la forme du nez ou du mufle. Pour décider si c'était un Tigre ou un Lion, il aurait fallu connaître le bord palatin, les apophyses ptérygoïdes et la terminaison des os du nez; malheureusement ces particularités manquaient dans la tête dont nous possédons le moule, et, comme MM. Pander et d'Alton, ainsi que M. Goldfuss ont figuré la tête de leur *F. spelæa* sous une projection douteuse ou de faux profil, sans rien des deux faces supérieure et inférieure, il est presqu'impossible d'en prendre une idée un peu rigoureuse.

Des autres Os.

Le reste des ossements attribués au *F. spelæa* me semble venir à l'appui que c'était un Tigre plutôt qu'un Lion, parce qu'ils sont en général plus robustes ou proportionnellement plus courts, surtout les métacarpiens et les métatarsiens, ce qui est bien moins marqué dans le Lion.

Vertèbres.

Schmerling a fait représenter un atlas (XVII-14), une des premières dorsales (XVIII-1), une lombaire du milieu (*Ibid.* 2), une dernière (*Ib.* 3), une première caudale, une du milieu et une antépénultième (*Ib.* 4-5-6).

Les vertèbres que nous possédons en nature surpassent, suivant M. Cuvier, de près d'un cinquième, leurs analogues dans un Lion; mais c'est ce qui est encore plus marqué pour les modèles en plâtre donnés par lord Cole.

Aux Membres antérieurs. Omoplate.

Le fragment d'omoplate figuré par Schmerling offre une cavité glénoïde de 0,066 de long sur 0,045 de large, ce qui est 0,020 de plus que dans notre plus grand Lion.

Humérus.

Schmerling figure un humérus presque entier auquel il donne 0,380 de longueur totale, et de largeur 0,108 supérieurement, 0,104 inférieurement; la poulie seule étant de 0,056 dans son milieu; notre plus grand humérus de Lion vivant a 0,330 de longueur totale.

Le grand fragment de cet os de la collection de lord Cole est moins grand, car sa tête supérieure n'a que 0,098, 0,095 de largeur supérieurement, 0,090 inférieurement, dont 0,051 pour la poulie.

Radius. Le radius de notre collection, qui a de longueur totale 0,340 pris en dedans, ce qui ne dépasse qu'un peu un radius de Lion, pouvait atteindre une plus grande taille. En effet, Schmerling en figure un auquel il donne, dans son texte, p. 78, 0,450, c'est-à-dire plus long d'un quart, ce qui est réellement énorme pour la même espèce; aussi, d'après la figure de grandeur naturelle (XV-3), ne trouve-t-on que 0,343 de longueur totale sur 0,043 de largeur supérieurement, et 0,076 inférieurement, et non 0,066, comme il dit. Ainsi il y a erreur, et ce radius ne surpasse pas de beaucoup celui de notre grand squelette de Lion.

Scaphoïde. Un scaphoïde figuré par Schmerling (XVI-5), avait 0,051 de long en travers, et 0,035 de large d'avant en arrière, partie articulaire.

Pisiforme. Un pisiforme représenté par le même (XVI-C, A, B), avait 0,047 (1). Le scaphoïde, d'après le plâtre de lord Cole, a 0,055 sur 0,042.

Métacarpiens. Les os du métacarpe recueillis par Schmerling avaient, un troisième ou médian, 0,137 de longueur, sur 0,022 de largeur au milieu, et un annulaire 0,132 sur 0,018.

Ceux dont lord Cole nous a envoyé le modèle en plâtre sont encore bien plus grands puisqu'ils ont : le second 0,112; le troisième ou médian 0,135, et le cinquième 0,0112; je ne trouve dans notre plus grand squelette de Lion que 0,096; 0,112 et 0,089.

Phalanges onguéales. Schmerling avait aussi obtenu de ses fouilles deux phalanges onguéales, malheureusement un peu tronquées (XVI, 12-13), de manière qu'il n'a pu en donner les dimensions. Le plâtre d'une du pouce et bien complète de la collection de lord Cole, nous a donné 0,063 de hauteur totale (2).

(1) D'après la figure mesurée dans sa plus grande dimension, je ne trouve que 0,045 tout au plus.

(2) M. Schmerling, p. 84, relève avec raison une erreur échappée à M. Cuvier, qui (IV,

Les os des membres postérieurs que l'on a recueillis jusqu'ici indiquent aussi une grande taille et plus d'épaisseur. Aux Membres postérieurs.

Schmerling parle d'un bassin entier et des os innominés qui avaient de longueur totale au moins 0,300; le diamètre antéro-postérieur de la cavité cotyloïde étant de 0,051, dans celui de lord Cole, 0,053, et dans notre grand squelette, 0,049. Os innominé.

Le même paléontologiste décrit et figure (XVI-2) un fémur qui avait 0,428 de longueur totale, et de largeur, 0,094 en haut, 0,074 en bas, et 0,042 dans son milieu; dimensions qui, dans notre plus grand squelette de Lion, sont de 0,375—0,084—0,067 et 0,032 1/2, et par conséquent d'un dixième environ moindre que dans le fossile, en supposant que les mesures soient exactement prises de la même manière. Fémur.

Schmerling figure (XVI-3) une rotule qui avait 0,083 de long sur 0,052 de large, d'après la figure; celle de notre plus grand Lion étant de 0,053 sur 0,043, ce qui indiquerait au moins un tiers de moins, différence énorme qui fait supposer quelque erreur dans les mesures données par Schmerling. Rotule.

La collection de lord Cole contient un tibia qui, d'après le moule que nous en possédons, avait 0,352 de long avec une largeur de surface articulaire inférieure à la poulie postérieure articulaire 0,056; celui de notre grand squelette (XVI-4), a 0,310 sur 0,060. Tibia.

Schmerling représente un péroné tronqué dans sa partie supérieure, et qui est d'une largeur de 0,034 inférieurement, d'après la figure; cette dimension sur le nôtre étant de 0,030. Péroné.

L'astragale figuré par le même, avait, mesuré au côté interne et vers le milieu de son corps, 0,069 de long, sur une largeur de 0,052; mais lord Cole en possède d'un peu plus grands. Nous avons en effet le plâtre d'un qui a 0,070 sur 51; celui de notre grand Lion n'étant que de 0,051, sur 0,032, ce qui offre une différence considérable de plus d'un tiers. Astragale.

p. 449) rapporte à un Lion la figure de phalange onguéale, représentée par Esper, pl. IX, fig. 2. C'est évidemment une phalange onguéale postérieure d'Ours, comme, de son côté, M. Goldfuss l'avait reconnu

Calcanéum. Le plus grand des huit calcanéums trouvés par Schmerling dans les cavernes de Goffontaine et de Fond-de-Forêt, avait 0,138 de long, sur 0,058 de plus grande hauteur. Les plâtres de celui de lord Cole nous donnent 0,120 — 0,051, et notre grand Lion 0,108 sur 0,42; ce qui fait une différence en faveur du *F. spelæa*, d'un quart en plus.

Scaphoïde. Schmerling cite un scaphoïde de 0,051 de large sur 0,039 de haut (1), et celui de notre squelette n'a que 0,042 de large.

Cuboïde. Un cuboïde de 0,038 de long sur 0,032 de large dans son milieu, un premier cunéiforme dont la longueur antéro-postérieure est de 0,021, et la hauteur verticale 0,051, y compris la tubérosité.

Métatarsiens. M. Cuvier a donné la mesure d'un os du métatarse, ayant 0,125, de la taille de son analogue dans notre squelette de Lion; Schmerling, d'un autre long de 0,0141, sur 0,021 de large au milieu; mais ceux de la collection de lord Cole sont encore bien plus grands, puisqu'ils ont, un médian, 0,144, un annulaire, 0,141, un auriculaire, 0,137.

Ainsi il faut sans doute lui rapporter celui que M. G. Cuvier a observé dans la collection de Blumenbach, et qui avait 0,160 de long sur 0,024 de large au milieu; aussi dit-il, p. 436, qu'il surpasse d'un quart celui de nos plus grands squelettes de Lions ou de Tigres, et qu'il est par conséquent supérieur à ce qu'indiquent les plus grandes têtes des cavernes.

Dans notre plus grand squelette de Lion les os du métatarse ont :
L'indicateur, 0,110 sur 0,013.
Le médian, 0,124 sur 0,017 1/2.
L'annulaire, 0,124 sur 0,017.
L'auriculaire, 108 sur 0,013.
Et la tête, 0,320 de longueur basilaire.
Dans notre grand squelette de Tigre, je trouve :
L'indicateur 0,117—0,017.
Le médian, 0,132—0,019.

(1) La figure 0,034.

L'annulaire, 0,127—0,017.

L'auriculaire, 0,107 1/2 ; à l'art. cub., 0,012.

La tête ayant 0,310.

La mandibule, 0,250.

D'Angleterre.

Les paléontologistes n'ont rapporté à cette espèce qu'un fort petit nombre de pièces, dont la plupart sont des dents, trouvées en Angleterre.

Une dent canine de la caverne de Kirkdale, figurée par M. Buckland, *Reliquiæ Diluvianæ*, tab. VI, fig. 5, sur laquelle M. Cuvier avait même des doutes comme d'un grand *Felis*; mais que Schmerling releva avec raison. C'est bien en effet une dent de *F. Spelæa*, et même de femelle ; ce qu'il est aisé de voir par sa gracilité ; seulement elle est assez petite, puisque, d'après la figure, elle n'aurait que 0,105 millim. de long, sur 0,023 à la base de sa partie émaillée.

Mais le plus beau morceau de *Felis spelæa*, jusqu'ici recueilli en Angleterre, est la mâchoire supérieure gauche portant presque toutes ses dents, qui a été figurée par le révérend Mac-Enry, Pl. C., f. 1, de sa description de la caverne de Kent, près de Torquey. Il indique un animal de la plus forte taille; la carnassière ayant 0,044.

De l'Europe méridionale.

Quant aux fragments recueillis dans le midi de l'Europe, soit en Italie, soit en France, on n'a non plus fait ressortir que des différences dans la taille, ce qui ne suffirait pas pour être spécifiques.

2° *F. Leo.*

En Allemagne.

Quoique cette espèce, avant que M. Goldfuss eût distingué le grand Felis dont on trouve des restes fossiles dans les cavernes d'Allemagne, ait été souvent considérée comme ayant laissé des traces dans les couches de la terre, ce n'est réellement, d'abord dans les ossements fossiles des cavernes des environs de Liége, par M. Schmerling, et ensuite dans les recherches sur les ossements humatiles de la caverne de Lunel-Viel, par MM. Marcel de Serres, Dubreuil et Jean-Jean, qu'elle a été nettement proposée; elle ne repose cependant encore, d'après les auteurs cités, que sur un assez petit nombre de fragments figurés par eux.

En Belgique. Chez Schmerling :

Que sur quelques vertèbres, un bassin assez complet qu'il représente (XIX, 2). La cavité cotyloïde mesure 0,051, et la longueur totale 0,295.

Un avant-bras bien complet, pl. 19, dont le radius a 0,290, 0,042 en haut, 0,062 en bas.

Dans la France méridionale. Chez M. Marcel de Serres :

1° Du système dentaire.

Cinq incisives supérieures dont une seule est figurée (VII, 4-5), et aurait 0,012 d'épaisseur à la base.

Une canine supérieure, (VII, 5), longue de 0,088, sur 0,027 de diamètre à la base.

Une dent carnassière inférieure, de lait, du côté droit (VII, 9-10).

Un fragment antérieur de mandibule gauche, contenant la première molaire adulte (VII, 6), de 0,018.

Une mandibule droite de jeune âge (VII-7).

Un autre fragment du même individu de même âge, du côté gauche (VII, 8).

2° Dans le squelette.

Un sacrum entier, p. 112, pl. 8, f. 15.

Un tiers supérieur de cubitus sans olécrâne.

Une moitié supérieure de fémur, p. 112, pl. 8, f. 15, sans grand trochanter.

Caractérisé par la Taille. Schmerling en rapportant les fragments ci-dessus au Lion et non au *F. spelæa*, ne le fait que par la considération d'une moindre taille. Il trouve cependant que les deux os de l'avant-bras sont un peu plus longs proportionnellement que dans le Lion, ce qui indique sans doute un individu femelle.

C'est à peu près la même raison qui a conduit MM. de Serres, Dubreuil et Jean-Jean à distinguer un *F. Leo* du *F. spelæa*, et le plus souvent c'est sur des fragments d'animaux non adultes, et par conséquent peu comparables. Ils sont cependant plus affirmatifs que Schmerling, quoique, par exemple, la première dent molaire inférieure qu'ils rapportent à cette espèce, et qui a 0,018, soit comme dans le *F. spelæa*, et que la canine indique encore un individu femelle. Ainsi, en admettant que le *F. spelæa* forme une espèce distincte du *F. Leo*, ce qui paraît extrêmement probable d'après ce que nous en avons dit plus haut, on ne peut assurer que celui-ci ait réellement existé dans nos contrées d'après les éléments employés par les auteurs cités. Du moins, je n'en connais aucun qui puisse servir à mettre la chose complétement hors de doute. Toutefois nous verrons qu'on a encore trouvé quelques fragments des grands Felis que l'on pourrait rapporter au *F. Leo* si l'on s'en tenait seulement à la grandeur.

Conclusion.

3° *F. Tigris.*

En Allemagne.

On peut, à l'occasion de cette espèce, faire la même observation que pour la précédente; en effet, les auteurs anciens ont quelquefois énuméré le Tigre comme ayant autrefois habité nos pays, en s'appuyant sur les ossements trouvés dans les cavernes d'Allemagne; et bien plus, M. G. Cuvier lui-même, en 1825, emploie encore à la fois le nom de Lion ou de Tigre pour désigner le grand animal du G. Felis dont les ossements se trouvent enfouis avec ceux de l'Ours dans les cavernes. Toutefois les auteurs de catalogues paléontologiques ne me semblent pas y avoir jamais introduit cette espèce d'une manière positive.

4° *F. cristata.*

(Falconer et Cauteley, *Asiatic Researches*, XIX, partie Ire, p. 8).

D'après un Crâne de l'Inde.

Il me semble cependant assez probable qu'il faut rapporter au véritable Tigre le carnassier fossile que MM. Falconer et Cauteley ont indiqué sous le nom de *F. cristata*, en 1836, dans les *Asiatic Researches*, vol. XIX, partie Ire, p. 135, d'après un crâne presque entier trouvé dans une roche fort dure tertiaire des monts Sivaliens, et qu'ils ont figuré *loc. cit.*, tabl. XXI.

Caractérisé. Ces messieurs, en le comparant avec un crâne de Tigre, dont, suivant eux, il se rapproche plus que de toute autre espèce, l'en distinguent par une grande brièveté du museau, la grande élévation de la crête sagittale, la hauteur de l'occiput, la grande arqûre de l'arcade zygomatique, caractères qu'ils reconnaissent pourtant dans le Tigre, mais avec des dimensions beaucoup moindres, qui leur paraissent indiquer une taille intermédiaire au Tigre et au Jaguar. Ils donnent en effet à la tête de leur *F. cristata* une longueur totale de 10,9 pouces anglais et de 13,1 à un Tigre bien adulte; ce qui ne porte la différence qu'à 2,1 pouces ou seulement un septième.

Comparé. Je ne connais le *F. cristata* de MM. Falconer et Cauteley que d'après la figure fort incorrecte, il est vrai, et la description beaucoup plus complète qu'ils en ont donnée: mais s'il n'y a de différences entre la tête fossile et celle du Tigre que dans les dimensions, nous en avons remarqué de bien plus grandes entre les deux crânes, les plus dissemblables, sous ce rapport, de nos collections; en effet, le plus grand a 0,285, et le plus petit, 0,235, ce qui fait une différence de 0,050, ou d'un sixième au moins, tandis qu'entre le Tigre et le fossile la différence n'étant que de 2,1, est d'un septième seulement.

Conclusion. On peut donc admettre, au moins provisoirement, que le crâne fossile décrit par MM. Falconer et Cauteley sous le nom de *F. cristata*, doit être rapporté à un assez petit individu du Tigre commun.

5° *F. Aphanista.*

(Kaup, *Karsten's Archiv. V*, 1832, tab. Ire, fig. 3-5; Ossements fossiles du grand-duché de Darmstadt, part. IIe, liv. II, p. 18, Pl. II, fig. 10 et 16)

D'Eppelsheim. Cette espèce provient d'un tout autre lieu que les précédentes; en effet les fragments sur lesquels elle repose ont été trouvés dans les sables d'Eppelsheim, considérés comme partie d'un terrain tertiaire moyen, et dans lesquels ont été découverts un grand nombre d'autres ossements d'un haut intérêt.

C'est M. Kaup, docteur en philosophie, qui l'a proposée d'abord dans les archives de Karsten, pour 1832, puis dans l'ouvrage cité plus haut, et cela d'après deux petits fragments de mâchoire inférieure trouvés sans doute isolément, l'un portant une première dent molaire implantée de 0,021 de longueur, et une seconde de 0,027 (1), presque libre et seulement appliquée au bord postérieur de la première, et l'autre fragment ne consistant guère qu'en une troisième dent molaire du même côté que les précédentes, et de 0,030.

Par M. Kaup.

D'après deux Dents Molaires.

En les comparant avec leurs analogues chez le *F. spelæa*, M. Kaup trouvait d'abord qu'elles indiquent un Felis de la taille de cette espèce et bien plus grand que le *F. Leo ;* il remarquait en outre qu'elles diffèrent de forme et de proportions entre elles. Ainsi, l'antérieure, bien plus grande que son analogue dans le *F. Leo,* et bien plus longue que dans le *F. spelæa*, aurait son lobe moyen plus étroit et plus élevé que dans celui-ci, les talons ou lobes antérieur et postérieur bien plus détachés, et ce dernier entouré d'un bourrelet. Il en serait à peu près de même de la seconde de même dimension que dans le *F. spelæa*, mais avec le lobe moyen plus détaché, plus séparé des deux autres, et un bourrelet bordant le postérieur. Quant à la troisième, elle serait encore bien plus grande que dans le *F. Leo* et de même taille que dans le *F. spelæa;* mais elle se distinguerait de celle de ce dernier parce qu'elle serait pourvue, au-dessus de son rebord basilaire, d'un petit lobe entièrement isolé par une incisure bien distincte.

Décrites.

Pour la grandeur de chacune de ces dents prise à part, elle est certainement supérieure à ce que nous avons pu observer sur quatorze crânes de Tigre et même sur dix de Lion; en effet, la première n'a jamais dépassé 0,018, la seconde, 0,026, et la troisième 0,027, ce qui donne environ 0,003 en plus dans le *F. Aphanista.* Dans le *F. spelæa* on trouve

Chacune comparée dans leur grandeur.

(1) La figure ne donne que 0,024.

en effet quelque chose de plus approché, 0,019—0,031—0,033, d'après Schmerling, et sur la même mandibule, au lieu de 21—27—30.

Pour la proportion de ces trois dents, nous ferons d'abord l'observation qu'elles ne sont peut-être pas du même individu, et ensuite que les limites de variations entre les dents des Felis de la même espèce sont bien moins restreintes que ne le pensait M. Kaup, comme on a pu le voir dans le tableau que nous en avons donné.

Dans leur forme.

Enfin, quant à la forme de chacune de ces dents, un peu plus prononcée dans la distinction des lobules et du bourrelet de la couronne, je ne vois rien qui puisse être considéré comme assez spécifique, que la séparation plus tranchée du lobe isolé au-dessus de la saillie du bourrelet; mais cela ne tient-il pas à quelque particularité de l'usure que cette dent a éprouvée, de l'aveu de M. Kaup lui-même? ou plutôt n'est-ce pas que cette dent a appartenu à un Tigre, et par conséquent au *F. spelæa*, qui, suivant moi, doit être considéré comme tel. En effet, on observe dans le Tigre vivant, au bord postérieur de la dent molaire inférieure, la particularité signalée par M. Kaup dans son *F. Aphanista*.

Conclusion.

D'ailleurs, dans des questions aussi difficiles que la distinction des espèces, peut-on rien appuyer d'un peu solide sur l'examen d'un seul fragment, et qui n'appartient même pas à une partie rigoureusement caractéristique? et cependant le paléontologiste cité prononce que le *F. Aphanista* était de la grosseur d'un Lion, mais avec une autre dentition.

6° *F. prisca*.

(Kaup, *Ossements fossiles de Mam. du Mus. de Darmstadt*, liv. II, p. 20, Pl. IIe, fig. 2.)

Établie sur une Molaire.

Cette espèce est encore établie par M. Kaup dans l'ouvrage cité, mais elle ne repose que sur la considération d'une troisième dent molaire supérieure du côté droit qu'il avait rapportée d'abord à son *F. Aphanista*, dans les archives de Karsten pour 1832. Cette dent, qui est de la grandeur de son analogue dans un Lion, lui a paru trop petite pour pouvoir avoir appartenu non-seulement au même individu, mais encore à la même espèce que la dent carnassière rapportée au *Felis Aphanista.* De plus, il trouve dans cette dent quelques particularités qui la distinguent, suivant lui, de son analogue dans le *F. Leo* et dans le *Felis spelœa*, par exemple l'incision qui sépare le lobe du bord d'émail et qui n'existe dans aucune de ces deux espèces; le lobe antérieur plus petit et plus allongé; le lobe moyen un peu moins long que le postérieur et plus étroit que dans toutes les deux, et enfin le tubercule vis-à-vis le lobe antérieur plus marqué que dans le Lion. Décrite.

Sur le premier point, que cette dent n'a pu appartenir au *F. Aphanista*, à cause de la disproportion avec la carnassière inférieure de celui-ci, il suffit de faire observer que leur proportion, d'après M. Kaup lui-même, est dans le rapport de 0,034 à 0,030, et que, si dans un Lion bien adulte, où la carnassière supérieure a 0,034, on ne trouve pas plus de 0,025 1/2 pour l'inférieure, on voit le *F. spelœa* où l'on observe ces deux nombres; seulement ce n'est peut-être pas sur le même individu; mais ce n'est pas une raison pour que ce ne soit pas dans la même espèce, car nous avons montré, dans notre tableau du système dentaire des espèces vivantes, que l'étendue des variations dans une même espèce est plus grande qu'on ne pense généralement. Comparée pour la Taille.

Les limites de variations de cette dent mesurée dans tous les exemplaires qu'on possède aujourd'hui, sont de 39 à 45 millim.

Quant aux légères différences de forme étudiées sur une dent mutilée et servant seule de comparaison avec un petit nombre d'éléments, nous n'avons pas besoin d'insister pour montrer combien elles méritent peu d'être prises en considération dans des questions d'espèces. La Forme. Conclusion.

7e *F. Leopardus.*

(Rich. Owen, *Ann. of nat. Hist.*, IV, p. 186, 1840. — Marcel de Serres, Dubreuil et Jean-Jean, Ossem. fossiles de la caverne de Lunel-Viel, Pl. IX.)

Établie en France sur des Os.

Cette espèce a été signalée comme fossile pour la première fois, en 1839, par MM. Marcel de Serres, Dubreuil et Jean-Jean, dans leurs Recherches sur les ossements fossiles de la caverne de Lunel-Viel, p. 112, d'après un certain nombre d'ossements et de dents trouvés dans cette caverne.

Les fragments d'os consistent en un morceau de mandibule droite adulte portant les trois molaires (Pl. IX, 1).

Un morceau de mâchoire supérieure (IX, 2.)

Les deux tiers postérieurs d'une mandibule de jeune âge (IX, 3).

Le tiers antérieur d'une autre mandibule du côté gauche (IX, 4).

Une vertèbre cervicale (IX, 5).

Une côte droite non figurée, ni décrite.

Deux fragments de tibia du côté gauche.

des Dents.

Quant aux dents, ce sont :

1° Les trois molaires bien complètes et en place du côté droit, ayant de largeur, la première 0,013, la seconde 0,018, et la troisième ou carnassière 0,020.

2° Une autre troisième molaire du même côté et portant 0,021.

3° Les deux molaires de lait d'en bas; la première ou carnassière et la seconde ou tuberculeuse, avec la pointe de la canine de remplacement très-enfoncée au devant de l'alvéole de celle de lait.

Nous ne connaissons ces fragments que d'après les figures données sans descriptions dans l'ouvrage cité avec l'assertion répétée à chaque pièce d'une similitude parfaite avec sa correspondance sur un squelette de *F. Leopardus* servant de comparaison. Le fait est que la grandeur et la proportion des trois dents molaires en place se retrouvent dans plusieurs de nos grandes Panthères de l'Inde ou du Cap.

De Grandeur et de proportion semblables à la Panthère.

Mais pourquoi cette espèce fossile n'est-elle pas rapportée au *F. antiqua* de M. G. Cuvier? ou pourquoi cette dernière espèce n'est-elle pas regardée comme une Panthère ou un *F. Leopardus?* c'est ce qu'il est impossible de dire.

En Angleterre,

Je trouve aussi rapportée au *Felis Leopardus* une troisième dent molaire d'en bas dans le Crag de Suffolk à New-Bourne, par M. Charles Lyell, et que M. R. Owen dit (*Ann. of nat. Hist.*, IV, p. 186. 1840) être si exactement semblable de grandeur et de forme à sa correspondante dans un Léopard (*F. Leopardus*), qu'il est impossible de nier son identité spécifique; mais, ajoute-t-il, ce n'est pas une raison pour assurer qu'elle provient d'une espèce actuellement vivante; d'après la figure de grandeur naturelle, cette dent n'aurait que 0,018 de long, ce qui indique une Panthère de taille médiocre.

sur une Dent Molaire.

Ce que cette dent offre de plus remarquable, c'est qu'elle a été trouvée avec des dents de Squales dont elle avait l'aspect uni et poli, et avec les coquilles ordinaires du Crag, et que M. Owen a encore reconnu parmi les fossiles recueillis à New-Bourne, des dents d'Ours, de Sanglier et d'un grand ruminant.

Dans le Crag avec des Dents de Squales.

7° *F. Antiqua.*

Proposée par M. G. Cuvier dans la seconde édition de ses Recherches sur les ossements fossiles de Quadrupèdes, en 1825, pour quelques dents qu'il avait déjà indiquées dans la première, cette espèce a été successivement acceptée, quoiqu'elle ne reposât que sur la taille, d'abord par M. le prof. Nesti, de Florence, dans sa 3e lettre à M. Savi, en 1826, ensuite, et d'une manière peu assurée, par MM. Croizet et Jobert dans leurs Recherches sur les Ossements fossiles d'Auvergne, et enfin par M. Schmerling dans son Histoire des cavernes de la province de Liége.

Etablie par M. G. Cuvier.

Pour M. Cuvier, cette espèce ne reposait que sur deux fragments provenant de Gaylenreuth, l'un consistant en une extrémité postérieure de mandibule droite portant sa dernière molaire figurée t. IV, Pl. 36, fig. 5, réduite au tiers de la grandeur naturelle; l'autre, qui n'était qu'une seconde molaire supérieure encore contenue dans sa gangue *Ibid.*, fig. 4, et enfin il rappelait deux autres dents molaires supérieures trouvées dans les brèches de Nice, figurées Pl. XVI, fig. 12. Mais ce n'est réellement que sur la différence de taille comparativement à celle du

sur des Dents trouvées à Gaylenreuth.

A Nice.

F. Spelæa et égale à celle d'une petite Panthère, que cette espèce est établie, sans autre comparaison avec cette dernière.

Nous possédons ces trois dents :

La première supérieure a 0,007.

La seconde supérieure 0,016 1/2.

La troisième inférieure, 0,018.

Ce qui indique en effet une Panthère médiocre, comme on peut le voir dans notre tableau du système dentaire chez les Panthères vivantes.

Admise par M. Nesti pour une Tête trouvée dans le val d'Arno.

En 1826, M. le professeur Nesti, dans sa troisième lettre sur les fossiles du val d'Arno, adressée à M. le professeur Paolo Savi, ne pouvant non plus rapporter au *F. Spelæa* de Goldfuss une moitié de tête de Felis trouvée dans le diluvium du val d'Arno auprès de Florence, crut que ce pourrait être le *F. Antiqua* de M. Cuvier; mais les dimensions étaient évidemment trop fortes, puisque, dans le fossile du val d'Arno, la troisième dent molaire supérieure est d'au moins 0,036, c'est-à-dire comme dans un assez fort Lion, ce qui fait supposer que la carnassière inférieure devait avoir au moins 0,026 ou 0,027, et par conséquent être bien plus forte que dans le F. *Antiqua.*

Décrite.

Cependant, comme nous avons pu examiner cette pièce dans le muséum du Grand-Duc, à Florence, et même en tirer un trait que nous copions Pl. XVI, nous croyons devoir en donner une courte description : elle consiste en une grande partie postérieure de la tête et des mâchoires qui sont même en connexion serrée, empâtée dans une argile endurcie avec d'autres ossements, et entre autres avec un doigt d'une assez grande espèce de Cerf. On ne peut guère juger du côté droit, le plus complet, que le condyle occipital, la crête de ce nom assez bien conservée et fort épaisse, l'apophyse mastoïdienne du temporal qui l'est encore davantage; l'arcade zygomatique large, assez courte, et surtout très-arquée dans les deux sens, mais peut-être un peu déformée par la pression; les deux tiers postérieurs de la mandibule dont l'apophyse angulaire est large, épaisse, et la partie antérieure qui semble assez subitement ré-

Du Côté droit.

trécie, peut-être par quelque altération; enfin les deux arrière-molaires supérieures, toutes deux de la grandeur, et même assez bien de la forme de celles d'un Lion de taille médiocre, ainsi que les trois molaires d'en bas; mais celles-ci, et surtout les deux antérieures, sont d'une grandeur proportionnelle notablement moindre; la première, la seule qu'on puisse aisément mesurer, n'ayant guère que 0,010 de large, sur environ 0,007 de haut; en sorte que si les formes et la grandeur de la tête rappellent davantage le Lion que le Tigre et le Jaguar, la proportion des dents semble indiquer quelque chose d'assez particulier.

L'autre côté offre aussi une moitié postérieure de mandibule articulée avec la partie inférieure des deux tiers postérieurs de la tête, depuis le trou orbitaire jusqu'à la fin du condyle occipital. Ce fragment porte encore une dent carnassière supérieure, grande au moins comme dans un Lion, dont la longueur basilaire serait de 0,035 plus grande. L'arcade zygomatique paraît aussi avoir été détruite. La crête occipitale forte, mais assez peu projetée en arrière, comme dans le côté précédent, est un peu comme dans le Lion; mais ici on voit, par son contour presque entier, que l'orbite était assez petit, et que le trou sous-orbitaire était au plus médiocre; la mâchoire inférieure semble plus étroite avec son apophyse angulaire plus détachée en crochet, et ne contient malheureusement pas de dents; mais à la supérieure, outre la première avant-molaire bien complète, comme de l'autre côté, on peut juger par le peu d'étendue de ses alvéoles, que la principale ou seconde molaire était aussi proportionnellement assez petite, comme à la mâchoire inférieure.

Du Côté gauche.

Ainsi, il est à peu près certain que dans cette espèce la proportion des dents entre elles était véritablement spécifique.

Conclusion.

Je le supposerais d'autant plus volontiers, que j'ai observé, dans la même collection, un fragment de mandibule du côté droit, portant la dernière molaire, et que cette dent est sensiblement plus petite que dans le Lion.

Appuyée sur l'examen d'un premier fragment.

D'un autre

J'ai aussi une observation assez analogue à faire au sujet d'un autre fragment un peu plus considérable de mandibule du côté gauche, portant également la dernière molaire, quoique celle-ci soit un peu plus grande. Mais je dois dire que cette pièce ne m'est connue que d'après un modèle en plâtre étiqueté: fragment de mâchoire inférieure d'Hyène du Val d'Arno supérieur, donné par Targioni. C'est peut-être une des portions que M. Cuvier s'est borné à citer dans ses Additions, IV, p. 508; mais d'après la forme de la dent, c'est évidemment une espèce de Felis. Ce fragment de mandibule paraît offrir quelque chose de semblable au F. *Arvernensis* de M. Croizet, d'abord dans son arqûre en dedans, et peut-être même dans la proportion des dents; ce que je ne veux pas assurer cependant, d'après un modèle en plâtre assez mal exécuté.

D'une Dent Molaire.

Je dois ajouter que M. le professeur Nesti, dans sa lettre citée p. 11 et 12, rapporte aussi à la tête dont nous venons de parler, et qu'il a le premier décrite dès 1820, une seconde dent molaire supérieure isolée, de la grandeur de la pénultième dans l'Hyène, mais avec la forme de celle du Tigre. Je ne me rappelle pas l'avoir vue dans la collection de Florence; mais il n'en est pas de même de l'os métacarpien dont le même géologue parle, p. 12 de la même lettre, et qu'il rapporte également à son F. *Antiqua*. Cet os, qui est un métacarpien du doigt médian de la main gauche, a 0,109 de long sur 0,016 de diamètre, dimensions qui sont assez bien celles d'un Lion, et par conséquent bien fortes pour la tête décrite plus haut (1).

D'un Os métacarpien.

De plusieurs Phalanges.

On pourrait, avec plus de probabilité, rapporter à cette assez grande espèce de Felis du Val d'Arno, des phalanges que j'ai pu également décrire et figurer dans le muséum de Florence: une première, de 0,040 long sur 0,009 de large, et cinq ou six secondes assez remarquables par leur épaisseur proportionnellement avec leur longueur. La plus grande a 0,031 sur 0,009, et la plus petite 0,024 sur 0,007; une autre,

(1) Sur un pied de Lion de taille assez grande, nous avons trouvé pour le même os 0,110 sur 0,014.

probablement du pied de derrière, est un peu plus grêle, puisque sur 0,033 de long elle n'a que 0,007 de large. Je ne serais pas même étonné qu'on pût aussi considérer comme provenant de la même espèce de Felis, un fragment de cubitus que je n'ai pas fait figurer, parce qu'il est trop incomplet, mais qui m'a paru remarquable par sa grande compression. Il diminue cependant un peu moins rapidement de largeur que dans les Felis vivants.

MM. Croizet et Jobert, après avoir hésité dans le corps du chapitre qu'ils ont consacré aux Felis fossiles, ont fini dans leur résumé, p. 214, par attribuer à cette espèce les dents et les ossements suivants : En Auvergne, par MM. Croizet et Jobert.

Une dent incisive supérieure externe tronquée (Ours et Chats, II, 3-4), qui est évidemment trop forte pour une Panthère. Elle a, en effet, d'épaisseur d'avant en arrière à sa base 0,009.

Une grande partie inférieure d'humérus (*Ibid.*, f. 7).

Une moitié supérieure de cubitus (*Ibid.*, f. 8).

Un os métacarpien (Chats, II, 7).

Un os métatarsien (VI, 4).

La plupart de ces ossements sont assez bien de taille et de proportion semblables à leurs analogues dans une Panthère, et je ne vois pas sur quels caractères on les en distinguerait; mais il n'en est pas de même du dernier; il est beaucoup trop grand pour cela, et il doit sans doute être rapporté à la grande espèce indiquée plus haut; et, en effet, il a 0,123 de long sur 0,017 à peine de large, ce qui est comme dans l'un de ceux figurés par M. Cuvier, de son F. *Spelæa*, et comme dans notre grand squelette de Lion.

M. Schmerling a aussi cru devoir rapporter au F. *Antiqua*, les dents et ossements suivants trouvés dans les cavernes de Liége : Dans les environs de Liége, par M Schmerling.

Une troisième molaire supérieure du côté droit (XVIII, 7), à laquelle il donne 0,024 de longueur.

Une canine inférieure gauche (*Ibid.*, 8) de 0,069; mais qui est évidemment tronquée.

Un grand morceau de mandibule droite (XVIII, 9) ayant 0,095 du bord antérieur de la canine au bord postérieur de la dernière molaire, et portant deux molaires, la première de 0,010, et la troisième de 0,020, ce qui cadre assez bien avec ce qui existe dans une Panthère d'assez forte taille.

Et parmi les ossements proprement dits :

Une radius parfaitement conservé de la caverne d'Engihoul, portant 0,180 de longueur totale et figuré Pl. XVIII, 18.

Une partie supérieure de cubitus (XVIII, 17).

Un scaphoïde (*Ibid.*, f. 19).

Un pisiforme (*Ibid.*, f. 20).

Deux phalanges, une première et une seconde (f. 21 et 22).

Pièces dont aucune ne me semble pouvoir être distinguée de leurs analogues dans une grande Panthère. M. Schmerling rapproche son *F. antiqua* du *F. concolor* ou du Cougouar d'Amérique.

8° *F. Arvernensis.*

D Auvergne.

(Croizet et Jobert, Fossiles de Puy-de-Dôme, t. I, p. 202 et 215.)

Le nom sous lequel MM. l'abbé Croizet et Jobert ont désigné cette espèce, indique que les fragments sus lesquels elle repose, ont été trouvés avec ceux rapportés à la précédente dans le diluvium sabloneux volcanique si abondant en certaines parties de l'Auvergne.

Les fragments qu'ils lui rapportent sont :

Fragments sur lesquels elle est établie.

Un morceau considérable de mandibule du côté droit, portant la plus grande partie de ses dents bien entières, représentée, pl. V, fig. 3, de grandeur naturelle et à laquelle ils ont rattaché, sans raisons bien évidentes.

Une extrémité articulaire d'omoplate du côté droit (II, 1-2);

Une moitié inférieure d'humérus du même côté (I. f. 3).

Une tête supérieure de radius (VI, 7);

Qu'ils regardent comme ayant appartenu à un Felis de la taille d'un Jaguar mâle (*F. Onça* L.).

Les caractères différentiels qu'ils attribuent à leur *F. Arvernensis* sont d'être plus petit que le *F. spelœa* de Goldfuss, dont la taille était supérieure à celle du Lion, d'avoir la totalité de la ligne dentaire beaucoup moindre que dans le *F. antiqua* de M. Cuvier, c'est-à-dire de 0,058 seulement, tandis qu'elle est de 0,080 dans celui-ci, du moins suivant eux, car M. Cuvier n'a donné, ce me semble, nulle part cette mesure. Caractérisée.

La long. occupée par les 3 molaires est :

Dans le Lion, 0,662 à 0,067

Dans le Tigre, 0,062 à 0,067

Dans la Panthère, 0,042.

Dans le Jaguar, 0,049.

Quoi qu'il en soit, nous avons vu ces différentes pièces.

La mandibule complète dans sa branche horisontale offre, pour dimensions des trois molaires bien complètes qui la garnissent, 0,017 pour la première, 0,020 pour la seconde et 0,024 pour la troisième, grandeur et proportions que je ne trouve dans aucune de nos panthères récentes dont nous possédons le crâne, non plus que dans aucun de nos Jaguars, ce qui me semble, pour la grandeur, se rapprocher davantage d'un petit Lion, mais pour les proportions être assez particulier, à cause de moins de disproportion entre les deux premières dents. En effet, dans les dix ou douze têtes de Lion que j'ai pu examiner sous ce rapport, le minimum de différence entre ces deux dents est de 0,007 et elle monte quelquefois à 0,010 et même à 0,011, au lieu de 0,003 seulement dans la mandibule fossile. Il faut en outre remarquer que le bord inférieur de la mandibule a ses mouvements à peu près, quoiqu'un peu moins prononcés, comme dans le *F. spelœa*, et, par conséquent, un peu comme dans le *F. Onça*. Examinée dans la Mandibule. Les Dents.

Nous ne possédons pas le fragment d'omoplate cité, mais, d'après la figure, il y a peu de chose à en tirer, si ce n'est que l'animal était de la taille d'un Lion.

Le morceau d'humérus que nous possédons indique, au contraire, un L'Humérus.

animal plus petit que cet animal. Il me paraît avoir les dimensions de son analogue dans une grande panthère, seulement plus fort, plus robuste dans ses diamètres.

Le Radius.

Le fragment de radius réduit à la tête supérieure est beaucoup trop frustre pour qu'on puisse s'en servir pour une apréciation quelconque; seulement, en mesurant l'épaisseur du col, la seule partie en état de l'être, on trouve 0,002 de plus que dans une panthère médiocre.

Conclusions.

Ainsi, comme résultat, si la mandibule indique une espèce nouvelle de la taille d'un petit Lion, le rapprochement des autres fragments n'offre rien de bien plausible; et le nom de Jaguar devait être prononcé moins que celui d'une autre espèce.

9° *F. Onça.*

Indiqué avec doute, par M. G. Cuvier.

Nous venons de voir que le nom de Jaguar (*F. Onça*, L.) avait été déjà prononçé quelquefois à l'occasion d'ossemens fossiles de Felis trouvés en Europe, d'abord par M. G. Cuvier, qui, dans son premier travail sur les fossiles de ce genre, avait dit que, s'il y avait quelque rapprochement à faire entre le Felis des cavernes et quelque espèce vivante, c'était avec le Jaguar d'Amérique, opinion qui depuis a été abandonnée, quoiqu'elle eût réellement quelque chose de vrai; et ensuite par MM Croizet et Jobert qui ont aussi, mais plus timidement, et seulement pour la taille, rappelé le Jaguar au sujet de leur *F. Arvernensis.* Mais il n'en est pas de même pour le *F. Onça* dont M. Lund indique des restes fossiles dans les cavernes du Brésil; on conçoit très-bien que cela soit, cette espèce existant à l'état vivant dans ce pays; malheureusement l'assertion de M. Lund ne repose que sur l'extrémité postérieure d'un métacarpien, figuré pl. XVIII, f. 4, 6, sans qu'il en soit fait mention dans le texte, du moins à l'article de la famille des *Feræ*, p. 92. Ce qu'on peut dire à ce sujet, c'est que c'est tout au plus si ces figures sont suffisantes pour assurer ce qu'elles représentent. L'une, f. 6, me semble cependant être une épiphyse de métacarpien ou de métatarsien, et ses dimensions sont assez

Par MM. Croizet et Jobert.

Assurée par M. Lund, sur des fragments insuffisants.

bien celles de son analogue dans le Jaguar; mais voilà tout ce qu'on en peut dire. Quant à l'autre fragment, f. 5, c'est peut-être une extrémité postérieure d'un os du métacarpe ou du métatarse; mais cela est plus douteux.

provenant des Cavernes du Brésil.

M. Fréd. Moll., p. 32 de son *Manuel des Pétrifications*, en allemand, 1831, met bien aussi positivement le *F. Onça spelæa* au nombre des espèces de Felis, dont on a trouvé le crâne dans des cavernes; mais il ne dit pas où il a puisé ce renseignement.

11° *F. Megantereon.*

Bravard, *Monographie de deux Felis*, p. 8 et 141, pl. III, fig. 5-9, 1828.

Croizet et Jobert, *Ossements fossiles du Puy-de-Dôme*, p. 200, pl. I, f. 1, et VII, f. 3, 1828. *Ursus cultridens Issiodorensis.*

Établie par M. Bravard sur une Mandibule et des Dents canines,

Cette espèce fort remarquable, établie par M. Bravard dans sa *Monographie de deux Felis*, et acceptée ensuite par MM. Croizet et Jobert, reposait d'abord sur une mandibule du côté droit, assez extraordinaire pour qu'on ait pu un moment douter de sa normalité, doute qui a augmenté à mesure qu'on a cru devoir lui rapporter un fragment de mâchoire supérieure, et surtout des dents, en forme de couteau, trouvées isolées, et dont M. Cuvier avait fait d'abord son *Ursus cultridens*, confondu ensuite avec l'Ours du val d'Arno, nommé par lui *Ursus Etruscus*. Aujourd'hui tous les doutes sont levés, les dents en couteau, rapportées à un ours par MM. Cuvier, Croizet et Jobert, ou dont on a fait un genre sous les noms de *Machairodus*, de *Sténeodon*, sont bien certainement des dents de Felis, de *F. megantereon* ou d'une espèce voisine, comme nous allons le montrer tout à l'heure.

Quant aux autres ossements qu'on a aussi rapportés à cette espèce, avec plus ou moins de raison, ce sont:

et d'autres Ossements.

De la part de M. Bravard:

Par M. Bravard.

Une moitié inférieure d'humérus, à quoi il a ajouté dans son catalogue manuscrit, janv. 1842, une tête presque complète, des fragments de mandibule, une vertèbre lombaire, et une partie inférieure d'omoplate droite.

Par MM. Croizet et Jobert.

De la part de MM. Croizet et Jobert :

Une vertèbre dorsale (pl. I, f. 2);

Un humérus bien complet (pl. II, f. 3, 4);

Un radius (pl. II, f. 5, 6);

Un cubitus (pl. I, f. 4, 5.

Nous avons eu l'avantage de pouvoir examiner la plupart de ces pièces dans la collection du Muséum, dont elles font aujourd'hui partie, et comme, dans notre dernier voyage en Italie, nous avons également pu étudier la tête presque entière de l'espèce d'Ours dont les débris se trouvent dans le val d'Arno, nous nous trouvons en état de démontrer que le *F. megantereon* et l'*Ursus cultridens* sont de la même espèce ou du moins d'espèces fort voisines, et que l'*Ursus Etruscus* est tout autre chose, c'est-à-dire un Ours véritable.

La Mandibule caractérisée par eux.

La mandibule ou mâchoire inférieure par laquelle nous commençons l'examen de ces différents fragments, indique, suivant les auteurs cités, un animal de la taille du *Cougouar*, et qui différerait de toutes les autres espèces par les points suivants :

La distance de la dernière molaire à la canine, qui serait ici de cinq millimètres, et seulement de quatre dans les *F. Issiodorensis* et *brevirostris*, dont il sera parlé plus loin, et qui proviennent des mêmes lieux.

En elle-même.

La branche montante, plus haute et plus épaisse.

La canine plus verticale, plus élevée au-dessus de la branche horisontale, dont le prolongement alvéolaire l'enveloppe à une très-grande hauteur.

La barre ou l'espace vide entre la canine et la première molaire, presque double de ce qu'elle est dans les espèces citées.

La troisième incisive ou externe, beaucoup plus grande que dans les autres espèces, et placée immédiatement contre le bord interne de la canine.

L'angle mentonnier extrêmement prolongé, se portant en bas en forme de crochet.

Le trou mentonnier étant, en suivant ce mouvement, beaucoup plus descendu que dans les autres espèces.

Le lobe antérieur de la troisième et dernière molaire est bien plus prononcé que de coutume, et suivant MM. Croizet et Jobert, à peu près comme dans une principale de lait des animaux de ce genre, ce qui leur fait supposer que les deux premières dents qui existent sur la mandibule fossile, pourraient bien aussi être de première dentition. Dans ses Dents.

A quoi ces messieurs ajoutent, en regardant comme certain que les trois os longs cités plus haut ont appartenu à la même espèce que la mandibule sur laquelle elle est établie, et se fondant, il est vrai, sur ce que le gisement était le même, que dans cette espèce les os des membres augmentaient de longueur vers les extrémités, c'est-à-dire que l'humérus et le radius sont ici de même longueur, tandis que dans les espèces vivantes l'humérus est toujours plus petit que le second, ce qui n'est pas exactement vrai cependant; aussi ont-ils proposé, en se fondant sur la forme singulière de la mandibule, de faire de cette espèce fossile, un genre distinct sous le nom de *Megantereon*. Les Os longs.

Nous avons eu l'avantage de pouvoir comparer dans la collection du muséum toutes les pièces sur lesquelles repose l'établissement de cette espèce, et, par conséquent, de voir jusqu'à quel point elle est distincte et susceptible d'être séparée génériquement des autres Félis. Examinée par nous.

La mandibule, pièce principale et par laquelle nous devons naturellement commencer, puisque c'est elle qui est le fondement du *F. megantereon*, indique un animal de la taille d'une petite Panthère; mais elle est surtout fort remarquable par sa forme si singulière qu'au premier aspect on pourrait la regarder comme monstrueuse. En effet, la branche horizontale, la seule existante dans le fragment, est d'abord un peu renflée et, par conséquent, convexe sous la dent carnassière, aussi bien un peu La Mandibule décrite en elle-même. Branche horizontale.

en dehors qu'à son bord inférieur; mais au delà le supérieur et la face externe rentrent en dedans, et l'inférieur s'est relevé, puis s'est éloigné en formant une apophyse géni dilatée en une sorte de crochet très-prononcé en dessous; et comme le bord supérieur, à peu près droit dans presque toute son étendue, arrivé vers l'extrémité antérieure, s'est relevé fortement en haut en soulevant les canines et les incisives, il en résulte un menton fort singulier en paroi verticale élargie, d'une hauteur presque égale à la longueur de la branche horizontale de la mandibule. C'est cette particularité qui a valu à cette espèce le nom bien mérité de Félis à grand menton, *F. megantereon* que lui a donné M. Bravard.

Symphyse et Apophyse Géni.

Dans ses Dents.

De cette disposition, qui augmente un peu très-probablement avec l'âge, il résulte que le trou mentonnier a dû être plus considérable, et surtout s'est trouvé percé plus bas que dans des autres Felis. Quant aux dents, les trois molaires sont tout à fait normales et complétement adultes. Leur proportion est 0, 011, 0, 017, 0, 018, proportion fort normale, et qu'on trouve dans plusieurs individus de Panthère, et leur forme n'offre réellement rien de particulier qui puisse faire admettre, avec M. Croizet et Jobert, que la dernière, pas plus que les deux autres, soient des dents de lait, qui sont bien différentes dans ce genre, et seulement au nombre de deux inférieurement. Quant aux dents de devant, leur position est au moins fort singulière, d'abord par l'étendue de la barre qui sépare la première molaire de la canine, mais surtout par la médiocrité de celle-ci, comprimée et tranchante au bord postérieur et qui semble presqu'une incisive, par l'élévation de son collet au-dessus de celui des molaires. Les incisives elles-mêmes ne nous sont pas connues, sauf la troisième, qui est médiocre et de forme assez ordinaire; mais outre leur grande élévation elles étaient sans doute fort serrées, et par conséquent très-applaties transversalement.

Molaires.

Canine

Incisives.

La Mâchoire supérieure.

M. Bravard, et par suite MM. Croizet et Jobert, ont rapporté à leur *F. megantereon*, un fragment de mâchoire supérieure, portant encore les deux molaires principales en place, et montrant l'alvéole de la canine; et nous possédons un fragment assez analogue dans la collection du Muséum.

Dans l'échantillon observé par M. Bravard, l'alvéole de la canine étant évidemment ovale, assez comprimée; il a été porté à penser qu'une dent canine cultriforme, dont nous parlerons plus tard, pouvait en avoir été détachée, et à l'y rétablir dans sa figure. Alvéole de la Canine.

La barre qui sépare cette alvéole de la première molaire est si étroite, que l'on peut très-bien penser que la première avant-molaire manquait comme dans les Lynx : aussi ne voit-on aucune trace d'alvéole dans le fragment du Muséum. Barre.

Sur ce même fragment, la seconde molaire a 0,015 de large, et la troisième 0, 030, proportions que je ne trouve dans aucune espèce vivante. En effet, si 0,015 est assez bien la largeur de la seconde dent supérieure de la panthère, 0,030 est presque celle de la troisième d'un Lion. Du reste, ces deux dents ont asssez bien la forme ordinaire. Seconde Molaire. Troisième.

Ce fragment ne montre en outre rien autre chose que le trou sous-orbitaire, qui est assez petit, du moins d'après la pièce figurée par M. Bravard. Je trouve cependant que MM. Croizet et Jobert disent en outre, qu'en arrière de la carnassière, il y a un reste d'alvéole qui indique la place de la quatrième molaire ou tuberculeuse, et qu'en avant, à 0,012 de la seconde molaire en place, il y a une trace de la première, ce qui serait, pour ce dernier point du moins, différent de ce qu'on peut voir dans la figure donnée par M. Bravard. Mais en examinant attentivement le fragment décrit et figuré par M. Croizet, j'ai pu confirmer les traces de l'alvéole postérieure, et même voir qu'elle était unique, assez petite, et de forme ovale transverse; mais pour l'antérieure, je n'en ai trouvé aucun indice; seulement en avant du fragment on voit une facette postérieure de l'alvéole de la canine, en sorte qu'il reste fort probable que ce *F. megantereon* était une espèce de Lynx. Trou sous-orbitaire. Quatrième Molaire. Première.

Mais ce qui le distinguait plus particulièrement de toutes les espèces de Felis jusqu'ici connues, c'est que cet animal était pourvu, à la mâchoire supérieure, de canines remarquables, non-seulement par leur Canines falciformes.

grandeur, mais encore par leur forme très-comprimée, tranchante, en arrière surtout, et arquée régulièrement dans toute leur longueur, et principalement dans leur partie émaillée.

Trouvées isoléees en Italie.

Ces sortes de dents cultriformes ont été trouvées, isolées de la mâchoire à laquelle elles appartenaient, d'abord en Italie, par M. le professeur Nesti, et ensuite en Allemagne et en Angleterre. Cependant la première indication que j'en trouve me semble exister dans une addition que M. G. Cuvier fait à son article sur les Ours fossiles de Toscane (*Ossements fossiles*, V, IIe partie, p. 516), lorsqu'il dit qu'outre les trois petites molaires qui distinguent, suivant lui, l'Ours des couches meubles du val d'Arno, on vient de leur trouver un caractère plus marqué dans leurs canines comprimées, au point qu'un de leurs diamètres ne fait pas le tiers de l'autre. Il cite en preuve une portion d'une de ces dents, et le modèle d'une entière, du cabinet de Florence, envoyé par le grand-duc de Toscane, ou, ce qui était plus vrai, par le professeur Nesti, au Muséum de Paris; et il ajoute que parmi les dessins de fossiles du cabinet de Darmstadt, qui lui avaient été envoyés par M. Schleyermacher, est celui d'une canine comprimée qui lui paraît ressembler de tous points à celle de Toscane: c'est ce qui le porte même à changer le nom d'*Ursus etruscus*, qu'il avait donné à l'Ours fossile du val d'Arno, en celui d'*Ursus cultridens*.

en Toscane.

en Allemagne. Rapportées à tort par G. Cuvier à un Ours,

ainsi que

Toutefois, M. Cuvier ne donna ni description ni figure de ces dents, et les expressions mêmes qu'il emploie montrent que c'étaient les paléontologistes toscans qui avaient établi le rapport entre ces dents et l'*Ursus Etruscus*. On en trouve la preuve dans un écrit de M. le professeur Nesti (*Lettera terza del sign. professore Philip. Nesti dei alcune ossa fossili non peranco descritte al sign. prof. Paolo Savi. Pisa*, 1826), qui nous apprend que cette dent, découverte dans le val d'Arno avec d'autres ossements, dont la plus grande partie provenait d'Hippopotames, de Bœufs ou de Cerfs, était parvenue au Muséum de Florence à la fin de 1812. M. Nesti, du reste, après avoir rapporté le passage que nous venons de citer plus haut, donne une description fort exacte de cette dent,

par M. Nesti,

et décrite par lui

p. 5, et nous apprend que M. Cuvier, auquel cette dent avait été montrée par lui, lors de son passage à Florence l'année d'avant, avait été comme lui incertain sur l'animal auquel elle pouvait avoir appartenu. Cependant M. Nesti, faisant l'observation que les seuls fragments d'animaux carnassiers, trouvés jusque alors dans le val d'Arno, étaient d'Ours, fut conduit à penser que la canine pouvait avoir appartenu à un animal de cette espèce. Cette opinion lui parut confirmée par la découverte faite en 1823 de la partie antérieure d'une tête d'Ours, dans laquelle il trouva que les deux canines supérieures, quoique tronquées, devaient avoir été comprimées. M. Nesti nous apprend même qu'il s'était proposé de donner à cette espèce le nom de Trépanodon, qui signifie *dent en faux*.

comme d'une espèce qu'il nomme Trépanodon.

Nous apprenons encore du professeur Nesti qu'avant la publication de son intéressante notice, une dent fort analogue, seulement un peu plus grande et proportionnellement un peu plus épaisse, avait été découverte en Angleterre, à Torquay, dans le Devonshire, comme il le savait, d'après un modèle en plâtre que M. Buckland avait bien voulu lui donner lors de son passage à Florence.

En Angleterre.

Ainsi cette singulière dent avait déjà été trouvée en Allemagne, en Angleterre et en Italie, lorsqu'elle le fut également en Auvergne, dans ce riche diluvium volcanique si activement exploité par les observateurs de Clermont.

La première mention que j'ai trouvée est due à MM. Devèze de Chabrial et Bouillet qui, dans leur Essai sur la montagne de Boulade, p. 75, 1827, se font la question si cette dent, qu'ils figurent, pl. XXVI, fig. 3, 4, 5, appartiendrait à l'*Ursus cultridens* du comté de Dévon et du val d'Arno, ou bien à un animal pisciforme, ou enfin à un Lion ou à un Tigre, ce qui leur paraît tirer quelque degré de vraisemblance de la découverte faite à Malbattu d'un fragment d'humérus d'un carnassier gigantesque du genre Chat.

Mentionnée pour la première fois par MM. Divèze et Bouillet.

Mais l'opinion arrêtée que ces dents ont en effet appartenu à une ou plusieurs espèces de Felis est positivement due à M. Bravard qui l'a non-

Puis par M. Bravard,

comme d'un Felis.

seulement admise dans son mémoire sur deux Felis d'Auvergne, publiés en 1828, mais qui l'a formulée dans la fig. 5 de sa pl. III, où il a dessiné un fragment de mâchoire supérieure, portant une dent cultriforme en connexion avec la mandibule que nous venons de décrire. C'est son *F. megantereon*, donnant le nom de *F. cultridens* à l'animal dont provenaient les plus grandes dents.

Opinion combattue par MM. Croizet et Jobert.

Malgré cela, MM. Croizet et Jobert n'ont pas cru devoir admettre cette manière de voir, et dans leur ouvrage sur les ossements fossiles du Puy-de-Dôme, tout en adoptant le F. *megantereon* de M. Bravard, ils ont continué de regarder, p. 194, les dents falciformes comme appartenant à l'*Ursus Etruscus* devenu *F. cultridens Issiodorensis*. Il nous ont même dit, p. 216, en note, que M. Bravard, en plaçant (figure citée) dans le fragment de mâchoire de son *F. megantereon*, une de ces dents, il en était résulté une monstruosité. Ils ajoutent qu'ayant de très-bonnes raisons de croire que la mâchoire supérieure qui figure dans une de ses planches n'existe pas telle qu'il l'a dessinée; ils se proposent, dans leur second volume, de se livrer à l'examen critique de cette partie du travail de M. Bravard. Mais c'est ce qu'ils n'ont pas fait : ce second volume n'ayant malheureusement pas été publié.

Puis M. Kaup,

Enfin, le dernier paléontologiste qui ait parlé de ces dents, à ma connaissance du moins, est M. Kaup, dans ses ossements fossiles du cabinet de Darmstadt, p. 25, pl. I, où il a décrit et figuré la dent falciforme dont M. Cuvier avait dit un mot en passant, comme nous l'avons rapporté plus haut. Mais M. Kaup ne s'est pas borné à cela, persuadé, dit-il, p. 26, que ces dents n'ont appartenu ni à un Ours, ni à un Chat, ni même à un animal qui ait la moindre affinité avec ces deux genres, il propose d'en former un distinct sous le nom de *Machairodus*. Les raisons qui l'ont persuadé sont que ces dents n'ont ni les cannelures, ni les deux arrêtes saillantes internes qu'on remarque sur les canines des Felis, et qu'aucun animal, connu jusqu'ici, n'a la partie émaillée de ses canines proportionnellement aussi grande comparativement avec la racine, ni le bord concave des canines denticulé et enfin qu'aucun mammifère, le

qui en fait un genre distinct.

Lémur excepté, n'a des canines aussi comprimées, ce qui prouve que M. Kaup n'avait présent à la pensée ni les Moschus, ni même certaines espèces de Cerfs dont les mâles ont aussi la mâchoire supérieure armée de dents falciformes, tranchantes, exsertes, et non usées, parce qu'elles ne rencontrent aucune autre dent.

Nous devons encore faire mention que le Rev. Mac-Enry, dans sa description de la caverne de Kent, dans le Devonshire, a figuré deux de ces dents falciformes, et en outre une incisive externe supérieure, qui est également denticulée sur ses bords tranchants et qui a appartenu peut-être à la même espèce. Malheureusement nous n'avons pu nous procurer l'ouvrage de M. Mac-Enry, et nous ne possédons de ces dents qu'un calque des canines et qu'un moule en plâtre de l'incisive, qu'il a bien voulu nous donner, lors de son passage à Paris, il y a quelques années. Par M. Mac-Enry.

Ces dents falciformes, trouvées jusqu'ici constamment isolées et dans des localités et des terrains de nature différente ont pour caractère commun d'être en général fort comprimées, arquées dans le même plan et assez fortement appointies, quoiqu'un peu inégalement aux deux extrémités, pour ressembler au croissant lunaire, ainsi que l'ajustement remarqué M. Nesti, un peu mousses au bord convexe, mais tranchantes et quelquefois denticulées finement au bord concave, et sans qu'on puisse apercevoir sur les côtés des cannelures bien évidentes. Différant un peu d'épaisseur proportionnelle, elles diffèrent encore plus en grandeur dans la proportion de deux à trois, mais toujours la partie émaillée égalant au moins et surpassant même souvent la partie radiculaire constamment remplie au sommet. Décrites. Variables de grandeur,

J'ai déjà dit que ces dents n'ont été jamais observées implantées dans leurs alvéoles, malgré l'assertion contraire donnée par M. Cuvier, d'après M. Pentland qui avait écrit à ce dernier qu'on venait de découvrir à Florence une tête d'Ours armée de deux de ces dents. Je savais déjà par M. Mac-Enry que le fait était erroné, mais il m'a été facile de m'en assurer moi-même lors de mon séjour à Florence, grâces à la complaisance mais jamais implantées, quoiqu'en ait dit G. Cuvier.

De celles du musée de Florence.

de M. Nesti qui a mis à ma disposition tout ce qui pouvait faciliter mes recherches sur ce point important (1). Il est donc certain que le musée de Florence ne possède aucune de ces dents falciformes en place ou implantée dans la mâchoire d'une espèce animale quelconque ; car il est impossible de leur comparer le reste des canines qu'offre la tête d'Ours du Val d'Arno, décrite par M. Nesti. En effet, si celles-ci sont comprimées, il est aisé de voir que c'est par écrasement, et encore n'y a-t-il aucune comparaison à faire avec celles du *F. cultridens.*

Et même de celles d'Auvergne.

Ainsi, dans l'état actuel de la science, nous restons donc avec les faits tels que M. Bravard les avait rapportés, c'est-à-dire que le F. *megantereon* établi sur un fragment des deux mâchoires, était pourvu à la supérieure d'une dent canine falciforme, proportionnelle, exerte ; on pouvait donc, par analogie, admettre que les très-grandes dents de cette sorte avaient appartenu à un animal de plus grande taille, mais du même genre Felis.

Cependant présumée pour la forme de la Mandibule. Excavée sur les côtés,

Pour soutenir cette manière de voir, je ne m'appuyerai par sur le fait indiqué par la figure donnée par M. Bravard, d'une dent falciforme en place, puisqu'il paraît certain que cette dent, trouvée isolée, a été rapportée à une mâchoire à laquelle elle n'appartenait pas ; on peut cependant admettre que la disposition de l'alvéole a dû permettre ce rapprochement, mais on peut, ce me semble, déduire la nécessité du fait de la disposition seule de la mandibule telle qu'elle a été décrite et figurée par M. l'abbé Croizet lui-même. En effet, l'énorme dépression, et même l'excavation de la mandibule entre la canine et la molaire antérieure,

(1) A ce sujet qu'il me soit permis de dire quelques mots sur la manière dont les *scienzati* étrangers et nationaux ont été accueillis à Florence lors du dernier congrès scientifique italien dans cette ville. Annoncer que son A. I. le Grand-Duc a rempli, avec autant de dignité que de convenance, le rôle difficile de protecteur éclairé des sciences, sans faste et sans prétention, en leur ouvrant, avec une véritable libéralité, son palais, c'est ne rien apprendre à ceux qui connaissent un peu les princes de la maison d'Autriche ; mais je dois ajouter que jamais mission pareille n'avait été mieux confiée qu'au marquis Ridolfi, président du congrès, ainsi qu'à M. le comte Antenori, directeur du Musée, et dont la complaisance à mon égard a été véritablement extrême.

ainsi que son élargissement à la symphyse et à l'apophyse géni forment une disposition qui indique que, comme dans les autres Felis, mais bien plus que chez aucune des espèces connues, la dent canine supérieure descendait verticalement de chaque côté de la mandibule, se logeant dans la dépression latérale qu'elle présente, et, grâces à son étendue verticale, ne dépassait que médiocrement la lèvre supérieure en pressant latéralement l'inférieure, comme on peut le remarquer dans notre Chat domestique. Dès lors, on voit comment les incisives et la canine inférieure avec elles, ont suivi le relèvement du bord alvéolaire, et comment celle-ci, croisant profondément la supérieure en se plaçant comme de coutume en avant, ne devait pas la toucher dans son bord ni dans sa face interne, ce qui explique pourquoi ces dents falciformes n'offrent aucune trace d'usure par frottement; observation que l'on peut également faire pour l'inférieure. Quant au fait de l'absence, le long de ces dents, des cannelures presque caractéristiques du genre Felis, nous ferons l'observation qu'elles manquent également aux canines inférieures du *F. megantereon*, dont la forme carénée et tranchante en arrière rappelle un peu ce que sont les supérieures.

et a pu déterminer le soulèvement de la Canine et des Incisives.

Ainsi donc, en se bornant même à considérer la mâchoire inférieure sur laquelle repose essentiellement le *F. megantereon*, on voit que l'on devait lui rapporter les dents falciformes proportionnelles; mais alors ne devait-on pas considérer celles qui sont beaucoup trop grandes pour cela comme ayant appartenu à une autre espèce qui n'en différerait que par la taille, mais toujours du genre Felis, ainsi que l'a fait M. Bravard, et non à un Ours, comme l'ont accepté MM. Croizet et Jobert, d'après M. Cuvier, et, véritablement, sans aucune induction un peu rationnelle.

Conclusion.

Mais poursuivons l'examen des autres os qui ont été attribués au *F. megantereon*.

Examen des autres Os.

Comme, à côté de la mandibule sur laquelle ils ont fondé leur *F. megantereon*, ont été trouvés un humérus, un radius et un cubitus, ayant tous les caractères de ceux des Felis, MM. Croizet et Jobert les ont at-

Humérus.

Radius.

Cubitus. tribués à la même espèce, au même individu, ce que l'on peut accepter avec quelque vraisemblance. En effet, leurs proportions, leurs formes assez grêles et élevées rappellent assez bien une grande espèce de Lynx.

Conclusion. MM. Croizet et Jobert, en fondant leur calcul sur la proportion de la ligne dentaire et des parties des membres qu'ils connaissaient, ont trouvé que le *F. megantereon* devait être un tiers plus élevé que le Cougouar; qu'il devait égaler le Tigre en hauteur, et que sa forme élancée le rapprochait beaucoup du Guépard; suppositions qui ne reposent évidemment que sur des bases assez peu fondées (1).

(1) Depuis que cet article est ainsi rédigé, M. Bravard m'a annoncé qu'il avait enfin trouvé une tête de son *F. megantereon*, armée encore de sa dent falciforme. Il a fait plus, car il a eu la généreuse complaisance de m'envoyer deux bons dessins au trait de cette pièce, avec la permission d'en orner mon ouvrage : ce que j'ai fait. Ainsi il ne peut y avoir de doute sur le rapprochement qu'il avait fait il y a près de quinze ans, et qu'on lui a bien à tort contesté.

Je puis encore ajouter que, d'après un beau modèle en plâtre que M. Bravard a envoyé à Paris dans les derniers mois de 1842, et que j'ai pu examiner, il est vrai, pendant assez peu de temps, cette tête m'a paru avoir une assez grande ressemblance avec celle d'une Panthère, et surtout, suivant M. Gervais, l'un de mes préparateurs, avec celle d'un assez grand Felis à tête de Serval, ou un peu allongée; qu'il a observée dans la collection du collége des chirurgiens, à Londres, et que l'on croyait provenir d'Afrique. En effet, dans le *F. megantereon*, la largeur de l'alvéole de la canine a nécessairement déterminé un peu d'allongement dans la face, quoique la barre soit fort étroite, puisque l'intervalle de la canine à la principale n'est que de 0,011, la longueur basilaire du crâne étant de 0,182. En outre on a pu observer que la crête occipitale et la cannelure médiane nasale étaient plus prononcées; et, au contraire, la racine de l'arcade zygomatique moins écartée que dans la Panthère d'Alger. Du reste, le trou sous-orbitaire et les apophyses orbitaires ont paru, comme dans cet animal, l'un à peu près rond, et les autres peu saillantes. Quant au bord palatin, il a été impossible d'en juger par défaut de conservation.

Pour le système dentaire, la canine avait 0,079 dans sa partie extrà-alvéolaire, 0,020 de largeur et 0,011 d'épaisseur à la base.

Il n'existait que deux molaires et l'alvéole de la dernière; mais celle de la première manquait. Des deux dents existantes, l'une, la principale, avait 0,025, et la première arrière-molaire ou carnassière, 0,030; et par conséquent elles étaient notablement plus fortes que dans aucune Panthère de nos collections.

D'après cela il me semble fort probable que les deux côtés de têtes, dont j'ai parlé plus haut à l'article du *F. antiqua*, comme provenant du Val d'Arno, ou se sont aussi trouvées des canines falciformes, ont appartenu au *F. megantereon* ou au *F. cultridens* d'Auvergne.

12° *F. cultridens.*

Bravard, *Monographie de deux Felis d'Auvergne*, p. 143, tab. III, fig. 10-13. 1828 (1).

Nous venons de voir que l'établissement de cette espèce ne reposait réellement que sur un certain nombre de dents canines falciformes, trouvées isolées en Italie, en Allemagne, en Angleterre et en Auvergne. Nous avons également cherché à montrer que, s'il était impossible de les regarder comme provenant de la même espèce que les petites appartenant au *F. megantereon*, il était vraisemblable qu'elles indiquaient l'existence d'une grande espèce de Felis analogue, et certain qu'elles ne venaient pas de l'*Ursus Etruscus,* et qu'ainsi il fallait accepter, au moins provisoirement, le *F. cultridens* de M. Bravard. S'il était possible de juger la taille de l'animal, dont la gueule était armée de ces dents, d'après leur longueur, on voit qu'il devait surpasser de moitié le *F. megantereon*, et qu'il devait même être plus grand que le *F. spelæa*, dont les canines supérieures ne vont jamais au delà de 0,140. Établie sur des Canines d'une grande dimension.

M. Croizet, en effet, représente (*Ours*, pl. I, fig. 6) une de ces dents cultriformes, qui a 0,165 en ligne droite, d'une extrémité à l'autre; et celle que M. Kaup a figurée, pl. I, fig. 5, de ses *Ossements fossiles du muséum de Darmstadt*, devait avoir 0,164, en admettant que la longueur de la partie émaillée fût égale à celle de la racine, et de 0,170, en supposant que celle-ci soit dans la proportion de ce qu'elle est dans la canine des Felis en général; ce qui n'est pas rigoureusement nécessaire. Figurée par MM. Croizet et Kaup.

Quoiqu'il en soit, M. Kaup ajoute que la canine de son *Machairodus* diffère de celle du *F. megantereon*, parce qu'elle est toujours denti- Caractérisée.

(1) M. Keferstein, p. 209, donne comme synonyme de cette espèce le *F. gigantea* de MM. Croizet et Jobert; mais j'ignore où il a pris ce nom; ces messieurs ont toujours rapporté cette dent à leur *Ursus cultridens Arvernensis.*

culée à son bord concave; assertion qui me semble encore trop généralisée, car cette particularité n'a d'abord été vue que sur une seule dent par M. Kaup lui-même, et n'existe pas dans celles qui ont été trouvées en Auvergne et en Italie.

En lui rapportant une Incisive de Torquay,

C'est cependant cette denticulation qui m'a porté à considérer comme ayant appartenu au *F. cultridens*, une incisive trouvée par M. Mac-Enry dans la caverne de Torquay, ainsi que deux canines falciformes. Cette dent, qui est une incisive externe supérieure gauche, dont nous possédons un assez bon modèle en plâtre, est remarquable par sa force et par sa forme. En effet, les bords qui séparent ses deux faces, l'antérieure convexe, la postérieure plane, sont non-seulement fort tranchants, mais encore finement et évidemment denticulés. Je ne connais à l'état vivant aucune dent incisive de Carnassier qu'on puisse lui comparer.

et peut-être une Dent figurée par M. Kaup,

et décrite

Mais je ne serais pas étonné qu'il fallût en rapprocher une dent décrite et figurée par M. Kaup dans ses *Ossements fossiles du muséum de Darmstadt*, p. 29, pl. I, fig. 3*a* et 3*b*, et qu'il réunit à une dent molaire trouvée dans les mêmes sables d'Eppelsheim, pour former le genre qu'il nomme *Agnotherium*. Cette première dent, regardée par M. Kaup comme une incisive supérieure droite, ayant plus de ressemblance avec sa correspondante chez le Chien, qu'avec celle de tout autre animal, me semble plutôt être une canine inférieure, analogue à sa correspondante dans le *F. megantereon*. En effet, M. Kaup la décrit comme ayant sa racine fort comprimée, et sa couronne convexe en avant, mais formée dans sa moitié d'arrière par deux faces presque planes, qui se terminent par une arête bien tranchante et un peu dentelée; ce qui, sauf la dentelure, est tout à fait comme dans la canine inférieure de la mandibule du *F. megantereon*, décrite plus haut.

Un fragment de Fémur, par M. Croizet.

Quant à des fragments d'os véritables du squelette, je ne trouve d'attribuée à ce *F. cultridens* qu'une partie assez considérable de fémur, faisant partie de la collection de M. l'abbé Croizet, où elle était inscrite sous le n° 121. Malheureusement ce fragment, qui consiste en une moitié inférieure de fémur du côté droit, a ses condyles tronqués, et n'offre rien de caractéristique. On peut seulement présumer qu'il provient d'une espèce de Felis moindre que le *F. spelæa*, de la taille de notre grand Lion, mais qui, moins comprimé, moins caréné au bord externe, rappelle davantage le fémur du Tigre.

Je serais aussi tenté de rapporter à cette espèce une autre pièce de la collection de M. l'abbé Croizet, et que j'ai trouvée inscrite dans son catalogue sous le nom de *F. Velonensis*. C'est un os métacarpien, remarquable par son épaisseur, sa forme raccourcie, au point qu'au premier abord j'avais été porté à le considérer comme provenant d'un animal du genre Amphicyon, parmi les Subursus. Mais il me semble plutôt avoir les caractères du métacarpien médian d'un grand Felis, de la taille du Tigre au moins, mais bien plus robuste que lui. Un Os métacarpien. *F. Velonensis* (Croizet).

M. Bravard (catalogue manuscrit, n° 791) rapporte encore à son *F. cultridens* un os métacarpien externe gauche, ayant 0,116 de long, et venant d'Ardé (Puy-de-Dôme). Un Métacarpien, par M. Bravard.

13° F. *Pardinensis*.

Croizet et Jobert, *Ossements fossiles du Puy-de-Dôme*, p. 201, pl. IV, fig. 5 et 8, et V, fig. 4; pl. VII, fig. 2.

C'est encore aux Paléontologistes de l'Auvergne que nous devons la proposition de cette espèce établie sur un petit nombre de fragments, pour la plus part fort peu caractéristiques, trouvés dans les environs de Pardines, savoir : Établie sur quelques fragments d'Os peu caractéristiques,

Un côté droit de mandibule adulte portant avec la canine, les trois molaires bien entières (V, 4).

Un autre petit fragment du même côté, mais d'un jeune individu, ne contenant que les deux premières molaires (IV, 5).

Un très-petit morceau de mâchoire supérieure montrant l'alvéole de la troisième incisive et celle de la canine remplies par la racine de ces dents (VII, 2).

Enfin, une vertèbre dorsale (IV, 8).

Suivant MM. Croizet et Jobert, ces fragments, rassemblés arbitrairement, indiqueraient une espèce de Felis de la taille d'un Cougouar, (*F. Concolor*), et en effet, les trois molaires du premier fragment donnent pour mesure proportionnelle, 0,014—0,017—0,020, qui approchent assez de ce qu'on trouve dans le Cougouar, mais, à ce qu'il me semble, encore plus dans la Panthère ordinaire; en sorte que les fragments cités n'offrant d'ailleurs rien autre chose de caractéristique, on peut conclure que s'ils sont suffisants pour déterminer quelque rapprochement avec une espèce vivante, ce serait plutôt de la Panthère que du Cougouar, et encore ce ne serait que sous le rapport de la taille.

et des Dents qui ne le sont pas plus.

Conclusion.

14° *F. Ogygea.*

Kaup, *Ossements fossiles du Musée de Darmstadt.* II° cahier, 1833 et Archives de Karsten, 1832.

Établie sur des Fragments

D'après deux fragments consistant, l'un en l'extrémité antérieure d'une mandibule droite portant en place une canine et les deux premières molaires; l'autre en un second os du métacarpe ayant, 0,063 $\frac{1}{2}$ de long.

par M. Kaup.

Suivant M. Kaup, ce bout de mandibule, fort large en hauteur, offrirait une arête très-prononcée qui séparerait le menton en avant des parties latérales : caractère qui me semble avoir quelques rapports avec ce que nous allons décrire dans le *F. Palmidens* de Sansans; la canine serait plus courte, plus épaisse, et cependant plus comprimée que dans le Lion et le Chat, et n'aurait pas sa racine recourbée comme celle de ces animaux; caractères qui indiquent beaucoup de ressemblance avec le *F. Issiodorensis* de MM. Croizet et Jobert, dont le *F. Ogygea* différerait cependant par plus de force dans la canine, plus d'étendue de rebord et plus de hauteur de l'os mandibulaire.

Conclusions.

Je ne connais le fragment sur lequel repose le *F. Ogygea* de M. Kaup, que d'après la figure et la description qu'il en donne; mais il me semble, pourtant, que la dissemblance entre ce fragment et les mandibules sur lesquelles est établi le *F. Issiodorensis* est encore plus grande que ne l'indique M. Kaup, et porte aussi bien sur l'os beaucoup plus robuste que sur la canine et les molaires, dont la forme et les proportions sont très-différentes.

15°. *F.* (*Cynailurus*) *minuta.*

Lund, *Cavernes du Brésil*, Mémoires de l'Académie royale des Sciences de Copenhague, VIII, p. 91, 184.

Etablie sur une Dent molaire.

Jusqu'alors, les paléontologistes n'avaient encore proposé de reconnaître des traces de Guépard dans aucun des ossements fossiles trouvés dans l'ancien monde, où il vit répandu et transporté comme instrument de chasse en Asie, en Afrique et même en Europe. M. Lund pense avoir été plus heureux, et ce qu'il y aurait de plus singulier, c'est que ce serait dans les cavernes du nouveau monde, au Brésil. Malheureusement son assertion ne repose que sur une seule dent molaire, la seconde d'en haut du côté gauche ayant 0,018 d'après la figure, et qui ne diffère en rien de sa correspondante sur un Jaguar de petite taille, et chez lequel, en effet, cette dent a 0,017 à 0,018; tandis que dans le *F. Jubata*, elle n'a que 0,014 à 0,015. Ainsi il est à peu près certain que le Guépard de l'ancien monde n'a pas laissé de traces de son existence dans l'Amérique méridionale.

Conclusion.

16° *F.* *Antediluviana.*

Kaup, *Archives de Karsten.* V, 1832, et *Ossements fossiles du duché de Darmstadt*, tab. 1, fig. 9-12, IIe cahier, p. 23, 1833.

Établie par M. Kaup, sur un fragment de Mandibule.

C'est aussi sur un bien petit fragment fossile trouvé dans le dépôt célèbre d'Eppelsheim, que M. Kaup a cru pouvoir établir son *F. Antediluviana.* En effet, ce n'est que sur un morceau de mandibule, et sur deux molaires très-incomplètes qui y sont à peine implantées. Suivant lui, cependant, elles indiquent un animal d'une taille intermédiaire à celles du *F. Issiodorensis* et du *F. Brevirostris*, et par conséquent grand comme un petit Lynx. En effet, l'antérieure de ces dents, qui est une seconde

Conclusion. molaire, a 0,012 $\frac{1}{2}$. Mais alors, pourquoi n'est-ce pas un Lynx? c'est ce que ne dit pas M. Kaup, mais seulement que c'est la plus petite espèce des Felis dont il ait trouvé des traces à Eppelsheim. M. Keferstein n'en décrit pas moins, p. 208, le *F. Antediluviana*, comme de la taille du Cougouar, mais plus élancé.

17° *F. Issiodorensis.*

Croizet et Jobert, *Ossements fossiles du Puy-de-Dôme*, I, p. 198.

Établie par MM. Croizet et Jobert, Au contraire de la précédente, cette espèce est établie par MM. l'abbé Croizet et Jobert sur un assez bon nombre de fragments recueillis dans les terrains meubles des environs d'Issoire, et parmi lesquels ces messieurs rangent quatre portions plus ou moins incomplètes de mandibule. et

sur plusieurs fragments de plus une vertèbre atlas et une dorsale, un humérus entier et quatre fragments de cette même espèce d'os; un cubitus, un radius, un fémur, trois os métatarsiens et quelques phalanges.

indiquant, suivant ces Messieurs, un grand Lynx. Suivant MM. Croizet et Jobert, cette espèce, qu'ils avaient nommée *F. Media*, en calculant la hauteur du corps d'après la longueur de l'humérus, devait être de la taille du Lynx du Canada; mais du reste, comme de coutume, ils ne donnent pas les différences spécifiques.

Examinés. Nous avons pu examiner la plupart des pièces sur lesquelles repose cette espèce, et nous sommes assez éloigné d'assurer qu'elles ont appartenu, non-seulement à la même espèce animale, mais encore toutes à une espèce de Felis.

Les Mandibules. Pour les mandibules, il n'y a aucun doute, elles sont bien d'un animal de ce genre, les molaires qui les arment ont bien la forme générique, leurs proportions 0,011—0,014—0,016, sont même assez bien comme dans une grande espèce de Lynx; mais il est plus douteux, pour ne pas dire davantage, que l'humérus entier, dont on arguë pour en faire un

L'Humérus. Lynx plus élevé sur pattes que le nôtre, ait été celui d'un véritable Lynx; en effet, il est notablement plus court que dans cet animal, moins arqué et moins comprimé que dans le Guépard, et il a, au contraire, assez bien la forme et les proportions de celui d'une petite Panthère, quoiqu'il soit un tant soit peu plus comprimé et plus arqué.

Quant au cubitus représenté Pl. VI, fig. 1, je n'oserais assurer qu'il provienne positivement d'un Felis; et je le rapporterais plus volontiers à un *Subursus* à cause de la convexité de son bord postérieur, de son mode de décroissement peu rapide, de son épaisseur moindre au-dessous de sa cavité articulaire, de sa grande compression et de la profondeur de ses deux gouttières latérales; et surtout à cause de l'état presque tranchant de son bord postérieur, au contraire de l'antérieur large et plat, que je ne connais non plus dans aucun Felis. Le Cubitus.

Nous n'avons pas vu la moitié supérieure de radius représentée Pl. III, fig. 4; mais il est bien fort pour un radius de Lynx.

On peut en dire autant du fémur représenté Pl. III, fig. 5, il a quelque chose de celui du Guépard, encore est-il encore un peu plus fort. Le Fémur.

Des os désignés par MM. Croizet et Jobert comme des métatarsiens, le fragment représenté Pl. IV, fig. 3, me semble un métacarpien de l'annulaire gauche indiquant un animal de la taille d'un Jaguar, plutôt qu'un métatarsien de Lynx. Les Métatarsiens.

L'os représenté Pl. VI, fig. 5, est évidemment un os médian du pied droit, un peu plus long, quoique assez semblable à son analogue dans une petite Panthère d'Alger que j'ai sous les yeux; toutefois un peu plus plat en dessus, et assez bien comme dans le Guépard, mais bien moins long proportionnellement que dans cet animal.

Les deux autres os métatarsiens, assez mal rendus dans les fig. 2 et 3, par M. Croizet, se joignent assez bien avec le précédent, quoique un peu plus longs et un peu plus grêles que lui; ils ont encore quelques rapports avec leurs analogues dans le Guépard et dans le Lynx, mais bien moins minces que dans le premier de ces animaux.

La phalangine, assez bien rendue dans la fig. 11 de la Pl. VII des *Recherches sur les ossements fossiles du Puy-de-Dôme*, me paraît ressem- Les Phalanges.

bler beaucoup à celle du cinquième doigt du pied droit de devant d'une petite Panthère.

Conclusion.

Ainsi, comme il est aisé de le voir, la plupart des os, assez entiers pour signifier quelque chose, attribués au *F. Issiodorensis*, comme plus élevé sur pattes que le Lynx du Canada, sont assez peu en harmonie avec cette thèse. Quant aux autres, ils sont tout à fait insignifiants ou non caractéristiques.

18° *F. brevirostris*.

MM. Croizet et Jobert, *Recherches sur les ossements fossiles du Puy-de-Dôme*, p. 196. Pl. IV, fig. 1-2-6-9; V, fig. 2; VI, fig. 9; VII, fig. 8.

Établie sur quelques fragments.

C'est encore une de ces espèces que l'on suppose avoir habité les forêts de l'ancienne Auvergne, et qui n'est établie que sur deux fragments de mandibule à laquelle sont rapportées, par conjecture plus ou moins heureuse, une partie articulaire d'humérus, une partie supérieure de cubitus, de tibia, et même une vertèbre dorsale.

Examinés. La Mandibule.

D'après la proportion du fragment de mandibule le plus complet, et qui porte une canine et la dernière molaire seulement, MM. Croizet et Jobert disent que ce Felis était de la taille d'un Lynx d'Europe, et ils le caractérisent par la brièveté de la barre qui sépare la canine de l'alvéole de la première molaire, et qui est en effet fort courte. La grandeur et proportion des dents est donnée ainsi : 0,011—0,014—0,016 ; ce qui diffère fort peu de ce qui existe dans le *F. Issiodorensis*.

Les Dents.

Les autres Os.

Quant aux fragments d'os qui sont assignés à ces mandibules, la vertèbre ne signifie rien, tant elle est fruste. Les deux parties de cubitus sont bien d'un Felis, mais d'une taille seulement un peu plus petite que notre Panthère d'Alger, n'en différant guère que par un peu plus de courbure et de gracilité; du reste sans pouvoir être comparés à leur analogue dans le Lynx ni dans le Guépard.

Conclusion.

Quant au tibia que nous possédons aujourd'hui, comme il était évidemment beaucoup trop petit pour les mandibules, M. l'abbé Croizet, dans son catalogue manuscrit, l'a reporté au nombre des ossements dont il a fait son *F. Perieri*.

19° *F. Perieri*.

M. Croizet, catalogue manuscrit de sa collection, n° 126.

Cette espèce, au contraire des précédentes, qui ont pour base au moins quelques parties des mâchoires et du système dentaire, ne repose que sur des os longs, sur une tête supérieure de radius et sur un radius entier, qui, de la longueur de celui d'une petite Panthère, est bien moins large, et par cela même se rapproche un peu de ce qui existe dans le Lynx (il est cependant plus grêle et plus court que dans ce dernier) sur un cubitus bien complet, et qui avait été rapporté à l'espèce précédente; sur une moitié supérieure de tibia gauche, provenant indubitablement d'un Felis, mais bien plus petit que celui auquel a appartenu le cubitus rapporté au *F. brevirostris*, plus petit même que dans un Lynx et de la taille du Serval.

Établie par M. Croizet sur des Os longs seulement.

Examinés.

20° *F. Macroura*.

M. Lund, *Cavernes du Brésil*, Mémoires de l'Académie des sciences de Copenhague, VIII, p. 91, 1841.

M. le prince Maximilien de Newied a signalé, *Voyage au Brésil*, une espèce de Felis voisine, si même elle est distincte du *F. pardalis*, dont elle diffère principalement par la longueur de la queue. C'est à cette espèce que M. Lund rapporte une moitié inférieure d'humérus épiphysée, et même sans l'épiphyse, qu'il figure Pl. XVIII, fig. 1-2-3.

Établie par M. Lund

sur un fragment

Ce fragment d'humérus, percé au condyle interne, provient sans doute d'un Felis, mais ce n'est que par analogie de grandeur que l'on peut dire qu'il a appartenu au *F. pardalis* ou à l'une de ses variétés, tant il est peu caractéristique.

d'Humérus.

Examiné.

Quoi qu'il en soit, en supposant le rapprochement exact, ce serait en-

Conclusion.

core une nouvelle preuve que les animaux fossiles dans les cavernes sont encore habitants des pays où elles existent.

21° *F. Engiholiensis*.

Schmerling, *Ossements fossiles des cavernes de la province de Liége*, p. 88, 1833.

Cette espèce provient encore des cavernes, mais de celles d'Europe et particulièrement de celle d'Engihoul, en Belgique, aux environs de Liége.

Établi sur des Dents. Schmerling l'a établie sur trois fragments; une dent canine assez fruste et tronquée, longue de 0,037 (Pl. 18, fig. 11) et sur une extrémité articulaire de mandibule portant une dernière molaire ayant 0,015 de longueur (Pl. 18, fig. 12), insistant surtout sur l'angle que forment les deux lobes de cette dent et sur une petite éminence du bord postérieur qu'il assure n'exister dans aucune autre espèce, ainsi que sur la forme particulière de la branche montante; enfin, il lui rapporte, p. 91, un fragment d'humérus (Pl. XVIII, fig. 16), dont le diamètre au milieu du corps de l'os est de 0,014, trouvé comme les deux autres dans la caverne d'Engihoul, et que Schmerling regarde comme ayant pu appartenir à l'espèce et peut-être à l'individu dont provient le fragment de mandibule.

Un fragment d'Humérus.

Examinée. Je ne connais ces trois pièces que d'après les figures citées; mais je doute qu'elles soient véritablement suffisantes pour la distinction d'une espèce, aucune ne me paraissant réellement caractéristique, la petite éminence du bord postérieur de la molaire pouvant être individuelle ou même le résultat d'usure.

Conclusion. Je suis donc fort porté à penser que cette espèce doit être réunie au *F. Issiodorensis* ou au *F. Lynx* de laquelle, en effet, Schmerling la rapproche lui-même.

22°. *F. Serval.*

Marcel de Serres, Dubreuil et Jean-Jean. *Recherches sur les os Humatiles de la caverne de Lunel-Viel*, p. 115, 1839.

C'est la sixième espèce de Felis que MM. Marcel de Serres, Dubreuil et Jean-Jean ont admise comme ayant laissé de ses traces dans la caverne de Lunel-Viel, et contrairement à ce qu'ont fait MM. Croizet, Schmerling, et Kaup, ils y reconnaissent encore une espèce actuellement vivante sur la partie septentrionale du périple de la Méditerranée. De la caverne de Lunel-Viel.

Les fragments sur lesquels cette manière de voir est établie sont assez nombreux; ce sont: Etablie sur plusieurs Fragments.

Plusieurs canines du côté droit.

Un côté gauche, et trois côtés droits de mandibule.

Trois extrémités inférieures d'humérus.

Deux fragments supérieurs de cubitus gauche.

Un quart inférieur de tibia du même côté.

Suivant ces messieurs qui n'avaient malheureusement pour établir la comparaison que le squelette d'un seul Serval et celui d'un Lynx, dont ils n'indiquent pas le sexe: Comparés.

Les canines remarquables par leur longueur 0,035 et par leur forme un peu arrondie avec deux sillons en dehors et en dedans, différaient par cela même du Lynx, dont les canines, d'après eux, ne sont jamais cannelées; ce qui, suivant nous, est une erreur, comme on a pu le voir dans notre odontographie. Canines.

Ils ne caractérisent les mandibules, dont ils figurent deux armées de toutes leurs dents, que par plus de force, ce qu'ils établissent sur des mesures linéaires, en attribuant à l'âge la supériorité qu'ils reconnaissent sur le Serval, terme de comparaison. Mandibules.

Sur les trois fragments d'humérus, ils font remarquer surtout la longueur du trou du condyle interne. Humérus.

Ils trouvent plus forte que dans le Serval la portion de cubitus qu'ils ont recueillie.

Tibia.

Enfin, le fragment de tibia figuré (Pl. IX, 11) est regardé comme tout à fait semblable à son analogue dans le squelette de Serval qu'ils avaient sous les yeux.

Conclusions.

Je ne connais malheureusement ces ossements fossiles que d'après les figures que MM. Marcel de Serres, Dubreuil et Jean-Jean en ont données; mais je ne vois pas trop pourquoi on ne les rapporterait pas plutôt à un Lynx qu'à un Serval, les proportions étant évidemment un peu fortes pour celui-ci, et des différences indiquées aucune n'étant réellement caractéristique.

23° *Catus.*

Schmerling, *Caverne de la province de Liége*, p. 88.

Marcel de Serres, Dubreuil et Jean-Jean, *Ossements Humatiles de la caverne de Lunel-Viel*, p. 149.

Indiquée

Cette espèce, par laquelle nous terminons cette exposition des Felis décrits comme ayant laissé des traces dans le sein de la terre, a été signalée dans plusieurs localités et principalement dans des cavernes en Allemagne, en Angleterre, en Belgique et en France.

en Allemagne.

En Allemagne, je ne vois pas qu'on y ait fait grande attention.

en Angleterre.

En Angleterre, M. Mac-Enry a figuré un côté de mandibule trouvée dans la caverne de Kent.

en Belgique, par M. Schmerling.

En Belgique, M. Schmerling, qui a rencontré des ossements de Chat en assez grande abondance dans les cavernes des environs de Liége, a encore trouvé à distinguer, d'après un côté droit de mandibule (XVIII-13) qui, comparée, avec celle d'un Chat sauvage, lui a paru plus grande et même avec quelques particularités différentielles, un *F. Catus magna* du *F. Catus minuta* (1), dont il a obtenu des têtes entières

(1) M. Bronn (*Lethæa*, p. 833) cite aussi un *F. minuta*, W. de Kalisth.

et plusieurs autres ossements, sans penser aux variations de taille individuelles ou déterminées par les sexes, et qui, certainement dépassent souvent celles qu'il indique entre ses *F. Catus magna* et *minuta*.

Enfin, MM. Marcel de Serres, Dubreuil et Jean-Jean ont encore porté plus d'attention à leur *F. Catus ferus* puisque dans leur ouvrage cité, ils ont consacré plus de quatre grandes pages in-quarto, petit-texte, à énumérer les ossements de Chat qu'ils ont trouvés brisés, épars pêle-mêle, dans le limon de la caverne de Lunel-Viel, en donnant des mesures linéaires et en établissant leur comparaison avec un Chat sauvage tué aux environs de Béziers.

en France méridionale, par M. Marcel de Serres, etc.

Dans cette énumération des espèces de Felis établies à tort ou à raison par les auteurs qui m'ont précédé, j'ai suivi à peu près et autant qu'il était possible l'ordre de grandeur, en la déduisant surtout de celle des dents molaires, parties qui, outre qu'elles sont peut-être encore le moins variables dans les espèces, sont celles que l'on rencontre plus entières et plus fréquemment dans le sein de la terre; mais dans ce qui me reste à dire sur les ossements fossiles de ce genre d'animaux, je vais suivre l'ordre géologique, ce qui me conduira naturellement aux conclusions générales que je crois pouvoir en tirer.

Observations générales sur l'ordre de grandeur.

Ordre géologique.

Des terrains tertiaires.

Je ne connais encore, dans les terrains tertiaires inférieurs ou en contact avec la craie, en un mot, dans l'argile plastique, aucun ossement que l'on ait ou qui puisse être regardé comme provenant d'une espèce de Felis.

Formation gypseuse de Paris.

Il n'en est pas de même dans la formation du gypse de Paris; je crois devoir rapporter à ce genre un os du membre antérieur, et que je regarde comme un métarcarpien du doigt annulaire du pied antérieur droit.

Un Os métacarpien.

Il a été question de cette pièce pour la première fois, dans un Mémoire de M. Georges Cuvier, sur les carnassiers de Montmartre, inséré dans les

Annales du Muséum, t. VI, p. 18, et figuré Pl. IV, fig. 5-10-11, et depuis lors, dans les Mémoires réunis en 1812, t. III, p. 8, Pl. uniq., comme d'un os *qu'on peut sans crainte rapporter à la même espèce que le cubitus précédent* qui, depuis, a été attribué à un Coati.

Dans la seconde édition des Recherches sur les ossements fossiles, t. III, p. 282, cet os est le sujet d'un article particulier sous le titre de : *Métacarpien d'une espèce particulière*; *os qui n'est pas sans rapport avec celui de la Civette*, *mais qui le surpasse d'un tiers*, *qu'il est bien difficile de rapporter à la tête du parag. II* (prétendu Coati), *au cubitus*, n° 1 (auquel dans la première édition, M. G. Cuvier le rapportait cependant sans crainte); *alors il indique une espèce nouvelle.*

Cet os est dans les collections du Muséum, c'est bien un métacarpien, non pas du doigt médian, comme le pensait M. Georges Cuvier, mais de l'annulaire du pied antérieur droit, ce qu'on peut juger par le degré de défaut de symétrie de la contre-poulie à l'extrémité phalangienne de l'os.

En le comparant avec son analogue dans les Subursus et dans les Felis de taille analogue que notre collection possède, on voit évidemment par les proportions de longueur et de grosseur que c'est indubitablement un métacarpien de Felis de la taille d'une Panthère assez petite.

Sables marins de l'Hérault.

Je dois aussi faire observer ici que MM. Marcel de Serres, Dubreuil et Jean-Jean, parlent, p. 93 de leur ouvrage sur les ossements fossiles de la caverne de Lunel-Viel, d'un maxillaire de Serval trouvé dans les sables marins tertiaires du département de l'Hérault, terrain fort analogue à celui de la dent molaire de *F. Pardus* du crag d'Angleterre, et qui pourrait faire soupçonner la position géologique réelle de celle-ci.

Terrain d'eau douce de Sansans.

Le célèbre dépôt de Sansans que les géologues sont assez d'accord pour ranger dans la catégorie des terrains tertiaires moyens nous a fourni, grâces aux recherches persévérantes de M. Lartet, un assez bon nombre de fragments qu'il est impossible de ne pas rapporter aux Felis.

F. Quadridentata.

Nous parlerons d'abord d'un crâne presque entier, avec la mâchoire supérieure portant encore quelques dents molaires fort usées, et qui était entièrement saisi par une marne calcaire blanche dont il a fallu le dégager. Établi.

Ce beau morceau, ainsi, qu'un second un peu plus petit et bien moins complet, réduit à la partie vertébrale, indique un animal dont la tête était en général courte, assez petite, resserrée dans la partie vertébrale, et très-large, mais encore plus courte dans la partie faciale ou maxillaire. Décrit.

Le crâne proprement dit, est remarquable par la saillie des condyles occipitaux qui sont comme pédonculés, par l'étroitesse des basilaires qui sont presque cachés par le grand renflement des caisses très-avancées; par l'élévation de la crête sagittale et surtout de l'occipitale qui se porte fortement en arrière, en se rétrécissant un peu comme dans le Tigre. dans le Crâne.

La partie maxillaire est peut-être encore plus distincte, non-seulement par sa brièveté, mais encore par la grande largeur du palais, commençant postérieurement par un canal interptérygoïdien se rétrécissant un peu en arrière et limité en avant par un bord palatin droit, à peine échancré dans le milieu et ne dépassant pas le terme des lignes dentaires. L'arcade zygomatique participe à cette grande largeur et à cette brièveté de la face; aussi est-elle comme coudée à angle droit à sa racine, fort arquée en dehors et profondément empreinte dans la moitié de sa largeur d'une sorte d'excavation pour l'insertion du masseter. L'orbite est cependant assez petit, presque rond, limité supérieurement par une apophyse orbito-frontale considérable et séparé de celui du côté opposé par un espace assez légèrement bombé, avec une gouttière médiane peu prononcée. Les trous incisifs sont à peu près ronds ou mieux ovales peu allongés; les sous-orbitaires sont également à peu près ronds, mais remarquablement grands, plus que dans une Panthère de même taille et

dans la partie maxillaire. Bord palatin. Orbite. Trous sous-orbitaires.

surtout que dans les Guépards, où ils sont, au contraire, singulièrement petits.

dans le Système dentaire. Canine. Du système dentaire le morceau tronqué en avant, ne montre qu'une alvéole entièrement remplie par la marne; alvéole évidemment à son état normal et dont la forme indique que la dent était certainement comprimée, puisque son diamètre transverse est au longitudinal comme 0,008 est à 0,019.

Molaires. Première. Les dents molaires étaient sans doute au nombre de quatre en haut; mais la première était excessivement petite, sa racine ronde et immédiatement collée contre la canine. La barre était cependant fort courte; Seconde. la seconde molaire qui existe cependant en nature, avait sa couronne de 0,011, très-comprimée, fort tranchante et comme quadrilobée un peu comme dans le Guépard, mais avec la pointe médiane moins forte, Troisième. moins prononcée que chez celui-ci; la troisième ou carnassière était proportionnellement fort grande, puisqu'elle a au moins 0,025 1/2, quoique fort usée en dedans, ce qui empêche de déterminer au Quatrième. juste la forme de son bord; enfin, la quatrième ou tuberculeuse est encore assez développée, puisqu'elle a 0,009 de large en travers; mais ce qui la rapproche encore de ce que son analogue est dans le Guépard, c'est qu'elle est parfaitement visible en dehors de la ligne dentaire.

Conclusions. Ainsi, dans ce Felis fossile, la forme générale du crâne dans sa partie vertébrale semble avoir plus de ressemblance avec une petite Panthère, la partie faciale avec le Lynx et le système dentaire avec le Guépard. C'était donc encore une belle espèce intermédiaire.

Parmi les fossiles de ce même dépôt de Sansans, nous trouvons encore deux pièces fort intéressantes et toutes deux fragments de mandibule portant une partie des dents molaires.

Je parlerai d'abord de la plus grande et de la plus complète, sous le rapport du système dentaire, parce qu'il se pourrait qu'elle ait appartenu à la même espèce animale que les deux crânes que nous venons de décrire.

Le fragment de mandibule ne consistant que dans le bord alvéolaire, et par conséquent n'offrant rien de significatif, je passe de suite à la description du système dentaire. Ce qui frappe d'abord, comme l'avait très-bien remarqué M. Lartet, c'est qu'au milieu, à peu près, sans doute, de la barre assez étendue qui sépare la canine de la première molaire, se trouve une alvéole petite, ronde, qui indique une première avant-molaire que nous n'avons encore observée dans aucune des espèces de Felis connues jusqu'ici. Après un intervalle encore assez marqué, viennent les trois molaires caractéristiques des Felis; la première m'a semblé avoir un certain rapport de forme avec son analogue chez le *F. Lynx*, en ce que son second denticule postérieur est une sorte de talon marginal; elle a près de 0,011. La suivante, la seconde chez les autres Felis, est remarquable parce qu'elle est assez épaisse, ce qui lui donne quelque chose de son analogue dans les Canis; elle est cependant assez bien comme dans le Guépard; sa longueur est de 0,014. Enfin la dernière, malheureusement brisée dans le bord postérieur de la couronne que porte la seconde racine, présente tout à fait la forme et les proportions de son analogue dans le Guépard. Fortement imbriquée latéralement par la précédente, elle devait avoir 0,016, nombres et proportions qui sont assez bien comme dans le Guépard : or, comme le système dentaire du crâne étudié plus haut nous a également offert plus de rapprochement avec celui du *F. Jubata* qu'avec tout autre, ne peut-on pas en induire comme ayant quelque probabilité que ce fragment de mandibule a appartenu à la même espèce animale que le crâne, et par conséquent, que ce Chat était une grande espèce de Guépard ayant quatre molaires en haut comme en bas, et passant ainsi encore davantage que celui-ci vers les Canis. C'est pour indiquer la particularité la plus remarquable de cette mandibule que j'ai donné à l'espèce à laquelle je l'attribue le nom de *F. Quadridentata*.

Dans la Mandibule. — Système dentaire. — Molaires. Première. — Seconde. — Troisième. — Conclusions. — D'où son nom de *F. Quadridentata*.

F. Palmidens.

F. megantercon? Lartet, catalogue manuscrit.

Du dépôt de Sansans, par M. Lartet.

Je proposerai de désigner sous ce nom, au moins provisoirement, l'espèce de Felis à laquelle a appartenu un os fossile que nous devons encore à M. Lartet qui l'a recueilli dans le dépôt de Sansans, et qu'une certaine ressemblance dans la forme du menton l'avait porté à rapprocher du *F. megantereon* d'Auvergne, véritablement avec assez de raison, et qu'un certain rapport dans la forme des dents m'avait fait comparer à un Phoque.

Établi sur un fragment de Mandibule.

Décrit.

Le fragment sur lequel repose le soupçon de cette espèce ne consiste que dans une extrémité antérieure de mandibule droite montrant les alvéoles des incisives, celle de la canine, et après une barre assez longue et presque tranchante, les deux premières molaires des Felis ordinaires encore en place. Ce que ce fragment de mandibule offre de plus remarquable en lui-même, c'est que comprimé et même excavé assez profondément sur les côtés, d'une manière déclive, du bord inférieur au bord supérieur tranchant, il se recourbe, se dilate en dehors vers sa terminaison, de manière à former une surface mentonnière verticale, large, fort haute, et sub-canaliculée, un peu comme dans le *F. megantereon.* Mais une différence principale consiste en ce que le bord supérieur, au lieu de se relever fortement au-dessus du bord alvéolaire postérieur, comme dans ce dernier, reste au même niveau, en sorte que le collet de toutes les dents est sur une même ligne.

Ses Dents Incisives.

Quant au système dentaire, il offre peut-être encore plus de différences. D'abord, quelque soin que j'aie mis à cet examen, je n'ai pu trouver que deux alvéoles très-étroites, très-serrées de chaque côté pour les incisives, nombre qui ne se retrouve parmi les Carnassiers que chez les Phoques et la Loutre du Kamschatka. Toutefois, je me hâte d'ajouter qu'au-dessous de ces deux alvéoles, correspondant exactement à l'axe de la première, j'ai pu creuser un trou que l'on pourrait prendre pour une troisième alvéole. D'après son alvéole, on peut aussi assurer que la canine était assez petite. La forme et l'étendue de la barre mince et tranchante font supposer que la canine supérieure était un peu en couteau comme dans le *F. megantereon*; mais les deux molaires en place

Canine.

Molaires.

diffèrent beaucoup de leur analogue dans cet animal; en effet, elles sont d'abord singulièrement minces et comprimées, et de plus elles sont réellement comme palmées, tant les lobes latéraux ont pris de développement de chaque côté du lobe médian ou principal. C'est encore une disposition qui se remarque dans certaines espèces de Phoques, beaucoup plus du moins que dans les Felis; mais j'aime mieux croire que c'était quelque Felis, mangeur de poissons, comme les Loutres parmi les Martres et les Viverras.

Le rapprochement présumé entre le *F. megantereon* et le *F. palmidens*, m'a porté à rapporter à celui-ci une dent canine provenant des mêmes lieux, et qui arquée et pointue est assez aplatie, subtriquètre, fort tranchante au bord postérieur; mais sans traces de canelures; elle a 0,09 de largeur à la base sur une longueur présumée de 0,013. Toutefois, je dois également rappeler que dans le crâne décrit plus haut, nous avons fait observer que l'alvéole de la canine indiquait par sa forme une canine comprimée, en sorte que l'on pourrait très-bien rapporter la canine dont il est question ici, et par suite le fragment de mandibule à dents palmées à ce crâne, que nous avons associé à la mandibule à quatre molaires. Canine isolée décrite.

Nous possédons encore de ce riche dépôt de Sansans :

Deux dents molaires, dont l'une carnassière supérieure du côté droit prise dans un morceau de marne calcaire, après avoir été détachée de la mâchoire, et l'autre carnassière inférieure du même côté également un peu incomplète, m'ont paru entièrement semblables à leurs correspondantes chez une Panthère d'assez forte taille. La première n'a pu être mesurée à cause de ce qui lui manque, et la seconde a donné 0,018. Dents Molaires de Panthère.

Nous avons encore un certain nombre d'ossements véritables qui ont dû appartenir à l'une ou l'autre de ces espèces de Felis que nous venons de désigner sous des noms particuliers d'après le système dentaire; mais il serait peut-être trop hardi de les répartir autour de chacune d'elles. Nous signalerons parmi eux : Ossements du même dépôt.

Quatre extrémités supérieures de radius, trois du côté gauche et un

Extrémités supérieures de Radius. du côté droit, qui rappellent fort bien ce qu'elles sont dans une Panthère, quoique avec quelques nuances différentielles de plus ou de moins de gracilité, qui peuvent très-bien être sexuelles.

Id. de Cubitus. Une partie supérieure de cubitus tronquée à l'olécrâne et qui m'a offert presque rigoureusement la forme et la grandeur de son analogue dans une Panthère de taille assez grande.

Id. de Fémur. Une partie articulaire inférieure de fémur, un tant soit peu moins large que dans l'individu de Panthère avec lequel j'établis la comparaison.

Astragale. Un astragale incomplet du côté droit indiquant, par l'obliquité de sa poulie et la forme de ses facettes, un animal carnassier du genre Felis de la taille de notre petite Panthère.

Autre. Un autre astragale du même côté, complet, offrant aussi tous les caractères d'un astragale de Felis, mais de quelques millimètres plus petit que le précédent, et indiquant un animal un peu plus grand qu'un Lynx, et pouvant aussi avoir appartenu à notre *F. palmidens*.

Calcanéum. Un calcanéum du côté droit, s'ajustant assez bien avec l'astragale incomplet dont il vient d'être parlé, et cependant, évidemment de plus grande taille et indiquant un animal plus grand que notre Panthère ordinaire, mais bien plus petit que notre Lion; différent d'ailleurs de celui de la Panthère par une excavation marquée au bord externe.

Os métacarpiens. Parmi les os métacarpiens, j'ai remarqué deux têtes supérieures, l'une du second doigt, l'autre du quatrième qui m'ont paru devoir être rapportées à un Felis un peu plus fort que notre Panthère commune, et une tête digitale d'un métarcarpien médian un peu plus petit.

Phalanges. Parmi les phalanges, j'en trouve une première d'un second doigt du côté droit, et une seconde du troisième doigt, proportionnellement un peu plus courtes et plus robustes, moins grandes que dans une petite Panthère; et de plus, une autre bien plus courte du doigt, sans doute du pied gauche, et qui rappelle son analogue dans le Jaguar.

Je dois, en outre, signaler des têtes de métacarpien et de première phalange du cinquième doigt d'un Felis de la taille du Lynx, ce qui montre que, dans le dépôt de Sansans, il existe des ossements d'au moins quatre espèces : Conclusions.

Une de la taille d'une Panthère.

Une seconde de celle d'une très-grande espèce de Guépard, *F. quadridentata.*

Une troisième de cette même taille à peu près : *F. palmidens*, voisine du *F. Megantereon.*

Une quatrième de la grandeur d'un Lynx ordinaire.

Des sables tertiaires d'Eppelsheim. d'Eppelsheim.

Nous avons énuméré plus haut, d'après les observations de M. Kaup, cinq espèces : Cinq Espèces.

1° De la taille d'un grand Lion ou d'un grand Tigre, et comparable au *F. spelæa* des terrains diluviens et peut-être d'alluvion (*F. Aphanista*). *F. Aphanista.*

2° De la grandeur d'un Lion d'après une seule dent carnassière supérieure (*F. prisca*). *F. prisca.*

3° D'une taille probablement aussi grande, d'après une seule canine (*Machairodus*), *F. cultridens.* *F. cultridens.*

4° De celle d'un grand Lynx, d'après un fragment de mandibule portant quelques dents, et un os de métacarpe (*F. Ogygea*). *F. Ogygea.*

5° De la grandeur d'un petit Lynx ou d'un Serval, sans un fragment de mandibule portant deux dents incomplètes (*F. antediluviana*). *F. antediluviana.*

Du crag en Angleterre.

Une seule espèce, d'après une seule dent molaire carnassière tout à fait semblable à son analogue dans une Panthère, et par conséquent indiquant un individu de la taille de cet animal. d'Angleterre. *F. Pardus.*

Des Sous-Himalayas. de l'Inde.

Nous avons déjà fait mention plus haut, p. 115, d'un crâne de grand Felis trouvé dans le dépôt tertiaire des monts Sous-Himalayas, et dont MM. Falconer et Cauteley ont fait leur *F. cristata.* Pour nous, il ne diffère pas du Tigre; mais nous devons y joindre l'indication d'une autre espèce signalée par MM. H. Baker et Durand (*Journ. of the Asiat.* *F. Tigris.*

society of Bengal. Vol. V, p. 379, Pl. XXVII, fig. 2 et 3, année 1836, et qu'ils comparent au Chat sauvage.

DILUVIUM d'Auvergne.

Du diluvium volcanique d'Auvergne.

Nous avons déjà vu qu'on avait recueilli, dans ce grand dépôt diluvien qui borde la rive gauche de l'Allier et de ses affluents, un si grand nombre d'ossements attribués au genre Felis, que les paléontologistes qui se sont empressés de les étudier, MM. l'abbé Croizet et Jobert, ont proposé d'y reconnaître les traces de six espèces (1):

F. antiqua. 1° De la taille d'une grande Panthère d'après un petit nombre de pièces peu caractéristiques et qu'ils rapportent au *Felis antiqua* des cavernes.

F. Pardus. 2° De la grandeur du Jaguar, *F. Onça*, d'après quelques fragments dont un caractéristique consistant en un côté de mandibule presque entier et garni de toutes ses dents, ce qui montre qu'il doit être encore rapporté au *F. antiqua*, c'est-à-dire à une grande Panthère.

F. Megantereon. 3° Peut-être un peu plus petite que la précédente; mais en différant beaucoup par la forme des canines supérieures et celle de la mandibule, indiquant un animal de la taille d'une petite Panthère (*F. Megantereon*).

F. Pardinensis. 4° De la grandeur du Cougouar, *F. concolor*, surtout d'après une demi-mandibule armée de ses dents molaires, qui me semble encore être une petite Panthère (*F. Pardinensis*).

(1) MM. Devèze de Chabriol et Bouillet, dans leur *Essai géologique sur la montagne de Boulade*, p. 49, 1827, avaient déjà admis dans le G. Felis :

1° Un Chat très-élevé, n'ayant pas d'analogue pour la taille;

2° Un Chat de la grandeur du Lion;

3° Le Lynx (*F. Lynx*);

4° Un Chat de la grandeur du Jaguar (*F. Onça*);

Formant, ajoutent-ils, des espèces évidemment nouvelles, mais sans aucune raison à l'appui de cette présomption, qui leur avait été sans doute suggérée.

Depuis lors M. Bravard annonce dans le catalogue manuscrit de sa collection, qu'il en propose trois nouvelles, qu'il désigne par les noms de *F. elata*, *F. leptorhyncha* et de *F. Juvillaca*; la première d'après quelques os longs, les deux autres d'après des fragments de mandibule.

5° De la taille d'un Lynx d'après un assez grand nombre de fragments, dont plusieurs sont assez caractéristiques pour montrer que ce n'était sans doute qu'un Lynx véritable (*F. Issiodorensis*). *F. Issiodorensis.*

6° Une sixième espèce de la grandeur d'un petit Lynx d'après un assez petit nombre de pièces, dont une seule caractéristique (*F. brevirostris*). *F. brevirostris.*

7° Enfin, nous croyons devoir admettre une septième espèce que nous rapportons au Chat d'Europe, à en juger du moins d'après un fémur entier, et la moitié d'un autre qui a offert la taille et les proportions de celui d'un *F. Catus* de petite taille. *F. Catus.*

Du diluvium du Val-d'Arno. d'Italie.

D'après les dents et les ossements que nous avons nous-mêmes observés, soit à Florence et dans le Muséum du grand-duc, soit à Monte-Varchi, dans la collection de l'Académie du Val-d'Arno, nous avons pu y reconnaître les indices de quatre espèces:

1° D'une première de la taille d'un Lion ou d'un Tigre, d'après un os métarcarpien du Muséum de Florence, et une dent carnassière inférieure implantée de la collection du Val-d'Arno, probablement du *F. spelæa*. *F. spelæa.*

2° D'une seconde de la grandeur d'un Lion de petite taille ou au moins d'une très-grande Panthère, d'après une partie assez considérable de tête et quelques autres fragments (*F. antiqua?*) ou mieux *F. Megantereon*. *F. Megantereon.*

3° D'une troisième qui portait à la mâchoire supérieure des canines cultriformes (*F. cultridens*), et dont on n'a encore trouvé qu'une seule dent parfaitement libre. A ce sujet, je dois dire que dans le Muséum du Val-d'Arno, formé par l'Académie de ce nom à Monte-Varchi, j'ai observé deux dents canines véritablement d'Ours, désignant une espèce de la taille de celui d'Amérique, et par conséquent provenant évidemment de l'*Ursus Etruscus*, dont une tête presque entière existe dans le Muséum du grand-duc à Florence. *F. cultridens.*

Peut-être faut-il rapporter à cette espèce, ou bien au *F. Megantereon* d'Auvergne, une extrémité antérieure de mandibule gauche que j'ai D'après un nouveau fragment.

observée et dessinée sur toutes ses faces dans la collection paléontologique du Muséum de Florence; ce morceau, qui est d'un bleu glacé de blanc, offre, en effet, de chaque côté, une excavation ou dépression considérable, séparée par une crête tranchante d'une face mentonnière, large et plate; il porte au delà d'une barre tranchante une canine courte, mais robuste, à coupe triquètre, carénée en arrière, très-portée en avant et en haut, fortement implantée dans le bord alvéolaire occupé dans le reste par les racines de trois fortes incisives.

F. Lynx.

4° D'une quatrième évidemment beaucoup plus petite, à en juger d'après une tête supérieure de radius et même une phalangine du Muséum de Florence, avec une partie inférieure d'humérus que j'ai vue dans la collection de l'Académie du Val-d'Arno à Monte-Varchi, et que je rapporterai volontiers au *F. Lynx*.

Diluvium des cavernes.

Du diluvium des cavernes.

d'Allemagne.

a) En Allemagne.

F. spelæa. F. antiqua. F. Catus.

Jusqu'ici les paléontologistes n'ont encore fait mention que de trois espèces : l'une établie sur un assez grand nombre d'ossements indiquant un Tigre de très-grande taille, *F. spelæa*; l'autre sur plusieurs dents de la grandeur d'une Panthère, et seulement sur quelques dents de *F. antiqua*; et une troisième, si je ne me trompe, sur quelques fragments de *F. Catus*.

d'Angleterre.

b) En Angleterre.

F. spelæa.

Le nombre des fragments fossiles, attribués à des Felis, trouvés dans des cavernes d'Angleterre, à Preston, à Kirkdale, à Kent (1), est extrêmement peu considérable, puisqu'il se réduit à une moitié de mâchoire supérieure et quatre ou cinq dents, dont la plupart ont été rapportées à une grande espèce (*F. spelæa*); et, de plus, une dent falciforme, et

(1) M. Marcel de Serres, dans son ouvrage sur les cavernes, et M. R. Owen, dans son *Rapport sur les Mammifères fossiles de la Grande-Bretagne*, citent celles de Hutton et de Mendip-Hill comme ayant présenté des os de Tigre ou de grand Felis; fait dont ne parle pas M. Buckland, et qui probablement repose sur un passage de M. de la Bèche (Manuel, p. 237, traduction française), admettant dans la caverne de Bandwell (Mendip-Hill) des amas considérables de débris d'Ursus, de Felis, de Cervus, de Bos, dont personne autre depuis n'a parlé.

peut-être une incisive au *F. cultridens*, ainsi qu'une demi-mandibule au *F. Catus*. *F. cultridens.*

c) En Belgique.

Les cavernes de Belgique, aux environs de Liége, ont, au contraire, offert un assez grand nombre de dents et d'os, que Schmerling a répartis d'une manière plus ou moins arbitraire entre six ou sept espèces de Felis : de Belgique. par M. Schmerling.

1° La plus grande, surpassant les Lions et les Tigres, tels que nous les connaissons dans nos ménageries, et cela d'après une tête entière et des fragments de presque toutes les parties du squelette. (*F. spelæa*). *F. spelæa.*

2° Une seconde, plus petite, et égalant le Lion, d'après quelques ossements presque entiers, et entre autres un avant-bras, un bassin, etc. *F. Leo.*

3° Une troisième, de la taille d'une Panthère, d'après un grand morceau de mandibule et deux ou trois dents carnassières, ainsi qu'un petit nombre d'os des extrémités, dont un radius parfaitement conservé. (*F. antiqua*). *F. antiqua.*

4° Une quatrième, égalant en grandeur le Lynx actuel, d'après un petit fragment de mâchoire contenant une carnassière (*F. prisca*). *F. prisca.*

5° Une cinquième, qui ne repose également que sur un petit fragment de mandibule portant une carnassière; de plus, sur une canine isolée et un fragment d'humérus indiquant un animal de la taille d'un petit Lynx (*F. Engiholiensis*). *F. Engiholiensis.*

6° Une sixième, encore plus petite, établie sur un bien plus grand nombre de fragments; une variété plus grande sur un côté de mandibule (*F. Catus magna*), et une autre plus petite sur des têtes entières et des portions de têtes, des mandibules, des os longs (*F. Catus minuta*). *F. Catus magna.* *minuta.*

d) En France.

Dans la caverne de Lunel-Viel, dans celle de Mialet (*Cavernes*, p. 147), MM. Marcel de Serres, Dubreuil et Jean-Jean, annoncent des ossements de cinq espèces : *F. Pardus*, *spelæa*, *prisca*, *Catus ferus* et *Serval*. de France méridionale. Par M. Marcel de Serres.

1° La première, de la plus grande taille, d'après un côté presque *F. spelæa.*

entier de mâchoire supérieure, une série assez nombreuse de vertèbres, d'os longs et de métacarpiens, de phalanges, provenant sans doute d'un seul et même individu (*F. spelæa*).

F. Leo. 2° Une seconde espèce, d'après un petit nombre de pièces, dont plusieurs de jeune âge, indiquant un animal de la grandeur et de l'espèce du Lion ordinaire (*F. Leo*) (1).

F. Leopardus. 3° Une troisième, d'après des fragments assez caractéristiques de mandibules armées de leurs dents, et quelques autres os de la taille et de l'espèce de la Panthère commune (*F. Leopardus*) (2).

F. Serval. 4° Une quatrième, notablement plus petite que les précédentes, et d'après un assez bon nombre de pièces, et surtout des fragments de mandibule rapportés au Serval (*F. Serval*) (3).

F. Catus ferus. 5° Une cinquième et dernière, reposant aussi sur plusieurs pièces caractéristiques, des dents et des mandibules reconnues comme ayant appartenu au Chat sauvage (*F. Catus ferus*).

de France orientale. *F. Catus.* Dans la caverne d'Echenotz, auprès de Vesoul (4), on a recueilli seulement un côté droit de mandibule de cette même espèce, mais d'assez petite taille, et sans doute femelle.

Des Brèches de Nice. *Des brèches hors des cavernes.*

Dans celles de Nice :

F. spelæa. Une grande espèce, d'après une première et une seconde avant-molaires supérieures, rapportées au *F. spelæa*.

Une moyenne, d'après une dent molaire supérieure (*F. antiqua*) (5).

(1) On en cite aussi dans la caverne de Fouvent et dans celle de Contard, commune de Plombières-lès-Dijon : on parle d'os de Felis de grande dimension.

(2) M. Marcel de Serres parle aussi de fragments de *F. Pardus* dans la caverne de Meyrac.

(3) M. Marcel de Serres en cite aussi de la caverne de Bize, dans son ouvrage sur les cavernes.

(4) M. Marcel de Serres dit que l'on a trouvé deux espèces de Chats dans cette caverne; c'est-à-dire d'une grande espèce, outre le *F. spelæa*.

(5) M. Fréd. Moll, page 33, dit que l'on a trouvé des ossements du *F. Catus* dans la plupart des brèches sur les bords de la Méditerranée; mais j'ignore où il a puisé les éléments de cette assertion.

De l'alluvium.

De l'ALLUVIUM.

Nous ne connaissons encore, dans cette nature de terrain, que les deux dents canines trouvées, l'une, dans le sol d'alluvion de la Seine, à Paris, l'autre, dans celui de la Somme, à Abbeville, et rapportées l'une et l'autre au *F. spelæa.*

De la Seine, à Paris. De la Somme. *F. spelæa.*

La première, celle trouvée à Paris en creusant un puits, est cependant bien plus grande et bien plus épaisse que la seconde, dans le rapport de 0,136 à 0,120.

M. Duval, pharmacien de Paris, a bien voulu nous communiquer une moitié inférieure de canine supérieure du côté gauche, trouvée à la barrière de Fontainebleau avec des restes de Blaireau, de Sanglier, et qu'il est impossible de ne pas rapporter à un Lion. Sa racine, la seule partie complète, n'a que 0,067, et le grand diamètre, à la terminaison de l'émail, est de 0,23; absolument comme dans notre plus grand squelette de Lion, bien moins que dans celle de Paris, citée plus haut, qui a 0,032 au même endroit.

Il faut sans doute mettre dans la même catégorie les os de Tigre recueillis dans le dépôt de Pons, département de la Charente-Inférieure, et dont parle M. Boué dans son *Résumé des travaux de géologie* pour l'année 1833, p. 34. M. Fleuriau de Bellevue, membre correspondant de l'Institut, m'a, en effet, assuré que ce dépôt contenait une tête entière de Lion.

Dépôt de Pons.

Je trouve aussi noté par Holleman, dans son excellent *Mémoire sur le Rhinocéros fossile*, publié en 1753 (Mémoires de la société royale de Gœttingue, vol. II, p. 261), que, dans le célèbre dépôt de Herbergen, en Hanovre, on a trouvé une dent canine de Lion.

En Allemagne. Dépôt de Herbergen.

M. G. Cuvier cite aussi (*Ossements fossiles,* III, p. 43) des ossements de Tigre dans le dépôt de Politz, un peu au-dessus de Gera, sur l'Ester, et je présume qu'il est question dans ce passage de deux fragments de mandibule avec des canines un peu altérées, dont parle M. de Schlotheim dans son catalogue, et qu'il rapporte au *F. spelæa.*

de Politz. *F. spelæa.*

Il en est sans doute de même des deux autres fragments de mandi-

de Köstritz.

bule trouvés dans le dépôt gypseux de Köstritz, en Saxe, cités dans le même catalogue.

En Amérique. *F. Onça.* Je termine enfin, en faisant mention d'une assez grande partie de fémur rapportée du Texas par M. Le Clerc, et qui ne peut évidemment provenir que d'un Jaguar de taille médiocre. Cet os a sans doute été recueilli dans quelque terrain d'alluvion peu ancien, cependant avec des ossements de Megalonyx et de Cheval.

RÉSUMÉ.

1° *Sous le rapport odontographique.*

En général. En particulier. Adulte. Les Felis forment un groupe distinct et tranché, aussi bien sous le rapport de la forme des trois sortes de dents, que sous celui du nombre d'une de ces sortes, la postérieure.

Incisives. Les *incisives* $\frac{3}{3}$, petites, serrées, transverses, terminales, bien rangées.

Canines. Les *canines*, sub-coniques, plus ou moins comprimées ou cannelées, et même sub-carénées.

Molaires. Les *molaires* $\frac{4}{3}$ dont $\frac{1}{0}+\frac{1}{1}+\frac{2}{2}$; nombre et combinaison qui sont absolument propres à ce genre, et qui produisent par leur forme :

Le maximum de carnivorité, par le développement poussé à l'extrême de la disposition tranchante des dents opposées ;

Le minimum d'omnivorité, par le plus grand degré d'absence de dents tuberculeuses et de tubercules de la couronne des autres.

Avant-Molaires. La partie avant-molaire la plus petite possible, à moins que d'être tout à fait nulle ; ce qui a lieu quelquefois dans les Lynx, par exemple.

Principales. Les principales se ressemblant presque complétement aux deux mâchoires.

Arrière-Molaires. Les arrière-molaires, au contraire, tout à fait différentes entre elles, et cela aux deux mâchoires ; la dernière supérieure extrêmement petite, transverse et inutile, la dernière inférieure a deux lobes tranchants sans talon.

Ce système ne varie jamais, si ce n'est peut-être de nombre, et uniquement pour la seule avant-molaire d'en haut, et cela dans un petit nombre d'espèces; mais jamais pour la forme générale de chacune des dents qui le constituent, et seulement un peu pour la proportion entre elles. Ses variations.

Celles qui varient le plus sont l'avant-molaire, qui peut avoir une deux et même trois racines, et surtout la seconde arrière-molaire d'en haut, et ces variations sont assez fixes pour devenir spécifiques.

Par la disposition de rapports ou d'agencement des dents des deux mâchoires, et surtout des arrière-molaires devenues carnassières, l'usure a lieu par la face interne, pour les supérieures, et par l'externe, pour les inférieures.

Le système dentaire de lait ou de jeune âge est tout aussi particulier que celui d'adulte : Système dentaire de lait.

Les incisives $\frac{3}{3}$ sont toujours transverses. Incisives.

Les canines, en crochet, ne sont jamais cannelées. Canines.

Les molaires ne sont qu'au nombre de $\frac{3}{2}$ dont $\frac{1}{0}+\frac{1}{1}+\frac{1}{1}$, c'est-à-dire en haut, une avant-molaire fort petite, une principale considérable, carnassière et presque semblable à la première arrière-molaire d'adulte, une arrière-molaire tuberculeuse, mais un peu plus forte que celle d'adulte. Molaires.

En bas, point d'avant-molaire, une principale et une seule arrière-molaire, l'une et l'autre presque semblables à leur analogue d'adulte, le talon de celle-ci seulement un peu plus prononcé.

Du reste, le mode de remplacement normal.

Quant aux anomalies ou monstruosités, il paraît qu'elles sont fort rares, et nous n'avons jusque aujourd'hui à signaler qu'une paire d'incisives de moins à la mâchoire supérieure, dans un Ocelot; l'absence de la première avant-molaire d'en haut, ou plus rarement sa doublure par la conservation de celle de lait, dans une Panthère de Java; l'existence d'une Anomalies.

troisième arrière-molaire, petite et ronde, toute semblable à celle des Canis, sur la mandibule, dans un Lynx du Canada.

2° *Sous le rapport ostéologique.*

Nature des Os. Les os des Felis sont en général denses, éburnés et fort blancs.

Leurs articulations. Leurs articulations sont anguleuses, pénétrantes, serrées, et leurs apophyses ou crêtes accentuées; ce qui les rend anguleux.

Leur nombre. Leur nombre est toujours le même, si ce n'est à la queue, où les vertèbres varient de 18-25; différence qui ne porte que sur la partie terminale.

A la Tête. La tête, en général, est assez particulière par la forme peu allongée, large, arrondie et renflée du crâne; par la largeur et la brièveté de la face, ce qui est déterminé par un grand raccourcissement des mâchoires, dont l'inférieure, fort étroite, entre dans la supérieure, et commence par une caisse renflée et bulleuse.

A la Colonne vertébrale. La série vertébrale, indiquant à la fois la souplesse et la solidité, l'une, par l'étroitesse du corps des vertèbres, l'autre, par la saillie des apophyses articulaires, n'offre de propre à ce genre que la saillie des condyles et la dilatation arrondie des ailes de l'atlas; la longueur des vertèbres lombaires et la forte saillie de leurs apophyses.

Sternum. La série sternale offre aussi le même caractère d'étroitesse dans les pièces qui la constituent.

Côtes. Les côtes sont dans le même cas et deviennent caractéristiques de ce genre par leur gracilité et leur grande compression d'avant en arrière à leur partie supérieure.

Hyoïde. Mais ce que les Felis offrent peut-être de plus singulier, c'est la dissemblance que l'hyoïde offre dans les grandes espèces (Lion, Tigre et Panthère), chez lesquelles seules la pièce intermédiaire de la grande corne manque tout à fait, ou comme dans la dernière commence par un rudiment.

Dans les membres considérés en général, les squelettes des Felis montrent un caractère de souplesse qui leur est propre. Membres antérieurs.

Aux antérieurs,

L'omoplate est assez bien caractérisée par la presque égalité des deux fosses externes et par l'existence d'une apophyse coracoïde rudimentaire. Omoplate.

La clavicule, quoique non articulée avec le manubrium et l'omoplate, est toujours bien osseuse et bien dessinée. Clavicule.

L'humérus, généralement assez long, peu arqué, très-comprimé supérieurement, fort peu large inférieurement, est constamment percé au condyle interne et jamais dans la fosse coronoïde, à l'exception unique jusqu'ici du Pajeros. Humérus.

Le radius se distingue par son aplatissement et sa largeur sub-égale aux deux extrémités. Radius.

Le cubitus par sa forme droite et décroissant assez rapidement de l'olécrâne assez comprimé et bicorné à l'apophyse odontoïde fort large. Cubitus.

Le carpe par la grande saillie de l'apophyse inférieure du scaphoïde. Scaphoïde.

Le métacarpe par la forme singulière et presque anomale du métacarpien du pouce. Métacarpien du Pouce.

Les secondes phalanges par leur défaut de symétrie qui les rend comme tordues, et excavées à leur côté externe. Phalangines.

Les troisièmes qui ont donné lieu au proverbe *ex ungue leonem*, par leur forme très-comprimée, très-élevée, presque entièrement cachée dans une sorte d'étui ou de fourreau basilaire complet et muni inférieurement d'une espèce de talon élargi. Phalanges onguéales.

Aux membres postérieurs, on peut assez bien regarder comme caractéristiques: Membres postérieurs.

L'étroitesse, en général, de l'os des hanches et l'étendue de la symphyse pubienne. Os des Hanches.

La longueur et la compression, surtout supérieurement, du fémur, et la hauteur de l'extrémité articulaire tibiale. Fémur.

La longueur et la forme triquètre prononcée du tibia. Tibia.

Péroné.

La minceur, la compression du péroné dans son corps, et la dilatation de ses deux têtes.

Astragale. Calcanéum.

Au tarse le prolongement dans un plan un peu oblique de la tête de l'astragale, la compression et l'étroitesse du calcanéum; la petitesse et la forme du premier cunéiforme, ainsi que celle du cuboïde fortement échancré à son bord externe.

Métatarsien du Pouce.

Au métatarse l'existence rudimentaire de l'os métatarsien du gros orteil; et l'allongement avec arqûre dans un sens, rectilinéité dans d'autres de celui des quatre seuls doigts existants.

Enfin aux phalanges les mêmes caractères qu'à celles de devant, sauf un peu plus de gracilité.

Rotule.

Dans les os sésamoïdes, on peut donner comme assez caractéristique la forme quasi-symétrique de la rotule et le développement assez grand des sous-phalangiens.

Os pénien.

Pour l'os pénien, qui paraît manquer complétement dans quelques espèces, on peut donner comme caractères, d'être entièrement contenu dans le gland, fort petit et en général triangulaire, la base en arrière et le sommet plus ou moins aigu en avant.

3° *Sous le rapport zooclassique.*

Genre naturel.

Les Felis constituent peut-être le genre le plus naturel qui existe dans la classe des Mammifères, parce qu'en même temps il renferme un assez bon nombre d'espèces de toute taille.

terme.

C'est un genre terme parmi les M. monodelphes onguiculés comme le Cheval et les Cérophores dans la section des ongulés impari ou paridigités.

d'où : caractérisé par la grandeur et les proportions.

D'où il est aisé de conclure :

1° Qu'il peut être caractérisé par des particularités tirées de tous les points de l'organisation sans autres différences que dans la taille et dans les proportions de quelques parties.

2° Qu'il est extrêmement difficile d'y trouver des indices de dégradation autre que celle de grandeur.

sans dégradation évidente.

3° D'où résulte une difficulté de même sorte pour donner aux espèces un ordre rationnel et déterminé.

En faisant cependant l'observation que ce qui caractérise essentiellement ce genre, c'est le système dentaire et le système digital, on voit que c'est dans l'un et dans l'autre que doivent se trouver les indices de dégradation. Pour le système digital dans le degré de modification des deux dernières phalanges et pour le système dentaire dans le plus ou le moins de la partie antérieure de la série molaire, la seule qui puisse offrir des modifications manifestes.

Série établie sur le système dentaire et le système digital.

Ainsi se trouve appuyée la disposition sériale des espèces à commencer par le *F. planiceps*, le plus viverroïde par la forme de la tête et de la dent avant-molaire, jusqu'au *F. Jubata*, le plus caninoïde par la non-rétractilité des ongles.

Du reste, aucune espèce de ce genre n'est anomale pour quelque particularité de séjour que ce soit.

Sans anomalie.

4° *Sous le rapport de distribution géographique.*

On trouve des Felis dans toutes les parties du monde, dans l'ancien comme dans le nouveau continent, à l'exception des îles de la mer du Sud et de la Nouvelle-Hollande, dans les grandes îles comme dans les continents, dans les régions les plus chaudes comme dans les plus froides.

Comme Genre; partout; si ce n'est la Nouvelle-Hollande.

Dans les pays de plaine et même dans les vallées, comme dans les pays les plus montueux; mais surtout dans ceux-ci, à cause des bois qui les recouvrent.

Un ou deux groupes, celui des petits Chats et celui des Lynx surtout, semblent exister dans toutes les parties du monde; mais non pas la même espèce, sans doute parce que ces derniers trouvent une température froide aussi bien dans les montagnes des régions équatoriales que dans les régions polaires.

Comme Espèce.

Le plus répandue, la Panthère.

Les espèces qui paraissent être aujourd'hui le plus répandues sont la Panthère, en supposant qu'il n'y ait pas de distinction spécifique à faire dans le *F. Pardus*, le Lion, le Chat à oreilles rousses dans l'ancien monde, le Jaguar, le Cougouar et l'Ocelot dans le nouveau.

Le Caracal et le Guépard sont communs à l'Afrique et à l'Asie continentale.

Il paraît en être de même des Chats-Lynx des trois espèces, c'est-à-dire, des *F. maniculata*, *Bubastes* et *Chaus*.

Le moins, le Tigre.

Le Tigre n'existe qu'en Asie et même dans la haute Asie.

le Jaguarondi.

Le Jaguarondi dans l'Amérique méridionale.

En Asie.

La partie du monde qui renferme encore aujourd'hui le plus d'espèces de Felis est bien certainement l'Asie, puisqu'on y trouve le Tigre, le Lion, la Panthère, le Serval, le Caracal, le Guépard, le Chat d'Égypte, le Bubastes et le Chaus, et de plus, le Chat de Java, celui de l'Himalaya, de Sumatra, avec les *F. rubiginosa*, *moormensis*, *planiceps*, *longicaudata*.

En Amérique.

L'Amérique et surtout l'Amérique méridionale en possède un peu moins, savoir : le Jaguar, le Couguar, le Jaguarondi, l'Ocelot et trois ou quatre espèces voisines, le Margay, le Pajeros, le Colo-Colo, le Guigna, etc., tandis que la septentrionale au delà du golfe du Mexique, ne nourrit que le Cougouar, l'Ocelot et une ou deux espèces de Lynx.

En Afrique.

Vient ensuite l'Afrique, dans laquelle on trouve le Lion, la Panthère, le Serval, le Caracal, le Guépard, le Chat d'Égypte, le Bubastes, le Chaus et le Cafre.

En Europe.

Enfin, en Europe aujourd'hui, on ne connaît que le Chat ordinaire et peut-être deux ou trois espèces de Lynx, encore peut-on douter de leur distinction.

Conclusions.

Ce qui montre qu'en définitive, les espèces de ce genre sont plus méridionales que boréales, sauf pour les Lynx (1).

(1) Nous en donnons le tableau à la page 196.

5° *Sous le rapport des traces que les espèces de Felis ont laissées dans les œuvres des hommes ou à la surface de la terre.*

Sous le premier rapport, nous avons vu que les anciens poëtes ou philosophes paraissent n'avoir connu que le Lion, la Panthère et le Chat sauvage, et surtout les deux premiers dont ils ont tiré les comparaisons les plus brillantes et que les artistes grecs ont seuls représentés. Chez les Poëtes anciens.

Mais en Égypte, les peintures des hypogées ont montré outre le Lion et la Panthère, le Guépard et le Chat d'Égypte, c'est-à-dire toujours les espèces du haut Nil. Chez les Peintres.

Le signalement du Tigre et sa représentation sont venus beaucoup plus tard et seulement chez les Romains, quoique peut-être par des artistes grecs.

A l'état matériel, les momies d'Égypte nous ont montré les trois espèces ou races qui existent encore aujourd'hui dans la haute et la basse Égypte, les *F. Maniculata*, *Bubastes* et *Chaus*. En Nature : dans les Hypogées.

A l'état fossile, le nombre des espèces dont nous avons pu constater l'existence est beaucoup plus considérable, quoique nous soyons assez loin d'accepter toutes celles que les paléontologistes ont proposées, la plupart du temps sans pouvoir les caractériser convenablement, ce qui était, en effet, plus difficile que dans aucun autre genre. Fossiles.

Dans l'état actuel de nos connaissances, nous croyons pouvoir distinguer les espèces suivantes : Espèces.

1° *F. spelæa.*

A une très-grande taille joignant des caractères du Tigre, quelques particularités du Lion, et formant aussi sans doute une espèce propre à nos climats. *F. spelæa.*

Le *F. Tigris cristata* ne semble différer du Tigre actuellement vivant que par une taille un peu moindre.

2° *F. Leo.*

F. Leo. Plus petite que le *F. spelæa*, mais reposant sur des preuves bien moins certaines. Je crois qu'on doit lui rapporter et peut-être à la précédente, les *F. Aphanista, F. prisca*, de M. Kaup.

3° *F. antiqua.*

F. antiqua. Évidemment de taille moindre, quoique supérieure à celle de notre Panthère, et à laquelle nous rapportons jusqu'à contradiction bien établie, les espèces suivantes :

1) *F. Leopardus.*
2) *F. Arvernensis.*
3) *F. Pardinensis.*
4) *F. Ogygea.*

4° *F. Onça.*

F. Onça. Établie par M. Lund.

D'après un fragment de métacarpe, en y rapportant le prétendu Guépard *F.* (*Cynailurus*) *minuta*, du même M. Lund.

5° *F. cultridens.*

F. cultridens. Établie sur la considération de la taille de dents canines, dont la forme, du reste, rappelle complétement l'espèce suivante.

6° *F. Megantereon.*

F. Megantereon. D'après une tête entière et des morceaux de mâchoire supérieure et inférieure qui, même sans les os qu'on en rapproche sans doute avec raison, ne laissent aucun doute sur sa distinction tranchée.

7° *F. palmidens.*

D'après un fragment de mandibule qui a beaucoup d'analogie avec son analogue dans l'espèce précédente. *F. palmidens.*

8° *F. quadridentata.*

Établie sur un fragment de mandibule montrant un caractère qui n'est connu dans aucune espèce récente ou fossile, et d'après deux crânes presque entiers. *F. quadridentata.*

9° *F. macrura.*

Espèce d'Oceloïde proposée par M. Lund, d'après un fragment des plus insignifiants. *F. macrura.*

10° *F. Lynx* ou *Lyncoïdes.*

A laquelle espèce je crois devoir rapporter, au moins provisoirement : *F. Lynx.*

1° *F. antediluviana* (Kaup).
2° *F. Issiodorensis* (Croizet et Jobert).
3° *F. brevirostris* (*ibid.*).
4° *F. Engiholiensis* (Schmerl.).
5° *F. Serval* (Marc. de Serres).

En effet, sauf quelques légères différences dans les dimensions des dents des mandibules sur lesquelles sont établies ces espèces, tous ces fragments indiquent une assez grande espèce de Lynx.

11° *F. Subhimalayana.*

D'après une tête qui me semble avoir beaucoup de rapports avec *F. Subhimalayana.*

l'espèce récente nommée *Himalayana* ou *Viverrina* (1) dans ces derniers temps.

12° *F. Catus.*

F. Catus. *a*) *Ferus* (Marcel de Serres).

b) *Magnus* (Schmerl.).

c) *Minutus* (Schmerl.).

Dont deux forment autant de Divisions nouvelles.

Parmi ces espèces, la plupart appartiennent aux divisions actuellement connues de ce genre; mais il en est qui en constituent deux nouvelles, l'une qui offre $\frac{4}{4}$ molaires, c'est-à-dire une avant-molaire en bas comme en haut et qui doit être sans doute à la tête du genre; l'autre remarquable par la longueur et la forme de la canine supérieure, et qui sans doute formait une division parmi les Lynx; ce que paraît confirmer la proportion des os des membres.

Sur des Fragments recueillis : en Europe.

Les fragments sur lesquels reposent ces espèces ont été recueillis, un grand nombre en Europe, et surtout dans l'Europe centrale, sur les confins de l'Allemagne, en Belgique, en Angleterre, en France, surtout dans la France méridionale, et en Italie, dans sa partie septentrionale.

en Asie. En moins grand nombre dans l'Inde.

en Amérique. Et en très-petit nombre en Amérique.

Dans les Terrains : *a*) tertiaires.

Dans des conditions géologiques très-différentes, depuis les terrains tertiaires moyens jusque dans les diluvium et peut-être même dans l'alluvium.

du gypse de Paris. Dans le gypse des environs de Paris, *F. Pardoïdes.*

d'eau douce de Sansans. Dans un terrain d'eau douce à Sansans et en assez grande quantité, *F. palmidens*, *F. quadridentata*, *F. Pardus.*

dans les Sous-Hymalayas. Dans un terrain assez analogue des Sous-Himalayas, formant une sorte de molasse, *F.* (Tigris) *cristata* et *F. Subhimalayama.*

(1) Ne serait-ce pas le Serval des Portugais de l'Inde, le Maraputé du père Vincent Marie, que Buffon, XIII, p. 233, a rapproché, probablement à tort, du Chat-pard des Académiciens, qui alors serait exclusivement africain?

Dans un terrain de même époque, mais à l'état de sable ou de grès sableux à Eppelsheim, versant à la rive droite du Rhin, *F.* (Leo) *Aphanistes* et *prisca*. les sables d'Eppelsheim.

Dans le terrain de crag en Angleterre, et dans les calcaires tertiaires marins du Languedoc, *F. Pardus*. le crag en Angleterre.

Une assez grande quantité de ces ossements ont été recueillis dans des diluvium plus ou moins anciens. *b*) Dans le Diluvium ancien,

* Libres à la surface de la terre.

En Italie, dans le Val-d'Arno, *Felis spelæa*, *Pardus*, *cultridens*, *Megantereon*, *Lynx*. en Italie.

En Allemagne, en très-petite quantité, à Köstritz, à Politz, (*F. spelæa*). en Allemagne.

Et même en Belgique (*F. spelæa*), d'après Schmerling, p. 93. en Belgique.

Mais surtout en Auvergne, dans un diluvium volcanique où se sont présentées à peu près les mêmes espèces que dans le Val-d'Arno; ce que nous avons déjà observé pour les Ours. en Auvergne.

** Dans les cavernes. *c*) Dans les cavernes

En Allemagne en assez grand nombre, dans la caverne de Gaylenreuth, *F. spelæa*, et fort rarement pour le *F. Pardus antiqua*. en Allemagne.

En Angleterre, extrêmement rarement dans les cavernes de Kirkdale, d'Oreston et de Kent, *F. spelæa*, *cultridens*, *Catus*. en Angleterre.

En Belgique, encore assez abondamment dans les cavernes des environs de Liége, et entre autres dans celles de Goffontaine et de Chokier, *F. spelæa*, *Leo*, *Pardus*, *Catus*. en Belgique.

En France, également en assez grand nombre, mais seulement dans la France méridionale, cavernes de Lunel-Viel et de Mialet, etc., *F. spelæa*, *Leo*, *Leopardus*, *Lynx*, *Catus* (1); et orientale, caverne d'Echenotz, *F. Catus* (2). en France méridionale.

(1) M. Tournal, *Considérations générales sur les cavernes à ossements* (Ann. de chimie, février 1833), n'en donnait que quatre, *F. Tigris*, *Leo*, *Leopardus* et *Lynx*.

(2) M. Marcel de Serres (*Cavernes*, p. 146) dit qu'on y a trouvé des restes d'une grande espèce de Felis, outre ceux de *F. spelæa* (mais j'ignore d'après quelle autorité); et il cite dans la caverne de Mialet, département du Gard, des restes des cinq mêmes espèces, le *F. prisca* sans doute pour le *F. Leo*.

orientale. Dans celle de Meyrucis, *F. Pardus.*

occidentale. Dans la caverne de Contard, à un quart de lieue de Plombières-lès-Dijon, *F. spelæa.*

D'après M. Marcel de Serres, dans celle de Bize, *F. Serval.*

Du dépôt de Pons (Charente-Inférieure). On cite une tête entière de *F. spelæa.*

dans le Brésil. Dans le Brésil, en fort petit nombre, *F. Onça.*

d) dans l'Alluvium, en France. Enfin dans l'alluvium.

En France, dans le bassin de la Seine, à vingt pieds de profondeur avec des dents de cheval, et dans celui de la Somme, *F. spelæa.*

en Amérique, En Amérique, dans le Texas, *F. Onça.*

presque toujours épars. Ces ossements, partout en assez petit nombre, et jamais comparable à ce que nous avons vu pour les Ours, étaient fort rarement rapprochés comme provenant d'un même individu, si ce n'est peut-être dans la caverne de Liége et surtout dans celle de Lunel-Viel, où les os recueillis semblaient provenir d'un seul individu de *F. spelæa.*

plus souvent adultes, Quoiqu'en général d'individus adultes et des deux sexes, on en a quelquefois trouvé qui provenaient évidemment de jeunes individus, du moins dans la France méridionale.

rarement roulés, Ils ne sont presque jamais roulés et sont dans le plus grand nombre de cas fracturés, du moins les os longs, et quelquefois écrasés.

diversement associés, Leur association est extrêmement variée entre eux et sous le rapport des espèces animales avec les fragments desquels ils se trouvent (1).

très-rarement dans des terrains marins; Dans deux cas seulement on en cite dans des dépôts marins, en Angleterre, et, en outre, aux environs de Montpellier (2).

(1) Voici en effet ce qu'on lit, page 40, des *Recherches sur les ossements humatiles de la caverne de Lunel-Viel*, par MM. Marcel de Serres, Dubreuil et Jean-Jean. Les Cerfs, les Bœufs, les Rongeurs du genre Lapin, des Rats y sont en quantité considérable, confondus et mêlés avec de grands Carnassiers du G. Felis, et autres espèces assez rapprochées de nos Panthères.

(2) Il faut, ce me semble, citer ce qui est en note, p. 36 du même ouvrage, que peu à peu les animaux des cavernes se rencontrent dans les sables des terrains marins supérieurs, même des Carnassiers, tels que les Ours, les grandes et les petites espèces du G. Chat, les Panthères et les

Dans le très-grand nombre, ils sont dans des terrains d'eau douce solide ou meuble, et par conséquent avec des coquilles d'eau douce ou terrestre. Ces terrains étant évidemment des dépôts peu étendus et locaux. plus souvent d'eau douce.

Les restes de *F. spelæa* ont été trouvés dans les sables d'Eppelsheim, dans le diluvium des cavernes en Allemagne, en Belgique, en France et dans les brèches de Nice. *F. spelæa.*

Ceux du Lion dans les sables d'Eppelsheim, dans les cavernes des environs de Liége, dans celle de Lunel-Viel, dans le diluvium, avec des animaux inconnus (*Dinotherium*) dans le premier cas. *F. Leo.*

Du Tigre dans un terrain tertiaire des monts Himalayas avec des ossements d'animaux inconnus (*Sivatherium*), plus souvent connus, et en général propres au pays. *F. Tigris.*

Du Jaguar dans les cavernes du Brésil et dans un diluvium du Texas, avec des ossements d'animaux de différents genres, d'espèces récentes ou regardées comme perdues, mais propres à l'Amérique exclusivement. *F. Onça.*

De la Panthère antique dans le terrain tertiaire des environs de Paris, dans le diluvium d'Auvergne, dans celui du Val-d'Arno, dans le diluvium des cavernes d'Allemagne à Gaylenreuth, de France à Lunel-Viel, dans celui des brèches osseuses à Nice. *F. Pardus.*

Du *F. cultridens* dans les sables tertiaires d'Eppelsheim, dans le diluvium découvert du Val-d'Arno, en Auvergne, dans celui des cavernes en Allemagne et en Angleterre. *F. cultridens.*

Du *Felis Megantereon* dans le diluvium volcanique en Auvergne et au Val-d'Arno, avec, dans la première localité surtout, des ossements de plus de cent espèces de mammifères, du moins d'après les paléontologistes zélés de ce pays. *F. Megantereon.*

Du *F. palmidens* dans un calcaire tertiaire moyen d'eau douce à San- *F. palmidens.*

Hyènes ; et que, p. 93, il est dit qu'un maxillaire de Serval a été découvert dans les sables marins tertiaires.

sans, versant des Pyrénées, avec un nombre véritablement remarquable d'animaux ruminants à bois et à cornes.

F. quadridentata. Ceux du *F. quadridentata* dans le même terrain de la même localité, et par conséquent avec les mêmes espèces animales.

F. Pardalis. Ceux de l'Ocelot ou d'une espèce voisine dans les cavernes du Brésil.

F. Lyncoïdes. Ceux d'une espèce Lyncoïde, dans les sables tertiaires d'Eppelsheim, dans le diluvium libre en Amérique, en Auvergne, dans celui des cavernes en Belgique et dans le midi de la France, en Auvergne et dans le Languedoc.

F. Subhimalayana. Du *F. Subhimalayana* dans un terrain tertiaire sur les pentes des monts Sous-Himalayas.

F. Catus. Du Chat d'Europe dans le diluvium du Val-d'Arno, dans celui des cavernes en Allemagne, en Angleterre, en Belgique et en France, à l'est et au midi, en Auvergne, en Languedoc, et enfin dans le nord de l'Italie.

Tous hors de place et sous le versant de monts peu distants. Je dois enfin terminer par cette observation, que pas un peut-être de ces ossements n'est en place et que les dépôts de nature très-différente dans lesquels ils se trouvent, sont toujours sous le versant de montagnes ou de pays élevés peu distants.

En Allemagne, des Carpathes et des montagnes du Palatinat, du Hartz.

En Angleterre, des Ambleton-Hills.

En Belgique, des Ardennes.

A Paris, de la Bourgogne.

En Auvergne, du Puy-de-Dôme.

En Languedoc, des Cévennes.

En Gascogne, des Pyrénées.

En Italie, des Alpes et des Apennins.

Résumé géologique. Ainsi, depuis le temps fort éloigné sans doute où se produisaient par la dégradation des formations précédentes les terrains tertiaires moyens, jusqu'à celui où notre sol a été recouvert de l'énorme couche de diluvium qui s'observe sur une grande partie de l'Europe, il a constamment existé dans les vastes forêts qui la couvraient alors, un assez bon nombre d'espèces de Felis de taille extrêmement différente depuis celle d'un petit Cheval jusqu'à celle de notre Chat; espèces qui étaient pour les populations si abondantes alors de Ruminants et de Pachydermes, comme nous le verrons dans une autre partie de cet ouvrage, ce que sont aujourd'hui les Felis d'Afrique, de l'Asie et de l'Amérique, pour les herbivores de ces parties du monde. Avec la diminution et la disparition de ceux-ci, déterminées sans doute par celles des forêts et par les inondations partielles et générales, ont dû successivement diminuer et disparaître les espèces carnassières créées pour l'harmonie des êtres; mais il me semble que leur disparition a précédé celle des autres espèces moins éminemment disposées pour ne manger que de la chair.

La plupart de ces espèces étaient plus ou moins analogues à celles qui existent aujourd'hui dans les deux grandes parties de l'ancien continent, mais il s'en trouvait aussi qui paraissent ne plus exister actuellement à la surface de la terre, et qui remplissent des lacunes de la série.

L'une, entre autres, de ces formes, pourvue de longues canines cultriformes exsertes à la mâchoire supérieure, ce qui a déterminé une disposition en rapport de la mâchoire inférieure et de ses dents de devant, paraît avoir été propre à l'Europe tempérée. Du moins, jusqu'ici, nous ne connaissons à l'état vivant aucune espèce de Felis, petite ou grande, qui offre quelque chose d'analogue au *F. cultridens.*

Conclusions.

D'après cela, il est évident qu'il ne faut certainement pas regarder avec M. G. Cuvier (Ossem. foss., IV, p. 495), comme incontestable, que les Tigres ou Lions, petits et grands, vivaient en même temps que les Ours et se retiraient dans les mêmes cavernes, où l'on trouve leurs os pêle-mêle avec les leurs et avec ceux des Hyènes; parce que, sans être tout à fait une plaisanterie géologique, comme M. Schmerling qualifie cette assertion, c'est au moins un contre-sens zoologique, les animaux de ces trois genres n'étant pas de nature à frayer le moins du monde ensemble, et vivant au contraire et constamment chacun de la manière la plus solitaire et même pour les individus de leur espèce. Mais ce n'est pas une raison d'en conclure avec M. Schmerling, pour l'explication du fait hors de doute à peu près pour tout le monde aujourd'hui, que les ossements des cavernes y ont été en très-grande partie entraînés par des inondations puissantes, que celles-ci ont dû venir d'assez loin pour amener avec elles aussi bien les ossements d'espèces animales de contrées éloignées que celles du pays où l'amas s'est arrêté. En effet, si certaines espèces de Felis semblent ne pas différer des espèces actuellement vivantes en Afrique et en Asie, d'autres en diffèrent évidemment et viennent même remplacer quelques-uns des chaînons déjà détruits de la création première.

Le grand intérêt que m'avait inspiré la découverte d'une sorte de collection d'objets d'histoire naturelle dans les fouilles du Mons-Seleucus, dont j'ai eu occasion de parler à la page 99 de ce mémoire, m'ayant porté à faire quelques démarches pour savoir ce qu'étaient devenues les pièces recueillies, j'ai malheureusement acquis la certitude que, n'ayant pas été déposées dans une de nos grandes collections nationales, elles sont aujourd'hui complétement perdues, du moins pour la science. Un de mes anciens élèves, actuellement professeur à la Faculté des sciences de Grenoble, M. le docteur Charvet, ayant à ma demande fait faire des recherches à Gap même, il lui a été répondu que les objets découverts dans les fouilles furent envoyés à Paris, et portés à la Malmaison, maison de campagne du chef du gouvernement d'alors, en France. D'autre part, m'étant adressé à l'un de mes honorables confrères à l'Académie des sciences, M. Héricart de Thury, ingénieur des mines à Gap lors de la découverte du Mons-Seleucus, et pouvant par conséquent plus qu'un autre me donner des renseignements positifs; voici la réponse qu'il a eu la bonté de me faire :

« Tous les objets trouvés dans les fouilles avaient été recueillis avec » le plus grand soin par M. le baron de Ladoucette, alors préfet des

» Hautes-Alpes, pour le musée de Gap. Que sont-ils devenus? quant à » moi, toutes mes recherches ont été vaines. Il ne me reste rien du » Mons-Seleucus, que le volume imprimé à Gap, en 1804, en partie » après mon départ, par ordre du préfet, qui m'en envoya un exem- » plaire, sur lequel j'écrivis dans le temps la note suivante au sujet des » objets d'histoire naturelle :

» J'avais en effet recueilli quelques cristaux de quartz et des mor- » ceaux de galène (plomb sulfuré) avec différentes coquilles marines et » une carapace de Tortue; mais je ne puis répondre des dents d'Élé- » phant. Je ne les ai point vues, et elles auront été trouvées après » mon départ. Du reste, je me rappelle parfaitement les belles dents » du G. Felis, les grands bois de Cerf et les coquilles, etc., etc. »

Ainsi, quoique nous n'ayons pu voir nous-même et comparer ces objets si curieux, le fait est indubitable et confirmé, s'il en était besoin, par cette note de M. Héricart de Thury.

EXPLICATION DES PLANCHES.

SQUELETTES. I à IV.

De profil rigoureux ; dans l'acte de marcher. Les premières vertèbres dorsales, avec l'insertion des côtes, dessinées à part.

Pl. I. — Du LION (*Felis Leo*, mas).

Réduit au quart de la grandeur naturelle, d'après le squelette d'un Lion de Barbarie, donné à la Ménagerie par M. le comte d'Erlon, et monté sous mes yeux pour cet ouvrage.

Le squelette de cet animal a été assez souvent représenté, et entre autres par Daubenton (IX pl. 8). MM. Pander et d'Alton (*Raubthiere*, pl. 1), d'après un squelette de notre collection.

A part également, sur la pl. I, la 5e vertèbre coccygienne, avec son os en V, en place.

Pl. II. — Du JAGUAR (*F. Onça*).

Réduit au tiers. Monté sous mes yeux pour cet ouvrage et provenant d'un indvidu mâle, du Brésil, qui a vécu à notre Ménagerie.

Daubenton est le seul qui ait figuré le squelette du Jaguar sous le nom de Panthère.

A part la 5e coccygienne d'une *Panthère* femelle, d'Algérie.

Pl. III. — Du LYNX (*F. Lynx*).

Réduit aux deux cinquièmes, d'après un squelette de l'ancienne collection, remonté à neuf sous mes yeux, et qui est peut-être celui qu'a représenté Daubenton (IX, pl. 23). Il proviendrait alors d'un individu femelle.

Pl. IV. — Du GUÉPARD (*F. Jubata*).

Réduit au cinquième, d'après le squelette refait sous mes yeux, d'un mâle jeune, mais adulte, qui a vécu anciennement à la Ménagerie. On le suppose de l'Inde.

CRANES. Pl. V à X.

Pl. V. — Du LION (*F. Leo*, mas.).

Réduit de moitié, d'après l'individu de la planche I, sous plusieurs faces, pour montrer les caractères de l'espèce. Les os de l'oreille sont doublés.

Pl. VI. — De LIONS de différentes races, tous à moitié de la grandeur réelle.

— 1. *F. Leo Senegalensis*, d'après un individu mâle qui a vécu à la Ménagerie, et reçu de madame veuve Bourcard, de Nantes, préparé en 1841.

2. *F. Leo Capensis*. D'après un mâle du cap de Bonne-Espérance. Envoyé à notre Ménagerie, par MM. le capitaine Geoffroy et Dussumier. Préparé en 1833.

3. *F. Leo Nubicus*. D'après un mâle envoyé de Nubie, par le docteur Clot-Bey, et mort à la Ménagerie, en 1841.

4. *F. Leo Indicus*. D'après une femelle de l'Inde (côte Malabar), donnée à la Ménagerie par M. Dussumier, et préparée en 1841.

— De COUGOUAR (*F. concolor*), de Patagonie, par M. Alc. d'Orbigny.

Pl. VII. — De TIGRE (*F. Tigris*).

Un crâne de sexe inconnu de Tigre de Sumatra, remarquable par la largeur de ses arcades zygomatiques, et envoyé à notre collection en 1821, par feu M. Alfr. Duvaucel. Il est représenté sous les mêmes faces que celui du Lion de la pl. VI. A part deux échancrures palatines.

Pl. VIII. — De JAGUAR (*F. Onça*).

1° D'après une femelle du Pérou, préparée en 1835 et donnée vivante à notre Ménagerie, par M. le contre-amiral d'Urville. De profil en dessus et en dessous.

2° De profil. D'après un crâne incomplet, remarquable par son chanfrein bombé et provenant d'un individu qui a vécu en 1812, à la Malmaison.

— De PANTHÈRE (*F. Pardus*).

1° *F. Pardus Sumatranus*, de Sumatra, par M. Alfr. Duvaucel, 1820.
De profil, avec le condyle maxillaire et l'échancrure palatine à part.

2° *F. Pardus barbarus*. Tiré d'un individu femelle d'Algérie, mort à la Ménagerie en 1835.
De profil et en dessous, avec le trou dentaire e l'échancrure palatine à part. Les os de l'oreille sont aussi à part et doubles de la grandeur naturelle.

Pl. IX. — Toutes les figures de grandeur naturelle.

De SERVAL (*F. Serval*).
D'une femelle du Sénégal. Préparé en 1337.
Le profil, avec une vue de son condyle maxillaire et de son échancrure palatine.

— Du CHAT GANTÉ (*F. maniculata*).

D'un individu sauvage, préparé au Sennaar en 1834, par M. P. E. Botta, voyageur du Muséum. Le profil en dessous, avec le trou dentaire à part.

— De CHAT SAUVAGE (*F. Catus*).

De profil, en dessous et en dessus, d'après le crâne d'un individu d'Alsace, donné par M. Straus.
Les os de l'oreille doubles de la grandeur naturelle, d'après ceux d'un *Chat domestique*.

— De CHAT A FACE LONGUE (*F. planiceps*).

De profil et en dessus, d'après un crâne envoyé de l'Inde (Cochinchine ?), par M. Diard, en 1826, sous le nom de *Petit Serval*.

Pl. X. — Les figures sont de grandeur naturelle.

De LYNX le *F. montana*. Lecomte.
De profil et en dessous, d'après un crâne de Géorgie, envoyé à notre collection en 1828, par M. Lecomte, comme provenant de son *F. montana*.

F. CARACAL *F. Caracal*).
L'échancrure palatine seulement, d'après un mâle de Barbarie.

— De F. LONGICAUDATA.

Profil du crâne du squelette dont il est question sous ce nom dans le présent fascicule (p. 47), préparé nouvellement d'après un corps desséché envoyé de l'Inde (Cochinchine ?), en 1826, par M. Diard.

Le GUÉPARD (*F. Jubata*).
Profil, dessus et dessous, avec les os de l'oreille à part et doubles de la grandeur naturelle.

D'après l'individu femelle du Sénégal, dont les os sont figurés aux planches XI, XII et XIII, Mort en 1835, à la Ménagerie, à laquelle il avait été donné par M. Boué, officier de la marine royale.

Pl. XI. — Parties caractéristiques du Tronc.

Les types sont :
Un Tigre femelle, mort à la Ménagerie, en 1839;
Un Guépard femelle du Sénégal, mort à la Ménagerie en 1838 ;
Un Caracal mâle de Barbarie.

* *Série médio-supère.*

Atlas. . . . . *F. Tigris.* — *F. Leo*, femelle. — *F. Jubata.* — *F. Caracal.*

Axis de profil et en dessous. . *F. Tigris.* — *F. Leo.* — *F. Jubata.* — *F. Caracal.*

6ᵉ *cervicale*. . . . . *F. Tigris.* — *F. Leo.* — *F. Jubata.* — *F. Caracal.*

10ᵉ *dorsale*. . . . . *F. Jubata.* — *F. Caracal.*

11ᵉ *dorsale*. . . . . *F. Tigris.* — *F. Leo.* — *F. Pardus.* — *F. Onça.* — *F. Jubata.* — *F. Caracal.*

7ᵉ *lombaire*. . . . . *F. Tigris.* — *F. Leo.* — *F. Jubata.* — *F. Caracal.*

Sacrum. . . . . *F. Tigris.* — *F. Caracal.*

1ʳᵉ *caudale*. . . . . *F. Tigris.* — *F. Caracal.*

** *Série médio-infère.*

Os hyoïde. . . . .
- *F. Pardus melas*, mâle.
- *F. Leo*, mâle. Deux cinquièmes.
- *F. Onça*, mâle. Grandeur naturelle.
- *F. Tigris*, femelle. Deux cinquièmes.
- *F. Catus domesticus*, mâle. Grandeur naturelle.
- *F. concolor*, mâle. Grandeur naturelle.
- *F. Caracal*, mâle. Grandeur naturelle.
- *F. Jubata*, femelle. Grandeur naturelle.
- *F. rufa*, femelle. Grandeur naturelle.

En dessus, quelquefois de profil, avec des points pour indiquer les parties ligamenteuses.

Sternum. . . . . *F. Tigris*, femelle. — *F. Caracal*, mâle.

Réduit de moitié, et vu en dessus.

Os pénien du . . . .
- *F. Tigris.*
- *F. Leo.*
- *F. Onça.*
- *F. Catus domesticus.*
- *F. maniculata.*
- *F. Pardus.*
- *F. Pardus melas.*
- *F. concolor.*

En dessus et de profil, double de la grandeur naturelle.

Pl. XII. — PARTIES CARACTÉRISTIQUES DES MEMBRES ANTÉRIEURS.

Réduites à moitié.

OMOPLATE . . . . *F. Tigris.* *F. Jubata.* *F. Caracal.*

CLAVICULE . . . . Des mêmes.

HUMÉRUS en avant, du. . . . .
- *F. Tigris.*
- *F. Jubata.*
- *F. Caracal.*
- *F. Leo Indicus.* Parties supérieure et inférieure.
- *F. Pardus.* Partie inférieure.
- *F. Pajeros.* De grandeur naturelle. Tiré d'un squelette rapporté du Chili par MM. Eydoux et Souleyet.

RADIUS. . . . . *F. Tigris.* *F. Jubata.* *F. Caracal.*

En dehors, quelquefois les surfaces articulaires supérieure et inférieure à part.

CUBITUS en dehors. . . . . . . Des mêmes.

OS DE LA MAIN, du. . . . .
En dessus.
- *F. Tigris* . .
  - Scaphoïde. . . en arrière. en avant.
  - Pisiforme.
  - Métacarpiens. . Premier. Troisième.
  - Doigt médian.
    - Sésamoïdes en place.
  - Onguéal troisième.
- *F. Jubata*. . . . Avec le scaphoïde à part.
- *F. Caracal* . .
  - Scaphoïde.
  - Pisiforme.
  - Avec le 1er métacarpien à part.

Pl. XIII. — PARTIES CARACTÉRISTIQUES DES MEMBRES POSTÉRIEURS.

A moitié de la grandeur naturelle.

OS INNOMINÉ du. . . . . . . *F. Tigris.* *F. Jubata.* *F. Caracal.*

FÉMUR du . . . .
En avant.
- *F. Tigris.*
  - Avec les extrémités articulaires supérieure et inférieure à part.
- *F. Jubata.*
- *F. Caracal.*
  - L'extrémité articulaire inférieure à part.

ROTULE. . . . . Des mêmes, en avant.

TIBIA du. . . . .
En avant.
- *F. Tigris.*
  - Les extrémités articulaires à part.
- *F. Jubata.*
  - L'extrémité articulaire inférieure à part.
- *F. Caracal.*
  - Les extrémités articulaires à part.

PÉRONÉ. . . . . Des mêmes, à sa face interne.

OS DU PIED, du . . . . *F. Tigris.* *F. Jubata.* *F. Caracal.*

Pl. XIV. — SYSTÈME DENTAIRE.

(De grandeur naturelle.)

* D'adulte. De profil.

- *F. planiceps.*
- *F. Tigris*, avec une canine sup. vue en dedans à part.
- *F. Leo*, de profil et en dessus, avec une canine à part.
  - et la quatrième molaire supérieure du *Leo*. . . *Barbarus. Nubicus. Senegalensis. Capensis. Indicus.*
  - En *a* : la première mol. inf. d'un *F. L. Nubicus.*
- *F. concolor.*
- *F. Pardus.*
  - En *a* : avant-mol. supér. de *F. P. Javanicus.*
- *F. Onça.*
- *F. Lynx.*
  - a) Anomalie dans un *Lynx du Canada.*
- *F. Jubata.*
- *F. Serval.*
  - Avec les racines et les alvéoles.
- *F. Caracal.*
  - A part : la deux. mol. inf. du *Car. de l'Inde* et de *Barbarie.*

La molaire transverse de chaque espèce est à part, hors de rang.

** De jeune âge

- *F. Leo*. . . supérieur, face interne. externe. inférieur, face externe.
- *F. Tigris.*
  - A part : la transverse de jeune âge et celle d'adulte.
- *F. maniculata.*
- *F. Leo.*
  - Avec la carnassière adulte.

Pl. XV. — FELES FOSSILES. Crânes et mâchoire supérieure.

F. SPELÆA.

Des cavernes de Franconie.

Crâne de profil réduit à moitié, d'après un modèle en plâtre d'une tête provenant de Gaylenreuth, faisant partie de la collection de M. le comte de Munster.

Série dentaire, copiée de MM. Pander et d'Alton, pour montrer la première molaire en place et la forme de la dernière. Réduite sans doute au quart.

Une seconde et une troisième dent molaire, d'après nature et de grandeur naturelle, à part.

De la caverne de Kent, en Angleterre.

Une seconde et une troisième molaire au trait, copiées de M. Mac Enry.

De la caverne de Lunel-Viel.

Un fragment de mâchoire contenant les deux dents molaires intermédiaires, de grandeur naturelle, d'après une pièce de la collection de M. Croizet et cédée au Muséum.

Des brèches de Nice.

Une première et une seconde molaire, de grandeur naturelle, d'après deux échantillons de la collection du Muséum, déjà figurées par M. G. Cuvier.

De l'alluvium de Paris.

Une canine de grandeur naturelle, également déjà figurée par M. G. Cuvier.

F. LEO.

De la caverne de Lunel-Viel.

Une troisième incisive et une canine copiées de M. Marcel de Serres. Pl. VII, f. 2 et 4.

F. CRISTATA.

Du terrain tertiaire des monts Sivaliens, dans l'Inde.

Une tête vue en dessus et réduite au quart; copiée de MM. Cauteley et Falconer.

F. ANTIQUA.

Des cavernes de Franconie.

Une seconde molaire de grandeur naturelle, déjà figurée par M. G. Cuvier, IV, pl. XXXVI, fig. 4.

Du diluvium ancien du Val-d'Arno.

Deux parties postérieures de tête, avec parties des mâchoires portant quelques dents, réduites de moitié, et à part la troisième molaire, de grandeur naturelle et au trait :

Sur des esquisses ombrées faites par moi dans le Muséum de Florence, dans l'automne de 1841.

Ce sont ces fragments que je crois maintenant devoir rapporter au *F. Megantereon* ou au *F. cultridens*.

F. PRISCA.

Du sable tertiaire d'Eppelsheim.

Une seule troisième dent molaire, en partie brisée, copiée de M. Kaup.

F. ISSIODORENSIS.

Du diluvium ancien d'Auvergne.

Deux dents canines, et un fragment de mâchoire portant les deux molaires intermédiaires.

D'après nature et de grandeur naturelle.

La mâchoire déjà figurée par M. Croizet, *Chats*, Pl. VII, fig. 1.

F. PARDINENSIS.

Du diluvium ancien d'Auvergne.

Un fragment de mâchoire, vu en dessous, et montrant la racine d'une canine et celle de la première molaire.

Copié de M. Croizet, *Chats*, Pl. VII, fig. 2.

F. (Cynailurus) minuta.

Des cavernes du Brésil.

Une seconde dent molaire en dehors et en dedans.

Copiée au trait de M. Lund.

F. PARDUS?

Du terrain tertiaire d'eau douce de Sansans.

Une troisième molaire de grandeur naturelle et d'après nature.

F. QUADRIDENTATA.

Du même terrain que la précédente.

Une portion postérieure de crâne, vue en arrière et de profil, réduite à moitié de la grandeur naturelle.

Une autre partie plus considérable, avec la face presque entière et la plupart des dents molaires implantées et usées, représentée sur trois faces, également réduite de moitié, avec les trois dents molaires de grandeur naturelle, à part.

Pl. XVI. — FELES FOSSILES.

Mandibules en général de grandeur naturelle.

F. SPELÆA.

1) Des cavernes de Franconie.

Une mandibule réduite au tiers, et copiée de M. G. Cuvier, IV, Pl. XXXVI, fig. 1.

2) Des cavernes de Kent, en Angleterre.

Une dernière molaire, de grandeur naturelle, copiée au trait de M. Mac-Enry.

F. LEO.

De la caverne de Lunel-Viel.

Un fragment de mandibule portant une dent; copié de M. Marcel de Serres, Pl. VII, fig. 6.

F. ARVERNENSIS.

Du diluvium ancien d'Auvergne.

Une branche horizontale armée de presque toutes ses dents.

D'après nature et de grandeur naturelle; déjà figurée par M. Croizet, *Chats*, Pl. V, fig. 3.

F. ARVERNENSIS.

Des sables tertiaires d'Eppelsheim.

Fragment de mandibule portant les deux dernières molaires de grandeur naturelle.

Copié de M. Kaup.

F. ANTIQUA.

a) Des cavernes de Gaylenreuth.

Une extrémité postérieure portant la dernière molaire.

D'après nature et de grandeur naturelle.

Déjà figurée, très-réduite, par M. G. Cuvier, IV, Pl. XXXVI, fig. 5.

b) Des cavernes de Belgique.

Un fragment assez considérable portant quelques dents.
Copié de Schmerling, Pl. XVI, fig. 9.

F. ANTEDILUVIANA.

Des sables tertiaires d'Eppelsheim.

Fragment portant deux dents très-incomplètes.
Copié de M. Kaup.

F. OGYGEA.

Des mêmes sables.

Extrémité antérieure portant trois dents, dont deux molaires.
Copiée de M. Kaup.

F. PARDINENSIS.

Du diluvium ancien d'Auvergne.

Un fragment portant une partie des dents.
D'après nature et non réduit.
Déjà figuré par M. Croizet, *Chats*, Pl. V, fig. 4.

F. PARDUS.

Du crag, en Angleterre.

Une dernière dent molaire.
Copiée de M. R. Owen.

Du diluvium du Val-d'Arno.

Un fragment portant la troisième molaire.
D'après une esquisse faite par moi à Florence, en 1841.

Du terrain tertiaire de Sansans.

Un fragment portant la même dent tronquée.
D'après nature et non réduit

F. ENGIHOLIENSIS.

Des cavernes de Belgique.

Branche montante avec dernière molaire e une canine isolée.
Copiée de Schmerling, Pl. XVIII, fig. 11 et 12.

F. ISSIODORENSIS.

Du diluvium des cavernes.

Deux branches horizontales pourvues de presque toutes leurs dents.
D'après nature.
Déjà figurées par M. Croizet, *Chats*, Pl. V, fig. 1 et 5.

F. PRISCA.

Caverne de Belgique.

Fragment avec une dent molaire et les alvéoles des autres.
Copié de Schmerling, Pl. XVIII, fig. 10.

F. LEOPARDUS.

Caverne de Lunel-Viel.

Portion de mandibule portant les trois molaires.
Copiée de M. Marcel de Serres, Pl. IX, fig. 1.

F. BREVIROSTRIS.

Du diluvium d'Auvergne.

Moitié de mandibule portant une canine et une molaire postérieure.
Copiée de M. Croizet, *Chats*, Pl. IV, fig. 1.

F. CATUS MAGNA.

Des cavernes de Belgique.

Une mendibule tout entière, avec grande partie de ses dents.
Copiée de Schmerling, Pl. XVIII, fig. 13.

F. SERVAL.

De la caverne de Lunel-Viel.

Deux côtés réunis, quoique probablement de deux individus différents.
Copiés de M. Marcel de Serres, Pl. IX, fig. 7.

F. CATUS.

Des cavernes de France et d'Angleterre.

Une série de dents molaires d'après nature, sur un morceau de Lunel-Viel, ayant fait partie de la collection de M. l'abbé Croizet; *F. minor* de son catalogue manuscrit.

Deux mandibules unies, copiées de M. Marcel de Serres, Pl. IX, fig. 12.

Une autre au trait, copiée de M. Mac-Enry.

Une plus petite, de la caverne d'Échenoz, près de Vesoul, d'après nature, et donnée à la collection par M. Thirriat.

F. TETRAODON.

Du terrain tertiaire de Sansans.

Un fragment de mandibule portant les trois dents molaires de profil et en dessus.

D'après nature et de grandeur naturelle.

Ce fragment est, dans le texte, p. 156, rapporté au *F. quadridentata* de la planche XV.

Pl. XVII. — FELES FOSSILES.

F. MEGANTEREON.

Du diluvium d'Auvergne.

a) Un fragment de mâchoire supérieure, portant les deux molaires intermédiaires, au-dessus d'une mandibule presque entière et armée de la plus grande partie de ses dents.

De profil, de grandeur naturelle et d'après nature.

Déjà figuré par M. Croizet, le fragment de mâchoire, Pl. VII, fig. 3, et celui de mandibule, pl. I, fig. 1, *Chats*.

b) Une tête presque entière, de grandeur naturelle, d'après un trait dessiné par M. Bravard, sur l'original, en sa possession.

c) Une dent canine à part. Copiée de M. Croizet, Pl. I, fig. 1.

Du Val-d'Arno.

Une extrémité antérieure de mandibule, portant la canine et les trois incisives cassées dans leurs alvéoles.

D'après une esquisse faite par moi à Florence, en 1841.

F. CULTRIDENS.

1) D'Angleterre.

a) Une dent canine tronquée, copie de M. Mac-Enry.

b) Une dent supérieure externe, d'après un modèle en plâtre donné à la collection du Muséum par le même.

2) D'Auvergne.

Deux dents canines. L'une sur deux faces, d'après nature; l'autre, d'après un plâtre, dont l'original appartient à M. Bouillet, de Clermont.

3) Du Val-d'Arno.

Une dent canine, d'après un moule en plâtre envoyé à la collection par M. le professeur Nesti.

4) Des sables tertiaires d'Eppelsheim.

a) Une canine inférieure, attribuée par M. Kaup à son *Agnotherium*.

b) Une canine supérieure.

L'une et l'autre copiées de M. Kaup.

F. PALMIDENS.

Du terrain tertiaire de Sansans.

a) Un fragment de mandibule en dehors et en dedans, de grandeur naturelle.

b) Une canine supérieure, également de grandeur naturelle.

Pl. XVIII. — FELES FOSSILES.

OS DES MEMBRES.

Réduits à moitié de la grandeur naturelle.

* Membres antérieurs.

OMOPLATE du........ {
F. spelæa (a).
Extrémité articulaire. Copiée de Schmerling, Pl. XV, fig. 1.
F. Arvernensis (b).
Cavité glénoïde d'après nature. Déjà figurée par M. Croizet, Pl. V, fig. 7, comme du *F. Issiodorensis*, et, depuis, portée dans le catalogue manuscrit de sa collection comme du *F. Arvernensis*.
}

Humérus.

F. spelæa (a).
Presque entier. Copié de Schmerling, Pl. XV. fig. 2.

F. Serval (b).
Moitié supérieure. Copiée de M. Marcel de Serres, Pl. IX, fig. 9.

F. Megantereon (c).
Entier, d'après nature. Déjà figuré par M. Croizet, et Pl. II des Felis, fig. 3 et 4.

F. antiqua (d).
Moitié inférieure. Copiée de Schmerling, Pl. XVIII, fig. 1.

F. Arvernensis (d').
Extrémité inférieure, d'après nature. Déjà figurée par M. Croizet, *Felis*, Pl. I, fig. 3, et rapporté au *F. brevirostris* dans son catalogue manuscrit.

F. Issiodorensis (e).
Figuré à tort sous le nom de *F. Arvernensis*.
Extrémité inférieure, d'après nature.

Radius.

F. antiqua (a).
Entier. Copié de Schmerling, Pl. XVIII, fig. 18.

F. Perieri (b).
Presque entier, d'après nature.

F. Spelæa (c).
Entier, d'après un os envoyé par le margrave d'Anspach à Buffon.

F. Pardus (d).
Tête supérieure, d'après nature.

F. Arvernensis (d').
Tête supérieure, d'après nature. Déjà figurée par M. Croizet, *Felis*, Pl. VI, fig. 7, et indiquée sous le nom de *F. Issiodorensis* dans son catalogue manuscrit.

F. Megantereon (e).
Entier. Déjà figuré par M. Croizet. *Felis*, Pl. II, fig. 5 et 6.

F. Issiodorensis (f).
Extrémité supérieure. Copie de Croizet, Pl. III, fig. 4.

Cubitus.

F. brevirostris (a).
Extrémité supérieure, d'après nature. Déjà figurée par M. Croizet, *Felis*, Pl. VII, fig. 9, et inscrit dans le catalogue manuscrit sous le nom de *F. Issiodorensis*.

F. brevirostris (a').
Extrémité supérieure, d'après nature. Déjà figurée par M. Croizet, *Felis*, Pl. IV, fig. 9, et inscrit dans le catalogue manuscrit sous le nom de *F. Perieri*.

F. Pardus (a'').
De Sansans, d'après nature.

F. Issiodorensis (b).
Moitié supérieure, augmentée de celle figurée par M. Croizet, *Felis*, Pl. VI, fig. 1.

F. antiqua (b').
Moitié supérieure, d'après nature. Déjà figurée par M. Croizet, *Ours et Chats fossiles*, Pl. II, fig. 8; attribué au *F. Arvernensis* dans le catalogue manuscrit.

F. Serval (c).
Copié de M. Marcel de Serres, Pl. IX, fig. 10.

F. Megantereon (d).
Presque entier, d'après nature. Déjà figuré par M. Croizet, *Chats*, Pl. I, fig. 4 et 5.

Scaphoïde.

F. spelæa (a).
Au trait, d'après Schmerling, Pl. XVI, fig. 5.

F. antiqua (b).
Au trait, d'après Schmerling, Pl. XVIII, fig. 19.

MÉTATARSIENS.
- *F. spelæa* (b).
  Quatrième, d'après un plâtre envoyé par lord Cole.
- *F. Pardoïdes* (c).
  Troisième, d'après un os du gypse de Montmartre, déjà figuré par M. G. Cuvier comme d'une espèce de Viverra.
- *F. spelæa* ? (c).
  D'après une esquisse faite par moi, à Florence, sur un os du Val-d'Arno.
- *F. Velonensis* (h).
  Quatrième, d'après un os inscrit dans le catalogue de M. Croizet sous le n° 127.

PHALANGES.
- *F. spelæa* (a) et (2a) et (3a).
  Première d'un doigt médian. Copie de Schmerling, Pl. XVII, fig. 10.
  Seconde du second doigt de droite. Copie de Schmerling. Pl. XVII, fig. 11.
  Troisième du médian de droite.
- *F. antiqua* (b).
  Première d'un quatrième doigt. Copie de Schmerling, Pl. XVIII. fig. 21.
- *F. Pardus* (1c) (2b) (2d).
  Première de doigt médian, d'après nature. Sansans.
  Seconde du second doigt de gauche, d'après nature. Sansans.
  Seconde du quatrième doigt de droite : de Sansans, marqué à tort 2d à gauche de 2a.
- *F. Velonensis* (d).
  Première du quatrième doigt, d'après nature.
- *F. Issiodorensis* (2d) et (2d').
  Seconde du second doigt, d'Auvergne.
  Id. copiée de M. Croizet, *Chats*, Pl. VII, fig 11.

** Membres postérieurs.

FÉMUR.
- *F. Catus?* (a) et (a').
  Moitié supérieure et entier au trait, d'après nature. D'Auvergne.
- *F. spelæa* (b).
  Presque entier, avec la rotule. Copie de Schmerling, Pl. XVI, fig. 2 et 3.
- *F. Onça* (c).
  D'après nature. Du Texas, par M. Leclerc.
- *F. Issiodorensis* (d).
  Extrémité supérieure, d'après nature, et déjà figurée par M. Croizet, *Chats*, Pl. III, fig. 6.
- *F. Pardus* (d')
  Extrémité inférieure. De Sansans.

TIBIA.
- *F. brevirostris* (a).
  Extrémité supérieure, d'après nature. Déjà figurée par M. Croizet, *Chats*, Pl. VII, fig. 8, et, depuis, portée au catalogue manuscrit sous le nom de *F. Perieri*.
- *F. Leopardus* (a').
  Extrémité inférieure. Copie de M. Marcel de Serres, Pl. IX, fig. 6.
- *F. Serval* (a'').
  Extrémité inférieure. Copie du même, Pl. IX, fig. 11.

PÉRONÉ.
- *F. spelæa* (b).
  Extrémité inférieure. Copie de Schmerling, Pl. XIV, fig. 4.

ASTRAGALE.
- *F. spelæa* (a).
  Copie du même, Pl. XVII, fig. 3.
- *F. Pardus?* (b). / *F. Palmidens?* (c). D'après nature. De Sansans.

CALCANÉUM. . . . .

F. spelæa (a).
Copie de Schmerling, Pl. XVII, fig. 1.
F. Pardus? (b).
D'après nature. De Sansans.

MÉTATARSIENS. . . . .

F. spelæa (a) et (g).
Médian droit, d'après un plâtre de lord Cole, et (g) médian du même côté, copie de Schmerling, Pl. XVII. fig. 4.
F. Issiodorensis (d).
Quatrième droit, d'après nature. Déjà figurée par M. Croizet, *Chats*, Pl. VI, fig. 4.
F. *antiqua* (f).
Médian droit. Copie de M. Croizet, *Chats*, Pl. VI, fig. 4, et rapporté depuis (cat. man. n° 123) à son *F. Arvernensis*.
D'après l'os que nous possédons cette figure est fort inexacte.

PL. XIX. — FELES ANTIQUÆ.

* *A l'état de momie.*

F. MANICULATA.

Tout entier et encore enveloppé dans ses bandes, et, à côté, la tête dégagée. L'une et l'autre copiés, le premier réduit à moitié, et l'autre de grandeur naturelle, des figures données par M. Savigny, dans la description de l'Égypte.

Il est à remarquer que, dans la figure originale, le dessinateur, et par suite le graveur, ont figuré huit incisives en haut comme en bas, à la momie entière.

Une tête osseuse tout entière, avec sa mandibule à part, de grandeur naturelle, d'après le squelette qui existe dans les collections du Muséum, et qui a été retiré d'une momie rapportée par M. Ét. Geoffroy. Le squelette a déjà été figuré par lui dans la description des antiquités de l'Égypte.

F. BUBASTES.

De grandeur naturelle. La mandibule assez séparée du crâne pour faciliter la comparaison à défaut de place, et d'après une pièce dont j'ignore l'origine dans nos collections et que j'ai fait préparer pour cet ouvrage.

F. CHAUS.

Les deux mâchoires bien complètes, avec leur système dentaire tout entier, provenant d'une tête de momie, que je dois à la bienveillance amicale et scientifique de M. Desnoyers, bibliothécaire de notre Muséum.

** *A l'état de statuettes*

Trois figures de chat dans leur position de repos habituel ; deux que l'on peut rapporter au *F. bubastes*, à cause de la forme de son front, et la plus petite au *F. maniculata*, à cause de son museau un peu allongé (1). Ces trois statuettes, qui font partie du Musée égyptien du Louvre, sont en bronze ; mais de quelle époque sont-elles ?

Une très-petite statuette de Tigre, dans un mouvement assez naturel. Toutefois, quoique les bandes verticales indiquent probablement celles qui caractérisent cette espèce, la tête et surtout la queue sont assez peu celles du Tigre.

Elle existe dans la collection des antiques de la Bibliothèque royale. On en ignore l'origine.

*** *A l'état de médaille*

De la Bibliothèque royale.

Trois médailles représentent un Lion, dont deux sont d'un assez bon dessin.

Deux autres offrent une Panthère fort mal dessinée, surtout sur l'une, où l'animal semble aussi grêle qu'un Guépard.

**** *A l'état de peinture.*

Les quatre espèces représentées dans cette planche, ont été réduites des figures données par M. Rosellini, dans les planches qu'il a consacrées à faire connaître les animaux de chasse chez les Egyptiens : une partie de Lion, deux Panthères, un Guépard.

(1) A ce sujet, nous devons noter ici une observation qui nous a été faite par notre excellent confrère, M. Dureau de la Malle. Suivant lui, il existe en Italie et surtout à Rome, où il l'a vue et dessinée, une variété de Chat domestique qui diffère du nôtre par un museau évidemment plus long. Proviendrait-elle du *F. maniculata*, que M. P.-E. Botta a trouvé à l'état sauvage et domestique en Abyssinie ? Alors, l'opinion de M. Temminck, que c'est le Chat ganté (*F. maniculata*) qui est le type de notre Chat domestique, se trouverait en partie confirmée.

TABLEAU

De la disposition méthodique et de la distribution géographique des Espèces vivantes. (*Voyez p.* 174.)

	ASIE.		AFRIQUE.		AMÉRIQUE.		EUROPE.
1	*Planiceps.*						
2	*Rubiginosa.* *Javanensis.* *Sumatrana* *Viverrina.* *Macroscelis.* *Tigris.*	F. ornata? Gray. F. Sinensis? Gray. F. minuta, Temm. F. Himalayana, Jard. Mapurite, Vinc. Marie. F. Diardi, G. Cuvier. F nebulosa, F. Cuv.	*Serval.*	*Galeopardus*, Desm *Serval*, Daub. — F. chalybeata? H. Sm. F. Senegalensis, Less.	*Tigrina.* *Mitis.* *Pardalis.* *Macroura?* *Onça.*	F. elegans. *Hamiltonii*, H. Sm. *catenata*, H. Sm. *Brasiliensis.*	
3	*Uncia.* *Pardus.*	F. Nimr ou Irbs, Ehr. *F. melas*, Peron et Les. *F. Leopardus*, Temm.	*Pardus.*	*Pardus.* *Leopardus?*			
4	*Leo.*	*Indicus.* *Persicus.*	*Leo.*	*Nubicus.* *Barbarus.* *Senegalensis.* *Capensis.*	*Concolor.*	Tigris fulva, Briss. F. Puma. F. discolor.	
5	*Temminckii.* *Moormensis.* *Manul.* *Bengalensis*	F. aurata? Temm. F. torquata, F. Cuv.	*Cafra.*	F. Capensis? Forst. F. obscura, Desm.	*Jaguarondi.* *Eyra.*	F. Darvinii, Martin. F. unicolor, Traill.	*Catus.*
6	*Maniculata?* *Caligata.* *Chaus.*	*F. undata*, Desm.. Chat à oreilles rousses, F. Cuv. F. erythrotus, Hodgs.	*Maniculata.* *Caligata.*	F. Dongalana, Ehr. F. pulchella, Gray. F. bubastes, Ehr. F. Libyca, Oliv.	*Cœlidogaster.* *Cola-Colla.*		
7	*Longicaudata.*	F. marmorata? Mart.					
8	*Caracal.*	C. du Bengale, Buff.	*Caracal.*		*Pajeros.* *Rufa.* *Canadensis.* *Montana.*	F. testudinea, Hoffmanseg.	*Cervaria.* *Lynx.* *Pardina.*
9	*Jubata.*	F. venatica, H. Sm.	*Jubata.*	F. guttata, Herm.			

A. — *Ongles rétractiles.*

a) Avant-molaire supérieure à deux racines. 1

b) Avant-molaire supérieure à une racine.
- Une tache auriculaire blanche. 2
- Oreille bicolore. . . Pelage tacheté 3
- Oreille bicolore. . . Pelage unicolore. 4
- Oreille unicolore. . . De la couleur du corps. . . . 5
- Oreille unicolore. . . Oreille rousse. 6

c) Point d'avant-molaire supérieure, etc. (*Lynx*). . . . . 7 et 8

B. — *Ongles non rétractiles*. 9

(*Voyez ci-dessus.*) On tire d'autres caractères des traits génaux, des barres brachiales et de la pupille verticale ou circulaire.

PARIS. — IMPRIMERIE DE FAIN ET THUNOT, Imprimeurs de l'Université royale de France, rue Racine, 28, près de l'Odéon.

GENRE FELIS.

(Dimensions en millimètres.)

NOMS des espèces.	NOTES descriptives.	DENTS MOLAIRES / CRÂNE / OS DES PERSONES / VERTÈBRES
F. Leo. (Lion.)	5. C. sq. de M. Cuv.	[illegible]
	18. ♂ du Sénégal.	[illegible]
	19. ♂ de Barbarie (Catalog., pl. 1 et 7).	[illegible]
	15. ♂ du Cap (Catalog., pl. 6).	[illegible]
	1. ?	[illegible]
	12. ♂ de la Hte-Nubie (Catalog., pl. 6).	[illegible]
	13. ♀ du Sénégal (Catalog., pl. 6).	[illegible]
	11. ♀ du Sénégal.	[illegible]
	4. ♀ d'Algérie.	[illegible]
	10. ♀ de l'Inde (Catalog., pl. 6).	[illegible]
	9. ♀ d'Algérie.	[illegible]
	7. Petite ♀ de M. Cuvier.	[illegible]
	— Avec dents de lait.	[illegible]
F. Tigris. (Tigre.)	14. Sq. de Boulenton.	[illegible]
	12. Sq. du Bengale.	[illegible]
	10. Crâne de Java?	[illegible]
	15. Squelette de ♂ : Ménag.	[illegible]
	9. Crâne de Java?	[illegible]
	3. Sumatra (Catalog., pl. 7).	[illegible]
	16. ♀ Squel. de l'Catalog., pl. 11 à 13).	[illegible]
	4. Des Gattes.	[illegible]
	1. Crâne de l'ancien cabinet.	[illegible]
	2. ?	[illegible]
	6. De Java?	[illegible]
	5. Du Bengale.	[illegible]
	11. De Java.	[illegible]
	7. De Java.	[illegible]
	8. Avec dents de lait.	[illegible]
F. Onça. (Jaguar.)	2. ♂.	[illegible]
	7. ♂ Brésil (Catalog., pl. 8).	[illegible]
	4. Sq.	[illegible]
	7. ♀ Pérou (Catalog., pl. 8).	[illegible]
	8. ♀ Mexique.	[illegible]
	9. Variété indée.	[illegible]
	1. À crâne bombé.	[illegible]
	3. Idem (Catalog., pl. 8).	[illegible]
F. Pardus. (Panthère.)	22. ♂ du Maroc.	[illegible]
	16. ♂ à longue queue. Inde.	[illegible]
	14. Du cap de Bonne-Espérance.	[illegible]
	15. De Sumatra (Catalog., pl. 8).	[illegible]
	13. Du Java.	[illegible]
	10.	[illegible]
	9. De Java?	[illegible]
	2. B. Yane. coll.	[illegible]
	11. De Java.	[illegible]
	20. du Sénégal.	[illegible]
	21. D'Alger (Catalog., pl. 8).	[illegible]
	1. Squel. de l'anc. coll.	[illegible]
	3. Idem.	[illegible]
	17. D'Afrique.	[illegible]
	5. Squel. de l'anc. coll.	[illegible]
	12. De Java.	[illegible]
	4. ♂ de l'anc. coll.	[illegible]
	6. ♂ F. melas de Péron.	[illegible]
	7. Mélas.	[illegible]
	19. Du Cap de Bonne-Espér.	[illegible]
	8. ♀ de l'Inde.	[illegible]
	— Avec dents de lait.	[illegible]
F. Concolor. (Couguar.)	1. ♂.	[illegible]
	6. De Patagonie (Catalog., pl. 6).	[illegible]
	3. ♀.	[illegible]
	4. ?	[illegible]
	2. ♀ Ménag.	[illegible]
	5. De Cayenne.	[illegible]
	7. Avec dents de lait.	[illegible]
	8. Avec dents de lait.	[illegible]
F. Jubata. (Guépard.)	2. De Sumatra.	[illegible]
	5. ♀ du Sénégal (Catalog., pl. 10).	[illegible]
	4. ♂ Ménagerie.	[illegible]
	1. Du Bengale.	[illegible]
	3. ♂ squel. de l'Catalog., pl. 3.	[illegible]

NOMS des espèces.	NOTES descriptives.	DENTS MOLAIRES / CRÂNE / OS DES MEMBRES / VERTÈBRES
F. Lynx.	5. Du Canada, 2e sér. mod. lat.	[illegible]
	2.	[illegible]
	1. Squel. (?) dans l'Catalog., pl. 4.	[illegible]
	3. F. (?), Lyvonie (Cat., pl. 10).	[illegible]
	4. De Arve.	[illegible]
F. Pardalis. (Ocelot.)	7. ♂ de la Louisiane.	[illegible]
	1. ♂ du Brésil.	[illegible]
	3. De la Guiane.	[illegible]
	5. Du Mexique.	[illegible]
	2.	[illegible]
	8. De Carthagène. Var. adulte.	[illegible]
	6. Idem avec dents de lait.	[illegible]
F. Mitis (Chati).	1. ♂.	[illegible]
	2.	[illegible]
F.	1. D'Amér. méridi. par M. d'Orbigny.	[illegible]
F. Serval.	5. ♂ du Sénégal (Catalog., pl. 9).	[illegible]
	2. ♂ de Kayena.	[illegible]
	4. ♂.	[illegible]
	3.	[illegible]
	1. Du Cap de Bonne-Espérance.	[illegible]
	6. Du Sénégal; avec dents de lait.	[illegible]
F. Viverrina.	2. ♂.	[illegible]
	1. ♀.	[illegible]
F. Caracal.	1. Squelette ancien.	[illegible]
	2. De l'Inde (2 var. à 2e m. inf.).	[illegible]
	4. Du Sénégal, ♂.	[illegible]
	3. ♂ de Barbarie (Catalog., pl. 15).	[illegible]
F. Caligata.	2. Momie (Catalog., pl. 11).	[illegible]
	5. Des Gattes (de l'Inde).	[illegible]
	3. Id.	[illegible]
	7. Id.	[illegible]
	4. Id.	[illegible]
F. Maniculata.	1. ♂ Mort à la ménagerie.	[illegible]
	2. Sauvage Du Sennaar (Catalog., pl. 14).	[illegible]
	4. Momie (Catalog., pl. 14).	[illegible]
	5. Domestique. Du Sennaar.	[illegible]
	6. Sauvage. De Barbarie.	[illegible]
	3. D'Abyssinie. Dents de lait.	[illegible]
F. Cafra.	1. ♂.	[illegible]
	2. ♀.	[illegible]
F. Catus.	3. D'Alger (Catalog., pl. 6).	[illegible]
	4. D'Allemagne.	[illegible]
F. Pajeros.	1. ♂ du Chili.	[illegible]
F. Sumatrana.	1. ♂.	[illegible]
	3. ♀.	[illegible]
	2.	[illegible]
F. Torquata.	Type de l'espèce.	[illegible]
F. Longicaudata.	Type de l'espèce (Catalog., pl. 14).	[illegible]
F. Planiceps.	2.	[illegible]
	1.	[illegible]
	3. Catalog., pl. 9.	[illegible]
	4. D'une peau du Cabinet.	[illegible]
F. Javanensis.	3.	[illegible]
	1.	[illegible]
	2. Avec dents de lait.	[illegible]
F. Rubiginosa.	Type de l'espèce.	[illegible]
F. Jaguarondi.	♂.	[illegible]
F. Tigrina.	3. Du Brésil.	[illegible]
	5. F. elegans?	[illegible]
	1.	[illegible]
	2.	[illegible]

DES CANIS.

Généralités.

Le genre Canis, quelque intéressant qu'il soit, quand on le considère sous le point de vue de l'association primitive, et peut-être divine, du Chien avec l'espèce humaine, et par conséquent sous le rapport de son histoire naturelle et de la nôtre, devra pourtant nous occuper bien moins longtemps que celui des Felis, apogée des animaux carnassiers, dont le Lion est le terme. En effet, ce n'est évidemment déjà qu'une sorte de dégradation de ce grand genre, et comme il ne forme pas un type aussi rigoureusement circonscrit que lui, l'étude minutieuse des espèces qu'il renferme, ne pourrait nous offrir une importance scientifique ou zoologique aussi marqué.

Intérêt de l'étude du genre Canis.

Toutefois, cette diversité dans le type générique nous conduira, jusqu'à un certain point, à un résultat assez analogue à celui qu'a déterminé le grand nombre de variétés de taille chez les Felis, et nous forcera encore à descendre à des développements qui ne seront pas sans intérêt. Nous le ferons d'autant plus volontiers, que ce genre a laissé des traces de son ancienneté et de son existence dans des terrains au moins aussi variés que celui des Felis; qu'il offre à notre étude un plus grand nombre d'espèces encore actuellement vivantes dans notre Europe, et que, d'ailleurs, il renferme, au nombre de ces espèces, le fidèle compagnon de l'Homme, espèce qui doit nous fournir les éléments les plus importants pour la résolution de la grande question de la domesticité des animaux; à quoi je puis encore ajouter que le Chien, sujet malheureusement trop souvent entre les mains des anatomistes et des physiologistes, a été fréquemment pris pour type de l'organisation des Mammifères digités. L'ostéologie et l'odontologie des espèces de ce genre nous demandera

A cause des Espèces fossiles.

Du nombre des Espèces vivantes en Europe.

De l'Espèce domestique.

De l'Ordre à suivre.

Nous avons déjà fait pressentir plus haut que les Canis, qui comprennent les Renards, les Chacals et les Loups, ne forment pas un genre aussi nettement circonscrit que les Felis : d'où il est résulté que la dégradation y est bien plus manifeste que chez ceux-ci. En effet, nous verrons que, si les premières espèces ont quelque chose des Felis, comme les Renards, qui ont la pupille verticale et une petite clavicule presque normale, les dernières, dont la pupille est ronde, n'auront plus que quatre doigts en avant comme en arrière, ainsi que cela a lieu chez les Hyènes.

Du Type à choisir. Le Loup (*C. Lupus*).

D'après cela, on voit comment, après avoir pris pour type du genre, et décrit le Loup, espèce évidemment la plus répandue, la plus commune, et regardée, à tort ou à raison, comme la souche de notre Chien domestique, nous lui comparerons, suivant notre méthode, les espèces de Canis dont nous avons pu nous procurer le squelette, d'abord, celles ascendantes, c'est-à-dire qui remontent vers les Felis, et ensuite, celles descendantes vers les Hyènes, par lesquelles nous terminerons l'ostéographie des Carnassiers.

CHAPITRE PREMIER.

OSTÉOGRAPHIE.

Histoire et étude de son ostéographie.

L'étude du squelette du Loup, et surtout de celui du Chien, c'est-à-dire de l'animal qui se trouve à chaque instant sous le scalpel de l'anatomiste, a été essayée d'une manière plus ou moins complète par un grand nombre de personnes, mais malheureusement trop souvent sans une marche bien rationnelle. Ainsi, sans parler de Vésale, ni même de G. Blasius, Daubenton, qui commençait alors, il est vrai, le grand ouvrage de Buffon, ne fut pas heureusement guidé par suite du plan adopté par ce dernier, en faisant porter sa comparaison du squelette du Chien avec ceux du Cochon, du Cheval, et autres animaux domestiques, par lesquels Buffon, imitant Pline, avait cru devoir commencer sa vaste

Par Vésale. Blasius. Daubenton.

entreprise. Cette faute de Daubenton ne put être réparée, lorsque, venant à parler du Loup dans un autre volume, il crut devoir donner cinq grandes pages de mesures linéaires; car ce genre de mesure ne peut jamais remplacer une description comparative.

M. G. Cuvier, qui, dans ses leçons d'anatomie comparée, n'avait parlé que fort rarement du Chien, et du Loup en particulier, et même d'une manière assez erronée, répara cette omission dans la seconde édition de ses Recherches sur les ossements de quadrupèdes (1825), en prenant cette espèce comme type du groupe des Carnassiers, et même en donnant d'excellentes figures, malheureusement de la tête seulement, mais sans une description suffisamment détaillée ni comparative. C'est ce que l'on peut également dire de Meckel, qui n'a pas été beaucoup plus loin, en donnant quelques particularités dans ses Généralités sur les Carnassiers, non plus que MM. Pander et d'Alton, qui n'ont pas même figuré le squelette d'une espèce de ce genre. Nous espérons donc qu'il nous sera possible d'ajouter quelque chose à ce qui a été dit sur le squelette du Loup, et, au moins, de le faire envisager un peu autrement que nos prédécesseurs, d'abord parce que notre plan est tout différent, et ensuite parce que nous pouvons nous étendre bien plus qu'ils ne le devaient dans des ouvrages généraux.

G. Cuvier.

Meckel.

Pander et d'Alton.

DU SQUELETTE PROPREMENT DIT.

Le système osseux du Loup, c'est-à-dire les os qui entrent dans la composition de son squelette, sont généralement d'un tissu un peu moins serré, un peu moins éburné, et même moins blanc que celui des Felis, peut-être parce que la cavité médullaire et le tissu diploïque sont un peu plus étendus, comparativement à la partie éburnée : aussi sont-ils un peu moins cassants, et moins pesants.

Examiné dans sa structure.

Leurs extrémités articulaires, dans leur structure comme dans leur forme, ne sont guère moins serrées, si même elles ne le sont pas davantage que dans les Felis, par suite d'une limitation plus grande dans les

Dans la forme de ses articulations.

mouvements qui leur sont permis; ce qui demande nécessairement des ligaments moins lâches ou plus serrés, comme on peut le voir surtout aux articulations des vertèbres et des membres antérieurs et postérieurs. En effet, le Loup et les Canis en général ont bien moins de souplesse et d'ondulations dans leurs mouvements que les Felis.

Dans le nombre et la disposition des Os. I. De la Colonne vertébrale. En général. Nombre des Vertèbres. Courbures.

Le nombre des os en totalité, et même celui des os qui entrent dans la composition de chaque partie du squelette sont absolument les mêmes que dans les Felis, ce qu'on peut également dire de leur disposition.

Ainsi, la série vertébrale, formée de quatre vertèbres céphaliques, sept cervicales, treize dorsales, sept lombaires, trois sacrées et de dix-sept ou dix-huit coccygiennes, présente-t-elle absolument les mêmes courbures que dans les Felis; seulement, celle du cou est moins profonde, et surtout celle du dos se continue avec celle des lombes, sans former à la jonction de ces deux parties, l'angle prononcé que nous avons fait remarquer dans les Chats. On peut ajouter que la courbure de la queue en dessus est peut-être moins marquée, moins tombante à sa racine, au contraire de celle en sens inverse de sa partie terminale.

Forme.

On peut aussi faire observer que la colonne vertébrale du Loup est un peu plus large, moins étroite que dans la Panthère, par exemple, qui est à peu près de la même taille, et que dans les Felis, en général, moins cependant que dans les Ours et que dans les Primates.

En particulier.

Si, maintenant, nous examinons à part chaque région de cette colonne, nous verrons que les différences les plus grandes portent sur les deux extrêmes, la tête et la queue.

A la Tête. Vertèbres : occipitale.

La partie vertébrale de la tête du Loup est, en général, plus allongée, non-seulement que dans les Felis, mais peut-être même que dans tous les autres Carnassiers de sa taille. Du reste, la vertèbre occipitale, en forme de plaque verticale, excavée en arrière, et tout à fait terminale dans son arc fortement relevé de crêtes, et se prolongeant, en forme d'interpariétal, assez en avant de la crête occipitale(1), est large et

(1) Meckel regarde ce prolongement comme un véritable interpariétal distinct; M. G. Cu-

plate dans son corps du reste assez avancé. La sphéno-pariétale est, au contraire, assez allongée, même dans son corps, dont l'aile sphénoïdale est assez grande pour s'élever au niveau de la suture du squammeux, et pour s'articuler largement avec le pariétal, dont l'allongement contribue pour beaucoup à celui de la tête en général. La sphéno-frontale est encore considérable, du moins dans son arc ou os frontal, plus même que la précédente; sa longueur étant partagée par l'apophyse orbitaire en deux parties égales : l'antérieure assez rapidement déclive et profondément incisée par la pointe du maxillaire, et la postérieure fortement déprimée latéralement, pour sa contribution dans la formation de la fosse temporale.

Sphéno-pariétale.

Sphéno-frontale.

Quant au vomer et aux os du nez, ils participent à la longueur de la face, déterminée par celle des mâchoires : aussi sont-ils bien plus étendus que chez les Felis, le premier étant, comme à l'ordinaire, continu avec le corps de l'ethmoïde, mais fort étroit, et les seconds ensellés ou un peu excavés en dessus, prolongés en pointe arrondie jusqu'au frontal, et partagés en deux lobes très-inégaux à leur bord terminal, l'interne presque nul, l'externe en pointe assez aiguë et libre.

Vomero-nasale.

Les appendices céphaliques ou les mâchoires du Loup ont un caractère particulier dans leur allongement, et même dans la manière dont ils s'atténuent, en forme d'avance pyramidale.

Appendices céphaliques.

La mâchoire supérieure commence : *a)* en bas par un ptérygoïdien interne, large, squammiforme, concave en dedans, à bord interne presque droit, prolongé en arrière en une apophyse très-petite et pointue; *b)* en haut, par un lacrymal assez petit, plus intra qu'extra-orbitaire, et ne formant que la moitié externe du canal lacrymal, tandis que, dans les Felis, c'est la moitié interne; *c)* en dehors, par un zygomatique assez arqué, mais plus long, moins large, et surtout bien moins bifurqué en arrière que dans les Felis, qui sont au summum de cette disposition.

Supérieur.

Ptérygoïdien.

Lacrymal.

Zygomatique.

Le palatin, qui, dans sa branche verticale fort large, monte assez peu

Palatin.

vier assure (*Ossem. foss.*, IV, p. 271) ne l'avoir jamais trouvé à cet état, même dans des fœtus de tout âge. Je n'ai pas été plus heureux.

élevé pourtant dans l'orbite, se porte au contraire, par une lame horizontale large et arrondie en avant, presque vers le tiers postérieur du palais, au niveau du milieu de la première dent tuberculeuse, et, en arrière, assez loin pour border l'orifice nasal.

Maxillaire. Le maxillaire, bien plus long que dans les Felis, et qui entre pour la plus grande part dans l'allongement de la face, assez élevé et convexe dans sa branche montante, arrondie à son extrémité supérieure, est, au contraire, presque plane, ou à peine sub-canaliculée dans sa branche ou lame horizontale, dont le bord est inégalement creusé par des alvéoles profondes, nombreuses et variées.

Prémaxillaire. Le prémaxillaire est aussi bien plus grand que dans les Felis; sa branche montante s'interposant à l'os du nez et au maxillaire, par une pointe très-effilée qui dépasse la moitié de la longueur de celui-là, et sa lame horizontale assez projetée en avant, en formant un bord arrondi, creusé de trois profondes alvéoles.

Inférieur. La mâchoire inférieure, qui commence fort en arrière, a pour base un

Rocher. rocher assez développé, très-serré entre les os qui l'entourent, fortement caréné à son angle solide supérieur, et profondément perforé à sa face interne, de trois trous subégaux, le sinus du lobule cérébelleux le plus grand.

Caisse et Canal auditif. Contre ce rocher s'applique une caisse ovale renflée, moins cependant que dans les Felis, se continuant en dehors en un canal auditif large, appliqué à sa racine, se prolongeant en une gouttière fortement déchirée à son bord, et constituant avec le squammeux un tube complet assez long et dirigé un peu en haut et en arrière.

Osselets de l'Ouïe. Étrier. Lenticulaire. Enclume. Marteau. Les osselets de l'ouïe ont la forme ordinaire, l'étrier en pyramide tronquée, avec la platine ovale et largement percée; le lenticulaire très-mince et ovale; l'enclume en dent molaire, avec ses deux bras ou racines presque égales et très-divergentes; le marteau enfin, très-arqué, à tête assez petite, à col fort dilaté avec ses deux apophyses bien marquées, et dont le manche est court, assez épais et presque canaliculé dans sa longueur.

Enfin, le squammeux, la dernière pièce du temporal, est assez large et mince dans sa partie supérieure, dont le bord est plutôt échancré qu'arrondi; mais son apophyse zygomatique est moins arquée, moins écartée, en un mot, moins large que chez les Felis, quoique cependant encore assez forte; aussi, sa cavité glénoïde est-elle bien moins profondément canaliculée, toutefois avec l'apophyse d'arrêt postérieure plus saillante que chez ces derniers. Squammeux.

La mandibule du Loup correspondante par son étendue générale à celle de la mâchoire supérieure, se laisse aisément distinguer de celle des Felis, et même de celle des Ours par la longueur, l'étroitesse et un peu de courbure en bateau de sa branche horizontale, fort épaisse du reste à son bord inférieur, et s'unissant à celle du côté opposé par une symphyse ovale et oblique, ainsi que par le peu d'élévation de la branche montante. Celle-ci présente, du reste, un condyle transverse subovale, assez large, fort peu détaché; une apophyse coronoïde fort élevée et peu arquée, mais inclinée sur ses deux bords, et comme tronquée à sa terminaison; enfin, une apophyse angulaire à crochet épais, arrondi, oblique en dehors, saillante presque à l'aplomb du condyle, sans arrêt au commencement de son sinus de jonction avec le bord de la branche horizontale. Mandibule. Branche horizontale. montante. Condyle. Coronoïde. Angulaire.

L'angle facial, sous lequel la mâchoire supérieure se joint au crâne est nécessairement diminué de ce qu'il est chez les Felis, et, en effet, il ne dépasse guère une vingtaine de degrés, surtout en faisant abstraction des bosses frontales. Angle facial.

Les cavités et fosses internes ou externes, ont également éprouvé des modifications importantes. Cavités et Fosses.

Ainsi, l'aire crânienne et l'aire faciale sont à peu près égales, par suite surtout du grand développement de celle-ci.

La cavité cérébrale est toujours partagée en deux parties par une lame occipitale oblique, un peu excavée en arrière, formant presque toute la tente du cervelet. Dans le Crâne ou intérieures.

Les fosses basilaires sont peu marquées; la selle turcique presque Médianes basilaires.

Turcique. Latérales. effacée, à défaut d'apophyses clinoïdes; la selle chiasmatique est également peu indiquée et peu étendue. Les fosses latérales sont aussi moins profondes que dans les Felis, et surtout les sphéno-temporales. Mais c'est

Olfactives. le contraire pour les fosses olfactives ou de la lame criblée; elles sont en effet très-larges, très-profondes, cordiformes, sans apophyse cristagalli intermédiaire, et chacune divisée en trois groupes de trous : l'externe triangulaire plus large, le supérieur bien plus grand, arrondi, et l'interne de beaucoup le plus petit.

Extérieures. A l'extérieur de la tête, les diverses fosses sont aussi dans des proportions assez particulières.

Occipitales. Ainsi les occipitales, très-prononcées par le grand développement de la crête de ce nom, se portant obliquement jusque derrière le trou auditif, laissent au-dessous d'elles trois grandes aires d'anfractuosités d'insertion musculaires, une médiane et deux latérales, réniformes.

Temporales. Les fosses temporales occupent toutes les parties latérales du crâne, et même celles d'une crête sagittale considérable, naissant quelquefois sur les frontaux et se portant sur l'occipitale, devenant ainsi triptère et fort élevée au culmen ou point de jonction.

Ptérygoïdiennes. Les fosses ptérygoïdiennes sont, au contraire, fort petites et presque superficielles.

Cavités sensoriales. Les cavités sensoriales sont généralement assez grandes et dans un degré de développement à peu près égal.

Auditive. L'auditive est en effet médiocre, aussi bien en dedans qu'en dehors.

Oculaire ou Orbite. L'oculaire est assez bien dans le même cas, et par conséquent notablement moins grande que dans les Felis, mais plus ovale, plus oblique en dehors, et surtout encore moins fermé dans son cadre que chez eux; par suite d'un moindre développement des apophyses orbitaires.

Olfactive. La cavité olfactive est, par contre, bien plus étendue, non-seulement en elle-même, à cause du prolongement des os du nez, des maxillaires, mais encore par suite du grand développement des cornets, surtout des inférieurs, et même des sinus maxillaires et frontaux, qui soulèvent quelquefois le front de manière à former une sorte de rigole dans la ligne médiane du chanfrein, et à augmenter notablement le degré de l'angle facial.

Enfin la cavité linguale ou gustative a suivi le même accroissement, ce qu'indique l'allongement des mâchoires. Aussi le palais, presque aussi large que dans les Felis, est bien plus long, peu profondément excavé ou voûté, si ce n'est dans l'angle formé par l'écartement des deux arrière-molaires, où se voit un assez profond enfoncement pour loger la carnassière inférieure; mais l'angle sous lequel les deux mandibules se joignent est bien plus aigu, puisqu'il dépasse à peine vingt degrés, et la symphyse étant assez longue. Gustative. Palais. Angle inter-mandibulaire.

Les ouvertures de la tête du Loup sont aussi plus grandes que chez les Felis. Ouvertures terminales.

L'antérieure, ou nasale, est plus oblique, moins terminale, plus ovale, et comprise entre les prémaxillaires et les nasaux seulement. Antérieure

La médiane, ou palatine, percée un peu au delà de la moitié de la longueur basilaire, est plus étroite, assez large du reste, à rebord mince, avec pointe médiane fort peu marquée. Médiane.

Quant au grand trou occipital, il est presque complétement terminal, son diamètre transverse un peu plus grand que le vertical, et dans la proportion de 1 à 3 avec celui de la cavité cérébrale. Postérieure ou Occipitale.

Les orifices vasculaires et nerveux n'offrent rien de bien particulier, que de légères différences de proportion. Orifices et Trous.

Parmi les premiers, le canal carotidien est médiocre et tout à fait à l'extrémité antérieure de la caisse; le trou déchiré postérieur est ovale ou semi-lunaire, bien circonscrit. Vasculaires. Carotidien. Déchiré.

Parmi les seconds, les condyloïdiens, au nombre de deux, sont ronds, fort avancés et bien distants; les trous rond et ovale, presque égaux et de même forme arrondie; la fente sphénoïdale est en trou de serrure et plus grande qu'eux; le trou optique, fort oblique et petit; les orbitaires internes, au nombre de deux, le sont excessivement; l'orifice du canal palatin, médiocre, communique dans le palais par deux trous fort avancés, dont un plus grand que l'autre; le canal sous-orbi- Nerveux. Condyloïdiens. Rond. Ovale. Optique. Palatin. Sous-orbitaire.

taire s'ouvre à l'extérieur par un orifice ovale, comprimé verticalement.

Dentaire. A la mandibule l'orifice interne du canal dentaire est médiocre, fort oblique et assez inférieur, et sa terminaison se fait par deux trous mentonniers sur la même ligne assez grands, l'antérieur plus que le postérieur, celui-là à l'aplomb de la première avant-molaire, celui-ci dans l'intervalle de la seconde et de la troisième.

Mentonniers.

Des Condyles. La tête du Loup se joint au reste de la colonne vertébrale par des condyles subterminaux, assez saillants et ovalaires.

Vertèbres cervicales, 7. Les vertèbres cervicales sont assez différentes de celles des Felis et des Ours de même taille, par un peu plus de longueur en général, et par la forme des apophyses transverses, qui sont plus larges d'avant en arrière.

Atlas. L'atlas a son corps pourvu inférieurement d'une épine au milieu de son bord postérieur, et ses ailes, projetées en arrière, un peu plus étroites que dans les Felis, avec les deux trous artériels, très-rentrés et écartés, tout à fait en dessus; l'axis, son apophyse épineuse très-longue, d'avant en arrière, mais très-peu élevée, et presque tout à fait rectiligne à son bord supérieur.

Axis.

Intermédiaires. Les trois cervicales intermédiaires, qui ont pour caractère commun d'avoir le corps pourvu en dessous d'une sorte de carène apophysaire, diffèrent entre elles par l'apophyse épineuse, nulle à la première, assez large à la seconde, et plus étroite à la troisième, par les tubercules supérieurs des apophyses articulaires décroissant de la première, où elle est presque nulle, à la troisième, et enfin par les apophyses transverses fort longues, d'avant en arrière, sinueuse à leur bord, et augmentant un peu de largeur, mais sans tendre à s'imbriquer comme dans les Felis.

Sixième. La sixième cervicale se distingue par une apophyse épineuse presque aiguë et antéroverse, ainsi que par son apophyse transverse, dont le lobe inférieur est assez large et non sinueux à son bord.

Dorsales, 13. Les vertèbres dorsales, au nombre de treize, sont, au contraire des cervicales, en général plus courtes ou plus épaisses de corps; les apophyses épineuses sont aussi moins étroites, moins aiguës que dans les Felis, mais bien moins larges que dans les Ours; et celles de la onzième et de la douzième inclinées en sens inverse, de manière à se regarder par leur côté droit, sont de la même hauteur.

Les sept lombaires forment surtout une région plus courte que dans les Felis, mais bien moins que dans les Ours. Leurs apophyses épineuses croissent de hauteur en diminuant de largeur jusqu'à la quatrième, pour décroître ensuite assez rapidement jusqu'à la septième. Les apophyses transverses sont en général plus grêles, et d'autant plus qu'elles sont plus postérieures; la plus longue est la cinquième, et la plus petite la septième, remarquable par sa gracilité; les antérieures surtout ont une sorte d'épine à l'angle antérieur de leur extrémité. Lombaires, 7.

Les trois sacrées constituent un sacrum étroit, à bords ou côtés presque parallèles, mais plus court et plus ramassé que dans les Felis. Les deux dernières vertèbres, assez semblables, très-déprimées, arquées, et la première presque seule articulée avec l'iléon. Sacrées, 3.

Enfin les vertèbres coccygiennes, au nombre de dix-neuf au plus, ont pour caractères communs d'être en général plus petites, plus grêles, et surtout de décroître bien plus rapidement, de manière à constituer une queue bien plus effilée, bien moins puissante que dans les Felis. Coccygiennes, 19.

La série sternébrale du Loup rappelle beaucoup ce qui existe dans les Felis à cornes hyoïdiennes complètes. II. Sternèbres.

Ainsi l'hyoïde, composé du même nombre de pièces, offre un corps transverse peu étroit et moins épais, triquètre dans sa coupe, des grandes cornes, dont l'article basilaire est le plus court et le plus large; les deux autres étant subégaux; le dernier assez arqué, et enfin une corne thyroïdienne plus forte et plus longue que les articles de l'antérieure. Hyoïde. Corps. Cornes antérieures, postérieures.

Le sternum est, comme à l'ordinaire, formé de ses huit pièces, sans compter le xiphoïde, assez longues et étroites, à coupe trapézoïdale, la base en dessous, subégales, sauf le manubrium, double des autres, et la huitième cubique, et n'étant distincte du xiphoïde qu'en dedans. Sternum.

Quant aux côtes et aux cornes, qui descendent des vertèbres dorsales, Côtes, 13 ou remontent des sternèbres pour constituer le thorax, elles sont en même nombre et disposition que dans la panthère; seulement elles sont un peu plus larges et plus plates, surtout inférieurement, les antérieures plus que les autres : caractère qui se retrouve assez bien dans la Civette.

Thorax. Le thorax, qui en résulte est aussi un peu plus long, plus comprimé, et, par suite, plus haut dans le sens vertical que dans la Panthère.

III. Des Membres. Les membres du Loup sont aussi, en général, un peu plus élevés, plus redressés que dans celle-ci; peut-être même sont-ils un peu moins distants entre eux.

a) antérieurs. Aux antérieurs :

Omoplate. Sa forme. L'omoplate est évidemment plus étroite, surtout par moins d'avance de son bord antérieur que dans les Felis, et, *à fortiori*, que dans les Sa Crête. Ours, ce qui rend ses deux côtés subsemblables; sa crête, qui est submédiane (la fosse sous-épineuse étant cependant un peu plus Acromion. grande), haute et presque droite, se termine par un acromion peu développé, arrondi, mais non bifurqué, de manière à ressembler un peu Coracoïde. à ce qu'il est dans l'Ours. L'apophyse coracoïde est réduite à un simple tubercule épais, à peine saillant au-dessus d'une cavité glénoïde ovale, et appointie supérieurement.

Clavicule. La clavicule semble ne pas exister, mais, lorsqu'on la cherche convenablement, on trouve qu'elle est réduite à une petite pièce osseuse, plate, large, arrondie à une extrémité, et se terminant brusquement en pointe à l'autre.

Humérus. L'humérus court, assez gros, avec sa double courbure assez marquée, Supérieurement. assez large et comprimé supérieurement, ce qui est produit par une empreinte deltoïdienne assez forte, ne dépassant pas le tiers de la longueur totale, est, au contraire, étroit inférieurement, plus même que dans la Panthère, par suite d'une absence presque complète de crête Inférieurement. au-dessus du condyle. La surface articulaire est en double poulie bien marquée, sans trou ou canal au condyle interne, mais avec un trou d'ossification incomplète dans le fond de la fosse sigmoïdale.

Os de l'Avant-Bras. Les os de l'avant-bras du Loup ne se distinguent pas moins aisément de ceux des Ours et des Felis, et, en général, de ceux de tous les autres carnassiers, et cela, par des caractères évidents de dégradation, entre autres, par plus d'élévation proportionnelle, plus de rapprochement entre eux, et par la position presque tout à fait antérieure du radius, ce qu'indique la place de la facette sigmoïde du cubitus. En général.

Ainsi, le radius, presque aussi large supérieurement qu'inférieurement, est fortement comprimé au-dessous de la tête humérale, et arqué dans toute sa longueur; sa tête supérieure. bien plus large qu'épaisse, est manifestement transverse, semi-circulaire ou sigmoïde, tandis que l'inférieure, proportionnellement peu large, offre sa cavité articulaire également transverse, mais étroite et sans gouttière dorsale ni tubercule interne aussi prononcés que dans la Panthère. En particulier. Radius. Supérieurement. Inférieurement.

Le cubitus, qui suit la courbure du radius dans toute sa longueur, en se collant presque contre lui, est encore assez large, assez épais dans son apophyse olécrâne, presque carrée, bicornée à l'angle antérieur et supérieur, et bien moins épais et recourbé que dans les Felis; mais, dans le reste de son étendue, il s'amincit et s'atténue assez rapidement en se courbant, de manière cependant à conserver le même diamètre, en formant une apophyse odontoïde, assez large, comprimée et arrondie à son extrémité. Cubitus. Supérieurement. Inférieurement.

Dans les os du carpe, nous ferons remarquer que ceux de la première rangée sont en général plus forts que dans les Felis, au contraire de ceux de la seconde, notablement plus petits. Le scaphoïde, par exemple, de tous le plus grand et le plus large, est pourvu en dedans d'une apophyse encore plus forte, et surtout plus épaisse que dans les Felis, et qui offre en dedans et en arrière, une facette articulaire sigmoïde pour un sésamoïde. Le triquètre est encore assez gros, bien plus que dans la Panthère, pourvu d'une apophyse interne ou carpienne bien plus forte, et d'une fossette articulaire cubitale évidente; au contraire, le pisiforme est plus court, plus épais, et surtout plus dirigé en arrière. Carpe. 1re rangée. Scaphoïde. Triquètre. Pisiforme.

La seconde rangée est plus restreinte que dans les Felis; le trapèze très-petit, semblable à un cunéiforme; le trapézoïde et le grand os sub- 2e rangée. Trapèze. Trapézoïde.

égaux, ce dernier pourvu en dedans d'une apophyse épaisse, plus que celle de l'unciforme.

Métacarpe. En général. En particulier.

Les os du métacarpe sont, en général, plus longs, plus étroits, plus serrés, plus rectilignes sur les bords que ceux des Felis. Des quatre externes, bien plus grands que l'interne, deux divergent en dedans, et deux en dehors, et leur déclivité dorsale est dans le même sens. Le plus gros et le plus court est le cinquième : les troisième et quatrième sont presque égaux et presque semblables, le second est le plus courbé en dedans. Tous plus étroits à la face palmaire, plus larges et presque plats à la face dorsale, offrent, comme caractère, d'avoir la tête articulaire bien moins dilatée au bord externe et en bas, au-dessus des poulies que dans les Felis.

Phalanges. En général. En particulier.

Les phalanges participent assez peu à cette augmentation de longueur des membres antérieurs; elles sont même, en général, proportionnellement plus courtes que dans les Felis, et les deux dernières d'une forme très-différentes. Des premières, celles des deux doigts intermédiaires sont subégales, celles du second et cinquième doigt plus courtes. La différence est encore plus marquée pour les secondes : en effet, les extrêmes sont remarquables par leur brièveté et leur largeur proportionnelle, toutes deux versant faiblement en dedans. Quant aux onguéales, elles sont étroites, triangulaires, peu comprimées, peu arquées, du reste assez pointues et pourvues à la base seulement d'une sertissure peu avancée.

Premières. Secondes. Troisièmes ou Onguéales.

Du Pouce.

Le métacarpien et les phalanges du pouce ne diffèrent de ce qu'ils sont aux autres doigts, que par leur petitesse; du reste, c'est la même forme, très-différente de ce qui existe chez les Felis.

a) postérieurs. En général.

Les membres postérieurs du Loup sont peut-être encore plus longs, plus élevés que les antérieurs, et l'augmentation porte également sur les os de la jambe et du cou-de-pied.

Os innominé.

L'os innominé n'offre pas de grandes différences, comparé avec celui de la Panthère; il est cependant évidemment plus déprimé, plus élargi, plus raccourci dans toute son étendue. Il est, en effet, d'un cinquième plus court que le fémur, plus large dans l'iléon, arrondi dans son bord antérieur, plus court dans la symphyse; le trou souspubien est également moins grand, au contraire de la tubérosité ischiatique plus développée.

Le fémur est aussi bien plus court que dans les Felis, et surtout que dans les Ours. En effet, sa longueur est à celle de l'os innominé, comme six est à cinq; il est même sensiblement courbé, surtout inférieurement, peu épais dans sa partie supérieure, plus arrondi dans son corps, et même avec une sorte de ligne âpre; il devient surtout assez large inférieurement, où ses condyles sont subégaux, séparés par une poulie rotulienne, plus étroite et plus remontante que chez les Felis. Fémur. Supérieurement. Inférieurement.

Les os de la jambe ne contribuent guère à l'allongement des membres abdominaux. En effet, le tibia est encore assez épais, assez robuste, à double courbure plus marquée que dans les Felis; son articulation supérieure est cependant assez peu élargie, au point que le diamètre, dans la direction de la crête, est plus grand que le transversal. Quant à la surface articulaire inférieure, elle est plus profonde, plus serrée, plus oblique que dans les Chats. Os de la Jambe. Tibia. Supérieurement. Inférieurement.

Le péroné, au contraire du tibia, est fort grêle, fort mince, surtout dans son corps, qui, dans sa moitié inférieure, se courbe subitement pour s'appliquer contre le tibia (1). Ses deux têtes sont, du reste, assez également dilatées, et l'inférieure forme une malléole assez saillante. Péroné.

La dissemblance entre le pied du loup et celui de la panthère est peut-être moindre que pour la main; cependant le pied est généralement plus étroit et plus serré. Pied en général.

Les os du tarse font un tout sensiblement plus long dans ce dernier animal. Tarse.

L'astragale est très-profondément excavé par une poulie à bords inégaux, et sa tête, très-étroite dans le sens vertical, est portée par un col également fort étroit et dans la même direction. Astragale.

(1) C'est par faute de rédaction, sans doute, que M. G. Cuvier dit, *Anat. comp.*, IV, p. 365, que le Chien a le péroné attaché dans toute la longueur du tibia, en arrière.

Calcanéum.

Le calcanéum, également plus étroit, moins comprimé, plus échancré en arrière, offre une proportion encore moindre, pour la surface articulaire comparée à la partie apophysaire; et, d'ailleurs, son apophyse interne est beaucoup moins saillante.

Scaphoïde.

Le scaphoïde a le plus grand diamètre de sa cavité astragalienne vertical, en sorte que ses trois facettes, pour les cunéiformes, sont dans le même sens d'arrière en avant.

Cunéiformes. Premier. Deuxième. Troisième.

Les trois os de ce nom existent, quoique le premier soit fort rentré au bord postérieur du tarse ; il est du reste mince et plat; le second, plus petit, est encore presque marginal, mais avec sa forme ordinaire; enfin le troisième, le plus gros, est dans le même cas.

Cuboïde.

Le cuboïde du loup est plus long que large ou épais; il est échancré au bord externe par une entaille assez profonde, limitée en arrière et en dedans par une assez large tubérosité.

Quant aux os du métatarse et aux phalanges, ils sont assez bien, comme leurs analogues, aux pieds de devant.

Métatarsiens.

Toutefois, les métatarsiens sont plus étroits, plus serrés, et même un peu plus longs, plus divergents, deux dans un sens et deux dans un autre, qu'à la main.

Premier.

Quoiqu'il n'y ait à l'extérieur que quatre doigts, on remarque cependant que le premier cunéiforme porte, articulé sur lui, un rudiment de premier métatarsien, de forme triangulaire et collé fortement à la base du second, pourvu d'une facette à cet effet

Doigts.

Quant aux os des doigts proprement dits, on ne peut guère trouver, comme différence avec leurs analogues à la main, que dans un peu plus de gracilité.

Comparaison du Loup d'Europe.

Le type du genre Canis étant ainsi étudié, comparativement avec les autres carnassiers de taille à peu près semblable, voyons maintenant à lui comparer les espèces qui constituent ce genre, et d'abord celles qui ont été considérées comme de véritables Loups.

Tous les zoologistes ont accepté comme tels plusieurs animaux étrangers qu'ils rapprochent du Loup d'Europe, aussi bien pour la figure que pour la taille.

D'abord, de notre Loup d'Europe, j'ai pu comparer un assez bon nombre de crânes d'individus de sexes différents, et j'ai pu m'assurer que les mâles ont la tête plus courte et plus large, le front plus élevé, plus bilobé par la grande saillie des sinus frontaux, le coup de hache de la racine du front plus marqué, la protubérance occipitale plus saillante et plus soulevée; et qu'au contraire, dans les femelles, la tête est toujours plus longue et plus étroite.

Étudié dans le Mâle.

Dans la Femelle.

Je n'ai remarqué rien de particulier dans le crâne du Loup noir d'Europe (*C. Lycaon*), dont j'ai examiné, il est vrai, un seul squelette provenant d'un individu assez jeune et sans doute femelle. Les os du nez m'ont cependant paru remonter un peu moins haut.

Avec le Loup noir (*C. Lycaon*).

La tête osseuse du Loup du Canada, à en juger d'après le crâne d'un animal adulte, quoique peu âgé, probablement mâle, m'a semblé indiquer quelque chose de différentiel, sa forme étant un peu plus courte, plus pyramidale, plus ramassée dans toutes ses parties, et les os du nez étant plus longuement étroits et scalènes et à l'angle externe de leur terminaison plus pointus et plus détachés du prémaxillaire. Mais ces différences sont-elles spécifiques? c'est ce que je n'oserais assurer, n'ayant vu que deux crânes et un seul squelette qui ne m'a offert rien de différent de celui du Loup d'Europe, dans aucun des os qui le composent.

L. du Canada.

Je ne connais du *C. pallipes*, le Loup de l'Inde, que la tête, ainsi qu'une partie des mains et des pieds.

Le L. de l'Inde (*C. pallipes*).

Les métacarpiens sont, en général, courts, assez gros, assez fortement divergents, fort serrés, ce qui est encore plus exact pour les métatarsiens, qui ne sont qu'un peu plus longs, ainsi que les phalanges.

Dans les Os des extrémités.

Quant à la tête, elle rappelle tout à fait celle du Loup d'Europe aussi bien dans sa forme générale que dans les particularités des os du nez, du front, de l'orbite, du bord palatin, de l'apophyse coronoïde et angulaire de la mandibule, qui, du reste, est absolument semblable à celle du Loup d'Europe.

Dans la Tête.

J'ai vu trois crânes de ce Loup, dont deux de jeune âge et incomplets à l'occiput, et un autre complet; comme ceux du Loup du Canada, ils sont plus petits que ceux de notre Loup d'Europe.

Le Loup du Mexique (*C. latrans*).

Le Loup du Mexique (*C. latrans*), dont j'ai examiné deux crânes, l'un rapporté de la Californie, par M. P.-E. Botta, est bien un Loup par la forme de la terminaison des os du nez; mais la tête est en général bien plus allongée, beaucoup plus étroite dans toute son étendue, et surtout dans le museau et les os qui le composent. Ceux du nez, par exemple, dont la terminaison inférieure est en outre fort oblique, sont aussi très-aigus à leur partie supérieure. Il faut encore remarquer que les frontaux et les prémaxillaires, également fort atténués à leur extrémité opposée, sont assez près de se toucher; que les apophyses ptérygoïdes sont un peu plus larges que dans notre Loup d'Europe, et que l'apophyse coronoïde de la mandibule plus verticale est aussi moins courbée et plus pointue. Du reste, aucune autre différence saisissable.

Le L. rouge (*C. campestris*). Dans la Tête.

Il n'en est pas de même pour le *C. campestris*, dont j'ai pu étudier trois crânes et un squelette; en effet, non-seulement la tête en totalité, et dans toutes ses parties, est beaucoup plus allongée, plus étroite que celle du Loup d'Europe, et même que celle du Loup du Mexique; mais ce qui met complétement hors de doute que ce Loup est bien une espèce distincte, c'est que la proportion des membres et des os qui les forment est toute différente de ce qu'elle est dans le nôtre et dans les autres espèces connues aujourd'hui.

L'Humérus.

Ainsi l'humérus est tout à fait droit, et surpasse d'un cinquième la longueur basilaire de la tête.

Le Radius et le Cubitus.

Le radius et le cubitus sont encore plus longs, moins courbés, mais plus serrés, plus contigus dans toute leur longueur; l'olécrâne du cubitus paraît proportionnellement encore plus court.

Les Métacarpiens.

Les métacarpiens sont également fort élevés, puisque le médian égale les trois cinquièmes de la longueur du radius.

Les Phalanges.

Mais les phalanges ne sont guère plus longues que dans le Loup, ce qui les fait paraître proportionnellement courtes.

Les membres postérieurs partagent, si même ils ne surpassent, l'élévation des antérieurs.

Le Fémur. Le fémur est bien plus long et bien plus droit que dans le Loup, mais moins droit encore que dans les Felis, et avec la forme générale de celui des Canis.

Le Tibia. Le tibia, encore plus long que le fémur, est assez fortement arqué en avant; mais sa crête supérieure est peu saillante.

Le Péroné. Le péroné est remarquablement grêle et collé presque dans toute son étendue le long du tibia.

Le Tarse. Le tarse est à peine plus long que dans le Loup d'Europe; mais le métatarse égale au moins la moitié de la jambe.

Les Doigts. Les doigts sont assez bien comme dans le loup; seulement le pouce est encore plus petit et plus rudimentaire, dans le seul os métatarsien qui le constitue.

Avec les Espèces ascendantes. Les espèces de Canis qui, dans la série, se trouvent immédiatement placées au-dessus des Loups, sont celles que l'on pourrait désigner sous le nom de Demi-Loups, et qui en effet en ont tous les caractères, et n'en diffèrent que par la taille, par laquelle ils se rapprochent des Renards.

Le Chacal (*C. aureus*). Le type de cette section est le Chacal, sur l'ostéologie duquel Daubenton a donné quelques détails dans le tome XIII de l'*Hist. nat.* de Buffon, p. 268, d'après un seul squelette qu'il compare surtout à celui du Renard; mais Guldenstaedt en a donné de bien plus complets comparativement avec le Loup et le Renard, dans son excellente description du Chacal. *Nov. Comm. Acad. Pet.* XX, p. 473. An. 1776.

J'ai eu à ma disposition un assez grand nombre de squelettes entiers et de têtes osseuses de Chacal provenant d'Afrique, d'Asie et même d'Europe.

Considéré d'une manière générale. Au premier aspect, et à juger seulement par l'ensemble du squelette, dans le nombre et la proportion des os dont il est formé, il est difficile, en le comparant avec celui du Loup, d'apercevoir d'autres différences que dans la grandeur qui est en général beaucoup moindre. Cependant, en examinant la chose de plus près, on finit par reconnaître quelques nuances différentielles qui indiquent un rapprochement ascensionnel vers les Renards et par conséquent vers les Felis.

En particulier. De la Tête.

Je ne trouve cependant de bien important, et même de susceptible d'être noté dans la tête, que plus de renflement cérébral, avec moins de développement dans les crêtes, moins de soulèvement fronto-nasal; quoique le museau soit plus effilé et par suite les maxillaires et prémaxillaires plus étroits. Les nasaux malgré cela sont un peu plus larges et plus échancrés à leur terminaison; le bord palatin est aussi quelquefois bifide à son milieu. Les caisses sont généralement plus renflées, plus bulleuses; le canal auditif externe plus grand, ainsi que les orbites; les apophyses mastoïdes du temporal moins développées, au contraire des ptérygoïdes plus larges (1), ainsi que la branche montante du maxillaire, qui est aussi plus courte, surtout dans les individus mâles.

Dans ses Appendices.

Supérieur.

Inférieur.

Quant à l'appendice de la mâchoire inférieure, je trouve à noter que le rocher est surtout très-différent, en ce qu'il est plus large, plus arrondi et moins triquètre. L'arcade zygomatique est moins arquée en haut, l'apophyse coronoïde est un peu plus large; le crochet angulaire est plus saillant en arrière, et enfin peut-être le ressaut du sinus de sa base est-il plus marqué.

Dans la Colonne vertébrale.

Le reste de la colonne vertébrale ne m'a offert qu'un peu plus de largeur dans les deux dernières des vertèbres cervicales intermédiaires, un peu plus d'étroitesse dans les apophyses épineuses subégales des vertèbres lombaires, et par contre plus de saillie dans les apophyses styloïdes des articulaires et de largeur dans les transverses, ce qui est surtout bien marqué pour la dernière, et dont les antérieures ne sont pas bifides, comme dans le Loup, ainsi que le fait observer Guldenstaedt; enfin plus de gracilité encore dans les vertèbres coccygiennes, au nombre de dix-huit à dix-neuf et même de vingt.

L'Hyoïde.

L'os hyoïde est proportionnellement plus large et plus mince dans

(1) Guldenstaedt dit aussi qu'elles sont plus horizontales que dans le Loup et le Renard, où elles sont verticales; différence que je n'ai pas trouvée.

son corps, et au contraire plus grêle dans les cornes, la seconde pièce des antérieures étant la plus longue des trois.

Le Sternum.

La série sternale offre certainement un manubrium bien plus long et une huitième sternèbre bien plus forte.

Les Côtes.

Les côtes sont évidemment moins dilatées inférieurement, et par là plus rapprochées de ce qu'elles sont dans les Felis (1).

Les Membres antérieurs.

Aux membres antérieurs :

L'Omoplate.

L'omoplate est certainement un peu plus large et plus rapprochée de celle de la Panthère dans sa circonscription, surtout par l'avance arrondie de son bord antérieur, et plus d'obtusité de l'angle antérieur et supérieur, comme Guldenstaedt l'avait déjà fait observer.

La Clavicule.

La clavicule est plate, lamelleuse, moins petite que celle du Loup et un peu courbe.

Quant au reste de leurs os, je n'ai pu y reconnaître que des différences de grandeur, et pas même de proportions, ce que l'iconographie démontrera aux yeux d'une manière indubitable.

Le Pouce.

J'ai cru cependant apercevoir que le pouce de devant est proportionnellement un peu plus long.

Les Membres postérieurs.

Aux membres postérieurs il m'a semblé que le bassin était un peu plus raccourci, plus large dans toutes ses parties, surtout dans la partie antérieure de l'iléon; au contraire du pied dont les os sont en général plus grêles, ce qui le rend plus étroit.

L'Isatis (*C. lagopus*).

Le squelette du *C. lagopus* ou de l'Isatis, a les plus grands rapports avec celui du Chacal et surtout par la forme de la tête. Les os du nez sont proportionnellement et évidemment plus larges, et se terminent par une échancrure à cornes bien plus égales; les orbites sont un peu plus grands, les apophyses orbitaires plus arrondies et cependant plus saillantes; la racine du nez plus bombée.

Quant aux os du tronc et des membres, je n'ai trouvé que des différences beaucoup moindres.

(1) Sur un squelette de Chacal de l'Inde de la collection du Muséum, il y a une quatorzième côte très-grêle, et seulement du côté gauche.

Les os de l'avant-bras sont cependant peut-être un peu plus courts ou plus larges, surtout le cubitus à sa partie inférieure, et malgré cela ceux des mains proportionnellement plus grêles.

L'ADIVE (*C. corsac*). Je ne connais de l'Adive (*C. corsac*), qui est aussi un Chacal, qu'une tête osseuse incomplète; elle est plus allongée, et les nasaux sont plus étroits. Du reste, la racine du nez est également renflée; les limites supérieures des fosses temporales forment une figure de lyre bien prononcée, et les apophyses orbitaires sont larges et assez excavées.

Les RENARDS. Au-dessous des Demi-Loups ou des Chacals, se trouve un groupe encore plus distinct par des particularités extérieures, comme la verticalité de la pupille, et la forme longue et cylindrique de la queue; ce sont les Renards, dont le squelette se distingue aussi par sa grande gracilité.

Les zoologistes ont déjà caractérisé dans ce groupe un assez bon nombre d'espèces qui sont indubitables; mais ils y en ont introduit quelques-unes qui sont tout à fait nominales, ce que notre Ostéographie doit tendre nécessairement à rectifier.

Le R. ordinaire (*C. vulpes*), comme type. Suivant notre coutume, nous allons choisir pour type de cette section des Canis, l'espèce la plus commune même dans nos climats et dans toutes nos campagnes où elle est attirée par l'abondance de la proie; c'est-à-dire le Renard ordinaire (*C. vulpes*, L.).

Histoire. Daubenton a dit quelque chose de son squelette, p. 94 du t. VII de l'*Histoire naturelle de Buffon*, et il en a même donné une figure Pl. VII de ce volume, mais trop réduite pour signifier quelque chose; Spix en a représenté beaucoup plus convenablement le crâne de profil dans la Pl. VI, fig. 17, de sa Céphalogénésie.

En général. Le squelette du Renard est comme celui du Chacal, si parfaitement semblable à celui du Loup, qu'il est impossible au premier abord d'en apercevoir les différences, si ce n'est celles de taille, de gracilité et même de blancheur dans tous les os qui le composent; aussi sont-ils en général plus cassants. Si nous prenons cependant quelques-uns de ces os en particulier, nous ne tarderons pas à y reconnaître des particularités différentielles, peut-être plus marquées qu'entre le Chacal et le Loup, et la plupart remonteront assez évidemment vers les Felis.

En particulier. La Tête.

La tête se reconnaît d'abord par sa forme évidemment plus étroite, plus effilée, et surtout à la face, subitement avant les trous sous-orbitaires. Le front est aussi moins bombé, moins soulevé par les sinus frontaux. La crête sagittale, les os du nez sont cependant moins grêles que dans les Chacals, et leur bifurcation terminale est bien évidente, quoique les deux pointes soient subégales. On peut aussi remarquer l'apophyse mastoïdienne de l'occipital moins prononcée; l'orbito-frontale au contraire plus longue et plus aiguë; le canal auditif un peu plus ouvert; le bord supérieur du squammeux plus droit; l'arcade zygomatique évidemment plus large, et plus arquée peut-être même que dans le Loup; enfin, la mandibule plus longue, plus étroite avec l'apophyse coronoïde plus verticale, plus anguleuse dans ses deux bords, et l'apophyse angulaire moins en crochet.

Mandibule.

Os de l'Ouïe.

Les osselets de l'ouïe ne m'ont non plus offert de différence appréciable que dans un peu plus de longueur du manche du marteau.

Le reste du squelette conserve le même degré de petitesse ou de gracilité que la tête.

Vertèbres :

Dans la colonne vertébrale les vertèbres coccygiennes, qui sont au nombre de vingt, sont notablement plus longues et décroissent moins rapidement que dans le Loup et le Chacal, de manière à former une queue bien plus semblable à celle des Felis.

Cervicales.

Aux vertèbres cervicales l'apophyse épineuse est en général plus étroite et plus aiguë; mais surtout la lame inférieure de l'apophyse transverse de la sixième est presque aussi profondément échancrée que dans la Panthère.

Dorsales.

L'apophyse épineuse des vertèbres dorsales, et surtout des postérieures, est évidemment plus large, au contraire de celle des dixième et onzième qui est très-fine et très-aiguë.

Lombaires.

Les apophyses transverses des lombaires sont aussi plus longues, plus étroites et plus droites, plus dilatées en fer de hache à l'extrémité, que dans le Chacal.

Os hyoïde.

L'os hyoïde et ses cornes, la série sternale et les côtes sont assez bien comme dans cet animal, sauf la gracilité et les courbures plus prononcées.

MEMBRES antérieurs. Omoplate.

Aux membres antérieurs, l'omoplate, quoique semblable à celle du Chacal, rappelle cependant un peu celle des Felis dans la saillie coronoïde et dans la bifurcation de l'acromion; c'est sans doute ce qui a fait dire à Daubenton (*Loc. cit.*, p. 94), que l'omoplate du Renard a plus de rapports à celle du Chat qu'à celle du Chien, ce qui n'est cependant pas rigoureusement exact.

Clavicule.

La clavicule est à la fois plus développée et mieux dans la forme normale, c'est-à-dire étroite et allongée.

Humérus.

L'humérus est peut-être un peu plus long proportionnellement comparé avec l'omoplate, qui n'en est que les deux tiers, tandis qu'elle en est les quatre cinquièmes dans le Loup; son impression deltoïdienne est plus large et plus remontée.

Radius. Cubitus.

Des deux os de l'avant-bras le radius un peu plus court proportionnellement et surtout moins mince ou plus épais dans son corps est aussi plus arqué; le cubitus est également moins effilé.

Phalanges onguéales.

La main ne présente de différences appréciables que dans les dimensions, à l'exception cependant des phalanges onguéales qui sont évidemment plus arquées, plus comprimées et plus aiguës.

M. postérieurs.

Aux membres postérieurs je n'ai pu apercevoir que moins de grandeur dans l'os innominé, le fémur et les deux os de la jambe; mais ceux du pieds ont proportionnellement plus longs, plus grêles, plus serrés, de manière à former un tarse et un métatarse plus étroits; cela est surtout très-sensible pour le cuboïde, aussi long dans le Renard que sur un assez fort Chacal de taille bien plus grande.

Dans le *C. Azaræ*.

Le Renard d'Azara (*C. Azaræ*), dont j'ai pu examiner le squelette, sur un seul individu, il est vrai, ne m'a pas offert de bifurcation à l'acromion. Le cubitus m'a semblé moins grêle inférieurement que chez le Renard, un peu comme dans l'Isatis. Enfin les os de la main et du pied, le cuboïde, par exemple, m'ont également paru moins longs et plus larges que dans le *C. vulpes*.

Dans le *C. cinereo-argenteus*. Tête.

J'ai vu le crâne de plusieurs individus du Renard argenté (*C. cinereo-argenteus*). La tête de cette espèce est remarquable par la forme de lyre que laissent les lignes de terminaison des fosses temporales à la partie supérieure du crâne, ainsi que par la forme arrondie de l'apophyse angulaire de la mandibule. Du reste, je n'ai pu reconnaître aucune différence appréciable et surtout susceptible d'être exprimée autrement que par l'Iconographie.

Je peux en dire à peu près autant du reste du squelette, du moins d'après celui que j'ai pu examiner.

Vertèbres cervicales.

Les vertèbres cervicales sont assez bien comme dans le Renard commun, l'apophyse transverse inférieure de la sixième étant aussi assez profondément excavée; les apophyses transverses des lombaires ne sont cependant pas dilatées en fer de hache comme celles des Renards, sans être toutefois bifides comme dans les Loups; et les vertèbres caudales sont au nombre de vingt-deux.

Membres antérieurs.

Les membres antérieurs comme les postérieurs ne sont pourtant pas tout à fait aussi minces, aussi grêles que ceux des Renards.

Dans le FENNEC (*C. cerda*).

C'est sans doute parmi les espèces de cette division ou parmi les Renards, que nous devrions examiner le petit animal africain, connu depuis longtemps sous le nom de Fennec (*C. cerda*, Gmel.), et dont on a fait, on ne sait trop pourquoi, un genre sous le nom de *Fennecus* ou de *Megalotis*; malheureusement nous n'en possédons dans les collections du Muséum aucune partie, pas même les mâchoires, à l'exception du système dentaire, que nous avons pu étudier sur l'individu monté de la collection zoologique du Muséum. Nous sommes seulement certain que c'est un véritable Canis, comme nous avons pu nous en assurer *de visu*, dans la collection de la Société zoologique de Londres, qui en possède un squelette décrit, si je ne me trompe, par M. Yarrel. Malheureusement je n'ai pas encore reçu le dessin que m'en a promis

Certainement une espèce de *Canis*;

M. O'Gilby ; mais je ne puis croire que les différences ostéologiques soient suffisantes pour appuyer l'établissement d'un genre distinct des autres Renards, quoique cette espèce ait sans doute encore plus de gracilité dans tout son squelette et les phalanges onguéales plus aiguës.

Non distincte génériquement.

Considéré à tort comme une espèce de Maki.

Quoi qu'il en soit, l'histoire zoologique de cet animal offre un exemple remarquable de la faiblesse ou même de l'absence des principes de zooclassie qui existait en France, il n'y a pas encore très-longtemps. En effet, nous avons vu, en 1824, et malgré la description et la figure assez bonnes données par Bruce, dans son Voyage en Abyssinie, un de nos zoologistes les plus heureusement placés pour juger ces sortes de questions, faire un long mémoire pour soutenir que cette espèce de Canis, pour tout le monde, n'était qu'un animal de la famille des Makis, du genre des Galagos ; au point que M. Cuvier lui-même, dans la première édition de son Règne animal, publiée en 1817, regardait le Fennec comme trop peu connu pour pouvoir être classé, et cependant Illiger avait, d'après Bruce, donné la formule de son système dentaire presque tout entier, absolument comme dans un Canis, et Skielder, qui le premier avait signalé cet animal, l'avait parfaitement intitulé *Vulpes minimus Saarensis*.

Dans le *C. Megalotis*.

Un autre exemple non moins remarquable de la fausse direction dans laquelle on était naguère en France pour la systématisation naturelle des mammifères, peut être appuyé sur l'espèce de Canis dont il nous reste à décrire le squelette, le *C. Megalotis* du Cap. En effet, si l'on se bornait à examiner son système dentaire qui ne ressemble en rien à celui des autres Canis, ni pour le nombre ni pour la forme des molaires, on serait tenté de rapprocher cet animal de la famille des Subursus, et cependant toutes les parties du squelette, dans ses plus petits détails, sont d'un véritable Canis de la section des Renards.

Vertèbres caudales, 20-21.

L'ensemble des os du *C. Megalotis* rappelle évidemment celui d'un petit Renard, mais encore plus grêle et plus élancé ou élevé sur pattes. La queue, composée de vingt à vingt et une vertèbres, est seulement un peu plus courte et plus rapidement effilée.

Les apophyses épineuses des vertèbres dorsales sont plus étroites, et ne vont pas en s'élargissant en arrière. Dorsales.

Celles des lombaires sont également plus étroites et plus inclinées en avant; et les transverses d'une gracilité extrême, la dernière étant peut-être la plus large. Lombaires.

La série sternale et les côtes sont absolument comme dans le Renard.

L'omoplate est peut-être un peu plus haute, un peu plus étroite, et sa crête fort élevée, surtout vers sa terminaison. Omoplate.

L'humérus est certainement plus long, plus droit, en un mot plus semblable à celui des Felis; mais sans crête épicondylienne, sans canal interne, et même sans trou médian à son extrémité inférieure. L'articulation est du reste en double poulie comme chez les autres Canis. Humérus.

L'avant-bras est encore plus long que le bras. Le radius très-courbé et le cubitus presque tout à fait postérieur, soudé même dans sa moitié supérieure et très-grêle dans le reste. Radius. Cubitus.

Le carpe est comme dans le Renard; mais la main est beaucoup plus allongée, surtout dans les métacarpiens qui sont d'une longueur et d'une gracilité tout à fait particulières. Carpe.

Les premières et les secondes phalanges sont assez bien comme dans le Renard, mais les onguéales sont encore plus longues, plus comprimées et plus aiguës. Phalanges.

Les membres postérieurs présentent des différences à peu près de même intensité.

L'os innominé est proportionnellement plus long, et son angle antérieur et inférieur est plus arrondi. Os innominé.

Le fémur est long, arqué, comprimé en haut et moins en bas. Fémur.

Les os de la jambe sont encore plus grêles, et le péroné entièrement soudé au tibia dans sa moitié inférieure. Os de la Jambe.

Le pied est encore plus long, plus grêle et plus serré que dans le Renard, avec le pouce également plus rudimentaire. Du Pied.

Mais c'est surtout la tête qui offre le plus de différences, quoiqu'elle Tête.

Forme générale. rentre cependant fort bien dans la forme de celle des Renards, et surtout du Renard argenté. Elle est seulement encore un peu plus allongée, Orbite. l'espace lyriforme supérieur étant plus large; l'orbite est aussi plus circulaire et plus complet dans son cadre, par plus de longueur des apo- Os du Nez. physes orbitaires. La bifidure de l'os du nez est moins marquée, le trou sous-orbitaire plus avancé, la pointe médiane du bord palatin bien plus Ptérygoïdien. longue; l'apophyse ptérygoïde interne plus petite; le trou auditif plus grand; l'apophyse angulaire de la mandibule plus large, plus arrondie, de manière à ce que l'os mandibulaire est presque droit.

Le Système dentaire. Nous verrons plus loin, dans le chapitre consacré à l'Odontographie, combien le système dentaire de ce Renard à grandes oreilles s'éloigne de celui des autres espèces. Avant cela, à présent que nous avons comparé à notre mesure les espèces ascendantes du genre Canis, il nous reste à en faire autant pour les espèces descendantes vers les Hyènes.

Parmi celles qui appartiennent à la section des véritables Loups, mais que la forme de la tête tend à rapprocher des Hyènes, nous comptons les *C. cancrivorus, brachyteles, brachyotos* ou *procyonoïdes*, dont le pouce des pieds de devant est court, remonté, ce qui indique une véritable dégradation, et qui ont cependant une certaine ressemblance avec les Chacals.

Dans le C. CRABIER (*C. cancrivorus*). Le Chien crabier (*C. cancrivorus*) est dans ce cas plus qu'aucune autre espèce.

La Tête. Sa tête est assez brève, large, assez arquée et voûtée au chanfrein et surtout entre les orbites, avec un intervalle lyriforme étroit au sinciput, atténuée rapidement au museau avec les lobes du bord libre La Mandibule. des nasaux presque égaux; la mandibule courte presque droite et atténuée en avant dans la branche horizontale, fort élargie dans la verticale, par un renflement assez considérable à l'origine du bord inférieur; l'apophyse angulaire large et courte.

L'Hyoïde. L'hyoïde offre aussi quelques légères différences dans chacune de ses parties; mais la plus sensible est dans la brièveté et la largeur de la petite corne.

Aux membres antérieurs :

L'omoplate rappelle un peu celle des Ours pour sa forme parallélogrammique, ses deux bords étant devenus presque parallèles par l'avance de l'antérieur vers le rudiment de l'apophyse coracoïde. L'acromion est au contraire assez comme dans les Felis, c'est-à-dire, un peu bifurqué. L'Omoplate.

L'humérus redevient court et assez arqué. L'Humérus.

Les deux os de l'avant-bras sont peut-être encore plus courts et plus robustes. Les Os de l'Avant-Bras.

Il est de même de ceux de la main qui ont quelque ressemblance avec ceux du Chacal, quoique plus petits. de la Main.

Les os du pouce sont seulement un peu plus courts. du Pouce

Quant aux os des membres postérieurs, ils suivent assez bien le même degré de raccourcissement et l'état plus robuste des antérieurs, aussi bien le fémur que le tibia; mais les os du tarse sont peut-être encore plus serrés et plus étroits que dans le Chacal; ce qui donne aux métacarpiens une disposition analogue, de manière à former une gouttière postérieure plus serrée, plus étroite et plus marquée Les Membres postérieurs.

Le Chien à oreilles courtes ou *C. brachyotos*, un peu plus petit que le précédent, d'un sixième environ, rentre aussi assez bien dans la forme du Chacal, sous le rapport de son squelette, et surtout dans la forme de l'omoplate, de l'humérus, des deux os de l'avant-bras et même de la main, sauf que ceux-ci sont proportionnellement plus grêles, et qu'au pouce ils sont encore plus petits; ce que l'on peut dire également pour les os des membres postérieurs, qui sont en effet moins robustes que dans le Crabier. Dans le C. a Oreilles courtes (*C. brachyotis*). Dans le Tronc.

Mais il n'en est pas tout à fait de même pour la tête qui rappelle assez bien celle de ce dernier dans sa forme générale, un peu plus étroite cependant, mais également pourvue de l'espace sincipital lyriforme. On peut encore trouver quelques nuances différentielles dans le museau plus allongé; l'orbite plus petit, plus rond et plus fermé dans son cadre, par suite d'apophyses orbitaires plus saillantes et plus La Tête.

aiguës, ce qui donne à l'arcade zygomatique une courbure plus anguleuse.

La Mandibule. Quoique assez semblable, la mandibule présente aussi une différence sensible dans l'apophyse coronoïde plus courbée, dans l'apophyse angulaire plus large et plus plate, et même dans celle du coude encore plus prononcé que dans le Chien crabier.

Dans le C. GUARACHA (*C. brachyoteles*). La Tête. Je ne connais du *C. brachyteles* ou Chien guaracha du Brésil, qu'une belle tête osseuse bien complète, hors les condyles occipitaux. Sa forme générale rappelle encore très-bien celle du Chien crabier, mais plus forte, plus allongée, surtout à la face, ce qui fait que le chanfrein est bien moins rapidement déclive et plus relevé vers sa terminaison nasale; il s'ensuit aussi que l'arcade zygomatique est plus longue et un peu plus surbaissée; les apophyses fronto-orbitaires sont aussi moins saillantes; du reste, la crête occipitale, l'espace lyriforme, les os du nez, le bord palatin, sont fort semblables. Il n'en est pas tout à fait de même de l'apophyse angulaire, de la coronoïde, et même du coude de la mandibule. La première est bien plus large, plus arrondie; la seconde moins étroite, surtout au sommet, et le troisième un peu moins marqué que dans le Crabier.

La Mandibule.

Dans le C. DE L'HIMALAYA (*C. primævus*). Le Chien primitif (*C. primævus*), ainsi nommé par M. Hogdson, parce qu'il lui semble que cette espèce a pu être la souche sauvage du Chien domestique de tout le versant méridional des Himalayas, et même du Dingo de la Nouvelle-Hollande, ne nous est également connu dans son squelette que par la tête osseuse qui en est, il est vrai, la partie principale.

La Tête. Quand on la compare avec celle d'un Loup, on observe qu'elle s'en éloigne assez fortement par sa brièveté et la déclivité presque sans courbure de son chanfrein pour se rapprocher de celle du Crabier, et peut-être encore mieux de l'Hyène, formant ainsi quelque chose d'intermédiaire aux deux genres. Elle est, en effet, large et courte dans ses deux parties, sans coup de hache ni relèvement frontal; les os du nez sont plus larges, les prémaxillaires plus courts, les orbites moins grands, plus longs et un peu plus complets dans leur cadre. Les caisses sont moins renflées, et la mandibule a quelque chose d'intermédiaire à celle du Loup et à celle du Crabier, étant un peu plus en bateau que dans celui-ci, et cependant ayant le coude assez marqué, et l'apophyse angulaire presque comme dans celui-là. La Mandibule.

Enfin, la dernière espèce, rangée dans le genre Canis sous le nom de *C. pictus*, et dont, à cause du manque de pouce en avant comme en arrière, on a fait un genre sous la dénomination de *Cynohyæna*, qui indique très-bien ses rapports, est le grand Chien sauvage en Abyssinie, et dans la partie la plus méridionale de l'Afrique. Le C. Hyénoïde (*C. pictus*).

Nous devons d'abord faire observer que, comme cette espèce n'a pas le singulier pénis des chiens, ni même la bibolure de la racine du bord postérieur de l'oreille, nous ne voudrions pas assurer que, malgré la similitude complète du système dentaire, le squelette de cet animal fût réellement celui des Canis, de manière qu'il fût à leur égard la contre-partie du Megalotis. Observation préliminaire.

Nous n'avons vu, en effet, qu'une partie de la tête osseuse d'un seul individu de sexe inconnu. Cette tête est encore plus courte, plus brusquement déclive, du moins depuis le front, que dans le *C. primævus*, ce qui fait supposer que le rapprochement de celle des Hyènes est encore plus grand. Toutefois, la gouttière fronto-nasale est très-forte, plus que dans aucune autre espèce de Canis, et, par conséquent, autrement que dans les Hyènes, où il n'y en a pas de traces. Les os du nez sont assez bien, comme dans le *C. primævus*, larges, surtout dans leur moitié supérieure. On peut en dire autant du bord palatin, et même de la mandibule, qui, sauf plus de largeur pour le premier, de force et de brièveté pour la seconde, sont assez bien intermédiaires à celui-ci et au Loup. Dans la Tête. La Mandibule.

Du reste du squelette, je n'ai pu étudier que les extrémités, et même sans le carpe ni le tarse complets; cependant il m'a semblé qu'il y avait au moins autant de rapprochement à faire avec la Hyène qu'avec le Loup, le pouce n'étant ni plus ni moins rudimentaire en avant qu'en arrière. Les Os du Carpe et du Tarse.

Je ne puis qu'assez difficilement en dire autant du dernier animal, que Le Protèle (*C. Lalandii*).

je crois devoir ranger dans le grand genre Canis, tel que je l'ai circonscrit. En effet, le Protèle (*C. Lalandii*), auquel je fais allusion en ce moment, offre un système digital tout pareil à celui des Canis ordinaires, aussi son squelette est-il presque en tout semblable au leur, comme il va nous être facile de le montrer, et surtout à l'aide de l'Iconographie.

En général.

Considéré d'abord dans son ensemble, et comparé avec celui de la Civette, du Loup et de l'Hyène, il est évident qu'il a bien plus de ressemblance avec celui du Canis qu'avec l'un des deux autres, par la brièveté du tronc, surtout dans la région lombaire, et par celle de la queue, ainsi que par l'élévation des mains et des pieds, qui sont certainement dans la proportion ordinaire des Canis.

En particulier. Dans la Tête.

La tête courte et large, et par là assez différente de celle du Loup, rappelle, au contraire, un peu la forme du crâne du Chien crabier d'Amérique par la manière dont le chanfrein, doucement arqué dans toute son étendue, tombe, en s'excavant légèrement en avant, pour former un museau raccourci. On peut même reconnaître une certaine analogie dans la manière dont se produisent la crête occipitale, et l'intervalle supérieur des fosses temporales. Mais on trouve des différences assez grandes dans la forme des os du nez bien plus scaléniformes, le sommet supérieur très-aigu, et la base plus large et oblique; dans l'orbite plus circulaire, plus complet dans son cadre, par l'avance presque égale des deux apophyses orbitaires, et surtout de celle du jugal, qui lui-même est plus large et plus court, et ressemble ainsi un peu à ce qu'il est dans les Felis. La mâchoire supérieure est également singulièrement large, et cela dans tous les os qui la constituent. Ainsi, l'apophyse ptérygoïde interne, très-saillante, est un peu dolabriforme; le palatin et le maxillaire, par leur grande étendue, forment une voûte palatine à bords parallèles, remarquable par sa largeur et son excavation, se rétrécissant assez peu aux

Les Os du Nez. La Mâchoire supérieure.

(1) M. Isidore Geoffroy Saint-Hilaire a déjà donné une description étendue du squelette de cet animal, dans son *Mémoire sur le Protèle* (Mém. du Muséum, tome XI), en le comparant avec ceux de la Civette, du Chien et de l'Hyène, insistant principalement sur sa ressemblance avec celui-ci; mais il n'en a représenté aucune partie.

prémaxillaires, dont la branche montante est courte et très-aiguë.

Cette forme de la face osseuse du Protèle et de ses mâchoires, même à l'extrémité, rend assez difficile de concevoir la comparaison qui en a été faite avec celle du Renard et de la Civette par les zoologistes.

Cet élargissement du museau et du palais a nécessairement déterminé quelque chose de semblable dans l'appendice maxillaire inférieur : il commence, en effet, par une caisse considérable, contre laquelle s'applique, d'une manière fort serrée, un os mastoïdien fort épais. Le squammeux est court dans son apophyse jugale; mais celle-ci s'écarte fortement en dehors, afin que les branches de la mandibule se disposent de manière à correspondre aux bords maxillaires, c'est-à-dire à former par leur écartement une sorte de parabole ou de fer à cheval très-ouvert, au sommet duquel la mandibule se rétrécit presque subitement dans une partie de la symphyse pour s'élargir transversalement à sa terminaison. Chaque côté a du reste assez bien la forme de celui de la mandibule du Chien crabier, avec moins de hauteur cependant et plus d'obliquité de l'apophyse coronoïde, un peu plus de saillie de l'apophyse angulaire, et moins d'arrêt dans le coude. Elle est aussi plus étroite dans sa branche horizontale.

La Mâchoire inférieure. Caisse. Mastoïdien. Squammeux. La Mandibule. Branche horizontale. Verticale.

Cette disposition des deux mâchoires est sans doute en rapport avec un élargissement proportionnel de la langue, ce qui, joint à la forme si anomale des dents, fait présumer quelque particularité biologique singulière dans l'espèce et peut-être dans l'état de la nourriture de cet animal.

Le reste du squelette rentre presque complétement dans ce qui existe chez les Canis.

Aux vertèbres cervicales, l'apophyse épineuse de l'Axis est longue, très-basse, presque rectiligne à son bord supérieur, et nullement convexe, comme dans les Civettes. Le lobe interne de l'apophyse transverse de la sixième est court et arrondi, plus semblable à ce qu'il est chez le Loup que chez celle-ci, où il est échancré. Du reste, les apophyses transverses des intermédiaires sont également courtes et arrondies, et les

Vertèbres cervicales. Axis. Sixième. Intermédiaires.

épineuses, quoique larges à la base, sont très-peu élevées, disposition qui est particulière à cet animal.

Troncales. Dorsales, 14. Lombaires, 6. Les vertèbres du tronc sont au nombre de quatorze dorsales et de six lombaires, comme dans les Felis, et non pas comme dans les Canis, ni dans les Civettes, et encore moins comme dans les Hyènes.

Leurs apophyses épineuses sont en général courtes; les onze premières dorsales rétroverses, et les trois dernières plus courtes encore et un peu inclinées en avant comme celles de toutes les lombaires, vertèbres qui sont généralement courtes et dont les apophyses transverses croissent de la première à la dernière, la plus longue et la plus large.

Je ne vois pas trop pourquoi M. Isidore Geoffroy a admis que ces apophyses deviennent des tiges très-allongées, et qu'il compare à ce qui a lieu chez les Hyènes.

Sacrées, 2. Le sacrum n'est formé que de deux vertèbres seulement, et la queue de vingt et une, toutes courtes et décroissant rapidement d'épaisseur.

Coccygiennes, 21. Les membres généralement élevés rappellent presque complétement ceux des Canis.

Omoplate. L'omoplate est étroite et ressemble cependant assez à celle de la Civette. Son acromion est un peu bifurqué et la tubérosité coracoïdienne est très-épaisse.

Humérus. L'humérus est tout à fait celui d'un Canis, peut-être un peu plus droit cependant, avec un trou médian et sans canal interne ni crête externe.

Les deux os de l'avant-bras sont encore plus dégradés que dans les Canis et autant que dans les Hyènes; le radius plus antérieur, plus large, plus contigu au cubitus, qui, comme dans celles-ci, est robuste et triquètre, sans la division bicorne du bord antérieur de l'apophyse olécranienne, qui est au contraire arrondie.

Radius. Cubitus.

Carpe. Phalanges. Le carpe est élevé; le métacarpe comme dans les Canis, ainsi que le pouce; mais les phalanges sont plutôt comme dans la Hyène, par la brièveté et la subégalité des secondes. Outre les sésamoïdes ordinaires de l'articulation métacarpo-phalangienne, M. Isidore Geoffroy en décrit en dessus dans les tendons de l'extenseur commun.

Aux membres postérieurs, dont la proportion avec les antérieurs est celle des Canis :

Le bassin est fort court et l'iléon dilaté dans sa partie antérieure un peu comme dans la Hyène (1). Iléon.

Le fémur est un peu moins courbe que dans le Chien, mais dans les mêmes proportions Fémur.

Le tibia ressemble peut-être plus à celui de la Hyène, sauf la taille, parce qu'il manque à sa partie supérieure de la crête si brusquement arrêtée chez les Canis. Quant au péroné, il est tout à fait comme dans ceux-ci et dans la Hyène, grêle et collé dans sa moitié inférieure contre le tibia, ce qui est tout autrement dans la Civette. Tibia. Péroné.

Le pied rentre entièrement dans la forme de celui des Canis, par l'étroitesse du calcanéum, et par celle du métatarse et des doigts. Les secondes phalanges sont cependant moins courtes. Os du Pied.

DES OS SÉSAMOÏDES.

Cette sorte d'os est sans doute à peu de chose près dans le genre Canis, comme dans les autres Carnassiers digitigrades. Nous allons cependant noter ici quelques différences.

Ainsi au carpe nous en avons trouvé deux sur le Loup : l'un dans l'abducteur du pouce, et qui, pisiforme, s'articule avec la tubérosité seule du scaphoïde à sa partie inférieure, et un autre plus petit à l'extrémité du tendon du cubital antérieur, et articulé avec l'unciforme. Du Carpe. Interne. Externe.

Nous devons aussi noter que les sésamoïdes sous-articulaires de la Sous-Articulaires des Doigts.

(1) Quant au quatrième os de la cavité cotyloïde, et que M. Isidore Geoffroy paraît regarder avec M. Serres comme l'analogue de l'os marsupial des Didelphes, c'est, suivant moi, l'épiphyse de l'extrémité articulaire de l'iléon comme je l'ai démontré il y a déjà plusieurs années dans mon cours d'anatomie comparée au Muséum.

base des doigts, sont proportionnellement plus forts que dans les Carnassiers moins digitigrades.

Aux membres postérieurs :

Rotule. La rotule du Loup est bien plus étroite et bien plus épaisse que dans les Felis de même taille.

Du Jarret. Les deux sésamoïdes pisiformes des tendons des gastrocnémiens existent toujours; mais je n'ai pas trouvé celui du muscle poplité.

Du Pied. Au pied, je n'ai pas non plus rencontré le sésamoïde du tendon du long péronier, remplacé sans doute par le tubercule apophysaire du cuboïde.

Enfin, les sésamoïdes basilaires des doigts sont comme à la main.

DE L'OS PÉNIEN.

Parmi les Carnassiers digitigrades, c'est peut-être dans les Canis que l'os pénien est parvenu à son plus grand développement, et l'on ne connaît pas encore une espèce qui n'en soit pas pourvue.

Dans le Loup. Dans le Loup cet os est long, doucement arqué, atténué et coupé carrément en arrière, s'élargissant et s'excavant fortement en dessus, dans le reste de son étendue, tandis qu'en dessous il est subcaréné.

Le Chacal d'Alger. Dans un Chacal d'Alger, la forme de l'os du pénis est la même; mais il est beaucoup plus droit.

L'Isatis. Celui de l'Isatis est plus court, plus évasé, sa gouttière commence à l'extrémité tronquée, pour finir presque à l'autre; enfin il est plus caréné en dessous.

Le Renard. Sur un Renard d'Alger, l'os pénien ressemble beaucoup à celui du Chien de ce même pays; il est seulement un peu plus court et la carène inférieure est plus prononcée et plus pincée.

Je n'ai point observé cet os dans les autres espèces; mais il est plus que probable qu'il existe dans toutes et de forme très-rapprochée.

Le Chien hyénoïde. D'après ce qu'en disent les voyageurs qui l'ont observé, le Chien hyénoïde en serait cependant dépourvu, ce qu'on pourrait présumer être de même pour le Protèle.

CHAPITRE DEUXIÈME.

ODONTOGRAPHIE.

Le système dentaire des Canis a été étudié, comme on le pense bien, presque de tout temps et de fort bonne heure, par la facilité de se procurer les matériaux d'observation dans notre Chien domestique, et aussi parce que cet animal était devenu le sujet principal de l'art de la vénerie, et encore mieux parce qu'un certain nombre de naturalistes en ont fait, pour ainsi dire, le type de l'ordre des Carnassiers, au moins sous le rapport dentaire. Toutefois on peut encore assurer ici, comme nous l'avons fait à l'occasion des Felis, que c'est depuis l'étude, devenue presque populaire, de la Paléontologie que les dents des Canis ont dû être minutieusement décrites et figurées par MM. Cuvier, l'un dans ses *Recherches sur les ossements fossiles*, et l'autre dans son *Mémoire sur l'emploi des dents comme caractères des genres de mammifères*, en 1825, et par moi dans l'*article étendu sur les Dents*, que j'ai publié dans la seconde édition du *Nouveau Dictionnaire d'Histoire naturelle*; en 1817.

Histoire étudiée

surtout par

MM. Cuvier,

H. de Blainville.

Dans le genre Felis nous avons trouvé, sous le rapport du système dentaire, un des termes dont il est susceptible chez les Carnassiers, c'est-à-dire le minimum sous le rapport du nombre, le maximum sous celui de la disposition carnassière, avec une anomalie dans le système dentaire de lait. Les Canis, en général du moins, vont nous offrir un autre terme, mais sous le rapport du nombre seulement qui, chez eux, est au maximum, et rentrer dans l'état normal du système dentaire de premier âge, chez les Carnassiers.

Généralités.

D'après cela, le système dentaire des Canis, considéré dans son en-

En totalité.

semble, doit offrir une étendue plus considérable que dans aucun genre de Carnassiers; mais de plus il présente un développement plus complet dans toutes ses parties, aussi bien qu'une combinaison presque à parties égales de dents carnassières et de dents omnivores, ce dont nous avons déjà vu quelque chose dans certains Subursus, toujours plus omnivores cependant, et même chez les Civettes, quoique plus insectivores.

Dans le Loup (*C. Lupus*). Comme type.

Le Loup, que nous continuons à prendre comme type, est peut-être de tous les Mammifères celui qui doit être regardé comme le mieux et le plus complétement denté, puisqu'il possède, garnissant toute l'étendue de ses longues mâchoires et pouvant agir à la fois, des dents incisives aptes à couper, à ronger, à pincer de la manière la plus commode, par suite de leur forme et de leur disposition avancée à l'extrémité arrondie des mâchoires, et de leur opposition marginale; des canines bien croisées et encore fort puissantes, quoique bien moins que chez les Felis; une série d'avant-molaires, une principale et même une première arrière-molaire propre à couper, à trancher la chair, et enfin des arrière-molaires tout à fait plates, tuberculeuses, s'opposant pleinement par la couronne, et par conséquent méritant bien le nom de molaires.

En général.

Formule dentaire.

La série dentaire du Loup peut être formulée ainsi :

$$\frac{3}{3}+\frac{1}{1}+\frac{6}{7} \text{ dont } \frac{3}{3}+\frac{1}{1}+\frac{2}{3};$$

c'est-à-dire trois paires d'incisives, et une canine en haut comme en bas, ce qui existe chez tous les Carnassiers; plus six molaires en haut et sept en bas, partagées en trois avant-molaires en haut comme en bas, une principale, deux arrière-molaires à la mâchoire supérieure et trois à l'inférieure.

En particulier.

Voyons maintenant leurs caractères individuels.

Supérieurement.

A la mâchoire supérieure :

Incisives, 3.

Les trois incisives disposées en demi-cercle, sont en général plus fortes et plus saillantes que dans les autres Carnassiers, toutes les trois étant dans un mouvement de courbure en dehors et en arrière.

La première, la plus petite, la plus verticale, paraît trilobée à la couronne à cause de l'arrêt du talon circulaire dont elle est garnie en dedans : sa racine est longue et très-comprimée. Première.

Sur la seconde, qui est plus forte, l'extrémité du talon ne paraît qu'en dehors, et sa couronne est plus aiguë et plus recourbée; sa racine est comprimée en couteau. Seconde.

Enfin la troisième, la plus forte, la plus arquée, est terminée à la couronne en crochet simple, par l'usure du denticule externe, serti cependant à sa base interne par un collet bien marqué et subanguleux en arrière; sa racine subtriquètre est fortement courbée. Troisième.

Les canines, quoique assez fortes, ne le sont jamais autant que chez les Felis et les Ursus. Leur coupe est ovale, un peu carénée en arrière, à la limite des deux parties, l'une plane en dedans, l'autre convexe en dehors, mais toujours sans cannelures ni sillons. La racine plus longue que la couronne est assez comprimée. Canines.

Les six molaires, disposées en série assez lâche pour les quatre premières, ne sont contiguës que pour les trois dernières, mais jamais assez serrées pour se chevaucher. Molaires, 6.

Des trois avant-molaires, la première est la plus petite, simple, uniradiculée, à crochet unique, assez peu marqué et presque antérieur; Avant-Molaires, 3. Première.
la seconde biradiculée, sa racine postérieure un peu plus forte, est plus large, triangulaire, pourvue d'une pointe submédiane avec un denticule postérieur au-dessus du collet qui en simule un second; la troisième a presque la même forme, seulement elle est un peu plus forte et surtout plus oblique. Elle a également deux racines subégales. Seconde. Troisième.

La principale, de beaucoup la plus grosse des trois dernières molaires, est bien évidemment carnassière. Elle est formée d'une très-forte pointe conique antérieure dirigée en arrière, portant un petit tubercule interne tout à fait en avant, et d'un lobe postérieur subtranchant et oblique. Principale. Couronne.

Racines. Elle a trois racines, deux tout à fait antérieures subsemblables, et une postérieure bien plus grande comme canaliculée en avant.

Arrière-Molaires, 2. Des deux arrière-molaires :

Première. La première est pourvue à son bord externe de deux pointes coniques décroissantes, portées chacune sur une racine proportionnelle assez petite, et en dedans d'un large talon arrondi, creusé de deux fossettes entre quatre tubercules obsolètes, soutenu par une grosse racine large, comprimée et transverse, et la seconde et dernière, bien plus petite, quoique assez bien de la même forme, aussi bien à la couronne qu'à la racine, seulement plus ramassée, a son bord externe bicuspide très-oblique et à peine aussi large que le talon arrondi et recourbé en arrière avec un tubercule médian, qui en fait la partie interne.

Seconde.

Mâchoire inférieure. A la mâchoire inférieure :

Incisives, 3. Les incisives sont plus transverses, plus serrées qu'en haut, et leur racine est longue et très-comprimée. La première en houlette trilobée, quand elle n'est pas usée, la plus petite; la seconde également trilobée sur son tranchant, le lobe médian le plus grand; la troisième, la plus forte et bilobée, le plus grand lobe en dedans.

Première. Seconde. Troisième.

Canine. La canine en crochet est robuste, avec deux cannelures internes, séparant ce côté plus plat de l'externe plus convexe. Sa racine, très-forte, est un peu courbée sur le plat.

Avant-Molaires, 3. Les trois avant-molaires sont assez bien dans les mêmes proportions entre elles que celles d'en haut; la première est cependant notablement plus petite que sa correspondante, et les deux autres sont un peu plus comprimées, plus régulièrement triangulaires avec les deux racines plus serrées et plus longues.

Première. Seconde et Troisième.

Principale. La principale d'en bas est tout à fait semblable à la dernière des précédentes, sauf la taille notablement plus grande, et les deux denticules du bord postérieur plus prononcés. Ses deux racines sont aussi un peu plus écartées et plus longues.

Arrière-Molaires, 3. Des trois arrière-molaires :

Première. La première est carnassière et la plus grande; elle est large, assez épaisse et formée, pour les deux tiers, d'une partie antérieure divisée en deux lobes externes pointus, un peu tranchants, inégaux, le postérieur le plus grand, avec un très-petit tubercule pointu, collé, ou peu détaché, à la racine interne et postérieure de celui-ci, et, pour l'autre tiers, d'un large talon à deux tubercules pointus, géminés, c'est-à-dire se correspondant l'un en dehors et l'autre en dedans. Il n'y a cependant toujours que deux racines assez grosses, l'antérieure un peu plus que la postérieure, assez divergentes et celle-là surtout, comme canaliculée à son bord postérieur. Couronne. Racines.

La seconde arrière-molaire, beaucoup plus petite et bien plus basse, présente à sa couronne de forme ovale égale aux extrémités, deux pointes rangées obliquement en avant d'un talon marqué par le creux d'une fossette, et deux racines subégales et souvent un peu courbées. Seconde. Couronne. Racines.

Enfin, la troisième et dernière, la plus petite de toutes les dents du Loup, a sa couronne tout à fait ronde, rebordée, avec une saillie plus ou moins marquée dans son milieu. Elle est uniradiculée, sa racine conique. Troisième. Couronne. Racine.

Cette dent, extrême dans l'agencement total des deux séries inférieure et supérieure, est complétement vide (*Dens vacuus* dit Linné), c'est-à-dire sans connexion aucune avec tout ou partie d'une dent supérieure. C'est ce que j'ai soigneusement observé dans huit ou dix têtes de Loup d'Europe que j'ai eues sous les yeux.

Les variations individuelles du système dentaire, dans le Loup d'Europe, ne m'ont jamais paru avoir un rapport évident avec le sexe, mais bien avec la taille ou la force de l'animal, et surtout avec l'âge; mais alors elles ne portaient que sur la grosseur des dents et sur leur degré d'usure Je ne crois pas en avoir jamais rencontré qui portassent sur la proportion des dents entre elles, ou sur celles de leurs parties. Variations suivant la Taille.

Après avoir ainsi décrit, pour ainsi dire individuellement, chacune des dents molaires du Loup, nous devons dire quelque chose de leurs proportions entre elles, et par rapport à la carnassière par exemple, parce que c'est à l'aide de cette considération qu'il nous sera possible Les Espèces. Considérations générales.

de caractériser réellement les espèces de Canis, et d'indiquer leur disposition dans le genre qu'elles constituent.

Sur la proportion. De la disposition carnivore.

Lorsqu'on considère ces espèces comme formant une partie de la série animale, et que la considération porte exclusivement sur le système dentaire, on doit aisément reconnaître que ce système est une certaine combinaison de la disposition carnassière ou tranchante, et de la disposition omnivore ou tuberculeuse; or, cette combinaison dépend nécessairement non pas des avant-molaires qui restent toujours carnassières au même degré et qui ne varient pas de nombre; mais bien des principales et des arrière-molaires. La disposition la plus omnivore dépendra donc 1° du nombre et de la proportion des dents omnivores en totalité, dans leur ensemble, avec l'étendue des dents mixtes; 2° de la proportion dans celles-ci de la partie carnassière tranchante et de la partie omnivore ou tuberculeuse; plus la première l'emportera sur la seconde, plus la dent sera carnassière, et dans le cas contraire omnivore. Quant aux dents entièrement omnivores ou tuberculeuses, elles seront susceptibles de deux sortes de variations, et d'abord dans le nombre; ainsi, qu'il y en ait trois, deux ou une, la disposition omnivore sera au summum, au medium, ou au minimum, la prédominance de la disposition carnassière étant en sens inverse; mais en outre la tendance à l'une ou l'autre disposition, pourra être déterminée par la proportion de l'étendue de la ligne dentaire occupée par les dents tranchantes et les tuberculeuses, plus celles-ci et moins celles-là en occuperont, plus la disposition omnivore l'emportera sur la carnivore.

Omnivore.

D'une manière générale.

Spéciale. Suivant l'Ordre. Parallèle au système digital.

D'après cela on voit que la série des espèces, à partir du Loup, que nous avons pris pour type, et disposée entre le genre Felis et le genre Hyène, devrait être, en remontant, dans la direction de l'accroissement de disposition carnassière, puisqu'elle est plus forte dans le premier que dans le second; mais pour marcher parallèlement avec le système digital, c'est dans l'ordre inverse que nous allons exposer les différences que le système dentaire offre chez les espèces de Canis.

Dans le Loup ordinaire d'Europe, nous avons vu que dans la principale et les deux arrière-molaires supérieures, la proportion était telle qu'il y a égalité entre l'espace occupé par la carnassière seule et les deux arrière-molaires à la fois. C'est en effet ce que j'ai remarqué sur dix ou douze crânes; mais il n'en est pas tout à fait de même pour le Loup noir, *C. L. Lycaon*; pour celui du Canada, *C. L. Canadensis*, et surtout pour le Loup de l'Inde, *C. L. Indicus.* Sur deux individus du premier, deux également du second, et quatre du troisième, la carnassière a perdu d'une manière assez notable; c'est-à-dire qu'au lieu d'être égale en largeur, elle est sensiblement plus petite, d'un sixième peut-être, que les deux tuberculeuses.

Dans les espèces de Loup d'Europe.

Du Canada.

De l'Inde.

Cependant, avant de décider que ce soit un caractère spécifique, je me hâte d'ajouter que sur un crâne de Loup commun d'Europe, j'ai trouvé la même disproportion; et que pour les autres dents, et même pour celles de la mâchoire inférieure de ces Loups de pays si éloignés, je n'ai pu observer de différences véritablement appréciables.

Quoi qu'il en soit, au-dessus de cette espèce doit être placé le Loup du Mexique, comprenant celui de la Californie, dont le crâne est bien plus petit, et surtout plus effilé que dans notre Loup. Chez lui la proportion de la ligne dentaire dont il est question est encore plus en faveur de la partie tuberculeuse. Il n'est pas besoin d'ajouter que toutes les dents sont bien plus petites que dans un Loup, même de plus petite taille.

Du Mexique ou de la Californie (*C. latrans*).

Dans le Loup du Brésil, la largeur de la principale ne dépasse pas même la moitié de la couronne de la seconde et dernière tuberculeuse.

(*C. campestris*).

Le Chacal offre à peu près la même proportion entre les dents citées; mais en outre toutes sont en général proportionnellement plus courtes, plus ramassées, plus serrées, quoique plus petites cependant chacune à chacune.

Dans les Chacals.

Un crâne du *C. variegatus* de M. Ruppell, m'a offert la même disproportion.

J'ai eu le rare avantage de confirmer cette observation sur un indi-

D'Europe. D'Afrique. D'Asie. vidu de Morée, trois d'Alger, autant du Sénégal, deux du Cap, un d'Abyssinie, un d'Arabie, et trois de l'Inde, de taille, d'âge et de sexes différents.

Dans l'Adive (*C. Corsac*). L'Adive, autre petite espèce de Chacal (*C. Corsac*), ne m'a présenté, sous le rapport du système dentaire en général, et dans celui de la proportion des parties carnassière et omnivore, aucune autre différence appréciable avec ce que nous venons d'indiquer dans le Chacal, qu'une grandeur moindre pour chaque dent.

Le *C. Azaræ*. Le Chien d'Azara (*C. Azaræ*), dont j'ai vu cinq et même sept crânes bien complets, en y comprenant, il est vrai, deux de Renards jaunes du nord d'Amérique, ressemble tellement au *C. aureus*, sous le rapport du système dentaire, que l'on pourrait le considérer comme de même espèce, si la forme de la tête n'était pas sensiblement différente.

L'Isatis (*C. lagopus*). L'Isatis (*C. Lagopus*), quoique ne pouvant être éloigné des Chacals, sous tous les autres caractères, présente cette particularité dentaire, qu'il y a égalité d'étendue entre la carnassière et les deux tuberculeuses d'en haut; et, de plus, la dernière d'en bas est d'une petitesse proportionnelle extrême

Le Renard (*C. vulpes*). Le Renard commun, qu'il vienne d'Europe, d'Afrique, d'Arabie ou d'Asie, m'a offert assez bien la même disproportion dans les parties du système dentaire, examinées en ce moment, que dans le *C. Azaræ*, c'est-à-dire une prédominance marquée des deux tuberculeuses sur la carnassière.

Le Fennec (*C. Cerda*). J'ai trouvé quelque chose de semblable dans le Fennec (*C. Cerda*), dont les incisives, au contraire des canines fort grêles, sont un peu plus larges proportionnellement que dans notre Renard ordinaire. Les avant-molaires sont dans le même cas, triangulaires, plus larges à la base, surtout celles d'en bas. La principale ou carnassière d'en haut a ses deux lobes externes subégaux, et le talon interne plus prononcé même que dans le Renard; mais la carnassière inférieure ou première arrière-molaire, à sa partie antérieure, est plus soulevée, plus aiguë, plus insectivore surtout dans son lobe externe postérieur. Quant à la proportion des deux tuberculeuses, elles est certainement en faveur de celles-ci, dont la dernière, en haut comme en bas, est au moins médiocre par rapport à celle qui la précède.

La disproportion augmente d'une manière extrêmement marquée dans le Renard argenté (*C. cinereo-argenteus*), dont j'ai examiné au moins quatre crânes. En effet chez lui la largeur de la carnassière dépasse à peine celle de la première tuberculeuse.

Le Renard argenté (*C. cinereo-argenteus*).

Les trois espèces de petits Chiens, que l'amoindrissement du pouce pourrait faire réunir sous le nom de Chiens brachytèles, offrent, sous le point de vue qui nous occupe, la particularité commune d'avoir la carnassière notablement diminuée au contraire des deux tuberculeuses.

Dans le Chien crabier (*C. cancrivorus*) cette disposition est très-marquée, et de plus, la dernière tuberculeuse d'en bas est notablement plus grosse que dans aucune autre espèce de ce genre, à l'exception du *C. megalotis.*

Le Crabier (*C. cancrivorus*).

Le Chien du Brésil (*C. brachyteles*), quoique plus gros que le précédent, en diffère assez peu sous le rapport qui nous occupe. Les avant-molaires sont cependant bien plus espacées.

Le Guaracha (*C. brachyteles*).

Dans le petit Chien du Japon, qui a reçu le nom de *C. brachyotos*, à cause de la petitesse de ses oreilles, la proportion des dents tuberculeuses d'en haut est encore plus grande que dans le Chien crabier, et par conséquent au contraire de la carnassière, mais la dernière tuberculeuse d'en bas est excessivement petite.

Le C. du Japon (*C. brachyotos*).

Enfin, dans l'état de nos connaissances actuelles sur la série formée par les espèces de Canis, nous trouvons le Chien à grandes oreilles (*C. megalotis*), chez lequel la disposition omnivore est au summum, non-seulement parce que les carnassières sont tout à fait au minimum en elles-mêmes; mais aussi relativement aux tuberculeuses, dont le nombre est augmenté d'une aux deux mâchoires. Il en résulte que le système dentaire de cet animal a une certaine analogie avec celui de quelques petits Ours.

Le *C. megalotis.*

Sa formule dentaire est :

$$\frac{3}{3}+\frac{1}{1}+\frac{7}{8} \text{ dont } \frac{3}{3}+\frac{1}{1}+\frac{3}{4},$$

c'est-à-dire une arrière-molaire de plus que dans les autres Canis.

Incisives

Les incisives ont assez peu le caractère de celles des Canis, en ce que les supérieures sont petites, subégales, espacées et entières, peut-être cependant par usure ; mais les inférieures sont bilobées.

Canines.

Les canines de même, et n'étant en effet pas plus comprimées, ni carénées que dans les Renards.

Avant-Molaires.

Les avant-molaires sont à peu près dans le même cas; seulement elles sont plus petites, moins espacées que dans les autres espèces de Canis; du reste elles croissent graduellement de la première à la troisième, sont tout à fait simples et triangulaires en haut comme en bas, mais seulement un peu plus étroites inférieurement.

Principale.

Mais c'est dans la forme de la principale ou carnassière d'en haut, et de la première avant-molaire ou carnassière d'en bas que les différences commencent à être plus marquées. Elles consistent en ce qu'en haut la partie antérieure de la dent, c'est-à-dire sa partie carnassière, a considérablement augmenté d'étendue, puisqu'elle constitue la dent tout entière, celle-ci n'étant cependant pas plus large que la première tuberculeuse; et qu'en bas cette carnassière, moins changée et moins réduite cependant, est devenue presque insectivore, les trois pointes ou tubercules pointus de la moitié antérieure étant également soulevés et le talon étant entièrement formé de deux pointes.

Arrière-Molaires.

Quant aux tuberculeuses au nombre de trois à chaque mâchoire, celles d'en haut sont tout à fait semblables, sauf qu'elles décroissent sensiblement de la première à la dernière, ayant deux denticules presque égaux en dehors, et un large talon en dedans. Celles d'en bas décroissent encore plus rapidement. Les deux premières à deux collines transverses bicuspidées, et la dernière à peu près de même forme, mais la colline postérieure réduite à n'être qu'un petit talon.

Si, maintenant que nous avons atteint le summum du système dentaire omnivore dans la série des Canis, nous examinons les espèces descendantes à dater du Loup notre type ; nous trouverons des nuances différentielles bien moins nombreuses, puisqu'elles ne consistent réellement que dans celles qu'offrent deux espèces de ce genre.

La première, qui est connue sous le nom de Chien hyénoïde (*C. pictus*), et dont le squelette nous a offert une dégradation du système digital, dans l'absence du pouce, même aux pieds de devant, n'est pas aussi descendue sous le rapport du système dentaire, que le Chien de l'Himalaya (*C. primævus*), qui a cependant cinq doigts en avant, ce qui est une preuve de plus que ces deux systèmes sont indépendants, et ne marchent pas parallèlement dans leur dégradation. Le Chien hyénoïde (*C. pictus*).

Le système dentaire du Chien hyénoïde est en effet tout semblable à celui du Loup, sauf plus de rapprochement et plus de force pour chacune des dents. Nous devons cependant noter que la proportion de la carnassière supérieure, et des deux tuberculeuses qui la suivent, n'est pas plus à l'avantage de celle-là que dans le Loup d'Europe, puisqu'il y a égalité ; mais que la dernière tuberculeuse est, proportionnellement avec la première, fort petite, sensiblement plus que dans un Loup. Supérieurement.

En bas je trouve peut-être encore moins de différence, si ce n'est dans la troisième incisive proportionnellement plus petite, et dans la première avant-molaire plus haute, plus aiguë, ainsi que dans les denticules antérieurs et postérieurs des deux autres et de la principale qui sont évidemment plus prononcées, même dans un sujet dont les carnassières sont assez usées. Inférieurement.

Nous terminerons par le Chien de l'Himalaya (*C. primævus*), chez lequel l'étendue de la carnassière supérieure est proportionnellement au maximum, puisqu'elle dépasse notablement celle des deux tuberculeuses, dont la dernière est même très-petite, à peine triquètre ; mais de plus, en bas, cette même dernière tuberculeuse n'existe plus, et la carnassière est d'une largeur plus grande que dans aucun Canis, surtout proportionnellement avec l'unique tuberculeuse presque ronde. Du Le C. de l'Himalaya (*C. primævus*).

reste les incisives, les canines, les avant-molaires et les principales sont comme dans le Loup et dans les autres espèces de Canis de grande taille.

Le Protèle (*C. Lalandii* ou *Hyénoïdes*).

Enfin, une dernière espèce de Canis (*Proteles Lalandii*), dont il nous reste à décrire le système dentaire, est tellement anomale, sous ce rapport, que dans les premiers temps où elle fut connue, les zoologistes répugnaient à admettre qu'il provînt d'un animal adulte. En effet, M. G. Cuvier, qui la regardait comme devant appartenir plutôt à la famille des Civettes qu'aux Hyènes, au point qu'il proposait (*Ossem.*, t. IV, page 388, 1825) de la nommer provisoirement *Genette Hyénoïde* (1), disait : « Les crânes que nous possédons n'ont que des dents de lait » petites et usées, parce que leurs dents persistantes ont été retardées, » comme il arrive assez souvent aux Genettes, en sorte que nous ne » pouvons en donner de description caractéristique; mais nous ne » doutons pas que dans leur état normal elles ne ressemblent à celles » des Civettes et des Genettes ; » et plus tard, dans la seconde édition de son *Règne animal* (t. I, p. 158, 1829), il se bornait encore à le mentionner seulement, non plus avec les Civettes, mais entre les dernières Mangoustes et les Hyènes, sous le nom de *Proteles Lalandii*, que lui avait donné M. Isidore Geoffroy (*Mém. du Mus.*, t. XI, p. 334, Pl. XX), en ajoutant : « Les individus qu'on a observés, et qui étaient » encore jeunes, n'ont offert que trois petites fausses molaires et une » arrière-molaire petite et tuberculeuse. Il semble que leurs dents » étaient avortées, comme il arrive souvent aux Genettes. » Ainsi, M. Cuvier reconnaît comme erronées les deux assertions qu'il avait d'abord avancées en 1825, savoir : que c'étaient des dents de lait usées, parce que les dents persistantes avaient été retardées, comme cela arrive

Considéré d'une manière erronée par MM. G. et Fréd. Cuvier. Comme Dents de lait usées, ou Dents persistantes retardées.

(1) Ce qui me paraît singulier, c'est que, dès 1821, M. Fréd. Cuvier, dans son article *Hyène* du *Dictionnaire des sciences naturelles*, parle de cet animal sous le nom de *Civette Hyénoïde*, que lui aurait donné son frère, et qu'il décrit son système dentaire comme dans un état si complet d'anomalie, qu'il est presque impossible de lui trouver quelque analogie dans tout le règne animal, mais sans le moins du monde les considérer comme des dents de lait.

assez souvent dans les Genettes, ce qu'il croyait au point de ne pas douter que dans leur état normal elles ne ressemblent à celles des Civettes; assertions d'une haute gravité, scientifiquement parlant, et qu'il aurait dû relever textuellement lui-même; car je ne connais aucun exemple de dents persistantes retardées pas plus dans les Genettes que dans un autre Carnassier. Je ne connais pas davantage de dents avortées, comme il arrive souvent, suivant M. Cuvier, dans les Genettes. Je n'en ai jamais trouvé de telles, et j'ignore même ce que M. Cuvier peut entendre par là.

Au reste, toutes ces explications hypothétiques sont tombées devant le fait accepté par M. Isidore Geoffroy lui-même, dans une note insérée dans les comptes rendus des séances de l'Académie des sciences, fin de janvier 1840, que le Chien Protèle, dont nous possédons maintenant cinq à six crânes bien adultes et deux du second âge, offre la partie molaire de son système dentaire à l'état constant d'anomalie indiqué par M. Cuvier. Nous avons déjà trouvé quelque chose de semblable dans l'Aye-Aye, parmi les Makis, et encore mieux dans l'espèce de Chauve-Souris Sténodermes, que M. de Neuwied a nommées *Desmodus*. Convenablement par M. Isid. Geoffroy.

La formule dentaire du Protèle est :

$$\frac{3}{3}+\frac{1}{1}+\frac{4}{4} \text{ dont } \frac{2}{2}+\frac{1}{1}+\frac{1}{1}.$$

Supérieurement. Incisives.

Supérieurement, les incisives en demi-cercle assez avancé, sont petites, bien rangées, et assez bien entre elles dans les mêmes proportions que dans les C. brachytèles, c'est-à-dire un peu plus subégales que dans le Loup; et toutes les trois épaisses et régulièrement bilobées à la couronne.

Canine. La canine est assez forte, conique, peu comprimée et assez pointue.

Molaires, 4. Les molaires sont complétement anomales de nombre et de forme. Elles sont au nombre de quatre seulement, petites, débordant à peine la gencive, et fort espacées.

Avant-Molaires. Une première avant-molaire à une seule racine longue, conique, un

Première. peu courbée, portant une couronne simple, conico-obtuse, un peu comprimée, incisiforme;

Seconde. Une seconde avant-molaire de même forme à peu près à la couronne, mais évidemment plus grosse et plus haute, à deux racines peu séparées;

Principale. Une troisième plus basse, que je crois la principale, et qui est subtriquètre à deux et peut-être trois racines connées, sans talon postérieur et triangulaire subtranchante;

Arrière-Molaires. Après un intervalle qui sans doute représente la place de la première tuberculeuse, vient la quatrième dent réelle de forme subtriquètre presque ronde à la couronne, et soutenue probablement par trois racines connées, et la plus petite des quatre.

En sorte qu'il serait possible de trouver les six dents des Canis, en considérant comme une seconde avant-molaire une plus petite dent que la première, mais de même forme, qui se trouve d'un seul côté, il est vrai, entre cette première et la seconde, et sur un seul crâne de la collection; mais c'est ce qui sera plus difficile pour la mâchoire inférieure.

Inférieurement.

Incisives. Les trois incisives un peu déclives subtransverses, bien rangées et subégales, courtes, épaisses, sont sans doute bilobées, ce qui est certain pour la première, du moins dans le jeune âge.

Canines. Les canines sont comme celles d'en haut assez fortes, coniques et très-divergentes en dehors, ce qui donne à l'extrémité de la mandibule quelque chose de celle de certains Sangliers.

Les molaires, au nombre de quatre, s'entre-croisent avec les supérieures, de manière que l'antérieure est entre la première et la seconde d'en haut, la seconde entre la seconde et la troisième, et les deux dernières entre celle-ci et la quatrième.

Elles vont assez bien en décroissant de grandeur de l'antérieure à la postérieure.

Molaires. Première. Après un intervalle en forme d'échancrure semi-lunaire et tranchant sur ses bords, la première, la plus élevée, la plus déjetée en dehors, est triangulaire, simple à la couronne, et probablement à une seule racine.

Seconde. La seconde un peu moins haute, mais un peu plus large à sa couronne triangulaire, est certainement pourvue de deux racines serrées, et d'une sorte de talon.

Troisième. La troisième est un peu plus petite que la précédente, mais de même forme et également à deux racines (1).

Quatrième. Enfin, la quatrième, la plus petite et la dernière, formée de deux parties presque égales, l'antérieure, cependant un peu plus grande, n'a véritablement qu'une racine, quoique M. F. Cuvier lui en donne deux (2).

Système dentaire de lait. Après avoir fait connaître les différences que le système dentaire adulte des Canis offre dans la série des espèces, il nous reste à décrire celui du jeune âge ou de lait.

En général et comparé avec celui des Felis. En examinant ce système chez les Felis, nous avons fait remarquer l'espèce d'anomalie que toutes les espèces de ce genre présentent sous ce rapport et qui consiste en ce que les molaires d'en bas ne sont alors qu'au nombre de deux, la principale et une arrière-molaire; les Canis rentrent dans la règle générale des Carnassiers, comme nous allons le voir, et d'autant plus aisément que chez eux, pendant que le système dentaire de lait existe, les mâchoires et surtout la mandibule offrent un espace vide considérable en avant et en arrière de la série des molaires, espace où pousseront la première avant-molaire et les deux tuberculeuses persistantes.

En particulier. 1er degré. Dans le Loup comme type. Le nombre et la disposition des dents de lait chez le Loup, et sans

(1) M. Fréd. Cuvier la décrit comme ayant deux petites pointes à la base de la grande; mais c'est qu'il a probablement décrit une dent de lait.

(2) Dans son article *Zoologie* du tome LIX, p. 447, du *Dict. des sc. nat.*, 1829, il dit que leur système dentaire est à peu près avorté, et il le fait consister, supérieurement, en trois dents pointues, et une quatrième qui ressemble à la tuberculeuse des Chats; inférieurement, en trois dents pointues, analogues à celles d'en haut; mais certainement il y en a quatre, comme il l'avait d'abord reconnu.

doute dans toutes les autres espèces, peuvent être exprimés par la formule suivante :

$$\frac{3}{3}+\frac{1}{1}+\frac{3}{3} \text{ dont } \frac{1}{1}+\frac{1}{1}+\frac{1}{1}.$$

Supérieurement. Supérieurement :

Incisives. Les incisives croissent assez peu de la première à la troisième; les deux premières subégales sont assez nettement trilobées pour ressembler à un trèfle dont les deux lobes latéraux seraient plus petits que le médian. La troisième, plus grande et assez arquée, n'a qu'une auricule externe.

Canines. La canine est grêle, conique, en crochet arqué, et sans traces de carène ou de sillons.

Molaires : Avant-Molaires. Des trois molaires, l'antérieure beaucoup plus petite que les autres et très-distante, plus de la canine que de la principale, est triangulaire à une seule pointe médiane et deux racines entre deux talons, le postérieur le plus large; Principale. la principale est la plus forte et formée de deux lobes tranchants inégaux, l'un en avant triangulaire, élevé, avec un talon antérieur peu marqué, et un second interne presque obsolète, l'autre en arrière fort bas, tranchant, oblique, un peu comme dans la principale d'adulte; Arrière-Molaire. l'arrière-molaire est une dent tuberculeuse assez semblable à la première de l'adulte, c'est-à-dire formée de deux denticules mousses en dehors et d'un large talon en dedans, avec une sorte de denticule antérieur produit par la saillie du collet.

Inférieurement. Inférieurement :

Incisives. Les trois incisives sont bilobées inégalement, le petit lobe en dehors à la tranche; la première bien plus petite que les deux externes subégales.

Canine. La canine est en crochet avec un arrêt à la base de sa carène interne.

Molaires : Avant-Molaire. Des trois molaires, l'antérieure est assez petite, triangulaire, biradiculée et fort distante, comme en haut, de la canine et de la principale, Principale. avec une pointe subantérieure entre deux talons; la principale a la même forme, seulement plus grande et biradiculée, avec un talon plus prononcé; la troisième est assez semblable à la première arrière-molaire ou carnassière d'adulte, c'est-à-dire, qu'elle est composée d'une moitié antérieure à trois pointes, deux externes, tranchantes, fort inégales, et une plus petite interne et postérieure, avec un large talon en arrière, ce talon excavé au milieu de deux pointes marginales.

Arrière-Molaire.

J'ai vu ce premier degré sur un Chacal du Bengale, avec toutes les mêmes particularités, à l'exception de la principale et arrière-molaire supérieure, dont le talon est interne bien plus large.

Comparées. Dans le Chacal.

Dans un Renard d'Europe, du même âge, c'est assez bien la même chose que dans le Chacal, seulement le talon supérieur est plus étroit, et l'inférieur plus large peut-être et plus multidenticulé à la marge.

Dans le Renard.

L'ordre de la chute et du remplacement de ces dents est absolument comme dans tous les carnassiers normaux; c'est-à-dire que, avant qu'aucune des trois molaires vienne à tomber, la première avant-molaire de remplacement pousse dans l'intervalle de la canine et de l'avant-molaire, en même temps ou un peu avant que les deux premières incisives tombent et soient remplacées par la première d'adulte.

Ordre de remplacement.

A un degré plus avancé on peut trouver la première arrière-molaire supérieure poussée; les trois molaires de lait encore en place, tandis qu'en bas la carnassière et même la première tuberculeuse sont en voie de sortir.

2e degré.

Enfin, plus tard la principale ou carnassière d'en haut se montre lorsque celle de lait est tombée, en même temps que sortent les incisives, puis les secondes avant-molaires et enfin les canines et la dernière arrière-molaire.

3e degré.

J'ai vérifié sur un jeune Adive au second degré de disposition dentaire, sur un Renard et un Crabier au même point de cette combinaison, c'est-à-dire ayant encore les molaires, les canines et même partie des incisives de lait, que tout se passait comme chez le Loup,

Sur l'Adive. Le Renard. Le Crabier.

c'est-à-dire que la première avant-molaire pousse d'abord, puis la carnassière, en haut comme en bas, tandis que les molaires de lait sont encore en place. Quant à la forme de chacune de celles-ci, elle est parfaitement semblable à ce qu'elle est dans le Loup.

Le Protèle. Dans le Protèle, j'ai également trouvé que les molaires de lait sont normales, quoique celles d'adulte ne le soient que fort difficilement. En effet, elles sont au nombre de trois, disposées comme dans les autres espèces. Une première avant-molaire à deux racines en haut comme en bas; une principale plus forte, mais assez bien de même forme; enfin une arrière-molaire complexe à trois racines et à couronne formée de ses deux parties.

Des ALVÉOLES. Il nous reste à décrire les alvéoles dont nous n'avons parlé que d'une manière fort générale dans l'Ostéographie.

Chez le Loup comme type. Dans le Loup et dans tous les Canis normaux, les alvéoles dont est percé le bord des mâchoires, sont plus nombreuses que dans aucun autre genre de Carnassiers.

A la Mâchoire supérieure. Série externe. A la mâchoire supérieure on peut aisément en compter une série marginale externe de quinze, trois inégales pour les incisives, en avant d'une plus grande pour la canine; après une première simple et petite suivent deux à deux, l'antérieure la plus petite, celles des deux avant-molaires, de la principale et des deux arrière-molaires, et enfin en interne. dedans une autre série postérieure de trois pour les trois dernières dents, les seules triradiculées; seulement ces groupes de trois alvéoles sont bien plus serrés pour la dernière tuberculeuse que pour la principale.

A la Mâchoire inférieure. A la mâchoire inférieure, les alvéoles ne forment toujours qu'une seule série de trous; trois antérieurs fort rapprochés et étroits, un bien plus grand qui suit immédiatement, et après un court intervalle une série de douze, le premier et le dernier simples, et les deux intermédiaires plus ou moins rapprochés, deux à deux, subégaux pour le premier groupe, inégaux, le postérieur le plus grand, pour les deux suivants, un peu plus petit pour le quatrième et surtout pour le cinquième.

Ce que je viens de décrire est tiré du Loup qui nous sert de type; pour les autres espèces qui ont le même système dentaire, de nombre et de forme, il est évident que les seules différences à signaler ne consistent que dans la grandeur, dans le degré de rapprochement des alvéoles et des groupes qu'elles forment. Dans les autres Espèces.

Pour les espèces qui ont un plus grand nombre de dents, et de forme différente, comme le *C. megalotis*, il est évident que les alvéoles sont autrement disposées. En effet, dans cet animal, le bord de la mâchoire supérieure en offre dix-sept à la série externe et quatre à l'interne postérieure, puisqu'il y a trois dents tuberculeuses derrière la principale et comme elle triradiculées. A la mâchoire inférieure le nombre est également augmenté, puisqu'il est de dix-sept trous, les cinq premiers simples, les dix suivants deux à deux, le postérieur en général plus grand et enfin les deux derniers simples, mais en trous de serrure, parce que les deux racines des dernières molaires sont connées. Chez le *C. megalotis*. Supérieurement. Inférieurement.

Enfin, dans les espèces de Canis, qui n'ont que six molaires en bas et en haut, par manque de la dernière tuberculeuse, on voit que la différence pour la série alvéolaire ne différera de celle du Loup que par l'absence d'un trou simple à sa partie postérieure. C'est le cas du *C. primævus*. Chez le *C. primævus*.

Les alvéoles du Protèle sont les plus singulières de toutes, et d'abord par leur petitesse et ensuite par leur disposition, semblables pour les incisives à ce qui a lieu chez les autres espèces, mais espacées et difficilement perceptibles pour les molaires. Chez le Protèle.

CHAPITRE TROISIÈME.

PALÉONTOLOGIE

DE L'ANCIENNETÉ DES ANIMAUX DE CE GENRE A LA SURFACE DE LA TERRE.

Généralités. Dans les Monuments littéraires. De tous les animaux mammifères, et même de tous les animaux en général, les Canis (1) sont certainement ceux dont il est fait le plus anciennement et le plus fréquemment mention dans les auteurs sacrés ou profanes, poëtes ou historiens, du moins pour l'espèce domestique, qui partout semble être un complément obligé de l'espèce humaine. Tous les livres en effet qui nous ont laissé la description de quelques scènes de la vie économique de l'homme, nous parlent du Chien, comme gardien des troupeaux, du Loup comme leur ennemi perpétuel, et souvent du Chacal sous le nom de Thos.

La Bible C'est ce que nous voyons surtout dans l'histoire des patriarches arabes, d'où est sorti le peuple de Dieu.

Eliézer. Si on devait ajouter une foi absolue à ce que dit Éliézer (cap. 21.), le Chien aurait déjà été connu des enfants d'Adam, puisqu'il rapporte que le corps d'Abel, après son assassinat par Caïn, fut défendu par le

(1) Quoique nous soyons assez éloigné d'ajouter une foi absolue aux étymologies, en voici une que nous devons à l'un de nos élèves les plus distingués, M. l'abbé Maupied, et qui nous semble digne d'être prise en sérieuse considération.

Le nom du Chien est aussi admirable qu'il est remarquable dans les langues anciennes. — En hébreu, c'est *kaleb*, mot composé de la particule *ka* (*kemo*), qui signifie *comme*, et qui est explétive en composition, ou bien de *kol*, *tout*, et de *leb*, *cœur*, le siége des affections... le nom du Chien en hébreu et en chaldéen veut donc dire *très-affectueux*, très-caressant. — En grec, le nom du Chien signifie la même chose, le mot *Kuôn*, Chien, n'est que le participe du verbe κύω, *caresser*, *embrasser*; le nom du Chien en grec veut donc dire caressant. — En latin, *Canis* vient du verbe *caneo*, *vieillir*, par extension *être prudent*; le nom latin du Chien veut donc dire, *fidèle*, *prudent*. — Le nom français *Chien* vient du grec *kyon*, *kyen*. — Ces étymologies si remarquables ne prouveraient-elles pas, pour leur part, que le Chien a été de tout temps un animal *fidèle*, *caressant*, *attaché à l'Homme*, et créé avec lui et pour lui ?

Chien gardien de ses troupeaux, contre la voracité des animaux féroces et contre les oiseaux de proie; mais sans remonter si haut, la Bible nous montre, dans un grand nombre de passages, que le Chien était connu dans ses habitudes et dans ses usages, du moins comme défenseur de son maître et surtout de ses troupeaux.

Ainsi l'on trouve dans Job, chap. XXXI, 1., un passage où cet usage est clairement exprimé : *Quorum patres non digniter ponere cum canibus ovium mearum.* D'après Job.

L'histoire de Tobie nous fournit un autre passage qui nous montre le Chien comme étant pour ainsi dire un animal de la famille (cap. V, v. 28, et XI, 23); c'est lorsque Tobie partant avec l'Ange, le Chien est signalé comme l'accompagnant aussi bien en allant qu'en revenant; à quoi la Vulgate ajoute que le fidèle animal marchait avant eux, remuant la queue, et les précédant comme une sorte de courrier. Tobie.

Le Deutéronome (XVIII, v. 19) vient aussi nous apprendre que le Chien était au nombre des animaux qui ne pouvaient être offerts à Dieu en sacrifice, ce qui est confirmé par Isaïe, LXVI, 3; soit que Moïse, par cette loi, ait voulu protéger cette espèce animale, à cause de sa haute utilité; soit qu'il ait voulu détourner le peuple qu'il gouvernait de l'abus auquel les Égyptiens étaient arrivés en mettant cet animal au nombre des plus sacrés. Moïse.

Toutefois, et d'après l'observation de Bochart, qui en fait expressément la remarque, le texte hébreu des livres saints ne présente aucun indice, sauf en un seul passage, et encore est-il fort douteux, d'où l'on puisse induire que les Israélites se soient jamais servis de Chiens à la chasse; et si les Septante, dans leur traduction en grec, ont employé pour désigner le chasseur Nemrod, le nom grec de *Kunegein*, c'est que le mot de *Kuôn* ou Chien en grec était comme élément du substantif chasseur, parce que la chasse chez les Grecs se faisait constamment avec des Chiens (1). Du Chien de chasse.

(1) Il est encore quelques endroits où la Bible parle du Chien comme sujet de comparaison :

Chez les Égyptiens. D'après Moïse.

Les Égyptiens nous ont également laissé des preuves que le Chien leur était parfaitement connu, et qu'il était chez eux également domestique, servant aussi bien à la garde des maisons qu'à celle des troupeaux : on voit en effet que Moïse, dans l'Exode, fait remarquer que malgré le grand nombre de peuples qui sortirent de l'Égypte et passèrent la mer Rouge, aucun Chien ne fit entendre sa voix.

Hérodote.

On sait d'ailleurs, par le passage d'Hérodote que nous avons déjà eu occasion de citer dans d'autres mémoires de notre ouvrage, que chez les Égyptiens les Chiens étaient encore plus sacrés que les Chats, puisqu'en effet une seule ville, Bubaste, était spécialement consacrée à ceux-ci : tandis que pour les Chiens c'était dans toute l'Égypte que l'on en conservait les momies. Aussi, du moins à en croire Hérodote, lorsque pour la mort d'un Chat, les peuples ne se rasaient que les sourcils, ils se rasaient les cheveux de toute la tête pour celle d'un Chien ; ce qui, malgré toute la confiance que mérite le célèbre historien grec, quand il parle de ce qu'il a vu, ne laisse pas que d'être difficile à croire, ou bien les Égyptiens devaient être très-fréquemment, pour ne pas dire continuellement, rasés.

Mais quel était le Chien domestique chez les Égyptiens, et ne connaissaient-ils que cette espèce? C'est ce qui n'est pas probable, le Loup, le Renard et le Chacal se trouvant encore aujourd'hui dans ce pays. Nous verrons plus loin, en examinant les figures et les momies de *Canis* qu'ils nous ont laissées, s'il est possible de répondre à ces questions.

Chez les Grecs.

Chez les Grecs nous trouvons également que le Chien, comme animal domestique dans ses trois principaux services, la garde de la maison,

Exode, 22-31. Vous ne mangerez point la chair dont les bêtes auront mangé, mais vous la jetterez aux Chiens.

Juges, ch. 7, v. Ceux qui auront lapé l'eau avec la langue comme les Chiens ont coutume de *laper*.

I *Livre des Rois*, ch. 17-43. Suis-je un Chien, *Canis*.

Id. ch. 24-15. Un Chien mort, *Canis*.

II *Livre des Rois*, ch. 3, v 8. Suis-je donc *une* tête de Chien? (Terme de mépris.)

Proverbes, 26, v. 11. Comme le Chien qui retourne à son vomissement.

Ecclesiaste, ch. 9, v. 4. Un Chien vivant est meilleur qu'un Lion mort.

celle des troupeaux et la chasse, est cité par les poëtes et les historiens les plus anciens ; nous voyons même qu'il est acteur dans un assez bon nombre de mythes que l'on doit regarder comme antérieurs à ces écrivains.

Homère, par exemple, parle du Chien comme garde des troupeaux ou compagnon de l'Homme, dans plusieurs passages de l'Iliade, et entre autres dans celui où, décrivant les effets de la peste envoyée dans le camp des Grecs, par Apollon, il dit qu'elle attaquait également les Hommes et les Chiens. En effet ses héros dans leurs discours menacent assez souvent leurs ennemis de donner leurs corps comme pâture à leurs Chiens, dont ils étaient souvent accompagnés ; peut-être même étaient-ils à demi sauvages, comme ils le sont encore aujourd'hui dans l'Orient, puisque dans les premiers vers de l'Iliade, il gémit du grand nombre de héros dont les corps seront la proie des Chiens et des Vautours.

D'après Homère. Dans l'Iliade.

Homère fait plus dans un endroit célèbre de l'Odyssée, puisqu'il en met un en scène sous le nom d'Argus, et en lui donnant le caractère qui distingue le mieux notre fidèle compagnon, celui de reconnaître le premier son ancien maître Ulysse, lorsque de retour de ses longs voyages, celui-ci se présente dans sa maison, et même en s'exprimant par des gestes particuliers, le mouvement latéral de la queue et celui des oreilles, scène qui a été représentée sur une médaille de la famille *Manilia* et sur plusieurs pierres gravées.

L'Odyssée.

On peut également trouver dans les poëmes d'Homère, qui nous peignent si bien l'état des sociétés humaines à cette époque si reculée, des preuves que l'on connaissait alors non-seulement le Loup, le Renard, mais encore le Chacal, car il paraît bien évident que tout ce que les anciens Grecs ont dit du Thos, ne peut appartenir qu'au Chacal, comme Bochart l'a mis déjà presque hors de doute depuis longtemps.

Il paraît aussi que dès le temps d'Homère on distinguait déjà plusieurs espèces de Chien ; mais il ne me semble pas certain qu'il y en eût dès lors d'employés pour la chasse, comme cela eut lieu quelque temps après. On rapporte bien encore que la mort d'Hésiode fut découverte par les aboiements de ses Chiens, restés auprès de son corps, après qu'il eut été assassiné; mais il est probable que ces Chiens étaient des Chiens de garde, puisque suivant la tradition rapportée par Pollux, ce poëte était pasteur ou berger près de l'Hélicon.

Chez les Mythographes. Du Chien d'Actéon.

On trouve cependant de fort bonne heure, dans les écrits des anciens, mais surtout chez les mythographes, la preuve que le Chien était employé à la chasse. Chez les Grecs, l'histoire d'Actéon, par exemple, élève de Chiron, comme presque tous les héros grecs, chasseur fameux, et dévoré par ses Chiens, après sa métamorphose en Cerf, par Diane, jalouse de sa grande habileté à la chasse, ou blessée d'avoir été surprise par lui au bain, est une preuve que dès lors les Chiens étaient employés en meute à la chasse du Cerf.

De Céphale.

L'histoire si touchante de Céphale, également grand chasseur, et qui fit présent à Procris, son épouse, du Chien Loelops, si agile et d'une vitesse si prodigieuse, montre que dès lors cet animal était dressé à la chasse du Renard, puisque c'est au moment où il allait atteindre le Renard immense *Alopex*, que Thémis avait envoyé pour désoler les environs de Thèbes, que le malheureux Chien fut converti en pierre, ainsi que le Renard qu'il poursuivait.

De Méléagre.

Une autre histoire des temps héroïques de la Grèce, celle de Méléagre rapportée par Homère (Iliade, ch. X), nous apprend que, à cette époque, comme de nos jours, dans certains cantons et dans certaines circonstances, les chasseurs d'un pays réunissaient leur adresse, leur courage et leurs Chiens pour la destruction de quelque animal formidable et nuisible. C'est en effet ce qui eut lieu pour le fameux Sanglier des environs de Calydon, capitale de l'Œtolie, animal dont les défenses et la peau, suspendues dans le temple de Diane, existaient encore du temps de Pausanias, quoique celle-là tombât de vétusté et dépouillée de ses soies. Auguste en emporta une défense à Rome.

Du Zodiaque.

Nous trouvons encore dans la fable que racontent les mythographes, au sujet du Chien du zodiaque ou de la canicule, constellation dont le nom semble de toute antiquité, que le Chien était déjà arrivé à ce degré d'attachement pour l'Homme dont les historiens se sont plu à rapporter tant de traits, puisque ce fut Mœra, la Chienne d'Icarius, qui fut placée dans le Ciel, parce que allant continuellement aboyer sur la tombe de son maître, elle découvrit, à sa fille Erigone, qu'il avait été assassiné par les habitants de l'Attique, se croyant d'abord empoisonnés par l'usage du vin qu'il avait importé chez eux.

Des dieux Lares.

Enfin, le Chien était tellement considéré comme signe, comme instrument nécessaire de la société humaine, qu'il entrait dans la représentation symbolique des dieux Lares, qui, sous la forme de deux jeunes gens, étaient accompagnés d'un Chien au repos, ou couverts de la peau d'un de ces animaux.

D'après Aristote.

Mais les faits rapportés par Aristote sur les espèces de Canis connues des anciens, donnent la confirmation qu'à l'époque à laquelle il écrivait, non-seulement on connaissait les rapports des Loups, des Renards avec les Chiens, puisqu'on avait vu par expérience que ces animaux peuvent produire ensemble; mais encore on avait déjà obtenu au moins trois races de Chiens domestiques, qu'Aristote désigne sous les noms de *C. Molosse*, de *C. de Laconie* et de *C. de Malte*, races que l'on considère aujourd'hui comme le Chien mâtin, le Chien de chasse, suivant Gesner, le Chien de berger, suivant Buffon, et le Bichon ou Chien de dame, peut-être sans raison bien suffisante, Aristote ne donnant aucune note un peu caractéristique de ces trois races de Chien. Il se borne en effet à dire que le Chien de Laconie provient de l'accouplement d'un Chien et d'un Renard, ce qui a fait penser que le Chien-Renard de Xénophon était le même.

Le C. de Laconie.

Le C. Molosse.

Quant au Molosse, dont le nom provient de celui d'une province de l'Épire, ce qui lui a valu par la suite le nom d'Épirote, on a dit qu'il provenait du fameux Chien de Céphale dont il vient d'être parlé.

D'après Xénophon.

Quoique l'on dût attendre quelque chose de plus significatif de Xénophon, puisque dans son Traité de la chasse il expose d'une manière générale les signes à l'aide desquels on peut reconnaître les bons Chiens, cependant il nous apprend assez peu de chose sur les différentes espèces qu'il indique comme propres à la chasse des trois sortes d'animaux qui en étaient le sujet de son temps comme du nôtre, le Lièvre, le Cerf et le Sanglier. Nous devons cependant faire remarquer que dans son signalement d'un bon Chien de chasse en général, il demande que les oreilles soient petites, minces, et peu poilues en arrière. Ce qui semble prouver qu'alors nos véritables Chiens couchants n'étaient pas connus.

Le C. Castor. Pour la chasse du Lièvre, il indique deux sortes de Chiens. Les Castors, ainsi nommés, parce que la race provenait de celui de Castor et Pollux, mais dont il ne dit presque rien, et les Renardiers, qu'il dit être provenus de l'accouplement d'un Chien et d'un Renard, et qu'il décrit cependant, comme ayant moins de valeur que les Castors, le poil court et dur, les jambes hautes, le corps ramassé, le museau camus, ce qui semble ne pas trop rappeler le Renard. Aussi Pollux fait-il entendre que cette race de Chiens était la même que celle de Laconie d'Aristote, et que le Chien-Castor était le Molosse de celui-ci.

Le C. Renard.

Le C. indien. Pour la chasse du Cerf, ou mieux des Faons et des Biches, il recommande les Chiens indiens qu'il dit être robustes, grands, agiles, hardis et laborieux, mais sans autre désignation.

Enfin, pour le Sanglier, Xénophon se borne à signaler comme les plus convenables, les mêmes Chiens de l'Inde ou ceux de Locres ou de Candie. Ainsi il n'est plus question ni des Molosses d'Aristote, ni des Chiens de Laconie; mais il est aisé de voir que l'art de la chasse était descendu à des animaux plus variés, moins dangereux, et que le nombre des races de Chiens s'était accru et surtout de celle de l'Inde, sans doute pas suite de l'expédition d'Alexandre ou des Grecs en Asie. En effet, la civilisation si avancée dans ces pays. le système de gouvernement généralement despotique, la nature même des contrées, ont dû donner lieu à un grand développement de l'art de la chasse, et par suite à de nombreux perfectionnements dans la race des Chiens nécessaires pour le rendre plus agréable et moins dangereux.

D'après Hérodote. Nous lisons en effet, dans Hérodote, que les rois de Babylone avaient un si grand nombre de Chiens et de si grande taille, que des bourgs assez considérables étaient chargés, pour tout impôt, de la nourriture de quatre de ces Chiens (1).

D'après Élien.

Élien, qui semble avoir puisé plus qu'aucun auteur d'anecdotes sur les animaux, dans les récits de l'expédition d'Alexandre, ce qui fait que je le cite ici, parle en effet assez longuement, en plusieurs endroits, du grand Chien de l'Inde, recommandé par Xénophon pour la chasse de la grande bête; il cite sa taille, son ardeur, son courage qui lui faisait mépriser les Loups, les Renards, pour s'attaquer aux Lions et même à l'Éléphant; mais malheureusement, dans tout cela, il n'y a rien de caractéristique.

C. indien.

C. Tigre.

Il rapporte aussi d'après Ctesias, *de Rebus indicis*, que la nation des *Cynomalgi* élevait beaucoup de Chiens de la taille de ceux d'Hyrcanie, que l'on décrit comme robustes, féroces, et sans doute à cause de cela, comme nés d'une Chienne et d'un Tigre, pour les lancer contre les Bœufs sauvages qui, à une certaine époque de l'année, venaient se mêler à leurs troupeaux, ou contre d'autres bêtes féroces à des époques plus anciennes, mais également sans autre signalement.

C. de Crète.

C. sacrés.

C'est aussi dans cet auteur qu'il est question pour la première fois, si je ne me trompe : 1° du Chien de Crète, qu'il dit léger et agile, et accoutumé à courir dans les montagnes; 2° de Chiens sacrés, servant à la garde d'un temple dans la ville d'Adranus, en Sicile, et qu'il se borne à indiquer comme de la taille des Molosses.

C. de Malte.

C. de Caramanide.

Quant aux variétés déjà indiquées par ses prédécesseurs, il ne dit qu'un mot du *C. melitensis*, auquel il compare pour la taille le Phatagin et nous apprend que les Chiens Molosses étaient les plus courageux, les plus indomptables, comme les habitants des lieux où ils se trouvaient, au point, ajoute-t-il, que l'Homme et le Chien de Caramanide sont tellement féroces et rebelles, qu'ils ne peuvent être apprivoisés.

(1) Je dois cependant faire observer que dans les bas-reliefs représentant des chasses découverts par M. Rob. Ker Porter dans les ruines de Babylone, chasses dans lesquelles se voient des Sangliers ou des Daims en prodigieuse quantité, poursuivis par des chasseurs montés ou non sur des éléphants, il n'y a pas un seul Chien figuré.

D'après Strabon.

Strabon, qui sans doute puisa aussi beaucoup dans les écrits des historiens de l'expédition d'Alexandre, Mégasthenes, Néarque, et surtout Onésicrite, ne parle que des grands Chiens des Indes que Sopithes, dans le Cathai, offrit à Alexandre, en lui montrant par quelques exemples célèbres, et repris depuis lors par tous les historiens naturalistes ou non, et entre autres par Diodore de Sicile, livre 17, quels étaient leur force, leur courage et leur férocité. Aussi est-il probable que c'était à des Chiens de cette espèce qu'était confié le cruel office de dévorer les malades et les vieillards par les habitants de la Sogdiane et de la Bactriane, s'il faut en croire Onésicrite, ce qui leur a valu le nom de *C. sepulchrales*. Strab., lib. XI, p. 496.

C. des Indes.

C. sauvage.

Je ne vois pas du reste que cet auteur, qui parle aussi (liv. 16) du fait rapporté plus haut d'après Ctesias, par Élien, sur les Chiens des *Cynomalgi*, et nommés par eux *Agrii* ou sauvages, ait cru devoir faire mention de ces différentes variétés de Chiens, que l'on distingue surtout par les noms de pays, quoique la nature de son ouvrage dût l'y porter.

Nous devons aussi faire remarquer que, sans doute à cette époque, le Chien n'était pas encore employé à la chasse du Lapin, puisque parlant du nombre immense de ces animaux qui infestaient certaines parties de l'Espagne, Strabon dit qu'on avait recours pour leur destruction au Furet venu d'Afrique.

Chez les Romains.

Les Romains furent sans doute assez longtemps à ne connaître de ce genre que les deux espèces sauvages qui existaient, comme elles existent encore en Italie, outre l'espèce domestique qu'ils employaient à la garde des troupeaux, ainsi qu'à celle de leurs maisons et même des forteresses, comme le prouve l'histoire célèbre de l'attaque du Capitole par les Gaulois, et sauvé par la vigilance des Oies, les Chiens étant restés muets. On voit cependant par le peu de mots que dit Varron, du Chien, en donnant l'étymologie du mot *Canis*, que, outre le Chien de garde, les Romains avaient aussi le Chien de chasse; du moins Buffon le dit ainsi, mais c'est sur quoi le texte ne s'exprime peut-être pas aussi clairement.

Quoi qu'il en soit, et quoique les anciens Romains ne semblent jamais avoir eu un goût très-passionné pour la chasse, l'on conçoit très-bien que les fortunes colossales des Lucullus, Sylla, Pompée, César, Octave, Lepidus, durent aussi déterminer le luxe à se porter vers ce genre de plaisir ou d'exercice.

En effet, malgré que Pline ait souvent parlé des Chiens, plutôt, il est vrai, sous le point de vue de leurs qualités intellectuelles et presque morales, que sous tout autre rapport, ce qui cadrait bien mieux avec le plan de son ouvrage, on y trouve cependant çà et là quelques notes intéressantes sur ce genre d'animaux. C'est Pline, par exemple, qui nous apprend que l'une des îles Fortunées, la Canarie, qui a fini par donner son nom à toutes les autres, le devait au grand nombre de Chiens monstrueux qu'elle nourrissait. D'après le même historien, les Gaulois avaient une race de Chiens provenant du Loup, se réunissant en meutes, suivant et obéissant à un chef; mais est-il certain que ce passage de Pline ait été convenablement interprêté? D'après Pline. C. des Canaries. C. Loup.

Cependant Columelle, dans le chapitre de son traité d'agriculture, qu'il a consacré aux Chiens, ne parle encore que de deux des races que l'on connaissait de son temps, l'une servant à la garde de la basse-cour, l'autre à celle des troupeaux, et passe sous silence la troisième ou celle des Chiens de chasse, comme n'ayant pas trait à son sujet. Il caractérise du reste assez nettement la première, en disant qu'elle doit être de couleur noire, avec le corps plutôt carré que long ou court, la tête très-grosse de manière à faire la plus forte partie du corps, la poitrine ample et très-hérissée, les yeux noirs et brillants; les oreilles éloignées et pendantes (*dejectis et propendentibus*); les membres antérieurs larges; les postérieurs épais et hérissés; la queue courte et les ongles très-longs. Il regarde comme peu important que ces Chiens soient pesants et peu agiles à la course. D'après Columelle. C. de garde.

Quant au Chien de troupeaux, il n'a pas non plus besoin, selon Columelle, d'être aussi svelte et aussi léger que celui qui doit servir à poursuivre les Daims, les Cerfs et autres animaux très-vites, ni aussi C. de berger.

corsé et aussi pesant que le Chien de basse-cour; néanmoins il doit être robuste, assez rapide et vigoureux, puisqu'il doit poursuivre et attaquer les Loups : aussi doit-il être plus long que court, du reste avec les membres comme le Chien de garde.

Varron parut avoir suivi à peu près les errements de Columelle, distinguant aussi deux genres principaux de Chiens, l'un pour la chasse, l'autre pour la garde (*venaticus et pastoralis*), mais ne décrivant que celui-ci, le demandant de grande taille avec les yeux noirâtres, les narines convergentes, les lèvres non pendantes, et cependant assez longues pour cacher les canines, le tête grande, ainsi que la bouche, la nuque et le cou épais, le rachis droit, la queue grosse, les jambes droites et élevées, les articulations longues, les doigts serrés, le talon flexible, les ongles courts et durs, et ce qui est plus digne de remarque, les oreilles grandes et flasques (*auriculis magnis ac flaccis*), caractère qui aujourd'hui désigne presque exclusivement le Chien de chasse et nullement celui de berger.

D'après Gratius Falicus.

Mais en lisant le poëme de Gratius Falicus, poëte qui vivait du temps d'Ovide, et par conséquent sous Auguste, sur les Chiens et la chasse, on peut s'assurer par ce vers :

Mille canum patriæ, ductique ab origine mores,
Cuique sua...

combien on distinguait déjà de races de Chiens de chasse. On trouve en

C. Mède.

effet qu'à toutes les races déjà signalées, il ajoute : le Mède indocile, propre aux grands combats; les sagaces mais pacifiques Gelons; le Perse à la fois guerrier et sagace; ceux d'Athamanie, d'Acyre, de Phérée,

C. Étolien.

d'Acarnanie, également rusés et voleurs; l'Étolien, qui poursuit la

C. Pétronien.

bête à la voix; les Sicambres et les Pétroniens, qui ont la même habitude, mais que distingue leur vitesse et surtout leur sagacité; l'Umbre

C. Lacédémonien.

dont l'odorat est si fin, maispeu courageux; le Lacédémonien, qui semble, d'après la description qu'il en donne, être notre Levrier, facile à la course, lui assignant le cou et le corps longs, la poitrine ample et robuste près des côtes, se portant obliquement et peu à peu vers un ventre rétréci, la queue grêle et très-longue, les membres grêles, élevés, roides, les antérieurs plus petits, et surtout la tête légère, le museau prolongé, les dents saillantes et aiguës, les oreilles petites, molles, minces et comme membraneuses avec de beaux yeux.

Enfin Gratius indique encore, et comme pouvant être joint aux Pétroniens et aux Sicambres pour poursuivre les Gazelles et les Lièvres, le Vertrahus peint de taches fauves (*falsæ*) (1), et qui plus vite que la flèche et la pensée, presse, poursuit les bêtes qu'a découvertes le Pétronien, lui-même en étant incapable. Quoique ce nom, changé en celui de Vertagus, ait été donné au Chien-Basset, il semblerait qu'il s'agit encore d'un Levrier; car le Basset ne peut certainement pas être considéré comme un Chien courant plus vite que la flèche. C. Vertrahus.

D'après Oppien.

Malgré le nombre considérable de races de Chiens de chasse, désignées d'une manière plus ou moins nette par les auteurs latins, nous ne voyons pas qu'Oppien en ait profité, ce qui tient sans doute à ce que les publications ne se faisaient que lentement alors et que les communications étaient difficiles, surtout de l'occident à l'orient, entre les langues latine et grecque. En effet, s'il se trouve dans cet auteur quelque chose de nouveau sur le sujet qui nous occupe, ce n'est pas ce qui est dans Gratius.

Suivant le plan que Xénophon lui avait tracé, Oppien fait un portrait d'un bon Chien de chasse en général; mais il ne définit aucune variété. Toutefois, dans l'énumération des races qu'il recommande de mêler ensemble pour avoir de bons Chiens, il en indique plusieurs nouvelles, ou qui du moins ne sont citées dans aucun des auteurs précédents. Ainsi, outre les variétés grecques qu'il veut que l'on croise, savoir : le C. d'Arcadie avec celui d'Élée, le C. de Crète avec celui de Péonide, le C. de Carie avec celui de Thrace; il parle d'une race toscane à croiser avec celle de Laconie, et surtout d'un Chien polonais qui

(1) Ne serait-ce pas *fulvæ?*

devait être uni à une Chienne d'Ibérie. Mais il recommande surtout, comme le meilleur Chien quêteur, *Vestigator*, un Chien de petite taille

C. Agassoe.

que la nation barbare des Bretons ou des Pictes nommait *Agassoe*, et qui doué d'un odorat extrêmement fin, quêtait ou poursuivait non-seulement les animaux terrestres, mais encore les oiseaux. Il lui donne la taille des Chiens les plus vulgaires des maisons, le corps cambré, le poil hérissé, l'aspect peu vif, mais les pieds armés d'ongles très-arqués et aigus (*sævis*).

D'après Jul. Pollux.

Quoique Pollux n'ait pas écrit *ex professo* sur la chasse, la nature de son ouvrage l'a cependant conduit à donner des détails plus circonstanciés peut-être que les poëtes que nous avons cités; et il est digne de remarque que malgré la grande augmentation qu'il a faite au nombre des races admises avant lui, toutes celles-ci et entre autres les *Agassoe* ne s'y trouvent pas. Malheureusement encore ces races ne sont indiquées que par des noms de pays ou des chasseurs qui les avaient possédées les premiers.

Parmi celles qui sont dans ce dernier cas, il cite les Castors de Xénophon, comme provenant du Chien donné à Castor par Apollon, en ajoutant que de leur croisement avec les Renardins, étaient sortis les Vulpicastors, puis les Ménilaïdes et les Harmodiens, mais sans aucun autre renseignement.

Au nombre des races dénommées d'après leur pays, on trouve les *Molossi* d'Aristote, les *Laconici* ou *Lacones* nés d'un Chien et d'un Renard, ce qui les a fait nommer *Vulpini*; les *Indici* du même Aristote et de Xénophon, provenant, suivant le premier, de l'accouplement d'un Tigre et d'une Chienne, mais que Nicander Colophonien, d'après Pollux, faisait remonter aux Chiens d'Actéon qui pris de la rage avaient passé l'Euphrate, et s'étaient répandus chez les Indiens; les C. de Locres de Xénophon, ceux d'Arcadie, des Celtes d'Oppien; mais, en outre, il cite ceux de l'Argolide, des Celtes, de l'Ibérie, de la Carie, de Cresse, d'Érétrie, ville de l'île d'Eubée ou de la Thessalie, d'Orcanie, et d'Elymie, entre la Bactriane et l'Hyrcanie; des Psylliciens, ville de l'Achaïe, suivant Pollux.

Conclusion.

Ainsi, comme il est aisé de le voir d'après cette simple énumération des noms de Chiens de chasse recueillis dans l'Onomasticon de Pollux, on reconnaît que de nouvelles races s'étaient formées par des croisements avec des Chiens de différents pays; mais rien ne prouve encore que nos races les meilleures, les plus couchantes, et à oreilles larges et tout à fait pendantes, fussent encore obtenues, du moins chez les Grecs, car chez les Latins nous savons que Varron donne des oreilles grandes et flasques aux Chiens de garde; et nous verrons plus loin que les Égyptiens les connaissaient depuis longtemps, puisqu'ils sont souvent figurés dans les scènes de la vie domestique, représentées dans les tombeaux, ainsi que nous aurons à le faire remarquer, en parlant de l'iconographie de ce genre d'animaux.

Chez les Nations barbares.

Si les Romains ne montrèrent pas d'abord pour la chasse un goût aussi passionné que les Grecs, et si par conséquent l'étude des espèces de Canis, soit sauvages, soit domestiques, ne fit pas des progrès bien évidents, à en juger du moins par les écrits qu'ils nous ont laissés, il n'en fut pas de même chez les nations barbares qui envahirent l'empire romain vers le Ve siècle de notre ère. Habitant toutes ou presque toutes de vastes contrées couvertes en grande partie de forêts séculaires, elles se trouvèrent dans la même position à peu près que les Grecs à l'époque héroïque de leur histoire, c'est-à-dire qu'elles eurent nécessairement à se défendre contre les bêtes féroces, nombreuses dans leurs pays, et qu'elles durent de bonne heure s'occuper de leur donner la chasse, et pour cela de chercher un auxiliaire dans le Chien qui les accompagnait ou qui les avait suivies dans leurs migrations successives, et peut-être dans les races que l'ensemble des circonstances avait dû nécessairement produire.

Nous avons vu plus haut que déjà par les communications avec les habitants les plus reculés de l'Angleterre, avec ceux des Gaules, avec ceux de l'Ibérie, plusieurs races de Chiens domestiques étaient entrées dans les usages de l'Homme du temps des Romains ; mais c'est dans l'intervalle du temps qui sépare la chute de l'empire d'Occident de l'établissement des monarchies modernes, que la race Canine parvint à ce degré de dégénérescence que nous lui voyons aujourd'hui dans la plupart de nos Chiens de chasse et de ceux de nos appartements ; les oreilles ayant complétement perdu leur disposition native, pour prendre la livrée domestique, c'est-à-dire un développement énorme en largeur comme en longueur, une forme tout à fait aplatie, et enfin une mollesse telle qu'elles sont pendantes verticalement de chaque côté de la tête, au point de toucher quelquefois la terre, lorsque l'animal marche, chez les Bassets à jambes torses, par exemple.

Je ne puis dire encore si cette particularité se trouve signalée dans quelques-uns des écrivains qui ont eu l'occasion de parler des animaux domestiques, soit dans la basse latinité, dans la basse grécité, ce qui est assez probable, en effet ; mais dès le premier écrivain d'histoire naturelle de la fin de cette époque, ou même chez les Arabes orientaux (1), nous trouvons que dans les Chiens domestiques, ceux essentiellement destinés à la chasse, sont décrits avec le caractère des oreilles pendantes.

Chez les Arabes.

Chez les Européens au moyen âge. Albert le Grand. C. Mâtin. C. quêteur.

Albert le Grand, par exemple, dans l'article malheureusement trop court, du moins sous le rapport descriptif, qu'il a consacré aux Chiens, parle du Chien de garde, qu'il dit être déjà nommé Mastin : du Chien de chasse courant ou du Levrier ; et enfin du Chien de chasse quêteur (*Canis nobilis*), auquel il assigne des oreilles grandes, larges, pendantes directement vers les mâchoires, les naseaux ouverts, la lèvre supérieure longue et tombante, la voix sonore, et la queue médiocre un peu courbée à droite et fréquemment élevée, de manière à laisser l'anus complétement à découvert.

C. Levrier.

Quant aux Levriers (*Leverari*), il les caractérise également d'une ma-

(1) Casiri, I, c. 1, 321, dit, en effet, qu'Isah-Ben-Ali-Hassa-Asadita a composé un traité complet de chasse et de fauconnerie, remarquable surtout par les connaissances d'histoire naturelle qu'il contient.

nière parfaite en disant que la tête est longue, plate, et non énorme, les oreilles petites, aiguës et dirigées en arrière, la lèvre supérieure débordant très-peu l'inférieure, le cou long et souvent plus épais que la tête à son origine, la poitrine énorme et amincie en dessous, la queue médiocre, les membres élevés et plutôt grêles qu'épais, et enfin n'aboyant que rarement.

Albert le Grand.

Le Chien mâtin (*Mastinus*) est, suivant Albert, semblable au Loup (d'où l'on doit conclure qu'il avait comme lui les oreilles droites), agissant comme lui dans la génération.

Albert le Grand parle aussi d'une autre race qui est le produit du Mâtin et du Levrier et qui joint la force à l'agilité; mais il n'essaye en aucune manière de rapprocher l'une ou l'autre de ces races de Chiens de celles d'Aristote, dont il consultait cependant si souvent les ouvrages; et en effet cela était fort difficile. De même il ne dit pas un mot de leur origine.

Depuis Albert le Grand, jusqu'aux naturalistes de la renaissance, c'est-à-dire jusqu'à Gesner, qui en commence la série, du moins pour les Quadrupèdes, on ne peut guère trouver que les auteurs de Vénerie qui aient porté leur attention sur la distinction des races de Chiens domestiques; mais sans remonter et même sans se soucier beaucoup de remonter à ce que les anciens avaient dit à ce sujet, Gesner cite en effet parmi les auteurs modernes qu'il a consultés pour la composition de son grand article sur les Canis :

Les Auteurs de traités sur la Vénerie.

1° L'ouvrage de Bélisaire Aragonais, sur la chasse, et qui, suivant Gesner, est presque entièrement tiré d'Oppien;

2° Celui de Michel-Ange-Blond, sur les Chiens et la chasse;

3° Le Traité de Fauconnerie et de Vénerie de Guillaume Tardif, dans lequel on trouve, à ce qu'il m'a semblé, une bonne définition des principales races de Chiens, dont la description ou l'analyse sortirait évidemment du plan de notre ouvrage, d'autant plus que les questions qui nous occupent n'y sont nullement traitées ou seulement d'une manière fort superficielle.

J. Cay. Mais le meilleur ouvrage que Gesner eut l'occasion de citer sur la distinction et la classification des Chiens domestiques, est celui que lui envoya manuscrit un médecin anglais, l'un de ses amis, Jean Cay, et dont il donne même un assez court extrait, accompagné de fort bonnes figures pour le temps. Nous voulons parler du petit traité *de Canibus britannicis*, que Cay publia, après la mort de Gesner, à Londres, en 1570, et dont une nouvelle édition a paru en 1729. On peut y voir combien le nombre des variétés de Chiens qui existaient alors en Angleterre était considérable, puisqu'il monte à plus de seize, en y comprenant, il est vrai, non-seulement les Chiens de chasse et ceux de garde, mais encore ceux de rues, qu'il nomme *Degeneres*. Cet observateur du reste ne donne pas encore une description absolue de chaque variété, se bornant à les caractériser plutôt d'après leurs usages et leur caractère, que d'après des différences matérielles, et presque toujours sans chercher à la rattacher à celles qui avaient été signalées avant lui, sauf pour le Chien de garde, qu'il pense être le *C. Molossus* des anciens.

C. Agasœi. Il nous apprend seulement que les Écossais nommaient *Agasœi*, une race de Chiens qui chassait à vue, sans doute à défaut d'odorat; et sans faire l'observation qu'Oppien, qui désigne par le même nom un Chien d'Écosse, le caractérise au contraire par une grande finesse d'odorat, au point qu'il lui donne l'épithète de *Vestigator;* et, de plus, que le C. Lycisque, de Pline, qu'il disait provenir d'un Chien et d'un Loup, ne se trouvait pas en Angleterre, parce que ce dernier animal n'y existait même pas; mais qu'il n'en était pas de même du *Lacœna* et de l'*Urcanus*, le premier né d'un Chien et d'un Renard (se trouvant fréquemment élevé en Angleterre avec les Chiens dans les maisons, soit par goût, soit par maladie), le second d'un Chien de chasse et d'un Ours, et qui, quoique ennemis, s'accouplent, comme cela, dit-il, a coutume d'être ailleurs lorsqu'ils y sont poussés par le rut. Il lui assigne du reste les caractères du Chien indien d'Alexandre, le peignant comme ayant un aspect terrible, une cruauté féroce et une ténacité de morsure extraordinaire.

C. d'Islande. Cay cite encore comme introduits en Angleterre, quoique étrangers, le Chien d'Islande et celui de Lithuanie, l'un et l'autre hérissés de longs poils sur tout le corps. Peut-être était-ce de cette race qu'Élien a parlé sous le nom de Chien des Sarmates.

C. de Lithuanie.

Depuis l'ouvrage remarquable de Cay, dans lequel toutes les races principales de Chiens furent à peu de chose près désignées, on ne trouve qu'un assez petit nombre d'additions sur cette partie de l'histoire des Mammifères jusqu'à Buffon, c'est-à-dire, jusque vers la moitié du dernier siècle.

Charleton.
J. Ray.

En effet, les zoologistes anglais, Charleton et Ray, dont les ouvrages parurent dans la seconde moitié du XVIIe siècle, adoptèrent complétement la manière de voir de leur compatriote. Seulement nous trouvons que le premier a fait de plus mention du grand Chien d'Irlande, que Ray dit être le plus grand Chien qu'il ait vu.

Linné

Il en fut de même de Linné, dans les premières éditions du *Systema naturæ*, où il n'admet que neuf variétés; nous y voyons cependant, pour la première fois, les races qu'il nomme *C. Ægyptius*, qui paraît être le Chien turc de Buffon, et *Mustelinus*.

Buffon.

Buffon, dans le plan immense suivant lequel il avait entrepris d'écrire l'histoire naturelle par rapport à l'espèce humaine, devait envisager le Chien autrement qu'on ne l'avait fait avant lui, et c'est ce qu'il exécuta en 1755, dans le t. V de son grand ouvrage. En effet, non-seulement il dénomma, décrivit et figura toutes les races de Chiens que l'on connaissait alors en Europe; mais il chercha à les grouper, d'après une idée de filiation et d'éloignement de la souche qu'il regardait comme originelle, et d'après la considération de la forme des oreilles entièrement droites dans la famille du Chien de berger, qui comprend les Chiens Loup, de Sibérie, de Laponie, de Canada, des Hottentots; en partie droites seulement dans la famille des Mâtins, à laquelle il rattache le grand Danois, le Levrier, et entièrement molles et tombantes dans les Chiens de chasse, courant, braque, basset, épagneul et barbet.

Buffon va plus loin, en pensant que le climat a pu produire dix-sept des trente variétés qu'il a reconnues dans le Chien domestique. Il admet que les espèces à oreilles droites, provenant du Chien de berger, appartiennent aux climats septentrionaux ; que les espèces à oreilles tout à fait plates et tombantes sont des climats tempérés et essentiellement d'Europe, supposant que le grand Braque du Bengale est d'origine européenne ; et enfin que les espèces à oreilles fléchies à la pointe, sont également des pays tempérés.

Les treize autres variétés admises par Buffon sont considérées par lui comme des Métis des dix-sept principales.

Enfin, traitant la question si le Chien domestique constitue une espèce distincte, ou s'il doit être considéré comme un Loup dégénéré, il conclut d'expériences tentées pour la première fois à ce sujet, que c'est une espèce distincte.

Daubenton. Daubenton, qui a ajouté les descriptions d'un certain nombre des races de Chiens admises par Buffon, ne fut pas tout à fait aussi heureux que lui dans sa première classification, ayant eu égard à la longueur du museau, et peu ou point à la forme des oreilles; en sorte que commençant par le Levrier, il a fini par le Dogue. Du reste, il s'est peu occupé de la question d'origine, qui avait tant occupé son célèbre collaborateur.

Zimmermann. Pendant un très-long temps après la publication de l'article de Buffon, la disposition des races de Chiens, leur filiation du Chien de berger fut généralement admise par tous les zoologistes. Seulement l'expérience ayant démontré que le Loup s'accouple certainement avec la Chienne, et le Chien avec la Louve et les produits étant féconds, comme Buffon le démontra lui-même dans ses suppléments, un certain nombre de zoologistes, et entre autres Zirmmermann, soutinrent l'opinion que le Chien domestique ne constitue pas une espèce distincte, et que son origine remonte au Loup de nos forêts, animal qui en effet se trouve à peu près partout, et malgré l'énorme différence qui se remarque entre les nombreuses races de Chiens.

Guldenstaedt. Cependant, par suite d'observations plus étendues, plus complètes, la question put être examinée d'une manière plus approfondie, et entre autres par Guldenstaedt, dans un mémoire *ad hoc*, inséré dans les actes de l'Académie des sciences de Saint-Pétersbourg, pour l'année 1777, et dans lequel il soutient, dans une argumentation serrée et spécieuse, comme nous le verrons plus loin, que l'origine du Chien domestique est le Chacal (*C. aureus*, L.).

Cette opinion ne fut cependant adoptée que par Pallas, et même auparavant il s'en présenta une troisième, suivant laquelle les variétés de Chiens ne proviendraient pas d'une seule souche sauvage, et c'est Blumenbach, si je ne me trompe, qui la soutint le premier. Ce célèbre, et justement célèbre naturaliste, en faisant l'observation que le Basset et le Levrier montrent une conformation trop particulière, trop bien adaptée à certains usages, pour que l'on puisse considérer ces propriétés conformes à une fin, comme les conséquences fortuites d'une simple dégénération, se vit conduit à admettre qu'il pourrait bien y avoir plusieurs espèces dans le *C. familiaris*, comme Erxleben en avait émis le doute

Pallas.

Blumenbach.

Erxleben.

Cette manière de voir pouvait s'appuyer sur ce que depuis la publication de l'ouvrage de Buffon, plusieurs espèces de Chiens domestiques redevenus sauvages, avaient été signalées : l'une aux îles Falckland, et dans la Patagonie, par Bougainville; une seconde à la Nouvelle-Hollande, par Solander; une troisième au Groënland ou mieux à Terre-Neuve, par Blumenbach. Cependant la question n'avança pas beaucoup, au point que Gmelin, quoiqu'il ait accueilli sans critique, ici plus encore que partout ailleurs, toutes les variétés de Chiens domestiques qui avaient reçu des noms chez tous les peuples d'Europe, depuis Gesner et Aldrovande, jusqu'à Ridinger, ne fit aucune mention de ces nouvelles variétés.

Gmelin.

Il en fut à peu près de même pendant la fin du XVIIIe siècle, les premiers continuateurs ou nouveaux éditeurs de Buffon, et les auteurs de Dictionnaires d'histoire naturelle, n'osant pas attaquer la question au fond et chercher si on pouvait la résoudre; les uns continuant à considérer le Chien domestique comme formant une seule et unique espèce dont la souche sauvage est entièrement perdue, et dont les nom-

Soninni, etc.

breuses races existantes dans toutes les parties du monde ne seraient que des variétés; tandis que d'autres, admettant ce second point, pensaient que la race sauvage, la race type était le Loup ou bien le Chacal.

Enfin, quelques-uns soutenaient que les différences si considérables que présentent les races principales de Chiens tenaient à ce qu'elles provenaient de différentes espèces sauvages, le Loup, le Chacal, et même le Renard.

Mais les partisans de chaque opinion s'étaient assez peu occupés de lui donner des bases un peu satisfaisantes, lorsque M. F. Cuvier, en 1817, reprit le sujet d'une manière différente, en faisant entrer dans la résolution de la question une considération nouvelle, celle de l'intelligence, traduite par la grandeur du crâne, surtout dans sa partie essentielle, et à en juger par la manière dont se disposent les pariétaux. Ainsi, abandonnant la considération de la longueur du museau adoptée par Ray; celle des oreilles qui au fond est la base de la classification de Buffon, et que, pour le dire en passant, je ne pense pas être aussi artificielle que le suppose M. F. Cuvier, il accepte, mais sans le prouver le moins du monde, que le Chien est une espèce animale dont la souche originelle n'existe plus à l'état sauvage; tous les Chiens que l'on connaît à cet état aujourd'hui, soit en Amérique, soit en Afrique, soit dans l'Inde, n'étant suivant lui que des Chiens marrons; en effet, leur système de coloration n'est pas constant ou est fort variable, et ils rentrent aisément en domesticité.

F. Cuvier.

Il établit ensuite que toutes les races de Chiens à l'état marron, comme à l'état domestique, chez les peuples les plus civilisés, comme chez les plus sauvages, ne constituent, ou n'appartiennent qu'à une seule espèce, ce que prouve la facilité avec laquelle les races les plus éloignées produisent entre elles, au contraire de ce qui a lieu chez les Mulets.

Prenant ensuite sa nouvelle mesure pour base de sa classification des Chiens domestiques, il en établit trois races principales, auxquelles se rattachent toutes les autres :

1° Les Matins. Ayant les pariétaux tendant à se rapprocher, mais d'une manière insensible, en s'élevant au-dessus des temporaux, et les condyles sur la même ligne que les molaires:

Comprenant le Chien de la Nouvelle-Hollande, le Mâtin, le grand Danois, le Levrier.

2° Les Épagneuls. Dont les pariétaux, à partir de la section temporale, s'écartent, se dilatent en dehors, ce qui donne plus de capacité à la boîte cérébrale; les condyles au-dessus du niveau de la ligne dentaire.

Section qui renferme avec l'Épagneul, qui en est le type, le Barbet, le Chien courant, le Chien de berger, le Chien Loup, les Bassets, les Braques, et l'Acco ?

3° Les Dogues. Ayant la capacité cérébrale très-petite par le rapprochement rapide de la courbe pariétale, les sinus frontaux très-grands et le museau très-court, comprenant comme type le Dogue de forte race, le Dogue proprement dit et le Doguin.

Quoique cette nouvelle considération paraisse reposer sur quelque chose de plus spécieux que la généalogie proposée par Buffon, elle est encore loin d'être adoptée; ainsi M. Tilesius, dans un mémoire sur trois Canis, *Nova Acta cur.* XI, p. 393, revient à l'idée que Pallas avait soutenue, après Guldenstaedt cependant, que le Chacal est la souche de tous les Chiens domestiques, et que par conséquent ceux-ci ne constituent pas une espèce distincte, et tout dernièrement, M. Ehrenberg, dans ses *Symbolæ physicæ*, Mamm. II, est revenu à l'opinion contraire, qu'il y a plusieurs espèces confondues dans l'espèce domestique, et que chacune d'elles a pour type le *Canis* sauvage dans le pays dont elle est originelle; et il donne à l'appui de cette opinion les espèces de Canis qu'il a observées dans les pays que traverse le Nil. Ainsi, suivant lui, le Chien domestique, en Basse-Égypte, a pour type sauvage l'espèce de Loup de ce pays, qu'il a nommé *C. Lupaster*, tandis que le Chien domestique, en Nubie, celui que les Dongoliens emploient à la chasse, est bien plus petit, plus vif, plus grêle, toujours de couleur fauve, et a les

Tilesius.

M. Ehrenberg.

plus grands rapports avec le Canis sauvage de ce pays, que M. Ehrenberg a nommé *C. Sabbar*, et qui me paraît être un Chacal.

Conclusion.

Au fait, dans cette longue discussion sur les différentes races et un peu déjà sur l'origine, la souche du Chien domestique, question sur laquelle nous reviendrons, les opinions en présence ne pouvaient être véritablement démontrées, parce que le critérium de la distinction des espèces de Canis n'avait pas été posé. Nous verrons à la fin de ce mémoire, lorsque nous aurons suffisamment étudié les espèces vivantes et les espèces fossiles, si le problème est véritablement soluble, et comment nous pouvons atteindre à sa résolution. En ce moment, il nous suffira d'avoir montré que le Chien domestique, que ce soit une espèce distincte on non, est signalé depuis la plus haute antiquité historique, et que le nombre de ses variétés de forme et d'usage, a augmenté notablement, à mesure que la civilisation a demandé à cet animal des services plus variés et plus étendus.

Jusqu'ici, dans cette histoire des traces que le genre des Canis a laissées dans les écrits des anciens, nous n'avons eu en vue que le *C. familiaris* ou le Chien domestique. Voyons aussi les autres espèces.

Du Loup.

Le Loup, qu'il soit ou non la tige du Chien des anciens Celtes, comme le pensait déjà Pline, est signalé avec toutes ses principales qualités chez tous les écrivains qui ont parlé du Chien comme gardien des troupeaux, puisque c'était surtout contre lui que celui-ci était appelé à les défendre.

Chez les Hébreux.

Dans nos livres sacrés le Loup est nommé *Luchs*, d'après Bochart, d'où l'on suppose qu'est dérivé le mot grec *Lukos*, et par suite celui de *Lycaon* : mais chez les Hébreux il n'est fait mention de cet animal que comme ennemi des troupeaux, ou que comme un objet de comparaison; ainsi, lorsque Jacob (Genèse, chap. 49, vers. 27) bénissant Benjamin, fait allusion à la rapacité du Loup qui doit rendre le soir la proie qu'il a enlevée le matin.

D'après M. l'abbé Maupied, le Loup s'appelle en hébreu *Zeeb* ou *Zaab*, mot qui, suivant lui, pourrait venir de *Zabah*, égorger; il est, en général, considéré dans la Bible, et surtout par les prophètes, comme un animal rapace, ravissant sa proie pour répandre le sang, sortant le soir pour tout dévaster, courant avec vélocité, par conséquent avec tous ses véritables caractères.

Chez les Égyptiens.

Mais il n'en est pas de même chez les Égyptiens et par suite chez les Grecs. En effet, chez les premiers, le Loup était considéré comme le symbole du Soleil, produisant la lumière, et c'est même dans ce sens que les étymologistes dérivent le mot *lukos* de *luke*, qui, chez les anciens Grecs, signifiait la lumière du point du jour, époque à laquelle le Loup se met en quête pour exercer ses déprédations. Aussi la ville de Lycopolis était exclusivement consacrée à Apollon, sous le symbole du Loup; et dès lors celui-ci considéré comme un animal sacré. Cette interprétation donnée à la dénomination de la ville de Lycopolis, n'est cependant pas adoptée par tous les auteurs qui se sont occupés de ce sujet. On lit même dans Hérodote (II, p. 67), que les cadavres des Loups étaient enterrés dans le lieu même où on les trouvait, et non pas portés exclusivement dans une ville particulière, comme les Chats, à Bubastes. Eusèbe (*Préparation évangélique*, liv. II, part. I, p. 50, B. c.), émet l'opinion que le Loup n'était consacré en Égypte qu'à cause de sa grande ressemblance avec le Chien, et parce que Isis, étant avec son fils Orus, sur le point de combattre Typhon, Osiris vint des enfers à leur secours sous la forme d'un Loup, ou bien parce que les Éthiopiens, descendus en Égypte comme ennemis, furent arrêtés par une grande multitude de Loups, ce qui fit donner le nom de Lycopolis au nôme où cela arriva.

Chez les Grecs.

Quoi qu'il en soit, car ce point est assez peu important pour nous en ce moment, il est certain que les plus anciens poëtes et historiens grecs ont indubitablement parlé du Loup sous le nom de *Lycaon*, et cela dans un grand nombre d'endroits de leurs ouvrages, soit comme sujet de comparaison, soit comme se trouvant dans les lieux qu'ils décrivaient; à plus forte raison les historiens naturalistes, comme Aristote par exemple, qui avaient à décrire les particularités d'organisation et de mœurs de cet animal.

Il paraît même probable qu'ils l'ont quelquefois envisagé comme symbole, l'associant à Apollon, dans l'histoire de Latone sa mère, ou dans la sienne propre.

Leurs mythographes ont un certain nombre de fables où il est question du Loup, et surtout celle de Lycaon, roi d'Arcadie, qui ayant servi à Jupiter les membres d'Arcas, né de ce dieu et de Calliste, sa fille, fut changé en Loup.

Chez les Latins.

Les Latins nous ont aussi laissé dans leurs écrits de toute nature, des preuves évidentes que l'animal qu'ils désignaient sous le nom de *Lupus*, et dont l'étymologie est dérivée du grec *Lukos*, est bien le même que nous connaissons sous ce nom, à peine modifié, dans notre langue, et encore moins dans la langue allemande, où le Loup se nomme *Luchs*.

Pour eux, comme tout le monde sait, cet animal est de plus devenu le symbole du dieu Mars, à cause de sa férocité et de son ardeur pour le carnage, conséquemment à l'histoire plus ou moins apocryphe de l'allaitement de Rémus et Romulus, fondateurs de Rome, par une Louve, et au principe plus réel que cette ville obtiendrait l'empire du monde par la force des armes ; leurs enseignes conservées et leurs médailles sont là pour prouver que c'était bien le Loup de nos forêts qu'ils avaient choisi comme symbole.

Du Chacal (*Thos*).

Une troisième espèce de ce genre qui a dû aussi être signalée depuis longtemps par les anciens, est celle que nous connaissons aujourd'hui sous le nom persan de Chacal ou de *C. aureus*, et que les Grecs paraissent avoir désignée par le nom de *Thos*, comme il ne sera pas inutile d'essayer de le démontrer.

Chez Aristote. Premier passage.

Aristote parle du *Thos* en trois endroits de son Traité des Animaux : 1° Dans celui où il est question de l'ensemble des viscères (liv. II, ch. 17), et où après avoir dit que tous les animaux qui ont des dents aux deux mâchoires, c'est-à-dire dans toute leur étendue, ou qui n'en manquent pas à la supérieure, par opposition avec ceux qui en manquent à celle-ci, n'ont qu'un seul estomac, comme l'Homme, le Cochon, le Chien, l'Ours, le Lion et le Loup, il ajoute dans une phrase distincte :

le *Thos* a tous ses viscères comme ceux du Loup. *Quin etiam Thos omnia viscera Lupo similia obtinet.* Passage sur lequel il n'y a aucune difficulté, et que tous les commentateurs et traducteurs ont entendu de la même manière.

2° Dans le second passage (liv. III, chap. 35), à la suite des particularités d'accouplement, et surtout de gestation, des Mammifères Carnassiers, savoir : du Renard, du Loup, du Galè, de l'Ichneumon, de la Panthère ou du Panther, après avoir dit que les Thos sont fécondés (*implentur*) comme les Chiens, et qu'ils produisent deux, trois ou même quatre petits qui naissent aveugles, il ajoute la description de cet animal, et en continuant sa comparaison avec les Chiens, par cette transition : *Quod ad ejus speciem attinet, caudam versus porrigitur, sed humilior est; celeritate quoque præstat, quanquam cruribus brevibus; nam propterea quod agilis est, prosilire longe potest.* Second.

Mais ici les manuscrits et les commentateurs ne sont pas tout à fait d'accord. Interprété différemment par

Gaza avait traduit le premier paragraphe, le plus important : *Corpore longior et cauda porrectior est, sed proceritate brevior.* Ce que Buffon admet en rendant ce passage de la manière suivante : *Le Thos a le corps et la queue plus longs que le Chien avec moins de hauteur.* Th. Gaza. Buffon.

Scaliger dit seulement : *Caudam versus porrigitur, sed humilior est*, ce qui veut dire que le corps du Thos s'allonge vers la queue, et est plus bas, mais sans faire mention d'aucune particularité de celle-ci; et c'est, suivant Schneider, la version la plus exacte. Scaliger.

Gesner paraît avoir cependant entendu le passage autrement, puisqu'il le traduit ainsi : *Oblongus est à capite ad caudam vel extremum corpus, altitudine brevior.* Ce qui portait la différence seulement sur le tronc. C. Gesner.

C'est aussi la manière dont Wotton l'avait interprété : *Corpus illi ad caudam porrectius est, sed minus procerum.* Wotton.

Enfin Camus, dont le texte grec est, suivant Schneider, le plus exact, dit : Le Thos a le corps allongé du côté de la queue, et plus ramassé Camus.

dans la partie du haut. Ce qui n'est certainement pas dans Aristote, et qui n'est pas même facile à comprendre.

Troisième passage.

3° Le troisième passage de celui-ci, dans lequel il est question du Thos, fait partie du liv. IX, chap. 1, où Aristote parle des amitiés et des inimitiés des animaux les uns pour les autres. Il se borne à dire que le Lion et le Thos sont en guerre, parce qu'étant tous deux Carnivores, leur nourriture est la même. Passage que les modernes ont nécessairement interprété de la même manière.

Quatrième.

Enfin, dans ce même chapitre (1), et tout à la fin, après un long article sur les mœurs du Lion, article qui vient singulièrement après une histoire étendue des abeilles, se trouve un paragraphe entièrement consacré au Thos, et dans lequel il parle de ses rapports avec l'Homme, dont il est un des amis, sans l'attaquer ni le craindre, avec les Chiens et les Lions auxquels il fait la guerre, ce qui empêche qu'il ne se trouve dans le même lieu qu'eux.

Aristote ajoute ensuite sans liaison et sans en donner la raison, que les petits Thos l'emportent sur les grands. Que veut-il dire par là, et en quoi consiste cette prééminence ?

Enfin, il termine en ajoutant que quelques personnes pensent qu'il y en a deux ou trois espèces et même plus, mais que véritablement, comme certains poissons, oiseaux et même quadrupèdes, les Thos changent à des époques déterminées, ayant en hiver une autre couleur qu'en été, étant même nus dans cette saison, tandis qu'ils sont vêtus dans la première.

Tous les auteurs sont encore d'accord sur cette interprétation.

Tels sont réellement les seuls éléments que nous possédions pour résoudre le problème ou la question de savoir quel est l'animal qu'Aristote a nommé *Thos*. En effet, tout ce qui y a été ajouté depuis n'en est qu'un commentaire plus ou moins dissimulé par abréviation ou, au

(1) Chap. 31, Schneider.
44, Vulg.
69, Scaliger.

contraire, par extension, comme il va nous être facile de le démontrer. Mais auparavant voyons à chercher si avant Aristote ce nom n'était pas employé par les Grecs, et pour quel animal.

Avant Aristote.

L'étymologie du mot *Thos*, écrit avec un oméga ou un omicron, n'est pas assez certaine pour qu'il soit possible d'en tirer quelque indication; nous ne nous y arrêterons donc pas, et nous passerons de suite à chercher par qui ce mot a été employé.

Dans Homère.

Homère paraît être le premier qui en fait usage, du moins on trouve ce nom dans l'Iliade pour désigner un animal carnassier, mais sans épithète caractéristique, et seulement dans une comparaison, aussi belle que juste, d'un Lion fondant tout à coup sur une troupe de *Thos* acharnés sur un Cerf blessé et aux abois, et les mettant en fuite, avec Ajax, se précipitant seul sur une foule de Troyens qui entourent Ulysse blessé, et le délivrant de ses ennemis.

Ce passage d'Homère suffit cependant pour montrer que le Thos était un animal carnassier, sans doute du genre des Chiens, puisqu'il s'associait en troupes nombreuses pour attaquer une proie de taille un peu considérable; et comme l'on trouve dans un autre vers d'Homère les mots *Lycoi* et *Thos* à la fois, il est évident que c'était autre chose que le Loup proprement dit.

Hérodote.

Nous trouvons encore le Thos cité par Hérodote (*Hist.*, liv. I) au nombre des bêtes sauvages qui existent en Afrique. Il dit en effet que, outre beaucoup d'autres bêtes sauvages, on y trouve des Dyctères, des *Thos* et des Panthères : mais il ne dit pas ce que Valla a ajouté au texte grec, que les Thos proviennent de l'accouplement de la Hyène et du Loup.

Théocrite.

Théocrite (150-170 av. J.-C.), en énumérant les signes de douleur que donna la nature entière à la mort de Daphnis, cite aussi les *Thos* et les *Lycoi* comme hurlant leurs gémissements, et les Lions les rugissant, et plus loin, dans la même idylle première, il énumère encore les Loups, les Thos et les Ours, dans les adieux que le berger qui chante fait au sujet de la mort de Daphnis.

Xénophon. Mais ce qui tendrait à prouver que cet animal ne se trouvait pas en Grèce, ou même peut-être qu'il n'était pas digne du triste honneur d'être chassé, c'est que Xénophon ne le cite nulle part dans son Traité de la Chasse, tandis qu'il parle de *Pardalos*, de *Lynx*, de *Panthères*, d'*Ours*, comme existant dans les montagnes de la Macédoine, le mont Olympe, soit dans la Grèce, soit dans la Syrie.

Après Aristote. Depuis Aristote, au contraire, il est un grand nombre d'auteurs qui ont dit quelque chose du *Thos;* mais, ou bien c'était d'après le célèbre auteur du *Traité des Animaux*, ou bien il n'est pas certain que ce qu'ils en ont dit appartienne bien évidemment à l'animal que celui-ci avait en vue.

Chez les Historiens ou Poëtes. Naturalistes anciens.

Pline. Pline d'abord, dans l'unique passage qu'il a consacré au Thos, n'a fait évidemment que contracter à sa manière ou dans son style habituel, les trois ou quatre passages d'Aristote. Il n'en parle en effet que dans le chapitre où il est question du changement de couleur des animaux, et sa description est même entre parenthèses : *Thos (luporum id genus est procerius longitudine, brevitate crurum dissimile, velox saltu, venatu vivens, innocuum homini) habitum, non colorem mutant, per hiemes hirti, æstate nudi.* C'est-à-dire : Le Thos (espèce de Loup, plus large de corps, plus court de pattes, agile au saut, vivant de chair, innocent à l'Homme) change d'aspect et non de couleur ; sa peau, velue en hiver, devient nue en été.

Dans ce passage, on voit que Pline a évité ou passé sous silence la difficulté de savoir si le plus de longueur portait sur le tronc seulement jusqu'à la queue, et non également sur la queue elle-même : à moins de supposer que le manuscrit de l'ouvrage d'Aristote qu'il possédait ne parlait nullement de la queue.

Solin. Solin, qui copie ordinairement Pline, ne le fait pas au sujet du Thos, dont même il ne prononce pas le nom; mais on voit, par le peu qu'il dit de son Lycaon et de ses Loups d'Éthiopie, que c'est du Thos d'Aristote et de Pline qu'il a voulu parler; et alors le Thos se trouverait en Éthiopie, particularité jusqu'alors non signalée, et qu'il a prise dans

P. Mela. Mais est-il certain que le *Lycaon* et le *Lupus Ethiopicus* soient le même animal que le *Thos ?*

Arrien

On ne trouve rien de nouveau dans ce qu'Arrien, dans son traité *de Rebus indicis*, dit du Thos.

Oppien.

Il n'en est pas de même chez Oppien ; mais ici l'art du poëte commence à dénaturer le peu de vrai que l'on possédait sur notre animal problématique ; en effet, il le décrit comme né d'une Panthère, pour mère, et d'un Loup pour père, avec la tête, et peut-être la forme du corps de celui-ci, et la robe tachetée de celle-là. Dès lors, on voit comment par la suite sera formé le nom de *Lycopanther*, que quelques auteurs ont substitué à celui de *Thos.* On peut aussi apercevoir déjà comment sous cette dénomination l'on comprendra le Loup cervier ou le Lynx des zoologistes modernes, et peut-être mieux la Hyène tachetée.

Le même Oppien, dans son poëme de la Pêche, liv. II, parle encore du Thos dans une comparaison : *Thoes collecti cervum invadunt;* mais il est évident, comme Gesner l'a fait observer, que c'est d'après Homère.

Élien.

L'article unique et fort court dans lequel Élien parle du Thos, et où il dit qu'il est tellement ami de l'homme, qu'il le vénère, si par hasard il s'est porté dessus, et qu'il vole à son secours, s'il vient à être attaqué par quelque animal féroce, semble plutôt indiquer un chien que tout autre animal ; mais ce n'est plutôt très-probablement qu'une exagération de ce qu'avait dit Aristote, augmentée encore par Phile, comme le voulait la nature même de son ouvrage.

Phile.

Chez les Lexicographes et Commentateurs.

Ainsi jusqu'ici tout ce que l'on sait du Thos ne repose que sur ce que celui-là en avait dit, et l'on conçoit qu'il en soit de même pour les lexicographes et les commentateurs anciens et du moyen âge.

Jul. Pollux.

Nous voyons déjà dans l'espèce de dictionnaire de Julius Pollux, que de son temps (180 ans après J.-C.), on conservait l'idée que le Thos était du genre Canis. En effet, dans le chap. XIII du liv. V de l'Onomasticon, il nous apprend que pour exprimer la voix de l'Ours, du Pardalos, du Pantheros, on dit *rugir*; mais que pour les plus petits carnassiers, comme les Renards, Thoes et Loups, on dit (*latrare*), aboyer et rugir.

Hesychius.

Hesychius, grammairien grec, dont on ignore au juste l'époque où il vivait, a aussi défini le mot *Thos* : *Bestia Lupo similis* ou *Fera ut Lupus.*

Les Scoliastes d'Homère.

Les Scholiastes anciens d'Homère, lorsqu'ils sont arrivés à donner l'explication du mot *Thos*, employé, comme nous l'avons vu, dans l'Iliade, ont préféré le considérer comme une espèce de Felis plus faible que le Lion ; ainsi au mot *Thos*, ils ont mis comme explication celui de *Pantherion.*

Eustathe.

Eustathe, dans ses *Commentaires sur l'Iliade*, liv. II, dit que le Thos est semblable au Loup ; mais admettant l'idée d'Oppien, il le nomme *Lycopanthère*, le supposant né du Loup et du Panthère.

Ainsi, jusque-là, comme je l'ai annoncé plus haut, aucun trait n'a été ajouté à ce qu'Aristote avait dit du *Thos*, et nous allons voir qu'il en a été de même depuis.

Chez les Modernes. Albert le Grand.

Et d'abord, cherchons dans les écrivains qui, en Europe, ont précédé la renaissance, et surtout dans Albert le Grand, qui, comme cela a été mis hors de doute, d'abord par Camus, et ensuite par M. Jourdain, n'a presque composé son Histoire des Animaux que sur celle d'Aristote, mais d'après une traduction latine de Michel Scott faite sur une traduction arabe, et nullement sur le texte grec.

Albert n'a pas employé le mot de *Thos ;* mais comme l'a fait remarquer Gesner, il a attribué les particularités signalées par Aristote dans celui-ci, au Lynx ; ainsi les traducteurs arabes du Traité des Animaux d'Aristote, paraissent n'avoir pas substitué un nom à celui de Thos. Au reste, il est bien connu que les Arabes, et comme eux Albert le Grand, ont très-souvent défiguré les noms des animaux et même de leurs parties à un degré presque incroyable.

Théod. Gaza. *Lupus cervarius.*

Il n'en fut pas de même du premier traducteur du Traité des Animaux d'après le texte grec, Théod. Gaza ; car partout où Aristote a employé ce nom, il a mis celui de *Lupus cervarius*, dénomination que l'on trouve pour la première fois dans Pline, liv. I, ch. 35, pour un animal qu'il ne définit que par des particularités fabuleuses sur la manière dont il mange, mais dont un individu, venu des Gaules, fut montré dans le cirque de Pompée et dans les jeux célèbres qu'il y donna. Or, l'on voit comment, par la suite, on a pu appliquer ce nom à un autre animal carnassier, le Lynx, qui existe en effet en France, et dont Pline n'a pas parlé sous son véritable nom ; et cela avec d'autant plus de raison, que l'on indique pour caractère essentiel du Lynx d'avoir des pinceaux de poils aux oreilles, comme le Loup cervier des Gaules.

Quoique ce rapprochement du Thos et du *Lupus cervarius* de Pline ait été adopté par la plupart des traducteurs d'ouvrages grecs où le mot *Thoes* est employé, il fut cependant critiqué par un certain nombre de commentateurs et de naturalistes, qui ont pensé que le Thos d'Aristote était le carnassier du genre Loup que l'on connaît aujourd'hui sous le nom de Chacal.

C'est Niphus, commentateur de la traduction d'Aristote par Gaza, qui paraît avoir eu le premier cette idée. En effet, il dit (*Hist. Anim.*, lib. IX, cap. 44) que le Thos est une espèce de Loup que les Grecs nommaient ordinairement *Panther*, que les Arabes connaissaient sous le nom de *Loup d'Arménie*, et les Turcs sous celui de *Cicala*. C'est, ajoute-t-il, un animal vil, plus petit que le Loup, et pour toute chose dégénéré de celui-ci.

Niphus. (Chacal) *C. aureus.*

J'ignore où Niphus, professeur de philosophie, qui vivait en Italie, dans le premier tiers du XVIe siècle, a trouvé les éléments de son commentaire; mais il est évident que c'est lui qui a fourni la première idée que le Thos n'est que notre Chacal, le *Canis aureus* de Linné, opinion qui a été acceptée par Buffon.

Opinion adoptée

Mais avant que l'on pût l'appuyer sur des probabilités un peu satisfaisantes, il fallait d'abord que celle de Gaza fût réfutée, et c'est ce que firent successivement Gesner, qui a consacré à ce sujet un assez long article dans lequel on ne peut qu'admirer sa rare et solide érudition; les anatomistes de l'ancienne Académie des sciences; le père Hardouin, dans ses commentaires sur Pline; mais aucun de ces auteurs ne se hasarde à émettre son opinion sur ce qu'était réellement le Thos.

par C. Gesner.

Daléchamp propose bien d'en faire la Genette, mais cette manière de

Daléchamp.

voir était trop en opposition avec ce qu'a dit Aristote, pour qu'elle pût être adoptée. Il n'en a pas été de même de celle de Niphus, que c'est le Chacal.

J. Bochart.

Bochart, depuis la publication des Lettres de Busbeck, en Orient, appuya cette manière de voir, et en effet, il trouva dans le Chacal un animal du genre des Loups, un peu au-dessous de la taille du Loup ordinaire, marchant en troupes.

Hardouin. Buffon.

C'est aussi l'opinion du P. Hardouin : et Buffon a consacré plusieurs pages du chapitre de son histoire du Chacal, à soutenir que le Thos est le Chacal proprement dit, le grand Chacal, et que le *Panther* est l'Adive, en rapportant les passages d'Aristote cités plus haut, mais interprétés un peu différemment qu'on ne l'avait fait avant lui; ainsi traduit-il qu'ils *s'accouplent* comme le Chien, tandis qu'il y a seulement *implentur*, et que le Thos a le corps et la queue plus longue que le Chien, tandis que la plus grande partie des commentateurs et des traducteurs ne parlent pas de la queue. Au reste, Buffon ne donne réellement pas de raisons pour conclure comme il le fait.

Voyons donc, en n'employant que ce qu'a dit Aristote, car ce qu'on y a ajouté depuis ne mérite aucune considération, si nous trouverons réellement des preuves suffisantes que le Thos est le Chacal.

Faits à l'appui.

En faveur de cette opinion, il faut admettre :

1° La similitude des parties internes avec ce qui a lieu chez le Loup;

2° Le mode d'accouplement, semblable à celui du Chien, ou du moins les rapports des sexes;

3° La taille moindre que celle du Loup;

4° L'habitude de se réunir en troupes pour attaquer une proie trop forte pour l'un d'eux, d'après Homère;

5° Sa coexistence avec le Loup dans le même pays, puisqu'Aristote le comparait avec lui, et que Théocrite les énumère ensemble;

6° Sa grande agilité et sa facilité à sauter;

7° A quoi on peut ajouter l'existence actuelle et reconnue du Chacal dans tout l'Orient, l'Asie Mineure, dans la Perse, l'Inde, l'Afrique, en un mot dans tous les lieux dont Aristote et les anciens ont connu les animaux;

8° Son amitié pour l'Homme, en regardant comme exagéré ce que Élien, et surtout Philé, ont ajouté à ce qu'a dit Aristote à ce sujet. En effet, la ménagerie du Muséum possède en ce moment un Chacal élevé en domesticité, à Alger, et qui, extrêmement doux, montre dans tous ses gestes de familiarité absolument les mêmes habitudes que le Chien domestique.

Contre cette opinion, on peut opposer: Contradictoires.

1° Le corps plus long que celui du Chien, même proportionnellement, et encore mieux, la queue plus longue. Ce serait en effet plutôt le contraire;

2° Moins de hauteur, à cause des jambes plus courtes, ce qui certainement n'est pas; les jambes du Chacal étant grêles et élevés;

3° Ses combats, ou mieux, son état de guerre avec les Lions et même avec les Chiens; en effet, quelle guerre un animal plus petit que le Loup pourrait-il faire au Lion? Un seul, dans la comparaison d'Homère, suffit pour mettre en fuite une troupe de Thos;

4° Leur non-coexistence avec les Lions et les Chiens. En effet, certainement aujourd'hui partout où est le Chacal se trouvent des Chiens et presque toujours des Lions;

5° Le changement de couleur et la mue suivant la saison, particularités singulièrement passées sous silence par Buffon, paraissent plutôt appartenir ou indiquer le Lynx qu'un Chacal; cependant, sauf un peu d'exagération, cela peut également avoir lieu chez le Chacal, animal qui vit en grand nombre dans les montagnes du Caucase.

Dans ces raisons pour ou contre, nous n'avons pas fait entrer:

Le nombre des petits, 2, 3, 4, et leur naissance à l'état de cécité, parce que cela peut aussi bien avoir lieu pour les Lynx que pour le Chacal.

En sorte que, si l'on pouvait avoir une confiance absolue dans la description d'Aristote, en supposant même que le texte n'a pas été altéré par les copistes dans la succession des siècles, on voit qu'il serait assez difficile d'admettre l'identité absolue du Thos et du Chacal. Conclusion.

Cependant, en considérant que la description peut être fautive, en plusieurs points, de quelque part que vienne l'erreur, et qu'il est impossible de croire que le Chacal, si commun dans tout le Levant, ait pu échapper à la connaissance des anciens (1);

J'admets donc comme très-probable que le *Thos* est le Chacal des orientaux et notre *Canis aureus*, ce que Guldenstaedt avait également admis, comme presque tous les zoologistes le font aujourd'hui.

Chez les Hébreux.

L'Écriture sainte parle en effet, en plusieurs endroits, du Chacal, et dans le passage où il est question, sous le nom de *Schualim* (Jug. XV, 4), de 300 quadrupèdes coureurs à la queue desquels Samson attacha des torches enflammées et qu'il lança ensuite dans les vignes et les moissons des Philistins, il est probable, comme le présume Bochart lui-même, p. 197, et surtout Rosenmuller et Ehrenberg, que c'étaient de véritables Chacals, d'autant plus que, encore aujourd'hui, ces animaux sont extrêmement communs en Palestine, qu'ils y vivent en troupes et que leurs hurlements sont continuels.

Du Renard (*C. vulpes*).

Mais si quelques doutes ont pu se conserver longtemps sur l'identité du Thos des anciens avec le Chacal ou le *C. aureus*, et par conséquent sur l'ancienneté des traces que cette espèce a laissées dans l'histoire écrite, il ne peut en être de même pour le Renard, *C. Vulpes*.

Chez les Hébreux.

Toutefois, quoique les Septante aient traduit le mot *Suel*, *Schouel* ou *Scheel*, *Schuelim*, au pluriel, partout où il se trouve dans le texte hébreu de nos livres sacrés, par celui de *Vulpes*, il est probable, comme il vient d'être dit plus haut, que c'est du Chacal qu'il était question, comme l'indique même le nom persan d'où nous avons tiré ce dernier nom. En effet, c'est le Carnassier le plus répandu dans tout l'Orient, tandis que le Renard y est bien plus rare. Dès lors les animaux à la queue desquels Samson fit attacher des bouchons de paille enflammée, et lancer contre l'armée des Philistins pour l'effrayer, étaient sans doute des Chacals et

(1) Le titre du célèbre recueil d'apologues de Bidpai, d'origine indouse suivant M. de Sacy, *Catila* et *Dinnia*, est le nom de deux Chacals.

non des Renards, ceux-là, bien plus faciles à se procurer, comme vivant en troupes, que ceux-ci toujours plus ou moins solitaires. Ainsi il semble que les Hébreux n'ont fait aucune mention du véritable Renard (1).

Les Égyptiens me paraissent dans le même cas que les Hébreux, c'est-à-dire ne nous avoir laissé aucun indice certain qu'ils aient distingué le Renard, malgré que cet animal, espèce ou variété, existât, comme de nos jours, anciennement en Égypte, ainsi que nous l'apprend Aristote, et avant lui Hérodote. Les Égyptiens.

Quant aux Grecs, qui le nommaient *Alopex*, on peut assurer que sans interruption ce nom a été employé chez eux, par les poëtes, aussi bien que par les historiens naturalistes et géographes, depuis Homère jusqu'à Oppien, pour désigner notre Renard d'aujourd'hui, du moins à en juger cependant plutôt d'après le caractère fin et rusé qu'ils lui assignent, et ce que signifient les différents noms qu'ils lui ont donnés, que d'après une description caractéristique. Les Grecs.

On peut, sans craindre de se tromper, en dire autant des Latins, qui ont désigné cet animal par la dénomination de *Vulpes*, nom que Varron Les Latins.

(1) Au reste voici la note à ce sujet que je dois à l'amitié de M. l'abbé Maupied, telle qu'il a bien voulu me la remettre et qui me semble confirmer ma manière de voir.

Le nom hébreu est *Schoual* ou *Schoal*, qui peut venir de *schoal*, *creux*; *scheol*, *tombeau*; en arabe *Shaar*, *creuser*; peut-être aussi de *Schouâ*, *crier*. Ce mot semble être la racine du nom du *Schacal*; mais il y a peut-être quelque doute à élever. Le texte hébreu en effet parle un grand nombre de fois d'un animal sous le nom de *Schackal*, qui se trouve presque toujours associé, dans les comparaisons, au *Lion*; on a traduit ce mot *Schackal* par *Lionne*, mais n'est ce pas à tort? ainsi, dans ce passage d'Osée, ch. 5, v. 14, *Je serai comme un* SCHACKAL *sur Ephraim, et comme un Lionceau sur la maison de Juda*; il semble que c'est d'un animal particulier et non d'un *Lion* comme le veulent les traducteurs, qu'il est question; dans Job., ch. 4, v. 10, on lit: le *rugissement du Lion*, le *cri du* SCHACKAL et l'*arrogance des Dragons ont été étouffés*. Il semble qu'il s'agit ici de trois animaux; cependant on a traduit *Schackal* par *Lionne*.

Ainsi, les deux mots *Schaual* et *Schackal* se rapprochent beaucoup, le *Schoual* a été traduit par les Septante par *Alôpex*, mais d'un autre côté le texte hébreu dit du *Schoual*, que ceux qui ont été tués par le *glaive* (sans doute les cadavres des armées) sont le partage des *Schoual*; que le *Schoual* saute par-dessus les *petits murs*, qu'il se promène dans les ruines et habite les déserts; toutes choses qui ne peuvent se rapporter qu'aux Schacals et non aux Renards. Mais ailleurs il est dit aussi que le petit *Schoual* dévaste les vignes.

dit être une contraction de *Volipes* ou de pied léger. En effet, il est bien certain que le *Vulpes* est l'Alopex des Grecs, puisque partout où Pline traduit un passage d'Aristote, où il est question de cet animal, il emploie le nom latin pour le nom grec, ce que fait également Phèdre à l'égard d'Ésope.

Nous voyons ensuite ce nom de *Vulpes* devenir le *Volpe* de la langue italienne, la plus immédiatement dérivée de la langue latine.

Du C. Hyénoïde (*C. pictus*).

Enfin, une dernière espèce de ce genre qui me paraît avoir été signalée par les anciens, est celle que nous connaissons aujourd'hui, et depuis un assez petit nombre d'années sous le nom de *C. pictus*, et dont ont parlé Élien et Solin, comme habitant la Haute-Égypte. En effet, le caractère qu'ils assignent à cet animal, de varier si considérablement dans sa coloration, qu'il était impossible de la décrire par des paroles, ne peut évidemment convenir qu'à ce Chien, d'abord découvert au Cap, et depuis lors retrouvé en Abyssinie par M. Ruppel.

M. G. Cuvier a dit, dans ses notes sur Pline, que c'était très-probablement la Hyène tachetée, mais, à ce qu'il me semble, à tort.

Dans les ouvrages d'art.

L'Artistique confirme d'une manière indubitable ce que nous venons de voir établi par la Biblique; mais comme la première est le plus souvent une suite de la seconde et quelquefois même après un temps assez considérable, les conséquences à en tirer sont beaucoup moins importantes.

Le Chien.

Le Chien est reproduit dans tous les modes de l'Artistique, en peinture, en plastique et en glyptique.

En écriture. Chez les Chinois.

Chez les Chinois, le Chien a servi de modèle à l'un des caractères figuratifs les plus anciens de leur écriture, et qui même est devenu la clef de tous ceux qui indiquent les animaux quadrupèdes.

les Égyptiens.

Chez les Égyptiens, il se trouve également comme signe hyéroglyphique, et la forme de sa queue ne permet pas de douter que, comme chez les Chinois, c'est le Chien domestique d'appartement qui a servi de modèle.

En Peinture. Chez les Égyptiens.

Chez les Égyptiens, dans les peintures qui ornent leurs tombeaux ou dans certains personnages de leur mythologie, on trouve des figures que l'on attribue au Chien; ainsi dans celle d'Anubis, par exemple, qui était représenté avec un cou et une tête de Chien, ou mieux, sans doute, de Chacal.

Mais c'est surtout dans les tombeaux que M. Rosellini a trouvé le Chien plus fréquemment représenté, le Chien mâtin, et surtout le lévrier, pour lequel les Egyptiens semblent avoir eu une sorte de prédilection, soit à côté ou sous la figure de son maître, souvent avec le nom propre de l'un et de l'autre; soit dans de grandes chasses aux quadrupèdes : par exemple, celles représentées dans les tombeaux des militaires Roti et Nevothph, à Beni-Hassein, et dont il a tiré la plupart des figures de Chiens qu'il a données dans son ouvrage. Nous avons copié les principales, mais sans assurer que la coloration ait toujours été faite d'après nature. Quant à la forme, qui mérite sans doute bien plus de confiance, il est digne de remarque qu'on y trouve un bon nombre de nos races actuelles de Chiens, et que M. Rosellini fait remonter l'érection de ces tombeaux à plus de deux mille ans avant J.-C. Dans les Tombeaux.

Chez les Grecs, dans les peintures des vases dits étrusques, représentant des chasses au Sanglier, la plus fréquente de toutes chez les anciens, comme celle qui demande plus de courage, il m'a semblé que c'était presque toujours le Chien de garde ou le Limier, qui est représenté dans les vases peints publiés par Hamilton ou par Gérard. Chez les Grecs. Vases étrusques.

Sur les bas-reliefs et les statues qui ont pour but d'offrir quelques traits des histoires mythologiques, dont il a été parlé plus haut, ou de caractériser quelque héros ou dieu, comme Esculape, Adonis, Endymion, Méléagre, la variété figurée diffère, ainsi que sur les médailles de quelques villes, comme sur celles d'Épidaure, suivant Eckel; de Ségeste, en Sicile; de Cydonie, en Crète, etc. En Sculpture. Sur les Médailles.

Chez les Latins, les représentations du Chien avaient sans doute lieu à peu près dans les mêmes circonstances que chez les Grecs, puisqu'ils suivaient le même système de religion; mais comme les grandes richesses auxquelles ils étaient parvenus, avaient donné naissance à la forme artistique mosaïque, et que cette forme permettait de représenter des scènes très-étendues, les artistes y firent entrer souvent des animaux Chez les Latins. Dans la Mosaïque.

et des chasses. Aussi dans celle de Palestrine, que nous avons eu déjà l'occasion de citer, on voit la représentation de deux Chiens, l'un qui paraît être le Lévrier d'Égypte, accompagnant Adrien à son entrée dans ce pays; l'autre qui est en chasse et courant pour saisir un oiseau qu'un chasseur paraît avoir atteint, et qui semble être le Chien de Dongola.

Le Loup. Le Loup a sans doute aussi été plusieurs fois représenté dans les ouvrages d'art des trois grands peuples de l'antiquité, chez lesquels seuls les images étaient permises. Mais il faut convenir qu'il est souvent assez difficile de décider si c'est un Loup ou un Chien qui a été figuré.

Chez les Égyptiens. Dans la mythologie des Égyptiens, qui avaient une ville (*Lycopolis*) dédiée au Loup, ou mieux peut-être à Horus ou Apollon, sous le symbole du Loup, il est certain que cet animal a dû y être représenté fréquemment. On le trouve surtout figuré comme gardien, ainsi sur un bas-relief, dans le *Museum Borgianum*, il est à côté d'une tiare, ou comme une divinité tutélaire, avec Horus et Harpocrate.

Dans la chasse aux Quadrupèdes du tombeau de Roti, à Beni-Hassein, M. Rosellini représente (Tav. XV, f. 1) un animal qu'il regarde comme un Loup, surtout parce que dans l'inscription hiéroglyphique qui est au-dessus, il lit le mot *Uonsc*, qui est le nom du Loup en Copte.

les Grecs. Les Grecs ayant beaucoup moins de mythes, dans lesquels entre le Loup, que de ceux où il est question du Chien, on voit pourquoi l'Artistique, chez eux, a moins souvent reproduit le premier animal. Cependant, comme ils avaient un Apollon Lycien, on voit comment ils ont pu être conduits à représenter le Loup, comme indiquant aussi une bonne garde, ce qui tend à faire croire que cet animal était déjà chez les Grecs considéré comme la tige du Chien domestique.

les Romains. Mais c'est surtout chez les Romains que le Loup a été le plus fréquemment représenté de toutes manières: la tradition véridique ou allégorique ayant propagé que le fondateur de Rome et son frère avaient été allaités par une femelle de cette espèce.

Les collections archéologiques possèdent en effet un grand nombre de bas-reliefs et de statues en marbre ou en bronze qui nous donnent de fort beaux portraits du Loup de nos pays, le plus souvent de sexe femelle et allaitant Remus et Romulus.

Le Chacal, qui ne paraît avoir été rattaché à aucune histoire mythologique chez les Grecs et les Latins, n'a pas dû être figuré par eux; mais il me semble qu'il n'en est pas de même chez les Égyptiens; en effet beaucoup de figures d'Anubis, d'hiéroglyphes, et même bien des statuettes égyptiennes en bronze ou autre matière, me paraissent représenter le Chacal plutôt que le Loup et le Renard (1). M. Rosellini rapporte à cet animal une figure, pl. XV, M. C., plus svelte que celle d'un Loup, et accompagnée d'un mot en hiéroglyphes, dans lequel il lit *Sib*, qui, suivant lui, est le nom spécifique du Chacal, conservé, chez les Arabes d'Égypte, dans celui de *Dhib* (2). Le Chacal. Chez les Égyptiens.

Quant au Renard, on trouve, à ce qu'il paraît, fort peu de monuments qui le représentent; M. Rosellini n'en signale pas dans les grandes chasses des tombes de Beni-Hassan. On m'a cependant montré au cabinet des antiques, une médaille d'une ville grecque nommée Alopeconessos, et sur laquelle est figuré un animal qui ressemble en effet beaucoup à un Renard, surtout par la forme de la queue. Nous l'avons fait représenter. Le Renard. Médaille.

On conçoit aussi que si quelque artiste avait voulu reproduire le mythe de Céphale et Procris, à son dénouement, il eût nécessairement représenté un Renard poursuivi par un Chien; mais aucun archéologue, si je ne me trompe, n'a cité de monument qui aurait trait à cette fable.

On doit enfin rapporter au Renard à grandes oreilles, ou au Fennec, plusieurs figures des tombeaux égyptiens qui ont été données par M. Rosellini, dans son grand ouvrage sur les monuments égyptiens; et entre autres celle de l'extrême droite du quatrième rang, pl. XV, des Le Fennec.

(1) Ce sont sans doute les *C. sacer* et *C. Anubis* de M. Ehrenberg.

(2) Suivant M. P. E. Botta, ce mot *Dhib* est le nom du Loup, aussi bien en Arabe qu'en Hébreu, et celui du Chacal est *Ebn-Aosis*, tiré sans doute de son cri, comme celui d'*Ayé*, en Hébreu.

Monum. civ., et que nous avons fait copier dans notre planche des *C. antiqui.*

Des traces matérielles de l'existence des Canis à la surface de la Terre.

a) *A l'état de momie.*

Chez les Égyptiens. Le CHIEN.

On sait, d'après Hérodote (1), que les Égyptiens conservaient à l'état de momies les Chiens qui mouraient dans toutes les parties de l'Égypte, et la chose est mise hors de doute par les momies qui ont été trouvées en plusieurs hypogées ou catacombes fouillées par suite de l'avidité plus ou moins scientifique des modernes, et entre autres par M. Ruppell, et ensuite par MM. Hemprich et Ehrenberg. J'ai vu moi-même une de ces momies, faisant partie de la collection de M. Drovetti, mais malheureusement entièrement enveloppée dans ses bandelettes; en sorte qu'il m'est impossible d'avoir une idée un peu satisfaisante de l'espèce qui s'y trouve contenue; il m'a semblé cependant que c'était un Chien domestique de la taille d'un loup, à museau assez long et assez gros, et dont les oreilles, droites, étaient un peu fléchies à leur extrémité; d'après cela je ne serais pas éloigné de croire que ce pourrait être le Lévrier d'Egypte.

Par Moi. *C. graius?*

Par M. Ehrenberg.

M. Ehrenberg a été plus heureux, ayant eu, à ce qu'il paraît, à sa disposition des momies de Canis qu'il a pu analyser. Son travail à ce sujet n'a malheureusement pas encore paru; mais, à la fin de l'article consacré aux espèces de Canis sauvages dans la vallée du Nil, M. Ehrenberg indique un *Canis sacer* et un *C. Anubis*, qui sont, l'un de la division des *Lupi*, l'autre de celle des *Lupuli* ou Chacals, et qui se trouvent à la fois à l'état de momie et à l'état sauvage; mais il paraît qu'il n'a pas observé

C. sacer. C. Anubis.

(1) A l'égard des Chiens, dit Hérodote (liv. II, p. 56, tome I, de la traduction de Larcher), chacun leur donne la sépulture dans la ville où ils sont morts, et les arrange dans les caisses sacrées.

de Renard momifié. En effet, Hérodote ne compte pas ces animaux au nombre de ceux que les Egyptiens considéraient comme sacrés, et il n'en parle même que pour dire que le Loup d'Egypte n'était pas plus grand que le Renard, et par là, sans doute, il entendait les Renards de la Grèce.

Le Chacal. Par M. Savigny.

M. J.-C. Savigny a fait représenter dans une des planches de la *Description de l'Egypte*, Antiquités, II, pl. 52, plusieurs fragments de momies qui ont été dorés, considérés comme provenant d'un Chacal; mais, parce qu'ils sont enveloppés, en partie du moins, de leurs bandes, il est assez difficile d'assurer d'une manière positive qu'ils appartiennent à cette espèce et non à un Loup de petite de taille, comme le sont ordinairement ceux d'Egypte. Ils consistent en une omoplate, une moitié supérieure de cubitus, une assez grande partie de la main, un tibia entier, un astragale, et les quatre os du métatarse du pied droit, ce qui doit porter à penser que la momie était complète; toutefois aucune partie de la tête et du système dentaire n'ayant été figurée, il est, je le répète, à peu près impossible de dire pourquoi ces fragments ont été rapportés au Chacal et non pas à la petite espèce de Loup que M. Ehrenberg a nommée *C. lupaster*.

b) *A l'état fossile.*

Esper est indubitablement le premier qui ait reconnu d'une manière certaine des traces de Loup et de Renard dans les cavernes de Gaylenreuth, dès l'année 1774, où il publia son ouvrage, encore utile aujourd'hui, sur les cavernes de la Franconie, et surtout dans un mémoire inséré dans la collection de ceux des naturalistes de Berlin; et, comme les éléments de comparaison peuvent se trouver tous les jours et à tous les moments sous la main de quiconque veut s'occuper de ce genre de recherches, il n'a pu y avoir aucune discussion à ce sujet.

Depuis lors, et surtout depuis le mémoire de M. G. Cuvier sur les ossements fossiles des carnassiers des carrières à plâtre de Paris, un assez grand nombre de personnes ont aisément reconnu, dans beaucoup d'autres lieux, en Italie, en France, en Allemagne et en Angleterre, des os fossiles de Canis, dans des terrains d'ancienneté très-différente.

Nous pouvons en effet citer à l'appui de cette assertion :

1° M. Goldfuss, Sur les Environs de Muggendorf, 1810; et Essais ostéologiques pour la connaissance de différents mammifères de l'ancien Monde, en allemand; *Nova Acta Acad. nat. cur.*, XI, part. 2, p. 450, 1823;

2° Wagner, Essai sur l'ostéologie des mammifères de l'ancien Monde, également en allemand;

3° M. le professeur Buckland, sur la caverne de Kirkdale, *Philosoph. Transact.*, 1822, et *Reliquiæ diluvianæ*, 1823.

4° MM. Marcel de Serres, Dubreuil et Jean-Jean, sur les Cavernes des environs de Montpellier, et description entre autres de la caverne de Lunel-Viel, 1829, et surtout Recherches sur les ossements humatiles des cavernes de Lunel-Viel, 1839.

5° Schmerling, Recherches sur les ossements fossiles dans les cavernes de la province de Liége, 1833.

6° MM. Bravard, Croizet et Jobert, sur les quadrupèdes fossiles de l'Auvergne, 1827.

7° MM. Murchisson et Gédéon Mantell, sur un quadrupède fossile d'Œningen, 1835.

8° M. Lund, sur les ossements fossiles des cavernes du Brésil. Académie des Sciences de Copenhague, XIII, 1841.

La distinction des espèces vivantes de ce genre étant, à l'époque où ces différents travaux ont été publiés, encore fort loin d'être basée sur des caractères un peu positifs, il en est résulté que la détermination des espèces fossiles n'a guère été établie que sur la grandeur et un peu sur les proportions; ce qui a permis cependant de s'assurer que le Loup et le Renard sont les espèces de ce genre qui se trouvent le plus ordinairement à cet état.

Mais voyons à les passer successivement en revue, comme nous l'avons fait pour les genres précédents; en commençant par celles qui étaient déjà admises, et en terminant par celles qui doivent être considérées comme nouvelles.

1° Le Loup (*C. Lupus Spelæus*).

Esper, comme nous l'avons dit plus haut, a depuis longtemps admis que cette espèce, si commune dans les forêts de l'Allemagne, existait aussi à l'état fossile dans les cavernes de Franconie; il dit même que l'on trouve dans celle de Gaylenreuth autant d'ossements de Loup que de ceux d'Ours; ce qui a également été remarqué par Rosenmuller, qui assure en outre que ces os sont absolument dans les mêmes conditions que ceux d'Ours, d'Hyène et de Tigre. Toutefois Esper n'en figure qu'une portion de mâchoire supérieure, qui ne peut laisser aucun doute sur son analogie avec le Loup actuel.

Loup (*C. Lupus*). Par Esper. 1772

Rosenmuller.

Quant aux dents plus ou moins caniniformes figurées, Pl. V, f. 3 et 4, Pl. XII, f. 1, et regardées par lui et par M. G. Cuvier, comme des canines d'un animal de cette espèce, M. Schmerling, p. 24, pense que celle de la Pl. XII, f. 1, est la canine inférieure d'un chien; celle de la Pl. V, f. 3, une incisive externe d'Hyène, et f. 4, une incisive externe d'Ours; ce qui paraît assez probable, sans qu'on puisse toutefois l'assurer d'une manière aussi positive que le fait Schmerling.

Cependant M. Goldfuss ayant soumis à son examen une tête presque entière et parfaitement conservée, provenant des mêmes cavernes, a cru devoir l'en distinguer sous le nom de *C. Spelæus*, donnant comme différence principale que la crête sagittale s'élève davantage en général et en même temps plus vers sa partie postérieure que dans le Loup ordinaire; à quoi il ajoute un ensemble de petites notes différentielles si légères qu'il est bien difficile, même aux personnes le plus portées à admettre que toute la création zoologique de cette époque était entièrement différente de celle de la nôtre, de pouvoir les considérer comme suffisantes pour en faire une espèce différente du Loup de nos forêts.

Goldfuss, 1823.

G. Cuvier, 1807 et 1825.

Feu M. G. Cuvier, ayant eu à sa disposition plusieurs pièces de ce même carnassier, soit en dessin, soit en nature, a dû également conclure qu'une espèce de Loup a existé en même temps que les Ours, les Hyènes et les Éléphants; mais il semble la considérer comme différente de celle actuellement vivante; toutefois sans apporter de raisons à l'appui de sa manière de voir, sauf une brièveté proportionnellement plus grande du museau d'après une tête qu'il vit chez Ebel.

Schmerling, 1833.

Il n'en a pas été de même de feu M. Schmerling qui a positivement admis leur analogie :

C'est-à-dire que les cavernes des environs de Liége renferment épars, souvent à d'assez grandes profondeurs, mêlés confusément avec des restes d'Ours, de Tigres, d'Hyènes, des ossements d'une espèce de Canis tout-à-fait identique avec notre Loup commun.

Marcel de Serres, 1839.

Enfin, MM. Marcel de Serres, Dubreuil et Jean-Jean, sont arrivés au même résultat, d'après une mandibule garnie de ses dents, trouvée dans la caverne de Lunel-Viel, et qu'ils ont rapportée au *C. Lupus*.

Comparaison des Os.

Ayant comparé attentivement :

De Gaylenreuth.

1° La tête figurée par M. Goldfuss, provenant de la caverne de Gaylenreuth;

De Kent.

2° Celle également figurée par M. Mac-Enery, et trouvée dans la caverne de Kent, près de Torquay, comté de Devon, en Angleterre;

3° Mais surtout d'assez nombreuses demi-mâchoires inférieures de notre collection, provenant de Gaylenreuth, et figurées par M. G. Cuvier;

De Soute.

4° Des fragments de mandibules armées de dents molaires, les deux côtés d'une de taille médiocre et d'une autre plus grande, ainsi que d'os longs, de vertèbres et de métacarpiens trouvés à Soute (Charente-Inf.), dans une carrière de M. Dupuis, dans une couche de trois ou quatre pieds de sable rouge, située au-dessous d'une autre, de trois ou quatre pieds d'une pierre blanche peu cohérente, reposant elle-même sur des débris de pierres détachées, avec des os d'Éléphant, de Rhinocéros, de Cheval et de Bœuf;

5° D'autres fragments de vertèbres, d'os longs, de trois cubitus, d'un radius et d'un tibia, avec un calcanéum, des phalanges du pied de devant, et quelques dents, provenant de Cagliari en Sardaigne, et probablement d'une caverne; De Cagliari.

6° Des morceaux, l'un d'une mandibule à dents fort usées, et l'autre d'une mâchoire supérieure du côté droit, portant les trois dernières molaires bien entières, et contenus dans un fragment de brèche calcaire assez endurcie, donnés au Muséum par M. Delanoue, avec quelques os d'Ours; De Milhac-de-Nontron (Dordogne).

7° Deux morceaux des deux côtés d'une même mandibule d'une grande taille, avec presque toutes ses dents molaires, trouvés dans le faubourg de Machecourt, près d'Abbeville, et envoyés par M. Traullé au Muséum; D'Abbeville.

8° Des dents détachées, trouvées dans des lieux extrêmement différents, ordinairement dans le Diluvium, en Allemagne, en Italie, en Angleterre et en France;

9° Enfin des fragments de tête, quelques vertèbres et des os longs assez nombreux, figurés de grandeur naturelle, par M. Schmerling.

Nous sommes arrivé à la conviction que le Loup fossile ne diffère pas du Loup vivant, pas même pour la taille, également un peu variable, et cela parce que nous sommes certain que les espèces réelles offrent constamment des différences saisissables dans le système dentaire ou dans quelques parties du squelette, tandis qu'ici les faibles dissemblances indiquées ne peuvent pas aller au delà de différences individuelles, sexuelles ou autres. Conclusion.

Le *C. spelæus minor* paraît avoir été établi et nommé par M. Wagner, dans l'*Isis*, t. IV, p. 986, ann. 1829, et, à ce qu'il me semble, d'après des fragments que ses prédécesseurs avaient cru devoir laisser confondus avec le *C. Lupus spelæus* ordinaire. Du *C. lupus minor.*

Ils consistent en une dent carnassière inférieure, portée par un tronçon de mâchoire, provenant de Romagnano, en Italie, et que M. G. Cuvier a figurée pl. XXXVII, fig. 8, d'après un dessin de Camper; en plusieurs os de Renard figurés par M. Marcel de Serres et ses associés (*Mém. du Mus.*, XVIII, p. 350, pl. XVII, fig. 8 à 17).

Conclusion.

Certainement, autant qu'on peut en juger d'après un dessin et dans une seule projection à la face interne, il est impossible de ne pas regarder la dent de Romagnano comme tout-à-fait semblable à sa correspondante dans un Loup de taille médiocre.

2° Le Chien (*C. Familiaris*).

Du C. domestique. Par Esper, 1772.

M. Marcel de Serres, 1829 et 1839.

Cette espèce me paraît encore avoir été signalée pour la première fois par Esper, qui, même dans son mémoire cité, dit expressément que les crânes d'Ours et de Loup étaient mêlés avec des crânes de Chien de même grandeur, et d'autres plus petits, et ensuite par MM. de Serres, Dubreuil et Jean-Jean dans leur Description des fossiles des cavernes des environs de Montpellier, et cela d'après deux fragments de mâchoire supérieure portant quelques dents, une mandibule presque entière, armée de presque toutes les siennes, deux ou trois vertèbres dont un atlas, un cubitus, deux tibias, trois ou quatre métatarsiens, qui semblent avoir appartenu à un seul individu de la taille d'un Loup médiocre. Ces messieurs en font un Canis intermédiaire à cet animal et au Chien courant domestique, à cause d'un peu moins de force dans les branches de la mandibule, et d'un peu plus de largeur de la dernière tuberculeuse.

Schmerling, 1833.

Mais l'existence du Chien domestique à l'état fossile a été surtout démontrée par M. Schmerling dans l'ouvrage cité, d'après une tête presque entière, deux demi-mâchoires inférieures du côté droit, plusieurs dents canines et mâchelières, et enfin d'après des humerus, cubitus, radius et quelques autres os des membres postérieurs qui indiquent, selon l'auteur cité, deux variétés de Chien domestique différant notablement de grandeur, entre elles ainsi qu'avec le Loup et le Renard dont on trouve les ossements pêle-mêle, aussi bien qu'avec ceux d'Ours, d'Hyènes, et de grands Felis.

En effet ces os de Canis sont trop faibles et trop petits pour être confondus avec ceux du Loup, et au contraire trop grands pour le Renard; mais surtout on doit penser que c'est bien un Chien domestique à cause d'une élévation frontale notablement plus grande que dans le Loup. Comparaison.

Quoique je n'aie pas vu les pièces sur lesquelles repose l'existence du Chien domestique dans le sol des cavernes de notre Europe, et que la différence entre le crâne du Loup et celui de certaines races de Chien domestique ne soit pas aussi tranchée qu'on le pense, cependant il est bien difficile de ne pas admettre que la tête figurée par M. Schmerling, II, pl. 2, fig. 1, provient d'un Chien domestique et même, vu sa grandeur, d'une assez petite variété. Conclusion.

Je dois également signaler ici deux crânes donnés comme fossiles, l'un imprégné d'oxyde de cuivre et étiqueté comme trouvé dans un Bain à Antemina par M. Pentland; l'autre comme provenant des tourbières d'Iogogne près de Château-Thierry, par M. Boblaye, et dont la taille fort petite et la forme de la tête sont tout à fait semblables à ce qui existe dans la race des Doguins du Chien domestique. Du C. Doguin.

On trouve aussi signalé dans le *Bulletin de la Société Géologique*, IV, p. 25, un Chien à mâchoires plus courtes, trouvé par M. l'abbé Croizet dans les couches supérieures du terrain d'eau douce alluvial d'Auvergne. Nous en parlerons plus loin en décrivant les espèces nouvelles fondées sur des matériaux nouveaux, et que nous avons pu observer nous-même.

3° Le Renard (*C. Vulpes*).

Le Renard ordinaire est dans le même cas que le Loup. Son existence dans les cavernes d'Allemagne, et surtout dans celle de Gaylenreuth, indiquée depuis longtemps par Esper, a dernièrement été aisément 3° du Renard. Par Esper, 1772.

G. Cuvier, 1805, 1825. prouvée par M. G. Cuvier d'après l'examen d'un certain nombre de pièces et surtout par quelques dents et quelques doigts tout entiers, qu'il a décrits et figurés *Ossem. foss.*, IV, p. 461, pl. XXXII, fig. 8-22.

M. Buckland, 1823. M. Buckland a aussi reconnu et décrit plusieurs dents trouvées dans la caverne de Kirkdale et qu'il est impossible d'après les figures qu'il en donne pl. VI, fig. 8-14 de ne pas attribuer à un Renard.

Schmerling, 1833. Schmerling a également reconnu cette espèce dans les cavernes de la province de Liége, et cela d'après de nombreux fragments plus ou moins importants, comme des portions de tête, des mandibules avec leurs dents, des os du tronc, vertèbres et côtes, et de toutes les parties de membres.

Mac-Enry. M. Mac-Enry a aussi figuré dans la pl. II, fig. 14 de sa Description de la caverne de Kent près de Torquay, une demi-mâchoire inférieure droite qui a évidemment appartenu à un grand individu de Renard; mais il paraît que ce fragment a été découvert à la surface de la stalagmite qui recouvrait le dépôt plus profond contenant des fragments d'Hyènes avec des couteaux de silex (*Flint knives*).

Murchisson et Gédéon Mantell, 1831. M. Murchisson a publié la Description et la figure d'un squelette entier de Renard, trouvé dans les schistes argileux d'Œningen considérés par les géologues comme terrain tertiaire; et il n'admet aucun doute sur son analogie avec le Renard qui existe encore dans nos contrées, comme l'a parfaitement reconnu M. Gédéon Mantell dans l'examen de cette espèce de cadavre desséché et tout entier. La proportion des os du métacarpe et du tarse donnée par les figures, semble cependant indiquer une espèce plus robuste, peut-être un Chacal.

Conclusion. Nous avons observé nous-même les ossements de Renard figurés par M. G. Cuvier, et ce sont bien des os d'un Renard commun de petite taille.

M. Marcel de Serres, 1839. MM. Marcel de Serres, Dubreuil et Jean-Jean ont aussi trouvé dans la caverne de Lunel-Viel quelques ossements qu'ils rapportent au Renard ordinaire et dont ils figurent un humérus, un radius, un métacarpien, une canine et une carnassière inférieure, pl. II de leur ouvrage sur la caverne de Lunel-Viel (1).

4° L'Isatis *(C. Lagopus).*

Le *C. Lagopus* ou C. Isatis me semble aussi avoir laissé des traces de son existence ancienne dans notre France; en effet le *C. Montis-Martyrum* de quelques paléontologistes, *C. Parisiensis* de plusieurs autres, me paraît devoir lui être rapporté. 4° de l'Isatis (*C. Lagopus*).

Il a été établi d'après une demi-mâchoire inférieure du côté droit, armée d'une seule dent entière, trouvée dans le gypse de Paris et que M. G. Cuvier a décrite et figurée dans ses Recherches sur les ossements fossiles de Quadrupèdes (III, p. 267, pl. 69, fig. 1.); nous avons pu l'observer dans les Collections du Muséum d'Histoire Naturelle dont elle fait partie. Par M. G. Cuvier, 1805, 1825.

Cette demi-mâchoire a bien évidemment appartenu à une espèce de Canis; mais en la comparant attentivement avec celle du Renard ordinaire, à laquelle elle lui paraît ressembler davantage, M. G. Cuvier pense cependant qu'elle s'en éloigne assez, par moins de hauteur dans le corps de la mâchoire, par plus de rectitude dans le bord inférieur, plus de brièveté et d'étroitesse dans l'apophyse coronoïde, pour indiquer une espèce distincte pour laquelle il n'a pas proposé de nom, parce qu'il n'a pu la comparer avec son analogue dans le squelette de l'Isatis.

Ayant eu cet avantage, il nous a semblé, après en avoir fait la comparaison d'une manière attentive, qu'elle ne peut laisser de doutes raisonnables sur cette identité, étant de même grandeur, de mêmes proportions et de même forme, surtout pour l'apophyse angulaire, qui est véritablement caractéristique. Par Nous. Description.

(1) On cite encore, parmi les fossiles de Mammifères trouvés dans le calcaire pisolithique de Meudon, une ou deux dents que l'on a rapportées au Renard, mais, suivant moi, à tort : elles proviennent plus probablement d'une petite espèce de Pachyderme.

Cette demi-mâchoire est brisée vers le tiers antérieur de sa longueur, et à moitié de l'insertion de la seconde avant-molaire, en sorte qu'elle diffère notablement de la figure qu'en a donnée M. G. Cuvier, pl. 69, f. 6, et qui représente toute la partie antérieure avec la canine. Cependant la pièce du Muséum n'offre aucun indice qu'elle ait jamais été plus complète : en sorte qu'il faut penser que ce qui manque était en empreinte.

Comparaison. Conclusion.

En comparant les deux fragments qui existent, on trouve les plus grands rapports avec le *C. Lagopus*, quoique indiquant un animal un peu plus fort; ainsi la proportion de la dent principale, et des deux dernières avant-molaires, la position du trou mentonnier postérieur au-dessous de la troisième avant-molaire, la forme presque aiguë de l'apophyse angulaire, et même la forme peu convexe du bord inférieur sont comme dans le *C. Lagopus*. Seulement il y a plus de force en général, et surtout l'apophyse coronoïde est notablement plus large; mais je dois dire que je n'ai pu établir ma comparaison qu'avec un trop petit nombre d'individus de l'espèce vivante, et l'expérience m'a appris que cela est assez loin de suffire, quand les parties comparées ne sont pas absolument caractéristiques.

5° *C. Gypsorum.*

Par M. G. Cuvier, 1805, 1825.

M. Cuvier a encore rapporté à ce genre un os métacarpien portant une première phalange, trouvé également dans le gypse de Montmartre, mais qu'il n'a connu, fig. III, pl. 70, f. 8-9, que d'après un dessin que lui avait envoyé Adrien Camper. Aussi se borne-t-il à dire que ce sont les proportions d'un Chien de grande taille; mais que la phalange est trop courte, et que, dans tous les cas, ces fragments n'ont pu avoir appartenu au même animal, que la demi-mâchoire dont il vient d'être parlé; ce qui est évident.

Aussi les paléontologistes ont-ils vu dans cet os les indices d'une autre espèce de Canis qu'ils ont nommée *C. Gypsorum*. Quant à moi, je n'oserais pas même assurer qu'il n'a pas appartenu à une espèce de *Felis*, et peut-être à la même espèce que l'os métacarpien décrit page 154 du mémoire sur ce genre.

Je dois cependant faire observer que si la phalange représentée dans la figure donnée par M. Cuvier était bien réellement en connexion avec le métatarsien (car c'en est un plutôt qu'un métacarpien), elle est bien courte pour un Felis, et se rapproche davantage de ses proportions dans un Canis. On pourrait alors y voir quelque chose de semblable à ce qui existe dans le *C. Campestris*. Par Nous. Conclusion.

Ici se termine l'exposition des ossements fossiles qui ont été attribués au genre Canis, tel que nous le définissons ordinairement; mais en élargissant la caractéristique dentaire, comme nous le devons, d'après ce que nous a enseigné la connaissance du *C. Megalotis*, nous croyons devoir aussi y comprendre les deux fossiles suivants :

6° *C. Viverroides.*

M. G. Cuvier a signalé pour la première fois le fragment sur lequel nous établissons cette espèce, dans la première édition de ses Recherches sur les ossements fossiles, tome III, pl. 3, fig. 5, et l'a donné comme provenant d'un Canis dont le squelette est encore inconnu, ou d'un genre de Carnassiers intermédiaire entre les Chiens, les Mangoustes et les Genettes; mais dans la seconde édition, t. III, p. 272, pl. LXX, fig. 12, l'article qui le concerne est un peu modifié; aussi le titre est-il : *Portions de tête et de mâchoire inférieure d'un animal du genre des Genettes*, et la conclusion fort incertaine est que le plus de rapprochement est avec les Ichneumons, les Genettes et la Fossane. Des *C. Viverroides*. Par M. Cuvier, 1806. 1825.

J'ai observé avec grand soin la pièce fossile : elle a été trouvée dans le gyspe de Paris, il y a déjà un assez bon nombre d'années, et fait partie de la collection paléontologique du Muséum. Par Nous.

Elle consiste en un fragment de mandibule du côté droit, tronquée aux deux extrémités, mais avec une petite partie de l'apophyse coro- Description.

noïde à sa racine, le bord inférieur entier et tout droit, le bord supérieur ou dentaire offrant la dent carnassière, quoique cassée en deux parties, un chicot radiculaire de la dernière avant-molaire, et trois alvéoles d'arrière-molaires.

La dent carnassière, ou première arrière-molaire, est formée, comme dans la plupart des genres semi-carnassiers, de deux parties portées, l'une en avant par deux racines transverses, et l'autre en arrière par une seule. La partie antérieure, la plus considérable, la plus élevée, de forme triquètre, est en effet terminée, à sa couronne, par trois pointes, deux en dehors, la postérieure la plus grande, et une en dedans; la partie postérieure, plus petite, constitue une sorte de talon assez bas, plat et médiocre, occupant un tiers environ de la largeur totale de cette dent, du reste assez peu comprimée.

Comparaison. Sans doute, cette dent, à elle seule, indique une plus grande ressemblance avec les carnassiers plus insectivores, comme les Ichneumons, les Civettes et surtout la Fossane, parmi les Genettes, qu'avec les Chiens, à cause d'un peu moins de compression de la dent en totalité, et surtout de plus d'élévation de sa partie antérieure, dont les pointes sont aussi plus aiguës. Mais les alvéoles, qui, comme M. G. Cuvier l'a fait justement observer, sont dans la même ligne, la postérieure, la plus petite, verticale. et les deux antérieures, divergentes, ne peuvent laisser aucun doute que ce système dentaire a appartenu à une espèce de Canis. En effet, ces trois alvéoles indiquent deux arrière-molaires, une première, à deux racines divergentes, et une seconde, à une seule verticale, ainsi que cela a lieu chez les Canis seulement, à l'exclusion de tout autre genre connu de Carnassiers. Or, cette particularité ne devait pas permettre, à M. G. Cuvier surtout, de voir dans cet animal autre chose qu'un Canis, et il ne pouvait soutenir l'opinion que ce fragment de mâchoire avait appartenu au même animal que la tête dont nous avons parlé, dans notre mémoire sur les Viverras, comme d'une Genette, genre qui n'a jamais qu'une seule arrière-molaire.

Conclusion. Ce fragment fossile indique donc une espèce de Canis plus viverroïde que celles que nous connaissons aujourd'hui sous le rapport du système dentaire, comme nous allons voir dans le suivant un Canis plus hyénoïde sous le même rapport.

Je crois devoir rapporter à cette même espèce de Canis, au moins provisoirement, une partie antérieure de dent carnassière du côté gauche, que M. d'Orbigny a recueillie dans l'argile plastique des environs de Paris, dans la partie nommée par lui calcaire pisolithique, dent qui a été considérée comme provenant d'une Loutre. La grande élévation de la couronne, sa disposition évidemment insectivore, ne peuvent permettre ce dernier rapprochement; et, en effet, cette partie de dent ressemble beaucoup à sa correspondante dans le Canis viverroïde; elle a évidemment été cassée au même endroit, et le talon n'existe plus. Elle est seulement un peu plus forte, et les trois pointes de la couronne sont moins divergentes et moins élevées.

7° Du *C.* (Hyænodon) *leptorhynchus* (de Laizer).

Du *C. leptorhynchus* (*Hyænodon*). Par MM. de Laizer et de Parieu. 1838.

Cette espèce est une des découvertes les plus intéressantes qui aient été faites en paléontologie dans ces derniers temps. Elle fait le sujet d'un mémoire qui a été soumis à l'Académie des sciences par MM. de Laizer et de Parieu, et sur lequel j'ai fait un rapport (Comptes rendus de l'Académie des sciences, tome VII, p. 1004), et qui a été publié par ces messieurs dans les *Annales des sciences naturelles*, tome XI, 2e série, année 1839.

Elle est établie sur une pièce qui a été trouvée dans le terrain diluvium ancien de l'Auvergne à Gergovia; elle consiste en une mandibule presque entière, armée de presque toutes ses dents des deux côtés, tronquée seulement à l'extrémité des apophyses coronoïdes.

Description.

La mâchoire est en général allongée et cependant assez forte; les deux branches réunies entre elles sous un angle fort aigu et par une symphyse fort longue et solidement soudée.

Chaque côté a sa branche horizontale, longue, étroite, assez convexe en dehors, courbée sur ses deux bords en bateau, assez relevée aux deux extrémités.

Branche horizontale.

La branche verticale se continue dans le prolongement de l'horizontale, le bord supérieur de celle-ci se relevant dans le bord de l'apophyse coronoïde, et son bord inférieur, après une légère excavation, descendant pour former l'apophyse angulaire. La branche montante offre, à sa face

verticale.

externe, une assez profonde fosse massetérienne triangulaire, le sommet avançant à l'aplomb du milieu de la dernière molaire, et à l'interne un orifice du canal dentaire assez grand et assez élevé.

Condyle.

Coronoïde.

Angulaire.

Des trois apophyses, le condyle dépasse à peine l'angulaire, son col est court et il est largement transverse. La coronoïde paraît avoir été assez courte et assez large, à en juger du moins par ce qui en reste. Quant à l'angulaire, elle est épaisse, subtriquètre, tout à fait dans le plan de la branche, en un mot absolument comme dans les Canis.

Mais si la mandibule elle-même est complétement semblable à ce qui existe dans ce genre, il n'en est pas ainsi du système dentaire qui est tout à fait particulier.

Système dentaire.

Les deux branches de la mandibule ayant un peu chevauché l'une sur l'autre, et les canines étant très-développées à leur base, il en est résulté que les premières incisives ont disparu. La troisième paire caniniforme est seule restée, et le nombre des autres ne peut qu'assez difficilement être assuré.

Canines.

Les canines sont longues, aiguës, courbes et assez fortes; cependant elles ne sont que fort peu comprimées et non carénées.

Molaires, 7.

Les molaires sont au nombre de sept, trois avant-molaires, une principale et trois arrière-molaires.

Avant-Molaires, 3. Première. Seconde.

Des trois avant-molaires, les deux antérieures sont assez distantes entre elles, ainsi que de la canine et de la troisième; la première plus petite, à deux racines serrées, est en crochet court et obtus; et la seconde plus large a deux racines bien séparées, même un peu en crochet, mais

Troisième.

avec un large talon. Quant à la troisième, à peu près de la même largeur à la base, elle a sa pointe médiane, obtuse, avec un talon bien marqué en arrière et en rudiment en avant.

Principale. La principale a presque la même forme, mais elle est plus épaisse, et surtout plus élevée, ce qui la fait paraître plus étroite; le talon postérieur est également coupé net, et il n'y a aucune trace de l'antérieur, pas plus en dedans qu'en dehors.

Arrière-Molaires, 3. Les trois arrière-molaires, fort serrées entre elles, subsemblables, quoique croissant un peu de la première à la troisième, ont toutes deux racines, et deviennent de plus en plus carnassières à la couronne.

Première. La première, la plus petite dans toutes les dimensions, a sa couronne divisée en trois parties; la médiane plus forte, les deux autres presque égales, l'antérieure plus tranchante que la postérieure en talon.

Seconde. La seconde, également à trois lobes, a les deux antérieurs presque égaux, comprimés, et le postérieur ou talon très-petit.

Troisième. Enfin la troisième a ses deux lobes élargis, comprimés, tranchants, presque égaux, avec le talon obsolète, absolument comme dans la Hyène rayée, d'où l'on a tiré le nom de cet animal.

Conclusion. MM. de Laizer et de Parieu l'avaient d'abord considéré, avec juste raison, comme ayant sous ce rapport quelque ressemblance avec la Hyène, et moins heureusement avaient pensé que ce pourrait être un Didelphe, ce qui avait déjà été annoncé par M. Buckland, d'après des renseignements superficiels; mais il m'a été facile de démontrer qu'ils avaient été induits en erreur, et que ce fossile remarquable indiquait peut-être dans le genre Canis, la disposition dentaire la plus carnassière; comme le *C. Megalotis* offre la plus omnivore; toutefois, il faut en convenir, dans une combinaison de nombre, de forme et de proportion tout à fait particulière, et ne pouvant entrer que fort difficilement dans la série des espèces, telle que nous l'avons établie plus haut.

C. (Hyænodon) *Brachyrynchus.*

Considérations générales. J'ai déjà parlé de ce curieux fossile, à la fin de mon Mémoire sur les

Subursus, parce que l'on pouvait apercevoir un assez grand nombre de points de rapprochement entre lui et des fragments trouvés dans le gypse de Paris, et que M. G. Cuvier avait regardés comme voisins des Coatis; mais je n'en ai donné la description que d'après celle assez abrégée qu'en avait publiée M. Dujardin, dans les Comptes rendus de l'Académie; depuis lors la faculté de Toulouse, qui possède dans ses collections ce morceau encore unique, ayant bien voulu, à la sollicitation réitérée de M. Dujardin et de M. Lemery, me le confier à Paris; j'ai pu, avec la gracieuse autorisation que j'en ai reçue de la faculté de Toulouse, le décrire moi-même d'une manière comparative, et le faire figurer, *Subursi antiqui*, pl. XVII, et même le mouler en plâtre; en sorte qu'il est aujourd'hui parfaitement représenté dans la collection paléontologique du Muséum.

Établi sur sa Tête.

Décrite d'une manière spéciale.

La tête sur laquelle repose l'établissement de l'Hyænodon brachyrhynque de M. Dujardin, et à laquelle manquent seulement la partie occipitale et les arcades zygomatiques, a été singulièrement comprimée obliquement dans toute sa longueur, en sorte que le côté droit semble avoir glissé sur le gauche qui est aussi plus élevé, et que le chanfrein et le palais sont obliques; la mâchoire inférieure est placée et ses dents entre-croisées avec celles d'en haut, d'une manière fort serrée, comme si l'animal était mort dans un état de convulsion tétanique.

Le Crâne.

La tête est en général oblongue, légèrement arquée dans son bord supérieur ou chanfrein, comme dans son bord inférieur mandibulaire. La ligne médio-supère excavée en une sorte de gouttière depuis le bord nasal jusqu'au milieu du front entre les orbites, plutôt par suite de la compression, que par disposition naturelle, se relève ensuite en une crête sagittale qui devait être assez haute. Les fosses temporales qui occupent toutes les parties latérales du crâne sont limitées en avant par une ligne anguleuse atteignant une apophyse orbito-frontale assez prononcée, avec un rétrécissement post-orbitaire très-marqué. L'occipital, en très-grande partie brisé, n'offre que l'extrémité postérieure de sa crête; mais le pariétal est tout entier, et se portant assez peu en avant, en pointe, et fort obliquement d'avant en arrière et de haut en bas, il est à peu près triangulaire, un angle un peu tronqué en arrière dans l'épine occipitale, un autre en avant et le sommet en bas. Le frontal est encore plus considérable, partagé à peu près en deux parties égales par son apophyse orbitaire. Les os du nez assez larges, bombés, médiocrement allongés, s'articulant avec le frontal obliquement, mais largement, sont malheureusement brisés à leur terminaison.

Mais ce qui rend surtout cette tête fort remarquable, c'est la force et l'épaisseur de ses appendices maxillaires.

La mâchoire supérieure, large et haute, commence en arrière par un palatin postérieur peu ou point distinct, et sans doute fort petit; mais par contre elle se continue en un palatin antérieur considérable, commençant en arrière par une partie étroite, pourvue d'une crête oblique qui va rejoindre le bord externe de l'os, et s'élargissant à mesure qu'il s'avance dans le palais. Celui-ci est cependant d'une largeur assez médiocre entre les lignes dentaires. Il résulte de l'étendue et du rétrécissement en avant du palatin, que l'ouverture du palais est fort rétrécie et portée presqu'au niveau des fosses glénoïdales. Du reste, il est parfaitement plein, et son bord postérieur ne paraît pas avoir été garni d'un bourrelet. Le lacrymal présente aussi la particularité de s'avancer assez notablement dans la composition de la face, en général plus élevée que large.

La Mâchoire supérieure. Palatin antérieur.

Lacrymal.

Le jugal manque entièrement des deux côtés, mais l'étendue de la fosse temporale doit porter à croire qu'il était court et probablement large et assez fortement arqué dans les deux sens.

Le maxillaire, qui constitue la plus grande partie de la face, est médiocrement allongé, mais fort élevé dans sa partie génale. Il présente en dedans de l'orbite, qui devait être rond et assez petit, un orifice considérable pour l'entrée du canal sous-orbitaire, et, en dehors, pour sa sortie, un trou ovale comprimé, de grandeur médiocre, mais fort avancé et tombant à l'aplomb de la troisième avant-molaire.

Maxillaire.

Quant au prémaxillaire, il est au plus médiocre, et même assez étroit

Prémaxillaire ou Incisif.

dans sa branche montante, qui s'avance fort peu entre le maxillaire et l'os nasal correspondant.

La Mâchoire inférieure. Squammeux.

L'appendice de la mâchoire inférieure commence par un squammeux assez large, arrondi dans son bord supérieur assez élevé, et tronqué dans le reste; mais la mandibule, qui l'est aussi dans sa partie postérieure, est assez bien conservée dans ses branches horizontales; elle est assez robuste, médiocrement allongée, comprimée, étroite dans ses deux branches, unies par une symphyse fort longue, est assez courbée parallèlement sur ses deux bords, sans trace d'apophyse géni, mais avec deux trous mentonniers subégaux, bien distants, médians, le postérieur à l'aplomb du sommet de la troisième avant-molaire, l'antérieur, à celui de la seconde racine de la première. Les branches montantes sont malheureusement presque complétement brisées et perdues; on peut voir cependant que l'apophyse coronoïde était assez large, arrondie, un peu oblique, et que la fosse massétérienne était assez peu profonde, et imparfaitement circonscrite dans son bord antérieur.

Mandibule. Branche horizontale. montante.

Système dentaire.

Le système dentaire est au moins aussi remarquable que les appendices sur lesquels il s'implante.

En général.

D'abord les deux lignes inférieures sont assez serrées, assez rapprochées pour être parfaitement entre-croisées en avant pour les avant-molaires, et imbriquées d'une manière complète latéralement pour les arrière-molaires, les inférieures par les supérieures, et devenant entièrement carnassières.

En particulier. Incisives, $\frac{3}{3}$

Les incisives, qui semblent avoir agi, celles d'en bas contre celles d'en haut, couronne contre couronne, quoique usées assez peu également, sont en haut comme en bas au nombre de trois paires, dont l'externe est bien plus forte que les autres, et la moyenne plus petite et très-rentrée à la mâchoire inférieure.

Canines.

Les canines sont robustes, peu comprimées, coniques, sans aucune trace de carène, et verticalement implantées, sans être déjetées ni en dehors ni en dedans.

Molaires, $\frac{6}{7}$

Les molaires, au nombre de six en haut et de sept en bas, sont, comme il a été dit plus haut, dans une connexion fort serrée entre elles, de manière à ce que les postérieures d'en haut cachent complétement celles d'en bas.

A la mâchoire supérieure, les trois avant-molaires sont assez fortes : la première, un peu arquée, à deux racines serrées et à couronne un peu en lancette aiguë; la seconde un peu plus grosse, triangulaire, comprimée, à deux racines divergentes et à sommet submédian, sans traces de talon; la troisième, de même forme à peu près que la seconde, mais un peu plus épaisse à la couronne, avec un talon postérieur bien marqué et deux racines, dont la postérieure est la plus grosse. Supérieurement. Avant-Molaires, 3. Première. Seconde. Troisième

La principale est à peine plus forte que la troisième avant-molaire, contre laquelle elle est fortement collée; sa couronne, subtriquètre, portée sur deux racines divergentes, une externe et l'autre interne, est pourvue en dehors d'une pointe médiane, très-peu comprimée, assez basse, et en arrière d'un talon assez marqué, avec un arrêt en avant. Principale.

Les trois arrière-molaires vont en croissant d'avant en arrière. Arrière-Molaires, 3.

La première, de même forme à peu près que la principale, mais un peu moins large et plus oblique à son bord antérieur, est formée d'une pointe antérieure assez épaisse, un peu conique, et d'un talon postérieur plus large et subtranchant; on voit très-bien en dehors deux racines subégales, et la troisième, en dedans, ne peut être douteuse. Première.

La seconde arrière-molaire n'existe pas sur la pièce fossile, et n'est indiquée que par un reste de racine antérieure et par une gouttière de la postérieure, toutefois suffisant pour montrer que cette dent croisait la moitié antérieure de la dernière molaire d'en bas. Seconde.

La troisième n'était sans doute pas une dent transverse, mais c'est ce qu'on ne peut pas rigoureusement assurer. Troisième.

A la mâchoire inférieure, des trois avant-molaires, Inférieurement.

La première, un peu plus petite que sa correspondante en haut, est aussi un peu plus en crochet, et oblique en avant, avec ses deux racines presque connées. Avant-Molaires, 3. Première.

Seconde. La seconde, plus grosse, plus élevée, plus verticale, a sa couronne triangulaire, le sommet obtus, médian, sans talon ni arrêt, avec deux racines assez distinctes.

Troisième. La troisième, notablement plus forte, plus élevée, du reste de même forme, mais avec ses deux racines bien divergentes.

Principale. La principale, malheureusement cachée par celle d'en haut, ce qui ne m'a pas permis de la voir d'une manière complétement satisfaisante, m'a semblé être également triangulaire, et certainement portée sur deux racines peu serrées, la postérieure plus longue et plus grosse.

Arrière-Molaires, 3. Première. Des trois arrière-molaires croissant de la première à la dernière, la première ne peut être indiquée que par deux alvéoles du côté droit, toutes deux arrondies, fort serrées, l'antérieure plus petite que la postérieure; elles indiquent d'une manière certaine que cette dent était plus petite que ses voisines, ce qui est comme dans le C. Leptorhynque. Seconde. La seconde, assez complète du même côté pour montrer qu'elle était un peu plus forte, a deux racines inégales, et la couronne a deux lobes subconiques, avec un petit talon en arrière. Troisième. Enfin la troisième, complète, surtout du côté droit, est remarquable par sa grande largeur d'avant en arrière, sa compression ou étroitesse, la couronne étant subtranchante, avec un lobe triquètre en avant, et une sorte de long talon fort bas, mais tranchant, en arrière.

Conclusion. D'après cette description, il est évident, comme l'avait parfaitement reconnu M. Dujardin, que l'animal auquel cette tête a appartenu devait être fort rapproché de celui que MM. de Laizer et de Parieu ont nommé *Hyænodon leptorhynchus*, tant il y a de ressemblance entre les parties analogues qu'on a pu comparer, c'est-à-dire entre les mandibules et leur système dentaire; mais il n'est pas moins évident qu'elles indiquent deux espèces distinctes, comme il est facile de s'en assurer par un simple coup d'œil sur les figures représentées dans la dernière planche des *Subursus*, inscrite par inadvertance sous ce titre. On peut en effet observer qu'aucune des dents analogues dans les deux fossiles ne sont rigoureusement semblables, étant en général plus fortes et plus serrées, plus contiguës dans l'Hyænodon de M. Dujardin que dans celui de M. de Laizer; la dernière surtout est notablement différente : aussi, la mandibule elle-même est, dans le premier, proportionnellement plus épaisse, plus haute, en un mot plus robuste, les trous mentonniers plus rapprochés que dans le second.

Quant au rapprochement fait par M. Dujardin, de son Hyænodon avec le prétendu Coati de M. G. Cuvier, fossile que j'ai cru devoir distinguer sous le nom générique de Taxotherium, il nous semble bien plus douteux. Comparé avec le Taxotherium.

Il est bien vrai qu'en comparant le fragment de mâchoire supérieure du prétendu Coati avec sa partie correspondante dans l'Hyænodon brachyrinque, on trouve, dans l'un comme dans l'autre, le singulier caractère du prolongement du palais fort en arrière; mais, sans compter que la forme du palais est du reste fort différente, on ne peut, ce me semble, dire que le système dentaire soit absolument le même. Toutefois, on ne peut dissimuler qu'il y a un certain rapport dans le nombre et même dans la forme des avant-molaires, et peut-être même dans la seule arrière-molaire que nous connaissions dans le fragment du gypse de Paris. Mâchoire supérieure.

En portant la comparaison sur le fragment (extrémité antérieure) de la mandibule du prétendu Coati, et sa partie correspondante de l'Hyænodon de M. Dujardin, le rapprochement me paraît encore bien moins certain sous le rapport de l'os et des dents qui s'y trouvent. En effet, en admettant avec M. G. Cuvier, que dans le fragment du gypse il manque la première avant-molaire, ce qui me paraît indubitable, les trois dents existantes seraient alors la seconde, la troisième avant-molaire et la principale. Or, dans cette manière de voir, aucune de ces dents ne se ressemble, outre leur disposition encore plus serrée dans le morceau du gypse que dans l'autre; à quoi il faut ajouter les trous mentonniers moins distants, peut-être même autrement placés, la symphyse bien moins étendue, et en général la mandibule beaucoup plus courte. Mâchoire inférieure.

Nous sommes cependant loin de nier qu'il y a une certaine analogie Conclusion.

entre les fragments dont nous avons fait notre *Taxotherium Parisiense* et les Hyænodontes bracyrinque et lepthorhynque; nous croyons certainement à une distinction d'espèce entre ces deux-ci, quoique appartenant au même genre; mais nous ne croyons pas que les éléments actuellement connus soient suffisants pour décider la question du Taxotherium, d'autant plus que les deux fragments que nous lui rapportons peuvent très-bien provenir d'animaux d'espèce et même de genre différents.

Avec les Didelphes.

Reste maintenant la question de savoir si le nouvel élément introduit par la connaissance de la seconde espèce d'Hyænodon confirme ou renverse la position de cet animal dans la sous-classe des Didelphes. L'apophyse angulaire de la mandibule, si caractéristique chez ces derniers, ne pouvait nous fournir rien de plus que la pièce fossile de M. de Laizer, très-significative sous ce rapport, puisqu'elle est absolument comme dans les Canis; mais ici, la structure du palais n'est nullement comme chez les Didelphes, chez lesquels elle est également particulière et toujours plus ou moins membraneuse; le rétrécissement post-orbitaire, la forme du squammeux, ne sont nullement comme chez eux; mais surtout le nombre, la forme, la proportion des trois paires d'incisives en haut comme en bas, absolument comme dans les carnassiers monodelphes, ne peuvent plus laisser de doute raisonnable; du moins à en juger d'après la généralité des faits aujourd'hui connus; car, je le répète, on ne peut admettre de relation nécessaire, forcée, logique, entre la didelphie et le nombre des dents incisives, qui n'est jamais au-dessus ni au-dessous de trois paires aux deux mâchoires, chez les Carnassiers monodelphes, combinaison qui n'a encore été rencontrée dans aucun Carnassier didelphe.

Dans la Mandibule.

le Palais.

les Dents incisives.

Conclusion.

Est-ce un Subursus ou un Canis?

Vient enfin une dernière question : les Hyænodontes doivent-ils être définitivement et rationnellement rangés parmi les Subursus ou parmi les Canis? Quoique je sois porté à penser que ce sont plutôt des Digitigrades que des Plantigrades, et des Carnivores que des Omnivores, en me fondant sur le nombre et la forme des dents molaires, je crois devoir avouer que pour décider tout à fait la question il faudrait avoir un plus grand nombre d'éléments et par conséquent de matériaux que ceux que nous possédons.

Après cette espèce de digression à l'occasion des Hyænodons qui ne sont peut-être pas de véritables Canis, nous rentrons d'une manière plus certaine dans les espèces de ce genre.

Des C. fossiles de l'Auvergne signalés par

L'une des localités dans lesquelles on a recueilli dans ces derniers temps le plus grand nombre d'ossements fossiles du genre Canis est certainement celle des environs d'Issoire, en Auvergne, dans l'immense alluvion sablonneuse volcanique qui recouvre les plateaux de cette partie de la France, et qui remplit surtout les ravins qui versent à l'Allier, sur la rive gauche de cette rivière, et entre autres, celui des Étouaires, que j'ai eu la satisfaction de visiter moi-même en 1828.

MM. Devèze et Bouillet.

Les premiers observateurs qui eurent l'occasion de s'occuper de la découverte de ce riche dépôt ossifère et d'en publier les résultats, MM. Devèze de Chabriol et Bouillet dans leur Essai géologique et minéralogique sur les environs d'Issoire, publié en 1827, au nombre des pièces qu'ils ont figurées comprirent (Pl. XIV, f. 6, 7, 8, 9, 10 et 11) des fragments de mâchoires et des dents qu'ils rapportèrent à une espèce de Canis intermédiaire au Renard et au Chacal; mais ils se bornèrent à ce simple enregistrement.

M. l'abbé Croizet.

Depuis lors de nouveaux observateurs du même pays, et entre autres M. l'abbé Croizet, ont été plus loin, non-seulement en recueillant un bien plus grand nombre d'ossements, mais encore en proposant de désigner, sous des noms particuliers, certains de ces os, qui leur semblaient différer des autres, et qu'ils pensaient indiquer des espèces différentes. Mais d'un nom à une caractéristique il y avait encore loin, et c'est cette tâche que nous allons essayer de remplir en acceptant comme de rigoureuse et convenable équité les noms que M. l'abbé Croizet avait assignés, dans le catalogue de sa collection cédée au Muséum, aux pièces qui la constituaient.

M. Bravard.

Nous serons moins heureux pour les espèces de Canis que M. Bravard, autre collecteur fort zélé des ossements fossiles de l'Auvergne, a inscrites dans le catalogue manuscrit de sa collection, par ce que nous n'avons pas à notre disposition ces ossements eux-mêmes pour en faire la comparaison; toutefois nous en dirons quelque chose pour montrer combien le genre des Canis était nombreux à l'époque où l'Auvergne était un des lieux de refuge les plus importants de la population quadrupède de notre France.

9° *C. brevirostris.*

C. brevirostris, établi sur deux fragments.

Nous avons pu examiner les fragments sur lesquels repose l'établissement de cette espèce proposée par M. l'abbé Croizet dans le *Bulletin des séances de la Société géologique de France*, IV, p. 25, ainsi qu'il a été dit plus haut, comme faisant partie aujourd'hui des collections du Muséum. Ils sont au nombre de deux que nous allons décrire successivement.

Le premier, de Mâchoire supérieure.

Le premier, provenant de la montagne de Gergovie, consiste en un petit morceau de mâchoire supérieure du côté droit portant les trois dernières molaires assez complètes, sauf la tuberculeuse postérieure, dont la couronne a été cassée obliquement et enlevée.

La forme de ces trois dents ne peut laisser aucun doute sur le genre auquel ce fragment doit être rapporté; il provient certainement d'une espèce de Canis. Mais de quelle espèce doit-il être rapproché?

Décrit.

La longueur totale des trois dents est d'environ $0^{m},026$, dimension qui est à peu près celle d'un Chacal. Mais en observant que la disposition omnivore est bien plus prononcée que dans cette espèce, la carnassière ou principale étant bien plus petite proportionnellement avec les tuberculeuses, que son talon interne est très-large, ainsi que celui de la première arrière-molaire, on voit que la disposition omnivore dans ce Canis, devait être évidemment plus prononcée que dans le Chacal.

Comparé.

Cherchant donc parmi les espèces vivantes qui sont au-dessus de lui sous ce rapport, on trouve plus de rapprochement à faire avec le Crabier (*C. cancrivorus*) qu'avec aucune autre espèce.

Le second fragment, que M. l'abbé Croizet a également rapporté à son *C. brevirostris*, confirme en effet ce rapprochement. Le second,

Il consiste en une assez grande partie de la branche horizontale d'une mandibule du côté gauche, portant tout ou partie des dents jusqu'aux incisives; mais malheureusement fort usées. de Mandibule.

Le morceau de mandibule remarquable par sa brièveté, d'où M. Croizet a tiré le nom de l'espèce, l'est également par sa forme en bateau et la courbure du bord inférieur, ce qui l'éloigne de sa partie correspondante chez le Crabier. En effet, on ne peut pas supposer que comme dans cette espèce il y eût une sorte de coude à l'origine de ce bord, qui d'ailleurs chez celui-ci est tout à fait droit jusqu'à la symphyse. Sans cela, la forme des dents, autant qu'on en peut juger malgré l'usure, leur rapprochement déterminé par la brièveté de la mandibule, rappelleraient de même assez bien le *C. cancrivorus*. Décrit. Comparé.

Ainsi il résulte encore pour ce fragment de mandibule plus de rapports avec cette espèce qu'avec aucune autre. Conclusion.

M. Croizet a donc été autorisé à le rapporter à la même espèce que le fragment de mâchoire; et ce qui prouve assez bien la justesse de cette manière de voir, c'est que la carnassière et la première tuberculeuse d'en bas prises ensemble égalent en étendue la carnassière et la première tuberculeuse d'en haut, assez bien encore comme dans le Crabier.

L'on peut donc conclure que ces deux fragments indiquent l'existence d'une espèce de Canis, intermédiaire aux Chacals et aux Renards, rapprochée des espèces de Chiens à pouce court, et du reste ne pouvant être confondue avec aucune d'elles.

10° *C. Issiodorensis.*

Je trouve encore ce nom inscrit, dans le catalogue manuscrit qui accompagnait la collection cédée au Muséum par M. l'abbé Croizet, sur deux fragments provenant de la montagne de Perrier, près d'Issoire. C. d'Issoire. Établi sur deux fragments.

Le premier de ces fragments consiste en une portion marginale de Le premier, de Mâchoire. l'os maxillaire droit portant en place et bien entières les cinq dernières Décrit. dents molaires : savoir la seconde et la troisième avant-molaires, la principale et les deux arrière-molaires.

Avant-Molaires. Les deux avant-molaires sont assez bien comme dans le Renard et encore mieux comme dans le Chacal, à cause du plus de largeur de la seconde.

Principale. La principale est semblable à celle du Renard, quoique un peu plus oblique, surtout dans son talon interne et antérieur.

Arrière-Molaires. Les deux arrière-molaires, quoique également ressemblant assez à celles du Renard, ont cependant leur talon interne plus large et plus arrondi.

Comparées. Quant à la proportion de la carnassière et des deux tuberculeuses avec elle et entre elles, elle diffère assez notablement de ce qui existe chez le Renard, pour se rapprocher davantage du Chacal et surtout du *C. brachyteles* avec lequel la ressemblance est presque parfaite.

Le second, de Mandibule. Le second fragment, rapporté par M. Croizet au *C. Issiodorensis*, consiste en un fragment de mandibule gauche portant les trois dents molaires qui précèdent la dernière.

Il provient de la montagne de St-Géran.

Décrit. Ce morceau de mandibule indique évidemment quelque chose de différent de celui qui a été attribué au *C. brevirostris*, par sa forme plus mince, plus élevée et moins courbée sur ses bords, et ensuite pour les dents qu'il porte et qui sont sensiblement plus fortes.

Ses Dents. Ces dents occupent cependant un espace bien moins grand que dans un Loup, même de très-petite taille, et seulement égal à celui qu'elles ont dans un petit Chacal, ou dans le *C. brachyteles*.

Comparées. En cherchant maintenant leurs rapports avec celles du fragment de mâchoire supérieure, on trouve que la largeur de la principale et de la première tuberculeuse d'en bas dépasse celle des deux mêmes dents d'en haut de la moitié de la seconde tuberculeuse, sur les fragments fossiles, comme dans le *C. brachyteles*.

Conclusion. En sorte que l'on peut assez raisonnablement admettre, avec M. l'abbé Croizet, que ces deux fragments ont pu appartenir à la même espèce de Canis, et qu'elle était assez différente de la précédente pour en être distinguée.

Tibia.

Je trouve encore rapporté à cette espèce, par M. Croizet, un tibia du côté droit et malheureusement un peu roulé et usé à ses extrémités : il est remarquable par sa gracilité ou sa longueur, quoique avec sa double courbure bien marquée, rappelant un peu celui du Chacal, seulement avec plus de grandeur. Mais, pour le rapprocher des fragments sur lesquels repose l'établissement du *C. Issiodorensis*, quelle raison donner? Je n'en connais pas.

11° *C. Neschersensis.*

C. NESCHERSENSIS. Établi sur Un côté de Mandibule.

C'est encore dans la collection de M. l'abbé Croizet que se trouve ce nom, appliqué par lui à une espèce de Canis fossile, en Auvergne, et qui est tiré du nom de la paroisse dont il est curé.

Elle repose sur un côté gauche de mandibule, presque complète dans sa branche horizontale, et armée de sa canine et des cinq dents molaires intermédiaires, c'est-à-dire qu'il ne manque que la première et la dernière, dont il ne reste que l'alvéole

Décrit.

La grandeur et la forme de cette mandibule rappellent assez bien celle du Chacal, mais encore mieux peut-être celle d'un jeune Loup de la variété nommée *L. Lycaon*, et qui habite surtout les Pyrénées.

Comparé.

Ce rapprochement me paraît tout à fait confirmé par le système dentaire, qui est exactement le même, pour les proportions comme pour les formes, que dans un assez jeune individu de Loup noir que j'ai actuellement sous les yeux, et entre autres pour la forme large, comprimée et nettement denticulée des avant-molaires et de la principale.

Conclusion.

En sorte que je n'hésite pas à considérer cette mandibule comme d'une espèce de Canis différente des deux précédentes, mais comme tout à fait semblable au petit Loup des montagnes, *C. Lycaon*, encore existant aujourd'hui dans les Pyrénées.

C. Juvillacus.

Je dois encore citer ici par avance, que M. Bravard, dans le catalogue manuscrit qu'il a bien voulu m'envoyer de sa riche collection, mentionne aussi trois espèces de Canis, d'après des fragments trouvés à Juvillac et à Ardé, en Auvergne : l'une qu'il nomme *C. Juvillacus,* et à laquelle il rattache un assez grand nombre d'os des mâchoires, du tronc et des membres, aussi bien que des dents, formant près de cinquante numéros.

C. medius. Une seconde (*C. medius*), également de Juvillac, d'après une tête presque complète, dont il a donné la moitié à M. l'abbé Croizet, et cédé l'autre à M. de Laizer, et qui, sans doute, se trouve comprise dans l'une des espèces de la collection du premier, indiquée plus haut.

C. borbonidus ou *C. megamastoides.* Une troisième (*C. borbonidus*), d'Ardé, d'après un occipital et un fragment de mandibule gauche contenant la dent carnassière. Je suppose que c'est sur cette dernière pièce que M. A. Pomel vient d'établir, dans une note lue à la Société de Géologie, le 7 novembre 1841, son *C. megamastoïdes*, dont il a donné une description étendue et une figure au trait dans le *Bulletin*, t. XIV, pl. I, p. 40. Ce morceau de mandibule semble en effet indiquer une espèce nouvelle, par la forme élargie, arrondie et assez saillante du coude situé au-dessous de l'apophyse angulaire, particularité que nous avons remarquée surtout dans le Megalotis et dans certains Renards.

Du val d'Arno. Le vaste et intéressant diluvium ancien du val d'Arno renferme aussi une grande quantité d'ossements qui ont appartenu à des espèces du genre Canis.

J'en ai pu étudier un assez bon nombre dans le Muséum grand-ducal de Florence, grâce à la courtoisie tout à fait généreuse du directeur Antenori, et du professeur Nesti, auquel la Paléontologie doit plusieurs découvertes importantes.

C. Lupus. Mandibule de la collection de Florence. Je citerai d'abord un grand nombre de mandibules de taille un peu différente, et que j'ai rapportées au Loup, à la première vue;

1° Une demi-mandibule complète, sans son apophyse angulaire cependant, avec toutes ses dents, dans les proportions ordinaires d'un assez grand Loup d'Europe;

2° Un fragment du même côté et de même dimension, mais plus incomplet, avec les dents très-usées, une troisième avant-molaire, une principale à deux denticules postérieurs, et une carnassière très-usée;

3° Un autre fragment, du côté opposé ou gauche, avec toute la série dentaire, dont la longueur totale est celle d'un jeune Loup noir (*C. Lupus Lycaon*);

4° Fragment du côté droit avec le système dentaire, sauf les deux premières avant-molaires, de forme et d'étendue générale, comme dans un assez petit Loup;

5° Fragment du côté gauche plus incomplet, ne contenant que la principale et la carnassière;

6° Autre, ne contenant que la principale et la troisième avant-molaire, de proportions un peu plus fortes que celles d'un grand Loup, et sans denticule, par suite d'usure, au bord postérieur de celle-ci;

7° Une septième, de proportions un peu plus petites;

8° Une mandibule cassée en deux morceaux pliés l'un contre l'autre, portant la troisième avant-molaire et la principale sur l'un, la carnassière et la première arrière-molaire sur l'autre.

9° Un bout de mandibule gauche contenant les incisives, la canine et la seconde avant-molaire;

10° Une mâchoire supérieure droite contenant les trois dernières molaires, la carnassière égale aux deux arrière-molaires et indiquant un loup de petite taille;

11° Une autre à peu près semblable;

12° Une troisième ne contenant que la principale et une partie de la troisième avant-molaire;

13° Une quatrième du côté gauche provenant d'un animal de grande taille, exactement comme dans un crâne de la collection du Muséum;

14° Un côté de mandibule d'un jeune Loup avec ses dents de lait et une première avant-molaire d'adulte;

15° Une mandibule du côté gauche très-complète avec toutes ses dents au nombre de sept dont l'étendue totale est comme dans un assez petit Loup;

16° Une canine supérieure un peu aplatie en dedans, provenant d'un Canis de la taille d'un Loup médiocre;

17° La moitié postérieure de la dent principale inférieure du côté droit, indiquant un animal de grande taille;

de Monte-Varchi.

18° De beaux fragments de mâchoires supérieure et inférieure dans la collection de Monte-Varchi.

A ce nombre assez considérable de fragments que j'ai rapportés au Loup, et dont plusieurs proviennent peut-être de Chien domestique, je dois ajouter l'indication de quelques autres ossements trouvés dans le val d'Arno.

Extrémité inférieure d'Humérus.

Je parlerai d'abord d'une extrémité inférieure d'humérus droit bornée presque à la poulie articulaire et contre laquelle est collé un os métacarpien. Quoique cet humérus ne soit pas percé dans son milieu au-dessus de la poulie, je l'ai regardé sur place comme provenant d'une espèce de Canis, parce qu'il n'a pas le canal du condyle interne qui caractérise cet os chez les Felis: en effet je ne connais encore aucune exception sous ce rapport dans ce dernier genre, et j'en connais pour le trou médian parmi les Canis, comme j'ai déjà eu l'occasion de le faire remarquer plus haut.

Rapportée avec doute au *C. Lycaon* ou *C. aureus*.

Quant à l'espèce, j'avais été porté à le rapporter à un Chacal ou même au Renard, dans mes notes prises sur les lieux; mais au milieu de nos collections je trouve qu'il peut fort bien être rapporté à un très-petit Loup ou à un Chacal du moins pour la taille, car je ne voudrais pas même assurer aujourd'hui d'une manière absolument positive que ce ne serait pas d'un Felis, quoique la note inscrite sur mon dessin porte: extrémité inférieure d'humérus non percé au condyle interne.

Un autre os était collé contre le précédent, je l'ai considéré comme un cinquième métacarpien du même côté droit que le fragment d'humérus ci-dessus et du même animal; il me paraît en effet ressembler beaucoup à cet os dans un Loup de moyenne taille ou dans un Chacal.

Je rapporterais volontiers à une autre assez petite espèce de Canis, un fragment de mandibule du côté droit que j'ai vu rapidement dans la collection de Monte-Varchi et qui m'a frappé par la petitesse de ses deux dents tuberculeuses.

Enfin j'avais encore noté dans mes dessins faits sur place comme provenant d'un Loup de grande taille, quatre os métatarsiens réunis que possède la collection de Florence, et que j'ai fait figurer par mégarde dans la planche des Canis fossiles; en effet, il me paraît à peu près certain que ce sont des os de l'Hyène qui existe certainement fossile dans le vaste diluvium du val d'Arno, comme nous le verrons dans le mémoire suivant, consacré à l'ostéologie de ce dernier genre de Carnassiers.

Outre ces espèces de Canis dont les ossements ont été trouvés à l'état fossile dans notre Europe, il en est quelques-unes qui reposent sur des fragments recueillis dans diverses autres parties du monde.

Sud-Amérique. Brésil. D'après M. Lund.

Si l'on croyait devoir accepter, comme suffisamment établies, les espèces que M. Lund a indiquées dans son travail sur les cavernes du Brésil et dont nous avons déjà eu l'occasion de parler dans plusieurs de nos mémoires précédents, il s'en trouverait au moins cinq, dont une même formerait un genre distinct. Malheureusement ces espèces ne reposent trop souvent que sur des fragments peu ou point caractéristiques ; aussi M. Lund lui-même ne les a-t-il distinguées que nominativement (1).

C. jubatus. ou *C. campestris.*

Il a d'abord reconnu quelques ossements qui lui ont semblé appartenir au *C. jubatus* ou *campestris*, espèce qui existe assez fréquemment au Brésil. Ces fragments composent un doigt bien complet avec son métatarsien, car c'est un doigt, sans doute un quatrième, du pied de derrière. M. Lund se borne à dire qu'il est intermédiaire à l'Hyène et au Loup, mais en se bornant à cette assertion. N'est-ce pas tout simplement un doigt de *C. Azaræ* ?

M. Lund a proposé d'établir comme espèce nouvelle, sous le nom de

(1) Académie royale des sciences de Copenhague, tome VIII, p. 92, 1841.

C. protalopex. *C. protalopex*, l'animal dont provient un assez grand fragment de mandibule droite qu'il figure tab. XVIII, fig. 9-10, armée d'une partie de ses dents, pour laquelle il ne donne du reste aucun caractère différentiel. Je le rapporterais encore volontiers, à en juger par la figure seulement, au *Canis Azaræ*, qui est une sorte de grand Renard, et qui se trouve communément dans toute la Sud-Amérique. C'est, en effet, la même taille, la même proportion, la même forme, aussi bien pour l'os que pour les dents, que dans un individu de *C. Azaræ* du Brésil que j'ai actuellement sous les yeux.

C. troglodytes. Son *C. troglodytes* établi sur un seul doigt médian complet du pied de devant représenté pl. XVIII, fig. 7-9, et qu'il rapporte à une espèce de Chacal, me semble encore ne pouvoir pas être caractérisé, ce que ne fait pas non plus M. Lund, qui se borne à dire que les proportions de ce doigt sont intermédiaires au *C. campestris* et au Loup d'Europe. Aussi me semble t-il fort probable que ce n'est encore qu'un doigt antérieur de *C. Azaræ*.

C. (Spœothos). pacivorus. Quant au *C. pacivorus* dont M. Lund fait un genre sous le nom de *Spœothos* ou de Chacal des cavernes, son établissement repose sur une belle tête entière avec système dentaire, sans la mandibule cependant, représentée de grandeur naturelle, pl. XIX, f. 1-2. Par la forme sans doute du chanfrein, M. Lund la rapproche du *C. primævus* d'Hogdson, car je ne pense pas qu'elle manque de la derrière tuberculeuse, particularité dont la considération l'aurait porté à en former un genre distinct.

Je ne connais malheureusement cette pièce que d'après la figure dont il m'est impossible de constater l'exactitude, ni par la description, ni par les mesures linéaires, en sorte que je ne puis donner que mes présomptions. Si donc on peut avoir une confiance absolue dans l'exactitude de la figure, on pourrait trouver que cette espèce de Canis aurait une certaine ressemblance avec le *C. brachyteles* et le *C. cancrivorus* qui, comme le fossile, ont les dents extrêmement serrées, le museau assez court et le chanfrein presque rectiligne dans la déclivité frontale. La proportion des dents molaires semble en outre être assez bien la même; toutefois on ne peut nier qu'il n'y ait aussi quelque ressemblance entre le crâne fossile et celui du *C. primævus* de M. Hogdson, comme M. Lund l'a admis (1).

Quoi qu'il en soit, M. Lund a nommé spécifiquement le Canis des cavernes du Brésil *Spæothos pacivora*, probablement à cause du grand nombre d'os de Paca qu'il aura trouvés dans les mêmes cavernes.

Du Chien domestique (*C. familiaris*).

Digression sur le Chien domestique (*C. familiaris*).

Maintenant que nous connaissons, par une comparaison approfondie et méthodique, toutes les particularités les plus importantes du système osseux et du système dentaire d'un assez grand nombre d'espèces vivantes et fossiles du genre Canis, il nous reste à voir si cette connaissance est suffisante pour nous fournir les éléments nécessaires à la résolution des questions qui regardent le Chien domestique, et dont nous avons donné l'histoire dans un chapitre précédent.

Questions à résoudre posées.

Le Chien (*C. familiaris*) et toutes ses variétés existantes chez tous les peuples, à divers degrés de civilisation, constitue-t-il une espèce unique et distincte?

Cette espèce est-elle telle que nous la connaissons et qu'elle se trouve partout avec l'Homme, à quelque degré de société qu'il se soit élevé? ou bien sa souche originelle et sauvage est-elle perdue?

Cette souche, au contraire, n'existe-t-elle pas encore à l'état sauvage? et, dans ce dernier cas, est-ce le Loup ou le Chacal ou le Renard? l'une ou l'autre pour toutes les races de Chiens, ou chacune d'elles pour une certaine race?

Ou, enfin, chaque Chien domestique, dans un pays, a-t-il une souche, une origine particulière dans un animal sauvage de ce pays? d'après

(1) Dans le texte de M. Lund on lit Hodges, mais sans doute pour Hogdson.

la règle posée par Pline : *In omnibus animalibus placidum ejusdem invenitur et ferum.*

Chacune de ces questions a été résolue d'une manière affirmative par les uns et négative par les autres, et aucune ne l'a été d'une manière véritablement démonstrative, souvent à défaut d'études assez approfondies, mais souvent aussi à défaut d'éléments suffisants à l'époque où elle était agitée.

Forme-t-il une seule espèce ?

Et d'abord nous répondons à la première question en acceptant, avec le sens commun et avec Buffon, ce que la grande force de son génie, soutenu de l'observation, quoi qu'on en ait dit (1), lui a démontré *à priori* comme *à posteriori*, que, dans le règne végétal comme dans le règne animal, les individus de sexes différents qui, par anthèse ou par accouplement, peuvent produire des individus, eux-mêmes féconds, en tout semblables à leurs parents, et ne différant que par des nuances en plus ou en moins, constituent une espèce. Dès-lors, toutes les races et variétés si nombreuses de Chiens qui se trouvent dans toutes les parties du monde, et d'autant plus variées et nombreuses, que l'espèce humaine est elle-même à un plus haut degré de civilisation, ne constituent qu'une seule et même espèce, remontant à l'acte de la création divine.

Est-elle distincte ?

Maintenant, cette espèce est-elle distincte de celles que nous connaissons à l'état vivant ou à l'état fossile?

Par le nombre des Os.

Si nous prenons en considération d'abord le nombre des os du squelette et même leurs formes et leurs proportions, nous ne trouverons certainement rien qui puisse différencier un Chien d'un Loup, pourvu que la taille du premier ne descende pas au-dessous de celle du second; et je ne sache pas qu'aucun anatomiste, même paléontologiste, ait donné un caractère distinctif pour l'un de ces deux animaux.

(1) On est vraiment étonné de trouver que M. F. Cuvier, en acceptant, comme nous, la manière de voir de Buffon, la regarde comme due à la seule force de l'*imagination* de ce grand homme. Qui donc avait fait avant lui et a fait depuis lui autant d'expériences sur la grande question de l'hybridité chez les animaux ?

A la Queue.

On a bien dit quelque part que le nombre des vertèbres de la queue était plus grand et plus variable dans le Chien que dans le Loup; mais cela n'était pas fondé. En effet, nous avons vu que dans le Loup ce nombre varie de dix-huit à vingt et même vingt et un, ce qui tient un peu à l'âge et même quelquefois au mode de préparation; c'est justement ce que M. F. Cuvier a reconnu pour les Chiens, où, suivant lui, le nombre des vertèbres coccygiennes n'est pas constant dans chaque race. Le plus commun est de dix-huit, comme dans le Chien de la Nouvelle-Hollande; mais il est quelquefois de vingt et de vingt et un, non pas suivant la race, mais suivant l'individu.

Des Doigts aux Pieds postérieurs.

Quant aux doigts surnuméraires qui se remarquent dans certains Chiens, presque toujours de grande taille, aux pieds de derrière, c'est une véritable monstruosité, analogue à celle qui produit les sexdigitaires dans l'Homme, et nullement un produit de la domestication; elle se trouve dans une race aussi bien que dans une autre, comme M. F. Cuvier l'a reconnu, et comme j'ai pu aisément le confirmer. Mais je dis que cette particularité n'est pas une indication que le Chien devrait être placé avant le Loup, comme ayant une tendance à être quinquedigité en arrière comme en avant, et que c'est une monstruosité et non pas le développement d'une partie normale. En effet, même dans le pied du Chien mâtin, signalé et figuré par Daubenton, et qui existe encore dans les collections du Muséum (1), exemple où le doigt surnuméraire est véritablement complet comme pouce, c'est-à-dire formé de son métatarsien et de ses deux phalanges parfaitement conformées, le pouce rudimentaire des Canis n'en existe pas moins, composé de son premier cunéiforme et du rudiment du premier métatarsien, collé d'une manière fort serrée contre le second. Seulement, le doigt supplémentaire a repoussé en dedans, a déplacé le métatarsien du rudiment du pouce, et s'est appuyé partiellement sur son cunéiforme (2).

Dans un Chien à 5 Doigts.

(1) Du moins, à ce que nous supposons, car le squelette, dont nous avons fait figurer le pied, porte pour étiquette *Chien de berger*.

(2) M. Isid. Geoffroy-Saint-Hilaire, *Histoire des anomalies*, tome I, p. 692, dit qu'il a quel-

à 6 Doigts. Cette particularité est encore plus évidente dans les individus qui ont le doigt surnuméraire moins complet, aussi bien que dans ceux où il y en a deux. En effet, chez eux, le doigt rudimentaire a sa forme et sa proportion normales, tandis que les surnuméraires sont très-incomplets dans leur métatarsien, bien éloigné de toucher et de s'articuler avec le tarse, quoique les deux phalanges soient bien complètes Ainsi, je le répète, c'est une monstruosité, analogue à celle qu'offrent les sexdigitaires dans l'Homme, qui existe dans des êtres en société ou en domesticité, mais non pas par la domesticité, comme M. G. Cuvier l'a avancé, par mégarde sans doute, ce que M. Marcel de Serres a déjà relevé avec raison. En effet, cette monstruosité se trouve sous l'influence de l'Homme, non pas pour sa production, mais tout au plus pour sa perpétuité dans certaines races, en n'accouplant que les individus qui en sont affectés; mais encore elle ne se reproduit pas toujours, et elle peut exister dans plusieurs races, quoique plus commune dans les Chiens Braques et le Dogue de forte race (1).

Conclusion. Ainsi, on ne peut trouver dans le nombre des os du squelette d'un Chien, de quelque race qu'il soit, un caractère qui pourrait le différencier de celui du Loup ni même du Chacal. Voyons si nous pourrons être plus heureux pour la forme, pour la grandeur et pour les proportions.

Par a Grandeur. La grandeur ou la taille ne peut être invoquée ou prise en considération : en effet, s'il y a chez les Chiens des individus de taille extrêmement variée, depuis le Chien de manchon jusqu'à celui des Pyrénées, on peut trouver aussi des Loups de taille fort différente, bien plus qu'on ne

quefois vu ce doigt surnuméraire des Chiens presque aussi long que les autres doigts, posant à terre, et aussi développé même que le doigt interne des Ours; mais je n'ai jamais rien vu de semblable, et encore moins un cas analogue à celui qu'il cite p. 698, d'un Chien où le cinquième doigt, isolé de tous les autres, était sans aucun doute, suivant lui, le pouce normal, et non un pouce surnuméraire. Malheureusement M. Isid. Geoffroy paraît n'en avoir pas fait l'analyse, et sans elle on peut encore douter.

(1) D'après M. Isid. Geoffroy-Saint-Hilaire, *loc. cit.*, p. 692. Cette monstruosité n'a pas encore été observée chez les Lévriers.

le pense ordinairement : par exemple, le Loup d'Égypte et l'individu qui fit tant de bruit dans le dernier siècle, sous le nom de Bête du Gévaudan. Et d'ailleurs nous avons reconnu d'abord qu'ils ne formaient qu'une seule espèce, et comme on peut en trouver d'intermédiaires, et justement de la taille des différents Loups, on voit comment la considération de la grandeur ne peut conduire à rien pour la résolution de la question.

On peut en dire rigoureusement autant de la proportion des os du squelette en supposant qu'elle varie d'une manière un peu notable, ce qui n'est bien évident que lorsqu'on prend les extrêmes, les Chiens Bassets et les Lévriers.

Par la Proportion des os

Reste donc la forme. C'est en effet sur cette considération que porte plus spécieusement la distinction du Chien domestique des autres espèces, et surtout sur la forme du front; et comme cette forme semble avoir un rapport évident avec le développement du cerveau, *substratum* de l'intelligence, on voit comment M. F. Cuvier, surtout, s'est servi de cette considération pour la classification des races de Chiens.

Par la Forme du Front.

On donne généralement comme particulier au Chien le renflement frontal à la racine du museau; mais si l'on examine sous ce rapport un Loup et un Chien de même taille, de même sexe, et dont le museau soit de même longueur, on ne trouve que des différences individuelles, et rien qui distingue ces deux animaux d'une manière un peu tranchée. Bien plus, dans les races de Chiens dont le museau est long, le front est souvent bien moins bombé que dans le Loup, au contraire de ce qui a lieu dans les Chiens à museau court et camus.

En fait, lorsque l'on vient à comparer les crânes de Chiens domestiques avec ceux des espèces du genre Canis, il est évident que c'est celui du Loup qui s'en rapproche le plus. Rien de comparable ne se remarque dans le Chacal et encore moins dans le Renard, dont le front ne se relève jamais subitement à la naissance du nez, comme cela se voit toujours, quoiqu'à des degrés différents, dans le Loup. Jamais cependant ce renflement n'est aussi considérable que dans les races de Chiens domesti-

Comparé :

avec le Chacal. le Renard.

ques dont le museau est fort court, et, sous ce rapport, le Boule-Dogue et certaines petites races de Chiens de Malte sont bien supérieurs au Chien de Berger et même aux Chiens de chasse de plaine, aux Epagneuls et aux Barbets, regardés avec raison comme les Chiens les plus intelligents. Nous avons déjà eu l'occasion de montrer, à l'occasion de l'Ours fossile à front bombé, que cette particularité, qui provient, non pas de la traduction des lobes antérieurs du cerveau, mais du développement des sinus frontaux, est dans un certain rapport avec la force et la vigueur individuelle et sexuelle, avec l'âge, avec l'intensité de l'olfaction et plusieurs particularités biologiques, en même temps qu'avec l'allongement proportionnel des mâchoires.

Conclusion. Ainsi, la forme du front dans le Chien rapproche cet animal du Loup plus que d'aucune autre espèce de Canis.

par la Capacité crânienne. On a été plus loin en supposant que la capacité crânienne était moindre dans le Loup que dans le Chien domestique; mais ici il est évident que c'est dans son rapport avec l'aire de la face. Or, chez un Chien mâtin ordinaire et dans le Dingo ou Chien de la Nouvelle-Hollande, que l'on peut prendre comme type du Chien sauvage, la proportion des deux aires n'est certainement pas différente.

Parmi les autres pièces du squelette que nous considérons comme caractéristiques, tous les anatomistes sont d'accord pour admettre qu'il n'est pas possible de distinguer celles du Loup de celles du Chien.

par la Clavicule. La clavicule ou mieux l'os claviculaire dont la forme et le degré de développement sont probablement spécifiques, m'a paru la même dans les deux animaux que nous comparons.

par l'Os pénien. L'os pénien est-il dans le même cas? Daubenton dit positivement oui; mais a t-il pu établir sa comparaison d'une manière absolument rationnelle? c'est ce qui ne me paraît pas hors de doute.

Il ne nous reste donc plus à examiner dans les parties solides du Chien que le système dentaire, dans le but d'y trouver les éléments que nous cherchons.

par les Dents. Dans la description des dents molaires du Loup nous avons fait observer que sur vingt crânes de Loups d'Europe douze nous ont offert une égalité parfaite entre l'espace de la mâchoire occupé par la principale d'en haut et celui que remplissent les deux arrière-molaires, tandis que sur deux de Loup noir, l'une d'Amérique et l'autre des Pyrénées, deux de Loup du Canada et quatre de celui de l'Inde, il y a inégalité en faveur des tuberculeuses. Cette même particularité s'est représentée sur trente ou quarante crânes de Chiens domestiques de toutes les races que j'ai pu examiner, grâce au soin que M. Fréd. Cuvier avait pris d'en recueillir la plupart, et aux additions que j'ai pu faire depuis à notre collection.

comparées avec les différentes variétés de Loup.

Pour la proportion des Molaires.

Dans la première catégorie, où les deux espaces sont égaux, se trouvent toutes les races de Chiens les mieux définies, savoir : le Chien du Groënland, d'Islande, du Spitzberg, de la Nouvelle-Hollande, de Sumatra, de la Guyane, le Chien de berger, deux Chiens métis de Loup et de Chienne, le Mâtin.

Dans la seconde catégorie, j'ai noté toutes les autres variétés domestiques européennes. Savoir : le Chien couchant, le grand Épagneul, le Danois, le Barbet et le Chien courant, celui de Mascara, de la Camargue, du Thibet, de Sumatra, le Boule-Dogue, mais quelquefois aussi un ou deux individus de Mâtin, de Dogue, et même de Chien d'Islande; en sorte qu'il ne faudrait pas regarder cette particularité comme une indication d'espèce; d'autant plus que, si l'on examinait un plus grand nombre de sujets, l'on pourrait trouver sans doute des nuances intermédiaires.

M. G. Cuvier (Discours sur les révolutions de la surface du globe, p. 124-125), dit que par l'influence de l'homme, il s'est développé chez les Chiens une fausse-molaire de plus, soit d'un côté soit de l'autre. Le fait est vrai, et même plus étendu qu'il ne le pensait; car la collection du Muséum possède un assez bon nombre d'exemples de cette espèce de monstruosité ou d'anomalie, dans laquelle une dent de plus s'est développée à l'extrémité de la série normale, soit en haut, soit en bas, des deux côtés, ou d'un seul. Nous avons fait figurer la plupart de ces anomalies qui ont lieu sur différentes variétés de Chiens. Sur une tête de Chien

pour le nombre.

Variétés à ce sujet.

errant de Constantinople que nous a rapportée M. P. E. Botta, la dent surnuméraire est une avant-molaire supérieure de même forme, mais un peu plus forte, surtout d'un côté, que la normale; sur un Chien de race anglaise, cette même dent n'existe que du côté droit; sur un Chien des Pyrénées, la dent surnuméraire est une tuberculeuse assez bien de même forme que les autres, quoique plus petite et cela des deux côtés (1) et alors opposée à la septième d'en bas qui n'est plus *dens vacuus;* sur un Mâtin de Daubenton et sur un Bouledogue, cette dent surnuméraire n'existe que du côté droit; enfin la collection possède une tête de Lévrier où la dent surnuméraire postérieure a lieu du côté droit en bas à la mandibule, et elle est fort petite et ronde. Mais dans ces monstruosités ou mieux dans ces anomalies dont nous avons déjà cité quelques exemples chez des animaux sauvages, l'influence de l'homme n'y est évidemment pour rien, et l'on ne voit pas même comment elle pourrait y être pour quelque chose. MM. Marcel de Serres, Dubreuil et Jean-Jean ont donc bien fait de relever cette assertion de M. Cuvier dans leurs observations sur les Chiens dont les débris sont ensevelis dans les cavernes des parties méridionales de la France. Toutefois ils ont eu tort, ce me semble, de s'appuyer sur ce que, sur des os mandibulaires provenant de ces cavernes, ils ont vu manquer ou non la petite dent tuberculeuse postérieure, tantôt d'un côté, tantôt de l'autre; en effet c'était évidemment parce qu'elle était tombée, et d'ailleurs M. Cuvier argumentait sur une avant-molaire de plus et non sur une arrière-molaire de moins.

Conclusion.

Avec les autres Espèces de Canis.

Chacal.

Aguara.

Si maintenant nous comparons le Chien domestique, sous le rapport de la grandeur et de la proportion des dents, avec les espèces sauvages, autres que le Loup, nous trouverons des différences qui ne peuvent permettre le moindre doute: avec le Chacal, la taille et la proportion supérieure des deux dents tuberculeuses sur la carnassière; avec l'Aguara de

(1) M. Isid. Geoffroy-Saint-Hilaire, qui cite un exemple semblable (*Tératologie*, I, p. 640) ajoute qu'il l'a observé un grand nombre de fois. L'individu que j'ai vu avec cette particularité, est le même qui m'a fourni le cas de sexdigitaire que j'ai fait figurer.

même et la disproportion encore bien plus grande; avec le Chien Hyénoïde du cap, une proportion relative de chacune des dents carnassières et des tuberculeuses extrêmement différente, sans compter l'absence du pouce de devant; avec le *C. primævus* de l'Inde des différences de même force et, bien plus, absence complète de la dernière tuberculeuse d'en bas. Hyénoïde. primitif.

Ainsi le système dentaire nous conduit aux mêmes résultats que le squelette, c'est-à-dire que le Chien domestique ne peut être plus convenablement rapproché d'aucune autre espèce sauvage que de notre Loup d'Europe. Voyons maintenant s'il en sera de même de l'examen d'une partie importante de l'organisation intérieure, partie dont la considération ne laisse pas que d'être employée avec avantage dans la classification des mammifères, la longueur et la proportion de l'intestin et de ses parties principales. C'est à Daubenton qu'en est dû le premier emploi, et Guldenstaëdt s'en est servi pour soutenir sa thèse que le Chien domestique ne constitue pas une espèce distincte et que c'est le Chacal qui en est la souche sauvage. Conclusions. Dans les proportions des parties. De l'intestin.

D'après Daubenton et Guldenstaëdt qui a fait les calculs:

La longueur de l'intestin grêle serait à celle du corps mesuré de l'extrémité du museau à l'anus : Grêle.

Dans le Loup	:: 4 : 1.
Dans le Chien de berger	:: $4\frac{1}{2}$: 1.
Dans le Chacal	:: 5 : 1.

Il serait par conséquent notablement plus long dans l'animal domestique que dans le Loup, mais plus court que dans le Chacal.

La proportion du cœcum et de l'intestin grèle serait : Du Cœcum.

Dans le Loup	:: 1 : 16.
Dans le Chien de berger	:: 1 : 29.
Dans le Chacal	:: 1 : 31.

Le cœcum serait ainsi notablement plus court dans l'animal domestique, et sous ce rapport plus rapproché du Chacal.

Du Colon et du Rectum.

Enfin la proportion des deux parties du gros intestin, c'est-à-dire du rectum et du colon serait :

Dans le Loup	:: 1 : $7\frac{1}{2}$.
Dans Chien	:: 1 : $5\frac{1}{2}$.
Dans le Chacal	:: 1 : 5.

Le rectum serait donc au contraire de l'intestin grêle plus court dans le second que dans le premier, et encore plus dans le Chacal.

Conclusion.

De ces mesures proportionnelles de l'intestin, et de ses différentes parties peut-on véritablement induire quelque chose d'un peu légitime, par exemple, que sous ce rapport le Chien est plus rapproché du Chacal que du Loup, comme l'a fait Guldenstaëdt ? Cela est douteux. En effet ces mesures n'ont été prises que sur un individu de chaque espèce comparée, et tout le monde sait qu'elles sont assez difficiles à prendre, et que sur l'homme, par exemple, où elles ont été souvent répétées, l'on a trouvé des différences assez considérables et bien supérieures à celles qui viennent d'être mentionnées. Donc, pour qu' elles pussent être concluantes dans la question, il est évident qu'il faudrait qu'elles fussent bien plus multipliées, et que l'on eût soigneusement égard au sexe et à l'âge.

Dans les parties extérieures.

En portant la comparaison sur les parties extérieures, on peut encore envisager :

Les Yeux.

L'obliquité des yeux si particulière au Loup, si caractéristique de cet animal, et qui ne se retrouve dans aucune race de Chien, pas plus que dans une autre espèce de ce genre. Le fait est admis; mais dans l'opinion de quelques personnes qui ont soutenu la thèse que le Loup est la souche sauvage du Chien domestique, la rectitude des yeux de celui-ci tient à l'habitude qu'il a prise de regarder son maître en face pour mieux comprendre ses ordres, disposition qui s'est transmise par la génération, étiologie, qui, si elle n'est pas une véritable pétition de principe, est au moins bien singulière et sans appui dans un second exemple analogue.

La direction de la Queue.

La direction de la queue à gauche chez les races de Chiens domestiques où elle tend à se recourber, à se tortiller, est encore un fait assez constant pour que Linné l'ait compris dans la caractéristique de l'espèce; toutefois cette direction n'a jamais lieu dans beaucoup de races et entre autres dans celles qui sont bien franches; et dans ce cas, si la race n'est pas à poil ras, la forme de la queue rappelle celle du Loup, plus peut-être même que celle du Chacal, étant toujours bien plus chargée de poils plus longs en dessous qu'en dessus, mais jamais celle du Renard, où étant égaux, ils forment une queue cylindrique et traînante. Sa Forme.

Quant à la nature du poil, à la taille, à la forme du museau que Guldenstaëdt a invoquées en faveur de sa thèse, en faisant porter sa comparaison sur une sorte de moyen terme pris dans toutes les variétés de Chiens, il est évident qu'il est impossible d'en tirer quelque chose d'un peu satisfaisant pour résoudre la question posée. La nature du Poil.

Le naturaliste que nous venons de citer, le seul qui suivant nous l'a attaquée d'une manière véritablement rationnelle, et cela il y a plus de quatre-vingts ans, a été plus heureux en prenant en considération les mœurs et les habitudes, les gestes, la voix, le degré de carnivorité, l'audace et la hardiesse, la tendance à se rapprocher de l'homme, à le suivre partout, à être son parasite, points de vue sous lesquels il est évident que le Chacal ressemble bien davantage au Chien que le Loup, qui fuit, bien plus qu'il ne recherche, la société de l'espèce humaine. Les Mœurs et les Habitudes.

A quoi il ajoute, par suite de ses idées sur la patrie originelle de l'espèce humaine, l'Asie Mineure, sur son séjour, dans les montagnes peu élevées, son habitation primitive même, dans les cavernes, que parmi les trois espèces sauvages de Canis dont on pourrait faire sortir le Chien, savoir le Loup, le Chacal et le Renard, le Chacal est encore aujourd'hui celui qui se trouve abondamment dans l'Asie Mineure et les contrées adjacentes, plutôt dans les montagnes que dans les bois, séjour habituel du Loup, et que dans les plaines où se trouve ordinairement le Renard. La Patrie. Le Séjour.

Ces considérations, auxquelles on a ajouté la durée de la gestation également de soixante-trois jours, tandis que chez le Chacal elle n'est que La durée de la Gestation.

de cinquante-neuf, la durée de l'état de cécité dans lequel naissent les petits, de dix à douze jours, sont d'une tout autre nature que celles dont nous avons dû nous servir en ce moment; toutefois comme elles n'en sont pas moins évidentes, ne peut-on pas, en les combinant avec celles que nous ont fournies l'ostéologie, l'odontographie et même la paléontologie, et cette autre observation que le Chien redevenu sauvage depuis plus de deux cents ans, en Amérique, reste Chien, et ne redevient pas Loup, comme cela a lieu pour le Cochon et le Chat, qui redeviennent Sanglier ou Chat sauvage, en conclure que le Chien domestique est *un* partout où il se trouve, *distinct* des espèces sauvages, moins cependant du Loup que de tout autre pour l'organisation, moins encore peut-être du Chacal pour les mœurs et les habitudes, et par conséquent formant une espèce distincte, comme le génie de Linné l'avait pressenti en la désignant par la dénomination de *C. familiaris*.

Conclusion.

RÉSUMÉ.

1° *Sur la distribution méthodique des espèces.*

Disposition des Espèces d'après le système digital. dentaire. sensorial. caudal.

Les espèces du genre Canis peuvent être disposées dans l'ordre de la série animale, en prenant en considération : *a*) le système digital dans le nombre des doigts et dans la forme des ongles; *b*) le système dentaire dans le nombre des dents, d'abord le plus grand possible et descendant au minimum, dans la forme des dents postérieures et la proportion de la partie carnivore et de la partie omnivore ou tuberculeuse; *c*) le système sensorial dans la forme de la pupille ovale ou ronde, et dans l'état bilobé ou non de la base du bord externe de l'oreille; *d*) dans la forme de la queue d'abord longue et traînante, puis médiocre et plus ou moins relevée.

Distinction : par la forme et proportion de la dernière Molaire.

Les espèces peuvent être caractérisées : *a*) par la forme de la dernière molaire, en haut comme en bas, et surtout par sa proportion avec l'avant-dernière et celle de toutes les deux avec la carnassière; *b*) par la proportion du pouce des membres antérieurs; c) par la grandeur des oreilles. Quant aux caractères que l'on peut tirer de la taille et de la couleur, même celle du dos des oreilles, ils sont bien moins importants et plus secondaires. du Pouce. des Oreilles.

A l'aide de ces considérations, on peut démontrer que le Chien forme une espèce unique dans toutes ses variétés, ne pouvant être en aucune manière rapprochée du Renard, mais pour ainsi dire, intermédiaire au Loup et au Chacal; quoique ayant ses caractères propres, portant physiquement sur un développement plus considérable du crâne et du front, et physiologiquement sur une aptitude toute spéciale à la domesticité et à l'éducation. Conclusion. Pour le Chien domestique.

2° *Sur le système dentaire.*

Le système dentaire adulte des Canis, sous le rapport du nombre général et particulier, aussi bien que sous celui de la forme et des proportions, est presque toujours uniforme. adulte. En général. En particulier.

Trois paires d'incisives en haut comme en bas, disposées en demi-cercle, et plus ou moins lobées à la couronne. Incisives, $\frac{3}{3}$

Deux paires de canines coniques, peu comprimées, lisses et non carénées Canines, $\frac{1}{1}$

Trois paires d'avant-molaires en haut comme en bas, croissant de la première à la troisième en grandeur, en forme triangulaire et en compression, l'antérieure uni, les deux postérieures bi-radiculées. Avant-Molaires, $\frac{3}{3}$

Une paire de principales supérieures presque tranchantes, triangulaires obliques, avec un tubercule interne fort petit, tout à fait antérieur et un talon tranchant. Principales. Supérieures, 1.

Une paire de principales inférieures presque semblables à la troisième avant-molaire qui les précède, les deux denticules postérieurs plus prononcés. Inférieures, 1.

Deux paires d'arrière-molaires en haut et trois en bas. Les supérieures plus ou moins subsemblables, bilobées au bord tranchant externe sur- Arrière-Molaires. Supérieures, 2.

baissé et pourvues d'un large talon interne; des trois inférieures, la première carnassière formée dans sa partie antérieure d'une lame tranchante externe, inégalement bilobée et dans la postérieure d'un talon plus ou moins large; la seconde et la troisième tuberculeuses: celle-ci tout à fait ronde.

Inférieures, 3.

Différences :

Le moindre degré de changement qu'éprouve ce système dentaire adulte des Canis, consiste dans l'absence de la dernière tuberculeuse d'en bas; mais il en peut offrir de bien plus fortes en plus ou en moins; en plus, en augmentant d'une arrière-molaire tuberculeuse à chaque mâchoire, et devenant ainsi bien plus omnivore, aussi bien que dans la forme des carnassières; en moins en se réduisant au contraire à une seule arrière-molaire, et devenant en outre complétement anomal dans la partie molaire du système.

en plus.

en moins.

Dans le jeune âge.

Quant au système de jeune âge il est normal et formé de trois molaires en haut comme en bas, une avant-molaire, une principale et une arrière-molaire, et cela dans toutes les espèces, quelque anomales qu'elles fussent à l'état adulte.

3° *Sur l'ostéologie.*

Vertèbres.

Nombre :
4
+7
+13—14
+7—6
+18—22.

Tous les Canis ont le même nombre de vertèbres, si ce n'est à la queue où elles varient de dix-huit à vingt-deux, c'est-à-dire de quatre seulement. Une seule espèce offre une vertèbre dorsale ou costale, par conséquent une paire de côtes, de plus que toutes les autres, chez lesquelles elles ne sont jamais qu'au nombre de treize; mais le nombre de vertèbres troncales reste le même, celui des lombaires ordinairement de sept, descendant alors à six.

Tête.

La forme de la tête n'offre rien qui soit bien caractéristique, si ce n'est peut-être dans le prolongement des appendices céphaliques, plus grand proportionnellement que dans aucun autre Carnassier.

Vertèbres de Tronc.

Il est également difficile de trouver dans chacune des vertèbres, même dans les cervicales, une particularité un peu tranchée et qui leur soit exclusivement propre.

Il n'en est pas de même des os des membres. Membres antérieurs.

La clavicule est plus rudimentaire que dans les Felis et moins que dans les Ours et les Petits-ours. Clavicule.

L'omoplate est également assez particulière dans sa forme étroite et sans apophyse coracoïde. Omoplate.

L'humérus court, assez arqué, sans canal au condyle interne, ni crête à l'externe, est constamment percé dans la cavité olécrânienne, d'un trou de non-ossification. Humérus.

Le radius et le cubitus sont fort rapprochés, assez fortement courbés dans le même sens; le premier fort aplati, aussi large en haut qu'en bas, et tout à fait en avant du cubitus. Radius. Cubitus.

Les os du pied de devant sont en même nombre que dans les Felis; mais les os du métacarpe plus longs, plus serrés, plus courbés, le pouce plus court et les phalanges onguéales plus longues par rapport aux autres, et plus étroites, moins arquées et plus obtuses. Os du Pied.

Le bassin est assez court et large dans la partie antérieure de l'iléon. Membres postérieurs. Iléon.

Le fémur est court et assez arqué. Fémur.

Le tibia est remarquable par la manière dont sa crête est brusquement tronquée. Tibia.

Le péroné, par sa gracilité, sa flexion subite et son application au tibia dans sa moitié postérieure. Péroné.

Le pied de derrière, par une disposition analogue à ce qui existe au pied de devant et même plus marquée dans l'étroitesse et l'élévation du métatarse. Os du Pied.

La rotule, par son peu de largeur et sa grande épaisseur. Rotule.

Enfin, l'os pénien par sa grandeur en général et par sa forme largement canaliculée. Os pénien.

4° *Sur la distribution géographique des espèces.*

(*Voir le Tableau :* p. 151.)

En général. On trouve une espèce de Canis domestique dans toutes les parties du monde, partout où est l'homme, et il s'en trouve également de sauvages dans les diverses régions de l'ancien et du nouveau monde, à l'exception de la Nouvelle-Hollande, de Madagascar et des îles de la mer du Sud, aussi bien dans les climats froids que dans les climats chauds, dans les pays élevés que dans les plaines, dans les continents que dans les îles; en bien plus grand nombre toutefois dans les premiers que dans les secondes.

En particulier. En Afrique. Des différentes parties du monde, c'est l'Afrique qui nourrit le plus grand nombre d'espèces et même les espèces les plus singulières; savoir : le Renard, le Loup et le Chacal, et même, suivant quelques voyageurs, de plusieurs espèces, le Fennec, le Mégalotis, le Canis hyénoïde et le Protèle, ce qui est en rapport avec le nombre prodigieux d'espèces et d'individus de la famille des Antilopes de toute taille qui peuplent toutes les parties de l'Afrique.

En Amérique. L'Amérique vient ensuite, et cela aussi bien dans les régions les plus boréales que dans les plus australes; mais ce sont surtout les Loups et les Renards, formant plusieurs espèces distinctes, surtout au nord, et de plus les Canis à pouce court de la Sud-Amérique, mais point de véritables Chacals.

En Asie. L'Asie, d'une extrémité à l'autre dans les deux sens, si ce n'est dans son archipel, nourrit essentiellement le Chacal et une ou deux espèces voisines; mais de plus le Loup, le Renard et le Chien primitif, ou mieux le Chien des pentes de l'Himalaya.

En Europe. Enfin l'Europe ne renferme aujourd'hui que le Loup et le Renard commun, avec une autre espèce de petit Chacal appelé Isatis, tout à fait au nord, et le Chacal exclusivement à l'est.

5° *Sur l'ancienneté à la surface de la terre, et par suite sur les traces qu'ils ont laissées à l'état fossile.*

Ce genre est mentionné de toute antiquité par les plus anciens écrivains sacrés et profanes, et cela pour les trois espèces qui existent encore aujourd'hui dans toutes les parties de l'ancien monde, le Chien, le Loup et le Renard, et pour une quatrième qui ne se trouve que dans ses régions chaudes, le Chacal. Chez les Écrivains.

Les monuments archéologiques, c'est-à-dire les médailles, la statuaire, et même l'écriture hiéroglyphique ou autre, confirment ce premier résultat du moins pour le Chien et le Chacal. Chez les Artistes.

Mais c'est surtout par les restes d'animaux de ce genre, conservés à l'état fossile, que son ancienneté est encore plus victorieusement démontrée. Dans le sein de la Terre.

C'est dans les terrains tertiaires que l'on commence à en trouver, d'abord dans la couche de l'argile plastique immédiatement en contact avec la craie, c'est-à-dire dans le calcaire pisolithique de Meudon : *C. Viverroïdes.* Dans les terrains tertiaires. Environs de Paris : *C. Viverroïdes.*

Puis et beaucoup plus évidemment dans la partie gypseuse de cette même formation aux environs de Paris, indiquant une ou deux espèces encore inconnues à l'état vivant, *C. Viverroïdes*, et une espèce actuellement vivante *C. lagopus Parisiensis.* *C. lagopus.*

Quant à l'animal carnassier des carrières de Montmartre, dont, suivant M. G. Cuvier (Extrait d'un Mémoire sur les Quad. fossiles, Soc. philom., an VI, ou 1798) « la forme des mâchoires, le nombre des dents molaires, les pointes dont elles sont armées, indiquent qu'il devait se rapprocher du genre Canis, ne ressemblant cependant à aucune espèce de ce genre, parce que, marque distinctive la plus frappante, la septième molaire d'en bas est la plus grande, tandis que dans les Chiens, les Loups et les Renards, c'est la cinquième, » c'est celui dont M. Cuvier a fait plus tard un genre bien différent, intermédiaire au Cheval et au Tapir, qu'il a nommé Palæotherium, parmi les Pachydermes.

Eppelsheim. Sansans. Les sables d'Eppelsheim, le dépôt d'eau douce de Sansans, considérés aussi par les géologues comme de formation tertiaire, n'ont pas encore offert d'ossements fossiles qui aient dû être attribués à une espèce de Canis.

Œningen. Il n'en est pas de même des schistes marneux d'Œningen, où l'on a trouvé une espèce de Renard (*C. Vulpes*) (1).

Dans le Diluvium. Ce sont les diluviums anciens qui en ont offert le plus grand nombre.

Val d'Arno. D'abord, dans le val d'Arno, deux ou trois espèces probablement analogues à des espèces vivantes encore en Europe (*C. Lupus, C. aureus* et *C. Vulpes*) (2).

D'Auvergne. Mais surtout dans le dépôt diluvien ou d'alluvion ancien de l'Auvergne, trois, quatre ou même cinq ou six espèces, suivant M. Bravard, dont aucune n'a pu être rigoureusement rapportée aux espèces actuellement vivantes en Auvergne, peut-être cependant à défaut de matériaux suffisamment caractéristiques, savoir : *C. brevirostris, C. Issiodorensis, C. Neschersensis*, *C. Borbonidus* ou *megamastoides*.

Des Cavernes en Europe. Le diluvium des cavernes, en Allemagne, en Angleterre, en Belgique, en France, a présenté les restes fossiles, non-seulement du *C. Lupus* et

(1) Le Canis gigantesque, établi par M. G. Cuvier. *Ossem. Foss.*, IV, p. 466, sur une dent carnassière trouvée à Avaray, auprès de Beaugency, quoique véritablement presque en tout semblable à sa correspondante dans ce genre, a dû être rapportée au G. Amphycion, décrit dans le mémoire sur les Subursus, p. 81.

(2) Jusqu'ici j'ai toujours considéré, avec la plupart des géologues, les immenses dépôts argilo marneux qui remplissent le val d'Arno supérieur, comme appartenant au diluvium ou à un alluvium ancien; mais je dois faire observer que les géologues italiens, et entre autres M. le professeur Savi, pensent qu'il doit être assimilé aux collines sub-apennicnnes. Voici le passage de son ouvrage intitulé: *Memorie per servir allo studio della costituzione fisica della Toscana.* Pise, 1839, p. 79. « *Riguardando i terreni recenti della Toscana, il* Terreno ossifero » del Val d'Arno superiore *da vari geologi considerato come appartenente al* Diluvium, » *convien considerarlo come formatosi nell' epoca medesima de' terreni costituenti colline* » del Val d'Arno inferiore, *le Pisane, le Volterranne, le Senese, vale a dire nell' epoca di tutti* » *i nostri* terreni subappennici. »

du *C. Vulpes*, mais encore ceux du Chien domestique, *C. familiaris*; du moins cela est bien démontré pour les cavernes de Belgique et des environs de Montpellier, et probablement aussi pour celles de Gaylenreuth.

Celui des cavernes du Brésil a offert des restes fossiles de *C. Azaræ* et de Canis brachytéliens, c'est-à-dire d'espèces encore vivantes dans ce pays. au Brésil.

On peut en dire autant des brèches osseuses. Des Brèches.

Enfin, les alluvions, les tourbières, ont souvent montré des restes fossiles, au degré le moins ancien, du Loup et du Chien domestique, comme sans doute, il continue de s'en former de nos jours. Dans l'Alluvium. les Tourbières.

Il est fort rare que les ossements de Canis aient été trouvés rassemblés en squelette ou même en parties de squelette; ce sont presque toujours des os séparés les uns des autres, et, bien plus souvent que d'autres, des mandibules armées plus ou moins complétement de leurs dents.

Un fort petit nombre ont été roulés, quoique la plupart eussent été brisés avant d'avoir été ensevelis dans la gangue conservatrice. Leur État.

Les os de Canis se trouvent pêle-mêle dans nos carrières à plâtre avec ceux de Chauves-souris, de Subursus, de Mustélas, de Viverras, de l'ordre des Carnassiers; de Myoxus, de celui des Rongeurs; de Palæothériums et Anoplothériums, des Pachydermes; d'Oiseaux, de Tortues et de Poissons d'eau douce; Associés dans les carrières à plâtre de Paris.

Dans les schistes d'Œningen, avec des os de divers Rongeurs, et surtout avec des restes de Reptiles, d'Amphibiens, de Poissons, d'Insectes et de Coquillages d'eau douce. à Œningen.

Dans le val d'Arno avec des ossements d'Ours, de grands Felis, d'Hyène, de Castor, de Porc-épic, d'Éléphant, de Mastodonte, de Rhinocéros, de Cheval, d'Hippopotame, de Cerfs, de Bœuf, d'Oiseaux, de Tortue, de Poissons, de Crustacés, de coquilles d'eau douce. au Val d'Arno.

En Auvergne le nombre des espèces de mammifères dont on trouve les ossements avec ceux des Canis, est encore bien plus considérable, surtout si l'on voulait admettre comme véritablement distinctes les espèces En Auvergne.

de Ruminants à bois que les Paléontologistes d'Auvergne ont proposées. Ce sont en effet, des Hérissons, Ours, Subursus, Mustelas, Viverras, Felis, quatre ou cinq espèces, Hyènes, Rats, espèces diverses, Castor, Éléphant, Mastodonte, Rhinocéros, Tapir, Cheval, Palæotherium, Anoplothérium, Anthracothérium, Sangliers, Ruminants à bois et à cornes, des Oiseaux, des Tortues, des Lézards et autres animaux vertébrés et invertébrés.

Dans les Cavernes.

Dans le diluvium des cavernes, les os de Canis sont ensevelis avec ceux d'un moins grand nombre d'espèces; cependant d'après MM. Buckland, Goldfuss, Schmerling, Marcel de Serres, c'est avec des restes d'Ours, de grands Felis, d'Hyènes, de Lièvres, de Lapins, de Sangliers, de Cerfs, de Bœufs;

Conclusion.

Et par conséquent avec des ossements d'animaux aujourd'hui encore vivants dans nos contrées ou dans d'autres parties du monde, et avec ceux d'espèces qui sont regardées généralement comme n'existant plus à la surface de la terre.

J'ajouterai ici, parce que je l'ai oublié à sa place (p. 46), que, d'après une observation faite dans le voyage du lieutenant Wellstead de la marine indienne, le Chien domestique, pas plus, il est vrai, que tout autre animal carnassier, à l'exception de la Civette, n'existe dans l'île de Soccatora, au point que le chien qui était à bord du vaisseau monté par lui fut un sujet d'étonnement pour les habitants.

TABLEAU

De la disposition méthodique et de la distribution géographique des Espèces vivantes (*Voyez* page 146).

	AMÉRIQUE.	EUROPE.	ASIE.	AFRIQUE.
1	. . . .	. . . .	. . . .	*Megalotis* (M). { Otocyon cafer, Licht. et Wiegm. Agriodus auritus, H. Sm.
2	*Cinereo-argenteus.*			
3	. . . .	. . . .	. . . .	*Cerda.*
4	*Vulpes* (N). { V. niger, F. Cuv. C. fulvus, Desm? etc. *Azaræ* (M).	*Vulpes.* { C. Alopex, Briss. C. decussatus, Geoff. C. melanogaster, Ch. Bonap.	*Vulpes* (N). . { V. Hodgsonii. etc.	*Vulpes* (N). . . { R. d'Algérie, Bodichon. C. niloticus. C. famelicus, Cretzch. C. pallidus, Cretzchm.
5	*Lagopus* (N). { C. Fuliginosus, Shaw.	*Lagopus* (N).	*Lagopus* (N). *Corsac* (M).	
6	. . . .	*Aureus moreoticus.*	*Aureus* . . . { Bengalensis. etc.	*Aureus.* . . . . { *Barbarus.* *C. Anthus*, F. Cuv. *C. mesomelas*, Exrl. *C. Sacer*, etc. Ehr.
7	*Familiaris.*	*Familiaris.*	*Familiaris.*	*Familiaris.*
8	*Lupus* (N). { C. occidentalis, Richards. C. nubilus, Say. *Latrans* (M). C. mexicanus? *Campestris* (M). C. Jubatus?	*Lupus.* { *C. Lupus.* *C. Lycaon.*	*Lupus.* . . . C. Pallypes, Sikes.	*Lupus* (N.). . . C. Lupaster, Ehr.
9	*Brachyteles* (M). . . . { C. Guaracha, Az. R. gris, G. Cuv. *Cancrivorus* (M).	. . . .	*Brachyotos* (O). . . . { C. procyonoïdes, Gray.	
10	. . . .	. . . .	*Primævus* (M).	
11	. . . .	. . . .	. . . .	*Pictus.* . . . . { Lycaon venaticus, H. Sm.
12	. . . .	. . . .	. . . .	*Proteles Delalandii* (M). . { Viverra hyænoïdes, Cuv.

A. — *Dents normales.*

I. Doigts 5-4.

a) Molaires au maximum $\frac{7}{8}$ 1

b) Molaires $\frac{6}{7}$ { Pupille verticale. . . . . 2 à 4
{ Pupille circulaire. . . . . 5 à 9

c) Molaires $\frac{6}{6}$ 10

II. Doigts 4-4.

c) Molaires $\frac{6}{7}$ 11

AB. — *Dents anomales*, au minimum.

III. Doigts 5-4.

d) Molaires $\frac{4}{4}$ 12

(*Voyez ci-dessus*).

Les lettres M, N, O indiquent si l'espèce est des contrées *méridionales*, *nord* ou *ouest*, dans chaque partie du monde.

EXPLICATION DES PLANCHES.

SQUELETTES. I à IV.

De profil rigoureux, dans l'action de marcher, avec les premières vertèbres, l'insertion des côtes et le manubrium à part.

PL. I. — Du RENARD A GRANDES OREILLES (*C. Megalotis*).

Réduit aux deux tiers.
D'après un exemplaire unique dans nos collections, acheté par moi pour celle du Muséum, en 1837, et provenant d'un individu mâle, envoyé du Cap.
J'en avais déjà décrit et figuré la tête dans les *Annales d'anatomie et de physiologie,* tome I, p. 305, année 1837.

PL. II. — Du RENARD NOIR D'AMÉRIQUE. Var. du *C. Vulpes.*

Réduit de moitié.
Tiré d'un individu de sexe mâle, qui a vécu à la ménagerie, et que M. Fréd. Cuvier a figuré, *Hist. nat. des Mammif.*, in-fol., T. II.

PL. III. — Du LOUP D'EUROPE (*C. Lupus*).

Réduit à un tiers de la grandeur naturelle.
Tiré d'un individu femelle de France, qui a vécu à la ménagerie, et préparé tout dernièrement pour cet ouvrage.

PL. III'. — Du CHIEN DE DELALANDE (*Proteles Lalandii*).

A moitié de sa grandeur naturelle.
D'après un squelette rapporté du Cap par Delalande, voyageur du Muséum, et remonté sous mes yeux pour cet ouvrage.
Et de plus, à part, la tête vue en dessus et en dessous; l'atlas en dessus; l'humérus et partie du radius et du cubitus en avant; les premières vertèbres également réduites à moitié.
L'extrémité antérieure de la mandibule en dessous, ainsi que le système dentaire de jeune âge et d'adulte, de grandeur naturelle.
Le squelette de cet animal, à ma connaissance du moins, n'avait pas encore été figuré.

CRANES.

De grandeur naturelle.

PL. IV. — Du RENARD D'EUROPE (*C. Vulpes*).

D'après un crâne envoyé en 1839 par M. Charles Bonaparte, prince de Musignano, comme provenant de son *C. melanogaster* d'Italie.

Du C. AZARÆ.

Mâle, en dessus seulement, avec la mandibule à part.
Tiré d'un individu du Pérou, envoyé à la ménagerie en 1837 par M. Douville.

Du RENARD ARGENTÉ (*C. Cinereo-argenteus*).

De sexe inconnu, de profil et en dessus.
De Charlestown, janv. 1823, par M. Elliod.

Du RENARD A GRANDES OREILLES (*C. Megalotis*).

Du sexe mâle.
De profil; la mandibule sur ses deux faces; et en dessus, d'après la tête du squelette, Pl. I.

PL. V. — Du CHACAL DE MORÉE (*C. aureus-moreoticus*).

De profil, et en dessus et en arrière.
D'après un échantillon rapporté par l'expédition scientifique de Morée.

De l'ADIVE (*C. corsac*).

De profil, en dessus et en avant.
D'après un crâne envoyé de Calcutta, en 1822, par M. Duvaucel.

De l'ISATIS (*C. Lagopus*).

De profil, avec les os de l'ouïe doublés, et en dessus.
D'après un crâne rapporté par la commission scientifique d'Islande.

PL. VI. — LOUP (*C. Lupus*).

Dans toutes les faces, si ce n'est en avant.
D'après le crâne adulte, mais encore assez jeune, d'un animal qui a vécu à la ménagerie, et venant des environs de Coulommiers, en 1839. Le squelette est celui de la Pl. 3.

PL. VII. — De différentes espèces ou variétés de Loup.

Réduits aux trois cinquièmes.

Du L. DU CANADA (*C. L. Canadensis*).

De profil, en dessus, tiré d'un squelette.

Du L. DU BRÉSIL (*C. campestris*).

De profil, en dessous et en arrière, avec l'extrémité articulaire de la mandibule en dedans.
Du Brésil, par M. Claussen, en 1839.

Du L. DU MEXIQUE (*C. latrans*).

De profil et en dessous.
D'après un crâne rapporté de Californie par M. P.-E. Botta, en 1821.

PL. VII. — De différentes races de CHIENS DOMESTIQUES (*C. familiaris*).

Réduites aux deux tiers.

Du C. SAUVAGE DE SUMATRA (*C. familiaris Sumatranus*).

De profil et en dessus.
D'après un beau crâne envoyé par M. Diard, en 1821.

Du DINGO (*C. F. Australasiæ*).

De profil seulement.
Tiré de l'individu rapporté par MM. Péron et Lesueur, et qui a vécu plusieurs années à la ménagerie.

Du C. DE TERRE-NEUVE (*C. F. Terræ-Novæ*).

De profil seulement, avec les trois dernières molaires inférieures vues par la couronne.

Du C. DE CAYENNE (*C. F. Cayennensis*).

De profil et en dessus.
Et de plus :
Les trois dernières molaires supérieures et inférieures normales.

Du C. LÉVRIER (*C. F. Graius*).

Du C. DE BERGER (*C. F. domesticus*).

Du C. DE NÉPAUL (*C. F. Nipalensis*).

Les quatre dernières et les quatre premières d'en haut, par *anomalie* d'une de plus, dans deux individus, l'un du Chien des Pyrénées, l'autre de celui de Constantinople.

PL. VIII. —

De grandeur naturelle.

Du Chien crabier (*C. cancrivorus* (*fœm.*).

De profil et en dessus.

D'après le crâne d'un individu de la Guyane qui a vécu à la ménagerie jusqu'au 8 juillet 1839. Figuré par M. Werner dans les Vélins du Muséum. Envoyé de Cayenne par M. Delangle.

Du C. du Japon (*C. brachyotos*).

De profil, en dessus, en arrière et en avant.

Tiré d'un squelette de notre collection, par M. Temminck, en 1838.

Du C. primitif (*C. primævus*).

De profil.

D'après un crâne incomplet, retiré d'une peau donnée à notre collection par M. Adolphe Delessert, et provenant du Nil-Gheri, presqu'île de Pondichéry.

Du C. Hiénoïde (*C. pictus*).

De profil.

D'après un crâne incomplet dans sa partie occipitale, et retiré d'une peau cédée à la collection du Muséum par M. Temminck.

PL. IX. — Parties caractéristiques du Tronc.

Au même degré de réduction.

Vertèbres.

- a) *cervicales.*
  - Atlas. En dessus, des *Canis*. — *Megalotis.* *Vulpes.* *aureus.* *Lupus.* *Campestris.*
  - Atlas. De profil, en dessous. — Des mêmes.
  - Sixième, des *Canis* — *Megalotis.* *Vulpes.* *aureus.* *Lupus.*
- b) *dorsales.*
  - Première des *Canis.* — *Megalotis.* *Lupus.*
  - Dixième des *Canis.* — *Megalotis.* *Lupus.*
  - Treizième des *Canis.* — *Megalotis.* *Lupus.*
- c) *lombaires.*
  - Première de *Canis.* — *Lupus.*
  - Septième des *Canis.* — *Megalotis.* *Lupus.* *campestris.*
- d) *sacrées* des *Canis.* — *Megalotis.* *Vulpes.* *Lupus.* *campestris.*

e) *coccygiennes*, des *Canis*.	*Megalotis*. 1-5-6 et 7. *Vulpes*. 1-5-6. *Lupus*. 1-5-6.
Hyoïde en dessous et de profil des *Canis*. . . .	*Vulpes*. *aureus*. *Lupus*. *cancrivorus*.
Sternum, en dessus, des *Canis*.	*Megalotis*. *Vulpes*. *Lupus*.
Os pénien, en dessus et de profil, des *Canis* . .	*Vulpes*. *aureus*. *Isatis*. *Lupus*.

PL. X. — Parties caractéristiques des Membres antérieurs.

A moitié de la grandeur naturelle.

Omoplate, face externe, des *Canis*.	*Azaræ*. *Isatis*. *aureus*. *campestris*. *Lupus*.
Clavicule des Canis.	*Vulpes*. *aureus*. *Lupus*.
Humérus des Canis.	*Megalotis*. *Azaræ*. *Vulpes*. *Isatis*. *cancrivorus*. *aureus*. *campestris*. *Lupus*.
Radius, en avant, des Canis.	*Vulpes*. *Isatis*. *cancrivorus*. *campestris*. *Lupus*.
Cubitus, à sa face interne.	Des mêmes.
Os de la Main des Canis.	*Vulpes*. *Isatis*. *cancrivorus*. *aureus*. *campestris*. *Lupus*. *pictus*.

PL. XI. — Parties caractéristiques des Membres postérieurs.

A moitié de la grandeur naturelle.

Os innominé des Canis. . . . .
- *Vulpes.*
- *cancrivorus.*
- *Isatis.*
- *aureus.*
- *campestris.*
- *Lupus.*

Fémur. . . . . et Rotule. . . . . en avant. . . . . . .
- Des mêmes.

Tibia, en avant. . . . . et Péroné, en dedans. . . des Canis. . . . . . .
- *Vulpes.*
- *cancrivorus.*
- *Isatis.*
- *aureus.*
- *Lupus.*

Os du Pied, en avant et articulés, des Canis
- *Vulpes.*
- *Azaræ.*
- *cancrivorus.*
- *Isatis.*
- *aureus.*
  - Et de profil en dedans.
- *campestris.*
- *Familiaris.*
  - A 5 doigts. (*C. F. domest.*)
  - A 6 doigts. (*Chien des Pyrén.*)
  - Et de profil en dedans.
- *Lupus*, à part.
  - L'astragale en dessous.
  - Le calcanéum en dessus.
- *pictus.*

PL. XII. — Système dentaire.

Grandeur naturelle.

a) adulte, des Canis. . . . .
- *Megalotis.*
  - Couronne. . . Racines. . . . Alvéoles. . . . supérieures et inférieures.
- *Vulpes.*
  - Avec les deux arrière-mol. supér. des *C. Vulpes*. . *Himalayanus*, *Arabicus*, *Virginianus*.
- *Lagopus.*
- *aureus-moreoticus.*
  - Avec les deux arrière-mol. supér. des *C. aureus*. . *Barbarus*, *Senegalensis*, *Capensis*, *Indicus*.
- *Lupus.*
  - Couronnes.
  - Racines.
  - Alvéoles.
  - Avec les 2 arrière-mol. des *Lupus*. . . . . . . *Indicus*, *Canadensis*.
  - Avec les 3 arr.-mol. du *C. campestris*.
- *brachyotos.*
- *cancrivorus.*
- *pictus.*
- *primævus.*

b) jeune, des Canis. . . . .
- *Vulpes.*
- *Lupus.*
- *aureus* (incisives).

PL. XIII. — CANES FOSSILES.

a) *Du gypse de Paris.*

C. Viverroïdes.

Un fragment de mandibule portant une molaire principale, vue en dedans.
Un fragment de la même molaire, mais un peu plus forte (du *calcaire pisolithique*).
Les deux dents placées au-dessus sont de la même localité. On les a données comme de Renard. *Voyez* p. 107.

C. (*Lagopus*) *Parisiensis.*

Deux fragments du même côté de la mandibule, de profil, et de plus l'antérieur en dessus.

C ?

Un métatarsien et une phalange.
Copié de M. G. Cuvier, tome III, Pl. LXX, fig. 8, d'après un dessin de Camper fils.

b) *Des schistes d'Œningen.*

C. Vulpes.

Partie des mâchoires armées de leurs dents, au trait; pieds antérieurs et pieds postérieurs, copiés ces derniers réduits à moitié, des figures données par MM. Murchisson et Mantel, dans le Mémoire cité.

c) *Du Val d'Arno.*

C. Lupus aureus ou mieux *Lycaon.*

Les trois dernières dents molaires supérieures du côté gauche.

C. Lupus minor.

Fragment de mandibule portant la carnassière vue en dedans.
Copié de G. Cuvier, tome IV, Pl. XXXVII, fig. 8, de Romagnagno.

C. aureu

Extrémité articulaire inférieure d'humérus, contre laquelle est appliqué un os métacarpien, dessiné à part, à ôté.

d) *D'Auvergne.*

C. Neschersensis.

Côté droit de mandibule armé de presque toutes ses dents, vues de profil et par la couronne.

C. brevirostris.

Portion de mâchoire du côté droit portant les trois dernières molaires, de profil et par la couronne.
Fragment de mandibule du côté droit portant les cinq avant-dernières molaires, vues de pofil en dehors et en dedans, pour la principale et la carnassière seulement.

C. Issiodorensis.

1) Fragment de mâchoire montrant les cinq dernières molaires par la couronne.
2) Fragment de mandibule du côté droit, avec les trois avant-dernières molaires vues de profil.

C. megamastoïdes.

Extrémité postérieure d'une mandibule du côté gauche.
Copiée de M. A. Pomel, *Bulletin géologique*, tome XIV, pl. I. 1842.

e) *De Canstadt.*

C. Lupus.

Une dent carnassière inférieure gauche, vue en en dedans.
Copiée de M. G. Cuvier, tome IV, Pl. XXXVII, fig. 7.

f) *De Gaylenreuth.*

C. Lupus.

Un grand fragment de mandibule du côté droit, portant toutes les dents molaires, à l'exception de la dernière, vu de profil.

C. Vulpes.

Une dent incisive et une canine.
Un os du métatarse.
Une première, une seconde et une troisième phalange.

g) *D'Angleterre.*

C. Vulpes.

Fragment assez considérable du côté gauche d'une mandibule.
Copié de M. Mac-Enry.

h) *De Sud Amérique.*

C. Azaræ.

Un fragment de mandibule portant deux ou trois dents molaires de jeune âge, vu en dehors et en dedans. Déjà figuré parmi les Subursus.
Par M. d'Orbigny.

C. protalopex.

Un côté gauche de mandibule armé de ses dents, assez fortement usées.
Un doigt antérieur complet.

C. Jubatus.

Un doigt complet et son métatarsien.

C. (speothos) pacivorus.

Une belle tête entière sans la mandibule.
Ces quatre dernières figures copiées de M. Lund, *Mémoire sur les fossiles des cavernes du Brésil*. Ces dents isolées sont copiées du même auteur, *Académie de Copenhague*. — 1837.

PL. XIV. — Canes antiqui.

a) *Dessins ou peinture.*

Chien domestique. D'après le caractère figuré du chien dans l'écriture chinoise.

Copié de la grammaire chinoise de M. A. Rémusat.

Chacal. Dans les caractères hiéroglyphiques des Égyptiens.

Copié de la fig. 47 *c*, d'Horapollo., éd. de C. Leemans.

Chien doguin. Chez les Babyloniens gravé sur un sceau avec inscription en caractères cunéiformes.

Copié de Ker. Porter, *Travels in Georgia*, tom. II, pl. 80; f. 2.

Renard à grandes oreilles (*C. megalotis*).

Des peintures de Beni-Hassan.

Copié de Rosellini. *Mon. civ.* Tome XV, fig extrême de droite du quatrième rang.

Chien basset à oreilles droites des peintures des Hypogées Égyptiennes à Beni-Hassan.

Copié de Rosellini. *Mon. civ.* Tom. XVII, n° 6.

Lévriers conduits en laisse.

Peints avec leurs noms en hiéroglyphes : l'un avec les oreilles droites, l'autre avec les oreilles plates.

Copiés de Rosellini. Ibid. Pl. XVII, n° 5.

Chien matin à oreilles coupées (sa tête).

Tiré des peintures du tombeau de Roti.
Copié de Rosellini. Ibid. Pl. XVII, n° 3.

Chien matin ou *Limier* à oreilles pendantes (sa tête).

Tiré d'une tombe de Thèbes où il était placé sous le siége de son maître.
Copié de Rosellini. Ibid. XVII, f. 10, et non, comme il le dit, Tav. XXI.

Chien renardin des anciens.

Tiré d'une peinture de Beni-Hassan, représentant une chasse.
Copié de Rosellini. Ibid. Tavol. XV.

Chien limier à oreilles pendantes cramponné sur le dos d'une Antilope.

Tiré d'une chasse aux quadrupèdes de la tombe de Roti.
Copié de Rosellini. Ibid. Tav. XV.
Au milieu de la seconde rangée.

Chien domestique d'intérieur, avec la queue en trompette et les oreilles pointues.

Tiré d'un tombeau où il était représenté avec une inscription en caractères hiéroglyphiques tracés au pinceau, dans laquelle M. Rosellini lit le nom du Chien et celui de son maître.
Un peu réduit.
Copié de Rosellini. Ibid. Tav. XVI, fig. n° 5.

Chienne de chasse a oreilles droites, lancée à la poursuite d'Antilopes dans la chasse aux quadrupèdes, représentée dans le tombeau de Roti.

Copié de Rosellini. Ibid. Tavol. XV, le premier de gauche du premier rang.

(b *Sculptures*.

Chacal ou Loup, réduit d'après un statuette en bronze du Musée égyptien du Louvre.

Chien dogue à oreilles pendantes du Musée du Vatican à Rome.

Copié de Pestalozzi, *il Vaticano illustrato*. Vol. V.

Chien dogue à oreilles coupées, cramponné sur le dos d'un cerf, du Musée du Vatican à Rome.

Copié d'*il Vatican illust.* V.

Lévrier assis. D'après une belle statue du Vatican, antique?

(d *Médailles*.

Énumérées de droite à gauche sur la planche dans l'ordre de leur ancienneté présumée.

1) Chien de berger ou Loup endormi et couché en rond.

Sur une monnaie pesante (*Æs grave*) étrusque frappée à Adria avec le mot *Hat* encore inexpliqué écrit au bas. Revers dont la face est une tête de *Picus* barbu, d'après les Pères Marchi et Tessi, dans leur ouvrage sur l'*Æs grave*. Cl. IV, pl. II, . 1.

2) Loup dans l'action de se défendre entre deux Dauphins avec l'inscription ΑΡΓΕΩΝ.

Sur une médaille grecque d'argent du 4e ou 5e siècle avant J.-C. Ayant sur la face une tête de Junon.

Chien matin (1). Dans une pose attentive, à oreilles courtes, droites et assez pointues, à queue recourbée en dessus, au-dessous d'un grain de blé.

Sur le revers de la médaille d'argent de la ville de Ségeste en Sicile (Combes, Pl. 47, f. 21). Ayant sur la face une tête de Cérès, et que l'on fait remonter au 4e ou 5e siècle avant J. C.

4) Chien lévrier (2) par la forme du museau, de la queue et des membres, se prêtant de la manière la plus affectueuse à l'allaitement d'un enfant.

(1) Millin, Dissertation sur les objets d'histoire naturelle représentés sur quelques médailles des villes grecques (*Mag. Enc.*, V, p. 495), rapporte cette figure au Chien de berger.

(2) Millin (*loc. cit.*) en fait une Louve, à tort, ce me semble.

Sur le revers d'une médaille de bronze (Combes, Pl. 23, f. 2). Ayant sur la face une tête de Bacchante couronnée de lierre ; de Cydonie dans l'île de Crète et rapportée au 3e siècle de J. C.

5) CHIEN MATIN élancé dans une pose de profil rigoureux devant une coquille de Triton ou mieux de Ranelle géante.

Sur le revers d'une médaille d'argent offrant sur la face une tête de femme; frappée en Sicile dans le 3e siècle avant J. C.

6) Un petit CHIEN-LOUP (*C. F. pomeranus*), à poils longs, à queue retroussée, touffue, à oreilles droites, à pattes courtes, dans un mouvement fort naturel du lancer au grand galop, au-dessus d'un W.

Sur le revers d'une médaille de bronze (Combes, Pl. 35, f. 21), ayant sur l'autre face une tête d'Hercule couverte de la peau du Lion de Némée, supposée d'Afrique ou d'Étrurie, et rapportée au 2e ou 3e siècle avant J. C.

7) Un RENARD, reconnaissable surtout à sa queue, dans une pose d'observation, entre un grain de blé et une grappe de raisin, au-dessous d'un vase à deux anses avec l'inscription ΑΛΟΠΕΚΟΝ.

Sur le revers d'une médaille d'airain ayant sur la face une tête, frappée à Alopeconessos, île des bords de la Thrace.

8) Un CHIEN MATIN dans l'attitude de se jeter sur le coquillage de la Pourpre (*Murex brandaris*), au-dessous d'un arbre ou peut-être d'un Fucus, entre deux cônes.

Sur le revers d'une médaille latine portant de l'autre côté la tête d'Aquileia Severa :

Une LOUVE allaitant Rémus et Romulus sur une médaille romaine impériale.

Un CHIEN MATIN de Crète marchant, avec le mot ΦΑΙΣΤΕΣ, moitié en dessus, moitié en dessous.

Sur le revers d'une médaille d'airain, portant de l'autre côté le Géant Talos, du 2e ou 3e siècle avant J. C.

Au sujet des médailles que j'ai fait représenter ici, je renouvelle, avec grand plaisir, mes remercîments à MM. les conservateurs et employés au cabinet des antiques de la Bibliothèque royale, pour les nouveaux secours qu'ils ont bien voulu me prêter, surtout en m'indiquant les médailles qui pouvaient le mieux convenir à mon sujet, et leurs particularités les plus importantes.

Nota. La Planche représentant les *Hyænodon leptorhynchus* et *Brachyrhyncus* décrits dans ce Mémoire, a été publiée, à tort, comme étant la XVIIe des SUBURSUS. Elle donne aussi, comparativement, un fragment de mandibule du *Taxotherium Parisiense*.

PARIS. — IMPRIMERIE DE FAIN ET THUNOT,
IMPRIMEURS DE L'UNIVERSITÉ ROYALE DE FRANCE,
Rue Racine, 28, près de l'Odéon.

DES HYÈNES.

Généralités.

Préjugés sur les Hyènes.

Chez les Anciens.

De nos jours.

Sur leur avidité pour les cadavres.

Les Hyènes, dont il nous reste à traiter dans ce mémoire, pour avoir terminé la description du squelette et du système dentaire des mammifères carnassiers, et ainsi de tout l'ordre des Secundatès, sont des animaux qui se trouvent encore aujourd'hui sous le coup de préjugés extrêmement injustes, et pour la plupart portant évidemment à faux, comme cela a été de tout temps et déjà même avant Aristote. Seulement ces préjugés erronés sont maintenant d'une autre nature. Ainsi, on ne pense plus, de nos jours, que ces animaux n'ont qu'un seul os dans le cou; que les dents qui arment leurs mâchoires ne forment avec elles qu'un tout continu; qu'ils boitent de la jambe droite, et cela naturellement; qu'ils sont hermaphrodites et qu'ils peuvent changer de sexe à volonté, etc., etc.; opinions qui reposaient sur une observation spécieuse et incomplète; mais on les regarde comme les plus féroces, les plus redoutables de tous les mammifères, et cela parce que, carnivores, se nourrissant et recherchant la chair morte autant et plus que celle des animaux vivants, qu'ils ne pourraient attaquer et surtout atteindre, ils déterrent souvent les cadavres d'hommes qui n'ont pas été enterrés à une profondeur suffisante; et comme le respect pour les morts et pour les sépultures est, de l'aveu de tous les philosophes, le premier acte, le plus hautement significatif de la nature, et par suite de la société humaine, ainsi que le prouve l'histoire de tous les peuples, même les plus sauvages, ce qu'a très-bien senti le célèbre Vico dans ses *Principi di Scienza nuova*, on voit comment, par suite de cette habitude connue des Hyènes, elles inspirent partout où elles existent, et même parmi nous, une sorte de répugnance presque invincible. Ajoutons à cela que

Sur leur physionomie.

leur physionomie basse, leur regard torve, leur démarche oblique, le train de derrière étant plus faible et plus abaissé, par plus de flexion, que celui de devant, contrairement à ce qui existe chez les Felis et les Canis, si admirablement construits, les uns pour l'élan, les autres pour la course, la grosseur de la tête, pourvue d'oreilles grandes et minces, la longueur et l'épaisseur du cou, la crinière dont le dos est hérissé dans toute son étendue, surtout quand l'animal est ému par quelque passion; et l'on concevra comment il en résulte que l'idée, qui se présente d'abord à l'esprit, aussitôt qu'on entend prononcer le nom d'Hyène, lui-même si expressif et tiré de celui du Sanglier en grec, est celle de l'animal le plus à craindre pour les vivants et pour les morts, et par conséquent le plus effrayant pour l'imagination. Les pages éloquentes que Buffon a consacrées à l'histoire de ces animaux, pages dans lesquelles il a d'autant plus volontiers adopté la plupart des préjugés reçus, qu'elles furent écrites à l'époque où la bête du Gévaudan, regardée à tort comme une Hyène échappée de quelque ménagerie, venait d'épouvanter les populations de cette province de France, n'ont pas peu servi à prolonger cette réputation non méritée. Le grand et inimitable peintre de la nature a produit ici l'effet qu'ont toujours obtenu les grands poëtes et les grands peintres, celui de faire pénétrer dans les masses des contre-vérités, des exagérations, par suite de la richesse du coloris, dissimulant la sèche réalité du dessin.

Prêtant à l'imagination.

à l'éloquence.

Ne sont cependant que des espèces de Chiens.

Au fait, les Hyènes considérées dans leur nature véritable, appuyée sur des faits nombreux et répétés, ne sont, pour ainsi dire, que des espèces de Canis, parmi lesquelles Linné les a toujours rangées, susceptibles en effet d'être facilement apprivoisées, dressées même à la chasse, comme nos chiens domestiques, mais qui, dans leur organisation assez différente, tenant à la fois de celle des Civettes, des Felis et des Canis, n'en constituent pas moins une dégradation évidente, sous le rapport du système digital.

Dont l'étude intéressante

Leur étude peut donc nous offrir un certain intérêt sous ce point de vue, aussi bien que sous le rapport paléontologique; puisque, à une époque qui ne doit pas être extrêmement reculée, l'Europe centrale et méridionale nourrissait au moins une espèce particulière d'Hyène, surtout en Angleterre; ce qui explique peut-être comment les Loups, peu nombreux partout où existe l'Hyène, ont été détruits de si bonne heure dans cette grande île européenne.

sous les rapports zoologique. paléontologique.

Définies par

Quoi qu'il en soit, les Hyènes forment aujourd'hui dans tous les systèmes de zoologie un genre qui se laisse aussi aisément caractériser que celui des Felis et des Canis, par des différences presque tranchées dans toutes les parties de l'organisation.

le Système dentaire.

Dans le système dentaire, par un nombre et une forme particulière des dents molaires $\frac{5}{4}$ dont $\frac{3}{2}$ avant-molaires, $\frac{1}{1}$ principale et $\frac{1}{1}$ arrière-molaire dont la supérieure tuberculeuse, subitement fort petite et l'inférieure presque aussi carnassière que chez les Felis.

Digital.

Le système digital, formé de 4—4 doigts armés d'ongles fouisseurs, obtus et portés sur autant d'os du métacarpe et du métatarse, leur est encore particulier, puisqu'une seule espèce de Canis nous a offert cette combinaison.

Le Squelette.

Le squelette confirme cette caractéristique extérieure, un peu déjà dans la forme de la tête, dans le nombre de vertèbres du tronc et par conséquent dans celui des côtes; dans l'absence presque complète de la clavicule, dans la forme de l'humérus, des os de l'avant-bras, du bassin, du fémur, du tibia, quoique en général fort rapprochés de ce qu'ils sont chez les Canis.

Les Organes des Sens.

L'appareil sensorial a également les plus grands rapports avec ce qu'il est chez ces derniers animaux; la langue, large et plate, est cependant hérissée d'épines et assez sèche comme dans les Civettes et les Felis; mais le nez est terminé par un petit muffle nu et visqueux, comme dans les Chiens; les yeux sont de même à prunelle ronde, quoique plus petits, et les oreilles droites et comme membraneuses sont encore plus grandes, mais sans duplicature de la base du bord externe.

La nature du Poil.

A quoi l'on peut ajouter la nature des moustaches et des poils encore plus durs et plus grossiers que ceux des Canis, et surtout bien plus longs sur le dos, où ils forment une épaisse crinière; et enfin l'appareil de la génération dont l'organe excitateur n'est plus soutenu d'un os médian, ni même pourvu dans son milieu d'un bulbe nodiforme, mais dont le renflement terminal est hérissé d'épines, caractères qui sont assez bien comme dans les Felis.

L'Organe excitateur.

Le Cœcum.

Je dois encore donner, comme particularités caractéristiques de ce genre, que l'intestin est pourvu d'un cœcum assez considérable, et qu'à sa terminaison, les glandes anales, au lieu d'avoir leur ouverture à la marge de l'anus, l'ont dans une large fente située entre l'anus et la queue, assez bien comme dans le Blaireau, et nullement entre l'anus et les organes de la génération, comme dans la Civette, qui rappelle cependant un peu le système de coloration des Hyènes, par taches ou barres plus foncées que le fond. Ce sont même ces ressemblances plus ou moins réelles qui ont porté plusieurs zoologistes à rapprocher ces deux genres dans leur méthode de mammalogie. Pour nous le système digital étant d'importance supérieure à ces particularités et même à celles du système dentaire, on voit comment les Hyènes, manquant de pouce aux deux membres, terminent la série des Carnassiers ou des Secundatès, comme le Chimpanzé, parfaitement quadrumane, commence celle des Primatès, les plus rapprochés de l'Homme.

Les Glandes anales.

D'où la position dans la série.

CHAPITRE PREMIER.

OSTÉOGRAPHIE.

Histoire.

Le squelette de l'Hyène, et surtout celui de l'Hyène vulgaire qui existe vivante dans toute la moitié méridionale du périple de la Méditerranée, aussi bien en Asie qu'en Afrique, et bien au delà dans chacune

(1) Le premier auteur, qui s'est occupé de l'anatomie de l'Hyène, me semble être Wesling, en 1664: *Observationes anatomicæ, de Anatomiâ Hyænæ, editæ à* Th. Bartholino, p. 44. Mais il n'a dit que quelques mots du squelette et des dents, non plus que C.-G.-E. Reimann dans sa thèse inaugurale *de Hyænâ*, soutenue à Berlin en 1811, sous la présidence de Rudolphi.

de ces deux parties du monde, a été le sujet de descriptions assez fréquentes, souvent même accompagnées de figures; d'abord, et pour la première fois, ce me semble, par Daubenton, dans le grand ouvrage de Buffon, tome IX, p. 292, en 1761, ensuite, mais à peine, par les auteurs de traités généraux sur l'anatomie comparée (1), et enfin dans les ouvrages de paléontologie, comme celui de M. G. Cuvier, sur les ossements fossiles de quadrupèdes, surtout dans la seconde édition en 1825, d'abord dans le chapitre, fort abrégé cependant, intitulé Ostéographie générale des Carnassiers, et ensuite dans l'article encore plus court, consacré aux caractères ostéologiques des Hyènes vivantes, et dans lequel il parle pour la première fois comparativement des os de l'Hyène tachetée, qu'il figure séparés.

Étudié par Daubenton.

G. Cuvier.

Daubenton qui ne possédait que deux squelettes de l'Hyène rayée ou vulgaire, l'un mâle et l'autre plus grand, de sexe inconnu; mais qui en avait vu un troisième, a fait porter sa comparaison des os de cet animal d'une manière fort convenable sur ceux de la Panthère et du Loup, aussi y a-t-il peu de particularités caractéristiques et différentielles qui lui soient échappées, aussi bien pour le nombre que pour la proportion et la forme des os. Quant à l'iconographie du squelette de cet animal, la figure générale que Daubenton en a publiée, *loc. cit.*, pl. 30, n'est certainement pas bonne à cause de la disposition générale qu'il lui a donnée en sens inverse de ce qu'elle est dans sa position habituelle. M. Cuvier s'est borné à faire figurer, malheureusement un peu en petit, sur une seule planche de sa seconde édition, la plupart des os séparés du squelette des deux espèces, et point de squelette entier. Mais cette lacune a été parfaitement remplie par MM. Pander et d'Alton dans la pl. II des squelettes des *Saugethieres*, mais sans description particulière, et même dans une position qui rappelle assez peu l'animal vivant.

Figuré par Daubenton.

G. Cuvier.

Pander et d'Alton.

(1) Il est cependant à remarquer que M. G. Cuvier, dans ses leçons d'anatomie comparée, ne prononce le nom de l'Hyène en ostéologie qu'une fois, et pour dire que son pouce n'est formé que d'une seule phalange, et que Meckel n'en dit également que fort peu de chose.

Matériaux à notre disposition.

Notre plan étant, comme notre but, tout différent de celui de nos prédécesseurs, et d'ailleurs ayant à notre disposition un bien plus grand nombre d'objets de comparaison, puisque la collection du Muséum possède aujourd'hui trois squelettes et dix crânes de l'Hyène vulgaire, avec deux squelettes et six crânes de l'Hyène tachetée, dont plusieurs viennent d'animaux tués à l'état sauvage; on voit comment notre description devra et pourra être bien plus détaillée, plus complète, aussi bien que notre iconographie.

DU SQUELETTE PROPREMENT DIT.

Nature des Os.

Nous n'avons pas besoin de relever l'assertion erronée d'un petit nombre, il est vrai, d'auteurs sur la nature même des os d'Hyènes, qu'ils disaient être assez durs pour faire feu avec le briquet; c'est en effet tout au plus s'ils atteignent à la dureté et à la densité de ceux des espèces de Félis de leur taille, et s'ils surpassent sous ce rapport ceux du

Structure.

Loup, la cavité médullaire des os longs étant au moins médiocre, quoique le tissu éburné soit encore assez épais. Mais comme dans l'un et l'autre des genres cités, les os sont fortement serrés, articulés entre eux d'une manière pénétrante, ce qui, pour le dire en passant, donne à leur tronc et surtout à leur cou cette espèce de roideur, qu'il offre réellement à un certain degré, et qui avait fait supposer que celui-ci n'était formé que d'une seule pièce.

Étudié dans l'Hyène rayée (*H. vulgaris*).

Le squelette de l'Hyène vulgaire ou rayée que nous devons prendre pour type, parce qu'elle est à la fois plus connue et plus commune, au point que nous avons eu pour en faire la description trois squelettes entiers (1), dont deux mâles et un femelle, avec dix crânes adultes ou presque adultes de mâles et de femelles (2), présente dans son ensemble

(1) De ces trois squelettes, un mâle provient de Daubenton, 1761; un second également mâle, de M. G. Cuvier, 1822; et le troisième est de mon temps, 1840 Aucun n'est d'un animal sauvage.

(2) De ces dix crânes, trois proviennent des squelettes; et des sept autres, deux sont d'Algérie, un de la Basse-Egypse, un du Cap, deux d'Arabie, un de Syrie, deux de l'Inde, tous provenant d'animaux sauvages.

un caractère assez particulier, d'abord dans la direction un peu oblique de la série vertébrale qui, plus grosse à la tête, décroît ensuite presque régulièrement jusqu'à l'extrémité de la queue, puis dans une disproportion semblable, de grosseur surtout, entre les membres antérieurs et les postérieurs, et comme le bassin fort court est articulé avec la colonne vertébrale d'une manière très-oblique, il en résulte que ces membres sont plus fléchis que les autres, d'où la démarche oblique et en apparence boiteuse de l'Hyène vulgaire surtout; de plus comme la région lombaire est fort courte, que la poitrine est fort large et très-étendue pour donner aux muscles des membres antérieurs une force d'insertion proportionnelle à leur usage de fouiller la terre, on voit que le squelette de l'Hyène rayée, comme tronqué postérieurement, ne peut être confondu avec celui d'aucun quadrupède carnassier, pas même avec celui des Chiens, dont toutes les pièces sont en harmonie pour constituer un animal propre à la course, et encore moins avec celui des Félis, disposé pour produire un élan subit ou une suite de sauts ou de bonds.

Dans son ensemble. Obliquité et décroissance de la série vertébrale. Disposition des Membres.

Le nombre total des os du squelette de l'Hyène vulgaire ne diffère cependant que fort peu de ce qu'il est dans le Loup, puisqu'il est également de cent cinquante, en y comprenant l'os hyoïde qui ne varie jamais chez les carnassiers, et la queue dont le nombre des vertèbres varie au contraire dans des limites assez étendues.

Nombre des Os.

La série vertébrale par laquelle nous commençons, comme à l'ordinaire, notre description (1), se compose de quatre vertèbres céphaliques, de sept cervicales, comme dans tous les mammifères, de vingt troncales,

I. DU TRONC. Dans ses particularités. Série vertébrale.

(1) Daubenton nombre aussi les vertèbres de l'Hyène :

7 + 16 + 4 + 3 + 8 au moins.

M. G. Cuvier, *Leç. d'Anat. comp.*

7 + 16 + 4 + 2 + 8 au moins.

MM. Pander et d'Alton.

7 + 16 + 4 + 2 + 8 sans observation.

M. Reimann compte vingt-deux vertèbres coccygiennes comme nous, et ne dit rien des autres.

réparties en quinze dorsales et cinq lombaires, trois sacrées et vingt-deux ou vingt-trois coccygiennes.

Vertèbres céphaliques. En général.

Les vertèbres céphaliques de l'Hyène offrent comme caractère commun d'être assez étroites dans leurs corps, mais surtout d'être fort élevées en toit presque aigu dans leur arc, et cela à cause de la grande saillie de leur apophyse épineuse formant une crête, ou une sorte de carène de navire renversé, dépassant en arrière les condyles par la grande saillie de l'épine de l'occiput.

En particulier. Dans la Vertèbre occipitale.

Cette particularité est surtout extrêmement prononcée pour la vertèbre occipitale dont l'arc formé des occipitaux latéraux et d'un occipital supérieur assez étroit, mais fort élevé, et comme caréné dans son milieu, se porte fortement en arrière, en une épine arrondie, très-obliquement par rapport à l'os basilaire; cet os est du reste assez large, quadrilatère et accompagné d'apophyses mastoïdiennes considérables, obtuses et souvent comme poussées en arrière par le développement des caisses qu'elles dépassent assez inférieurement (1).

pariétale.

La vertèbre sphéno-pariétale participe à cette élévation carénée de la tête, aussi bien dans les ailes de son corps, assez larges et assez remontantes dans la fosse temporale, que dans son arc pariétal qui est véritablement comme tranchant à la crête sagittale et se recourbant un peu en arrière pour se joindre à l'occipital supérieur.

frontale.

Il n'en est pas tout à fait de même de la vertèbre sphéno-frontale dont le corps est encore plus étroit que dans la précédente; mais son aile arrondie en dehors et surtout son arc formé par les frontaux est fort long et même assez large, un peu bombé entre les orbites, avec une apophyse orbitaire plus antérieure que chez les Canis et surtout plus saillante, subtriquètre, obtuse, s'écartant presque horizontalement et à angle droit.

nasale.

Quant au vomer et aux nasaux qui forment la vertèbre céphalique

(1) Presque toute l'épine occipitale est formée par l'occipital supérieur, sans qu'il y ait d'interpariétal à quelque âge que ce soit.

antérieure, ils sont en général assez courts; surtout ceux-ci qui sont du reste larges, bombés, presque régulièrement triangulaires, assez aigus au sommet frontal, mais obliquement et très-faiblement excavés à la base formant leur bord libre.

Les appendices céphaliques de l'Hyène vulgaire sont remarquables par leur grande force et par leur brièveté, quoiqu'un peu moindre peut-être que dans les Felis, et sous ce rapport bien éloignés de ce qu'ils sont chez les Canis. *Les Appendices. En général.*

L'apophyse ptérygoïde interne ou palatin postérieur qui sert de racine inférieure à la mâchoire supérieure, est assez distincte, quoique soudée de fort bonne heure, se prolongeant en arrière en une sorte de crochet assez long, notablement plus développé que chez les Canis, fortement recourbé et dirigé presque horizontalement en arrière (1). *Supérieur ou Maxillaire. Ptérygoïde.*

Le palatin proprement dit est médiocre, peu élevé dans la cavité orbitaire, et même assez étroit dans sa partie palatine par suite de la largeur de la dernière molaire transversale, et ne s'avançant presque pas au delà de la carnassière. *Palatin.*

Le lacrymal est également fort petit, sub-arrondi irrégulièrement dans sa périphérie, entièrement intra-orbitaire, plus par conséquent que chez les Canis, avec l'orifice du canal assez loin d'être marginal comme dans ceux-ci. *Lacrymal.*

Le jugal est surtout remarquable par son épaisseur et sa largeur, ce qui lui donne une forme presque régulièrement lozangique, par son arqure en dehors et un peu en haut, par l'étendue de la partie qui entre dans la composition du bord inférieur de l'orbite, de manière à toucher au lacrymal, moins largement cependant que dans le Loup, par la saillie de son apophyse orbitaire, un peu moindre pourtant que dans les Felis, et enfin par l'évasement du bord de l'orbite qu'elle ter- *Jugal.*

(1) Je ne comprends pas ce qu'a dit M. G. Cuvier (IV, p. 276), que les apophyses ptérygoïdes-externes se réduisent à un petit tubercule; car ces apophyses ne sont que la partie descendante des ailes du sphénoïde, et elles sont larges et assez élevées.

mine en arrière, évasement qui ne se trouve pas plus dans les Felis que chez les Canis.

Mais ce qu'il offre de plus caractéristique, c'est que dans la partie interne de l'orbite, à l'endroit de l'os planum dans l'Homme, le maxillaire se glisse entre le palatin et le lacrymal de manière à atteindre jusqu'au frontal, en laissant un petit espace non rempli, ce qui n'a lieu ni dans les Canis, ni dans les Felis.

Maxillaire. Le maxillaire formant, comme dans tous les mammifères, la partie principale de la mâchoire, de forme assez bien prismatique, est large et court, presque aussi long dans sa branche verticale, large et arrondie à sa terminaison, que dans la partie horizontale.

Prémaxillaire. Le prémaxillaire est au contraire au plus de médiocre grandeur, quoique son bord antérieur sub-arrondi soit assez avancé, la branche montante un peu grêle et fort aiguë, étant presque assez longue pour atteindre une pointe presque semblable descendante du frontal, de manière à ce que le nasal ne touche le maxillaire en aucun point.

Inférieur ou Mandibule. L'appendice mandibulaire est nécessairement comme le maxillaire, assez peu allongé.

Rocher. Le rocher qui constitue le bulbe-auditif est petit, court, irrégulièrement arrondi, s'ouvrant dans la cavité cérébrale par un canal auditif-interne, très-étroit, biforé, et dans la caisse par deux fenêtres subégales.

Caisse. Celle-ci est moins renflée que dans les Felis, et même peut-être que dans les Canis, un peu comprimée et poussant contre l'apophyse mastoïdienne de l'occipital, qui l'enveloppe dans sa moitié postérieure, comprenant entre elles un mastoïdien triangulaire, intercalé, sans être libre à son extrémité inférieure.

Osselets de l'Ouïe. Étrier. Lenticulaire. Enclume. Marteau. Les osselets de l'ouïe sont assez bien, comme chez tous les carnassiers : l'étrier à platine ovale un peu allongée et convexe, le lenticulaire comme soudé et formant le crochet du plus grand des deux bras de l'enclume, l'un et l'autre assez courts ; enfin le marteau assez courbé dans sa longueur, le manche court ainsi que les apophyses et surtout celles-ci.

L'os squammeux est également assez bien comme dans les Canis, du moins dans sa partie verticale qui est assez peu élevée et évidemment comme dans les Felis, plus arrondie; mais son apophyse zygomatique est bien plus large, bien plus épaisse, s'écartant directement en dehors, plus même que dans plusieurs Felis, de manière à former presque un angle droit, à l'endroit où elle se coude en s'arrondissant pour contribuer à la formation de l'arcade zygomatique. La cavité glénoïde tout à fait transverse, profonde est aussi limitée en arrière par un rebord apophysaire, plus large et bien plus saillant que dans les Felis. Temporal ou Squammeux. Arcade zygomatique. Cavité glénoïde.

La mandibule elle-même est au moins aussi robuste, et certainement plus épaisse que dans ceux-ci, quoiqu'elle ne soit qu'un peu plus longue (1) dans sa branche horizontale. Celle-ci est en outre plus courbée, plus en bateau, surtout à son bord inférieur, et à l'endroit que nous avons nommé le coude dans certaines espèces de Canis. Quant à la branche montante, ou mieux terminale, elle est fort large; les trois apophyses étant sur la même ligne verticale, comme dans le loup; le condyle également fort court, à peine au-dessus du niveau du bord dentaire (2), mais très-large transversalement; la coronoïde très-haute, plus étroite et sensiblement recourbée sur ses deux bords; l'angulaire assez bien comme dans les Canis, un peu plus étroite, plus oblique, épaisse, assez recourbée et comme carénée sur ses deux faces, un peu comme dans la Panthère. Mandibule. Branche horizontale. verticale. Condyle. Coronoïde. Angulaire.

La brièveté de la face et la déclivité très-rapide du chanfrein fronto-nasal, font que l'angle facial de l'Hyène est un peu plus ouvert que dans le Loup, et que la proportion des deux aires est bien plus en faveur de la cavité cérébrale. Celle-ci est cependant fort rétrécie dans son dia- Angle facial. Aire crânienne.

(1) M. G. Cuvier, IV, p. 397, dit que la mandibule des Hyènes est plus courte même que celle des Felis, mais à tort; car sur une Panthère et une Hyène de même grandeur que j'ai devant les yeux, l'avantage est d'un septième en faveur de celle-ci. Elle est seulement plus robuste ou moins grêle, et surtout bien moins droite à son bord inférieur.

(2) M. F. Cuvier me semble avoir, à tort, dit que le condyle chez la Hyène est fort au-dessus de la ligne des dents.

mètre transversal, non-seulement derrière les orbites, mais même au-dessus des oreilles, bien plus que dans le Loup, ce qui est encore rendu plus sensible par le grand écartement en dehors de la racine postérieure de l'arcade zygomatique, produisant ainsi des fosses temporales presque aussi étendues et plus profondes que dans les Felis.

Fosses occipitales postérieures. Les fosses occipitales postérieures sont également agrandies, surtout en hauteur, par la saillie considérable des crêtes, en les limitant, en leur donnant une forme régulière en toit aigu. Il en est certainement de même des fosses ptérygoïdiennes, et peut-être même pour les massétériennes de la mandibule, qui sont hautes et profondes.

ptéry-goïdiennes.

Cavités sensoriales. Les cavités sensoriales sont au contraire, en général, plus petites que dans les Canis.

nasale. Cornets. La brièveté du museau a nécessairement diminué l'étendue des cavités nasales proprement dites; aussi les cornets supérieurs, moyens et inférieurs, sont-ils plus courts, quoique à peu près aussi compliqués; mais il n'en est pas de même des sinus frontaux, qui par suite de l'âge même assez peu avancé, soulèvent considérablement le front et parviennent, après avoir traversé le frontal, puis le pariétal tout entier, jusque dans l'occipital latéral, occupant ainsi toute la base de la crête sagittale.

Sinus.

orbitaire. Par contre, les orbites sont certainement plus petits que dans les Loups, un peu moins obliques en dehors, moins ouverts au bord postérieur, par suite de plus de saillie des apophyses orbitaires, comme versant au rebord inférieur externe, et presque droits à l'interne. Quant à leur position, ils sont plus avancés que dans le Loup, et moins que dans les Felis, ce qui dépend évidemment de la longueur du museau (1).

auditive. La cavité auditive est également moins étendue que dans les Felis, autant par moins de grandeur du rocher, que par diminution de la caisse, aussi le canal auditif externe est-il plus petit, presque horizontal et un peu infundibuliforme.

(1) Je ne comprends donc pas comment M. G. Cuvier a pu dire autrefois que les orbites sont plus en avant que dans les Chats.

La cavité palatine ou linguale a suivi nécessairement l'élargissement postérieur de la face ; en effet, le palais est presque comme dans les Felis, cependant de forme un peu plus triangulaire, tronquée en avant ou trapézoïdale, et moins prolongé en arrière. Les côtés de la mandibule se joignent sous un angle assez aigu, un peu moins cependant que dans les Felis, et par une symphyse ovale peu allongée.

Linguale. Palatine.

Inter-mandibulaire.

Quant aux trous d'entrée des artères, ou de sortie des veines et des nerfs, on peut dire que généralement ils sont notablement plus petits que dans les Felis, et même que dans le Loup ; c'est ce qui est fort sensible pour le trou optique, les ouvertures du canal sous-orbitaire, du canal dentaire de la mandibule, dont les trous mentonniers sont assez dissemblables en diamètre ; des deux orifices de sortie des nerfs de la cinquième paire, l'antérieur est bien plus grand que le postérieur. L'orifice du naso-palatin est médiocre, les trous palatins postérieurs au nombre de deux, sont fort avancés, et les antérieurs ou incisifs, plus allongés et plus étroits, même que chez le Loup.

Trous en général.

optique.

mentonnier.

rond.

Palatins et Incisifs.

Des trois grands orifices de la tête chez les Hyènes, l'antérieur ou nasal externe est médiocre et moins arrondi que dans la Panthère. Le median ou nasal postérieur, assez peu reculé, bien moins que dans les Felis, mais plus que dans les Canis, est étroit et en ogive arrondie, sans pointe médiane ; enfin, l'occipital est certainement plus petit que chez les Chiens, plus arrondi, entre des condyles plus saillants et plus rapprochés.

Orifices.

nasal, antérieur. postérieur. vertébral.

Quant à la cavité cérébrale dans laquelle il conduit, elle est aussi notablement plus petite que dans les Canis, de forme assez arrondie, rendue très-anfractueuse par les particularités cérébrales, assez élargie encore sur les côtés, mais fort étroite dans sa partie basilaire, et surtout à la selle turcique, dont les apophyses clinoïdes ne sont bien marquées que dans la barre de leur origine. La place du Chiasma sur le corps du sphénoïde antérieur est aussi fort petite ; mais ses angles externes se développent quelquefois en une assez longue apophyse prolongée en arrière, et couvrant ainsi les trous ovales. La lame osseuse qui fait la

Cavité cérébrale.

Selle turcique.

Lame du Cervelet.

base de la tente du cervelet, est moins large que dans le Loup, mais également bien distincte.

Des Vertèbres cervicales. Les vertèbres cervicales de l'Hyène vulgaire sont en général bien plus fortes, plus larges, plus épaisses et plus longues que dans les Canis, que dans les Felis et même que dans aucun autre carnassier.

Atlas. L'atlas qui ressemble beaucoup à celui du Loup, a cependant ses apophyses transverses proportionnellement plus étendues, plus aliformes; mais du reste avec le trou d'entrée de l'artère vertébrale tout à fait marginal et ceux de sortie, simples, mais fort larges en dessus comme en dessous.

Axis. L'axis offre aussi dans la forme allongée, mais surbaissée et rectiligne à son bord supérieur, une grande ressemblance avec celui du Loup.

Intermédiaires. Les cinq intermédiaires ont toutes leurs apophyses bien marquées, surtout les tubercules des articulaires, et même les lames inférieures transverses qui sont aux deux dernières presque aussi développées qu'à la sixième.

Sixième. Celle-ci en effet ne diffère de la cinquième que par plus d'étendue de cette lame formant lobe à peine légèrement excavé à son bord.

Septième. Enfin la septième par son apophyse épineuse élevée ressemble beaucoup à celle du Loup.

V. dorsales, 15. Les vertèbres dorsales en plus grand nombre que dans la plupart des carnassiers (1), sont encore assez fortes, mais évidemment plus étroites

(1) Les vertèbres dorsales sont certainement, sur deux beaux squelettes de la collection, au nombre de quinze seulement, du moins portant côtes; mais la seizième a une forme d'apophyse transverse tout à fait droite, ou même un peu inclinée en arrière, au contraire de la lombaire suivante, ce qui, sans doute, l'a fait considérer comme une côte, et la vertèbre qui la porte comme dorsale.

A ce sujet, faisons l'observation que Daubenton, qui, dans sa description, dit positivement seize vertèbres dorsales et seize côtes de chaque côté, ajoute à l'art. 878 du catalogue, p. 372, qu'il n'y avait réellement du côté droit qu'une apophyse transverse, et non une fausse côte; mais sous le n° 879 il assure que le squelette qui en était l'objet, avait seize côtes de chaque côté, et par conséquent seize vertèbres dorsales.

et plus courtes que les cervicales, surtout dans leur corps remarquablement petit. Leur apophyse épineuse est cependant au moins aussi forte, aussi élevée, plus large même que dans le Loup, quoique moins que dans les Ours. Elles décroissent du reste assez rapidement de la première à la douzième, les trois ou quatre dernières restant sub-égales, plus larges et faiblement antéroverses. C'est même à cette décroissance rapide de l'apophyse épineuse des vertèbres dorsales qu'est due en partie la déclivité du dos de l'Hyène vivante.

V. lombaires, 5.

Les vertèbres lombaires au nombre de cinq (1) seulement sont encore courtes, bien plus que dans les Felis, mais bien moins larges que dans les Ours et même peut-être que dans le Loup; étroites, sub-égales, ou mieux décroissantes un peu et presque insensiblement de la première à la dernière. Leur apophyse épineuse est large, peu élevée, presque droite, ce qui indique la faiblesse de la queue, et les transverses également assez larges d'abord, deviennent ensuite plus étroites, la plus longue étant l'avant-dernière.

V. sacrées, 3, et Sacrum.

Le sacrum, formé comme à l'ordinaire de trois vertèbres (2), mais fort petites, décroissant rapidement, de la première à la troisième, d'où résulte qu'il est fort court, et que ses bords, assez loin d'être parallèles comme dans le sacrum des Canis, sont convergents un peu comme chez les Ours. L'apophyse épineuse de chacune est du reste bien distincte et assez forte.

V. coccygiennes, 23.

Les vertèbres coccygiennes sont assez bien dans le même cas que les sacrées, c'est-à-dire qu'au nombre de vingt-trois (3), elles constituent

(1) Ou de quatre en comptant la dernière dorsale sans côte et à apophyse transverse, longue et presque droite.

Daubenton, et depuis lui MM. G. Cuvier, Pander et d'Alton n'en comptent que quatre.

(2) Daubenton avait donné le même nombre; mais MM. Cuvier, Pander et d'Alton n'en comptent que deux.

(3) Daubenton n'a compté que huit vertèbres coccygiennes au squelette qu'il décrivait, parce que les autres étaient sans doute restées dans la peau; mais le squelette figuré en donne réellement vingt-trois.

MM. Pander et d'Alton, qui n'en accusent non plus que huit, en montrent cependant treize dans la figure qu'ils donnent du squelette de cet animal.

cependant une queue courte et tombante, parce qu'elles sont toutes fort courtes dans leur corps et décroissant rapidement de la première à la dernière, mais plus épaisses surtout à la base que dans le Loup.

Os hyoïde. L'os hyoïde, par lequel commence la série des pièces medio-infères du squelette, est composé des mêmes pièces que dans les autres carnassiers; mais son corps est plus large, plus épais, et subtriquètre; ses cornes antérieures sont aussi plus courtes que dans le Loup, les trois articles décroissant assez rapidement d'épaisseur et croissant en longueur. Les postérieures sont aussi plus larges et plus minces que dans le Loup.

Corps. Cornes antérieures. postérieures.

Sternèbres, 8. Malgré le plus grand nombre de vertèbres dorsales, le sternum n'est toujours formé que de huit os, y compris le septième intervallaire et les deux terminaux. Tous sont en général plus courts et plus épais, plus quadrilatères dans leur coupe que chez les Canis, le sixième étant presque cubique. Le manubrium est du reste assez bien comme chez ceux-ci, peu saillant en avant de la première côte, mais moins en pointe et plus en crête. La partie osseuse du xiphoïde est longue, épaisse et à bords parallèles.

Manubrium. Xiphoïde.

Côtes, 15. 9—6. Les côtes vertébrales sont au nombre de quinze (1), dont neuf, comme à l'ordinaire se joignent à autant de cornes sternales et six sont libres à leur extrémité; elles sont du reste assez bien intermédiaires pour la forme et la force, à celle des Felis et des Canis, bien moins grêles que dans ceux-là, moins larges inférieurement que chez ceux-ci; mais en général plus fortes, plus arrondies, plus arquées même que dans le Loup, plus même que chez les Ours.

Thorax. Du plus grand nombre de côtes et de leur plus grande arqûre il résulte que la poitrine est non-seulement plus longue, mais moins comprimée que dans les Felis, et même que dans les Canis.

(1) Sur deux squelettes de notre collection, le nombre des côtes et des vertèbres dorsales n'est certainement que de quinze seulement; mais sur un troisième il est de seize, la dernière subitement courte et presque droite.

II. DES MEMBRES En général.

Nous avons déjà fait remarquer la disproportion de force entre les deux paires de membres, nous devons aussi faire noter leur rapprochement qui semble encore plus grand par la longueur du thorax et la brièveté de la région lombaire.

ANTÉRIEURS.

Les membres antérieurs en général plus robustes que les postérieurs présentent :

Omoplate.

Une omoplate assez étroite, un peu comme dans le Loup, sans élargissement inférieur de son bord antérieur, qui est au contraire un peu plus large anguleusement vers son milieu, pourvue d'une crête peu élevée, dans la direction d'un angle du bord spinal, un peu bilobée à sa terminaison acromiale, fortement courbée en arrière dans son plan, et sans autre apophyse coracoïde qu'un tubercule, seulement plus large et plus épais que dans les Canis.

Clavicule.

La clavicule est encore plus rudimentaire que dans quelques espèces de ce genre. Aucun des deux squelettes de l'ancienne collection ne m'en a offert, mais j'ai pu très-bien la trouver dans l'Hyène rayée, la seule que j'ai disséquée. Meckel, An. comp., III, V. part., p. 22, la décrit aussi dans l'Hyène rayée comme n'ayant que quatre lignes de long sur à peine une demi-ligne de hauteur et d'épaisseur ; elle est en effet très-mince, en forme de graine de courge, c'est-à-dire ovale, un peu plus large à l'extrémité acromiale qu'à l'autre (1).

Humérus. Comparé à celui du Loup.

L'humérus, surpassant à peine en longueur l'omoplate, est presqu'en tout semblable à celui du Loup, d'abord par l'absence du canal nerveux du condyle interne et de crête à l'externe; puis par l'existence presque constante (2) d'un trou de non-ossification au-dessus de la surface articulaire et enfin par la forme générale courte, assez robuste, un peu courbée en ⌣. On peut cependant l'en distinguer par plus d'éléva-

(1) M. de Hauch, p. 166, dit aussi que les Hyènes sont pourvues d'une clavicule imparfaite comme animal fouisseur ; mais je suppose que c'est sur un *à priori* que repose cette assertion.

(2) Je dis presque constante ; car notre collection possède un squelette d'Hyène vulgaire, où les deux humérus ne sont nullement percés; et un autre où celui d'un côté seulement l'est, comme de coutume.

tion et de saillie de la grosse tubérosité de l'empreinte deltoïdienne, et parce que la double poulie d'articulation radio-cubitale est sensiblement plus prononcée, plus large que dans le Loup (1).

Os de l'Avant-Bras. En général. La même remarque de ressemblance générale peut être faite pour les deux os de l'avant-bras de l'Hyène avec ceux des Canis; seulement ils sont encore plus courbés, plus serrés, plus collés l'un contre l'autre, au point de se souder quelquefois dans la partie moyenne de leur longueur.

Radius. Le radius est en effet encore plus large, plus plat, d'un diamètre plus égal dans toute son étendue, même dans ses deux extrémités articulaires, celui de la supérieure ayant augmenté en devenant elliptique, en même temps que l'inférieur diminuait un peu.

Cubitus. Le cubitus, placé plus en arrière et par conséquent avec sa facette sigmoïde moins latérale, offre de plus un olécrâne plus épais, moins alongé, beaucoup moins recourbé en dedans, et son extrémité coracoïdienne large, arrondie et non bifide comme dans les Canis et même dans les Felis.

Carpe. Les os du carpe sont encore bien plus semblables à ceux de ces derniers animaux, en nombre, en forme et même en proportions; seulement le scaphoïde a son apophyse interne plus large et un peu moins saillante, au contraire du pisiforme qui est évidemment plus calcanéiforme. Le trapézoïde est surtout bien plus petit, plus interne ou postérieur; le grand os égale à peine le trapézoïde, mais il est pourvu d'un crochet bien marqué; et l'unciforme, le plus gros de tous, pentagonal à la face supérieure, est aussi pourvu en dessous d'une apophyse considérable.

Scaphoïde. Pisiforme. Trapézoïde. Grand Os. Unciforme.

Métacarpiens. En général. Les os du métacarpe ont généralement moins de gracilité que ceux des Canis, et plus de longueur que chez les Felis, étant moins serrés, plus larges, plus droits ou moins courbés, deux en dedans et deux en

(1) Je ne conçois pas comment Meckel, Anatom. comp., II, V. part., p. 34, a pu décrire la tête inférieure de l'humérus de l'Hyène, comme formant une poulie articulaire simple, dont la tête externe est plus grande que l'interne.

dehors; ils sont cependant moins élargis au-dessus de leur tête phalangienne que dans les Chats. Enfin le caractère le plus différentiel porte sur le premier qui est fort court, triangulaire, assez semblable à un sésamoïde et terminal. Premier.

Les phalanges des quatre doigts externes, les seuls qui existent, ressemblent presque complétement à leurs analogues chez le Loup, elles sont seulement un peu plus grosses proportionnellement à leur longueur, et les avant-dernières surtout sont larges et comme déprimées, avec un peu plus d'obliquité, les trois internes en dehors, la quatrième externe en dedans, de manière à rappeler un peu ce qui existe chez les Felis. Phalanges. En général.

Les onguéales sont aussi plus épaisses et plus obtuses que dans le Loup. Onguéales.

Nous avons déjà fait observer que les membres postérieurs de l'Hyène rayée sont moins forts que les antérieurs, quoique composés d'os au moins aussi longs; mais ils sont plus minces ou plus grêles. M. POSTÉRIEURS. En général.

Le bassin est cependant, au contraire, plus court, plus élargi, surtout dans ses deux parties terminales, l'iskion et l'iléon. Il ressemble un peu à celui de l'Ours, par la manière oblique dont il est attaché au sacrum, mais il s'en distingne par la largeur de l'iléon dont le bord inférieur est excavé et prolongé en une épine antérieure recourbée en dessous, s'écartant en dehors et parce qu'il est pourvu au-dessus de la cavité cotyloïde d'un tubercule considérable pour l'insertion du biceps, et au bord antérieur du pubis d'une forte éminence iléo-pectinée. Bassin. Iléon.

Le fémur est un peu plus long que l'humérus, mais surtout plus robuste, plus quadrilatère dans sa coupe, plus large à son extrémité tibiale où la gouttière rotulienne est moins étroite, moins remontée que dans le Loup; du reste il est assez bien arqué, comme celui de cet animal. Fémur.

Les deux os de la jambe sont plus courts que le fémur, au contraire de ce qui a lieu dans ce dernier; le tibia, ainsi plus épais, est du reste assez semblable, si ce n'est que dans celui de l'Hyène, la crête supé- Os de la Jambe. Tibia.

rieure s'éteint obliquement et insensiblement dans la carène antérieure de l'os, au lieu de se tronquer brusquement comme dans tous les

Péroné. Canis. Le péroné est du reste comme dans ceux-ci, courbé et collé contre le tibia, dans sa moitié postérieure, et la cavité articulaire tarsienne est à peine un peu plus serrée entre les malléoles.

Os du Pied. En général. On peut faire sur les os du pied la même observation que pour ceux de la main, c'est-à-dire qu'ils sont généralement assez semblables à leurs analogues dans le Loup, et seulement avec de plus de force;

Calcanéum. le calcanéum est cependant plus gros et plus court dans son apophyse; mais dans le reste le tarse s'alonge par l'épaisseur plus grande de ses os et surtout du scaphoïde et du cuboïde.

Métatarsiens. Les os du métatarse sont aussi comme dans le Loup; mais un peu moins longs proportionnellement, ce qui les fait paraître encore plus gros.

Phalanges. Quant aux phalanges elles sont en général notablement plus grêles, plus étroites qu'à la main, ce qui est surtout fort sensible pour les dernières.

Différences individuelles. Les différences que les os du squelette de l'Hyène rayée peuvent offrir suivant les individus, sont sans doute restreintes entre des limites peu étendues, et de la nature de celles que nous avons eu l'occasion d'indiquer déjà dans les autres genres de Carnassiers; mais c'est ce qu'il est assez difficile de constater d'une manière un peu concluante, à cause du petit nombre de squelettes de cette espèce que possède notre collection, et encore proviennent-ils d'animaux élevés et morts dans les cages de notre ménagerie, et par conséquent plus ou moins arrêtés dans leur développement.

Le crâne le plus grand de tous ceux que nous avons vus est celui d'un vieil individu mâle, tué par M. Levaillant, en 1840, sur le charnier de Philippeville, en Algérie; il a $0^{m},270$, et le plus petit est celui rapporté d'Egypte, par M. E. Geoffroy; il n'a que $0^{m},225$, c'est-à-dire $0^{m},045$ ou un sixième de moins.

sexuelles. Les différences suivant les sexes sont sans nul doute encore plus sensibles, plus évidentes, non-seulement dans la taille, mais encore dans la proportion des os; malheureusement nos squelettes et nos crânes ne sont presque jamais accompagnés de renseignements positifs à ce sujet.

d'âge.

Nous ne possédons aucun squelette de jeune âge; mais les particularités différentielles doivent par analogie consister en moins de développement dans les crêtes et les apophyses d'insertion musculaire, ce qu'il est aisé de préjuger, surtout d'après les crânes de jeune âge de l'Hyène tachetée que nous possédons.

d'espèces.

Quant aux autres espèces, une seule est véritable (1), et par conséquent offre des différences notables que nous allons faire connaître. En effet, pour l'Hyène brune (*H. fusca*) (2), à en juger d'après une belle tête osseuse d'un individu bien adulte, provenant du cap de Bonne-Espérance, il nous a été impossible de pouvoir y reconnaître quelques particularités qui la distingueraient de l'Hyène vulgaire.

Dans l'Hyène brune (*H. fusca*).

Mais il n'en est pas de même de l'Hyène tachetée, dont nous avons pu étudier deux squelettes et au moins six têtes osseuses, dont une d'Abyssinie et les autres du Cap; elle est aussi facile à distinguer par son squelette que par son système dentaire, aussi bien que par les caractères extérieurs.

Dans l'Hyène tachetée (*H. crocuta*)

Les différences consistent cependant davantage dans les proportions de chacun des os généralement plus robustes et plus grands, plutôt que dans le nombre et même dans la manière dont ils sont assemblés.

En général.

A la tête nous ferons remarquer d'abord plus de brièveté en général, plus de largeur ou moins d'étroitesse, surtout au crâne, ce qui résulte en partie de ce que la crête occipitale, moins pincée, moins saillante, se porte un peu moins en arrière dans son épine, et surtout de ce que

A la Tête.

(1) L'*H. picta* de M. Temminck et de plusieurs zoologistes, a été reconnue n'être qu'un véritable Canis, dont nous avons parlé dans notre Ostéographie de ce genre, sous le nom de *C. pictus* ou de Chien Hyénoïde.

(2) Cette espèce douteuse a été nommée quelquefois H. rousse, *H. rufa*, par M. A. Desmarest, par exemple, et *H. villosa*, par M. Smith.

les bosses temporales sont plus marquées. Le front est aussi plus large, quoique les apophyses frontales soient moins saillantes et plus aiguës; les os du nez sont au contraire un peu plus arrondis au sommet.

Aux Mâchoires.

On peut aussi noter à la mâchoire supérieure : les apophyses ptérygoïdes, plus grêles et plus aiguës ; l'arcade zygomatique moins arquée dans les deux sens et moins large surtout dans l'apophyse jugale ; la branche montante du maxillaire moins largement arrondie ; et à la mandibule, le coude plus prononcé et par conséquent l'os plus haut, plus élevé sous la dent principale, et au contraire plus rétréci vers la symphyse ; enfin l'apophyse angulaire plus large et plus épaisse.

Dans les Vertèbres.

La série vertébrale me paraît peu différer de ce qu'elle est dans l'Hyène ordinaire, si ce n'est cependant peut-être qu'elle est un peu moins rapidement décroissante d'une extrémité à l'autre.

Par le nombre.

Le nombre des vertèbres, en général plus fortes et plus épaisses, est le même, si ce n'est au sacrum qui en offre quatre ou une de plus, et à la queue formée seulement de dix-huit, c'est-à-dire cinq de moins.

Les vertèbres lombaires ont leurs apophyses épineuses moins longues, surtout la première et la quatrième plus dilatée en fer de hache.

Dans le Sternum.

La série sternale est absolument comme dans l'Hyène vulgaire, seulement plus robuste.

Les Membres. En général.

Les membres offrent aussi dans tous les os qui les forment, outre une supériorité de taille, une épaisseur proportionnelle évidemment plus grande.

antérieurs. Omoplate. Huméros.

Aux membres antérieurs on peut en outre noter plus d'étroitesse dans l'omoplate, et plus d'épaisseur dans sa tête articulaire. L'humérus a sa partie supérieure plus large, ainsi que sa crête deltoïdienne, qui est aussi plus descendante. Le reste des os de l'avant-bras et de la main ne peuvent guère être distingués que par la grosseur supérieure de leurs analogues dans l'Hyène rayée.

postérieurs. Os des îles. Fémur. Tibia.

L'os des îles est dans le même cas : mais le fémur est un peu plus long, au contraire du tibia qui est plus gros, et cependant d'un cinquième plus court que lui. Le péroné offre la même différence proportionnelle, et se montre coudé environ vers son milieu. Quant aux os du pied ils reprennent leur disposition habituelle, c'est-à-dire une grosseur proportionnelle plus grande et du reste une forme absolument semblable. Pied.

DES OS SÉSAMOÏDES.

Je n'ai rencontré à la main qu'un seul os sésamoïde pisiforme bien plus petit que chez les Felis, articulé avec l'apophyse interne du scaphoïde, outre ceux de l'articulation métacarpo-phalangienne qui sont assez bien comme dans les Canis, quoiqu'un peu plus courts. A la Main. Des Fléchisseurs.

J'ai aussi trouvé dans l'Hyène femelle, que j'ai disséquée, des sésamoïdes lentilliformes très-minces dans les tendons des muscles extenseurs des doigts vers l'articulation des premières et secondes phalanges. Des Extenseurs.

Aux membres postérieurs la rotule de l'Hyène rayée est remarquable par une forme large et assez arrondie, plus mince que dans les Chiens, et un peu moins cependant que dans l'Ours. Celle de l'Hyène tachetée est non-seulement plus grande, mais surtout bien plus également épaisse aux deux extrémités. Des Membres postérieurs. Rotule.

J'ai observé les sésamoïdes des gastrocnémiens, ils sont assez gros, surtout l'externe, et globuleux; celui du tendon du muscle poplité est également presque sphérique, mais bien plus petit. Des Gastrocnémiens. Du Poplité.

Au pied, je n'ai trouvé que ceux des articulations tarso-phalangiennes, aussi bien que ceux des extenseurs des doigts, ayant la même forme qu'à la main. Des Fléchisseurs. Des Extenseurs.

DE L'OS PÉNIEN.

Je n'en ai observé aucune trace dans une seule Hyène mâle dont j'ai eu l'occasion de disséquer les organes génitaux faisant partie de nos collections. Daubenton, en général si soigneux sous ce rapport, n'en mentionne pas davantage dans la description détaillée qu'il a Nul suivant Moi. Daubenton.

donnée des organes de la génération et de la poche de l'anus de cet animal; en sorte qu'il est plus que probable qu'il n'y en a pas; quoique par analogie il fût difficile de l'assurer, puisqu'il en existe dans toutes les espèces de Felis mâles que j'ai pu étudier.

CHAPITRE DEUXIÈME.

ODONTOGRAPHIE.

En général. Le système dentaire des Hyènes n'est pas moins remarquable et même est peut-être plus particulier que leur squelette; et ce qu'il y a de singulier, c'est que si celui-ci se rapproche davantage des Canis, celui-là offre plus d'analogie avec ce qui existe dans les Felis qu'avec ce qu'il est dans tout autre genre de Carnassiers. C'est, en effet, ce qu'ont aperçu les anatomistes qui ont eu l'occasion d'étudier ce genre d'animaux, et, par exemple, Daubenton (*Histoire naturelle de Buffon*, t. IX, p. 29, 1761); aussi fait-il observer que « les dents de l'Hyène ont plus de rapports à » celles du Léopard qu'à celles du Loup par le nombre, la figure et la » position des mâchelières, principalement de la dernière mâchelière d'en » haut qui est placée hors de ligne au côté interne de l'avant-dernière, » celle-ci étant comme dans le Léopard beaucoup plus large et par con- » séquent plus grande que dans le Loup. » Les besoins de la zoologie, et surtout ceux de la paléontologie, si bien exprimés par Esper, dans son *Histoire des ostéolithes de la caverne de Gaylenreuth*, durent porter à décrire et à figurer avec détail les particularités différentielles de ce système dentaire, ce que firent surtout MM. Cuvier, l'un dans les deux éditions de ses *Recherches sur les ossements fossiles de quadrupèdes*, en 1806 et en 1825, l'autre dans son *Mémoire sur les Dents*, considérées comme fournissant les bases de la classification des Mammifères, en 1826, et moi-même dans l'article *Dents*, du nouveau dictionnaire d'Histoire naturelle, deuxième édition, 1817.

(Marginal notes: Par Daubenton. — MM. Cuvier. — H. de Blainville.)

Considérées en totalité. Les dents de l'Hyène rayée, notre type, offrent d'abord une particularité que nous avons déjà fait remarquer chez les Gloutons, et qui consiste en ce qu'elles sont en général très-fortes, très-serrées, très-solidement enracinées, les molaires, surtout, occupant, sans intervalle, toute la longueur des mâchoires, de manière souvent à se presser, se déranger, du moins les deux intermédiaires, comme si elles s'imbriquaient latéralement. C'est sans doute cette disposition accrue par l'âge, qui a porté quelques anciens voyageurs à dire que dans cet animal les dents forment un seul os par leur continuité entre elles et avec les mâchoires elles-mêmes.

Il y a, du reste, trois paires d'incisives, une paire de canines en haut et en bas comme chez tous les Carnassiers, depuis les Phoques, et de plus cinq paires de molaires en haut et quatre seulement en bas, comme dans quelques espèces de Mustelas; ce qui donne la formule générale suivante : le Nombre et les espèces de Dents. Formule comparée

$$\frac{3}{3}+\frac{1}{1}+\frac{5}{4} \text{ dont } \frac{3}{2}+\frac{1}{1}+\frac{1}{1};$$

Ce qui est fort différent des Canis, où nous avons eu :

$$\frac{3}{3}+\frac{1}{1}+\frac{6}{7} \text{ dont } \frac{3}{3}+\frac{1}{1}+\frac{2}{3},$$ avec les Canis.

et beaucoup moins des Felis, comme l'a parfaitement reconnu Daubenton, où la formule est :

$$\frac{3}{3}+\frac{1}{1}+\frac{4}{3} \text{ dont } \frac{2}{1}+\frac{1}{1}+\frac{1}{1}.$$ avec les Felis.

Ainsi la différence dans ce dernier exemple porte seulement sur une avant-molaire de plus à chaque côté des deux mâchoires, ce qui a donné à celle-ci un peu plus de longueur. En particulier.

a). *Supérieurement.* Supérieurement :

Les trois incisives rangées en arc de cercle, bien moins courbé cependant que chez les Canis, sont fortes et très-serrées, la première plus petite que la seconde, l'une et l'autre pourvues d'un talon interne, bi- Incisives. Première. Seconde.

lobé (1) à la couronne, et d'une racine longue et assez comprimée; mais

Troisième. surtout la troisième, qui est bien plus grosse, en crochet pointu et véritablement un peu caniniforme (2).

Canines. La canine qui suit après un intervalle destiné à loger la canine inférieure est encore assez robuste, moins que chez les Felis, et même que dans les Ours, mais notablement plus que dans les Canis, étant en général plus courte et fortement radiculée; du reste elle est ovale, sans autre cannelure ou arêtes que celles qui séparent le tiers interne, plus plat, des deux-tiers externes, plus convexes, de la circonférence.

Avant-Molaires, 3. Première. Les trois avant-molaires suivent presque immédiatement la canine; la première beaucoup plus petite à une seule racine assez longue, supportant une couronne épaisse et subtriquètre, avec un bourrelet interne

Seconde. assez distinct; la seconde beaucoup plus grosse à deux racines subégales, longues, peu divergentes ou presque perpendiculaires a la couronne triangulaire, épaisse, avec un arrêt en avant et un talon en

Troisième. tubercule simple en arrière; la troisième de même forme, mais plus épaisse et notablement plus grande, est pourvue également de deux racines sub-verticales, la postérieure plus grosse et l'arrêt antérieur de la couronne bien moins marqué.

Principale. La principale est peut-être proportionnellement encore plus grande que celle des Felis et à fortiori que dans les Canis, la couronne étant du reste comme chez ceux-là formée, en dedans, d'un assez large talon tout à fait antérieur ayant sa racine propre et, en dehors, d'une lame tranchante divisée en trois lobes, le médian plus élevé et plus large que l'antérieur, le postérieur le plus large des trois et formant une sorte de talon tranchant et un peu bilobé, porté sur la plus grosse des deux racines externes.

(1) Schmerling reproche, avec raison, à M. G. Cuvier, d'avoir dit que ce talon était à trois tubercules (IV, p. 402).

(2) Schmerling, Cav. de Liége, p. 52, après avoir repris M. Cuvier d'avoir décrit ces dents comme de petites canines, ce qui est cependant assez vrai, ajoute avec plus de raison qu'il a donné comme une canine de Loup, la dent fig. 3, pl. V, d'Esper, et qui en effet est bien plus probablement une incisive supérieure externe d'Hyène.

Enfin la seule arrière-molaire la plus petite de toutes, tout à fait rentrée et transverse comme dans les Felis, n'a qu'une racine (1), portant une couronne triquètre, un angle obtus fort peu marqué en arrière, un second arrondi en dedans, et le plus aigu en dehors. Arrière-Molaire.

b). *Inférieurement.* Inférieurement.

Les trois incisives, disposées plus transversalement, sont aussi en général plus petites qu'en haut, moins inégales, mais surtout plus étroitement et plus longuement radiculées. La première est toujours la plus petite, la seconde la plus rentrée, la troisième la plus grosse et cunéiforme, avec un petit auricule au bord externe de la couronne (2). Incisives, 3. Première. Seconde. Troisième

La canine ressemble assez bien à la supérieure, aussi longue qu'elle et à peine plus en crochet, quoique plus déjetée en dehors. La partie plate de la circonférence interne est aussi plus étroite avec ses arêtes moins prononcées. Canine.

Après une barre assez marquée, formée par un bord épais et rentrant, viennent les deux avant-molaires assez bien de même forme, la postérieure seulement bien plus forte et surtout plus élevée, plus épaisse, à deux racines serrées et sub-égales, presque parallèles, mais à une seule pointe entre deux talons d'arrêt bien marqués, surtout en arrière où le talon est comme divisé par le bourrelet marginal. Avant-Molaires, 2.

La principale est plus large, mais un peu moins haute et même moins épaisse dans sa pointe médiane que la seconde avant-molaire, au contraire des talons qui sont bien plus marqués, surtout le postérieur. Principale.

Enfin la seule arrière-molaire est assez bien comme son analogue chez les Felis, quoique proportionnellement bien plus petite. Elle est aussi plus épaisse, et par conséquent moins tranchante, mais éga- Arrière-Molaire.

(1) M. Fréd. Cuvier dit qu'elle a plus de deux racines. (G. Cuv. IV, p. 236.)

(2) C'est donc à tort que M. F. Cuvier, *loc. cit.*, décrit les incisives de l'Hyène, comme simples et d'égale grandeur.

lement formée de deux larges lobes presque égaux, divergents, avec un petit tubercule pointu collé en dedans de la base du lobe postérieur, et de plus, en arrière, d'un talon arrondi, excavé et rebordé le plus ordinairement de deux pointes; ce talon s'opposant dans le jeu des dents à la partie interne de la tuberculeuse d'en haut.

Comme dans les Felis, cette dent a deux racines dont l'antérieure est la plus grosse.

Différences individuelles. *H. vulgaris* de l'Inde.

La description du système dentaire que je viens de donner est prise d'un individu originaire de l'Inde, probablement femelle, dont les dents bien adultes étaient dans un état parfait de conservation, n'étant qu'à peine un peu usées à l'extrémité des pointes.

d'Oran.

Sur un individu venant d'Oran, et que nos collections doivent, ainsi que plusieurs autres bonnes choses, au zèle éclairé de M. le Dr Guyon, chirurgien en chef de l'armée d'Afrique, je n'ai trouvé de différences que dans la grandeur des dents en général, qui sont en effet notablement plus fortes, mais dans les mêmes formes et proportions.

du Cap (*H. fusca*).

Sur un crâne de l'Hyène brune (*H. fusca*), qui me semble provenir d'un individu mâle adulte mort à l'état sauvage, et par conséquent plus robuste que la plupart de ceux d'Hyène vulgaire que nous possédons, je n'ai pu non plus trouver de différences exprimables, même par l'Iconographie, pas plus aux dents supérieures qu'aux inférieures. Toutefois le tubercule interne de la carnassière inférieure était moins saillant, moins détaché, aussi que son talon postérieur, et, sauf plus d'épaisseur et moins de saillie des arrêts et des talons, la ressemblance était du reste parfaite pour toutes les autres, même pour la tuberculeuse supérieure.

Spécifique (*H. crocuta*).

Il n'en est plus ainsi aussitôt qu'on passe à l'examen d'une véritable espèce, comme l'Hyène tachetée; on peut aisément reconnaître dans son système dentaire, des différences notables et surtout dans les dents véritablement caractéristiques; car pour les incisives et les canines il serait difficile de les distinguer de celles de l'Hyène vulgaire. Mais il n'en est pas de même pour les molaires. En haut les deux premières avant-

Supérieurement :

molaires sont d'abord proportionnellement plus petites. En effet, sur l'exemplaire que je compare, la seconde n'est pas plus grande que dans un individu de l'Hyène rayée d'un cinquième plus petit; mais c'est tout le contraire pour la troisième qui, dans l'Hyène tachetée, est bien plus haute, quoiqu'à peine un peu plus large à la base. La principale offre aussi plus de développement, mais par suite de plus de largeur dans le talon tranchant, car le lobe antérieur est au contraire plus petit; son talon interne antérieur est aussi plus obliquement antérieur. Enfin la tuberculeuse est surtout beaucoup plus petite, quoiqu'elle soit également sub-triquètre, presque sigmoïde, la base en arrière, à la couronne.

Avant-Molaires. Première. Seconde. Troisième. Principale. Arrière-Molaire ou Tuberculeuse.

Il y a plus de ressemblance pour les quatre molaires de la mâchoire inférieure. La première est cependant proportionnellement moins grande; la seconde est aussi un peu plus élevée; la troisième presque semblable, et plus oblique par pression *a tergo*; mais la dernière ou carnassière est assez différente, d'abord parce qu'en totalité elle est proportionnellement plus large, et ensuite parce que le talon postérieur est bien plus petit, au contraire du bourrelet antérieur. Le tubercule interne est en outre entièrement nul. Il en résulte que cette dent de l'Hyène tachetée serait presque aussi carnassière que dans les Felis, si elle n'était pas plus épaisse et moins tranchante.

Inférieurement: Molaires. Première. Seconde. Troisième. Quatrième.

Comme j'ai pu étudier ces particularités différentielles des dents des deux espèces d'Hyène sur plusieurs individus, je me suis assuré de leur constance. Je n'ai pas été aussi heureux pour le jeune âge, n'ayant encore réussi à me le procurer dans l'Hyène rayée, si ce n'est dans la variété brune du Cap (1).

Différences sur l'âge.

Sous ce rapport, les animaux de ce genre sont, comme les Canis, dans la règle générale chez tous les carnassiers, les Felis exceptés, c'est-à-dire que la formule dentaire est:

En général.

$$\frac{3}{3}+\frac{1}{1}+\frac{3}{3} \text{ dont } \frac{1}{1}+\frac{1}{1}+\frac{1}{1}.$$

(1) M. G. Cuvier n'avait pu l'avoir pour aucune des deux espèces.

En particulier. De l'Hyène tachetée (*H. crocuta*). Incisives

Dans l'Hyène tachetée du Cap, d'après deux individus, les incisives, en haut comme en bas, sont assez bien comme dans l'adulte, avec cette différence que la couronne est tout à fait indivise, même dans le talon d'arrêt des supérieures; mais il paraît qu'elles s'usent de bonne heure.

Canines.

Les canines sont d'abord aussi comme dans l'adulte, en crochet court et bien formé; mais bientôt celui-ci est usé. La racine s'avance presque droite, ce qui lui donne une forme et une gracilité particulières.

Molaires. Supérieurement. Première et Avant-Molaire. Seconde Principale ou Carnassière.

Des molaires bien moins serrées que dans l'adulte, l'avant-molaire d'en haut est assez forte, triquètre, à trois racines, et à couronne triangulaire, sub-tranchante, avec un petit arrêt en arrière : la principale un peu plus compliquée que son analogue dans l'adulte, dont elle a cependant la forme, en ce que le lobe antérieur plus petit est pourvu en dedans d'une pointe très-marquée; son talon interne et par conséquent la racine, est en outre bien plus reculé, correspondant obliquement au lobe externe médian. L'arrière-molaire est encore bien plus forte et bien plus compliquée que dans l'adulte dont elle diffère prodigieusement. Elle a en effet trois racines divergentes, une pour chaque angle de la couronne trilobée, qui représente assez bien un triangle rectangle à bords excavés; la base ou l'hypoténuse transverse en avant, l'angle droit en arrière, et, des deux autres, l'un plus arrondi en dehors, collé contre la principale, l'autre soulevé en talon en dedans, dans une direction opposée à celui de la principale.

Troisième ou Arrière-Molaire ou Tuberculeuse.

Inférieurement. Avant-Molaires. Principale.

Il y a moins de différences pour les dents de la mandibule qui sont également toutes à deux racines. L'avant-molaire est seulement plus obliquement triangulaire avec les arrêts moins marqués. La principale ressemble presque complétement à sa correspondante adulte; seulement les talons et surtout le postérieur, plus larges et plus distincts.

Arrière-Molaires.

On peut en dire à peu près autant de l'arrière-molaire ou carnassière, elle ne diffère guère de celle d'adulte que parce que le talon postérieur est bien plus large au contraire de l'arrêt antérieur; il n'y a du reste non plus aucune trace du tubercule interne. Des deux racines, l'antérieure est également la plus forte, au contraire de ce qui a lieu pour les deux dents antérieures.

Sur l'Hyène rayée, variété brune.

Sur le très-jeune sujet d'Hyène rayée, variété brune, que possède notre collection, j'ai pu m'assurer que la dent tuberculeuse supérieure diffère notablement de son analogue dans l'Hyène tachetée, en ce que sa couronne plus large est régulièrement en forme de triangle rectangle, les côtés rectilignes et les angles arrondis; tandis que la carnassière inférieure ressemble presque complétement à celle d'adulte, par le grand développement du talon à trois cornes bien distinctes et avec le tubercule interne aigu comme dans celle-ci.

Tuberculeuse.

Carnassière inférieure.

Ainsi les deux espèces d'Hyènes vivantes sont aussi bien distinctes par le système dentaire de lait que par celui d'adulte, ce que nous verrons avoir également lieu pour l'Hyène fossile.

Conclusions.

CHAPITRE TROISIÈME.

PALÉONTOLOGIE.

DE L'ANCIENNETÉ DES ANIMAUX DE CE GENRE A LA SURFACE DE LA TERRE.

Dans les Écrits. Chez les Juifs.

Les livres sacrés des juifs et des chrétiens font mention en quelques endroits d'un animal sous le nom de *Saphan*, et plusieurs de leurs interprètes et entre autres Clément d'Alexandrie ont traduit ce mot par celui d'Hyène. Cependant, quoiqu'il soit assez difficile de croire que les habitants de la Judée et de la Syrie n'aient pas connu un animal d'aussi forte taille et encore assez commun aujourd'hui dans les montagnes du Liban et de l'Antiliban, il paraît à peu près certain d'après les observations de Bochart, *Hierozooicon* Lib. I. Cap. 33, que le Saphan est tout autre chose et probablement le Daman, comme Bruce semble l'avoir le premier reconnu. Mais le savant critique pense, ou mieux démontre que, dans un passage de Jérémie, Cap. 12 Vers. 26-9,

D'après Bochart.

Jérémie.

où ce prophète se plaint amèrement de la manière dont les Israélites le traitent, par le mot *Tscboa* qu'il emploie et dont l'étymologie signifie qui est de couleurs variées, on doit entendre l'Hyène, et en effet les Arabes donnent à cet animal le nom de *Dsaboa* (1). Au reste on ne trouve dans les livres sacrés aucun passage qui indique une particularité quelconque de ce genre d'animaux; quoique saint Jérôme dans son commentaire sur *Esaïe*, Cha. 65, et sur Jérémie, Cha. 13, rapporte à l'animal dont il est question dans ces passages, l'habitude attribuée aux Hyènes par Aristote et par Elien de vivre des cadavres qu'elles déterrent.

D'après saint Jérôme. Isaïe.

Chez les Grecs. Aristote.

D'après cela l'ouvrage le plus ancien dans lequel il soit certainemeut question de l'Hyène paraît être le *Traité d'Aristote sur les animaux* (liv. VI, 22 et VIII, 5); en effet quoiqu'il n'en dise que fort peu de chose, seulement pour relever deux erreurs, il ne peut guère y avoir de doute, comme le Dr Shaw l'a très-bien reconnu depuis fort longtemps, que le *Hyaenos* du philosophe de Stagyre est bien le carnassier que nous connaissons sous le nom d'Hyène, qu'il dit aussi se nommer *Glanus* et ressembler au Loup pour la couleur, ce qui est assez inexact, mais avec le poil plus rude, une crinière dans toute la longueur du dos, et une fente aveugle sous la queue au-dessous de laquelle est l'anus (2), ce qui l'avait fait regarder comme hermaphrodite à tort. Quant à ce qu'il ajoute que les parties génitales de l'Hyène sont comme dans les Chiens et dans les Loups, c'est une erreur montrant qu'il n'avait pas bien vu un de ces animaux mâles, qu'il dit, en effet, être bien moins communs que les femelles.

Chez les Romains. Pline.

Il faut cependant que cet animal ait été beaucoup plus rare alors, qu'il ne l'est même de nos jours, et surtout que l'Ours, le Lion et la Panthère, puisque les Romains paraissent n'en avoir montré dans les

(1) Shaw dit *Dubbah*.

(2) Aristote dit : *Sub caudâ positum est figura similis genitali fœminæ, sed sine ullo meatu. Sub hoc meatu, excrementum est.* (Hist. Anim. VI, 22, et VIII, 5.)

jeux du Cirque que fort tard; du moins Pline que nous avons vu se complaire à rapporter avec grand soin jusqu'au nombre des espèces d'animaux de toutes sortes montrés au peuple par les généraux et les empereurs romains, ne parle de l'Hyène que pour renouveler et même augmenter les fables vulgaires à son sujet, fables qu'il avait copiées d'Élien ou puisées dans les mêmes sources que celui-ci et que Solin a copiées à son tour. Élien. Solin.

Toutefois, comme il est véritablement assez difficile de croire, quoique Strabon, Pomponius Mela, ne prononcent même pas son nom, qu'à une époque où il existait, pour ainsi dire partout, des chasseurs et des fournisseurs d'animaux pour les jeux du Cirque, et cela en Afrique, en Syrie et dans toute l'Asie Mineure, l'Hyène ait complétement échappé à leurs investigations, et cela, d'autant plus qu'Oppien dans sa *Cynégétique*, liv. III, p. 262 à 293, décrit, comparativement avec le Loup, cet animal d'une manière presque complète, en disant: *Altera* (*Hyæna*) *vero gibber habet medio in dorso*, *utrinque autem passim hirta est*, *et variegatum est corpus tetrum nigris utrinque lineis* (trad. de Schneid.). on a pu émettre, comme M. G. Cuvier, le doute que le *Raphius* ou *Chaus* qui, suivant Pline (lib. 8, cap. 19), joignait à la figure du Loup, les taches de la Panthère, pourrait bien être l'Hyène tachetée. Mais alors il faudrait reconnaître qu'à cette époque cette Hyène existait en France, car Pline dit positivement que son Chaus venait des Gaules; ce qui rend la conjecture de M. Cuvier moins probable, et d'autant moins, que la Hyène tachetée n'habite nulle part, ce me semble, les bords de la Méditerranée, et qu'elle descend tout au plus jusqu'en Abyssinie, alors peu connue des Romains. Strabon. Pomponius Mela. Oppien. G. Cuvier.

Quoi qu'il en soit, l'existence de l'Hyène vulgaire n'a été réellement bien constatée, en histoire naturelle, que lorsque Buffon dans son analyse, aussi rapide qu'exacte, de tout ce qui avait été dit sur l'Hyène avant lui (t. IX, p. 268, 1761), eut montré que le *Lupus aquaticus* de Bélon n'était autre chose (sans concordance avec la description) que l'Hyène rayée observée depuis en Perse par Busbeck et par Kœmpfer, Buffon.

qui avait même noté le nombre égal de quatre doigts aux quatre extrémités.

Julius Capitolinus.

Avant cela le premier historien de l'empire romain qui parle d'Hyènes montrées au peuple à Rome est Julius Capitolinus. Il dit en effet que sous Gordius le jeune, c'est-à-dire vers le premier tiers du troisième siècle de notre ère, dix de ces animaux (1) furent envoyés par cet empereur à Rome, avec beaucoup d'autres, pour son triomphe sur les Perses et que Philippe les exposa dans le cirque aux jeux séculaires qu'il donna; mais il ne les décrit nullement et ne dit pas même de quel pays ils provenaient.

Chez les Arabes.

Dans le long intervalle où les connaissances humaines chassées de l'Italie, à peine entretenues à Constantinople, dans l'empire d'Orient, passèrent en Perse, puis à Bagdad chez les Arabes orientaux et occidentaux, en Espagne, il est probable que l'Hyène habitant la plupart des pays conquis par ces derniers, fut observée et décrite par les naturalistes; mais c'est ce que nous ne pouvons assurer, les ouvrages où ces sortes de connaissances pourraient se trouver n'étant pas connus ou n'ayant pas encore été traduits en langue européenne.

Chez les Modernes. Albert le Grand.

Quoique Albert le Grand semble avoir tiré quelque chose des écrivains arabes, on ne trouve chez lui aucun quadrupède qui porte le nom d'Hyène, et même ce que les anciens en avaient dit est rapporté à des animaux qui ont des dénominations barbares dont on ignore la source.

Belon. Busbeck. Kœmpfer.

Aussi l'existence de l'Hyène vulgaire n'a été bien constatée, comme nous l'avons dit plus haut, que lorsque Belon, Busbeck et surtout Kœmpfer (2) en eurent donné une figure et une description d'après des individus vivants, que ces derniers avaient même vus dans leur pays natal.

(1) Scaliger (*Exercit.*, 217) dit: *Spartianus* (probablement pour Julius Capitolinus) *in tertio Gordiano Belbum vocat. Suo quoque tempore decem fuisse Romæ tradit. Belbi id est Hyenæ*; il ajoute que c'est à tort que quelques personnes ont regardé la Civette comme l'Hyène, que les Phrygiens et les Bythiniens nommaient *Gannos*.

(2) Amœnitates, p. 411.

Wesling en disséqua une au Caire vers la moitié du dix-septième siècle en présence de Cornaro, consul de Venise (*S. Veslingii observ. et epistol. à Th. Bartholino editæ, p.* 40, 1665). Wesling.

Ce ne fut cependant que vers 1761 qu'une Hyène vivante fut observée en Europe par Buffon et Daubenton, ce qui leur permit, et surtout au second, d'en donner une description extérieure et intérieure, après avoir par conséquent relevé les notions fabuleuses que les anciens nous avaient transmises sur cet animal (1). Buffon et Daubenton.

Depuis ce temps les deux sexes de cette espèce, et plus tard ceux de l'espèce de la Sud-Afrique ont pu être étudiés avec plus de facilité, soit dans leur pays natal, soit dans nos ménageries où ces animaux vivent même fort longtemps, se montrent fort doux pour leurs gardiens; en sorte que l'on peut assez bien assurer que notre Hyène commune est le même animal ainsi nommé par Aristote.

Mais ce qui confirme qu'il n'était guère connu des anciens que par des récits, c'est qu'aucun monument, statue, bas-relief, médaille (2), peinture et même mosaïque et hiéroglyphique ne nous offrent le moindre indice de sa représentation; on trouve bien dans la célèbre mosaïque de Palestrine, à côté du mot *Krokottas*, la figure d'un animal, au sujet duquel Barthélemy rapporte que les anciens indiquaient sous ce nom un quadrupède d'Éthiopie intermédiaire au Loup et au Chien, qu'il regarde comme l'Hyène; mais dans la figure de la mosaïque, les oreilles, le museau et les tarses sont bien trop courts pour une Hyène. S'il fallait admettre que cet ouvrage a été fait d'après nature, ce que je suis loin de croire, j'en ferais plutôt un Lynx ou même un Ours. D'après les Monuments. La Mosaïque de Palestrine. Krokottas.

Quoi qu'il en soit, si l'Hyène n'a laissé que fort peu de traces de son existence dans les œuvres des hommes, il n'en est pas de même à l'état fossile dans nos contrées européennes; en effet, après les ossements A l'État fossile.

(1) Daubenton dit, p. 281, que l'individu, qu'il a observé, avait été dépouillé de sa peau, à l'exception de la tête et des pieds, ce qui montre qu'il l'a possédé mort; mais Buffon, supplém. III, 1776, nous apprend qu'il l'avait vu vivant.

(2) Sauf, dit-on, une médaille de Philippe.

d'Ours, les plus communs dans les cavernes de toute l'Europe paraissent être ceux d'Hyène.

Esper, 1774. Les premiers fragments fossiles qui aient réellement appartenu à une espèce de ce genre, se trouvent encore avoir été figurés par Esper, en 1774, dans son ouvrage sur les Ostéolithes, comme provenant de la caverne de Gaylenreuth, mais sans qu'ils les ait reconnus comme tels, ainsi que l'a fait remarquer M. Cuvier, qui lui-même a donné à tort comme une canine de Loup, la dent figurée par Esper (tab. V, f. 3); c'est en effet une incisive externe d'Hyène, d'après l'observation de Schmerling.

Collini, 1785. Il en est de même d'une demi-mâchoire inférieure que Collini a décrite et figurée dans les mémoires de l'Académie de Manheim, pour 1785, et d'une dent représentée par Kundman, en 1736, et provenant de la caverne de Bauman, qui ne furent pas rapportées à leur genre, ce qui n'a rien d'étonnant, puisqu'il n'existait peut-être qu'à Paris et depuis 1762, seulement, des moyens de comparaison, c'est-à-dire un squelette d'Hyène. Ajoutons que la figure qu'en avait donnée Daubenton était dans une réduction si forte, et si peu détaillée, qu'il était presque impossible de s'en servir.

Jœger, 1804. C'est donc à M. Jœger, comme nous l'apprend M. G. Cuvier, dans la première édition de ses *Recherches sur les ossements fossiles*, p. 7 (1), qu'est due l'observation qu'un crâne mutilé trouvé à Canstadt, avait la plus grande analogie avec celui décrit par Collini, et avec le squelette d'Hyène représenté par Daubenton.

G. Cuvier, 1805. Mais c'est réellement à M. G. Cuvier, qui avait ce squelette sous les yeux, et quelques os envoyés par le margrave à Buffon, que l'on doit

(1) « M. Jœger qui en a aussi envoyé de son côté un profil (d'un crâne dépourvu de sa face, dont M. Kielmeyer avait adressé des dessins à M. Cuvier), avait parfaitement reconnu l'analogie de ce crâne mutilé, avec celui que décrit Collini, et même avec le squelette d'Hyène représenté par Buffon. Je suis bien heureux de pouvoir confirmer par la comparaison avec l'objet même, la conjecture de cet habile naturaliste. » Seulement, ajoute-t-il, l'animal de Canstadt devait être considérablement plus grand que l'Hyène ordinaire.

la comparaison de l'espèce fossile avec l'espèce vivante, et l'observation de plusieurs des points qui les distinguent.

Depuis la publication de son premier mémoire à ce sujet, en 1805, dans les *Annales du Muséum*, on a trouvé et recueilli beaucoup d'autres fragments d'Hyène fossile : d'abord en Angleterre, dans la caverne de Kirkdale, illustrée par M. Buckland, puis dans celle de Gaylenreuth, par M. Goldfuss; dans celle de Sundwig en Westphalie, par M. Noggerath; dans celle de Lunel-Viel, du midi de la France, par MM. de Christol et Bravard, Marcel de Serres, Dubreuil et Jeanjean; dans celles de la province de Liége, par M. Schmerling; dans une grotte à Kent, près de Torquay, en Angleterre, par M. Mac-Enry, et enfin dans beaucoup d'autres endroits de l'Europe, et surtout en France, en Auvergne, et en Italie dans le val d'Arno.

Buckland. Goldfuss. Noggerath. De Christol. M. de Serres. Schmerling. Mac-Enry. Croizet.

C'est à l'aide d'une partie seulement de ces matériaux, que M. G. Cuvier, dans la seconde édition de ses *Recherches sur les ossements fossiles*, publiée en 1825, confirma ce qu'il avait avancé d'abord, que l'Hyène fossile différait plus de l'Hyène ordinaire que de l'Hyène tachetée, mais qu'elle devait cependant être considérée comme une espèce distincte.

G. Cuvier, 1821.

Depuis ce temps d'autres paléontologistes ont proposé plusieurs espèces d'Hyènes fossiles, en Europe, en Asie et même en Amérique, en sorte que notre France, par exemple, qui n'en possède plus aujourd'hui aucune, en aurait nourri anciennement sept. Voyons sur quels éléments elles reposent, et passons-les successivement en revue.

1° L'Hyène des cavernes (*H. spelæa*).

Dont l'existence à l'état fossile a été reconnue pour la première fois par Jœger, qui a été discutée et caractérisée en grande partie par M. G. Cuvier, et enfin nommée et figurée par M. Goldfuss, en la comparant également avec l'Hyène tachetée du Cap (*H. crocuta*).

Par qui établie.

Elle repose sur un grand nombre de fragments du squelette.

Fragments sur lesquels elle repose.

Têtes.

a) Des têtes entières ou presque entières, et des morceaux de têtes retirées des cavernes de Gaylenreuth en Allemagne, des environs de Liége en Belgique, de Lunel-Viel en Languedoc, de l'Avison en Gascogne, du diluvium à Lawford en Angleterre, des environs de Fontainebleau et de Paris en France.

Mandibules.

b) Des mandibules en bien plus grand nombre, en fragments plus ou moins considérables, et pourvues de dents, en général fort usées et comme tronquées, de la plupart des mêmes localités, et entre autres des cavernes des environs de Liége, où Schmerling en a recueilli douze fragments; mais, de plus, de la caverne de Kirkdale en Angleterre.

Dents.

c) Des dents en grand nombre de toutes sortes, si ce n'est cependant la tuberculeuse supérieure adulte, entières ou usées, et dans ce cas à tous les degrés d'usure, quelques-unes de lait, mais le plus communément de remplacement.

Os longs.

d) Des os longs, rarement entiers, des membres antérieurs (humérus, radius, cubitus), et postérieurs (fémur, tibia, péroné), des doigts (phalanges des trois sortes) ainsi que du métacarpe et du métatarse.

Os plats.

e) Des os plats bien plus rarement (omoplate et bassin).

Os courts.

f) Des os courts du tronc, comme des vertèbres en petit nombre, des pieds de devant et de derrière, du carpe ou du tarse, comme calcanéum et astragale.

Caractérisée par la Dent carnassière supérieure.

Cette espèce a été caractérisée jusqu'ici :

1° Par la forme de la dent carnassière supérieure qui a son talon tranchant postérieur proportionnellement plus large que dans l'Hyène rayée.

La Dent carnassière inférieure.

2° Par celle de la carnassière inférieure qui, outre ses deux lobes tranchants à peu près d'égale dimension, n'offre en arrière qu'une sorte de bourrelet à peine plus marqué qu'en avant, et par conséquent presque sans talon, mais certainement sans tubercule à la racine interne du lobe postérieur.

3° Par la taille qui dépasserait d'un cinquième au moins celle de l'Hyène tachetée du Cap (1). La Grandeur.

4° Par la forme de la tête osseuse qui offre plus de largeur à l'occiput, plus d'élévation à la crête occipitale, qui est en même temps plus distincte, plus comprimée que dans l'Hyène tachetée, et enfin par un museau plus gros et plus court. La Forme de la Tête.

5° Par plus de brièveté et de grosseur proportionnelle de tous les os des membres, tant antérieurs que postérieurs. La Proportion des Os.

De tous ces caractères différentiels, les moins importants sont évidemment ceux tirés de la taille d'un cinquième plus grande, de plus de grosseur proportionnelle des os, et de plus d'élévation dans la crête sagittale. En effet, la comparaison pour la grandeur se fait entre les individus fossiles, au maximum de leur développement par suite de l'état sauvage, dans les circonstances les plus favorables, et des individus élevés jeunes dans les cages de nos ménageries, nourris assez abondamment, il est vrai, mais sans ces alternatives d'enquêtes et d'efforts que demande la vie de liberté; et même, à ce sujet, nous devons faire observer que, d'après le squelette d'une Hyène tachetée mâle, du Cap, tuée à l'état sauvage, et que possède aujourd'hui la collection du Muséum, la différence proportionnelle établie par M. Cuvier serait bien moindre, la dent carnassière fossile ayant 0,033 ne dépassant celle de cette Hyène du Cap que de deux millimètres tout au plus (2). Discussion de ces Caractères. La Taille.

Le plus de grosseur proportionnelle dans tous les os du squelette est une conséquence rigoureuse d'une plus grande taille, comme Daubenton l'a fait observer depuis longtemps, et comme M. G. Cuvier l'a admis lui-même dans son *Mémoire sur le Megatherium*. La Proportion des Os.

On peut en dire autant, et avec encore plus de raison, de la hauteur La Crête occipitale.

(1) M. Buckland dit un tiers, et même d'après G. Cuvier; mais celui-ci n'a employé cette proportion qu'à l'occasion d'une dent carnassière; pour tout le reste il ne parle jamais que d'un cinquième.

(2) M. G. Cuvier donne, comme sa plus grande tête d'Hyène, celle rapportée par Olivier; or, nous en possédons aujourd'hui qui ont presque un ciuquième de plus.

de la crête occipitale dont la saillie varie notablement suivant l'âge, le sexe et la force individuelle; aussi les mesures de crânes doivent-elles être prises dans la longueur basilaire, pour signifier réellement quelque chose, et non pas entre le bord incisif et l'extrémité de la crête, comme l'ont fait MM Cuvier et Goldfuss, le plus ordinairement.

La Forme des Dents carnassières.

Ainsi, la seule différence, qui pouvait être caractéristique, était celle qui repose sur la forme des dents carnassières supérieure et inférieure; quoique sous le rapport du développement du talon postérieur de celle-ci, on trouve encore un assez bon nombre de variations qui établissent des nuances intermédiaires. Nous avons même remarqué sur deux fragments de la collection paléontologique du Muséum, l'un de la caverne de Kent en Angleterre, l'autre de la forêt de Bondy aux environs de Paris, un rudiment bien marqué du tubercule interne de la carnassière inférieure, qui manque dans tous les échantillons qu'on en a signalés, et dont on s'est surtout servi pour caractériser l'*Hyæna spelæa*.

Caractère nouveau. Tiré de la Tuberculeuse.

Il fallait donc trouver un autre caractère qui vînt mettre hors de doute ceux que l'on avait tirés de la seule considération des deux dents carnassières, et c'était la tuberculeuse d'en haut, à l'état adulte, comme à l'état de dent de lait, qui devait le fournir, d'après toutes les preuves que nous en avons données dans nos précédents mémoires. C'est en effet ce qui a eu lieu.

Non observée.

Jusqu'ici aucun paléontologiste n'avait eu l'occasion de trouver un fragment d'Hyène fossile des cavernes qui en fût pourvue, ou bien n'y avait pas fait attention.

Par Collini.

Dans la première tête d'Hyène, signalée par Collini, elle n'existait sans doute plus, puisque, malgré l'exactitude et l'étendue de sa description, il ne compte que quatre dents molaires de chaque côté de la mâchoire supérieure. Il en était sans doute resté un indice dans l'alvéole; mais il n'en dit rien.

G. Cuvier, 1805.

Dans la première édition de son *Mémoire sur les Hyènes fossiles*, M. G. Cuvier n'eut pas l'occasion de parler de cette dent qu'il ne trouva sur aucune des pièces en nature ou figurées qu'il eut à sa disposition.

Je ne vois pas que M. Goldfuss en ait parlé davantage, non plus que Sœmmering, dans les deux crânes qu'il a décrits et figurés dans son mémoire. Goldfuss.

M. Buckland trouva le premier plusieurs dents tuberculeuses d'Hyènes, dans la caverne de Kirkdale; mais, comme elles étaient détachées, il ne les reconnut comme d'Hyènes et comme des dents de lait, que dans la seconde édition de son Mémoire, en 1823. Observée par Buckland à l'état non adulte.

C'est ce que reconnut aisément aussi M. G. Cuvier, dans la seconde édition de son travail sur les Hyènes fossiles; mais sans y attacher une grande importance, n'ayant cette dent adulte que dans l'Hyène rayée, et cette dent de lait que dans l'Hyène tachetée, des espèces vivantes. Cependant il fut porté à croire que la tuberculeuse fossile de Kirkdale pouvait être une dent de lait; « du moins, ajoute-t-il, ressemble-t-elle à la tuberculeuse de lait de ma jeune tachetée. » Par G. Cuvier, 1825.

Toutefois, à défaut d'éléments suffisants, les choses restèrent dans une sorte de confusion, au point que Schmerling, p. 60, de son chapitre sur les Hyènes fossiles des cavernes de Liége, donne comme une particularité qu'aucune des têtes qu'il a vues, n'a conservé les traces de la présence d'une tuberculeuse, et que dans tous les dessins qui étaient à sa connaissance, cette dent manque; à quoi il ajoute que jamais il n'a reconnu la moindre trace de ces dents dans les cavernes des environs de Liége. Niée par Schmerling.

Depuis lors je vois que cette dent a été indiquée, seulement, il est vrai, par son alvéole, dans la figure de la belle tête trouvée à Lawfort.

MM. l'abbé Croizet et Jobert en ont trouvé et figuré une d'adulte en place, sur un fragment de mâchoire qu'ils ont rapporté, avec raison, à une espèce différente de l'*Hyæna spelæa*. Figurée par M. Croizet, dans une autre espèce.

Enfin MM. Marcel de Serres, Dubreuil et Jean-Jean, en ont également indiqué l'alvéole sur une tête osseuse presque entière qu'ils rapportent avec raison à l'*Hyæna spelæa*, mais sans en avoir fait mention aucune, n'y étant portés par aucun précédent.

Décrite pour la première fois sur un nouveau fragment.

Le seul fragment de mâchoire d'Hyène fossile sur lequel la tuberculeuse ait été rencontrée est donc celui dont je vais parler, qui fait aujourd'hui partie de la collection paléontologique du Muséum, et qu'elle doit à la générosité éclairée de mademoiselle Louise Breguet, sœur du célèbre horloger de ce nom, sollicitée par notre collègue M. Duméril. Ce beau morceau qui a été trouvé avec deux autres également de la mâchoire supérieure, dont l'un est du même individu et l'autre plus petit d'un second, offre dans les dents qui le garnissent et, par exemple, dans la carnassière, tous les caractères attribués à une *Hyæna spelæa* de grande taille; mais de plus, transversalement en dedans de la fin de la série, est une très-petite dent dont la couronne parfaitement ronde est portée sur une racine unique, conique, et plus grosse qu'elle. Ainsi elle confirme à la fois le rapprochement, et sa distinction de l'Hyène tachetée du Cap, qui a cette dent subtriquètre, comme la considération de son analogue nous a servi à distinguer cette espèce de l'Hyène rayée, et à ne pas séparer de celle-ci l'Hyène brune.

Conclusions.

Tirées de la Tuberculeuse adulte et de lait.

En prenant maintenant en considération la même dent de lait ou de jeune âge, et la principale carnassière d'en haut et d'en bas, telles que nous les connaissons d'après les figures, plus que d'après les descriptions, qu'en donnent MM. Buckland et Cuvier, nous voyons qu'elles peuvent également servir à démontrer que l'Hyène fossile en Allemagne, en Angleterre, en Belgique, dans le nord et même dans le midi de la France, constitue une espèce bien distincte, même de celle du Cap, dont elle est cependant plus rapprochée que de toute autre, aussi bien par les os du squelette que par les dents.

2° La grande Hyène des cavernes (*H. spelæa major*).

Indiquée pour la première fois par M Goldfuss, dans les *Nouveaux actes des curieux de la nature*, XI, p. 2, p. 459, tab. 57, fig. 3, et par Wagner, *Isis*, 1829, IX, 980, d'après un petit nombre de fragments qui se réduisent même ici à une partie antérieure de mandibule portant la première paire de dents molaires en place, des cavernes de Franconie, et qui ne diffère de son analogue dans la précédente, que par des dimensions encore plus grandes. C'est la même raison qui a porté M. Schmerling à adopter cette espèce d'après un fragment de tête, pl. XI, fig. 17-18, et deux dents, pl. X, fig. 17-18, trouvés avec ceux de *H. spelæa*, et cependant la différence de taille ne va guère suivant ses propres mesures qu'à un vingtième pour la tête, et à un cinq ou sixième pour les dents.

Par qui proposée. Goldfuss. Wagner. Sur quel fragment. Schmerling.

Il faut aussi sans doute rapporter à cette même variété la *H. gigantea* de M. Moll (*Manuel de palæont.*, p. 36), et qui repose sur un occiput et une mandibule, trouvés dans la caverne d'Oreston en Angleterre et figurés, *Trans. phil.*, vol. 113, pl. XI, fig. 8, et pl. XII, fig. 9, par M. Clift, se bornant à dire que la partie occipitale est deux fois aussi grande que sa partie correspondante dans une Hyène vivante, dont il ne donne pas la mesure.

Moll.

Dans nos principes établis sur une observation répétée, la distinction des espèces animales doit nécessairement reposer sur autre chose que sur la taille.

Conclusion.

3° L'Hyène de Perrier (*H. Perrieri*).

De MM. Croizet et Jobert, fossiles d'Auvergne, I, p. 169, 1829.

D'après les fragments suivants :

Par qui proposée. Sur quel fragment. Mandibules.

a) Une demi-mandibule du côté droit, presque entière et pourvue de ses dents molaires et canines, *loc. cit.*, Hyènes (Pl. II, fig. 3).

b) Une autre portion de mandibule portant ses molaires de lait, et, par une heureuse cassure, pouvant montrer la carnassière d'adulte encore dans l'alvéole (Pl. IV, fig. 3).

c) Un autre fragment de mandibule montrant les incisives et les canines en place (Pl. IV, fig. 6).

Humérus. *d*) Une portion inférieure d'humérus (Pl. II, fig. 6).

Os de l'Avant-Bras. *e*) Les deux os de l'avant-bras assez frustes et tronqués à leur extrémité inférieure, et s'adaptant parfaitement avec l'humérus (Pl. II, fig. 7 et 8).

Radius. *f*) Une portion assez considérable, mais tronquée aux deux extrémités, d'un radius (Pl. II, fig. 8).

Trouvés ensemble en Auvergne. Fragments trouvés, *a*, *b*, *c*, *d*, *e* et *f*, ensemble, dans le diluvium ancien ou l'alluvium de la montagne de Perrier près d'Issoire en Auvergne.

Caractérisés par la Carnassière. Ces messieurs caractérisent cette espèce : par la présence d'un talon bilobé à la partie postérieure de la carnassière, ou de la dernière molaire d'en bas, particularité qu'ils ont observée sur trois individus; par l'absence de tubercule interne à la base du lobe postérieur de cette La Disposition des Dents. même dent; par une sorte d'imbrication latérale en avant et en dehors des deux molaires intermédiaires, ce qui les rend obliquement im- L'Élévation du Condyle. plantées; par la position du condyle, plutôt au-dessous qu'au-dessus L'Absence du Trou de l'Humérus. de la ligne dentaire; enfin, par l'absence du trou de non ossification au-dessus de la poulie articulaire de l'humérus.

Du reste, ils reconnaissent que c'est de l'Hyène tachetée, qu'ils nomment quelquefois Hyène d'Afrique, sans doute parce qu'elle habite exclusivement cette partie du monde, que l'Hyène de Perrier se rapproche le plus.

Nous avons observé, dans la collection du Muséum, la plupart des pièces sur lesquelles elle a été établie.

Discussion de ces caract. L'imbrication latérale des dents, par une sorte de refoulement des intermédiaires, tient à la brièveté et à la courbure sur le plat de la mandibule en totalité, et provient de cette particularité, évidemment plutôt individuelle que spécifique. Il en est de même d'un peu moins d'élévation du condyle de la mandibule au-dessus de la ligne dentaire. Quant à l'absence du trou de l'humérus, en supposant que cet os appartienne certainement à cette espèce, c'est sans doute un résultat de l'âge, et nous avons noté celui de deux individus de notre collection qui est dans le même cas.

Restent donc les deux particularités de la dent carnassière. La bifidure du talon me paraît pouvoir être attribuée à un accident déterminé par la manière dont s'est faite l'usure par l'action de la carnassière et de la tuberculeuse supérieures ; et j'avais supposé que c'était peut-être à la même cause que pouvait être due l'absence du tubercule interne, comme j'en ai vu des exemples chez quelques individus de l'*H. vulgaris*. De la Carnassière.

Dans cette manière de voir, l'Hyène de Perrier serait une espèce voisine de l'Hyène rayée et non de l'Hyène tachetée.

Ce qui semblerait le prouver, c'est que la forme et la proportion de la carnassière, par rapport à celle qui la précède, et celles de ses trois lobes, sont assez bien comme dans l'Hyène rayée, et surtout comme dans la variété désignée sous le nom d'*H. fusca*, ainsi que dans l'Hyène d'Oran. Conclusion préliminaire.

On peut cependant trouver une objection à cette manière de voir en considérant le fragment de mandibule de jeune âge que M. l'abbé Croizet rapporte aussi à l'Hyène de Perrier, et qui contient à la fois la carnassière de lait et celle d'adulte ; en effet cette dent carnassière de remplacement, encore, il est vrai, contenue dans son alvéole, n'a pas de tubercule interne, quoique le talon soit également assez large, mais étroit et à trois cornes presque égales, comme dans la carnassière d'adulte rapportée à cette espèce ; et d'ailleurs la partie tranchante de la couronne est aussi bien moins étalée dans ses deux lobes que dans la dent analogue de l'Hyène fossile de Gaylenreuth ; et comme en outre les deux autres dents molaires, c'est-à-dire l'avant-molaire et la principale, et surtout celle-là, sont notablement plus grandes que dans le jeune âge de l'*H. crocuta*, on doit en conclure que l'Hyène de Perrier pourrait bien être quelque chose de particulier. Objection.

Nous devons cependant ajouter que nous ne connaissons la tuberculeuse caractéristique, ni dans le jeune âge, ni dans l'adulte. Conclusion définitive.

4° L'Hyène d'Auvergne (*H. Arvernensis*).

Par qui proposée.

Des mêmes paléontologistes (*Fossiles du Puy-de-Dôme*, tome I, page 178).

Sur quels fragments.

D'après les fragments suivants :

a) Une mandibule du côté droit pourvue de presque toutes ses dents, fort usées à la couronne, et surtout la carnassière dans ses deux lobes tranchants, *loc. cit.* (Pl. III, fig. 1 et 2).

b) Une dent principale inférieure (Pl. I, fig. 4) qui offre un rudiment de tubercule et des trois denticules du talon.

c) Un fragment de mâchoire supérieure du côté gauche contenant les trois dernières molaires, et entre autres la tuberculeuse (Pl. IV, fig. 1, 2 et 3).

Caractérisée par la Dent Carnassière inférieure.

Offrant, suivant MM. Croizet et Jobert, pour caractères différentiels avec l'Hyène rayée, dont elle a cependant la carnassière inférieure assez semblable, le petit tubercule interne de cette dent placé plus en arrière, un collet plus fort et un tubercule en avant de la seconde molaire inférieure, moins d'obliquité dans les intermédiaires, une courbure moins brusque du bord inférieur de la mandibule, plus d'éloignement en arrière et plus d'élévation dans le condyle, enfin une taille qui égalait au moins celle des plus grandes Hyènes tachetées : ce qui ne constitue aucune différence bien réellement spécifique, et ce qui le prouve, ce me semble, c'est que la forme et la proportion des deux arrière-molaires et surtout de la tuberculeuse, dans le fragment de mâchoire supérieure rapporté par ces messieurs à leur Hyène d'Auvergne, sont absolument comme dans l'Hyène rayée (*H. vulgaris*).

La Tuberculeuse.

Conclusions.

Je suis donc porté à conclure que les fragments fossiles sur lesquels repose l'établissement de l'*H. Arvernensis*, de MM. Croizet et Jobert, fragments que j'ai vus et comparés avec soin, sont loin d'être suffisants pour distinguer cette espèce de l'Hyène ordinaire dont nous allons en effet trouver d'autres traces dans les cavernes du midi de la France, et très-probablement aussi dans l'immense dépôt tertiaire ou diluvien du val d'Arno aux environs de Florence.

5° L'Hyène douteuse (*H. dubia*).

Des mêmes paléontologistes d'Auvergne, *loc. cit.*, p. 181, mérite en effet ce nom sous tous les rapports, car elle ne repose que sur une seule dent que MM. Croizet et Jobert regardent comme une seconde fausse molaire supérieure d'une Hyène, à cause de sa forme conique et de sa grande épaisseur, et différente de sa correspondante dans les espèces admises à l'état vivant et à l'état fossile, parce qu'elle n'offre aucune trace de talon ni même de collet.

Par qui proposée. Sur quel fragment.

Cette dent, qui provient, du reste, de la même localité que les pièces précédentes, est en effet très-probablement une dent d'Hyène, comme on en peut juger par le quasi-parallélisme et la longueur de ses deux racines; quant à l'absence de talon et de collet, cela tient sans doute à ce qu'elle a été usée par le frottement.

Conclusion.

6° L'Hyène mixte (*H. intermedia*).

Commence la série des espèces d'Hyènes fossiles que MM. Marcel de Serres, Dubreuil et Jean-Jean ont proposées, d'abord dans un mémoire particulier sur les Hyènes fossiles des cavernes de Lunel-Viel (*Mém. du Muséum*, t. XVII, p. 269, an. 1828), et depuis dans leur ouvrage intitulé : *Recherches sur les ossements humatiles des cavernes de Lunel-Viel*, p. 80, an. 1839; d'après les ossements fossiles trouvés en assez grand nombre dans une des cavernes les plus méridionales d'Europe, celle de Lunel-Viel, à quelques lieues de Montpellier.

Par qui proposée. M. Marcel de Serres, etc.

Les fragments qu'ils ont attribués à cette espèce consistent :

Sur quels fragments.

1° En une tête presque entière, armée de toutes ses dents, sauf la tuberculeuse (*Mém. du Mus.*, pl. XXIV, fig. 4 et 5, et *Recherches*, etc., pl. III, fig. 4 et 5).

2° Une couronne occipitale (Pl. IX, fig. 70) qui dans les *Mém.* (Pl. XXV, fig. 7) est attribuée à l'*H. spelæa*.

3° Une mandibule entière avec toutes ses dents (*Mém.*, pl. XXV, fig. 4, et *Recherches*, pl. IV, fig. 4).

4° Une carnassière supérieure du côté droit (*Mém.*, pl. XXIV, fig. 6 et 7; *Recherches*, pl. III, fig. 6 et 7).

5° Une carnassière inférieure du côté gauche (*Mém.*, pl. XXV, fig. 5 et 6; *Recherches*, pl. IV, fig. 5 et 6).

6° Une carnassière inférieure du côté droit (*Mém.*, pl. XVI, fig. 7 et 8; *Recherches*, pl. V, fig. 7 et 8).

Caractérisée par

Mais ils n'ont pu la distinguer des deux autres espèces dont ils ont trouvé des restes dans la caverne de Lunel-Viel, et surtout de l'*H. spelæa* (avec laquelle elle a plus de rapports pour les bosses pariétales et la forme du museau, la grandeur des fosses nasales, du trou sous-orbitaire, la forme de la carnassière supérieure, quoiqu'un peu plus petite), que par une plus grande taille, par plus de longueur et de saillie de la crête sagittale, de largeur du front, par la forme plus volumineuse des molaires inférieures, et surtout parce que la carnassière inférieure est pourvue à peu de distance de sa jonction avec un talon rudimentaire, comme dans l'*H. spelæa*, d'un petit tubercule conique très-pointu, dans un parallélisme assez exact avec la partie la plus reculée du lobe postérieur. Quant à la carnassière supérieure, son lobe postérieur serait intermédiaire à ce qu'il est dans l'*H. prisca* et dans l'*H. spelæa*, que sous ce rapport, ces messieurs rapprochent de l'Hyène rayée et de l'Hyène tachetée, et l'apophyse coronoïde serait comme dans celle-ci. Ce sont même ces particularités, propres tantôt à l'une, tantôt à l'autre de ces deux espèces, qui ont valu à l'espèce fossile le nom d'*H. intermedia*.

la Taille. la Crête sagittale. la Carnassière inférieure. la supérieure.

Discutée.

Je ne puis en juger que d'après les figures citées plus haut; mais quoique en effet l'apophyse occipitale de la tête (pl. III, fig. 4) soit évidemment plus élevée que dans l'*H. spelæa*, la proportion et la forme des dents molaires implantées, sont certainement comme dans celle-ci,

Cette manière de voir semble d'ailleurs être confirmée par la mandibule et la proportion de ses dents (pl. IV, fig. 4, 5 et 6); reste donc seulement la particularité du rudiment de tubercule interne de la principale que je suis porté à regarder comme individuel; en effet, je l'ai retrouvé sur un beau fragment de mandibule de la caverne de Kent en Angleterre, et sur un autre provenant de Bondy près de Paris, qui du reste appartiennent évidemment à l'Hyène ordinaire des cavernes, *H. spelæa*. Conclusion.

7° L'Hyène ancienne (*H. prisca*).

De MM. Marcel de Serres, Dubreuil et Jean-Jean, *Mém. du Muséum*, t. XVII, p. 278, an. 1828; *Mémoire sur les Hyènes fossiles de la caverne de Lunel-Viel*, puis *Recherches sur les ossements humatiles de cette même caverne*, p. 80, an. 1839; de laquelle ont aussi parlé MM. de Christol et Bravard, *Mém. de la Soc. d'hist. nat. de Paris*, t. IV, p. 376, Pl. XXIII, fig. 3, an. 1828, sous le nom d'Hyène de Montpellier (*H. Mons-pessulana*), ne reposait d'abord, pour ces derniers du moins, que sur la considération d'une dent carnassière inférieure du côté gauche qui était pourvue d'un talon et d'un tubercule interne comme dans l'Hyène rayée, *H. vulgaris*; mais chez les premiers, elle est appuyée sur des fragments bien plus importants, savoir: Par qui proposée. De Christol. Sur quels fragments.

1° Une tête assez entière, tronquée au museau (*Mém.*, Pl. XXIV, fig. 1; *Recherches*, Pl. III, fig. 1).

2° Mandibule du côté gauche (*Mém.*, Pl. XXV, fig. 1; *Recherches*, Pl. IV, fig. 1).

3° Une dent carnassière supérieure du côté gauche (*Mém.*, Pl. XXIV, fig. 2 et 3; *Recherches*, Pl. III, fig. 2 et 3).

4° Une dent carnassière inférieure du côté gauche (*Mém.*, Pl. XXV, fig. 2 et 3; *Recherches*, Pl. IV, fig. 2 et 3).

En faisant porter leur comparaison sur un seul squelette de l'Hyène rayée vivante, et probablement de ménagerie, MM. de Serres, Dubreuil et Jean-Jean, n'ont pu reconnaître de différence entre celle-ci et l'Hyène Sur quels Caractères.

fossile des cavernes de Lunel-Viel (*H. spelæa*), que dans la taille en général plus grande chez celle-ci, le chanfrein un peu plus droit, les fosses nasales plus étendues, le trou sous-orbitaire un peu plus grand, les fausses molaires un peu plus larges par rapport à la hauteur, et le tubercule interne de la carnassière inférieure plus gros.

Conclusion. Nous ne connaissons en nature qu'un assez petit nombre d'ossements de l'Hyène fossile des cavernes de Lunel-Viel, et aucun de ceux signalés par MM. de Serres et ses collaborateurs; mais il est évident qu'aucune des différences notées par eux ne peut fournir un caractère d'espèce; aussi ces messieurs ont-ils nommé, en français, l'animal dont ils ont reconnu les fragments, *Hyène rayée fossile*, et très-probablement comme ne différant en rien de cette espèce vivante.

C'est en effet ce qu'avaient établi MM. de Christol et Bravard (*Ann. des sc. nat.*, fév. 1828), dans un mémoire lu à la Société d'histoire naturelle de Paris, en admettant que l'Hyène rayée avait laissé de ses traces à l'état fossile; se fondant, comme il a été dit plus haut, sur une dent molaire inférieure, qui, suivant eux, offrait le talon et le tubercule interne comme dans l'espèce vivante.

Comparé avec l'*Hyæna Arvernensis*. Il s'agirait maintenant de rechercher si cette espèce des cavernes de Lunel-Viel diffère ou non de celle que MM. Croizet et Jobert ont également rapprochée de l'Hyène vulgaire, leur *H. Arvernensis*. Si elle n'en diffère pas, comme cela me semble fort probable, on aura la certitude que cette espèce est bien réellement la même que l'on trouve fossile dans le midi de la France. En effet, nous avons fait remarquer plus haut que l'Hyène d'Auvergne des paléontologistes de Clermont offre la dent tuberculeuse caractéristique tout à fait semblable à celle de l'Hyène vulgaire, si commune aujourd'hui de l'autre côté de la Méditerranée, depuis une extrémité jusqu'à l'autre.

Conclusion définitive.

Avec l'Hyène du Val d'Arno. Je lui rapporterais même volontiers l'Hyène dont on a trouvé plusieurs restes fossiles dans l'immense dépôt tertiaire ou de diluvium ancien du val d'Arno. En effet, d'après un plâtre moulé sur un fragment de mâchoire du côté droit, envoyé à notre collection par Targioni-Tozetti, et surtout d'après les deux mandibules que j'ai observées dans la collection granducale à Florence, il me semble que la forme et les proportions des dents molaires, et surtout de la carnassière, sont comme dans l'*H. Arvernensis* de M. Croizet, et dans l'*H. prisca* de M. Marcel de Serres, et nullement comme dans l'*H. spelæa*. C'est ce que confirme un fragment considérable de l'humérus du côté gauche que j'ai vu et dessiné dans la même collection, provenant également du val d'Arno. Sa grandeur indique un animal bien plus petit que l'Hyène ordinaire des cavernes. Il est en effet exactement de la grandeur de celui rapporté par M. Croizet à son Hyène de Perrier, Pl. II, fig. 6. Conclusion.

L'Hyène ancienne de l'Himalaya (*H. Sivalensis*).

Ce n'est en effet pas seulement en Europe que les paléontologistes ont découvert des ossements fossiles qu'ils ont attribués à des animaux de ce genre. En Asie. Par qui établie.

En Asie, sur le versant méridional des Sous-Himalayas, nous trouvons que MM. Baker et Durand (*Journ. As. du Beng.*, p. 559, an. 1835) ont signalé et même fait figurer une tête presque entière d'Hyène, pourvue de sa mandibule, recueillie dans l'immense dépôt qui constitue les monts Sivaliens; malheureusement la description et la figure données par ces messieurs sont assez loin d'être suffisantes pour déterminer si ce crâne d'Hyène provient d'une espèce distincte, ce qui est peu probable, ou bien semblable à celle qui vit encore dans le pays, et qui n'est que l'Hyène vulgaire. Voici au reste l'extrait de ce qu'ils en disent :

« Au nombre des ossements de Carnassiers fossiles trouvés dans ce dépôt, ceux d'Hyène sont les plus communs. Nous avons fait figurer le plus parfait que nous ayons rencontré et qui consiste dans une tête presque complète, avec sa mandibule en place, provenant sans doute d'un animal arrivé à toute sa croissance, comme on peut en juger d'après l'état des dents dont les pointes sont fort usées. D'une taille moindre que l'Hyène fossile figurée par Cuvier, et même un peu différente, elle Sur quels ossements.

s'en rapproche cependant davantage que de celle de ce pays nommée *Charakh*, et dont nous figurons une tête comme objet de comparaison. On peut y remarquer quelques différences légères dans la disposition des dents molaires. Nous ne voudrions cependant pas décider si ces différences ne viendraient pas de l'âge ou de quelque accident.»

Observations différentielles.

A plus forte raison ne pouvons-nous pas nous-même donner quelque chose de plus positif. En comparant les deux figures nous ne voyons guère à noter de différentiel, que plus de pincement ou d'étroitesse dans le dos du museau, plus de longueur dans la face et dans l'arcade zygomatique, et enfin plus de petitesse dans la première avant-molaire d'en haut; mais rien de tout cela n'est bien caractéristique, et d'ailleurs un dessin réduit au quart de la grandeur naturelle mérite-t-il une confiance absolue?

En Sud-Amérique. Au Brésil. Par M. Lund.

M. Lund énumère aussi, p. 94, l'Hyène au nombre des animaux dont il a trouvé des ossements fossiles dans les cavernes du Brésil; mais s'il indique en quelque endroit de son mémoire les fragments sur lesquels repose son assertion, il ne les figure certainement pas, comme il a fait pour toutes les autres espèces qu'il a également proposées; en sorte que c'est probablement encore là un nouvel exemple de ces assertions trop nombreuses en paléontologie, et qui ne reposent réellement sur rien d'assez positif pour devoir être le moins du monde acceptées. Sans doute on ne voit aucune raison contradictoire à ce que le genre Hyène ait existé autrefois dans l'Amérique méridionale, mais jusqu'ici cette existence ne peut être rangée au nombre des faits démontrés. M. Lund donne à son Hyène fossile au Brésil, le nom de *H. neogæa*, ou Hyène du Nouveau-Monde, et ne la cite, ce me semble, qu'aux pages 93 et 94 de son mémoire inséré dans les Actes de l'Académie royale des sciences de Copenhague, tom. VII, an. 1841.

De l'Agnothérium.

Je terminerai cet examen des ossements fossiles attribués au genre

Hyène, en faisant l'histoire de l'Agnothérium, que je ne connais que par ce qui en a été écrit et figuré par M. Kaup.

M. Kaup, dans son ouvrage sur les ossements fossiles du cabinet de Darmstadt (cahier II, chap. V, p. 28), a proposé de désigner sous ce nom l'animal auquel a appartenu une dent molaire qu'il figure, pl. I, fig. 4 à 6, ainsi qu'une dent canine, l'une et l'autre trouvées séparément dans le célèbre dépôt des sables d'Eppelsheim, regardé comme appartenant aux formations tertiaires. Par qui établie.

La dent molaire, qui est évidemment une carnassière inférieure du côté droit, et de la taille de sa correspondante dans un Lion ou une grande Hyène, ressemble beaucoup, comme l'a fait justement observer M. Kaup, à celle du Loup; en effet portée par deux racines très-fortes, assez écartées et subégales, la couronne, bien plus longue qu'épaisse, est formée en avant d'une partie, la plus grande, subtranchante, bilobée profondément, et en arrière d'une autre partie plus petite et constituant une sorte de talon, ce talon étant à trois tubercules, un externe, le plus grand, continuant le bord extérieur de la dent, les deux autres internes subégaux et fort rapprochés. Ainsi elle diffère de celle du Loup, d'abord parce qu'elle est bien plus grande, mais surtout parce qu'elle est plus carnassière, les lobes de la partie antérieure, et surtout le premier, étant proportionnellement plus larges, moins élevés et surtout l'antérieur, s'étalant en avant, de manière à ressembler presque complétement à ce qu'il est dans cet animal. Une autre différence consiste en ce que les deux tubercules internes du talon, au lieu d'être assez séparés pour que l'antérieur soit collé contre le bord interne du lobe postérieur de la partie antérieure, comme dans le Loup, sont ici égaux et fort rapprochés, en sorte que, si cette dent n'est pas une dent de Canis, ce n'est pas non plus tout à fait une dent d'Hyène, les deux racines étant trop semblables, au contraire des deux lobes de la partie antérieure, et d'ailleurs le talon étant évident dans la dent fossile, comparé avec ce qu'il est, même dans l'Hyène fossile d'Auvergne, avec laquelle il y a cependant quelque ressemblance. Sur une Dent molaire. Décrite. Comparée avec celle du Loup. de l'Hyène.

de l'Amphicyon minor. J'avais d'abord pensé que cette dent pourrait mieux être rapportée à l'Amphicyon de M. Lartet. Pour l'espèce que j'ai désignée sous le nom d'*A. minor*, je suis certain que cela n'est pas, ou du moins que cette dent de l'Agnothérium de M. Kaup ne peut être de la même espèce que celle, justement de même genre, que j'ai attribuée à l'*A. minor*. Je n'ose pas en dire autant en portant la comparaison sur l'*A. major*. En effet, c'est assez bien la même grandeur; malheureusement cette dent n'est pas connue dans ce dernier, du moins en place, ni même une analogue à celle séparée que j'ai supposée lui appartenir : en effet, j'ai fait observer que cette dent avait, dans les Amphycions, ses lobes antérieurs encore plus inégaux que dans les Canis, ce qui montre qu'elle était moins carnassière, au contraire de ce qui est pour la dent de l'Agnothérium.

major.

Conclusions. Ce qui me porterait encore à croire que cette dent peut avoir appartenu à un Carnassier hyénoïde, c'est l'usure très-grande qu'elle a éprouvée à sa face externe; en effet, cette usure, justement remarquée comme peu ordinaire par M. Kaup, se voit souvent chez les Hyènes, par suite du frottement de cette dent contre la face interne de la carnassière supérieure.

Une Canine. Décrite. Quant à l'autre dent que M. Kaup rapporte à la même espèce animale, c'est suivant lui une canine supérieure du côté droit, qui a deux centimètres de largeur à la base, sur quatre et demi environ de longueur de couronne, fort courte par rapport à celle de la racine, et qui a plus de ressemblance avec sa correspondante dans le Chien, que dans aucun autre Carnassier. Sa racine est fort comprimée et la couronne peu haute, peu courbée, à coupe subtétraèdre, offrant, en arrière, deux faces presque plates aboutissant à une arête bien tranchante, un peu denticulée, et, en avant, un côté en grande partie convexe, de même qu'une partie du côté interne, séparée par une arête bien prononcée.

Comparée. D'après la petitesse proportionnelle de la couronne de cette dent, je supposerais plus volontiers, si c'est une canine, qu'elle proviendrait de la mâchoire inférieure; mais ne se pourrait-il pas que ce fût une incisive supérieure caniniforme, analogue à celle trouvée en Angleterre par M. Mac-Enry, avec la canine comprimée du prétendu *Ursus cultridens*, citée aussi à Eppelsheim par M. Kaup, ou mieux ne serait-ce pas une canine inférieure d'un *Felis cultridens ?* c'est ce qui me semble plus probable.

C'est en effet dans la planche des Felis à dents canines cultriformes que j'ai fait représenter cette dent, comme appartenant très-probablement à l'espèce dont M. Kaup a figuré une canine d'en haut sous le nom de *Machairodus cultridens*, et qui aujourd'hui doit être rapportée indubitablement à une grande espèce de Felis. Conclusion.

RÉSUMÉ.

1° *Sous le rapport de la distinction et de la disposition des espèces.*

Les espèces d'Hyènes, comprenant ici celles qui sont encore existantes et celles qui ont déjà disparu de la surface de la terre, peuvent être aisément distinguées : Espèces d'Hyènes.

1° Par la proportion, la forme et la grandeur de la dent tuberculeuse supérieure, adulte et de lait. Distinguées par la Dent tuberculeuse.

2° Par la proportion relative de la carnassière supérieure, et de ses parties ou lobes. la Carnassière supérieure.

3° Par la proportion de la carnassière inférieure, comparée à la principale qui la précède. inférieure.

4° Par la proportion des parties de cette même dent, c'est-à-dire du talon et du tubercule interne.

On peut alors ranger les espèces suivant le degré de disposition carnivore, c'est-à-dire du maximum de développement de la partie tuberculeuse à son minimum. Disposées ainsi :

A la tête se trouve l'Agnothérium de M. Kaup, en supposant que le système dentaire et le squelette confirment la présomption tirée de la seule dent connue. *Agnotherium.*

Puis vient l'Hyène ordinaire (*H. vulgaris*), avec laquelle se placent dans l'ordre de la gradation carnassière : *H. vulgaris.*

prisca. L'*H. prisca* ou *Mons-pessulana*, fossile.

Arvernensis. L'*H. Arvernensis,* fossile.

fusca. L'*H. fusca,* vivante.

Toutes les trois n'en formant sans doute qu'une seule.

Viennent ensuite :

Perrieri. L'*H. Perrieri,* fossile.

intermedia. L'*H. intermedia*, fossile.

spelæa. L'*H. spelæa*, *major* et *minor.*

Également fossile, surtout dans la partie moyenne de l'Europe.

Et enfin :

crocuta. L'*H. crocuta*, qui s'en rapproche beaucoup ; mais chez laquelle la tuberculeuse supérieure est encore plus petite et la carnassière inférieure plus large, plus tranchante et moins tuberculeuse.

En effet, dans l'*H. spelæa*, j'ai quelquefois trouvé un indice bien évident du tubercule interne que je n'ai jamais vu dans aucun de nos crânes d'*H. crocuta.*

2° *Sur le système dentaire.*

*Adulte. Incisives. Canines. Le système dentaire des Hyènes à l'état adulte est tout à fait particulier à ce genre, du moins pour les molaires, car pour les incisives et les canines, le nombre est toujours le même que dans tous les Carnassiers, et la forme intermédiaire aux Felis et aux Canis, sans lobes à la couronne des premières.

Molaires. Comparées avec les Felis. Quant aux molaires, leur nombre, comme leur forme, est entièrement propre à ce groupe, plus rapprochées, cependant, de ce qu'elles sont chez les Felis, ne diffèrent, en nombre que par une seconde avant-molaire de plus, et pour la forme que par plus d'épaisseur, plus de force et même plus de grandeur en général, et surtout parce que la carnassière d'en bas est, au moins, pourvue d'un bourrelet en arrière, et même en avant, de ses deux lobes moins tranchants.

**De 1er âge. A l'état de jeune âge, le système dentaire des Hyènes les distingue nettement de celui des Felis, puisque les molaires rentrent dans la disposition normale des Carnassiers. Dès lors c'est avec les Canis qu'il y a plus de ressemblance, du moins pour le nombre ; trois de chaque côté et à chaque mâchoire ; mais il n'en est pas de même pour la forme des deux postérieures, analogues des seules qui existent chez les Felis ; avec ceux-ci la ressemblance est assez parfaite, les différences étant presque spécifiques. On peut cependant noter supérieurement, que la carnassière a sa lame moins large, moins tranchante, et surtout que son lobe antérieur est moins étendu, les deux tubercules qui le forment étant disposés plus transversalement, au lieu d'être presque sur la même ligne d'avant en arrière, comme dans le Lion. Il en résulte que le talon interne est plus avancé, et comme il y a ici une avant-molaire qui n'existe pas dans les Felis, les deux racines et surtout l'antérieure sont bien moins divergentes que dans la carnassière de ceux-ci.

Comparé avec celui des Canis.

des Felis.

Supérieurement.

Carnassière.

La tuberculeuse diffère encore plus, en ce qu'elle est régulièrement triquètre et transversale, la base en avant avec une racine à chaque angle, l'interne bien plus grosse et aliforme, se projetant presque horizontalement en dedans, tandis que dans le Lion, il n'y a que les deux racines postérieures, parce que la couronne est comme décomposée en deux parties réunies par une barre oblique.

Tuberculeuse.

Inférieurement la principale est moins élevée, un peu plus épaisse, les talons et surtout le postérieur au côté interne plus arrêtés, les racines, surtout l'antérieure, bien moins divergentes.

Inférieurement.

Principale.

La carnassière est assez bien dans le même cas, moins élevée, moins étalée ; ses deux lobes moins inégaux et surtout le talon postérieur plus large et plus crénelé à son bord tranchant, sans tubercule pointu à sa base interne, comme dans le Lion.

Carnassière.

3° *Sur l'ostéologie.*

Sous ce rapport les Hyènes tiennent encore des Felis et des Canis. Pour la tête, c'est évidemment avec les premiers qu'il y a le plus de

Pour la Tête.

rapprochement à faire, par la forme du crâne et la force des mâchoires, ainsi que par le développement des fosses et des crêtes d'insertion des muscles nécessaires à la mastication; mais la longueur du museau, la courbure de la mandibule, la disposition des apophyses mastoïdes sont davantage comme dans les Canis. Enfin, la compression latérale du crâne, le développement des crêtes sagittale et occipitale, et surtout de l'épine, la déclivité presque continue du chanfrein, de cette épine à l'extrémité du nez, l'articulation du maxillaire avec le frontal dans l'orbite, distinguent la tête osseuse des Hyènes de celles des deux genres précédents.

Le reste du squelette se rapproche davantage de celui des Canis que des Felis, surtout dans la forme et les particularités de la queue et des membres.

Les Vertèbres. La forme générale décroissante de toutes les vertèbres, la distribution des vingt troncales en quinze dorsales et cinq lombaires, sont des particularités propres aux Hyènes; mais l'apophyse épineuse de l'axis, le lobe interne de l'apophyse transverse de la sixième cervicale, et même les apophyses transverses des vertèbres lombaires sont assez bien comme dans les Canis.

Les Membres antérieurs. Le rapprochement avec ceux-ci devient encore plus évident pour les membres antérieurs, par l'absence de l'apophyse coracoïde de l'omoplate, l'extrême petitesse de la clavicule, l'absence du canal de la tubérosité interne, et l'existence presque constante du trou de non ossification de la tête inférieure de l'humérus, par la forme, la position des os de l'avant-bras, sauf l'intégrité de l'apophyse coracoïde de l'olécrâne, et enfin l'absence de pouce, et la forme des deux dernières phalanges, qui sont presque tout à fait comme dans les Canis.

postérieurs. La même observation peut être faite pour les membres postérieurs, à l'exception cependant de l'os innominé, et surtout de l'iléon dont la forme et la position sont tout à fait propres aux Hyènes.

4° *Sur la distribution géographique des espèces.*

Il n'a encore été observé d'Hyènes vivantes que dans l'Ancien-Monde, et seulement en Afrique et en Asie, mais nullement en Europe, même dans les parties les plus orientales et méridionales; et c'est exclusivement l'Hyène rayée, qui se trouve le plus généralement répandue partout où existe le Chacal, si ce n'est en Europe. Exclusivement en Afrique. en Asie. continentales.

On ne connaît point encore d'Hyène dans aucune île de l'Archipel indien, ni même dans celle de Madagascar.

5° *Sur l'ancienneté des Hyènes à la surface de la terre.*

La connaissance de l'existence de ce genre d'animaux ne remonte historiquement pas plus haut qu'Aristote, nos livres sacrés ne faisant mention d'aucun animal auquel les caractères si particuliers à l'Hyène puissent convenir d'une manière certaine. Depuis Aristote seulement.

Mais depuis lors jusque de nos jours son histoire s'est de plus en plus éclaircie; toutefois deux espèces seulement ont pu être nettement distinguées, d'abord par la forme de la carnassière inférieure, et ensuite par celle de la tuberculeuse supérieure, l'une, la plus commune, répandue dans toute l'Afrique, comme dans toute l'Asie continentale, l'autre bornée à l'Afrique. Deux espèces : L'une d'Asie et d'Afrique. L'autre d'Afrique seulement.

Il n'est pas hors de doute, quoique cela soit assez probable, que de mémoire d'homme, une espèce d'Hyène ait vécu dans notre Europe; mais il est certain que cette partie du monde a nourri autrefois et même jusqu'en Angleterre une espèce un peu moins carnassière que celle du Cap, l'*H. spelæa*, et dans le midi de la France, outre l'espèce commune, une autre intermédiaire à celle-ci et à l'Hyène des cavernes, mais très-probablement peu différente de cette dernière. Une d'Europe, mais fossile, et peut-être une seconde.

Les traces que ce genre d'animaux a laissées dans le sein de la terre commencent à se montrer dans les terrains tertiaires de la mollasse du Ses traces commencent dans les terrains tertiaires, puis dans le diluvium des Cavernes. Molierberg et dans le gypse de Unterstuckheim, surtout dans le val d'Arno en Italie et dans les monts Sivaliens en Asie; puis dans le diluvium des cavernes de Gaylenreuth, de Baumann, de Sundwig en Allemagne, de Kirkdale, de Kent, d'Oreston en Angleterre, des environs de Liége en Belgique, d'Echenotz, de Fouvent à l'est, de l'Avison au sud-ouest, de Lunel-Viel, au sud, en France, et enfin dans un diluvium libre, ou même dans l'alluvium ancien de Lawfort en Angleterre, à Fontainebleau et aux environs de Paris, et surtout dans la montagne de Perrier, près d'Issoire, en France.

découvert.

inconnus dans les brèches, Malgré le grand rapport qu'il y a entre les brèches et les dépôts d'un assez grand nombre de cavernes, je ne connais encore aucune des premières où l'on ait dit avoir trouvé des os ou des dents d'Hyènes, si ce n'est celle de Nice, d'après M. Marcel de Serres, mais j'ignore sur quelle autorité.

ainsi que dans les dépôts d'Eppelsheim, de Sansans. Nous devons aussi faire observer que jusqu'ici les grands dépôts ossifères d'Eppelsheim, de Sansans, n'ont encore présenté aucun ossement qu'on ait pu rapporter à une véritable Hyène. M. Schleyermacher en a annoncé à Eppelsheim; mais c'est ce qui n'a pas été confirmé: je suppose même que cette assertion reposait sur la dent carnassière dont M. Kaup a fait son Agnothérium.

Énumérées : Le nombre des ossements d'Hyènes trouvés à la fois dans les différentes localités citées, est bien moins considérable que celui d'Ours par exemple, et qu'on ne le croit généralement, d'après l'une des plus célèbres, celle de Kirkdale; c'est ce qui nous a déterminé à en exposer ici la liste détaillée.

1. Dans un *terrain tertiaire*.

au Molierberg, Au *Molierberg*, dans le Muschelnagelflue, d'après M. H. de Meyer. *Palæologica*, p. 5; les fragments ne sont pas énumérés.

à Unterstuckheim. A *Untersturckheim*, d'après Hehl, *Cor. Bl. d. landw Ver., in Wurtemb.* 1828, cité par M. H. de Meyer, p. 52, comme dans un gypse tertiaire; ils ne le sont pas davantage.

Dans le val d'Arno, en Toscane, d'après ce que j'ai vu moi-même dans la collection de Florence : Dans le val d'Arno.

1° Un fragment considérable de mandibule du côté gauche armée de presque toutes ses dents molaires et de la canine fort usée. D'après moi.

2° Un autre du côté gauche, un peu moins complet, mais de dimensions bien plus fortes ; ayant 0,057 de hauteur au milieu de la branche horizontale, au lieu de 0,039 qu'a la précédente.

3° Un autre fragment de mandibule du côté gauche, de même taille.

4° Une moitié antérieure de mandibule du même côté, et de taille peut-être encore supérieure, avec les incisives, les canines et les trois premières molaires assez usées.

5° Un morceau de mâchoire du côté gauche.

6° Quelques dents molaires détachées.

7° Une grande partie d'humérus du côté gauche.

8° Quatre os du métacarpe du même pied (1).

Avec des os d'Ours, de grands Felis, de Canis, de Porc-Épics, d'Éléphants, de Mastodonte, de Rhinocéros, de Tapirs, d'Hippopotame surtout, de Cheval, de Cochon, de Cerfs, de Bœufs.

Dans le dépôt des *monts Sivaliens*, dans l'Inde. Dans les monts Sivaliens.

1) Une tête entière avec sa mandibule encore en place.

D'après MM. Baker et Durand. *Journ. As. du Bengale*, vol. IV, p. 569, 1835 ; pl. 46, fig. 22 et 23. D'après MM. Baker et Durand.

Avec un nombre immense d'ossements provenant d'animaux de toutes les classes d'Ostéozoaires, et parmi les Mammifères, de la plupart des genres de Carnassiers, de Rongeurs, de Pachydermes et de Ruminants.

II. Dans les *Cavernes* Dans les cavernes d'Allemagne,

* D'ALLEMAGNE.

A *Gaylenreuth* et à *Muggendorf*, principalement d'après M. Goldfuss (environs de Muggendorf) ; d'après des fragments : Gaylenreuth.

(1) M. Buckland (*Reliquiæ diluvianæ*, p. 96) cite, il est vrai, d'après M. Pentland, une tête d'Hyène fossile dans le muséum de Florence ; je suis certain de n'y avoir rien vu de semblable, et personne n'en a parlé depuis.

Goldfuss. Soemmering. 1° D'un crâne (Cuv., t. IV, pl. 30, fig. 6 et 7), et surtout Soemmering, *N. A. Acad. natur. Cur.*, vol. XIV, p. 1, tab. 1 et 2 (1).

G. Cuvier. 2° D'un autre crâne de la collection d'Ebel (Cuv., *ibid.*, pl. 30, fig. 3, 4 et 5).

3° D'un fragment de maxillaire portant la troisième molaire (*id.*, *ibid.*, pl. 29, fig. 13).

3) D'un troisième, partie occipitale (*id.*, *ibid.*, pl. 29, fig. 3).

4° D'une mâchoire du côté droit portant une seule troisième molaire, envoyé anciennement à Buffon, par le margrave d'Anspach (*id.*, *ibid.*, fig, 13).

5° De six demi-mandibules, une de la collection d'Ebel (pl. 29, fig. 10), de Camper (pl. 32, fig. 7), de Blumenbach (pl. 30, fig. 9), deux du Muséum, de celles-ci, l'une provenant de l'envoi fait à Buffon, par le margrave d'Anspach (pl. 29, fig. 10), et l'autre de Muggendorf, donné par mon ancien et excellent ami, M. de Roissy (pl. 32, fig. 10).

6° D'une vertèbre atlas (Cuv., t. IV, pl. 29, fig. 6).

7° D'un humérus de la collection de Camper (Cuv., *ibid.*, pl. 29, fig. 7).

8° D'un calcanéum (*id. ibid.*, fig. 25).

Avec des ossements d'Ours en prodigieuse quantité, de Tigre (2), de Blaireau, de Glouton, de Loup, de Renard, de Martre et en beaucoup plus petit nombre de Chevaux, de Cerfs, de Chevreuils, de Moutons et de Bœufs.

De Baumann. A *Baumann*, dans le Hartz, duché de Brunswick.

(1) C'est ce fameux crâne que Soemmering a intitulé : *H. fossilis ex antro Muggendorfiano, cujus crista terribili morsu læsa et sanata*, parce qu'il offre en effet une large et profonde altération pathologique vers le sinciput; mais il est fort douteux, pour ne pas dire davantage, que ce soit bien l'effet d'une morsure. M. le prof. Erdl, qui a vu la pièce, m'a paru avoir les mêmes doutes que moi.

(2) M. le professeur Goldfuss dit, qu'en vingt ans de fouilles sur plusieurs centaines de crânes d'Ours, on n'en a retiré que quinze d'Hyènes et trois ou quatre de grand Felis. On doit donc être un peu étonné des expressions de M. Buckland (*Reliq. Diluv.*, p. 24), lorsqu'il dit que les os d'Hyènes ont été trouvés mêlés avec une énorme quantité d'os d'Ours et de Tigres.

D'après Kundmann, *Rariora naturæ et artis* (p. 43, 1737). D'après Kundmann.

1° La moitié d'une mandibule du côté droit avec la seconde molaire (fig. tab. 2, fig. 2).

Avec des os d'Ours, de Glouton, de Tigre, de Canis, de Cerf et de Bœuf.

A *Scharzfels*, également dans le Hartz, non loin de Gœttingue en Hanovre et fort proche de la caverne de Baumann. De Scharzfels.

D'après M. G. Cuvier (*Ossements foss.*, t. IV, p. 29) et sans énumération de pièces. D'après M. G. Cuvier.

Avec des os d'Ours, de grand Felis, et de Rhinocéros.

A *Sundwig*, en Westphalie. De Sundwig.

D'après Noeggerath, dans les archives de Karsten, Goldfuss et Sack de Bonn (*Ostéolog. Beytrage*, p. 480), G. Cuvier (t. IV, p. 513), extrait de Goldfuss, en grand nombre (sans énumération) non arrondis. D'après MM. Noeggerath, Goldfuss, Sack, G. Cuvier.

D'après M. Goldfuss, *loc. cit.*

1° Un crâne.

2° Une portion de mandibule.

3° Un autre fragment du même os.

Avec un crâne de Glouton, des fragments d'Ours des cavernes, une dent canine de *Felis cultridens*, un fragment de mandibule de Cochon, des dents et un occiput de Rhinocéros, des os de plusieurs espèces de Cerfs de taille différente, quelquefois avec des traces d'érosion attribuées à des coups de dents.

** D'ANGLETERRE. En Angleterre.

A *Kirkdale.* De Kirkdale.

D'après M. Buckland, qui nous apprend que M. Gibbson seul avait recueilli plus de trois cents canines d'Hyènes, et qui, faisant entrer en ligne de compte toutes les dents et ossements qui l'ont été par d'autres personnes, porte le nombre des individus dont les traces ont été trouvées dans cette caverne à deux ou trois cents. D'après M. Buckland.

Cependant je ne trouve énumérées par lui et par M. Cuvier que les pièces suivantes : G. Cuvier.

1° Un fragment de mâchoire supérieure, contenant toutes les dents molaires (Buckland, *Reliq. diluv.*, pl. 3, fig. 3 et 4).

2° Un autre fragment de mâchoire contenant les incisives (*Id.*, *ibid.*, fig. 5).

3° Un fragment de mâchoire de jeune animal (*id.*, *ibid.*, pl. 13, fig. 3 et 4).

4° Un côté droit de mandibule contenant toutes ses dents parfaitement conservées (*Id.*, *ibid.*, pl. 4, fig. 2 et 3).

5° Un fragment de mandibule de jeune âge (*Id.*, *ibid*).

6° Des vertèbres dont un atlas, un axis, une quatrième et une cinquième cervicales, une dernière dorsale et une lombaire.

Et d'après M. G. Cuvier ou les pièces envoyées aux collections du Muséum, par MM. Buckland et Gibbson :

7° Un humérus.

8° Un cubitus.

9° Un métacarpien (pl. 5, fig. 9).

10° Trois phalanges, dont une onguéale (pl. 5, fig. 10, 11 et 12).

11° Une rotule.

12° Parmi les os du pied, un astragale, un calcanéum, un scaphoïde, un cunéiforme, un métatarsien (pl. 5, fig. 5).

Avec des os d'Ours et de Tigres, en très-petit nombre, de Loups, de Renards, de Belettes, de Rats d'eau, en quantité prodigieuse, de Lièvres, de Lapins, d'Eléphants, de Rhinocéros, d'Hippopotames, de Cheval, de Cerfs, de Bœufs et d'Oiseaux d'espèces diverses, aquatiques et terrestres.

D'Oreston. A *Oreston*, près de Plymouth.

D'après M. Clift. D'après M. Clift (*Trans. phil.*, part. I, p. 78, pour 1823), des dents et des ossements provenant, d'après son estimation, de cinq ou six individus d'Hyènes, ne parlant cependant que des pièces suivantes :

1° Un fragment d'occiput (pl. 11, fig. 8).

2° Une mandibule de très-grande taille (pl. 12, fig. 9).

3° Un fragment de mandibule de jeune âge (pl. 10, fig. 7).

4° Un côté de mandibule adulte, non figuré.

5° Des dents détachées, canines et molaires, non figurées.

Avec des ossements de Loups, de Renards, de Cheval, surtout de Cerf et de Bœuf, et même d'Éléphant, selon M. de Serres; j'ignore d'après qui.

À *Kent*, près de Torquay. De Kent.

D'après M. le révérend Mac-Enry : D'après M. Mac Enry.

1° Deux branches horizontales de mandibule complètes avec leurs dents extrêmement usées, l'une du côté droit, l'autre du côté gauche.

2° Un fragment de mandibule du même côté, et portant ses trois dernières dents molaires, évidemment très-fruste.

3° Une troisième dent molaire supérieure du côté droit.

4° Très-petit fragment de mandibule du côté droit portant la troisième molaire bien entière, et les deux alvéoles antérieures de la quatrième.

5° Petit fragment de mandibule du côté droit portant la troisième molaire avec l'alvéole de la suivante, enveloppé comme les précédents d'une sorte de pâte rouge.

6° Deux canines supérieures, l'une du côté droit, l'autre du côté gauche.

Avec des ossements d'Ours, de Tigres, de Renards, de Chauves-Souris, de *Felis cultridens*, de Campagnol, de Lièvre, de Lapin, d'Éléphant, de Rhinocéros, de Chevaux, Cerfs, Bœufs, Oiseaux.

On cite encore, mais sans les désigner, des ossements d'Hyènes dans les cavernes de Bleatdon, de Boughton, de Cefa, de Crawley-Rocks, (deux canines très-usées) de Hutton, d'au moins deux espèces, suivant M. Marcel de Serres, *Cav.*, p. 128. D'après qui? je l'ignore : de Nicholaston, de Pavilland, partie inférieure de l'humérus.

En Belgique. En Belgique.

Dans les cavernes des environs de Liége, d'après Schmerling (*Recherches sur les ossements fossiles trouvés dans les cavernes de la province* D'après Schmerling.

de Liége; par le docteur P. C. Schmerling. Liége, 1833 (1)), des fragments :

1° De trois têtes, de celle de Goffontaine (pl. 10 et 11, fig. 21).

2° De douze mandibules au moins de diverses cavernes, dont deux entières (pl. 11 et 12, fig. 1).

3° De cinq atlas (pl. 13, fig. 10).

4° De deux axis (pl. 13, fig. 11).

5° De trois autres vertèbres cervicales (pl. 13, fig. 12, 13 et 14), et peut-être de quelques dorsales.

6° De côtes.

7° D'une omoplate (pl. 12, fig. 3, AB).

8° De cinq humérus, tous de la caverne de Goffontaine (pl. 12, fig. 2, AB).

9° De quatre radius très-incomplets. Le plus entier (pl. 12, fig. 5, AB)

10° De quatre cubitus, dont le plus complet (pl. 12, fig. 4, AB).

11° D'un scaphoïde ou deux (pl. 13, fig. 2).

12° D'os du métacarpe.

13° D'un fémur et d'un tibia (p. 13, fig. 1, AB).

14° De plusieurs astragales et calcanéum (pl. 13, fig. 5), d'un scaphoïde, de deux métatarsiens et de plusieurs phalanges (pl. 13, fig. 9).

15° Et enfin, le plus communément et le mieux conservées, des dents incisives, canines et molaires de toutes sortes, même de lait, à l'exception de la tuberculeuse.

Avec des ossements d'Ours, de Tigres, de Loups, de divers Felis, de Canis, de Rongeurs de différents genres, d'Éléphants, Rhinocéros, Cheval, Cochon, Cerfs, Bœufs, même de l'Homme et du Chien domestique.

En France. En France.

D'Échenotz A *Echenotz*, au sud de Vesoul, en Franche-Comté.

(1) Il est à observer que Schmerling paraît n'avoir pas connu ni le mémoire de MM. de Serres, Dubreuil et Jean-Jean, indiqué comme publié en 1829, ni même l'ouvrage de MM. Croizet et Jobert, indiqué comme de 1828.

D'après M. Thirria, ingénieur des mines, *Mém. de la Soc. d'hist. nat. de Strasbourg*, t. I, p. 146, an. 1828. D'après M. Thirria.

Avec des os d'Ours les plus abondants, de grands Felis, d'Éléphants, de Sangliers, de Cerfs et de Bœufs :

1° Une dent principale ou troisième supérieure du côté gauche.

2° Une carnassière supérieure du même côté, venant indubitablement du même individu.

A *Fouvent*, département de la Haute-Saône. De Fouvent.

D'après M Thirria, cité par M. G. Cuvier (*Ossem. fos.*, t. IV, p. 394), des fragments : D'après M. G. Cuvier.

1° D'une mandibule du côté droit (*Id.*, *ibid.*, pl. 29, fig. 14).

2° D'une autre du même côté, indiquant un assez jeune animal de taille médiocre, et portant les deux dernières molaires, la carnassière avec indice du petit tubercule interne.

3° D'une autre du côté gauche, évidemment roulé, portant les trois premières molaires très-épointées.

4° Cinq dents molaires séparées, dont une carnassière supérieure, assez jeune, et probablement du même individu que le n° 2 ; les quatre autres du n° 3 ; deux secondes et deux troisièmes inférieures du côté gauche.

5° D'un humérus (fig. 8 et 9).

6° D'un cubitus du côté droit.

7° Une canine non figurée.

8° Enfin, une carnassière supérieure du côté gauche.

Avec des fragments de dents d'Ours, des os de Rhinocéros et de Cheval, de Cerfs, de Bœufs.

A *Saint-Macaire*, grotte de l'Avison, département de la Gironde, sur les bords de la Garonne : De Saint-Macaire.

D'après M. Billaudel, ingénieur des ponts et chaussées (1828. *Soc. Lin. de Bordeaux*, t. I, p. 60) :

1° Une extrémité antérieure de maxillaire avec ses dents canines et molaires, la troisième comprise, montrant très-bien la largeur et la brièveté du palais, ainsi que la petitesse proportionnelle de la première avant-molaire.

2° Une canine inférieure du côté droit.

3° La moitié inférieure d'un humérus du côté opposé.

4° Un métacarpien du doigt indicateur du côté droit.

5° Un très-petit fragment de bassin, comprenant la cavité cotyloïde du côté gauche.

Plus ceux figurés par M. Billaudel, savoir :

6° Une partie de crâne d'une jeune Hyène (pl. 2, fig. 1 et 2).

7° Des dents canines et molaires d'adultes ou non, tronquées (pl. 1).

Tous ces fragments provenant probablement de trois individus.

Avec des ossements de Blaireau, de Loup, de Taupe, de Campagnol, de Sanglier, de Cerfs, de Bœufs, d'Oiseaux en très-grand nombre et d'Hélices.

De Lunel-Viel. De *Lunel-Viel*, à quelques lieues de Montpellier en Languedoc.

D'après MM. Marcel de Serres, Dubreuil et Jean-Jean (*Mém. du Mus. d'hist. nat. de Paris*, t. XVII, p. 269, ann. 1828, et *Recherches sur les ossements humatiles des cavernes de Lunel-Viel*, p. 80, ann. 1839, et la collection paléontologique du Muséum) :

1° Cinq têtes entières ou presque entières, deux de l'*H. vulgaris prisca*, deux de l'*H. crocuta spelæa*, une de l'*H. intermedia*.

2° Neuf demi-mandibules, dont trois rapportées à l'*H. crocuta spelæa*.

3° Un certain nombre d'incisives dont nous possédons une externe supérieure, et de canines isolées. Nous en avons une de jeune âge.

4° Un certain nombre de molaires également isolées. Nous en possédons une carnassière d'un millimètre plus grande que son analogue provenant d'une *H. fusca*.

5° Sept vertèbres atlas de différentes grandeurs.

6° Des côtes en fragments.

7° Cinq portions d'omoplates, toutes du côté gauche.

8° Treize fragments d'humérus, dont quatre de jeunes individus.

Nous en possédons un quatrième du côté gauche, ayant tous les caractères de celui de l'*H. spelæa*, mais d'un cinquième plus petit que celui de Fouvent, cité plus haut.

9° Quatre morceaux de radius, dont un seul d'un jeune individu.

10° Six de cubitus, trois de droite et trois de gauche, couverts de fissures et de marques attribuées à des coups de dents; un septième existe dans la collection du Muséum, bien entier, du même côté que l'humérus dont il vient d'être parlé, et provenant sans doute du même animal.

11° Quatre métacarpiens entiers, trois de droite et un de gauche.

12° Deux fémurs.

13° Un seul fragment inférieur du tibia.

14° Un calcanéum du côté gauche de notre collection, et que nous avions à tort considéré comme d'un Amphicyon d'Auvergne; il indique un animal voisin de l'Hyène du Cap, mais plus fort.

15° Trois métatarsiens du côté droit.

16° Une portion de maxillaire droit d'une jeune Hyène.

Ainsi d'après le nombre des vertèbres atlas seules, il faudrait admettre que celui des individus des deux espèces dont on a trouvé des traces dans les cavernes de Lunel-Viel, serait environ de sept, c'est-à-dire, quoique l'emportant peut-être sur les autres Carnassiers, étant peu considérable proportionnellement à la quantité des herbivores, suivant M. Marcel de Serres lui-même.

Avec des ossements d'Ours, de Blaireau, de Martre, de Tigre, de Panthère, de Lynx, de Chat, de Renard, de Loup, de Chien, parmi les Carnassiers; de Mulot, de Rat d'eau, de Castor (1), de Lapin, de Lièvre, de l'ordre des Rongeurs; d'Éléphant (2), de Rhinocéros, de Cheval, en grande quantité, de Cochon ou Sanglier; de différentes espèces de Cerfs en grand nombre, et de Bœufs, d'Oiseaux terrestres

(1) Un seul fragment.

(2) Deux fragments seulement.

et aquatiques, de Tortue terrestre, de Grenouille, des Coquilles terrestres du genre Helix.

On cite encore comme contenant des os d'Hyène, en France, mais sans désignation d'aucun d'eux, les cavernes de Caunes ou de l'Aude, de Fauzan près de Bize, du Gard, de Mialet, d'Oselles, de Meyrucis, de Sallèles et de Villefranche, département des Pyrénées-Orientales.

Dans le diluvium à découvert.

En Allemagne.

En Allemagne.

A Canstadt.

A *Canstadt*, vallée du Necker, dans le Wurtemberg.

D'après Kielmeyer, Autenrieth, Joeger, cités par M. G. Cuvier (*Ossem. fos.*, t. IV, p. 393):

1° Une partie postérieure d'occipital (pl. 29, fig. 3 et 4).

2° La moitié gauche d'un autre crâne.

3° Un os temporal supposé d'un troisième.

4° Onze dents molaires, dont une carnassière supérieure du côté droit (pl. 29, fig. 11).

5° Une dent molaire carnassière inférieure du côté gauche.

6° Quatre canines.

7° Une douzaine d'os des doigts.

Avec un grand nombre d'ossements d'Éléphants, de Rhinocéros et de Chevaux.

A Eichstadt.

A *Eichstadt*, au milieu du sable et vers la surface d'une de ces montagnes qui forment la vallée de l'Altmuhl, où est située cette ville, à trois lieues de là entre les villages de Khaldorf et de Raittembuch.

D'après Collini. Zoolithes du cabin. d'hist. nat. de Manheim. *Acta Academ. Theodoræ Palatin. V*, *pars physica*, p. 71, ann. 1784, et beaucoup mieux de grandeur naturelle, Sœmmering, *N. A. Acad.*, *Cur. Nat.* t. XIV, p. 1, tab. III.

1° Un crâne tout entier avec toutes ses dents (tab. 2, fig. 1, 2, 3 et 4).

2° Une grande partie de la mandibule du côté gauche portant toutes ses dents molaires (*Ibid.*, fig. 5, 6 et 7), provenant évidemment du même animal que le crâne, comme le suppose Collini.

Avec d'autres ossements fossiles d'une grandeur considérable qu'il ne désigne pas, mais que M. G. Cuvier dit être d'Éléphants et de Cerfs, et même de Loup suivant Esper.

A *Koëstriz*, à quelque distance de Leipsick, en Saxe. A Koëstriz.

D'après M. de Schlottheim, cité par M. Buckland, mais sans énumération des pièces (1).

Avec des os de Tigre, de Loup, de Rhinocéros, de Cheval et de Bœuf, et de Cerfs suivant M. Buckland, et ce qui serait plus étonnant de Mastodonte et même de Mégatherium, suivant M. de Serres, *Cav.*, p. 175.

A *Dorste* ou à *Osterode*, près de Scharfels. A Dorste et Osterode.

D'après Blumenbach, *Specim. Archæolog. telluris alterum.* (*Act. soc. reg. Gœtting*, t. IV, p. 12, ann. 1016).

Un grand nombre d'os d'Hyènes, et entre autres trois fragments de trois demi-mandibules dont parle M. Georges Cuvier, n'en figurant qu'une seule (*Ossem. foss.*, t. IV, pl. 30, fig. 8).

Avec des os d'Éléphants et de Rhinocéros.

A *Politz*, au-dessus de Gera sur l'Esler. A Politz.

D'après M. Georges Cuvier (t. III, p. 48).

Avec des os de Tigres, de Rhinocéros, de Cerfs et de Bœufs; mais sans dire quels ossements d'Hyènes.

EN ANGLETERRE. EN ANGLETERRE.

A *Lawfort*, auprès de Rughby. A Lawfort.

D'après M. Andrew Bloxham, cité par M. Buckland (*Reliq. diluv.*, p. 26):

1° Une tête bien entière, d'une taille au moins égale à celle donnée par M. Schmerling (t. II, pl. 11), comme d'une grandeur inconnue jusqu'à

(1) Schlottheim ne fait cependant mention d'aucun os d'Hyène de Koëstriz dans son Catalogue.

lui; figurée dans deux planches spéciales publiées, sans texte, à Londres, en 1825, et dont je dois un exemplaire à feu M. Underwood.

2° Une mandibule complète avec toutes ses dents extrêmement usées (Buckland, *loc. cit.*, pl. 12).

3° Un radius entier (*Ibid.*, pl. 13, fig. 1).

4° Un cubitus également complet (*id.*, *ibid.*, fig. 2).

5° De petits os du pied.

Le tout dans un état parfait de conservation, et provenant évidemment d'un seul et même individu mort fort âgé.

Avec des os d'Éléphant et de Rhinocéros, et même un humérus d'oiseau.

En France.

Aux environs de Paris.

Dans la forêt de Bondy, d'après M. Walfredin, membre de la Société géologique de France.

Un fragment de mandibule du côté droit, contenant une dent carnassière de véritable Hyène des Cavernes, avec un indice bien marqué de tubercule interne.

Auprès de Fontainebleau.

D'après mademoiselle L. Breguet:

1° Les deux côtés d'une même mâchoire, tous deux armés de leurs dents molaires, et même de la tuberculeuse en place sur le côté droit;

2° Un autre fragment de mâchoire du côté gauche portant seulement la carnassière.

Avec des os d'Aurochs et de Cheval.

Aux environs d'Issoire, dans la montagne de Perrier ou de Boulade, en Auvergne.

D'après MM. Devèze de Chabriol et Bouillet, d'abord, et surtout MM. l'abbé Croizet et Jobert, ensuite:

De l'Hyène de Perrier (*H. Perrieri*):

1° Une dent carnassière du côté droit, non usée, contenue dans la gangue. (Devèze et Bouillet, Montagne de Boulade, pl. 14, fig. 3-4. 1817, et probablement une seconde incisive supérieure, fig. 17);

2° Une mandibule du côté droit, presque entière, portant toutes ses dents (Croizet et Jobert, pl. 2, fig. 3);

3° Une autre de jeune âge, jointe à une partie de crâne (*iid. ibid.*, pl. 2, fig. 1 et 2, et pl. 4, fig. 5);

4° Un autre fragment portant les incisives et les canines d'adulte (pl. 4, fig. 6);

5° Une portion inférieure d'humérus (pl. 2, fig. 6);

6° Deux os de l'avant-bras, radius et cubitus (pl. 2, fig. 7);

7° Fragment de radius (pl. 2, fig. 8):

De l'H. d'Auvergne (*H. Arvernensis*):

1° Un côté gauche de mandibule, portant toutes ses dents (pl. 9, fig. 1 et 2);

2° Une dent principale ou avant-dernière d'en bas (pl. 1, fig. 4-5);

3° Un fragment de mâchoire gauche, portant les trois dernières molaires, et même la tuberculeuse en place (pl. 4, fig. 1-2-4);

4° Des coprolithes, avec un grand nombre de fragments d'os d'Ours, de Felis, de Canis, de Loutre, de Rat d'eau, de Castor, de Lièvre, d'Éléphant, de Mastodonte, de Rhinocéros, d'Hippopotame, de Tapir, de Cheval, de Sanglier, de Cerfs et de Bœufs surtout, en prodigieuse quantité.

M. Bertrand de Doué cite aussi l'Hyène au nombre des animaux, Rhinocéros, Cerfs, dont on trouve des ossements dans le dépôt de Privas en Velay, mais sans dire en quoi ils consistent. De Privas en Velay.

M. Desnoyers a aussi émis le soupçon que la dent carnassière trouvée dans le dépôt de Chevilly, et que M. G. Cuvier pensait être d'un Canis gigantesque, pourrait bien être d'Hyène; mais nous avons vu qu'elle provenait d'un genre distinct du genre Subursus, nommé Amphicyon par M. Lartet. De Chevilly.

Des deux espèces évidemment distinctes d'Hyènes fossiles, l'H. dite des Cavernes (*H. Spelæa*), quoiqu'on ait trouvé de ses ossements Plus communément de l'*H. spelæa*.

dans le diluvium découvert et peut-être même dans l'alluvium, est certainement celle qui paraît être le plus généralement répandue, et même la seule en Allemagne, en Angleterre, en Belgique, et dans toute la France, au nord, à l'est, au sud-ouest, mais associée à une autre espèce au midi.

que de l'*H. vulgaris*.

L'Hyène rayée ancienne semble être au contraire limitée au midi de la France, dans l'Auvergne, le Languedoc et l'Italie; en sorte qu'en Europe, comme aujourd'hui en Afrique, il a existé deux espèces d'Hyènes : l'une plus abondante au nord, analogue à celle qui l'est davantage aujourd'hui au sud de l'Afrique; l'autre plus fréquente au midi, analogue et peut-être même semblable à celle qui se trouve aujourd'hui plus abondamment au nord de l'Afrique qu'au sud.

Toujours brisés, comme ceux avec lesquels ils se trouvent.

Dans toutes les localités où l'on trouve des ossements d'Hyènes, ils y sont pêle mêle, et souvent fragmentés, brisés, plutôt les os longs que les os courts, plutôt la mandibule qu'une autre partie, avec ceux de toutes sortes d'animaux terrestres, mammifères, oiseaux et reptiles, et même dans quelques localités, avec des ossements d'homme, comme s'en sont assurés bien positivement Schmerling en Belgique, et M. Marcel de Serres, dans les cavernes du midi.

D'Ours.

Les os que l'on rencontre le plus souvent accompagnant les os fossiles d'Hyènes, paraissent être ceux d'Ours, de grands Felis, de Loup, d'Éléphant, de Rhinocéros, de Cochon, et surtout de Ruminants à bois et à cornes, ainsi que de Cheval; et quelquefois ces os semblent avoir éprouvé l'action des dents d'animaux carnassiers.

De Ruminants, etc.

M. G. Cuvier dit même que les dents de ce dernier animal se trouvent toujours dans le diluvium où existent des ossements d'Hyène fossile; ce que confirme Schmerling pour les cavernes de Liége; et ce qui est également vrai pour celle de Lunel-Viel.

Rarement réunis en squelette.

On ne peut guère citer comme ayant appartenu à des squelettes entiers que les os d'Hyène trouvés à Lawfort en Angleterre, quelques-uns de ceux d'Auvergne et peut-être de la caverne de Lunel-Viel. Partout ailleurs ils sont épars et indistinctement mêlés avec les autres os du dépôt, et même avec ceux de l'espèce humaine, ce dont il n'est pas permis de douter, d'après les précautions prises par Schmerling surtout, dans la caverne d'Engis, pour s'assurer de ce fait, contesté pour Canstadt et autres localités.

Ils sont à différents degrés de détérioration, suivant quelque circonstance de localités et de leur nature propre; il paraît cependant qu'en général ils sont moins altérés, ils ont un aspect plus frais, plus récent, moins friable que ceux des autres animaux avec lesquels ils se trouvent, comme le disent M. Goldfuss de ceux de Gaylenreuth, dans le limon et non dans la brèche; M. Noggerath, de ceux de Sundwig, dans une terre très-meuble, au-dessous d'une couche de stalagmite de vingt à quarante pouces d'épaisseur, et M. Buckland de ceux de Kirkdale. Inégalement détériorès.

Ces os sont toujours fortement fragmentés de l'aveu de tous les paléontologistes; mais suivant les uns, ils sont anguleux et offrent même des traces d'érosion; et suivant M. Schmerling, au contraire, la plupart sont évidemment roulés. Anguleux ou roulés.

Dans les excavations, ils sont dans des relations différentes par rapport au sol; quelquefois tout à fait libres et à la surface; d'autres fois à découvert, et même collés au plafond de la caverne; le plus souvent ils sont enfouis ou dans la terre argileuse, ou dans une sorte de brèche, formée par la stalagmite, celle-ci couvrant le sol argileux; particularités signalées surtout par Schmerling dans les cavernes des environs de Liége. Libres ou empâtés.

Mais de ces faits incontestables peut-on en conclure d'une manière un peu plausible, que l'espèce d'Hyène fossile la plus commune dans la partie tempérée de l'Europe, a non-seulement vécu dans les pays où l'on rencontre des fragments de son squelette, mais qu'elle se retirait dans les cavernes où on les trouve, et que c'est elle qui y a apporté les ossements des autres animaux qu'on y rencontre avec les siens, c'est tout autre chose. On a pu en effet opposer à cette manière de voir, proposée surtout par M. Buckland, et adoptée par M. G. Cuvier, reposant sur les faits d'un assez petit nombre d'os de Ruminants qui paraissent avoir Conclusions. Contre l'opinion de M. Buckland.

éprouvé l'effet de la dent d'animaux carnassiers, de la présence de fèces ou de coprolithes trouvés avec eux; et enfin, sur un certain nombre d'os d'Hyènes usés, polis d'un côté seulement, ce qu'on attribue au passage des Hyènes rentrant et sortant de leurs retraites, que ces ossements d'Hyène sont bien fragmentés, bien dispersés, bien peu nombreux même, pour provenir d'animaux qui auraient vécu dans les cavernes, et seraient morts de leur mort naturelle, en admettant même que ces os ne soient pas roulés, ce que nie positivement M. Schmerling, pour ceux des cavernes de la province de Liége. Celui-ci conclut même, p. 69 de ses Recherches, que les os de ces animaux y ont été amenés de loin, ce que confirme, suivant lui, leur petit nombre, et que ce ne sont pas les plus résistants qui sont les mieux conservés.

Contre celle de M. Schmerling.

Observations et objections contre l'une et l'autre.

Sans doute les Hyènes se retirent, se réfugient dans les cavernes, probablement pour s'y cacher, et même y élever, y allaiter leurs petits; mais M. Knox a fait la juste observation que ces animaux qui se nourrissent de cadavres, les mangent sur place, au lieu de les emporter en totalité ou en partie dans leur retraite, comme il faudrait qu'ils eussent fait, si les ossements des animaux que l'on trouve avec les leurs, étaient réellement les restes de leurs repas. Ce sont ces difficultés qui ont porté M. Schmerling à dire que les ossements fossiles d'Hyène ne proviennent pas d'animaux qui auraient vécu aux lieux où on les trouve, et qu'ils ont été entraînés par une grande inondation. Mais pour admettre cette hypothèse, il faut passer sous silence les masses d'*album græcum*, que l'on trouve dans ces cavernes, et que M. Buckland regarde comme des excréments d'Hyènes, et suivant lui entièrement semblables à ceux d'une Hyène du Cap, vivante, qu'il a pu se procurer et examiner comparativement. Il reconnaît cependant que les coprolithes de Kirkdale, de forme sphérique, irrégulièrement comprimée, variant d'un demi-pouce à un pouce de diamètre, de couleur d'un blanc jaunâtre, à cassure terreuse, contiennent des petits fragments non digérés d'émail de dents.

Manière de voir par M. Knox.

Par Moi.

Or, je ne connais encore aucun animal qui se nourrisse de dents et puisse même les digérer; en sorte que cette particularité pourrait être une objection de plus à exposer contre l'opinion de M. Buckland, que les os de mammifères trouvés en grande quantité dans la caverne de Kirkdale, avec ceux d'Hyènes, y ont été apportés par elles, et nullement par des inondations. En effet, en faisant observer que les Hyènes, plus que les autres carnassiers, vivent solitairement chacune dans leur tanière, qu'elles n'emportent pas nécessairement tous les cadavres d'animaux qu'elles rencontrent; mais qu'elles les dévorent souvent sur place; que dans le cas contraire, c'est au plus à l'entrée de leur tanière qu'elles le font, et non dans cette tanière elle-même; qu'il n'est nullement démontré, ni même probable, que des Hyènes sauvages se mangent les unes les autres, au moins hors le cas d'absolue nécessité; et que toutes les Cavernes à ossements sont fort loin de contenir des Hyènes; que dans aucune même, elles n'y sont en nombre proportionnel aux os d'animaux herbivores qui se trouvent avec elles; que pour des animaux si avides d'os qu'on le dit, bien peu de ceux-ci offrent réellement des traces d'avoir été rongés, brisés, mangés par elles; qu'il est bien difficile d'expliquer comment des animaux venant mourir de vieillesse ou de maladies dans ces cavernes, pendant une suite si longue de générations, n'ont laissé eux-mêmes que des os brisés, fracturés, mêlés avec ceux de leurs victimes; on est presque forcé de conclure, avec la plupart des géologues qui ont écrit sur les cavernes ossifères, depuis M. Buckland, que les ossements d'Hyènes, et même leurs excréments devenus coprolithes, qu'on trouve dans ces cavernes, y ont été apportés, ainsi que ceux qui sont dans le diluvium ordinaire, et comme l'ont été les parties dures de tant d'animaux mammifères, ou d'autres classes de vertébrés ou d'invertébrés, avec lesquels on les trouve, pêle-mêle, brisés, fracturés, sans aucune espèce d'ordre, ce qui ne peut faire soupçonner une distinction de victimaire et de victime; qu'ils y ont été apportés, déjà en fragments, des pays environnants, où les animaux dont ils proviennent vivaient sans doute, par une inondation générale, ou par des inondations partielles et répétées à des intervalles plus ou moins éloignés; mais non pas assez étendues pour avoir ramassé, accumulé

Conclusions définitives.

Les Os d'Hyènes et les coprolithes apportés

des environs,

comme les autres os,

successivement des ossements d'animaux de pays éloignés, avec ceux des lieux où elles se sont arrêtées, comme l'a surtout pensé Schmerling; qu'en supposant même que les ossements d'Hyènes ne se trouvent pas mêlés avec ceux de l'espèce humaine, ce qui ne peut être mis en doute aujourd'hui, depuis l'examen approfondi des cavernes des environs de Liége et de Montpellier, confirmant ce qui avait été déjà constaté pour le célèbre dépôt de Canstadt, à l'époque de sa découverte, il ne faudrait pas regarder cette absence, avec M. G. Cuvier, comme une preuve que l'espèce humaine n'existait pas à l'époque du dépôt des ossements dans les cavernes; car, s'il est vrai qu'aujourd'hui les Hyènes, comme les Loups, comme les Chiens même, s'attaquent quelquefois aux cadavres d'hommes dans certaines circonstances de nécessité absolue, ce n'est pas une raison pour qu'elles l'aient fait à des époques où nos pays, beaucoup moins peuplés d'abord, étaient de plus couverts de forêts, et où les ruminants, leur pâture harmonique, étaient si abondants en individus et même peut-être en espèces. Ces races nombreuses de Cerfs, de Bœufs et de Chevaux, ont disparu en très-grande partie, parce que les hommes ont abattu les forêts, anéanti, ou au moins grandement diminué les pâturages libres et se sont prodigieusement multipliés, et dès lors l'une des deux espèces d'Hyènes qui habitaient notre Europe, s'est retirée et s'est concentrée uniquement dans les deux autres parties de l'ancien monde; l'autre a complétement disparu, si même elles n'ont pas disparu toutes les deux, comme le pensent plusieurs paléontologistes qui en font des espèces distinctes.

retrouvés avec ceux-ci, et même ceux de l'homme, à une époque où par abondance de Ruminants.

Ainsi, nous retrouvons pour ce genre de mammifères carnassiers, ce que nous avions reconnu pour la plupart des autres, et surtout pour les Felis et les Canis; c'est-à-dire qu'avec le grand nombre d'animaux herbivores qui peuplaient si abondamment nos antiques forêts, et qui ont disparu en grande partie, vivaient pour ainsi dire proportionnellement, non-seulement des espèces de carnassiers sanguinaires, hardis, agissant courageusement corps à corps comme les premiers, ou plus habilement, et en s'associant, dans leur chasse, comme les seconds, pour les attaquer de vive force, et qui les dévoraient vivants; mais encore des espèces moins courageuses ou moins féroces, moins franchement carnassières, et par conséquent plus hideuses, auxquelles étaient réservés leurs cadavres; les Hyènes étaient ici ce que chez les oiseaux de proie les Vautours sont à l'égard des Faucons. Ainsi, l'harmonie des principales espèces animales était alors en Europe, au moins aussi parfaite qu'elle l'est aujourd'hui; si même elle ne l'était réellement davantage comme plus voisine de l'époque où elle était sortie de la conception créatrice, et nécessairement alors moins dérangée par le développement fatal de l'espèce humaine.

l'harmonie de la création était plus évidente en Europe.

OBSERVATION.

Au moment où j'envoie l'explication des planches de ce Mémoire sur les Hyènes à l'impression, le texte étant imprimé depuis près de quinze jours, j'apprends par une lettre que M. Jules de Christol m'a fait l'honneur de m'écrire de Dijon, en date du 8 octobre 1843, que c'est bien à lui, comme je l'avais déjà reconnu, que sont dus la découverte et le signalement de l'Hyène rayée fossile dont personne avant lui n'avait soupçonné l'existence à cet état, ainsi que l'indication du rapprochement qu'il était possible de faire entre une dent carnassière inférieure provenant également de la caverne de Lunel-Viel, et l'Hyène brune de M. Cuvier. Le premier point a en effet été parfaitement reconnu par tous les paléontologistes, et, avant tous, par M. le professeur Buckland, dans un article inséré dans les *Proceedings of Geological Soc. of London* pour l'année 1827, p. 4 (1), et de plus, ainsi que le second,

(1) « Mr. Marcel de Serres has published a list of the animals' remains contained in this cavern (Lunel-Viel) which differ but little from those of Kirkdale: the most remarkable addition is that of the Beaver and the Badger, together with the smallest striped or Abyssinian Hyæna. For these discoveries we are indebted to the exertions of Mr. de Christol, a young naturalist of Montpellier, whose observations on the geology of that district the author found in perfect accordance with his own. »

complétement établi dans le mémoire sur les espèces d'Hyènes fossiles que M. de Christol a inséré dans le tome IV des *Mémoires de la Société d'Histoire naturelle de Paris* pour 1828; mémoire où, après avoir décrit ces deux dents, il ajoute qu'il a vu, parmi les ossements d'Hyènes retirés de la caverne de Lunel-Viel, des têtes qui proviennent de différentes espèces, et, page 377, qu'il avait examiné plusieurs dents semblables à celles qu'il avait décrites.

Il est donc fâcheux que par inadvertance, sans doute, MM. Marcel de Serres, Dubreuil et Jean-Jean, dans la première et même dans la seconde édition de leur *Description des ossements fossiles de la caverne de Lunel-Viel*, l'une en 1828, et l'autre en 1839, n'aient fait aucune mention du mémoire de M. de Christol, comme au reste j'ai montré que Schmerling, en 1833, avait fait à leur égard.

J'apprends également, par la lettre de M. de Christol, que c'est par une sorte de malentendu que le nom de M. Bravard se trouve joint au sien dans le mémoire du premier que nous venons de citer. C'est ce que M. Bravard s'était en effet empressé de reconnaître lui-même, page 95 de sa *Monographie de la montagne de Perrier*, publiée en 1828, en citant en ces termes : « Un mémoire sur les nouvelles espèces d'Hyènes fossiles qui appartient tout entier à M. de Christol, quoique mon nom y figure avec le sien. »

D'après cela il me semble de toute équité, ce qui ne diminuera en rien la valeur du travail de MM. Marcel de Serres, Dubreuil et Jean-Jean, de donner comme antérieur le nom *d'Hyæna Monspessulana* au lieu de celui d'*Hyæna prisca* à l'Hyène rayée fossile dont on a trouvé des restes dans la caverne de Lunel-Viel; si tant est qu'on veuille en faire une espèce distincte.

Il faut également supprimer le nom de M. Bravard partout où je l'ai cité à côté de celui de M. de Christol, pages 49 et 50.

EXPLICATION DES PLANCHES.

PL. I. — SQUELETTE DE L'HYÈNE VULGAIRE (*H. vulgaris*).

De profil rigoureux, dans l'acte de marcher.

Réduit aux deux cinquièmes de la grandeur naturelle.

D'après celui d'un individu femelle, mort à la ménagerie en septembre 1842, et qui y était entré le 9 novembre 1833, venant d'Afrique, sans autre indication.

PL. II. — CRANE de l'HYÈNE VULGAIRE ou RAYÉE (*H. vulgaris*), vu sous toutes ses faces.

Réduits au tiers de sa grandeur naturelle.

D'après celui d'un individu mâle des environs d'Oran, donné au Muséum par M. le docteur Guyon, chirurgien en chef de l'armée d'Afrique.

PL. III. — CRANES.

Réduits au tiers.

1. DE L'HYÈNE TACHETÉE (*H. crocuta*).

Tiré d'un individu mâle, tué sauvage, et acquis de M. Verreaux, en 1837, avec les os du tronc représentés Pl. IV.

De profil, en dessus et en dessous, dans une moitié seulement.

Les os de l'oreille à part, tirés de la tête d'un jeune sujet.

2. DE L'HYÈNE BRUNE (*H. vulgaris*, var. *fusca*).

Provenant également d'un individu sauvage venant de Cafrerie, et dont la peau est dans la collection zoologique du Muséum.

De profil, et dans une moitié en dessous.

PL. IV. — PARTIES CARACTÉRISTIQUES DU TRONC.

Réduites aux deux tiers.

Vertèbres
- cervicales. . { atlas, en dessus et de profil. / axis, de profil, en dessous et en arrière. / 6e, de profil.
- dorsales. . . { 1re, 12e, 15e } de profil.
- lombaires. . { 2e de profil. / 5e en dessus.
- *Sacrum*.
- coccygiennes { 4e. / 5e.

De l'*H. vulgaris*, sur un sujet à 16 vertèbres dorsales.

De l'*H. crocuta*, du sujet mâle dont la tête est figurée Pl. II, et remarquable par sa grande taille.

Hyoïde, de profil, de l'*H. vulgaris* de la Pl. I.

Sternum, en dessus.

De l'*H. vulgaris*.

De l'*H. crocuta*.

PL. V. — PARTIES CARACTÉRISTIQUES DES MEMBRES.

* Antérieurs.

De l'*H. vulgaris*.

Omoplate, face externe, du sujet à seize vertèbres dorsales.

Clavicule de celui dont le squelette est représenté sur la Pl. I.

Humérus entier, à sa face antérieure, sans trou au-dessus de sa poulie, et partie inférieure d'un autre avec ce trou.

Radius, vu à sa partie antérieure, à part les extrémités articulaires, vues en face.

Cubitus, à son côté externe, la cavité articulaire vue à part et en avant.

Ces os provenant du sujet à 16 vertèbres.

Os de la Main en connexion, vus en dessus, tirés d'un individu plus grand, acheté en 1842.

Cette partie n'était complète dans aucun des anciens squelettes de la collection.

De l'*H. crocuta.*

Les mêmes os, sauf la clavicule, dans la même projection, tirés du squelette d'un individu mort anciennement à la Ménagerie, et malheureusement encore incomplet; ce qui nous a forcé de faire représenter les os de la main d'après ceux tirés d'une peau montée du cabinet.

** Postérieurs.

De l'*H. vulgaris.*

Os innominé, de profil rigoureux.
Fémur, vu en avant, la tête à part, en arrière.
Rotule, vue en avant.
Tibia, en avant, avec les deux extrémités articulaires de face, à part.
Péroné, en dedans, c'est-à-dire par son côté articulé avec le tibia.
Os du Pied, en dessus et en connexion, à part;
L'*astragale*, en dessous.
Le *calcanéum*, en dessus.
Le *métacarpien* médian en dessous :

L'articulation métatarso-phalangienne, pour montrer les deux sésamoïdes en place.

D'après des pièces du squelette à seize vertèbres dorsales, à l'exception des os du pied, qui viennent d'un individu plus fort, par la même raison que pour la main.

De l'*H. crocuta.*

Les mêmes os, dans la même projection, d'après le même squelette que pour les antérieurs, à l'exception de ceux du pied, provenant de la même peau montée du cabinet que ceux de la main.

PL. VI. — Système dentaire.

De grandeur naturelle.
Adulte et de lait.
Des deux espèces, avec les dents caractéristiques des variétés et des fossiles.

* Adulte et complet.

De l'Hyène vulgaire (*H. vulgaris*).

Montrant toutes les dents supérieures et inférieures par la couronne en place, et de profil en dehors; en série avec les racines et les alvéoles correspondantes.

D'après l'individu d'Oran, de la Pl. II.

Les deux arrière-molaires supérieures seulement des espèces et variétés vivantes et fossiles suivantes :

H. vulgaris Indica.
H. vulgaris fusca.
H. crocuta Capensis.
H. crocuta Habessynica.
H. spelæa.
H. spelæa Kirkdalensis. Avec l'alvéole seulement de la postérieure.
H. Arvernensis.
H. Monspessulana ou *prisca.* Copié de M. Marcel de Serres.

La dernière inférieure avec la principale :

H. crocuta.
H. vulgaris fusca.

La dernière ou arrière-molaire seulement :

H. vulgaris Indica.
H. v. Arvernensis.
H. v. Vallarnensis.
H prisca. Copiée de M. Marcel de Serres.
H. Perrieri.
H. spelæa intermedia d'Angleterre.
H. spelæa de Kirkdale.
Agnotherium antiquum Copiée de M. Kaup.

** Non adulte ou de lait.

a) Supérieur.

De l'*H. crocuta.*

Les incisives et canines vues de face.
Les molaires, profil en dehors et couronne.

De l'*H. vulgaris fusca.*
La couronne seule de l'arrière-molaire ou tuberculeuse.
De l'*H. spelæa.*
La principale ou carnassière, de profil externe, et l'arrière-molaire ou tuberculeuse, de profil et par la couronne.
D'après des échantillons de la collection venant de Kirkdale.

b) inférieur.

De l'*H. crocuta.*
En dehors et en dedans des trois molaires en place.
De l'*H. spelæa.*
En dehors et en dedans des trois molaires en place, provenant de Kirkdale.
De l'*H. Pe rieri.*
En dehors seulement des trois mêmes dents.
De l'*H. vulgaris fusca.*
La dernière seulement en dehors et en dedans.

PL. VII. — HYÆNÆ FOSSILES.

H. spelæa.
Crâne complet, vu en dessus, et en dessous pour le bord palatin seulement.
Réduit aux quatre cinquièmes de la figure publiée en Angleterre, d'après une pièce trouvée à Lawfort.
Portion de la mâchoire du côté gauche, ici retournée, portant presque toutes ses dents.
Des environs de Fontainebleau ;
Collection du Muséum.
Portion antérieure d'une autre mâchoire avec ses dents.
De la caverne de l'Avison ;
Collection du Muséum.
Autre partie de maxillaire, portant la principale et la carnassière.
De la caverne de Kirkdale ;
Collection du Muséum.
Mandibule presque entière du côté gauche, armée de ses dents ; copiée de M. Marcel de Serres.
De la caverne de Lunel-Viel.
Une autre, moins complète, mais avec toutes ses dents ; copiée de M. Buckland.
De la caverne de Kirkdale.
Une autre, vue à la face interne.
De la caverne de Gaylenreuth, et donnée au Muséum par M. Félix de Roissy.
Un autre fragment beaucoup plus petit, portant les trois dernières molaires.
De la caverne de Kent ;
Donné au Muséum par feu le Rév. Mac-Enry.
Un autre, presque de même sorte.
De Fouvent ;
Donné au Muséum par M. Thirria.
Enfin, une extrémité postérieure de la branche horizontale d'une mandibule.
De la plaine de Bondy ;
Donnée au Muséum par M. Valfredin.
Des dents séparées.
Une carnassière supérieure et une principale inférieure, l'une et l'autre fort usées ; copiées de Schmerling.
Des cavernes de Belgique.
Une carnassière et une principale supérieure.
De la caverne d'Échenotz ;
Dans les collections du Muséum, par M. Thirria.
Deux premières molaires inférieures.
D'Arde, en Auvergne.
Des os.
Un humérus.
Des environs de Montpellier ;
Collection du Muséum.
Une moitié inférieure d'humérus, vue en avant.
De la caverne de Fouvent ;
De la collection du Muséum, par M. Thirria.

Un radius presque entier.

Des cavernes des environs de Montpellier;

Collection du Muséum.

Un astragale, un calcanéum, l'un et l'autre en dessus; un os métatarsien médian en dessus et en dessous.

De la caverne de Kirkdale;

Dans les collections du Muséum.

Donné par MM. Buckland et Salmon.

Un calcanéum en dessus, déjà figuré à tort comme d'un Amphycion parmi les Subursus fossiles.

Des cavernes de Lunel-Viel;

Collection du Muséum.

PL. VIII. — HYÆNÆ FOSSILES.

H. intermedia.

Un crâne presque entier, avec les dents fort usées; copié de l'ouvrage de MM. Marcel de Serres, Dubreuil et Jean-Jean.

De la caverne de Lunel-Viel.

H. prisca

Une partie postérieure de tête;

Une mandibule presque entière, avec ses dents assez usées.

Copiées du même ouvrage.

Provenant de la même caverne.

H. Arvernensis.

Fragment de la mâchoire du côté droit, montrant les deux avant-dernières molaires; la dernière ou tuberculeuse, cachée par la carnassière et figurée, dans la planche du système dentaire, de grandeur naturelle.

Une bonne partie inférieure de tibia.

L'une et l'autre d'Auvergne;

Dans la collection du Muséum.

H. Perrieri.

Deux mandibules, l'une, plus complète, en avant; l'autre en arrière, et portant presque toutes leurs dents, d'âge adulte, dans la figure supérieure, et de lait, pour les trois molaires avec la carnassière d'adulte, en voie de sortir, dans la figure inférieure. C'est cette pièce qui, par une cassure heureuse, montre, au-dessous des dents de lait, celles de remplacement.

De l'alluvium ancien d'Auvergne;

Des collections du Muséum.

H. dubia.

Une seule dent.

Copiée de l'ouvrage de MM. l'abbé Croizet et Jobert.

H. Arvernensis? Italica. (H. vulg. vallarnensis).

Un fragment de mâchoire, portant la première avant-molaire, la principale et la carnassière.

Du diluvium du Val d'Arno.

D'après une pièce qui existe dans le Muséum grand-ducal de Florence.

H. Sivalensis.

Une tête entière avec sa mandibule, de profil et en dessus.

Du terrain de molasse des Sous-Himalayas.

Copiée du mémoire de MM. Baker et Durand.

Agnotherium antiquum.

Une dent carnassière inférieure, vue en dehors, où elle est usée, et en dedans.

Des sables tertiaires d'Eppelsheim.

Copiée de l'ouvrage de M. Kaup sur les *Ossements fossiles du musée grand-ducal de Darmstadt.*

PARIS. — IMPRIMERIE DE FAIN ET THUNOT,
IMPRIMEURS DE L'UNIVERSITÉ ROYALE DE FRANCE,
Rue Racine, 28, près de l'Odéon.

www.ingramcontent.com/pod-product-compliance
Ingram Content Group UK Ltd.
Pitfield, Milton Keynes, MK11 3LW, UK
UKHW021858260726
13966UKWH00006B/12